원소의 주기율표

- 금속(주족)
- 금속(전이)
- 금속(내부전이)
- 준금속
- 비금속

주족 원소 (1–2족, 13–18족) / 전이 원소 (3–12족)

주기	IA (1)	IIA (2)	IIIB (3)	IVB (4)	VB (5)	VIB (6)	VIIB (7)	VIIIB (8)	VIIIB (9)	VIIIB (10)	IB (11)	IIB (12)	IIIA (13)	IVA (14)	VA (15)	VIA (16)	VIIA (17)	VIIIA (18)
1	1 **H** 1.008																	2 **He** 4.003
2	3 **Li** 6.94	4 **Be** 9.012											5 **B** 10.81	6 **C** 12.01	7 **N** 14.01	8 **O** 16.00	9 **F** 19.00	10 **Ne** 20.18
3	11 **Na** 22.99	12 **Mg** 24.31											13 **Al** 26.98	14 **Si** 28.09	15 **P** 30.97	16 **S** 32.06	17 **Cl** 35.45	18 **Ar** 39.95
4	19 **K** 39.10	20 **Ca** 40.08	21 **Sc** 44.96	22 **Ti** 47.87	23 **V** 50.94	24 **Cr** 52.00	25 **Mn** 54.94	26 **Fe** 55.85	27 **Co** 58.93	28 **Ni** 58.69	29 **Cu** 63.55	30 **Zn** 65.38	31 **Ga** 69.72	32 **Ge** 72.63	33 **As** 74.92	34 **Se** 78.97	35 **Br** 79.90	36 **Kr** 83.80
5	37 **Rb** 85.47	38 **Sr** 87.62	39 **Y** 88.91	40 **Zr** 91.22	41 **Nb** 92.91	42 **Mo** 95.95	43 **Tc** (98)	44 **Ru** 101.1	45 **Rh** 102.9	46 **Pd** 106.4	47 **Ag** 107.9	48 **Cd** 112.4	49 **In** 114.8	50 **Sn** 118.7	51 **Sb** 121.8	52 **Te** 127.6	53 **I** 126.9	54 **Xe** 131.3
6	55 **Cs** 132.9	56 **Ba** 137.3	57 **La** 138.9	72 **Hf** 178.5	73 **Ta** 180.9	74 **W** 183.8	75 **Re** 186.2	76 **Os** 190.2	77 **Ir** 192.2	78 **Pt** 195.1	79 **Au** 197.0	80 **Hg** 200.6	81 **Tl** 204.4	82 **Pb** 207.2	83 **Bi** 209.0	84 **Po** (209)	85 **At** (210)	86 **Rn** (222)
7	87 **Fr** (223)	88 **Ra** (226)	89 **Ac** (227)	104 **Rf** (265)	105 **Db** (268)	106 **Sg** (271)	107 **Bh** (270)	108 **Hs** (277)	109 **Mt** (276)	110 **Ds** (281)	111 **Rg** (280)	112 **Cn** (285)	113 **Nh** (284)	114 **Fl** (289)	115 **Mc** (288)	116 **Lv** (293)	117 **Ts** (294)	118 **Og** (294)

내부 전이 원소

주기															
6	란타넘족	58 **Ce** 140.1	59 **Pr** 140.9	60 **Nd** 144.2	61 **Pm** (145)	62 **Sm** 150.4	63 **Eu** 152.0	64 **Gd** 157.3	65 **Tb** 158.9	66 **Dy** 162.5	67 **Ho** 164.9	68 **Er** 167.3	69 **Tm** 168.9	70 **Yb** 173.0	71 **Lu** 175.0
7	악티늄족	90 **Th** 232.0	91 **Pa** 231.0	92 **U** 238.0	93 **Np** (237)	94 **Pu** (244)	95 **Am** (243)	96 **Cm** (247)	97 **Bk** (247)	98 **Cf** (251)	99 **Es** (252)	100 **Fm** (257)	101 **Md** (258)	102 **No** (259)	103 **Lr** (262)

원소

원소	기호	원자 번호	상대 원자 질량*	원소	기호	원자 번호	상대 원자 질량*
Actinium	Ac	89	(227)	Mendelevium	Md	101	(258)
Aluminum	Al	13	26.98	Mercury	Hg	80	200.6
Americium	Am	95	(243)	Molybdenum	Mo	42	95.95
Antimony	Sb	51	121.8	Moscovium	Mc	115	(288)
Argon	Ar	18	39.95	Neodymium	Nd	60	144.2
Arsenic	As	33	74.92	Neon	Ne	10	20.18
Astatine	At	85	(210)	Neptunium	Np	93	(237)
Barium	Ba	56	137.3	Nickel	Ni	28	58.69
Berkelium	Bk	97	(247)	Nihonium	Nh	113	(284)
Beryllium	Be	4	9.012	Niobium	Nb	41	92.91
Bismuth	Bi	83	209.0	Nitrogen	N	7	14.01
Bohrium	Bh	107	(270)	Nobelium	No	102	(259)
Boron	B	5	10.81	Oganesson	Og	118	(294)
Bromine	Br	35	79.90	Osmium	Os	76	190.2
Cadmium	Cd	48	112.4	Oxygen	O	8	16.00
Calcium	Ca	20	40.08	Palladium	Pd	46	106.4
Californium	Cf	98	(251)	Phosphorus	P	15	30.97
Carbon	C	6	12.01	Platinum	Pt	78	195.1
Cerium	Ce	58	140.1	Plutonium	Pu	94	(244)
Cesium	Cs	55	132.9	Polonium	Po	84	(209)
Chlorine	Cl	17	35.45	Potassium	K	19	39.10
Chromium	Cr	24	52.00	Praseodymium	Pr	59	140.9
Cobalt	Co	27	58.93	Promethium	Pm	61	(145)
Copernicium	Cn	112	(285)	Protactinium	Pa	91	(231.0)
Copper	Cu	29	63.55	Radium	Ra	88	(226)
Curium	Cm	96	(247)	Radon	Rn	86	(222)
Darmstadtium	Ds	110	(281)	Rhenium	Re	75	186.2
Dubnium	Db	105	(268)	Rhodium	Rh	45	102.9
Dysprosium	Dy	66	162.5	Roentgenium	Rg	111	(280)
Einsteinium	Es	99	(252)	Rubidium	Rb	37	85.47
Erbium	Er	68	167.3	Ruthenium	Ru	44	101.1
Europium	Eu	63	152.0	Rutherfordium	Rf	104	(265)
Fermium	Fm	100	(257)	Samarium	Sm	62	150.4
Flerovium	Fl	114	(289)	Scandium	Sc	21	44.96
Fluorine	F	9	19.00	Seaborgium	Sg	106	(271)
Francium	Fr	87	(223)	Selenium	Se	34	78.97
Gadolinium	Gd	64	157.3	Silicon	Si	14	28.09
Gallium	Ga	31	69.72	Silver	Ag	47	107.9
Germanium	Ge	32	72.63	Sodium	Na	11	22.99
Gold	Au	79	197.0	Strontium	Sr	38	87.62
Hafnium	Hf	72	178.5	Sulfur	S	16	32.06
Hassium	Hs	108	(277)	Tantalum	Ta	73	180.9
Helium	He	2	4.003	Technetium	Tc	43	(98)
Holmium	Ho	67	164.9	Tellurium	Te	52	127.6
Hydrogen	H	1	1.008	Tennessine	Ts	117	(294)
Indium	In	49	114.8	Terbium	Tb	65	158.9
Iodine	I	53	126.9	Thallium	Tl	81	204.4
Iridium	Ir	77	192.2	Thorium	Th	90	232.0
Iron	Fe	26	55.85	Thulium	Tm	69	168.9
Krypton	Kr	36	83.80	Tin	Sn	50	118.7
Lanthanum	La	57	138.9	Titanium	Ti	22	47.87
Lawrencium	Lr	103	(262)	Tungsten	W	74	183.8
Lead	Pb	82	207.2	Uranium	U	92	238.0
Lithium	Li	3	6.94	Vanadium	V	23	50.94
Livermorium	Lv	116	(293)	Xenon	Xe	54	131.3
Lutetium	Lu	71	175.0	Ytterbium	Yb	70	173.0
Magnesium	Mg	12	24.31	Yttrium	Y	39	88.91
Manganese	Mn	25	54.94	Zinc	Zn	30	65.38
Meitnerium	Mt	109	(276)	Zirconium	Zr	40	91.22

* 모든 상대 원자 질량은 4개의 유효 숫자로 주어졌다. 괄호안의 값들은 가장 안정한 동위원소의 질량수를 나타낸다.

Introduction to
Chemistry
Fifth Edition

Richard C. Bauer
James P. Birk
Pamela S. Marks

제5판

바우어의
대학화학기초

| 화학교재연구회 옮김 |

사이플러스
Science plus

Introduction to Chemistry, 5th Edition

2 3 4 5 6 7 8 9 10 Sciplus 20 22

Original: Introduction to Chemistry, 5th Edition © 2019
By Rich Bauer, James Birk, Pamela Marks
ISBN 978-1-259-91114-9

This authorized Korean translation edition is jointly published by McGraw-Hill Education Korea, Ltd. and Sciplus. This edition is authorized for sale in the Republic of Korea

This book is exclusively distributed by Sciplus.

When ordering this title, please use ISBN 979-11-88731-09-1

Printed in Korea

옮긴이 머리말

Preface

화학은 물질의 변화를 다루는 학문이다. 화학은 물질의 조성, 물질의 구조 및 물질의 특성을 연구하는 학문 분야이다. 따라서 화학은 자연계의 수많은 원료 물질들을 사용하여 사람들에게 유용한 여러 가지 새로운 물질들을 만들어 원천을 제공해 준다.

일반화학은 자연과학을 공부하는 모든 분야, 예컨대, 자연과학, 공학, 농학, 약학, 의학, 수의학 및 기타 자연 과학 관련 학문을 전공하는 학생들이 각자의 전공 분야를 공부할 때 기초가 된다.

화학은 흔히 고대의 연금술에서 시작되었다. 이후 18세기 중반부터 정식 학문 체계로 자리잡기 시작하였고, 20세기에 들어 에너지, 신소재, 의약품, 반도체, 자동차, 기계, 항공, 우주 등 인간 생활의 모든 분야를 뒷받침하는 기초 학문이자 기본 산업이 되었으며, 오늘날에도 그 영향력이 꾸준히 확대되고 있다. 21세기 들어서서 현대 과학의 급속한 발달과 더불어 화학 분야도 눈부신 발전을 계속하고 있다. 이로 인해 전 세계적으로 많은 종류의 일반화학 책이 출간되고 있다.

이 책은 제1장 물질과 에너지로부터 시작하여 원자, 이온 및 주기율표, 화합물, 화학적 조성, 화학 반응식, 화학 반응에서의 양, 원자의 전자 구조, 화학 결합, 기체 상태, 액체와 고체 상태, 용액, 반응 속도와 화학 평형, 산과 염기, 산화-환원 반응, 핵화학, 유기 화학에 이르기까지 화학의 광범위한 분야를 다루고 있다. 이 책은 풍부한 사진과 그림을 사용하여 학습에 대한 이해를 돕고 있으며, 많은 연습 문제를 통해 학생들이 복습할 수 있는 기회를 제공하고 있다.

지은이의 머리말에서도 밝힌 바와 같이 오늘날의 강의실은 과거의 전통적인 강의실과는 많은 차이가 있다. 페이스북, 트위터, 문자 메시지 전송 등을 자유자재로 사용하며, 멀티미디어에 익숙한 학생들이 배우는 강의실은 강의 전달 접근법부터 달라야 한다. 문제를 풀 때 생각하고 분석해야 하는 과정을 단계적으로 보여주고, 동일한 분석적인 사고 과정을 반복적으로 연습하도록 하여 미래의 과학을 공부하는 과정에서 다른 정량적인 문제를 해결할 때도 같은 과정으로 문제를 해결하기를 기대하고 있다. 따라서 이 책의 설명은 흐름도를 사용하였으며 여러 주제들을 해결하는 경로를 시각적인 방법으로 설명해 놓았다.

이러한 내용 구성이 우리나라 이공계열 대학 1학년 학생들의 일반화학 강의에 아주 적합할 것이라는 판단에서 이 책을 번역하였다. 특히 고등학교에서 화학을 공부하지 않고 대학에 들어온 학생들이라도 다시 쉽게 공부할 수 있도록 풍부한 그림과 삽화를 사용하여 설명하였다. 또한 매우 쉬운 기초 예제 문제와 자세한 풀이를 해놓았고, 같은 부류의 심화 문제를 각 장의 뒤에 배열하여 본문에서 배운 내용을 복습시키고 이해의 폭을 넓히는 기회를 제공하고 있다.

이 책에 나오는 모든 화학 술어, 화합물명, 원소명, 인명 등의 표기는 대한화학회 화학정보-화학술어(2014년 9월판)에서 제시한 것을 따랐으며, 용어의 띄어쓰기도 대한화학회에서 제시한 것을 따랐다. 그러나 용어집에 나오지 않은 용어는 옮긴이의 주관에 따라 사용하였고, 영문 용어를 괄호로 묶었다. 옮긴이의 입장에서는 가능하다면 학생들이 원서와 병행하여 공부하기를 희망한다. 원서를 접해보면 지은이들이 추구하는 이 책의 장점을 다시 한 번 인식하게 될 것이며, 원리와 개념에 대한 이해가 더욱 쉽게 다가올 수도 있다. 또한 화학을 전공하는 학생들의 경우에는 용어나 개념의 뉘앙스를 익히는 데도 큰 도움이 될 것이다. 이 책에서 공부한 화학적 개념들이 학생 각자가 전공하는 분야에서 튼튼한 기초가 되고, 전공 영역을 더욱 잘 이해할 수 있는 밑거름이 되기를 기대한다. 마지막으로 이 책의 번역판이 출판되기까지 격려와 노력을 해준 사이플러스의 박종성 대표에게 감사의 말씀을 전하며, 번역 내용이 잘못되거나 오류를 지적해 주시면 수정판에 반영할 것을 약속드린다.

2020년 2월 15일

옮긴이 적음

지은이 머리말

Preface

바우어의 대학 화학기초(**Introduction to Chemistry**) 제5판은 본문 내용과 강의실 프리젠테이션이 화학에 대한 개념적 접근에 초점을 맞출 때 학생들이 가장 잘 배운다는 믿음으로 저술하였다. 우리 강의실의 현황은 많은 면에서 전통적인 강의 설명 방식과는 상당히 다르다. 이 책은 수업 첫 주부터 시작하여 학기의 마지막까지 계속하여 분자 관점에서 거시적인 현상을 설명할 수 있는 일련의 주제로 구성되어 있다. 이러한 접근법은 알고리즘 문제 해결에 대한 개념적 이해에 중점을 두었다. 학생들이 개념을 이해하도록 돕기 위해 이 책에서는 수많은 그림, 애니메이션, 비디오 클립 및 동영상을 사용하였다. 각 수업 기간의 대략 1/3은 개념적 관점에서 화학 현상을 설명하는 데 사용된다. 남은 시간 동안 학생들은 그룹으로 토론함으로써 개념적 및 수치적 문제에 대해 답을 하게 된다.

개념을 기반으로 하는 책을 만드는 우리의 열망은 우리 자신의 강의실 경험뿐만 아니라 학생들이 어떻게 학습하는지에 관한 교육 연구에서 비롯되었다. 이 책은 주제 순서, 문맥, 개념 강조 및 개념에 포함된 숫자적인 문제 풀이를 다루는 교육 연구 결과에 기초를 두고 있다. 이 책 전체를 통하여 우리는 내용을 학생들의 일상생활과 관련시키고 화학이 어떻게 우리가 규칙적으로 만나는 현상(단순하고 복잡한 것)을 이해할 수 있는지 보여준다. 학생들이 처음 접하는 화학적인 개념은 나중에 이해하여야 할 추상적인 개념에 맥락을 주기 위해 그들의 개인적 경험의 영역에 있어야 한다. 이 책은 거시적인 화학 현상을 일찌감치 제시하고 친숙한 상황을 사용하여 미시적으로 설명한다.

이 책은 화학의 사전 수강 전제 조건이 없으며, 한 학기 과정 또는 두 학기 과정에 적합한 신입생 수준의 입문 화학서로 만들어졌다. 이 책은 과학을 전공하고자 하는 높은 수준의 일반 화학 과정의 내용을 필요로 하지 않는 보건, 농업 또는 기타 학문 분야의 전공자가 수강하는 입문 과정 또는 과학 학점을 위한 대학 교양 필수 요건을 충족하는 학생을 대상으로 한다. 또한, 고등학교 때의 충분한 과학 과목의 수강 경력이 없는 학생들이라 하더라도 종종 정규 일반 화학 과정에 대한 준비 과정에 적합하도록 구성되었다.

NEW! 인터넷 핫스팟 및 히트맵을 이용한 학생 중심 지도

적응형 독서 도구(adaptive reading tool)인 SmartBook®의 히트맵(heat maps)과 그것이 제공하는 학생 성과에 대한 자세한 분석을 사용함으로써, 우리는 약간의 수정, 추가 설명 또는 더 자세한 삽화 설명(illustration)을 통하여 특정 학습 목표에 도달할 수 있었다. SmartBook은 역동적인 학습 도구이기 때문에, 학생들이 학습 내용에 어려움을 겪고 있는 곳을 위치를 정확히 보여주는 수많은 실시간 데이터를 가지고 있으며, 다른 평가 방법을 통해서는 잘 알아내지 못하는 학생의 학습에 대한 직접적인 정보를 알 수 있다. 각각의 질문에 답하는 데 소요된 평균 시간 및 첫 번째 시도에서 질문에 정확하게 답한 학생의 비율과 같은 데이터는 학생들이 특히 어려워하는 학습 목표를 보여주었다. 예를 들어, 아래 히트 맵은 학생들이 밀도 개념과 관련된 질문으로 어려움을 겪고 있음을 나타낸다.

> **밀도** 물체의 **밀도**는 물체의 질량에 대한 질량의 비율이다. 질량과 부피는 모두가 물체나 시료의 크기에 의존하지만 밀도는 그렇지 않다. 밀도는 온도와 압력이 일정한 한 물질의 양이 아무리 많아도 물질의 변하지 않는 특성이다. 몇 가지 물질의 밀도는 표 1.6에 나와 있다.

이와 같은 결과의 분석은 개정판이 학생 중심적이 되도록 했다. 예를 들어, 학생들이 어려워하고 있는 특정한 주제들을 고려할 때, 아래와 같이 밀도에 대한 설명을 명확히 하였다.

밀도 물체의 **밀도**는 물체의 질량에 대한 물체의 부피의 비율이다. 질량과 부피 모두가 물체나 시료의 크기에 의존하지만 밀도는 그렇지 않다. 밀도는 온도와 압력이 일정한 한 물질의 양이 아무리 많아도 물질의 변하지 않는 특성이다. 예를 들어, 4°C에서 물의 밀도는 1.00 g/mL이다. 우리가 10 mL 또는 10 L를 가지고 있다고 하더라도 그것은 중요하지 않다. 즉 질량 대 부피의 비율은 모두 1.00 g/mL일 것이다. 그러나 온도가 상승하면 물은 더 큰 부피로 팽창하고 질량은 그대로 유지된다. 액체 물의 밀도는 온도가 증가함에 따라 감소할 것이다. 물의 밀도와 몇 가지 다른 물질의 밀도를 표 1.6에 수록해 놓았다.

또한 많은 학생들이 학습할 내용으로 인해 어려움을 겪고 있는 핵심에 대한 강력한 통찰력을 바탕으로 추가 학습 자료에 전략적으로 시간을 할애할 수 있도록 하였다. 본문에서 우리는 특히 "인터넷 핫스팟"과 같이 어려운 콘텐츠 영역을 파악하여 학생들이 해당 콘텐츠와 관련된 다양한 학습 자료로 안내할 수 있도록 하였다. 학생들은 이 책의 SmartBook에서 800개가 넘는 디지털 학습 자료에 액세스할 수 있다. 이 학습 자료는 개념 및 작업 예제의 요약을 제공한다. 200개가 넘는 화학 교수 문제 해결 동영상이나 학생들이 반복해서 볼 수 있는 모형 개념을 포함하고 있다.

이 책의 전자 버전에서는 이러한 인터넷 핫스팟을 위한 학습 자료에 즉시 접근할 수 있도록 내용과 함께 실어 놓았다.

인터넷 핫스팟

상당수 학생들이 결합 반응의 균형 맞춘 반응식을 쓰는 데 어려움을 겪고 있다고 한다. 이 주제에 대한 추가 학습 자료를 보려면 SmartBook에 접속하라.

모든 장의 내용은 학생들이 개념적으로 이해한 결과에 따라 편집해 놓았다. 일부 사소한 변경도 있지만 어떤 부분은 더 광범위하게 변경한 부분도 있다. 우리는 전례가 없을 만큼 일반적인 오인(misunderstanding)의 영역을 수정하기 위해 실시간 학생 평가 데이터를 사용하고 있다. 현재 우리는 가능한 최고의 학습 자료를 제공하여 학습 방법을 바꿀 수 있는 기회를 제공해 주고 있다.

지은이 소개

About the Authors

Richard Bauer는 Michigan주의 Saginaw에서 태어나고 자랐으며, Saginaw Valley State University에서 하학사 하위를 취득하였다. 학사 학위를 취득하는 동안 Dow Chemical에서 학생 기술자로 일했다. George Bodner 박사의 지도하에 Purdue University에서 화학 교육 분야의 석사 및 박사 학위를 취득하였다. Purdue 이후 그는 Clemson University에서 방문 조교수로 2년을 보냈다. 현재 그는 Arizona State University의 Downtown Phoenix 캠퍼스에서 과학, 수학 및 사회과학 부장 맡고 있다. 그는 Tempe Campus의 일반 화학 코디네이터(General Chemistry Coordinator)로서 탐구 기반 실험 프로그램을 구현하였다. 그는 25년 넘게 입문 및 일반 화학 과정을 가르쳤으며 화학 교육 과정의 방법을 가르쳐 왔다. 그는 특히 학생들의 다양성 때문에 입문 화학을 가르치는 것을 좋아한다. 일반 화학 실험 개발 외에도, 그는 추상적이고 분자적인 개념의 학생 시각화, TA 훈련, 그리고 중등학교 화학 교습 방법에 관심을 가지고 있다. 학구적인 관심 외에 피아노도 치고 노래도 부르고 합창단 지휘도 한다.

James Birk는 애리조나 주립 대학의 화학 및 생화학 명예교수이다. Minnesota주 Cold Spring에서 태어난 그는 St. John's University(Minnesota)에서 화학사 학위 및 Iowa State University에서 물리 화학 박사 학위를 취득하였다. University of Chicago에서 박사 후 연구원으로 일한 그는 University of Pennsylvania에서 교수 생활을 시작했으며 그곳에서 그는 화학과의 Rhodes-Thompson 의장에 임명되었다. 처음에는 무기 반응의 메커니즘에 대한 연구를 수행하였고, 그는 Arizona State University로 이동하여 일반 화학 코디네이터로 일했으며, 이후 화학 교육의 다양한 영역에 대한 연구로 전환하였다. Birk 박사는 일반 화학, 입문 화학, 엔지니어를 위한 화학, 무기 화학, 화학 강의 방법 및 무기 반응 메커니즘, 화학 교육 및 과학 교육에 대한 대학원 과정에 대한 강의를 맡았다. 그는 학부 교육의 교육 혁신상, 전미 촉매상(National Catalyst Award) 및 팀 우수상을 수상한 대통령 훈장 수상 등 여러 교육상을 수상하였다. 그는 *Journal of Chemical Education*에서 Filtrates and Residues, Computer Series 및 Technology with Teaching with Technology를 편집하였다. 최근 연구는 시각화(예: 화학 및 숨은 지구의 동적 시각화), 탐구 기반 수업 및 오인(화학 개념 검사)에 중점을 두고 있다.

Pamela Marks는 Arizona State University에 있는 분자 과학 학부의 주요 강사로 지난 22년간 기술자들을 대상으로 입문 화학, 일반 화학 및 화학을 가르쳤다. 그녀는 일반 화학 프로그램에서 질의를 기반으로 하는 학습 방법을 향상시키는데 관여했으며, 최근 입문 화학 과정을 반전된 교실 형식으로 수정하였다. University of St. Benedict와 St. John's University의 일반 화학 프로그램도 강의하였다. 이전에 출간된 교육 출판물에는 멀티미디어 기반의 일반 화학 교육 커리큘럼이 포함되어 있다. 그녀는 1984년 St. Olaf College에서 화학사 학위를 받았으며, 1988년 University of Arizona에서 무기 화학으로 석사 학위를 받았다. 그녀는 가족과 함께 자유 시간을 보내고, Rhodesian Ridgeback에서 하이킹을 즐긴다.

간추린 차례

Brief Contents

차 례

Contents

제 13 장 » 산과 염기 • 491

Acids and Bases

제 14 장 » 산화-환원 반응 • 528

Oxidation-Reduction Reactions

제 15 장 » 핵화학 • 571

Nuclear Chemistry

사이플러스 홈페이지(www.sciplus.co.kr) 공지사항 게시판에서 다운로드가 가능합니다!

사이플러스 홈페이지(www.sciplus.co.kr) 공지사항 게시판에서 다운로드가 가능합니다!

연습 문제의 해답은 사이플러스의 홈페이지 고객센터에서 다운로드가 가능합니다!

물질과 에너지
Matter and Energy

제 *1* 장

Anna와 Bill은 일반 화학 수업을 신청한 대학생이다. 담당 교수가 첫 번째 과제를 냈는데, 학생들이 학교 캠퍼스를 돌아다니면서 무엇이든 화학과 관련이 있는 물체들을 찾아보고, 찾은 물체들을 구조와 모양의 특색에 따라 분류하는 것이었다.

Anna와 Bill은 서점에서 그들의 여정을 시작하였다. 그들은 분수와 커다란 금속 조각상, 건물 공사 현장, 서점 앞을 장식하고 있는 축하 풍선들을 발견하였다. 그들은 분수대에서 첨벙거리며 떨어지는 물과 그 밑바닥에서 수집한 동전들도 주목하였다. 금속 조각상은 독특한 색과 감촉을 가지고 있었다. 건물 공사 현장에서는 목재로 된 안전벽의 벽화에 주목하였다. 울타리에 뚫린 구멍을 통해 공사 현장의 인부가 용접을 하고 있는 것도 보았다.

Bill과 Anna는 그들의 관심을 끌었던 것들의 목록을 만들고 분류하기 시작하였다. 분수를 자세히 들여다보니 시멘트에 자갈들로 구성되어 있는 것으로 나타났다. 분수 안에서 물이 순환할 때는, 표면에서 물결을 일으키며 움직이고 있었다. 분수대 안의 동전은 대부분 1 페니였는데, 광택이 달랐다. 어떤 것들은 새것처럼 보였는데, 밝은 햇빛 아래 구리 색을 반짝이고 있었다. 어떤 것들은 우중충한 갈색으로 낡아 보였다. 금속 조각상은 독특한 현대적 디자인으로 만들어졌지만 노화되고 있는 느낌이 들었는데, 표면 전체가 녹으로 덮여 있었다. Anna와 Bill은 분수대의 동전처럼 조각상을 금속으로 분류하기로 결정하였다. 그들은 또한 분수대 안의 물, 조약돌, 콘크리트는 금속이 아니라고 결론지었다.

전기 카트는 넓은 캠퍼스를 가로지르는 이상적인 방법이다. 그들은 연료 대신에 전기 배터리를 사용하여 작동한다.

©Steven M. Marks

그들이 건설 현장에 가까워지면서 Anna와 Bill은 현장을 둘러싼 안전 울타리에서 그림이 그려진 벽을 조사하였다. 벽화 가운데의 작은 구멍을 통해 자갈, 콘크리트 블록, 배관 공사에 쓰일 금속관, 강철 빔, 구리관을 보았다. 그들은 목록에 비금속과 금속 몇 개를 더 넣었다. 용접공이 금속 두 조각을 붙이고 있었다. 불꽃이 사방으로 튀고 있었다. Anna와 Bill은 불꽃 안에는 무엇이 있을까 하고 생각하였다. 불꽃은 아주 작고 순식간에 사라지기 때문에, 어떻게 분류해야 할지 알 수 없었다.

계속 걸어 다니다 보니, 교내 운동장과 체육관을 지나게 되었는데, 테니스 라켓, 야구 방망이, 자전거, 웨이트 벨트를 사용하는 학생들을 볼 수 있었다. 그 물건들은 어떻게 분류할까 생각하였다. 점심에 Bill과 Anna는 피자를 샀다. 알루미늄 캔에 들어 있는 청량음료를 마셨다. 햇볕 아래 벤치에 앉아 점심 식사를 즐기면서, 모래사장에서 배구를 하는 학생들을 보았다. 자외선 차단제를 바르면서 햇빛은 어떻게 분류해야 하는지 생각해 보았다. 점심 식사 후에 오후 수업에 늦지 않으려 서둘러 움직였다. 강의실로 가는 길에 캠퍼스 안의 여러 차들이 눈에 띄었다. 어떤 것들은 휘발유로 구동하는 승용차와 버스였지만, 다른 것들은 대체 연료를 사용한 다는 표식을 붙이고 있었다. 트럭들은 육중하게 움직이면서 배기관으로 배기가스를 분출하였다. Bill과 Anna는 주차된 승용차의 보닛에 손을 대 보았다. 어떤 차들은 엔진의 열 때문에 아직도 따뜻하였다.

Bill과 Anna가 관찰한 것들은 어떻게 화학과 연관이 있을까? 분류 목적으로 사용할 수 있는 어떤 특성들을 찾아내었는가? 그들은 금속과 비금속으로 분류를 시작하였는데, 다른 분류법으로는 어떤 것을 사용할 수 있을까?

이제 당신의 차례이다. 이 책을 읽고 있는 장소에서 화학과 연관된 물건들의 목록을 만들어 보라. 목록에 있는 것들을 어떻게 분류할 것인가? 어떤 특성들을 사용하면 각 항목들을 정리하여 분류할 수 있겠는가? 가장 중요한 사항인데, 도대체 왜 분류를 해야만 하는 것일까? 이 장에서는 이러한 질문들에 대한 답을 찾아보려 할 것이다. 화학이 무엇인지를 배우게 되면서 물질들이 어떻게 생겼고, 변화하고, 거동하는지에 대한 설명을 할 수 있게 될 것이다.

이 장에서 공부할 내용의 질문

1.1 물질의 다른 형태를 구별하는 특징은 무엇인가?
1.2 물질의 특성은 무엇인가?
1.3 에너지는 무엇이고 그것은 물질과 어떻게 다른가?
1.4 이와 같은 질문들과 다른 질문들에 답하기 위해서 과학자들은 어떤 접근법을 사용하는가?

1.1 물질과 분류

Anna와 Bill이 캠퍼스에서 관찰한 모든 ***사물***(*things*)이 물질의 예들이다. 분수, 금속 조각상, 건설 현장, 서점 밖의 풍선, 버스에서 나온 배기연기, 그들이 점심으로 먹은 피자, 심지어 Bill과 Anna 그 자신들 모두 물질이다. **물질**(matter)은 공간을 차지하고 질량을 가진 것이다. **질량**(mass)은 물질의 양적인 척도이다. 질량과 중력의 상호 작용은 무게를 만드는데, 무게는 저울이나 천칭으로 측정할 수 있다.

그러나 Bill과 Anna가 관찰한 것 중 몇몇은 물질이 아니다. 햇빛, 용접할 때 나온 빛과 자동차 엔진의 열은 물질이 아니다. 그것들은 공간을 차지하지 않고 질량도 없다. 그것은 에너지의 형태이다. ***에너지***(*energy*)는 물체를 움직이거나 열을 전달하는 능력이다. 1.3절에서 에너지를 논의할 것인데, 지금은 물질에 초점을 맞추도록 하자.

Anna와 Bill의 모든 관찰은 화학과 관련이 있다. 왜냐하면 화학은 물질과 에너지를 연구하기 때문이다. 전체 물리적 세계가 물질과 에너지이기 때문에 우리가 다룰 수 있는 방식으로 현상을 분류하지 못하면 화학은 다루기 힘든 연구의 주제가 될 것이다. Anna와 Bill은 어떤 재료는 금속이고 어떤 재료는 금속이 아니라고 결정할 때 빛나거나 딱딱함과 같은 특징을 사용하였다. 물질을 분류하기 위해 사용할 수 있는 어떤 다른 특징들을 알아보자.

물질의 조성

물질을 분류하는 한 가지 방법은 화학적 조성에 의한 것이다. 어떤 유형의 물질은 그들의 기원이 무엇이든 간에 항상 같은 화학적 조성을 가진다. 그와 같은 물질은 **순물질**(pure substance) 또는 더 간단하게 ***물질***(*substance*)이라고 한다. 순물질은 시료 전체를 통해 같은 조성을 가진다. 그것은 물리적 방법으로는 구성 성분으로 분리할 수 없다.

몇몇 순물질들을 관찰할 수 있다. 예를 들면 Anna의 소다수 캔의 알루미늄은 순수하다. 알루미늄은 플라스틱과 페인트로 코팅되었지만 다른 물질과 결합하지 않는다. 또한 Bill과 Anna가 배구 경기를 지켜보았던 곳인 모래사장을 생각해 보자. 모래는 순물질이 아니지만 모든 먼지, 무기물과 다른 오염물들을 제거하면, 순물질인 실리카가 된다. 실리카는 모래의 한 종류이다(그림 1.1). 실리카 낟알들은 크기는 다르지만 모두 같은 화학적 조성을 가지는데, 그 조성은 실험실에서 결정할 수 있다.

순물질과 대조적인 다른 물질은 혼합물이다. **혼합물**(mixture)은 두 가지 이상의 순물질로 구성되고 조성이 다양할 수 있다. 예를 들면 분수는 자갈, 콘크리트, 자갈로 만들어진다. 분수 안의 물속에는 적은 양의 기체와 무기물이 녹아 있기 때문에 심지어 분수의 물도 순물질이 아니다. 그러나 모든 다른 물질들이 제거되면 모래처럼 물은 순수하게 만들 수 있다.

순물질에는 원소와 화합물이 있다. 우리는 이것을 먼저 논할 것이고, 그런 다음 혼합물의 종류에 대해 설명할 것이다.

여러분들이 있는 곳에서 순물질일 수 있는 것들이 있는가? 실제로, 순물질은 우리 세상에는 드물다. 대부분의 것들이 혼합물이다. 순물질은 종종 실험실에서 발견되는데, 거기서 순물질은 통제된 조건에서 물질의 성질과 행동을 결정하는 데 사용된다.

그림 1.1 모래는 무기물인 실리카로 구성되어 있다. 모래는 특정 비율로 규소와 산소 원소를 포함한다.

그림 1.2 물에 전류를 통하면 물은 수소와 산소 원소로 분해된다. 수소(*왼쪽*)와 산소(*오른쪽*)가 관 위로 기포를 내는 것을 볼 수 있다.

©McGraw-Hill Education/Stephen Frisch

원소 모든 물질은 순물질이거나 물질들의 혼합물로 구성된다. 그리고 순물질에는 원소와 화합물의 두 가지 유형이 있다. **원소**(element)는 *화학적 반응에 의해서도* 더 간단한 물질로 분해될 수 없는 물질이다. 예를 들어 먼저 우리가 분수의 물을 정제하여 오염 물질을 제거하였다고 가정하자. 그러고 나서 ***전기 분해***(*electrolysis*)라는 화학적 방법을 사용하여 물을 성분 원소로 분리하였다고 하자. 그림 1.2에 나타낸 것처럼 물은 화학적 방법에 의해 수소와 산소로 분해될 수 있다. 따라서 물은 원소가 아니다. 그러나 수소와 산소는 원소이다. 우리는 수소와 산소를 열, 빛, 전기 또는 어떤 화학 과정을 이용하여 더 간단한 물질로 분해할 수는 없다. 수소와 산소를 보다 더 복잡한 물질로 전환할 수 있지만 간단하게는 전환할 수 없다.

원소는 모든 물질을 만드는 블록이다. 명명된 118개 원소들 가운데 83개가 자연의 물질에서 발견될 수 있고 충분한 양으로 분리할 수 있다. 우리가 사용하고, 보고, 읽는 모든 물질들은 다양한 조합에 의해 다양한 원소들로부터 만들어진다. 지구의 천연자원으로부터 분리되지 않는 원소들은 과학자에 의해 합성된 것들이다. 몇몇 원소들은 너무나 불안정하여 잠시 동안만 존재한다. 여기에는 아직 정식으로 이름이 붙지 않은 원소도 포함된다. 원소들을 분류하기 위해 화학자들은 그림 1.3에 나타낸 것처럼 ***주기율표***

금속(주족) / 금속(전이) / 금속(내부 전이) / 준금속 / 비금속

주족 원소 (1–2족, 13–18족) · 전이 원소 (3–12족)

주기	IA (1)	IIA (2)	IIIB (3)	IVB (4)	VB (5)	VIB (6)	VIIB (7)	VIIIB (8)	VIIIB (9)	VIIIB (10)	IB (11)	IIB (12)	IIIA (13)	IVA (14)	VA (15)	VIA (16)	VIIA (17)	VIIIA (18)
1	1 **H** 1.008																	2 **He** 4.003
2	3 **Li** 6.94	4 **Be** 9.012											5 **B** 10.81	6 **C** 12.01	7 **N** 14.01	8 **O** 16.00	9 **F** 19.00	10 **Ne** 20.18
3	11 **Na** 22.99	12 **Mg** 24.31											13 **Al** 26.98	14 **Si** 28.09	15 **P** 30.97	16 **S** 32.06	17 **Cl** 35.45	18 **Ar** 39.95
4	19 **K** 39.10	20 **Ca** 40.08	21 **Sc** 44.96	22 **Ti** 47.87	23 **V** 50.94	24 **Cr** 52.00	25 **Mn** 54.94	26 **Fe** 55.85	27 **Co** 58.93	28 **Ni** 58.69	29 **Cu** 63.55	30 **Zn** 65.38	31 **Ga** 69.72	32 **Ge** 72.63	33 **As** 74.92	34 **Se** 78.97	35 **Br** 79.90	36 **Kr** 83.80
5	37 **Rb** 85.47	38 **Sr** 87.62	39 **Y** 88.91	40 **Zr** 91.22	41 **Nb** 92.91	42 **Mo** 95.95	43 **Tc** (98)	44 **Ru** 101.1	45 **Rh** 102.9	46 **Pd** 106.4	47 **Ag** 107.9	48 **Cd** 112.4	49 **In** 114.8	50 **Sn** 118.7	51 **Sb** 121.8	52 **Te** 127.6	53 **I** 126.9	54 **Xe** 131.3
6	55 **Cs** 132.9	56 **Ba** 137.3	57 **La** 138.9	72 **Hf** 178.5	73 **Ta** 180.9	74 **W** 183.8	75 **Re** 186.2	76 **Os** 190.2	77 **Ir** 192.2	78 **Pt** 195.1	79 **Au** 197.0	80 **Hg** 200.6	81 **Tl** 204.4	82 **Pb** 207.2	83 **Bi** 209.0	84 **Po** (209)	85 **At** (210)	86 **Rn** (222)
7	87 **Fr** (223)	88 **Ra** (226)	89 **Ac** (227)	104 **Rf** (265)	105 **Db** (268)	106 **Sg** (271)	107 **Bh** (270)	108 **Hs** (277)	109 **Mt** (276)	110 **Ds** (281)	111 **Rg** (280)	112 **Cn** (285)	113 **Nh** (284)	114 **Fl** (289)	115 **Mc** (288)	116 **Lv** (293)	117 **Ts** (294)	118 **Og** (294)

내부 전이 원소

6 란타넘족	58 **Ce** 140.1	59 **Pr** 140.9	60 **Nd** 144.2	61 **Pm** (145)	62 **Sm** 150.4	63 **Eu** 152.0	64 **Gd** 157.3	65 **Tb** 158.9	66 **Dy** 162.5	67 **Ho** 164.9	68 **Er** 167.3	69 **Tm** 168.9	70 **Yb** 173.0	71 **Lu** 175.0
7 악티늄족	90 **Th** 232.0	91 **Pa** 231.0	92 **U** 238.0	93 **Np** (237)	94 **Pu** (244)	95 **Am** (243)	96 **Cm** (247)	97 **Bk** (247)	98 **Cf** (251)	99 **Es** (252)	100 **Fm** (257)	101 **Md** (258)	102 **No** (259)	103 **Lr** (262)

그림 1.3 주기율표는 알려진 원소의 성질에 따라 원소들을 묶어 놓은 것이다. 문자는 원소의 이름에 대한 기호이다.

그림 1.4 몇 가지 원소들. 어떤 원소가 금속인가?

(인, 브로민, 니켈, 납, 알루미늄, 황 및 주석): ©McGraw-Hill Education/Stephen Frisch; (구리): ©Jim Birk; (금): ©Digital Vision/Getty Images; (탄소): ©Photodisc/Getty Images.

(*periodic table*)를 사용한다. 주기율표에서 원소들의 ***족***(*group* 또는 *familiy*)이라고 하는 각 열의 원소들은 유사한 특징, 즉 ***성질***(*property*)을 가진다.

원소들은 일반적으로 두 가지의 주된 범주, 즉 금속과 비금속으로 분류된다. 일반적으로 **금속**(metal)은 광택(빛남)과 전기를 전도하는 능력(전기 전도도)에 의해 **비금속**(nonmetal)과 구별될 수 있다. 구리, 알루미늄, 철과 그 밖의 금속들은 전기의 좋은 전도체이다. 탄소(다이아몬드의 형태로), 염소, 황과 같은 비금속 원소들은 정상적으로는 전기를 통하지 않는다. 그림 1.4에 나타낸 금속과 비금속의 외양에서의 차이에 주목하라. 모든 원소들이 그 범주에 깔끔하게 맞는 것은 아니다. 제2장에서는 금속과 비금속의 중간 성질을 가진 원소를 논의할 것이다.

예제 1.1 ▶ 금속과 비금속

다음 그림의 어떤 원소가 금속인가? 왜 그렇게 생각하는가?

철(iron)

탄소(carbon)

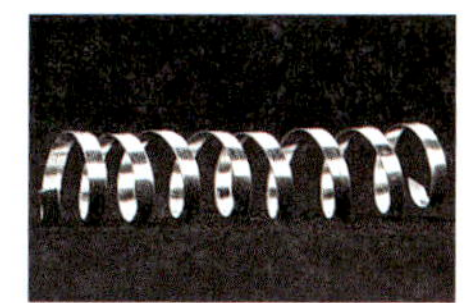
마그네슘(magnesium)

황(sulfur)

알루미늄(aluminum)

(철): ©Sinclair Stammers/Science Source; (탄소): ©Photodisc/Getty Images; (마그네슘, 황, 알루미늄): ©McGraw-Hill Education/Stephen Frisch.

» 풀이:

세 가지 원소인 철, 알루미늄, 마그네슘은 광택을 가진다는 것, 즉 빛을 반사한다는 것에 주목하라. 그들은 금속이다. 여러분이 물질을 다루고 시험할 수 있으면 전기 전도도와 같은 성질을 사용하여 금속과 비금속을 구별할 수 있다.

→ 응용 연습 1.1

만약 당신에게 원소의 성질을 알려주고 원소들 목록에서 원소의 정체를 알아내라고 한다면 어떻게 하겠는가? 어떤 원소가 다소 흐릿한 모습, 낮은 전기 전도도, 상온에서 기체로 되어 있다고 가정하자. 이 원소는 아연, 백금, 염소 중 어느 것인가?

→ 실전 연습 1.1

그림 1.4에서 비금속을 찾아라. 여러분이 결정하는 데 고려했던 특징들을 설명하라.

→ 심화 연습: 연습 문제 1.31

표 1.1 ▸ 선택된 원소들의 원소 기호

우리말 이름	영어 이름	원래 이름	원소 기호	우리말 이름	영어 이름	원래 이름	원소 기호
구리	copper	cuprum	Cu	포타슘	potassium	kalium	K
금	gold	aurum	Au	은	silver	argentum	Ag
철	iron	ferrum	Fe	소듐	sodium	natrium	Na
납	lead	plumbum	Pb	주석	tin	stannum	Sn
수은	mercury	hydrargyrum	Hg	텅스텐	tungsten	wolfram	W

주기율표에 익숙하기 위해서는 은, 주석, 금, 수은, 납뿐만 아니라 최초의 36개의 원소들에 대한 이름과 기호를 외워야 한다. 여러분의 교수님도 여러분에게 다른 것들을 배우게 하려고 물어볼 수도 있다.

인용할 때마다 매번 원소들의 이름을 써야 하는 것을 피하기 위해 기호 체계를 사용한다. **원소 기호**(element symbol)는 원소의 긴 이름을 약어로 표현한 것이다. 보통 기호는 원소의 이름의 한 문자 또는 두 문자로 구성된다(탄소의 경우 C, 헬륨의 경우 He, 리튬의 경우 Li). 첫 번째 문자는 대문자이고, 두 번째 문자는 소문자이다. 두 원소의 이름이 동일한 두 개의 문자로 시작하면(예를 들면 마그네슘과 망가니즈) 첫 번째 문자와 이후 문자를 기호로 사용하여 구별한다(마그네슘의 경우 Mg, 망가니즈의 경우 Mn).

몇몇 원소들에 대해 기호는 라틴 이름이나 다른 언어에서 온 이름을 기반으로 한다. 이런 원소들은 표 1.1에 나열되어 있다. 최근에 합성된 몇몇 원소들은 유명한 과학자의 이름 또는 장소에서 따오기도 하였다. 다른 원소들은 영구적인 이름을 부여받지 못하였다. 이 책의 앞표지 안쪽 면에 현대적인 이름과 기호의 목록을 수록해 놓았다.

예제 1.2 ▶ 원소 기호

포타슘은 부드럽고, 은의 색깔을 띠는 금속으로, 물과 격렬하게 반응한다. 포타슘 원소의 기호를 써라.

» 풀이:

포타슘의 기호는 K이다. 주기율표에서 포타슘은 19번 원소이고 주기율표의 IA(1)족(열)에 위치한다.

➜ 응용 연습 1.2

당신이 무의식적으로 포타슘의 원소 기호를 P 또는 Po로 식별한다면 어떨까? 왜 이 기호가 포타슘의 원소 기호로 옳지 않는가?

➜ 실전 연습 1.2

(a) 납은 부드럽고, 무디며, 은의 색깔을 띠는 금속이다. 납 원소의 기호를 써라.

(b) 귀금속을 만드는 데 사용되는 공통의 원소에 대한 기호는 Ag이다. 이 원소의 이름은 무엇인가?

➜ 심화 연습: 연습 문제 1.39

화합물 가끔 ***화학 화합물***(*chemical compound*)이라고도 부르는 **화합물**(compound)은 두 가지 이상의 원소들이 일정한 비율로 결합하여 이루어진 물질이다. 화합물은 성분 원소들과는 다른 성질을 가진다. 예를 들면 황철광은 성분 원소인 철과 황으로 분해될 수 있지만, 그 특징은 두 가지 원소들과는 다르다(그림 1.5). Anna와 Bill은 화학적으로 성분 원소들로 분해될 수 있는 여러 화합물을 보았다. 모래는 규소와 산소의 화합물이다. 앞에서 논의한 것처럼 물은 수소와 산소로 구성되어 있다. 피자 위의 치즈는 여러 복잡한 화합물을 포함하지만, 그 화합물 각각은 탄소, 수소, 산소, 질소와 몇 가지 다른 원소들 정도만 포함한다.

화학자들은 화합물에 결합된 원소들에 대한 기호를 토대로 화합물을 화학식으로 나타낸다(화학식은 원의 면적에 대한 $A = \pi r^2$과 같이 여러분에게 익숙한 수학식과는 같지 않다). **화학식**(chemical formula)은 화합물을 구성하는 원소들의 기호를 사용하여 화합물의 조성을 표시한다. 아래 첨자는 화합물에 있는 원소들의 상대적 비율을 나타낸다. 화학식의 원소에 대해 아래 첨자가 없으면 그 원소들의 상대적 비율이 1이라는 것은 짐작할 수 있다. 예를 들면 물은 한 단위의 산소와 두 단위의 수소로 구성된 것으로 알려져 있다. 이 화합물은 H_2O의 화학식으로 나타낸다. 흔히 식용 소금으로 부르는 화합물인 염화 소듐은 원소 소듐과 염소를 동등한 비율로 포함한다. 따라서 그것의 화학식은 NaCl이다. 우리는 제3장에서 화학식을 상세하게 논의할 것이다.

황철광

그림 1.5 황철광은 철 원소와 황으로 구성된다. 이 두 원소가 함께 혼합하여 존재할 때 철은 자성을 띠므로 황과 분리될 수 있다. 황과 철의 화합물인 황철광은 자성을 띠지 않는다.

(위): ©McGraw-Hill Education/Doug Sherman; (아래): ©McGraw-Hill Education/Stephen Frisch

흑연 막대는 거친 표면을 따라 흑연 막대를 당기면 검은 색의 자취를 남긴다. 경도 번호는 연필심에 있는 흑연과 점토의 상대적인 양을 나타낸다. 숫자 2의 연필은 매우 부드러운 반면에, 숫자 6의 연필은 상당히 단단하다. 어떤 연필이 더 많은 흑연을 가지는가?

혼합물 연필심과 같은 물질의 형태는 모든 시료에서 같은 조성을 갖지는 않는다. [연필심은 원소 납이 아니다. 그것은 흑연과 점토의 **혼합물**(*mixture*)이다.] 혼합물은 두 가지 이상의 원소 또는 화합물로 구성된다. 혼합물은 그것을 구성하는 순물질로 분리할 수 있다. 이 분리 과정은 빻거나 녹이거나 걸러주는 것과 같이 물리적으로 할 수 있다. 혼합물을 분리하는 데 화학 과정은 필요하지 않다.

우리는 염수를 보면서 순물질과 혼합물 사이의 차이를 설명할 수 있다. 정제된 물은 순물질이고 항상 같은 비율의 수소와 산소로 구성되어 있다. 반면에 염수는 염과 많은 다른 재료들이 다양한 비율로 혼합된 물이다. 예를 들면 유타 주에 있는 그레이트 솔트 레이크 호수는 거의 10%의 염을 갖지만 사해는 30% 정도의 염을 가진다. 두 가지 어떤 경우에서도 물을 기화시킴으로써 물에서 염을 손쉽게 분리해 낼 수 있다(그림 1.6).

혼합물은 조성의 균일함이 다르다. **균일 혼합물**(homogeneous mixture)은 전체적으로 균일 한 조성을 가지고 종종 **용액**(solution)이라고 한다. 우리가 흔히 접하는 대부분의 용액은 물에 녹은 화합물로 구성된다. 그것들은 보통 투명하다. 예를 들면 부엌에서 만든 잘 혼합된 염수 시료는 외관상 균일하다. 안에 녹은 염은 보이지 않는다. 게다가

그림 1.6 소금을 모으기 위해 물을 큰 연못으로 옮긴 다음 물을 증발시키면 고체 소금이 남는다.

©Science Photo Library/Alamy Stock Photo

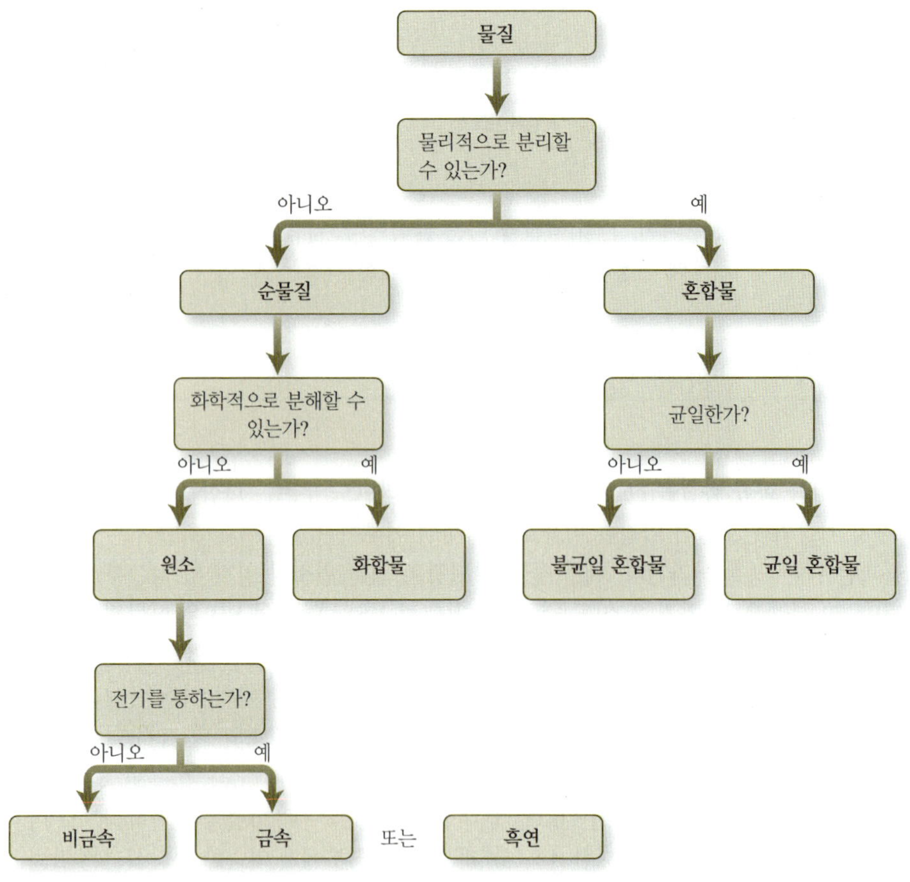

그림 1.7 이 흐름도에서 짧은 일련의 질문에 답을 함으로써 물질을 분류할 수 있다.

> 모든 용액이 다 액체는 아니다. 예를 들어 걸러서 고체 입자를 제거한 공기를 생각해 보자. 걸러진 공기는 기체 용액인데, 이는 아주 적은 양의 몇몇 다른 기체들과 함께 주로 산소와 질소 기체의 혼합물이다. 고체 용액도 존재하며, 이를 합금이라고 한다. 예를 들어, 황동은 아연과 구리의 용액이다.

이 시료의 어떤 작은 부분도 다른 부분과 동일한 조성을 가진다. 혼합물의 입자들은 같은 형태로 정확하게 배열하지 않을 수 있지만 크기에 관계없이 각 시료는 동일한 비율에서 동일한 성분을 가진다.

전체적으로 균일하지 않는 혼합물, 예를 들면 소금과 후추의 혼합물은 **불균일 혼합물**(heterogeneous mixture)이다. 시료의 어떤 부분인지에 따라 성분의 비율이 달라진다. Bill과 Anna가 점심으로 먹은 것들 중 어떤 것이 균일 혼합물이고, 어떤 것이 불균일 혼합물인가? 여러분의 점심은 어떤가? 여러분은 어떻게 구별할 수 있는가?

우리는 물질의 많은 분류와 하위 분류를 고려하였다. 혼합물, 균일 혼합물, 불균일 혼합물, 순물질, 화합물, 원소, 금속과 비금속. 물질들을 이와 같은 범주로 분류하는 방법 중 하나가 그림 1.7에 요약되어 있다. 그림에서 몇몇 질문에 '예' 또는 '아니오'의 대답이 한 유형의 물질을 다른 유형의 것과 구분한다는 것에 주목하라. 첫째, 물질이 물리적으로 분리될 수 있는지를 알아본다. 만일 그렇다면 그것은 혼합물이다. 그렇지 않다면 순물질임에 틀림없다. 이 물질이 화학 반응에 의하여 분해될 수 있으면(더 단순한 물질로 쪼개지면) 화합물이다. 그럴 수 없다면 그것은 원소이다.

» 물질의 표기

화학자를 비롯한 과학자들은 세계를 볼 때 다른 여러 관점에서 본다. 지금까지 우리는 육안으로 보이는 크기로 물질을 고려하였다. 다시 말하면 우리는 눈으로 볼 수 있는 물질과 현상을 논의한 것이다. 그러나 단순한 관찰에는 한계가 있다. 때때로 우리는 Anna

예제 1.3 ▶ 원소, 화합물, 혼합물

다음 그림 중 어떤 것이 순물질을 나타내는가?

(분수): ©vora/iStock/Getty Images; (피자): ©Kevin Sanchez/Cole Group/Getty Images; (동전): ©Randy Allbritton/Getty Images; (풍선): ©Jules Frazier/Getty Images (음료수): ©Brian Moeskau/Moeskau Photography

» 풀이:

동전 바깥면의 구리와 풍선 안의 헬륨은 순물질이다. (그러나 헬륨과 풍선을 함께 고려하면 이것은 혼합물의 예가 된다.)

→ 응용 연습 1.3

왜 분수 안의 물은 순물질로 간주하지 않는가?

→ 실전 연습 1.3

그림의 어떤 것이 혼합물을 나타내는가? 어떤 것이 불균일한가? 어떤 것이 균일한가?

→ 심화 연습: 연습 문제 1.45

와 Bill이 했던 것처럼 단지 사물들을 보고 분류할 수 없다. 그러면 어떻게 해야 할까? 화학자는 우리가 눈으로 볼 수 있는 것보다 훨씬 작은 규모에서 물질의 구조와 행동을 이해하고자 하였다.

예를 들어 건설 현장의 구리 파이프를 생각해 보자. 만약 파이프를 구성하는 가장 작은 단위로 확장하면 우리는 무엇을 보게 될까? 실험적 증거로부터 다음을 알 수 있다. 구리는 불연속적이며 구형의 단위체들로 이루어져 있고 이들 모두는 동일하게 보인다 (그림 1.8). 화학자들은 이것들을 원자로 확인한다. **원자**(atom)는 원소의 가장 작은 단위이고 그 원소의 화학적 성질을 가진다. 예를 들면 우리는 기구 속의 헬륨 기체를 기호로는 He로 나타내는 많은 헬륨 원자들로 상상할 수 있다. 그림 1.9에서 각각의 구는 헬륨 원자를 나타낸다. 마찬가지로, 물의 구조를 확대해서 볼 수 있으면 단 하나의 큰 산소

일반적으로 화학자들이 각기 다른 원소의 원자들을 구별하여 표시하기 위해 색깔 부호를 사용하지만 원자 시료는 색깔을 갖지는 않는다. 거시적인 물질 시료는 색깔을 가질 수 있지만, 일반적으로 이 색깔들은 원자를 나타내기 위해 사용한 색깔과 일치하지는 않는다. 정확한 표기법에서는 서로 다른 원소들의 원자 크기의 상대적인 차이를 반영하기 위해 구의 크기는 변경된다.

그림 1.8 구리 파이프는 구리 원자들이 일정한 배열로 구성되어 있다.

©Thinkstock/Getty Images

헬륨 원자

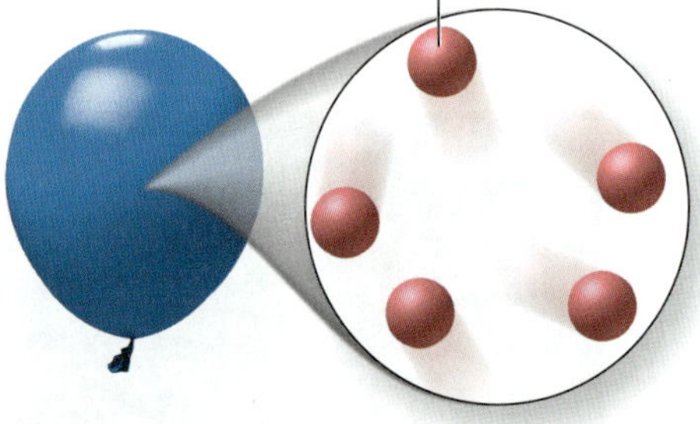

그림 1.9 헬륨 원자가 기구 내부에 존재한다.

©Jules Frazier/Getty Images

그림 1.10 수소 원자와 산소 원자를 포함한 분자는 분수의 물을 구성한다.
참고: 분자 수준의 그림에는 분수의 물에 존재하는 용해된 물질이 포함되어 있지 않다.

©Glowimages/Getty Images

원자에 개별적으로 결합한 두 개의 작은 수소 원자들을 발견하게 될 것이다. 원소 단위들의 그와 같은 결합을 **분자**(molecule)라고 한다. 분자는 두 가지 이상의 원자들로 구성되는데, 이 원자들은 단위체의 형태를 이루며 결합되어 있다. 물 분자(H_2O) 몇 개가 그림 1.10에 있는데, 가운데 빨간색 구는 산소 원자를 나타내고, 두 개의 작은 흰색 구는 수소 원자를 나타낸다. (몇몇 화합물들은 분자로 존재하지 않는다. 제3장에서 그것들을 논의할 것이다.)

그림 1.11 산소 분자는 서로 연결된 두 개의 산소 원자로 구성되고 기호 O_2로 나타낸다.

화합물 형태의 분자들 외에도, 한 원소의 원자들의 결합으로도 분자를 형성할 수 있다. 예를 들면 그림 1.11에 나타낸 것처럼 우리가 호흡하는 산소는 두 개의 산소 원자가 연결된 분자로 구성된다. 산소 분자는 기호 O_2로 나타낸다.

화학자는 물질을 나타내기 위해 여러 다른 방식들을 사용한다. 몇 가지가 그림 1.12에 나타나 있다. 아래 첨자를 가진 원소 기호는 화합물에서 원소의 비를 나타낸다. 한 가지 예가 그림 1.12B이다. 원자들이 서로 어떻게 결합되어 있는지를 나타내기 위해 그림 1.12C에 나타낸 것처럼 종종 선과 원소 기호를 사용하기도 한다. 그림 1.12D에서 구는 원자를 나타내고 막대기는 원자들이 어떻게 연결되어 있는지를 나타낸다. 그림 1.12E는 원자들이 어떻게 함께 붙어 있는지와 그들의 상대적인 크기를 나타낸다. 이처럼 거시적, 분자 수준의 기호 표기는 그 각 각의 장점을 가지며, 그리고 때로 한 방법이 다른 것보다 훨씬 편리해진다. 본 교재를 따라 진행하면서 이 모든 표기법을 사용해 볼 것이다.

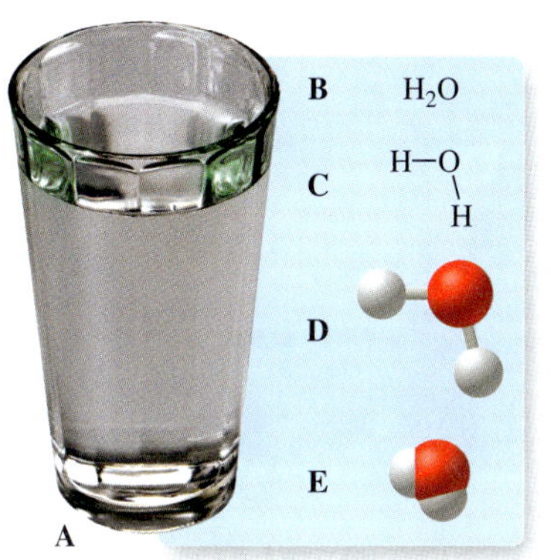

그림 1.12 물을 나타내는 다른 방법들: (A) 거시적, (B와 C) 기호적, (D와 E) 분자.

©Royalty-Free/Corbis

예제 1.4 ▶ 물질의 표기

(a) 다음 그림 중 어떤 것이 원소들의 혼합물을 가장 잘 나타내는가?

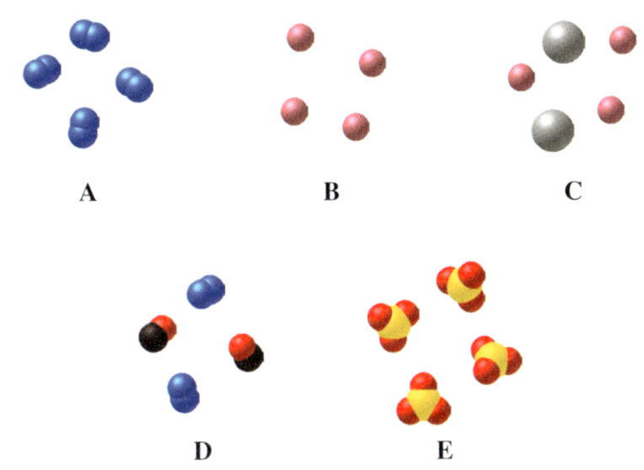

(b) 그림 A가 질소를 나타내면 그것의 화학식을 써라.

» 풀이:

(a) 그림에는 두 가지의 혼합물이 나타나 있다. 그림 C에서 구(원자를 나타냄)는 다른 색깔과 크기를 갖기 때문에 그림 C는 두 가지 원소의 혼합물이라고 결론을 내릴 수 있다. 그림 D도 혼합물이지만 한 원소와 한 화합물로 구성된 혼합물이다.

(b) 그림 A에 나타낸 물질의 식은 N_2이다. 두 원자들이 분자에서 연결되어 있다는 것을 주목하라.

→ 응용 연습 1.4

본질의 조합을 보여 주는 그림들 중에 화합물의 혼합물을 나타내는 것은 어느 것인가?

→ 실전 연습 1.4

(a) 그림들 중 어떤 것이 분자로 존재하는 원소를 나타내는가?

(b) 그림 E가 산소(빨간색)와 황(노란색)의 화합물을 나타내면, 그 화학식은 무엇인가? (먼저 황에 대한 기호를 써라.)

→ 심화 연습: 연습 문제 1.51

» 물질의 상태

앞에서 우리는 조성을 토대로 한 물질의 분류를 다루어 보았다. 물리적 상태로 물질을 분류하는 방식을 살펴보도록 하자. **물리적 상태**(physical state)는 물질이 가질 수 있는 형태이다. 우리에게 가장 익숙한 세 가지가 ***고체***(*solid*), ***액체***(*liquid*)와 ***기체***(*gas*)이다. Anna와 Bill이 관찰한 것들을 포함해서 어떤 물질들은 통상적인 조건에서 세 가지 상태로 모두 발견될 수 있다. 예를 들면 물은 자연 상태의 온도에서 고체(얼음), 액체(흐르는 물), 기체(수증기)일 수 있다.

그림 1.13 드라이 아이스는 고체 상태의 이산화 탄소이다. 이것은 매우 낮은 온도에서 기체에서 고체로 바뀐다.

동영상: 물질의 세 가지 상태

무정형 고체라고 하는 몇몇 고체들은 대부분의 결정성 고체가 가지는 질서 정연한 배열을 갖지 않는다.

표 1.2 ▸ 물질의 물리적 상태의 특징

고체	액체	기체
일정한 모양	용기의 모양(채우거나 채우지 않을 수 있다)	용기의 모양(채운다)
자신의 부피	자신의 부피	용기의 부피
압력에 따른 부피 변화 없음	압력에 따른 약간의 부피 변화	압력 변화에 따른 큰 부피 변화
질서 있는 배열(결정성)에서 입자의 위치는 고정되어 있다	입자들은 마구잡이로 배열되어 있고 입자들이 서로 부딪칠 때까지 자유롭게 움직인다	입자들이 넓게 분리되어 있고 서로 독립적으로 움직인다

다른 물질들은 한 상태에서 다른 상태로 변하려면 극한 상태가 필요하다. 예를 들면 이산화 탄소는 일반 조건에서 기체이지만 매우 낮은 온도에서는 드라이 아이스라고 하는 고체가 된다(그림 1.13).

한 물질이 고체, 액체, 기체 상태에 있는지를 어떻게 알 수 있는가? 각 상태는 우리가 눈으로 관찰할 수 있는 특징과 분자 수준에서 감지하거나 측정할 수 있는 특징을 가진다. 이 특징들이 표 1.2에 요약되어 있다.

고체(solid)는 용기의 모양과는 관계없이 일정한 모양을 가진다. 철관을 상자에 넣더라도 관의 모양은 변하지 않는다. 몇몇 고체들은 충분한 힘을 주어 모양을 바꾸도록 만들 수 있다. 그러나 여러분이 고체를 작게 만들기 위해 쥐어짜더라도 실패할 수밖에 없다. 고체는 압축할 수 없는데, 왜냐하면 입자들이 빈틈없이 쌓여 매우 질서 정연한 구조 속에 배열되어 있기 때문이다. 이 구조에는 자유로운 공간이 별로 많지 않다. 그림 1.14에 나타낸 철의 고체 상태에서 빈틈없이 쌓인 입자들에 주목하라.

액체(liquid)는 고정된 모양을 갖지 않는다는 점에서 고체와는 다르다. 액체는 용기의 모양 을 따라 채워진다. 그리고 액체는 부을 수 있다. 액체의 입자들은 만져지지만 고체에서처럼 정연된 구조로 배열되어 있지 않다. 그들은 자유롭게 서로의 곁을 움직인다. 액체는 입자들 사이에 약간의 자유로운 공간을 가지기 때문에 약간은 압축될 수 있다.

그림 1.14 철의 액체와 고체 상태. 액체 원자는 불규칙적으로 배열되고 서로 자유롭게 움직인다. 고체 원자는 규칙적인 배열로 고정된다.

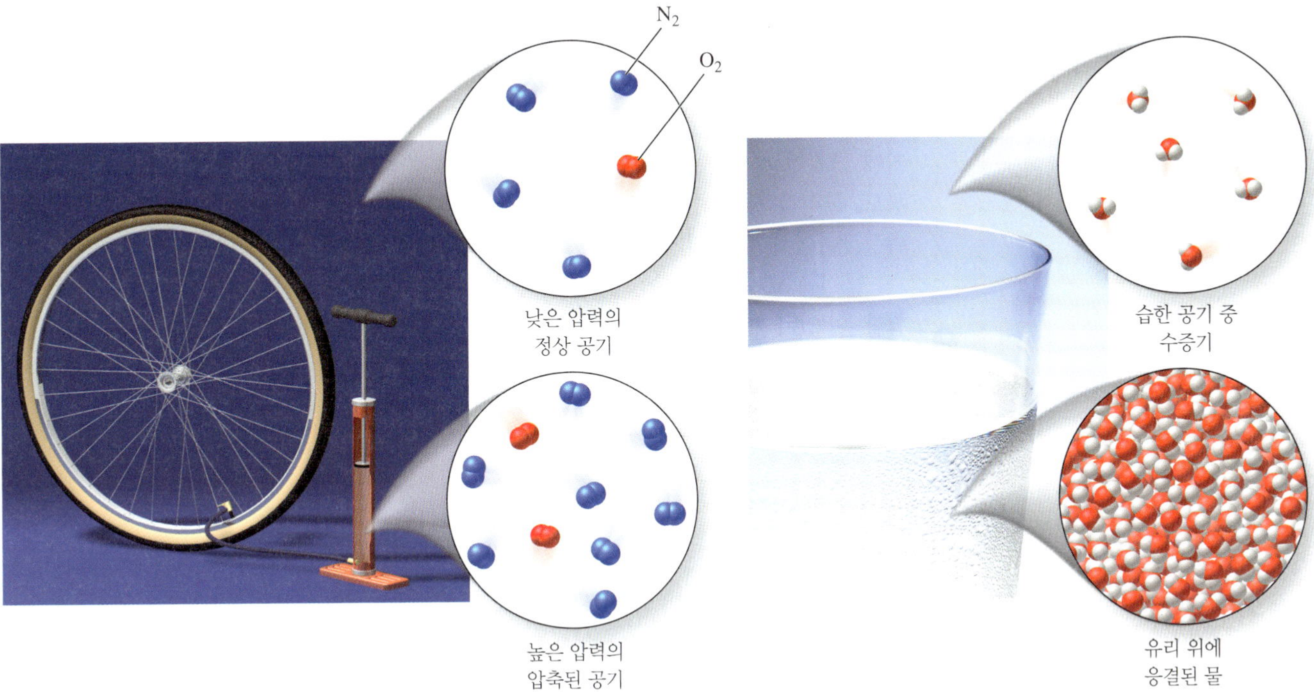

그림 1.15 같은 온도에서 높은 압력의 기체는 낮은 압력에서보다 입자들이 서로 더 가깝게 있다. 조성(1 O_2:4 N_2)은 압력의 증가와 함께 변화하지 않는 것을 인식하라.

그림 1.16 물은 찬 표면에서 기체에서 액체로 응축된다. 공기 분자(예를 들면 산소와 질소)는 나타내지 않았다.

©Brian Moeskau/Moeskau Photography

그림 1.14에서 나타낸 철의 액체 및 고체 상태의 차이를 주목하라.

기체(gas)는 일정한 모양을 갖지 않는다. 기체는 용기의 모양대로 분포하며, 팽창해서 주어진 공간을 완전히 채운다. 기체는 쉽게 압축된다. 압축되면 기체의 부피에 큰 변화가 일어난다. 기체의 입자들은 넓게 분리되어서 그들 사이의 많은 빈 공간을 가진다. 기체가 압축되면 입자들 사이의 공간의 양이 줄어든다. 그림 1.15에 나타낸 것처럼 자전거의 디이어가 공기로 채워질 때처럼 압력이 가해지면 이 현상이 일어난다. 기체의 또 다른 특징은 그들이 공간을 빨리 움직인다는 것이다. Bill과 Anna가 점심으로 먹은 피자의 냄새를 맡았을 때 그들은 음식에서 그들의 코로 움직이는 입자들을 기체로 감지하였다. 기체가 충분히 냉각되면 그들은 액체 또는 심지어 고체가 된다. 예를 들면 공기 중의 수증기가 찬 유리잔의 표면에서 액체화할 때 이 현상이 일어난다. 그림 1.16에 나타낸 물의 액체 및 기체 상태의 차이를 주목하라.

물질의 물리적 상태를 기호로 표시하여 나타내는 것은 종종 편리하다. 예를 들면 고체, 액체, 기체의 물은 각각 $H_2O(s)$, $H_2O(l)$, $H_2O(g)$로 나타낼 수 있다. 기호 (aq)는 **수용액**(aqueous solution)을 나타내는데, 어떤 물질이 물에 녹은 상태이다. 예를 들면 염과 물의 용액은 NaCl(aq)로 쓸 수 있다. 물리적 상태에 대한 기호들은 표 1.3에 수록되어 있다.

NaCl(aq)은 순물질을 나타내는가, 아니면 혼합물을 나타내는가?

표 1.3 ▸ 물리적 상태에 대한 기호

물리적 상태	기호	예(브로민, bromine)
고체	(s)	$Br_2(s)$
액체	(l)	$Br_2(l)$
기체	(g)	$Br_2(g)$
수용액(물에 용해된)	(aq)	$Br_2(aq)$

1.2 물리 · 화학 변화와 성질

Bill과 Anna는 물질의 ***변화***(*change*)를 포함해서 물질의 몇 가지 ***성질***(*property*)을 관찰하였다. 이 관찰은 물질의 질(quality)에 근거한 ***정성적***(*qualitative*)일 수 있고 또는 수치에 근거한 ***정량적***(*quantitative*)일 수 있다. 정성적 관찰만 할 때는 색깔, 모양, 감촉, 광도, 물리적 상태를 묘사하였다. 정량적 관찰은 이와는 다르다. 그 관찰은 숫자이거나 측정값이어서 주의 깊게 관찰되고 보고되어야 한다.

물질을 묘사하기 위해 사용된 정량적 자료가 매우 크거나 또는 매우 작은 숫자를 포함할 수 있기 때문에 ***과학적***(*scientific*) 또는 ***지수적 표기법***(*exponential notation*)으로 그와 같은 숫자를 표시하는 것이 유용하다. 더구나 값을 얼마나 정확하게 알아냈는지, 얼마나 정밀하게 측정되었는지를 나타내도록 숫자를 표시하는 것이 필요하다.

>> 물리적 성질

정성적 자료를 보고할 때 우리는 성질을 물리적 또는 화학적으로 분류할 수 있다. Bill과 Anna가 그들 주위의 사물들의 색깔, 모양, 감촉, 광도, 물리적 상태를 관찰했을 때 그들은 물리적 성질에 주목하였다. **물리적 성질**(physical property)은 물질 조성의 변화 없이 관찰하거나 측정할 수 있는 특징이다. 물리적 성질의 예로는 냄새, 맛, 경도, 질량, 부피, 밀도, 자성, 전도도, 어떤 물질이 한 물리적 상태에서 다른 상태로 변하는 온도 등이 있다. [이 절의 뒷부분에서 반응성과 가연성(flammability)을 포함하는 ***화학적 성질***(*chemical property*)을 논의할 것이다.] 질량, 부피, 밀도, 온도를 주의 깊게 살펴보자. 이 네 가지 성질들은 ***정량적***(*quantitative*)이므로 수치를 포함한다.

질량 질량은 물질의 양적 척도라는 것을 상기하라. 일반적으로 물체의 질량은 저울로 무게를 재어 측정한다. 화학에서 질량은 종종 그램(g) 단위로 보고된다. 그림 1.17에서 나타낸 것처럼, 사람이나 코끼리와 같은 큰 질량은 킬로그램(kg)의 단위로 보고할 수 있고, 염 결정과 물의 불순물과 같은 작은 질량은 밀리그램(mg) 또는 마이크로그램(μg)

질량: 50 mg, 0.05 g, 또는 5×10^{-5} kg

질량: 7×10^{7} mg, 7×10^{4} g, 또는 70 kg

그림 1.17 염 결정은 약 50 mg의 질량을 가지는 반면, 사람은 약 70 kg의 질량을 가진다.

(왼쪽): ©Jim Birk; (오른쪽): ©Doug Menuez/Getty Images

단위로 보고할 수 있다. 때때로 어떤 것의 질량이 그램 단위로 보고되면 우리는 밀리그램이나 킬로그램과 같은 또 다른 질량 단위로 알기를 원할지 모른다. 단위들 사이의 관계를 알면 측정값 하나의 단위에서 또 다른 단위로 쉽게 바꿀 수 있다. 표 1.4와 1.5에는 미터와 영국식 단위 사이의 공통의 관계가 요약되어 있다. 예제 1.5는 질량 단위들 사이에서 환산하는 방법이 나와 있다.

표 1.4 ▸ 미터 환산

접두사	지수	기호
giga	10^9	G
mega	10^6	M
kilo	10^3	k
deci	10^{-1}	d
centi	10^{-2}	c
milli	10^{-3}	m
micro	10^{-6}	μ
nano	10^{-9}	n
pico	10^{-12}	p

표 1.5 ▸ 영국식-미터 환산

영국식 단위	미터 단위
1 lb = 16 oz	453.6 g
1 in	2.54 cm (정확히)
1 yd	0.9144 m
1 mi	1.609 km
1 fluid oz	29.57 mL
1 qt	0.9464 L
1 gal	3.785 L
1 ft^3	28.32 L

예제 1.5 ▸ 질량의 단위

Anna와 Bill은 점심 식사와 함께 구입한 음료수에 소듐 50.0 mg이 있는 것을 알았다. 음료수 캔에 있는 소듐은 몇 그램인가? 파운드 단위로는 얼마인가?

» 풀이:

이 문제를 풀기 위한 한 가지 방법은 차원 분석법을 사용한다. 문제의 첫 번째 부분을 풀기 위한 일반적 방법은 다음 도식처럼 요약될 수 있다.

질량 (밀리그램) —?→ 질량 (그램)

밀리그램의 질량은 그램의 질량으로 환산되어야 한다. 따라서 이 두 가지 양 사이의 관계를 알 필요가 있다. 즉 10^{-3} g = 1 mg 또는 1 g = 1000 mg(표 1.4에서 얻은). 이 관계를 이용하여 다음의 환산을 얻는다.

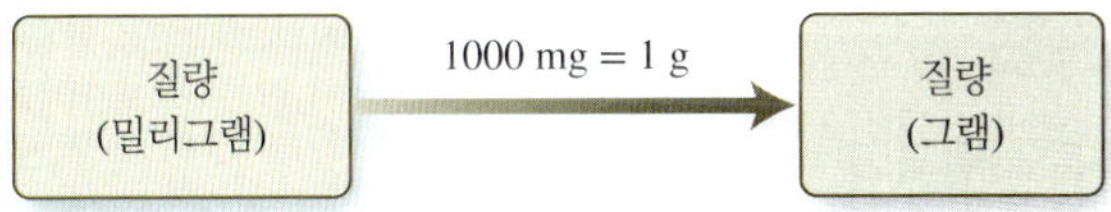

가능한 환산 비를 설정하기 위해 등가 관계식을 사용한다.

$$\frac{1\ \text{g}}{1000\ \text{mg}} \quad 또는 \quad \frac{1000\ \text{mg}}{1\ \text{g}}$$

밀리그램을 그램으로 환산하기 위해 50.0 mg에 비(환산 인자)를 곱하여 단위를 없앨 수 있다.

$$질량(\text{g}) = 50.0\ \cancel{\text{mg}} \times \frac{1\ \text{g}}{1000\ \cancel{\text{mg}}} = 0.0500\ \text{g}$$

밀리그램 단위는 없어지고 적절한 그램 단위가 남는다는 것을 주목하라. 또한 정답이 세 개의 유효 숫자로 보고되는 것을 주목하라. 왜냐하면 측정된 양(50.0 mg)이 세 개의 유효 숫자로 보고되고 계산의 다른 값들(1 g과 1000 mg)은 정확한 양이기 때문이다. 간단하게 과학적 표기법으로 정답(5.00×10^{-2})을 보고할 수 있다.

질문의 두 번째 부분에서는 밀리그램을 파운드로 환산시키는 것이 필요하다.

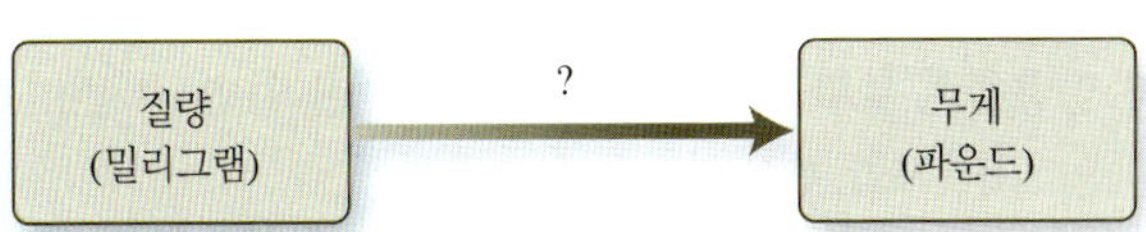

표 1.4와 1.5에는 밀리그램과 파운드 사이의 직접적 관계는 존재하지 않는다. 그런데

표 1.5에 파운드와 그램 사이의 관계가 나와 있다. 1 lb = 453.6 g. 다음 도식에 요약된 관계를 이용하여 이 예의 처음 부분에 있는 그램수를 파운드로 환산할 수 있다.

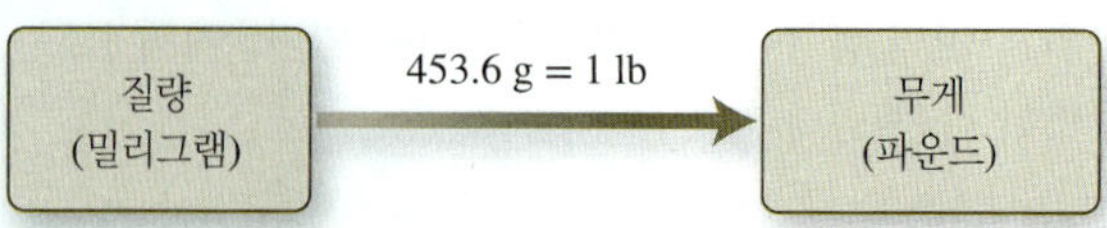

그램과 파운드 사이의 환산 비는 다음과 같다.

$$\frac{1\ \text{lb}}{453.6\ \text{g}} \quad \text{또는} \quad \frac{453.6\ \text{g}}{1\ \text{lb}}$$

그램을 파운드로 환산하기 위해, 0.0500 g에 비(환산 인자)를 곱하여 단위를 없앨 수 있다.

$$\text{무게(파운드)} = 0.0500\ \cancel{\text{g}} \times \frac{1\ \text{lb}}{453.6\ \cancel{\text{g}}} = 1.10 \times 10^{-4}\ \text{lb}$$

이 답이 그럴듯한가? 물론 그렇다. 1파운드에는 많은 그램수(453.6)가 있다. 그래서 우리는 답이 매우 작아진다는 것을 예상할 수 있다.

밀리그램은 파운드로 직접 환산되지는 않지만, 다음과 같이 여러 단계를 거치면서 문제를 풀 수 있다.

질량 (밀리그램) → 1000 mg = 1 g → 질량 (그램) → 453.6 g = 1 lb → 무게 (파운드)

일련의 단계들은 다음과 같이 요약될 수 있다.

$$\text{무게(파운드)} = 50.0\ \cancel{\text{mg}} \times \frac{1\ \cancel{\text{g}}}{1000\ \cancel{\text{mg}}} \times \frac{1\ \text{lb}}{453.6\ \cancel{\text{g}}} = 1.10 \times 10^{-4}\ \text{lb}$$

➜ 응용 연습 1.5

왜 질문의 두 번째 부분에 대한 22.7 lb의 대답은 이해가 되지 않는가?

➜ 실전 연습 1.5

Anna와 Bill은 수업에 가는 중간에 알루미늄 재활용 트럭이 지나가는 것을 본다. 트럭에 765 lb의 알루미늄이 있으면 그램으로는 얼마가 되는가? 킬로그램으로는 어떻게 되는가?

➜ 심화 연습: 연습 문제 1.67

인터넷 핫스팟

상당수 학생들이 단위 환산에 어려움을 겪고 있다고 한다. 이 주제에 대한 추가 학습 자료를 보려면 SmartBook에 접속하라.

부피 부피(volume)는 물질이 점유하는 공간의 양이다. 길이, 폭, 높이를 측정하여 이들을 곱함으로써 입방체의 부피를 결정할 수 있다. 예를 들면 각 변이 2.0센티미터(cm)인 입방체의 부피는 8.0세제곱 센티미터(cm^3)이다.

그림 1.18 500 mL, 1 L, 250 mL 용기.

©Brian Moeskau/Moeskau Photography

$$\text{입방체의 부피} = \text{길이} \times \text{폭} \times \text{높이}$$
$$\text{부피} = 2.0\ \text{cm} \times 2.0\ \text{cm} \times 2.0\ \text{cm} = 8.0\ \text{cm}^3$$

단위는 cm^3이며 3차원 양과 일치한다. 1 입방 센티미터는 1 mL(1 cm^3 = 1 mL)이므로 8.0 cm^3의 부피는 8.0 mL로 보고될 수도 있다.

액체의 부피는 그림 1.18에서 나타낸 것처럼 대개 리터(L) 또는 밀리리터(mL) 단위로 측정된다. 큰 사이즈의 탄산음료와 같은 더 큰 양은 보통 리터로 보고된다. 탄산수의 1 L 병은 1000 mL가 들어 있다. 예제 1.6은 부피 단위를 환산하는 방법을 나타낸다.

공의 부피를 결정할 필요가 있으면 부피와 반지름 사이의 관계는 $V = \frac{4}{3}\pi r^3$이다.

예제 1.6 ▶ 부피의 단위

Anna와 Bill은 점심 식사로 12온스(oz)의 탄산음료를 1캔을 마셨다. 12.0 oz의 탄산음료 1캔의 부피는 밀리리터 단위로 얼마인가? 리터 단위의 부피는 얼마인가?

» 풀이:

차원 분석법으로 이 문제를 풀기 위해 액체 온스와 밀리리터 사이의 관계가 있는지 확인한다.

액체 온스를 밀리리터로 바꾸기 위해 표 1.5로부터 다음의 관계를 사용한다. 즉 1 oz = 29.57 mL.

부피 (온스) —— 1 oz = 29.57 mL ——▶ 부피 (밀리미터)

가능한 환산 비를 얻기 위해 등가식을 사용한다.

$$\frac{29.57\ \text{mL}}{1\ \text{oz}} \quad \text{또는} \quad \frac{1\ \text{oz}}{29.57\ \text{mL}}$$

온스를 밀리리터로 바꾸기 위해 12.0 oz에 (환산 인자)비를 곱하여 단위를 없앨 수 있다.

$$\text{부피(밀리리터)} = 12.0\,\cancel{\text{oz}} \times \frac{29.57\text{ mL}}{1\,\cancel{\text{oz}}} = 355\text{ mL}$$

정답은 세 개의 유효 숫자까지 보고된다. 왜냐하면 주어진 양(12.0 oz)이 세 개의 유효 숫자를 가지기 때문이다.

이 문제의 두 번째 부분에서는 밀리리터 단위의 부피를 리터 단위의 부피로 바꾸는 것이 필요하다.

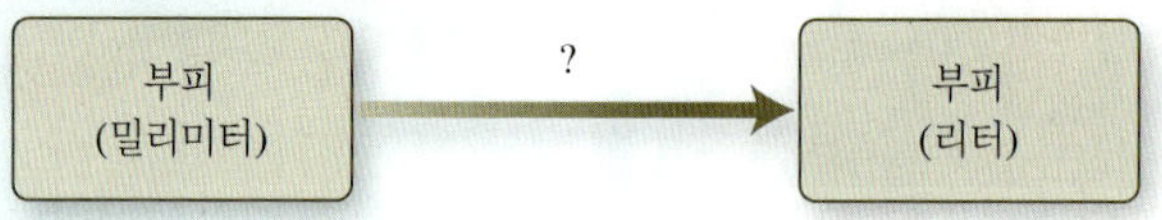

밀리리터 단위의 부피를 리터 단위의 부피로 바꾸기 위해 표 1.4로부터 다음의 관계를 사용한다.

$$1\text{ mL} = 10^{-3}\text{ L} \quad \text{또는} \quad 1000\text{ mL} = 1\text{ L}$$

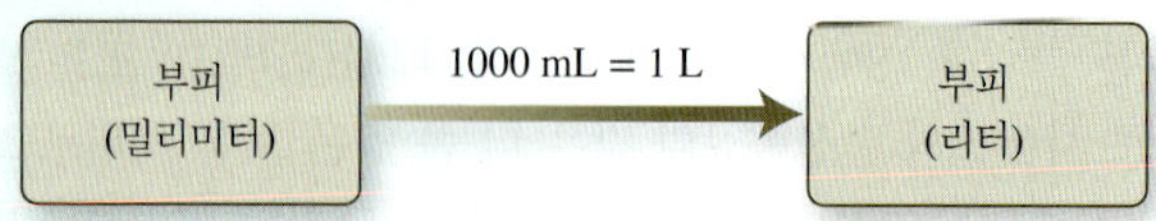

이것이 우리가 질량에서 방금 했던 변환과 유사한 단위 환산이다. 밀리리터와 리터를 환산하기 위한 비는 다음과 같다.

$$\frac{1\text{ L}}{1000\text{ mL}} \quad \text{또는} \quad \frac{1000\text{ mL}}{1\text{ L}}$$

밀리리터를 리터로 바꾸기 위해 355 mL에 환산 인자를 곱하여 단위를 없앨 수 있다.

$$\text{부피(리터)} = 355\,\cancel{\text{mL}} \times \frac{1\text{ L}}{1000\,\cancel{\text{mL}}} = 0.355\text{ L}$$

온스는 리터로 직접 환산되지는 않지만, 다음과 같이 여러 단계를 거치면서 문제를 풀 수 있다.

부피 (온스) —1 oz = 29.57 mL→ 부피 (밀리미터) —1000 mL = 1 L→ 부피 (리터)

일련의 단계들은 다음과 같이 요약될 수 있다.

$$\text{부피(리터)} = 12.0\,\cancel{\text{oz}} \times \frac{29.57\,\cancel{\text{mL}}}{1\,\cancel{\text{oz}}} \times \frac{1\text{ L}}{1000\,\cancel{\text{mL}}} = 0.355\text{ L}$$

→ 응용 연습 1.6

Anna와 Bill이 점심을 먹으면서 1 L의 물을 나누어 마셨다고 가정하자. 이 물은 몇 온스인가?

➜ 실전 연습 1.6

Anna와 Bill은 서점 밖에서 기구 몇 개를 보았다. 헬륨 기구 한 개에 들어 있는 기체 부피가 4.60 L였다. 밀리리터 단위로 기체의 부피는 얼마인가? 세제곱센티미터 단위로는 얼마인가? 갤런 단위(4 qt = 1 gal)로는 얼마인가?

➜ 심화 연습: 연습 문제 1.71

밀도 물체의 **밀도**(density)는 질량을 부피로 나눈 비가 된다. 질량과 부피 모두 물체 또는 시료의 크기에 의존하지만, 밀도는 그렇지 않다. 온도와 압력이 일정하게 유지되면 물질이 얼마만큼 존재하더라도 밀도는 물질의 변하지 않는 성질이다. 몇 가지 물질의 밀도가 표 1.6에 나열되어 있다. 예를 들어, 4°C에서 물의 밀도는 1.00 g/mL이다. 밀도는 물의 부피가 10 mL이던지 10 L이던지 같다. 즉 질량 대 부피의 비율은 1.00 g/mL이다. 그러나 온도가 증가하면 물은 더 큰 부피로 팽창하지만 질량은 그대로 유지된다. 따라서 액체 물의 밀도는 온도가 증가함에 따라 감소하게 된다. 물과 몇 가지의 다른 물질의 밀도를 표 1.6에 수록하였다.

Anna와 Bill이 분수를 관찰했을 때 알아차린 것처럼 구리 동전은 물에 가라앉는다. 구리(그리고 그 밖의 동전에 들어 있는 금속들)의 밀도가 더 크기 때문에 동전은 가라앉는다. 역으로, 기체는 액체보다 밀도가 작기 때문에 다른 기체들처럼 공기 기포는 물 위로 떠오른다. 같은 이유로 기름은 물 위에 뜬다.

그림 1.19의 밀도 관은 밀도가 서로 다른 다양한 액체들을 보여 준다. 어떤 액체가 밀도가 가장 큰가? 어떤 것이 밀도가 가장 작은가?

그림 1.20에 나타낸 것처럼, 알루미늄과 금과 같이 *같은 부피*(*equal volume*)의 두 가지 다른 물질을 비교하면 질량이 큰 물질이 밀도가 더 크다. 그런데 부피가 같지 않으면 밀도를 어떻게 비교할 수 있을까? 질량, 부피, 밀도의 수학적 관계로부터 해답을 얻을 수 있다.

$$\text{밀도} = \frac{\text{질량}}{\text{부피}}$$

그림 1.19 g/mL 단위로 부동액, 옥수수 기름, 식기 세척제, 메이플 시럽, 샴푸, 물의 밀도는 각각 1.13, 0.93, 1.03, 1.32, 1.01, 1.00이다. 어떤 층이 어떤 물질인가?

©Richard Megna/Fundamental Photographs

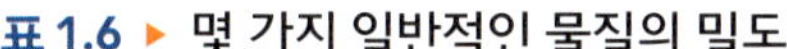

표 1.6 ▸ 몇 가지 일반적인 물질의 밀도

물질	물리적 상태	밀도(g/mL)*
헬륨	기체	0.000178
산소	기체	0.00143
식용유	액체	0.92
물	액체	1.00
수은	액체	13.6
금	고체	19.3
구리	고체	8.92
아연	고체	7.14
얼음	고체	0.92

*상온과 정상 대기압에서. 0°C의 기체와 4°C의 물은 제외.

그림 1.20 금(Au)은 단위 부피당 질량이 더 크므로 알루미늄(Al)보다 밀도가 크다.

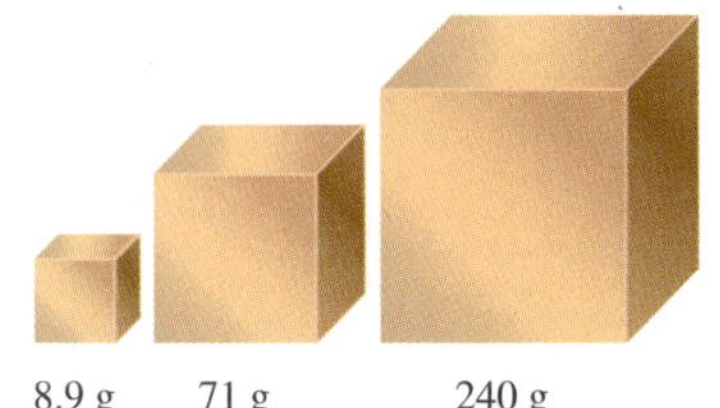

그림 1.21 구리 밀도는 8.9 g/cm^{3}이다 세 가지 시료 모두 질량 대 부피 비가 같다.

동영상: 액체와 고체의 밀도

이 금속 시료들은 질량이 같다. 어떤 것이 더 밀도가 큰가?

©Jim Birk

다이어트 콜라 캔은 물에 뜨지만, 일반 콜라 캔은 가라앉는다. 이유를 제안하라. 파티에서 얼음물로 가득 찬 냉각 용기로부터 여러분이 좋아하는 유형의 음료수를 빠르게 선별하기 위해 여러분은 이 정보를 어떻게 이용할 수 있는가?

©Brian Moeskau/Moeskau Photography

예를 들면 구리 시료 1.0 cm^{3}는 질량이 8.9 g이다. 구리 시료 8.0 cm^{3}는 1 g이다. 구리 시료 27 cm^{3}는 질량이 240 g이다. 이 모든 시료(그림 1.21)에서 구리의 질량을 부피로 나눈 값은 8.9 g/cm^{3}이다. 이것이 구리의 밀도이다.

물체의 질량과 부피를 알면 밀도 식에 직접 대입함으로써 밀도를 결정할 수 있다. 예를 들어, 질량이 178 g이고 가장자리 길이가 2.92 cm의 알려지지 않은 금속 입방체가 있다고 가정하자. 입방체의 부피는 다음과 같이 24.9 cm^{3}이다.

$$\text{부피} = 2.92\ \text{cm} \times 2.92\ \text{cm} \times 2.92\ \text{cm} = 24.9\ \text{cm}^3$$

밀도는 다음 식과 같이 질량 대 부피 비로부터 계산할 수 있다.

$$\text{밀도} = \frac{\text{질량}}{\text{부피}}$$

$$\text{밀도} = \frac{178\ \text{g}}{24.9\ \text{cm}^3} = 7.15\ \text{g/cm}^3$$

표 1.6를 살펴보면 알 수 없는 금속은 아연일 수 있음을 알 수 있다.

부가적으로, 물질의 밀도와 시료의 질량을 알면 그 부피를 결정할 수 있다. 예를 들어 구리 100 g의 부피를 알고자 한다고 가정하자. 그 부피가 100 cm^{3}보다 클 것인가, 작을 것인가? 이 문제에 대한 많은 풀이법이 있다. 한 가지 방법은 부피를 풀기 위해 밀도 식을 재배열하는 것이다. 또 다른 방법은 등가 비로, 모르는 부피에 대하여 푸는 것이다. 왜냐하면 밀도는 특정 온도에서 주어진 물질에 대하여 일정한 질량과 부피의 비이기 때문이다. 이 두 가지 방법들이 예제 1.7에 나타나 있다.

예제 1.7 ▶ 밀도, 부피, 질량

구리 100.0 g의 부피는 얼마인가? 단, 구리의 밀도는 8.9 g/cm^{3}이다.

» 풀이:

다음의 환산을 수행할 필요가 있다.

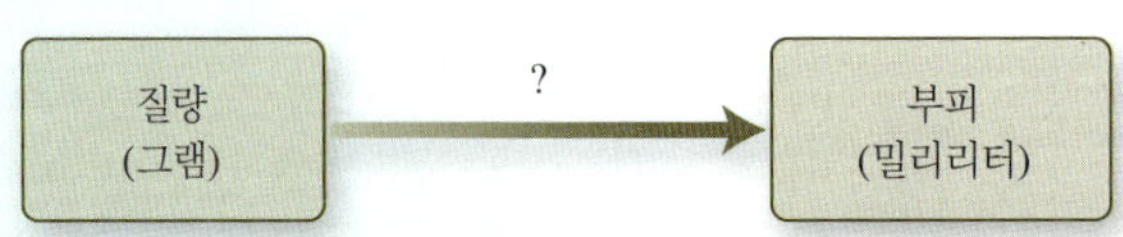

질량과 부피 사이의 관계는 밀도로 주어진다.

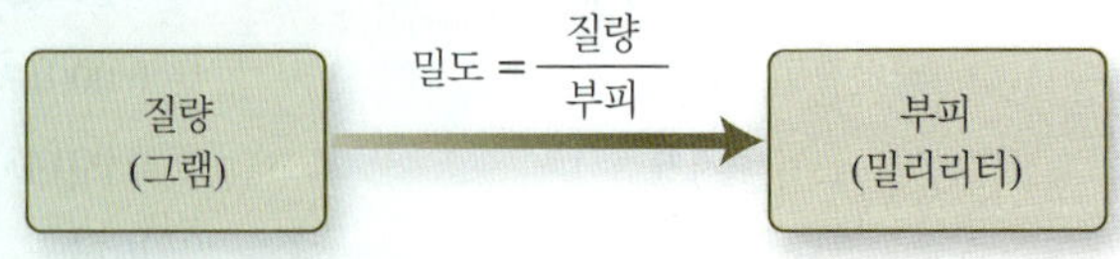

먼저 밀도 식을 재배열하여 등식의 한 변에 부피만 있게 한다. 이 계산은 교차 곱셈을 포함한다. 밀도 식에 1이 생략되어 있다는 것을 생각하면 다음과 같이 된다.

$$\text{밀도} = \frac{\text{질량}}{\text{부피}}$$

$$\frac{\text{질량}}{1} = \frac{\text{질량}}{\text{부피}}$$

이 밀도 식을 교차 방식으로 곱하면 다음을 얻는다.

$$밀도 \times 부피 = 질량 \times 1$$

부피를 구하고 있기 때문에 식의 한 변에는 부피만 있도록 배열한다. 밀도로 양변을 나누면 된다. (어떤 양에 1을 곱한 것은 그 자신이기 때문에 곱하기 1은 생략할 것이다.)

$$\frac{\cancel{밀도} \times 부피}{\cancel{밀도}} = \frac{질량}{밀도}$$

이제는 부피에 대하여 풀 수 있는 식을 얻게 되었다.

$$부피 = \frac{질량}{밀도}$$

그러면 질량과 밀도의 알려진 값을 식에 대입하여 부피에 대한 값을 구할 수 있다.

$$부피 = \frac{100.0\ \text{g}}{8.9\ \text{g/cm}^3} = 11\ \text{cm}^3$$

밀도 8.9 g/cm^{3}는 다음과 같이 분수로 표현할 수 있다.

$$\frac{8.9\ \text{g}}{1\ \text{cm}^3}$$

이 문제의 두 번째 풀이법으로, 구리의 밀도는 항상 같기 때문에 우리가 알든 모르든 질량 대 밀도 비는 같다는 것을 생각해 보자.

$$\frac{8.9\ \text{g}}{1\ \text{cm}^3} = \frac{100.0\ \text{g}}{x\ \text{cm}^3}$$

x에 대하여 풀기 위해 교차 방식으로 곱하면

$$x\ \text{cm}^3 = \frac{(1\ \text{cm}^3) \times (100.0\ \cancel{\text{g}})}{8.9\ \cancel{\text{g}}} = 11\ \text{cm}^3$$

두 방법 모두에서 그램 단위를 제거하면 예상했던 cm^{3}의 부피 단위를 얻게 된다.

이 문제를 풀기 위한 또 다른 풀이법이 있는데, 이 방법은 밀도를 환산 인자로 이용하는 것이다.

$$부피 = 100.0\ \cancel{\text{g}} \times \frac{1\ \text{cm}^3}{8.9\ \cancel{\text{g}}} = 11\ \text{cm}^3$$

답이 그럴듯한가? 물론이다. 밀도로부터 구리 8.9 g은 1 cm^{3}의 부피를 차지한다는 것을 알 수 있다. 주어진 질량 100.0 g은 8.9 g보다 10배 이상 크므로 1 cm^{3}보다 10배 이상 큰 부피를 차지한다는 것을 예상할 수 있다.

➔ 응용 연습 1.7

100.0 g의 금속 조각이 금이라면 어떻게 될까? 그것의 부피가 11 cm^{3}보다 크거나 작을 것으로 예상할 수 있는가? 얼마나 큰가, 아니면 작은가?

➔ 실전 연습 1.7

다음 문제를 풀어라.

(a) 순수한 금의 밀도는 19.3 g/cm^{3}이다. 순수한 금 1.00 g의 부피는 얼마인가?

(b) 14 캐럿 금은 질량으로 58%의 금을 함유한 금속의 균일 혼합물이다. 다른 42%는 은과 구리의 혼합물이다. 은과 구리는 모두 금보다 밀도가 작다. 다음 중 어떤 것이 14캐럿 금 1.00 cm^{3}의 질량이 될 수 있는가? 16.0 g, 19.3 g, 23.0 g

➔ 심화 연습: 연습 문제 1.77

물은 고체 형태(얼음)가 액체 형태 위에 뜨기 때문에 액체들 가운데 유일하다. 이것은 고체 상태의 물 분자들이 가지는 상대적으로 열린 구조 때문이다. 얼음이 다른 고체처럼 액체 상태에 가라앉는다면, 겨울 동안에 물고기에게 무슨 일이 일어날까?

동영상: 물의 독특한 성질

물질들이 서로 다른 밀도를 가지는 이유는 무엇인가? 기체 입자들은 퍼져서 큰 부피를 차지하기 때문에 일반적으로 기체는 밀도가 매우 작다. 금속 원자들은 효과적으로 함께 쌓여 있기 때문에 금속은 밀도가 큰 경향이 있다. 얼음은 물 위에 뜨기 때문에 고체 형태의 물이 액체 형태의 물보다 밀도가 작다는 것을 추론할 수 있다. 예제 1.8은 상대적인 밀도를 예상하기 위해 분자 그림을 사용하는 방법을 나타낸다.

예제 1.8 ▶ 밀도에 대한 설명

얼음이 물보다 밀도가 작다는 것을 설명하는 데 얼음과 물의 분자 그림이 어떻게 도움이 되는가?

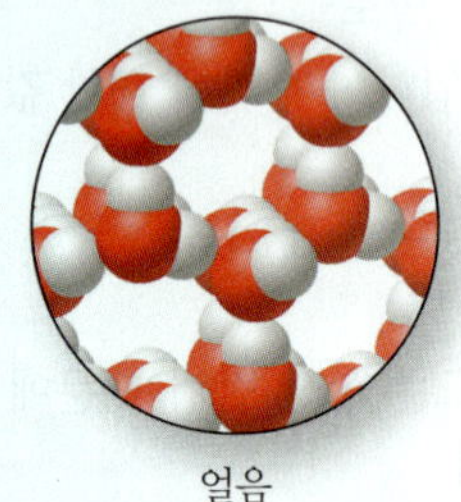
얼음

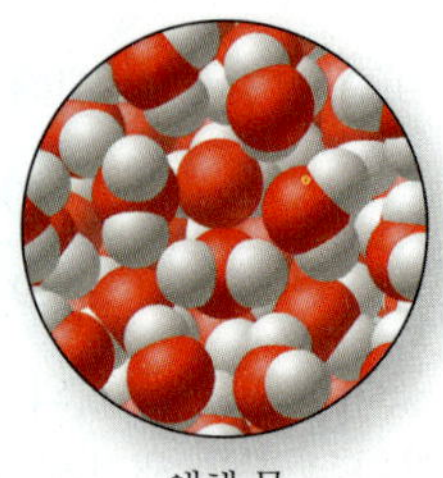
액체 물

» 풀이:

얼음에서 물 분자들은 액체 물에서보다 분자들 사이의 공간이 더 크다. 주어진 개수의 분자가 차지하는 총 부피는 얼음에서 더 크다. 밀도는 질량 대 부피 비이기 때문에, 부피가 클수록 밀도는 작다.

→ 응용 연습 1.8

밀도가 0.659 g/cm^3인 헥세인을 얼음물 한 컵에 조심스럽게 넣으면 어떻게 될까? 헥세인은 얼음과 액체인 물과 비교할 때 어디에 있겠는가?

→ 실전 연습 1.8

헬륨 기구는 산소와 질소 분자의 혼합물인 공기에서 떠오른다. 그래서 우리는 헬륨이 공기보다 밀도가 작다는 것을 안다. 헬륨과 이산화 탄소의 분자 수준의 그림을 보라. 헬륨 기구가 이산화 탄소의 대기에서 떠오를지, 가라앉을지를 예상하라.

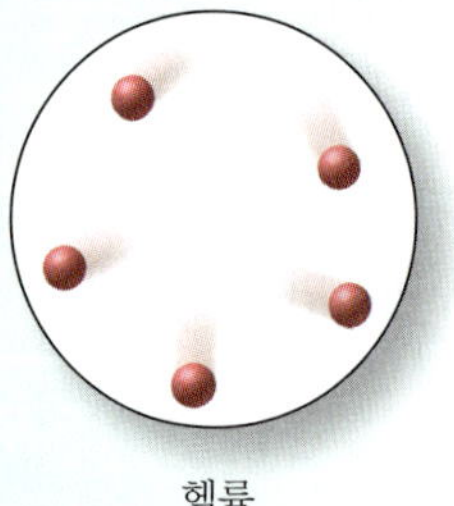
헬륨

이산화 탄소

→ 심화 연습: 연습 문제 1.81

온도 Bill과 Anna는 그들의 점심에 만족하지 못하였다. 피자는 차가웠고 청량음료는 미지근하였다. 우리가 그와 같은 비교를 할 때는 상대적인 온도를 관찰하는 것이다.

온도(temperature)는 물체가 어떤 기준에 대하여 얼마나 뜨겁고 차가운지에 대한 측정이다. 온도계로 온도를 측정한다.

미국에서는 종종 체온과 기온을 측정하는 데 화씨 척도를 사용한다. 화씨는 과학에서는 거의 사용하지 않는다. 두 가지의 다른 온도 척도, 즉 섭씨 척도와 Kelvin 척도가 표준이다. 세 가지 온도 척도인 화씨(°F), 섭씨(°C), Kelvin(K) 사이의 관계가 그림 1.22에 나타나 있다.

온도는 척도에 따라 다르게 쓴다. 섭씨 온도와 화씨 온도에는 위 첨자 °를 사용하고, Kelvin 척도에서는 이 기호를 사용하지 않는다. 단위는 K(대문자)로 표기되지만 온도는 kelvin(소문자)으로 측정된다.

시료의 크기와는 무관한 물질의 또 하나의 성질은, 물질이 한 물리적 상태에서 또 다른 상태로 변화하는 온도이다. ***끓는점***(*boiling point*)은 한 물질이 액체 상태에서 기체 상태로 변하는 온도이다. ***녹는점***(*melting point*)에서 물질은 고체에서 액체로 변한다. 이 두 온도 사이에서 그 물질은 보통의 경우 액체 상태이다. 예를 들어 섭씨 척도에서 물의 끓는점은 100°C이다. 물은 0°C에서 녹는다(초기 상태에 따라 얼 수도 있다). Kelvin 척도에서 이 값은 각각 373.15 K와 273.15 K이다. 화씨 척도에서 그것들은 각각 212°F와 32°F이다.

Kelvin 척도에는 음수 값이 없다. kelvin 온도 0은 우주에서 측정할 수 있는 가장 낮은 온도이기 때문에 그것은 ***절대 온도 척도***(*absolute temperature scale*)이다. 이 값은 절대 0도이고 −273.15°C와 같다. Kelvin 척도에서 온도 증가분은 섭씨 척도에서의 증가분과 같다. 물의 끓는점과 어는점 사이의 온도 ***차이***(*difference*)는 섭씨(100°C − 0°C)와 Kelvin(373.17 K − 273.15 K) 척도에서는 모두 100이지만, 화씨(212°F − 32°F) 척도에서는 180이다. kelvin 온도는 섭씨 온도보다 언제나 273.15가 크기 때문에 우리는 쉽게 그들을 변환할 수 있다.

$$T_{\mathrm{K}} = T_{^\circ\mathrm{C}} + 273.15$$

화씨와 섭씨 척도를 변환할 때 그 계산은 좀 더 복잡하다. 왜냐하면 온도 증가분이 동등하지 않기 때문이다.

$$T_{^\circ\mathrm{F}} = 1.8(T_{^\circ\mathrm{C}}) + 32$$

이 식을 재배열하여 섭씨 온도에 대하여 풀 수 있다.

$$T_{^\circ\mathrm{C}} = \frac{T_{^\circ\mathrm{F}} - 32}{1.8}$$

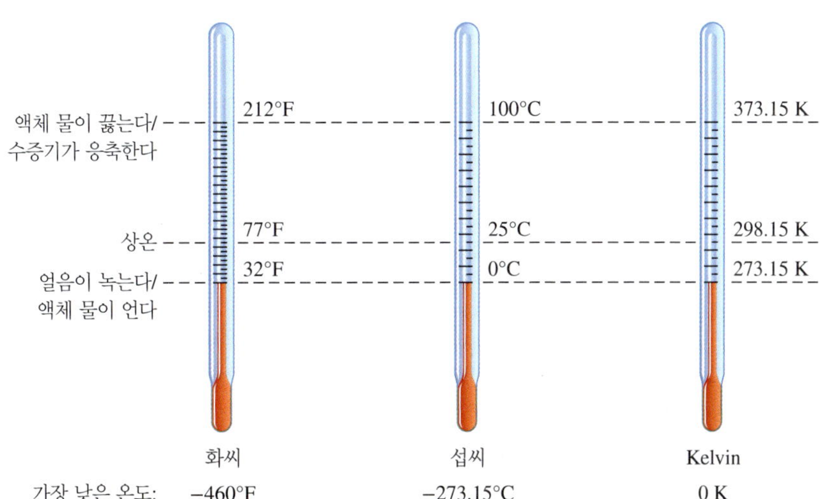

그림 1.22 화씨, 섭씨, Kelvin 온도 척도.

예제 1.9 ▶ 온도 단위

구리의 녹는점은 1083°C이다. kelvin과 화씨로는 어느 온도 이상에서 구리가 액체로 되는가?

» 풀이:

구리는 녹는점 이상에서 액체가 된다. kelvin 단위에서 이 온도는 다음과 같다.

$$T_K = T_{°C} + 273.15$$

섭씨 온도 값을 이 식에 대입하여 풀면 kelvin 온도를 얻는다.

$$T_K = 1083 + 273.15 = 1356 \text{ K}$$

섭씨 온도를 화씨 온도로 바꾸기 위해 다음 식을 사용한다.

$$T_{°F} = 1.8(T_{°C}) + 32$$

섭씨 온도 값을 대입하면

$$T_{°F} = 1.8(1083) + 32 = 1981°\text{F}$$

➜ 응용 연습 1.9

1000°C에서 구리의 물리적 상태는 무엇인가?

➜ 실전 연습 1.9

(a) 아세틸렌의 끓는점은 −28.1°C이다. kelvin과 화씨로 어느 온도 이하에서 아세틸렌이 액체가 되는가?

(b) 헬륨의 끓는점은 4 K이다. 섭씨로 어느 온도 이하에서 헬륨이 액체로 되는가?

(c) 사람 체온은 정상적으로 98.6°F다. 이 온도는 섭씨와 Kelvin 척도로는 얼마인가?

➜ 심화 연습: 연습 문제 1.85

우리가 마주치는 열을 사용하는 가장 흔한 유형은 부엌에서 하는 일과 관련이 있다. 우리가 무언가를 가열하면 보통 화학 성분이 변화되지 않는다. 그러나 요리 과정이나 굽는 과정은 종종 물리적 및 화학적 변화를 수반한다. 물론, 만약 당신이 뭔가를 너무 많이 끓여서 태울 경우, 그것은 화학적 변화가 될 것이다.

» 물리 변화

화학적 조성이 변화되지 않고 한 물질의 물리적 성질이 변화되는 과정을 **물리 변화**(physical change)라고 한다. 예를 들어 액체 물을 가열하면 수증기로 변할 수 있다. ***끓음***(*boiling*) 또는 ***기화***(*vaporization*)는 액체가 기체로 변하는 물리 변화인데, 이는 두 형태가 동일한 화학 물질인 물(H_2O)로 구성되어 있기 때문이다.

이 변화를 나타내기 위해 원소와 화합물에 대하여 개발된 기호 표기법을 약간 수정해 보자. 우리가 생각하는 물질의 초기 상태와 조성에 대한 화학식을 쓰고, 화살표를 넣고, 마지막으로 최종 조건과 조성에 대한 화학식을 쓴다. 화살표는 변화가 일어나고 어떤 방향인지를 나타내기 위해 사용된다. 이 기호를 사용하여 물이 액체에서 기체로 변화되는 것은 다음과 같이 나타낼 수 있다.

$$H_2O(l) \longrightarrow H_2O(g)$$

그림 1.23에 있는 분자 수준에서의 그림과 기호 표기는 물 분자 자체가 변하는 것이 아니라 그들의 물리적 상태가 변하는 것을 나타낸다. 물이 한 물리적 상태에서 다른 상태로 변하는 모든 과정들이 그림 1.24에 요약되어 있다.

물리 변화의 또 다른 예는 혼합물로부터 성분 물질들을 분리하는 것이다. 예를 들어 자석을 본성은 바꾸지 않고 자성의 물질과 비자성의 물질을 분리한다. 필터는 어떤 것도

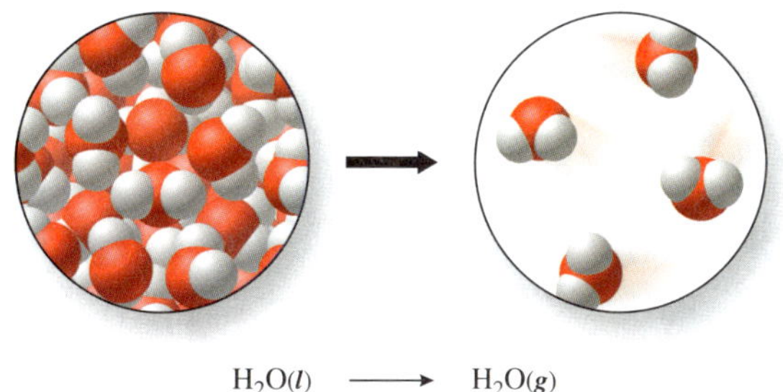

그림 1.23 물의 기화에 대한 분자 수준 및 기호 표기.

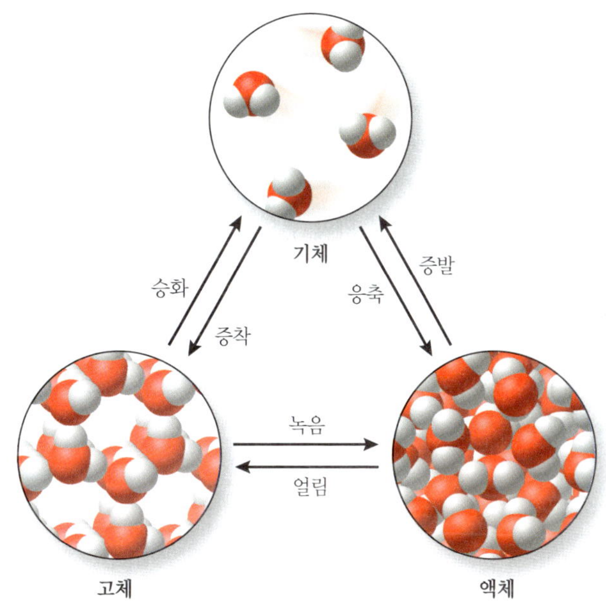

그림 1.24 고체, 액체, 기체의 물리적 상태는 모두 서로 변화할 수 있는데, 이 변화는 직접 일어날 수 있고 또는 두 가 지 상태의 변화를 겪음으로써 일어날 수 있다 이 과정들의 이름은 변화의 방향을 지정하는 화살표 옆에 나타나 있다.

화학적으로 변화시키지 않고 고체 재료와 액체 물질을 분리한다.

>> 화학 변화

Anna와 Bill이 관찰한 분수 속의 동전을 기억하는가? 몇 개는 광택이 났고, 다른 것들은 거무죽죽하고 갈색이었다. 광택이 덜한 동전은 '변색되었다'고 할 수 있다. 동전은 **화학 변화**(chemical change)를 겪었는데, 이 변화는 한 가지 이상의 물질이 한 가지 이상의 새로운 물질로 바뀌는 과정이다. 동전이 변색되면 동전 안의 구리와 아연 금속 원자의 일부가 산소와 결합하여 금속 산화물이라는 화합물을 형성한다. 이 화합물은 화합물을 형성한 어떤 원소들과도 화학적으로 다르다.

우리가 변색된 동전을 깨끗하게 한다고 생각해 보자. 이 과정은 물리 변화인가, 화학 변화인가? 둘 중 하나일 수 있다. 금속 산화물 막을 지우개로 문질러 제거하면 이 변화는 물리적이다. 그러나 대부분의 동전 수집가들은 금속을 덜 제거하는 화학 변화를 더 좋아한다. 동전 위에 케첩을 문지르는 것이 동전을 빛나게 하는 좋은 방법이다. 케첩 안의 식초가 금속 산화물과 화학적으로 반응하여 동전 표면에서 금속 산화물을 제거한다.

많은 금속들은 금속 표면에서 산소와 결합하여 금속 산화물을 형성한다. 철의 경우 이 과정이 일어날 때 *녹슨다*고 한다.

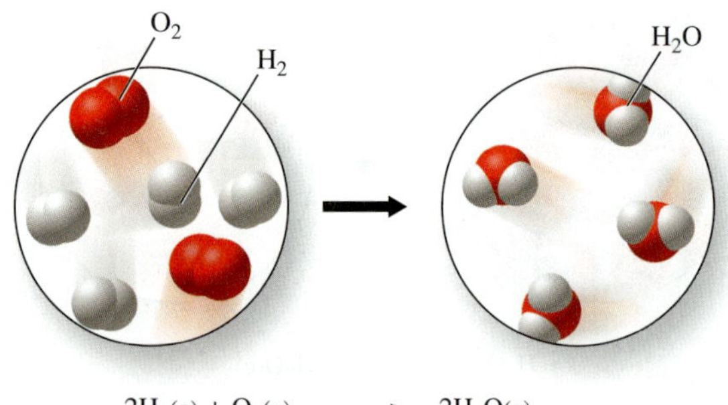

그림 1.25 H_2와 O_2의 원자들이 재배열하여 H_2O를 만들 때 화학 변화가 일어난다.

동전을 씻어 내면 화학 변화의 결과를 쉽게 보게 된다.

Anna와 Bill은 캠퍼스를 거니는 동안 또 다른 화학 변화의 예를 관찰하였다. 가솔린으로 동력을 얻는 차들은 연료를 태우면 화학 변화가 일어난다. 가솔린은 산소와 반응하여 이산화 탄소와 수증기를 형성한다. 이 화학 변화에서 에너지가 방출되어 차가 움직이게 된다. 태우는 것을 포함하는 화학 변화는 종종 에너지 방출을 수반한다. 또한 Anna와 Bill은 대체 연료로 움직이는 자동차를 관찰하였다. 수소로 연료를 얻는 자동차에서 수소 연료는 산소와 결합하여 수증기를 만들고 많은 양의 에너지를 방출한다. 이 화학 변화에 대한 분자 수준과 기호 표기가 그림 1.25에 있다. 화학 변화는 종종 **화학 반응**(chemical reaction)이라고 한다. 여러분 주위에서 관찰할 수 있는 화학 반응의 예에는 어떤 것들이 있는가?

>> 화학적 성질

동전의 구리와 아연, 자동차의 가솔린, 대체 연료 자동차의 수소들 모두는 공통의 화학적 성질을 가진다. 즉 그들은 산소와 반응한다. 그러나 반응하는 정도와 만드는 생성물의 종류는 다르다. 후자의 두 가지 경우만 연료를 이용할 수 있을 정도로 빠르게 충분한 에너지를 방출한다.

물질의 **화학적 성질**(chemical property)은 물질이 무엇으로 구성되어 있고 어떤 화학 변화를 겪는지에 의하여 정의된다. 예를 들어 수소와 헬륨을 비교해 보자. 이들은 비슷한 물리적 성질(색깔이 없는 기체, 비슷한 밀도)을 갖지만, 화학적 성질은 매우 다르다. 수소는 많은 다른 원소들 및 화합물들과 반응하지만, 헬륨은 ***비활성***(*inert*)으로 간주된다(그림 1.26). 아직까지 헬륨은 다른 원소나 화합물과 반응하지 않는 것으로 나타났다.

예제 1.10 ▶ 물리 · 화학 변화

다음 중 어떤 것이 물리 변화이고, 어떤 것이 화학 변화인가?

(a) 기화

(b) 메테인 기체가 연소하여 이산화 탄소와 물을 형성한다.

(c) 자석을 이용하여 금속과 플라스틱 종이집게를 분리한다.

(d) 녹스는 것(철이 철 산화물로 부식되는 것)

A

B

그림 1.26 (A) 힌덴부르크(Hindenburg) 호는 수소 기체를 채운 크고 단단한 기구였다. 1937년에 이 기구는 수소에 불꽃이 붙어 파괴되었다. (B) 오늘날 소형 비행선은 폭발하지 않는 비활성 기체인 헬륨으로 채워진다.

(a): ©Bettmann/Getty Images; (b): ©David R. Frazier/Alamy Stock Photo

풀이:

(a) 기화는 상태 변화만 수반하므로 물리 변화이다.

(b) 메테인 기체가 타는 것은 새로운 물질이 만들어지기 때문에 화학 변화이다.

(c) 혼합물을 구성 성분으로 분리하는 것은 물리 변화이다.

(d) 녹스는 것은 새로운 물질이 만들어지기 때문에 화학 변화이다.

응용 연습 1.10

Anna와 Bill이 점심으로 먹은 피자가 소화되는 것은 화학 변화인가, 물리 변화인가?

실전 연습 1.10

다음 중 어떤 것이 물리적 성질이고, 어떤 것이 화학적 성질인가?

(a) 에탄올(ethanol)의 끓는점

(b) 프로페인(propane)의 연소 능력

(c) 은(silver)이 변색하는 경향

(d) 알루미늄(aluminium)의 밀도

심화 연습: 연습 문제 1.91

때때로 간단한 관찰만으로는 변화가 화학적인지 물리적인지를 알아내지 못할 수 있다. 예를 들면 베이킹 소다와 식초를 혼합하면 기포가 발생한다. 또한 기포는 물이 끓어도 발생하지만, 기포를 만드는 변화는 두 가지 경우에서 다르다. 화학 변화가 일어나기 때문에 베이킹 소다와 식초는 기포를 방출한다. 그들은 반응하여 이산화 탄소 기체를 만든다. 그러나 우리가 난로 위에서 냄비 안의 물을 데우면 물(물이 끓기 시작하기 전에)에서 용해된 공기(대부분 산소와 질소 기체)가 방출되기 때문에 작은 기포가 일어난다. 이 과정은 물리 변화일 뿐이다. 그림 1.27A에 나타낸 것처럼, 질소와 산소 분자를 보면 그들은 물에 녹든, 안 녹든 간에 같다는 것을 볼 수 있다. 이 분자들이 물에 녹으면 균일 혼합물을 형성한다. 물을 가열하면 물 분자들로부터 산소와 질소 분자들이 분리된다. 물이 끓을 때까지 계속 가열하면 그림 1.27B에 나타낸 것처럼, 큰 기포가 바닥에서 형성

물 분자들은 수용액에서 용질 입자들을 둘러싼다. 이 책에서는 입자들이 선명하게 보이도록 그림 1.27A에서처럼 물 분자들을 배경에서 연하게 나타내었다.

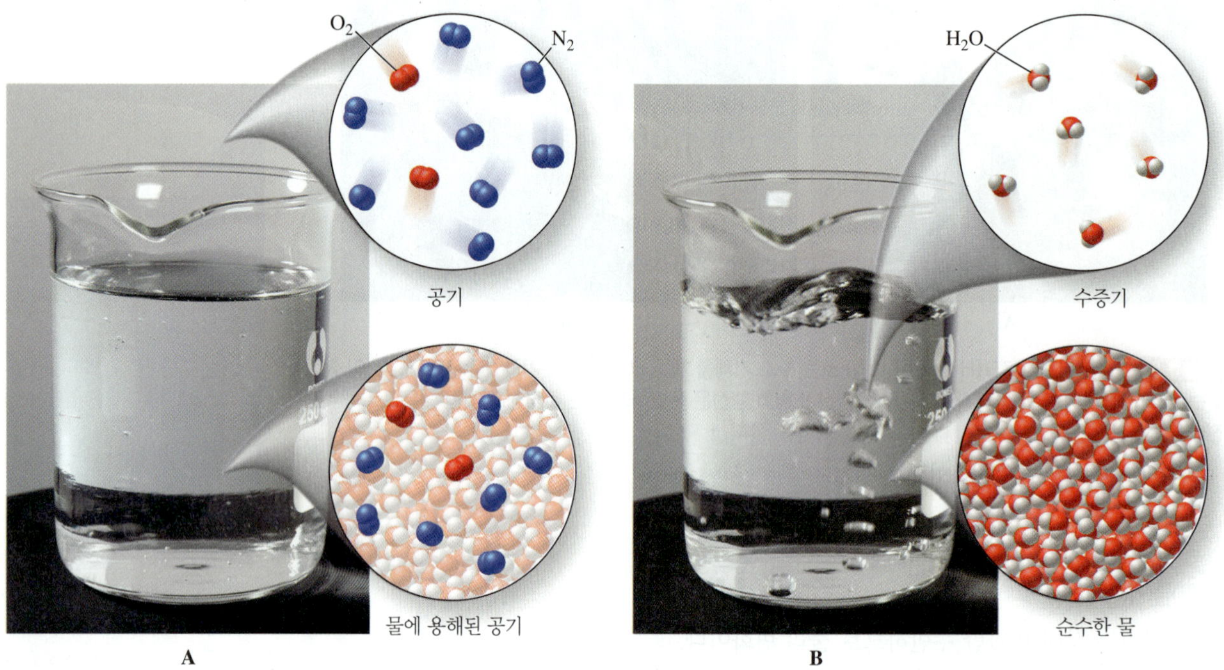

그림 1.27 물은 용해된 적은 양의 질소와 산소 기체를 포함한다. (A) 가열하면 이 분자들은 기체 상태가 되어 표면에서 기포가 일어난다. (B) 물이 끓기 시작하면 더 이상 용해된 기체들이 존재하지 않고 기포는 기체 상태의 물을 포함한다.

되어 올라온다. 이 기포들은 기체 물, 즉 수증기이다. 물리 변화의 결과는 다음과 같이 기호로 나타낼 수 있다.

$$H_2O(l) \longrightarrow H_2O(g)$$

예제 1.11 ▶ 물리 · 화학 변화

다음 분자 수준의 그림은 화학 변화를 나타내는가, 물리 변화를 나타내는가?

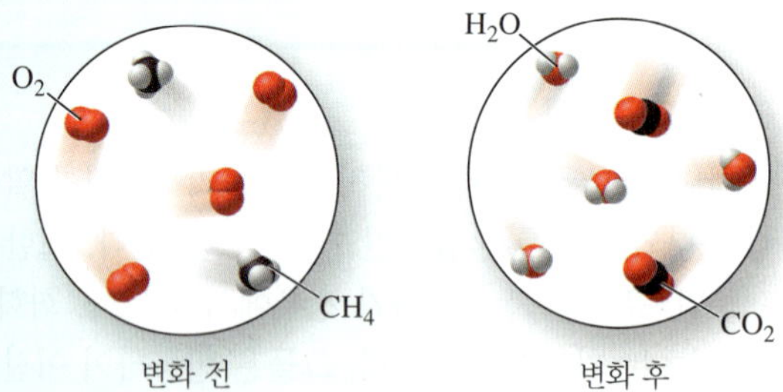

» 풀이:

변화 후의 물질들은 변화 전의 물질들과는 다른 조성을 가진다. 그러므로 이것은 화학 변화이다.

➜ 응용 연습 1.11

예에 나타낸 변화에서 원소 각각에 대해 원자 결합은 어떻게 되겠는가?

→ 실전 연습 1.11

다음 분자 수준의 그림은 화학 변화를 나타내는가, 물리 변화를 나타내는가?

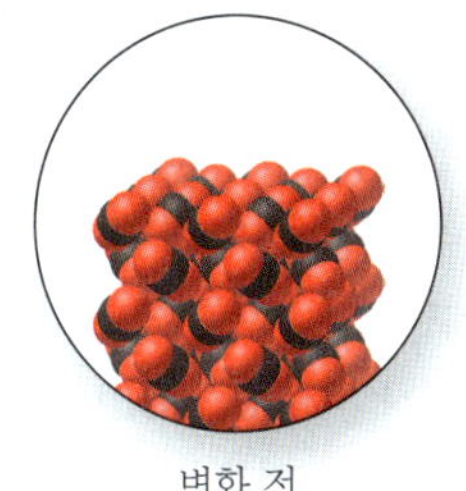

변화 전

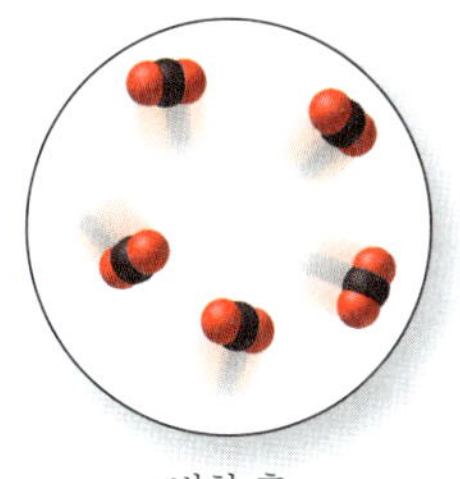

변화 후

→ 심화 연습: 연습 문제 1.95

1.3 에너지와 에너지의 변화

물리 · 화학 변화에는 에너지가 수반된다. 에너지를 정의하는 것은 어렵지만, 어떤 것이 움직이거나 온도를 변화시키면 우리는 에너지의 존재를 보거나 느끼게 된다. Anna와 Bill은 건설 현장에서 인부가 손수레를 경사로 위로 밀어 올리는 것을 보았다. 손수레를 경사로 정상에서 놓으면 굴러서 아래로 내려갈 것이다. 이 과정에서 에너지가 한 형태에서 다른 형태로 바뀌게 된다. 에너지 방출은 경사로 아래로 굴러 내려가는 자발적인 과정과 관련이 있다. (자발적 과정은 시작되고 난 다음에는 힘을 가할 필요가 없이 일어나는 과정이다.) 그러나 경사로 정상으로 되돌려 보내는 것은 자발적이지 않다. 이 과정은 연속적인 에너지 투입을 요구한다. 마찬가지로 화학 · 물리 변화에는 일반적으로 에너지 변화가 수반된다. 몇몇 화학 반응들은 자발적이다. 그들은 저절로 일어난다. 다른 반응들은 외부로부터 계속적인 에너지를 투입을 필요로 한다. 수소와 산소 기체가 반응하여 수증기를 만드는 반응(그림 1.28)을 생각해 보자.

$$2H_2(g) + O_2(g) \longrightarrow 2H_2O(g)$$

이 반응은 자발적이면서 폭발적으로 일어난다. 이 반응은 상당한 양의 에너지를 방출한다. 그러나 역반응, 즉 물을 분해하여 수소와 산소 기체로 만드는 반응은 자발적이지 않다. 이 반응은 액체 물에 전기를 통하는 것과 같이 충분한 에너지가 계속해서 첨가될 때만 일어난다. 전기 분해라는 이 과정은 그림 1.2에 나타내었고, 다음과 같이 기호로 나타낼 수 있다.

$$2H_2O(l) \xrightarrow{\text{전기 분해}} 2H_2(g) + O_2(g)$$

그런데 에너지라는 것은 무엇일까? **에너지**(energy)는 일을 하거나 열을 옮길 수 있는 능력이다. 일반적으로 역학적 일을 의미하는 데 사용되는 **일**(work)은 힘이 거리를 따라 작용할 때 발생한다. 예를 들면 공사 인부가 손수레를 경사로 위로 밀 때 일은 행해진다. 기체를 압축하면 일이 행해지는데, 그 결과 연료가 연소하고 자동차 엔진의 실린더 안의 피스톤을 밀게 된다. 모든 반응들이 직접적으로 일을 하도록 만들 수 없지만 열 에너지를 이용하여 일을 하도록 할 수 있다. 예를 들면 끓는 물은 증기를 만들어서 발전소의 터빈을 돌린다. 터빈은 발전기 안의 자기장 내부 구리 코일을 돌려서 전류를 만든다.

그림 1.28 여기에 나타낸 반응에서 풍선은 적당한 양의 수소와 산소 기체로 채워져 있다 불을 켠 양초를 풍선에 대면 수소와 산소는 격렬하게 반응하여 수증기를 형성한다.

©Charles D. Winters

에너지는 여러 형태를 가지며, 한 형태에서 다른 형태로 전환될 수 있다. 과학자들은 운동 에너지와 퍼텐셜 에너지 두 가지 유형의 에너지를 기술한다. **운동 에너지**(kinetic energy)는 움직이는 에너지이다. 경사로 아래로 굴러가는 손수레는 운동 에너지를 가진다. **퍼텐셜 에너지**(potential energy)는 위치 때문에 물체가 가지는 에너지이다. 경사로 정상에 정지해 있는 손수레는 퍼텐셜 에너지를 가진다. 손수레가 저장된 에너지를 갖지 않으면 경사로 아래로 내려가면서 에너지를 방출하지 않는다. 구르거나, 떨어지거나 그렇지 않으면 자발적으로 움직일 수 있는 허락된 위치에 있는 물체는 퍼텐셜 에너지를 가지는데, 운동이 시작되면서 이 퍼텐셜 에너지는 운동 에너지로 바뀌게 된다.

운동 에너지와 퍼텐셜 에너지를 구별하기 위해 Anna와 Bill이 점심을 먹으면서 지켜본 배구 경기를 생각해 보자. Anna와 Bill은 점심을 먹은 뒤 배구 경기에 참여하였다. Anna가 공을 서브했을 때 운동 에너지는 그녀의 손에서 배구공으로 이동하였다(그림 1.29). 공이 올라가면서 운동 에너지의 일부가 주위 공기 분자로 이동하였다. 그러나 대부분의 운동 에너지는 퍼텐셜 에너지로 바뀌었다. 공이 올라가면서 정상에 도달했을 때 거의 모든 운동 에너지는 퍼텐셜 에너지로 바뀌었다. Bill이 공을 놓쳤을 때 대부분의 운동 에너지는 땅으로 이동하였다. 공에 남아 있는 운동 에너지는 공을 다시 튀어 오르게 하는데, 올라가는 동안 운동 에너지는 다시 퍼텐셜 에너지로 바뀌게 되었다.

에너지의 다른 형태들, 예를 들면 화학, 역학, 전기 및 열 에너지는 운동 또는 퍼텐셜 에너지의 형태들이다. 화학 화합물은 화학 반응과 연관된 에너지인 화학 에너지를 방출할 수 있다. 화학 에너지는 화합물 안에 있는 원자와 분자의 위치에 의해 일어나는 퍼텐셜 에너지이다. 작은 퍼텐셜 에너지를 가진 물질을 형성하는 자발적 화학 반응을 겪게 되면 화합물은 퍼텐셜 에너지를 방출한다. 예를 들면 폭발성의 물질인 TNT(trinitrotoluene)는 상당한 퍼텐셜 에너지를 가지고 있는데, 이 에너지는 TNT가 분해될 때 운동

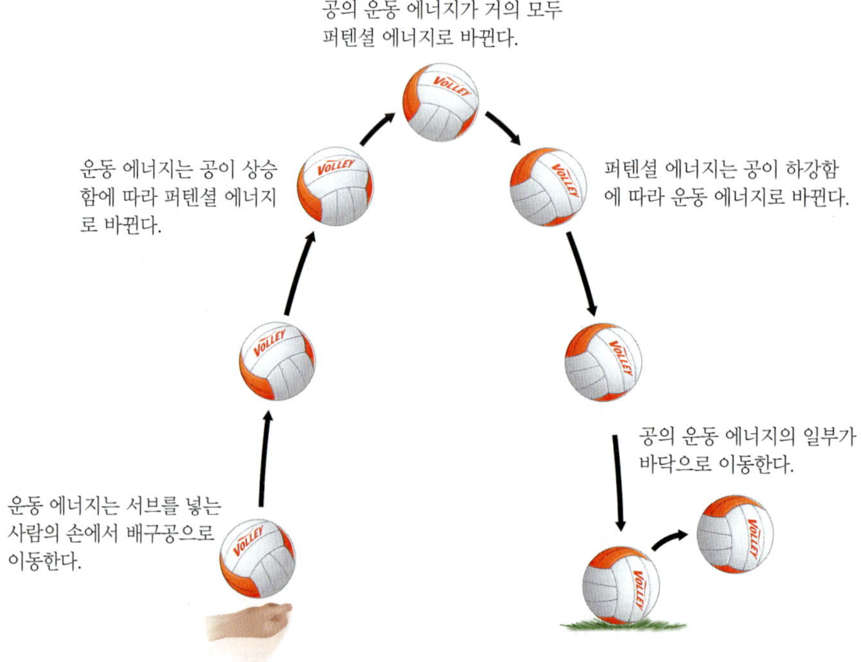

그림 1.29 서브를 넣으면 운동 에너지는 서브를 넣는 사람에서 배구공으로 이동한다. 배구공이 공기 중으로 올라가면 운동 에너지가 퍼텐셜 에너지로 바뀌게 된다. 배구공이 내려가면 퍼텐셜 에너지가 운동 에너지로 바뀌게 된다.

에너지로 방출된다. 또한 화학 화합물도 운동 에너지를 가질 수 있다. 온도가 올라가면 분자들은 더 빠르게 움직인다. 분자나 원자들의 운동은 열 에너지, 또는 온도가 상승함에 따라 증가하는 운동 에너지와 연관이 있다. TNT 폭발에 의해 만들어진 빠르게 움직이는 기체들은 높은 운동 에너지를 가진다.

예제 1.12 ▶ 분자 운동과 운동 에너지

다음 두 가지 아르곤 기체 시료 중 어떤 것이 더 많은 운동 에너지를 가지는가?

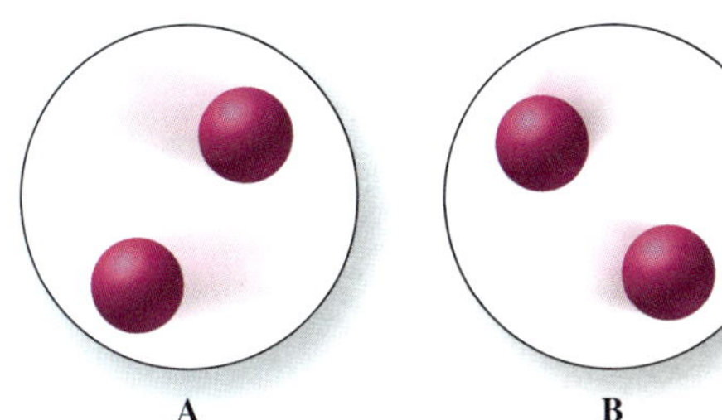

상대적인 속도를 표현하기 위해 원자나 분자 뒤에 지나간 자국의 길이를 사용한다. 자국이 길수록 속도가 크다.

» 풀이:

더 빠르게 움직이는 원자들이 더 큰 운동 에너지를 가진다. 따라서 A의 원자들이 더 큰 운동 에너지를 가진다.

➜ 응용 연습 1.12

만약 A는 운동 에너지가 감소하고 B는 증가한다면 자국 길이가 어떻게 달라져야 하는가?

➜ 실전 연습 1.12

아르곤 기체의 두 가지 시료 중에서 어떤 것이 더 낮은 온도에 있는가?

➜ 심화 연습: 연습 문제 1.103

전기 에너지는 일반적으로 금속을 통해 전기가 흐르는 것과 연관이 있다. 배터리로부터의 전기 에너지는 화학 반응으로부터 발생한다. 배터리를 구성하는 화합물에 저장된 화학 에너지는 전기 에너지로 변환된다. 백열전구의 필라멘트를 흐르는 전류는 금속을 붉게 빛나게 하고 원자의 운동을 증가시킨다. 이것은 전기 에너지가 운동 에너지로 전환된 것이다. 백열전구는 또한 빛 에너지를 방출한다. 핵 에너지는 빛과 열을 모두 가진다. 수소 원자가 융합하여 헬륨을 만드는 원자로나 태양에서처럼, 한 원소가 다른 원소로 변환될 때에는 에너지가 방출된다.

에너지의 모든 형태들은 서로 전환될 수 있다. 예를 들면 공사 현장의 용접공은 가솔린 엔진에 시동을 걸어 발전기를 가동시키는데, 이 발전기에서 나오는 전기를 사용하여 두 조각의 금속을 붙이게 된다. 가솔린의 화학 에너지는 발전기를 돌리는 역학 에너지로 바뀐다. 역학 에너지는 발전기에 의해 전기 에너지로 바뀐다. 전기 에너지는 용접할 막대와 용접될 금속 사이에 형성된 아크에서 열로 바뀐다. 이 열은 금속을 녹여서 용접을 만든다. 몇몇의 전기 에너지는 또한 빛으로 바뀐다. 지금 여러분은 주위에서 일어나는 어떤 에너지 전환을 관찰할 수 있는가?

에너지의 공통 단위는 칼로리(cal), 칼로리(Cal), 주울(J)이다. 여러분이 매일 필요로 하는 에너지는 대략 2000 Cal(2백만 cal 또는 8백만 J)이다. 제6장에서 에너지 변화를 측정하는 방법을 배울 것이다.

예제 1.13 ▶ 에너지 형태

다음 그림에서 퍼텐셜 에너지와 운동 에너지의 예를 확인하라.

©Grant V. Faint/Getty Images

» 풀이:

그림에서 움직일 수 있는 것은 운동 에너지를 가진다. 운동 에너지는 움직이는 사람과 자동차에서 분명하다.

→ 응용 연습 1.13

그림에서 전기 에너지의 예는 무엇인가?

→ 실전 연습 1.13

그림에서 에너지의 또 다른 세 가지 형태를 확인하라.

→ 심화 연습: 연습 문제 1.107

1.4 과학적 조사

우리는 Anna와 Bill이 캠퍼스 주위에서 보았던 몇몇의 사물들을 기술함으로써 이 장을 시작하였다. 항목들을 분류하기 위해 그들은 성질의 유사점과 차이점을 관찰하였다. 그들은 자연을 이해하는 데 도움이 되는 관찰을 하고 있었다.

관찰은 과학적 조사의 도구 중 하나이지만 유일한 것은 아니다. **과학적 방법**(scientific method)은 질문을 하고, 다양한 도구, 기술 및 전략을 이용하여 답을 구하는 방법이다. 종종 과학적 방법은 일련의 단계와 절차로 설명되지만, 비과학적 형태의 질문과는 다른 세상을 보는 방법으로서 더 정확하게 설명된다. 모든 사람들처럼 과학자는 직감을 사용한다. 과학자들은 때때로 불충분한 자료를 가지고 세상을 일반화한다. 특히, 화학자들은 미세한 입자들을 나타낼 수 없는 기구로부터 얻은 자료에서 원자와 분자를 추론한다.

과학자들은 적어도 세 가지의 중요한 방식에서 비과학 분야의 전문가들과 다르다. (1) 과학자들은 실험에 의해 생각들을 점검한다. (2) 과학자들은 특별한(종종 수학적) 방식으로 그들이 발견한 것을 정리한다. (3) 과학자들은 사물이 일어나는 이유를 설명하려고 노력한다. 과학자들은 특별한 현상에 대하여 이미 알고 있거나 믿는 것을 이용하여 그들의 실험에서 새로운 관찰에 대한 통찰력을 얻는다. 주의 깊은 추론과 통찰력 있는 유추가 종종 사용되지만 때로는 직감과 행운이 역할을 한다. 훌륭한 과학자는 객관적인 과학적 사고와 창조적인 문제 해결을 짝짓는 능력을 가지고 있다. 게다가 과학자는 겉보기에 사소한 관찰의 연구를 추구할 정도로 호기심이 있어야 하는데, 이러한 관찰은 드물지만 이해에 중요한 발전을 이끌기도 한다.

활동적인 과학자들은 새로운 지식을 만들거나 문제를 해결하기 위해 다양한 방법을 사용한다. 일반적으로 과학적 탐구에는 관찰, 가정, 법칙, 이론이 포함된다.

그림 1.30 구리는 질산과 격렬하게 반응하여 용액에서 질산 구리와 기체 이산화 질소를 형성한다.

©Charles D. Winters/Science Source

>> 관찰

과학적 탐구는 과학자의 마음 속에 있는 생각, 지식, 호기심에서 시작한다. 과학자들은 질문에 대한 답을 찾기 위해 자료를 수집한다. 자료는 자연적으로 일어나는 사건을 관찰함으로써 또는 정교한 실험으로부터 유도될 수도 있다. 실험을 할 때 과학자들은 조건을 설정한 후 사건이 일어나도록 하고 그 결과를 관찰한다. 이 절차를 통해 과학자들은 자연에서 발견되지 않는 통제된 조건에서 사건을 탐구하게 된다. 게다가, 과학자들은 서로의 실험을 반복하여 결과를 비교, 결과물의 정확도를 점검한다. 통상적인 실험 계획에서는 많은 변수들 가운데 어떤 것이 결과에 영향을 미치는지를 결정하기 위해 한 번에 한 요소만 다르게 한다. 실험 결과는 정성적(서술적)이거나 정량적(수치적)이다.

다음 예를 생각해 보자. Anna와 Bill이 분수에서 보았던 동전에서 우중충한 갈색 코팅을 제거할 방법을 찾는 실험을 원한다고 가정하자. 그들은 이전 연구 결과를 읽은 후에 산이 좋은 시약이 될지도 모른다는 생각을 할 것이다. 여러 번 시도하는 동안 언제나 온도, 빛, 환기, 변색 정도 등이 같은 조건에서 작업하는 것이 필요하다. 동전은 아세트산에 담근 후에 약간 더 깨끗하게 보이지만 우중충한 코팅은 영향을 받지 않을 것이다. 질산을 넣으면 반응이 일어나서 청록색의 액체와 빨간색의 기체가 만들어질 것이다. 변색이 사라지기는 하지만 동전도 사라질 것이다(그림 1.30). 염산은 표면 변색이 빠르게 사라지게 하고 동전은 온전하게 남기기 때문에 가장 잘 작용하는 것처럼 보일 것이다. 그러나 Anna와 Bill은 동전들 중 하나가 염산과 반응하여 기포를 만드는 것을 알아차릴 것이다. 잠시 후에 이 동전은 뜨기 시작할 것이다(그림 1.31). 이 동전을 더 면밀하게 조사하면 표면의 긁힌 부분에서 기체 거품이 나오는 것을 발견할 것이다. 염산에서의 동전 거동에 대한 그들의 설명은 정밀하게 통제된 실험에서 만들어진 결과이다.

그림 1.31 몇 개의 동전이 염산에 담가 깨끗하게 되면, 동전은 기체 거품을 내기 시작하면서 결국 뜨게 된다.

©Richard Megna/Fundamental Photographs

>> 가설

과학자들은 다수의 관찰 결과와 수집된 여러 자료들을 정리하고 서로 연관 짓기 위해 가설을 제시한다. **가설**(hypothesis)은 물질의 성질 또는 행동에 대한 잠정적인 설명인데, 이것으로 여러 관찰 결과를 설명하고 점검할 수 있다. 일반적으로 가설은 자연 현상을 설명하는 시작점이기 때문에 보통 더 많은 실험이 필요하게 된다. 실제로 가설은 직관적인 추측인데, 이 추측은 적은 양의 자료에 근거할 수도 있다. 추가된 실험 결과의 관점에서 종종 가설은 반복적으로 수정된다. 과학적 지식을 쌓는 것은 관찰과 가설을 만들고 시험하는 것 사이의 순환적인 상호 관계라고 할 수 있다(그림 1.32).

동전과 염산을 가지고 한 실험을 생각해 보자. 이전에 Bill과 Anna는 동전들 중 하나가 염산과 반응하여 색깔이 없는 기체를 만든다는 것을 관찰하였다. 동전 표면의 긁힌 자국을 따라 기체가 형성된 것이다. 이 관찰로 그들은 가설을 만들 수도 있다. 동전은 염산과 반응하여 기체 거품을 형성한다. 왜냐하면 동전은 반응을 빠르게 하는 긁힌 부분을 가지고 있기 때문이다. 이 가설을 어떻게 검증하겠는가? 몇 개의 동전에 긁힌 자국을 내고 염산을 떨어뜨려서 기체 거품이 형성되는지를 확인하면 된다. 그들은 10개의 동전

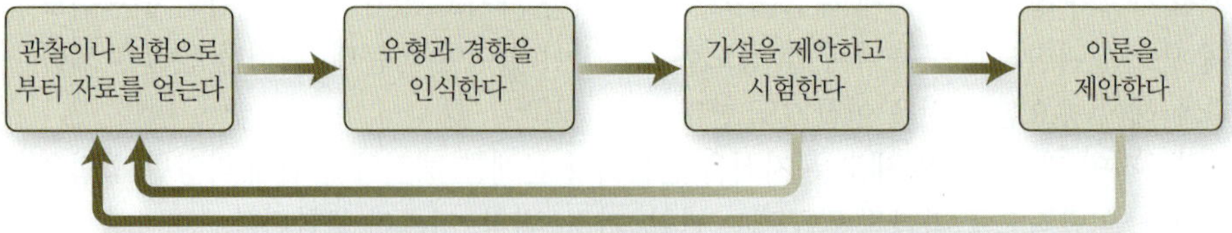

관찰이나 실험으로 부터 자료를 얻는다 → 유형과 경향을 인식한다 → 가설을 제안하고 시험한다 → 이론을 제안한다

그림 1.32 과학 지식을 발전시키는 동안 관찰과 가설은 순환하는 유형으로 연결된다.

그림 1.33 몇 개의 동전들은 긁힌 자국이 있는 위치에서 염산과 반응하지만 다른 동전들은 반응하지 않는다.
©Richard Megna/Fundamental Photographs

으로 이 실험(그림 1.33)을 했는데, 10개 중 7개가 긁힌 자국에서 기체 거품을 형성하였고, 3개는 기체 거품을 형성하지 않았다고 가정해 보자. 그들은 그들의 가설이 부분적으로만 정확하다는 결론을 내려야 한다. 왜일까? 왜냐하면 몇몇의 동전에서는 그들의 가설에 의해 예상되었던 것처럼 기체 거품이 생성되지 않았기 때문이다. 따라서 그들은 좀 더 생각을 하면서 동전의 어떤 특징이 결과에 영향을 줄 수 있는지에 대한 질문을 스스로에게 해야 한다.

모든 동전들이 같아 보이지만 면밀히 관찰하면 다른 점을 감지할 수 있다. 예를 들면 여러 도시들에 위치한 조폐국들이 동전을 생산한다. 그 도시 이름의 첫 글자가 동전이 주조된 연도의 바로 아래에 나타난다(그림 1.34). *D*는 덴버에서 주조된 동전에 찍힌다. *S*는 샌프란시스코를 나타내기 위해 사용되고, 필라델피아에서 주조된 동전들은 어떤 확인 표지도 갖지 않는다. 이 새로운 정보를 얻고서 Anna나 Bill은 새로운 가정을 말할 수 있다. 동전에 긁힌 자국이 있고 특정 조폐국에서 나온 것이면 염산과 반응하여 기체 거품을 형성한다. 왜냐하면 그 조폐국에서는 이 동전을 다른 방식으로 만들기 때문이다. 그러나 이전 실험의 동전들을 조사하면 조폐국의 위치는 중요하지 않다는 것을 알 수 있다. 모든 조폐국에서 나온 긁힌 몇 개의 동전들은 반응하고 몇 개는 반응하지 않았던 것이다. 수정된 가설은 정확하지 않다고 할 수 있다.

그림 1.34 동전에는 주조된 연도와 도시가 표시되어 있다.
©Brian Moeskau/Moeskau Photography

Bill과 Anna가 다시 그들의 가설을 수정하려 할 때, 한 번에 한 변수씩 분리하여 실험해야 한다는 것을 깨닫게 될 것이다. 한 번에 너무나 많은 생각들을 테스트하려 한다면 몇 개의 가능한 원인들이 있는 혼란스런 결과들을 얻게 될 뿐이다. 그래서 긁힌 자국이 기체 거품이 발생하는 데 꼭 필요하다면 또 다른 변수들이 포함되어야 한다. Anna나 Bill은 다음 단계로 이전 실험의 동전들을 다시 조사하게 된다. 반응한 모든 동전들은 1984년 이후의 최근에 주조되었고, 반응을 하지 않은 모든 동전들은 1982년과 그 이전에 주조된 것을 발견하였다. 이 관찰부터 가설을 다시 한 번 수정한다. 1982년과 그 이

전에 주조된 긁힌 동전들은 염산과 반응하여 기체 거품을 만들지 않지만, 1984년 이후에 주조된 긁힌 동전들은 염산과 반응하여 기체 거품을 만든다. 왜냐하면 동전을 만들기 위해 사용된 금속이 1982년과 1984년 사이에 바뀌었기 때문이다.

그들은 수정된 가설을 어떻게 검증할 수 있을까? 그들은 우선 오래되었거나 새로운 동전들 이 원래의 10개의 동전과 같은 방식으로 반응하는지를 확인해야 한다. 그 후 12개의 동전을, 심지어 수백 개의 동전들을 테스트하여 우연한 결과들을 배제해야 한다. 그들의 가설이 예상했던 결과들을 얻게 되면, 몇 개의 동전들을 잘라내어 새로운 동전과 오래된 동전의 내부가 다른 재료들로 구성되어 있는지를 직접 관찰하여 확인할 수 있다.

그와 같은 발견으로 염산 속에서 동전의 거동을 예상할 수 있게 된다. 그러나 이렇다고 해도 동전의 화학적 거동에 대한 완전한 설명이 되지는 않는다. 그들은 과학적 탐구 과정을 훨씬 심도 있게 수행할 필요가 있다.

>> 법칙

물질의 거동이 매우 일관성이 있어서 보편적 타당성을 가지면 우리는 이와 같은 거동을 ***법칙***(*law*)이라고 한다. 과학적 법칙은 자연이 특정 조건에서 작동하는 방식을 기술한다. 예를 들면 18세기 후반에 화학 반응에서 소모되고 생성된 물질의 양을 관찰함으로써 ***질량 보존 법칙***(*law of conservation of mass*)을 공식화할 수 있었다. 이 법칙은 화학 반응에서 얻은 생성물의 질량은 반응한 물질의 질량과 동일하다는 것을 말한다. 지금까지 연구된 모든 알려진 화학 반응은 이 법칙을 따른다. 예를 들면 우리는 그림 1.30의 반응이 진행되기 전의 동전의 질량과 질산의 질량을 측정할 수 있다. 반응이 완결되면 우리는 청록색 액체의 질량과 빨간색 기체의 질량의 합이 출발 물질들의 질량과 같다는 것을 발견하게 될 것이다.

태양에 동력을 주는 융합 반응과 같은 핵반응들이 발견되었을 때 과학자들은 매우 많은 양의 에너지를 방출하는 과정은 질량을 보존하지 않는다는 것을 깨달았다. 이 새로운 정보를 수용하기 위해 ***질량 보존 법칙***은 ***질량과 에너지 보존 법칙***(*law of conservation of mass and energy*)으로 변형되어야 했다.

>> 이론

앞에서는 염산 속에서 동전의 거동에 대한 가설을 발전시켰다. 법칙 절에서 과학적 법칙의 예에 대하여 설명하였다. 가설과 법칙은 자연이 ***어떻게***(*how*) 작동하는지를 설명하는 것이지 ***이유***(*why*)에 대하여 설명하지는 않는다. ***이론***(*theory*)은 다른 여러 상황에서 관찰, 가설, 법칙이 적용되는 이유를 설명한다. 예를 들면 제2장에서 논의할 ***원자설***(*atomic theory*)은 질량 보존 법칙을 포함해서 물질의 행동에 대한 많은 관점들을 설명한다. 종종 이론은 수학적 또는 물리적 모형을 사용하여 물질의 거동을 설명한다. 가설처럼 이론은 알려진 관찰과 어울린다. 만약 새로운 사실이 알려지면 이론은 변형되거나 수정되어야 한다.

염산 안에서 동전의 거동으로 되돌아가 보자. Anna와 Bill은 모든 동전의 거동을 설명할 이론을 제안할 필요가 있었다. 인터넷과 도서관 연구에 의하면 1982년 이전에 모든 동전들은 5%의 아연을 포함한 구리의 합금으로 주조되었다. 1984년 이후에 만들어진 모든 동전들은 구리가 입혀진 아연판이었다. 더 새로운 동전들은 약 97.5%의 아연을 함유한다. Anna와 Bill이 순수한 아연 및 순수한 구리가 염산과 반응하는 방법을 찾을 수 있다면 그들은 염산 존재하에서 동전의 화학적 거동에 대한 설명을 발전시킬지도 모른다. 구리와 아연 조각을 가지고 한 실험(그림 1.35)에 의하면 아연은 실제로 염산과 반응하여 기포를 방출하지만 구리는 그렇지 않다. 이제 그들은 염산에서 동전의 거동에 대한 설명을 할 수 있는데, 이 설명은 모든 연관된 관찰들과 일치한다. 심지어 그들은 몇 개의 동전이 뜨는 이유를 설명할 수 있다. 아연이 염산과의 반응으로 완전히 제거되면

제5장에서 산과 금속의 반응을 논의할 것이다.

그림 1.35 구리가 아닌 아연이 염산과 반응하여 수소 기체를 생성한다.

©Jim Birk

남아 있는 구리 껍질은 기체로 채워져서 액체 표면으로 떠오를 수 있다.

≫ 실행 중인 과학적 탐구

과학자들은 빗질을 하지 않은 머리를 하고, 우스운 복장을 하며, 포켓 보호대를 착용하고, 사교성 부족하며, 실험실에서 홀로 일한다는 인식이 있다. 이와 같은 고성 관념을 영화에서 자주 볼 수 있는데, 사실일까? 여러분은 이와 같은 묘사에 일치하는 과학자를 아는가? 여러분이 아마 알지도 모르지만, 이러한 고정 관념은 영화에 남겨 두는 편이 낫다. 과학자들은 사람이고, 다른 직업에 종사하는 사람들만큼 외형, 인격, 기호에서 매우 다양하다(그림 1.36). 비록 많은 과학자들이 실험실에서 실제로 독립적으로 일을 하지만, 공통의 관심사를 가지는 연구진들은 대부분의 과학적 일을 협력하여 한다. 과학자들은 때로 오랜 기간의 힘든 연구 후에 발견하게 된다. 어떤 때는 우연한 발견을 통해 새로운 영감이 빠르게 일어나기도 한다. 이것들은 Alexander Fleming이 페니실린을 발견하거나 Henri Becquerel이 방사능을 발견한 것처럼 우연히 일어난 운이 좋은 대 발견이었다. 그와 같은 우연히 발견되는 사건들은 종종 그 중요성을 인식할 수 있는 사람에게 일어난다. Fleming과 Becquerel은 모두 숙련되지 않은 관찰자라면 빠뜨리고 보지 못했을 특별한 경우를 알아차렸다. Louis Pasteur가 말하였던 것처럼 '관찰의 분야에서 기회는 준비된 마음만을 좋아한다.'

대부분의 과학적 탐구는 가설 시험을 통해 진행되지만 이것은 과학적 방법이 취하는 유일한 형태는 아니다. 신약을 찾는 데 특히 유용한 새로운 접근법은 ***조합 화학***(*combinatorial chemistry*)이다. 일련의 관련된 화합물들을 체계적으로 합성하고 질병 치료의 효과를 시험한다. 소형화, 로봇공학 및 컴퓨터 제어를 포함한 기술을 이용해서 많은

그림 1.36 화학자들은 다양한 환경에서 일하는 다양한 집단의 사람들이다.

(왼쪽): ©PeopleImages/Getty Images;
(오른쪽): ©YinYang/Getty Images

다른 조합들이 시도된다. 여러 화합물들이 약의 작용에 대한 가능한 후보 물질로 걸러지게 된다. 예를 들면 생물학적인 효과를 내기 위해 특정 효소에 결합하는 약이 필요하면 다양한 화합물들이 그 효소에 결합하는지를 알기 위해 효소에 첨가된다. 만약 결합하면 추가적 테스트가 수행된다.

또 다른 접근법은 많은 화합물을 혼합하여 한 용기 안에 많은 다른 생성물들을 만드는 것을 포함한다. 그리고 이 생성물들은 혼합물 상태에서 또는 분리된 후에 검증된다. 현재의 기술로 한 달에 한 실험이 100,000개의 새로운 화합물을 합성하고 시험하는 것이 가능하다.

조합 기술에서 시험할 화합물의 합성에서 나오는 많은 화합물 폐기물과 시험 단계의 끝에서 나오는 폐기물의 발생을 피하기 위해 과학자들은 미세 수준의 규모에서 실험을 진행한다. 그림 1.37에 나타낸 것과 같은 기구는 각 시료 우물에 10~50 μL의 적은 양을 분배할 수 있다. 화학 공동체에서 중요하게 시작할 일은 오염을 막고 다양한 소비자, 연구와 산업적인 제품을 생산하기 위해 이용되는 천연자원의 양을 줄이는 화학 과정을 개발하는 것이다. ***녹색 화학***(*green chemistry*)과 ***지속 가능성***(*sustainability*)은 이와 같은 노력을 기술하기 위해 종종 언급되는 용어들이다.

녹색 화학의 중요한 원칙들 가운데 하나가 폐기물을 없애는 것이다. 산업과 연구 시설들이 처리되어야 하는 폐기물을 발생시키지 않는 과정을 개발하기 위해 끊임없이 노력하고 있다. 폐기물을 제거하는 한 가지 방법은 사용된 후에 해가 없는 물질로 분해되는 생성물을 설계하는 것이다. 녹색 화학의 또 다른 원칙은 천연자원을 고갈시키지 않는 과정을 설계하는 것이다. 대신에 녹색 화학 원칙은 다시 새롭게 사용할 수 있는 천연 재료를 사용하도록 권장한다. 천연 재료는 농업 자원에서 나오거나 다른 과정의 폐기 생성물에서 나온 가공되지 않은 재료들이다. 화석 연료는 천연 재료를 고갈시키는 주요한 근원이다.

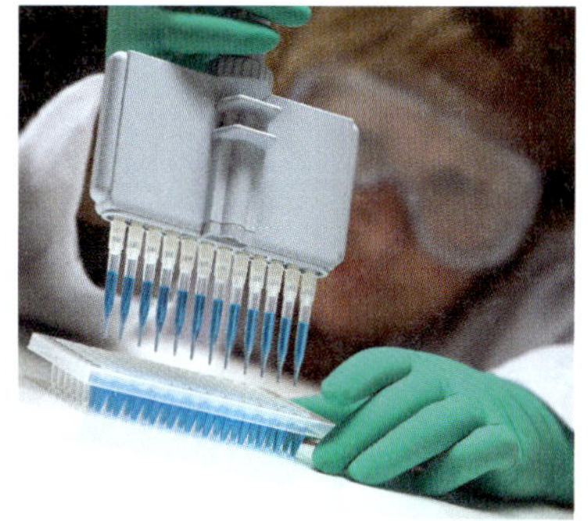

그림 1.37 위의 사진과 같은 기구를 이용하면 많은 화합물들을 한 번에 시험할 수 있다 각 팁은 매우 적은 양의 화합물을 해당 우물에 분주한다. 해당 우물에서 화학 약품이 잠재적인 약품으로 작용하는지를 시험할 수 있다.

©Anthony Bradshaw/Getty Images

제 1 장 복습하기

주요 개념 _Key Concepts

- 물질은 그 특성에 따라 다른 방식으로 분류할 수 있다. 물질은 원소, 화합물, 하나 또는 두 가지의 혼합물로 분류될 수 있다.
    - 원소는 화학적 반응에 의해 분해될 수 없는 순수한 물질이다.
    - 원소는 일반적으로 금속과 비금속의 두 가지 범주로 분류된다.
    - 화합물은 일정한 비율로 결합된 두 가지 이상의 원소로 이루어진 순수한 물질이다.
    - 혼합물은 두 가지 이상의 순수한 물질로 이루어져 있어서 조성이 각기 다르다. 균일 혼합물(용액)은 일정한 조성을 가지고 있는 반면, 불균일 혼합물은 그렇지 않다.
    - 원자는 원소의 화학적 특성을 갖는 가장 작은 단위이다.
    - 분자는 별개의 배열 안에 두 개 또는 그 이상의 원자가 묶여져 구성되어 있다.
    - 원소와 화합물은 일반적으로 원소 기호와 화학식을 사용하여 나타낸다.
    - 물질은 물리적 상태에 따라 고체, 액체, 기체로 분류할 수 있다.
- 물질의 변화는 물리 변화와 화학 변화로 분류할 수 있다.
    - 물리 변화는 물질의 본질은 변하지 않고 남아 있다.
    - 물리적 성질은 물질의 구성에 변화 없이 관찰 또는 측정할 수 있는 특징이다. 예

를 들면 색깔, 냄새, 물리적 상태, 질량, 부피, 밀도, 온도 등이 포함된다.
    - 화학 변화(화학 반응)에서, 원자는 새로운 물질 형태로 재배열된다.
    - 화학적 성질은 무엇으로 구성되고, 어떤 화학 변화를 겪었는지에 의하여 결정된다.
- 물리 변화와 화학 변화는 일을 하거나 열을 전달할 수 있는 능력인 에너지를 포함한다.
    - 물체의 에너지는 운동 에너지와 퍼텐셜 에너지의 조합이다.
    - 에너지는 한 형태로부터 다른 형태로의 변화라고 할 수 있고 열로 변화할 수 있다.
- 과학적 방법은 과학자들에 의해 사용되는 다양한 방법을 포함한다.
    - 관찰(또는 자료 수집)은 빈번하게 과학적인 방법의 필요한 부분이며, 빈번하고 주의 깊게 통제된 실험을 설계하는 것을 포함한다.
    - 가설은 실험 결과에 대한 잠정적인 설명이다.
    - 법칙은 관찰이 보편적인 타당성을 가질 때 나타나고, 이론은 법칙에 대한 설명이다.

주요 관계식 _Key Relationships

관계	식
한 물체의 밀도는 질량과 부피의 비이다.	$밀도 = \frac{질량}{부피}$
절대 온도 kelvin은 섭씨 온도로 273.15에서 시작한다.	$T_K = T_{°C} + 273.15$
화씨 온도는 섭씨 온도의 1.8배이다. 물의 어는점은 32°F와 0°C이다.	$T_{°F} = 1.8(T_{°C}) + 32$

주요 용어 _Key Terms

가설(hypothesis) (1.4)
고체(solid) (1.1)
과학적 방법(scientific method) (1.4)
금속(metal) (1.1)
기체(gas) (1.1)
물리적 변화(physical change) (1.2)
물리적 상태(physical state) (1.1)
물리적 성질(physical property) (1.2)
물질(matter) (1.1)
밀도(density) (1.2)
부피(volume) (1.2)
분자(molecule) (1.1)
불균일 혼합물(heterogeneous mixture) (1.1)
비금속(nonmetal) (1.1)
수용액(aqueous solution) (1.1)
순물질(pure substance) (1.1)
액체(liquid) (1.1)
에너지(energy) (1.3)
온도(temperature) (1.2
용액(solution) (1.1)
운동 에너지(kinetic energy) (1.3)
원소(element) (1.1)
원소 기호(element symbol) (1.1)
원자(atom) (1.1)
화학 변화(chemical change) (1.2)
화학 반응(chemical reaction) (1.2)
일(work) (1.3)
질량(mass) (1.1)
퍼텐셜 에너지(potential energy) (1.3)
혼합물(mixture) (1.1)
화학식(chemical formula) (1.1)
화학적 성질(chemical property) (1.2)
화합물(compound) (1.1)

연습 문제 _Questions and Problems

주요 용어와 정의를 연결하기

1.1 다음 주어진 정의에 맞는 주요 용어를 써라.
(a) 물질의 양적 척도
(b) 한 물질이 새로운 물질을 만들기 위해 겪을 수 있는 가능한 변형을 포함한 그 물질의 특성
(c) 물리적 방법으로 분리될 수 있는 두 가지 이상의 물질의 조합
(d) 화학 반응에서 더 간단한 안정한 물질로 분해될 수 있는 순물질
(e) 일을 하거나 열을 전달하는 능력
(f) 조성의 변화 없이 관찰할 수 있는 한 물질의 특성

(g) 물질이 특정 모양을 갖지 않지만 용기의 가득 채운 부분의 모양을 가지는 물리적 상태
(h) 한 물질의 부피에 대한 질량의 비
(i) 균일한 조성을 가진 혼합물
(j) 일정한 모양과 낮은 압축성으로 특징되는 물질의 물리적 상태

물질과 분류

1.25 Bill과 Anna가 관측했던 다음 항목들을 어떻게 분류하겠는가?
(a) 용해된 염료를 포함한 분수의 물
(b) 구리관
(c) 입으로 분 후 풍선의 내용물
(d) 피자 한 조각

1.27 다음 중 어떤 것이 물질의 예인가?
(a) 햇빛
(b) 가솔린
(c) 자동차 배기 가스
(d) 산소 기체
(e) 철 파이프

1.29 원소와 화합물을 어떻게 구별하는가?

1.31 금속의 특징을 나열하라.

1.33 다음 원소의 이름을 써라.
(a) Ti
(b) Ta
(c) Th
(d) Tc
(e) TI

1.35 다음 원소의 이름을 써라.
(a) B
(b) Ba
(c) Be
(d) Br
(e) Bi

1.37 다음 원소의 이름을 써라.
(a) N
(b) Fe
(c) Mn
(d) Mg
(e) Al
(f) Cl

1.39 다음 원소의 기호는 무엇인가?
(a) 철
(b) 납
(c) 은
(d) 금
(e) 안티모니

1.41 화학의 초보자가 철을 나타내기 위해 Ir 기호를 사용하였다. 이것은 그 원소에 대하여 수용될 수 있는 기호인가? 그렇지 않으면 철에 대한 정확한 기호는 무엇인가?

1.43 불안정한 합성 원소인 노벨륨(nobelium)을 나타내기 위해 한 학생이 기호 NO를 사용하였다. 이것은 그 원소에 대하여 수용될 수 있는 기호인가? 그렇지 않으면 정확한 기호는 무엇인가?

1.45 다음 각각을 순물질, 균일 혼합물(용액), 불균일 혼합물로 분류하라. 햄버거, 소금, 음료수, 케첩.

©Patricia Brabant/Cole Group/Getty Images

1.47 원소 수소는 서로 결합한 두 개의 수소 원자들로 존재한다. 이 분자에 대한 화학식을 쓰고, 분자 수준에서 어떻게 보이는지를 나타내는 그림을 그려라.

1.49 다음 그림은 질소와 산소를 포함한 화합물을 나타낸 것이다. 이 화합물에 대한 화학식을 써라.

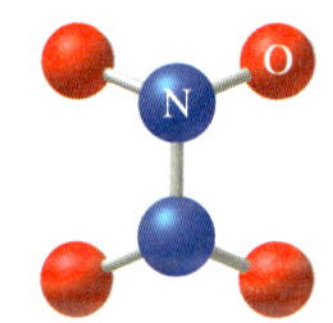

1.51 다음 그림 중 한 원소와 한 화합물의 혼합물을 나타내는 것은 어느 것인가?

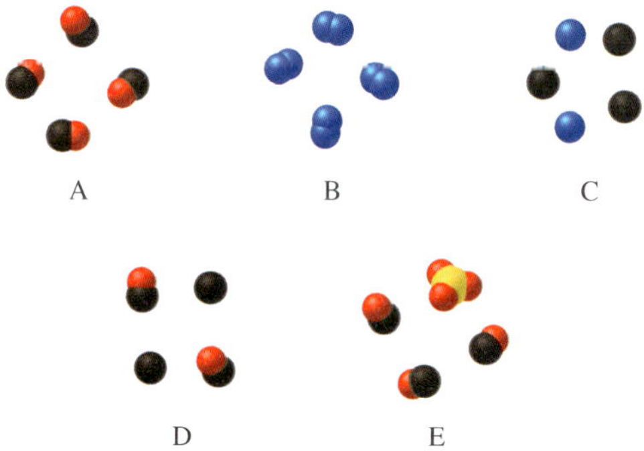

1.53 다음 각각을 원소와 화합물로 분류하라.
(a) O_2 (c) P_4 (e) NaCl
(b) Fe_2O_3 (d) He (f) H_2O

1.55 표준 상태에서 수은은 액체이다. 액체와 고체 상태에서 수은 원자가 어떻게 보이는지 분자 수준의 그림을 그려라.

1.57 어떤 유형의 물질이 팽창하여 용기를 채우고 더 작은 부피로 압축될 수 있는가?

1.59 기호로부터 다음 각 원소의 물리적 상태를 확인하라.
(a) $Cl_2(g)$

(b) Hg(*l*)

(c) C(*s*)

1.61 다음 그림은 어떤 물리적 상태를 나타낸 것인가?

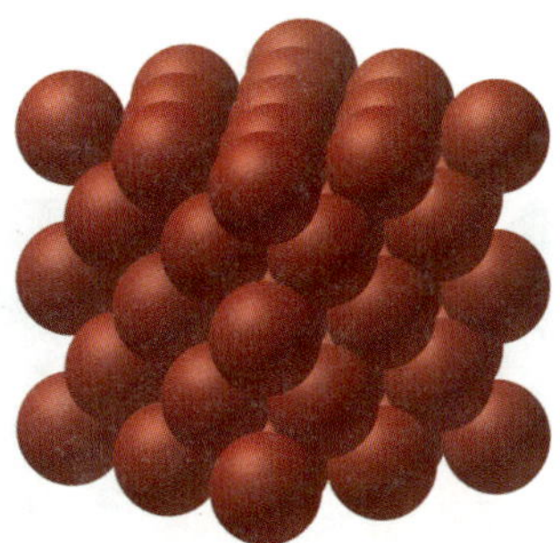

1.63 산소 O_2와 물의 균일 혼합물은 기호로 어떻게 나타내는가?

➔ 물리 · 화학 변화와 성질

1.65 이 장의 앞에서 Anna와 Bill은 그들이 본 것에 대한 많은 관찰을 하였다. 그들이 관찰한 것 중에는 색깔, 감촉, 광택이 있다. 이것들은 물리적 성질인가, 화학적 성질인가?

1.67 스위스 치즈 한 조각에는 45 mg의 소듐이 들어 있다.

(a) 이 질량은 그램 단위로 얼마인가?

(b) 이 질량은 온스(oz) 단위로 얼마인가? (16 oz = 453.6 g)

(c) 이 질량은 파운드(lb)로 얼마인가? (1 lb = 453.6 g)

1.69 어떤 염(salt) 한 알은 질량이 약 1.0×10^{-4} g이다. 그 질량은 다음 단위로 어떻게 되는가?

(a) 밀리그램

(b) 마이크로그램

(c) 킬로그램

1.71 여러분이 1.2 L의 스포츠 음료를 마시면 다음 단위로 얼마만큼의 부피를 소모했는가?

(a) 밀리리터

(b) 세제곱센티미터

(c) 세제곱미터

1.73 한 상자의 길이, 폭, 높이가 각각 8.0 cm, 5.0 cm, 4.0 cm이면, 이 상자의 부피는 밀리리터와 리터 단위로 얼마인가?

1.75 치즈 한 조각의 질량은 28 g이고, 부피는 21 cm^3이다. 이 치즈의 밀도는 g/cm^3와 g/mL 단위로 얼마인가?

1.77 설탕 용액의 밀도가 1.30 g/mL이면, 질량이 50.0 g인 이 용액의 부피는 얼마인가?

1.79 액체가 기체보다 밀도가 더 큰 이유는 무엇인가?

1.81 플라스틱 조각은 기름에 가라앉지만 물에는 뜬다. 이 세 가지 물질을 밀도가 가장 작은 것에서 가장 큰 것의 순으로 놓아라.

1.83 어떤 유형의 손톱 광택제의 구성 성분인 아세톤은 끓는점이 56°C이다. 그 끓는점은 kelvin 단위로 얼마인가?

1.85 다음 각 온도 척도로 물의 끓는점과 물의 어는점 사이의 온도 차이는 얼마인가?

(a) 섭씨 척도

(b) Kelvin 척도

(c) 화씨 척도

1.87 한 물질의 끓는점은 그 물질의 양에 의존하는가?

1.89 다음 각각이 물리적 성질인지, 화학적 성질인지를 확인하라.

(a) 질량

(b) 밀도

(c) 가연성

(d) 부식에 대한 저항성

(e) 녹는점

(f) 물과의 반응성

1.91 다음 각각이 물리 변화인지, 화학 변화인지를 확인하라.

(a) 아세톤의 끓음

(b) 물에 산소 기체의 용해

(c) 수소와 산소 기체가 결합하여 물을 만듦

(d) 가솔린의 연소

(e) 모래에서 돌 걸러 내기

(f) 오존을 산소로 전환, $2O_3(g) \longrightarrow 3O_2(g)$

1.93 염소(Cl_2)의 응축 과정에서 일어나는 변화에 대한 기호 표기와 분자 수준의 표기를 써라.

1.95 다음 그림에 나타낸 변화는 물리 변화인가, 화학 변화인가?

변화 전

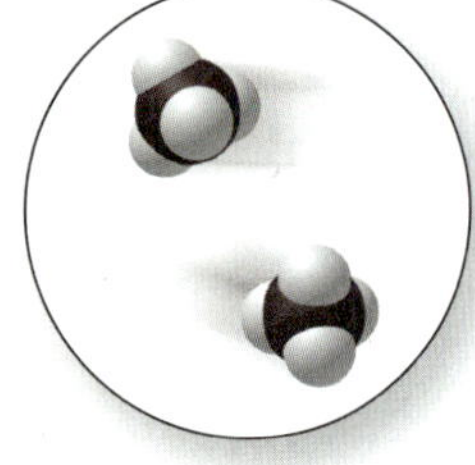

변화 후

1.97 기체에서 액체로 응축하는 CH_4(연습 문제 1.95의 '변화 후' 그림에서 나타낸)를 나타내는 그림을 그려라. 이 그림은 물리 변화, 아니면 화학 변화를 나타내는가?

1.99 다음 그림은 아이오딘(I_2)을 시험관의 바닥에 넣고 가열할 때 일어나는 것을 나타낸 것이다. 이것은 물리 변화인가, 화학 변화인가?

➔ 에너지와 에너지의 변화

1.101 Anna와 Bill은 건설 노동자가 파이프를 용접하는 것을 보았

다. 그들이 관찰했던 에너지의 형태를 분류하라.

1.103 두 가지 이산화 탄소 기체 시료 중 어떤 것이 더 큰 운동 에너지를 가지는가? 답을 설명하라.

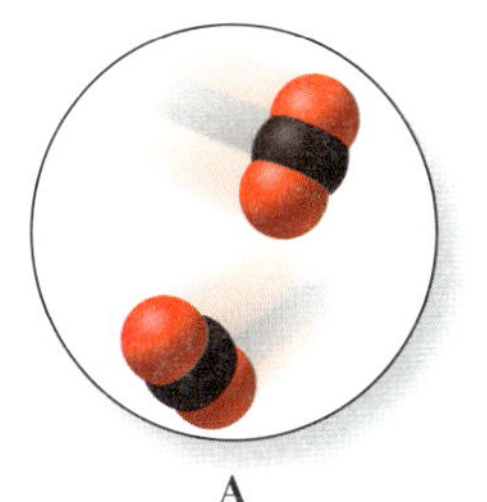

A B

1.105 여러분의 방에서 발견할 수 있는 퍼텐셜 에너지를 가진 예를 들어라.

1.107 다음 그림에 나타낸 서로 다른 유형의 에너지를 구별하라.

©John Foxx/Getty Images

1.109 어떤 흔한 유형의 에너지가 한 형태에서 다른 형태로 어떻게 변할 수 있는지를 설명하라.

1.111 소프트볼 경기장에서 홈런을 칠 때 무엇이 일어나는지를 운동 에너지와 퍼텐셜 에너지로 설명하라.

1.113 체질량 지수(BMI)는 한 사람의 무게와 신장으로부터 계산된 수이다. BMI는 대부분의 사람에게 믿을 만한 체질량의 지표를 제공하고 건강 문제를 일으킬지 모르는 체중의 범위를 진단하는 데 사용된다. 한 사람의 BMI에 대한 식은 다음과 같다.

$$\text{BMI} = \frac{\text{체중(kg)}}{[\text{신장(m)}]^2}$$

성인의 경우 BMI 값이 18.5와 24.9 사이이면 건강하고 정상적으로 생각된다.

(a) 무게가 169 lb이고 신장이 6 ft 2 in인 사람에 대한 BMI를 계산하라.

(b) 이 사람은 체중 미달인가, 건강한 체중인가, 과체중인가?

1.115 분수에서 물이 떨어지는 것을 생각해 보자. 운동 에너지와 퍼텐셜 에너지로 이 과정의 에너지 변환을 어떻게 분류하겠는가?

과학적 조사

1.117 과학적 연구에서 가정이 어떻게 사용되는지를 설명하라.

1.119 다음 각각을 관찰, 가정, 법칙, 이론으로 분류하라.

(a) 불운은 사다리 아래를 걷는 것에 기인한다.

(b) 기름은 물 위에 뜬다.

(c) 기름은 밀도가 작기 때문에 물 위에 뜬다.

(d) 나무가 탄다.

1.121 여러분은 물에 떠 있는 발사 나무 조각을 관찰하고 나무는 물보다 밀도가 작기 때문에 모든 나무는 물에 뜬다는 가정을 제안한다. 이 가정을 시험할 실험을 제안하라.

추가 연습 문제

1.123 풍선 안의 공기의 밀도는 낮은 고도보다 높은 고도에서 더 작다. 그 차이를 설명하라.

1.125 여러분이 질량이 같은 아연 시료와 구리 시료를 갖고 있다면, 어느 것이 부피가 더 크겠는가?

1.127 다음 비활성 기체 원소에 대한 기호를 써라.

(a) 헬륨

(b) 네온

(c) 아르곤

(d) 크립톤

(e) 제논

(f) 라돈

1.129 전 세계의 재활용 시설에서는 다양한 유형의 재활용 가능한 폐기물을 분리하는 기술을 사용하고 있다. 습식 분리는 물에 상대적인 밀도에 따라 특정 종류의 폐기물(예를 들면 유리, 모래, 금속)을 처리하는 방법이다. 이러한 유형의 분리는 재활용 가능한 폐기물의 물리적 성질에 기초하는가, 아니면 화학적 성질에 기초하는가?

1.131 심장 마비 환자에게 주사되는 특정 농도의 에피네프린(epinephrine)의 선형적인 투여량은 체중 1 킬로그램당 0.1 mg이다. 환자의 체중이 180 lb인 경우 에피네프린을 얼마나 주시해야 하는가?

1.133 일반적인 신체검사 중에는 콜레스테롤 수치를 측정하기 위한 혈액 검사가 실시된다. 총 콜레스테롤 수치가 240 mg/dL이거나 그 이상이면 높은 것으로 간주된다. 이 경계 수치는 혈액 온스당 파운드의 단위로 얼마인가? 전형적인 성인의 혈액이 4~6 L이 있는 경우, 총 콜레스테롤 수치가 260 mg/dL인 환자의 혈액에는 몇 파운드의 콜레스테롤이 존재하는가?

1.135 절대 영도는 운동 에너지가 없는 상태에서의 온도이다. 다음 각 온도 단위에서 절대 영도는 얼마인가?

(a) Kelvin 척도

(b) 섭씨 척도

(c) 화씨 척도

1.137 다음 각 기호적 표현을 순물질, 화합물, 혼합물로 분류하라.

(a) $NaNO_3(s)$

(b) $N_2(g)$

(c) $NaCl(aq)$

1.139 혈액은 혈구와 혈소판이 떠다니는 수용액이다. 혈액을 원소, 화합물, 균일 혼합물, 불균일 혼합물로 분류하라.

1.141 1 m = 100 cm인 환산 인자를 이용하여 10.0 m^3를 cm^3 단위로 변환하라.

1.143 사람의 혈액의 평균 밀도는 1060 kg/m^3이다. 혈액량이 0.00500 m^3인 사람의 혈액 무게를 kg 단위와 lb 단위로 답하라.

1.145 29.1 m/s로 이동 중인 자동차가 2.5 시간 동안 주행하였고 앞으로 75 km를 더 가야 한다. 운전자가 여행하는 총 거리를 마일로 나타내어라.

원자, 이온, 주기율표

Atoms, Ions, and the Periodic Table

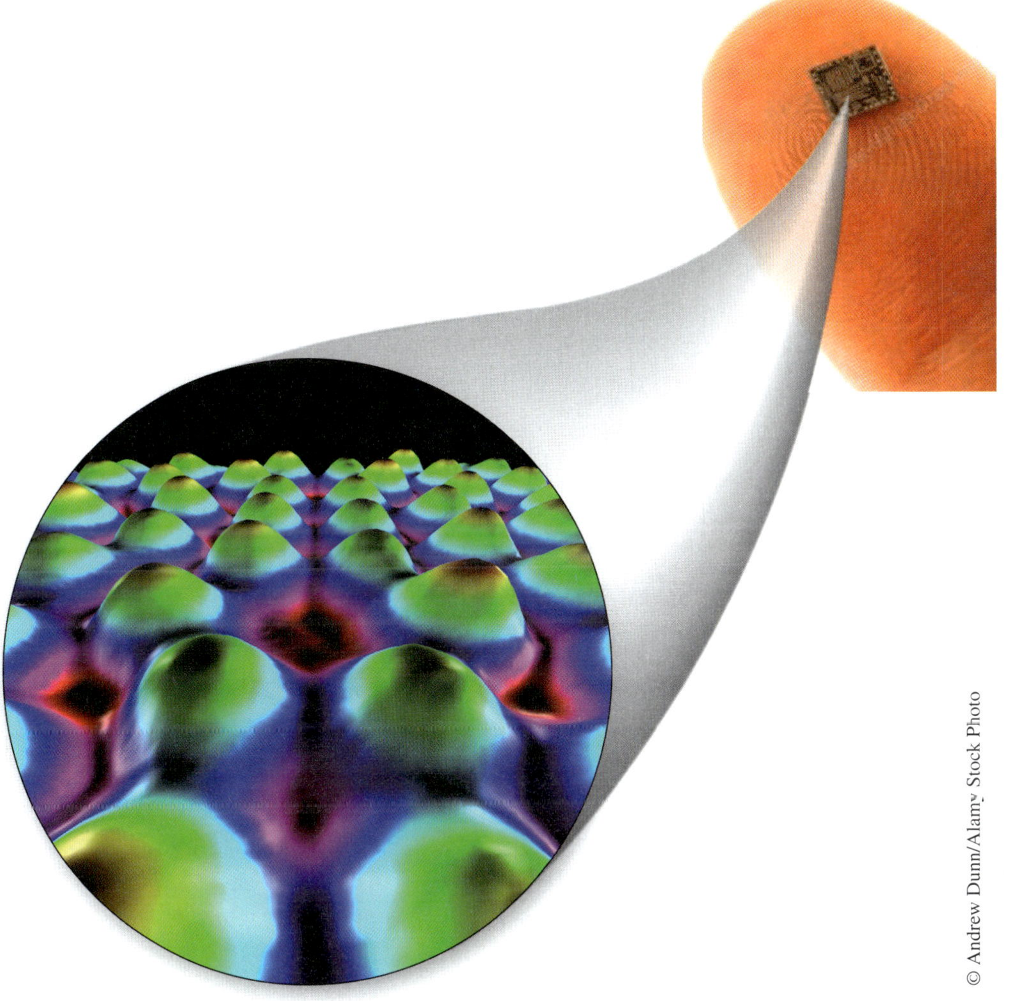

Socrates 이전 철학자인 Democritus는 원자와 함께 수학, 우주, 자연, 윤리 등에 관하여 저술하였다.

©SuperStock/Getty Images

Anna와 Bill은 화학과 관련된 물건들을 찾아다니면서(제1장에서), 물질이라고 생각했던 거의 대부분을 분류하였다. 이제 역사 보고서를 쓰고 있는 Anna는 원자에 대한 현대적인 개념이 어떻게 나왔는지를 알고 싶어졌다. 철학 수업에서 그녀는 고대 그리스 사람들이 세상은 네 종류의 물질, 즉 흙, 공기, 불, 물로 구성되어 있다고 생각하였다는 것을 배웠다. 그들은 그것들을 원소라 불렀다. 우리는 주기율표의 여러 원소들의 원자로 물질이 구성되었다는 것을 어떻게 이해하게 되었을까?

Anna가 더 많은 것을 알게 되면서, 원자의 개념이 기원 전 450년으로 거슬러 올라간다는 것을 발견하였다. 그리스 철학자 Democritus는 물질이 파괴되어 더 작은 입자들로 될 수 있는 데는 한계가 있다고 믿었다. 예를 들면 모래 한 조각은 더 작은 입자들로 쪼개지고, 쪼개진 입자들은 더욱 작은 입자로 쪼개질 수 있다. 모래 한 조각이 더 작은 입자로 영원히 쪼개질 수 있다는 것은 Democritus의 생각과 맞지 않았다. Democritus는 물질의 가장 작은 성분에 그리스어로 더 이상 '쪼개질 수 없는'이란 의미인 ***atomos***(영어로 *atom*)라는 이름을 부여하였다.

원자에 대한 개념은 수세기 후까지 일반화되지 못하였다. 1700년대에 화학자들은 물질을 더 간단한 물질(substance)로 쪼개서 원소를 찾아야 한다고 깨닫게 되었다. 더 이상 쪼갤 수 없는 어떤 것에 이르게 되었을 때, 이것을 ***원소***(*element*)라 불렀다. 1700년대 말까지 약 30개의 원소가 발견되었다. 1700년대를 통틀어, 그 원소가 원자로 이루어져 있다는 것을 믿는 화학자는 거의 없었다. 그러나 많은 화학자들의 실험은 물질의 원자적 특성에 대한 근거를 제공하였다.

Anna는 과학 및 수학 교사였던 Dalton(John Dalton)이 1808년에 책으로 출간한 잘 확립된 실험 결과를 바탕으로 원자의 존재에 대한 첫 번째 설득력 있는 주장을 한 것을 알게 되었다. 그의 논거는 너무나 설득력이 있어서 ***Dalton의 원자설***(*Dalton's atomic theory*)로 불리게 되었다. Anna가 원자에 대한 조사를 계속하게 되면서, 과학계에 의해 Dalton의 원자설이 받아들여진 덕분에, 원자에 대한 현대적 이해[***원자의 현대적 모형***(*modern model of the atom*)]가 가능하게 되었다는 것을 알게 되었다. 많은 추가적인 질문들이 Anna의 머리에서 계속 떠올랐다. 탄소와 수소처럼 다른 원소의 원자들은 서로 어떻게 다른가? 그들은 다른 질량을 가지는가? 원자들은 심지어 더 작은 입자들로 구성되는가?

일부 필수 무기물은 많은 과정에 관련되어 있다. 예를 들면 마그네슘은 인체에서 발생하는 300개 이상의 화학 과정에서 중요한 역할을 한다.

Anna 외에도 화학이 다른 과목과 연관이 있다는 것을 발견한 학생들이 있었다. Anna의 룸메이트이면서 영양학이 전공인 Megan은 인체가 물질로 구성되어 있고, 구성된 모든 것이 원소들의 다른 조합이라는 것을 금방 알아차렸다. 우리 몸의 93%가 탄소, 수소, 산소이지만, 적절한 기능을 위해서는 적은 양의 여러 다른 원소들도 필수적이다. 이러한 여러 물질들을 ***필수 무기물***(*essenital mineral*)이라고 한다. 무기물은 성장과 뼈, 치아, 머리카락, 혈액, 신경과 피부를 생산하는 데 필수적이다. 살아 있는 세포와 조직이 작용하는 데 필요한 효소와 호르몬은 언급할 필요도 없이 필수적이다. 우리가 가장 많은 양으로 필요한 필수 무기물은 칼슘, 인, 포타슘, 소듐, 염소, 마그네슘, 철이다. 이러한 것들은 먹고 마시는 음식으로부터 얻게 된다. 예를 들면 뼈를 강하게 만드는 칼슘은 유제품에서 많은 양으로 발견된다. 세포액의 중요한 조절제인 포타슘은 많은 과일과 채소에 들어 있다. 혈액에서 산소를 운반하는 헤모글로빈에 꼭 필요한 철은 과일, 채소, 붉은 고기에서 나온다.

일반적인 철 보충제인 황산 철(II)은 이온 형태의 철을 포함하고 있다.

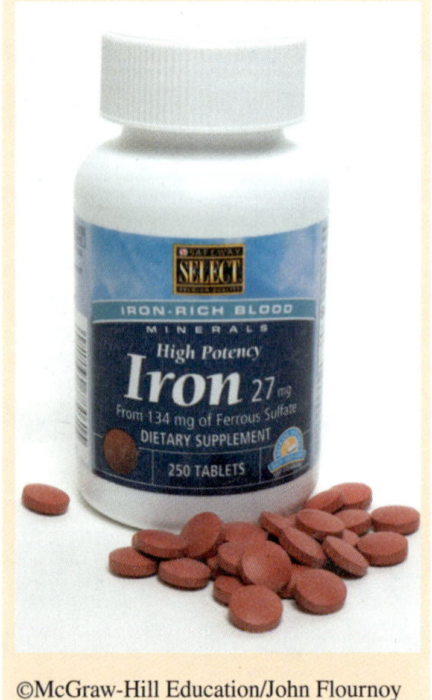

©McGraw-Hill Education/John Flournoy

Megan은 많은 무기물들이 주기율표에서 금속으로 분류된다는 것을 알아냈다. 우리가 먹는 음식으로부터 ***금속***(*metal*)을 섭취하는가? 일반적으로 아니다. 철과 같은 금속이 이온으로 존재하는 것처럼 화합물의 구성 성분으로부터 그것들을 섭취한다. ***이온***(*ion*)은 전하를 가진 원자이다. 금속 이온의 성질은 순수한 금속 원소와는 다르다. 이온은 우리 몸에서 일어나는 화학 반응에 중요하다. Megan은 영양분으로서의 이온을 알고 난 후, 이온이 원자와 어떻게 다른지, 그리고 왜 이온들이 다른 성질을 가지는지 궁금해지기 시작하였다.

이 장에서는 원소를 구성하는 원자와 그들 사이의 유사점과 차이점에 관하여 배울 것이다. 우리는 Anna와 Megan의 질문과 여러분 자신의 질문에 답하게 될 것이다.

이 장에서 공부할 내용의 질문

2.1 물질이 원자로 구성되어 있다고 제안하는 증거는 무엇인가?
2.2 원자의 조성은 어떻게 다른가?
2.3 이온은 원소의 원자와 어떻게 다른가?
2.4 원소의 원자 질량을 어떻게 나타낼 수 있는가?
2.5 주기율표가 원자의 구조 및 행동과 어떻게 관련이 있는가?

2.1 Dalton의 원자설

Anna는 연구를 하면서 19세기 이전에는 많은 사람들이 물질이 연속적이라고(물질이 무한히 나누어질 수 있다고) 믿었다는 것을 알아냈다(그림 2.1). 그 생각은 Dalton이 원자설을 발표한 1808년에 바뀌기 시작하였다. Dalton의 논거는 이전 30년간 축적되기 시작했던 실험적 증거를 토대로 하였다. 예를 들면 Antoine Lavoisier의 실험 결과는 1787년에 발표했던 **질량 보존 법칙**(law of conservation of mass)을 이끌었다. 그의 실험은 화학 반응 동안 질량의 변화는 일어나지 않는다는 것을 보여 주었다. 반응 생성물의 질량은 언제나 반응 물질의 질량과 같다.

화학적 변화를 관찰하면 어떤 경우에는 질량 보존 법칙이 적용되지 않는 것처럼 보일 수도 있다. 예를 들면 나무가 모닥불에서 타게 되면 불구덩이에 남은 질량은 작아진다. 못이 녹슬면 녹슨 못은 원래의 못보다 더 큰 질량을 가진다. 그러나 이 반응을 밀폐된 용기 안에서 수행하고, 변화 전과 후의 용기와 내용물의 질량을 측정해 보면 그 질량은 변하지 않을 것이다. 열린 용기에서 나무를 태워서 만들어진 기체들은 대기로 날아가 버리므로 최종 측정에는 포함되지 않는다. 못이 녹슬 때 소모된 기체는 원래 질량에 포

제15장에서 배우겠지만 질량은 원자핵을 포함하는 반응에서는 보존되지 않는다. 예를 들면 태양에서 일어나는 핵융합 반응에서 질량은 에너지로 전환된다. 핵반응은 Lavoisier와 Dalton의 시기에는 알려지지 않았다.

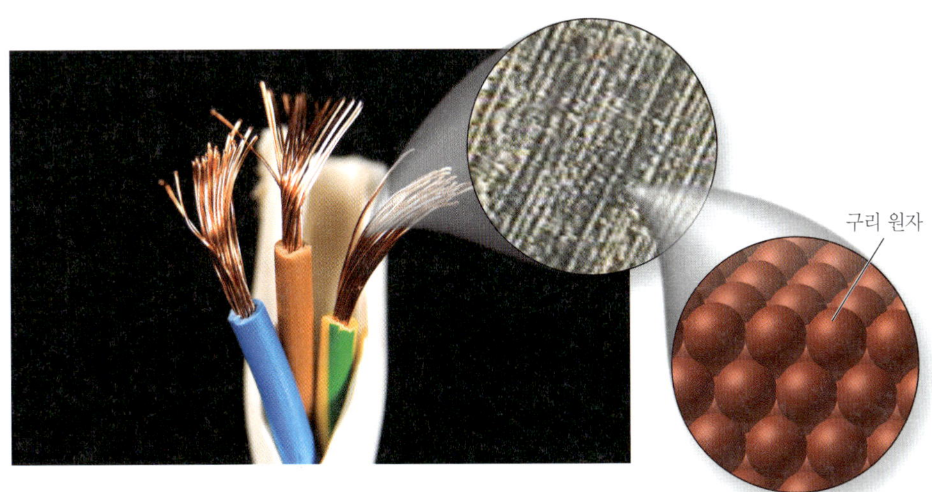

그림 2.1 광학 현미경으로 보면(*가운데*) 구리선의 입자 조성은 분명하지 않다. 입자라기보다는 오히려 연속된 것처럼 보인다. 모형(*오른쪽*)에서 볼 수 있듯이, 구리 금속 및 모든 물질이 입자로 구성되어 있는 것을 관찰하려면 전자 현미경을 사용해야 한다.

©imagebroker/Alamy Stock Photo; (삽입 그림): ©Jim Birk

그림 2.2 탄산 소듐(sodium carbonate)을 염산 용액에 넣으면 이산화 탄소 기체가 만들어진다. 이산화 탄소를 대기 속으로 흩어지지 않게 하면 그 질량은 여기에서 나타낸 실험에서 최종 질량에 포함된다. 용기가 열려 있으면 그 결과는 어떻게 달라지는가?

©Jim Birk

함되지 않는다. 그림 2.2의 예는 밀폐된 용기에서 반응이 일어날 때 질량 보존을 나타낸다. Lavoisier는 이와 같은 실험을 하였는데, 이 실험에서 그는 물질이 들어오거나 빠져나가지 않도록 주의하였다.

Joseph Proust는 주로 금속을 산소와 반응시키는 유사한 실험들을 하였다. 그는 생성물의 산소 함량은 하나 또는 두 개의 정해진 값을 가진다는 것을 발견하였다. 1797년과 1804년 사이에 발표된 그의 발견은 **일정 성분비 법칙**(law of definite proportions)을 이끌어냈다. 이 법칙은 동일한 화합물의 모든 시료는 구성 원소의 질량비가 같다는 것을 말해 준다. 예를 들면 순수한 물은 언제나 수소 1 g당 산소 8 g의 질량비를 갖는 산소와 수소로 구성되어 있다. 역으로, 물이 전기에 의해 원소로 분해되면 8:1의 같은 질량비를 갖는 산소와 수소가 형성 된다.

Dalton은 원자설을 개발하는 것 이외에 기상과 색맹에 대해서도 연구하였다.

©GeorgiosArt/Getty Images

Dalton은 질량 보존 법칙과 일정 성분비 법칙은 물질이 원자로 구성되어 있을 때만 설명할 수 있다고 생각하였다. 다음 가설들은 **Dalton의 원자설**(Dalton's atomic theory)을 요약한 것이다.

1. 모든 물질은 원자라는 매우 작고 나눌 수 없는 입자로 구성된다.
2. 주어진 원소의 모든 원자들은 질량과 화학적 성질이 모두 같다. 그러나 다른 원소의 원자들은 다른 질량과 화학적 성질을 갖는다.
3. 원자는 화학 반응에서 만들어지거나 파괴되지 않는다.
4. 원자는 간단하고 정해진 정수비로 결합하여 화합물을 만든다.

Dalton의 원자설에 의하면 화학 반응은 원자들을 새로운 조합으로 재배열하여 하나 이상의 새로운 화학 물질을 형성하는 것이다(그림 2.3). Dalton의 이론은 과거 200년간 수정되었지만 원자가 어떻게 물질의 구성 요소가 될 수 있는지를 이해할 수 있는 근거를 제공해 준다. 대부분의 이론들처럼 새로운 증거들이 발견됨으로써 원자설은 수정되었다. 지금은 Dalton의 몇몇 가설은 정확하지 않다는 것이 알려져 있다. 예를 들면

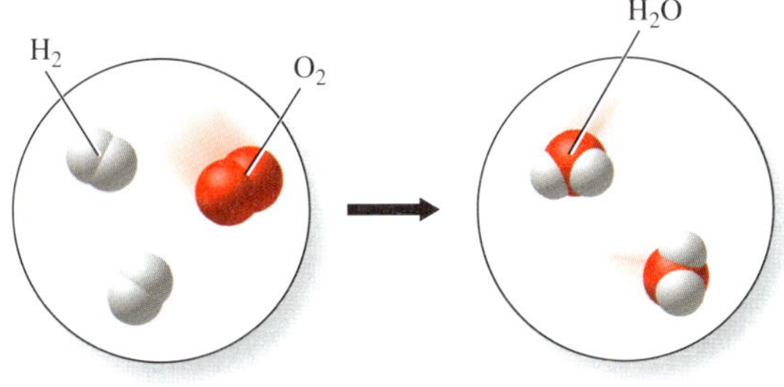

그림 2.3 H_2 분자 두 개가 O_2 분자 한 개와 결합하고 재배열되어 두 개의 H_2O를 만든다. 화학 반응은 단지 원자들을 새로운 조합으로 재배열하는 것이다.

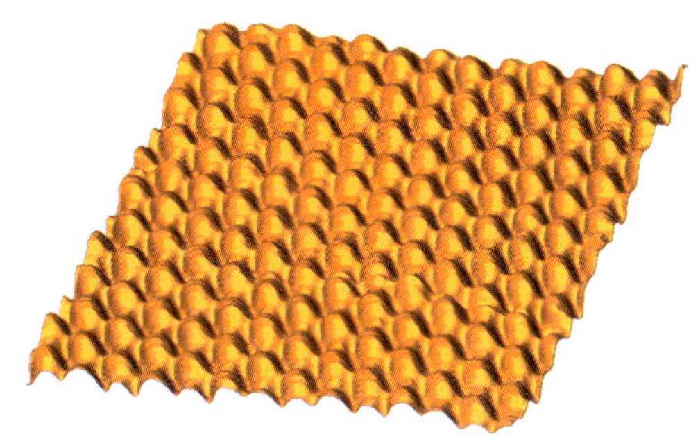

그림 2.4 이 주사 터널 현미경(STM) 영상은 구리 표면의 원자를 보여 준다. 원자는 광학 현미경으로 관찰하기에는 너무 작기 때문에 1980년대 STM이 개발되기 전까지는 영상이 만들어지지 못하였다.

첫 번째 가설은 분명히 사실이 아니다. 원자들은 ***아원자 입자****(subatomic particle)*라는 더 작은 입자들로 구성된다. 두 번째 가설도 정확하지 않다. 2.2절에서 배우겠지만 실제 특정 원소들의 원자는 다양한 질량을 갖는다.

거의 2세기 동안 Dalton이 제안한 방식 그대로 원자를 보는 사람은 없었지만 Dalton의 주요 관점은 오랜 시간 동안 여러 검증에서 살아남았다. 원자들은 너무 작기 때문에 광학 현미경으로는 볼 수 없다. 1981년에 주사 터널 현미경(scanning tunneling microscope, STM)이 발명되어, 이제 과학자들은 물질의 표면에 있는 원자 하나하나를 관찰할 수 있게 되었다(그림 2.4).

광학 현미경은 물체를 조사하기 위해 사용된 빛을 구성하는 파동의 크기보다 더 작은 영상을 분해할 수 없다.

2.2 원자의 구조

Megan은 영양소 표지에서 식품 보조제가 철과 셀레늄을 모두 함유한다는 것을 알게 되었다. 그녀는 이 원소들의 원자가 어떻게 다른지 궁금하였다. 과학자들도 일반적인 원자에 관한 이 질문을 하였고 그들의 조성을 탐구하는 방법을 발견하였다. 그들은 실제 원자를 구성하는 더 작은 입자들을 연구하였다.

셀레늄은 갑상샘의 기능에 관여하는 필수적인 무기물이다.

>> 아원자 입자

음전하를 띠는 아원자 입자(subatomic particle)인 **전자**(electron)의 존재는 1897년에 J. J. Thomson에 의해서 설명되었다. 그는 음극선관(cathode-ray tube, 브라운관)을 가지고 일련의 실험을 행하였다(그림 2.5). 부분적으로 진공인 음극선관에서 관의 각 끝을 배터리에 연결하여 전압을 걸었다. 그러자 전기가 광선의 형태로 관의 한쪽 끝에서 다른 쪽으로 흘렀다. 광선이 유리 위에 코팅된 물질이 발광하도록 할 때 보이지 않는 광선이 관찰될 수 있다. 자기장이나 전기장에서 광선들이 양으로 하전된 판으로 휘었고, 관 밖의 음으로 하전된 판으로부터 멀어지면서 휘는 것이 발견되었다. 그는 같은 전기 전하는

음극선관(cathode-ray tube, CRT)은 구형 텔레비전 영상관과 컴퓨터 모니터의 기본 구성 요소이다. 화면에는 빠르게 움직이는 전자가 닿았을 때 빛을 내는 화합물이 들어 있다. 서로 다른 색상을 내는 다른 화학 물질들이 컬러 사진을 제공한다.

동영상: 음극선관

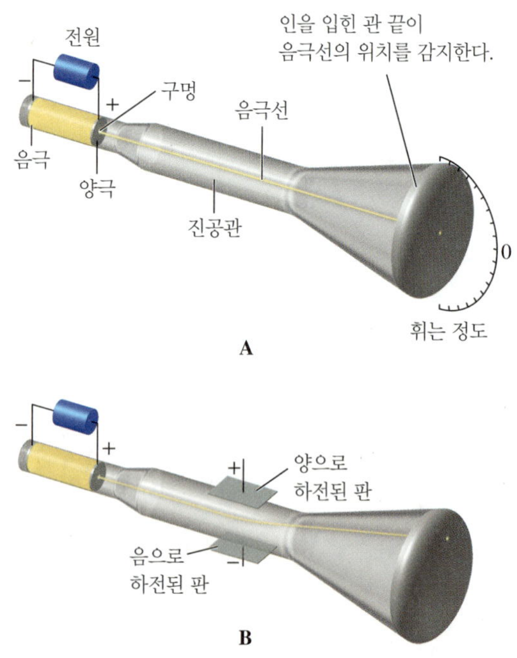

그림 2.5 음극선관을 이용한 Thomson의 실험으로 전자가 발견되었다 (A) 정상의 음극선관에서 외부의 장이 없으면 음극선은 직선 경로로 나아간다. (B) Thomson이 음극선관에 외부의 전기장을 걸었을 때 음극선은 양으로 하전된 판 쪽으로 굽어졌다. 같은 전하는 서로 밀어내고 반대의 전하는 서로 끌어당긴다는 것이 알려졌다. 양으로 하전된 판(음으로 하전된 판으로부터 멀리)으로 빛이 휘는 것은 광선이 음으로 하전된 입자로 구성되었다는 것을 나타낸다.

서로 밀어내고 반대의 전하는 서로 끌어당긴다는 것을 알았다. 양으로 하전된 판 쪽으로 빛이 휘어지는 것(그리고 음으로 하전된 판으로부터 멀어지는)은 그 빛이 음으로 하전된 입자들로 구성되었다는 것을 나타내었다. Thomson은 어떤 물질이 광선의 근원으로 사용되든 간에 광선은 음의 전하를 가졌다는 것을 보일 수 있었다. 이 결과로부터 광선은 모든 물질에 공통적으로 동일한 음의 전하를 띤 입자로 구성되었다는 것이 알려졌다. 우리는 이 입자를 전자라고 한다. 또한 Thomson은 그 실험에서 전자의 전하 대 질량비(charge-to-mass ratio)를 결정할 수 있었다.

전자의 발견으로 Dalton의 가설 중 하나를 바꿀 필요가 있었는가?

이러한 결과들을 토대로 Robert Millikan은 전자의 음전하의 세기를 측정하기 위해 기름방울로 실험을 하였다(그림 2.6). 기름방울은 방사선에 노출되면 전하를 띠게 된다. Millikan은 기름방울이 공기 중에 정지하는 데 필요한 전기장의 크기를 측정함으로써 전자의 전하가 -1.6022×10^{-19} 쿨롱(C)(*coulomb*은 전하의 단위이다)인 것을 알아냈다. 그리고 그는 Thomson에 의해 결정된 전하 및 전하 대 질량비로부터 전자의 질량이 9.1094×10^{-28} g인 것을 계산하였다. 가장 가벼운 원자조차 10^{-24} g보다 큰 질량을 가지므로, 전자는 원자의 질량에 작은 부분만 기여한다. 사실 전자의 질량은 모든 원소들 가운데 가장 작은 수소 원자 한 개의 질량보다 1836배 작다. 원래는 수천 개의 전자가 단 하나의 수소 원자 안에 있어야 한다고 생각되었다. 하지만 지금은 단 한 개만 있다는 것을 알고 있다.

양성자 치료는 다양한 형태의 암 치료에 사용되는 방사선 기술이다. 치료 동안에 방사선(양성자) 빔을 종양 세포에 직접 조사한다. 방사선은 종양 세포의 분자를 이온화하여, 세포의 DNA까지 영구적인 손상을 입힌다.

전자의 발견은 다른 아원자 입자를 발견하려는 더 많은 실험을 촉진하였다. 원자는 전기적으로 중성이기 때문에 원자는 음으로 하전된 전자를 중화시키기 위해 양으로 하전된 입자를 가지고 있어야 한다고 과학자들은 생각하였다. **양성자**(proton)라는 양으로 하전된 입자는 전자와 크기가 같지만 부호가 반대인 전하 $+1.6022 \times 10^{-19}$ C을 가진다. 전기적으로 중성이기 위해서는 원자는 같은 수의 양성자와 전자를 가져야 한다. 물질에

동영상: Millikan 기름방울

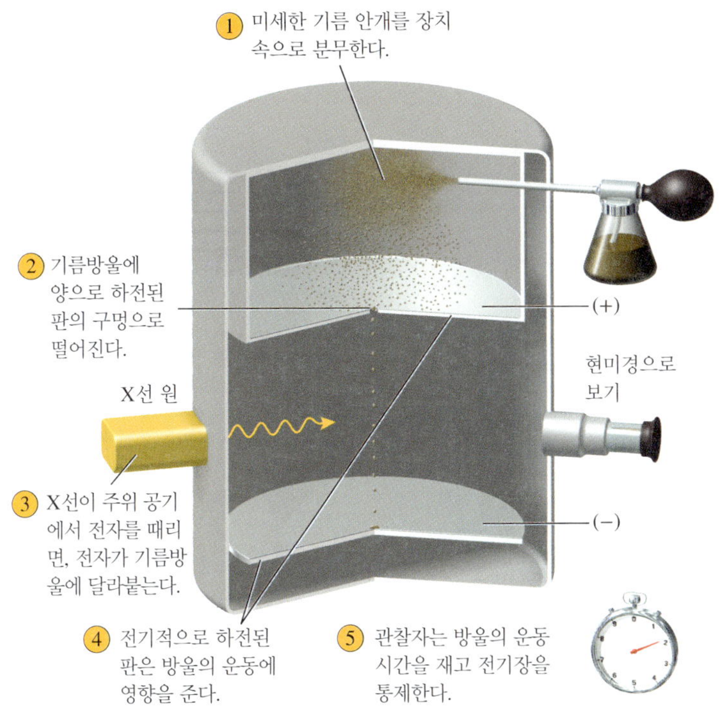

그림 2.6 Millikan의 기름방울 실험에서 기름방울을 정지시키는 데 필요한 전기장의 세기는 기름방울에 있는 여분의 전자의 수에 의존한다. 이 실험으로 Millikan은 전자 한 개의 전하를 결정하였고 그 질량을 계산하였다.

있는 전하를 더 다루기 쉽게 하기 위해 일반적으로 전하를 쿨롱 단위 대신에 전자 또는 양성자 전하의 배수로 표시한다. 이 방법으로 표시하면, 전자의 전하는 1−이고 양성자의 전하는 1+이다.

핵 원자

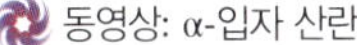
동영상: α-입자 산란

동영상: Rutherford의 금박 실험

양성자와 전자는 원자 안에서 어떻게 배열될까? '건포도 푸딩(plum pudding)' 모형이라는 Thomson의 원자 구조 모형은 양성자와 전자가 원자 전체에 골고루 퍼져 있다고 가정한다(그림 2.7). Ernest Rutherford는 이 모형을 검증할 실험을 고안하였다. 그의 동료인 Hans Geiger가 그 실험을 수행하였다. 그 실험에서는 얇은 금박에 알파 입자를 부딪히게 하였다. 그 당시에 ***알파 입자***(*alpha particle*)는 전자보다 질량이 수천 배 더 큰 양전하를 띤 입자로 알려져 있었다. (오늘날에는 그것이 전자를 잃은 헬륨 원자라는 것을 알고 있다.) 건포도 푸딩 모형에 의하면, 어떤 알파 입자도 금 원자 안에 있는 흩어진 양과 음의 전하에 의해 영향을 받지 않아야 한다. 알파 입자는 금박을 뚫고 곧바로 나아가야 했고 대부분 그랬다. 하지만 그림 2.8에 나타낸 것처럼 어떤 알파 입자는 약간 굴절되었고 실제로 몇 개는 뒤로 튕겨져 나갔다. 그 결과는 전혀 예상하지 못한 것이었다. 그것은 마치 여러분이 총알을 종이티슈 한 장에 발사하였을 때 그 총알이 되돌아와서 여러분을 때린 것과 같은 것이었다. 이와 같이 질량을 가진 알파 입자의 굴절은 원자 질량의 대부분이 양으로 하전된 핵에 집중되어야 한다는 것을 암시하였다. Rutherford는 이것을 **핵**(nucleus)이라 하였으며, 전자는 핵 밖의 넓은 공간에 흩어져 있어야 한다고 생각하였다. 전자가 분포한 넓은 공간이 대부분의 알파 입자가 통과한 지역이었다. 알파 입자가 밀도가 큰 핵에 충분히 가까이 오기만 하면 원래의 경로에서 굴절되었을 것이다.

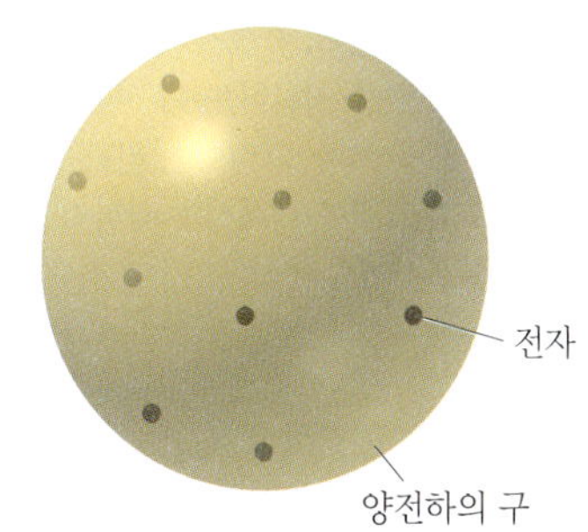

그림 2.7 Thomson의 모형은 원자 안의 전자는 건포도 푸딩에 있는 건포도처럼 양전하의 구에 박혀 있다는 것을 제시하였다.

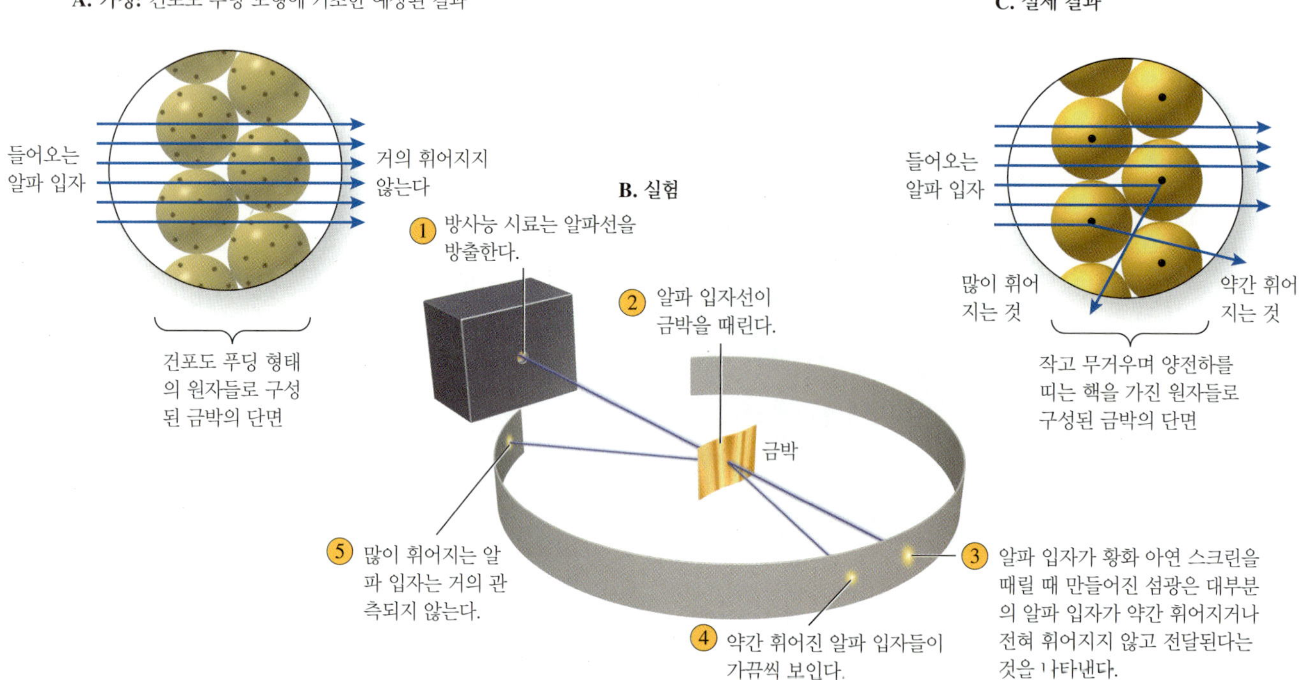

그림 2.8 Rutherford의 금박 실험은 원자의 핵 모형을 이끌어 내었다. 양으로 하전된 알파(α) 입자 선은 얇은 한 층의 금을 뚫고 지나간다. 황화 아연 스크린은 충돌하자마자 섬광을 만듦으로써 알파 입자를 감지하였다. (A) 건포도 푸딩 모형에 의하면 모든 알파 입자들은 금 원자를 똑바로 통과해야 한다. (B) 이 실험에서 많은 알파 입자들이 원자를 뚫고 똑바로 통과하였다. 그러나 몇몇은 휘어졌다. (C) 원자의 핵 모형은 이러한 실험 결과들을 설명해 준다. 양으로 하전된 양성자는 핵의 중심에 함께 단단하게 쌓여 있다. 핵이 알파 입자의 경로에 있게 되면 알파 입자는 원래의 경로에서 휘어지게 된다.

금 원자의 핵을 정면으로 부딪친 알파 입자는 뒤로 튕겨졌을 것이다.

Rutherford의 실험은 1907년에 개발된 ***원자핵 모형***(*nuclear model of the atom*)(그림 2.9)의 기초가 되었다. 이 모형에서 핵은 양성자와 대부분의 원자 질량을 포함한다는 것이 제안되었다. 전자는 핵 밖에 존재하고 종종 '전자 구름'이라고 한다.

> 1페니 동전 1개에는 1×10^{22}개의 원자가 들어 있지만, 동전의 대부분은 빈 공간이다. 그 이유는?

핵의 지름은 약 10^{-14} m이고 원자의 지름은 약 10^{-10} m이다. 이들의 상대적인 크기는 돔스타디움의 중심에 있는 벼룩에 비교된다. 핵의 부피는 전체 원자보다 10,000배 작지만, 그 질량은 원자 질량의 대부분을 차지한다. 이것은 핵이 서로 가까이 쌓여 있는 양성자와 같이 무거운 입자들을 포함하고 있기 때문이다.

Rutherford와 다른 과학자들은 이 실험으로 원자의 구조를 더 잘 이해하였지만, 원자의 전체 질량을 설명할 수 없었다. 수소 원자를 제외한 대부분의 원자는 그들이 가지는 양성자와 전자의 질량 합의 적어도 두 배의 질량을 가진다. 예를 들면 칼슘은 20개의 양성자와 20개의 전자를 가진다. 합하면 그들의 질량은 3.3471×10^{-23} g이다. 그러나 칼슘 원자는 이 값에 거의 두 배의 질량(6.6359×10^{-23} g)을 가진다.

> 양성자 치료와 같이, 중성자 치료도 다양한 종류의 암을 치료하는 데 사용하는 방사선 기술이다. 그러나 이러한 형태의 치료의 효력에 대해서는 과학적 증거가 결정적이지 못하다.

> 중성자는 중성 전하로 인해, 에너지를 생산하는 핵분열 반응에서 큰 원자의 핵을 나누거나 투과하기 위하여 요즘 사용되는 효과적인 핵충격 입자이다.

Rutherford는 여분의 질량을 설명하기 위해 중성자를 가정하였다. **중성자**(neutron)는 핵에 있는 전하를 띠지 않는 입자이다. 중성자는 전기적으로 중성이었기 때문에 발견하기 어려웠다. 1932년 이후에 Rutherford와 함께 연구했던 Chadwick(James Chadwick)이 중성자의 존재를 입증하는 실험을 하였다. 중성자의 질량은 1.6749×10^{-24} g으로 결정되었고, 양성자의 질량보다 약간 크다. 전자, 양성자, 중성자의 성질이 표 2.1에 요약되어 있다. 표에 있는 모든 아원자 입자는 우리가 오늘날 이해하는 것처럼 원자핵의 모형에서 중요하다(그림 2.9).

제7장과 제8장에서 전자들이 화학 반응성에 어떻게 관련이 있는지를 배울 것이다.

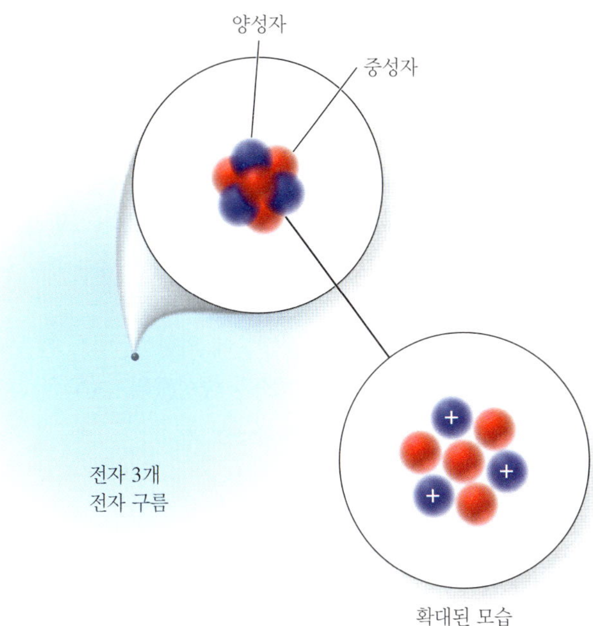

그림 2.9 원자핵의 모형에서 양성자(파란색 구)와 중성자(빨간색 구)는 원자의 중심에 있는 작은 핵 안에 위치한다. 핵 밖의 공간은 전자가 차지한다.

표 2.1 ▸ **아원자 입자**

입자	질량(g)	실제 전하(C)	상대 전하
전자	9.1094×10^{-28}	-1.6022×10^{-19}	1−
양성자	1.6726×10^{-24}	$+1.6022 \times 10^{-19}$	1+
중성자	1.6749×10^{-24}	0	0

제15장에서는 중성자들이 핵의 방사능에 어떻게 관련이 되는지를 배울 것이다. 이 장에서는 어떻게 양성자가 원자의 본질을 결정하고, 중성자가 원자의 질량을 결정하는 데 기여하고, 전자가 전하를 결정하는지에 대하여 초점을 맞출 것이다.

›› 동위원소, 원자 번호, 질량수

Anna가 탄소와 수소의 원자가 어떻게 다른지를 궁금해 하였다는 것을 기억해 보자. 한 원소의 원자를 다른 원소의 원자와 구별하는 것은 무엇일까? 아원자 입자들을 확인했던 과학자들이 이 질문에 대한 답을 찾았다. 예를 들면 그들은 모든 수소 원자가 단지 한 개의 양성자를 가지며, 단지 한 개의 양성자를 가진 원자는 수소라는 것을 알아냈다. 유사한 방식으로 두 개의 양성자를 가진 원자는 헬륨 원자이다. 세 개의 양성자를 가진 원자는 리튬 등이다. *원자의 핵에 있는 양성자의 수는 그 원소의 본질을 결정한다.* 각 원소의 원자의 핵에 있는 양성자의 수는 그 원소의 **원자 번호**(atomic number, Z)이다. 그림 2.10의 원소 금(Au)에 대하여 나타낸 것처럼 이 책의 주기율표에는 원소 기호의 위쪽에 원자 번호를 가진 원소들이 나와 있다.

79
Au

그림 2.10 이 책의 주기율표에서 각 원소의 원자 번호는 원소 기호 바로 위에 나타나 있다.

원자 속의 전자와 중성자의 수를 어떻게 결정할 수 있는가? 원자는 전기적으로 중성이다. 이것은 원자 안의 전자의 수는 양성자의 수(원자 번호)와 같다는 것을 의미한다. 예를 들면 금(Au)의 원자 번호는 79이므로 금 원자는 79개의 양성자와 79개의 전자

동위원소의 존재로 Dalton의 가설들 가운데 하나가 어떻게 변화될 필요가 있는가?

를 가진다. 그러나 한 원소의 모든 원자들이 같은 수의 중성자수를 갖지 않는다. 한 원소의 **동위원소**(isotope)는 특정 수의 중성자를 갖는 원자이다. 예를 들면 대부분의 수소 원자는 중성자를 갖지 않는다. 이 수소 핵은 단 하나의 양성자만을 가진다. 그러나 모든 수소 원자가 같지는 않다. 어떤 수소는 하나의 중성자를, 심지어 어떤 것은 두 개의 중성자를 가진다. 세 가지 모두 수소의 동위원소다. 하나의 양성자를 가지기 때문에 그 세 가지는 여전히 수소이지만 그들의 핵은 중성자의 수에서 다르다(그림 2.11). 한 원소의 동위원소는 근본적으로 같은 화학적 성질을 갖지만 녹는점과 끓는점과 같은 물리적 성질은 약간 다르다.

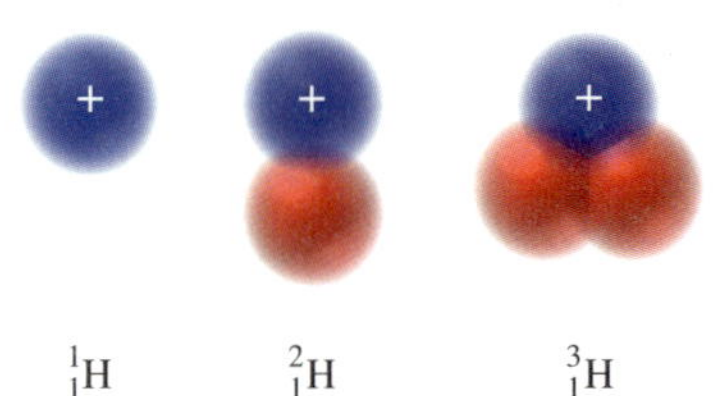

그림 2.11 이 그림은 수소 동위원소의 핵에 있는 아원자 입자를 보여 주고 있다. 수소의 동위원소는 중성자의 수가 다양하다. 이 표기에서 +를 가진 푸른색 구는 양성자를 나타낸다. 붉은색 구는 중성자를 나타낸다. 각 동위원소에서 중성자의 개수는 몇 개인가? 각 그림 아래의 문자와 숫자는 무엇을 나타내는가?

동위원소를 구별하는 한 가지 방법이 ***질량수***에 의한 것이다. 한 동위원소의 **질량수**(mass number, A)는 핵에 있는 양성자의 수(Z)와 중성자의 수(N)의 합이다.

$$\text{질량수} = \text{양성자의 수} + \text{중성자의 수}$$

$$A = Z + N$$

수소의 세 가지 동위원소는 다른 질량수를 가진다($A = 1, 2, 3$). 왜냐하면 그것들은 또한 **중성자수**(neutron number, $N = 0, 1, 2$)라는 다른 수의 중성자를 가지기 때문이다. 질량수는 실제 질량은 아니라, 핵에 있는 입자의 개수이다.

예제 2.1은 원자 수준의 그림을 보면서 한 원소의 동위원소에 대한 원자 번호와 질량수를 어떻게 결정할 수 있는지를 보여 준다.

예제 2.1 ▶ 원자 번호와 질량수 결정하기

다음 그림에 나타낸 원자에 대하여

(a) 양성자와 중성자의 수를 결정하라.

(b) 원자 번호와 원소를 확인하라.

(c) 이 동위원소에 대한 질량수를 결정하라.

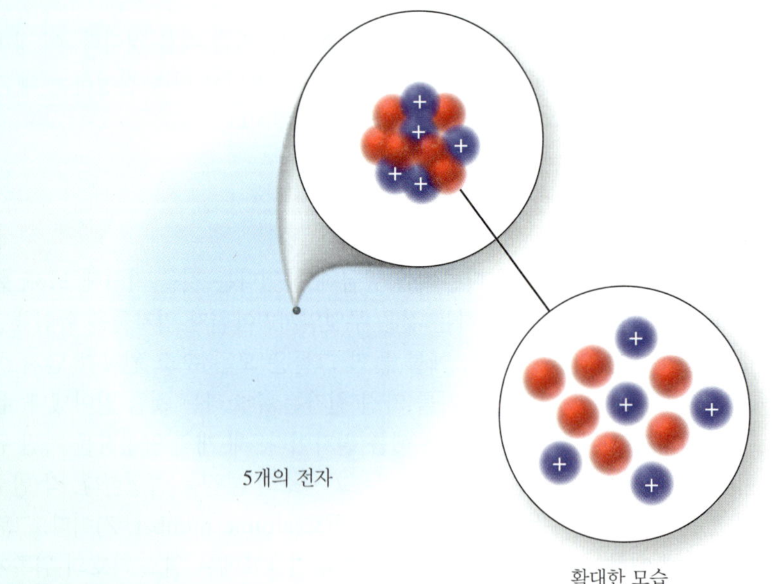

» 풀이:

(a) 양성자와 중성자는 핵을 구성한다. 양성자는 양의 전하를 띠며, 중성자는 전하를 갖지 않는다. 양성자는 5개, 중성자는 6개가 있다.

(b) 양성자의 수인 원자 번호는 5이다. 주기율표에서 원자 번호가 5인 원소는 붕소이다.
(c) 양성자와 중성자 수의 합인 질량수는 11이다.

➡ 응용 연습 2.1

만일 양성자수가 그림에 나타낸 것보다 1만큼 적고 중성자수는 1만큼 크다면, 원자 번호와 질량수 변화는 어떻게 되고 이것은 같은 원소인가, 다른 원소인가?

➡ 실전 연습 2.1

아래 그림에 나타낸 원자에 대하여
(a) 양성자와 중성자의 수를 결정하라.
(b) 원자 번호와 원소를 확인하라.
(c) 이 동위원소에 대한 질량수를 결정하라.

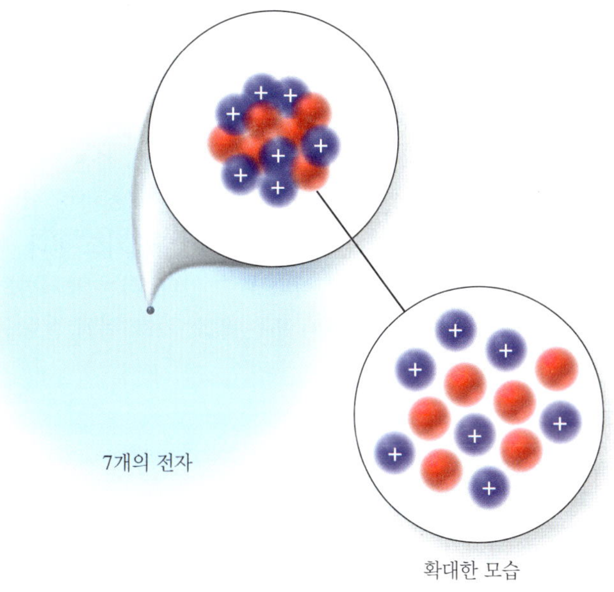

➡ 심화 연습: 연습 문제 2.29

예제 2.2에서 나타낸 것처럼, 원자 번호와 질량수가 주어지면 각 아원자 입자의 수를 결정할 수 있다.

예제 2.2 ▶ 아원자 입자의 개수

자연에서 안정한 플루오린의 유일한 동위원소는 질량수 19를 가진다. 이 원자에 있는 양성자, 전자, 중성자의 개수는 얼마인가?

» 풀이:

주기율표는 플루오린의 원자 번호가 9인 것을 나타낸다. 원자 번호는 양성자의 수와 같기 때문에 플루오린 원자에 있는 양성자의 수는 9이다. 원자 안에 있는 전자의 개수는 양성자의 수와 같으므로 플루오린은 9개의 전자를 가진다. 중성자의 수는 알려진 질량수와 양성자의 수로부터 결정될 수 있다. 양성자와 중성자의 총 수인 질량수는

19이다. 9개의 양성자가 있으므로 질량수가 19가 되기 위해 중성자는 10이 되어야 한다.

➔ 응용 연습 2.2

만일 다른 행성에 질량수가 17인 안정한 플루오린 동위원소가 있다면 양성자, 전자, 중성자수는 어떻게 다른가?

➔ 실전 연습 2.2

탄소의 희귀 동위원소는 14의 질량수를 가진다. 이 탄소 동위원소에는 몇 개의 양성자, 전자, 중성자가 존재하는가?

➔ 심화 연습: 연습 문제 2.33

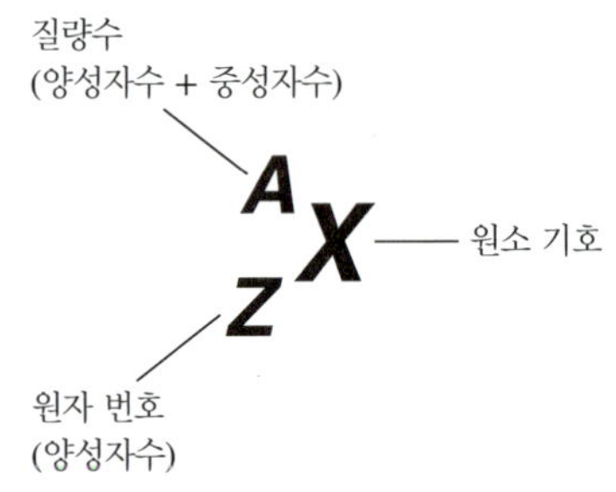

그림 2.12 동위원소 기호는 양성자의 수를 나타내는 아래 첨자와, 양성자와 중성자의 수의 합인 질량수를 나타내는 위첨자를 가진 원소 기호로 구성된다.

한 동위원소의 질량수와 원자 번호는 그림 2.12에 나타낸 **동위원소 기호**(isotope symbol) 표기법으로 종종 나타낸다. 동위원소 표기에서 *X*는 주기율표에 표시된 원소 기호이고, *A*는 질량수, *Z*는 원자 번호(양성자수)이다. 예를 들면 핵 속에 하나의 양성자를 갖지만 중성자는 갖지 않는 동위원소의 동위원소 기호는 $^{1}_{1}H$이지만, 하나의 양성자와 하나의 중성자를 갖는 수소는 $^{2}_{1}H$로 나타낸다(그림 2.11 참조). 6개의 양성자와 8개의 중성자를 갖는 탄소에 대한 기호는 $^{14}_{6}C$이다. 각 원소는 하나의 원자 번호 *Z*만을 가질 수 있기 때문에 원자 번호는 동위원소 기호에서 생략되기도 한다. 예를 들면 8개의 중성자를 가진 탄소의 동위원소는 ^{14}C로 나타낼 수 있다. 다른 표기법으로는 원소의 이름을 쓰고 뒤에 질량수를 쓰거나(탄소-14) 또는 원소 기호 뒤에 질량수를 쓰는 것이다(C-14).

예제 2.3 ▶ 동위원소 기호 쓰기

다음 동위원소의 두 가지 표기를 써라.

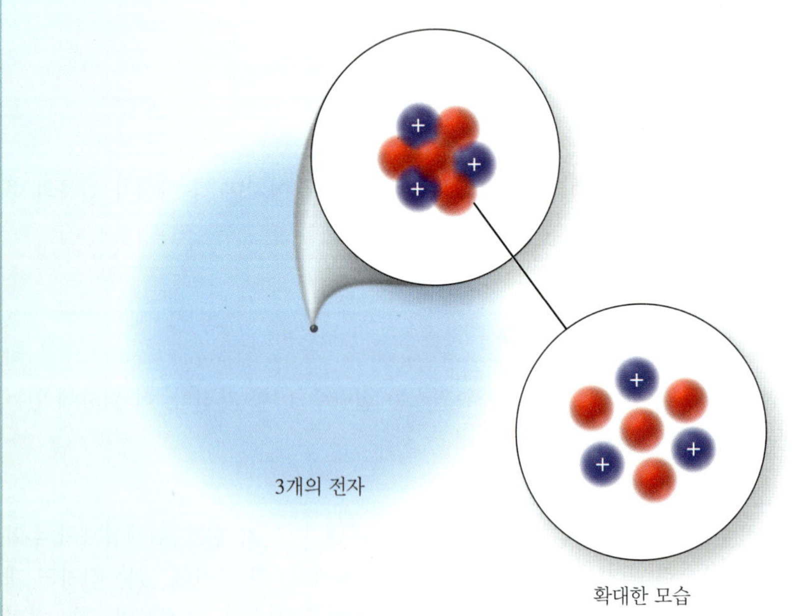

» 풀이:

3개의 양성자를 가지므로 원자 번호는 3이고 리튬(Li) 원소에 해당한다. 4개의 중성자가 있으므로 질량수는 양성자와 중성자의 합인 7이다. 이 동위원소 표기는 다음과 같다. ${}^{7}_{3}\mathrm{Li}$, ${}^{7}\mathrm{Li}$, 리튬-7, Li-7.

➔ 응용 연습 2.3

만일 핵의 그림에서 중성자가 한 개 적다면 동위원소의 표현은 어떻게 달라지는가?

➔ 실전 연습 2.3

다음 동위원소의 두 가지 표기를 써라.

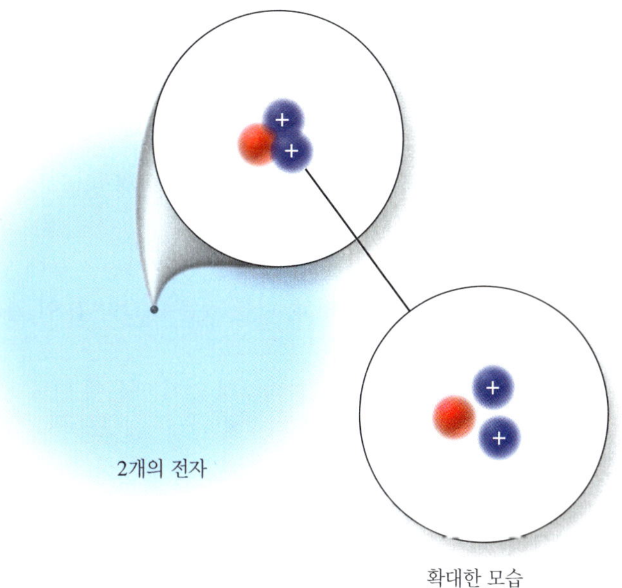

➔ 심화 연습: 연습 문제 2.35

예제 2.4에서 볼 수 있듯이 질량수(핵 입자의 총 수)에서 원자 번호(양성자수)를 뺀 값으로 동위원소 기호에서 원자의 중성자 수를 결정할 수 있다.

예제 2.4 ▶ 동위원소 기호 해석하기

다음 각각의 동위원소에서 중성자수를 결정하라.

(a) ${}^{238}_{92}\mathrm{U}$ (b) ${}^{23}\mathrm{Na}$ (c) 수소-3

» 풀이:

중성자의 수는 질량수(A)와 원자 번호(Z)의 차와 같다. 원자 번호가 기호에 주어지지 않으면 주기율표에서 원소 기호 위에 있는 번호를 찾아라.

(a) 238 − 92 = 146 중성자

(b) 23 − 11 = 12 중성자

(c) 3 − 1 = 2 중성자

➔ 응용 연습 2.4

만일 제공된 동위원소 기호에 질량수가 제외되어 있다면 각 동위원소에서 중성자의 수를 결정할 수 있는가?

➔ 실전 연습 2.4

다음 각각의 동위원소에서 중성자수를 결정하라.

(a) $^{131}_{53}I$ (b) ^{37}Cl (c) 탄소-13

➔ 심화 연습: 연습 문제 2.37

그림 2.13 어떤 얼음 조각이 중수소(수소-2)를 포함하고 있는가? 어떻게 구별할 수 있는가?

©Tom Pantages

질량수 2를 가진 수소의 동위원소(^2_1H)는 ***중수소***(*deuterium*)라는 특별한 이름을 가진다. 중수소(종종 기호 D로 나타낸다)는 자연에서 존재하는 수소의 1% 미만이다. 중수소는 실험적으로 특정 수소 원자를 관찰하는 화학자에 의해 빈번하게 사용된다. 중수소(D_2)는 산소와 결합하여 중수(D_2O)를 형성한다. 이 중수는 화학적으로 보통의 물과 같이 거동하지만 다른 물리적 성질을 가진다. 그림 2.13의 사진은 물에 있는 두 개의 얼음 조각을 나타낸다. 한 얼음 조각은 H_2O이고, 다른 것은 D_2O이다. 이 얼음 조각들은 어떤 성질이 다른가?

한 얼음 조각은 가라앉고, 다른 것은 가라앉지 않기 때문에 밀도가 다르다고 결론을 내릴 수 있다. 중수(D_2O)는 물(H_2O)보다 밀도가 크다. 왜냐하면 중수소는 핵 속에 두 개의 입자를 갖고 수소-1은 단 한 개의 입자를 가지기 때문이다. 고체 상태에서 D_2O의 밀도는 1보다 크므로 물에 가라앉는다. 그 이유로 D_2O는 때때로 ***중수***(*heavy water*)라고 한다.

동위원소는 고고학에서 약학과 예술에 이르기까지 다양한 분야에 널리 적용되어 왔다. 방사성 동위원소(빛을 발하는 것)는 고고학이나 지질학적으로 중요한 물체의 연대를 측정하는 데 사용된다. 방사성 동위원소는 우주 자동차나 심장 박동 조절 장치에 있는 경량의 휴대용 동력 장치에도 사용될 수 있다. 동위원소가 의학 연구에서 광범위하게 사용된다는 것을 알 것이다. 예를 들면 갑상샘 이상 증세는 방사성 아이오딘-131의 주입으로 진단될 수 있다. 동위원소는 암을 진단할 뿐만 아니라 치료하는 데 사용될 수 있다. 고용량의 아이오딘-131은 갑상샘 종양을 파괴한다. 동위원소가 꼭 유용한 방사성을 띨 필요는 없다. 핵자기 공명이나 자기 공명 영상으로 알려진 기술은 분자 구조를 결정하거나 신체 부분의 영상을 얻을 목적으로 수소-1원자를 이용한다. 중성자 활성 분석이라는 기술에서 동위원소는 오래된 그림이나 다른 귀중한 예술 작품과 같은 물체의 비파괴적인 분석에서 감지될 수 있다. 여기서 원소의 분포가 가짜 예술가에 의해 공통으로 사용된 것인지를 결정함으로써 그림이 진짜임을 증명하게 된다.

2.3 이온

도입 부분에서 Megan은 우리 몸에 필요한 필수 무기물에 관심이 있었다고 하였다. 그녀는 우리 몸이 소비하는 무기물이 대부분 ***이온***(*ion*, 전기적으로 전하를 띤) 형태의 금속이라는 것에 주목하였다. 그녀는 특히 소듐에 관심이 있었다. 왜냐하면 그녀의 의사가 음식에서 소듐을 줄이라고 말했기 때문이다. 스낵 과자와 스포츠 음료에서 많은 양으로 발견되는 식용 소듐 또한 이온 형태이다. 이온은 중성 원자와 어떻게 다른가?

중성(전하를 띠지 않는) 원자에서 전자의 수는 양성자의 수와 같다. 그래서 원자의 전체 전하는 0이다. 이것은 전자의 음전하가 양성자의 양전하와 크기는 같고 부호는 반대이기 때문이다. 양성자와 전자수가 같지 *않으면* 어떻게 될까? 그러면 전체 전하는 0이 아니게 된다. 원자가 양성자보다 더 적은 전자를 가지면 전체 전하는 양이다. 양성자보다 더 많은 전자가 존재하면 음이다. 원자가 양성자보다 다소 많거나 적은 전자를 가지면 전하를 가진 **이온**(ion)이 된다.

많은 원소들은 자연에서 이온으로 존재한다. 예를 들면 일반적으로 소듐과 칼슘 원소는 자연에서 중성 원자로 존재하지 *않는다*. 대신에 화합물에서 다른 이온들과 결합하거나 물에 용해되어 이온으로 존재한다. 예를 들면 바닷물에는 염화 이온과 함께 소듐 이온이나 칼슘 이온이 용해되어 있다. 중성 원자인 소듐 원소와 칼슘의 공급은 화학 반응에 의해서 자연적으로 발생한 이온의 형태에서 만들어진다. 금과 같은 몇 가지 원소들은 자연에서 중성 원자로 존재 하지만 화학 반응에 의해 이온으로 만들어질 수 있다.

이온은 ***양이온***(*cation*)과 ***음이온***(*anion*)으로 분류할 수 있다. **양이온**(cation)은 핵에 있는 양성자의 수보다 더 적은 전자를 포함하는, 양으로 하전된 이온이다. 전체 전하는 원소 기호의 오른쪽에 위 첨자로 나타낸다. 한 예가 칼슘 이온 Ca^{2+}인데, 이것은 20개의 양성자와 18개의 전자를 포함한다. 음이온(anion)은 핵에 있는 양성자의 수보다 더 많은 전자를 가진, 음으로 하전된 이온이다. 한 예가 17개의 양성자와 18개의 전자를 가지는 Cl^-이다.

비록 많은 이온들이 자연에서 존재하지만 그들은 중성 원자로부터 형성될 수 있다. 마그네슘 원자는 전자 두 개를 잃어버리고 Mg^{2+} 양이온을 형성한다. 질소 원자가 전자 세 개를 얻으면 N^{3-} 음이온이 형성된다. 그림 2.14는 중성 원자로부터 양이온과 음이온의 형성을 나타낸다. 이온의 전하는 양성자와 전자의 수가 동일하지 않게 됨에 따라 생기는 알짜 전하이다. 예제 2.5에서 나와 있는 것처럼 이온 기호는 이온에서 양성자와 전자의 수를 결정할 수 있도록 해준다.

이온은 양성자 또는 중성자를 얻거나 잃어서는 형성되지 *않는다*. 양성자 수를 바꾸면 원소의 본질이 바뀐다! 이것은 핵반응을 제외한 조건에서는 일어나지 않는다.

예제 2.5 ▶ 이온

다음 이온은 몇 개의 양성자와 전자로 이루어지는가? 각각을 양이온과 음이온으로 구분하라.

(a) Na^+　　(b) O^{2-}　　(c) Cr^{3+}

» 풀이:

(a) 양성자수는 원자 번호로부터 결정된다. 소듐의 원자 번호는 11이므로 Na^+에는 11개의 양성자가 있다. 그것은 양성자의 양전하와 균형을 맞출 충분한 전자를 갖지 않기 때문에 양전하를 가진다. 1+ 전하는 양성자수보다 한 개 적은 전자가 있다는 것을 나타내므로 전자의 총 개수는 10이어야 한다. Na^+ 이온은 양전하이기 때문에 양이온이다.

(b) 산소에 대한 원자 번호는 8이므로 8개의 양성자가 있다. 양성자보다 더 많은 전자가 있을 때 음전하가 발생한다. 전하가 2−이므로 양성자보다 두 개 더 많은 전자가 존재하므로 10개의 전자가 있다. O^{2-} 이온은 음전하이기 때문에 음이온이다.

(c) 크로뮴의 원자 번호가 24이므로 Cr^{3+}에는 24개의 양성자가 있다. 3+ 전하는 양성자의 수보다 세 개 더 적은 전자가 있기 때문에 21개의 전자가 있는 것을 나타낸다.

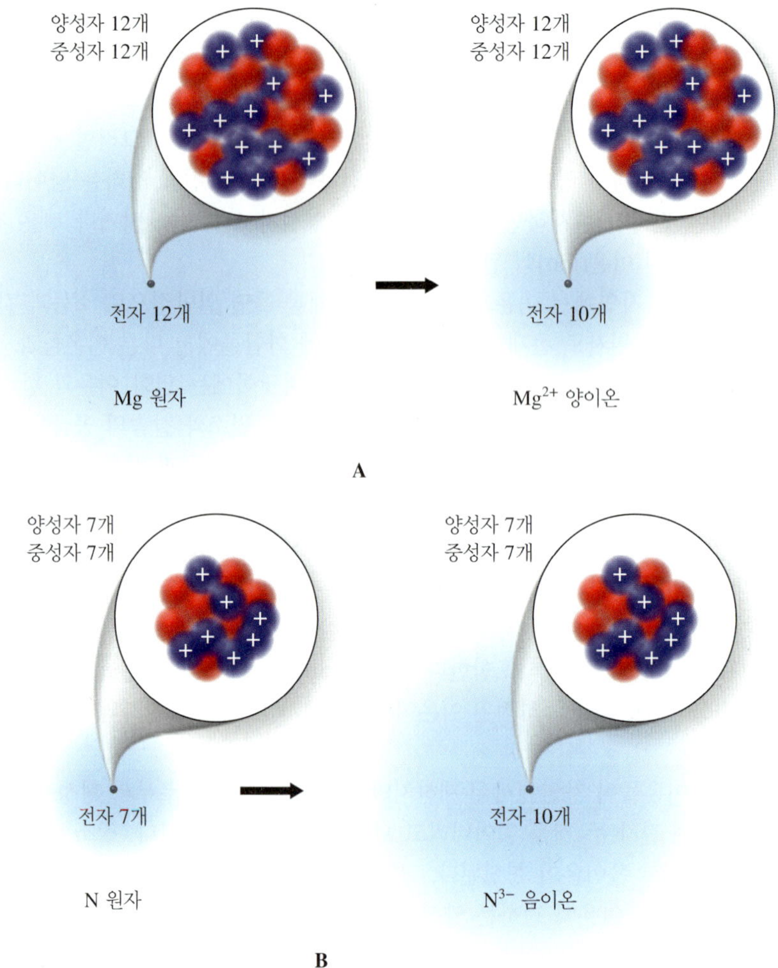

그림 2.14 이온에서는 양성자와 전자의 수가 같지 않다. (A) 마그네슘 원자가 전자 두 개를 잃어버리면 양이온 Mg^{2+}가 형성된다. (B) 질소 원자가 전자 세 개를 얻으면 음이온 N^{3-}가 형성된다.

Cr^{3+} 이온은 양전하이므로 양이온이다.

→ 응용 연습 2.5

비활성 기체 원소와 같은 전자를 갖는 세 가지 이온에는 어떤 것이 있는가?

→ 실전 연습 2.5

다음 이온은 몇 개의 양성자와 전자로 이루어지는가? 각각을 양이온과 음이온으로 구분하라.

(a) F^- (b) Mg^{2+} (c) N^{3-}

→ 심화 연습: 연습 문제 2.49

이온에 있는 양성자와 전자의 수를 알면 그 이온의 기호를 쓸 수 있다. 또한 중성자의 수를 안다면 동위원소 기호를 쓰고 오른쪽 위첨자로 전체 전하를 첨가함으로써 조합된 동위원소-이온 기호를 쓸 수 있다. 이것은 예제 2.6에 나타나 있다.

예제 2.6 ▶ 이온에 대한 동위원소 기호 쓰기

다음 수의 양성자, 중성자, 전자를 가지는 이온에 대한 동위원소 기호를 써라.
(a) 양성자 35, 중성자 44, 전자 36
(b) 양성자 13, 중성자 14, 전자 10
(c) 양성자 47, 중성자 62, 전자 46

» 풀이:

(a) 원자 번호(양성자수)가 35이면 원소 기호가 Br인 것을 나타낸다. 질량수는 양성자와 중성자 수의 합이므로 79이다. 양성자보다 한 개 더 많은 전자가 있기 때문에 전하는 1−이다. 기호는 ${}^{79}_{35}Br^-$이다.
(b) 원자 번호가 13이므로 원소 기호는 Al이다. 질량수는 27(13+14)이다. 전자가 양성자보다 세 개 더 적기 때문에 전하는 3+이다. 기호는 ${}^{27}_{13}Al^{3+}$이다.
(c) 원자 번호가 47이므로 원소는 은(Ag)이다. 질량수는 109(47 + 62)이다. 전자의 수가 양성자수보다 한 개 적기 때문에 전하는 1+이다. 기호는 ${}^{109}_{47}Ag^+$이다.

→ 응용 연습 2.6

만일 동위원소 기호에서 왼쪽 아래 첨자를 제거하더라도 여전히 올바른 표기가 될까?

→ 실전 연습 2.6

다음 수의 양성자, 중성자, 전자를 가지는 이온에 대한 동위원소 기호를 써라.
(a) 양성자 16, 중성자 18, 전자 18
(b) 양성자 11, 중성자 12, 전자 10
(c) 양성자 20, 중성자 20, 전자 18

→ 심화 연습: 연습 문제 2.51

2.4 원자 질량

한 원소의 원자 질량을 어떻게 기술할 수 있는가? 단 하나의 원자를 저울 위에 놓고 무게를 잴 수 없지만 ***질량 분석법***(*mass spectrometry*)과 같은 현대적 기술(그림 2.15)은 각 원자 질량을 정확하게 결정하는 데 사용될 수 있다. 예를 들면 단 한 개의 수소-1 원자의 질량은 1.67380×10^{-24} g이다. 한 개의 탄소-12 원자의 질량은 수소-1 원자 질량의 약 12배인 1.99272×10^{-23} g이다. 이와 같이 작은 수를 기억하고 사용하는 것은 어렵다. 탄소-12 원자를 수소-1 원자 질량의 약 12배인 것으로 생각하는 것이 더 편하다. 이와 같은 이유로 과학자들은 더 편한 방법으로 원자의 질량을 표현하는 방법을 고안하였는데, 이것이 원자 질량 단위(amu)이다. 이 질량 척도는 가장 많이 존재하는 탄소의 동위원소인 탄소-12(${}^{12}C$)를 표준으로 사용하는데, 다른 모든 원소들은 이 탄소와 비교된다. 탄소-12는 정확하게 12 원자 질량 단위, 즉 12 amu의 원자 질량으로 정하였다. **1 원자 질량 단위**(atomic mass unit, **amu**)는 탄소-12 원자 질량의 1/12과 같다.

$$1 \text{ amu} = \frac{1}{12} \times \text{C-12 원자의 질량} = 1.6606 \times 10^{-24} \text{ g}$$

원자 질량 단위를 사용하면 원자 질량들을 쉽게 비교할 수 있다. 예를 들면 탄소 원자 한 개가 수소 원자 질량의 12배의 질량을 가지면 수소 원자의 질량은 1 amu이다. 수

상대 원자 질량(*relative atomic mass*)이라는 용어는 화학에서 공식적 용어를 결정하는 전 세계적인 운영기구인 국제 순수 및 응용화학연합(IUPAC)에서 사용한다. 상대 원자 질량은 자연에서 발견되는 원소를 구성하는 동위원소들의 원자 질량의 가중 평균을 나타내는 데 사용된다. 이 용어는 오래되었지만 여전히 일반적으로 사용되는 ***원자량***(*atomic weight*)과 동의어이다.

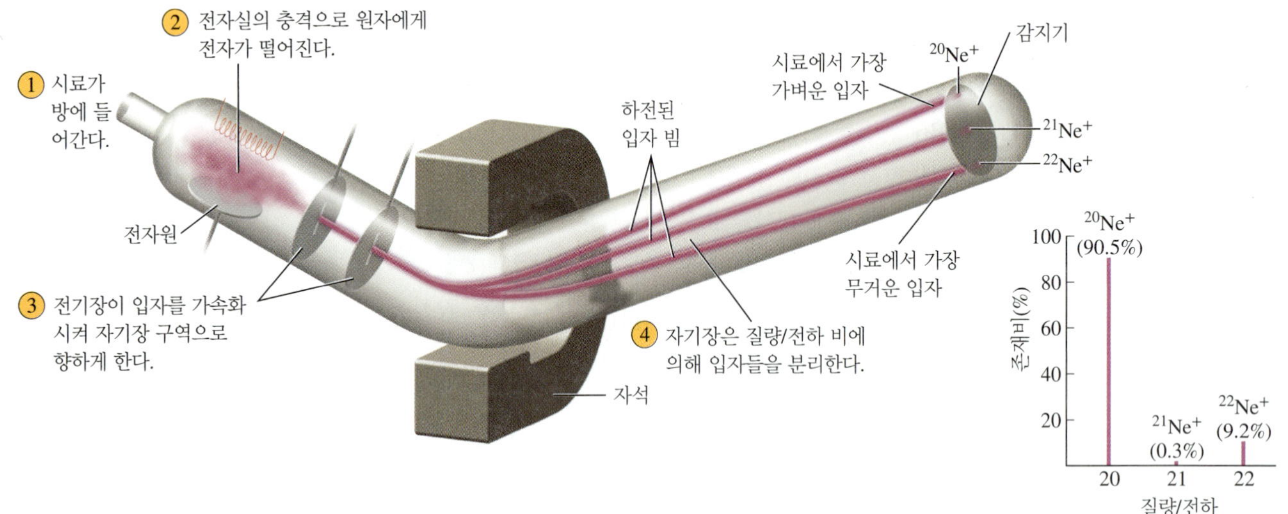

그림 2.15 질량 분석기는 각 원자의 질량을 측정한다. 원자(또는 분자)에서 전자들이 제거되면 자기장에서 가속되는 이온을 만든다. 이온 경로가 굽어지는 정도는 이온의 질량 및 전하와 관련된다. 또한 질량 분석기는 한 원소의 시료에 있는 다른 동위원소의 상대적 양을 결정하기 위해 사용된다.

소-2 원자는 탄소-12 원자 질량의 1/6이므로 거의 2 amu의 질량을 가진다. 수소-3 원자는 탄소 원자 질량의 1/4이므로 거의 3 amu의 질량을 가진다.

가중 평균의 예는 학점 평균(GPA)이다. 일반적으로 A 등급은 4점, B 등급은 3점 등이다. GPA는 얻은 A를 받은 과목의 신청 학점에 4를 곱하고, B를 받은 과목의 신청 학점에 3을 곱하는 등으로 계산된다. 그런 다음 이 점수를 모두 더한 다음, 신청 총 학점수로 나누면 GPA가 얻어진다. GPA는 각 학점을 받은 학점의 비율로 가중치를 부여한 평균 점수이다.

인터넷 핫스팟

상당수 학생들이 상대 원자 질량에 어려움을 겪고 있다고 한다. 이 주제에 대한 추가 학습 자료를 보려면 SmartBook에 접속하라.

자연에는 세 가지의 수소 동위원소가 존재하는데, 각각 다른 질량을 가진다는 것을 주목하라. 어떤 원소가 다른 질량의 동위원소로 구성된다면, 시료 속에 있는 원자의 질량을 어떻게 기술해야 하는가? 질량 분석법(그림 2.15)을 사용하면 각 동위원소의 질량을 알 수 있고 각 동위원소가 시료에 얼마만큼 존재하는지를 측정할 수 있다. 이를 통해 ***가중 평균***(*weighted average*)을 구할 수 있다. 자연에 존재하는 각 동위원소의 상대적 질량을 고려한 각 동위원소의 질량 평균이 그 원소의 **상대 원자 질량**(relative atomic mass)이다. 수소의 상대 원자 질량을 네 개의 유효 숫자로 표시하면 1.008 amu이다. 수소의 상대 원자 질량은 다른 동위원소 보다 수소-1의 값에 더 가깝다. 왜냐하면 수소-1 동위원소가 지각과 대기에서 가장 많이 존재(99.99%)하기 때문이다. 탄소의 상대 원자 질량은 12.01 amu이다. 왜냐하면 탄소-12가 가장 많이 존재(98.93%)하고 탄소-13과 탄소-14는 매우 작은 양으로 존재하기 때문이다.

질량 분석기를 이용하여 시료에 있는 각 동위원소의 상대적 양을 찾아내기 위해 세계의 많은 지역에서 수집한 원소의 시료를 분석한다. 예를 들어 네온 시료가 질량 분광기에 주입되었다고 가정하자. 검출기는 네온은 세 가지 동위원소인 네온-20, 네온-21, 네온-22가 나타난다. 검출기는 동위원소가 서로 다른 양으로 존재하는 것도 보여 준다. 각 동위원소의 상대적 양이 결정되면 평균치를 취한다. 다른 여러 지역에서 나온 상대적 양은 모두 유사하다.

이 책의 앞표지 안쪽에 있는 주기율표에서 각 원소의 상대 원자 질량은 원소 기호 아래에 표기되어 있다. 수소나 탄소와 같은 원소는 특정 동위원소의 질량에 매우 가까운 상대 원자 질량 값을 가진다. 은(Ag)과 같은 원소는 두 가지 이상의 동위원소가 각각 상당한 양으로 존재하고, 이들의 평균인 상대 원자 질량 값을 가진다. 예를 들면 자연의 은은 107.9 amu의 상대 원자 질량을 가진다(그림 2.16). 처음에는 자연의 은이 주로 동위원소 ^{108}Ag로 구성되어 있는 것처럼 보일지 모른다. 그러나 은은 다른 비율, 즉 ^{107}Ag 51.82%와 ^{109}Ag 48.18%로 자연에 존재하는 두 개의 동위원소로 구성된 것임이 발견되었다. 질량 분광기로 측정하면 ^{107}Ag의 정확한 질량은 106.9051 amu이고, ^{109}Ag의 정

47
Ag
107.9

그림 2.16 각 원소의 상대 원자 질량은 이 책의 주기율표의 원소 기호 아래에 나타나 있다.

확한 질량은 108.9048 amu이다. 은의 상대 원자 질량을 얻기 위해 Ag-107과 Ag-109의 질량을 이용하여 가중 평균을 계산한다. 이는 각 동위원소의 질량을 소수 형태로 표현된 (100으로 나눈 퍼센트) 상대적 양으로 곱하면 된다. 이것은 각 동위원소로부터의 질량 기여도를 부여하는 것이다. 질량 기여도를 합하여 가중 평균을 얻는데, 이 평균이 주기율표에 표기된 상대 원자 질량이다.

동위원소 질량 × 존재비 = 동위원소로부터의 질량 기여도

^{107}Ag 106.9051 amu × 0.5182 = 55.40 amu

^{109}Ag 108.9048 amu × 0.4818 = 52.47 amu

107.87 amu (Ag의 상대 원자 질량)

주기율표에 표기된 은의 상대 원자 질량은 네 개의 유효 숫자로 107.9 amu이다.

단 두 개의 주요 동위원소가 한 원소를 구성하면, 일반적으로 주기율표에 있는 원소의 상대 원자 질량을 참조함으로써 어떤 동위원소가 더 많이 존재하는지를 결정할 수 있다. 이것은 예제 2.7에 나타나 있다.

예제 2.7 ▶ 상대 원자 질량

자연에 존재하는 염소 원소는 ^{35}Cl(34.9689 amu)와 ^{37}Cl(36.9659 amu)로 구성된다. 어떤 동위원소가 더 많이 존재하는가?

» 풀이:

염소의 상대 원자 질량은 주기율표에 나타낸 35.45 amu이다. 상대 원자 질량이 ^{37}Cl의 질량(36.9659 amu) 보다 ^{35}Cl의 질량(34.9689 amu)에 더 가깝기 때문에 ^{35}Cl 동위원소가 많은 양이어야 한다. (실제 퍼센트는 ^{35}Cl 75.77%와 ^{37}Cl 24.23%이다.)

→ 응용 연습 2.7

만일 다른 행성에서 동일한 두 가지의 동위원소를 갖는 염소의 상대 원자 질량이 36.31이라면, 어떤 동위원소가 더 많이 존재하는가?

→ 실전 연습 2.7

지각에서 채굴된 구리는 ^{63}Cu(62.93 amu)와 ^{65}Cu(64.93 amu)로 구성된다. 어떤 동위원소가 더 많이 존재하는가?

→ 심화 연습: 연습 문제 2.75

예제 2.8은 동위원소들의 질량과 존재비 백분율이 주어진 원소에 대하여 상대 원자 질량을 계산하는 문제이다.

예제 2.8 ▶ 상대 원자 질량 계산하기

마그네슘 원소는 세 개의 동위원소, 즉 마그네슘-24, 마그네슘-25, 마그네슘-26으로 구성된다. 각 동위원소의 질량과 퍼센트 양이 다음 표에 나열되어 있다. 마그네슘의 상대 원자 질량을 계산하고 계산한 값을 주기율표에 있는 값과 비교하라.

동위원소	질량(amu)	자연 존재비(%)
^{24}Mg	23.985	78.99
^{25}Mg	24.986	10.00
^{26}Mg	25.983	11.01

» 풀이:

각 동위원소의 질량 기여도를 결정하기 위해 각 질량에 소수 형태의 퍼센트 양을 곱하라. 상대 원자 질량을 구하기 위한 동위원소의 총 질량 기여도는 다음과 같다.

^{24}Mg 23.985 amu × 0.7899 = 18.95 amu
^{25}Mg 24.986 amu × 0.1000 = 2.499 amu
^{26}Mg 25.983 amu × 0.1101 = 2.861 amu

24.31 amu (계산된 상대 원자 질량)

계산된 상대 원자 질량 24.31 amu는 네 개의 유효 숫자까지 주기율표에 있는 질량과 똑같다.

→ 응용 연습 2.8

다른 행성에서 마그네슘의 상대 원자 질량이 24.31 amu보다 작다면 어떤 의미인가?

→ 실전 연습 2.8

리튬 원소는 두 개의 동위원소 리튬-6과 리튬-7로 구성되어 있다. 각 동위원소의 질량과 퍼센트 값이 다음 표에 나열되어 있다. 리튬의 상대 원자 질량을 계산하고, 주기율표에 표기된 값과 비교하라.

동위원소	질량(amu)	자연 존재비(%)
^{6}Li	6.01512	7.793
^{7}Li	7.01600	92.21

→ 심화 연습: 연습 문제 2.77

질량 분석법으로 측정한 동위원소의 질량은 질량수와 비슷하다. 예를 들면 마그네슘-24 원자는 23.985 amu의 질량을 가진다. 질량수 24는 원자 질량과 가까운 정수이다. 질량수는 실제 질량이 아니라는 것을 기억하라. 질량수는 핵에 있는 입자의 개수이다. 원자 질량은 측정으로 결정된다. 동위원소의 질량수와 원자 질량은 언제나 유사하다. 종종 편의에 따라 한 동위 원소의 질량은 정수인 질량수로 근사된다. 그러므로 마그네슘-24 원자의 근사 질량은 약 24 amu이다. 더 정확한 질량(23.985 amu)은 실험적으로 결정되어 발표된 자료 표에 제공되어 있다.

한 원소의 '평균 원자'나 또는 한 그룹의 원자들을 말할 때 상대 원자 질량을 사용한다. 예를 들면 마그네슘 원자 100개의 질량은 마그네슘 한 개의 상대 원자 질량 24.31 amu에 100을 곱해 결정할 수 있고, 총 질량은 2431 amu이다. 리튬 원자 1000개의 질량은 얼마인가?

2.5 주기율표

Anna가 역사적 연구를 계속하고 있을 때, 러시아의 과학자인 Dmitri Mendeleev에 관하여 읽은 적이 있다. 그는 양성자가 발견되기 수십 년 전인 1869~1871년에 주기율표(그림 2.17)의 기본 배열을 개발하고 발표하였다. Mendeleev는 원소들을 원자 번호 순으로 배열하지 않고, 알려진 63가지의 원소들을 상대 원자 질량이 증가하는 순으로 배열하였다. 그리고 원소들의 성질이 일정한 유형으로(주기적으로) 변하도록 유사한 성질을 가진 원소들을 열과 행으로 묶어 놓았다. 알려진 모든 원소들을 배열했을 때 그 당시에 알려지지 않은 세 가지 원소, 즉 갈륨(Ga), 스칸듐(Sc), 저마늄(Ge)의 존재와 성질들을 예언할 수 있었다. 또한 그는 두 개의 원소들의 짝(Co/Ni와 Te/I)을 그들의 상대 원자 질량과는 맞지 않는 순서로 배열하였다. 그의 배치가 이 원소들의 성질을 토대로 한 정확한 순서라고 생각했기 때문에, 계산된 상대 원자 질량 값이 맞는 값이 아니라고 생각하였다. 지금은 원소들의 성질의 주기성은 상대 원자 질량이 아닌 원자 번호 순서(양성자수)로 일어난다는 것이 알려져 있다.

>> 원소의 분류

주기적인 성질을 강조하기 위해 모든 원소들이 행과 열로 배열된 현대적인 **주기율표**(periodic table)가 그림 2.18과 이 책 앞표지 안쪽에 인쇄되어 있다. 주기율표에서 원소들은 가장 작은 것부터 가장 큰 것까지 원자 번호(양성자수) 순서로 배열된다. 주기율표의 분류 체계를 사용하는 여러 방법이 있다. 한 가지 방법은 같은 열(세로)에 있는 원소들을 보는 것이다. 그 원소들은 유사한 성질을 갖기 때문에 그들을 **족**(family 또는 group)이라고 한다. 각 족은 로마 숫자(I에서 VIII까지)와 그와 관련된 문자(A와 B)를 가진다. 새로운 체계(로마 숫자/문자 조합을 따라 괄호에 나타낸)에서는 각 족에 할당된 아라비아 숫자(1부터 18까지)만이 사용된다.

주기율표에서 원소들의 수평 열은 **주기**(period)이다. 같은 주기에 있는 원소들은 일정한 경향으로 변하는 성질을 가진다. 주기는 숫자(1에서 7까지)로 표지된다. 그림 2.19는 3주기와 VA(15)족에 있는 원소들의 사진이 나와 있다. 이 원소들의 물리적 외형이 점진적으로 변화하는 것에 주목하라.

주기율표의 붕소에서 출발하여 아스타틴에 이르는 계단처럼 보이는 선을 찾아보라. 이 선은 ***금속***(*metal*, 왼쪽)과 ***비금속***(*nonmetal*, 오른쪽)을 나누게 된다(금속과 비금속의

인터넷 핫스팟

상당수 학생들이 주기율표에서 원소의 분류에 어려움을 겪고 있다고 한다. 이 주제에 대한 추가 학습 자료를 보려면 SmartBook에 접속하라.

			Ti = 50	Zr = 90	? = 180
			V = 51	Nb = 94	Ta = 182
			Cr = 52	Mo = 96	W = 186
			Mn = 55	Rh = 104,4	Pt = 197,4
			Fe = 56	Ru = 104,4	Ir = 198
			Ni = Co = 59	Pd = 106,6	Os = 199
H = 1			Cu = 63,4	Ag = 108	Hg = 200
	Be = 9,4	Mg = 24	Zn = 65,2	Cd = 112	
	B = 11	Al = 27,4	? = 68	Ur = 116	Au = 197?
	C = 12	Si = 28	? = 70	Sn = 118	
	N = 14	P = 31	As = 75	Sb = 122	Bi = 210?
	O = 16	S = 32	Se = 79,4	Te = 128?	
	F = 19	Cl = 35,5	Br = 80	J = 127	
Li = 7	Na = 23	K = 39	Rb = 85,4	Cs = 133	Ti = 204
		Ca = 40	Sr = 87,6	Ba = 137	Pb = 207
		? = 45	Ce = 92		
		?Er = 56	La = 94		
		?Yt = 60	Di = 95		
		?In = 75,6	Th = 118?		

그림 2.17 Mendeleev의 원래 주기율표는 그 당시에 알려진 원소들을 토대로 하였다. 그는 주기율표를 사용하여 다른 알려지지 않은 원소들의 존재를 예측하였다. 원소 기호에 동반된 숫자는 그 당시에 알려진 상대 원자 질량이다.

금속(주족) / 금속(전이) / 금속(내부 전이) / 준금속 / 비금속

주족 원소 | 전이 원소 | 주족 원소

주기	IA (1)	IIA (2)	IIIB (3)	IVB (4)	VB (5)	VIB (6)	VIIB (7)	VIIIB (8)	VIIIB (9)	VIIIB (10)	IB (11)	IIB (12)	IIIA (13)	IVA (14)	VA (15)	VIA (16)	VIIA (17)	VIIIA (18)
1	1 **H** 1.008																	2 **He** 4.003
2	3 **Li** 6.94	4 **Be** 9.012											5 **B** 10.81	6 **C** 12.01	7 **N** 14.01	8 **O** 16.00	9 **F** 19.00	10 **Ne** 20.18
3	11 **Na** 22.99	12 **Mg** 24.31											13 **Al** 26.98	14 **Si** 28.09	15 **P** 30.97	16 **S** 32.06	17 **Cl** 35.45	18 **Ar** 39.95
4	19 **K** 39.10	20 **Ca** 40.08	21 **Sc** 44.96	22 **Ti** 47.87	23 **V** 50.94	24 **Cr** 52.00	25 **Mn** 54.94	26 **Fe** 55.85	27 **Co** 58.93	28 **Ni** 58.69	29 **Cu** 63.55	30 **Zn** 65.38	31 **Ga** 69.72	32 **Ge** 72.63	33 **As** 74.92	34 **Se** 78.97	35 **Br** 79.90	36 **Kr** 83.80
5	37 **Rb** 85.47	38 **Sr** 87.62	39 **Y** 88.91	40 **Zr** 91.22	41 **Nb** 92.91	42 **Mo** 95.95	43 **Tc** (98)	44 **Ru** 101.1	45 **Rh** 102.9	46 **Pd** 106.4	47 **Ag** 107.9	48 **Cd** 112.4	49 **In** 114.8	50 **Sn** 118.7	51 **Sb** 121.8	52 **Te** 127.6	53 **I** 126.9	54 **Xe** 131.3
6	55 **Cs** 132.9	56 **Ba** 137.3	57 **La** 138.9	72 **Hf** 178.5	73 **Ta** 180.9	74 **W** 183.8	75 **Re** 186.2	76 **Os** 190.2	77 **Ir** 192.2	78 **Pt** 195.1	79 **Au** 197.0	80 **Hg** 200.6	81 **Tl** 204.4	82 **Pb** 207.2	83 **Bi** 209.0	84 **Po** (209)	85 **At** (210)	86 **Rn** (222)
7	87 **Fr** (223)	88 **Ra** (226)	89 **Ac** (227)	104 **Rf** (265)	105 **Db** (268)	106 **Sg** (271)	107 **Bh** (270)	108 **Hs** (277)	109 **Mt** (276)	110 **Ds** (281)	111 **Rg** (280)	112 **Cn** (285)	113 **Nh** (284)	114 **Fl** (289)	115 **Mc** (288)	116 **Lv** (293)	117 **Ts** (294)	118 **Og** (294)

내부 전이 원소

6	란타넘족	58 **Ce** 140.1	59 **Pr** 140.9	60 **Nd** 144.2	61 **Pm** (145)	62 **Sm** 150.4	63 **Eu** 152.0	64 **Gd** 157.3	65 **Tb** 158.9	66 **Dy** 162.5	67 **Ho** 164.9	68 **Er** 167.3	69 **Tm** 168.9	70 **Yb** 173.0	71 **Lu** 175.0
7	악티늄족	90 **Th** 232.0	91 **Pa** 231.0	92 **U** 238.0	93 **Np** (237)	94 **Pu** (244)	95 **Am** (243)	96 **Cm** (247)	97 **Bk** (247)	98 **Cf** (251)	99 **Es** (252)	100 **Fm** (257)	101 **Md** (258)	102 **No** (259)	103 **Lr** (262)

그림 2.18 주기율표는 다양한 방법으로 원소들을 분류하는 것을 도와준다.

규소와 저마늄과 같은 준금속은 반도체 장치에 주로 사용된다.

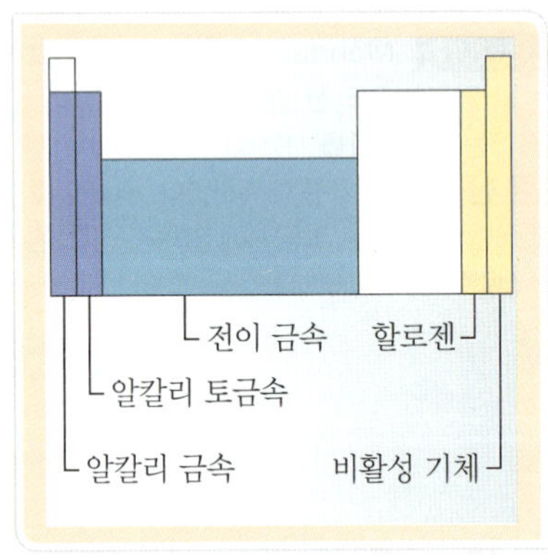

동영상: 알칼리 금속과 알칼리 토금속의 성질

성질은 제1장에서 논의하였다). **준금속**(metalloid) 또는 ***반금속***(*semimetal*)은 비금속과 비슷한 화학적 성질을 가지면서도 물리적 성질은 금속을 닮은 가진 원소이다. 녹색의 상자로 구분되어 있는 준금속은 계단의 선을 따라 위치한다. 몇 가지 금속, 비금속, 준금속이 그림 2.20에 나와 있다.

문자 A로 표지된 8개의 족에 존재하는 원소는 **주족 원소**(main-group element 또는 *representative element*)라고 한다. 문자 B로 표지된 10개의 족에 속하는 원소는 **전이 금속**(transition metal)이라고 한다. ***란타넘***(*lanthanide*) 계열과 ***악티늄***(*actinide*) 계열을 구성하는 14개의 원소들은 일반적으로 주기율표의 아래쪽에 별개의 표에 위치하지만, 그들은 각 각 원소 La(Z = 57)와 Ac(Z = 89)의 바로 뒤에 속한다. 란타넘족과 악티늄족 원소들은 **내부 전이 금속**(inner-transition metal)이다.

몇몇 족은 족 번호보다 관용적 이름이 더 자주 사용된다. 수소를 제외한 IA(1)족 구성 원소들은 **알칼리 금속**(alkali metal)이라고 한다. IIA(2)족 원소들은 **알칼리 토금속**(alkaline earth metal)이다. VIIA(17)족 원소들은 **할로젠**(halogen)이다. VIIIA(18)족 원소들은 가장 오른쪽에 있는데, 이 족의 원소들은 **비활성 기체**(noble gas)라고 한다. 이 이름들은 같은 족에 있는 원소들이 유사한 성질을 나타낸다는 것을 상기시킨다. 예를 들면 알칼리 금속은 반응성이 있다고 하는데, 이것은 알칼리 원소들이 물을 포함한 다른

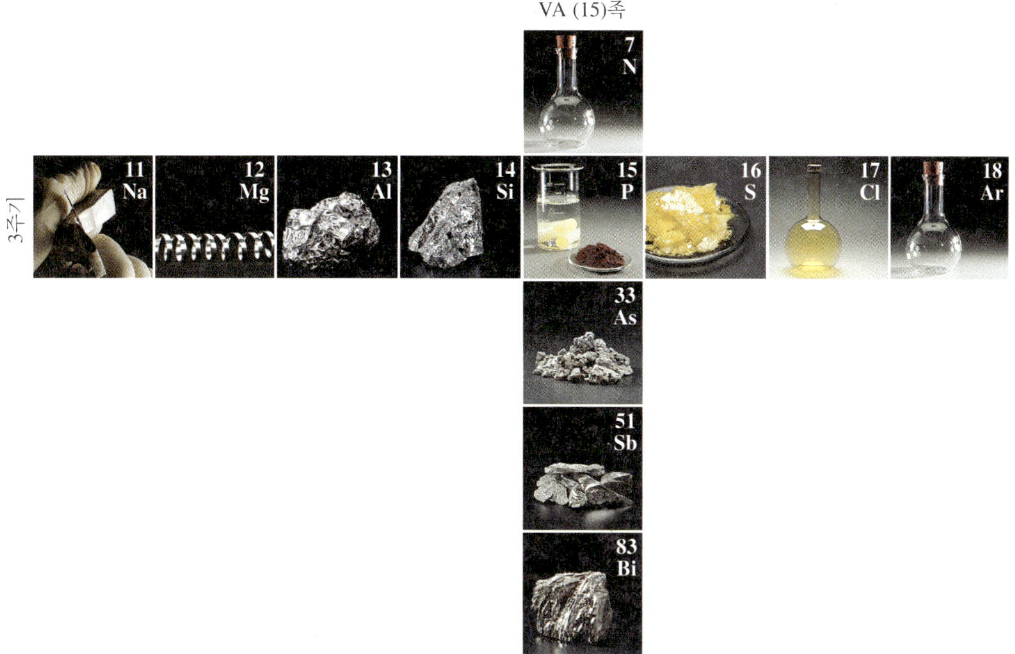

그림 2.19 같은 족과 주기에서 서로 가까운 원소들의 물리적 외형은 유사하다. 그들의 특성은 족이나 주기의 한쪽 끝에서 다른 쪽으로 점진적으로 변한다.

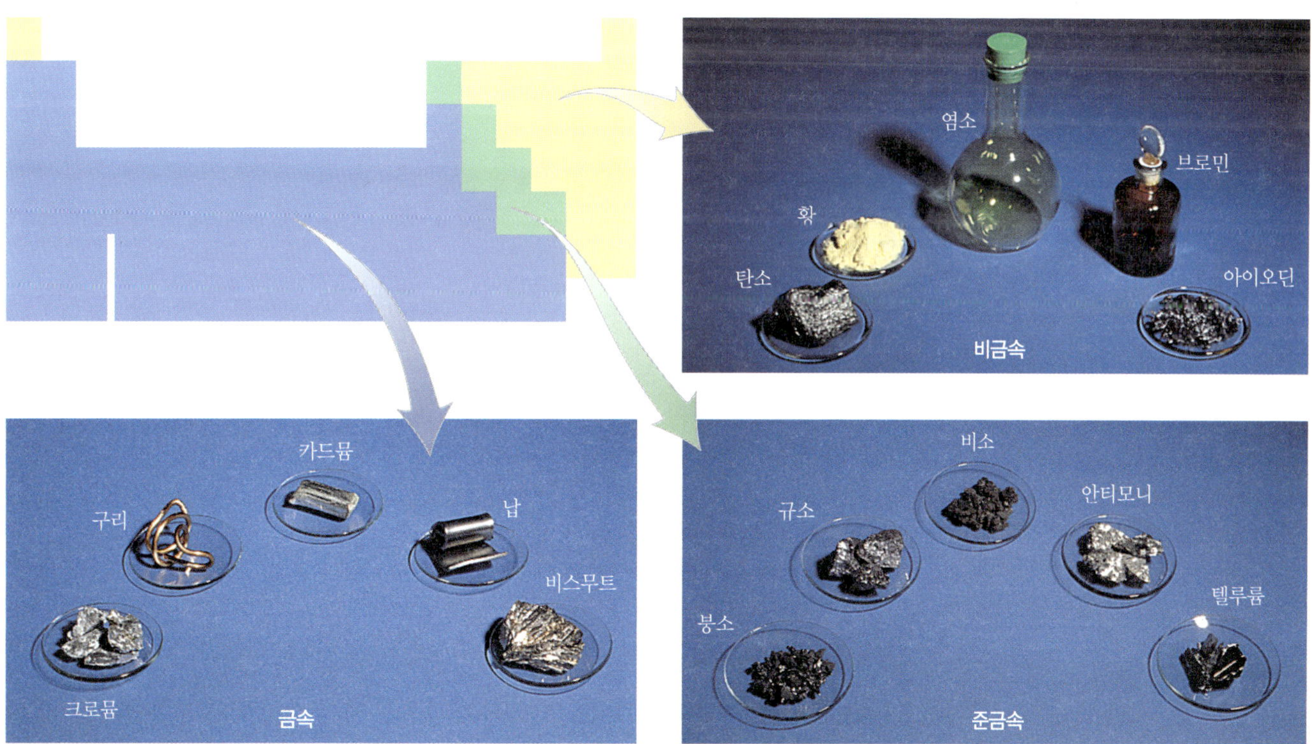

그림 2.20 주기율표의 왼쪽에 있는 금속들은 표면이 반짝거린다. 그들은 전성과 연성(가는 선으로 뽑을 수 있는)이 있다 그들은 열과 전기를 통한다. 주기율표의 오른쪽에 있는 비금속은 기체, 액체, 또는 분말이거나 결정성 고체이다. 그들은 절연체(열과 전기의 반도체)이다 준금속은 금속과 비금속 사이의 성질을 가진다.

그림 2.21 알칼리 금속인 포타슘은 물과 격렬하게 반응하여 불꽃을 내는 수소 기체를 만든다.

원소 및 화합물과 자발적으로 반응한 다는 것을 의미한다(그림 2.21). 알칼리 토금속은 알칼리 금속보다는 반응성이 약하지만 대부분의 전이 금속보다는 반응성이 더 크다.

할로젠들은 여러 측면에서 유사하다. 그중 한 가지는 할로젠들이 이원자 분자 형태의 원소로 존재한다는 것이다. **이원자 분자**(diatomic molecule)는 두 개의 원자로 구성된 분자이다. 할로젠을 원소로 나타낼 때 이원자 분자임을 나타내기 위해 아래 첨자를 사용한다. 즉 F_2, Cl_2, Br_2, I_2. 그 밖에 자연에서 이원자 분자로 존재하는 원소들은 수소(H_2), 산소(O_2), 질소(N_2)이다. 이원자 분자로 존재하는 원소들이 그림 2.22에 나와 있다.

비활성 기체는 한 개의 원자 상태로 자연에서 존재하는 유일한 원소들이다. 그들은 불활성이라고도 한다. 다른 원소나 화합물과 화학적으로 반응하지 않는다. 많은 비활성 기체들이 우주와 지구 대기에서 매우 풍부한 원소이지만, 1800년대 후반까지 알려지지 않았었다. 나중에 배우겠지만 비활성 기체의 안정성은 다른 원소들의 화학적 반응성을 이해하는 데 도움이 된다.

		1 H
7 N	8 O	9 F
		17 Cl
		35 Br
		53 I

그림 2.22 7개의 원소들이 이원자 분자로 존재한다.

알칼리 금속(IA 족)은 물과 반응하여 알칼리(염기성) 용액을 형성하기 때문에 그 이름이 붙여졌다. *알칼리*라는 단어는 아랍어에서 유래되었으며 초기에 알칼리를 만드는 재료로 사용된 "재"를 의미한다. 알칼리 토금속(IIA 족)의 이름은 한때 ***토류**(earths)*라고 불렀던 금속 산화물에 존재하는 것으로부터 유래되었다.

할로젠 원소인 아스타틴(At)은 지각에서 매우 적은 양으로 발견된다. 아스타틴은 방사능 원소이며 반감기가 매우 짧다. 아스타틴은 아이오딘과 매우 유사한 성질을 가지므로 과학자들은 아스타틴도 이원자 분자로 존재한다고 믿고 있다.

예제 2.9 ▶ 원소의 분류

다음 각 원소들을 족 번호, 족 이름(적용할 수 있으면), 주기와 금속, 비금속, 준금속으로 분류하라.

(a) 소듐 (b) 규소 (c) 브로민 (d) 구리

» 풀이:

(a) Na는 IA(1)족인 알칼리 금속 족이고 3주기에 있으며, 금속이다.
(b) Si는 IVA(14)족이고 3주기에 있으며, 준금속이다.
(c) Br VIIA(17)족인 할로젠족이고 4주기에 있으며, 비금속이다.
(d) Cu는 IB(11)족인 전이 금속 족이고 4주기에 있으며, 금속이다.

➜ 응용 연습 2.9

주기율표 왼쪽에 있는 유일한 비금속 원소는 무엇인가?

➜ 실전 연습 2.9

다음에 설명한 원소들은 어느 것인가?

(a) VA(15) 족이며 2주기에 있으며 비금속인 원소
(b) 비활성 기체이면서 3주기에 있으며 비금속인 원소
(c) 알칼리 토금속이며 4주기에 있는 원소
(d) IB(11) 족에 있으며 전이 금속이면서 5주기에 있는 원소

➜ 심화 연습: 연습 문제 2.85

» 이온과 주기율표

2.3절에서 이온의 경우, 핵에 있는 양성자와 다른 수의 전자를 갖게 되어 전하를 띠는 것을 보았다. Megan은 몇몇 필수 영양 원소들이 전하를 가진 이온인 것을 알아냈다. 예를 들면 소듐과 포타슘은 둘 다 1+ 전하를 가진 이온으로 존재한다. 마찬가지로, 칼슘과 마그네슘은 2+ 이온으로 존재한다. 이와 같은 유형이 우연의 일치가 아님을 발견하였다. 주기율표에서 원소의 위치를 통해 그 이온의 전하를 예측할 수 있게 된다. 이 경향을

이해하기 위해 이온을 형성하지 않는 원소인 비활성 기체인 VIIIA(18)족을 보면서 시작하자.

비활성 기체는 모든 원소들 가운데 가장 안정하다. 즉 반응성이 가장 작다. 그 안정성은 그 들이 가진 전자의 수와 관련이 있다. 이와 유사한 안정성을 이루기 위해, *주족 원소들은 가까이 위치한 비활성 기체와 같은 전자수를 갖는 이온을 만들기 위해 전자를 얻거나 잃는다.* 일반적으로 비금속은 전자를 *얻어* 비활성 기체의 전자수를 가진 음이온을 형성하고, 대부분의 주족 금속들은 전자를 *잃어* 비활성 기체의 전자수를 가지는 양이온을 형성한다. 예를 들면 11개의 전자를 가진 소듐 원자는 전자 한 개를 잃어서 Na^+ 이온을 형성한다. 그럴 때 소듐 이온 은 네온과 같은 10개의 전자를 가진다. 마그네슘 원자가 이온을 형성할 때는 몇 개의 전자를 잃어버리겠는가? 산소가 O^{2-} 이온을 형성하면 원래의 전자 8개에 전자 두 개를 얻어 네온처럼 총 10개를 가진다. 질소 원자는 이온을 형성하기 위해 몇 개의 전자를 얻어야 할까?

같은 족의 원소의 경우, 가깝게 위치한 비활성 기체와는 동일한 개수만큼 전자수에서 차이를 보이므로, 같은 족의 원소들은 종종 같은 전하의 이온을 형성한다. 소듐처럼 모든 IA(1)족 원소들은 전자를 한 개 잃어 1+의 전하를 가진 양이온을 형성한다. IIA(2)족 원소들은 전자를 두 개 잃어 2+의 전하를 가진 양이온을 형성한다. IIIA(3)족의 알루미늄 원자는 전자를 세 개 잃어 3+ 이온을 형성한다. VIIA(17)족 원소들은 전자를 한 개 얻어 1−의 전하를 가진 음이온을 형성한다. VIA(16)족 원소들은 전자를 두 개 얻어 2−의 전하를 가진 음이온을 형성한다. VA(15)족의 질소와 인은 전자를 세 개 얻어 3−의 전하를 가진 음이온을 형성한다. 주기율표로부터 예상할 수 있는 이온들의 전하가 그림 2.23의 요약된 주기율표에 표시되어 있다. 대부분의 다른 원소들은 둘 또는 그 이상의 전하를 띠고 서로 다른 이온을 형성한다. 이 이온들의 전하는 주기율표에서는 예상할 수 없다.

비활성 기체의 화합물은 자연에 존재하지 않지만, 크립톤과 제논의 안정한 화합물이 몇 가지 합성되었다. 아르곤의 몇 가지 화합물은 알려져 있지만 저온에서만 안정하다. 이 그림은 반응 용기의 내부에 부착된 비활성 기체인 XeF_2의 합성 화합물을 보여주고 있다.

©Gary J. Schrobilgen/McMaster University

주기	IA (1)	IIA (2)	IIIB (3)	IVB (4)	VB (5)	VIB (6)	VIIB (7)	VIIIB (8)	VIIIB (9)	VIIIB (10)	IB (11)	IIB (12)	IIIA (13)	IVA (14)	VA (15)	VIA (16)	VIIA (17)	VIIIA (18)
1																		He
2	Li^+	Be^{2+}													N^{3-}	O^{2-}	F^-	Ne
3	Na^+	Mg^{2+}											Al^{3+}		P^{3-}	S^{2-}	Cl^-	Ar
4	K^+	Ca^{2+}														Se^{2-}	Br^-	Kr
5	Rb^+	Sr^{2+}														Te^{2-}	I^-	Xe
6	Cs^+	Ba^{2+}																Rn
7	Fr^+	Ra^{2+}																

전이 금속은 다양한 전하를 가진 양이온을 형성한다.

그림 2.23 많은 주족 원소들은 주기율표에서의 그들의 위치로 예상할 수 있는 전하를 가진 이온을 형성한다. 여기에 나타낸 이온들은 다른 전하의 이온을 거의 형성하지 않기 때문에 때때로 *공통 이온(common ions)*이라고 한다.

인터넷 핫스팟

상당수 학생들이 이온의 전하를 예상하는 데 어려움을 겪고 있다고 한다. 이 주제에 대한 추가 학습 자료를 보려면 SmartBook에 접속하라.

예제 2.10 ▶ 이온의 전하 예상하기

다음 각 원소들이 형성할 것으로 예상되는 이온의 기호를 써라.

(a) 마그네슘 (b) 브로민 (c) 질소

» 풀이:

이 이온들은 주기율표에서 그 위치로부터 예상할 수 있다.

(a) 마그네슘은 IIA(2)족에 있으므로 두 개의 전자를 잃어 Mg^{2+}를 형성해서 네온과 같은 전자수를 가진다.

(b) 브로민은 VIIA(17)족에 있으므로 한 개의 전자를 얻어 Br^{-}를 형성해서 크립톤과 같은 전자수를 가진다.

(c) 질소는 VA(15)족에 있으므로 세 개의 전자를 얻어 N^{3-}를 형성해서 네온과 같은 전자수를 가진다.

→ 응용 연습 2.10

주기율표의 위치를 근거로, 할로젠화 이온의 예상되는 전하는 무엇인가?

→ 실전 연습 2.10

다음 각 원소들이 형성할 것으로 예상되는 이온의 기호를 써라.

(a) 리튬 (b) 황 (c) 알루미늄

→ 심화 연습: 연습 문제 2.105

우리 몸에서 이온들은 일반적으로 체액에 녹아 존재한다. 이온은 화합물의 구성 성분으로도 존재할 수 있다. 제3장에서는 이온 결합 화합물(ionic compound)에 대하여 배울 것이다. 그들의 성질과 명명법에 대하여 배울 것이고, 주기율표에서 예상할 수 없는 이온들의 전하를 결정하는 방법을 배울 것이다.

제2장 복습하기

주요 개념 _Key Concepts

- 원자에 대한 현재 우리의 이해는 두 세기 전의 Dalton의 원자설로부터 시작되었다. 1900년대 초까지는 원자가 양성자, 중성자, 전자로 이루어졌다는 실험적 증거가 없었다.
    - 양성자는 핵 안에 있는 양전하를 갖는 입자이다. 원자에서 양성자수는 각 원소에 따라 특별한 값을 갖고 이를 원자 번호(Z)라고 한다. 원자 번호는 이 책에 있는 주기율표의 원소 기호 위에 표기되어 있다.
    - 중성자도 핵에 있는데 전하가 없다. 어떤 원소의 원자들은 다른 중성자수(N)를 가질 수 있으며, 이에 따라 동위원소가 된다. 동위 원소의 기호에는 질량수(A)가 포함되어 있는데, 이는 양성자 수와 중성자수의 합이다. 질량수는 어떤 원소의 동위원소들을 구분할 수 있도록 원소 기호의 왼쪽 위첨자로 표기되어 있다.
    - 전자는 음의 전하를 가진 입자이고 핵 바깥쪽 넓은 공간에 존재한다. 중성 원자에서 양성자수와 전자수는 같다.

- 이온은 원자와 다르게 양 또는 음의 전하를 갖는다.
  - 이온의 전하는 원소 기호 오른쪽 위 첨자로 표기되어 있다.
  - 양이온이라 부르는 양전하를 갖는 이온은 양성자보다 전자가 적다.
  - 음이온이라 부르는 음전하를 갖는 이온은 양성자보다 전자가 많다.
  - 중성 원자로부터 이온이 형성될 때, 전자를 잃거나 얻어서 이온의 알짜 전하가 된다.
  - 이온의 특성은 중성 원자를 포함하는 원소와 다르다.
- 일반적으로 한 원자의 질량은 원자 질량 단위(amu)로 보고된다.
  - 원자의 질량은 소수점 이하의 많은 값을 가지며 질량수와는 다르지만 비슷한 값을 가진다.
  - 상대 원자 질량은 그 원소의 모든 동위원소들의 질량을 자연적으로 존재하는 상대 존재비로 가중 평균한 것이다. 이 책의 주기율표에는 원소 기호 아래에 표기되어 있다.
- 주기율표는 비슷한 성질의 원소들로 구성되어 있어서 원소의 특성을 결정하거나 예측하는 것을 가능하게 한다.
  - 같은 세로 열에 있는 원소는 같은 족이며 비슷한 화학적 성질을 갖는다. 예를 들면 IA족인 알칼리 금속들은 1+ 전하를 갖는 이온을 형성한다.
  - 원소는 또한 금속, 비금속, 준금속으로 분류하거나 주족 원소, 전이 금속, 란타넘족, 악티늄족으로 분류할 수 있다.

주요 용어 _Key Terms

내부 전이 금속(inner-transition metal) (2.5)
Dalton의 원자설(Dalton's atomic theory) (2.1)
동위원소(isotope) (2.2)
동위원소 기호(isotope symbol) (2.2)
비활성 기체(noble gas) (2.5)
상대 원자 질량(relative atomic mass) (2.4)
아원자 입자(subatomic particle) (2.2)
알칼리 금속(alkali metal) (2.5)
알칼리 토금속(alkaline earth metal) (2.5)
양성자(proton) (2.2)
양이온(cation) (2.3)
원자 번호(atomic number) (2.2)
원자 질량 단위(atomic mass unit, amu) (2.4)
음이온(anion) (2.3)
이온(ion) (2.3)
이원자 분자(diatomic molecule) (2.5)
일정 성분비 법칙(law of definite proportions) (2.1)
전이 금속(transition metal) (2.5)
전자(electron) (2.2)
족(family, group) (2.5)
주기(period) (2.5)
주기율표(periodic table) (2.5)
주족 원소(main-group element) (2.5)
준금속(metalloid) (2.5)
중성자(neutron) (2.2)
중성자수(neutron number) (2.2)
질량 보존 법칙(law of conservation of mass) (2.1)
질량수(mass number) (2.2)
할로젠(halogen) (2.5)
핵(nucleus) (2.2)

연습 문제 _Questions and Problems

주요 용어와 정의를 연결하기

2.1 다음 주어진 정의에 맞는 주요 용어를 써라.

(a) 전기적으로 중성인 아원자 입자
(b) 반응에서 생성된 물질들의 질량이 반응한 물질들의 질량과 같다는 법칙
(c) 양으로 하전된 아원자 입자
(d) 주기율표의 A족의 원소들 중 한 구성 요소
(e) 자연에서 발생하는 모든 동위원소들의 질량과 존재비를 고려한 한 원소 원자의 평균 질량
(f) 한 원자의 양성자들과 중성자들의 합

(g) 특정한 수의 중성자를 가진 한 원소의 원자
(h) 양의 전하를 가진 이온
(i) 한 원자 내에서 발견된 어떤 입자
(j) IA(1)족의 어떤 원소
(k) 원자 번호가 증가하는 순서로, 그리고 유사한 성질들을 강조하기 위해 행과 열로 배열된 모든 알려진 원소들의 도표

Dalton의 원자설

2.3 Dalton은 물질이 원자들로 구성되어 있다는 것을 주장하기 위해 어떤 법칙을 이용하였는가?

2.5 Dalton의 원자설은 다른 원소의 원자들을 어떻게 설명하는가?

2.7 Dalton의 원자설은 일정 성분비 법칙을 어떻게 설명하는가?

2.9 다음 그림은 질량 보존 법칙을 만족하는 화학 반응을 나타내는가? 만약 그렇지 않으면 반응을 정확하게 나타내기 위해 그림을 어떻게 수정해야 하는가?

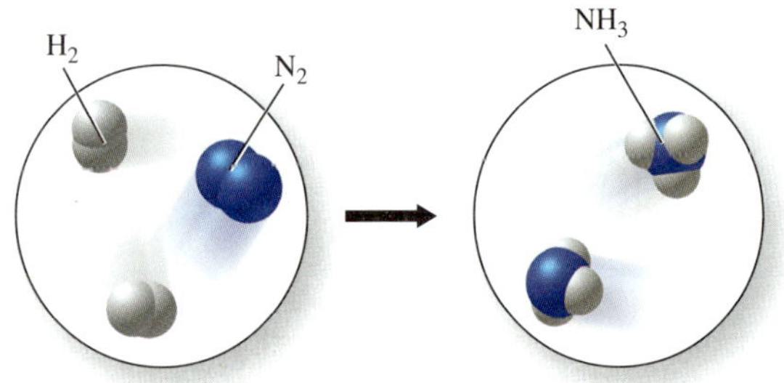

원자의 구조

2.11 모든 원자들이 수소 원자의 질량보다 훨씬 작은 질량을 가진 음으로 하전된 입자들을 포함한다는 것을 어떤 실험으로 보였는가?

2.13 어떤 아원자 입자들이 음으로 하전되어 있는가?

2.15 헬륨은 올라가는 힘 때문에 기구와 소형 비행선에 사용된다. 질량수가 4인 헬륨 원자(헬륨-4)의 핵 모형을 그려라. 핵, 양성자, 중성자, 전자의 위치를 표시하라. 각 유형의 아원자 입자의 수를 나타내라.

2.17 어떤 아원자 입자가 양성자와 거의 같은 질량을 가지는가?

2.19 탄소 원자의 질량이 탄소 원자에 있는 양성자 질량의 거의 두 배인 이유를 설명하라. 무엇이 질량의 차이를 설명하는가?

2.21 다음 각 원소들에 대한 원자 번호는 무엇인가?
(a) 수소 (b) 산소 (c) 은

2.23 어떤 아원자 입자의 수가 한 원소의 정체를 결정하는가?

2.25 한 원자의 원자 번호를 결정하기 위해 어떤 정보가 필요한가?

2.27 다음 중 같은 원소의 원자의 경우 언제나 같은 것은 무엇인가?
(a) 질량수
(b) 원자 번호
(c) 중성자수
(d) 원자의 질량

2.29 주어진 핵의 조성에 대해, 각 수소 동위원소의 원자 번호, 중성자와 질량수는 얼마인가?

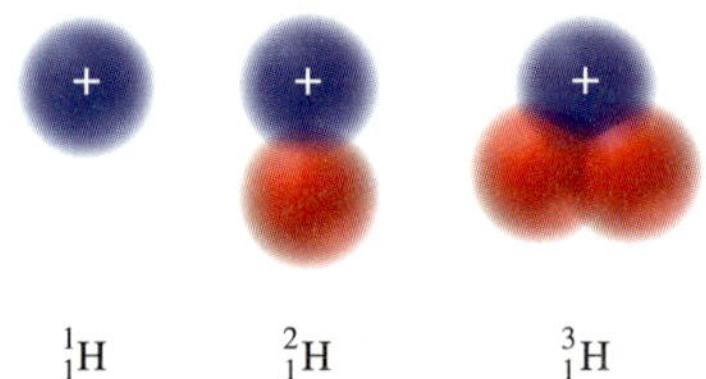

2.31 다음 동위원소들의 원자 번호, 중성자수, 질량수는 얼마인가?
(a) $^{36}_{18}Ar$ (b) $^{38}_{18}Ar$ (c) $^{40}_{18}Ar$

2.33 다음 각각에서 양성자, 중성자, 전자는 몇 개인가?
(a) 질량수가 15인 산소 원자
(b) 질량수가 109의 은 원자
(c) 질량수가 35인 염소 원자

2.35 다음의 아원자 입자들의 수를 포함한 원자들의 동위원소 기호는 무엇인가?
(a) 양성자 1, 전자 1, 중성자2
(b) 양성자 4, 전자 4, 중성자 5
(c) 양성자 15, 전자 15, 중성자 16

2.37 다음에 나타낸 원자에서 양성자와 중성자는 몇 개인가?
(a) $^{56}_{26}Fe$ (b) ^{39}K (c) 구리-65

2.39 심장 근육의 혈액 흐름의 연구에는 화학 물질에 포함된 질소-13을 사용한다. N-13 핵에서 발견되는 양성자와 중성자는 몇 개인가?

2.41 지정된 원자들에 대한 다음 표를 완성하라.

동위원소 기호	양성자수	중성자수	전자수
$^{23}_{11}Na$			
	25	31	
		10	8
$^{19}_{9}F$			

이온

2.43 같은 원소의 원자와 이온은 어떻게 다른가?

2.45 중성 원자가 다음 각 변화를 겪으면 무엇이 형성하는가?
(a) 전자 한 개를 얻는다.
(b) 전자 두 개를 잃는다.

2.47 다음 각 변화 뒤에 형성되는 이온의 기호를 써라. 각각을 양이온 또는 음이온으로 나타내시오.
(a) 아연 원자가 전자를 두 개 잃는다.
(b) 인 원자가 전자를 세 개 얻는다.

2.49 다음 각각에서 몇 개의 양성자와 전자가 발견되는가?
(a) Zn^{2+} (b) F^- (c) H^+

2.51 다음표를 완성하라.

동위원소 기호	양성자수	중성자수	전자수
$^{37}_{17}Cl^-$			
	12	13	10
	7	6	10
$^{40}Ca^{2+}$			

2.53 1+ 전하를 가진 양이온을 형성할 때 어떤 원소가 18개의 전자를 가지는가?

2.55 2+ 전하를 가진 양이온을 형성할 때 어떤 원소가 27개의 전자를 가지는가?

2.57 $^7Li^+$와 ^6Li 각각은 중성 리튬-7 원자와 어떻게 다른가? 어떤 것이 가장 큰 질량으로 리튬-7과 다른가?

2.59 시트르산 포타슘은 몇몇 스파클링 음료에서 발견되는 화합물이다. 이 화합물의 포타슘은 1+ 전하를 가진 양이온이다. 포타슘 이온의 핵에서는 몇 개의 양성자가 발견되는가? 몇 개의 전자가 이 핵을 에워싸는가?

원자 질량

2.61 원자 질량 단위(amu) 척도에 대한 기초는 무엇인가?

2.63 다음 동위원소들의 *대략적인*(approximate) 질량은 원자 질량 단위로 얼마인가?

(a) ^2_1H

(b) $^{238}_{92}U$

2.65 D_2 분자는 H_2 분자보다 질량에서 대략 얼마나 더 큰가?

2.67 크립톤-80 원자는 아르곤-40 원자보다 질량에서 대략 얼마나 더 큰가?

2.69 원자 질량을 논의할 때 그램 질량 척도 대신 amu 질량 척도를 사용하는 이유는 무엇인가?

2.71 원자의 질량과 원자의 질량수의 차이점은 무엇인가?

2.73 각 원자의 질량은 어떻게 결정되는가? 한 원자의 질량수를 어떻게 결정하는가?

2.75 자연에서 발견되는 칼슘은 칼슘-40과 칼슘-44의 두 동위원소로 이루어진다. 어떤 동위원소가 가장 풍부한가?

2.77 또 다른 은하계 안의 한 행성에서 발견된 미지의 원소(X)는 두 개의 동위원소로 존재하는 것으로 발견되었다. 그들의 원자 질량과 백분율 존재비가 다음 표에 나열되어 있다. 그 원소의 상대 원자 질량은 무엇인가?

동의 원소	질량(amu)	자연 존재비(%)
^{22}X	21.995	75.00
^{20}X	19.996	25.00

2.79 다음 그림은 니켈의 질량 스펙트럼을 나타낸 것이다.

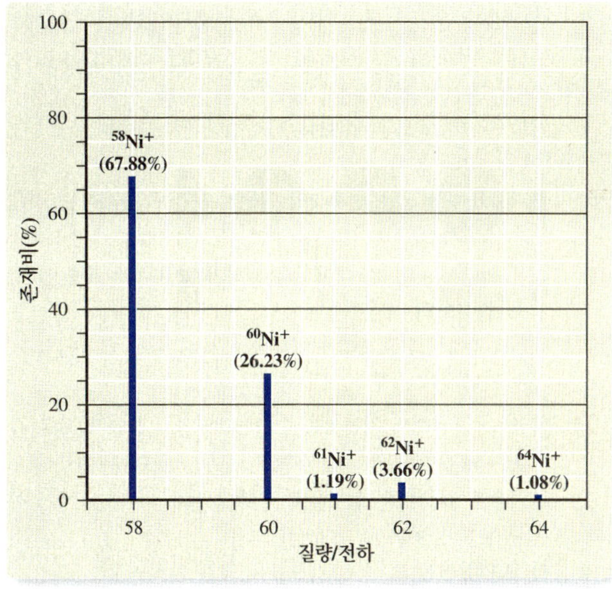

(a) 가장 풍부한 니켈의 동위원소는 무엇인가?

(b) 가장 양이 적은 니켈의 동위원소는 무엇인가?

(c) 니켈의 상대 원자 질량은 58에 더 가까운가, 60에 더 가까운가?

(d) 질량 스펙트럼에 나타낸 각 이온들의 양성자, 전자, 중성자의 수를 나열하라.

2.81 붕소 원자 1000개의 질량은 amu 단위로 얼마인가?

2.83 2500 amu의 붕소 원자와 2500 amu의 수은 원자 중에 어느 것이 더 많은 원자를 포함하는가?

주기율표

2.85 원소 Br, K, Mg, Al, Mn, Ar은 다음의 어떤 것으로 분류될 수 있는지를 확인하라.

(a) 알칼리 금속

(b) 할로젠

(c) 전이 금속

(d) 알칼리 토금속

(e) 비활성 기체

(f) 주족 원소

2.87 3주기의 할로젠 원소의 이름은 무엇인가?

2.89 IVB(4)족의 4주기 원소는 무엇인가?

2.91 다음 각 원소를 금속, 비금속, 준금속으로 확인하라.

(a) 칼슘

(b) 탄소

(c) 포타슘

(d) 규소

2.93 다음 원소를 주족 원소, 전이 금속, 란타넘족, 악티늄족으로 확인하라.
(a) 산소
(b) 마그네슘
(c) 주석
(d) 우라늄
(e) 크로뮴

2.95 주기율표에서 모든 원소들이 이원자 분자로 존재하는 것은 어느 족인가?

2.97 다음 원소 중 이원자 분자로 존재하지 *않는* 것은 무엇인가? 질소, 플루오린, 네온.

2.99 주기율표에서 모든 원소들이 결합하지 않은 원자 상태의 기체로 자연계에 존재하는 것은 어느 족인가?

2.101 많은 주족 원소의 이온들은 주기율표에서 그들에게 가장 가까운 비활성 기체와 같은 수의 _________을(를) 가진다.

2.103 주기율표에서 모든 원소들이 표시된 전하의 이온을 형성하는 족을 확인하라.
(a) 1+ 양이온
(b) 2+ 양이온
(c) 1− 음이온
(d) 2− 음이온

2.105 나열된 각 원소가 형성하는 이온의 기호를 써라.
(a) 소듐
(b) 산소
(c) 황
(d) 염소
(e) 브로민

2.107 소듐은 물과 격렬하게 반응하여 수소 기체와 소듐 이온을 함유한 화합물을 형성한다. 어떤 다른 원소들이 유사한 방식으로 물과 반응하는 것으로 예상되는가?

추가 연습 문제

2.109 철이 녹슬면 Fe_2O_3 화학식을 가진 화합물이 형성된다. 철 못이 녹슬면 그 질량이 증가하는가, 감소하는가, 같은 값으로 존재하는가? 설명하라.

2.111 100 g의 황화 아연은 아연 67.1 g과 황 32.9 g을 포함한다. 1.34 g의 아연 시료를 과량의 황과 가열하면 2.00 g의 황화 아연이 형성된다. 이 자료가 일정 성분비 법칙과 어떻게 일치하는지를 나타내어라.

2.113 전자가 최초로 발견된 아원자 입자가 된 이유는 전자의 어떤 성질 때문인가?

2.115 어떤 동위원소가 60의 질량수와 28의 원자 번호를 가지는가?

2.117 포타슘-39 원자에는 몇 개의 양성자와 중성자가 있는가?

2.119 니켈은 코발트보다 원자 번호가 하나 더 크지만, 상대 원자 질량은 코발트가 니켈보다 더 큰 이유를 설명하라.

2.121 몇몇 표들은 정확하게 보고할 수 있는 것만큼의 많은 유효 숫자까지 상대 원자 질량을 나열한다. 아르곤의 상대 원자 질량인 39.948 amu는 5개의 유효 숫자로 알려진 반면에, 플루오린의 상대 원자 질량 18.9984032 amu는 9개의 유효 숫자까지 알려져 있다. 아르곤의 자연 시료는 세 개의 동위원소를 포함한다. 그러나 플루오린의 시료는 단지 하나만 포함한다. 그들의 상대 원자 질량이 보고된 유효 숫자의 수가 다른 이유를 설명하라.

2.123 자연에서 발생하는 아이오딘은 단지 하나의 동위원소로 구성된다. 그것의 질량수는 무엇인가?

2.125 순수한 탄소의 시료와 순수한 아이오딘의 시료의 질량이 같다. 어떤 것이 가장 큰 수의 원자들을 가지는가?

2.127 자연에서 발생하는 붕소는 두 개의 동위원소인 붕소-10과 붕소-11로 구성된다. 붕소-10의 원자 질량은 10.013 amu이다. 붕소-11의 워자 질량은 11.009 amu이다. 다음의 어떤 것이 붕소의 각 동위원소의 백분율 존재비를 가장 잘 예측하는가?
붕소-10 50.0%와 붕소-11 50.0%
붕소-10 20.0%와 붕소-11 80.0%
붕소-10 80.0%와 붕소-11 20.0%
붕소-10 95.0%와 붕소-11 5.0%
붕소-10 5.0%와 붕소-11 95.0%

2.129 브로민은 상온에서 적갈색 액체이다. 액체 브로민을 나타내는 화학식을 써라.

2.131 IA(1)족에 있지만 알칼리 금속이 아닌 것은 어떤 원소인가?

2.133 원자에 양성자를 첨가하여 원소의 양이온을 만들 수 없는 이유는 무엇인가?

2.135 다음 표의 적절한 아원자 입자를 채워라.

	입자	질량(g)	상대 전하
(a)		1.6749×10^{-24}	0
(b)		9.1094×10^{-28}	
(c)		1.6726×10^{-24}	

2.137 의학에서 사용되는 양전자 방출 단층 촬영(PET)은 몸속의 작용 영상을 보여 주고 종양을 확인할 수 있다. 종양이 보일 수 있게 하기 위하여 어떤 원소의 동위원소를 포함하는 화합물을 환자에게 주입한다. PET 주사에 가장 보편적으로 사용하는 동위원소는 플루오린-18이다. 이 동위원소 원자에는 몇 개의 양성자, 중성자, 전자가 있는가?

2.139 사람의 몸속에서 철은 Fe^{2+} 또는 Fe^{3+} 이온 형태로 발견된다. 중성 원자의 철과 Fe^{2+}, Fe^{3+} 이온은 어떻게 다른가?

2.141 아이오딘은 몸이 필요로 하는 필수 미량 원소로, 갑상샘 기능과 연관되어 있다. 주기율표에서 아이오딘은 어떤 족과 주기에 해당하는가?

2.143 탄소-14 함량 분석은 약 60,000년 전의 화석까지 연대를 측정하는 데 사용된다. 탄소에는 자연적으로 존재하는 서로 다른 동위원소로 ^{12}C와 ^{13}C가 있다. 탄소의 상대 원자 질량이 12.01 amu로 주어져 있을 때, 자연에 존재하는 탄소-14의 존재비로 가장 적합한 것은 다음 중 어느 것인가? 대략 99%, 대략 33%, 0.1% 이하.

제3장

화학 화합물

Chemical Compounds

Source: Peggy Greb/USDA

화학 강좌를 수강하는 몇몇 학생들이 근처 강으로 카누 여행을 갔다. 그들은 실험실에서 분석할 물 시료를 강을 따라 여러 지점에서 수집하였다. Jeff와 Megan은 하류로 노를 저으면서 매일 일상에서 볼 수 있는 여러 종류의 물(생수, 광천수, 샘물, 셀처 탄산수, 탄산음료, 탄산수, 호숫물, 바닷물, 연못, 경수, 연수 등)에 관하여 대화하기 시작하였다. Jeff와 Megan은 고등학교 과학 과정에서 물이 지표면에서 가장 중요하고 풍부한 물질 중 하나이고 지구에서 모든 생물들이 존재하도록 해 준다는 것을 회상했다. 액체인 물은 지표면의 70% 이상을 덮고 있는 강, 호수, 바다에 존재한다. 물은 지하에서도 발견된다. 지하수는 미국의 도시에서 사용되는 물의 약 3/4을 제공한다. 지구에서 물은 극지방의 빙원과 다른 추운 지방에서 눈과 얼음과 같은 고체의 형태로도 존재한다. 물은 대기에서는 기체 수증기와 구름으로 발견된다.

사람의 몸은 약 70%가 물이다.

Jeff와 Megan이 강을 따라 시료를 수집하면서 마신 오렌지 주스는 주로 물로 되어 있다. 점심으로 먹은 샐러드 또한 물이 주성분이다. 따뜻하고 습기 있는 날에 수증기가 냉커피 잔 바깥벽에서 응축되기도 한다. 그들은 여행을 떠나기 전에 물을 사용하여 샤워하고 양치질을 하였다. 카누 출발 장소로 가기 위해 버스를 탔을 때 버스는 배기관을 통해 공기 중으로 물을 배출하였다. 물은 엔진에서 연소 생성물로 형성되었다. Jeff와 Megan은 카누의 노를 저으면서 땀을 흘렸다. 우리의 땀조차 주로 물이라고 Megan이 농담을 하였다.

화학자에게 순수한 물은 한 개의 산소 원자에 두 개의 수소 원자가 연결된 H_2O 분자로 존재한다(그림 3.1). 이 형태에서 물은 색깔이 없고, 향이 없으며 아무런 맛이 없다. 자연에서 순수한 물은 거의 없다. 왜냐하면 물은 여러 물질들을 녹이는 능력을 가지고 있기 때문이다. Jeff와 Megan의 임무 중 하나는 강을 따라 운반된(현탁 상태나 용해된 상태) 다양한 물질들을 알아보기 위해 물 시료를 분석하는 것이었다.

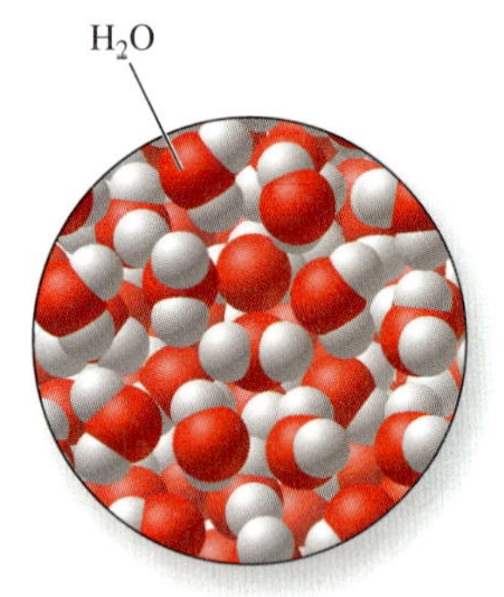

그림 3.1 순수한 물에는 물 분자만 포함되어 있다. 각 물 분자는 한 개의 산소 원자에 연결된 두 개의 수소 원자들로 구성된다.

그와 같은 물질들이 어디서 왔는지를 이해하기 위해 물이 미네소타 상공의 구름에서 지표면까지, 땅을 가로질러 미시시피 강까지, 하류의 뉴올리언스와 멕시코 만까지, 그리고 궁극적으로 대서양까지 어떻게 이동하는지 생각해 보자. 물은 이동하면서 무기물 및 유기 물질과 같은 많은 다른 물질들을 끌어들이는데, 이 무기물과 유기 물질은 나중에 식물과 동물에 의해 흡수되거나 소화될 것이다. 물은 공중에서 비의 형태로 떨어지면서 대기권의 기체를 용해시킨다. 물은 땅속으로 스며들어 강바닥을 흐르면서 다양한 무기물과 기체를 용해시킨다. 물은 미시시피 상류의 작은 강에서 흐르면서 더 많은 무기물을 녹여낸다. 마침내 멕시코 만의 바닷물과 혼합되면 물은 '염분'을 머금게 된다. 웅덩이와 연못에서 증발하면서 지표면의 물은 대기로 들어간다. 또한 강, 호수와 바다에서의 증발은 대기권에 수분을 증가시킨다. 식물의 증산 작용(수분 손실)도 대기에 수분을 제공한다. 공기 중에서 기체 상태의 물은 응축하여 구름을 형성하고, 지금까지의 과정이 처음부터 다시 시작된다(그림 3.2).

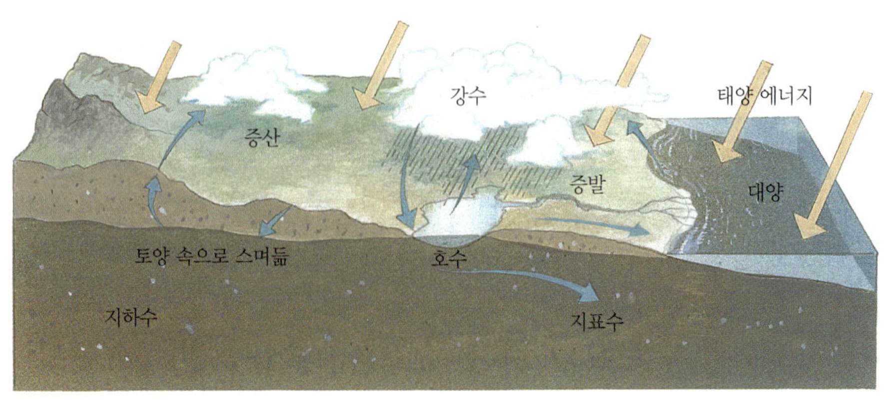

그림 3.2 지구에서 물은 '물의 순환'이라는 일련의 과정으로 이곳저곳으로 옮겨진다. 물이 땅을 가로질러 흐르거나 공기에서 떨어지면 많은 물질들이 부유하거나 용해하게 된다.

비구름에서 바다까지 물은 항상 용액의 형태이다. 물에 용해된 많은 물질들이 식물과 동물에게 영양분을 제공한다. 예를 들면 살아 있는 생물에 필요한 많은 무기물이 물에서 이온으로 존재한다. 이러한 무기물에는 철, 칼슘, 포타슘, 마그네슘의 이온들이 포함된다. 다른 물질을 녹이는 물의 능력은 매우 중요하다. 이 책을 통해 논의하는 많은 주제들이 물에 용해된 물질의 화학적 거동과 관련된다.

물에 용해된 많은 물질들은 화학 화합물의 범주로 분류될 수 있다. 이 범주에는 매우 다양한 물리적, 화학적 성질이 존재한다. 이 장에서 화합물의 특징과 거동을 조사하고 그들을 명명하는 다른 방식들을 보게 될 것이다.

용해(*dissolving*)와 **녹음**(*melting*)는 어떻게 다른가?

이 장에서 공부할 내용의 질문

3.1 이온 결합 화합물과 분자 화합물은 어떻게 다른가?
3.2 이온 결합 화합물에는 어떤 종류의 이온들이 존재하는가?
3.3 이온 결합 화합물에 대한 식은 무엇을 나타내는가?
3.4 이온 결합 화합물은 어떻게 명명하는가?
3.5 분자 화합물에 대한 식은 무엇을 나타내고, 분자 화합물은 어떻게 명명하는가?
3.6 몇몇 일반적인 산과 염기는 무엇이고, 그들을 어떻게 명명하는가?
3.7 화합물의 이름은 그들의 분류와 성질을 어떻게 전달하는가?

3.1 이온 결합 화합물과 분자 화합물

Jeff와 Megan은 실험실로 돌아와서, 수집한 시료에 대하여 물의 전도도 결정과 같은 몇몇 실험을 하였다. 그들은 강물에 용해된 물질들이 완전한 전기 회로를 작동하게 하는지를 알아보기 위해 그림 3.3에 나타낸 것과 같은 간단한 장치를 사용하였다. 그림 3.3B에서 전구에서 나온 절단된 전선을 주목하라. 절단된 선을 연결하면 회로가 완성되어 전구가 빛을 낸다. 회로를 완성하는 또 다른 방법은 전기를 전도하는 용액 속에 전선을 담그는 것이다. 전류가 용액을 통해 흐르려면 이온이 존재해야 한다.

증류수나 탈이온수의 순도는 전기 전도도를 측정해서 결정할 수 있다.

Jeff와 Megan은 그 물이 전기를 전도한다는 것을 확인하였다. 좀 더 연구하기 위해 실험실에서 몇 가지 다른 물질로 실험을 하였다. 그림 3.4에 나타낸 네 가지 사진을

A. 완전한 회로 **B.** 완전하지 않은 회로 **C.** 완전한 회로

그림 3.3 (A) 전기가 완전한 회로를 통해 흐를 때 전구가 빛난다. (B) 전선을 자르면 회로가 파괴된다. (C) 절단된 전선의 끝을 이온을 함유한 물질의 용액에 담그면 전구는 다시 빛난다. 이것은 물에 용해된 물질의 전도도를 실험하는 간단한 방법이다.

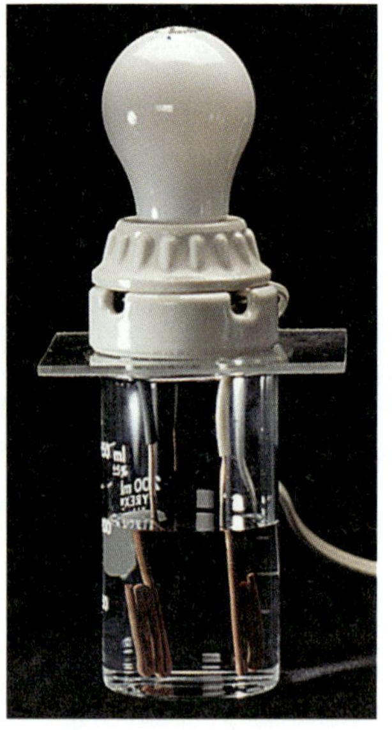

A. 순수한 물

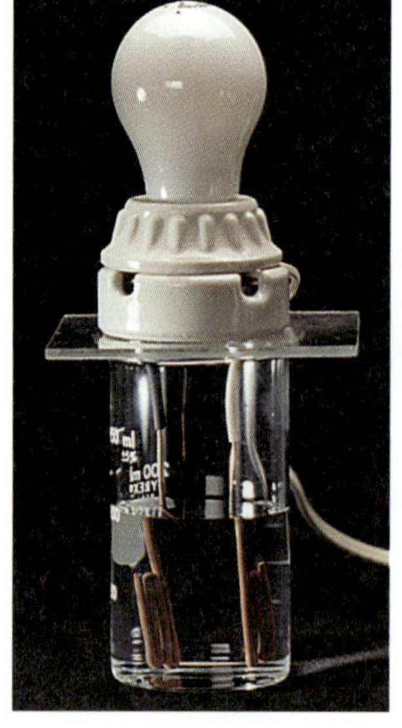

B. 설탕 수용액

C. NaCl 수용액

D. CH_3CO_2H 수용액

그림 3.4 그림 3.3에 보여준 전구 장치로 전기 전도도 실험을 하면 순수한 물(A)과 설탕 수용액(B)은 전기 회로가 완전하지 않고, 염화 소듐 수용액(C)은 전구를 빛나게 한다. 아세트산과 같이 비교적 적은 이온이 있는 수용액 (D)에서는 전구가 희미하게만 빛난다.

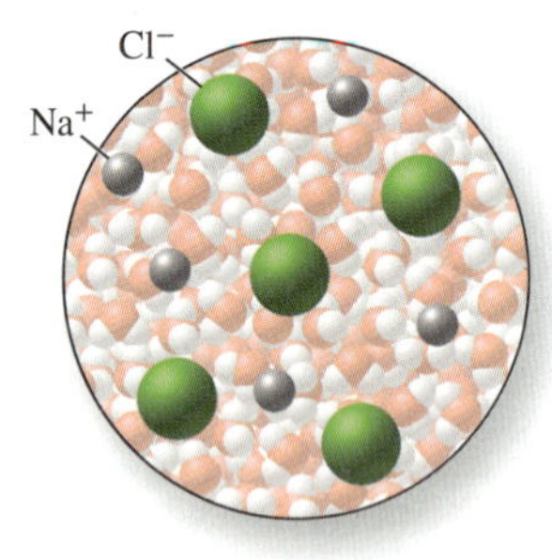

그림 3.5 염화 소듐(NaCl)은 물에 용해되었을 때, 이온(Na^+와 Cl^-)으로 분리되므로 전해질이다.

동영상: 센전해질, 약전해질, 비전해질

보자. 순수한 물로 전기 전도도 실험을 하면 전구는 빛을 내지 않는다. 순수한 물은 회로를 완성하는 아주 좋은 전도 물질이 아니고 설탕 수용액도 그렇다. 그러나 염화 소듐(NaCl) 용액을 통해 전기가 흐르면 전구는 밝게 빛난다. 전류가 수용액을 통해 흐르려면 이온이 존재해야 한다. NaCl은 이온을 제공하지만, 순수한 물과 설탕물은 그렇지 못하다. 전류를 운반할 충분한 양으로는 존재하지 못하는 것이다. 물에 녹아서 이온으로 분리되는 NaCl과 같은 물질을 **전해질**(electrolyte)이라고 한다(그림 3.5). 설탕과 같이 이온으로 분리되지 못하는 물질을 **비전해질**(nonelectrolyte)이라고 한다. 전해질 용액은 전기를 전도하지만 비전해질 용액은 전도하지 못한다.

센전해질, 약전해질, 비전해질을 구별함으로써 더 구체화할 수 있다. 그림 3.6에 나타낸 용액을 보자. 어떤 화합물이 용액 내에서 이온으로 분해되는가? 어떤 화합물이 다른 것보다 더 많은 이온을 만드는가? 화합물이 물에 용해되어 이온을 만드는 과정을 용해되는 화합물의 유형에 따라 ***해리***(*dissociation*) 또는 ***이온화***(*ionization*)라고 한다. **센전해질**(strong electrolyte)은 물에서 광범위하게 해리하기 때문에 전기를 잘 통한다. 그림 3.6에서 염화 소듐(NaCl)과 염산(HCl)이 광범위하게 해리하는 것을 주목하라. 이것들은 좋은 전기 전도체이다(그림 3.4C). 아세트산(CH_3CO_2H)과 같은 다른 물질들은 물에서 약간만 해리한다. 그와 같은 물질은 전기를 잘 통하지 않으므로(그림 3.4D) **약전해질**(weak electrolyte)이라고 한다. 메탄올(CH_3OH)을 포함한 용액은 전기를 통하지 않는다. 메탄올은 이온으로 전혀 해리하지 않으므로 비전해질이다.

Jeff와 Megan의 실험을 포함해서 다른 많은 실험들에 의하면, 일반적으로 화합물은 두 가지 범주로 분류될 수 있다. **이온 결합 화합물**[ionic compound, 일반적으로 ***염***(*salt*)이라고도 함]은 반대 전하인 양이온과 음이온으로 구성되는데, 전기적으로 중성이 되도록 양이온과 음이온의 비가 결정된다. 이온 결합 화합물은 보통 ***금속***(*metal*) 이온과 ***비금속***(*nonmetal*) 이온으로 구성되기 때문에 쉽게 알아볼 수 있다. 식용 소금으로 사용되는 염화 소듐은 Na^+과 Cl^- 이온으로 구성되고, 이온 결합 화합물의 한 예이다(그림 3.7A). 반면에 **분자 화합물**(molecular compound)은 이온이 아닌 두 가지 이상의 서로

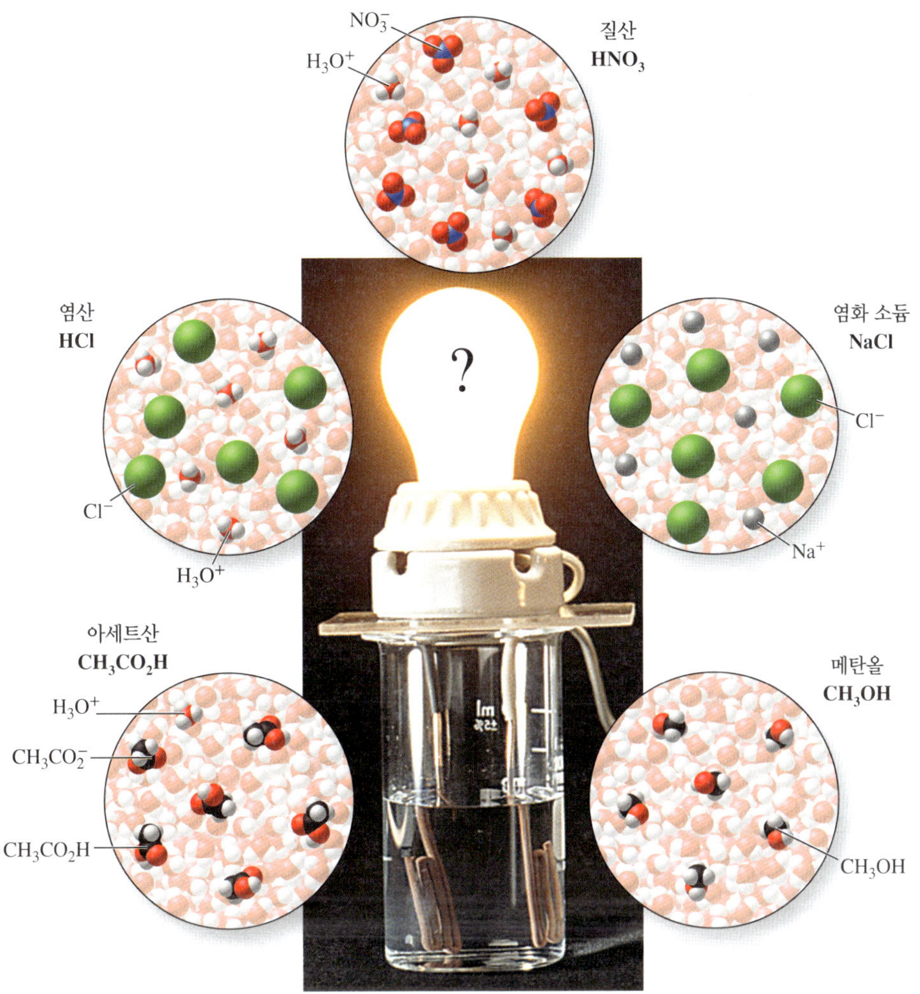

그림 3.6 각 용액에 대하여 각 유형의 입자가 표지된 분자 수준의 그림을 조사하라. 어떤 물질이 이온으로 해리하면 분리된 한 개의 원자 입자(또는 원자단)를 볼 수 있다. 어떤 화합물이 용액에서 완전히 해리하는가? 어떤 것이 부분적으로 해리하는가? 전혀 해리하지 않는 것은 어느 것인가? 산은 단순히 해리하는 것이 아니라, 용액에서 H_3O^+ 이온을 형성한다.

다른 비금속 원자로 구성된다. 이들은 한 분자에 원자들이 함께 묶여 있는 분자라는 명확한 단위체로 존재한다. 이산화 탄소(CO_2)는 분자 화합물(그림 3.7B)이다. 분자 원소는 같은 원소의 원자들로 구성되어 있다. 원소 산소(O_2)는 분자 원소(그림 3.7C)이다.

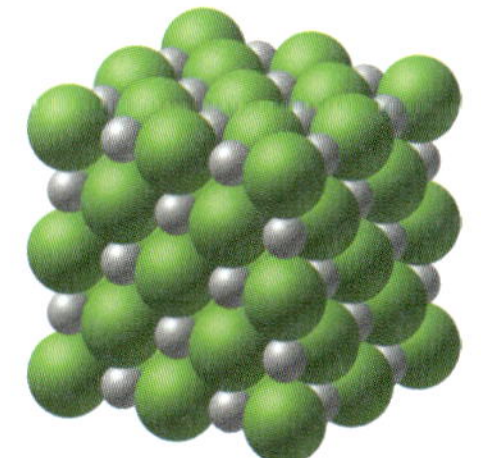
A. NaCl

B. CO_2

C. O_2

그림 3.7 (A) 염화 소듐(NaCl)은 이온 결합 화합물이고, (B) 이산화 탄소(CO_2)는 분자 화합물이다. (C) 원소 산소(O_2)는 분자 원소이다

예제 3.1 ▶ 이온 결합 화합물과 분자 화합물

화학식을 토대로 볼 때, 다음 화합물 중 이온성인 것은 어느 것인가?

(a) KCl (b) CO_2 (c) CaO (d) CCl_4

» 풀이:

화합물을 구성하는 원소를 보면 그 화합물이 이온성인지를 결정할 수 있다. 이온 결합 화합물은 보통 금속 이온과 비금속 이온으로 구성된다. 두 개의 화합물, 즉 KCl과 CaO가 이 기준을 만족한다.

→ 응용 연습 3.1

인(P)과 플루오린(F)을 포함하는 화합물은 이온성인가, 분자성인가?

→ 실전 연습 3.1

예제에서 나열된 화합물 중 어떤 것이 분자성인가?

→ 심화 연습: 연습 문제 3.7

동영상: 물에 용해되는 염화 소듐

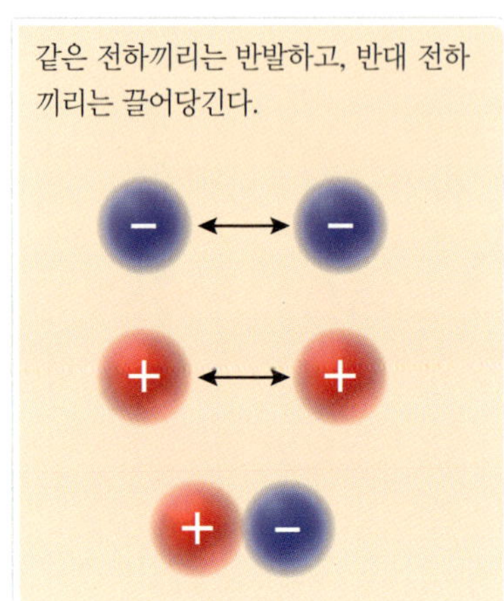

이온 결합 화합물과 분자 화합물을 구별하는 방법을 알기 위해 먼저 수용액에서 무슨 일이 일어나는지를 생각해 보자. 물에 용해된 이온 결합 화합물은 그들을 구성하고 있는 각각의 이온으로 분리된다. 이온으로 구성된 화합물이 물에서 성분 이온으로 분리되는 과정을 ***해리***(*dissociation*)라고 한다. 반면, 분자 원소와 분자 화합물은 일반적으로 그들의 분자 구조를 유지한다. 물질이 물에 용해되면 일반적으로 분자에 포함된 원자들은 그대로 존재한다.

이온 결합 화합물은 실온에서 고체이며 매우 높은 온도에서 녹으며 부서지기 쉽다. 이러한 특별한 성질의 원인은 무엇인가? 그림 3.8에서 이온성 고체인 염화 소듐(NaCl)의 양이온과 음이온의 정렬된 배열을 주목해 보자. 이 배열은 ***결정 구조***(*crystal structure*) 또는 ***결정 격자***(*crystal lattice*)라고 부르는 고체 구조의 한 유형이다. 이온 결합 화합물에서 이온들이 배열한 방식과 더불어 반대 전하 이온들 사이의 강한 인력은 이온성 고체에 독특한 성질을 부여한다.

물에 용해되면 이온성 고체의 결정 격자는 깨지게 된다. 고체는 이온으로 해리한다. 그림 3.8의 고체 NaCl의 분자 수준 그림과 물에 용해된 그림을 비교해 보자. 소듐 이온과 염화 이온이 두 그림에서 어떻게 다른가?

그림 3.8 고체 NaCl에서 이온들은 결정 격자로 배열한다. 일단 염화 소듐이 물에 용해되면 소듐 이온과 염화 이온들로 분리되고 물 분자에 의해 둘러싸인다. 모든 NaCl이 완전히 용해되면 용액이 맑아진다.

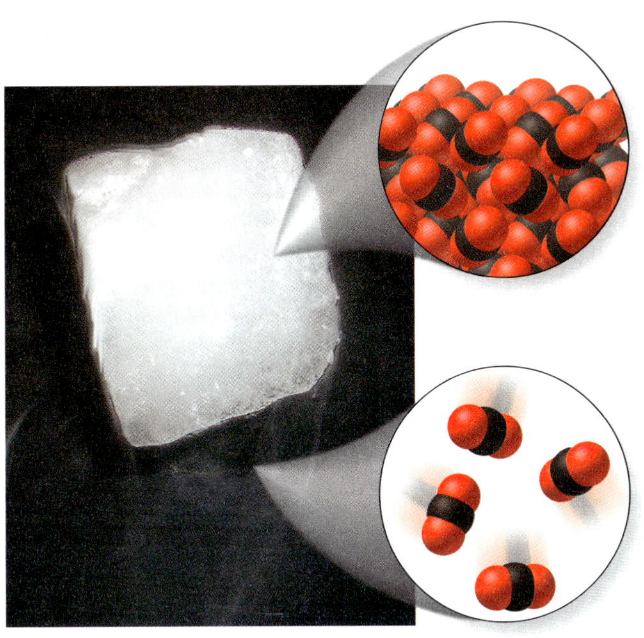

그림 3.9 이산화 탄소와 같은 분자 화합물은 이온이 아닌 분자로 이루어져 있고, 몇몇은 고체를 형성할 수도 있다. 상온에서 이산화 탄소는 고체 상태에서 기체 상태로 직접 변한다. (그 밖의 다른 기체 입자들은 분자 수준 영상에서 보이지 않는다.)

오존은 실질적으로 삼원자 산소 분자, O_3이다. 성층권(지표면에서 10~50 km까지의 대기층) 내의 오존층은 태양빛의 해로운 많은 자외선을 흡수하여 지표면에서 생활하는 생명체를 보호한다.

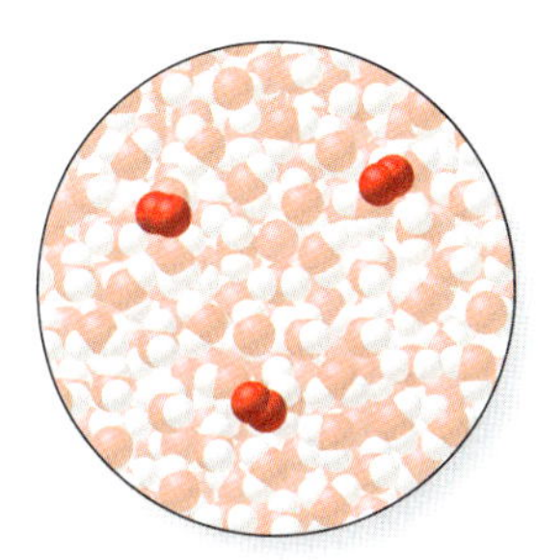

그림 3.10 산소(O_2)와 같은 많은 분자 물질은 물에 용해될 때 완전한 분자로 남는다.

염화 소듐의 용해 과정을 다음과 같이 식으로 나타낼 수 있다.

$$NaCl(s) \xrightarrow{H_2O} Na^+(aq) + Cl^-(aq)$$

여기서 화살표 위에 쓴 H_2O는 물이 이 과정에 관여하지만 변하지 않는다는 것을 나타낸다. Na^+와 Cl^- 뒤의 (*aq*)는 이온이 수용액 상태에 있다는 것을 나타낸다.

이온 결합 화합물과는 대조적으로, 대부분의 분자 화합물은 물에 용해되어도 분자로 남는다. 용액 이외에도 분자 화합물은 실온에서 기체, 액체 또는 고체로 존재할 수 있다. 이들은 이온 결합 화합물보다 녹는점과 끓는점이 훨씬 낮다. 이산화 탄소(CO_2)는 분자 화합물이다. 이산화 탄소는 이온이 아닌 전하를 띠지 않는 원자들의 분자로 구성되기 때문에 그 외형과 거동이 이온 결합 화합물과는 다르다(그림 3.9). 분자 원소들도 분자 화합물들과 유사한 특성을 가진다. 예를 들면 원소 산소는 이원자 분자이다, 즉 한 분자 안에 함께 결합한 두 개의 산소 원자로 존재하고, O_2로 나타낸다. 물에 용해될 때 산소 원자들은 하나의 분자로서 함께 존재한다(그림 3.10).

이온 결합 화합물과 분자 화합물들 사이의 차이점을 표 3.1에 요약하였다. 이 차이점을 설명하기 위해 이온 결합 화합물과 분자 화합물의 분자 수준 구조를 비교해 보자. 예를 들어 그림 3.11에서처럼 고체 NaCl과 고체 NH_3를 비교해 보고, 두 화합물이 녹을 때 어떤 일이 수반되는지 상상해 보자. 어떤 물질이 녹는 과정에서는 고체의 구성 성분이 더 무작위의 배열로 흩어져야 한다. NaCl의 경우 구성 성분은 양이온과 음이온이고, 녹는점은 801°C이다. NH_3의 경우 구성 성분은 개개의 NH_3 분자이고, 녹는점은 단지 −77.7°C이다. 이온 결합 화합물을 녹이는 데 더 많은 열 에너지가 필요한 것은 반대 전하의 이온들 사이의 인력이 고체 상태의 분자 간의 인력보다 훨씬 강하다는 것을 나타낸다.

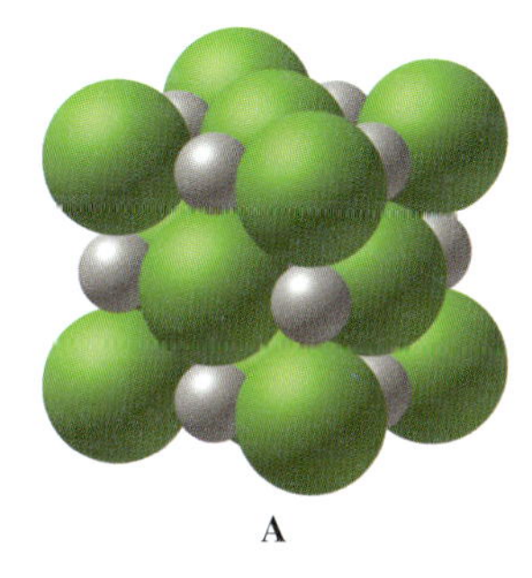

A

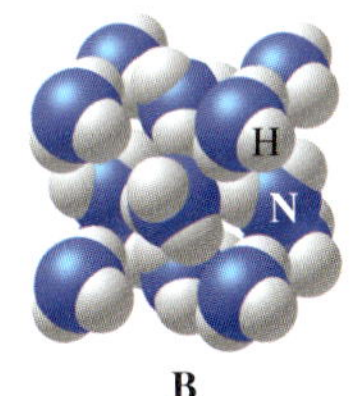

B

그림 3.11 (A) 고체 NaCl이 녹으려면 반대 전하의 양이온과 음이온 사이의 강한 인력을 극복해야 한다. (B) 고체 상태의 NH_3 분자들은 반대 전하의 입자들에 의해 서로를 붙잡지 않는다. 대신에 NH_3 분자 사이의 약한 힘이 결정에서 그들을 서로 붙잡는다.

표 3.1 ▸ 이온 결합 화합물과 분자 화합물의 성질 비교

이온 결합 화합물	분자 화합물
결정성 고체	기체, 액체, 고체
단단하고 깨지기 쉬운 고체	부드러운 고체
매우 높은 녹는점	낮은 녹는점
매우 높은 끓는점	낮은 끓는점
큰 밀도	작은 밀도
수용액에서 센전해질	수용액에서 약전해질이거나 비전해질
용융 상태에서 높은 전기 전도도	순수한 형태에서 낮은 전기 전도도

예제 3.2 ▶ 이온 결합 화합물과 분자 화합물의 성질

KCl과 CCl_4 중 녹는점이 더 낮을 것으로 예상되는 것은?

» 풀이:

이온 결합 화합물은 그들 사이에 강한 인력을 가지는 반대 전하의 이온들로 구성된다. 이 화합물들은 녹는 데 매우 높은 온도가 필요하다. CCl_4 분자를 분리하는 것보다 KCl의 이온들을 분리하는 데 더 많은 에너지가 필요하므로 CCl_4가 더 낮은 녹는점을 가져야 한다.

➔ 응용 연습 3.2

화합물들 중 어느 것이 더 센전해질인가?

➔ 실전 연습 3.2

Al_2O_3와 N_2O_3 중 녹는점이 더 높을 것으로 예상되는 것은?

➔ 심화 연습: 연습 문제 3.9

> 이성분 화합물은 두 종류의 원소만으로 구성되지만 종종 두 개 이상의 원자들로 이루어진다(예: N_2O_5).

예제 3.2에 나열된 화합물은 두 가지 원소만으로 구성된다. 그들은 이성분 화합물이다. **이성분 화합물**(binary compound)은 두 가지 원소의 원자나 이온을 포함하는 화합물이다. 많은 화합물이 이성분이다. 둘 이상의 원소를 포함하는 이온 결합 화합물은 일반적으로 여러 개의 원자로 구성된 이온을 포함하고 있다. 3.2절에서 이와 같은 특별한 이온에 대하여 더 많이 배울 것이다.

3.2 일원자 이온과 다원자 이온

> 센물(경수)은 Cl^-나 SO_4^{2-}과 같은 음이온과 함께 Ca^{2+}, Mg^{2+}, Fe^{3+}의 양이온을 포함한다. 단물(연수)은 이들 이온의 농도가 낮다.

Jeff와 Megan이 강에서 수집한 시료로 실험을 했을 때 많은 양의 소듐, 마그네슘, 철을 발견하였다. 이 원소들은 고체 금속의 형태로 존재하지 않았다. 양이온으로 물에 용해되어 있는 것이다. 또한 Megan과 Jeff는 몇 가지의 음이온도 발견하였다. 그들이 시료에서 물을 끓여 완전히 기화시켰을 때 여러 화합물이 플라스크 안에 고체 찌꺼기로 남았다. 그들 중 대부분은 이온 결합 화합물이다.

>> 일원자 이온

이온 결합 화합물의 조성을 더 잘 알아보기 위해 그들을 구성하는 이온의 종류를 좀 더 자세히 살펴보자. 제2장에서 몇몇 주족 원소들의 이온의 전하를 주기율표에서의 위치로부터 예측할 수 있는 방법에 대하여 기술하였다. 예를 들어 주기율표에서 마그네슘과 황을 찾아보자. 그들의 위치에 의하면 이 이온들은 얼마의 전하를 가질 것으로 예측되는가? Mg 원자는 가장 가까운 비활성 기체인 Ne 원자보다 전자가 두 개 더 많다. 마그네슘 이온은 마그네슘 원자보다 두 개의 전자가 적은, 네온 원자와 같은 수의 전자를 가질 것이다. 이 이온은 Mg^{2+}로 나타낸다. 반면에 S 원자는 가장 가까운 비활성 기체인 아르곤(Ar)보다 전자가 두 개 적다. 황 이온은 황 원자보다 두 개의 전자가 많은, 아르곤 원자와 같은 수의 전자를 가질 것이다. 두 개의 여분의 전자가 있는 황 이온의 전하는 2−이며, 황 이온은 S^{2-}로 나타낸다. 마그네슘과 황 이온은 일원자 이온이다. **일원자 이온**(monatomic ion)은 단 한 개의 원자로 된 이온이다. MgS 화합물은 일원자 이온들로 이루어져 있다.

몇 가지 흔한 일원자 이온들이 그림 3.12에 나타나 있다. 주기율표의 왼쪽과 오른쪽에 있는 주족 원소들의 이온들은 그들의 위치로부터 전하를 예상할 수 있다. 그러나 중간에 위치한, 특히 전이 금속 원소에 대한 이온의 전하는 그들의 족 수로부터 예상할 수 없다. 이 원소들은 한 종류 이상의 이온을 형성한다.

명명법(*nomenclature*)은 이름을 붙이는 체계이다. 한 화학 물질을 다른 것과 구별하기 위해 모든 원소, 이온과 화합물에 대하여 유일한 이름이 지정된다. 원소가 유일한 이름과 기호를 가지는 것처럼, 이온 결합 화합물과 이온들도 그들 자신의 이름과 이름을 가지는 특별한 규칙을 가진다. 몇 가지 흔한 일원자 이온들이 표 3.2에 나열되어 있다. 그들의 이름을 붙이기 위해 사용한 규칙이 무엇인지 생각해 보자.

이온의 이름을 명명하는 규칙을 이해하였는가? -화(*-ide*) 접미사가 사용될 때와 그것을 사용하는 방법을 알 수 있겠는가? 예제 3.3에서 규칙을 적용해 보도록 하자.

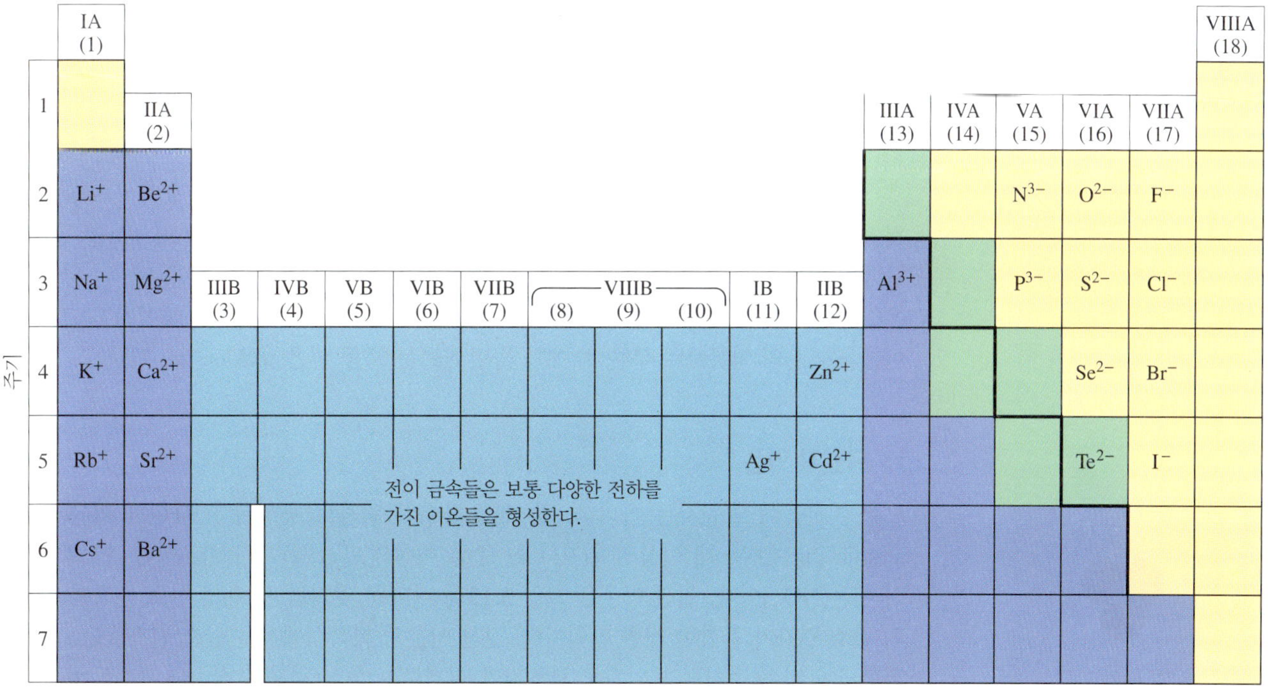

주기	IA (1)	IIA (2)	IIIB (3)	IVB (4)	VB (5)	VIB (6)	VIIB (7)	VIIIB (8)	VIIIB (9)	VIIIB (10)	IB (11)	IIB (12)	IIIA (13)	IVA (14)	VA (15)	VIA (16)	VIIA (17)	VIIIA (18)
1																		
2	Li^+	Be^{2+}													N^{3-}	O^{2-}	F^-	
3	Na^+	Mg^{2+}											Al^{3+}		P^{3-}	S^{2-}	Cl^-	
4	K^+	Ca^{2+}										Zn^{2+}				Se^{2-}	Br^-	
5	Rb^+	Sr^{2+}									Ag^+	Cd^{2+}				Te^{2-}	I^-	
6	Cs^+	Ba^{2+}																
7																		

전이 금속들은 보통 다양한 전하를 가진 이온들을 형성한다.

그림 3.12 많은 주족 원소의 일반적인 일원자 이온의 전하는 주기율표에서 원소의 위치와 관련 있다. 다른 원소들, 즉 전이 금속의 전하는 그들의 위치로부터 쉽게 예측되지 않는다. 몇 개의 전이 금속은 단 한 개의 전하를 나타낸다.

모든 일원자 양이온을 이 방법으로 명명하지는 않는다. 한 원소가 서로 다른 전하를 가지는 일원자 양이온을 형성한다면, 전하를 나타내는 체계로 로마 숫자를 사용한다. 이 체계는 3.4절에서 논의한다.

표 3.2 ▸ 일반적인 일원자 이온

이온식	이온 이름	이온식	이온 이름	이온식	이온 이름
O^{2-}	산화 이온	Al^{3+}	알루미늄 이온	K^+	포타슘 이온
Na^+	소듐 이온	Mg^{2+}	마그네슘 이온	F^-	플루오린화 이온
N^{3-}	질소화 이온	Cl^-	염화 이온		

예제 3.3 ▸ 이온의 화학식과 이름

주기율표에서의 위치를 토대로, 다음 원소들이 형성할 것으로 예상되는 이온의 전하를 예측하고, 식과 이름을 써라.

(a) 리튬

(b) 황

» 풀이:

(a) 리튬 원자는 헬륨과 같은 수의 전자를 가지기 위해 전자 한 개를 잃을 것으로 예상된다. 그 이온식은 Li^+로 나타내고 ***리튬 이온***(*lithium ion*)이라 부른다.

(b) 황은 아르곤과 같은 수의 전자를 가지기 위해 전자 두 개를 얻을 것으로 예상된다. 황 이온의 식은 S^{2-}이고 ***황화 이온***(*sulfide ion*)이라 부른다.

➜ 응용 연습 3.3

Se^{2-}와 Sr^{2+} 이온의 이름은 무엇인가? 이 이온들이 공통으로 갖는 것은 무엇인가?

➜ 실전 연습 3.3

주기율표에서의 위치를 토대로, 다음 원소들이 형성할 것으로 예상되는 이온의 전하를 예상하고 식과 이름을 써라.

(a) 바륨

(b) 브로민

➜ 심화 연습: 연습 문제 3.11

이온에 이름을 붙이는 규칙을 설정하는 데 어려움이 있으면 다음 요약이 도움이 될 것이다. 일원자 음이온은 원소 이름의 앞부분(어근)으로 이름을 붙이고 *-ide*를 접미사로 붙인다(우리말로는 이름의 어근에 접미사 -화를 붙인다). 예를 들면, S^{2-}는 ***황화 이온***(*sulfide ion*)으로 부른다. 일원자 양이온은 어근에 특별한 접미사를 붙이지 않고 원소 이름을 이온의 이름으로 부른다. 예를 들면 Na^+는 ***소듐 이온***(*sodium ion*)이다.

» 다원자 이온

모든 이온들이 일원자는 아니다. 몇 개는 다수의 원자로 구성된다. **다원자 이온**(polyatomic ion)은 두 개 이상의 원자나 한 종류 이상의 원소를 가진 이온이다. 한 예가 질산 이온(NO_3^-)이다. 질산 이온은 그림 3.13에 나타낸 것처럼 세 개의 산소 원자와 한 개의 질소 원자가 결합한 개별 단위이다. 질산 이온의 화학식에서는 산소 원자들이 서로에 결합되어 있는 것처럼 보일지도 모르지만 실제로는 중심 원자인 질소에 결합되어 있다. 이 다원자 이온은 1−의 전하를 가진다. 왜냐하면 질소와 산소 원자들이 가지고 있는 전자수의 합보다 한 개 더 많은 전자를 가지기 때문이다.

NO_3^-

그림 3.13 질산 이온에서는 세 개의 산소 원자가 한 개의 질소 원자를 둘러싼다.

B	C	N	O	F
BO_3^{3-} 붕산 이온	CO_3^{2-} 탄산 이온	NO_3^- 질산 이온 NO_2^- 아질산 이온 N^{3-} 질소화 이온	O_2^{2-} 과산화 이온 O^{2-} 산화 이온	산소 음이온 없음 F^- 플루오린화 이온
	Si SiO_4^{4-} 규산 이온	**P** PO_4^{3-} 인산 이온 P^{3-} 인화 이온	**S** SO_4^{2-} 황산 이온 SO_3^{2-} 아황산 이온 S^{2-} 황화 이온	**Cl** ClO_4^- 과염소산 이온 ClO_3^- 염소산 이온 ClO_2^- 아염소산 이온 ClO^- 하이포염소산이온 Cl^- 염화 이온
		As AsO_4^{3-} 비산 이온 AsO_3^{3-} 아비산 이온 As^{3-} 비소화 이온	**Se** SeO_4^{2-}셀레늄산 이온 SeO_3^{2-}아셀레늄산 이온 Se^{2-}셀레늄화 이온	**Br** BrO_4^- 과브로민산이온 BrO_3^- 브로민산 이온 BrO_2^- 아브로민산이온 BrO^- 하이포브로민산이온 Br^- 브로민화 이온
			Te TeO_4^{2-} 텔루륨산이온 TeO_3^{2-}아텔루륨산이온 Te^{2-} 텔루륨화이온	**I** IO_4^- 과아이오딘산이온 IO_3^- 아이오딘산이온 IO_2^- 아아이오딘산이온 IO^- 하이포아이오딘산이온 I^- 아이오딘화이온

그림 3.17 몇몇 산소 음이온과 일원자 음이온의 화학식과 전하는 주기율표에서 중심 원자의 위치에 따라 정해진다.

PO_3^{3-}의 화학식을 가지는 아인산 이온(phosphite ion)은 존재하지 않는다. 3개의 산소 원자를 갖는 가장 간단한 인 이온은 아인산 수소 이온(HPO_3^{2-})이다.

표 3.4 ▸ 중요한 다원자 이온

1− 이온		**2− 이온**	
질산 이온	NO_3^-	크로뮴산 이온	CrO_4^{2-}
아질산 이온	NO_2^-	다이크로뮴산 이온	$Cr_2O_7^{2-}$
탄산수소 이온	HCO_3^-	황산 이온	SO_4^{2-}
과염소산 이온	ClO_4^-	아황산 이온	SO_3^{2-}
염소산 이온	ClO_3^-	탄산 이온	CO_3^{2-}
아염소산 이온	ClO_2^-	옥살산 이온	$C_2O_4^{2-}$
하이포염소산 이온	ClO^-	과산화 이온	O_2^{2-}
사이안화 이온	CN^-	인산 수소 이온	HPO_4^{2-}
수산화 이온	OH^-	**3− 이온**	
아세트산 이온	$CH_3CO_2^-$	인산 이온	PO_4^{3-}
과망가니즈산 이온	MnO_4^-	붕산 이온	BO_3^{3-}
황산 수소 이온	HSO_4^-	**1+ 이온**	
인산 이수소 이온	$H_2PO_4^-$	암모늄 이온	NH_4^+

유사한 성질을 가진다. 마찬가지로 양이온과 음이온, 즉 칼슘 이온(Ca^{2+})과 탄산 이온(CO_3^{2-})으로 이루어졌기 때문이다. 탄산 칼슘이 염화 소듐의 결정 격자 구조와 유사하게 양이온과 음이온이 번갈아 나타나며 정렬된 배열을 형성한다는 것을 그림 3.18에서 주목하라. 일원자 음이온 대신에, 이 경우 음이온은 CO_3^{2-}이다. 분자 수준의 그림에서 나타낸 것처럼 다원자 이온은 하나의 단위로 거동한다.

그림 3.18 탄산 칼슘($CaCO_3$)과 같은 다원자 이온을 포함한 이온 결합 화합물은 양이온과 음이온의 규칙적 배열로 존재한다. 염화 소듐과 탄산 칼슘 사이의 유사점을 주목하라.

©RF Company/Alamy Stock Photo

3.3 이온 결합 화합물의 화학식

NaCl

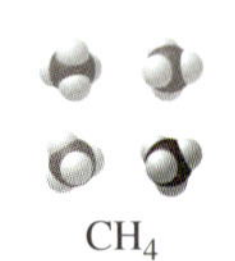

CH_4

그림 3.19 NaCl과 같은 이온 결합 화합물은 분리된 분자로 존재하지 않는다. NaCl 구조의 강조된 부분은 이 화합물에 대한 ***화학식 단위***(*formula unit*)이다. CH_4와 같은 분자 화합물은 분리된 분자들로 존재한다.

동영상: 염화 소듐

인터넷 핫스팟

상당수 학생들이 이온 결합 화합물의 화학식을 쓰는 데 어려움을 겪고 있다고 한다. 이 주제에 대한 추가 학습 자료를 보려면 SmartBook에 접속하라.

Megan과 Jeff가 강물 시료에서 분리한 몇 가지 이온 결합 화합물은 $MgCl_2$, $NaNO_3$, $CaSO_4$, $FeCl_3$이었다. 이 화학식들은 무엇을 나타내는가? 그 화학식들은 어떻게 결정되는가? CH_4와 같은 분자 화합물과는 달리, NaCl과 같은 이온 화합물은 분리된 분자로 존재하지 않는다. 그림 3.19에서 보듯이 Na^+와 Cl^- 이온으로 구성된 NaCl의 격자 구조는 CH_4의 분자 구조와 다르다. 메테인은 하나의 탄소 원자와 네 개의 수소 원자로 구성된 개별 분자로 존재한다.

이온 결합 화합물이 분자로 존재하지 않는다면 화학식은 어떻게 쓸 수 있을까? 이온 결합 화합물을 구성하는 하전된 양이온들 및 음이온들이 같은 양으로 존재하여 알짜 전하가 0이 된다. 즉 양전하의 수는 음전하의 수와 같다. 이온 결합 화합물의 화학식은 이 사실이 반영되도록 쓴다. 양전하의 합은 음전하의 합과 같아야 한다.

$$\text{양이온의 전체 양전하} + \text{음이온의 전체 음전하} = 0\text{의 알짜 전하}$$

염화 소듐의 화학식은 NaCl이 되어야 하는 이유는 무엇인가? 주기율표의 위치로부터 소듐의 전하는 1+이고 염소의 전하는 1−인 것을 예상할 수 있다. 화합물이 전기적으로 중성이 되기 위해 두 이온은 1 대 1의 비, 즉 Na_1Cl_1으로 존재해야 한다. 화학식에서 주어진 원자나 이온이 한 개뿐일 때, 아래 첨자가 1이므로 염화 소듐에 대한 화학식은 간단하게 NaCl로 쓸 수 있다.

이 화학식을 그림 3.19의 염화 소듐 구조에서 강조된 부분과 비교해 보자. NaCl의 구조는 한 개의 소듐 이온과 한 개의 염화 이온으로 이루어진 반복 단위를 가진다. 이온 결합 화합물은 분자처럼 존재하지 않기 때문에 그 화학식은 가장 작은 반복 단위를 나타낸다. 이 반복 단위를 **화학식 단위**(formula unit)라고 한다. 염화 소듐의 화학식 단위는 NaCl이다. 소듐을 먼저 쓰는 것은 어떻게 알 수 있을까? 일반적으로 화학명은 주기율표에서 보다 왼쪽 또는 보다 아래쪽에 있는 원소의 이름으로 시작한다. 대부분 금속의 이름이나 기호를 먼저 쓴다.

이온 결합 화합물에 대하여 화학식은 이온의 정확한 숫자가 아닌 각 이온의 *비*(*ratio*)를 나타낸다. 또 다른 예인 황화 소듐을 생각해 보자. 주기율표의 위치에 의하면 소듐 이온의 전하는 1+이고, 황화 이온의 전하는 2−이다. 황화 이온의 2− 전하와 균형을 이루는 데 필요한 2+ 전하를 제공하기 위해 두 개의 소듐 이온이 필요하므로 Na_2S의 화학식을 가지는 화합물을 형성한다.

다원자 이온을 포함한 이온 결합 화합물에 대한 화학식은 양이온의 양전하 합이 음이온의 음전하 합과 같도록 써야 한다. 탄산 칼슘을 생각해 보자(그림 3.20). 주기율표로부터 칼슘 이온이 2+의 전하(Ca^{2+})를 가진다는 것을 알 수 있다. 표 3.4에서 탄산 이온이 2−의 전하(CO_3^{2-})를 가진다는 것을 알 수 있다. 따라서 화학식 단위는 이온들이 1:1 비율을 나타내도록 $CaCO_3$로 쓴다. 칼슘이 양이온이기 때문에 이름과 화학식 모두에서 먼저 나타난다. 주기율표에서 다원자 이온의 전하를 추측할 수는 없다. 기억하든지 찾아보든지 해야 한다.

또 다른 예로서 칼슘 이온과 질산 이온을 포함한 화합물을 생각해 보자. 주기율표의 위치로부터 칼슘 이온이 2+의 전하(Ca^{2+})를 가질 것으로 예상할 수 있다. 질산 이온은 1−의 전하(NO_3^-)를 가지는 것으로 알려져 있다. 중성인 화합물, 즉 $Ca(NO_3)_2$ 화학식을 쓰기 위해서는 한 개의 칼슘 이온당 두 개의 질산 이온이 필요하다. 다원자 이온에 대한 화학식 주위의 괄호는 아래 첨자가 전체 단위에 적용된다는 것을 나타낸다. 단지 한 개의 다원자 이온이 화학식에 나타나면 괄호는 필요 없다. 그 예로 그림 3.21을 보라.

이온 결합 화합물이 물에 용해될 때, 그 이온 비는 순수한 화합물에서와 동일하다. 존재하는 모든 다원자 이온은 그대로 남아 있다.

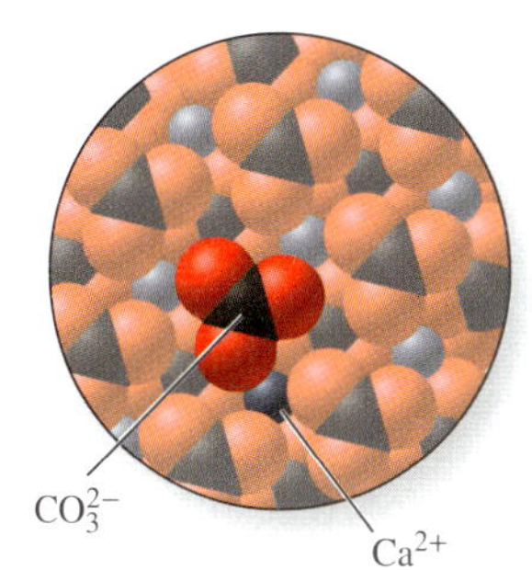

그림 3.20 탄산 칼슘의 화학식 단위는 $CaCO_3$이다.

인터넷 핫스팟

상당수 학생들이 다원자 이온을 포함하는 이온 화학식을 쓰는 데 어려움을 겪고 있다고 한다. 이 주제에 대한 추가 학습 자료를 보려면 SmartBook에 접속하라.

$NaCl$		$Ca(NO_3)_2$		Na_2SO_4		$BaCl_2$		$Ba_3(PO_4)_2$	
Na^+	Cl^-	Ca^{2+}	NO_3^-	Na^+	SO_4^{2-}	Ba^{2+}	Cl^-	Ba^{2+}	PO_4^{3-}
1+	1−	2+	2−	2+	2−	2+	2−	6+	6−

그림 3.21 이온 결합 화합물은 전기적으로 중성이 되게 하는 비로 양이온과 음이온의 조합으로 형성된다. 그림은 각 화합물의 화학식 단위를 나타낸다.

예제 3.5 ▶ 이온 결합 화합물

다음 그림은 이온 결합 화합물의 수용액을 나타낸 것이다. 그림을 다음 화학식과 연결하라. $BaCl_2(aq)$, $Na_2S(aq)$, $KBr(aq)$.

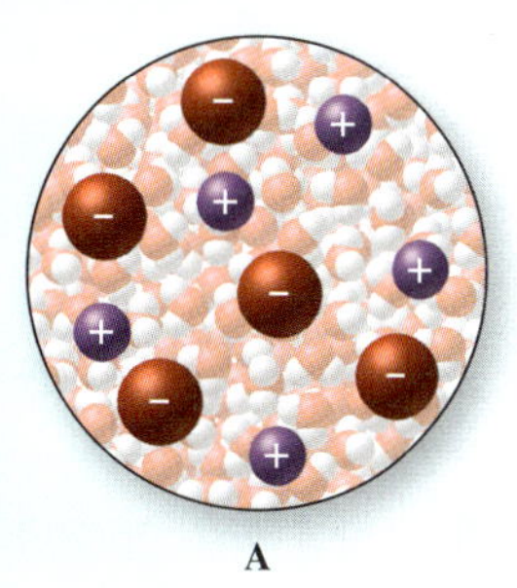

A

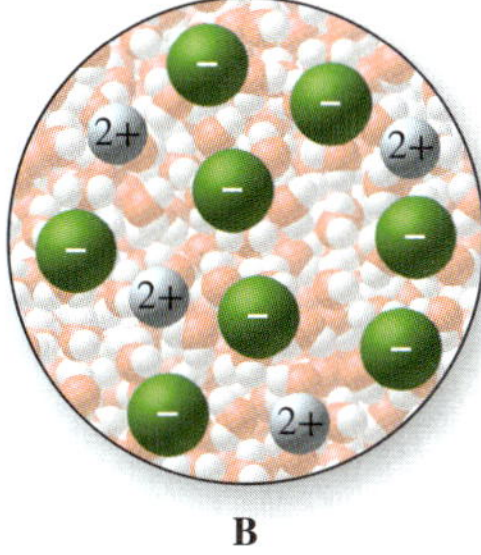

B

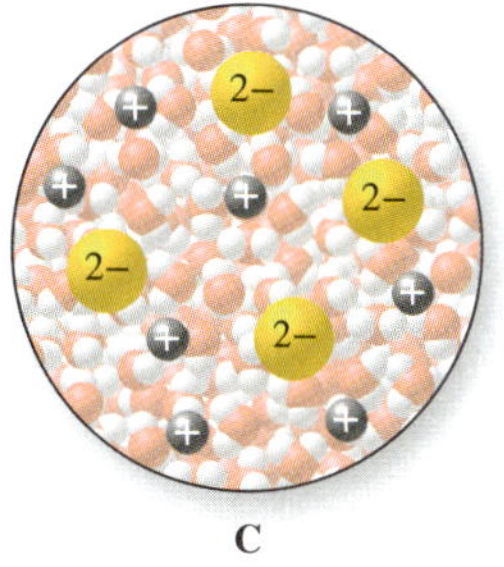

C

≫ 풀이:

주기율표에서의 위치를 토대로 바륨은 2+ 전하를 가질 것으로 예상되고, 염화 이온은 1−일 것으로 예상된다. 그림 B는 $BaCl_2$에 해당한다. 주기율표의 위치에 의하면 소듐 이온은 1+ 전하를 가질 것으로 예상된다. 황화 이온은 2− 전하를 가질 것이다. 그림 C는 Na_2S에 해당한다. 주기율표의 위치에 의하면 포타슘 이온은 1+ 전하를 가질 것으로 예상되고, 브로민화 이온은 1−일 것으로 예상된다. 그림 A는 KBr에 해당한다. 모든 그림에서 이온들이 양이온과 이온들의 적절한 비율로 존재한다는 것을 주목하라.

➔ 응용 연습 3.5

이미지 B에 10개의 바륨 이온을 나타내면 어떻게 될까? 염화 이온은 몇 개를 나타내야 하는가?

➔ 실전 연습 3.5

마그네슘 이온과 염화 이온을 포함한 이온 결합 화합물이 물에 용해되어 있다고 가정하라. 5개의 마그네슘 이온에 대한 표기로 시작해서 전기적으로 중성인, 마그네슘과 염화 이온을 포함한 용액의 그림을 그려라. 물 분자는 생략할 수 있다.

➔ 심화 연습: 연습 문제 3.27

예제 3.5에서 화학식과 분자 수준의 그림을 연결지어보았다. 또한 이온 이름으로부터 화학식을 쓸 수도 있다. 첫째, 다원자 이온이 존재하는지를 결정한다. 다음에는 화합물을 구성하는 이온들의 전하를 결정한다. 이온이 일원자이면 전하는 주기율표에서 보통 예측할 수 있다. 다원자 이온이 존재하면 그것의 전하를 기억해야 한다. 화합물에 있는 양이온과 음이온의 전하를 알게 되면 예제 3.6에 설명한 것처럼 정확한 화학식을 쓸 수 있다.

예제 3.6 ▶ 이온 결합 화합물의 화학식

다음 이온들을 포함한 화합물에 대한 화학식을 써라.

(a) 칼슘 이온과 질소화 이온
(b) 바륨 이온과 질산 이온
(c) 포타슘 이온과 황산 이온

≫ 풀이:

(a) 칼슘 이온과 질소화 이온은 일원자 이온이다. 그들의 전하는 주기율표의 위치로부터 결정될 수 있다. 칼슘 이온은 2+ 전하를 가지는 것으로 예상되고, 질소화 이온은 3− 전하를 가지는 것으로 예상된다. 세 개의 칼슘 이온과 두 개의 질소화 이온을 결합하면 동등한 양의 양과 음의 전하를 가진 화학식을 얻게 된다. 따라서 Ca_3N_2이다.
(b) 바륨 이온은 일원자 양이온이다. 질산 이온은 다원자 음이온이다. 주기율표를 사용하여 양이온의 전하를 예상할 수 있다. 바륨 이온은 2+ 전하를 가지는 것으로 예상된다. 표 3.4에서 질산 이온은 1−의 전하를 가진다. 바륨 이온 한 개당 두

개의 질산 이온을 가지면 동등한 양의 양과 음의 전하를 주게 된다. 따라서 $Ba(NO_3)_2$이다.

(c) 포타슘 이온은 일원자 양이온이다. 황산 이온은 다원자 음이온이다. 주기율표에서의 위치를 토대로 포타슘 이온은 1+ 전하를 가질 것으로 기대된다. 표 3.4에서 황산 이온의 전하는 2−이다. 황산 이온 한 개당 두 개의 포타슘 이온을 가지면 동등한 양의 양과 음의 전하를 부여한다. 따라서 K_2SO_4이다.

➔ 응용 연습 3.6

소듐 이온과 아황산 이온을 포함하는 화합물에 대한 화학식을 Na_2S로 잘못 적었다고 가정하자. 이온들의 조합에 대한 화학식에서 잘못된 것은 무엇인가?

➔ 실전 연습 3.6

K^+, Fe^{3+}, Br^-, SO_4^{2-}로 형성될 수 있는 모든 화합물에 대한 화학식은 무엇인가?

➔ 심화 연습: 연습 문제 3.29

3.4 이온 결합 화합물 명명하기

Megan과 Jeff는 카누 여행을 갈 때 분말주스 한 묶음을 가지고 갔다. Jeff는 분말을 물통의 물과 섞으면서 라벨에 있는 성분 목록을 보게 되었다. 그는 Megan에게 긴 화학명 중 아는 것이 있는지를 물었다. Megan은 모두 알지는 못했지만, 몇 가지 화합물의 이름은 들어본 적이 있었다. 그것들은 아이오딘화 포타슘, 황산 구리, 산화 마그네슘과 같은 이온 결합 화합물이었다. 그것들이 건강을 위해 인체가 필요로 하는 필수 무기물을 제공한다는 것을 Megan은 알고 있었다. 그녀는 다른 것들에 대한 화학식을 알지는 못하였지만, 인체가 필요한 금속 이온들의 공급원이라는 사실을 알 수 있었다. 그것들에는 철을 함유한 퓨마르산 철(II)과 셀레늄의 공급원인 아셀레늄산 소듐이 포함되어 있었다.

화학을 처음 접하는 대부분의 학생들처럼 Jeff와 Megan은 화학 이름이 왜 그렇게 복잡해야 하는지를 궁금해 했다. 실제로 이름은 처음 볼 때처럼 그렇게 복잡하지는 않다. 정확하고 효과적으로 의사소통하게 해주는 일관된 규칙이 적용되어 화합물이 명명되었다. 명명법의 체계적인 규칙에 의해 각 화학 화합물이 모든 다른 화합물과 구별되는 유일한 이름을 가지도록 고안되었다. 몇 가지 이온 결합 화합물에 대한 화학식과 이름이 표 3.5에 나열되어 있다. 그것들을 명명하기 위해 사용한 규칙을 결정할 수 있는가?

명명법의 체계적인 규칙은 국제 순수 및 응용 화학 협회(International Union of Pure and Applied Chemistry, IUPAC)에 의해 정해진다.

표의 이름들은 3.2절과 3.3절에 설명된 양이온과 음이온 성분을 명명하는 규칙을 따른다. 예제 3.7의 이온 결합 화합물을 명명하는 데 그 규칙들을 적용해 보자.

표 3.5 ▸ 몇 가지 이온 결합 화합물의 이름

화학식	이름	화학식	이름
NaCl	염화 소듐	$Mg(NO_3)_2$	질산 마그네슘
$NaNO_2$	아질산 소듐	BaO	산화 바륨
$MgCl_2$	염화마그네슘	Li_3N	질소화 리튬

보툴리늄(botulism) 식중독을 예방하기 위해 가공육에 아질산 소듐($NaNO_2$)을 첨가한다.

예제 3.7 ▶ 이온 결합 화합물 명명하기

다음 화학식에 해당하는 화합물의 이름을 써라. (a) Na_2O, (b) $Ca_3(PO_4)_2$.

» 풀이:

(a) 첫 번째 화합물 Na_2O는 일원자 양이온과 음이온으로 구성되어 있고, 각 이온의 전하는 주기율표에서 예상할 수 있다. 비금속 이름의 어간에 '화'를 붙여 먼저 부른 다음, 금속 이온의 이름을 붙인다(영어 이름은 금속 이온의 이름 다음에 비금속 원소의 어간에 *-화*(*-ide*)를 붙여 부름). 따라서 ***산화 소듐***(*sodium oxide*)이다.

(b) 칼슘 이온의 전하는 주기율표에서 예상할 수 있다. 다원자 이온 PO_4^{3-}의 이름은 인산이다. 화합물의 이름은 ***인산 칼슘***(*calcium phosphate*)이다.

→ 응용 연습 3.7

Megan은 Jeff가 $Ba(NO_3)_2$을 질소화 바륨으로 잘못 명명한 것을 알아차렸다. 이 이름에 무슨 문제가 있는가?

→ 실전 연습 3.7

화합물 K_2O와 $MgSO_3$의 이름을 써라.

→ 심화 연습: 연습 문제 3.39

이온 결합 화합물의 이름에 대한 규칙을 이해하는 데 다음 요약이 도움이 될 것이다. 보통 일원자 이온을 포함하는 이온 결합 화합물의 경우, 먼저 원소의 이름을 사용하여 양이온의 이름을 쓴다. 음이온의 이름은 음이온에 해당하는 원소의 이름 어근에 접미사 *-화*(*-ide*)를 붙인다. 영어 이름에서, 이 화합물들은 단순히 양이온 다음에 음이온 이름을 명명한다. 일반적으로 이온 결합 화합물에 대해 성분 원자 개수의 비를 나타내는 접두사는 사용하지 않는다. (3.5절에서 보겠지만 접두사는 분자 화합물에 사용된다.) 따라서 NaCl은 Na^+와 Cl^- 이온으로 구성되고 이름은 염화 소듐(sodium chloride)이다. $AlBr_3$의 화학식을 가진 화합물은 Al^{3+} 이온과 Br^- 이온으로 구성되고 이름은 브로민화 알루미늄(aluminum bromide)이다.

다원자 이온을 포함한 이온 결합 화합물을 명명하는 방법은 일원자 음이온을 가진 화합물의 경우와 유사하다. 다원자 이온의 이름을 먼저 쓰고 양이온의 이름을 나중에 쓴다(영어명은 반대임). 예를 들면 소듐 이온(Na^+)과 황산 이온(SO_4^{2-})으로 이루어진 화합물은 Na_2SO_4식을 가지며 황산 소듐(sodium sulfate)이라 부른다. 몇몇 이온 결합 화합물들은 암모늄 이온(NH_4^+)을 포함한다. 한 가지 예가 염화 암모늄(NH_4Cl)이다. 이온 결합 화합물을 명명하는 규칙들이 그림 3.22에 요약되어 있다.

이온 결합 화합물의 이름은 화학식 단위에 있는 이온들의 상대적인 수를 직접적으로 알려주지는 않는다. 이는 불필요한데, 그들의 화학식을 쓰는 데 양이온과 음이온의 전하는 주기율표에서 예상할 수 있거나 표 3.4와 같은 다원자 이온들의 표에서 찾아볼 수 있기 때문이다. 예를 들면 산화 알루미늄 화합물은 금속 원소의 이온과 비금속 원소의 이온을 포함하므로 그것이 이온성이라는 것을 알 수 있다. IIIA(13)족인 알루미늄은 3+ 이온을 형성한다. VIA(16)족인 산소는 2− 이온을 만든다. 전기적으로 중성이기 위해 산화 알루미늄에 대한 화학식은 Al_2O_3이어야 한다(그림 3.23).

앞의 예에서는 한 가지의 전하를 갖는 양이온의 이온 결합 화합물을 고려하였다. 다른 전하의 이온을 형성할 수 있는 금속은 비금속과 결합하여 하나 이상의 이온 결합 화

인터넷 핫스팟

상당수 학생들이 화학식으로부터 이온 결합 화합물을 명명하는 데 어려움을 겪고 있다고 한다. 이 주제에 대한 추가 학습 자료를 보려면 SmartBook에 접속하라.

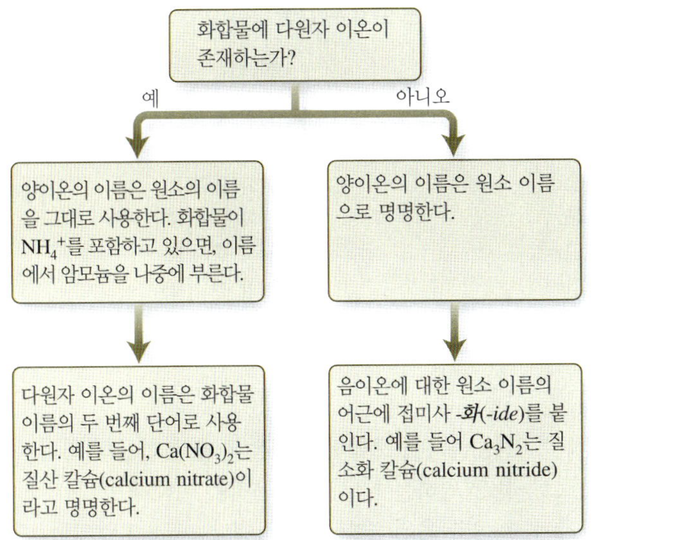

그림 3.22 이 흐름도는 양이온이 단 하나의 전하를 가질 수 있는 이온 결합 화합물의 이름을 결정하는 데 사용될 수 있다.

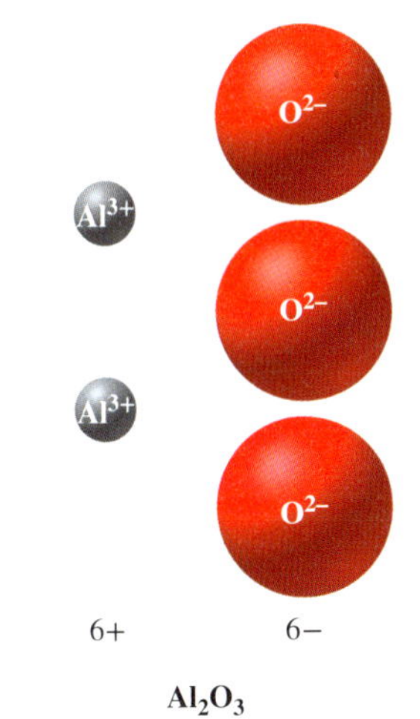

그림 3.23 알루미늄은 3+ 전하를 가지고 산소는 2− 전하를 가지므로 산화 알루미늄에 대한 식은 Al_2O_3이다.

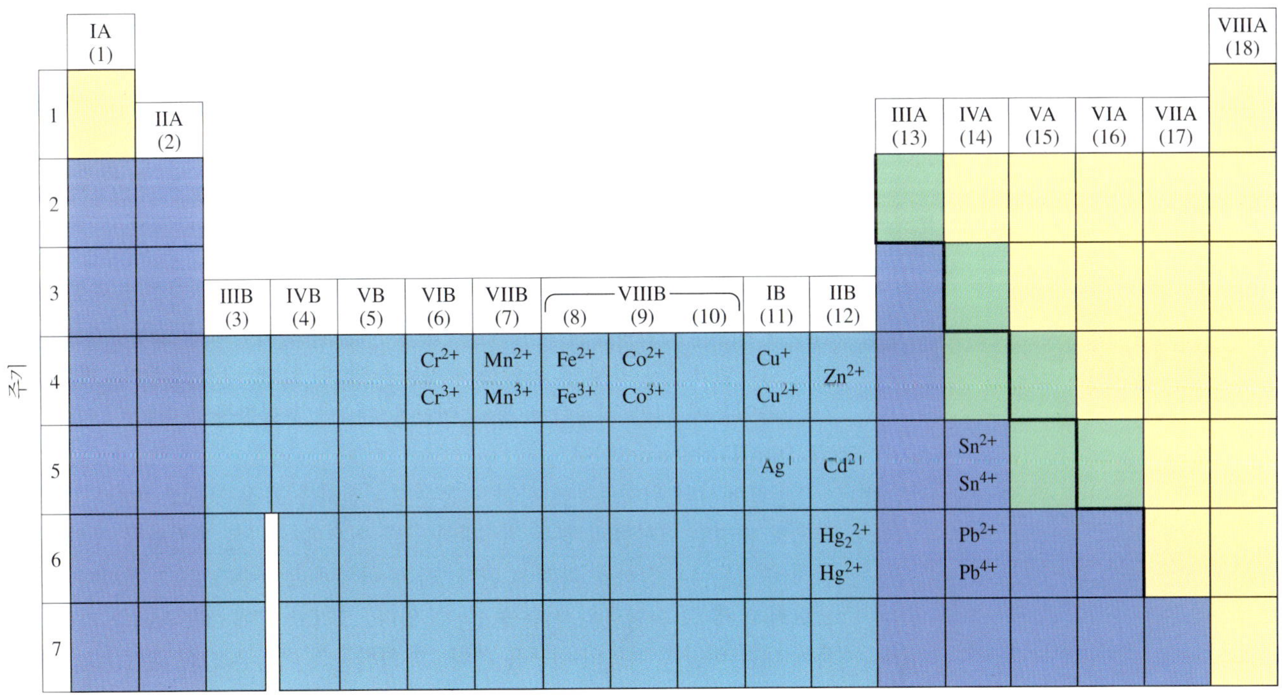

그림 3.24 이 주기율표는 여러 가지 전하를 나타내는 몇몇 금속을 보여주고 있다. 가능한 모든 전하는 표시하지 않았다. 아연, 은, 카드뮴은 예외인 것을 주목하라. 그들은 단 한 개의 전하를 나타낸다.

합물을 형성할 수 있다. 예를 들어, 구리는 염소와 결합하여 CuCl 및 $CuCl_2$를 형성할 수 있다. 이 두 화합물에서 구리는 두 가지의 다른 전하(1+와 2+)를 가진다. 많은 금속들, 특히 전이 금속은 여러 개의 전하를 나타낼 수 있다(그림 3.24).

구리와 염소의 두 가지 화합물에 부여된 이름들은 하나가 다른 것과 구별될 수 있도록 고유해야 한다. 이와 같은 종류의 화합물을 명명하는 데는 두 가지 방법이 있다. 한 방법은 체계적이고 현재 널리 사용된다. 다른 방법은 과거 수세기 동안 사용되어 온 덜 금속의 전하는 금속의 성질에 중요하다. CrO_4^{2-}에서 크로뮴은 6+의 전하를 가지며 발암 물질이다. 그러나 Cr^{3+}은 아니다. 실제로, $Cr_2O_3(s)$에서 Cr^{3+}은 미국 지폐를 인쇄하는 데 사용하는 녹색 잉크에서 발견된다. 또한 건강식품 상점에서 팔고 있는 체중 감소 보충제에도 들어 있다.

표 3.6 ▸ 다수의 전하를 가진 금속을 포함한 이온 결합 화합물

식	양이온	체계명
$FeCl_2$	Fe^{2+}	염화 철(II)
$FeCl_3$	Fe^{3+}	염화 철(III)
Cu_2O	Cu^{+}	산화 구리(I)
CuO	Cu^{2+}	산화 구리(II)
$CuSO_4$	Cu^{2+}	황산 구리(II)
SnO	Sn^{2+}	산화 주석(II)

체계적인 관용명을 사용한다.

한 가지 이상의 전하를 가질 수 있는 금속을 포함하는 이온 결합 화합물의 화학식과 체계적인 이름이 표 3.6에 있다. 그들을 명명하는 데 사용된 규칙을 이해해 보자.

화합물 이름에서 로마숫자가 금속 양이온의 전하를 나타낸다는 것을 알아냈는가? 이 규칙을 이용하여 예제 3.8에서 이온 결합 화합물을 명명해보자.

예제 3.8 ▶ 다수의 전하를 가진 금속을 포함한 이온 결합 화합물 명명하기

다음 화합물을 명명하라. (a) $SnCl_2$, (b) SnO_2.

» 풀이:

두 가지 경우 주석의 전하는 주기율표의 위치로부터 분명하지 않으므로 화합물 내의 음이온으로부터 전하를 추론해야 할 것이다.

(a) 주기율표에서의 위치로부터 염화 이온은 1− 전하를 가질 것으로 예상된다. 전기적으로 중성인 화합물의 경우, 두 개의 염화 이온에서 나온 음전하를 중화시키기 위해 주석은 2+ 전하를 가져야 한다. 금속 이름으로 시작해서 로마숫자로 그 전하를 나타냄으로써 이제 그 화합물의 이름을 쓸 수 있다. 그리고 앞에 *-화*(*-ide*)를 가진 음이온에 대한 비금속 이름의 어근을 쓴다. 그 화합물의 이름은 ***염화 주석*(*II*)** [tin(II) chloride]이다.

(b) 주기율표에서의 위치로부터 산화 이온은 2− 전하를 가질 것으로 예상된다. 전기적으로 중성인 화합물의 경우, 두 개의 산화 이온에서 나온 음전하를 중화시키기 위해 주석은 4+ 전하를 가져야 한다. 금속 이름에 로마숫자로 그 전하를 나타냄으로써 이제 그 화합물의 이름을 쓸 수 있다. 그리고 앞에 *-화*(*-ide*)를 가진 음이온에 대한 비금속 이름의 어근을 쓴다. 그 화합물의 이름은 ***산화 주석*(*IV*)**[tin(IV) oxide]이다.

➜ 응용 연습 3.8

Fe_2O_3의 화학식을 가지는 화합물을 산화 철(II)[iron(II) oxide]이라고 명명하였다. 무엇이 잘못되었는가?

➜ 실전 연습 3.8

화합물 Cr_2S_3와 $FeSO_3$를 명명하라.

➜ 심화 연습: 연습 문제 3.43

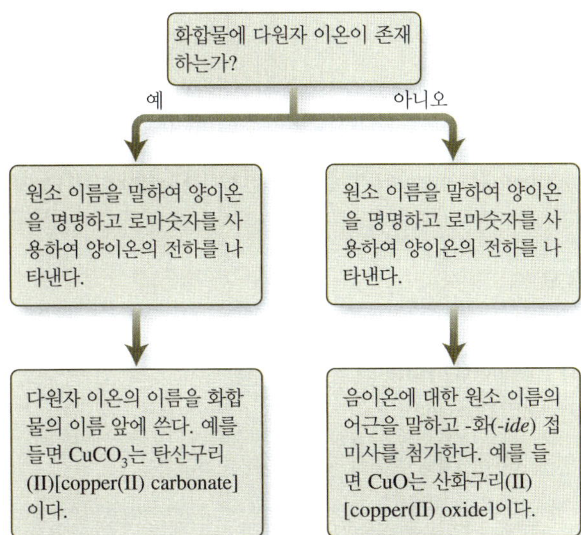

그림 3.25 흐름도는 다수의 전하를 가진 금속을 함유한 이온 결합 화합물에 대한 이름을 결정하기 위해 사용될 수 있다.

여러 전하를 나타내는 금속을 포함한 이온 결합 화합물을 명명 규칙을 이해하는 데 다음 요약이 도움이 될 것이다. 이온 결합 화합물을 명명하는 데 사용되는 체계적인 방법을 ***슈토크 체계***(*Stock system*)라고 한다. 이 체계에서는 전하를 나타내는 데 금속 이름 뒤쪽의 괄호에 로마숫자를 사용한다. 금속 이름과 로마숫자를 가진 괄호 사이에는 빈칸을 두지 않는다. 예를 들면 CuCl에서 구리는 1+의 전하를 가지므로 CuCl은 염화 구리(I)로 명명한다. 구리와 염소의 또 다른 화합물인 $CuCl_2$에서 구리는 2+의 전하를 가지므로 $CuCl_2$는 염화 구리(II)로 명명한다. 다수의 전하를 나타낼 수 있는 양이온을 포함하는 이온 결합 화합물을 명명하는 규칙이 그림 3.25에 나타나 있다.

아연, 은, 카드뮴은 보통 단 하나의 이온만을 형성하므로 그들 화합물을 명명할 때에는 로마숫자를 사용하지 않는다.

슈토크 체계 명명법은 금속의 전하를 알려주므로 이름에서 화학식을 구성하는 것은 특히 간단하다. 예를 들어, 산화 크로뮴(III)에서 크로뮴은 3+의 전하를 갖는다. 주기율표의 산소 위치로부터, 산소는 2−의 전하를 가지고 있음을 안다. 양전하와 음전하의 합이 동일하기 위해서는 2개의 Cr^{3+} 이온마다 3개의 O^{2-} 이온이 있어야 하며, Cr_2O_3의 화학식을 쓸 수 있다. 이름으로부터 화학식의 작성을 연습하기 위해 예제 3.9를 연습하자.

식이 요법에서 크로뮴(III) 수치가 낮으면 혈당, 중성 지방과 콜레스테롤을 증가시켜서 당뇨병 및 심장 질환의 위험을 증가시킨다. 크로뮴(III)의 좋은 공급원은 통밀 빵, 시리얼, 치즈와 지방이 적은 고기이다.

예제 3.9 ▶ 다수의 전하를 나타내는 금속을 포함하는 화합물에 대한 화학식

다음 이름을 가진 화합물에 대한 화학식을 써라.

(a) 황화 철(III)[iron(III) sulfide]

(b) 질산 코발트(II)[cobalt(II) nitrate]

» 풀이:

(a) 이름의 로마숫자로부터 철이 3+의 전하, 즉 Fe^{3+}를 가진다는 것을 알 수 있다. 황화 이온은 황의 일원자 이온의 이름이고, 주기율표에서의 위치로부터 2−의 전하, 즉 S^{2-}를 가질 것으로 예상된다. 양전하와 음전하의 합이 같기 위해 Fe^{3+} 이온 두 개당 세 개의 S^{2-} 이온이 있어야 하므로 Fe_2S_3의 화학식을 쓸 수 있다.

(b) 이름으로부터 화합물의 코발트는 2+의 전하, 즉 Co^{2+}를 가진다는 것을 알 수 있다. 질산은 1−의 전하를 가진 다원자 이온(NO_3^-)의 이름이다. 양전하의 합과 음

전하의 합이 같으려면 코발트(II) 이온 한 개당 두 개의 질산 이온이 있어야 하므로 $Co(NO_3)_2$의 식이 된다.

→ 응용 연습 3.9

질산 코발트(II)[cobalt(II) nitrate]와 질산 코발트(III)[cobalt(III) nitrate]의 차이점은 무엇인가?

→ 실전 연습 3.9

다음 이름을 가진 화합물의 식을 써라.

(a) 황산 구리(I) [copper(I) sulfate]

(b) 산화 철(II) [iron(II) oxide]

→ 심화 연습: 연습 문제 3.49

체계적인 슈토크 명명법은 이온 결합 화합물에서 금속의 전하를 직접 나타낸다. 그러나 이들 화합물의 명명은 여전히 옛날 방법을 사용하여 생산품의 표지에 널리 사용되고 있다. 옛날 방법에서는 금속의 원래 라틴어 이름의 어간에 접미사 *-ous* 또는 *-ic*을 붙여서 금속 이름을 다르게 한다. (일부 원소의 라틴어 이름은 제1장, 표 1.1을 참조하라.) 접미사 *-ous*는 두 개의 전하 중 낮은 것을 나타내고 접미사 *-ic*은 높은 것을 나타낸다. 예를 들면 앞에서 나타낸 구리와 염소의 두 가지 화합물은 CuCl과 $CuCl_2$의 화학식을 가진다. 첫 번째 화합물에서 구리 이온은 1+의 전하를 가진다. 이것은 둘 중 작은 전하이므로 그 화합물은 염화 *제1*구리(cupr*ous* chloride)라고 한다. 다른 화합물 $CuCl_2$는 더 큰 전하를 가진 구리 이온을 포함하므로 이 화합물은 염화 *제2*구리(cupr*ic* chloride)라고 한다. 옛날 방법은 실험실에서 자주 사용되지는 않는다. 그 이유는 이 방법은 두 가지 전하를 나타내는 금속에만 적용되기 때문이다. 일반적인 이름의 몇 가지 예들이 해당 슈토

표 3.7 ▸ 다수의 전하를 나타내는 금속으로 구성된 몇 가지 이온 결합 화합물의 이름

식	이온	체계명	관용명
$FeCl_2$	Fe^{2+}	염화 철(II)	염화 제1철
$FeCl_3$	Fe^{3+}	염화 철(III)	염화 제2철
Cu_2O	Cu^{+}	산화 구리(I)	산화 제1구리
CuO	Cu^{2+}	산화 구리(II)	산화 제2구리
SnO	Sn^{2+}	산화 주석(II)	산화 제1주석
SnO_2	Sn^{4+}	산화 주석(IV)	산화 제2주석

예제 3.10 ▶ 한 가지 이상의 전하를 나타내는 금속을 포함하는 이온 결합 화합물에 대한 관용명

(a) 관용 명명법을 사용하여 철과 산소의 두 가지 화합물인 FeO와 Fe_2O_3를 명명하라.

(b) 질산 제1구리(cuprous nitrate)와 질산 제2구리(cupric nitrate) 화합물의 화학식을 써라.

» **풀이:**

(a) 주기율표의 위치로부터 두 화합물의 산소 이온은 2−의 전하를 가진다. 첫 번째 화합물, FeO에서 양전하의 합과 음전하의 합이 같으려면 철은 2+의 전하를 가져야 한다. 두 번째 화합물에서 철은 3+의 전하를 가져야 한다. FeO 화학식을 가진 화합물은 둘 중 작은 전하의 철 이온을 가지므로 ***산화 제1철***(*ferrous oxide*)이라고 한다. 다른 화합물 Fe_2O_3는 큰 전하를 가진 철 이온을 포함하므로 ***산화 제2철***(*ferric oxide*)이라고 한다.

(b) 그림 3.24에서 구리 이온이 두 가지 전하 1+와 2+를 가진다. 첫 번째 화합물인 질산 제1구리에서 구리 이온은 둘 중 작은 전하를 가진다. 이 화합물은 Cu^+ 이온을 포함한다. 질산 이온은 NO_3^- 화학식을 가진다. 양전하의 합과 음전하의 합이 같으려면 질산 제1구리의 화학식은 $CuNO_3$이어야 한다. 두 번째 화합물인 질산 제2구리에서 구리 이온은 둘 중 큰 전하를 가지므로 이 화합물에는 Cu^{2+}가 존재해야 한다. 양전하의 합과 음전하의 합이 같으려면 화학식은 $Cu(NO_3)_2$여야 한다.

관용명은 소비자 성분 표지에 종종 사용된다. 예를 들면 플루오린화 제1주석(stannous fluoride, SnF_2)은 치약에서 플루오린 이온(fluoride)의 공급원이다.

➔ 응용 연습 3.10

곡물의 영양가를 높이기 위해 어떤 공장에서는 철을 함유하는 화합물을 첨가한다. 소비자들을 두려워하게 할지도 모를 화학명을 피하기 위해, 첨가된 철을 성분 표지에 "철" 또는 "환원된 철"로 나타낸다. 곡류에 있는 이들 철의 자원은 전형적으로 황산 제1철이다. 이 첨가제의 화학식은 무엇인가?

➔ 실전 연습 3.10

(a) 관용 명명법을 사용하여 $Sn(SO_4)_2$와 $SnSO_4$의 화학식을 가진 화합물을 명명하라.
(b) 화합물 황화 제2철(ferric sulfide)과 황화 제1철(ferrous sulfide)에 대한 식을 써라.

➔ 심화 연습: 연습 문제 3.51

크 체계 이름과 함께 표 3.7에 나열되어 있다. 예제 3.10은 관용명 체계를 적용하는 방법을 설명한다.

3.5 분자 화합물의 명명과 화학식 쓰기

Megan과 Jeff가 강물의 시료에서 발견한 물질에는 이산화 탄소와 사염화 탄소가 있다. 이것들은 이성분 분자 화합물이다. 그와 같은 화합물을 명명하는 방법은 이온 결합 화합물을 명명하는 데 사용된 것과는 조금 다른 규칙을 따른다. 몇 가지의 분자 화합물이 표 3.8에 나열되어 있다. 그들을 명명하는 데 사용된 규칙을 이해해 보자.

표 3.8 ▸ 흔히 보는 몇 가지의 분자 화합물의 이름

식	이름	식	이름
CO	일산화 탄소	SO_3	삼산화 황
CO_2	이산화 탄소	N_2O_4	사산화 이질소
CCl_4	사염화 탄소	PF_5	오플루오린화 인

이성분 분자 화합물을 명명하는 방법을 이해했는가? 접두사를 언제, 그리고 어떻게 사용하는지를 알 수 있겠는가? 이제 예제 3.11에서 분자 화합물을 명명하는 규칙을 적용해 보도록 하자.

예제 3.11 ▶ 분자 화합물의 화학식과 이름

화합물 (a) P_4O_{10}과 (b) NO_2를 명명하라.

» 풀이:

(a) P_4O_{10}은 두 개의 비금속을 포함한 화합물이므로 분자 화합물로 생각한다. 인이 주기율표에서 보다 왼쪽과 아래쪽에 위치하므로 나중에 명명한다. 분자에 네 개의 인 원자가 있으므로 접두사 *사*-(*tetra*-)를 붙인다. 산소는 그 이름 어근에 접미사 -*화*(-*ide*)를 붙여 먼저 명명한다(영어로는 반대). 분자에 있는 10개의 산소 원자를 나타내기 위해 원소 이름 앞에 접두사 *십*-(*deca*-)을 붙여야 한다. 완전한 이름은 ***십산화 사인***(*tetraphosphorus decoxide*)이다. [영어명의 경우 deca-oxide처럼 두 개의 모음이 인접하면 접두사 끝에 있는 모음(여기에서는 a)은 종종 생략된다.]

(b) 두 번째 화합물인 NO_2는 비금속의 원소들을 포함하므로 분자 화합물이다. 질소가 산소 왼쪽에 있으므로 나중에 명명된다. 화합물 분자에서 단 한 개의 질소 원자가 있기 때문에 접두사 *일*(*mono*-)은 생략한다. 접두사 *일*-(*mono*-)은 분자 화합물의 첫 번째 원소를 명명할 때는 사용하지 않는다. 산소는 이름의 어근에 접미사 -*화*(-*ide*)를 붙여 먼저 명명한다. 분자에 있는 두 개의 산소 원자를 나타내기 위해 원소 이름 앞에 접두사 *이*(*di*-)를 붙인다. 완전한 이름은 ***이산화 질소***(*nitrogen dioxide*)이다.

➔ 응용 연습 3.11

웃음 가스 N_2O는 아산화 질소(nitrous oxide)라는 더 오래된 관용명을 가진다. 웃음 가스의 체계적인 이름은 무엇인가?

➔ 실전 연습 3.11

화합물 P_4O_6와 N_2O_5를 명명하라.

➔ 심화 연습: 연습 문제 3.61

그림 3.26 탄소와 산소는 두 가지의 흔한 분자 화합물을 형성한다.

분자 화합물은 접두사를 사용하여 명명하지만, 이온 결합 화합물은 접두사를 사용하지 않는다.

분자 화합물을 명명하기 위한 규칙을 이해하는 데 다음 요약이 도움이 될 것이다. 어떤 비금속 원자들은 결합하여 한 가지 이상의 화합물을 형성할 수 있기 때문에 분자에 있는 원자들의 적절한 비를 명시해야 한다. 예를 들면 탄소와 산소를 포함한 두 가지의 흔한 화합물이 있다(그림 3.26). 그중 하나인 CO는 탄소 원자와 산소 원자를 각각 한 개 포함한다. 그 이름은 일산화 탄소(carbon monoxide)이다. (mono-oxide에서 여분의 모음은 생략한다.) 다른 화합물인 CO_2는 한 개의 탄소 원자와 두 개의 산소 원자를 포함한다. 그 이름은 이산화 탄소이다.

분자 화합물을 체계적으로 명명할 때는 주기율표에서 오른쪽이나 위쪽에 있는 원소의 이름으로 시작하며 원소의 이름 어근에 -*화*(-*ide*)를 붙인다. 전기적으로 중성인 화합물의 이온 수를 말하지 않는 이온 결합 화합물과는 달리, 분자 화합물에서는 원자의 개수를 명시한다. 이 수를 나타내기 위해 *mono*-(일), *di*-(이), *tri*-(삼)와 같은 그리스어 접두사를 사용한다. (이러한 접두사들이 표 3.9에 나열되어 있다.)

표 3.9 ▸ 그리스어 접두사

접두사	수	접두사	수	접두사	수
일(모노, mono-)	1	오(펜타, penta-)	5	팔(옥타, octa-)	8
이(다이, di-)	2	육(헥사, hexa-)	6	구(노나, nona-)	9
삼(트라이, tri-)	3	칠(헵타, hepta-)	7	십(데카, deca-)	10
사(테트라, tetra-)	4				

일산화 탄소(CO)와 일산화 질소(NO)를 제외하고는, 일반적으로 접두사 *일*(*mono-*)은 사용되지 않는다.

그림 3.27 이 그림은 황과 산소 원자를 포함한 두 개의 분자 화합물을 나타낸다.

명명 규칙을 명확하게 하고 연습하기 위해 몇 가지 화합물을 생각해 보자. 먼저, 황과 산소의 화합물들 가운데 한 개의 황 원자와 두 개의 산소 원자를 포함한 분자인 SO_2를 생각해 보자(그림 3.27). 황이 화학식의 앞부분에 있고, 화합물을 명명할 때는 황이 나중에 불리게 될 것이다. 분자에 황 원자가 한 개만 있기 때문에 접두사는 필요 없다. 이온 결합 화합물처럼 화합물의 두 번째 원소에 대한 이름의 어근에 *-화*(*-ide*)를 끝에 붙일 것이다. 황과 산소를 포함한 다른 화합물들과 구별하기 위해 이 화합물을 이산화 황(sulfur dioxide)이라 부를 것이다. SO_3와 같은 또 다른 화합물이 그림 3.27에 나타나 있다. 그 이름은 무엇일까?

또 다른 예로 HCl 화학식을 가진 화합물을 생각해 보자. 방금 논의한 규칙을 사용하여 그 이름은 일염화 수소일 것이다. 그러나 접두사 *일*(*mono-*)은 사용하지 않는다. 왜냐하면 이와 같은 원소들의 조합을 가진 다른 화합물은 존재하지 않기 때문이다. 그 이름은 간단하게 염화 수소이다. 이와 같은 명명은 HF, HBr, HI에도 유사하게 적용된다. 이성분 분자 화합물을 명명하는 규칙들이 그림 3.28에 요약되어 있다.

HCl과 같은 할로젠화 수소는 순수한 상태에 있을 때 분자 화합물로 명명한다. 그러나 HCl이 물에 용해되면 HCl(*aq*)이 되고 산으로 명명한다. 산의 명명 규칙은 3.6절에서 논의된다.

화합물이 명명되는 과정을 알면 화학명으로부터 분자 화합물에 대한 화학식을 쓸 수 있다. 화학식 단위에 있는 양이온과 음이온의 간단한 비를 나타내는 이온 결합 화합물의 화학식과는 달리, **분자식**(molecular formula)은 한 개의 분자에 존재하는 실제 원자의 개수를 말해 준다. 예를 들면 화학식 CO_2는 각 분자가 한 개의 탄소 원자와 두 개의 산소 원자로 구성되어 있다는 것을 나타낸다. 예제 3.12에서 분자 화학식을 어떻게 쓰는지 생각해 보자.

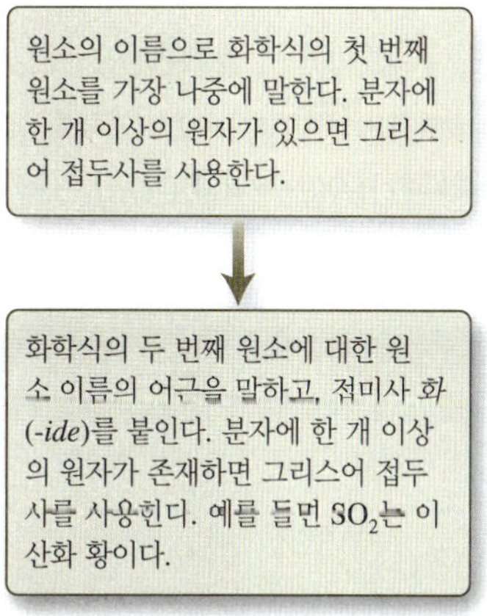

원소의 이름으로 화학식의 첫 번째 원소를 가장 나중에 말한다. 분자에 한 개 이상의 원자가 있으면 그리스어 접두사를 사용한다.

화학식의 두 번째 원소에 대한 원소 이름의 어근을 말하고, 접미사 *화*(*-ide*)를 붙인다. 분자에 한 개 이상의 원자가 존재하면 그리스어 접두사를 사용한다. 예를 들면 SO_2는 이산화 황이다.

그림 3.28 흐름도는 이성분 분자 화합물에 대한 이름을 결정하는 데 사용될 수 있다.

예제 3.12 ▸ 분자 화합물의 이름으로부터 화학식 쓰기

이산화 염소(chlorine dioxide)의 이름을 가진 화합물의 화학식은 무엇인가?

» 풀이:

두 번째 단어는 염소가 화합물에 존재하고, 그 기호가 화학식의 앞부분에 있어야 한다는 것을 나타낸다. 그 이름 앞에 접두사가 없기 때문에 원자의 개수는 하나이다. 화학식의 두 번째 원소는 산소이다. 접두사 *이-*(*di-*)는 이 화합물 분자에 두 개의 산소 원자가 있다는 것을 나타낸다. 화학식은 ClO_2이다.

→ 응용 연습 3.12

SO_3와 SO_3^{2-}는 어떻게 다른가?

→ 실전 연습 3.12

삼산화 이질소(dinitrogen trioxide)의 이름을 가진 화합물의 화학식은 무엇인가?

→ 심화 연습: 연습 문제 3.63

물 분자에서 산소 원자는 중심 원자이다. 화학식 H_2O는 화학식에 있는 중심 원자를 먼저 나열하는 것의 예외이다. 다른 예외들은 H_2S, H_2Se, H_2Te이다.

몇 가지 이성분 분자 화합물은 특별한 ***의미가 없거나***(*trivial*) 비체계적인(nonsystematic) 이름으로 알려져 있다. 그와 같은 이름들은 종종 화합물의 조성과 직접적인 관계가 없다. 예를 들면 일산화 이수소(H_2O)는 단순히 물이라고 알려져 있다. 암모니아(NH_3)와 과산화 수소(H_2O_2)가 또 다른 예이다.

3.6 산과 염기

산성비의 '산'은 석탄이나 다른 연료를 태움으로써 기체로 공기 중으로 방출된 황과 질소의 산화물에서 온다. 이 산화물들은 공기에서 물과 반응하여 황산과 질산을 형성하는데, 이 산들은 초원, 숲, 건물에 해를 끼치고 사람과 다른 동물들의 건강에 위협을 준다.

Megan과 Jeff는 pH 미터라는 기구를 사용하여 강물 시료를 검사하였다. 어떤 시료는 산성이었고, 다른 것들은 염기성이었다. 간단한 정의에 의해 **산**(acid)은 물에 용해될 때 수소 이온(H^+)을 주는 물질이다. 화합물이 물에 용해되어 이온이 되는 과정을 ***이온화***(*ionization*)라고 한다.

산의 거동을 이해하기 위해 염화 수소(HCl)를 생각해 보자. 정상 조건(상온과 대기압)에서 이 물질 자체는 기체이다. 이것은 다른 산처럼 분자 화합물인데, 앞에서 논의한 분자 화합물과는 아주 다르게 거동한다. 기체 HCl이 거품의 형태로 물속으로 들어가면 이온화하여 수소 이온(H^+)과 염화 이온(Cl^-)을 형성한다(그림 3.29).

일반적으로 산은 수소 원자를 포함한 화합물인데, 이 화합물이 물에 용해되면 수소 원자는 H^+ 이온으로 떨어져 나간다. 염화 수소에 대한 이 과정은 다음 식과 같이 요약될 수 있다.

이온화 과정을 몇 가지 방법으로 나타낼 수 있다.

$$HCl(g) \xrightarrow{H_2O} HCl(aq)$$

$$HCl(g) \xrightarrow{H_2O} H^+(aq) + Cl^-(aq)$$

$$HCl(g) + H_2O(l) \longrightarrow H_3O^+(aq) + Cl^-(aq)$$

이 표현들은 같은 과정을 나타내지만, 마지막 것이 가장 완전한 것이다.

$$HCl(g) \xrightarrow{H_2O} H^+(aq) + Cl^-(aq)$$

수소 이온(H^+)은 실제로 용액에서 분리된 상태로는 존재하지 않는다. 대신 몇몇 물 분자로 둘러싸인다. H^+ 이온이 용액에서 물 분자와 결합된 것을 표현하기 위해 종종 H_3O^+[***하이드로늄 이온***(*hydronium ion*이라고 부름)]로 나타낸다.

산의 중요한 한 부류는 원자들의 조합인 $-CO_2H$를 포함하는 유기(탄소가 기본인) 화합물들이 있다. 그들은 카복실산이라고 한다. 한 가지 예가 아세트산(CH_3CO_2H)인데, 이 물질은 신맛을 내게 하는 식초에 존재한다. 아세트산의 구조를 그림 3.30에 나타

위산은 염산의 수용액[HCl(*aq*)]이다.

그림 3.29 분자 화합물 HCl은 물에 용해되면 거품을 내면서 $H^+(aq)$과 $Cl^-(aq)$로 이온화한다. $H^+(aq)$는 한 개 이상의 물 분자들과 회합한다.

내었다. 다양한 유기산들이 사람의 몸과 우리가 먹는 많은 음식 속에서 발견된다. 예를 들면 시트르산은 레몬, 오렌지, 포도와 같은 감귤류 과일에 존재한다.

물에서 수소를 포함하는 모든 화합물이 산은 아니다. 수소가 주기율표의 가장 오른쪽에 있는 원소(비활성 기체는 제외)들과 결합하면 그 화합물은 산이다. 예를 들면 HF과 HCl은 모두 산이지만 메테인(CH_4)과 암모니아(NH_3)는 산이 아니다.

산에 대한 화학식을 쓸 때 일반적으로 먼저 수소를 쓰고 화학식 뒤에 (aq)를 씀으로써 그 화합물이 물에 용해되면 산이라는 것을 나타낸다. 예를 들면 HCl(g)은 기체로 존재하는 분자 화합물을 나타내고 염화 수소라고 한다. 화학식 HCl(aq)는 물에 염화 수소 기체를 용해시켜서 수용액에 수소 이온과 염화 이온을 발생시킨 용액에 해당한다. 그것은 염화수소산(염산)이라고 한다.

다원자 이온과 결합한 수소도 산과 같이 행동할 수 있다. 예를 들면 질산(HNO_3)은 다음 식과 같이 물에서 이온화한다.

$$HNO_3(l) \xrightarrow{H_2O} H^+(aq) + NO_3^-(aq)$$

수소와 산소 음이온을 포함한 많은 화합물은 산소산이라고 부르는 산이다. 그림 3.31에서 각각의 수소 원자가 각 분자 안에서 산소 원자와 결합하고 있다는 것을 주목하라. 그 화합물이 물에 첨가되면 수소 원자는 수용액의 H^+ 이온으로 분자로부터 분리될 수 있다.

간단히 정의해서 **염기**(base)는 수용액에서 산과 반응하여 물을 형성하는 물질이다. 가장 흔한 염기들은 수산화 이온(OH^-)을 가지거나 용액에서 OH^-를 제공할 수 있다. 예를 들면 수산화 소듐(NaOH)은 배수관 화학 클리너의 활성 성분이다. 수산화 소듐은 다음 식과 같이 물에 용해되는 염기이다.

$$NaOH(s) \xrightarrow{H_2O} Na^+(aq) + OH^-(aq)$$

만일 산을 포함한 용액에 NaOH를 첨가하면, 다음 반응식과 같이 NaOH에서 나온 OH^- 이온과 산에서 나온 H^+ 이온이 반응하여 물이 생성된다.

$$H^+(aq) + OH^-(aq) \longrightarrow H_2O(l)$$

수산화 이온을 포함하지 않는 흔한 염기의 예로는 다양한 가정용 세정제에 사용되는 암모니아(NH_3)이다. 암모니아의 거동은 그 화학식으로는 분명하지 않다. 기체 상태의 암모니아가 물에 녹아 들어가면 암모니아 분자 중 일부가 암모늄 이온인 $NH_4^+(aq)$와 수산화 이온, $OH^-(aq)$을 생성하는 반응이 일어난다(그림 3.32).

많은 생활용품에는 산이나 염기가 포함되어 있다. 몇 가지 예를 그림 3.33에 나타내었다.

산과 염기는 전해질로서 물에서 이온화하거나 해리하는 정도가 다양하다. 센산과 센염기는 완전히 이온화하거나 해리한다. 그들은 센 전해질이다. 예를 들면 염산은 몇 가지 변기 클리너를 포함해서 많은 공업용품과 청소에 사용되는 센산이다. 그것은 물에서 완전히 이온화하여 이온을 만들므로 수용액에서 센전해질이다. 실험실에서 일하는 동안 몇 가지 센산을 접할 수도 있다. 그들 중 몇 개가 표 3.10에 나열되어 있다. 그들은 피부와 눈에 화상을 입힐 수 있고 의류에 구멍을 만들 수 있기 때문에 다룰 때 조심해야 한다. 반면에 아세트산은 식초에 존재하고 안전하게 소화될 수 있다. 아세트산은 물에서 약간 이온화하므로 약전해질이고 약산이다. 염산과 아세트산의 거동이 그림 3.34에 나타나 있다.

이온 결합 화합물과 분자 화합물의 명명법처럼, 산의 명명법도 체계적인 규칙을 따른다. 표 3.11에 흔한 산의 화학식과 이름을 나타내었다. 산을 명명하는 규칙을 이해할 수 있겠는가?

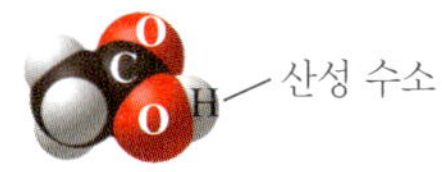

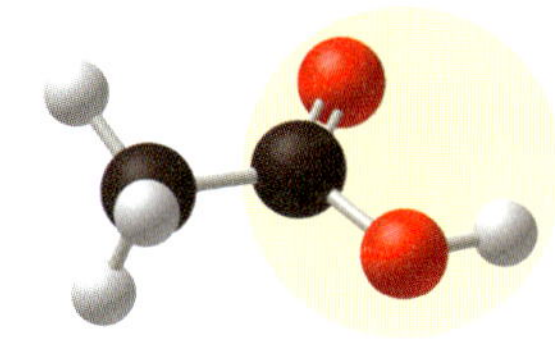

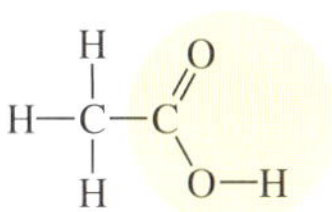

그림 3.30 탄소를 포함하고 있는 어떤 유기 화합물은 $-CO_2H$ 기를 가지고 있다. 이 화합물들은 카복실산(carboxylic acid)이라고 부른다. 산소 원자에 결합되어 있는 수소 원자는 산성이고, 다른 것들은 산성이 아니다. 아세트산을 나타내는 세 가지 방법을 보여주고 있다.

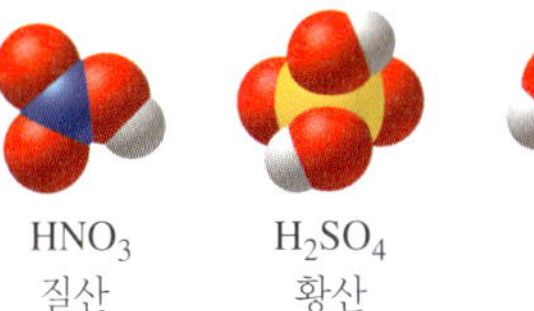

그림 3.31 산소산에서 산성의 수소 원자가 산소 원자에 결합되어 있다.

몇 가지 흔한 염기들로는 NaOH(수산화 소듐), KOH(수산화 포타슘), $Mg(OH)_2$(수산화 마그네슘), NH_3(암모니아)가 있다.

그림 3.32 암모니아(NH_3) 분자의 일부는 물과 반응하여 암모늄 이온[$NH_4^+(aq)$]과 수산화 이온[$OH^-(aq)$]을 만든다.

©Brian Moeskau/Moeskau Photography

그림 3.33 많은 생활용품들은 산성이거나 염기성의 성질을 보인다. 예를 들면 창문 청소용 세제는 종종 암모니아를 포함하고, 소다는 종종 인산이나 시트르산을 포함한다. 다음에 식료품 가게에 가면 제품에 있는 상표를 보라. 어떤 것이 산인지, 염기인지를 어떻게 결정할 수 있는가?

©Brian Moeskau/Moeskau Photography

표 3.10 ▸ 몇 가지 센산들

식	이름	식	이름
$HCl(aq)$	염화수소산(염산)	$H_2SO_4(aq)$	황산
$HNO_3(aq)$	질산	$HClO_4(aq)$	과염소산

표 3.11 ▸ 몇 가지 흔한 산들의 이름

식	이름	식	이름
$HF(aq)$	플루오린화수소산	$H_2SO_4(aq)$	황산
$HCl(aq)$	염화수소산	$H_2SO_3(aq)$	아황산
$HI(aq)$	아이오딘화수소산	$HClO_4(aq)$	과염소산
$H_2S(aq)$	황화수소산	$HClO_3(aq)$	염소산
$H_2CO_3(aq)$	탄산	$HClO_2(aq)$	아염소산
$HNO_3(aq)$	질산	$HClO(aq)$	하이포염소산

이성분산을 명명하는 방법을 이해했는가? 다원자 이온을 포함한 산을 명명하는 방법을 결정하였는가? 이제 예제 3.13에 산을 명명하는 규칙을 적용하라.

예제 3.13 ▶ 산의 명명

(a) 화학식이 $HBr(aq)$인 산을 명명하라.

(b) 화학식이 $HNO_3(aq)$인 화합물을 질산이라고 한다. 화학식이 $HNO_2(aq)$인 산의 이름은 무엇인가?

» 풀이:

(a) $HBr(aq)$은 단지 수소와 하나의 비금속을 포함하므로 수용액에서 이성분산이다. 이성분산은 접두사 *hydro-*, 수소와 결합한 원소의 어근과 접미사 *-ic*로 구성한다. 이름의 어근은 수소가 결합된 원소의 이름에서 유도된다. 이 경우 원소 브로민은 어근 ***브롬***(*brom*)을 제공한다. acid 단어와 함께 접두사, 어근과 접미사를 모으면 ***브로민화 수소산***(*hydrobromic acid*)이 된다.

(b) 두 개의 산소 음이온을 형성할 수 있는 비금속을 포함한 산의 경우, 접미사와 원자를 갖는 산소 음이온의 어근에 *-ic*의 접미사와 *acid*를 붙여 명명한다. 따라서 $HNO_3(aq)$는 질산(nitric acid)이다. 적은 산소를 가진 산소 음이온은 산소 음이온의 어근과 *-ous* 접미사로 명명된다. 이름은 *acid*로 끝나므로 접미사로 명명된다. 이름은 *acid*로 끝나므로 $HNO_2(aq)$는 ***아질산***(*nitrous acid*)이다.

→ 응용 연습 3.13

$HBr(g)$와 $HBr(aq)$는 어떻게 다른가?

→ 실전 연습 3.13

(a) 화합물 $H_2Se(aq)$를 명명하라.

(b) 화학식이 $H_3PO_3(aq)$인 인의 산소 음이온을 포함한 산은 아인산으로 명명된다. 화학식이 $H_3PO_4(aq)$인 산의 이름은 무엇인가?

→ 심화 연습: 연습 문제 3.67

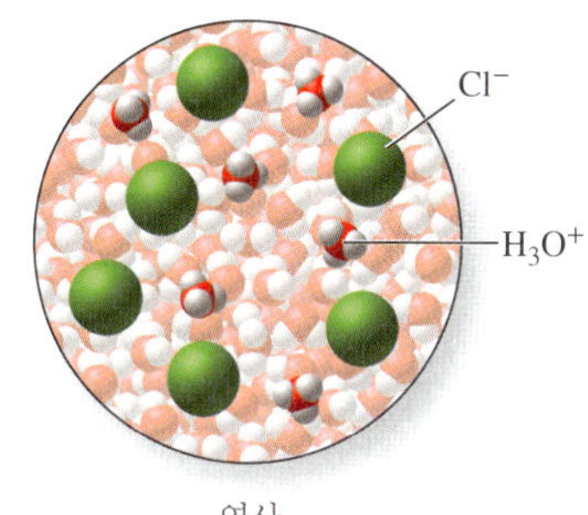

염산

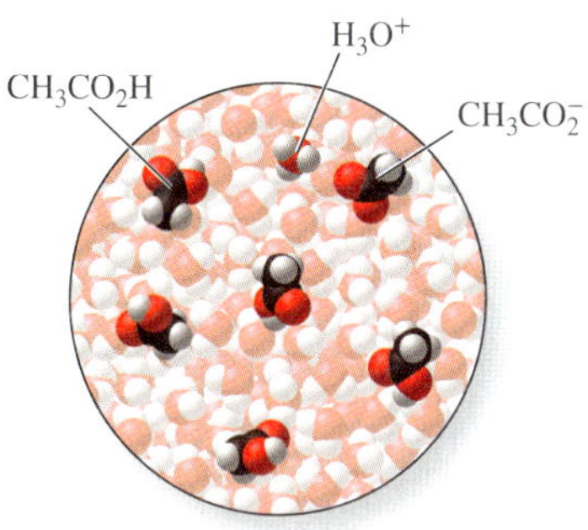

아세트산

그림 3.34 염산은 완전히 이온화한다. 반면에 대부분의 아세트산 분자들은 그대로 남아 있다.

아마도 여러분이 알게 된 규칙을 사용하면 예제 3.13을 성공적으로 완성할 수 있을 것이다. 산의 명명법을 이해하는 데 다음 요약이 도움이 될 것이다. 영어 명명법은 다음과 같다.

- 용액에서 이성분 산(binary acids)은 접두사 *hydro-*, 접미사 *-ic*를 가진 비금속 이름의 어근에 *acid*를 붙여 명명한다. 따라서 $HCl(aq)$는 염화수소산(hydrochloric acid)이라고 한다.
- 다원자 이온을 포함하는 산을 명명할 때는 다원자 이온의 이름을 수정해야 한다. 접두사 *hydro-*는 다원자 이온을 포함하는 산을 명명할 때는 사용하지 않는다. 예를 들면 많은 탄산 음료에 포함된 화합물 $H_2CO_3(aq)$는 탄산 이온을 포함한다. 이 산을 명명할 때 다원자 이온의 이름 끝에 있는 *-ate*를 *-ic*로 치환한다. 그리고 *acid*를 붙여 이름을 완성한다. 이 산은 탄산(carbonic acid)이다.
- 어떤 비금속 다원자 이온이 두 개 이상 있으면 명명법이 달라져야 한다. 예를 들면 황을 포함한 다원자 이온은 보통 두 개가 있다. 그 둘은 황산 이온(sulfate ion, SO_4^{2-})과 아황산 이온(sulfite ion, SO_3^{2-})이다. 이 이온들의 산의 화학식은 $H_2SO_4(aq)$와 $H_2SO_3(aq)$이다. 황산 이온을 포함한 산을 명명할 때 *-ate* 끝을 *-ic*로 치환시키고 *acid*를 끝에 붙인다. $H_2SO_4(aq)$는 황산(sulfuric acid)이다. 아황산 이온을 포함한 산의 명명은 *-ite* 끝을 *-ous*로 치환하고 *acid*를 끝에 붙인다. 그러므로 $H_2SO_3(aq)$는 아황산(sulfurous acid)이다.

황산[$H_2SO_4(aq)$]은 흔히 자동차 배터리에 사용된다.

산을 명명하는 규칙이 그림 3.35에 요약되어 있다.

원소 이름의 어근에 붙는 *-ate* 어미를 *-ic*로 바꾸며, *-ite* 어미를 *-ous*로 바꾸는 것은 대부분 산소 음이온의 산에 적용 된다. 그러나 황(sulfur)과 인(phosphorus)의 산소산 명명은 조금 다르다. 황의 산소산에 대해 sulfuric acid에서처럼 황의 전체 원소 이름(sulfur)에 *-ic*나 *ous-*의 어미가 붙는다. 인의 산소산에 대해 phosphoric acid에서와 같이 phosphor- 어근에 *-ic*나 *-ous* 어미가 붙는다.

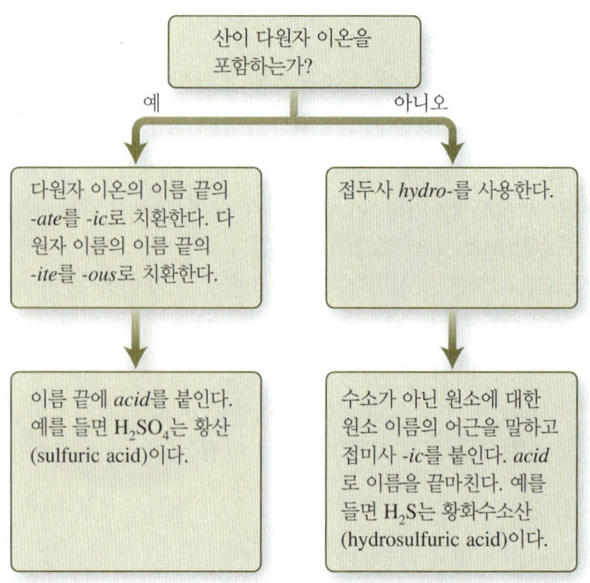

그림 3.35 흐름도는 산에 대한 이름을 결정하는 데 사용된다(영어 명명법).

3.7 성질 예측과 화합물 명명

Jeff와 Megan은 강물 시료를 분석할 때 다양한 화합물을 접하게 되었다. 처음에는 화합물의 이름이 매우 복잡하다고 생각하였지만 규칙을 알고 나서는 훨씬 편해졌다. 또한 이름과 화학식으로부터 화합물의 원소를 추론함으로써 화합물을 분류할 수 있고 그들의 많은 성질을 예상할 수 있다는 것도 깨달았다. 예를 들면 한 화합물이 마그네슘과 염소를 포함하고 화학식 $MgCl_2$로 표시된다고 가정해 보자. 주기율표에서 성분 원소를 찾아보면 그 화합물이 금속과 비금속으로 구성된다는 것을 알게 될 것이다. 그 화합물은 이온성이고, 따라서 다른 이온 결합 화합물과 공통의 특성을 가질 것이라는 결론을 내릴 수 있다. 그 화합물은 깨지기 쉬운 고체이고 녹는점이 매우 높다는 것을 예상할 수도 있다. 녹는점을 조사하면 $MgCl_2$는 712°C에서 녹는다. 그리고 이온 결합 화합물이기 때문에 적절한 명명 규칙을 적용하여 염화 마그네슘이라 부르면 된다.

또 다른 이온 결합 화합물인 $Cr_2(SO_4)_3$도 이와 유사한 성질을 가진다. 이 화합물은 $MgCl_2$와 같은 일반적인 물리적 성질을 가지고 녹는점은 훨씬 더 높은 1857°C이다. 이온 결합 화합물과 분자 화합물의 일반적 성질들이 나열된 표 3.1을 다시 한 번 살펴보자. 이 부류의 화합물을 명명하는 방법을 알기 때문에, 그들의 화학식과 이름으로부터 성질을 예측할 수 있다. 그들의 녹는점과 끓는점이 높다는 것뿐만 아니라, 그것들이 결정 고체이고 물에 녹아 센전해질이 되며, 용융되거나 물에 용해되면 전기를 통한다는 것도 정확하게 예측할 수 있을 것이다.

화합물을 명명하기 전에 화합물을 분류하는 것이 중요하다는 사실을 기억하라. 특정 화합물을 명명하는 데 어떤 규칙을 적용할 것인지는 그림 3.36의 흐름도가 안내해 줄 것이다. 흐름도의 질문을 따라가면 이온 결합 화합물, 분자 화합물, 산을 구별할 수 있도록 설계되어 있다. 왜냐하면 그것들의 명명법이 다르기 때문이다. 예를 들면 $Cr_2(SO_4)_3$를 생각해 보자. 이 화합물은 금속을 포함하므로 첫 번째 질문에서 '예'를 따

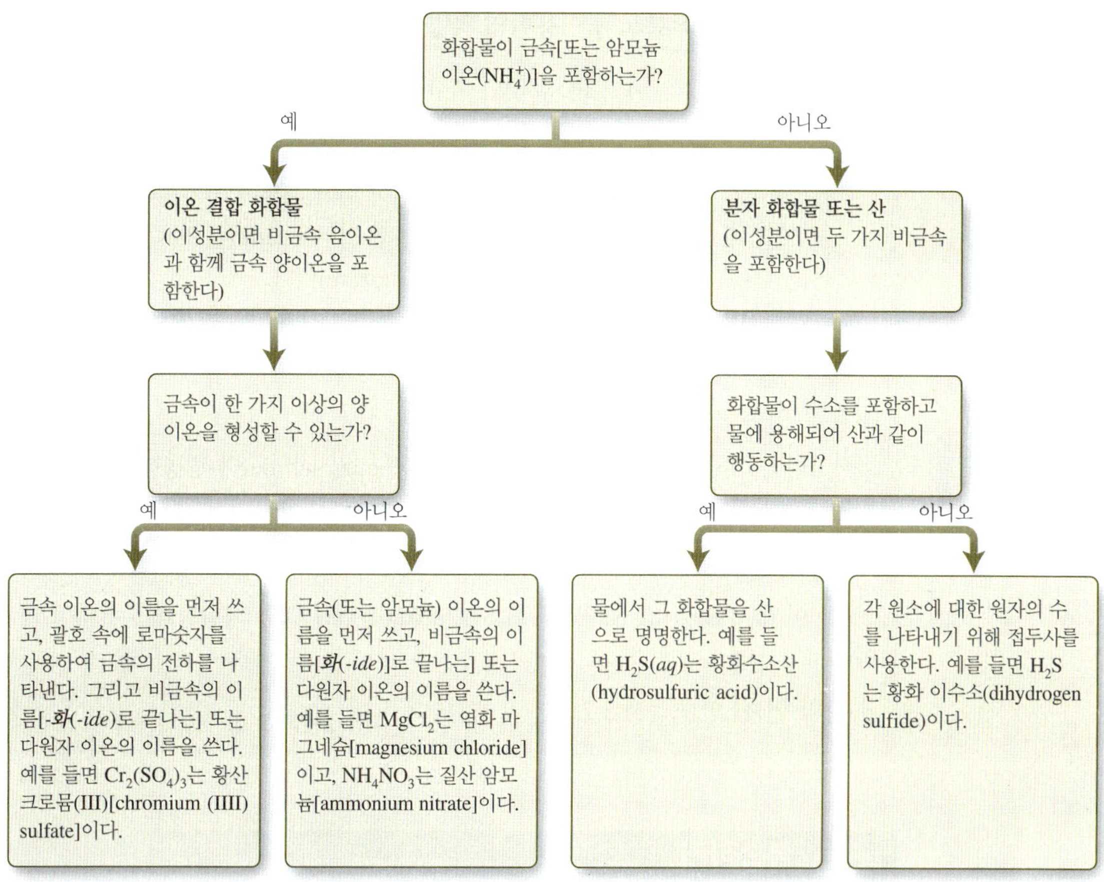

그림 3.36 흐름도는 화합물을 명명할 때 어떤 규칙을 적용할지를 결정하는 데 사용될 수 있다

른다. 그것은 이온 결합 화합물이다. 이 금속은 하나 이상의 전하를 나타내므로 로마숫자가 붙는 체계적인 이름에 필요하다. 그 금속 이온은 3+ 상태의 크로뮴이므로 이름의 처음 부분은 크로뮴(III)일 것이다. 이 화합물은 다원자 이온인 황산 이온(SO_4^{2-})으로 구성되므로 그 이름은 황산(sulfate)으로 끝난다. 이 화합물의 이름은 황산 크로뮴(III) [chromium(III) sulfate]이다.

> 분자 화합물에는 접두사를 사용하지만(예: CCl_4는 사염화 탄소) 이온 결합 화합물에는 접두사를 결코 사용하지 않는다(예: $AlCl_3$는 염화 알루미늄).

화합물 H_2S는 금속(또는 암모늄 이온)을 포함하지 않으므로 이온 결합 화합물이 아니다. 그것은 비금속으로 이루어져 있고 그 화학식은 물에 용해되지 않은 상태를 나타내므로 산으로 명명되지 않는다. 그림 3.36으로부터 분자 화합물이라는 것을 알 수 있으므로 황화 이수소로 명명한다. 표 3.1에 나열된 분자 화합물의 성질로부터 H_2S는 비교적 낮은 녹는점과 끓는점을 가진다는 것을 예측한다. 실제로 이 화합물의 녹는점과 끓는점은 각각 −85.5°C와 −60.7°C이다. 상온보다 훨씬 낮은 온도에서도 기체 상태이다. 그러나 $H_2S(aq)$로 쓰면 이 물질은 산으로 분류되고 황화수소산으로 명명된다. 전해질이므로 그 용액은 전기를 전도한다는 것을 정확하게 예측할 수 있다. 화합물을 명명할 때 먼저 분류하는 것이 매우 중요하다. 흐름도를 사용하여 예제 3.14의 화합물을 명명해 보자.

예제 3.14 ▶ 흐름도를 이용하여 화합물 명명하기

화학식이 (a) CCl_4와 (b) $H_3PO_4(aq)$인 화합물을 분류하고 명명하라.

» 풀이:

(a) 화합물 CCl_4는 두 개의 비금속으로 구성되어 있기 때문에 분자성이다. 탄소를 먼저 쓰고 네 개의 염소 원자를 나타내기 위해 접두사 *tetra*-를 나중에 쓴다. 이 화합물의 이름은 ***사염화 탄소***(*carbon tetrachloride*)이다.

(b) 화합물 $H_3PO_4(aq)$는 인산 이온을 포함한 산이다. 이 화합물을 명명하기 위해 끝의 *-ate*를 *-ic*로 치환하고 *acid*를 붙인다. 이 화합물은 ***인산***(*phosphoric acid*)이다.

➔ 응용 연습 3.14

화학식이 Cu_2SO_4인 화합물을 황화 이구리(dicopper sulfide)라 명명할 때 무엇이 틀렸는가?

➔ 실전 연습 3.14

화학식이 (a) PBr_3, (b) Na_2S (c) $H_2SO_4(aq)$, (d) NH_4Cl인 화합물을 분류하고 명명하라.

➔ 심화 연습: 연습 문제 3.75

제3장 복습하기

주요 개념 _Key Concepts

- 화합물은 특성에 따라 두 가지 방법으로 분류될 수 있다.
  - 이온 결합 화합물은 반대 전하를 띤 양이온(보통 금속 이온)과 음이온(보통 일원자 또는 다원자인 비금속 이온)으로 이루어진다.
  - 분자 화합물은 두 가지 이상의 비금속 원자들로 구성된 분자로 이루어진다.
  - 이온 결합 화합물은 물리적 성질과 분자 수준의 구조가 분자 화합물과 다르다.
  - 물에서 이온을 내기 위해 해리하거나 이온화하는 화학 화합물의 능력이 얼마나 전기를 잘 전도하는가를 결정한다.
  - 이온으로 완전하게 해리하거나 이온화하는 화합물은 센전해질이다.
  - 약산과 같이, 물에서 일부만 이온화하는 물질은 약전해질이다.
  - 용해될 때 해리되지 않거나 이온화하지 않는 물질은 비전해질이다.
- 이온은 일원자이거나 다원자일 수 있다.
  - 일원자 이온은 한 개의 원자로 이루어진다.
  - 다원자 이온은 두 개 이상의 원자, 보통 한 종류 이상의 원소로 이루어진다. 가장 일반적인 다원자 이온은 어떤 다른 원소(보통 하나의 비금속 원소)에 결합된 산소 원자를 포함하는 음이온이다. 이러한 다원자 이온을 산소 음이온이라고 한다.
  - 대부분의 다원자 이온은 음으로 하전되지만, NH_4^+와 같이 양전하를 가진 것도 있다.
- 화학식과 이름은 한 화합물과 다른 모든 화합물(또는 이온)을 구별해 준다.

- 이온 결합 화합물에 대한 화학식은 알짜 전하가 0인 화합물에서 양이온과 음이온과의 비율을 나타내 준다.
- 분자 화합물에 대한 화학식은 어떤 화합물의 한 분자 내에 있는 각 원소의 원자 수를 나타내 준다.
- 이온 결합 화합물은 음이온의 이름에 *-화*(*-ide*)를 붙여 먼저 부르고, 양이온의 이름을 나중에 부른다(영어는 반대).
- 다수의 전하를 가지는 금속을 포함하는 이온 결합 화합물은 전하를 나타내기 위해 양이온 이름 뒤에 로마숫자를 적는다.
- 분자 화합물 명명에서는 음이온처럼, 두 번째 원자를 먼저 부르고 화학식 앞에 있는 원자(주기율표에서 보다 아래쪽이나 왼쪽의 원소)는 나중에 부른다(영어는 반대). 분자에 있는 원자의 수를 나타내기 위해 그리스어 접두사를 사용한다.

- 이온 결합 화합물과 분자 화합물의 넓은 범주 내에서, 일부 화학 화합물은 산성과 염기성 성질로 설명할 수 있다.
  - 산은 용액에서 수소 이온을 내주는 화합물이다.
  - 염기는 산과 반응하여 물을 형성하고 용액에서 종종 OH^-를 낸다.
  - 이성분산의 영어명은 '*hydro~ic acid*'라고 명명한다. 즉 '~수소산'이다.
  - 일반적으로 다원자 이온을 포함하는 산의 영어명은 다원자 이온 이름의 *-ate*를 *-ic*로 바꾸거나 *-ite*를 *-ous*로 바꾼 다음, 끝에 *acid*를 붙여서 명명한다. 즉 '다원자 이온의 이름 + 산' 또는 '아 + 다원자 이온의 이름 + 산'으로 명명한다.

주요 용어 _Key Terms

센전해질(strong electrolyte) (3.1)
다원자 이온(polyatomic ion) (3.2)
분자식(molecular formula) (3.5)
분자 화합물(molecular compound) (3.1)
비전해질(nonelectrolyte) (3.1)
산(acid) (3.6)
산소 음이온(oxoanion) (3.2)
약전해질(weak electrolyte) (3.1)
염기(base) (3.6)
이성분 화합물(binary compound) (3.1)
이온 결합 화합물(ionic compound) (3.1)
일원자 이온(monatomic ion) (3.2)
전해질(electrolyte) (3.1)
화학식 단위(formula unit) (3.3)

연습 문제 _Questions and Problems

주요 용어와 정의를 연결하기

3.1 다음 주어진 정의에 맞는 주요 용어를 써라.

(a) 이온 결합 화합물에서 가장 작은 반복 단위
(b) 용액에서 이온으로 완전히 해리되거나 이온화되어 전기를 잘 전도하는 물질
(c) 함께 결합된 원자들의 별개의 단위로 존재하는 두 가지 이상의 비금속으로 구성된 화합물
(d) 물에 용해되어 수소 이온을 방출하는 화합물
(e) 용해되면 분자 자체를 그대로 유지하고 전기를 전도하지 않는 물질
(f) 어떤 다른 원소에 결합된 산소를 포함한 음이온

이온 결합 화합물과 분자 화합물

3.3 황을 포함한 다음 화합물을 이온 결합 화합물, 분자 화합물로 구별해서 표기하라.

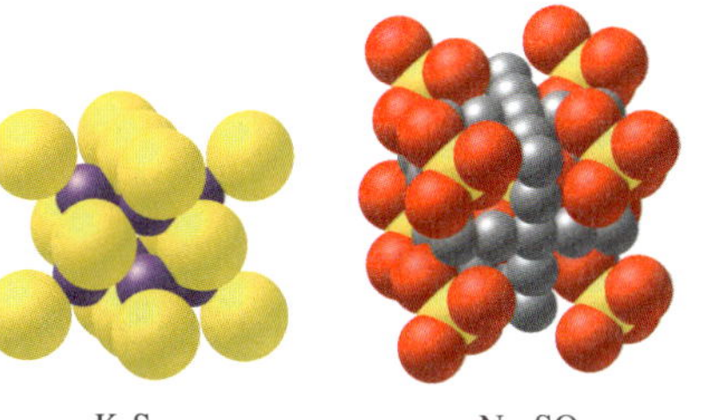

K_2S

SO_2

3.5 화합물 내의 다음 원소들의 결합을 이온성, 분자성으로 구별하라.
(a) 질소와 산소
(b) 포타슘과 산소
(c) 인과 플루오린
(d) 마그네슘과 염소

3.7 다음 화학식이 이온 결합 화합물을 나타내는지, 분자 화합물을 나타내는지를 결정하라.
(a) PCl_5　(c) $BaCl_2$
(b) LiF　(d) N_2O_5

3.9 화합물 LiF, CO_2, N_2O_5 중 어느 것이 가장 녹는점이 높을 것으로 예상되는가?

일원자 이온과 다원자 이온

3.11 주기율표의 위치를 토대로, 다음 원소들의 일원자 이온의 전하를 예측하고, 화학식을 쓰고 명명하라.
(a) 소듐　(b) 포타슘　(c) 루비듐

3.13 주기율표의 위치를 토대로 다음 원소들의 일원자 이온의 전하를 예측하고, 화학식을 쓰고 명명하라.
(a) 칼슘　(b) 질소　(c) 황

3.15 다음 그림은 1− 전하를 가진 질소의 산소 음이온을 나타낸다. 이 이온의 화학식을 쓰고 명명하라.

3.17 다음 다원자 이온을 명명하라.
(a) SO_4^{2-}　(b) OH^-　(c) ClO_4^-

3.19 다음 이온들에 대한 화학식을 써라.
(a) 질소화(nitride)　(b) 질산(nitrate)　(c) 아질산(nitrite)

3.21 다음 이름을 가지는 다원자 이온의 화학식을 써라.
(a) 탄산(carbonate)
(b) 암모늄(ammonium)
(c) 수산화(hydroxide)
(d) 과망가니즈산(permanganate)

3.23 다음 그림은 2− 전하를 가진 황의 산소 음이온을 나타낸 것이다. 이 이온의 화학식을 쓰고 명명하라.

3.25 아이오딘산 이온은 1− 전하를 가지며, 세 개의 산소 원자들을 포함한 아이오딘의 산소 음이온이다. 아이오딘산 이온에 대한 화학식을 써라.

이온 결합 화합물의 화학식

3.27 알루미늄과 염화 이온을 포함한 이온 결합 화합물이 물에 용해된다고 가정하라. 5개의 알루미늄 이온들에 대한 표기로 시작해서 전기적으로 중성인 용액의 그림을 그려라.

3.29 다음 이온들의 각각의 조합에 의해 형성되는 화합물의 화학식을 써라.
(a) Ba^{2+}와 Cl^-　(c) Ca^{2+}와 PO_4^{3-}
(b) Fe^{3+}와 Br^-　(d) Cr^{3+}와 SO_4^{2-}

3.31 다음 화학식에 나타난 화합물 내의 이온들을 구별하라.
(a) KBr　(c) $Mg_3(PO_4)_2$
(b) $BaCl_2$　(d) $Co(NO_3)_2$

3.33 철은 두 가지 이온, 즉 Fe^{2+}와 Fe^{3+}를 형성한다.
(a) 두 가지 철 이온이 산화 이온(O^{2-})과 형성할 수 있는 화합물들의 화학식은 무엇인가?
(b) 두 가지 철 이온이 염화 이온(Cl^-)과 형성할 수 있는 화합물들의 화학식은 무엇인가?

3.35 소듐 이온(Na^+)은 1+ 전하를 가지며, 황산 이온과 결합하여 화합물 Na_2SO_4를 형성한다.
(a) 황산 이온의 전하는 무엇인가?
(b) 화합물 $SrSO_4$를 형성할 때, 스트론튬 이온의 전하는 무엇인가?

3.37 다음에 나열된 화학식들은 옳지 않다. 각각에서 *틀린* 것을 결정하고 그것을 수정하라.
(a) $NaCl_2$
(b) KSO_4
(c) Al_3NO_3

이온 결합 화합물 명명하기

3.39 다음 이온 결합 화합물을 명명하라.
(a) $MgCl_2$　(d) KBr
(b) Al_2O_3　(e) $NaNO_2$
(c) Na_2S　(f) $NaClO_4$

3.41 다음 화합물 중 명명할 때 금속의 전하를 표기해야 하는 것은 어느 것인가? $MgSO_4$, $MnSO_4$, $CaCl_2$, $CoCl_2$, $AgNO_3$.

3.43 다음 이온 결합 화합물을 명명하라.
(a) Cu_2O　(c) $FePO_4$
(b) $CrCl_2$　(d) CuS

3.45 다음 이온 결합 화합물의 화학식을 써라.
(a) 황산 칼슘(calcium sulfate)
(b) 산화 바륨(barium oxide)
(c) 황산 암모늄(ammonium sulfate)
(d) 탄산 바륨(barium carbonate)
(e) 염소산 소듐(sodium chlorate)

3.47 주어진 다음 화학식에서 금속의 전하는 얼마인가? 각 화합물의 이름은 무엇인가?
(a) $CoCl_2$
(b) PbO_2
(c) $Cr(NO_3)_3$
(d) $Fe_2(SO_4)_3$

3.49 다음 이온 결합 화합물의 화학식을 써라.
(a) 염화 코발트(II)[cobalt(II) chloride]
(b) 질산 망가니즈(II)[manganese(II) nitrate]
(c) 산화 크로뮴(III) [chromium(III) oxide]
(d) 인산 구리(II)[copper(II) phosphate]

3.51 $Fe(NO_3)_2$와 $Fe(NO_3)_3$에 대한 관용명은 무엇인가?

3.53 위에 나열된 양이온과 옆에 나열된 음이온이 결합할 때 형성되는 화합물의 이름과 화학식을 써서 다음 표를 완성하라.

	Ca^{2+}	Fe^{2+}	K^+
Cl^-			
O^{2-}			
NO_3^-			
SO_3^{2-}			
OH^-			
ClO_3^-			

	Mn^{2+}	Al^{3+}	NH_4^+
Cl^-			
O^{2-}			
NO_3^-			
SO_3^{2-}			
OH^-			
ClO_3^-			

3.55 위에 나열된 양이온과 옆에 나열된 음이온이 결합할 때 형성되는 화합물의 화학식을 써서 다음 표를 완성하라.

	포타슘	철(III)	스트론튬
아이오딘화(iodide)			
산화(oxide)			
황산(sulfate)			
아질산(nitrite)			
아세트산(acetate)			
하이포염소산 (hypochlorite)			

	알루미늄	코발트(II)	납(IV)
아이오딘화(iodide)			
산화(oxide)			
황산(sulfate)			
아질산(nitrite)			
아세트산(acetate)			
하이포염소산 (hypochlorite)			

3.57 염화 은의 화학식은 무엇인가?

➡ 분자 화합물의 명명과 화학식 쓰기

3.59 다음 그림으로 나타낸 분자 화합물의 화학식을 써라.

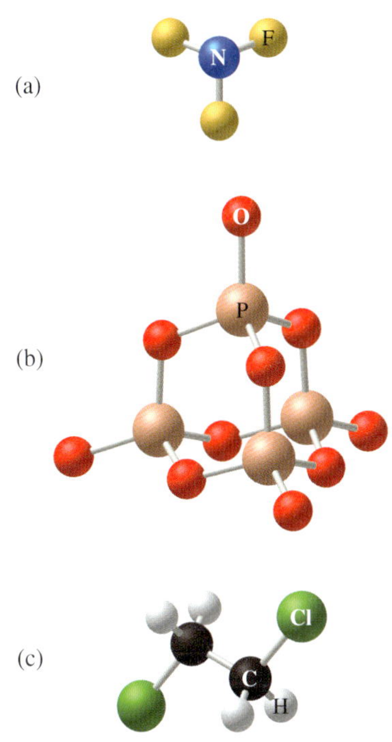

3.61 다음 화합물을 명명하라.

(a) PF_5 (c) CO

(b) PF_3 (d) SO_2

3.63 다음 화합물의 화학식을 써라.

(a) 사플루오린화 황(sulfur tetrafiuoride)

(b) 이산화 삼탄소(tricarbon dioxide)

(c) 이산화 염소(chlorine dioxide)

(d) 이산화 황(sulfur dioxide)

➡ 산과 염기

3.65 다음 그림 중 인산을 정확하게 나타낸 것은 어느 것인가?

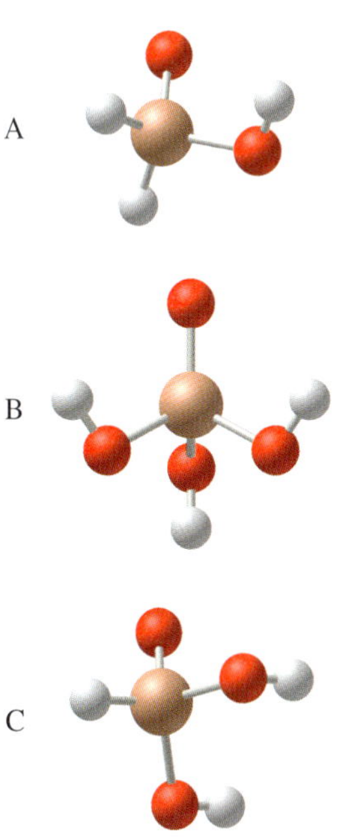

3.67 다음 산을 명명하라.
(a) HF(*aq*)
(b) HNO_3(*aq*)
(c) H_3PO_3(*aq*)

3.69 다음 산의 화학식을 써라.
(a) 플루오린화수소산(hydrofluoric acid)
(b) 아황산(sulfurous acid)
(c) 과염소산(perchloric acid)

3.71 질산이 물에서 이온화하면 용액에는 어떤 이온들이 존재하는가?

성질 예측과 화합물 명명

3.73 다음 화합물 중 어느 것이 상온에서 결정성이면서 깨지기 쉬운 고체이고 전해질인가? KI, $Mg(NO_3)_2$, NO_2, NH_3, NH_4NO_3.

3.75 많은 자외선 차단제가 산화 타이타늄(IV)이나 산화 아연 중 하나의 작은 입자(나노 입자)들을 포함한다. 이 화합물들은 다른 자외선 차단제보다 더 넓은 영역의 자외선을 걸러 내는 능력을 가진다. 이 화합물들을 이온성 또는 분자성으로 분류하고 그 화학식을 써라.

3.77 이산화 탄소와 산화 이질소는 인간의 활동 때문에 대기에 들어가는 두 가지 주된 온실 기체이다. 이 화합물들을 이온성 또는 분자성으로 분류하고 그 화학식을 써라.

3.79 연습 문제 3.3에 나타낸 화합물을 명명하라.

3.81 다음 화합물이나 이온을 명명하라. 각 화합물을 분자성 또는 이온성으로 구별하라.
(a) NO_3 (e) $AlCl_3$
(b) NO_3^- (f) PCl_3
(c) KNO_3 (g) TiO
(d) Na_3N (h) MgO

3.83 다음 각각에 대하여 화학식을 써라.
(a) 탄산 소듐(sodium carbonate)
(b) 탄산수소 소듐(sodium bicarbonate)
(c) 탄산(carbonic acid)
(d) 플루오린화 수소산(hydrofluoric acid)
(e) 삼산화 황(sulfur trioxide)
(f) 황산 구리(II)[copper(II)sulfate]
(g) 황산(sulfuric acid)
(h) 황화수소산(hydrosulfuric acid)

3.85 HCl(*aq*)와 HCl(*g*)는 어떻게 다른가? 그것들은 어떻게 다르게 명명되는가?

3.87 각 화합물에 대해 주어진 이름이 틀린 이유를 설명하라.
(a) Na_2SO_4, 황산 이소듐(disodium sulfate)
(b) CaO, 산화 칼슘(II)[calcium(II) oxide]
(c) CuO, 산화 구리(copper oxide)
(d) PCl_5, 염화 인(phosphorus chloride)

3.89 각화합물에 대해 주어진 화학식이 틀린 이유를 설명하라.
(a) 황화 포타슘, KS
(b) 탄산 니켈(II), Ni_2CO_3
(c) 질소화 소듐, $NaNO_3$
(d) 삼아이오딘화 질소, N_3I

추가 연습 문제

3.91 각각의 화학식 단위가 물에서 해리될 때 형성되는 이온과 그 이온의 수를 결정하라.
(a) NaCl (c) Na_2SO_4
(b) $MgCl_2$ (d) $Ca(NO_3)_2$

3.93 다음 각 물질이 전해질인지, 비전해질인지를 나타내라.
(a) NaOH(*aq*) (c) NaCl(*aq*)
(b) HCl(*aq*) (d) $C_{12}H_{22}O_{11}$(*aq*)(수크로스 용액)

3.95 많은 전이 금속은 한 가지 이상의 이온을 형성하므로 이온의 전하를 나타내기 위해 로마숫자를 사용하여 명명된다. 은, 아연, 카드뮴을 포함한 이온 결합 화합물을 명명할 때 로마숫자가 필요하지 않은 이유는 무엇인가?

3.97 다음 각 다원자 이온들에 대하여 전하를 포함한 화학식을 써라.
(a) 질산 (e) 황산
(b) 아황산 (f) 아질산
(c) 암모늄 (g) 과염소산
(d) 탄산

3.99 다음화합물과 혼합물을 명명하라.
(a) $MgBr_2$(*s*) (d) $CoCl_3$(*s*)
(b) H_2S(*g*) (e) KOH(*aq*)
(c) H_2S(*aq*) (f) AgBr(*s*)

3.101 다음 각 화합물의 화학식을 써라.
(a) 염화 납(II)[lead(II)chloride]
(b) 인산 마그네슘[magnesium phosphate]
(c) 삼아이오딘화 질소[nitrogen triiodide]
(d) 산화 철(III)[iron(III) oxide]
(e) 질소화 칼슘[calcium nitride]
(f) 수산화 바륨[barium hydroxide]
(g) 오산화 이염소[dichlorine pentoxide]
(h) 염화 암모늄[ammonium chloride]

3.103 베이킹 소다의 활성 성분은 탄산수소 소듐이다. 이 화합물에 대한 화학식은 무엇인가?

3.105 하이포염소산 칼슘은 질병을 일으키는 생물을 죽이기 위해 물을 처리할 때 사용되는 화합물이다. 이 화합물의 화학식은 무엇인가?

3.107 고체 물질을 물에서 제거하는 화합물을 만들기 위해 황산 알루미늄과 산화 칼슘이 물 처리에 사용된다.

$$Al_2(SO_4)_3(aq) + 3CaO(s) + 3H_2O(l) \longrightarrow 2Al(OH)_3(s) + 3CaSO_4(s)$$

화학식을 토대로 볼 때, 이 화학 반응식에서 어떤 물질이 분자성인가?

3.109 고체 구리 금속을 질산 은 용액에 넣으면 고체 은과 질산 구리(II)가 형성된다. 이 과정에 포함된 모든 물질의 화학식을 써라.

3.111 다음 화합물의 화학식을 써라.
(a) 암모니아(ammonia)
(b) 질산(nitric acid)
(c) 아질산(nitrous acid)

3.113 메테인(CH_4)은 산이 아니지만 CH_3CO_2H는 산이다. 주어진 다음 그림에서 어떤 수소가 두 번째 화합물인 아세트산의 산성의 원인이 되는가?

메테인(methane)

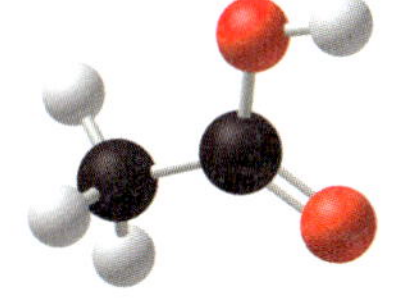
아세트산(acetic acid)

3.115 다음 각 물질들 사이의 유사점과 차이점을 나열하라.

O_2

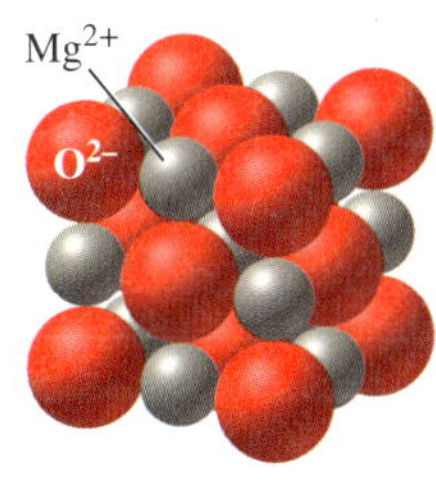

MgO

CO_2

3.117 비강 세척제(코 세척제로도 알려짐)는 비염 치료에 이용된다. 물에 녹여 코를 세척할 수 있도록 약국에서 사용할 수 있는 상용 분말은 염화 소듐과 탄산수소 소듐을 포함한다. 이들 화합물을 이온성 또는 분자성으로 분류하고 그 화학식을 써라.

3.119 일반적인 기저귀 발진 연고는 10%의 산화 아연을 포함하고 있는 크림형 혼합물이다. 산화 아연의 화학식을 쓰고 이 화합물에 있는 각 이온의 전하를 나타내라.

3.121 다음 화합물 중 어느 것이 그 이름에 로마숫자를 가져야 하는가? $ZnCl_2$, $FeCl_2$, NCl_3, $CrCl_3$.

3.123 두 가지 물리적 상태 HF(g)와 HF(aq)에서 HF의 이름을 써라. 두 종류의 화학식에서 산을 나타내는 것은 어느 것인가? 다른 화학식으로 표현되는 물질은 어떤 종류에 해당하는가?

3.125 다음 화합물 중 어느 것이 녹는점이 가장 높겠는가?
PCl_3, $CrCl_3$, NCl_3, ClO_3.

화학 조성

Chemical Composition

©Royce Bair/Getty Images

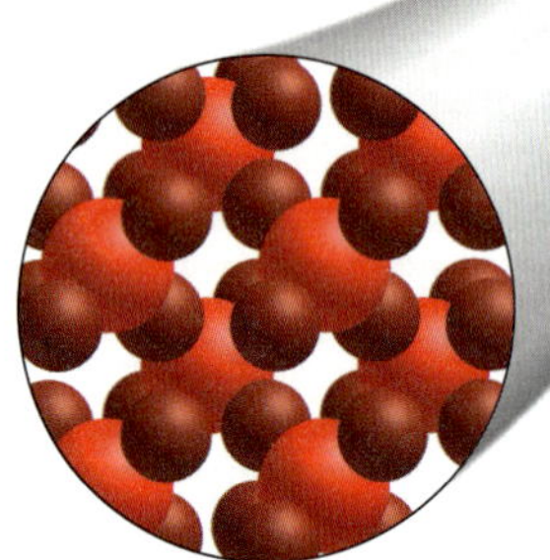

구리(cupper)는 우리 일상생활에서 중요한 역할을 한다. 얼마나 중요한지를 살펴보기 위해 대학생인 Julio의 일상을 따라가 보자. 삐삐! 라디오 알람이 울려서 Julio를 깨운다. 라디오의 회로와 벽 콘센트까지 연결되는 전선은 구리를 포함한다. Julio는 황동(황동은 구리와 아연의 균일 혼합물임) 프레임으로 된 침대에서 일어난다. 욕실 문을 열고 전등을 켠다. 문손잡이와 경첩은 황동 소재이다. 전등 스위치에는 구리로 된 접촉점이 있고 전구의 바닥면은 구리로 만들어졌다. 그는 세수하기 위해 수도꼭지를 튼다. 싱크대의 수도꼭지는 황동이고, 니켈과 크로뮴으로 코팅되어 있다. 구리관은 집을 관통하여 욕실로 물을 운반한다. 많은 물건들이 구리로 만들어져 있다(그림 4.1). 사실 일생 동안 Julio는 1500 lb(680 kg) 이상의 구리 금속을 이용할 것이다. 여러분의 침실과 욕실을 살펴보라. 구리나 황동으로 만들어진 다른 물체를 관찰할 수 있는가?

그림 4.1 우리가 일상생활에 사용하는 많은 물건은 구리를 포함하고 있다. 파이프, 동전, 전선은 보통 구리로 되어 있다.

©McGraw-Hill Education/Stephen Frisch

대부분의 구리는 광물의 형태로 얻어진다. ***광물***(*mineral*)은 자연적으로 얻어지는 원소 또는 화합물로, 독특한 화학 조성과 고체 형태를 가진다. 가장 흔한 광물인 구리는 다른 금속과 같이 황화물, 산화물, 규산염으로 되어 있다(그림 4.2). 구리는 노천 광산에서 구리가 상대적으로 적은 광석으로 분리된다.

광물은 많은 양의 구리를 포함하지만, 광석은 단지 적은 양의 광물을 종종 포함하므로 질량비로 1% 미만의 구리를 포함한다. 즉 광석 100 kg은 1 kg 정도의 적은 구리를 산출할지 모른다.

순수한 구리는 연속적인 물리적 화학적 공정에서 광물로 얻어진다. 황을 포함하는 휘동광(chalcocite, Cu_2S)이나 산소를 포함하는 공작석[$Cu_2CO_3(OH)_2$]과 같은 광물로 얻어진다. 예를 들어 황화 구리를 산소가 있는 조건에서 연소시킴으로써 이산화 황으로 만들어 황을 없애기도 한다. 채굴된 광석에서 구리의 백분율은 매우 낮은 반면, 마지막 단계의 공정을 거친 후 얻어진 구리는 거의 100%이다.

영양제로 섭취하는 무기물은 지질학적 광물의 일부분이라 할 수 있다. 영양제로 섭취하는 무기물 금속 원소들은 음식물 안에서 이온 상태로 들어 있거나 체내에서 소비 가능한 비타민의 형태로 존재한다.

Julio가 욕실에서 세수를 할 때 수도꼭지 입구에 청록색의 고체가 있음을 알게 되었다. 이 고체(산화 구리 또는 탄산염 화합물)는 물이 구리 파이프를 흐를 때 상호 작용에 의해 수도꼭지에 흔하게 발생하게 된다(그림 4.3). 대부분의 가정에서는 물을 수송하기 위해 구리관을 사용하며, 우리 몸은 우리가 마시거나 요리할 때 구리를 섭취하게 된다. 대개 이렇게 얻어지는 구리의 양은 일일 권장량의 5%보다 작다. 구리는 우리 몸의 대사 작용에도 중요한 역할을 한다. 우리 몸에서 구리는 1 kg당 1.4~2.1 mg의 미량으로 존재한다. 구리는 철 활용, 멜라닌 색소 생성, 건강한 뼈와 연결 조직의 유지, 질병 예방 항산화제에 필요한 효소에서 발견된다. 성인의 1일 구리 섭취 권장량은 0.9 mg이고 10 mg 정도까지 안전하다고 알려져 있다. 종합 비타민은 대개 $CuSO_4$의 형태로 1~2 mg

그림 4.2 구리는 대부분 다양한 황화물, 산화물, 규산염 광물로 발견된다. 이러한 광물 표본의 표면에 나타나는 색깔들은 광석을 구성하는 광물의 독특한 조성에 기인한다.

©Cordelia Molloy/Science Source

그림 4.3 수도꼭지의 청록색은 물에 녹아 있는 구리에 기인한다.

©Steven M. Marks

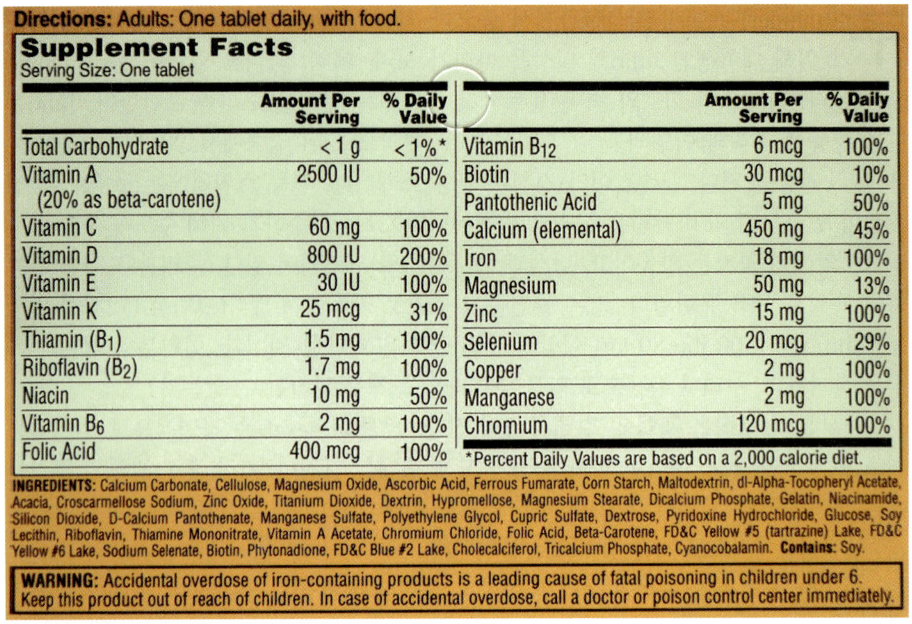

Directions: Adults: One tablet daily, with food.

Supplement Facts
Serving Size: One tablet

	Amount Per Serving	% Daily Value		Amount Per Serving	% Daily Value
Total Carbohydrate	< 1 g	< 1%*	Vitamin B_{12}	6 mcg	100%
Vitamin A (20% as beta-carotene)	2500 IU	50%	Biotin	30 mcg	10%
			Pantothenic Acid	5 mg	50%
Vitamin C	60 mg	100%	Calcium (elemental)	450 mg	45%
Vitamin D	800 IU	200%	Iron	18 mg	100%
Vitamin E	30 IU	100%	Magnesium	50 mg	13%
Vitamin K	25 mcg	31%	Zinc	15 mg	100%
Thiamin (B_1)	1.5 mg	100%	Selenium	20 mcg	29%
Riboflavin (B_2)	1.7 mg	100%	Copper	2 mg	100%
Niacin	10 mg	50%	Manganese	2 mg	100%
Vitamin B_6	2 mg	100%	Chromium	120 mcg	100%
Folic Acid	400 mcg	100%			

*Percent Daily Values are based on a 2,000 calorie diet.

INGREDIENTS: Calcium Carbonate, Cellulose, Magnesium Oxide, Ascorbic Acid, Ferrous Fumarate, Corn Starch, Maltodextrin, dl-Alpha-Tocopheryl Acetate, Acacia, Croscarmellose Sodium, Zinc Oxide, Titanium Dioxide, Dextrin, Hypromellose, Magnesium Stearate, Dicalcium Phosphate, Gelatin, Niacinamide, Silicon Dioxide, D-Calcium Pantothenate, Manganese Sulfate, Polyethylene Glycol, Cupric Sulfate, Dextrose, Pyridoxine Hydrochloride, Glucose, Soy Lecithin, Riboflavin, Thiamine Mononitrate, Vitamin A Acetate, Chromium Chloride, Folic Acid, Beta-Carotene, FD&C Yellow #5 (tartrazine) Lake, FD&C Yellow #6 Lake, Sodium Selenate, Biotin, Phytonadione, FD&C Blue #2 Lake, Cholecalciferol, Tricalcium Phosphate, Cyanocobalamin. **Contains:** Soy.

WARNING: Accidental overdose of iron-containing products is a leading cause of fatal poisoning in children under 6. Keep this product out of reach of children. In case of accidental overdose, call a doctor or poison control center immediately.

그림 4.4 종합 비타민은 보통 구리를 포함하고 있다. 성인 하루 권장량보다 조금 많은 양을 포함하고 있다.

정도의 구리를 포함하고 있다(그림 4.4).

구리 결핍은 흔하지 않지만 크론병이나 아연 보충제를 섭취하는 사람에게서 발견될 수 있다. 구리 결핍은 빈혈, 잦은 감염, 탈모, 피로, 뼈와 관절 문제, 피부의 상처 등을 야기한다.

구리의 독성이 문제가 될 수 있다. 고농도의 구리는 소화 단백질을 만드는 아연의 흡수를 저해하여 고기나 단백질이 포함된 음식을 싫어하게 된다. 구리가 여러 장기에 축적되는 윌슨병(Wilson's disease)과 같은 유전병이 있을 수 있으며, 구리관을 통해 식수에 구리 농도가 높아질 수 있다. 산도가 높거나 파이프에 몇 시간 동안 고여 있는 물에서 구리 농도가 증가할 수 있다. 식수에 들어 있는 구리가 문제된다면 한동안 수도꼭지 물을 그대로 흘려보내는 것이 좋다. 미국 환경보호청(EPA)은 식수에서 구리 수준이 1.3 mg/L를 넘지 못하도록 정했으며, 이는 식수에서의 납 허용량 0.015 mg/L의 100배 정도 크다고 할 수 있다.

이 장에서는 구리와 구리 광물과 같은 원소 조성을 공부하고자 한다. 용액의 조성(균일 혼합물)을 기술하는 방법도 배운다.

이 장에서 공부할 내용의 질문

4.1 화합물에 있는 원소들의 질량 조성을 어떻게 표현할 수 있는가?

4.2 주어진 질량의 물질에서 원자의 수를 어떻게 결정할 수 있는가? 분자의 개수는? 화학식 단위의 수는?

4.3 화합물에 있는 원소의 질량을 사용하여 화학식을 어떻게 결정할 수 있는가?

4.4 용액의 조성은 어떻게 표현할 수 있는가?

그림 4.8 다양한 원소와 화합물들의 1몰은 다른 질량과 부피를 갖지만 같은 수, 즉 6.022×10^{23}개의 화학식 단위를 가진다. 예를 들면 알루미늄 1몰은 6.022×10^{23}개의 알루미늄 원자를, 물 1몰은 6.022×10^{23}개의 물 분자를, 염화 소듐 1몰은 6.022×10^{23}개의 염화 소듐 화학식 단위를 포함한다.
©Jim Birk

은 6.022×10^{23}개의 $CuCl_2$의 화학식 단위를 포함한다. Avogadro 수를 이용하여 화학식 단위의 수를 얻기 위해 다음 관계를 사용한다.

$$1\text{몰} = 6.022 \times 10^{23}\text{개의 화학식 단위}$$

이 등가 관계를 이용하여 환산 인자를 만들 수 있다.

$$\frac{6.022 \times 10^{23}\text{개의 화학식 단위}}{1\text{몰}} \quad \text{그리고} \quad \frac{1\text{몰}}{6.022 \times 10^{23}\text{개의 화학식 단위}}$$

몰에서 환산하려면 첫 번째 관계를 사용한다. 예를 들면 다음과 같이 정확하게 구리 2몰에 있는 구리 원자의 수를 계산할 수 있다.

$$2\cancel{\text{몰 Cu}} \times \frac{6.022 \times 10^{23}\text{개의 화학식 단위}}{1\cancel{\text{몰 Cu}}} = 1.204 \times 10^{24}\text{개의 화학식 단위}$$

Cu의 화학식 단위가 구리 원자이므로 정확하게 2몰의 구리에는 1.204×10^{24}개의 구리 원자가 있다. 0.500몰의 구리에는 3.01×10^{23}개의 구리 원자가 있다는 것을 스스로 확인하라.

우리는 *mole*에 대하여 약어 mol을 사용한다. 그러나 분자를 의미하는 *molecule*을 mol이라는 약어로 써서는 안 된다.

또한 화학식 단위와 원자, 이온들도 환산할 수 있다. 특정 몰수에 해당하는 원자나 이온의 개수를 결정하기 위해, 이 방법을 더 연장하여 화학식 분석이 포함되도록 하면 된다.

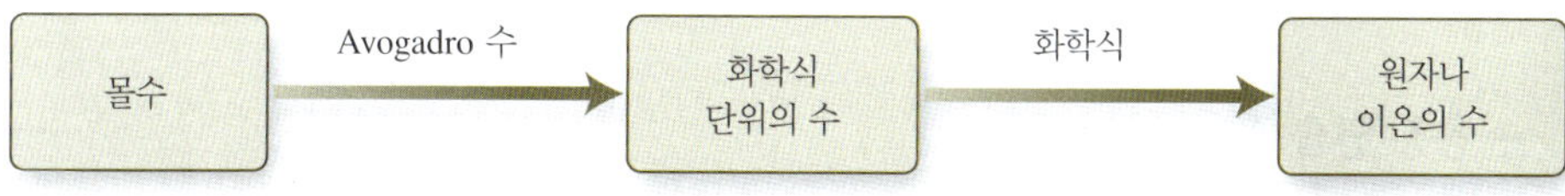

예를 들면 O_2 1몰은 6.022×10^{23}개의 O_2 분자를 포함하고, O_2 한 분자(화학식 단위)는 두 개의 산소 원자를 포함한다.

$$1\cancel{\text{몰 } O_2} \times \frac{6.022 \times 10^{23}\text{개의 } \cancel{O_2 \text{ 분자}}}{1\cancel{\text{몰 } O_2}} \times \frac{2\text{개의 O 원자}}{1\text{개의 } \cancel{O_2 \text{ 분자}}} = 1.204 \times 10^{24}\text{개의 O 원자}$$

산화 구리(I)의 다른 예를 생각해 보자. Cu_2O 1몰은 몇 개의 Cu^+와 O^{2-} 이온을 가지겠

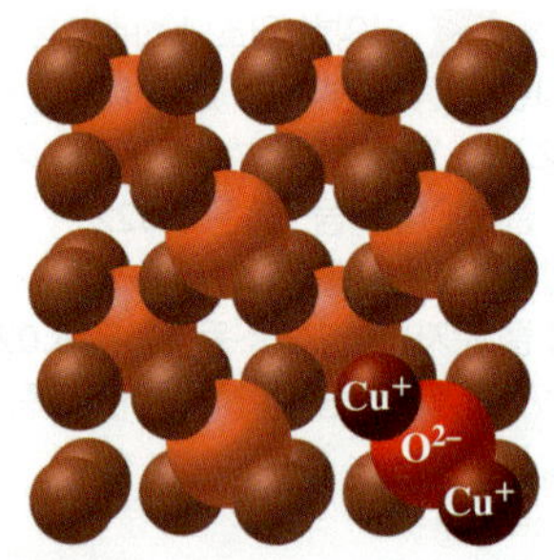

그림 4.9 강조하여 나타낸 Cu_2O의 한 화학식 단위는 두 개의 Cu^+ 이온과 한 개의 O^{2-} 이온을 포함한다.

는가? 전체 이온은 몇 개인가? 화학식을 분석하면 그림 4.9에 나타낸 것처럼 Cu_2O의 화학식 단위에는 두 개의 Cu^+ 이온과 한 개의 O^{2-} 이온이 들어 있다는 것을 알 수 있고, 다음 결과를 얻을 수 있다.

$$1\text{ 몰 }\cancel{Cu_2O} \times \frac{6.022 \times 10^{23}\text{개의 }\cancel{Cu_2O\text{ 화학식 단위}}}{1\text{ 몰 }\cancel{Cu_2O}} \times \frac{2\text{개의 }Cu^+\text{ 이온}}{1\text{개의 }\cancel{Cu_2O\text{ 화학식 단위}}} = 1.204 \times 10^{24}\text{개의 }Cu^+\text{ 이온}$$

$$1\text{ 몰 }\cancel{Cu_2O} \times \frac{6.022 \times 10^{23}\text{개의 }\cancel{Cu_2O\text{ 화학식 단위}}}{1\text{ 몰 }\cancel{Cu_2O}} \times \frac{1\text{개의 }O^{2-}\text{ 이온}}{1\text{개의 }\cancel{Cu_2O\text{ 화학식 단위}}} = 6.022 \times 10^{23}\text{개의 }O^{2-}\text{ 이온}$$

$$\text{전체 이온수} = 1.204 \times 10^{24}\ Cu^+\text{ 이온} + 6.022 \times 10^{23}\ O^{2-}\text{ 이온} = 1.807 \times 10^{24} = \text{이온}$$

Cu_2O 1몰에는 총 1.807×10^{24}개의 이온이 존재한다.

예제 4.3 ▶ 1몰의 입자

황화 수소(H_2S) 1몰에는 몇 개의 H_2S 분자가 존재하는가? 거기에는 몇 개의 수소 원자와 황 원자가 있는가?

» 풀이:

H_2S의 몰수를 H_2S의 분자수로 환산하기 위해 관심 있는 물질에 대한 몰과 화학식 단위 사이의 관계를 고려한다. 이 경우에 화학식 단위는 H_2S 분자이므로 H_2S 1몰은 6.022×10^{23}개의 H_2S 분자를 포함한다. 시료에 있는 수소 원자와 황 원자의 수를 결정하기 위해 화학식을 분석하면 H_2S 한 분자당 두 개의 H 원자와 한 개의 S 원자가 존재한다는 것을 알 수 있다. 이 양을 환산 인자로 사용하여 H_2S 1몰에 존재하는 H 원자와 S 원자의 수를 계산할 수 있다.

$$1\text{몰 }\cancel{H_2S} \times \frac{6.022 \times 10^{23}\text{개의 }\cancel{H_2S\text{ 분자}}}{1\text{몰 }\cancel{H_2S}} \times \frac{2\text{개의 H 원자}}{1\text{개의 }\cancel{H_2S\text{ 분자}}} = 1.204 \times 10^{24}\text{개의 H 원자}$$

$$1\text{몰 }\cancel{H_2S} \times \frac{6.022 \times 10^{23}\text{개의 }\cancel{H_2S\text{ 분자}}}{1\text{몰 }\cancel{H_2S}} \times \frac{1\text{개의 S 원자}}{1\text{개의 }\cancel{H_2S\text{ 분자}}} = 6.022 \times 10^{23}\text{개의 S 원자}$$

➜ 응용 연습 4.3

H_2S가 1몰보다 적을 때 수소 원자와 황 원자의 수는 어떻게 달라지는가?

➜ 실전 연습 4.3

오산화 이질소(N_2O_5) 1몰에는 몇 개의 N_2O_5 분자가 있는가? 질소 원자와 산소 원자의 개수는?

➜ 심화 연습: 연습 문제 4.17

» 몰질량

원자의 평균 질량을 원자 질량 단위로 표시한 것이 상대 원자 질량이다(2.4절). 이 정의는 한 원자의 평균 질량을 기술하지만 물질의 더 큰 질량으로 확장할 수도 있다. ^{12}C 원자 한 개가 정확하게 12 amu의 질량을 가진다는 것이 이 정의의 기반임을 상기하라. ^{12}C 1몰의 질량(즉 ^{12}C 원자 6.022×10^{23}개)이 정확히 12 g이 되도록 Avogadro 수가 정의되었다. 결과적으로 입자들의 질량을 원자 질량 단위로 나타낸 값과 그 물질 1몰의 질량을 그램으로 나타낸 값이 동일하게 된다. 기준 물질은 ^{12}C의 질량을 사용하여 1몰을 정의할 수도 있다. *1몰은 ^{12}C 12 g에 들어 있는 원자 개수만큼의 기본 입자(원자, 분자, 화학식 단위)를 포함하는 물질의 양이다.* 어떤 물질 1몰의 질량을 기술하는 용어가 **몰질량**(molar mass)이다.

몰당 그램(g/mol) 단위로 나타낸 몰질량 값과 상대 원자 질량 단위(원자당 amu 단위로)로 나타낸 값이 같기 때문에 주기율표를 이용하면 어떤 원소나 화합물의 몰질량을 결정할 수 있다. 예를 들면 수소 원자 한 개의 평균 질량은 1.008 amu이고 수소 원자 1몰은 1.008 g이다. 마찬가지로 황 원자 1개의 평균 질량은 32.06 amu이고, 황 원자 1몰의 질량은 32.06 g이다. *분자 화합물이나 이온 결합 화합물의 몰질량은 구성 성분 원소의 상대 원자 질량의 합과 같은 값을 가진다.* 예를 들면 H_2S 한 분자의 평균 질량은 34.08 amu이고 몰질량은 34.08 g/mol이다. 분자(또는 화학식 단위)의 몰질량은 구성 성분 원소들의 몰질량을 더하면 구할 수 있는데, 각 원소의 몰질량을 구할 때는 분자(또는 화학식 단위)에 들어 있는 원자의 수를 곱해 주어야 한다. 간단하게 몰질량은 *MM*으로 간략하게 표현한다.

예제 4.4 ▶ 물질의 몰질량

황화 구리를 용광로에서 가열하면 이산화 황(SO_2) 기체가 형성된다. SO_2의 몰질량은 얼마인가?

» 풀이:

화합물의 몰질량은 구성 성분 원소(이 경우에는 황과 산소)의 몰질량의 합이다. 이산화 황 한 분자는 한 개의 황 원자와 두 개의 산소 원자를 포함하므로 산소의 몰질량에 2를 곱해야 한다. 주기율표에서 황과 산소의 몰질량을 찾아서 산소의 몰질량에 2를 곱하고 그 합을 구하면 된다.

$$
\begin{aligned}
&\text{S 1몰의 질량} = 1\text{몰} \times 32.06\ \text{g/몰} = 32.06\ \text{g} \\
&\text{O 2몰의 질량} = 2\text{몰} \times 16.00\ \text{g/몰} = \underline{32.00\ \text{g}} \\
&\text{SO}_2\ \text{1몰의 질량} \qquad\qquad\qquad\quad = 64.06\ \text{g}
\end{aligned}
$$

SO_2의 몰질량은 64.06 g/몰이다.

→ 응용 연습 4.4

SO_2 대신 SO_3가 형성된다면 몰질량은 더 커지는가, 줄어드는가?

→ 실전 연습 4.4

Julio의 황동 침대를 만드는 데 사용된 구리를 산출한 많은 광물들은 이산화 규소(SiO_2)의 광석으로 땅에서 나온다. 이산화 규소의 몰질량은 얼마인가?

→ 심화 연습: 연습 문제 4.27

> 질량과 몰의 사이의 환산은 매우 일반적이다. 예를 들어 화학 반응에서 형성된 물질의 양을 계산하고자 한다면, 시작 물질의 질량을 몰로 환산한 다음 생성된 물질의 몰수를 계산해야 한다. 그러면 생성물의 질량을 결정할 수 있다. 제6장에서 이들 계산을 논의한다.

지금까지 질량(조성 백분율), 분자 화합물의 원자 또는 이온 결합 화합물의 이온을 사용하여 화합물의 조성을 나타낼 수 있다는 것을 배웠다. 또한 각 원소의 몰수를 사용해도 한 물질의 조성을 나타낼 수 있다.

물질의 몰수는 그 질량에 비례한다. 몰수에 대한 질량의 비는 언제나 같다. 그 값은 1몰의 질량인 몰질량과 동등하다. 1.27 g의 Cu를 포함한 3.67 g의 황동광 시료를 상기하라. 이 시료에 있는 구리의 몰수를 구해 보자. 구리의 몰수에 대한 구리 1.27 g의 비와 1몰 구리에 대한 질량 대 몰 비(몰질량)를 같게 놓을 수 있다.

$$\frac{1.27\text{ g Cu}}{x\text{ 몰 Cu}} = \frac{65.55\text{ g Cu}}{1\text{몰 Cu}}$$

이 식을 재배열하여 구리의 몰수에 대하여 푼다.

$$x\text{ 몰 Cu} = 1.27\,\cancel{\text{g Cu}} \times \frac{1\text{몰 Cu}}{63.55\,\cancel{\text{g Cu}}} = 0.0200\text{ 몰 Cu}$$

비를 사용하는 방법은 이 같은 문제에 항상 적용할 수 있기는 하지만, 일반적으로 차원 분석을 이용하면 더 빨리 문제를 풀 수 있다. 질량을 몰로 환산하는 것은 아래와 같다.

차원 분석에서는 두 개의 동등한 양을 등식으로 표현한다. 1몰의 Cu가 63.55 g의 질량을 가진다는 것을 알고 있으므로 등가 관계식은 다음과 같다.

$$1\text{몰 Cu} = 63.55\text{ g Cu}$$

이 식을 사용하여 두 양의 비를 구한다. 비는 두 가지 방식으로 표현될 수 있다.

$$\frac{63.55\text{ g Cu}}{1\text{몰 Cu}} \quad \text{그리고} \quad \frac{1\text{몰 Cu}}{63.55\text{ g Cu}}$$

이전 단위(이 경우에는 그램)를 없애고 새로운 단위(몰)를 도입할 비를 선택한다. 최초 양(1.27 g Cu)에 이 비를 곱하면 구리의 몰수를 얻게 된다.

$$\text{몰 Cu} = 1.27\,\cancel{\text{g Cu}} \times \frac{1\text{몰 Cu}}{63.55\,\cancel{\text{g Cu}}} = 0.0200\text{몰 Cu}$$

이 식은 비율 방법에서 사용된 마지막 식과 같다. 차원 분석을 사용하여 이 장에 남아 있는 예제를 풀 것이지만 어떤 방법을 사용하든지 같은 결과를 얻을 수 있다는 것을 기억하라.

예제 4.5는 황동광 시료에 있는 Fe와 S의 몰수를 계산하는 데 차원 분석 방법을 사용한다.

예제 4.5 ▶ 질량으로부터 몰수 구하기

황동광 시료에서 발견된 1.12 g Fe에 있는 철의 몰수는 얼마인가?

» 풀이:

주기율표에서 철의 몰질량을 얻기 위해 등가 관계식을 사용한다.

$$1\text{몰 Fe} = 55.85\text{ g Fe}$$

이 관계식을 사용하여 두 개의 환산 인자를 만든다.

$$\frac{55.85\ \text{g Fe}}{1\text{몰 Fe}} \text{ 그리고 } \frac{1\text{몰 Fe}}{55.85\ \text{g Fe}}$$

그램을 몰로 환산하기를 원하기 때문에 두 번째 환산 인자를 선택하여 수행한다.

$$\text{몰 Fe} = 1.12\ \cancel{\text{g Fe}} \times \frac{1\text{몰 Fe}}{55.85\ \cancel{\text{g Fe}}} = 0.0201\text{몰 Fe}$$

➔ 응용 연습 4.5

철의 몰수를 알고 그 질량을 알고자 할 때 어떤 환산 비를 사용해야 하는가?

➔ 실전 연습 4.5

황동광(chalcopyrite) 시료에서 발견된 1.28 g S에 있는 황의 몰수는 얼마인가?

➔ 심화 연습: 연습 문제 4.37

지금까지 원소의 몰질량을 사용하여 황동광 시료 3.67 g에 있는 0.0200몰 Cu, 0.0201몰 Fe, 0.0399몰 S(연습 문제 4.5에서 얻은)를 계산하였다. 유사한 방법으로 화합물의 몰수를 계산할 수 있다. 질량을 몰수로 환산하기 위해 원소의 몰질량을 사용했던 것과 같이, 화합물의 몰질량을 사용한다. 또한 몰수를 알고 있을 때 질량을 구하려면 몰질량을 사용하여 몰을 질량으로 환산하는 인자를 만들 수 있다. 25.2 g의 Cu_2O 시료가 있다고 가정하자. 그러면 이 시료에 존재하는 Cu_2O의 몰수를 계산해 보자. 먼저 주기율표에서 Cu_2O의 몰질량을 구한다.

$$\begin{aligned} &2\text{몰 Cu의 질량} = 2\text{몰} \times 63.55\ \text{g/mol} = 127.1\ \text{g} \\ &1\text{몰 O의 질량} = 1\text{몰} \times 16.00\ \text{g/mol} = \underline{16.00\ \text{g}} \\ &1\text{몰의 } Cu_2O\text{의 질량} = 143.1\ \text{g} \end{aligned}$$

몰질량은 두 가지의 가능한 환산 인자를 알려준다.

$$\frac{143.1\ \text{g } Cu_2O}{1\text{몰 } Cu_2O} \text{ 그리고 } \frac{1\text{몰 } Cu_2O}{143.1\ \text{g } Cu_2O}$$

Cu_2O의 그램을 몰로 변환시키기 위해, 위의 두 번째 환산 인자 식을 사용하면 다음과 같이 된다.

$$\text{몰 } Cu_2O = 25.2\ \cancel{\text{g } Cu_2O} \times \frac{1\text{몰 } Cu_2O}{143.1\ \cancel{\text{g } Cu_2O}} = 0.176\text{몰 } Cu_2O$$

따라서 25.2 g의 Cu_2O 시료는 0.176 mol의 Cu_2O를 포함하고 있다.

만일 몰수를 알고 있고 질량을 구하고자 한다면, 몰질량을 사용하여 몰수를 질량으로 변환하는 비율을 만들 수 있다. 예제 4.6에서 이것을 알아보자.

예제 4.6 ▶ 몰수로부터 질량 구하기

Julio가 몰을 질량으로 환산하는 것에 대해 생각하는 동안 친구가 구리 솥에 물을 끓여서 그에게 차 한 잔을 만들어 준다. 그가 0.0120몰의 식용 설탕(수크로스 $C_{12}H_{22}O_{11}$)

을 차에 넣었다고 Julio에게 말한다. 그가 첨가한 설탕의 질량은 얼마인가?

» 풀이:

설탕의 몰질량을 사용하여 몰을 질량으로 환산한다. 먼저, 화합물의 화학식에 있는 각 원소의 원자수에 각 원자의 몰질량을 곱하여 원자들의 몰질량으로부터 화합물의 몰질량을 얻는다.

$$\begin{aligned}
&12\text{몰 C의 질량} = 12\text{몰} \times 12.01\ \text{g/몰} = 144.1\ \text{g}\\
&22\text{몰 H의 질량} = 22\text{몰} \times 1.008\ \text{g/몰} = 22.2\ \text{g}\\
&11\text{몰 O의 질량} = 11\text{몰} \times 16.00\ \text{g/몰} = \underline{176.0\ \text{g}}\\
&1\text{몰의 } C_{12}H_{22}O_{11}\text{의 질량} = 342.3\ \text{g}
\end{aligned}$$

$C_{12}H_{22}O_{11}$의 몰질량은 342.3 g/몰이다. 이제 등가 관계식을 만들 수 있다.

$$1\text{몰 } C_{12}H_{22}O_{11} = 342.3\ \text{g } C_{12}H_{22}O_{11}$$

이 식으로부터 단위들 사이의 환산에 대한 두 가지의 가능한 비를 구하게 된다.

$$\frac{342.3\ \text{g } C_{12}H_{22}O_{11}}{1\text{몰 } C_{12}H_{22}O_{11}} \quad \text{그리고} \quad \frac{1\text{몰 } C_{12}H_{22}O_{11}}{342.3\ \text{g } C_{12}H_{22}O_{11}}$$

몰수를 알고 질량을 계산하기를 원하므로 첫 번째 비를 사용한다.

$$\text{g } C_{12}H_{22}O_{11} = 0.0120\,\cancel{\text{몰 } C_{12}H_{22}O_{11}} \times \frac{342.3\ \text{g } C_{12}H_{22}O_{11}}{1\,\cancel{\text{몰 } C_{12}H_{22}O_{11}}} = 4.11\ \text{g } C_{12}H_{22}O_{11}$$

이것은 대략 찻숟가락 한 개에 있는 설탕의 양이다.

➜ 응용 연습 4.6

Julio가 차에 설탕을 반 숟가락 밖에 넣지 않았을 때 설탕의 몰수는 어떻게 달라지는가?

➜ 실전 연습 4.6

Julio의 친구는 차에 아스파탐(aspartame, $C_{14}H_{18}N_2O_5$)과 같은 인공 감미료를 더 좋아한다. 한 봉지의 아스파탐은 40 mg의 감미료를 포함한다. 한 묶음에 있는 아스파탐의 몰수는 얼마인가? 0.0120몰 아스파탐의 질량은 얼마인가? 이것은 아스파탐 몇 봉지에 해당하는가?

➜ 심화 연습: 연습 문제 4.43

이 절의 앞부분에서 시료에 있는 물질의 몰수를 알면 화학식 단위의 수를 계산할 수 있다는 것을 배웠다. 예를 들면 3.67 g의 황동광에 있는 각 원소의 몰수를 알기 때문에 황동광이 포함한 원자들의 수를 계산할 수 있다. 우리가 시료에서 Cu 0.0200몰, Fe 0.0201몰, S 0.0399몰을 발견했던 것을 기억해 보자. 구리 원자의 개수를 구하기 위해 몰과 Avogadro 수 사이의 관계를 이용하자.

$$1\text{몰} = 6.022 \times 10^{23}\text{개의 원자}$$

이 등가식을 사용하여 환산 비를 설정한다.

$$\frac{6.022 \times 10^{23}\text{개의 원자}}{1\text{몰}} \quad \text{그리고} \quad \frac{1\text{몰}}{6.022 \times 10^{23}\text{개의 원자}}$$

몰을 원자수로 환산해야 하므로 첫 번째 비를 사용한다.

$$\text{Cu 원자수} = 0.0200\cancel{\text{몰 Cu}} \times \frac{6.022 \times 10^{23}\text{개의 원자}}{1\cancel{\text{몰 Cu}}} = 1.20 \times 10^{22}\text{개의 Cu 원자}$$

이와 비슷한 계산을 통해 철과 황 원자의 수를 구할 수 있다. 철 원자 1.21×10^{22}개와 S 원자 2.40×10^{22}개이다.

물질의 몰수를 알지 못하지만 그 질량을 안다고 가정해 보자. 화학식 단위의 수를 알기 위해 먼저 몰질량을 사용하여 질량을 몰로 환산해야 한다. 그리고 Avogadro 수를 사용하여 화학식 단위 수를 찾는다. 마지막 단계에서 화학식을 사용하여 원자 또는 이온의 수를 결정한다. 질량, 몰, 화학식 단위 수와 원자 또는 이온 사이의 환산에는 몰질량, Avogadro 수, 화학식이 포함되고, 아래와 같은 방법을 사용한다.

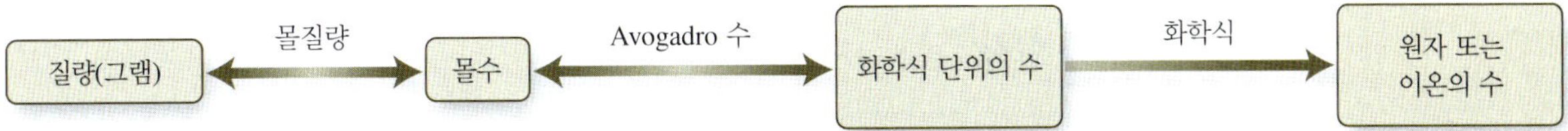

이와 같은 환산은 어떤 방향으로도 수행될 수 있다. 각 등가 관계식은 두 개의 환산비를 만드는 데 사용될 수 있다. 그들 중 하나는 단위를 왼쪽에서 오른쪽으로 변환하고 또 다른 것은 오른쪽에서 왼쪽으로 단위를 변환한다.

예제 4.7 ▶ 질량으로부터 분자수 구하기

Agorca M5640(공식명은 5-nonyl salicylaldoxime)라는 물질은 추출된 구리 광석을 농축하는 데 사용된다. 그것의 분자식은 $C_{16}H_{25}NO_2$이며, 몰질량은 263.4 g/몰이다. 150.0 g의 Agorca M5640 시료에는 몇 개의 분자가 들어 있겠는가?

» 풀이:

질량을 분자수로 환산하기 위해 두 번의 환산 단계가 필요하다. 첫째, 몰질량과 Avogadro 수를 이용하여 각 환산에 대한 등가 관계식이 필요하다.

$$1\text{몰 } C_{16}H_{25}NO_2 = 263.4\text{ g } C_{16}H_{25}NO_2$$

$$1\text{몰 } C_{16}H_{25}NO_2 = 6.022 \times 10^{23}\text{개의 } C_{16}H_{25}NO_2\text{ 분자}$$

식들을 사용하여 환산 인자를 만들어 낸다.

$$\frac{1\text{몰 } C_{16}H_{25}NO_2}{263.4\text{ g } C_{16}H_{25}NO_2} \text{ 그리고 } \frac{263.4\text{ g } C_{16}H_{25}NO_2}{1\text{몰 } C_{16}H_{25}NO_2}$$

$$\frac{6.022 \times 10^{23}\text{개의 분자}}{1\text{몰}} \text{ 그리고 } \frac{1\text{몰}}{6.022 \times 10^{23}\text{개의 분자}}$$

앞에서 설명한 방법을 통해, 150.0 g의 $C_{16}H_{25}NO_2$로 시작하여 이 양을 몰수로 환산하고, 다시 몰수를 분자수로 환산한다. 각 쌍의 환산 비 가운데 첫 번째 것이 계산에서 사용된다.

$$C_{16}H_{25}NO_2\text{ 분자수} = 150.0\text{ g } C_{16}H_{25}NO_2 \times \frac{1\cancel{\text{몰 } C_{16}H_{25}NO_2}}{263.4\cancel{\text{ g } C_{16}H_{25}NO_2}}$$

$$\times \frac{6.022 \times 10^{23}\text{개의 } C_{16}H_{25}NO_2\text{ 분자}}{1\cancel{\text{몰 } C_{16}H_{25}NO_2}}$$

인터넷 핫스팟

상당수 학생들이 그램을 화학식 단위로 변환시키는 것에 어려움을 겪고 있다고 한다. 이 주제에 대한 추가 학습 자료를 보려면 SmartBook에 접속하라.

$= 3.430 \times 10^{23}$개의 $C_{16}H_{25}NO_2$ 분자

→ 응용 연습 4.7

Agorca M5640 분자식이 $C_{32}H_{50}N_2O_4$라 할 때, 150.0 g 시료에 들어 있는 분자수는 늘어나는가, 줄어드는가?

→ 실전 연습 4.7

Julio는 이 예제를 공부한 후에, 머리가 아파서 아스피린 한 알을 먹었다. 아스피린 알약 한 개에는 0.324 g의 아세틸살리실산($C_9H_8O_4$, 몰질량 = 180.2 g/몰)이 들어 있다. 알약 한 개에 들어 있는 아세틸살리실산의 분자의 수는 몇 개인가?

→ 심화 연습: 연습 문제 4.51

4.3 실험식과 분자식 결정하기

우리는 질량, 조성 백분율, 몰과 성분 원소의 원자와 분자를 이용하여 물질의 조성을 표현하는 방법을 살펴보았다. 이것들 모두가 조성을 표현하는 데 유용한 방법이지만 어떤 것도 완전하지는 않다. 이 절에서는 그와 같은 정보를 화학식으로 변환하는 방법을 알아볼 것이다. 화학식은 물질의 조성을 나타내는 효과적인 방법이다.

>> 실험식과 분자식

H_2O

H_2O_2

그림 4.10 물 분자의 경우 분자식과 실험식은 같은 H_2O이다. 과산화 수소의 경우 수소와 산소 원자의 가장 작은 비는 1:1이지만 실제로 분자는 각 원자 두 개를 포함하므로 분자식과 실험식은 다르나. 즉 각각 H_2O와 HO이다.

물질의 조성과 연관이 있는 두 가지 유형의 화학식이 있다. **실험식**(empirical formula)은 화합물 안의 원자들의 가장 작은 비를 나타낸다. 가장 작은 정수를 아래 첨자로 쓰게 된다. 분자에 있는 원자들의 실제 수를 나타내는 ***분자식***(*molecular formula*)과는 다를 수도 있다(3.5절을 복습하라). 분자식은 실험식과 같거나 실험식의 배수가 된다. 따라서 분자당 두 개의 수소 원자와 한 개의 산소 원자를 가진 물에 대한 분자식과 실험식은 둘 다 H_2O이다. 수소 원자에 대한 산소 원자의 2:1 비율은 보다 간단한 비율로 감소될 수 없다. 수소 원자 2개와 산소 원자 2개가 들어 있는 과산화 수소의 분자식은 H_2O_2이다. 산소 원자에 대한 수소 원자의 2:2 비율은 1:1의 더 간단한 비율로 감소될 수 있으므로, 과산화 수소의 실험식은 HO이다. 물 분자와 과산화 수소 분자의 차이는 그림 4.10과 같다.

어떤 물질의 경우에는 분자식을 사용할 수 없는데, 구조적으로 특정 분자 단위 자체가 존재하지 않기 때문이다. 예를 들면 석영 모래는 그림 4.11에 나타낸 것처럼 규소와 산소 원자들의 망상 조직으로 연결되어 있다. 원자들은 1:2의 비로 존재하므로 이산화 규소 물질은 SiO_2의 실험식으로 나타낸다. 마찬가지로 이온 결합 화합물에 대한 화학식은 일반적으로 실험식과 같다. 그림 4.12에 나타낸 것처럼 산화 구리(II) 결정은 같은 수의 구리(II) 이온과 산화 이온을 가지지만 분자는 아니다. 이와 같은 이온 결합 화합물의 경우 실험식으로 그 화합물을 표현한다.

화학자들은 가능한 한 분자식을 사용하고 싶어 한다. 분자식에는 원자들의 비뿐만 아니라 분자 안에 있는 원자의 실제 개수 등 더 많은 정보가 들어 있다. 예를 들어 물질인 벤젠과 아세틸렌을 생각해 보자. 그들은 각각 분자식 C_6H_6와 C_2H_2를 가진다(그림 4.13). 둘 다 실험식 CH를 가진다. 실험식은 두 분자에서 모두 같은 수의 탄소와 수소 원자, 즉 1:1 비로 구성되어 있는 것만을 알려 준다. 실험식으로는 벤젠과 아세틸렌을

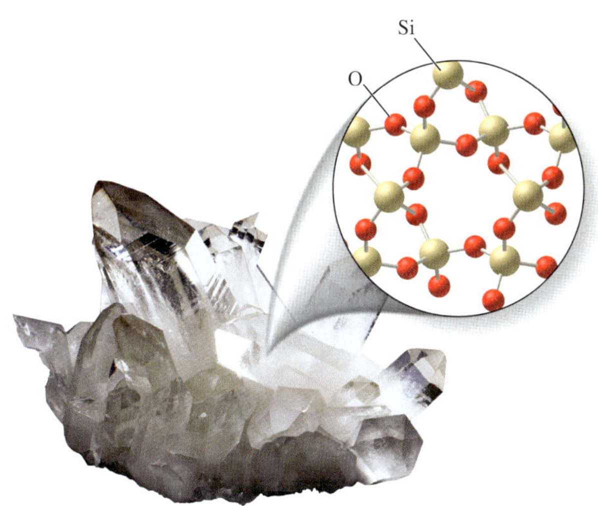

그림 4.11 석영에서 규소 한 원자마다 두 개의 산소 원자가 있지만 SiO_2 분자는 확인될 수 없다. 그와 같은 확장된 구조에서 분자식은 없고 실험식만 있다.

©Siede Preis/Getty Images

그림 4.12 이온성 고체에서 실험식은 결정에서 가장 작은 반복 단위인 화학식 단위를 나타낸다. 이 흑동광(tenorite) 결정은 같은 수의 구리(II) 이온과 산화 이온을 포함하므로 화학식은 CuO이다.

©Richard Megna/Fundamental Photographs

구별할 수 없다. 그 둘을 구별하기 위해서는 분자식이 필요하다. 실험식과 분자식의 몇 가지 예가 표 4.1에 주어졌다.

그림 4.14를 잘 살펴서 각 물질에 대한 실험식을 결정해 보자. 우선 가장 작은 값의 아래 첨자를 찾고 이 값으로 모든 아래 첨자를 나눈다. 다른 아래 첨자가 가장 작은 아래 첨자로 나누어떨어지면 바로 실험식을 얻게 된다. 그렇지 못한 경우에는 다른 어떤 숫자로 나누어떨어질 수도 있으므로 그러한 가능성을 점검해 보아야 한다. 아래 첨자가 1을 제외한 어떤 수로도 나누어떨어지지 않으면, 분자식과 실험식이 동일한 것이다.

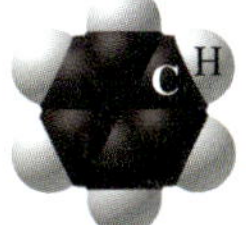

C_6H_6

C_2H_2

그림 4.13 벤젠(C_6H_6)과 아세틸렌(C_2H_2)은 같은 실험식 CH를 가진다.

표 4.1 ▸ 몇 가지 실험식과 분자식

물질	분자식	실험식
사이클로펜테인	C_5H_{10}	CH_2
사이클로헥세인	C_6H_{12}	CH_2
에틸렌	C_2H_4	CH_2
황화 수소	H_2S	H_2S
염화 칼슘	이온 결합 화합물에 대한 분자식은 없다.	$CaCl_2$

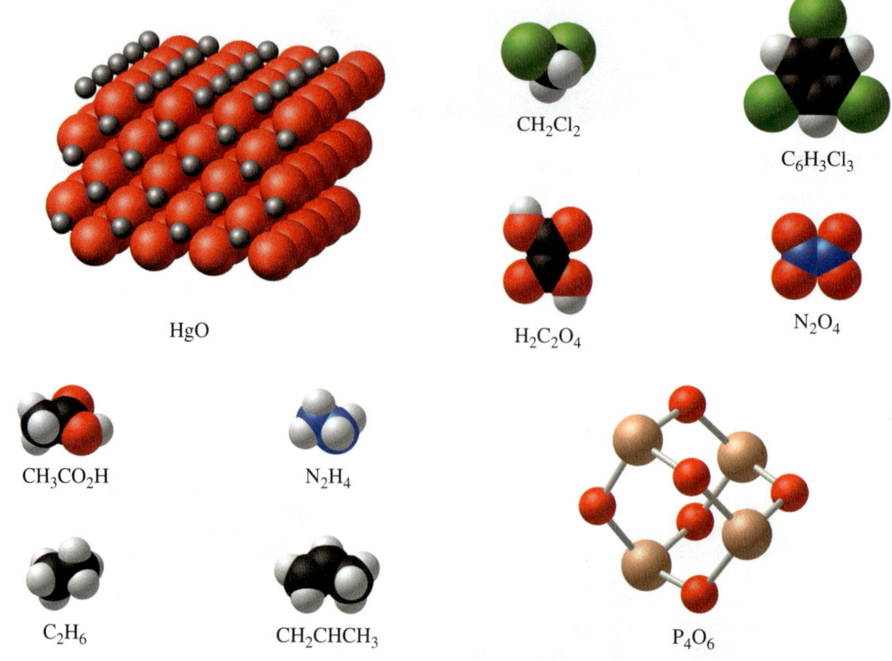

그림 4.14 이 물질 가운데 어떤 물질의 경우 실험식과 분자식이 같은가?

예제 4.8 ▶ 실험식과 분자식

분자식 $C_6H_3Cl_3$(그림 4.14 참조)를 생각해 보자. 이 화합물의 실험식은 무엇인가?

» 풀이:

화학식의 모든 아래 첨자를 가장 작은 아래 첨자인 3으로 똑같이 나누면 실험식 $C_{6/3}H_{3/3}Cl_{3/3}$, 즉 C_2HCl을 구할 수 있다. 분자식은 실험식의 3배이다.

→ 응용 연습 4.8

분자식이 $C_6H_2Cl_4$라면 실험식은 무엇인가?

→ 실전 연습 4.8

다음 각 화합물의 실험식은 무엇인가?

(a) CH_2Cl_2 (b) CH_3CO_2H (c) P_4O_6

→ 심화 연습: 연습 문제 4.67

실험식 결정하기

이제 화합물의 화학적 조성에 관한 자료로부터 실험식을 결정해 보자. 예를 들면 황동광 시료 3.67 g을 생각해 보자. 그것은 Cu 1.27 g, Fe 1.12 g, S 1.28 g을 포함한다. 우리는 성분 원소의 질량을 몰수와 원자의 개수로 환산하였다. 몰수나 개수로부터 화학식을 유도할 수 있다. 다루기 편한 몰수를 사용하자. 즉 Cu 0.0200몰, Fe 0.0201몰, S 0.0399몰이다. 황동광의 화학식을 쓰기 위해서는 이 값들을 정수로 바꾸기만 하면 된다. 왜냐하면 화합물 시료에 있는 원자들의 상대적 몰수는 화학식 단위나 분자에 있는 원자들의 상대적 몰수와 같아야 하기 때문이다. 원자들의 상대적 개수를 얻기 위해서는 가장 작은 양으로 존재하는 원소의 몰수로 각 원소의 몰수를 나누면 된다. 이 예에서 구리가 가장 적은 양으로 존재하므로 Fe와 S의 몰수를 Cu의 몰수로 나누어 모든 수를 정수로 간단히 만들 필요가 있다.

$$\frac{0.0201\text{몰 Fe}}{0.0200\text{몰 Cu}} = \frac{1.01\text{ Fe}}{1.00\text{ Cu}}$$

$$\frac{0.0399\text{몰 S}}{0.0200\text{몰 Cu}} = \frac{2.00\text{ S}}{1.00\text{ Cu}}$$

질량을 실험적으로 결정할 때 약간의 오차가 있기 때문에 정확히 정수는 아니지만 정수에 가까운 값이 나올 수 있다. 그런 경우에는 정수로 반올림하면 된다.

반올림한 정수 값은 황동광 1몰에 Cu 1몰, Fe 1몰, S 2몰이 존재한다는 것을 나타낸다. 이 값들로부터 황동광의 실험식을 $CuFeS_2$로 쓸 수 있다. 몰수 대신에 각 원소의 원자수를 사용해도 방법과 결과는 같을 것이다.

조성 백분율로부터 실험식 구하기

Julio의 전등, 냉장고, 침대 및 컴퓨터에 사용된 구리는 서로 다른 광물에서 얻은 것이지만, 황동광의 실험식을 결정할 때 사용한 것과 같은 방법을 사용하여 다른 광물의 실험식을 결정할 수 있다. 즉, 시료 화합물에 들어있는 각 원소의 질량을 알면, 각 원소의 몰수를 계산하여 실험식을 결정할 수 있다. 실제 질량 대신에 조성 백분율이 주어지면, 몰수를 계산하기 전에 조성 백분율을 상대적 질량으로 환산해야 한다. 가장 간단한 방법은 시료의 질량을 정확하게 100 g이라고 가정하는 것인데, 이 경우 조성 백분율과 성분의 질량이 같아진다. 100 g이 아닌 다른 어떤 질량 값도 선택할 수 있다. 이처럼 시료의 질량 자체가 중요하지 않은 이유는 시료에서의 몰 비를 계산하여 실험식을 결정하게 되는데, 이 몰 비는 시료의 크기와 무관하기 때문이다.

A와 B의 두 원소만을 포함하는 화합물의 경우, 조성 백분율을 실험식으로 변환하는 과정은 다음과 같이 개략적으로 나타낼 수 있다.

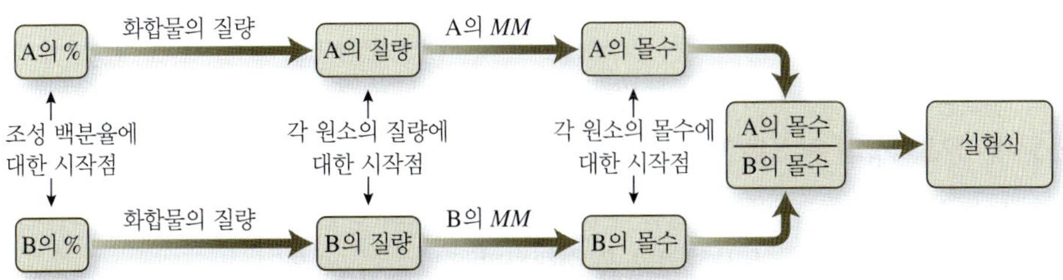

만일 화합물이 세 가지 이상의 원소를 포함하면, 각 원소에 대하여 그림에서와 같은 화살표 경로를 추가하면 된다.

예제 4.9 ▶ 조성 백분율로부터 실험식

Cu 79.8%와 S 20.2%의 조성 백분율을 가진 휘동광 광물의 실험식을 결정하라.

» 풀이:

만약 휘동광 시료의 질량이 100 g이면, 구리와 황의 질량 값은 조성 백분율 값과 같게 된다.

$$100\text{ g의 }79.8\%\text{는 }79.8\text{ g} = \text{Cu의 질량}$$
$$100\text{ g의 }20.2\%\text{는 }20.2\text{ g} = \text{S의 질량}$$

다음으로 각 원소의 질량을 몰수로 환산한다. 등가 관계식은 원소의 몰질량에서 나온다.

$$1\text{몰 Cu} = 63.55\text{ g Cu}$$
$$1\text{몰 S} = 32.06\text{ g S}$$

이 식을 질량을 몰로 바꾸는 비로 환산한다.

$$\frac{63.55\text{ g Cu/1몰}}{1\text{몰 Cu}} \quad \text{그리고} \quad \frac{1\text{몰 Cu}}{63.55\text{ g Cu}}$$
$$\frac{32.06\text{ g S/1몰}}{1\text{몰 S}} \quad \text{그리고} \quad \frac{1\text{몰 S}}{32.06\text{ g S}}$$

각 원소의 그램을 제거하고 몰수를 계산할 필요가 있기 때문에 각 경우의 두 번째 비가 사용된다.

$$\text{Cu의 몰수} = 79.8\text{ g Cu} \times \frac{1\text{몰 Cu}}{63.55\text{ g Cu}} = 1.26\text{몰 Cu}$$

$$\text{S의 몰수} = 20.2\text{ g S} \times \frac{1\text{몰 S}}{32.06\text{ g S}} = 0.630\text{몰 S}$$

마지막으로 둘 중 작은 몰수로 나눈다.

$$\frac{\text{Cu의 몰수}}{\text{S의 몰수}} = \frac{1.26\text{몰 Cu}}{0.630\text{몰 S}} = \frac{2.00\text{ Cu}}{1.00\text{ S}}$$

황 1몰당 구리 2몰이 존재하기 때문에 실험식은 Cu_2S이다.

➜ 응용 연습 4.9

화합물의 양이 더 많은 시료에 대해 화학식은 어떻게 달라지는가?

➜ 실전 연습 4.9

조성 백분율이 Cu 66.5%와 S 33.5%인 동람(covellite) 광물의 실험식을 결정하라.

➜ 심화 연습: 연습 문제 4.73

» 세 가지 이상의 원소를 가진 화합물에 대한 실험식

세 가지 이상의 원소를 가진 화합물의 경우에도 앞에서와 동일한 과정을 따르면 되는데, 추가된 원소에 대해서도 유사한 변환을 수행하면 된다.

예제 4.10 ▶ 세 가지 이상의 원소에 대한 실험식

공작석 광물은 아름다운 녹색이며, 종종 다른 강도의 소용돌이 모양의 띠를 가진다. 그것은 매력적인 외형 때문에 종종 보석 가공에 사용된다. 공작석을 분석하여 다음 조성을 알 수 있었다. 즉 구리 57.48%, 탄소 5.43%, 수소 0.91%, 산소 36.18%이다. 공작석의 실험식을 결정하라.

공작석(malachite)

©RF Company/Alamy Stock Photo

» 풀이:

공작석 시료 100 g이 있다고 생각하면, 각 원소의 질량은 57.48 g, C가 5.43 g, H가 0.91 g, O가 5.43 g의 조성 백분율을 갖는다. 그런 다음 화합물 100 g에서 각 원소의 몰수를 계산한다. 몰질량을 사용하여 등가 관계식을 만들고 이를 환산 비율로 변환한다. 예제 4.9에서처럼 몰을 그램으로 나눈 것이 사용하게 될 비이다.

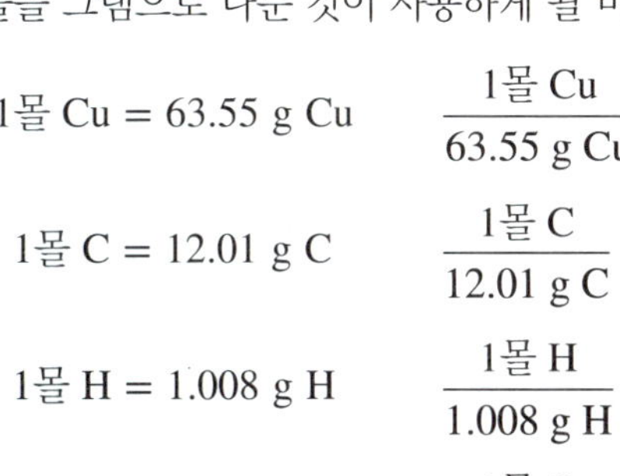

$$1\text{몰 Cu} = 63.55\text{ g Cu} \qquad \frac{1\text{몰 Cu}}{63.55\text{ g Cu}}$$

$$1\text{몰 C} = 12.01\text{ g C} \qquad \frac{1\text{몰 C}}{12.01\text{ g C}}$$

$$1\text{몰 H} = 1.008\text{ g H} \qquad \frac{1\text{몰 H}}{1.008\text{ g H}}$$

$$1\text{몰 O} = 16.00\text{ g O} \qquad \frac{1\text{몰 O}}{16.00\text{ g O}}$$

각 원소의 질량에 환산 비를 곱하여 이 원소의 몰수를 구한다.

$$\text{Cu의 몰수} = 57.48\,\cancel{\text{g Cu}} \times \frac{1\text{몰 Cu}}{63.55\,\cancel{\text{g Cu}}} = 0.9045\text{몰 Cu}$$

$$\text{C의 몰수} = 5.43\,\cancel{\text{g C}} \times \frac{1\text{몰 C}}{12.01\,\cancel{\text{g}}\text{ C}} = 0.452\text{몰 C}$$

$$\text{H의 몰수} = 0.91\,\cancel{\text{g H}} \times \frac{1\text{몰 H}}{1.008\,\cancel{\text{g H}}} = 0.90\text{몰 H}$$

$$\text{O의 몰수} = 36.18\,\cancel{\text{g O}} \times \frac{1\text{몰 O}}{16.00\,\cancel{\text{g O}}} = 2.261\text{몰 O}$$

몰 비를 계산하기 위해 먼저 어떤 원소의 몰수가 가장 작은지 확인하라. 이 예제에서는 탄소이다. 이제 탄소의 몰수로 각 다른 원소들의 몰수를 나눈다.

$$\frac{\text{Cu의 몰수}}{\text{C의 몰수}} = \frac{0.9045\text{몰 Cu}}{0.452\text{몰 C}} = \frac{2.00\text{ Cu}}{1.00\text{ C}}$$

$$\frac{\text{H의 몰수}}{\text{C의 몰수}} = \frac{0.90\text{몰 H}}{0.452\text{몰 C}} = \frac{1.99\text{ H}}{1.00\text{ C}}$$

$$\frac{\text{O의 몰수}}{\text{C의 몰수}} = \frac{2.261\text{몰 O}}{0.452\text{몰 C}} = \frac{5.00\text{ O}}{1.00\text{ C}}$$

몰 비를 가장 가까운 정수로 반올림하면 화학식에는 탄소 원자 1개, 구리 원자 2개, 수소 원자 2개, 산소 원자 5개가 포함된다. 이 정보로부터 실험식 $Cu_2CO_5H_2$를 쓸 수 있다. [어떤 이온이 광물에 들어 있는지를 나타내기 위해 일반적으로 이 식은 $Cu_2CO_3(OH)_2$로 쓴다. 공작석은 수산화 이온(OH^-)과 탄산 이온(CO_3^{2-})을 포함한다. 그러

나 실험식으로부터 화합물에 대한 것을 추론할 수 없다.]

→ 응용 연습 4.10

화합물에 원소가 5가지 포함되어 있을 때 방법은 어떻게 달라지는가?

→ 실전 연습 4.10

또 다른 구리 광물은 규공작석이다. 규공작석(chrysocolla)을 분석하면 다음 조성을 얻게 된다. 즉 구리 36.18%, 규소 15.99%, 수소 2.29%, 산소 45.54%이다. 규공작석의 실험식을 결정하라.

→ 심화 연습: 연습 문제 4.75

≫ 몰 비가 분수인 실험식

예제 4.10에서는 계산된 몰 비 1.99를 2로 반올림하였다. 소수로 나타낸 값이 정수에 가깝지 않을 수도 있으므로 반올림이 항상 적절한 것은 아니다. 그런데 구한 비가 1.25(5/4), 1.33(4/3), 1.50(3/2), 1.67(5/3)와 같은 작은 정수의 비에 해당하는 분수 값이 될 수도 있다. 그와 같은 경우에는 각 비에 작은 정수를 곱하여 모든 아래 첨자들이 정수가 되게 하면 된다. 예를 들면 질소와 산소의 화합물이 다음의 몰 비를 가진다고 생각하자.

$$\frac{\text{O의 몰수}}{\text{N의 몰수}} = \frac{2.50\text{몰 O}}{1.00\text{몰 N}}$$

각 수에 2를 곱하면 5/2라는 정수비가 된다. 따라서 화합물에 두 개의 질소 원자당 5개의 산소 원자가 있어야 하므로 화학식은 N_2O_5이다.

예제 4.11 ▶ 비가 분수인 실험식

구리 광물인 남동광(azurite)은 짙은 푸른색을 띤다. 남동광은 구리 55.31%, 탄소 6.97%, 산소 37.14%, 수소 0.58%를 포함한다. 남동광의 실험식을 계산하라.

≫ 풀이:

100 g의 화합물에 있는 각 원소의 몰수를 계산하고 예제 4.9와 4.10에서 사용된 과정을 따른다.

$$\text{Cu의 몰수} = 55.31\ \cancel{\text{g Cu}} \times \frac{1\text{몰 Cu}}{63.55\ \cancel{\text{g Cu}}} = 0.8703\text{몰 Cu}$$

$$\text{C의 몰수} = 6.97\ \cancel{\text{g C}} \times \frac{1\text{몰 C}}{12.01\ \cancel{\text{g C}}} = 0.580\text{몰 C}$$

$$\text{H의 몰수} = 0.58\ \cancel{\text{g H}} \times \frac{1\text{몰 H}}{1.008\ \cancel{\text{g H}}} = 0.58\text{몰 H}$$

$$\text{O의 몰수} = 37.14\ \cancel{\text{g O}} \times \frac{1\text{몰 O}}{16.00\ \cancel{\text{g O}}} = 2.321\text{몰 O}$$

이제 가장 작은 양으로 존재하는 원소(탄소와 수소)의 몰수에 대한 각 원소의 몰 비를 계산한다.

$$\frac{\text{Cu의 몰수}}{\text{C의 몰수}} = \frac{0.8703 \text{ mol Cu}}{0.580 \text{ mol C}} = \frac{1.50 \text{ Cu}}{1.00 \text{ C}}$$

$$\frac{\text{H의 몰수}}{\text{C의 몰수}} = \frac{0.58 \text{ mol H}}{0.580 \text{ mol C}} = \frac{1.0 \text{ H}}{1.00 \text{ C}}$$

$$\frac{\text{O의 몰수}}{\text{C의 몰수}} = \frac{2.321 \text{ mol O}}{0.580 \text{ mol C}} = \frac{4.00 \text{ O}}{1.00 \text{ C}}$$

비 가운데 하나가 정수에 가깝지 않지만 정수의 비(3/2)에 해당한다. 이 비에 2를 곱하면 정수를 얻을 수 있다. 다른 비에도 2를 곱해야 한다. 그러므로 C 2몰당 3몰의 Cu, 2몰의 H, 8몰의 O가 화합물에 들어 있다. 실험식은 $Cu_3C_2H_2O_8$이다.

남동광(azurite)

➜ 응용 연습 4.11

몰 비가 1.875일 때 2로 반올림해야 하는가?

➜ 실전 연습 4.11

샤턱카이트(Shattuckite)는 매우 드문 구리 광물로, 조성은 구리 48.43%, 규소 17.12%, 산소 34.14%, 수소 0.31%이다. 샤턱카이트의 실험식은 무엇인가?

➜ 심화 연습: 연습 문제 4.77

≫ 실험식으로부터 분자식 구하기

화합물의 몰질량은 다양한 방법에 의해 실험적으로 결정될 수 있다. 또한 실험식을 이용하여 화학식 단위 1몰의 질량을 계산할 수 있다. 실험에서 구한 몰질량과 계산으로 구한 몰질량을 비교하여 화합물의 분자식을 결정하고 확인한다. 즉 실험에서 구한 몰질량이 계산한 몰질량과 같으면 분자식은 실험식과 같다. 실험에서 구한 몰질량이 실험식으로

같은 실험식을 가진 모든 화합물은 조성 백분율이 같다. 그와 같은 경우, 조성 백분율이나 실험식을 비교하는 방법으로는 화합물을 구별할 수 없다.

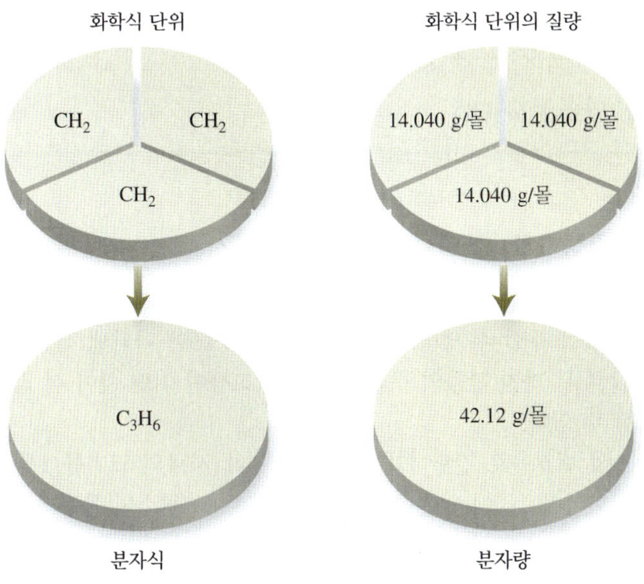

그림 4.15 CH_2 화학식 단위 세 개가 C_3H_6 한 분자를 구성한다. 화학식 단위의 질량(14.04 g/몰)의 합이 42.12 g/몰의 1몰질량을 이룬다.

부터 계산한 질량보다 더 크면 분자식은 실험식의 배수가 된다. 예를 들면 프로펜은 실험식이 CH_2이고, 몰질량이 42.12 g/몰이다. 실험식의 몰질량은 14.04 g/몰이다. 실험식의 몰질량과 실험에서 구한 몰질량의 비를 구하면 분자식이 실험식의 3배가 됨을 알 수 있다(그림 4.15 참조). 프로펜의 분자식은 C_3H_6이다.

예제 4.12 ▶ 분자식

산의 실험식이 HCO_2로 결정되었다. 이 산의 몰질량이 약 90.0 g/몰이면, 이 산의 분자식은 무엇인가?

» 풀이:

만약 실험식이 분자식과 같다면, HCO_2의 몰질량이 90.0 g/몰이어야 한다. 구성 원소들의 몰질량을 모두 더하여 HCO_2의 몰질량을 계산한다.

$$\begin{aligned} &1\text{몰 H의 질량} = 1\text{몰} \times 1.008\ \text{g/몰} = 1.008\ \text{g} \\ &1\text{몰 C의 질량} = 1\text{몰} \times 12.01\ \text{g/몰} = 12.01\ \text{g} \\ &2\text{몰 O의 질량} = 2\text{몰} \times 16.00\ \text{g/몰} = \underline{32.00\ \text{g}} \\ &HCO_2\ 1\text{몰의 질량} \qquad\qquad\qquad\ = 45.02\ \text{g} \end{aligned}$$

HCO_2에 대해 계산된 몰질량은 45.02 g/몰이다. 실험에서 구한 화합물의 몰질량과 실험식으로부터 계산된 몰질량의 비는 다음과 같다.

$$\frac{\text{실험에서 구한 }MM}{\text{실험식에서 계산한 }MM} = \frac{90.0\ \text{g/몰}}{45.02\ \text{g/몰}} = 2.00$$

90.0 g/몰은 실험식에서 계산한 몰질량의 거의 두 배에 가깝기 때문에 분자식은 실험식의 두 배가 되어야 하고 실험식의 아래 첨자들이 모두 2배가 되어야 한다. 즉 $H_2C_2O_4$이다. (이 화합물에 대한 구조가 그림 4.14에 있다.)

→ 응용 연습 4.12

몰질량이 180 g/몰일 때 분자식은 어떻게 달라지는가?

→ 실전 연습 4.12

유기 화합물의 실험식이 CH_2O로 결정되었다. 이 화합물의 몰질량이 약 90.1 g/몰이라면, 이 화합물의 분자식은 무엇인가?

→ 심화 연습: 연습 문제 4.85

그림 4.16 적동광 Cu_2O(*위*)와 휘동광 Cu_2S(*아래*)는 화학식이 비슷하지만 구리의 질량 백분율이 다르다.

(위): ©Joel Arem/Science Source; (아래): ©Biophoto Associates/Science Source

» 조성 백분율 결정하기

화합물의 화학식을 알면 몰과 질량 사이의 관계를 사용하여 실험으로 질량을 결정하지 않고도 조성 백분율을 구할 수 있다. 예를 들면 그림 4.16에 나타낸 적동광(Cu_2O)와 휘동광(Cu_2S)과 같은 두 가지 광물의 구리 함량을 비교하여 어떤 것이 더 많은 구리를 산출하는지 결정할 수 있다.

화학식을 조성 백분율로 간단하게 환산하기 위해 시료의 크기를 1몰로 가정할 수 있다. 그러면 그 화합물 1몰에 있는 한 원소의 질량은 그 원소의 몰수와 몰질량을 곱한 것과 같다.

그러면 주어진 원소의 조성 백분율은 그 원소의 질량을 그 화합물의 몰질량(1몰의 질량)으로 나눈 것과 같고 100%를 곱하여 백분율로 환산한다.

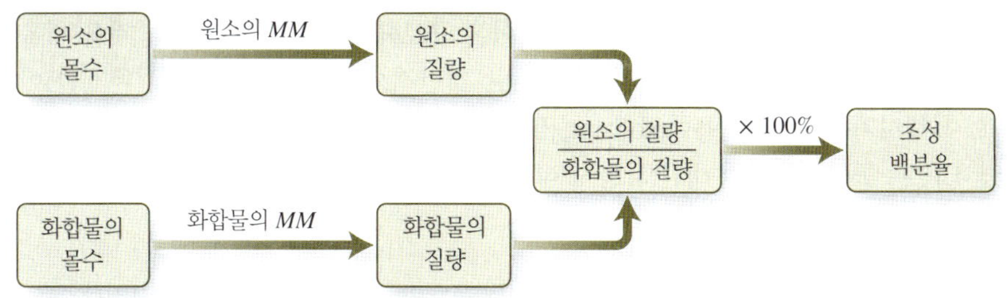

예를 들면 적동광(Cu_2O) 1몰에는 2몰의 구리가 있다. 따라서 화합물 1몰은 구리 2몰 × 63.55 g/몰, 즉 127.1 g을 포함한다는 것을 결정할 수 있다. 원소들의 몰질량을 더하면 적동광의 몰질량에 대하여 143.1 g/몰을 얻으므로 1몰은 143.1 g의 질량을 가진다. 따라서 화합물에서 구리의 백분율은 다음과 같다.

$$\%\ \mathrm{Cu} = \frac{127.1\ \mathrm{g}}{143.1\ \mathrm{g}} \times 100\% = 88.82\%\ \mathrm{Cu}$$

모든 구성 성분 원소들의 조성 백분율은 합해서 100%가 되어야 하므로 적동광에는 산소가 11.18% 있어야 한다.

예제 4.13 ▶ 화학식으로부터 조성 백분율

휘동광(Cu_2S)에서 구리의 백분율을 계산하라.

» 풀이:

휘동광 1몰에는 구리가 2몰 × 63.55 g/몰, 즉 127.1 g 들어 있다. 원소들의 몰질량을 더하면 휘동광의 몰질량에 대하여 159.2 g/몰을 얻는다. 따라서 화합물에서 구리의 백분율은 다음과 같다.

$$\%\ \mathrm{Cu} = \frac{127.1\ \mathrm{g}}{159.2\ \mathrm{g}} \times 100\% = 79.84\%\ \mathrm{Cu}$$

그러므로 비록 각 화합물 1몰은 2몰의 구리를 갖지만, 휘동광(Cu_2S)은 적동광(Cu_2O)보다 구리의 백분율이 더 낮다. 이것은 산소가 Cu_2O의 질량에 기여하는 것보다 황이 Cu_2S의 질량에 더 큰 백분율을 기여하기 때문이다.

→ 응용 연습 4.13

S가 Se로 대체되어 Cu_2Se를 형성한다면, 구리의 백분율은 어떻게 달라지는가?

→ 실전 연습 4.13

동람(CuS)에 있는 구리의 백분율을 계산하라.

→ 심화 연습: 연습 문제 4.87

그림 4.17 이 계에서는 용해된 황산 구리(II)가 물보다 더 적은 양으로 존재하므로 황산 구리(II)가 용질이고, 물이 용매이다.

©Brian Moeskau/Moeskau Photography

4.4 용액의 화학 조성

고체들 사이의 화학 반응은 매우 느리므로 일반적으로 화합물을 액체에 용해시켜 용액을 만든 다음 그와 같은 반응을 수행한다. 예를 들면 구리의 산화물 광석을 처리하는 데 사용되는 과정들 가운데 하나가 황산 구리(II)를 포함한 용액을 만드는 것이다. 여러분들이 매일 접하는 어떤 액체 중 어느 것이 용액인가?

제1장에서 ***용액***(*solution*)은 분자 또는 이온 규모에서 균일한 혼합물인 것을 떠올려 보자. 용액에서, 용해되는 물질은 **용질**(solute, 일반적으로 더 적은 양으로 존재함)이라 하고, 용해시키는 물질은 **용매**(solvent, 일반적으로 더 많은 양으로 존재함)라고 한다. 그림 4.17은 물(용매)에 용해된 황산 구리(II)(용질)의 용액을 나타낸다. 이 용액은 기호로 $CuSO_4(aq)$로 표시한다.

예제 4.14 ▶ 용질과 용매

$CuSO_4$와 물이 들어 있는 이 용액의 그림으로부터 용질과 용매를 찾아보자.

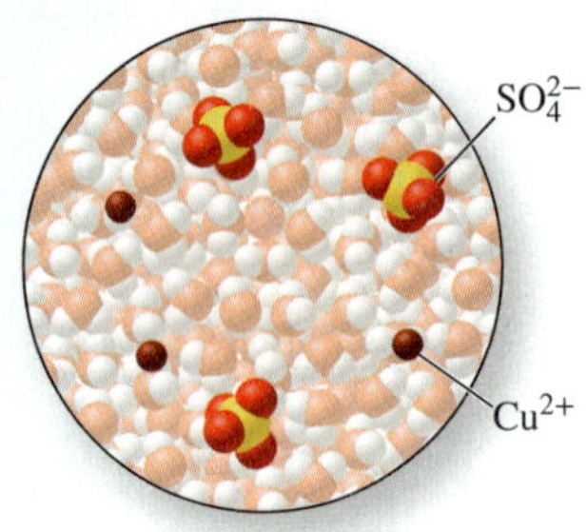

» 풀이:

이 그림에서 진한 빨간색 구는 Cu^{2+} 이온을 나타낸다. 노란색과 빨간색으로 이루어진 구는 SO_4^{2-} 이온을 나타낸다. 연한 빨간색과 흰색으로 이루어진 구는 H_2O 분자를 나타낸다. Cu^{2+}와 SO_4^{2-} 이온의 수는 같고, 물 분자의 수보다 적다. 따라서 용질은 용액에서 Cu^{2+}와 SO_4^{2-} 이온을 만드는 $CuSO_4$이다. 더 많은 양으로 존재하는 H_2O가 용매이다.

→ 응용 연습 4.14

Cu^{2+}와 SO_4^{2-} 이온들 대신에 6개의 CH_3OH 분자들이 그림에 들어 있을 때, 용질과 용매는 무엇인가?

→ 실전 연습 4.14

황화 수소와 물이 들어 있는 용액의 그림에서 용질과 용매는 어느 것인가?

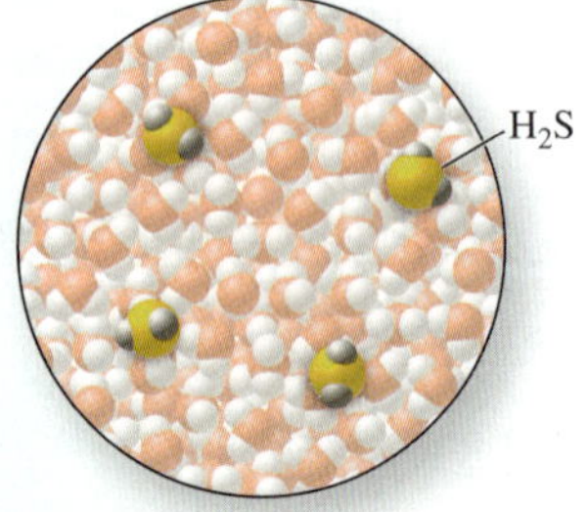

→ 심화 연습: 연습 문제 4.93

>> 농도

용액은 균일 혼합물인데, 용액들마다 다양한 양의 용질과 용매를 포함할 수 있다. 그러면 용액의 조성을 어떻게 표현하는가? 한 가지 방법은 **농도**(concentration)를 나타내는 것인데, 이 농도는 용액 내의 용질과 용매의 상대적인 양이다. 용액을 비교할 때 용액을 묽은 또는 진한 것으로 설명할 수 있다. **묽은 용액**(dilute solution)은 비교적 적은 양의 용질을 포함하는 반면, **진한 용액**(concentrated solution)은 비교적 많은 양의 용질을 포함한다. 이 용어들은 두 가지의 다른 농도의 용액을 비교할 때 도움을 준다. 왜냐하면 한 용액이 다른 용액보다 더 많거나 더 적은 용질을 포함한다는 것을 나타내기 때문이다.

일상에서 접하는 용액에서 농도의 차이를 볼 수 있다. 예를 들면 Julio가 차를 끓일 때 차의 농도는 "약한"(묽은) 색깔 때보다 "센"(진한) 색깔의 농도가 더 높다. 여러분 주위에서 색깔이 농도를 알려 주는 용액으로 또 무엇이 있을까? 용액의 농도를 비교할 수 있는 다른 방법은 무엇일까? 설탕 용액의 농도는 따를 때 얼마나 천천히 흘러내리는지, 또는 그들의 밀도를 통해 비교할 수 있다. 한 숟가락의 설탕이 녹아 있는 설탕물과 당밀 혹은 시럽(또한 설탕 용액) 중 어떤 것이 천천히 따라질까? 어떤 것이 더 진할까? 맛은 우리의 일상생활에서 농도를 비교하는 또 다른 방법이지만(실험실에서는 결코 해서는 안 된다) 농도를 측정하는 정확한 방법은 아니다. 병원에 있는 간호사가 식염수 용액을 맛보고 정확한 농도인지 알아본 후에 정맥주사를 넣겠는가?

용어 **센**(*strong*)과 **약한**(*weak*)은 과학적 감각이 아닌 매일의 감각으로 여기서 사용된다. 센산과 약산을 논의할 때 우리는 그들의 농도에 관하여 이야기하는 것이 아니라 용액에서 해리되는 정도에 관하여 이야기하는 것이다.

다양한 실험적 방법들을 통해 용액의 농도를 결정할 수 있다. 예를 들면 용질이 색깔이 있고 용매가 색깔이 없으면, 용액의 색깔의 진하기가 농도의 척도가 된다. 그림 4.18에 나타낸 황산 구리(II) 수용액을 생각해 보자. 황산 구리(II)가 물에 더 많이 용해되면 Cu^{2+} 이온 때문에 푸른색이 더 진해진다.

또한 그림 4.18은 용질과 용매의 상대적 양이 농도에 따라 어떻게 변하는지를 분자 수준에서 보여 주고 있다. 여러분이 용질의 입자(구리(II) 이온과 황산 이온)의 수를 세어 물 분자의 수와 비교하면, 용액이 더 묽을수록 이온들의 수가 감소하고 물 분자의 수는 증가한다는 것을 알 수 있다. 구리(II) 이온의 농도가 물 분자의 수와 비교하여 감소하기 때문에 푸른 용액의 색깔은 흐려진다.

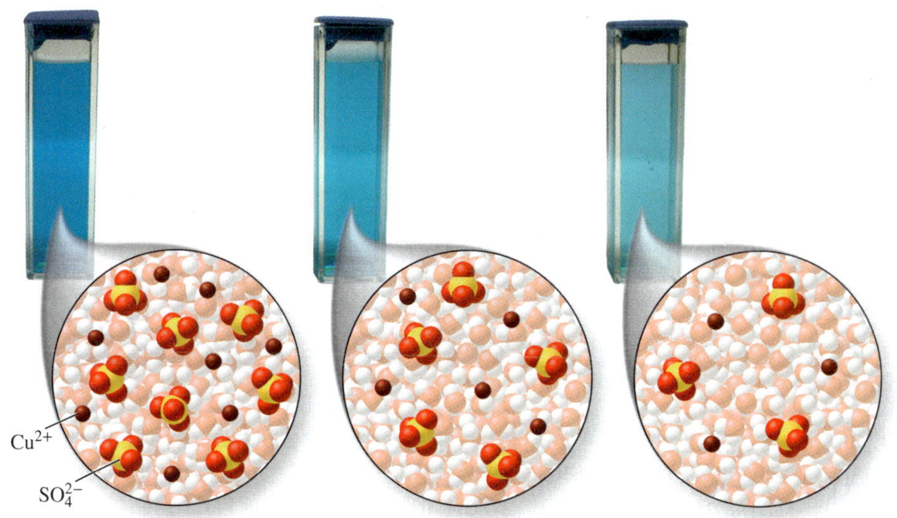

그림 4.18 용질의 농도가 감소하면 용액의 색의 진하기가 감소한다. 황산 구리(II) 용액에 대한 이온의 농도를 비교해 보라. 구리(II) 이온이 더 많은 것은 어느 것인가? 황산 이온이 더 많은 것은? 어떤 용액이 농도가 가장 큰가?

© Jim Birk

질량 백분율

화합물의 조성을 각 성분 원소의 질량 백분율로 나타낼 수 있는 것처럼, 용액의 조성도 질량 백분율로 나타낼 수 있다. 용액의 양에 대한 용질의 상대적인 양이 가장 중요하기 때문에, 용액의 질량 백분율은 용질의 질량을 용액의 질량으로 나눈 값에 100%를 곱한 값이다.

$$\%\text{질량} = \frac{\text{용질의 질량}}{\text{용액의 질량}} \times 100\%$$

예를 들면 염산은 HCl 질량으로 36%인 용액으로 판매되는데, HCl 이외의 질량을 용매인 물이 차지한다. 용액의 질량은 용질과 용매의 질량의 합이다. 이렇게 농도를 측정하는 방법에는 두 가지 장점이 있다. 첫째, 온도에 의존하지 않는다. 부피는 온도에 따라 변하기도 하지만 질량은 그렇지 않다. 둘째, 용액의 부피가 용질의 존재로 인해 영향을 받을지 모르지만 질량 백분율은 영향을 받지 않는다. 그러므로 용액을 준비하기 위해 정확한 부피를 측정하는 특별한 유리 기구가 필요하지 않다.

몰농도

제11장에서 용액에 들어 있는 용질의 양을 알아내는 데 화학 반응을 이용하는 방법을 보게 될 것이다.

용액의 농도는 질량 백분율 이외에도 다양한 방법으로 나타낼 수 있다. 가장 일반적인 것 중 하나는 몰농도(M)이다. 용액의 **몰농도**(molarity)는 *용액*(*용매*가 아님) 1 L에 용해된 *용질*의 몰수이다. 4.2절에서 어떤 물질의 1몰은 그 물질의 6.022×10^{23} 공식 단위를 포함하고 있다는 것을 논의하였다. 몰농도는 입자수를 직접 측정할 수 있기 때문에 농도를 나타내는 편리한 방법이다. 용액의 몰농도는 용질의 몰수를 용액의 부피(리터)로 나눔으로써 계산할 수 있다.

$$\text{몰농도} = \frac{\text{용질의 몰수}}{\text{용액의 리터수}}$$

A

B

C

D

그림 4.19 일반적으로 농도를 알고 있는 용액은 부피 플라스크로 만드는데, 이 플라스크는 특정 부피를 가지도록 보정되어 있다. (A) 0.100 M $CuSO_4 \cdot 5H_2O$ 용액 250 mL를 만들기 위해 그 용질 6.24 g의 무게(0.0250몰)를 잰다. (B) 플라스크에 옮겨서 용매인 물을 약간 첨가한다. 돌리면서 용질을 녹인다. (C) 용액 표면의 바닥이 플라스크의 목에 있는 표시된 선과 일치할 때까지 돌려주면서 용매를 첨가한다. (D) 마개를 플라스크에 막고 내용물을 완전하게 혼합하기 위해 플라스크를 몇 번 뒤집어준다. 이 절차가 정말 농도가 0.100 M인 용액이 되게 하는지를 스스로 확인하라.

부피가 1.000 L인 159.6 g(1.000몰)의 $CuSO_4$를 포함한 용액은 1.000 *M* 황산 구리(II) 용액이고, 이 용액에는 6.022×10^{23}개의 $CuSO_4$ 화학식 단위가 들어 있다. 용액 1 L에 앞의 양의 절반인 79.8 g의 황산 구리(II)가 들어 있으면 그 농도는 0.500 *M*이며 3.01×10^{23}개의 $CuSO_4$ 화학식 단위가 들어 있다. 0.500 L의 용액에 79.8 g의 $CuSO_4$가 들어있다면 그 농도는 얼마일까?

몰농도는 *용매*의 리터수가 아닌 *용액*의 리터수로부터 계산된다. 그 차이가 얼마나 큰지는 용액의 농도에 의존한다. 묽은 용액은 적은 양의 용질만을 포함한다. 그와 같은 용액의 부피는 용매의 부피와 거의 같다. 그러나 용매의 부피가 용액의 부피보다 훨씬 작은 용액의 경우 그 차이는 상당히 크다. 정확도를 위해 특정 몰농도의 용액은 그림 4.19에 나타낸 것처럼 부피 플라스크를 사용하여 만들어진다.

용질의 질량과 용액의 부피를 알면 용액의 몰농도를 계산할 수 있다. 우선 용질의 몰질량으로부터 용액에 포함된 용질의 몰수를 계산한 다음, 용액의 부피(L)로 나누면 된다.

예제 4.15 ▶ 용액의 몰농도

17.0 g의 NaCl을 충분한 양의 물에 용해시켜 150.0 mL의 용액을 만든다. 이 용액의 몰농도는 얼마인가? (NaCl의 몰질량은 58.44 g/몰이다.)

» 풀이:

용액의 부피가 주어졌으므로 몰농도를 계산하기 전에 용질의 몰수를 알아야 한다.

용질의 그램수 —*MM*→ 용질의 몰수 —부피(L)→ 몰농도

앞에서 했던 것처럼 염화 소듐의 몰수는 몰질량을 사용하여 질량으로부터 계산될 수 있다.

$$\text{NaCl의 몰수} = 17.0\ \cancel{\text{g NaCl}} \times \frac{1\text{몰 NaCl}}{58.44\ \cancel{\text{g NaCl}}} = 0.291\text{몰 NaCl}$$

부피를 리터 단위로 환산한다.

$$\text{부피(L)} = 150.0\ \cancel{\text{mL}} \times \frac{1\ \text{L}}{1000\ \cancel{\text{mL}}} = 0.1500\ \text{L}$$

몰수를 리터 단위의 부피로 나누면 몰농도를 얻게 된다.

$$\text{몰농도} = \frac{0.291\text{몰 NaCl}}{0.1500\ \text{L 용액}} = 1.94\,\frac{\text{몰 NaCl}}{\text{L 용액}} = 1.94\ M$$

생리 식염수는 NaCl의 몰농도가 1.54 *M*인 용액이다.

➔ 응용 연습 4.15

용액 부피가 늘어날 때 몰농도는 증가하는가, 줄어드는가, 같은가?

➔ 실전 연습 4.15

22.5 g의 H_2S를 충분한 양의 물에 용해시켜 250.0 mL의 용액을 만든다. 이 용액의 몰농도는 얼마인가?

➔ 심화 연습: 연습 문제 4.101

그림 4.20 (A) $CuCl_2$ 화학식 단위 하나는 한 개의 Cu^{2+} 이온과 두 개의 Cl^- 이온으로 구성된다. (B) 물에 용해된 모든 화학식 단위에 대하여 한 개의 Cu^{2+} 이온과 두 개의 Cl^- 이온이 형성된다.

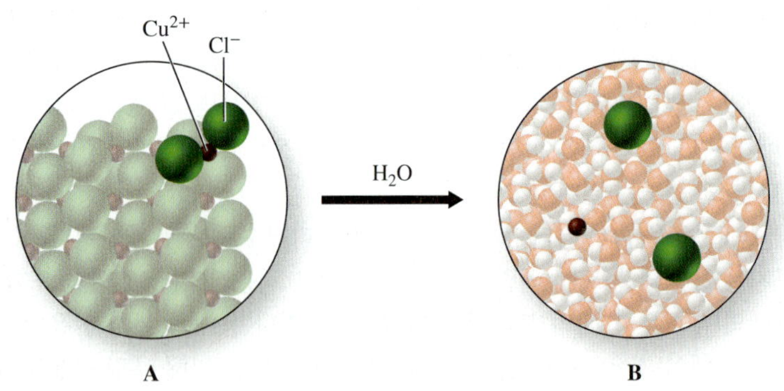

흔히 용액의 농도를 화합물 상태의 용질의 몰농도로 나타낸다. 예를 들면 한 용액에 0.100 *M* $CuCl_2$가 들어 있다고 해보자. 이온 결합 화합물의 용액에 있는 이온들의 농도에 관심이 있으면 그 용액은 구리(II) 이온의 두 배에 해당하는 염화 이온을 포함하고 있다는 사실을 고려해야 한다(그림 4.20). 용액에서 각 $CuCl_2$ 화학식 단위마다 한 개의 Cu^{2+} 이온과 두 개의 Cl^- 이온이 있다. 용액에서 $CuCl_2$ 1몰당 1몰의 Cu^{2+} 이온과 2몰의 Cl^- 이온이 생성된다. 그러므로 0.100 *M* $CuCl_2$ 용액은 0.200 *M* Cu^{2+} 이온과 0.100 *M* Cl^-의 이온을 합하여 총 0.300 *M*의 이온을 포함한다.

만일 용액의 부피와 몰농도를 알면 용질의 몰수를 계산할 수 있다.

예제 4.16 ▶ 부피와 몰농도로부터 몰수

저포타슘혈증(hypokalemia)은 포타슘 결핍으로도 알려진 의학적인 상태이다. 이 질병은 염화 포타슘 보충제를 섭취하거나 심한 경우에는 정맥 주사로 치료될 수 있다. 그러나 정맥 주사로 주입할 경우에는 KCl이 심장마비를 야기할 수 있기 때문에 매우 주의해야 한다. 0.0200 *M* 용액 1.50 L에 있는 KCl의 몰수는 얼마인가? K^+ 이온은 몇 몰이 존재하는가?

» 풀이:

KCl 용액의 리터 단위의 부피와 몰농도를 알고 나서 존재하는 용질의 몰수를 계산하고자 한다. 용액의 몰농도는 두 가지 방법으로 표현될 수 있고 환산 인자로 사용될 수 있다.

$$\frac{0.0200\text{몰 KCl}}{1\text{ L 용액}} \quad \text{그리고} \quad \frac{1\text{ L 용액}}{0.0200\text{몰 KCl}}$$

부피로부터 몰수를 얻기 위해 환산 인자에 몰농도를 곱하여 리터 단위를 없애고 몰 단위를 얻는다.

$$\text{KCl의 몰수} = 1.50\ \cancel{\text{L 용액}} \times \frac{0.0200\text{몰 KCl}}{1\ \cancel{\text{L 용액}}} = 0.0300\text{몰 KCl}$$

존재하는 K^+ 이온의 몰수를 결정하기 위해 화학식을 조사해야 한다. KCl의 1몰당 1몰의 K^+가 있다.

$$\frac{1몰\ KCl}{1몰\ K^+} \quad 그리고 \quad \frac{1몰\ K^+}{1몰\ KCl}$$

KCl의 몰수로부터 K^+의 몰수를 얻기 위해 적절한 단위를 없애는 환산 인자를 사용한다.

$$K^+의\ 몰수 = 0.0300\cancel{몰\ KCl} \times \frac{1몰\ K^+}{1\cancel{몰\ KCl}} = 0.0300몰\ K^+$$

KCl 1몰당 1몰의 K^+ 이온이 존재하기 때문에, 용액은 0.0300몰의 K^+ 이온을 포함한다.

➡ 응용 연습 4.16

KCl 대신 같은 몰수의 K_2SO_4가 용액에 들어 있을 때 K^+ 몰수는 어떻게 되는가?

➡ 실전 연습 4.16

0.200 *M* NaCl 용액 325.0 mL에 존재하는 용질의 몰수를 계산하라.

➡ 심화 연습: 연습 문제 4.103

만일 용액의 부피와 몰농도를 알면, 또한 그 부피의 용액에서 용질의 질량을 계산할 수 있다. 이것은 예제 4.16에서 설명한 과정의 확장이다.

예제 4.17 ▶ 부피와 몰농도로부터 질량

구리 광석 시료를 염산에 담그면 약간의 염화 구리(II)가 포함된 용액이 생성된다. 그 용액이 3.94×10^{-6} *M* $CuCl_2$의 농도를 가지면 그 용액 1500.0 L에 포함된 $CuCl_2$의 질량은 얼마인가(그램 단위로)? ($CuCl_2$의 몰질량은 134.5 g/mol이다.)

≫ 풀이:

용질의 질량을 결정하기 위해 먼저 몰농도에 리터 단위의 용액의 부피를 곱하여 용질의 몰수를 결정한다.

몰농도 —(부피)→ 용질의 몰수 —(*MM*)→ 용질의 그램수

$$CuCl_2의\ 몰수 = 1500.0\cancel{L} \times 3.94 \times 10^{-6} \frac{몰}{\cancel{L}} = 5.91 \times 10^{-3}몰\ CuCl_2$$

단위들을 제거하기 위해 몰농도를 몰/L로 나타내었다. 그리고 몰질량을 사용하여 몰수를 질량으로 환산한다.

$$CuCl_2의\ g수 = 5.91 \times 10^{-3}\cancel{몰\ CuCl_2} \times \frac{134.5\ g\ CuCl_2}{1\cancel{몰\ CuCl_2}} = 0.795\ g\ CuCl_2$$

많은 이온 결합 화합물, 특히 전이 금속의 이온 결합 화합물은 금속 양이온과 비금속 음이온 또는 산소 음이온뿐만 아니라 물 분자를 포함한다. 그와 같은 화합물을 수화물이라고 한다. 화합물의 화학식 단위에 있는 물의 양은 화학식 단위 안에 있는 물 분자의 수를 앞에 가진 물의 화학식으로 나타내는데, 이것들은 화학식의 나머지와 분리하기 위해 가운데 점을 가진다. 예를 들어 사진에서 볼 수 있는 것처럼, $CuSO_4 \cdot 5H_2O$는 $CuSO_4$와는 다른 성질을 가진다. $CuSO_4$의 중심 부분의 푸른색 물질은 물을 가함으로써 얻어진다.

©Brian Moeskau/Moeskau Photography

→ 응용 연습 4.17

용액의 농도가 더 높아질 때 염화 구리(II)의 질량은 어떻게 달라지는가?

→ 실전 연습 4.17

청석(bluestone)과 같은 구리 화합물은 양식장에서 물풀이 자라지 못하게 하는 데 사용된다. 청석은 몰질량이 249.7 g/몰인 황산 구리(II) 오수화물($CuSO_4 \cdot 5H_2O$)이다. 연못물의 시료에 6.2×10^{-5} *M* 농도의 황산 구리(II)가 들어 있는 것으로 확인되었다. 연못의 부피가 1.8×10^7 L라면, 농부가 연못에 첨가해야 할 청석의 질량은?

→ 심화 연습: 연습 문제 4.105

인터넷 핫스팟

상당수 학생들이 몰농도와 관련된 계산에 어려움을 겪고 있다고 한다. 이 주제에 대한 추가 학습 자료를 보려면 SmartBook에 접속하라.

마지막으로, 주어진 용질의 양으로부터 특정 농도의 용액을 만들기 위해 필요한 용액의 부피를 계산할 수 있다. 몰의 정의로부터의 환산과 몰질량을 사용하여 그램 대 몰 환산을 다시 사용할 필요가 있다.

예제 4.18 ▶ 부피와 몰농도

아세트산 구리(II), $Cu(CH_3CO_2)_2$ 용액은 옷감의 녹색 염료로 사용된다. 40.0 g의 $Cu(CH_3CO_2)_2$를 사용하여 0.150 *M* 아세트산 구리(II) 용액을 만들려고 한다. 용액의 총 부피는 얼마가 되어야 하는가? [$Cu(CH_3CO_2)_2$의 몰질량은 181.6 g/몰이다.]

» 풀이:

용질의 질량으로부터 용액의 부피로 두 단계의 변환이 필요하다.

용질의 그램수 —(*MM*)→ 용질의 몰수 —(몰농도)→ 용액의 부피

몰질량(181.6 g/몰)을 이용하여 용질의 질량을 용질의 몰수로 환산한다.

$$Cu(CH_3CO_2)_2\text{의 몰수} = 40.0\ \cancel{\text{g } Cu(CH_3CO_2)_2} \times \frac{1\text{몰 } Cu(CH_3CO_2)_2}{181.6\ \cancel{\text{g } Cu(CH_3CO_2)_2}}$$

$$= 0.220\text{몰 } Cu(CH_3CO_2)_2$$

그리고 용액의 몰농도를 이용하여 용질의 몰수를 용액의 부피로 환산한다.

$$\text{용액의 부피} = 0.220\ \cancel{\text{몰 } Cu(CH_3CO_2)_2} \times \frac{1\text{ L 용액}}{0.150\ \cancel{\text{mol } Cu(CH_3CO_2)_2}}$$

$$= 1.47\text{ L 용액}$$

→ 응용 연습 4.18

같은 질량의 $Cu(CH_3CO_2)_2$로 더 묽은 아세트산 구리(II) 용액을 만들려면 부피는 어떻게 달라지는가?

→ 실전 연습 4.18

염소산 구리(II)[$Cu(ClO_3)_2$]는 염료가 잘 붙도록 섬유를 염색하기 전에 섬유를 처리

하는 데 사용된다. 1.89 g의 염소산 구리 (II)를 사용하여 0.225 *M* $Cu(ClO_3)_2$ 용액을 만들려고 한다. 용액의 총 부피는 얼마가 되어야 하는가?

→ **심화 연습:** 연습 문제 4.107

» 묽힘

레모네이드의 맛을 보았더니 너무 달다는 생각이 들었다고 가정해 보자. 어떻게 하면 덜 달게 만들 수 있는가? 가장 쉬운 방법은 물을 더 첨가하는 것이다. 농도를 낮추기 위해 물을 더 첨가하면 레몬에이드는 묽어진다. 그림 4.21에 묘사된 것처럼 용액의 농도를 낮추기 위해서는 더 많은 용매를 첨가하는 **묽힘**(dilution) 과정을 사용한다. 이 과정에서는 용매와 용질 입자들의 상대적 수가 변한다. 용매를 더 첨가하면 용매 입자의 수가 증가하고 부피도 증가한다. 원래 주어진 양의 용액[흔히 ***모액***(*stock solution*)이라고 부른다)]에 비해 용질 입자의 수는 같지만 이제 부피가 더 커져서 농도는 감소하게 된다.

묽힘은 농도를 낮추는 간단한 방법이지만 용액의 농도는 어떻게 높일 수 있을까?

동영상: 묽힘

알려진 몰농도의 용액을 묽히면 묽혀진 용액의 몰농도를 계산할 수 있다. 더 진한 용액의 부피($V_{진한}$)에 포함된 용질의 몰수는 이 용액의 몰농도($M_{진한}$)에 리터 단위의 부피를 곱하여 구한다.

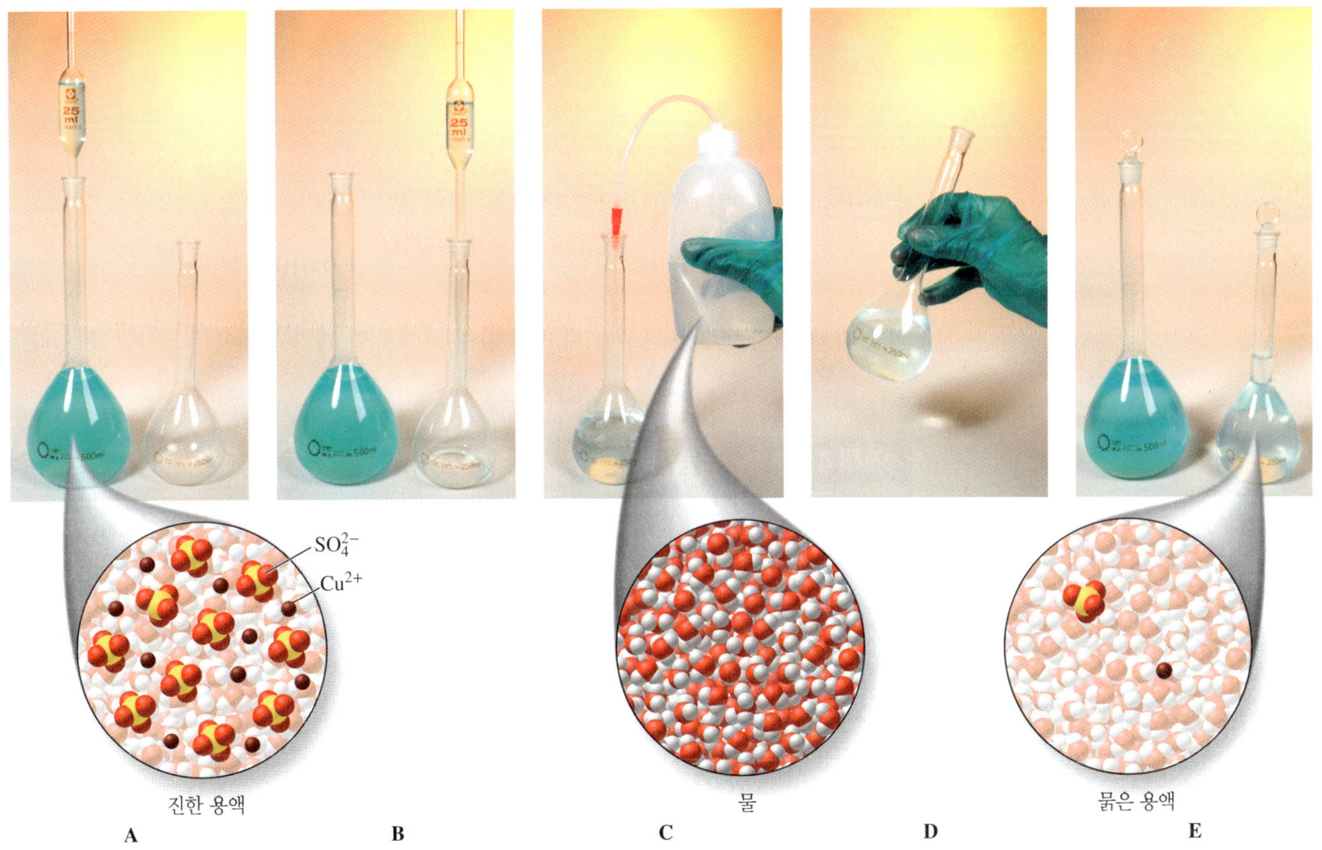

그림 4.21 (A) 피펫을 사용하여 1.000 *M* $CuSO_4$ 용액 25.00 mL를 정확하게 측정한다. (B) 그것을 250.0 mL 부피 플라스크로 옮긴다. (C, D) 묽힌 용액이 표시된 수준까지 플라스크에 채워질 때까지 저어주면서 물을 첨가한다. (E) 물이 첨가되면 물의 양은 증가하고 용질의 농도는 더 감소하게 된다. 플라스크를 마개로 막고 몇 번 뒤집어서 용액을 완전하게 혼합시킨다. 주어진 용액의 부피에서 Cu^{2+} 이온과 SO_4^{2-} 이온의 수는 감소하지만 플라스크 안의 Cu^{2+} 이온과 SO_4^{2-} 이온의 총 수는 일정하다. 새로운 용액은 농도가 0.1000 *M*이다.

$$\text{몰수}_{\text{진한}} = M_{\text{진한}} \times V_{\text{진한}}$$

단지 용매만 첨가하기 때문에 묽힘 과정에서 용질의 몰수는 변하지 않으므로 묽힘 전과 후의 용질의 몰수는 같다.

$$\text{몰수}_{\text{진한}} = \text{몰수}_{\text{묽은}}$$

또한 묽힌 용액의 용질의 몰수는 몰농도($M_{\text{묽은}}$)와 묽힘 후의 총 부피인 리터 단위의 부피($V_{\text{묽은}}$)의 곱과 같다.

$$\text{몰수}_{\text{묽은}} = M_{\text{묽은}} \times V_{\text{묽은}}$$

용질의 몰수가 변하지 않았기 때문에 묽혀진 용액의 몰농도를 원래의 더 진한 용액의 몰농도 및 부피와 연관시키는 식을 얻게 된다.

묽힘 방정식은 때때로 $M_1V_1 = M_2V_2$로 나타낸다.

$$M_{\text{묽은}} \times V_{\text{묽은}} = M_{\text{진한}} \times V_{\text{진한}}$$

묽힌 용액의 몰 농도를 구하기 위해 이 방정식을 재 정렬한다. 이를 위해 방정식의 양변을 $V_{\text{묽은}}$으로 나눈다.

$$\frac{M_{\text{묽은}}\cancel{V_{\text{묽은}}}}{\cancel{V_{\text{묽은}}}} = \frac{M_{\text{진한}}V_{\text{진한}}}{V_{\text{묽은}}}$$

방정식의 왼쪽의 항들이 상쇄되기 때문에 다음과 같은 다시 정리된 방정식이 얻어진다.

$$M_{\text{묽은}} = \frac{M_{\text{진한}}V_{\text{진한}}}{V_{\text{묽은}}}$$

따라서 0.1000 *M* 황산 구리(II) 용액 25.00 mL를 250.0 mL로 묽힐 때, 묽힌 용액의 농도는 진한 용액의 몰농도와 두 개의 부피(먼저 리터로 환산된)를 식에 대입하여 구할 수 있다. 즉, 원래의 진한 용액($M_{\text{진한}}$)의 몰농도는 0.1000 *M*이고, 진한 용액의 부피($V_{\text{진한}}$)는 0.02500 L이며, 묽힌 용액의 부피($V_{\text{묽은}}$)는 0.2500 L이다.

$$M_{\text{묽은}} = \frac{0.1000\ M \times 0.02500\ \cancel{L}}{0.2500\ \cancel{L}} = 0.01000\ M$$

이 식의 네 개의 변수들 가운데 세 개를 알면 나머지 한 개가 무엇이든 계산할 수 있다.

예제 4.19 ▶ 묽힘

2.25 *M* $CuCl_2$ 용액 85.2 mL를 최종 부피 250.0 mL로 묽혔다면, 묽힌 $CuCl_2$ 용액의 몰농도는 얼마인가?

» 풀이:

$CuCl_2$의 몰수는 묽힘 전과 후에 같으므로 묽힘 과정에 대한 식을 쓸 수 있다.

$$M_{\text{묽은}} = \frac{M_{\text{진한}}V_{\text{진한}}}{V_{\text{묽은}}}$$

이 식에 주어진 값을 넣어 묽은 용액의 몰농도에 대한 식을 푼다.
진한 용액의 몰 농도($M_{\text{진한}}$)는 2.25 *M*이고, 진한 용액의 부피($V_{\text{진한}}$)는 0.0852 L이고, 묽힌 용액의 부피 ($V_{\text{묽은}}$)는 0.2500 L이다. 각각의 값을 방정식에 대입하고 묽힌 용액의 몰농도에 대하여 푼다.

$$M_{묽은} = \frac{2.25\,M \times 0.0852\,\cancel{L}}{0.2500\,\cancel{L}} = 0.767\,M$$

➜ 응용 연습 4.19

부피가 작은 용액을 묽혀서 최종 부피를 같게 만들었을 때 몰농도는 커지는가, 감소하는가?

➜ 실전 연습 4.19

3.02 M H_2SO_4 용액 42.8 mL를 최종 부피 500.0 mL로 묽혔다면, 묽힌 H_2SO_4 용액의 몰농도는 얼마인가?

➜ 심화 연습: 연습 문제 4.113

제4장 복습하기

주요 개념 _Key Concepts

- 화학 조성은 시료의 원자, 분자, 이온 수를 알아야 하고 이 값이 너무 크기 때문에 우리는 몰(mole) 단위를 사용한다.
  - 1몰은 입자들의 Avogadro 수(6.022×10^{23})로 정의된다. 이 값은 화학 물질의 몰수와 물질 안에 들어 있는 화학식 단위 (분자와 같은) 수를 전환하는 데 이용된다.
  - 물질 1몰의 질량은 몰당 질량 단위(g/mol)로 표시된 몰질량이다.
  - 몰질량은 순수한 물질의 질량(그램 단위)과 몰수를 환산할 때 사용된다.
  - 화합물의 화학식 단위는 종종 두 가지 이상의 원자나 이온을 포함하고 있기 때문에 시료에 주어진 화학식 단위의 원소의 원자 또는 원소의 비로 식을 나타낸다.
- 화합물의 화학 조성은 한 화합물 안에 있는 원소들의 상대적인 양이며, 일정한 조성을 가지게 된다.
  - 질량에 의한 조성 백분율은 전체 화합물의 질량에 대한 한 원소의 비이다.
  - 실험식은 원소들의 가장 간단한 비를 제공하는 반면에, 분자식은 분자 안의 각 원소의 실제 원자의 수를 알려 준다.
  - 실험식은 성분 원소의 질량을 실험적으로 측정하거나 질량 조성 백분율로부터 결정할 수 있다.
  - 분자식은 실험식과 관련이 있으며, 실험식 단위 또는 분자에 있는 각 원소의 정확한 원자수를 보여준다.
  - 화합물의 몰질량을 알면 실험식으로부터 분자식을 결정할 수 있다.
- 용액의 조성은 농도에 의해 설명된다.
  - 농도는 질량 백분율이나 몰농도에 의하여 흔히 표현된다. 둘 다 용액 양에 대한 용질의 양이다.
  - 정해진 양의 용매를 첨가하는 묽힘 과정을 통해 진한 용액으로부터 묽은 용액을 만들 수 있다.

주요 관계식 _Key Relationships

관계	식
조성 백분율은 특정 원소에 의한 시료 질량의 부분으로 표현되는데, 100을 곱하여 백분율로 환산한다.	$\% \text{ E(E는 어떤 원소)} = \dfrac{\text{E의 질량}}{\text{시료의 질량}} \times 100\%$
용액의 질량 조성 백분율은 용질에 대한 용액 질량의 부분으로 100을 곱하여 백분율로 환산한다.	$\% \text{ 질량} = \dfrac{\text{용질의 질량}}{\text{용액의 질량}} \times 100\%$
몰농도 단위의 용액의 농도는 용액의 리터수에 대한 용질의 몰수의 비이다.	$\text{몰농도} = \dfrac{\text{용질의 몰수}}{\text{용액의 리터수}}$
용액을 묽힐 때 용액 속의 용질의 몰수는 변하지 않는다. 몰농도를 리터의 부피로 곱하여 몰수를 계산한다. 이것은 묽히기 전과 후에 같은 값을 가진다.	$M_{\text{묽은}} \times V_{\text{묽은}} = M_{\text{진한}} \times V_{\text{진한}}$

주요 용어 _Key Terms

농도(concentration) (4.4)
몰(mole) (4.2)
몰농도(molarity) (4.4)
몰질량(molar mass) (4.2)
묽은 용액(dilute soltion) (4.4)
묽힘(dilution) (4.4)
실험식(empirical formula) (4.3)
Avogadro 수(Avogadro's number) (4.2)
용매(solvent) (4.4)
용질(solute) (4.4)
진한 용액(concentrated solution) (4.4)
질량 조성 백분율(percent composition by mass) (4.1)

연습 문제 _Questions and Problems

주요 용어와 정의를 연결하기

4.1 다음 주어진 정의에 맞는 주요 용어를 써라.

(a) 정확히 탄소-12(^{12}C) 12 g에 있는 원자수와 같은 수의 원자, 분자, 화학식 단위를 포함한 물질의 양
(b) 어떤 물질 1몰에 있는 기본 입자(원자, 분자, 이온)의 수
(c) 원자들 또는 이온들의 가장 간단한 비(가장 작은 정수의 아래 첨자)로 나타낸 화학식
(d) 용해되는 물질; 일반적으로 더 적은 양으로 존재하는 용액의 구성 성분
(e) 용액의 리터당 용질의 몰수
(f) 비교적 높은 농도의 용질을 포함한 용액

조성 백분율

4.3 석회석($CaCO_3$) 24.7 g에는 칼슘 9.88 g이 들어 있다. 석회석에서 칼슘의 백분율은 얼마인가?

4.5 비강 스프레이는 흔히 스테로이드제를 포함하고 있다. 약제사가 정량한 50.0 μg의 활성 성분에는 30.0 μg의 탄소가 포함되어 있다. 활성 성분에서 탄소의 백분율은 얼마인가?

4.7 조울증 치료제로 쓰이고 있는 탄산 리튬(Li_2CO_3)에는 Li이 18.8% 포함되어 있다. 탄산 리튬 정제 1.20 g에 들어 있는 Li의 질량은 얼마인가?

몰 양

4.9 다음 조성으로 설명된 화합물에 대한 화학식을 써라.

(a) 수소 원자수가 산소 원자수의 두 배
(b) 산소 원자수가 질소 원자수의 1.5배
(c) 칼슘 이온의 수가 염화 이온수의 0.5배

4.11 다음 분자들의 화학식은 무엇인가?

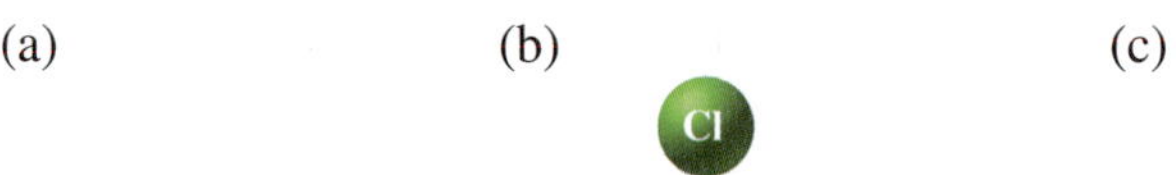

(a)

(b)

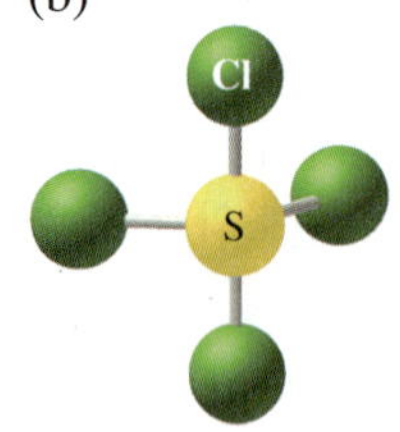

(c)

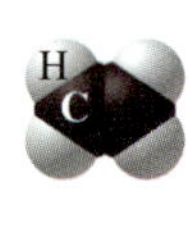

4.13 이 분자들의 분자식은 무엇인가?

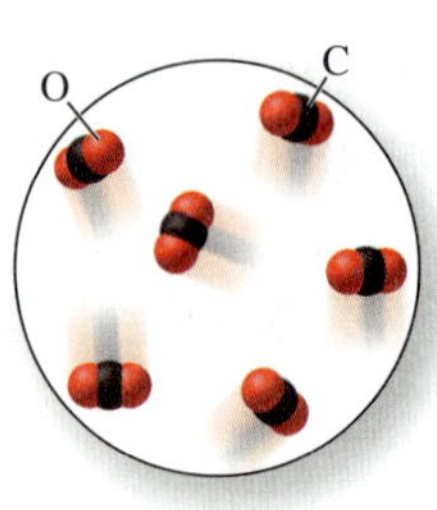

4.15 다음 각각에 대하여 화학식 단위는 무엇인가?

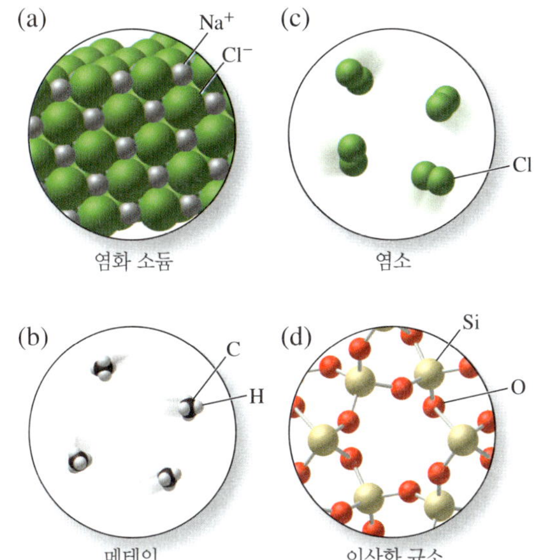

4.17 0.50몰의 NH_3에 들어 있는 NH_3 분자의 수는 얼마인가? 또한 질소 원자와 수소 원자의 수는 각각 얼마인가?

4.19 0.5몰의 Cu_2S에 들어 있는 화학식 단위의 수는 얼마인가?

4.21 0.2몰의 SO_2에 들어 있는 황 원자의 수는 얼마인가?

4.23 1몰의 $CaCl_2$에 들어 있는 칼슘 이온의 수는 얼마인가?

4.25 연습 문제 4.15에 나타낸 물질들의 몰질량을 계산하라.

4.27 다음 각 화합물의 몰질량을 계산하라.
(a) Hg_2Cl_2 (c) Cl_2O_5
(b) $CaSO_4{\cdot}2H_2O$ (d) $NaHSO_4$

4.29 다음 물질들의 몰질량을 계산하라.
(a) I_2 (b) $CrCl_3$ (c) C_4H_8

4.31 일반적으로 시료에 들어 있는 원자의 수를 결정하기 위해 왜 시료의 무게를 측정해야 하는가?

4.33 LiCl 1.00몰의 질량이 42.39 g이면, 원자 질량 단위로 LiCl 화학식 단위의 평균 질량은 얼마인가?

4.35 어떤 물질의 분자 2.01×10^{23}개의 질량이 12.0 g이면, 그 물질의 몰질량은 얼마인가?

4.37 다음 물질 10.0 g의 몰수를 계산하라.
(a) $KHCO_3$ (c) Se
(b) H_2S (d) $MgSO_4$

4.39 다음 물질의 몰수를 계산하라.
(a) 32.5 g NaCl
(b) 250.0 mg 아스피린($C_9H_8O_4$)
(c) 73.4 kg $CaCO_3$
(d) 5.47 μg CuS

4.41 S, Fe, Au, C 중 어떤 원소가 1.0 g 시료에 가장 많은 몰수의 원자를 포함하는가?

4.43 다음 물질 2.50몰의 질량을 계산하라.
(a) $Ba(OH)_2$ (c) K_2SO_4
(b) Cl_2 (d) PF_3

4.45 아세트산 아연[$Zn(CH_3CO_2)_2$] 2.7몰이 화학 반응에 필요하다. 필요한 아세트산 아연의 질량은 얼마인가?

4.47 암모니아(NH_3) 시료 30.0 g의 무게를 잰다. 다음 양들을 계산하라.
(a) NH_3의 몰수 (c) N 원자의 수
(b) NH_3 분자의 수 (d) H 원자의 몰수

4.49 다음 물질 중 어떤 것이 몰당 가장 많은 원자들을 가지는가? 어떤 것이 가장 적은 원자들을 가지는가?

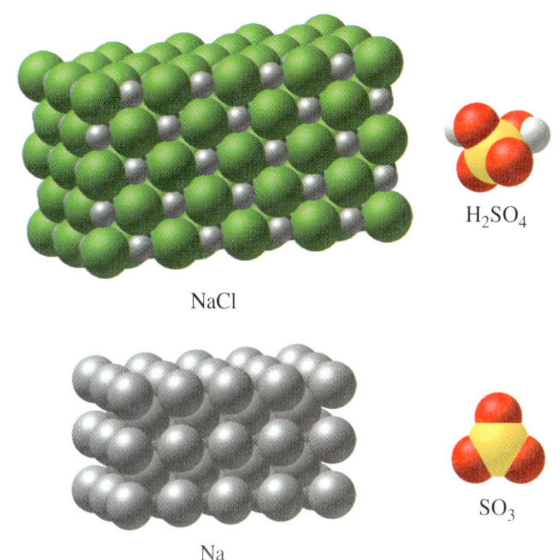

4.51 빗방울의 질량은 0.050 g이다. 한 개의 빗방울에 들어 있는 물 분자의 수는 얼마인가?

4.53 다음 물질 250.0 g에 들어 있는 화학식 단위의 수는? 물질의 몰질량은 얼마인가?
(a) Br_2 (c) H_2O
(b) $MgCl_2$ (d) Fe

4.55 다음 물질 140.0 g에 들어 있는 각 원소의 원자(이온)의 수는 얼마인가?
(a) H_2 (c) N_2O_2
(b) $Ca(NO_3)_2$ (d) K_2SO_4

4.57 SO_2 분자 6.4×10^{22}개의 질량은 얼마인가?

4.59 어떤 화합물(NH_3, NH_4Cl, NO_2, N_2O_3)이 시료 25.0 g에 가장 많은 질소 원자들을 포함하는가?

➜ 실험식과 분자식 결정하기

4.61 두 개의 무색 기체가 있다. 각 기체는 황과 산소로 이루어졌다. 그것들의 조성 백분율이 다르면, 그것들은 같은 물질일 수 있는가?

4.63 실험식과 분자식의 차이는 무엇인가?

4.65 다음 분자들 중 분자식과 실험식이 다른 것은?

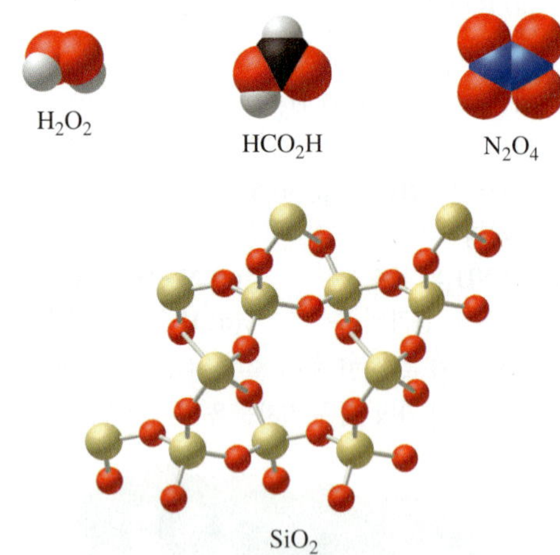

4.67 다음 각 화합물의 실험식은 무엇인가?
(a) P_4O_{10} (c) $PbCl_4$
(b) Cl_2O_5 (d) $HO_2CC_4H_8CO_2H$

4.69 다음 주어진 분자식의 실험식을 써라.
(a) $C_6H_4Cl_2$ (b) C_6H_5Cl (c) N_2O_5

4.71 다음 질소와 산소의 화합물들 가운데 실험식이 같은 것은 어느 것인가? N_2O, NO, NO_2, N_2O_3, N_2O_4, N_2O_5.

4.73 다음 조성을 가진 화합물의 실험식은 무엇인가?
(a) Fe 72.36%, O 27.64%
(b) C 58.53%, H 4.09%, N 11.38%, O 25.99%

4.75 정향의 맛을 가진 화학 물질인 유제놀(eugenol)은 C 73.19%, O 19.49%, H 7.37%로 구성된다. 유제놀의 실험식은 무엇인가?

4.77 폭발성이 있는 트라이나이트로톨루엔(trinitrotoluene, TNT)은 C 37.01%, H 2.22%, N 18.50%, O 42.27%의 조성을 가진다. TNT의 실험식은 무엇인가?

4.79 C 45.42%, H 2.720%, O 51.86%로 구성되어 있는 미지 유기 화합물의 실험식은 무엇인가?

4.81 분자식을 결정하기 위해 필요한 정보는 무엇인가?

4.83 실험식이 CH_2O인 화합물은 몰질량이 대략 90 g/몰이다. 분자식은 무엇인가?

4.85 한 화합물이 몰질량은 대략 180 g/몰이고, 조성 백분율은 C 40.00%, H 6.72%, O 53.29%이다. 분자식은 무엇인가?

4.87 다음 각화합물의 조성백분율은 무엇인가?
(a) SO_2 (c) Na_3PO_4
(b) $CuCl_2$ (d) $Mg(NO_3)_2$

4.89 구리 금속의 잠재적인 공급원으로 다음과 같은 광물을 생각해 보자. 구리의 백분율이 가장 높은 광물은 어느 것인가?
(a) 휘동석(chalcocite, Cu_2S)
(b) 공작석[malachite, $Cu_2(CO_3)(OH)_2$]
(c) 적동석(cuprite, CuO)
(d) 남동석[azurite, $Cu_3(CO_3)_2(OH)_2$]

용액의 화학 조성

4.91 용액은 무엇인가? 여러분의 집과 기숙사에서 발견할 수 있는 용액의 예를 다섯 가지 들라.

4.93 염화 칼슘과 물을 포함한 이 용액의 용질과 용매를 확인하라. 답을 설명하라.

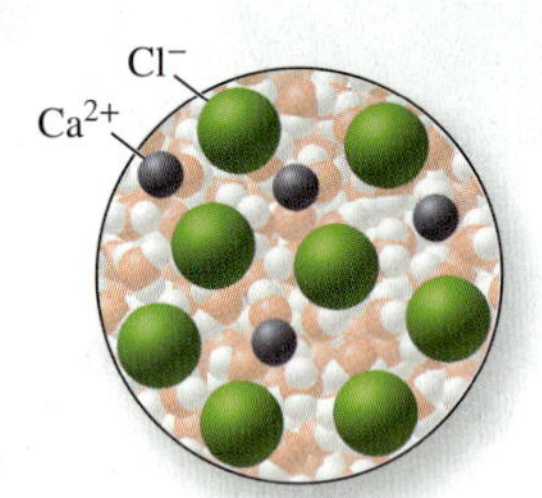

4.95 묽은 용액과 진한 용액의 차이는 무엇인가?

4.97 어떤 관계가 농도로 설명되는가?

4.99 다음 NaCl의 용액 중 어느 것이 더 진한가?

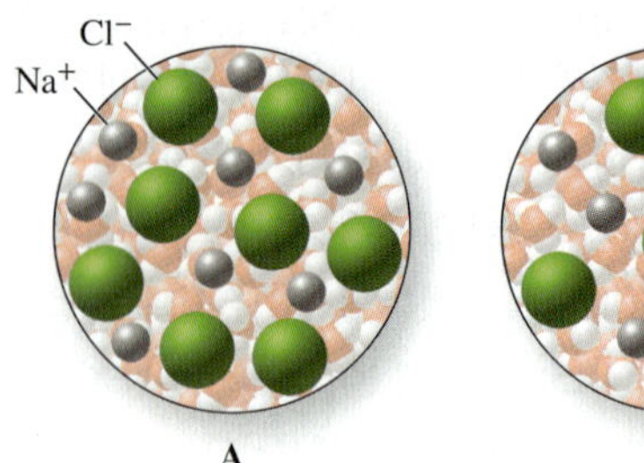

4.101 다음 각 용액의 몰농도를 계산하라.
(a) 용액 1.00 L에 들어 있는 122 g의 아세트산(CH_3CO_2H)
(b) 용액 1.00 L에 들어 있는 185 g의 수크로스($C_{12}H_{22}O_{11}$)
(c) 용액 0.600 L에 들어 있는 70.0 g의 염화 수소(HC1)
(d) 용액 250.0 mL에 들어 있는 45.0 g의 수산화 포타슘(KOH)

4.103 0.124 *M* 용액 150.0 mL 속에 존재하는 Na_2SO_4의 몰수는? 또 존재하는 Na^+ 이온의 몰수는? 존재하는 SO_4^{2-} 이온의 몰수는?

4.105 다음 각 용액 속의 용질의 몰수와 질량을 계산하라.
(a) 250.0 mL의 1.50 *M* KCl
(b) 250.0 mL의 2.05 *M* Na_2SO_4

4.107 각 용질 0.250몰을 얻기 위해 필요한 다음 용액들의 부피를 계산하라.
(a) 0.250 *M* $AlCl_3$
(b) 3.00 *M* HCl

4.109 두 번째 용액을 얻으려면, 처음 용액 10.0 mL에 물 얼마를 넣어야 하는가?

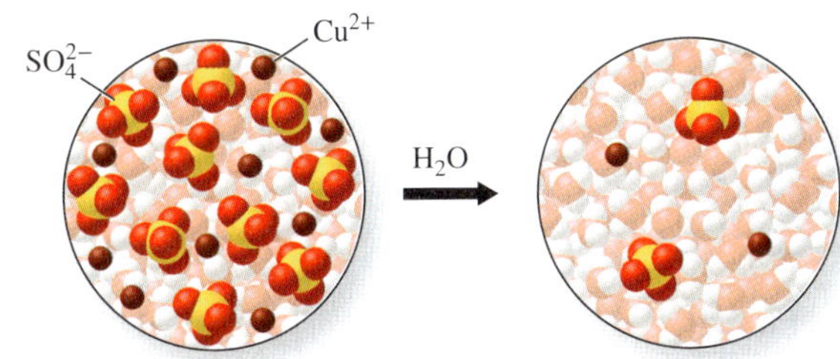

4.111 정확히 0.1000 *M*인 용액을 얻으려면, 0.1074 *M* HCl 935.0 mL에 물 얼마를 넣어야 하는가?

4.113 다음 묽은 용액의 농도를 계산하라.

(a) 0.1832 *M* HCl 24.75 mL를 250.0 mL로 묽힌 것

(b) 1.187 *M* NaOH 125 mL를 0.500 L로 묽힌 것

(c) 0.2010 *M* 아세트산(CH_3CO_2H) 10.00 mL를 50.00 mL로 묽힌 것

추가 연습 문제

4.115 $Cu(OH)_2$ 0.100몰의 질량은 얼마인가?

4.117 원자 질량 단위와 그램 단위로 아르곤 원자 하나의 평균 질량은 얼마인가?

4.119 다음 양에 있는 원자의 몰수와 원자의 수를 계산하라.

(a) 36.1 g의 아르곤

(b) 탄소로 구성된 44.5캐럿의 호프 다이아몬드(1캐럿 = 0.200 g)

(c) 밀도가 13.6 g/mL인 수은 2.50 mL

4.121 탄산 칼슘은 어떤 제산제의 활성 성분이다. 그것은 또한 방해석으로 알려진 광물 안에 들어 있는 화합물이다. 750.0 mg $CaCO_3$를 포함한 씹을 수 있는 정제 속에 존재하는 탄산 칼슘의 몰수는 얼마인가?

4.123 최루 가스는 조성이 C 40.25%, H 6.19%, O 8.94%, Br 44.62%이다. 실험식은 무엇인가?

4.125 10.00 g의 H_3PO_4 속에 포함된 산소 원자의 수는?

4.127 평균 사람이 매일 배출하는 960 g의 CO_2 속에 포함되어 있는 CO_2 분자의 수는?

4.129 향기 있는 바닐라의 활성 성분인 바닐린은 C 63.15%, H 5.30%, O 31.55%의 조성을 가진다.

(a) 실험식은 무엇인가?

(b) 바닐린의 몰질량이 152.14 g/몰이면, 분자식은 무엇인가?

4.131 5.00 g의 Al이 과량의 산소 기체에서 완전히 타면 9.45 g의 산화 알루미늄이 형성된다. 그 산화물의 실험식은 무엇인가?

4.133 0.742몰의 $Ca(NO_3)_2$이 포함된 용액을 만드는 데 필요한 $Ca(NO_3)_2$의 질량은 얼마인가?

4.135 칼슘 보충제 $Ca_3(PO_4)_2$와 $Ca_3(C_6H_5O_7)_2$의 질량이 같다고 할 때, 어떤 시료의 칼슘 질량이 더 많은가?

4.137 F_2, SF_2, CF_4의 1.0 g 시료에서 분자수가 가장 많은 시료는?

4.139 천일염은 바닷물을 자연 증발시켜 만들며 98%가 NaCl이다. 나머지 2%는 철이나 황과 같은 천연 무기질이다. 천일염 시료 20.0 g을 생각해 보자.

(a) 이 시료에 들어 있는 NaCl의 질량은 얼마인가?

(b) 이 시료에 들어 있는 Na의 질량은 얼마인가?

(c) 이 시료에 들어 있는 Cl의 질량은 얼마인가?

4.141 다음 시료에 포함되어 있는 Cl^- 이온의 수는 얼마인가?

(a) 1.0몰 $AlCl_3$

(b) 0.25몰 $AlCl_3$

(c) 0.25몰 $MgCl_2$

화학 반응과 반응식

Chemical Reactions and Equations

©Realistic Reflections

Janelle은 엘리베이터를 타고 2층 강의실로 가서 예정된 수업에 참여한다. 그녀는 작업대에서 두 가지 용액을 선택하는데, 하나는 황산 철(II)($FeSO_4$) 용액이고, 다른 하나는 헥사사이아노철(III)산 포타슘[$K_3Fe(CN)_6$] 용액이다. 두 용액을 혼합하니 짙은 파란색 고체가 형성된다(그림 5.1). 그다음 그 혼합물을 걸러서 고체를 분리하여 오븐에 넣어 말린다. 그 후 마른 고체에 기름을 섞고 고운 가루로 만든다. Janelle이 어떤 과목을 수강하고 있다고 생각하는가?

Janelle은 방금 그녀의 미술 수업에 필요한 파란색 페인트를 준비했다. 형성된 진한 파란색 고체는 프러시안블루라는 화합물인데, 약 1700년 이후부터 색소로 사용되었다. 많은 수의 색소들은 이 장에서 살펴볼 여러 종류의 화학 반응을 통해 형성된 이온 결합 화합물이다. Janelle이 파란색 가루를 기름과 함께 빻았을 때, 그녀는 건조되어 필름을 형성하는 페인트를 만들고 있었던 것이다.

한편 Antonio는 1층 강의실의 작업대 앞에 서 있다. 그는 철 한 조각을 집어 염화 구리(II)($CuCl_2$) 용액에 떨어뜨린다. 몇 분 후 반짝이던 철 조각에 짙은 갈색의 피막이 입혀진다(그림 5.2). 갈색 막이 형성됨에 따라 용액의 파란색도 점차 옅어지는 것이 관찰되었다. 그는 구리(II) 이온이 이제 용액에서 제거되었다는 결론을 내리게 되었다. Antonio가 수강한 과목은 무엇이라고 생각하는가?

Antonio는 금속 공예 수업에서 금속들 간의 부식 반응에 대해 조사하고 있다. 이러한 연구를 통해 야외에 전시될 큰 금속 구조물을 어떻게 만들어야 하는지를 이해하게 될 것이다. 그는 수업에서 금속 조각이 갖는 큰 문제가 바로 부식 문제라는 것을 배웠다. 그 예로 뉴욕항의 부식성 해양 환경으로 인해 100년 동안 점차적으로 부식이 진행되었던 자유의 여신상(Statue of Liberty)이 있다. 이 장에서는 부식을 발생시키는 다양한 반응에 대해 알아볼 것이다. 부식(그리고 그 예방)은 제14장에서 더 상세하게 알아볼 것이다.

옆 강의실에서는 Breanna가 서로 다른 농도의 황산이 들어 있는 비커에 돌 한 조각을 각각 집어넣고 있다. 비커 속의 돌은 표면에 기체 거품을 만들어 내기 시작하고 거품은 차츰 표면으로 떠오른다(그림 5.3). 그녀가 이 기체를 포집하여 염화 바륨($BaCl_2$) 용액을 통과시키자 흰색 고체가 생겼다. Breanna가 수강하고 있는 과목은 무엇이라고 생각하는가? Breanna는 예술품 보존과 관련된 수업을 들으면서 산성비가 대리석 조각상

그림 5.1 황산 철(II)과 헥사사이아노철(III)산 포타슘 용액을 혼합하면 녹지 않는 파란색 화합물인 $KFe[Fe(CN)_6]$가 형성된다.

©Tom Pantages

1704년경에 베를린에서 일했던 염료 제조업자 Diesbach는 프러시안블루(또는 Berlin blue)로 알려진 색소를 우연히 발견하였다. 그것은 포타슘 염이 존재하는 조건에서 마른 혈액을 녹이고 그 혼합물의 수용액 추출물에 황산 철(II)을 첨가함으로써 만들어졌다. 현재는 이러한 청색을 만드는 데 있어 더 간편한 방법을 알고 있다.

그림 5.2 철 금속을 염화 구리(II) 용액에 넣으면 구리 금속이 철에 도금된 형태로 석출된다.

©Jim Birk

그림 5.3 대리석의 탄산 칼슘은 황산과 반응하여 이산화 탄소 기체를 방출한다.

©McGraw-Hill Education/Stephen Frisch

그림 5.4 아이오딘화 포타슘이 납(II) 이온을 함유한 용액에 첨가되면 노란색의 고체인 아이오딘화 납(II)이 형성된다.

©McGraw-Hill Education/Stephen Frisch

에 미치는 영향에 대하여 조사하고 있다. Gargoyle과 같은 오래된 조각상과 건축물들은 대기 오염의 결과로 인해 부식되어 왔다. 석탄과 그 밖의 연료가 연소되면서 대기로 방출된 황과 질소의 산화물은 구름 또는 빗방울 속의 물과 반응하여 산성비의 원인이 되는 황산과 질산을 만든다. 비에 들어 있는 산은 대리석이나 석회암 조각상의 탄산 칼슘과 반응하여 이산화 탄소 기체를 생성한다. 이 장에서는 산과 그 밖의 물질의 반응에 관해 알아볼 것이다.

다른 곳에서 화학 수업을 듣고 있는 Jennifer가 도자기 화분을 아세트산(CH_3CO_2H) 용액 속에 담가 놓는다. 한 시간 후 그 용액을 끓여 아세트산을 기화시키면 고체 잔류물이 남는다. 여기에 약간의 물과 아이오딘화 포타슘(KI)을 첨가하니 노란색의 고체가 만들어졌다(그림 5.4). Jennifer는 이 고체가 아이오딘화 납(II)(PbI_2)인 것을 알아차리고, 이로부터 도자기 화분에 납 화합물이 포함되어 있었다는 것을 알아내었다. 납 중독의 위험성이 알려지기 전에는 도자기류의 유약제 성분으로 납 화합물이 이용되었다. 납 화합물은 유약의 녹는점을 낮추어 유리와 같은 코팅을 형성하게 한다. Jennifer의 실험으로 도자기 유약 성분의 납 함유 여부를 알 수 있다.

예술과 화학은 밀접하게 연결되어 있다. 예술가들이 예술 작품을 그림, 석상 또는 금속상, 스테인드글라스, 세라믹으로 분류하는 것처럼, 화학자들은 반응을 여러 그룹으로 분류한다. 위에서 언급한 학생들의 실험은 이러한 예술과 관련된 화학 반응의 여러 유형을 보여 준다.

이 장에서 공부할 내용의 질문

5.1 화학 반응에서 무슨 일이 일어나는가?
5.2 화학 반응이 일어나는지 어떻게 알 수 있는가?
5.3 화학 반응을 화학식으로 나타내는 방법은 무엇인가?
5.4 화학 반응은 어떻게 분류되는가? 서로 다른 분류의 화학 반응으로부터 생성되는 생성물은 어떻게 예상할 수 있는가?
5.5 수용액에서 화학 반응을 어떤 방법으로 표현할까?

5.1 화학 반응이란 무엇인가?

화학 반응은 완전히 새로운 원소가 생성되는 핵반응과는 다르다. 제15장에서는 이와 같은 핵반응에 대해 배울 것이다.

도입 부분에서 등장한 각 학생들은 몇 가지 유형의 화학 반응 실험을 수행하고 있었다. 예를 들어 Antonio가 철 금속 덩어리를 염화 구리(II) 용액에 넣었을 때 화학 반응이 일어났다. 화학 반응이란 무엇인가?

화학 반응은 한 물질 또는 여러 물질들을 다른 물질로 전환시키는 것을 말한다. 이때 반응을 시작하는 물질을 **반응물**(reactant)이라고 하고, 반응 동안에 형성된 새로운 물질을 **생성물**(product)이라고 한다. 생성물은 그 구성 원자들의 배열 형태가 반응물과 다르다. 화학 반응은 원자를 파괴하거나 새로운 원자를 만들지 않는다. 화학 반응을 통해 기존 원자들을 연결하는 결합들이 끊어지고 새로운 *재배열*을 통해 생성물을 얻게 된다. (제8장에서는 이러한 화학 결합에 대해 더 많은 것을 다루게 될 것이다.)

그림 5.5에서 나타낸 수소 기체와 산소 기체의 반응을 생각해 보자. 수소와 산소는 모두 자연 상태에서 이원자 분자로 존재한다. 이들은 혼합하면 서로 천천히 반응하지만, 일단 점화가 되면 반응이 격렬하고 폭발적으로 일어난다. 어느 쪽이건 간에 반응물은 동일한 형태의 생성물, 즉 두 개의 수소 원자와 한 개의 산소 원자를 포함하는 기체 물 분자를 생성한다. 그림 5.6은 반응 동안 일어나는 원자들의 재배열을 나타낸다. 이 표현은

생성물 분자가 반응물 분자와 분리된 것으로 나타내었지만, 실제로는 거리(distance)가 아니라 시간이 지남에 따라 분리된다는 점을 유의하라. 반응이 일어나기 전 용기 안에는 반응물들이 있다가, 반응이 완결된 후에는 같은 용기에 생성물이 들어 있는 것이다.

반응물과 생성물에 있는 수소 원자와 산소 원자의 수를 각각 세어 보라. 개수가 달라졌는가? 그림을 보면 그렇지 않음을 쉽게 알 수 있다. 모든 화학 반응에서 각 원소의 원자수는 일정하게 유지된다. 이것은 질량 보존 법칙(제2장 참조)과 일치하는데, 이 법칙에 의하면 일반적인 화학 방법에 의해서는 원자가 새로이 창조되거나 파괴되지 않는다.

이제 그림 5.6의 원자 배열을 생각해 보자. 반응물에 들어 있는 산소 원자는 어떻게 배열되어 있는가? 생성물에서는 어떠한가? 수소 원자는 어떠한가? 반응물에서 각 수소 원자는 다른 수소 원자에 결합되어 있고, 각 산소 원자는 다른 산소 원자에 결합되어 있다. 생성물에서는 두 개의 수소 원자가 하나의 산소 원자에 결합되어 있다. 원자의 수는 같지만 그들의 배열은 다르다.

그림 5.5 공기 중의 수소 분자와 산소 분자는 점화시키면 폭발적으로 반응하여 기체 물을 형성한다.

©Charles D. Winters

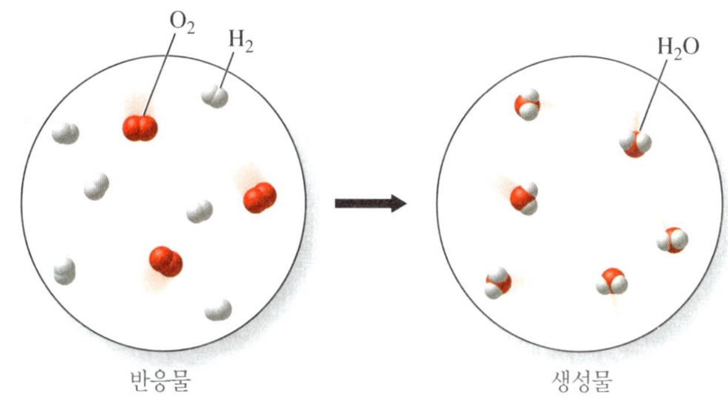

그림 5.6 수소 분자에서 나온 수소 원자와 산소 분사에서 나온 산소 원자가 결합하여 기체 물 분자를 형성한다.

예제 5.1 ▶ 반응물과 생성물의 확인

Breanna는 황산 용액과 고체 탄산 칼슘을 혼합하였다. 처음 고체가 사라지면서 이산화 탄소 기포가 용액에서 발생되었고 황산 칼슘의 침전물이 남았다. 이 화학 반응에서 반응물과 생성물을 확인하라.

》풀이:

황산과 탄산 칼슘은 출발 물질인 반응물이다. 그것들은 생성물인 이산화 탄소와 황산 칼슘으로 전환된다(여기서 확인할 수 없는 또 다른 생성물이 물이다).

→ 응용 연습 5.1

만약 두 가지 이상의 원소들이 결합하여 화합물을 형성한다면, 원소들은 반응물인가, 생성물인가?

→ 실전 연습 5.1

Antonio는 황산 구리(II) 용액에 철 한 조각을 넣었다. 그는 구리 금속 침전물과 황산 철(II)를 포함한 혼합 용액을 얻었다. 이 화학 반응에서 반응물과 생성물을 확인하라.

→ 심화 연습: 연습 문제 5.3

그림 5.7 관찰 가능한 성질의 변화가 없다면 화학 반응이 일어났는지 여부를 알기가 어렵다.

5.2 화학 반응이 일어나는지를 어떻게 알 수 있는가?

예술가가 작품을 만들기 위해 페인트와 돌을 사용하는 것처럼, 화학자들은 원소와 화합물을 사용하여 새로운 물질을 만든다. 예술가와 화학자 모두 각자 사용할 수 있는 재료에는 제약이 있다. 물질의 성질과 거동에 관한 자연 법칙 안에서만 작업을 수행할 수 있다. 새로운 창조물을 만드는 데는 전적으로 주어진 재료에 의존하지만, 주어진 재료를 단순히 사용하는 것만으로는 충분하지 않다. 어떤 페인트를 캔버스에 칠하는 것만으로도 예술 작품이 될 수 있는가? 두 가지 물질을 혼합하는 것만으로도 화학이라 할 수 있는가?

그림 5.7에서처럼 무색 투명한 액체가 들어 있는 두 비커를 생각해 보자. 두 개의 액체가 혼합되면 어떤 일이 일어날까? 화학 반응이 일어났다고 말할 수 있는가? 단순한 관찰만으로는 이를 알 수 없다. 두 개의 무색 액체로 시작하였고 그 혼합물도 무색으로 남아 있다. 원자들의 재배열이 일어났을지도, 아닐지도 모른다. 화학 반응 여부를 판단하기 위한 보다 명확한 방법이 필요하다.

외관상 관찰할 수 있는 어떤 성질의 변화가 없었다면, 더 많은 시험을 통하지 않고는 반응이 일어났다고 말하기 어렵다. 그러나 대부분의 화학 반응에서는 직접 관찰 가능한 변화가 일어난다. 화학 반응이 일어났을 가능성을 보이는 실마리에는 어떤 것이 있을까? 가늠할 수 있는 성질의 목록을 생각하여 작성한 후, 그림 5.8을 보면서, 여러 화학 반응의 사진들 중 어느 것이 여러분이 생각한 것에 부합하는 지 알아보자.

화학자들에 의해 종종 많이 사용되는 외관상 판단할 수 있는 실마리들은 다음과 같다.

이 실마리는 반응이 *일어났을지도 모르는* 징후일 뿐이다. 물리적인 변화도 또한 그러한 효과를 일으킬 수 있다. 예를 들어 화합물을 용해하면 온도 변화가 일어날 수 있으며, 두 가지 색상의 혼합물을 혼합하면 색깔이 변할 수 있다.

- 색깔의 변화
- 발광
- 고체의 형성[용액에서 ***침전물***(*precipitate*), 공기 중의 연기, 금속 코팅 등]
- 기체의 형성(용액에서 기포 또는 기체 상태의 연기)
- 열의 흡수 또는 방출(때때로 불꽃으로 나타남)

위에 열거한 범주에 속하지 않는 다른 어떤 실마리를 찾아냈는가?

5.3 화학 반응식 쓰기

화학 반응을 말로 설명하고 묘사하는 일은 다소 번거롭고 시간이 많이 소요되는 일에 해당된다. 이런 이유 때문에 화학자들은 화학 반응식을 이용하여 어떤 반응물이 포함되고 어떤 생성물이 만들어지는지를 나타낸다. **화학 반응식**(chemical equation)은 화학

반응식의 균형을 맞추는 단계

1. 개략 반응식은 무엇인가?
   (a) 화살표 왼쪽에 반응물에 대한 정확한 화학식을, 오른쪽에 생성물에 대한 정확한 화학식을 쓴다.
   (b) 모든 물질에 대한 물리적 상태의 기호를 포함한다.
   (c) 계수(화학식 앞의 수)는 개략 반응식에서 모두 1이다.
2. 각 원소의 원자는 어떻게 균형을 맞추나?
   (a) 먼저 반응식의 양쪽에서 한 번만 나타나는 원소를 찾으라. 반응식의 양쪽에서 그 원소의 원자의 수가 다르면 그 원자의 수가 같을 때까지 한 물질 또는 두 물질의 계수를 변화시켜라.
   (b) 아래 첨자는 변화시키지 않는다. 화학식의 아래 첨자를 변화시키면 그 물질 자체가 달라지게 된다.
   (c) 필요할 때까지 반응식의 모든 원소들을 계속 점검하고 계수를 변화시킨다.
   (d) 균형을 맞추는 마지막 원소는 홑원소 물질(O_2와 같은)의 원소여야 한다. 왜냐하면 한 원소 앞의 계수를 변화시키는 것이 어떤 다른 원소의 원자의 수를 변화시키지 않기 때문이다.
3. 반응식이 균형을 맞추었는가? 반응식 양쪽에 있는 각 원소의 원자를 세면서 마지막 점검을 하라. 그들이 같다면 반응식은 균형이 맞춰진 것이다.

예제 5.2 ▶ 화학 반응식의 균형 맞추기

염소산 포타슘은 가열하면 분해되어 고체 염화 포타슘과 산소 기체를 형성하는 흰색의 고체이다. 그 반응을 나타내는 반응식의 균형을 맞춰라.

» 풀이:

염소산 포타슘이 유일한 반응물로, 화학식은 $KClO_3$이고 고체 상태이다. 생성물은 고체 염화 포타슘(KCl)과 산소(O_2) 기체이다. 글자로 표현한 식은 화살표 앞에 반응물의 이름을 쓰고 화살표 뒤에 생성물의 이름을 플러스 기호로 구분하여 쓴다.

$$\text{염소산 포타슘} \xrightarrow{\text{열}} \text{염화 포타슘} + \text{산소}$$

개략 반응식을 얻기 위해 화합물의 이름을 화학식과 물리적 상태로 치환한다.

$$KClO_3(s) \xrightarrow{\text{열}} KCl(s) + O_2(g)$$

다음으로 원자 개수를 세면서 계수를 바꿀 곳을 찾는다. 포타슘과 염소는 화살표 양쪽에 한 번씩만 나타나므로 이미 균형이 맞추어져 있지만, 왼쪽에는 3개의 산소 원자가 있는 반면, 오른쪽에는 2개의 산소 원자가 있다.

$$KClO_3(s) \xrightarrow{\text{열}} KCl(s) + O_2(g)$$

반응물의 원자	생성물의 원자
1 K 1 Cl 3 O	1 K 1 Cl 2 O

$KClO_3$ 앞에 2를, O_2 앞에 3을 넣음으로써 산소 원자의 균형을 맞출 수 있다. 이제 반응식 양쪽에 산소 원자 6개가 있다.

$$2KClO_3(s) \xrightarrow{\text{열}} KCl(s) + 3O_2(g)$$

반응물의 원자 생성물의 원자
2 K 2 Cl 6 O 1 K 1 Cl 6 O

그러나 이제 포타슘과 염소는 더 이상 균형이 맞지 않는다. 반응식의 왼쪽은 각각 2이지만 오른쪽은 단지 1이다. 반응식의 생성물 쪽의 KCl 앞에 2를 넣음으로써 K와 Cl 원자의 균형을 다시 맞출 수 있다.

$$2KClO_3(s) \xrightarrow{\text{열}} 2KCl(s) + 3O_2(g)$$

원자의 개수를 세어 보면 정확한 균형 맞춘 반응식이라는 것을 알 수 있다.

반응물의 원자 생성물의 원자
2 K 2 Cl 6 O 2 K 2 Cl 6 O

고체 $KClO_3$를 가열하면 적은 양의 산소 기체를 얻을 수 있고, 이는 실험실에서 사용하기에 충분한 양이다. ($KClO_3$가 폭발할 수 있으므로 조심스럽게 반응을 진행시켜야 한다.) 만약 이 반응을 직접 실행한다고 했을 때, 어떤 방법을 통해 산소를 포집해야 하는지 고민해 보자.

➜ 응용 연습 5.2

만약 화학 반응식에서 모든 계수가 2로 나누어 떨어진다면, 그 반응식은 올바른 균형 맞춘 반응식인가?

➜ 실전 연습 5.2

소듐 금속을 액체 물에 떨어뜨리면 그 혼합물은 수소 기체를 방출하고 색깔이 없는 수산화 소듐 용액이 남는다. 이 반응을 나타내는 반응식의 균형을 맞춰라.

➜ 심화 연습: 연습 문제 5.27

중간 단계에서는 반응식의 균형을 맞추는 데 계수가 꼭 정수일 필요는 없다. 임시로 분수 계수를 사용하면 균형 맞추기가 더 쉽게 될 때도 있다. 그러나 마지막 단계에서 계수는 정수 이어야 한다. 예제 5.3은 이 방법으로 반응식의 균형을 맞추는 방법을 보여 준다.

예제 5.3 ▶ 분수 계수를 이용한 화학 반응식의 균형 맞추기

에테인(C_2H_6)은 산소와 반응하여 연소되는 기체 연료이다. 이 반응에 대한 다음 개략 반응식의 균형을 맞춰라.

$$C_2H_6(g) + O_2(g) \longrightarrow CO_2(g) + H_2O(g)$$

» 풀이:

반응식의 양쪽의 원자들을 세어 보면, 이 반응식이 균형이 맞지 않는다는 것을 알 수 있다.

$$C_2H_6(g) + O_2(g) \longrightarrow CO_2(g) + H_2O(g)$$

반응물의 원자 생성물의 원자
2 C 6 H 2 O 1 C 2 H 3 O

산소가 세 물질에 있으므로 탄소와 수소의 균형을 맞춤으로써 시작해야 한다. 왼쪽에는 탄소 원자 2개가 있지만 오른쪽에는 1개만 있으므로 CO_2 앞에 2를 넣는다.

$$C_2H_6(g) + O_2(g) \longrightarrow 2CO_2(g) + H_2O(g)$$

반응물의 원자 생성물의 원자
2 C 6 H 2 O 2 C 2 H 5 O

왼쪽에 수소 원자 6개가 있지만 오른쪽에 2개가 있으므로 H_2O 앞에 3을 넣는다.

$$C_2H_6(g) + O_2(g) \longrightarrow 2CO_2(g) + 3H_2O(g)$$

반응물의 원자 2 C 6 H 7 O
2 C 6 H 2 O 생성물의 원자

이제 균형을 맞추기 위해 남겨진 것이 산소이다. CO_2 분자 2개에는 4개의 산소 원자가 있고 H_2O 분자 3개에는 3개의 산소 원자가 있으므로 생성물에는 총 7개의 산소 원자가 있다. 어떤 다른 것의 균형을 깨지 않는 한, 정수로 반응물의 산소 원자의 균형을 맞출 수 없기 때문에 임시로 분수 계수(또는 3.5)을 사용할 수 있다.

$$C_2H_6(g) + \tfrac{7}{2}\,O_2(g) \longrightarrow 2CO_2(g) + 3H_2O(g)$$

반응물의 원자 생성물의 원자
2 C 6 H 7 O 2 C 6 H 7 O

각 원소의 원자 개수가 반응식의 양쪽에 동등하지만 모두 계수가 정수는 아니다. 정수 계수를 얻기 위해 반응식의 모든 계수에 2를 곱해야 한다.

$$2C_2H_6(g) + 7O_2(g) \longrightarrow 4CO_2(g) + 6H_2O(g)$$

원자의 개수를 세어 보면 정확히 균형이 맞춰진 반응식이라는 것을 알 수 있다.

반응물의 원자 생성물의 원자
4 C 12 H 14 O 4 C 12 H 14 O

➜ 응용 연습 5.3

만약 화학 반응식에서 분수 계수를 사용하여 원자 개수의 균형을 맞추었다고 한다면, 그것이 올바른 균형 맞춘 반응식이라고 할 수 있을까?

➜ 실전 연습 5.3

액체 뷰테인은 종종 남배 라이터 연료로 사용된다. 압력이 줄어들면 뷰테인이 기화되어 산소와 함께 연소될 수 있다. 산소와 뷰테인의 반응에 대한 개략 반응식의 균형을 맞춰라.

$$C_4H_{10}(g) + O_2(g) \longrightarrow CO_2(g) + H_2O(g)$$

➜ 심화 연습: 연습 문제 5.37

가스 스토브나 가스난로에서 주로 사용하는 연료는 메테인(CH_4)이다. 천연 가스에는 메테인 이외에도 에테인(C_2H_6)이 소량 들어 있으며, 프로페인(C_3H_8)의 경우, 가스 그릴에 사용되는 탱크 연료로 판매되고 있다. 또 다른 기체 연료인 뷰테인(C_4H_{10})은 가스라이터의 연료로 사용된다. 이들 *탄화수소* 화합물이 공통적으로 갖고 있는 원소는 무엇인가?

마지막으로 반응물의 일부분이 생성물에서도 변하지 않으면 어떻게 진행하는지에 관해 다음 예를 살펴보자. 일반적으로 이 상황은 음이온이 산소 음이온이거나 몇 가지 다원자 음이온인 이온 결합 화합물에서 발생한다. 음이온이 생성물에서 변하지 않으면, 각각 균형을 맞추어야 하는 원자 대신에 음이온을 하나의 단위로 취급할 수 있다.

예제 5.4 ▶ 산소 음이온이 변하지 않는 화학 반응식의 균형 맞추기

철 조각을 황산 구리(II) 용액에 넣으면 다음 반응이 일어난다.

$$Fe(s) + CuSO_4(aq) \longrightarrow Fe_2(SO_4)_3(aq) + Cu(s)$$

이 개략 반응식의 균형을 맞춰라.

» 풀이:

황산 이온(SO_4^{2-})이 반응물과 생성물에서 다른 형태로 변하지 않는다는 것을 주목하라. 성분 원소인 S와 O가 반응의 어디에서도 나타나지 않으므로 황산 이온은 한 단위로 취급할 수 있다. 원자와 황산 이온의 개수를 세어 보자.

$$Fe(s) + CuSO_4(aq) \longrightarrow Fe_2(SO_4)_3(aq) + Cu(s)$$

반응물의 원자/이온	생성물의 원자/이온
1 Fe 1 Cu 1 SO_4^{2-}	2 Fe 1 Cu 3 SO_4^{2-}

구리 원자는 균형이 맞추어져 있다. 생성물에는 철 원자가 2개 있지만 반응물에는 1개만 있다. 따라서 Fe의 계수를 2로 바꿀 수 있다.

$$2Fe(s) + CuSO_4(aq) \longrightarrow Fe_2(SO_4)_3(aq) + Cu(s)$$

반응물의 원자/이온	생성물의 원자/이온
2 Fe 1 Cu 1 SO_4^{2-}	2 Fe 1 Cu 3 SO_4^{2-}

황산 이온은 균형이 맞지 않는다. $CuSO_4$의 계수를 3으로 변화시켜서 그들의 균형을 맞출 수 있다.

$$2Fe(s) + 3CuSO_4(aq) \longrightarrow Fe_2(SO_4)_3(aq) + Cu(s)$$

반응물의 원자/이온	생성물의 원자/이온
2 Fe 3 Cu 3 SO_4^{2-}	2 Fe 1 Cu 3 SO_4^{2-}

이 변화는 구리 원자의 균형을 깨뜨리므로 Cu의 계수를 3으로 변화시켜야 한다.

$$2Fe(s) + 3CuSO_4(aq) \longrightarrow Fe_2(SO_4)_3(aq) + 3Cu(s)$$

반응물의 원자/이온	생성물의 원자/이온
2 Fe 3 Cu 3 SO_4^{2-}	2 Fe 3 Cu 3 SO_4^{2-}

마지막으로 나타낸 원소의 개수에서 보듯이, 이제 이 식은 균형이 맞았다.

→ 응용 연습 5.4

만약 황산 철에서 철의 전하가 3+가 아닌 2+라면, 철 화합물의 화학식은 어떻게 되겠는가? 또 균형 맞춘 반응식은 어떻게 변하겠는가?

→ 실전 연습 5.4

질산과 아연 금속의 반응에 대한 다음 개략 반응식의 균형을 맞춰라.

$$Zn(s) + HNO_3(aq) \longrightarrow Zn(NO_3)_2(aq) + H_2(g)$$

→ 심화 연습: 연습 문제 5.39

5.4 화학 반응 예측하기

우리가 지금까지 살펴본 모든 화학 반응은 반응물과 생성물이 무엇인지 알고 있는 것들이었다. 일반적으로 반응에서 무엇을 섞는지 알고 있기 때문에 반응물이 무엇인지 알기란 비교적 쉬운 일이다. 그러나 어떤 생성물이 만들어질지는 어떻게 알 수 있을까? 그러한 질문에 대한 답은 실험을 통해 알아낼 수 있다. 그 반응 후 생성물을 분리하여, 그것이 무엇인지 알아내는 것이다. 또는 그 반응이 이전에 연구된 것이라면, 다른 사람들의

리튬

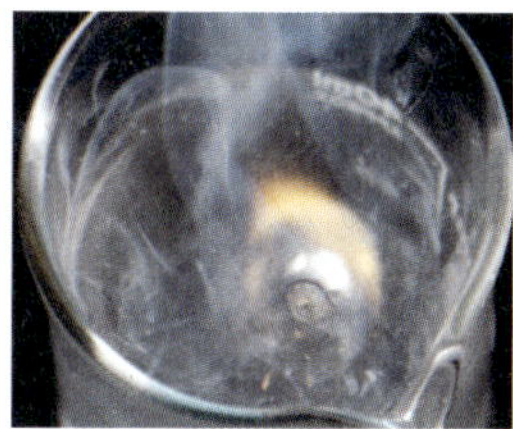
소듐

포타슘

루비듐

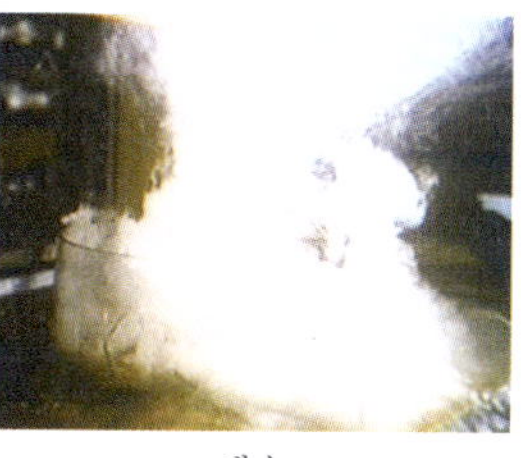
세슘

그림 5.12 모든 알칼리 금속들은 물과 반응하여 상응하는 알칼리 금속 수산화물과 수소 기체를 형성한다. 이 모든 반응에 대한 재배열의 유형은 같다. 그들의 격렬함에서만 차이가 난다.

실험 결과를 활용하거나 이용할 수 있다.

제2장에서 원소의 화학적 성질이 주기적 성질이라는 것을 배운 바 있다. 즉 주기율표의 같은 족에 있는 원소들은 유사한 반응을 일으킨다. 이 주기성을 이용하면 화학 반응의 생성물도 예측할 수 있다. 예를 들면 액체 물에 리튬 금속 조각을 떨어뜨리면 수산화 리튬 수용액과 수소 기체가 생성된다(그림 5.12).

$$2Li(s) + 2H_2O(l) \longrightarrow 2LiOH(aq) + H_2(g)$$

주기성의 원리에 비춰 보면, 다른 알칼리 금속 또한 물과 반응하여 금속 수산화물과 수소 기체를 형성한다는 것을 알 수 있다. 그림 5.12의 나열된 사진에서 주어진 모든 금속들이 물과 반응하는 것을 알 수 있다. 차이점은 반응의 격렬한 정도이다. 포타슘의 반응에서 수소는 언제나 불을 일으킨다. 주기율표에서 포타슘 아래의 알칼리 금속들은 물과 폭발적으로 반응한다.

알칼리 토금속도 알칼리 금속과 비슷한 반응성을 보여 주며, 이들은 물과 반응하여 금속 수산화물과 수소 기체를 발생시킨다. 바륨이 물과 반응하는 반응의 균형 맞춘 반응식을 쓸 수 있겠는가?

또한 원자들이 재배열되는 방법은 몇 가지밖에 없다. 반응을 유형별로 분류해 보면, 화학 물질의 조합에 대하여 이론적으로 어떤 종류의 원자 배열이 가능한지도 결정할 수 있다. 예를 들어 원소와 화합물을 문자와 구로 표시해 보자.

구 A와 B는 일원자이거나 이원자인 원소이다. 구 C, D, E, F는 일원자 또는 다원자, 일원자 이온 또는 다원자 이온이 나타낸 바와 같은 화합물을 형성하도록 배열된다. 이온일 수 있다. 이렇게 원자 또는 원자단을 재배열하여 만들 수 있는 화학 반응의 유형이 몇 개나 될까? 너무 복잡하지 않게 하기 위해 물질 하나만, 또는 두 물질의 조합만을 사용하되, 세 가지 이상의 반응물이나 생성물은 피하도록 하자. 이러한 과정을 연습한 후 그 다음 과정을 진행하도록 하자.

우선 반응물이 하나인 경우를 생각하자. 반응이 일어나기 위해 그 물질을 가열해야 할 수도 있다. 만일 이 물질이 원소라면 어떤 일이 일어날 수 있을까? 일원자 원소는 재배열할 방법이 없기 때문에 아무 현상도 일어나지 않는다. 반면 이원자 원소는 성분 원자로 쪼개질 수도 있다. 그와 같은 반응의 예는 다루지 않을 것이므로 이러한 경우는 고려하지 않을 것이다.

화합물 CD를 가열하면 원소 C와 D 같은 더 작은 조각으로 쪼개질 수 있다.

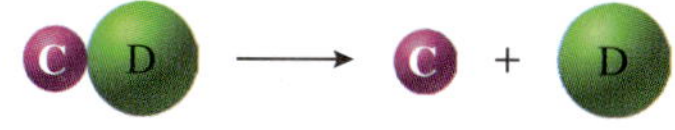

예: $2HgO(s) \longrightarrow 2Hg(l) + O_2(g)$

또한 화합물은 더 작은 분자들로 쪼개어질 수 있다.

예: $NH_4Cl(s) \longrightarrow NH_3(g) + HCl(g)$

화합물 EF도 이와 비슷하게 E와 F로 쪼개질 수 있다.

다음으로 두 물질이 결합하는 반응을 생각해 보자. 원소 A를 원소 B와 반응시켜 화합물을 형성할 수 있다.

A + B ⟶ AB

예: $Zn(s) + Cl_2(g) \longrightarrow ZnCl_2(s)$

원소를 화합물과 결합시켜 새로운 화합물을 만들 수도 있다.

A + CD ⟶ ACD

예: $H_2(g) + CO(g) \longrightarrow H_2CO(g)$

이와 같은 유형의 조합은 A와 EF 사이, B와 CD 사이, B와 EF 사이에서도 일어날 수 있다. 네 가지 모두 같은 유형의 반응일 것이다.

하나의 원소가 화합물과 반응하여 새로운 화합물을 형성하기도 하고, 원래의 화합물에서 한 원소를 방출할 수도 있다.

A + CD ⟶ C + AD

예: $Zn(s) + CuCl_2(aq) \longrightarrow Cu(s) + ZnCl_2(aq)$

성분 원소가 무엇인가에 따라 새로운 화합물 CA와 방출된 원소 D를 생성할 수도 있다. 이와 같은 유형의 반응이 화합물 EF와도 일어날 수 있고, 원소 B도 이 방식으로 화합물 CD 또는 화합물 EF와 반응할 수 있다.

마지막으로 두 화합물 사이에서의 반응을 생각해 보자. 두 화합물이 결합하여 새로운 하나의 화합물을 만들 수 있다.

CD + EF ⟶ CDEF

예: $CaO(s) + SO_2(g) \longrightarrow CaSO_3(s)$

또는 두 화합물이 재배열하여 두 개의 새로운 화합물을 형성할 수도 있다.

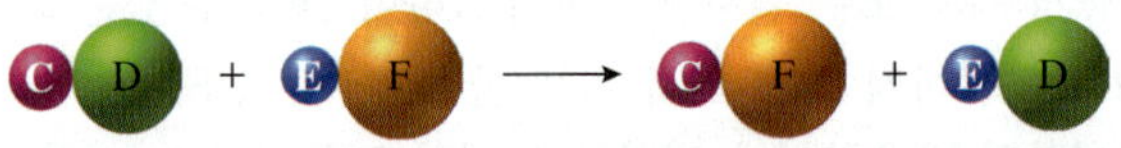

CD + EF ⟶ CF + ED

예: $CuCl_2(aq) + Na_2S(aq) \longrightarrow 2NaCl(aq) + CuS(s)$

이온 결합 화합물로 이루어진 반응물이 다원자 이온으로 이루어져 있다면, 다음의 예와 유사한 반응이 일어날 수 있다.

예: $AgNO_3(aq) + KCl(aq) \longrightarrow AgCl(s) + KNO_3(aq)$

여러분이 만든 반응 유형 목록이 이 유형과 일치했는가? 반응물과 생성물에서 어떤 패턴이 보이는가? 각각의 예에서, 하나 또는 두 개의 반응물 및 하나 또는 두 개의 생성물을 가졌다. 이들은 원소 또는 화합물일 수 있다. 이 분류 체계를 기반으로 가능한 조합 목록을 만들어 보자.

반응물	생성물
화합물 1개	원소 2개(또는 더 작은 화합물)
원소 또는 화합물 2개	화합물 1개
원소 1개와 화합물 1개	원소 1개와 화합물 1개
화합물 2개	화합물 2개

이들로부터 우리는 단 네 가지 패턴의 반응 유형을 알아낼 수 있다. 화학자들은 이 네 가지 형태를 분해 반응, 결합(또는 합성) 반응, 단일 치환 반응, 이중 치환 반응이라고 한다. 표 5.1은 이 반응 유형 네 가지를 요약한 것이다.

표 5.1 화학 반응의 유형

유형	반응물	생성물	예
분해	화합물 1개	원소 2개 (또는 더 작은 화합물)	$CD \longrightarrow C + D$
결합	원소 또는 화합물 2개	화합물 1개	$A + B \longrightarrow AB$
단일 치환	원소 1개와 화합물 1개	원소 1개, 화합물 1개	$A + CD \longrightarrow C + AD$
이중 치환	화합물 2개	화합물 2개	$CD + EF \longrightarrow CF + ED$

이 절의 나머지 부분에서는 각 유형에 대한 예제를 공부할 것이다. 이 시점에서 우리는 반응물과 생성물의 종류와 수를 고려하여 알려진 화학 반응을 유형에 넣을 수 있다.

예제 5.5 ▶ 반응의 유형

다음 각 반응을 분해, 결합, 단일 치환, 이중 치환 반응으로 분류하라.

(a) $Na_2S(aq) + 2HCl(aq) \longrightarrow H_2S(g) + 2NaCl(aq)$

(b) $H_2(g) + CuO(s) \longrightarrow Cu(s) + H_2O(g)$

(c) $2Fe(s) + 3Cl_2(g) \longrightarrow 2FeCl_3(s)$

(d) $2Na_2O_2(s) \longrightarrow 2Na_2O(s) + O_2(g)$

» 풀이:

반응을 분류하기 위해 표 5.1에서 유형을 찾는다.

(a) 이 반응은 반응물로 화합물 2개와 생성물로 화합물 2개를 포함한다. 이 유형을 이중 치환이라고 한다.

(b) 이것은 원소와 화합물이 반응하여 다른 원소와 화합물을 만든다. 이것은 단일 치환 반응이다.

(c) 이 반응에서 두 개의 원소가 결합하여 한 화합물을 형성한다. 이 유형은 결합 반응에서 발견된다.

(d) 여기서는 한 화합물이 더 간단한 화합물과 원소로 바뀐다. 이것은 분해 반응이다.

➔ 응용 연습 5.5

만약 3개의 원소 또는 화합물이 함께 반응하여 한 개의 화합물을 형성했다면, 이 반응은 어떤 반응 유형으로 분류될까?

➔ 실전 연습 5.5

다음 각 반응을 분해, 결합, 단일 치환, 이중 치환 반응으로 분류하라.

(a) $NH_3(g) + HCl(g) \longrightarrow NH_4Cl(s)$

(b) $CuCl_2(aq) + Na_2S(aq) \longrightarrow CuS(s) + 2NaCl(aq)$

(c) $NiSO_3(s) \longrightarrow NiO(s) + SO_2(g)$

(d) $Ca(s) + PbCl_2(aq) \longrightarrow CaCl_2(aq) + Pb(s)$

➔ **심화 연습:** 연습 문제 5.51

≫ 분해 반응

분해 반응은 어떤 경우에는 두 가지 이상의 생성물을 형성한다. 마찬가지로, 결합 반응은 두 가지 이상의 반응물을 포함할 수 있다.

분해 반응(decomposition reaction)이 일어나면 한 화합물이 쪼개져 성분 원소나 더 간단한 화합물로 나뉘게 된다. 형성되는 화합물은 예상할 수 있는데, 일반적으로 흔히 볼 수 있는 안정한 작은 분자, 특히 기체 분자가 발생된다. 어떤 반응이 기체 생성물을 만든다면, 이는 거의 언제나 분해 반응이다. 반응물에 수소와 산소가 포함되어 있다면 분해되어 물이 생성되는 경우가 많다. 분해 반응의 생성물 패턴은 다양한 화합물에 대하여 공식화될 수 있다. 몇 가지 패턴이 표 5.2에 예와 함께 나열되어 있다.

몇 가지 이성분 화합물은 가열하면 성분 원소로 분해된다. 예를 들면 빨간색의 고체 산화 수은(II)을 가열하면 천천히 분해되어 산소 기체가 용기를 채우고 액체 수은 방울이 차가운 부분에 가라앉게 된다(그림 5.13).

산화 이온은 음전하를 잃고 산소 원자로 바뀐다. 수은(II) 이온은 양전하를 잃고 수은 원자를 형성한다. 이 변화들이 그림 5.14에 나타나 있다.

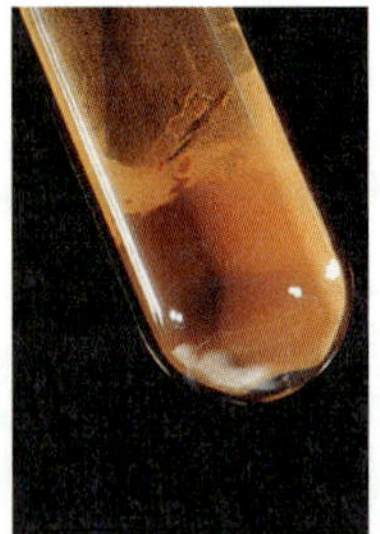
반응 전

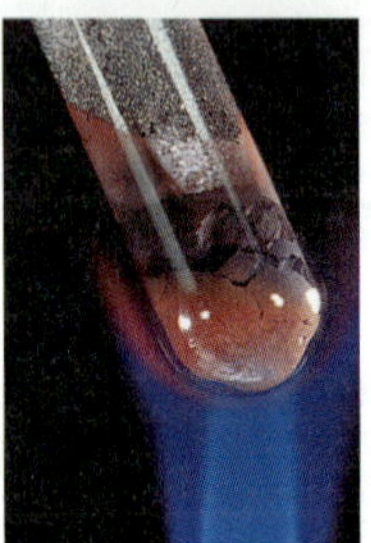
반응 중

반응 후

그림 5.13 고체 산화 수은(II) HgO을 가열하면 액체 수은 금속과 산소 기체로 분해된다.

표 5.2 화합물이 가열될 때 일어나는 분해 반응

- 금속 Au, Pt, Hg의 ***산화물***(*oxide*) 및 ***할로젠화물***(*halide*)은 원소로 분해된다.

$$2HgO(s) \xrightarrow{\text{열}} 2Hg(l) + O_2(g)$$
$$PtCl_4(s) \xrightarrow{\text{열}} Pt(s) + 2Cl_2(g)$$

- ***과산화물***(*peroxide*)은 산화물과 산소 기체로 분해된다.

$$2H_2O_2(aq) \xrightarrow{\text{열}} 2H_2O(l) + O_2(g)$$

- IA(1)족 금속을 제외한 ***금속 탄산염***(*metal carbonate*)은 금속 산화물과 이산화 탄소 기체로 분해된다.

$$NiCO_3(s) \xrightarrow{\text{열}} NiO(s) + CO_2(g)$$

- ***산소산***(*oxoacid*)은 비슷한 방식으로 분해되어 비금속 산화물과 물을 형성한다. 물의 구성 성분을 포함한 다른 화합물들은 종종 물이 제거되면서 분해된다. 물이 제거된 후 나머지 화합물만 남게 된다.

$$H_2CO_3(aq) \longrightarrow CO_2(g) + H_2O(l)$$
$$Ca(OH)_2(s) \xrightarrow{\text{열}} CaO(s) + H_2O(g)$$
$$CuSO_4 \cdot 5H_2O(s) \xrightarrow{\text{열}} CuSO_4(s) + 5H_2O(g)$$

- ***암모늄 화합물***(*ammonium compound*)은 암모니아를 잃는다.

$$(NH_4)_2SO_4(s) \xrightarrow{\text{열}} 2NH_3(g) + H_2SO_4(l)$$

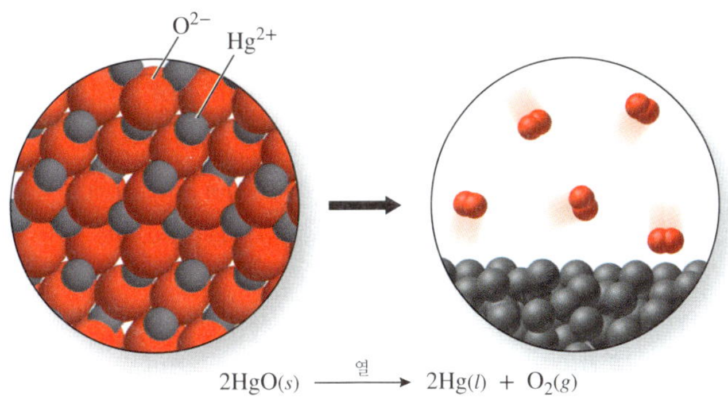

그림 5.14 산화 수은(II)을 가열하면 수은(II) 이온과 산화 이온의 규칙적인 배열이 파괴된다. 산화 이온은 산소 원자를 만들고 이들은 결합하여 기체 산소 분자를 형성한다. 수은(II) 이온은 액체 상태의 수은 금속을 형성한다.

이온의 전하가 변하는 반응을 ***산화-환원 반응***(*oxidation-reduction reaction*)한다. HgO의 분해에서는 $Hg(l)$가 형성될 때 수은의 전하가 2+에서 0으로 변한다. $O_2(g)$가 형성될 때 산소의 전하는 2−에서 0으로 변한다. 제14장에서 산화-환원 반응을 더 상세하게 탐구할 것이다.

탄산과 같은 산소 음이온을 포함한 많은 금속 화합물들은 가열하면 분해된다. 그중 흔한 예가 탄산 칼슘의 분해이다.

$$CaCO_3(s) \xrightarrow{\text{열}} CaO(s) + CO_2(g)$$

포틀랜드 시멘트의 성분들 중 하나는 산화 칼슘(석회)이다. 산화 칼슘은 석회석(탄산 칼슘)이 약 1900°C의 큰 가마에서 분해되어 만들어진다(그림 5.15).

포틀랜드 시멘트는 그 생김새가 영국 포틀랜드 섬에서 발견된 암석과 비슷한 이유로 인해 그와 같은 이름을 갖게 되었다. 포틀랜드 암석은 런던탑과 버킹검 궁전 등 런던의 유명한 건물에서 흔히 볼 수 있다.

물이나 물의 성분(수화물, 수산화물, 산소산)을 포함한 많은 화합물들은 가열하면 물을 잃는다. 물 분자를 포함한 화합물인 수화물은 물을 잃고 물 분자가 없는 화합물인 **무수**(anhydrous) 화합물을 형성한다. 그 예가 황산 칼슘 수화물이다. 이 수화물은 가열하면 물을 잃고 분말을 형성한다.

$$CaSO_4 \cdot 2H_2O(s) \xrightarrow{\text{열}} CaSO_4(s) + 2H_2O(g)$$

황산 칼슘 무수물은 물과 혼합하여 벽이나 석고상 또는 화가가 그림을 그리기 위한 표면의 회반죽을 만드는 데 사용된다.

그림 5.15 사진 가운데에 있는 회전 가마 안에서 연료를 태워 석회석 토막을 가열하면 분해되어 이산화 탄소와 석회가 생성된다.

©PjrStudio/Alamy Stock Photo

예제 5.6 ▶ 분해 반응

또 다른 미대 학생인 Michelle은 코발트 유리를 만들기 위해 약간의 산화 코발트(II)가 필요하다. 사용할 수 있는 코발트 화합물은 다음과 같다. $CoCl_2 \cdot 6H_2O$, $CoCO_3$, CoS, $Co(OH)_2$. 이 화합물 가운데 어떤 것으로 그녀가 필요한 산화 코발트(II)를 만들 수 있는가? 다른 화합물은 가열되면 어떤 생성물을 형성하는가?

» 풀이:

표 5.2에서 Michelle이 $CoCO_3$나 $Co(OH)_2$를 사용할 수 있다는 것을 알 수 있다. 금속 탄산염을 가열하면 이산화 탄소 기체를 잃어버리고 금속 산화물을 남긴다.

$$CoCO_3(s) \xrightarrow{\text{열}} CoO(s) + CO_2(g)$$

금속 수산화물은 물을 잃고 금속 산화물을 형성한다.

$$Co(OH)_2(s) \xrightarrow{\text{열}} CoO(s) + H_2O(g)$$

수화물을 가열하면 기체 상태의 물을 잃는다.

$$CoCl_2 \cdot 6H_2O(s) \xrightarrow{\text{열}} CoCl_2(s) + 6H_2O(g)$$

과열하면 CoS에 어떤 일이 일어날 것을 암시하는 어떤 유형을 보지 못하였다.

➔ 응용 연습 5.6

금속 탄산염이 분해 반응할 때 항상 생성되는 물질은 무엇인가?

➔ 실전 연습 5.6

Janelle은 프린팅 프로젝트에 사용할 종이 펄프를 만들려고 한다. 종이 펄프를 표백하기 위해 아황산 마그네슘 삼수화물 $MgSO_3 \cdot 3H_2O$이 필요하다. 이 화합물은 가열하면 분해된다. 생성물을 예측하고 분해 반응에 대한 완전한 균형 맞춘 반응식을 써라.

➔ 심화 연습: 연습 문제 5.55

적어도 하나의 반응물이 원소인 결합 반응은 전하의 변화가 일어나기 때문에 산화-환원 반응으로 분류된다. 예를 들면 Al과 Br_2로부터 $AlBr_3$가 생성되는데, 알루미늄의 전하는 0에서 3+로 변하고 브로민의 전하는 0에서 1−로 변한다.

» 결합 반응

결합 반응[combination reaction, 또는 **합성**(*synthesis*)이라고 함]에서는 두 물질이 반응하여 단 하나의 화합물을 생성한다. 반응물은 두 가지 원소, 원소 및 화합물, 또는 두 개의 화합물일 수 있다. 결합 반응의 몇 가지 패턴이 표 5.3에서 수록되어 있다.

중요한 유형의 결합 반응은 두 가지 원소가 반응하는 것이다. *금속 원소가 비금속 원소와 반응할 때, 생성물은 이온성 화합물이다.* 이온 화합물의 화학식은 제2장에서 배운 것처럼 금속의 양이온과 비금속의 음이온에 대해 예상되는 전하로부터 예측할 수 있다. 예를 들어, 금속 알루미늄이 비금속 브로민(그림 5.16)과 반응하면 고체인 브로민화 알루미늄이 형성된다. 이들 원소는 주기율표(Al^{3+} 및 Br^-)에서 예측할 수 있는 이온을 형성하기 때문에 생성물의 정확한 화학식을 쓸 수 있다($AlBr_3$). 그런 다음 계수를 사용하여 반응식의 균형을 맞춘다.

$$2Al(s) + 3Br_2(l) \longrightarrow 2AlBr_3(s)$$

또 다른 예로서, 원소인 소듐 금속과 기체인 염소 원소가 반응을 하면 이온성 화합물인

그림 5.16 알루미늄은 브로민과 반응하여 브로민화 알루미늄을 형성한다.

©Tom Pantages

동영상: 염화 소듐

표 5.3 결합 반응 요약

- 금속이 비금속과 반응하여 이온 결합 화합물을 형성할 수 있다.

$$2Na(s) + Cl_2(g) \longrightarrow 2NaCl(s)$$

- 비금속은 다른 비금속과 반응하여 분자 화합물을 형성할 수 있다.

$$C(s) + O_2(g) \longrightarrow CO_2(g)$$

- 하나의 화합물과 원소가 결합하여 다른 화합물을 형성할 수 있다.

$$2CO(g) + O_2(g) \longrightarrow 2CO_2(g)$$

- 두 개의 화합물이 반응하여 새로운 화합물을 형성하기도 한다.

$$CaO(s) + CO_2(g) \longrightarrow CaCO_3(s)$$

염화 소듐(NaCl)이 생성되며, 예상되는 전하(Na^+ 및 Cl^-)로부터 화학식을 쓸 수 있다. 일단 반응물(Na와 Cl_2)과 생성물(NaCl)에 대한 정확한 화학식을 쓰면 반응식과 계수의 균형을 맞출 수 있다.

$$2Na(s) + Cl_2(g) \longrightarrow 2NaCl(s)$$

결합 반응의 두 반응물이 비금속 원소인 경우 결합하여 분자 화합물을 생성한다. 예를 들어 노란색 고체 황은 산소 기체와 반응하여 무색의 기체상 이산화 황을 형성한다(그림 5.17).

$$S_8(s) + 8O_2(g) \longrightarrow 8SO_2(g)$$

이 화합물은 코를 자극하는 냄새를 가지고 있으며, 산성비를 만드는 물질 중의 하나이다.

화합물과 원소가 더 높은 원자:원자 비로 존재하면 반응하여 다른 화합물을 형성할 수 있다. 예를 들어 이산화 탄소는 일산화 탄소보다 더 높은 산소 대 탄소 비를 갖는다. 탄소(석탄), 탄화수소, 그 밖의 탄소 함유 물질이 불충분한 산소의 존재하에서 연소되면 일산화 탄소가 형성되는데, 이는 색깔과 냄새가 없는 독성 기체이다.

$$2C(s) + O_2(g) \longrightarrow 2CO(g)$$

일산화 탄소는 산소와 반응하여 무색의 냄새가 없는 이산화 탄소를 형성하는데(그림 5.18), 이산화 탄소는 대기와 날숨의 구성 성분이다.

$$2CO(g) + O_2(g) \longrightarrow 2CO_2(g)$$

그림 5.19는 일산화 탄소와 산소의 결합 반응을 분자 수준으로 나타낸 것이다.

그림 5.17 결합 반응에서는 원소 황과 산소가 이산화 황을 형성한다.

©McGraw-Hill Education/Stephen Frisch

그림 5.18 일산화 탄소는 공기 중에서 연소하여 이산화 탄소를 형성한다. 이것은 한 화합물과 원소 사이의 결합 반응이다.

©McGraw-Hill Education/Stephen Frisch

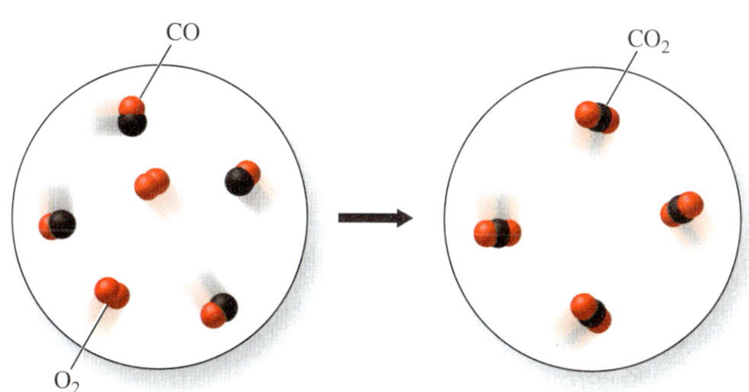

그림 5.19 일산화 탄소를 태우면 산소 분자에서 나온 산소 원자가 일산화 탄소 분자와 결합하고 재배열하여 이산화 탄소 분자를 형성한다.

©McGraw-Hill Education/Stephen Frisch

비금속(비활성 기체를 제외한)은 주기율표의 오른쪽 윗부분에 더 가까울수록 반응성이 더 크다. 가장 반응성이 큰 비금속은 플루오린(F_2)이다.

두 화합물은 반응하여 새로운 화합물을 만들 수 있다. 예를 들면 흰색 고체인 산화 칼슘은 이산화 탄소와 반응하여 석회석, 대리석 및 조개껍질에서 자연적으로 발견되는 탄산 칼슘의 흰색 고체를 형성한다.

$$CaO(s) + CO_2(g) \longrightarrow CaCO_3(s)$$

이 반응은 시멘트의 강화나 노화 시기에 발생하는 반응이다.

예제 5.7 ▶ 결합 반응

순수한 칼슘 금속이 공기 중의 산소에 노출되면 표면에 흰색의 막이 생긴다. 생성물을 예측하고, 이 반응에 대한 완전한 균형 맞춘 반응식을 써라.

» 풀이:

두 원소가 반응하여 한 화합물이 형성된다. 반응하는 원소들이 금속과 비금속이기 때문에 화합물은 이온성이다. 금속은 양이온을 형성해야 하고 비금속은 음이온을 형성해야 한다. 주기율표에서 그 들의 위치로부터 칼슘 양이온의 전하는 2+이고, 산소 음이온의 전하는 2−여야 한다는 것을 예상 할 수 있다. 따라서 생성물은 Ca^{2+}와 O^{2-}로부터 형성된 화합물인 CaO여야 한다. 이 정보로부터 다음 식을 쓸 수 있다.

$$\text{칼슘} + \text{산소} \longrightarrow \text{산화 칼슘}$$

화학식을 사용하여 다음 개략 반응식을 얻는다.

$$Ca(s) + O_2(g) \longrightarrow CaO(s)$$

산소 원자는 균형을 맞지 않기 때문에 Ca(s)와 CaO(s)의 앞에 모두 계수 2를 넣는다. 균형 맞춘 반응식은 다음과 같다.

$$2Ca(s) + O_2(g) \longrightarrow 2CaO(s)$$

➔ 응용 연습 5.7

만약 하나의 원소가 하나의 화합물과 반응하여 새로운 화합물과 다른 원소를 생성하였다면, 이 반응은 결합 반응인가?

➔ 실전 연습 5.7

마그네슘 금속이 공기 중에서 연소되면 두 개의 흰색 화합물이 형성된다. 하나는 공기 중의 산소와 마그네슘의 반응으로 예상되는 화합물이지만, 다른 하나인 질소화 마그네슘(Mg_3N_2)은 공기 중의 질소와 반응하여 만들어진다. 산소와 마그네슘의 반응의 생성물을 예측하라. 두 생성물을 형성하는 반응에 대한 완전한 균형 맞춘 반응식을 써라.

➔ 심화 연습: 연습 문제 5.59

상당수 학생들이 결합 반응의 균형 맞춘 반응식을 쓰는 데 어려움을 겪고 있다고 한다. 이 주제에 대한 추가 학습 자료를 보려면 SmartBook에 접속하라.

그림 5.20 칼슘은 물과 반응하여 수산화 칼슘 수용액과 기체 수소를 형성한다.

» 단일 치환 반응

단일 치환 반응(single-displacement reaction)에서는 결합하지 않은 상태의 원소가 화합물에 들어 있는 다른 원소를 치환하여 새로운 화합물 및 결합하지 않은 상태의 또 다른 원소를 생성한다. 한 예가 용접용 철 금속을 만드는 데 사용되는 알루미늄과 산화 철(III) 사이의 테르밋 반응이다(그림 5.9). 이 단일 치환 반응에서 알루미늄 금속은 Fe_2O_3에서 철 이온을 대체하여 새로운 화합물인 Al_2O_3와 철 금속을 생성한다.

$$2Al(s) + Fe_2O_3(s) \longrightarrow Al_2O_3(s) + 2Fe(l)$$

단일 치환 반응에서 치환된 원소는 보통은 금속이지만 비금속일 수도 있다. 자주 볼 수 있는 단일 치환 반응의 유형 중 하나가, 활성이 매우 높은 금속이 물에서 수소를 치환하는 반응이다. 예를 들면 그림 5.20에 나타낸 것처럼 칼슘은 찬물과 반응하여 수산화 칼슘과 수소 기체를 생성한다. 칼슘은 각 H_2O 분자에서 단 하나의 H 원자를 치환되는 반응식에 주목하라.

$$Ca(s) + 2H_2O(l) \longrightarrow Ca(OH)_2(aq) + H_2(g)$$

마그네슘과 같은 몇몇 금속들은 찬물과는 반응하지 않지만 수증기와는 천천히 반응한다.

$$Mg(s) + 2H_2O(g) \xrightarrow{\text{열}} Mg(OH)_2(aq) + H_2(g)$$

활성이 더 낮은 금속들은 물과는 전혀 반응하지 않지만 산에서 수소를 치환한다. 코발트가 그 예이다.

$$Co(s) + 2HCl(aq) \longrightarrow CoCl_2(aq) + H_2(g)$$

산과 금속의 반응 중에서, 특히 그 결과가 흔히 우리가 원하지 않는 반응일 경우, 이를 부식이라고 한다. **부식**(corrosion)은 화학적 변화로 인해 금속이 천천히 닳아 없어지는 과정이다. 구리와 같이 활성이 훨씬 낮은 금속들은 단일 치환 반응에서 물이나 산과 반응하지 않는다.

어떤 금속이 물이나 산과 반응하는지 어떻게 예측할 수 있을까? 반응성의 순서로 금속들을 나열한 **활동도 서열**(activity series)을 이용하면 알 수 있다(그림 5.21). *활성이 더 높은 원소는 화합물로부터 활성이 더 낮은 원소를 치환한다.* 활동도 서열의 위에 있는 원소들은 찬물과 반응하여 H_2 기체를 방출한다. 그 다음의 원소는 수증기와 반응하여 H_2 기체를 방출한다. 서열에서 수소보다 활성이 높은 모든 원소들이 산과 반응한다. 수소보다 활성이 낮은 원소들은 수소 화합물에서 H_2 기체를 치환하지 못한다. 활성이 낮은 금속 중 일부는 동전과 보석에서 흔히 발견된다.

모든 단일 치환 반응들은 산화-환원 반응이다. 테르밋 반응에서 알루미늄은 산화물에서 철을 치환한다. 알루미늄은 전하가 0에서 3+로 변하지만, 철은 전하가 3+에서 0으로 변한다.

구리, 수은, 금은 산과 반응하여 수소 기체를 방출하지 않지만 질산과 반응하여 금속 질산염과 이산화 질소 기체를 형성 한다. 구리에 대한 반응식은 다음과 같다.

$$Cu(s) + 4HNO_3(aq) \longrightarrow Cu(NO_3)_2(aq) + 2NO_2(g) + 2H_2O(l)$$

이것은 산화-환원 반응의 또 다른 예이다.

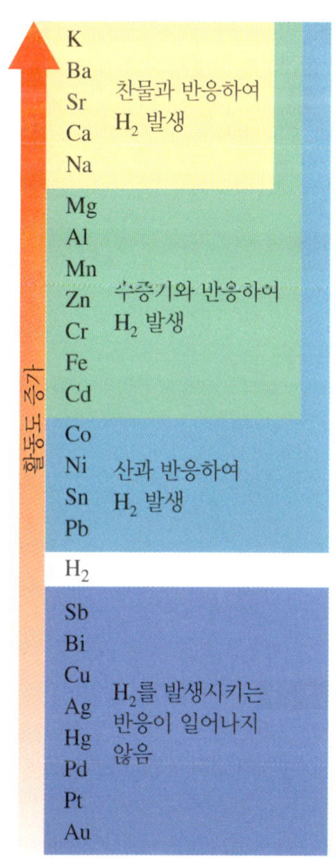

그림 5.21 이 화학 활동도 서열에서 가장 활성이 높은 원소는 위에 나타난다. 오른쪽에 있는 표기는 이 원소들이 물 또는 산과 반응하여 분자 수소 기체, $H_2(g)$를 방출하는 반응성을 나타낸다.

예제 5.8 ▶ 물 또는 산과 금속의 반응

Antonio는 공공 분수대 가운데에 놓일 조각상을 마그네슘 재질로 만들 것을 요청받았다. 그는 이 일을 맡아야 할까, 맡지 말아야 할까? 이유를 설명하라.

» 풀이:

활동도 서열의 위치로부터 마그네슘은 수증기와 반응하여 수소 기체를 방출한다는 것을 안다.

$$Mg(s) + 2H_2O(g) \xrightarrow{\text{열}} Mg(OH)_2(aq) + H_2(g)$$

분수대의 물이 튀어 햇빛에 가열되면 조각상이 부식될 것이다. Antonio는 다른 금속의 사용을 제안해야 한다.

➔ 응용 연습 5.8

만약 레몬 조각과 같은 산성 음식을 보관하는 데에 알루미늄 포일을 사용했다면, 이 포일은 부식되겠는가?

➔ 실전 연습 5.8

토마토는 산성이다. 토마토소스를 보관하기 위해 아연이 도금된 철 깡통을 사용하면

동영상: 산화 환원 반응

안 되는 이유는 무엇인가?

→ **심화 연습:** 연습 문제 5.65

물 또는 산에서 수소를 치환하는 것은 단일 치환 반응의 한 가지 유형이다. 다른 원소들도 화합물에서 치환될 수 있다. 예를 들면 구리는 은을 치환한다. 구리 금속 조각을 질산 은 수용액에 담그면 은 금속이 구리 표면에 석출된다(그림 5.22). 구리는 용액으로 녹아들어가 이온성 구리(II) 화합물로 바뀐다.

$$Cu(s) + 2AgNO_3(aq) \longrightarrow Cu(NO_3)_2(aq) + 2Ag(s)$$

그림 5.23에 나타낸 것처럼, 구리 금속 표면의 원자들은 전자를 잃고 양의 전하를 띤 구리(II) 이온으로 용액에 녹는다. 용액의 은 이온은 구리 금속 조각과 접촉하자마자 전자를 얻어 양전하를 잃고 구리 표면에 붙어 은 원자를 형성한다. 음이온은 반응에 참여하지 않고 용액에 그대로 있게 된다.

단일 치환 반응은 실제 자유의 여신상에서 발생한 심각한 부식과 관련이 있다. 뉴욕 항구의 습기 찬 환경에서 여신상 바깥 부분의 구리 패널은 산화 구리(II), 수산화 구리

그림 5.22 구리 금속은 질산 은 수용액과 반응하여 은 금속과 질산 구리(II) 수용액을 형성한다. 용액의 파란색은 $Cu^{2+}(aq)$의 형성 때문이다. 현미경 사진은 은 금속이 결정으로 침전하는 것을 나타낸다.

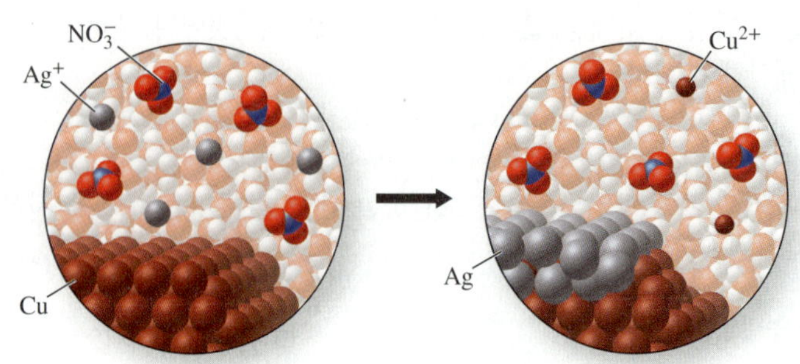

그림 5.23 구리 원자는 구리(II) 이온으로 변하고 은 이온은 은 원자로 변한다. 질산 이온은 용액에서 변하지 않고 남아 있다.

(II), 탄산 구리(II)의 피막을 만들지만, 내부 골조에 사용된 철은 녹이 슬어 산화 철(III)을 형성한다. 이렇게 되면 구리 금속이 철(III) 이온과 접촉하게 되고 철이 구리(II) 이온과 접촉하게 된다. 이 둘 중 하나의 조합이 단일 치환 반응을 일으키게 되는데, 철은 철(II) 이온으로 변하고, 구리(II) 이온은 구리 금속으로 변한다.

$$Fe(s) + CuO(s) \longrightarrow Cu(s) + FeO(s)$$

결과적으로 금속 골조의 부식은 1000배 빠르게 진행되었고 자유의 여신상은 다시 건축되어야 했다(그림 5.24).

금속과 이온 결합 화합물이 만나기만 하면 단일 치환 반응이 일어나는 것은 아니다. 질산은 용액에 구리 금속 조각을 넣으면 은 금속은 침전하고 구리가 질산 구리(II)로 용액으로 들어가는 것을 이전에 보았다. 그러나 그 반대는 일어나지 않는다. 은 조각을 질산 구리(II)의 용액에 넣어도 아무 일도 일어나지 않는다(그림 5.25). 두 종류의 금속은 그 이온이 녹아 있는 용액들이 있을 때, 어떤 조합에서 단일 치환 반응이 일어날까? 그림 5.21에 나타낸 활동도 서열을 이용하면 예측 가능하다. 활성이 더 큰 금속은 활성이 더 작은 금속 이온을 치환하지만, 활성이 더 작은 금속은 활성이 더 큰 금속 이온을 치환할 수 없다. 따라서 마그네슘은 $FeCl_2$에서 철을 치환하지만, 주석과 구리는 철을 치환하지 못할 것이다.

그림 5.24 자유의 여신상은 1984년과 1986년 사이에 폐쇄되었고, 이때 재건축하여 부식된 부분을 수리하였다.

©Bettmann/Getty Images

예제 5.9 ▶ 금속 이온의 치환

Antonio는 아연과 철의 두 금속 조각을 가지고 있다. 또한 염화 아연과 염화 철(II)의 두 가지 수용액도 가지고 있다. 두 용액에 금속 조각을 넣으면 어떤 금속이 부식되는가? 어떤 용액에서 부식되는가? 그 반응에 대한 균형 맞춘 반응식을 써라.

인터넷 핫스팟

상당수 학생들이 단일 치환 반응의 균형 맞춘 반응식을 쓰고 예측하는 데 어려움을 겪고 있다고 한다. 이 주제에 대한 추가 학습 자료를 보려면 SmartBook에 접속하라.

그림 5.25 구리 금속 조각을 질산 은 용액에 넣으면 단일 치환 반응이 일어나지만, 은 조각을 질산 구리(II)의 용액에 넣으면 어떤 반응도 일어나지 않는다. 구리가 은보다 활성이 더 크다.

©Jim Birk

» 풀이:

자신의 이온을 포함한 용액에 넣은 금속은 반응하지 않을 것이다. 그러므로 철 금속이 용액의 아연 이온을 치환할지, 아연 금속이 용액의 철(II) 이온을 치환할 것인지를 생각해야 한다. 어떤 반응이 일어날지 결정하기 위해 활동도 서열을 참고한다. 활성이 더 높은 금속은 용액에 있는 활성이 낮은 금속 이온을 치환할 것이다. 그림 5.21은 아연이 철보다 활성이 더 높다는 것을 나타낸다. 그러므로 아연은 용액에 녹아 있는 $FeCl_2$로부터 생긴 Fe^{2+} 이온을 치환할 것이다. 반응의 생성물은 철 금속과 염화 아연이다. 글로 표현한 반응식은 다음과 같다.

$$\text{아연} + \text{염화 철(II)} \longrightarrow \text{염화 아연} + \text{철}$$

화학식으로 바꿔 쓰면 다음의 개략 반응식이 된다.

$$Zn(s) + FeCl_2(aq) \longrightarrow ZnCl_2(aq) + Fe(s)$$

각 원소의 원자를 세어 보면 이것이 그 반응에 대한 균형 맞춘 반응식이라는 것을 알게 된다.

→ 응용 연습 5.9

만약 두 개의 서로 다른 금속 이온이 녹아 있는 용액에 금속 조각 하나를 넣으면, 둘 중 어떤 금속 이온이 원소 상태 금속으로 변화하겠는가?

→ 실전 연습 5.9

Antonio는 코발트와 주석의 두 금속 조각을 가지고 있다. 금속 이온을 포함한 황산 코발트(II)와 황산 주석(II)의 두 가지의 수용액도 가지고 있다. 두 용액에 금속 조각을 넣으면 어떤 금속이 부식될까? 어떤 용액에서 부식될까? 그 부식 반응에 대한 균형 맞춘 반응식을 써라.

→ 심화 연습: 연습 문제 5.67

» 이중 치환 반응

Jennifer가 아세트산 납(II) 용액을 아이오딘화 포타슘 용액과 혼합하였더니, 노란색 고체 아이오딘화 납(II)이 형성되었고 아세트산 포타슘이 용액에 남았다.

$$Pb(CH_3CO_2)_2(aq) + 2KI(aq) \longrightarrow PbI_2(s) + 2KCH_3CO_2(aq)$$

이와 비슷한 반응을 생각해 보자. 예를 들면 황화 소듐 수용액이 염산과 반응하면 염화 소듐 수용액과 황화 수소 기체를 형성한다.

$$Na_2S(aq) + 2HCl(aq) \longrightarrow 2NaCl(aq) + H_2S(g)$$

수산화 포타슘 수용액이 질산 수용액과 반응하면 물과 질산 포타슘 수용액을 형성한다.

$$KOH(aq) + HNO_3(aq) \longrightarrow H_2O(l) + KNO_3(aq)$$

이 반응들은 어떤 공통점이 있는가? 각 반응에서 두 개의 화합물이 그들의 일부분을 교환하여 두 개의 새로운 화합물을 형성한다. 그와 같은 반응을 **이중 치환 반응**(double-displacement reaction)이라고 한다. 모든 이중 치환 반응에서는 두 개의 화합물이 이온이나 원소를 교환하여 새로운 화합물들을 형성한다. 두 화합물이 일부분을 교환하게 하는 ***추진력**(driving force)*은 무엇일까? 첫 번째 예로서, **침전 반응**(precipitation reaction)에서는 생성물이 물에 녹지 않기 때문에 반응 혼합물로부터 분리된다. 이것은 고체 화합물을 형성한다. 두 번째 예로서, 어떤 생성물은 물에 녹지 않는 기체 형태로 반응 혼합물에서 분리되기도 한다. 세 번째 예로서, 안정한 분자 화합물인 물이 생성되기도 한다. 각 경우에서 반응물 이온들은 새로운 물질(고체, 기체 또는 안정한 분자 화합물)을 형성하여 용액에서 제거된다.

두 개의 화합물을 섞었다고 해도 항상 이중 치환 반응이 일어나는 것은 아니다. 예를 들면 염화 포타슘(KCl)과 질산(HNO_3) 화합물의 수용액을 생각해 보자. 이들은 전해질이기 때문에 수용액에서 $K^+(aq)$, $Cl^-(aq)$, $H^+(aq)$, $NO_3^-(aq)$와 같은 자유 이온으로 존재한다. 이들 화합물을 혼합하였을 때, 성분 이온의 어떠한 조합도 불용성 화합물 또는 안정한 분자 화합물을 형성할 수 없기 때문에 반응이 일어나지 않는다.

앞서 열거된 세 종류의 이중 치환 반응, 즉 침전, 기체 형성, 산-염기 중화 반응을 보다 자세히 살펴보고, 각 반응에 있어 반응의 생성 여부를 어떻게 결정하는지를 살펴볼 것이다.

그림 5.26 염화 바륨과 황산 소듐의 용액을 혼합하면 황산 바륨의 침전물이 생기고 염화 소듐이 용액에 남는다.

침전 반응 침전 반응에서 반응물들은 이온을 교환하여 침전물을 형성한다. **침전물**(precipitate)은 물에 용해되지 않는 불용성의 이온 결합 화합물이다. *만약 어떤 반응에서 그 생성물이 불용성이면, 침전 반응이 일어나야 한다.* 용해도 규칙을 참조하여 그와 같은 화합물이 형성될 것인지를 예측할 수 있다. 몇 가지 규칙들이 표 5.4에 나열되어 있다.

무색의 염화 바륨 수용액과 황산 소듐의 수용액을 혼합한다고 가정하자. 그림 5.26에 나타낸 것처럼 이 반응은 흰색 침전물을 만들기 때문에 반응이 일어났음을 알 수 있다. 이중 치환 반응의 어느 생성물이 물에 불용인지를 결정하여 침전물을 확인한다. 반응물에 존재하는 양이온과 음이온을 교환하면, 생성물이 황산 바륨($BaSO_4$) 및 염화 소듐(NaCl)이 된다. 이들 화합물 중 어느 것이 침전물인지를 결정하기 위해 용해도 규칙을 참조하라.

표 5.4의 용해도 규칙에 의하면 대부분의 황산 화합물, 소듐 화합물, 염소 화합물은 물에 가용성이다. 그중 예외가 불용성인 황산 바륨이다. 첫 번째 규칙에 의하면 염화 소듐은 가용성이다. 따라서 물에 녹는다. 그러므로 불용성의 생성물은 황산 바륨이다. 이

표 5.4 이온 결합 화합물의 용해도를 예측하는 데 사용되는 규칙

이온	규칙
Na^+, K^+, NH_4^+ (그리고 그 밖의 알칼리 금속 이온)	대부분의 알칼리 금속과 암모늄 이온의 화합물은 수용성이다.
NO_3^-, $CH_3CO_2^-$	모든 질산염과 아세트산염은 수용성이다.
SO_4^{2-}	대부분의 황산염은 수용성이다. $BaSO_4$, $SrSO_4$, $PbSO_4$, $CaSO_4$, Hg_2SO_4, Ag_2SO_4는 예외다.
Cl^-, Br^-, I^-	대부분의 염화물, 브로민화물과 아이오딘화물은 수용성이다. AgX, Hg_2X_2, PbX_2, HgI_2는 예외다(X = Cl, Br, I).
Ag^+	$AgNO_3$와 $AgClO_4$를 제외한 은 화합물은 불용성이다. $AgCH_3CO_2$는 약간 녹는다.
O^{2-}, OH^-	산화물과 수산화물은 불용성이다. 알칼리 금속의 수산화물, $Ba(OH)_2$, $Sr(OH)_2$, $Ca(OH)_2$(약간 녹음)는 예외다.
S^{2-}	황화물은 불용성이다. Na^+, K^+, NH_4^+, 알칼리 토금속 이온의 화합물은 예외다.
CrO_4^{2-}	대부분의 크로뮴산염은 불용성이다. Na^+, K^+, NH_4^+, Mg^{2+}, Ca^{2+}, Al^{3+}, Ni^{2+}의 화합물은 예외다.
CO_3^{2-}, PO_4^{3-}, SO_3^{2-}, SiO_3^{2-}	대부분의 탄산염, 인산염, 아황산염, 규산염은 불용성이다. Na^+, K^+, NH_4^+의 화합물은 예외다.

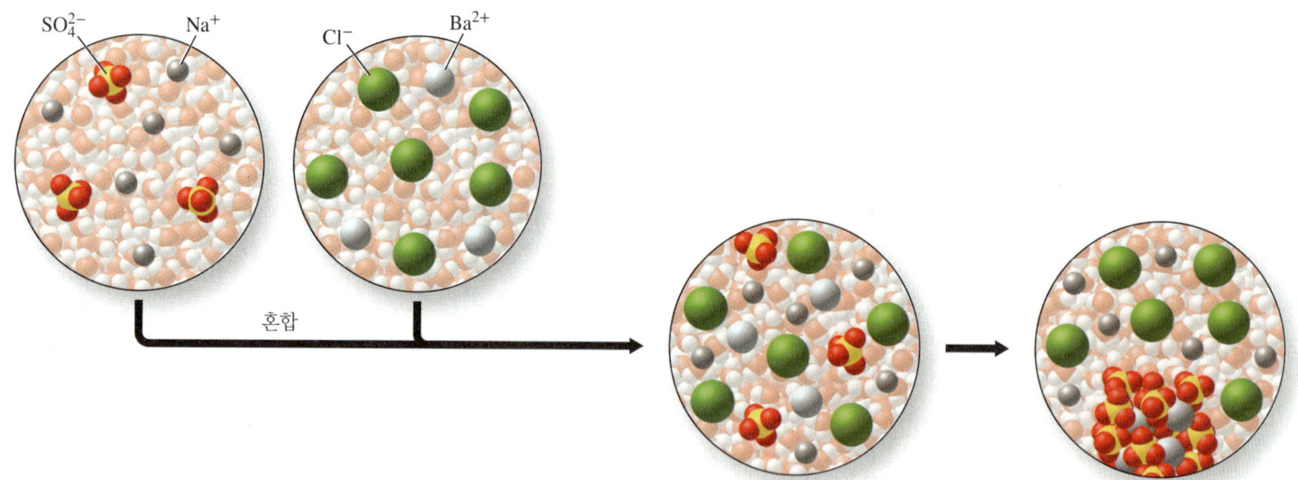

그림 5.27 이중 치환 반응에서 한 쌍의 이온이 결합하여 고체, 기체 또는 해리되지 않는 분자를 형성하고, 다른 한 쌍의 이온은 용액에 남는다. 이 반응에서 바륨 이온은 황산 이온과 반응하여 황산 바륨[$BaSO_4(s)$] 침전물을 형성한다. $Na^+(aq)$와 $Cl^-(aq)$ 이온은 변화가 전혀 일어나지 않는다는 것을 주목하라.

동영상: 바륨 침전

정보로부터 다음의 개략 반응식을 쓸 수 있다.

$$BaCl_2(aq) + Na_2SO_4(aq) \longrightarrow BaSO_4(s) + NaCl(aq)$$

일반적 방법으로 염화 소듐(NaCl) 앞에 계수 2를 첨가하여 이 반응식의 균형을 맞출 수 있다. 다음은 균형 맞춘 반응식이다.

$$BaCl_2(aq) + Na_2SO_4(aq) \longrightarrow BaSO_4(s) + 2NaCl(aq)$$

이 반응을 분자 수준에서 생각해 보자(그림 5.27). 그림에서 두 개의 용액을 혼합하면 네 종류의 이온을 함유한 용액이 가능하다. 황산 바륨이 침전된 후에 불용성 화합물을 형성하지 않는 두 개의 이온, 즉 $Na^+(aq)$와 $Cl^-(aq)$은 용액 속에 남아 있게 된다. 이 이온들은 화학 변화를 겪지 않는다.

예제 5.10 ▶ 침전 반응

Janelle은 크롬 옐로라는 색소의 제조법을 찾고 있다. 물에 질산 납(II)과 크로뮴산 포타슘을 각각 용해시킨 후 두 용액을 혼합하면 노란색의 침전물을 얻을 수 있다. 침전물이 무엇인지 알아내고 수행한 반응에 대한 균형 맞춘 반응식을 써라.

» 풀이:

생성물을 예측하고 화학식 균형 맞추기: 반응 전의 용액은 $Pb^{2+}(aq)$, $NO_3^-(aq)$, $K^+(aq)$, $CrO_4^{2-}(aq)$를 포함한다. 양이온과 음이온을 교환하여 서로 다른 가능한 배열로 이루어진 생성물의 화학식(지금은 물리적 상태의 기호는 없이)을 쓸 수 있다. 양이온과 음이온의 전하가 균형을 이루어 전체 전하가 중성, 즉 0이 되도록 생성물의 화학식을 써야 한다. 첫 번째 생성물에서 납 이온과 크로뮴산은 각각 2+와 2−이므로 화학식은 $PbCrO_4$로 전하 균형이 맞추어져 있다. 두 번째 생성물에서 포타슘 이온과 질산 이온은 각각 1+와 1−이므로, 이미 KNO_3로 균형이 맞추어져 있다. 이 경우에 화학식의 균형을 맞추기 위해 아래 첨자는 필요 없다.

$$Pb(NO_3)_2(aq) + K_2CrO_4(aq) \longrightarrow \mathbf{PbCrO_4 + KNO_3}$$

침전물 알아내기: Janelle이 침전물을 얻었기 때문에, 생성물은 불용성 고체라는 것을 안다. 표 5.4의 용해도 규칙으로부터 포타슘 화합물은 가용성이고 모든 질산염도 가용성이므로 KNO_3는 물에 녹는다는 것을 알 수 있다. 다른 유일한 생성물인 $PbCrO_4$가 불용성 고체이면서 노란색의 침전물이어야 한다. 물리적 상태 기호를 사용하여 침전물 $PbCrO_4(s)$는 불용성 고체이고 $KNO_3(aq)$는 물에 녹는다는 것을 나타낸다.

$$Pb(NO_3)_2(aq) + K_2CrO_4(aq) \longrightarrow PbCrO_4(s) + KNO_3(\boldsymbol{aq})$$

반응식의 균형을 잡기 위해 계수를 변화시키기: 포타슘 이온과 질산 이온은 균형이 맞지 않는다는 것에 주목하라. $KNO_3(aq)$ 앞에 계수를 1에서 2로 바꾸면 균형 맞춘 반응식이 된다.

$$Pb(NO_3)_2(aq) + K_2CrO_4(aq) \longrightarrow PbCrO_4(s) + 2KNO_3(aq)$$

→ 응용 연습 5.10

이중 치환 반응에서 생성된 화합물이 모두 용해된다면, 침전 반응이 가능하겠는가? 이 질문에 대한 예시를 만들어 생각하면 답하기가 용이하다.

→ 실전 연습 5.10

Jennifer는 질산 카드뮴(II)과 황화 소듐의 용액을 혼합하여 카드뮴 오렌지라는 색소인 노란색 침전물을 얻는다. 침전물이 무엇인지 알아내고, 그녀가 수행한 반응에 대한 균형 맞춘 반응식을 써라.

→ 심화 연습: 연습 문제 5.77

기체 형성 반응 몇 가지 이중 치환 반응에서는 불용성(또는 약간만 용해되는) 기체의 형성이 반응을 진행시키는 추진력이 된다. 따라서 *불용성 기체가 형성되면 이중 치환 반응이 일어나야 한다*. 일반적으로 이중 치환 반응에서 생성되는 몇 가지 기체의 예로서 $H_2S(g)$, $CO_2(g)$, $SO_2(g)$가 있다. 이 기체를 형성하는 화합물의 유형을 살펴보자.

예를 들어 텔레비전 스크린에 사용되는 ZnS와 같은 많은 황화물은 산과 반응하여 기체 황화 수소를 형성한다.

$$ZnS(s) + 2HCl(aq) \longrightarrow ZnCl_2(aq) + H_2S(g)$$

때때로 불용성 기체는 이중 치환 반응에서 직접적으로 형성되지는 않는다. 대신에 이중 치환 반응의 불안정한 생성물이 분해하여 기체들이 형성된다. 예를 들면 탄산 칼슘은 염산과 반응하여 염화 칼슘과 탄산을 형성한다.

$$CaCO_3(s) + 2HCl(aq) \longrightarrow CaCl_2(aq) + H_2CO_3(aq)$$

탄산(H_2CO_3)은 불안정한 물질이다. 표 5.2에 나타낸 것처럼 탄산은 분해하여 물과 이산화 탄소를 형성한다(그림 5.28).

$$H_2CO_3(aq) \longrightarrow H_2O(l) + CO_2(g)$$

알짜 반응은 다음과 같다.

$$CaCO_3(s) + 2HCl(aq) \longrightarrow CaCl_2(aq) + H_2O(l) + CO_2(g)$$

이러한 반응은 Breanna가 대리석 조각상($CaCO_3$로 구성된)에 손상을 입히는 산성비를 연구한 것과 관련이 있다. 산성비는 대리석과 석회석을 부식시키고 표면을 움푹 들어가

그림 5.28 산이 금속 탄산염과 반응하면 이산화 탄소 기체의 기포를 형성한다.

그림 5.29 석회석 조각상을 1935년(*왼쪽*)에 찍은 사진과 1994년(*오른쪽*)에 다시 찍은 사진이다. 산성비와 석회석에 있는 탄산 칼슘의 반응으로 인해 훼손된 것이다.

(왼쪽): ©NYC Parks Photo Archive/Fundamental Photographs; (오른쪽): ©Kristen Brochmann/Fundamental Photographs

게 할 뿐 아니라, 조각과 석고상의 세밀한 표면을 사라지게 한다. 자동차와 몇몇 산업 현장에서 방출된 질소와 황의 산화물은 대기 중에서 질산과 황산을 형성하고, 비의 형태로 지표면에 떨어진다. 그림 5.29에 나타낸 것처럼, 대리석 또는 사암 조각상이 산성비에 노출되면 그들의 성분인 탄산 칼슘을 잃어버리게 된다. 많은 유서 깊은 조각상과 건물이 이러한 공기 오염으로 인해 시간이 지날수록 부식되고 있다.

예제 5.11 ▶ 기체 형성 반응

아황산 마그네슘($MgSO_3$)은 제지용 나무 펄프를 만드는 데 표백제로 사용되어 왔다. 이 화합물을 산과 혼합하면 기체가 발생한다. 그 기체가 무엇인지 알아내고, 아황산 마그네슘과 염산의 반응에 대한 균형 맞춘 화학 반응식을 써라.

» 풀이:

아황산염은 산과 반응하여 이산화 황 기체를 발생시킨다. 처음에는 이중 치환 반응이 일어난다.

$$MgSO_3(s) + 2HCl(aq) \longrightarrow MgCl_2(aq) + H_2SO_3(aq)$$

그리고 충분히 진한 아황산 용액은 분해 반응을 일으킨다.

$$H_2SO_3(aq) \longrightarrow H_2O(l) + SO_2(g)$$

전체 반응에서 물 분자, 이산화 황 기체와 함께 산에 존재하는 음이온과 금속의 이온 결합 화합물이 형성된다.

$$MgSO_3(s) + 2HCl(aq) \longrightarrow MgCl_2(aq) + H_2O(l) + SO_2(g)$$

➔ 응용 연습 5.11

만약 어떤 화합물이 SO_3^{2-} 대신 HSO_3^-를 포함한다면, 기체 형성 반응이 여전히 일어날 수 있겠는가?

➜ 실전 연습 5.11

황산과 황화 바륨의 반응은 황산 바륨을 만드는 데 사용된다. 황화 아연과 산화 아연이 화합한 황산 바륨은 흰색 색소인 리소폰을 만드는 데 사용된다. 황산과 황화 바륨의 반응에 대한 균형 맞춘 반응식을 써라.

➜ 심화 연습: 연습 문제 5.79

산-염기 중화 반응 중화 반응(neutralization reaction)은 산과 염기의 이중 치환 반응이다. 제3장에서 산은 수소 이온을 내놓는 화합물이고, 염기는 산을 중화하는 화합물이라는 것을 배운 바 있다. 염기는 산이 내놓은 수소 이온과 반응한다. 가장 흔한 염기는 금속의 수산화물이다. 일반적으로 *산은 염기와 반응하여 이온 결합 화합물과 물을 형성한다*. 수소 이온과 수산화 이온으로부터의 안정한 물 분자 형성은 중화 반응을 진행시키는 힘으로 작용한다. 산-염기 중화 반응의 흔한 예는 염산과 수산화 소듐의 반응이다.

$$HCl(aq) + NaOH(aq) \longrightarrow NaCl(aq) + H_2O(l)$$

금속 산화물은 물과 반응하여 금속 수산화물을 만들기 때문에 물에 용해되면 염기와 같이 행동한다. 예를 들어 산화 칼슘과 물의 반응에 대한 반응식은 다음과 같다.

$$CaO(s) + H_2O(l) \longrightarrow Ca(OH)_2(aq)$$

예제 5.12 ▶ 산-염기 중화 반응

위경련은 때때로 물에 수산화 마그네슘을 현탁시킨 제산제로 치료한다. 위산은 염산으로 되어 있다. 수산화 마그네슘을 위산과 혼합했을 때 일어나는 반응에 대한 균형 맞춘 반응식을 써라.

» 풀이:

반응물은 $Mg(OH)_2(s)$와 $HCl(aq)$이다. 일반적으로 두 화합물 사이의 반응은 이중 치환 반응이다. $Mg(OH)_2$는 염기, HCl는 산이므로 이 반응은 중화 반응이다. 생성물은 파트너를 교환함으로써 예측될 수 있다. 즉 Mg^{2+}와 Cl^-, H^+와 OH^-로부터 $MgCl_2$와 H_2O를 얻는다. 용해도 규칙에서 $MgCl_2$는 물에 녹는다는 것을 알 수 있다. 개략 반응식은 다음과 같다.

$$Mg(OH)_2(s) + HCl(aq) \longrightarrow MgCl_2(aq) + H_2O(l)$$

완전한 균형 맞춘 반응식은 다음과 같다.

$$Mg(OH)_2(s) + 2HCl(aq) \longrightarrow MgCl_2(aq) + 2H_2O(l)$$

➜ 응용 연습 5.12

만약 어떤 화합물이 수소와 또 다른 비금속만을 포함하고 있다면, 이 화합물을 산이라고 할 수 있는가?

➜ 실전 연습 5.12

산화 칼슘은 흰색 분말인 석회이다. 물에 첨가하면 수산화 칼슘 염기 용액인 소석회가 형성된다. 황산을 소석회에 첨가하면 황산 칼슘과 물이 형성된다. 황산과 수산화 칼슘의 반응에 대한 완전한 균형 맞춘 반응식을 써라.

➜ 심화 연습: 연습 문제 5.81

>> 연소 반응

반응물로 산소를 포함하고, 빠르게 열과 불꽃을 내는 반응을 **연소 반응**(combustion reaction)이라고 한다. 많은 양의 에너지가 열의 형태로 매우 빠르게 방출되면 불꽃을 보게 된다. 벽난로의 통나무와 가스난로의 메테인과 같이 연료를 태우는 것은 흔한 연소 반응의 하나이다. 또한 연소 반응은 도자기를 굽는 가마를 가열하는 데 사용되기도 한다. 그림 5.30에 나타낸 것처럼, 많은 물질들에서 연소 반응이 발생할 수 있다.

금속과 비금속 원소 모두에서 연소 반응이 일어날 수 있고, 때에 따라 결합 반응으로도 분류될 수 있다. 다음은 연소 반응이면서 결합 반응이기도 한 예이다.

$$2Mg(s) + O_2(g) \longrightarrow 2MgO(s)$$
$$S(s) + O_2(g) \longrightarrow SO_2(g)$$

결합 반응에 대한 절을 돌아보고, 어떤 반응이 연소 반응으로 분류될 수 있는지를 알아보자.

산소가 충분하지 않은 상태에서 탄화수소를 연소시키면 이산화 탄소 대신에 일산화 탄소가 생성된다. 일산화 탄소는 독성이 있기 때문에 숯 조개탄을 사용하는 바비큐 그릴은 결코 실내에서 사용해서는 안 된다.

가장 흔한 연소 반응은 탄화수소가 반응물인 것이다. ***탄화수소***(*hydrocarbon*)는 수소와 탄소로만 이루어진 화합물이다. 프로페인(C_3H_8)은 바비큐 그릴용 연료로 사용된다. 프로페인의 연소는 다음 식으로 나타낸다.

$$C_3H_8(g) + 5O_2(g) \longrightarrow 3CO_2(g) + 4H_2O(g)$$

이 반응에 충분한 양의 산소가 참여하면 그림 5.31에 나타낸 것처럼, 탄화수소의 수소는 수증기를 형성하고, 탄소는 이산화 탄소를 형성한다.

알코올 및 당과 같은 산소를 포함하는 탄화수소 화합물을 연소시키면 $CO_2(g)$와 $H_2O(g)$를 생성한다. 반응물에 탄소, 수소 및 산소 이외의 원소가 포함되어 있으면 그 원소는 산화물로 변환된다.

비금속의 연소
$S_8(s) + 8O_2(g) \longrightarrow 8SO_2(g)$

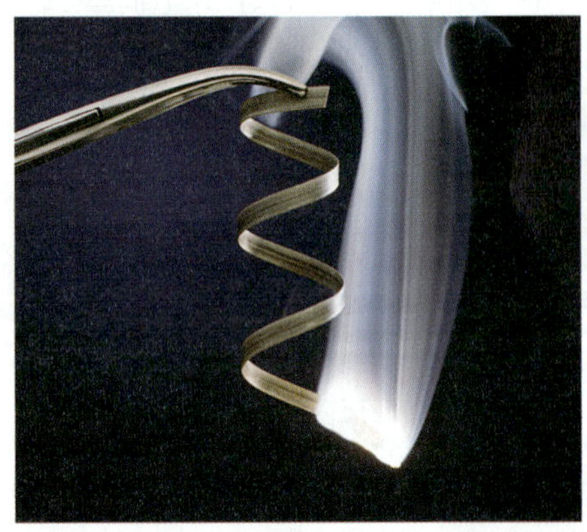

금속의 연소
$2Mg(s) + O_2(g) \longrightarrow 2MgO(s)$

탄화수소의 연소
$CH_4(g) + 2O_2(g) \longrightarrow CO_2(g) + 2H_2O(g)$

탄화수소의 연소
$C_{25}H_{52}(g) + 38O_2(g) \longrightarrow 25CO_2(g) + 26H_2O(g)$

그림 5.30 많은 물질들은 연소 반응을 할 수 있다. 이 반응들 가운데 어떤 것이 결합 반응으로도 분류될 수 있는가?

(위 왼쪽): ©McGraw-Hill Education/Stephen Frisch; (위 오른쪽): ©McGraw-Hill Education/Stephen Frisch; (아래 왼쪽): ©Sami Sarkis/Getty Images; (아래 오른쪽): ©TheDman/iStock/Getty Images

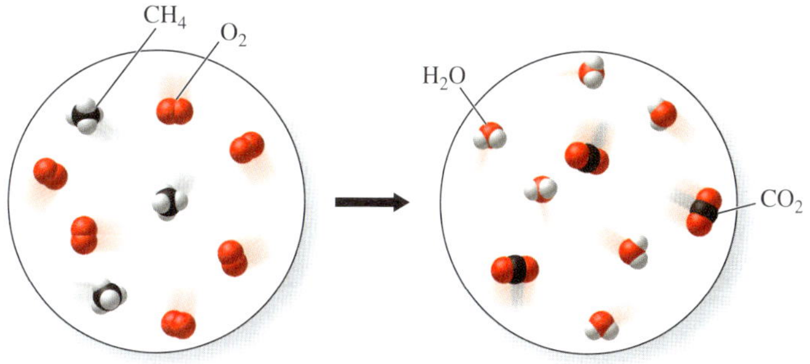

그림 5.31 연소 반응에서 산소는 다른 반응물의 다른 원소와 화합하여 산화물을 만든다. 이 예에서 메테인이 연소하면 이산화 탄소와 물이 생성된다.

예제 5.13 ▶ 연소 반응

Antonio는 몇 개의 금속 조각을 자르기 위해 산소 아세틸렌 토치를 사용한다. 토치에서 나온 열은 아세틸렌 $C_2H_2(g)$의 연소로부터 발생한다. 이 반응의 균형 맞춘 반응식을 써라.

» 풀이:

아세틸렌은 산소 분자와 반응하여 이산화 탄소와 물을 형성한다. 개략 반응식은 다음과 같다.

$$C_2H_2(g) + O_2(g) \longrightarrow CO_2(g) + H_2O(g)$$

이 반응식의 균형을 맞추면 다음과 같다.

$$2C_2H_2(g) + 5O_2(g) \longrightarrow 4CO_2(g) + 2H_2O(g)$$

➔ 응용 연습 5.13

어떤 연소 반응이 동시에 결합 반응으로도 분류될 수 있다면, 그와 같은 반응에서 생성되는 생성물은 몇 종류인가?

➔ 실전 연습 5.13

나무 등의 물체에 투명한 코팅제로 사용되는 Shellac은 메탄올 $CH_3OH(l)$에 나무 수액을 현탁시킨 것(수지)이다. 이 혼합물은 연소가 매우 잘 된다. 메탄올의 연소를 나타내는 반응식을 써라.

➔ 심화 연습: 연습 문제 5.85

5.5 수용액에서의 반응 나타내기

화학 반응식은 화학 반응에서 일어나는 변화를 보여주는 간단한 방법이다. 이 장에서 언급한 많은 화학 반응들은 용액에서 일어난다. 반응물을 분자 화합물인 것처럼 쓰기는 했지만 많은 경우에 그렇지는 않다. 제3장에서 물에 용해된 전해질은 양이온과 음이온으로 분리되어 존재함을 상기하라. 용액에서 일어나는 반응을 정확하게 나타내기 위해 센산과 센염기뿐만 아니라 가용성 이온 결합 화합물을 성분 이온의 화학식으로 나타내어

그림 5.32 질산납과 크로뮴산 포타슘의 용액을 혼합하면 노란색의 고체인 크로뮴산 납(II)과 질산 포타슘 용액이 생성된다.

IA (1)족의 금속 이온들은 언제나 가용성 화합물을 형성하므로 이중 치환 반응에서 언제나 구경꾼 이온이다. 그림 5.27을 되돌아보라. 분자 그림에서 구경꾼 이온을 확인하라.

모든 이온이 구경꾼 이온인 경우에는 어떤 반응도 일어나지 않는다.

인터넷 핫스팟

상당수 학생들이 알짜 이온 반응식을 쓰고 구경꾼 이온을 결정하는 데 어려움을 겪고 있다고 한다. 이 주제에 대한 추가 학습 자료를 보려면 SmartBook에 접속하라.

야 한다. 예를 들면 $Pb(NO_3)_2(aq)$는 다음과 같이 나타낼 수 있다.

$$Pb^{2+}(aq) + 2NO_3^-(aq)$$

$AgCl(s)$과 같이 물에 녹지 않는 화합물은 이온으로 분해되지 않는다.

질산 납(II)과 크로뮴산 포타슘의 수용액 반응을 생각해 보자. 둘 다 이온 결합 화합물이고 센전해질이다. 두 화합물의 반응은 크로뮴산 납(II)의 색소인 크롬 옐로우(chrome yellow)를 만드는 데 사용되는데, 그림 5.32에 나타낸 것처럼 질산 포타슘은 수용액에 녹은 상태로 존재한다.

이전에는 이 반응의 반응식을 다음과 같이 나타냈었다.

$$Pb(NO_3)_2(aq) + K_2CrO_4(aq) \longrightarrow PbCrO_4(s) + 2KNO_3(aq)$$

이 형태의 반응식을 **분자 반응식**(molecular equation)이라고 한다. 왜냐하면 이 식은 용액에서 이온으로 해리하는 것이 아닌, 분자로(또는 화학식 단위) 존재하는 것처럼 물질을 나타내기 때문이다. 두 반응물과 하나의 생성물에 수용성 물리적 상태인 (aq)라고 표시한 것은 이들이 물에 용해되어 있음을 나타낸다. 이들 가용성 이온 화합물은 수용액에서 이온으로 분리되어 존재한다. 불용성 생성물인 $PbCrO_4(s)$은 별개의 이온으로 존재하지 않는다. 다음의 **이온 반응식**(ionic equation)은 가용성 이온 물질들을 더 적절하게 나타낸다.

$$Pb^{2+}(aq) + 2NO_3^-(aq) + 2K^+(aq) + CrO_4^{2-}(aq) \longrightarrow PbCrO_4(s) + 2K^+(aq) + 2NO_3^-(aq)$$

$K^+(aq)$ 이온과 $NO_3^-(aq)$ 이온이 반응식의 양쪽에 같은 수로 존재한다는 것을 주목하라. 그들은 반응에 참여하지 않기 때문에 **구경꾼 이온**(spectator ion)이라고 한다. 이러한 구경꾼 이온이 이온 반응식의 양측에서 제거되면 반응은 다음과 같이 보다 간단하게 된다.

$$Pb^{2+}(aq) + CrO_4^{2-}(aq) \longrightarrow PbCrO_4(s)$$

알짜 이온 반응식(net ionic equation)이라고 부르는 이와 같은 반응식은 반응에 관여한 물질만을 포함한다.

이온 반응식은 몇 가지 단일 치환 반응에도 쓸 수 있다. 한 예가 수용액에서의 구리 금속과 질산 은의 반응이다(그림 5.21, 5.22).

$$Cu(s) + 2AgNO_3(aq) \longrightarrow Cu(NO_3)_2(aq) + 2Ag(s)$$

가용성 이온 결합 화합물은 센전해질이므로 이온 반응식에서 해리된 이온으로 쓴다.

$$Cu(s) + 2Ag^+(aq) + 2NO_3^-(aq) \longrightarrow Cu^{2+}(aq) + 2NO_3^-(aq) + 2Ag(s)$$

구경꾼 이온은 어느 것인가? 그것은 어떤 변화도 겪지 않아서 이온 반응식의 양쪽에 나타나는 화학종을 말한다. 이 반응에서 구경꾼 이온은 질산 이온(NO_3^-)뿐이다. 그 외 다른 화학종들에는 변화가 일어난다. 구리 원소는 구리 이온으로 변하고, 은 이온은 은 원소로 변한다. 알짜이온 반응식은 구경꾼 이온을 생략하고 변화가 생기는 화학종만 나타낸다.

$$Cu(s) + 2Ag^+(aq) \longrightarrow Cu^{2+}(aq) + 2Ag(s)$$

어떤 수용액 반응에서는 구경꾼 이온이 존재하지 않는다. 한 예가 활성이 매우 높은 금속과 물의 반응이다.

$$2K(s) + 2H_2O(l) \longrightarrow 2KOH(aq) + H_2(g)$$

이온 반응식에는 구경꾼 이온이 나타나지 않는다.

$$2K(s) + 2H_2O(l) \longrightarrow 2K^+(aq) + 2OH^-(aq) + H_2(g)$$

예제 5.14 ▶ 알짜 이온 반응식

무색의 질산 은($AgNO_3$)과 브로민화 포타슘(KBr) 수용액의 반응을 생각해 보자. 이 반응은 연한 노란색 침전과 무색의 용액을 만든다. 침전물은 사진 필름과 종이에서 널리 사용된다. 침전물이 무엇인지 알아내고 그 반응의 분자 반응식, 이온 반응식, 알짜 이온 반응식을 써라.

》풀이:

두 화합물이 센전해질이므로 용액에서 $Ag^+(aq)$, $NO_3^-(aq)$, $K^+(aq)$, $Br^-(aq)$ 이온으로 해리한다. 그러면 침전물에 대한 가능한 화학식은 $AgNO_3$, KBr, AgBr, KNO_3이다. $AgNO_3$와 KBr의 용액으로 시작했기 때문에 처음 두 가지는 제거될 수 있다. 그것들이 고체로서 침전할 수 있으면 혼합 전에 이미 했을 것이다. AgBr과 KNO_3가 남는다. 용해도 규칙(표 5.4)에 의하면 KNO_3는 가용성이고, AgBr은 불용성이다. 그러므로 다음과 같이 분자 반응식을 쓸 수 있다.

$$AgNO_3(aq) + KBr(aq) \longrightarrow AgBr(s) + KNO_3(aq)$$

$AgNO_3$, KBr, KNO_3는 모두 용액에서 센전해질이기 때문에 그들의 해리된 이온의 화학식으로 쓸 수 있고 다음의 이온 반응식을 얻게 된다.

$$Ag^+(aq) + NO_3^-(aq) + K^+(aq) + Br^-(aq) \longrightarrow AgBr(s) + K^+(aq) + NO_3^-(aq)$$

마지막으로 NO_3^-와 K^+ 반응식의 양쪽에 있으므로 구경꾼 이온이다. 그것들을 제거하고 나면 다음의 알짜 이온 반응식을 얻는다.

$$Ag^+(aq) + Br^-(aq) \longrightarrow AgBr(s)$$

➜ 응용 연습 5.14

침전 반응에서 두 가지의 불용성 생성물이 형성되었다면, 이 반응에 구경꾼 이온이 존재하겠는가?

➜ 실전 연습 5.14

가용성 바륨 화합물은 체액에서 독성을 나타내지만, 황산 바륨은 물에 불용성이기 때문에 위장관(gastrointestinal, GI)의 X-선 영상을 위한 조영제로 안전하게 사용된다. 황산 바륨 화합물의 슬러리를 섭취하면, X-선에 의해 위장관이 선명하게 나타난다. 황산 바륨은 염화 바륨과 황산 소듐의 용액을 혼합하여 만들 수 있다. 그 반응에 대한 균형 맞춘 분자 반응식, 이온 반응식, 알짜 이온 반응식을 써라.

➜ 심화 연습: 연습 문제 5.103

제5장 복습하기

주요 개념 _Key Concepts

- 화학 반응에서는 원자들의 재배열을 통해 한 무리의 물질(반응물)이 또 다른 무리의 물질(생성물)로 바뀐다.
  - 반응 동안 일어나는 분자 수준의 재배열은 종종 관찰할 수 있는 거시적인 변화를 일으킨다. 전형적인 변화에는 열의 이동, 색깔 변화, 고체 또는 기체의 형성이 있다.
  - 화학 반응은 반응물과 생성물을 화살표 양쪽으로 분리하여 기호로 나타낸다. 각 화학식 앞의 계수는 반응에 포함된 분자나 화학식 단위의 상대적 수를 나타낸다.
  - 각 성분 원소의 원자들의 수가 생성물에서와 반응물에서 같을 때 화학 반응식은 균형이 잡혔다고 한다.
- 화학 반응의 생성물은 실험을 통해 확인된다. 아래 다섯 종류의 반응에 대하여 예측이 가능하다.
  - 분해 반응에서는 복잡한 물질들이 더 간단한 물질로 쪼개진다. 반응성의 패턴으로부터 분해 반응의 생성물을 예측할 수 있다.
  - 결합 반응은 간단한 물질로부터 더 복잡한 물질을 만든다. 금속과 비금속 사이의 반응 생성물은 이온 결합 화합물이다. 이온의 일반적인 전하를 알면 그 화합물을 예측할 수 있다.
  - 단일 치환 반응에서는 한 원소가 한 화합물의 다른 원소를 치환한다. 활동도 서열을 이용하여 단일 치환 반응이 일어날 것인지를 예측할 수 있다.
  - 이중 치환 반응에서는 두 화합물이 양이온과 음이온 파트너를 교환한다. 생성물이 불용성 고체(침전물), 불용성 기체, 물과 같은 안정한 분자이면 이중 치환 반응이 일어난 것이다.
  - 연소는 한 물질이 산소와 반응하면서 열과 불꽃을 빠르게 생성하는 반응이다. 산소가 충분하면 탄화수소의 연소 생성물은 수증기와 이산화 탄소이다.
- 이온 반응식은 용액에서 일어나는 반응을 정확하게 나타낸다. 왜냐하면 반응식은 성분 이온의 화학식이며 가용성 전해질을 나타내기 때문이다.
  - 반응식의 양쪽에 나타나는 이온은 구경꾼 이온이다. 그들은 화학 반응에 참여하지 않는다.
  - 구경꾼 이온이 반응식에서 제거되면 알짜 이온 반응식이 된다. 그와 같은 반응식은 실제로 일어나는 화학 변화에만 초점을 맞춘 것이다.

주요 용어 _Key Terms

결합 반응(combination reaction) (5.4)
구경꾼 이온(spectator ion) (5.5)
균형 맞춘 반응식(balanced equation) (5.3)
단일 치환 반응(single-displacement reaction) (5.4)
무수(anhydrous) (5.4)
반응물(reactant) (5.1)
부식(corrosion) (5.4)
분자 반응식(molecular equation) (5.5)
분해 반응(decomposition reaction) (5.4)
생성물(product) (5.1)
알짜 이온 반응식(net ionic equation) (5.5)
연소 반응(combustion reaction) (5.4)
이온 반응식(ionic equation) (5.5)
이중 치환 반응(double-displacement reaction) (5.4)
중화 반응(neutralization reaction) (5.4)
침전 반응(precipitation reaction) (5.4)
침전물(precipitate) (5.4)
화학 반응식(chemical equation) (5.3)
활동도 서열(activity series) (5.4)

연습 문제 _Questions and Problems

주요 용어와 정의를 연결하기

5.1 다음 주어진 정의에 맞는 주요 용어를 써라.

(a) 자유 원소가 어떤 화합물의 다른 원소를 치환하여 새로운 화합물과 또 다른 자유 원소를 생성하는 반응

(b) 물 분자가 없는 화합물

(c) 용액에서는 이온 상태로 존재하지만, (화학식 단위를 사용하여) 분자 상태로 존재하는 것처럼 물질들을 표현하는 화학 반응식의 한 형태

(d) 한 물질이 더 작은 화합물이나 원소들로 분해되는 화학 반응

(e) 반응식의 양쪽에 각 원소의 원자의 수를 같도록 화학식 앞에 계수를 붙인 화학 반응식

(f) 화학 반응을 통해 다른 물질로 바뀌는 물질

(g) 화학적 변화(화학 반응)에 관여하지 않아 이온 방정식의 양쪽에 나타나는 이온

(h) 산소 분자와 빠르게 반응하여 열과 불꽃을 발생시키는 반응

(i) 용액에 침전되어 있는 불용성 고체

화학 반응이란 무엇인가?

5.3 알루미늄 금속은 공기 중의 산소 기체와 반응하여 산화 알루미늄 고체가 된다. 이 반응의 반응물과 생성물은 무엇인가?

5.5 제논 기체는 플루오린 기체와 반응하여 테트라플루오린화 제논 기체를 형성한다. 다음 그림에서 반응물과 생성물을 나타낸 것을 찾아라.

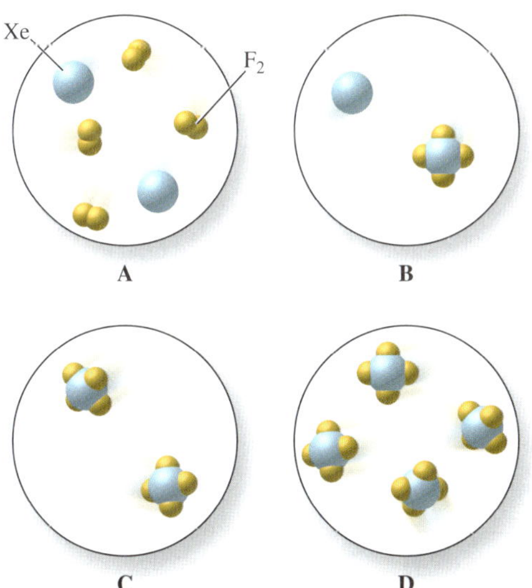

5.7 다음은 질소와 수소 기체의 화학 반응을 분자 도표로 나타낸 것이다. 잘못 표현된 부분을 찾아내고, 올바르게 고쳐라.

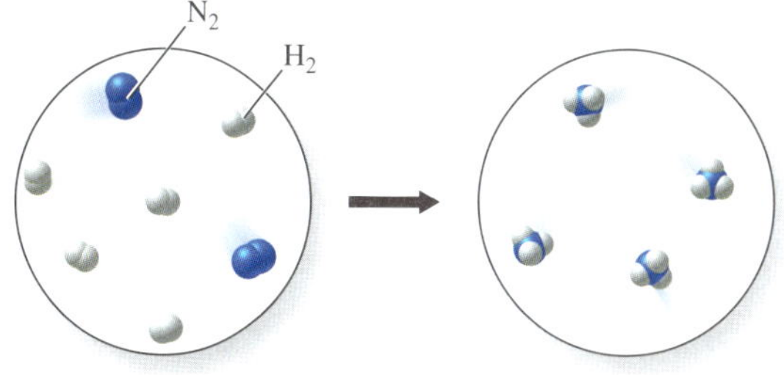

5.9 어떤 화학 반응에 관한 다음과 같은 분자 도표가 있다. 질량 보존 법칙에 기반하여 생성물에 해당하는 부분을 바르게 완성하려면 어떻게 고쳐야 하는가?

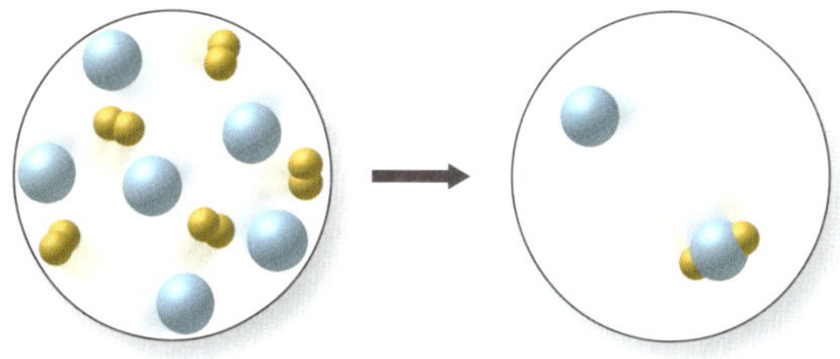

5.11 이산화 황은 산소와 반응하여 삼산화 황을 형성한다. 다음의 분자 다이어그램에서 반응이 완결되었을 때, 생성물의 그림을 그려라.

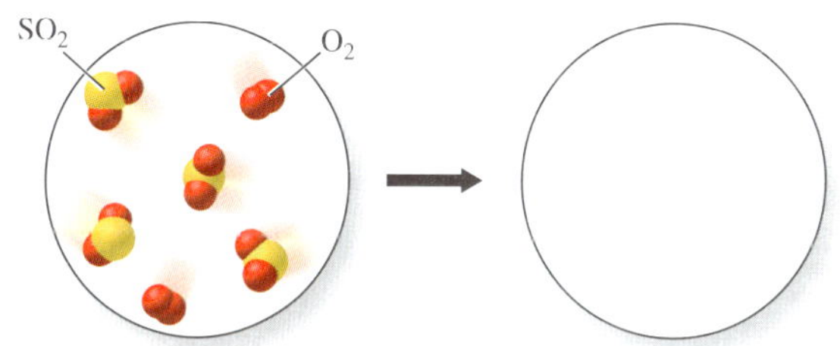

화학 반응이 일어나는지를 어떻게 알 수 있는가?

5.13 다음 사진에서 화학 반응이 일어나고 있는지에 대한 증거로 어떤 것이 있을지 밝혀라.

5.15 드라이아이스(고체 CO_2)를 방치하면 흰 연기와 함께 기체 이산화 탄소가 발생한다. 이 변화를 화학 반응이라고 할 수 있는가?

5.17 다음 분자 도표는 화학 반응에 관한 것인가? 답을 설명하라.

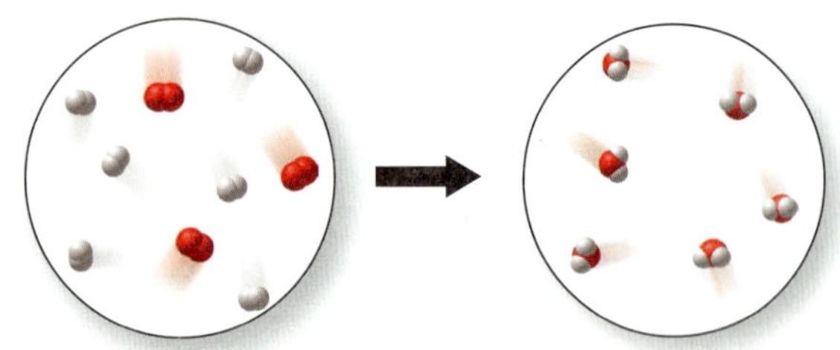

5.19 다음 분자 도표는 화학 반응에 관한 것인가? 답을 설명하라.

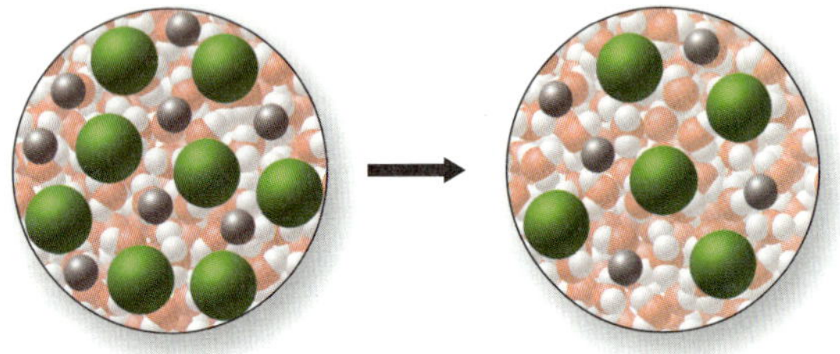

➔ 화학 반응식 쓰기

5.21 화학 반응식이란 무엇인가?

5.23 다음에 나열된 각각의 화학 반응식에 대하여 화학 반응인지, 물리적 변화인지를 결정하라.

(a) $CO_2(g) + H_2O(l) \longrightarrow H_2CO_3(aq)$

(b) $H_2O(s) \longrightarrow H_2O(l)$

(c) $HOCN(g) \longrightarrow HCNO(g)$

5.25 화학 반응식의 균형을 맞추어야 하는 이유는 무엇인가?

5.27 다음 각 반응에 대한 균형 맞춘 반응식을 완성하라.

(a) 고체 수소화 소듐(NaH)을 물에 넣으면 수소 기체가 발생하고 수산화 소듐 수용액이 형성된다.

(b) 알루미늄 금속은 염소 기체와 반응하여 고체 염화 알루미늄을 형성한다.

5.29 다음은 $N_2(g)$와 $Cl_2(g)$ 사이의 화학 반응에 대한 분자 도표이다. 이 반응을 나타내는 균형 맞춘 반응식을 써라.

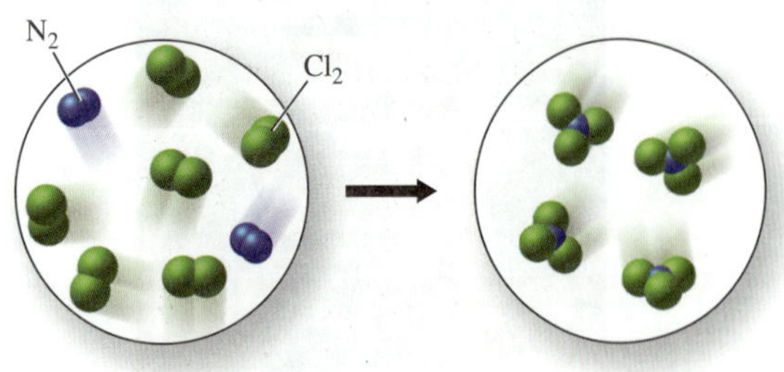

5.31 마그네슘 금속 조각이 강렬한 흰색 불꽃으로 불을 붙여 점화시키면 흰색의 재 같은 물질이 생성된다. 다음의 분자 다이어그램을 생각해 보자. 화학 반응에 대한 설명과 일치하는 것은 어느 것인가? 이 반응을 나타내는 반응식을 써라.

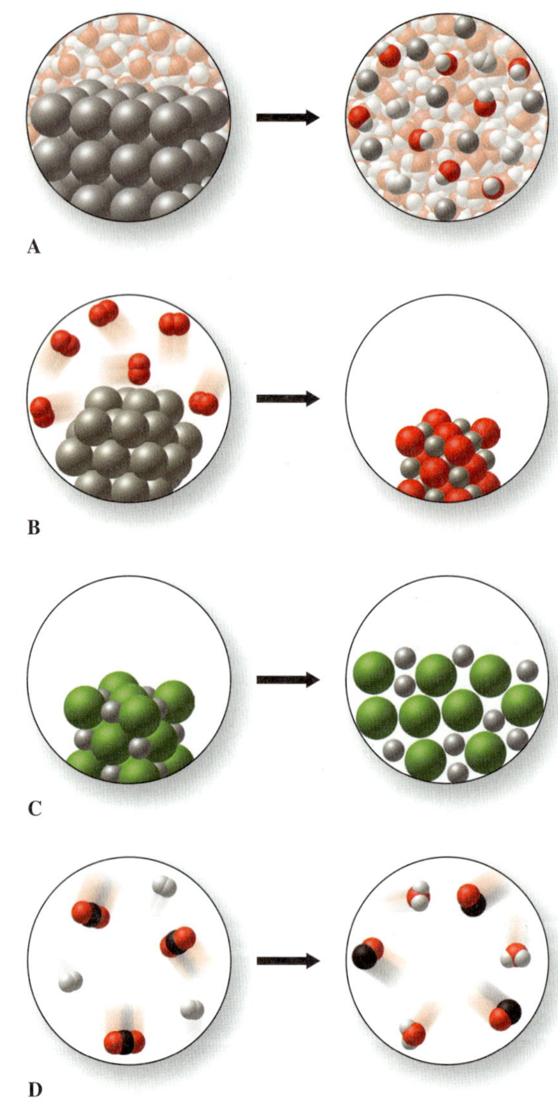

5.33 다음과 같은 균형 맞춘 반응식이 있다.

$$H_2(g) + I_2(g) \longrightarrow 2HI(g)$$

이 반응에서 예측되는 생성물을 아래의 분자 도표에 그려 넣어라.

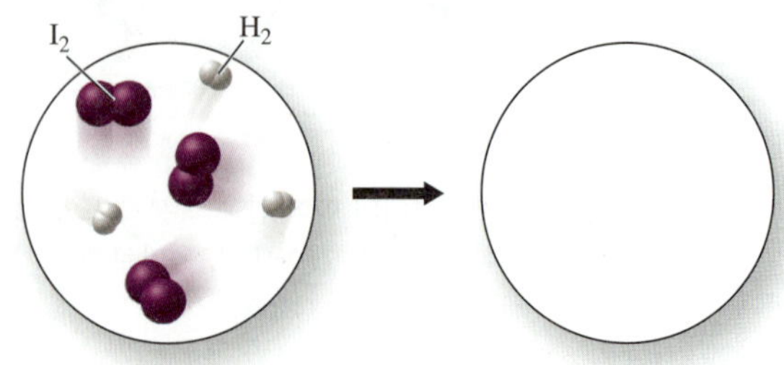

5.35 다음과 같은 균형 맞춘 반응식이 있다.

$$2NO_2(g) \longrightarrow N_2O_4(g)$$

이 반응에 대한 반응물과 생성물을 나타낸 분자 다이어그램을 그려라.

5.37 다음 각 개략 반응식의 균형을 맞춰라.

(a) $Al(s) + Cl_2(g) \longrightarrow AlCl_3(s)$

(b) $Pb(NO_3)_2(aq) + K_2CrO_4(aq) \longrightarrow PbCrO_4(aq) + KNO_3(aq)$

(c) $Li(s) + H_2O(l) \longrightarrow LiOH(aq) + H_2(g)$

(d) $C_6H_{14}(g) + O_2(g) \longrightarrow CO_2(g) + H_2O(g)$

5.39 다음 각 개략 반응식의 균형을 맞춰라.

(a) $CuCl_2(aq) + AgNO_3(aq) \longrightarrow Cu(NO_3)_2(aq) + AgCl(s)$

(b) $S_8(s) + O_2(g) \longrightarrow SO_2(g)$

(c) $C_3H_8(g) + O_2(g) \longrightarrow CO_2(g) + H_2O(g)$

5.41 다음 수용액 반응에 해당하는 균형 맞춘 반응식을 완성하라.

구리 + 질산은 ⟶ 질산 구리(II) + 은

화학 반응 예측하기

5.43 분해, 결합, 단일 치환, 이중 치환 반응의 특징을 각각 설명하라.

5.45 다음 (a)~(c)에 나열된 반응물과 생성물을 보고, 분해, 결합, 단일 치환, 이중 치환, 연소 반응 중 어느 것에 해당되는지 답하라.

	반응물	생성물
(a)	원소 두 개	화합물 한 개
(b)	원소 한 개와 화합물 한 개	원소 한 개와 화합물 한 개
(c)	화합물 한 개	원소 두 개

5.47 염화 소듐 용액을 질산 납(II) 용액과 혼합하면 염화 납(II) 침전이 생기고 질산 소듐 용액이 남는다. 이 반응은 분해, 결합, 단일 치환, 이중 치환, 연소 반응 중 어느 것에 해당하는가?

5.49 다음 분자 도표에 해당하는 화학 반응은 분해, 결합, 단일 치환, 이중 치환 반응 중 어느 것에 해당하는가?

(a)

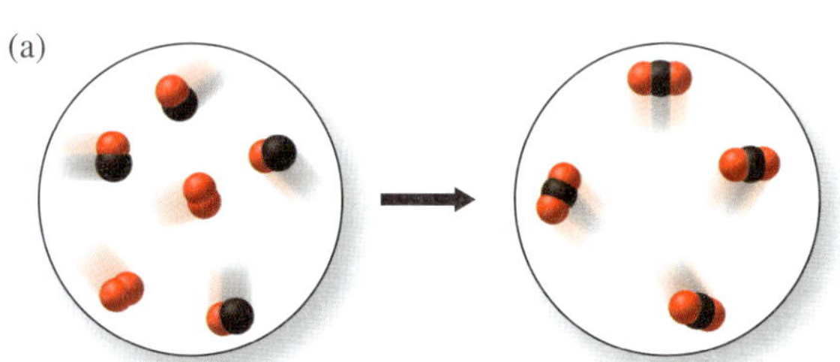

(b)

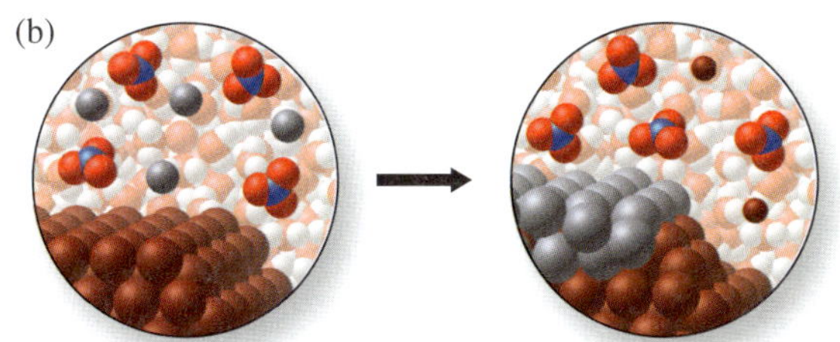

5.51 다음 화학 반응식의 균형을 맞추고, 분해, 결합, 단일 치환, 이중 치환, 연소 반응으로 분류하라.

(a) $CaCl_2(aq) + Na_2SO_4(aq) \longrightarrow CaSO_4(s) + NaCl(aq)$

(b) $Ba(s) + HCl(aq) \longrightarrow BaCl_2(aq) + H_2(g)$

(c) $N_2(g) + H_2(g) \longrightarrow NH_3(g)$

(d) $FeO(s) + CO(g) \xrightarrow{열} Fe(s) + CO_2(g)$

(e) $CaO(s) + H_2O(l) \longrightarrow Ca(OH)_2(aq)$

(f) $Na_2CrO_4(aq) + Pb(NO_3)_2(aq) \longrightarrow PbCrO_4(s) + NaNO_3(aq)$

(g) $KI(aq) + Cl_2(g) \longrightarrow KCl(aq) + I_2(aq)$

(h) $NaHCO_3(s) \xrightarrow{열} Na_2CO_3(s) + CO_2(g) + H_2O(g)$

5.53 탄산 니켈(II)을 가열하면 분해 반응이 일어난다. 이 반응을 나타내는 균형 맞춘 반응식을 완성하라.

5.55 다음 각 분해 반응에 대한 화학 반응식을 완성하고 균형을 맞춰라.

(a) $CaCO_3(s) \xrightarrow{열}$

(b) $CuSO_4{\cdot}5H_2O(s) \xrightarrow{열}$

5.57 마그네슘 금속은 산소 기체와 화합 반응을 한다. 이 반응을 나타내는 균형 맞춘 반응식을 완성하라.

5.59 다음 각 결합 반응에 대한 화학 반응식을 완성하고 균형을 맞춰라.

(a) $Ca(s) + N_2(g) \longrightarrow$

(b) $K(s) + Br_2(l) \longrightarrow$

(c) $Al(s) + O_2(g) \longrightarrow$

5.61 다음 각 단일 치환 반응에 대한 화학 반응식을 완성하고 균형을 맞춰라.

(a) $Zn(s) + AgNO_3(aq) \longrightarrow$

(b) $Na(s) + FeCl_2(s) \xrightarrow{열}$

5.63 아연 금속은 염화 주석(II) 용액과 단일 치환 반응을 한다. 이 화학 반응을 나타내는 균형 맞춘 반응식을 완성하라.

5.65 아래에 나열된 금속 중에서 어떤 것이 물과 반응하고, 어떤 것이 염산 용액과 반응할지를 결정하라. 또한 일어나는 반응을 각각 균형 맞춘 반응식으로 완성하라.

(a) Ca (b) Fe (c) Cu

5.67 아래에 나열된 단일 치환 반응들 중에 실제로 반응이 일어날 수 있는 것은 어느 것인가?

(a) $3Mg(s) + 2AlCl_3(aq) \longrightarrow 3MgCl_2(aq) + 2Al(s)$

(b) $Zn(s) + MgCl_2(aq) \longrightarrow ZnCl_2(aq) + Mg(s)$

(c) $Cu(s) + Pb(NO_3)_2(aq) \longrightarrow Cu(NO_3)_2(aq) + Pb(s)$

(d) $Ni(s) + 2AgNO_3(aq) \longrightarrow Ni(NO_3)_2(aq) + 2Ag(s)$

5.69 다음 이온 결합 화합물중 물에 녹을 것으로 예상되는 것은?

(a) $CuCl_2$

(b) $AgNO_3$

(c) $PbCl_2$

(d) $Cu(OH)_2$

5.71 다음 물질들을 혼합할 때 일어나는 침전 반응의 균형 맞춘 반응식을 완성하라.

(a) $K_2CO_3(aq)$와 $BaCl_2(aq)$

(b) $CaS(aq)$와 $Hg(NO_3)_2(aq)$

(c) $Pb(NO_3)_2(aq)$와 $K_2SO_4(aq)$

5.73 다음의 각 이중 치환 반응에 대한 화학 반응식을 완성하고 균형을 맞춰라.

(a) $BaCO_3(s) + H_2SO_4(aq) \longrightarrow$

(b) $CuCl_2(aq) + AgNO_3(aq) \longrightarrow$

5.75 황산 소듐과 질산 납(II)의 수용액을 혼합하면 흰색 고체가 형성된다. 그 고체는 무엇인가?

5.77 염화 칼슘 수용액은 탄산 포타슘 수용액과 이중 치환 반응을 한다. 이 반응을 나타내는 균형 맞춘 반응식을 완성하라.

5.79 다음 이중 치환 반응에서 반응이 끝까지 진행되게 하는 추진력은 무엇인가?

(a) $Hg(NO_3)_2(aq) + H_2S(aq) \longrightarrow HgS(s) + 2HNO_3(aq)$

(b) $MnS(s) + 2HCl(aq) \longrightarrow MnCl_2(aq) + H_2S(g)$

(c) $Ba(OH)_2(aq) + H_2SO_4(aq) \longrightarrow BaSO_4(s) + 2H_2O(l)$

5.81 다음 물질들을 혼합할 때 일어나는 산-염기 중화 반응의 균형 맞춘 반응식을 완성하라.

(a) $H_2S(aq)$와 $Cu(OH)_2(s)$

(b) $CH_4(g)$와 $NaOH(aq)$

(c) $KHSO_4(aq)$와 $KOH(aq)$

5.83 연소 반응에서 항상 반응물로만 작용하는 물질은 무엇인가?

5.85 산소 분자와 다음 원소의 연소 반응에서 생기는 생성물의 화학식을 각각 써라.

(a) Cs (b) Pb (c) Al (d) H_2 (e) C

5.87 산소 분자와 다음 화합물이 반응하여 생기는 생성물의 화학식을 써라.

(a) CH_4

(b) CO

(c) Al

(d) CH_3OH

→ 수용액에서의 반응 나타내기

5.89 전해질과 비전해질의 차이를 설명하라.

5.91 다음 각 물질들은 전해질인가 아니면 비전해질인가?

(a) $NaOH(aq)$

(b) $HCl(aq)$

(c) $C_{12}H_{22}O_{11}(aq)$ (수크로스 용액)

5.93 다음은 수용액 상태에서 어떤 화합물의 분자 다이어그램을 나타낸 것이다. 이 화합물은 전해질인가, 비전해질인가?

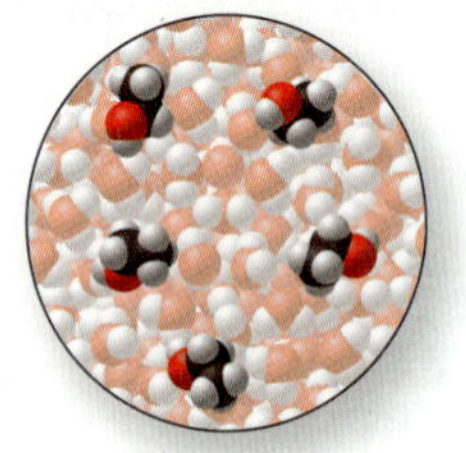

5.95 다음에 열거된 화합물 중 수용액 상태에서 이온으로 존재하는 것을 찾아내고, 그 이온에 대한 화학식을 써라.

(a) $C_6H_{12}O_6$ (글루코스)

(b) CH_4

(c) NaCl

5.97 분자 반응식, 이온 반응식, 알짜 이온 반응식의 차이를 설명하라.

5.99 구경꾼 이온이란 무엇인가?

5.101 다음 수용액 반응에서 각 물질의 물리적 상태를 쓰고, 각 반응에 대한 알짜 이온 반응식을 완성하라.

(a) $NaCl + Ag_2SO_4 \longrightarrow Na_2SO_4 + AgCl$

(b) $Cu(OH)_2 + HCl \longrightarrow CuCl_2 + H_2O$

(c) $BaCl_2 + Ag_2SO_4 \longrightarrow BaSO_4 + AgCl$

5.103 탄산 소듐과 브로민화 칼슘의 수용액을 혼합하면 흰색 고체가 형성된다.

(a) 이 고체는 무엇인가?

(b) 반응에 대한 분자 반응식을 써라.

(c) 반응에 대한 이온 반응식을 써라.

(d) 반응의 구경꾼 이온은 어느 것인가?

(e) 반응에 대한 알짜 이온 반응식을 써라.

5.105 염화 칼슘 수용액은 질산 은 수용액과 반응하여 염화 은 침전물과 질산 칼슘 용액을 형성한다. 이 반응에 대한 알짜 이온 반응식을 써라.

5.107 다음은 수용액에서 Na와 H_2O의 반응에 대한 분자 도표이다. 이 반응에 대한 알짜 이온 반응식을 써라.

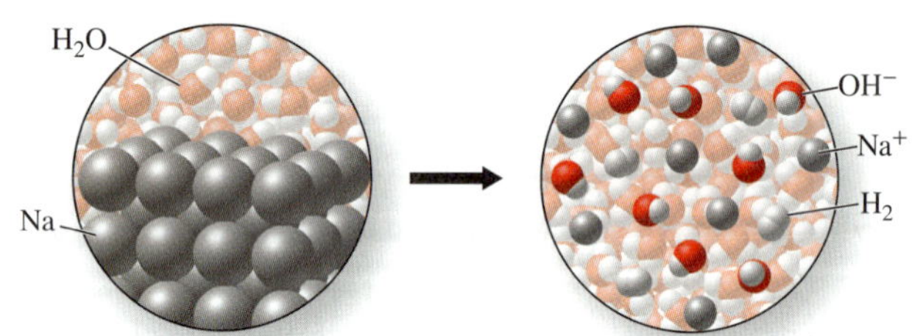

5.109 수용액에서 다음 반응에 대한 분자 반응식과 알짜 이온 반응식을 써라.

(a) 구리 + 질산 은 ⟶ 질산 구리(II) + 은

(b) 산화 철(II) + 염산 ⟶ 염화 철(II) + 물

5.111 수용액 상태에서 다음 화합물들 사이에 반응이 일어날 수 있을지 예측하라. 만약 반응이 일어나면 그에 대한 분자 반응식과 알짜 이온 반응식을 물리적 상태를 포함하여 완성하라.

(a) $Sr(NO_3)_2$와 H_2SO_4

(b) $Zn(NO_3)_2$와 Na_2SO_4

(c) $CuSO_4$와 BaS

(d) $NaHCO_3$와 CH_3CO_2H

추가 연습 문제

5.113 셀레늄화 비스무트(Bi_2Se_3)는 반도체 연구에 사용되며, 원소들로부터 직접 만들 수 있다.

$$2Bi + 3Se \longrightarrow Bi_2Se_3$$

위 반응을 분해, 결합, 단일 치환, 이중 치환, 연소 반응 중 해당되는 것으로 분류하라.

5.115 다음 물질을 혼합할 때 일어날 수 있는 침전 반응을 균형 맞춘 반응식을 써서 완성하라.

(a) $ZnSO_4(aq)$와 $Ba(NO_3)_2(aq)$
(b) $Ca(NO_3)_4(aq)$와 $K_3PO_4(aq)$
(c) $ZnSO_4(aq)$와 $BaCl_2(aq)$
(d) $KOH(aq)$와 $MgCl_2(aq)$
(e) $CuSO_4(aq)$와 $BaS(aq)$

5.117 소듐 금속은 액체 물과 반응하여 수산화 소듐 용액과 수소 기체를 형성한다. 포타슘도 유사한 방식으로 반응한다. 물과 포타슘의 반응을 나타내는 균형 맞춘 반응식을 완성하라.

5.119 질산 은 수용액에서 은 이온을 염화 은으로 침전시키기 위해 첨가할 수 있는 물질은 $Cl_2(g)$, $NaCl(s)$, $CCl_4(l)$ 중에서 어느 것인가?

5.121 다음 알짜 이온 반응식을 생각해 보자.

$$H^+(aq) + OH^-(aq) \longrightarrow H_2O(l)$$

두 화합물을 혼합하였을 때 위의 알짜 이온 반응식을 가질 수 있는 화학 반응의 예를 세 가지 나열하라.

5.123 황산 철(II) 수용액에 구리 금속 조각을 넣으면 어떤 반응이 일어나는가?

5.125 센전해질인 KI의 수용액과 비전해질인 CO의 수용액을 나타내는 분자 도표를 그려라.

5.127 다음에 나열된 순수한 금속을 생성시킬 수 있는 각각의 금속 화합물을 써라.

(a) Cr
(b) Fe
(c) Al
(d) Pb

5.129 다음에 제시된 이온 또는 화합물을 각각 서로 분리하는 화학적 방법을 제안하라.

(a) Fe^{3+}와 Al^{3+}
(b) Ba^{2+}와 Mg^{2+}
(c) Cl^-와 NO_3^-
(d) $BaSO_4$와 $MgSO_4$

5.131 $AgNO_3$와 $Ba(NO_3)_2$의 혼합 용액에서 Ag^+만을 침전시키려면 어떤 물질을 넣어야 하는가? Ag^+ 화합물을 분리한 후, Ba^{2+}를 침전시키려면 어떤 화합물을 넣어야 하는가?

5.133 질산 구리(II) 수용액에 니켈 금속 조각을 넣었다. 어떤 현상이 일어날 것으로 예상하는가?

5.135 염산 수용액과 수산화 소듐 수용액을 섞으면, 화학 반응이 진행되어 물과 염화 소듐이 생성된다. 만약 이 반응이 실험실에서 진행되었다면, 어떤 현상을 관찰할 수 있을까?

5.137 가스 그릴에서 일어나는 화학 반응은 프로페인(C_3H_8)의 연소 반응에 해당한다. 이 반응에 대한 균형 맞춘 반응식을 완성하라.

5.139 $AgNO_3$ 수용액에 구리 금속 조각을 넣으면, 단일 치환 반응을 통해 금속 은과 질산 구리(II)가 생성된다. 각 화학종의 전하는 어떻게 변화하였는가?

5.141 다음 화학 반응식의 균형을 맞춰라.

(a) $C_4H_{10}(g) + O_2(g) \longrightarrow CO_2(g) + H_2O(g)$
(b) $C_2H_5OH(l) + O_2(g) \longrightarrow CO_2(g) + H_2O(g)$
(c) $HCO_2H(l) + O_2(g) \longrightarrow CO_2(g) + H_2O(g)$
(d) $C_5H_{12}(l) + O_2(g) \longrightarrow CO_2(g) + H_2O(g)$
(e) $CH_3OCH_3(g) + O_2(g) \longrightarrow CO_2(g) + H_2O(g)$

제 6 장

화학 반응에서의 양적 관계

Quantities in Chemical Reactions

여러분이 지금부터 5년간 운전할 자동차를 상상해 보라. 어떤 연료를 사용하여 자동차에 동력을 줄 것인가? 가솔린? 에탄올? 전기 배터리? 수소?

1860년대에 자동차가 개발된 이후로 자동차를 구동하는 내연 기관(internal-combustion engine, ICE)에 동력을 주기 위해 석유의 한 형태인 가솔린이 사용되어 왔다. 내연 기관의 꾸준한 개선에도 불구하고 오늘날의 내연 기관 자동차의 효율은 겨우 20~25%이다. 이것은 가솔린 에너지의 75~80%가 낭비된다는 것을 의미한다. 이것이 유일한 단점이 아니다. 내연 기관에서 가솔린 연소로 대기에 오염 물질을 방출하고, 수송용 가솔린은 빠르게 감소하는 천연 자원에 대한 의존도가 매우 높다. 비록 자동차 산업이 독성 기체에 대해서 방출을 현저히 줄이는 방법을 찾고 있다 하더라도, 방출되는 비독성의 이산화 탄소는 지구 온난화의 주된 요인으로 현재 지구 평균 기온 증가의 원인으로 추정되는 온실 효과에 기여한다.

Lily는 연료의 연소가 환경에 미치는 영향을 우려하여 E-85라는 에탄올 혼합물인 대체 연료로 운행되는 자동차를 운전한다. E-85는 에탄올 85%와 가솔린 15%를 섞은 혼합 연료이다. 에탄올이 가솔린보다 깨끗하게 연소되는 연료이기 때문에 그녀는 그 차를 선택하였다. 에탄올은 옥수수나 다른 탄수화물의 발효로 만들 수 있다. 그러나 에탄올의 생산이 가솔린의 연소보다 환경에 더 좋지 않을 수도 있다는 염려는 있다.

Joel은 내연 기관의 또 다른 대체 방안으로, 배터리로 동력을 얻는 전기 자동차(electric vehicle, EV)를 운전한다. Joel은 가솔린으로 연료 탱크를 가득 채우는 대신에 자동차 배터리를 재충전한다. 전기 자동차 엔진의 효율은 대략 60%이고, 내연 기관보다 더 적은 수의 기계 부품으로 구성되며 어떠한 배기 배출물도 발생시키지 않는다. 그러나 Joel의 자동차 배터리를 재충전하는 전기는 화석 연료를 태우는 발전소에서 나온다. 연소 과정은 이산화 탄소를 생성한다. 그래서 Joel의 자동차에서 직접 방출되지는 않지만 대기에 CO_2를 증가시키는 문제가 여전히 있다. 또한 발전소와 Joel의 차고의 벽 콘센트 사이의 에너지 손실을 고려해 보면, 전체 효율은 40% 미만으로 떨어진다. 부족한 화석 연료 자원의 사용은 가솔린을 사용하는 것과 마찬가지다.

Lily와 Joel은 수소로 동력을 얻는 자동차가 곧 상용화될 수 있다고 들었다(그림 6.1). 수소가 자동차에게 어떻게 동력을 줄 수 있는가? 수소가 산소와 반응하여 물을 생성할 때 많은 양의 에너지가 방출된다. 수소는 우주 왕복선이 이륙하는 데 동력을 주는 주된 연료이다(그림 6.2). 수소로 동력을 얻는 자동차는 수소를 직접 태우지는 않는다. 대신에 수소와 산소 사이의 반응이 조절된 방식으로 수행되는 연료 전지를 사용한다.

연료 전지는 내연 기관과는 다른 방식으로 작동한다(그림 6.3). 내연 기관에서는 연료가 타면서 발생하는 열 에너지 일부가 피스톤을 앞과 뒤로 움직여서 일로 바꾸어 자동차에 동력을 준다. 수소 연료 전지에서는 수소를 태우지 않는다. 대신에 전지는 막으로 분리되어 있고, 수소 기체는 전지의 한쪽을 흐르고 산소는 다른 한쪽을 흐른다. 그것들은 배터리처럼 막에서 함께 반응한다. 수소에서 산소로 전자의 흐름은 자동차의 전기 모터를 작동하게 하는 전류를 만든다. 연료 전지에서 수소와 산소는 재충전될 수 있는 외부 저장 탱크로부터 전지로 끊임없이 전달되어야 한다.

많은 사람들이 수소가 효율이 좋고 깨끗하게 연소되기 때문에 미래의 연료로 적합하다고 생각한다. 그러나 극복해야 할 문제들이 있다. 자동차 안에 고압으로 수소 기체를 저장해야 하는 것은 안전상 위험한 요소이다. 또한 수소 기체는 잘 조절되지 않으면 공기 중에서 폭발하기 쉽다. 이런 문제의 해결책으로 TiH_3와 같은 수소화 금속 화합물 또는 메탄올(methanol, CH_3OH)에 수소를 저장하는 방법이 고려되고 있고, 수소는 필요할 때 이 화합물들의 화학 반응으로부터 얻을 수 있다. 또 다른 문제는 수소를 쉽게 이용할 수 없다는 것이다. 수소는 메탄올이나 다른 연료의 반응으로부터 대부분 쉽게 얻

그림 6.1 전형적인 수소 연료 차인 이 차는 엔진 룸 왼쪽에 연료 전지를 가지고 있는 것이 보인다.

Source: US Department of energy

그림 6.2 1981년에서 2011년까지 많은 임무를 수행한 우주 왕복선의 연료는 수소이다. 동력을 얻는 데 필요한 반응을 일으키기 위해 액체 수소와 액체 산소를 담는 외부 탱크를 장착하고 있다 이 연소 반응의 생성물, H_2O를 증기 구름으로 볼 수 있다.

Source: NASA

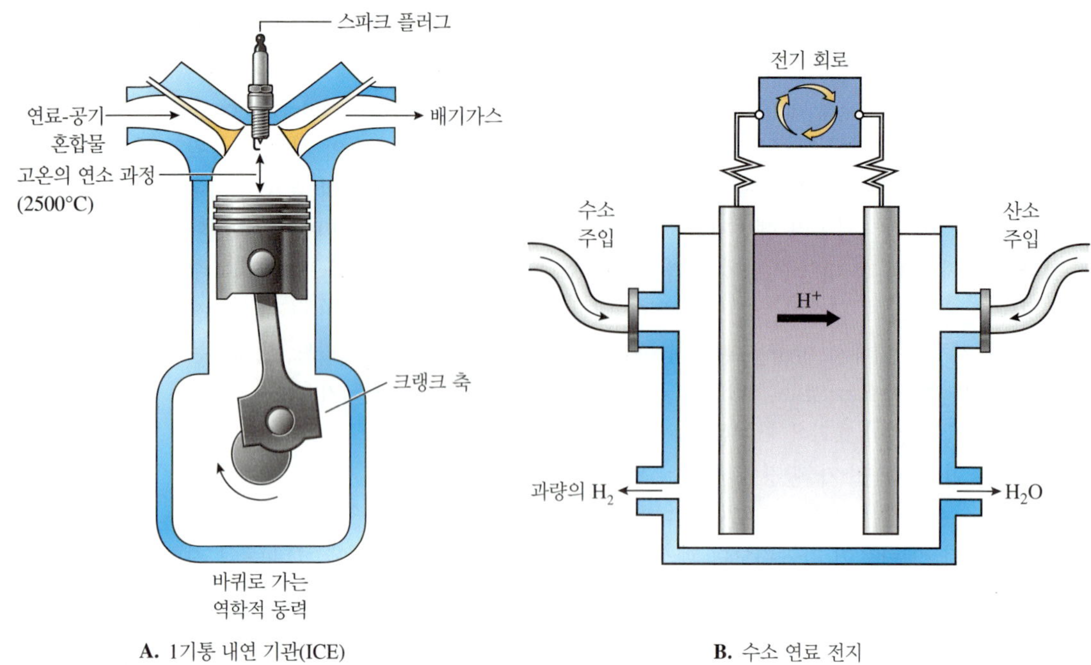

그림 6.3 (A) 내연 기관(ICE)에서 연료와 공기 혼합물은 연소실 안에서 연소되어 크랭크 축을 돌리는 데 필요한 힘을 제공한다. (B) 수소 연료 전지는 배터리처럼 작동한다. 수소와 산소 사이의 전자 전달이 자동차의 전기 모터를 움직이는 전류를 만든다.

> 폐기물을 줄이고 원자 수준에서 물질의 효율을 최대화하고자 하는 것이 녹색 화학의 주요한 목표이다. 이를 위해서는 화학 반응에서 원하는 생성물의 양을 얻기 위해 필요한 반응물의 정확한 양을 세심하게 계산해야 한다.

지만 또한 일산화 탄소와 이산화 탄소를 생성한다. 이 경우에 공기 오염의 감소에는 별 영향을 미치지 않는다.

대체 연료 자동차를 운전하는 Lily와 Joel은 자동차에 필요한 연료의 양과 연료가 제공하는 에너지 산출량에 관심이 있다. 화학 반응이 무엇이든, 반응에 포함된 반응물과 생성물의 양과 에너지의 양을 아는 것이 중요하다.

이 장에서는 양적인 측면의 화학 반응을 고려할 것이다. 필요한 반응물의 양과 주어진 반응에서 생성되는 생성물의 양을 어떻게 결정하는지를 보일 것이다. 연료의 연소와 같은 화학 반응에서 생성되는 에너지의 양을 공부할 것이고, 다른 연료에 의해 방출되는 열의 양과 비교할 것이다. 연소 반응이 에너지를 방출하는 반면, 몇몇 화학 반응들은 에너지를 흡수한다. 우리는 화학 반응 동안 방출되거나 흡수되는 에너지의 양을 측정하는 방법을 살펴보게 될 것이다.

이 장에서 공부할 내용의 질문

6.1 균형 맞춘 반응식의 계수는 무엇을 나타내는가?
6.2 화학 반응에서 반응물과 생성물의 몰수를 연관시키기 위해 균형 맞춘 반응식을 어떻게 사용할 수 있는가?
6.3 화학 반응에서 반응물과 생성물의 질량을 연관시키기 위해 균형 맞춘 반응식을 어떻게 사용할 수 있는가?
6.4 어떤 반응물이 생성될 수 있는 생성물의 양을 제한하는지를 어떻게 결정하는가?
6.5 얻을 것으로 예상한 양에 비해 실제로 얻은 생성물의 양을 어떻게 비교할 수 있는가?
6.6 에너지 변화를 어떻게 기술하고 측정하는가?
6.7 열 변화가 화학 반응에 어떻게 포함되는가?

6.1 균형 맞춘 반응식의 의미

제5장에서 배운 것처럼 균형 맞춘 반응식은 화학 반응에서 반응물과 생성물이 무엇인지와 그들의 물리적 상태를 나타낸다. 더구나 반응식의 계수는 결합하는 반응물들의 상대적인 양과 생성될 것으로 예상되는 생성물들의 상대적인 양을 나타낸다. 가스 그릴에 불을 붙일 때 일어나는 화학 반응인 프로페인(propane)의 연소 반응을 생각해 보자. 프로페인의 연소에 대한 균형 맞춘 반응식(그림 6.4)은 프로페인(C_3H_8) 분자 1개가 반응할 때 O_2 분자 5개가 결합하여 CO_2 분자 3개와 H_2O 분자 4개를 생성하는 것을 나타낸다.

$$C_3H_8(g) + 5O_2(g) \longrightarrow 3CO_2(g) + 4H_2O(g)$$

이 반응식에서 계수들은 반응물과 생성물의 *상대적* 수를 나타내기 때문에 이 반응식은 어떠한 규모에서도 반응물과 생성물의 양을 나타낸다. 예를 들면 C_3H_8 분자 2개가 반응하면 O_2 분자 10개와 결합하여 CO_2 분자 6개와 H_2O 분자 8개를 생성해야 한다. 반응물과 생성물의 비는 같게 유지된다(1 C_3H_8 : 5 O_2 : 3 CO_2 : 4 H_2O).

C_3H_8 분자 100개 또는 6.022×10^{23}개의 분자(분자 1몰)가 반응한다고 가정하자. 각각의 양과 반응하는 O_2 분자는 몇 개일까? 각각의 경우 CO_2와 H_2O 분자는 몇 개가 성되는가? 표 6.1에 주어진 답과 여러분의 답을 비교해 보라.

6.022×10^{23}개의 분자는 1.000몰의 분자와 같으므로, 1.000몰의 C_3H_8은 5.000몰의 O_2와 반응하여 3.000몰의 CO_2와 4.000몰의 H_2O를 생성한다고 말할 수 있다. 그러므로 균형 맞춘 반응식의 계수는 반응물과 생성물의 ***상대적 몰수***(*relative number of moles*)를 나타낸다. 표 6.1은 프로페인의 연소 반응에서 반응물과 생성물 사이의 관계를 요약하여 나타낸다.

어떤 반응물과 생성물의 양을 알면 균형 맞춘 반응식을 사용하여 같은 반응의 또 다른 반응물과 생성물의 양을 결정할 수 있다. 화학 반응에서 물질의 양을 결정하는 과정을 **화학량론**(stoichiometry)이라고 한다. 다음 절에서 화학량론을 사용하여 균형 맞춘 반응식을 이용한 반응물과 생성물의 양적 관계를 다룰 것이다.

바베큐 그릴용 프로페인은 액체 상태가 유지되는 압력으로 저장된다. 산소가 약 20%인 공기가 반응에 필요한 산소를 제공한다.

인터넷 핫스팟

상당수 학생들이 화학 반응식을 이해하는 데 어려움을 겪고 있다고 한다. 이 주제에 대한 추가 학습 자료를 보려면 SmartBook에 접속하라.

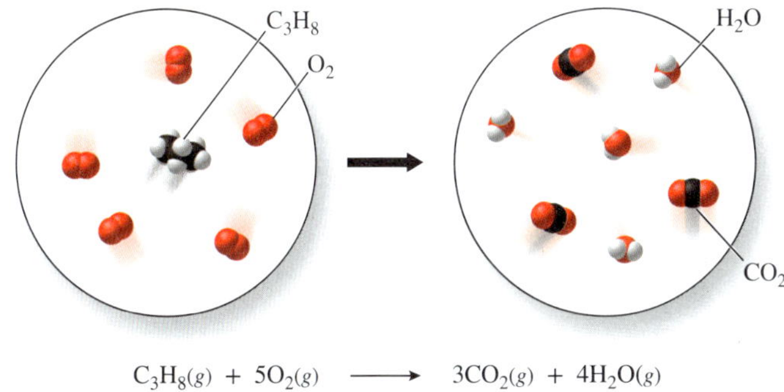

그림 6.4 프로페인 연소에 대한 균형 맞춘 반응식은 반응하는 프로페인과 산소 분자의 상대적인 수와 생성되는 이산화 탄소와 물 분자의 상대적 수를 나타낸다.

표 6.1 ▸ 반응물과 생성물 사이의 관계

$C_3H_3(g)$ +	$5O_2(g)$ ⟶	$3CO_2(g)$ +	$4H_2O(g)$
분자 1개	분자 5개	분자 3개	분자 4개
분자 2개	분자 10개	분자 6개	분자 8개
분자 100개	분자 500개	분자 300개	분자 400개
분자 6.022×10^{23}개	분자 $5 \times (6.022 \times 10^{23})$개	분자 $3 \times (6.022 \times 10^{23})$개	분자 $4 \times (6.022 \times 10^{23})$개
1.000몰	5.000몰	3.000몰	4.000몰

6.2 몰-몰 환산

몰 비의 계산에 어려움이 있다면 4.2절의 앞부분에 소개된 몰의 개념을 복습하라.

어떤 반응물이나 생성물의 몰수를 다른 반응물이나 생성물의 몰수와 연관시키는 편리한 방법은 ***몰 비***(*mole ratio*)를 사용하는 것이다. 몰 비는 균형 맞춘 반응식의 계수로부터 얻는다. 프로페인의 연소에 대한 균형 맞춘 반응식을 다시 보자.

$$C_3H_8(g) + 5O_2(g) \longrightarrow 3CO_2(g) + 4H_2O(g)$$

C_3H_8에 대한 O_2의 몰 비는 5/1 또는 $\dfrac{5\text{몰 } O_2}{1\text{몰 } C_3H_8}$이다. 왜냐하면 O_2 앞의 계수가 5이고 C_3H_8 앞의 계수가 1이기 때문이다. 이 비는 1몰의 C_3H_8가 반응할 때마다 5몰의 O_2가 필요하다는 것을 말해준다. 또한 같은 반응식은 반응물 O_2에 대한 생성물 CO_2의 몰 비가 3/5 또는 $\dfrac{3\text{몰 } CO_2}{5\text{몰 } O_2}$인 것을 말해 준다. 몰 비는 반응의 한 물질의 몰수를 알고 있을 다른 물질의 몰수를 결정하는 데 도움을 준다.

9.21몰의 C_3H_8가 반응할 때 생성되는 CO_2의 양을 알기를 원한다고 가정하자. 어떤 몰 비를 사용하여야 하는가? 반응식의 계수로부터 CO_2와 C_3H_8를 연관시키는 몰 비는 두 가지 방법으로 쓸 수 있다.

$$\frac{3\text{몰 } CO_2}{1\text{몰 } C_3H_8} \quad \text{그리고} \quad \frac{1\text{몰 } C_3H_8}{3\text{몰 } CO_2}$$

그리고 이 몰 비를 환산 인자로 사용할 수 있다. 알고 있는 C_3H_8의 몰수에 이전 단위(C_3H_8의 몰수)를 없애고 새로운 단위(CO_2의 몰수)를 도입하는 비를 곱한다.

C_3H_8의 몰수 —몰비→ CO_2의 몰수

$$CO_2\text{의 몰수} = 9.21\text{몰 } \cancel{C_3H_8} \times \frac{3\text{몰 } CO_2}{1\text{몰 } \cancel{C_3H_8}} = 27.6\text{몰 } CO_2$$

예제 6.1은 몰 비를 환산 인자로 사용하여 연습할 기회를 제공한다.

예제 6.1 ▶ 몰-몰 환산

C_3H_8의 연소 반응에서 1.14 mol의 CO_2가 생성되었다면 생성된 H_2O는 몇 몰인가?

$$C_3H_8(g) + 5O_2(g) \longrightarrow 3CO_2(g) + 4H_2O(g)$$

≫ 풀이:

CO_2의 몰수를 알고 있고 H_2O의 몰수를 알고자 한다.

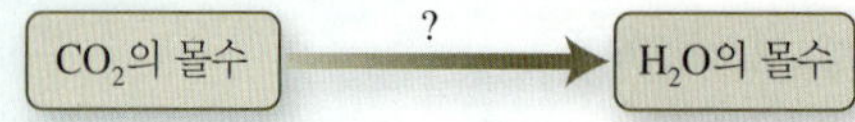

CO_2의 몰수를 H_2O의 몰수로 환산하기 위해 사용하는 관계는 균형 맞춘 반응식에서

얻는 몰 비이다.

먼저 반응식이 균형이 맞추어져 있는지 확인해야 한다. 반응물과 생성물에 있는 각 원소의 원자수가 같기 때문에 균형이 맞추어져 있다. 반응식의 계수로 CO_2와 H_2O 사이의 두 가지의 몰 관계를 알 수 있다.

$$\frac{3\text{몰 } CO_2}{4\text{몰 } H_2O} \quad \text{그리고} \quad \frac{4\text{몰 } H_2O}{3\text{몰 } CO_2}$$

그리고 알고 있는 CO_2의 몰수에 몰 비로 곱해서 이전 단위(mol CO_2)를 없애고 새로운 단위(mol H_2O)를 도입하도록, 환산 인자로 사용할 몰 비를 선택한다.

$$\text{몰 } H_2O = 1.14\cancel{\text{몰 } CO_2} \times \frac{4\text{몰 } H_2O}{3\cancel{\text{몰 } CO_2}} = 1.52\text{몰 } H_2O$$

단위들이 적절하게 제거된 것에 주목하라. 균형 맞춘 반응식에서 4:3 비를 고려하면 CO_2의 몰수보다 H_2O의 몰수가 더 클 것으로 예상된다. 그러므로 답은 물리적인 직관과 일치한다.

➔ 응용 연습 6.1

반응에서 생성된 물의 질량을 알고자 한다면, 위에서 계산한 물의 몰수로부터 물의 질량을 어떻게 계산할 수 있는가?

➔ 실전 연습 6.1

순수한 메탄올은 Indy Racing League와 Championship Auto Racing Team에서 모든 경주용 차의 연료로 사용된다. 메탄올 화재가 다른 연료의 화재보다 물로 소화하기 더 쉽기 때문에 메탄올이 사용된다. 메탄올 연소에 대한 균형 맞춘 반응식은 다음과 같다.

$$2CH_3OH(l) + 3O_2(g) \longrightarrow 2CO_2(g) + 4H_2O(g)$$

주어진 1.00 gal의 메탄올은 94.5몰에 해당된다. 1.00 gal의 메탄올과 반응할 산소 기체는 몇 몰인가?

➔ 심화 연습: 연습 문제 6.11

6.3 질량-질량 환산

반응물과 생성물의 양을 측정할 때 측정 도구가 몰을 셀 수 없기 때문에 몰을 직접 측정하지는 않는다. 대신에 전형적으로 반응물과 생성물의 질량을 측정하지만, 화학 반응식은 반응물과 생성물 사이의 질량 관계를 직접적으로 나타내지 않는다. 반응식은 **몰**(*mole*) 관계를 나타낸다. 그러나 제4장에서 배운 것처럼 물질의 몰질량(molar mass, *MM*)을 사용하여 질량 단위(g)를 몰로 환산할 수 있기 때문에 이것은 문제가 되지 않는다. 일단 몰로 환산하면, 6.2절에서 했던 것처럼 몰 비를 이용하여 반응식에서 다른 물질의 몰수를 결정할 수 있다. 그리고 나서 물질의 질량을 알기를 원하면 몰질량을 사용하여 그램으로 환산할 수 있다. 그림 6.5에 나타낸 것처럼 그 과정은 언제나 같은 환산

화학 물질들은 종종 질량으로 측정되지만 몇 가지 물질들은 더 편하게 부피로 측정된다. 그 물질이 순수하고 밀도를 알고 있으면, 제1장에서 배운 관계를 이용하여 밀도와 부피로부터 질량을 결정할 수 있다.

$$밀도 = \frac{질량}{부피}$$

$$질량 = 밀도 \times 부피$$

반응물은 때로 기체 상태이거나 용액 상태이다. 이와 같은 유형의 물질을 포함한 계산은 제9장과 제11장에서 논의할 것이다.

인터넷 핫스팟

상당수 학생들이 질량-질량 환산에 어려움을 겪고 있다고 한다. 이 주제에 대한 추가 학습 자료를 보려면 SmartBook에 접속하라.

그림 6.5 한 반응물 또는 생성물의 질량을 또 다른 것으로 환산하는 과정은 기본적으로 세 단계를 포함한다.

단계를 포함한다.

질량-질량 환산을 설명하기 위해 소듐 금속과 염소 기체가 결합하여 염화 소듐을 형성하는 반응을 생각해 보자.

$$2Na(s) + Cl_2(g) \longrightarrow 2NaCl(s)$$

9.20 g의 소듐 금속이 있다고 가정하자. 이 반응에서 이 양의 소듐과 반응해야 하는 염소 기체의 그램수는 얼마인가? 그림 6.5에 나타낸 질량-질량 문제에 대한 일반적 절차를 따르자. 균형 맞춘 반응식은 Na의 질량과 Cl_2의 질량 사이의 관계를 주지 않기 때문에 먼저 몰질량 22.99 g/몰을 사용하여 Na의 그램수를 Na의 몰수로 바꾸어야 한다.

Na의 그램수 —(Na의 *MM*)→ Na의 몰수

Na의 몰질량은 Na의 그램과 Na의 몰 사이의 환산 인자를 제공하는데, 이 인자는 두 가지 방법으로 쓸 수 있다.

$$\frac{1몰\ Na}{22.99\ g\ Na} \quad 그리고 \quad \frac{22.99\ g\ Na}{1몰\ Na}$$

그램을 몰로 바꿀 때 그램으로 알고 있는 양에서 이전 단위(그램)를 없애고 새로운 단위(몰)를 도입하는 비를 곱한다.

$$Na의\ 몰수 = 9.20\ \cancel{g\ Na} \times \frac{1몰\ Na}{22.99\ \cancel{g\ Na}} = 0.400몰\ Na$$

이제 반응물 Na의 몰수를 알기 때문에 균형 맞춘 반응식으로부터 얻은 Na에 대한 Cl_2의 몰 비를 환산 인자로 사용하여 Cl_2의 몰수를 결정할 수 있다.

Na의 몰수 —(몰비)→ Cl_2의 몰수

알고 있는 Na의 몰수에 이전 단위(Na의 몰수)를 없애고 새로운 단위(Cl_2의 몰수)를 도입하는 비를 곱한다.

$$Cl_2의\ 몰수 = 0.400\cancel{몰\ Na} \times \frac{1몰\ Cl_2}{2\cancel{몰\ Na}} = 0.200몰\ Cl_2$$

일단 Cl_2의 몰수를 알면 우리가 해야 하는 것은 Cl_2의 몰질량 70.90 g/몰을 사용하여 몰을 그램으로 바꾸는 것이다.

Cl_2의 몰수 —(Cl_2의 *MM*)→ Cl_2의 그램수

0.200몰의 Cl_2를 이전 단위(몰)를 없애고 새로운 단위(그램)를 도입하는 몰 비를 곱한다.

$$Cl_2의\ 질량 = 0.200\cancel{몰\ Cl_2} \times \frac{70.90\ g\ Cl_2}{1\cancel{몰\ Cl_2}} = 14.2\ g\ Cl_2$$

Cl_2의 몰 양이 세 자리를 갖기 때문에 답이 세 개의 유효 숫자를 가진다는 것에 유의하라. 몰을 그램으로 바꿀 때 언제나 몰질량을 *곱한다*.

다른 방법으로 한 계산식에서 세 개의 환산을 연속적으로 할 수 있다.

Na의 그램수 —(Na의 *MM*)→ Na의 몰수 —(몰비)→ Cl_2의 몰수 —(Cl_2의 *MM*)→ Cl_2의 그램수

$$Cl_2\text{의 질량} = 9.20\ \text{g Na} \times \frac{1\text{몰 Na}}{22.99\ \text{g Na}} \times \frac{1\text{몰 } Cl_2}{2\text{몰 Na}} \times \frac{70.90\ \text{g } Cl_2}{1\text{몰 } Cl_2} = 14.2\ \text{g } Cl_2$$

모든 질량-질량 환산 문제는 동일한 세 단계의 계산을 포함한다. 모든 단계가 결합된 환산 계산을 쓰는 것은 장점을 가진다. 단위가 적절하게 없어진다는 것을 확인하기 더 쉽다. 또한 실수할 가능성이 작아진다.

반올림하는 방법은 답에 영향을 줄 수 있다. 각 계산 단계에서 반올림하면서 결과를 얻을 수도 있지만, 계산기에 각 단계의 답을 유지하면서 다른 답을 얻을 수도 있다. 여러분의 답이 이 책에 주어진 답과 *약간* 달라도 놀라지 말라. 일반적으로 우리는 전 계산을 통해 충분한 자리수를 유지하면서 전체 계산을 한 후 마지막 단계에서 답을 적당한 수의 유효 숫자로 반올림한다.

이 계산은 9.20 g의 Na가 14.2 g의 Cl_2와 반응해야 한다는 것을 나타낸다. 이제 NaCl이 얼마나 생성되어야 하는지를 결정해 보자. 9.20 g의 Na으로부터 시작하는 세 단계 환산 식을 사용할 수 있다.

Na의 그램수 —(Na의 *MM*)→ Na의 몰수 —(몰비)→ NaCl의 몰수 —(NaCl의 *MM*)→ NaCl의 그램수

$$9.20\ \text{g Na} \times \frac{1\text{몰 Na}}{22.99\ \text{g Na}} \times \frac{2\text{몰 NaCl}}{2\text{몰 Na}} \times \frac{58.44\ \text{g NaCl}}{1\text{몰 NaCl}} = 23.4\ \text{g NaCl}$$

(만일 먼저 계산된 14.2 g Cl_2로 시작한다면 더 쉽게 같은 값을 얻을 수 있다.)

다른 방법으로 반응에서 NaCl을 제외한 모든 물질의 질량을 알기 때문에 질량 보존 법칙을 사용하여 NaCl의 질량을 결정할 수 있다. 반응물들의 질량은 생성물들의 질량과 같아야 한다(그림 6.6).

$$\text{반응물의 질량} = \text{생성물의 질량}$$
$$\text{Na의 질량} + Cl_2\text{의 질량} = \text{NaCl의 질량}$$
$$9.20\ \text{g Na} + 14.2\ \text{g } Cl_2 = 23.4\ \text{g NaCl}$$

이 예제에서 반응의 다른 물질들의 질량을 알고 있기 때문에 이 방식으로 NaCl의 질량을 계산할 수 있었다. 이것은 일반적인 경우가 아니다. 일반적으로는 다른 반응물 또는 생성물의 알고 있는 질량으로부터 한 반응물 또는 생성물의 질량을 결정하기 위해 질

그림 6.6 질량 보존 법칙은 반응 물질의 질량과 생성 물질의 질량이 같아야 한다는 것을 나타낸다. 총 질량은 감소하거나 증가하지 않는다. (주어진 양은 그림에서 보이는 양을 나타내지는 않는다.)

(왼쪽): ©McGraw-Hill Education/Stephen Frisch; (가운데): ©McGraw-Hill Education/Stephen Frisch; (오른쪽): ©Dinodia Images/Alamy Stock Photo

량-질량 환산 과정을 사용해야 한다. 예제 6.2는 어떤 반응물 또는 생성물의 질량으로부터 다른 반응물 또는 생성물의 질량으로 바꾸는 연습을 하게 한다.

예제 6.2 ▶ 질량-질량 환산

나이트로글리세린은 폭발적으로 분해 반응을 하여 네 가지의 다른 기체를 만든다. 1.0 g의 나이트로글리세린이 다음 반응으로 분해하면 생성되는 수증기의 양은 얼마인가?

$$4C_3H_5O_9N_3(l) \longrightarrow 12CO_2(g) + 6N_2(g) + O_2(g) + 10H_2O(g)$$

» 풀이:

나이트로글리세린($C_3H_5O_9N_3$)의 질량이 주어져 있으므로 먼저 몰질량 227.10 g/몰을 사용하여 몰로 환산한다.

$C_3H_5O_9N_3$의 그램수 —($C_3H_5O_9N_3$의 *MM*)→ $C_3H_5O_9N_3$의 몰수

$$C_3H_5O_9N_3\text{의 몰수} = 1.0\,\cancel{\text{g } C_3H_5O_9N_3} \times \frac{1\text{몰 } C_3H_5O_9N_3}{227.10\,\cancel{\text{g } C_3H_5O_9N_3}}$$

$$= 0.0044\text{몰 } C_3H_5O_9N_3$$

다음 $C_3H_5O_9N_3$에 대한 H_2O의 몰 비를 사용하여 H_2O의 몰수로 환산한다.

$C_3H_5O_9N_3$의 몰수 —(몰 비)→ H_2O의 몰수

$$H_2O\text{의 몰수} = 0.0044\,\cancel{\text{몰 } C_3H_5O_9N_3} \times \frac{10\text{몰 } H_2O}{4\,\cancel{\text{몰 } C_3H_5O_9N_3}}$$

$$= 0.011\text{몰 } H_2O$$

이제 H_2O의 몰수를 알고 있으므로 H_2O의 몰질량을 곱하여 몰을 그램으로 바꾼다. 단위들이 적절하게 제거되는 것을 주목하라.

H_2O의 몰수 —(H_2O의 *MM*)→ H_2O의 그램수

$$H_2O\text{의 몰수} = 0.011\,\cancel{\text{몰 } H_2O} \times \frac{18.02\text{ g } H_2O}{1\,\cancel{\text{몰 } H_2O}} = 0.20\text{ g } H_2O$$

다른 방법으로 한 번의 계산에서 세 가지의 환산을 연속하여 할 수 있다.

$$H_2O\text{의 질량} = 1.0\,\cancel{\text{g } C_3H_5O_9N_3} \times \frac{1\,\cancel{\text{몰 } C_3H_5O_9N_3}}{227.10\,\cancel{\text{g } C_3H_5O_9N_3}} \times \frac{10\,\cancel{\text{몰 } H_2O}}{4\,\cancel{\text{몰 } C_3H_5O_9N_3}} \times \frac{18.02\text{ g } H_2O}{1\,\cancel{\text{몰 } H_2O}} = 0.20\text{ g } H_2O$$

1.0 g의 나이트로글리세린이 분해하면 0.20 g의 수증기가 생성된다.

➔ 응용 연습 6.2

얻어진 H_2O의 질량과 다른 생성물의 질량이 1.0 g보다 더 크다면, 그 답이 틀렸음을 어떻게 알 수 있는가?

➔ 실전 연습 6.2

수소와 산소는 우주 왕복선 발사에서 이륙용 연료로 사용된다. 수소와 산소는 압축된 액체로 왕복선 외부 용기에 저장된다. 이륙하는 동안 평균 180,000 kg의 수소가 산소와 연소 반응을 하여 수증기를 생성한다. 이 반응에 대한 균형 맞춘 반응식은 다음과 같다.

$$2H_2(g) + O_2(g) \longrightarrow 2H_2O(g)$$

(a) 소모된 산소 기체의 질량은 얼마인가?
(b) 생성된 수증기의 질량은 얼마인가?
(c) 수증기의 질량이 반응물의 질량의 합과 같은가? 어떤 법칙이 여기에 따르는가?

➔ 심화 연습: 연습 문제 6.21

6.4 한계 반응물

동영상: 한계 시약

Lily는 그녀의 차에서 에탄올을 태울 때 공기 중의 산소를 사용한다. 그녀는 산소가 고갈되는 것에 대하여 걱정하지 않는다. 화학자는 반응에 필요한 산소가 충분히 있다고 말한다.

우주에서는 산소를 공급할 공기가 없으므로 우주 왕복선은 적당한 양의 수소와 산소를 가져가야 한다. 한 반응물을 너무 많이 운반하면 여분의 반응물과 반응할 것이 없게 되어 왕복선에 불필요한 질량 부담을 갖게 한다. 질량-질량 계산은 이러한 경우에 중요하다.

많은 반응에서 한 반응물을 과량 사용하여 시작하는 것이 중요하다. 마그네슘 금속과 염산의 단일 치환 반응을 생각해 보자.

$$Mg(s) + 2HCl(aq) \longrightarrow MgCl_2(aq) + H_2(g)$$

모든 각 반응물이 반응에서 모두 소모될지 어떻게 아는가? 한 반응물이 완전히 반응하지 않으면 반응의 끝난 후에 약간의 그 반응물이 남게 될 것이다. 그림 6.7에 나타낸 것처럼 남은 양은 생성물과 함께 섞여 있을 것이다. 그림 6.7B 또는 C 중, 어떤 그림에서 마그네슘이 남아 있는가? 염산은 어떤 그림에서 남아 있는가?

마그네슘이 과량으로 있을 때는 용액에 남아 있는 마그네슘 금속을 볼 수 있다. 염산이 과량으로 있을 때는 생성물 용액에 금속이 남아 있지 않고 반응하지 않은 산이 섞여 있게 된다. 반응하지 않은 마그네슘 또는 염산이 남지 않게 하려면 반응물의 몰 비가 균형 맞춘 반응식의 계수들에 의해 나타내는 것과 같은 양의 반응물들을 혼합해야 한다.

$$\frac{1\text{몰 Mg}}{2\text{몰 HCl}}$$

함께 혼합된 반응물들이 정확한 몰 비로 존재하지 *않으면* 한 반응물은 너무 많이 존재하고 또 다른 것은 충분하지 않다. 한 반응물은 완전히 반응하고 다른 반응물의 일부는 반응하지 않고 남는다. 완전히 반응한 반응물을 **한계 반응물**(limiting reactant)이라고

각 반응물의 양은 반응에 필요한 정확한 양을 사용하지 않는다. 그 이유는 무엇인가? 한 반응물을 약간 과량으로 사용할 경우 생성물을 오염시켜 작은 오차를 유발할 수 있다. 선택된 반응물이 완전히 반응하도록 흔히 과량의 다른 반응물을 사용한다. 예를 들면 사진 필름에 사용된 브로민화 은은 브로민화 포타슘과 질산 은 용액의 반응으로 만들어지는데, 더 비싼 질산 은이 완전히 반응하도록 브로민화 포타슘을 과량으로 사용한다.

여러 가지 산을 시험하는 간이 시험지로 산성 용액 내의 $HCl(aq)$을 검출할 수 있다.

한계 반응물은 한계 시약이라고도 한다.

A

B

C

그림 6.7 반응물들이 균형 맞춘 반응식에 의해 나타낸 상대적 양으로 혼합되어 있지 않으면 한 반응물은 완전히 반응하지 않는다. (A) 마그네슘 금속이 염산과 반응하여 용액의 염화 마그네슘과 수소 기체를 생성한다. (B) 이 그림에서 어떤 반응물이 과량으로 존재하는가? (C) 이 그림에서는 다른 반응물이 과량으로 존재한다. 비록 눈에는 보이지 않지만 어떤 반응물이 과량으로 존재하는지 알 수 있는가?

©Jim Birk

한다. 그것은 반응할 수 있는 다른 반응물의 양을 제한하고 생성될 수 있는 생성물의 양을 제한한다. 완전하게 반응하지 않는 반응물은 ***과량**(in excess)*으로 있게 된다.

예제 6.3 ▶ 한계 반응물 확인하기

구리 금속을 질산 은 수용액에 넣으면 질산 구리(II)와 금속 은이 생성된다. 용액의 구리(II) 이온은 푸른색을 띠기 때문에 그 용액 역시 푸른색이다. 은 결정은 구리 도선의 표면에 달라붙어 성장한다. 주어진 이 반응이 완결되었을 때, 한계 반응물이 무엇이고, 어떤 반응물이 과량으로 존재하는지 확인하라.

©McGraw-Hill Education/Stephen Frisch

»풀이:

구리가 모두 반응했다면 은 결정이 달라붙을 고체 표면이 없을 것이므로 은 결정이 비커 바닥에 떨어질 것이다. 은이 여전히 구리에 붙어 있으므로 반응하지 않은 구리가 남아 있음을 알 수 있다. 구리가 과량으로 존재하므로 용액 중의 질산 은이 한계 반응물임을 알 수 있다.

→응용 연습 6.3

용액에 질산 은을 좀 더 많이 넣으면 어떤 일이 생기겠는가?

➜ 실전 연습 6.3

예제 6.3에서 한계 반응물을 확인하라. 다른 반응물이 한계 반응물이면, 여러분이 무엇을 관찰하게 될지를 기술하라.

➜ 심화 연습: 연습 문제 6.29

한계 반응물을 보다 더 잘 이해하기 위해 화학 반응이 아닌 다른 예를 들어 보자. Joel이 태양 전지 동력으로 가는 모형 자동차를 만들기 원한다고 가정하자. 자동차를 만들기 위해 뼈대 1개, 태양 전지 1개, 전기 모터 1개, 바퀴 4개가 필요하다(그림 6.8A). 자동차를 만들기 위해 필요한 부품을 나타내는 식을 다음과 같이 쓸 수 있다.

뼈대 1개 + 태양 전지 1개 + 전기 모터 1개 + 바퀴 4개 = 태양 전지 자동차 모형 1대

한 개 이상의 태양 전지 자동차를 만들기 위해 필요한 모터, 뼈대, 전지, 바퀴의 비는 1:1:1:4이다. 부품의 수가 같은 비로 존재하면 모든 부품들이 자동차를 만드는 데 사용될 수 있다. Joel이 전지 10개, 전기 모터 10개, 뼈대 10개, 바퀴 40개를 갖고 있으면 남는 부품 없이 10대의 자동차를 만들 수 있다. 부품의 수가 이 비율과 다르면, 자동차

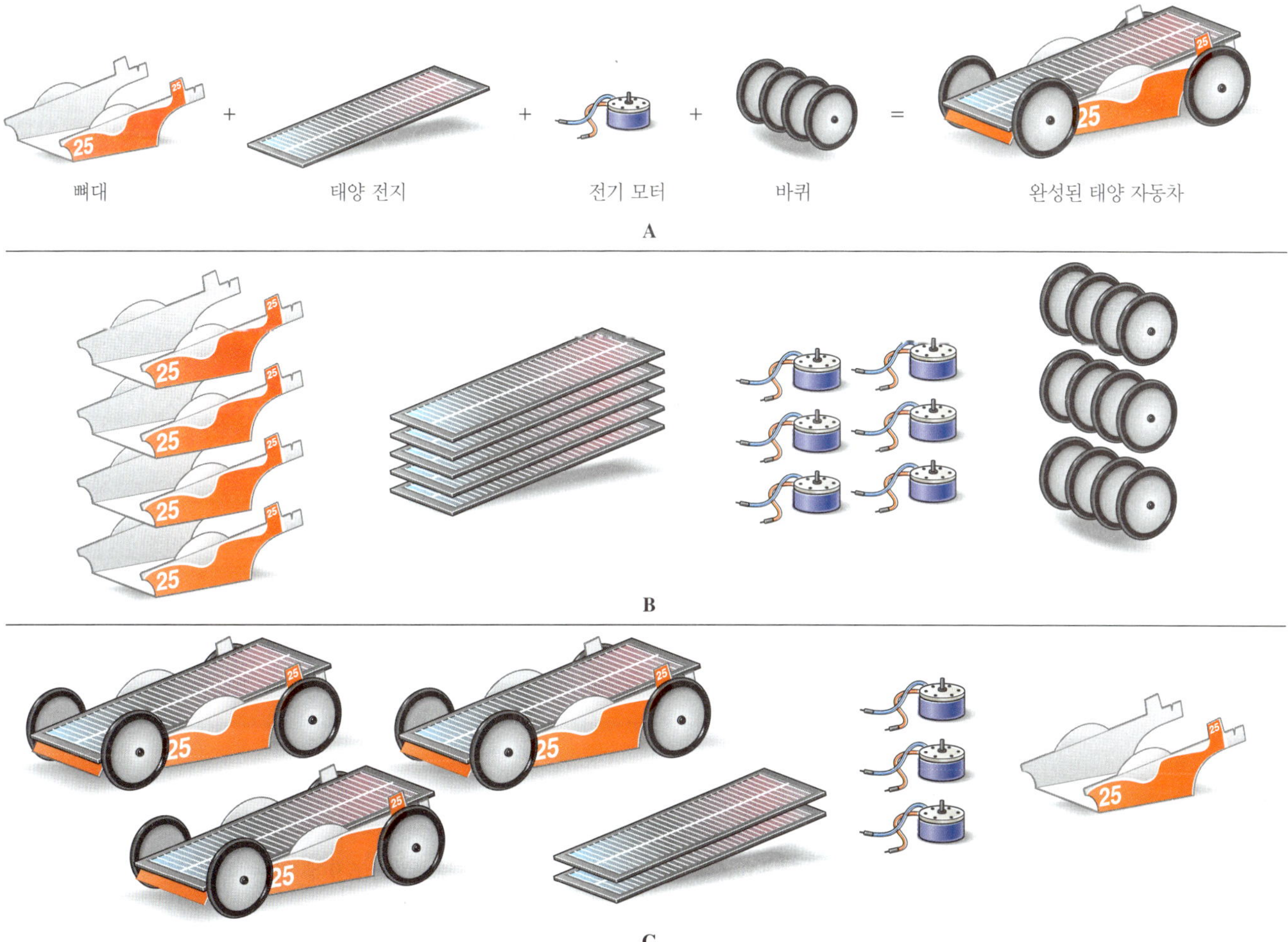

그림 6.8 모형 태양 전지 자동차를 만들기 위해서는 특정 개수의 각 부품이 필요하다. 한 대 이상의 자동차를 만들기 위한 부품들의 상대적 수는 같다. 특정 부품이 부족하면, 그 부품이 만들 수 있는 모형 태양 전지 자동차의 수를 제한한다. 그것이 한계 부품이다.

의 수는 가장 적은 수의 부품에 의해 제한될 것이고 남는 부품이 있게 될 것이다. 예를 들면 그림 6.8B에 나타낸 것처럼 태양 전지 5개, 모터 6개, 뼈대 4개, 바퀴 12개가 있다고 가정해 보자. 자동차를 몇 대 만들 수 있는가? 4대의 자동차를 만드는 데 뼈대가 충분한가? 전지와 모터는 충분한데, 바퀴도 충분한가? 아니다. 4개의 뼈대와 맞추기 위해서는 16개의 바퀴가 필요한데 12개뿐이다. 따라서 바퀴의 수가 만들 수 있는 자동차의 수를 3대로 제한한다. 즉 바퀴가 ***한계 부품***(*limiting part*)이다. 그는 다른 부품들을 너무 많이 가지고 있으므로 그것들은 과량으로 존재한다(그림 6.8C). 우리가 사용하는 용어들은 화학 반응을 논의할 때 사용하는 용어들과 유사한 것에 주목하라. 차이는 반응물 대신에 부품으로 설명하고 있는 것이다.

예제 6.4 ▶ 한계 부품

Joel이 88개의 바퀴를 배송 받아서 현재 총 100개를 가지고 있다고 가정해 보자. 여전히 그에게는 태양 전지 5개, 모터 6개, 뼈대 4개가 있다.

(a) 그림 6.8A에 나타낸 부품 비를 사용하여 한계 부품을 결정하라.
(b) Joel은 몇 대의 자동차를 만들 수 있는가?
(c) 어떤 부품이 과량으로 있고, 각 부품 몇 개가 남을 것인지를 확인하라.

» 풀이:

(a) 다량의 바퀴 배송으로 인해 바퀴가 과량이 되었다. 바퀴는 더 이상 한계 부품이 아니다. 자동차마다 필요한 전지, 모터와 뼈대의 수는 같다(1:1:1). Joel에게 뼈대는 4개만 있고, 다른 부품은 그 이상이 있기 때문에 뼈대가 한계 부품이다.
(b) 한계 부품(뼈대)의 수가 만들 수 있는 자동차의 수를 결정한다. 자동차 1대당 뼈대 1개가 필요하기 때문에 최대 자동차 4대를 만들 수 있다.
(c) Joel이 1개의 과량의 전지, 2개 과량의 모터와 84개 과량의 바퀴를 가지고 있다. 4대의 완전한 자동차가 완성된 후 과량의 부품은 남게 될 것이다.

➔ 응용 연습 6.4

Joel이 자동차 25대를 만들고자 한다면, 추가로 더 필요한 부품은 무엇인가?

➔ 실전 연습 6.4

Joel이 10개의 뼈대를 추가로 배송 받았다고 가정하자.
(a) 그림 6.8A에 나타낸 부품 비를 사용하여 한계 부품이 무엇인지 결정하라.
(b) Joel은 몇 대의 자동차를 만들 수 있는가?
(c) 어떤 부품이 과량으로 있고, 각 부품 몇 개가 남을 것인지를 확인하라.

➔ 심화 연습: 연습 문제 6.31

이제 한계 반응물을 가지는 반응에 분자 수준에서 어떤 일이 일어나는지를 보자. 수소가 연소하여 물을 생성하는 것을 생각해 보자. 그림 6.9에 있는 분자 모식도와 균형 맞춘 반응식은 O_2에 대한 H_2의 분자비가 $\dfrac{2\ H_2\ \text{분자}}{1\ O_2\ \text{분자}}$인 것을 나타낸다. ***분자 비***(*molecule ratio*)는 ***몰 비***(*mole ration*)와 같다. 왜냐하면 둘 다 균형 맞춘 반응식에서 계수에 관련

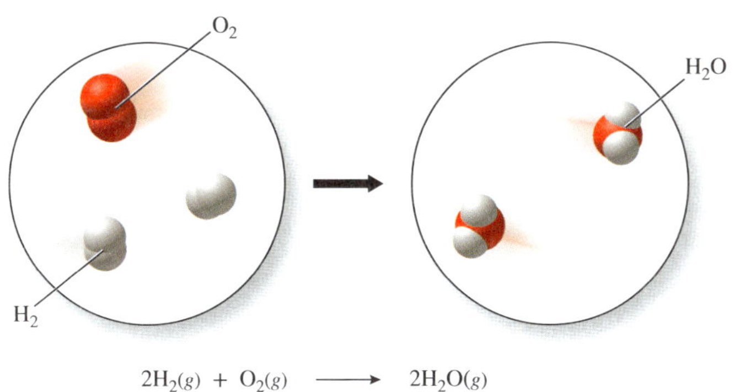

그림 6.9 모든 H_2 분자 2개당 1개의 O_2 분자가 반응하여 2개의 H_2O 분자를 생성한다.

되기 때문이다.

화학 반응에서 반응물 분자들은 특정 비율로 결합하여 생성물 H_2O 분자를 만드는 데 필요한 '성분'이다. 혼합된 H_2 분자의 수가 정확하게 O_2 분자 수의 두 배이면, 모든 H_2와 O_2 분자들은 반응하여 어떤 반응물도 남지 않을 것이다. 함께 혼합된 O_2 분자에 대한 H_2의 비가 정확하게 $\frac{2\ H_2\ 분자}{1\ O_2\ 분자}$가 *아니면*, 한 반응물은 한계 반응물이고 다른 것은 과량으로 있다. 예를 들어 그림 6.10에 나타낸 것처럼, H_2 분자 8개가 O_2 분자 5개와 혼합된다고 가정해 보자. 반응물의 비가 $\frac{2\ H_2\ 분자}{1\ O_2\ 분자}$가 아니므로, 반응물 하나만 완전히 소모되고 다른 반응물은 과량으로 남게 된다. 반응물들이 2:1의 비로 결합한 후에 H_2O 분자 8개가 생성된다. H_2 반응물이 완전히 사용되므로 H_2가 한계 반응물이다. 그것이 생성할 수 있는 H_2O 분자의 수를 제한한다. O_2 반응물은 남아 과량으로 존재한다. 반응이 끝나면 반응하지 않고 남은 1개의 O_2 분자는 생성된 8개의 H_2O 분자와 함께 반응 혼합물에 존재할 것이다.

그림 6.10에서 '반응 후' 그림이 없어도 한계 반응물을 결정할 수 있겠는가? 그렇다. 모형 자동차 만들기에서 한계 부품을 결정하기 위해 사용한 방법과 비슷한 방식으로 할 수 있다. 균형 맞춘 반응식에서 분자비는 다른 반응물의 주어진 분자수와 반응하기 위해 필요한 어떤 반응물의 분자수를 나타낸다. 그림 6.10에 주어진 5개의 O_2 분자와 반응하는 데 필요한 H_2 분자의 수를 결정하는 것부터 시작해 보자. 필요한 H_2 분자의 수를 구하기 위해 주어진 O_2 분자의 수에 균형 맞춘 반응식의 분자 비를 곱한다.

$$H_2\text{의 분자수} = 5\text{개의 } \cancel{O_2\ \text{분자}} \times \frac{2\text{개의 } H_2\ \text{분자}}{1\text{개의 } \cancel{O_2\ \text{분자}}} = 10\text{개의 } H_2\ \text{분자}$$

이 계산으로 5개의 O_2 분자와 반응하기 위해 10개의 H_2 분자가 필요하다는 것을 알 수 있다. 실제로 8개의 H_2 분자만 가지고 있기 때문에 다음을 안다.

$$\text{계산된 } H_2 > \text{실제 } H_2$$

모든 O_2와 반응할 H_2가 충분하지 않기 때문에 H_2가 한계 반응물이다. 8개의 H_2 분자와 반응하기 위해 필요한 O_2 분자의 수를 계산하면 다음과 같다.

$$O_2\text{의 분자수} = 8\text{개의 } \cancel{H_2\ \text{분자}} \times \frac{1\text{개의 } O_2\ \text{분자}}{2\text{개의 } \cancel{H_2\ \text{분자}}} = 4\text{개의 } O_2\ \text{분자}$$

이 계산으로 8개의 H_2 분자와 반응하기 위해 4개의 O_2 분자가 필요하다는 것을 알 수 있다. 실제로 5개의 O_2 분자가 있으므로

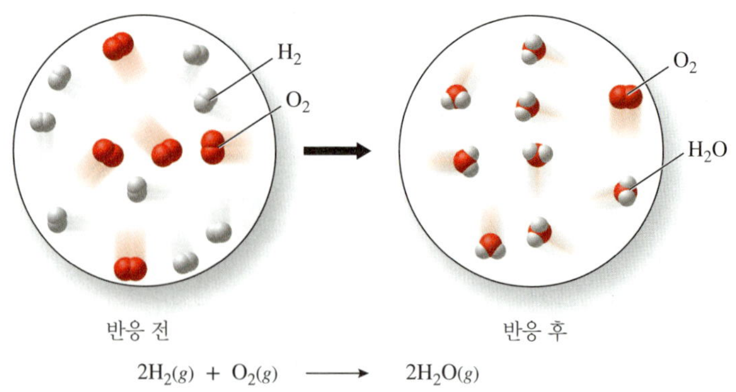

그림 6.10 8개의 H_2 분자와 5개의 O_2 분자가 반응하면 H_2는 모두 반응하고 1개의 O_2 분자가 남게 된다. 한계 반응물은 H_2이고, O_2가 과량으로 있다.

$$\text{계산된 } O_2 < \text{실제 } O_2$$

1개의 O_2 분자가 남으므로 O_2가 과량으로 있다. H_2가 한계 반응물이어야 한다. 8개의 H_2 분자는 4개의 O_2 분자와 반응할 것이고 1개의 O_2 분자가 남게 될 것이다. 이것은 그림 6.10의 '반응 이후' 그림과 맞는가? 맞아야 한다. 한계 반응물을 결정하기 위해 어떤 반응물을 가지고 시작하든 차이가 없다. 여러분의 결론도 같을 것이다. 다음 표는 반응 전, 반응한 양, 반응 후 혼합물의 조성을 나타낸다.

	$2H_2(g)$	+	$O_2(g)$	$\longrightarrow$	$2H_2O(g)$
반응 전	분자 8개		분자 5개		분자 0개
반응한 양	분자 8개		분자 4개		
반응 후 혼합물의 조성	분자 0개		분자 1개		분자 8개

한계 반응물을 결정하는 방법을 요약하면 다음과 같다.

주어진 양의 각 반응물에서 예측되는 생성물의 양을 계산하였을 때, *가장 적은* 생성물을 생성하는 반응물이 한계 반응물이다. 그 이유는 무엇인가?

한계 반응물 결정하기 위한 단계

1. 한 반응물 A와 반응하는 데 필요한 다른 반응물 B의 양을 계산한다.
2. 초기에 존재하는 B의 실제 양과 계산된 B의 양(필요한 양)을 비교한다.
   (a) 계산된 B의 양 = 실제 존재하는 B의 양이면, 한계 반응물이 없고 A와 B 둘 다 완전하게 반응한다.
   (b) 계산된 B의 양 > 실제 존재하는 B의 양이면, B가 한계 반응물이다. B만 모두 반응할 것이다.
   (c) 계산된 B의 양 < 실제 존재하는 B의 양이면, A가 한계 반응물이다. A만 모두 반응할 것이다.

예제 6.5를 통해 화학 반응에서 한계 반응물을 확인하는 연습을 할 수 있다.

인터넷 핫스팟

상당수 학생들이 분자 수준에서의 한계 반응물에 어려움을 겪고 있다고 한다. 이 주제에 대한 추가 학습 자료를 보려면 SmartBook에 접속하라.

질소 기체가 수소 기체와 반응하여 암모니아를 생성하는 반응은 매우 중요하다. 암모니아는 전 세계의 많은 인구를 먹여 살리는 식물의 비료로 사용된다.

예제 6.5 ▶ 한계 반응물–분자 수준

질소 기체가 수소 기체와 반응하여 암모니아 기체를 생성하는 반응을 생각해 보자.

$$N_2(g) + 3H_2(g) \longrightarrow 2NH_2(g)$$

분자 수준의 그림은 반응이 일어나기 전 함께 혼합된 N_2와 H_2 분자의 수를 나타낸다.

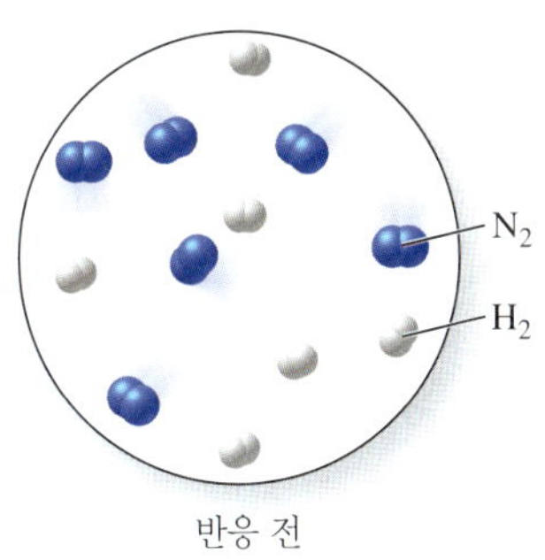

반응 전

(a) 반응이 완전히 진행한다고 가정하고 한계 반응물을 확인하라.
(b) 생성물 분자와 남아 있는 반응물 분자의 정확한 수를 고려하여 '반응 후' 그림을 그려라.
(c) 과량으로 남는 반응물을 결정하라.

›› 풀이:

(a) 주어진 분자 수의 한 반응물과 반응하기 위해 필요한 다른 반응물 분자 수를 결정함으로써 한계 반응물을 확인할 수 있다. 여기서는 주어진 H_2 분자와 반응하기 위해 필요한 N_2 분자의 수를 계산할 것이다.

$$N_2\text{의 분자수} = 6\text{개의 } \cancel{H_2 \text{ 분자}} \times \frac{1\text{개의 } N_2 \text{ 분자}}{3\text{개의} \cancel{H_2 \text{ 분자}}} = 2\text{개의 } N_2 \text{ 분자}$$

6개의 H_2 분자와 반응하기 위해 2개의 N_2 분자가 필요하고 실제는 6개의 N_2 분자가 존재한다.

$$\text{계산된 } N_2 < \text{실제 } N_2$$

여분의 4개의 N_2 분자를 가지므로 N_2가 과량으로 있다. H_2가 한계 반응물이다.

(b) '반응 후' 그림은 4개의 NH_3 분자와 4개의 N_2 분자를 가져야 한다.

$$NH_3\text{의 분자수} = 6\text{개의 } \cancel{H_2 \text{ 분자}} \times \frac{2\text{개의 } NH_3 \text{ 분자}}{3\text{개의 } \cancel{H_2 \text{ 분자}}}$$
$$= 4\text{개의 } NH_3 \text{ 분자}$$

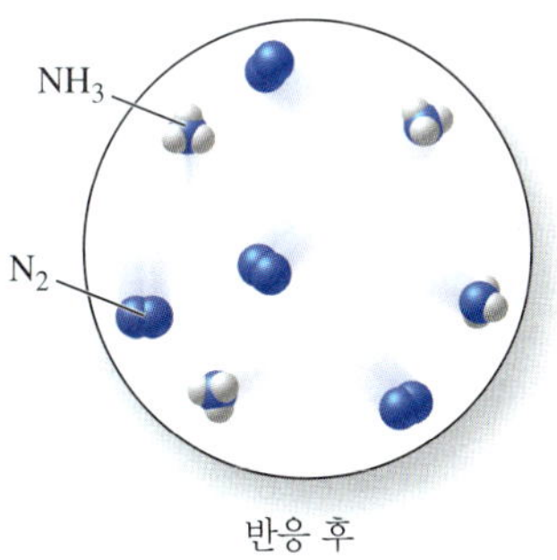

반응 후

(c) 반응하기에는 N_2가 너무 많아 약간의 N_2 분자가 남아 있다. 그래서 질소가 과량으로 있다. 다음 표는 이 반응을 요약한 것이다.

	$N_2(g)$	+	$3H_2(g)$	$\longrightarrow$	$2NH_2(g)$
반응 전	분자 6개		분자 6개		분자 0개
반응한 양	분자 2개		분자 6개		
반응 후 혼합물의 조성	분자 4개		분자 0개		분자 4개

표의 마지막 줄은 H_2가 완전히 반응하였고, 약간의 N_2가 남아 있음을 보여 준다. 그러므로 H_2가 한계 반응물이다.

➔ 응용 연습 6.5

'반응 후'에 어떤 반응물도 남아 있지 않길 원한다면 '반응 전' 그림에 몇 분자의 한계 반응물을 추가해야 하는가?

➔ 실전 연습 6.5

질소 기체가 수소 기체와 반응하여 암모니아 기체를 생성하는 반응을 생각해 보자.

$$N_2(g) + 3H_2(g) \longrightarrow 2NH_3(g)$$

분자 그림은 반응이 일어나기 전 함께 혼합된 N_2와 H_2 분자의 수를 나타낸다.

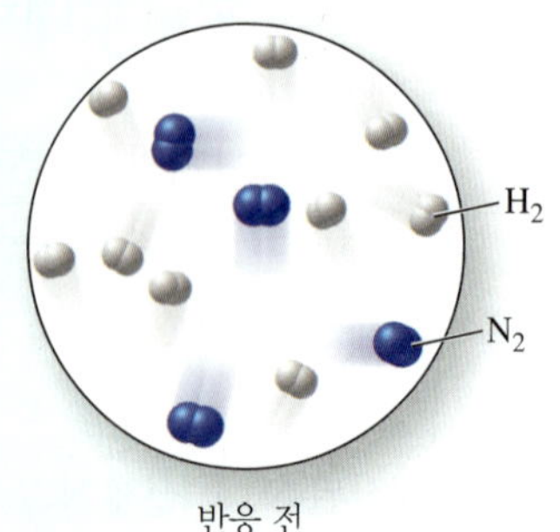

반응 전

(a) 반응이 완전히 진행한다고 가정하고 한계 반응물을 확인하라.

(b) 생성물 분자와 남아 있는 반응물 분자의 정확한 수를 고려하여 '반응 후' 그림을 그려라.

(c) 과량으로 남는 반응물을 결정하라.

➔ 심화 연습: 연습 문제 6.35

분자 수준에서 한계 반응물을 확인하였으니 더 큰 수준인 몰 단위에서 고려해 보자. 분자 비와 몰 비는 같고 균형 맞춘 반응식에서 주어지기 때문에 그 절차는 비슷하다. 소듐 금속과 염소 기체의 반응을 보자.

$$2Na(s) + Cl_2(g) \longrightarrow 2NaCl(s)$$

0.50몰 Na를 0.20몰 Cl_2와 혼합한다고 가정해 보자. 한계 반응물은 무엇인가? 각 반응물의 분자수를 가지고 시작했을 때 했던 것과 비슷한 절차를 따를 것이다. 0.20몰 Cl_2와 반응하는 데 필요한 Na의 몰수를 찾음으로써 시작하자.

$$\text{Na의 몰수} = 0.20\cancel{\text{몰 Cl}_2} \times \frac{2\text{몰 Na}}{1\cancel{\text{몰 Cl}_2}} = 0.40\text{몰 Na}$$

0.40몰의 Na가 필요하고, 실제는 0.50몰의 Na를 가지고 있다.

계산된 Na < 실제 Na

Na가 0.10몰 과량으로 있으므로 Cl_2가 한계 반응물이다. 모든 Cl_2 기체가 반응하고 반응 후에 약간의 Na 금속(0.10몰)이 남는다고 예상할 수 있다.

몰-몰 계산을 사용하여 생성되는 NaCl의 양을 결정할 수 있다. 어떤 반응물을 사용할까? 한계 반응물 Cl_2가 완전히 반응하기 때문에 그것을 사용한다. 한계 반응물 Cl_2의 몰수에 Cl_2에 대한 NaCl의 몰 비를 곱하여 생성될 수 있는 NaCl의 몰수를 결정한다.

$$\text{NaCl의 몰수} = 0.20\text{몰} \cancel{Cl_2} \times \frac{2\text{몰 NaCl}}{1\text{몰} \cancel{Cl_2}} = 0.40\text{몰 NaCl}$$

다음 표는 이 반응을 요약한 것이다.

	$2Na(s)$	+	$Cl_2(g)$	⟶	$2NaCl(s)$
반응 전	0.50몰		0.20몰		0.00몰
반응한 양	0.40몰		0.20몰		
반응 후	0.10몰		0.00몰		0.40몰

0.50몰 Na를 0.20몰 Cl_2와 혼합할 때 0.40몰 Na가 0.20몰 Cl_2와 반응한다. 반응이 끝나면 0.40몰 NaCl이 생성된다. Na가 0.10몰 과량으로 있기 때문에 반응이 끝난 후, 생성된 0.40몰 NaCl과 함께 존재할 것이다.

예제 6.6에서 한계 반응물과 생성될 수 있는 생성물의 양을 결정하는 연습을 할 수 있다.

예제 6.6 ▶ 한계 반응물—몰 단위

에틸렌(C_2H_4)은 많은 유용한 반응에서 사용된다. 탄화수소 물질이므로 가연성이고, 산소 존재하에서 연소 반응이 일어난다. 균형 맞춘 반응식은 다음과 같다.

$$C_2H_4(g) + 3O_2(g) \longrightarrow 2CO_2(g) + 2H_2O(g)$$

0.25몰 C_2H_4와 1.0몰 O_2를 혼합한다고 가정해 보자. 한계 반응물과 생성되는 CO_2의 몰수를 확인하라.

» 풀이:

한계 반응물을 결정하기 위해 1.0몰 O_2와 반응하는 충분한 C_2H_4가 있는지를 먼저 확인하라.

$$C_2H_4\text{의 몰수} = 1.0\text{몰} \cancel{O_2} \times \frac{1\text{몰 } C_2H_4}{3\text{몰} \cancel{O_2}} = 0.33\text{몰 } C_2H_4$$

0.33몰의 C_2H_4가 필요한데 실제로 0.25몰 C_2H_4만 가지고 있다.

계산된 C_2H_4 > 실제 C_2H_4

모든 O_2와 반응하기에는 C_2H_4가 충분하지 않기 때문에 C_2H_4가 한계 반응물이다. (O_2의 양 대신에 C_2H_4의 양을 가지고 계산을 시작했더라도 같은 결론에 도달할 것인지 각자 확인하라.) 한계 반응물의 양을 이용하여 CO_2 생성물의 몰수를 계산한다.

$$CO_2\text{의 몰수} = 0.25\text{몰} \cancel{C_2H_4} \times \frac{2\text{몰 } CO_2}{1\text{몰} \cancel{C_2H_4}} = 0.50\text{몰 } CO_2$$

또한 한계 반응물의 양을 사용하여 반응할 O_2의 양을 결정한다.

$$\text{반응하는 } O_2\text{의 몰수} = 0.25\text{몰 } \cancel{C_2H_4} \times \frac{3\text{몰 } O_2}{1\text{몰 } \cancel{C_2H_4}} = 0.75\text{몰 } O_2$$

이 반응은 다음 표에 요약되어 있다.

	$C_2H_4(g)$	+	$3O_2(g)$	$\longrightarrow$	$2CO_2(g)$	+	$2H_2O(g)$
반응 전	0.25몰		1.00몰		0.00몰		0.00몰
반응한 양	0.25몰		0.75몰				
반응 후	0.00몰		0.25몰		0.50몰		0.50몰

➔ 응용 연습 6.6

같은 반응에서 0.50몰 O_2와 0.25몰 C_2H_4를 혼합하면 어느 것이 한계 반응물이 되는가?

➔ 실전 연습 6.6

수용액에서 질산 은과 염화 마그네슘은 이중 치환 반응을 하여 염화 은 침전과 질산 마그네슘을 생성한다.

$$2AgNO_3(aq) + MgCl_2(aq) \longrightarrow 2AgCl(s) + Mg(NO_3)_2(aq)$$

1.0몰 질산 은을 1.0몰 염화 마그네슘과 혼합한다고 가정하자. 한계 반응물과, 생성될 수 있는 고체 AgCl의 몰수를 확인하라.

➔ 심화 연습: 연습 문제 6.41

인터넷 핫스팟

상당수 학생들이 한계 반응물이 있을 때 생성물의 질량을 구하는 것에 어려움을 겪고 있다고 한다. 이 주제에 대한 추가 학습 자료를 보려면 SmartBook에 접속하라.

일반적으로 반응물의 양은 그램 단위로 측정한다. 반응물의 주어진 그램에 대하여 먼저 각 반응물에 대한 그램을 몰로 환산해야 한다. 예제 6.7은 반응물의 양이 그램으로 주어질 때 한계 반응물을 결정하는 방법을 나타낸 것이다.

예제 6.7 ▶ 반응물의 질량이 주어질 때 한계 반응물 확인

액체 브로민을 알루미늄 금속과 혼합하면 결합 반응이 일어나서 브로민화 알루미늄을 생성한다.

$$2Al(s) + 3Br_2(l) \longrightarrow 2AlBr_3(s)$$

45.0 g의 Br_2가 30.0 g의 Al에 첨가될 때 한계 반응물과 생성되는 $AlBr_3$의 질량을 결정하라.

» 풀이:

반응물의 질량이 주어져 있기 때문에 먼저 각 반응물에 대한 그램을 몰로 환산해야 한다.

$$\text{Al의 몰수} = 30.0\,\cancel{\text{g Al}} \times \frac{1\text{몰 Al}}{26.98\,\cancel{\text{g Al}}} = 1.11\text{몰 Al}$$

$$Br_2\text{의 몰수} = 45.0\,\cancel{\text{g } Br_2} \times \frac{1\text{몰 } Br_2}{159.89\,\cancel{\text{g } Br_2}} = 0.281\text{몰 } Br_2$$

알루미늄은 브로민과 격렬하게 반응하여 브로민화 알루미늄을 생성한다.
©Tom Pantages

다음, 다른 반응물과 반응하기 위해 필요한 한 반응물의 몰수를 결정한다. 여기서 1.11몰 Al과 반응하는 데 필요한 Br_2의 몰수를 결정할 것이다.

$$Br_2\text{의 몰수} = 1.11\text{몰} \cancel{Al} \times \frac{3\text{몰 } Br_2}{2\text{몰} \cancel{Al}} = 1.67\text{몰 } Br_2$$

Br_2가 1.67몰 필요하지만 0.281몰의 Br_2만 있다.

$$\text{계산된 } Br_2 > \text{실제 } Br_2$$

Br_2의 양이 부족하기 때문에 Br_2가 한계 반응물이다. (주어진 Al의 양 대신에 주어진 Br_2의 양을 가지고 계산을 하더라도 같은 결론에 도달하게 되는지 각자 확인하라.)

생성물의 질량을 결정하기 위해, 주어진 Br_2의 그램으로 계산을 시작해서 질량-질량 환산을 할 수 있다. 또는 Br_2의 그램수로부터 계산한 Br_2의 몰수로 시작해서, Br_2의 몰수를 $AlBr_3$의 몰수로 환산한 후, $AlBr_3$의 몰수를 $AlBr_3$의 그램수로 환산할 수 있다.

Br_2의 몰수 —(몰비)→ $AlBr_3$의 몰수 —($AlBr_3$의 *MM*)→ $AlBr_3$의 그램수

$$AlBr_2\text{의 질량} = 0.281\text{몰} \cancel{Br_2} \times \frac{2\text{몰} \cancel{AlBr_3}}{3\text{몰} \cancel{Br_2}} \times \frac{266.7\text{ g } AlBr_3}{1\text{몰} \cancel{AlBr_3}}$$

$$= 50.0\text{ g } AlBr_3$$

생성될 수 있는 $AlBr_3$의 최대 양은 50.0 g이다.

> 함께 혼합된 Br_2 대 Al의 질량비가 45 g/30 g, 즉 3/2이지만 이것은 몰 비가 아닌 것에 유의하라. *반응물의 질량이 주어지면 다른 반응 화학종의 양을 결정하기 전에 항상 먼저 몰로 환산해야 한다.*

> 균형 맞춘 반응식으로부터 Br_2가 한계 반응물인 것을 간단히 직관적으로 알 수 있다. 균형 맞춘 반응식을 보면 Br_2의 몰수가 Al의 몰수보다 더 커야 하는데, 가지고 있는 Br_2의 몰수가 Al의 몰수보다 더 작다.

→ 응용 연습 6.7

Al의 질량을 2배로 늘리면 생성되는 $AlBr_3$의 질량은 얼마인가?

→ 실전 연습 6.7

탄산 소듐은 염산과 반응하여 수용액의 염화 소듐, 물, 이산화 탄소 기체를 생성한다. 균형 맞춘 반응식은 다음과 같다.

$$Na_2CO_3(s) + 2HCl(aq) \longrightarrow 2NaCl(aq) + H_2O(l) + CO_2(g)$$

11.0 g의 HCl을 포함한 용액에 11.0 g의 Na_2CO_3를 첨가할 때 생성되는 CO_2의 질량과, 한계 반응물을 결정하라.

©McGraw-Hill Education/Stephen Frisch

→ 심화 연습: 연습 문제 6.43

6.5 수득 백분율

E-85의 생산자들은 Lily의 자동차에 동력을 주는 에탄올을 만들 때, 반응식으로부터 생성*되어야 하는* 에탄올의 양을 계산한다. 이것은 주어진 반응물의 양으로부터 얻을 수 있는 생성물의 최대 양인 **이론 수득량**(theoretical yield)이다. 예를 들면 예제 6.7에서 $AlBr_3$의 이론 수득량은 50.0 g으로 계산된다.

화학자가 실험을 할 때 또는 회사가 연료를 생산할 때, 그들은 계산에 의해 예측된 생성물 의 양을 거의 모두 얻지는 못한다. 여러 가지 이유 때문에 이론 수득량보다 적게 된다. 반응물과 생성물을 흘리거나 또는 한 용기에서 다른 용기로 옮기는 동안 잃어버릴 수도 있다(그림 6.11). 또한 다른 생성물을 만드는 또 다른 반응(부반응)이 일어날 수 있다. 우리가 실험실에서 측정하는 생성물의 양은 **실제 수득량**(actual yield)이라고 한다. 일반적으로 실제 수득량은 이론 수득량보다 적다. 그러나 고체가 젖은 상태에서 무게를 재거나 또는 생성물이 오염되거나 하면 더 크게 나타날 수도 있다.

그림 6.11 일반적으로 실제 수득량은 반응 단계, 정제, 옮기는 과정에서의 손실 또는 부반응으로 인해, 이론 수득량보다 적다.

©McGraw-Hill Education/Stephen Frisch

> **인터넷 핫스팟**
>
> 상당수 학생들이 반응의 수득 백분율을 계산하는 데 어려움을 겪고 있다고 한다. 이 주제에 대한 추가 학습 자료를 보려면 SmartBook에 접속하라.

수득 백분율(percent yield)은 생성되어야 하는 양에 비교해서 실제 생성된 양을 나타낸다. 그것은 실제 수득량을 이론 수득량의 백분율로 나타낸다.

$$\text{수득 백분율} = \frac{\text{실제 수득량}}{\text{이론 수득량}} \times 100\%$$

실제 수득량과 이론 수득량은 그들의 단위가 같기만 하면 어떤 단위로도 나타낼 수 있다. 일반적으로 수득량은 질량 단위로 보고되지만, 몰이나 분자의 단위로도 수득량을 나타낼 수 있다.

26.8 g의 $AlBr_3$만을 생성한 예제 6.7에서 설명된 알루미늄 금속과 액체 브로민의 반응을 생각해 보자. 수득 백분율은 얼마인가? 생성되어야 할 $AlBr_3$의 양을 50.0 g으로 계산하였기 때문에 이론 수득량은 알고 있다. 수득 백분율은 이론 수득량에 대한 실제 수득량의 비에 100을 곱한 것이다.

$$\text{수득 백분율} = \frac{26.8\text{ g}}{50.0\text{ g}} \times 100\% = 53.6\%$$

예제 6.8은 여러분이 수득 백분율, 이론 수득량, 실제 수득량을 더 잘 이해하도록 도와줄 것이다.

예제 6.8 ▶ 수득 백분율, 이론 수득량, 실제 수득량

소듐 금속은 단일 치환 반응으로 물과 반응하여 수산화 소듐과 수소 기체를 생성한다. 균형 맞춘 반응식은 다음과 같다.

$$2Na(s) + 2H_2O(l) \longrightarrow 2NaOH(aq) + H_2(g)$$

0.50몰의 Na를 물에 넣으면 모든 소듐 금속이 반응하여 생성된 수소 기체가 분리된다. 0.21몰의 H_2가 생성되었다. H_2의 수득 백분율은 얼마인가?

©Richard Megna/Fundamental Photographs

≫ 풀이:

수득 백분율을 계산하기 위해 실제 수득량을 이론 수득량으로 나누고 100을 곱한다.

$$\text{수득 백분율} = \frac{\text{실제 수득량}}{\text{이론 수득량}} \times 100\%$$

실제 수득량은 반응 후 분리된 H_2의 몰수이다(0.21몰). 이론 수득량은 반응한 한계 반응물의 양으로부터 계산할 수 있다. 이 경우에 Na가 모두 반응했기 때문에 Na를 한계 반응물(물이 아닌)로 생각할 수 있다. 한계 반응물 Na의 몰수로부터 생성되어야 하는 H_2의 최대 몰수를 계산함으로써 이론 수득량을 계산한다.

$$H_2\text{의 몰수} = 0.50\text{몰 }\cancel{Na} \times \frac{1\text{몰 } H_2}{2\text{몰 }\cancel{Na}} = 0.25\text{몰 } H_2 \text{ (이론 수득량)}$$

실제 수득량과 이론 수득량 값을 수득 백분율 식에 대입하여 수득 백분율을 구한다.

$$\text{수득 백분율} = \frac{0.21\text{몰 } H_2}{0.25\text{몰 } H_2} \times 100\% = 84\%$$

→ 응용 연습 6.8

두 반응물의 양을 각각 2배로 증가시켰을 때, 수득 백분율이 같다고 가정하고 생성되는 H_2의 몰수를 구하라.

→ 실전 연습 6.8

독성이 있는 일산화 탄소는 수소로 동력을 얻는 자동차에 사용될 메탄올로부터 수소 연료를 제조하는 동안 만들어지는 부산물이다. 일산화 탄소가 산소 기체와 반응하면 온실 기체인 이산화 탄소가 생성된다.

$$2CO(g) + O_2(g) \longrightarrow 2CO_2(g)$$

5.0몰의 CO를 과량의 O_2와 혼합하여 반응을 시켰더니 3.4몰의 CO_2가 생성되었다. CO_2의 수득 백분율은 얼마인가?

→ 심화 연습: 연습 문제 6.55

주어진 반응의 수득 백분율을 알면 실질적으로 만들 수 있는 생성물의 양을 예측할 수 있다. 이러한 계산은 수득 백분율이 이익을 좌우하는 화학 및 제약 산업에서 매우 중요한 고려사항이다.

6.6 에너지 변화

수소와 산소가 반응하여 물을 만들 때에는 에너지가 방출된다. 수소 연료 전지에서 대부분의 에너지는 전기로 바뀌고 자동차를 운행하는 데 사용된다. 연료 전지 없이 수소와 산소의 같은 양을 결합시킨다고 가정해 보자. 같은 양의 에너지가 그 반응에서 방출될까? 정답은 '예'이지만, 그 에너지는 유용한 형태가 아닐 것이다. 약간은 **열**(*heat*)로 주위에 잃어버리고 주위의 온도가 증가하게 된다. 이것은 우리가 가스 그릴 안에서 프로페인을 태우거나 모닥불에서 나무와 같은 다른 연료를 태울 때 일어나는 것과 같다. 에너지가 유용한 일로 바뀌든, 열로 환경으로 흩어지든 간에 방출된 에너지의 양은 같다. 이 장에서 지금까지는 화학 반응의 반응물과 생성물의 양만 보았다. 여기서는 화학 반응에서 흡수되거나 방출되는 에너지의 양에 대하여 알아볼 것이다.

에너지 소개에 대해서는 1.3절 참조하라.

›› 에너지 보존 법칙

제1장에서 설명한 것처럼, 에너지는 여러 형태를 취할 수 있고 한 형태에서 다른 형태로

그림 6.12 (A) 가솔린이 내연 기관에서 연소하면 방출된 에너지의 약 32%가 일로 변환되고, 68%는 즉시 열로서 주위 환경으로 잃어버린다. (B) 가솔린이 드럼통에서 연소하면 방출된 에너지의 100%를 즉시 열로 잃어버린다. 방출된 총 에너지는 같다.

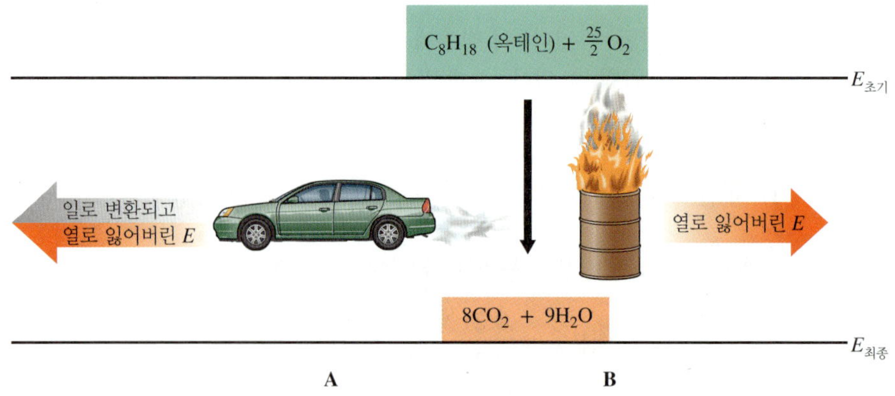

> 방에 어떤 종류의 조명등을 사용하는가? 형광등? 백열등? 아니면 LED(발광 다이오드)? 과거에 많이 사용해 왔던 백열등은 열로 에너지가 많이 손실되기 때문에 정부의 에너지 절약 정책으로 생산이 금지되고 있다. 현재 많이 사용하는 형광등과 LED(발광 다이오드)는 백열등에 비해 4~10배 정도 효율적이다. 60와트 백열등은 15와트 형광등이나 8와트 발광 다이오드로 대체될 수 있다. 형광등과 LED의 또 다른 장점은 수명이 길어 백열등에 비해 교체 주기가 길다는 것이다.

바뀔 수 있다. 에너지는 또한 열로 전달될 수 있다. 어떤 경우에도 에너지의 총량은 일정하다. **에너지 보존 법칙**(law of conservation of energy)은 이 원리를 나타낸다. 즉 에너지는 바뀌거나 전달될 수 있지만 생겨나거나 소멸될 수 없다. 그러므로 에너지를 사용할 때 우리는 그것을 다 써버리지는 않는다. 우리는 그것을 다른 형태의 에너지로 바꾸고 있을 뿐이다. 에너지를 주위 환경에 잃어버리는 열과 같은 유용하지 않은 형태로 바꿀 수 있다. 가솔린이 엔진에서 연소되면, 가솔린의 화학 에너지는 역학적 에너지와 열에너지로 바뀐다(그림 6.12). 역학적 에너지는 유용한 일을 하지만, 열 에너지는 일반적으로 대기로 잃어버린다. 가솔린이 드럼통에서 연소되면 대부분의 에너지는 열로서 잃어버린다. 물체에 함유된 에너지를 매우 유용한 것으로 만들기 위해, 우리는 열로서 잃어버리는 에너지의 양을 최소화하려고 노력한다.

효율(*efficiency*)은 에너지 변환으로 얻는 유용한 일의 양을 나타낸다. 그림 6.13에

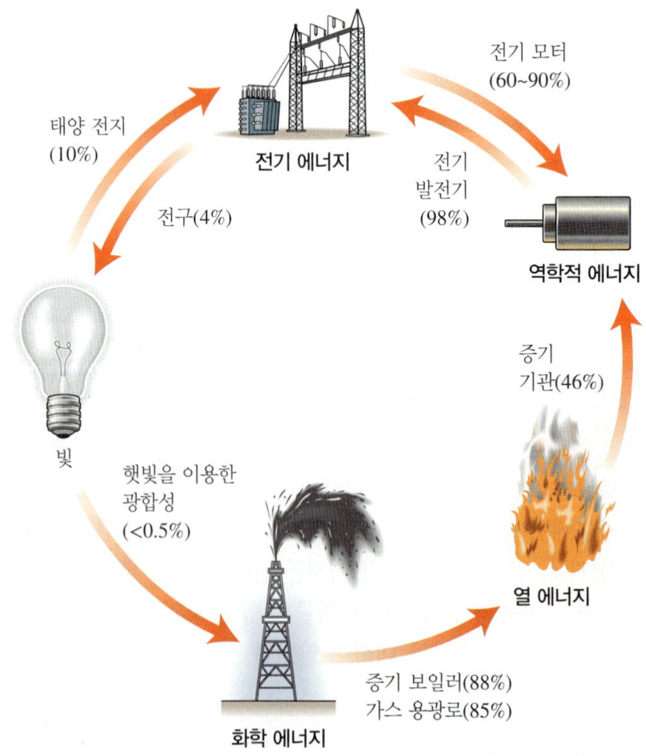

그림 6.13 일반적으로 한 종류에서 다른 종류로의 에너지 변환은 완전하게 효율적이지 않다. 왜냐하면, 약간의 에너지가 원하지 않는 형태로 변환되기 때문이다. 일부 전형적인 변환 효율을 나타내었다.

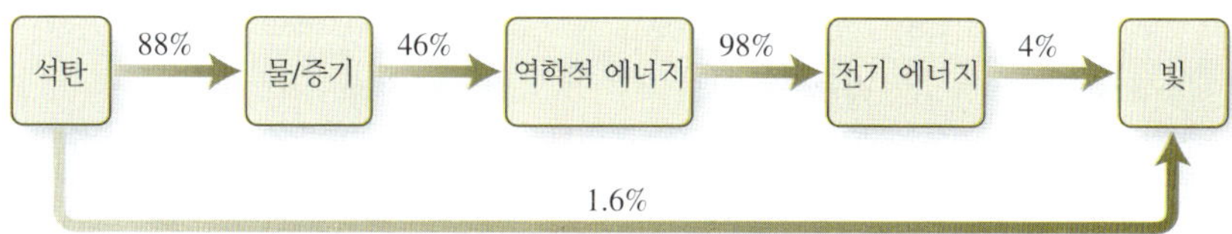

그림 6.14 발전소에서 책상의 전등까지 총 변환 효율은 단지 1.6%에 불과하다. 나머지 석탄 에너지의 98.4%는 원하는 기능을 하기 전에 열 에너지로 변환된다.

나타낸 것처럼 100% 모두 변환되는 과정은 없다. 모든 변환 과정에는 유용한 일이 행할 수 있기 전에 잃어버리는 약간의 열 손실이 있다. 변환의 효율은 우리가 원하는 형태로 되는 백분율이다. 예를 들면 석탄에 저장된 화학 에너지에서 우리가 책상의 전등을 켤 때 보는 빛 에너지로 변환되는 일련의 과정을 생각해 보자(그림 6.14). 석탄이 증기 보일러에서 타면 화학 에너지의 약 88%가 물을 가열하고 증기를 형성하는 데 사용될 수 있는 열 에너지로 변환된다. 발전소의 증기 터빈은 증기 열 에너지의 약 46%를 역학적 에너지로 바꿀 수 있고, 발전기는 역학적 에너지의 약 98%를 전기 에너지로 바꿀 수 있다. 마지막으로 전기 에너지가 전등을 작동시키기 위해 사용되면 약 4%만이 빛으로 바뀌는 반면에, 나머지는 열의 형태로 주위로 잃어버린다. 전등을 작동하기 위해 석탄을 태우는 전 과정에서 화학 에너지의 약 1.6%만이 빛 에너지로 사용된다. 나머지는 비효율적인 변환 때문에 경로를 따라 잃어버린다. '잃어버린' 대부분의 에너지는 공기 속으로 또는 발전소를 냉각시키기 위해 사용된 물 안으로 흩어지는 열로 된다.

>> 화학 반응을 동반하는 에너지 변화

Lily는 사용하는 대체 연료가 그녀의 차를 한 장소에서 다른 장소로 움직이게 하는 에너지를 어떻게 공급하는지를 궁금해 한다. 에너지는 어디에서 오는가? 그것은 연료에 퍼텐셜 에너지로 저장된 화학 에너지로부터 온다. 그것은 분자 안에 원자를 붙잡은 ***결합***(*bond*)에 저장된다. 몇몇 물질들은 반응해서 보다 적은 퍼텐셜 에너지를 저장한 물질을 생성하여 약간의 퍼텐셜 에너지를 방출한다. 예를 들면 에탄올은 원자들을 붙잡고 있는 결합 안에 많은 양의 퍼텐셜 에너지를 저장한다. 에탄올이 산소와 반응하면 약간의 에너지가 열로 방출된다. 에너지를 방출하는 반응을 **발열 반응**(exothermic reaction)이라고 한다.

모든 반응이 에너지를 방출하지 않는다. 몇몇은 끊임없는 에너지 주입을 필요로 한다. 주위로부터 에너지를 흡수하는 반응은 **흡열 반응**(endothermic reaction)이다. 흡열 반응에서 생성물은 반응물보다 더 큰 퍼텐셜 에너지를 가진다. 그림 6.15는 발열 반응과 흡열 반응을 동반하는 전체 에너지 변화를 설명하는 ***반응 개요***(*reaction profile*)를 나타낸다. 흡열 반응 개요에 나타낸 것처럼, 반응물의 에너지는 생성물의 에너지보다 적다. 그 차이가 반응이 일어날 때 흡수되는 에너지이다. 발열 반응 개요에서 나타낸 것처럼, 반응물은 생성물보다 더 많은 에너지를 갖고 있다. 그 차이가 반응이 일어나는 동안 방출되는 에너지이다. 또한 이 반응 개요들은 발열 반응인 어떤 반응이 역방향으로 움직이면 흡열 반응이 되는 것을 나타낸다. 어떤 반응이 흡열 반응이면 그 역반응은 발열 반응이다.

상변화와 같은 물리적 변화도 흡열 반응이거나 발열 반응일 수 있다. 땀을 흘리는 것은 땀의 물이 기화하면서 우리 몸을 시원하도록 도와주는 자연적인 과정이다. 기화는 흡열 과정이므로 우리 피부로부터 열을 흡수한다. 우리 피부는 시원하게 되어 정상적인 체온을 유지하는 데 도움을 준다.

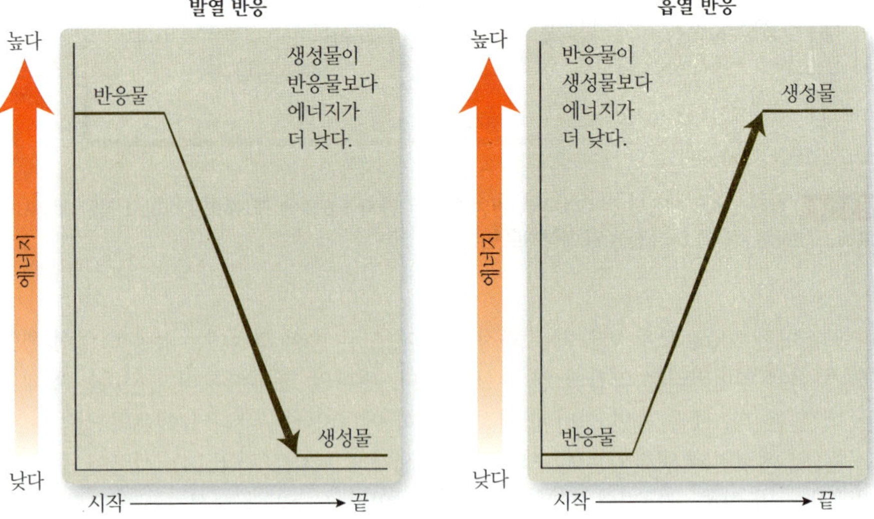

그림 6.15 발열 반응은 반응물보다 생성물에 에너지가 더 적게 저장되므로 "언덕 아래로 내려가는" 것으로 생각된다. 흡열 반응은 생성물에 더 많은 퍼텐셜 에너지가 저장되므로 "언덕 위로 올라가는" 것으로 생각할 수 있다.

예제 6.9 ▶ 발열 반응과 흡열 반응

다음은 수소 연료 전지에서의 반응이다.

$$2H_2(g) + O_2(g) \longrightarrow 2H_2O(g)$$

(a) 이 반응은 흡열 반응인가, 발열 반응인가?

(b) 물로부터 수소와 산소를 형성하는 이 반응의 역반응은 물을 통해 전기가 흐르면서 이루어질 수 있다. 이 반응은 흡열 반응인가, 발열 반응인가? 설명하라.

» 풀이:

(a) 이 반응은 연료 전지에 의해 유용한 에너지로 변환되는 에너지를 방출한다. 에너지가 방출되기 때문에 이 반응은 발열 반응이다.

(b) 이 반응의 역반응은 반응물을 생성물로 바꾸기 위해서 끊임없는 에너지(전기)를 주입해야 하므로 흡열 반응이다. 반응이 발열 반응이면, 그 역반응은 흡열 반응이다.

→ 응용 연습 6.9

H_2와 O_2의 혼합 기체와 순수한 H_2O 기체 중에서 어느 것이 퍼텐셜 에너지가 더 큰가?

→ 실전 연습 6.9

일반적으로 자동차 배터리는 작동하지 않을 때 다시 사용하도록 재충전될 수 있다. 배터리를 재충전하는 것은 반응을 역으로 진행시키는 것을 포함한다. 이 반응은 흡열인가, 발열 반응인가? 설명하라.

→ 심화 연습: 연습 문제 6.67

» 열의 양

화학 반응에 있어 가장 측정하기 쉬운 에너지 변화는 흡수되거나 방출되는 열이다. 열 변화를 어떻게 측정하는지를 이해하기 위해 먼저 열과, 열이 온도 변화에 어떻게 연관되는지에 대하여 배워야 한다. **열**(heat)은 온도 차이로 인하여 두 물체 사이에 전달되는 에너지이다. 물리적 변화와 연관된 열에 대해 생각해 보자. 예를 들면 따뜻한 팬케이크를 접시에 놓으면 열이 팬케이크에서 접시로 전달된다. 팬케이크는 열을 잃어 차가워지는 반면에, 접시는 팬케이크의 온도와 접시의 온도가 같아질 때까지 열을 얻어 더 따뜻하게 된다. 열은 언제나 더 따뜻한 물체에서 차가운 물체로 전달된다. 접촉하고 있는 두 물체의 온도가 같으면 그 둘은 ***열적 평형***(*thermal equilibrium*) 상태에 도달하였다고 한다.

에너지의 단위 많은 식품들은 포장 용기에 에너지 함량이 표기되어 있다. 예를 들면 작은 상자의 건포도는 130 Calorie(대문자 *C*로 표기된 Cal)를 포함한다. 이것은 얼마나 많은 에너지인가? 에너지를 측정하기 위해 영양학자와 화학자는 관련이 있지만 동등하지 않은 단위를 사용한다. 화학자는 ***줄***(*Joule*, J) 또는 ***칼로리***(*calorie*) (소문자 *c*로 표기된 cal) 단위로 에너지를 측정한다. 1칼로리는 물 1 g의 온도를 1°C 높이는 데 필요한 열 에너지의 양이다. 1줄은 1칼로리보다 더 작다.

$$4.184 \text{ J} = 1 \text{ cal}$$

1***킬로줄***(*kilojoule*, kJ), 즉 1000 J은 대략 나무 성냥 한 개가 완전히 연소할 때 방출되는 에너지의 양이다. 화학자가 사용하는 칼로리를 영양학자가 사용하는 *Calorie*와 혼동해서는 안 된다(그림 6.16). 이것은 실제적으로 1 kcal, 즉 1000 cal이다.

Nutrition Facts

Serving Size: 1 cup (54g/1.9 oz.)
Servings Per Container: About 9

Amount Per Serving

Calories 190	**Calories from Fat** 10
	% Daily Value**
Total Fat 1g*	2%
Saturated Fat 0g	0%
Trans Fat 0g	
Cholesterol 0mg	0%
Sodium 0mg	0%
Potassium 180mg	5%
Total Carbohydrate 45g	15%
Dietary Fiber 6g	24%
Soluble Fiber 1g	
Insoluble Fiber 5g	
Sugars 7g	
Other Carbohydrates 32g	
Protein 5g	

Vitamin A 0% • Vitamin C 0%
Calcium 0% • Iron 8%

* Amount in cereal. One half cup of fat free milk contributes an additional 40 calories, 65mg sodium, 6g total carbohydrate (6g sugars), and 4g protein.

** Percent Daily Values are based on a 2,000 calorie diet. Your daily values may be higher or lower depending on your calorie needs.

	Calories:	2,000	2,500
Total Fat	Less Than	65g	80g
Sat. Fat	Less Than	20g	25g
Cholesterol	Less Than	300mg	300mg
Sodium	Less Than	2,400mg	2,400mg
Potassium		3,500mg	3,500mg
Total Carbohydrate		300g	375g
Dietary Fiber		25g	30g
Protein		50g	65g

Calories per gram:
Fat 9 • Carbohydrate 4 • Protein 4

INGREDIENTS: Organic Whole Grain Wheat, Organic Evaporated Cane Juice, Natural Flavor.

그림 6.16 식품의 영양 표지에는 제공량에 대한 에너지 함량을 Cal(또는 kcal)로 나타낸다. 또한 지방, 탄수화물, 단백질의 함량이 기재되어 있다. 이 표지는 지방의 칼로리를 나타낸 것이다.

예제 6.10 ▶ 에너지 단위

미국에서 생산된 콜라 한 캔은 180 Cal를 함유하고, 호주에서 생산된 같은 양의 콜라를 함유한 캔은 900 J을 함유한다. 어떤 것이 더 많은 에너지를 함유하는가? 어떤 것이 다이어트 콜라인가?

» 풀이:

이 질문에 답하기 위해 같은 단위를 사용하여 두 음료 안의 에너지를 비교해야 한다. 그러므로 한 값을 다른 값과 같은 단위로 바꾸어야 한다. Cal 단위의 에너지를 J 단위의 에너지로 바꿀 것이다.

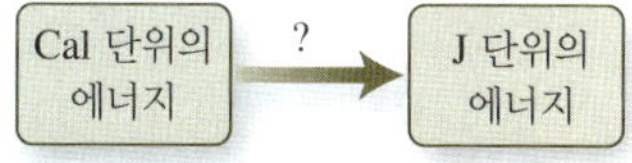

두 양 사이에 직접적인 관계가 없으므로 두 단계로 나누어야 한다. 먼저, 두 양 사이의 관계가 1 Cal = 1000 cal와 1 cal = 4.184 J인 것을 주목하라.

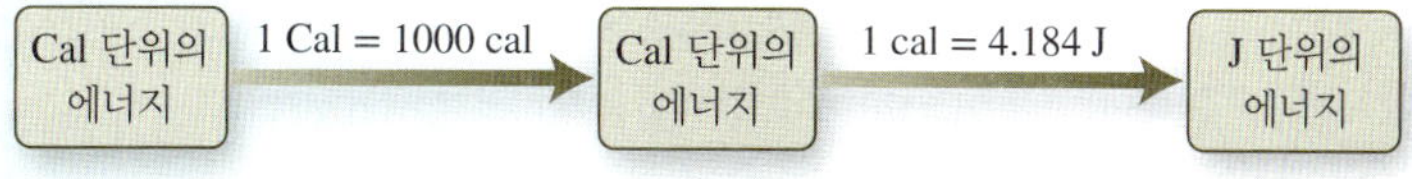

$$에너지(J) = 180\ \cancel{Cal} \times \frac{1000\ \cancel{cal}}{1\ \cancel{Cal}} \times \frac{4.184\ J}{1\ \cancel{cal}} = 7.5 \times 10^5\ J$$

이것은 다이어트 콜라임이 틀림없는 호주 콜라가 함유하고 있는 900 J보다 훨씬 더 큰 에너지이다. 이 문제를 푸는 또 다른 방법은 900 J을 Cal로 바꿔서 비교하는 것이다.

➔ 응용 연습 6.10

소다 1 g에 포함된 에너지가 얼마인지 J 단위로 알고 싶다면 어떤 계산을 더 수행해야 하고 추가로 필요한 정보는 무엇인가?

➔ 실전 연습 6.10

235 Cal를 함유한 캔디 바(candy bar)에 있는 에너지는 몇 줄(J)인가?

➔ 심화 연습: 연습 문제 6.79

오븐에서 막 나온 피자를 먹을 때 혀가 아니라 입천장에 화상을 입는 이유는 무엇일까? 한 가지 이유는 입천장에 닿는 치즈의 비열이 빵 조각의 비열보다 더 크기 때문이다. 치즈는 주어진 온도 변화에 대하여 더 많은 양의 열을 전달한다. 또 다른 요인은 치즈가 열을 전도하는 능력이 더 크기 때문이다. 치즈는 열을 더 빨리 전달한다.

비열 물질에 열이 첨가되면 그 물질의 온도는 증가한다. 어떤 물질 1 g을 1°C 올리는 데 필요한 열의 양을 **비열**(specific heat)이라고 하는데, 이는 물질의 독특한 성질이다. 비열은 J/(g °C) 또는 cal/(g °C) 단위로 나타낸다. 물의 비열은 1.000 cal/(g °C) 또는 4.184 J/(g °C)이다. 이것은 1.00 g의 물의 온도를 1.00°C 올리는 데 1.00 cal 또는 4.18 J의 열이 필요하다는 것을 의미한다. 마찬가지로, 2.00 g의 물을 1.00°C만큼 온도를 올리기 위해서는 2.00 cal 또는 8.37 J의 열을 가해야 한다. 물질의 양이 많아지면 더 많은 열을 가할 필요가 있다. 물 1.00 g의 온도를 10.0°C 올리기 위해서는 얼마의 에너지가 필요할까? 1.00°C 증가보다 10.0°C 증가에 대해 10.0배의 더 많은 에너지가 필요하다. 즉 10.0 cal 또는 41.8 J이 필요하다. 여러 물질에 대한 비열의 대푯값들이 표 6.2에 나타나 있다.

표 6.2 ▸ 몇 가지 물질의 비열

	비열			비열	
물질	J/(g °C)	cal/(g °C)	물질	J/(g °C)	cal/(g °C)
알루미늄(*s*)	0.895	0.214	물(*s*)	2.027	0.484
탄소(다이아몬드)	0.508	0.121	물(*l*)	4.184	1.000
탄소(흑연)	0.708	0.169	물(*g*)	2.015	0.482
칼슘(*s*)	0.656	0.157	아스팔트	0.920	0.220
크로뮴(*s*)	0.450	0.108	뼈	0.440	0.105
구리(*s*)	0.377	0.0900	벽돌	0.84	0.20
금(*s*)	0.127	0.0310	체다 치즈	2.60	0.621
아이오딘(*s*)	0.214	0.0510	콘크리트	0.88	0.21
철(*s*)	0.448	0.107	유리	0.84	0.20
납(*s*)	0.129	0.0310	화강암	0.79	0.19
수은(*l*)	0.140	0.0335	대리석	0.86	0.21
은(*s*)	0.234	0.0560	올리브유	1.79	0.428
주석(*s*)	0.222	0.530	모래	0.835	0.200
우라늄(*s*)	0.117	0.280	딸기	3.89	0.930
			왁스	2.89	0.69

온도가 증가할 때 물질이 흡수하는 열의 양은 같은 온도로 냉각될 때 방출하는 열의 양과 같다. 어떤 물질로 또는 물질로부터 전달되는 열의 양은 질량, 비열과 온도의 변화와 관련이 있다.

예제 6.11 ▶ 열에 영향을 주는 요인

질량이 같은 여러 금속을 같은 온도로 가열한 후 왁스 안에서 냉각시켰다. 모든 금속이 같은 온도까지 냉각될 때 금속들은 각기 다른 양의 왁스를 녹이면서 왁스 층을 뚫고 지나갔다. 어떤 금속이 가장 비열이 크겠는가?

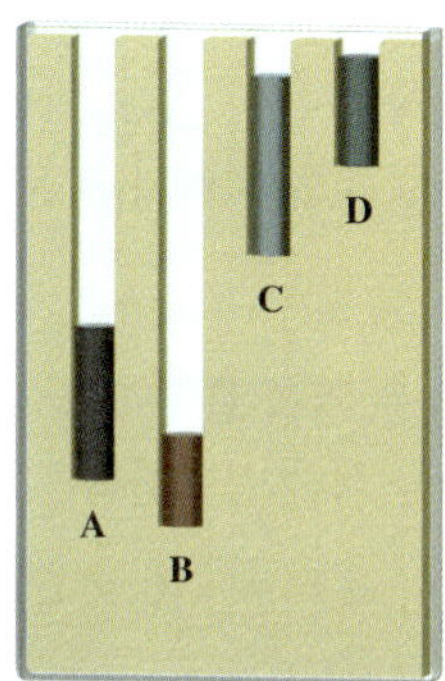

» 풀이:

그림에서 금속 B가 가장 낮은 지점까지 왁스를 녹였다. 이는 금속 B가 가장 많은 양의 열을 방출했기 때문이다. 전달된 열의 양을 결정하는 요인들을 고려해 보자. 더 큰 질량, 더 큰 비열, 더 큰 온도 변화로부터 더 많은 열이 나올 수 있다. 금속들의 질량이 같고 온도 변화가 같으므로 이것들은 요인이 아니다. 그러므로 다른 금속들보다 금속 B의 비열이 더 커야 한다.

→ 응용 연습 6.11

만일 왁스의 온도를 더 낮은 온도에서 시작하였다면 금속이 지나간 거리는 그림에서와 어떻게 다르겠는가?

→ 실전 연습 6.11

손에 흘린 끓는 물 한 방울은 그저 손을 따끔하게만 하지만, 끓는 물 한 컵은 손에 화상을 입힌다. 그 차이를 설명하는 요인은 무엇인가?

→ 심화 연습: 연습 문제 6.81

어떤 물체의 비열, 질량, 온도 변화를 알면 흡수되거나 방출되는 열의 양을 결정할 수 있다. 그램 단위의 물질의 질량 m에 비열 C와 온도 변화 ΔT(최종 온도와 초기 온도 사이의 차이, $T_f - T_i$)를 곱하여, 온도 변화와 관련된 열(q)을 계산할 수 있다.

$$q = m \times C \times \Delta T$$

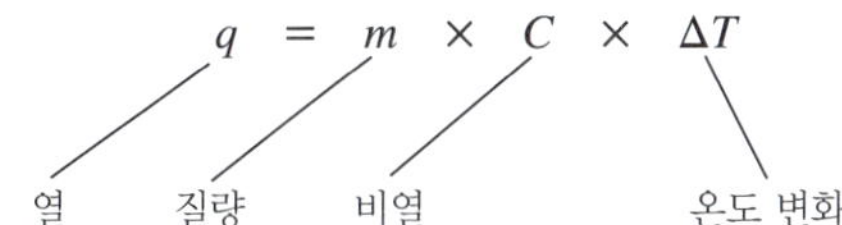

한 물질의 온도가 올라가면(ΔT는 양), q는 양의 값을 가진다. 즉 물질에 의해 열이 흡수

되고 물질은 더 뜨거워진다. 온도가 내려가면(ΔT는 음), q는 음의 값을 가진다. 즉 물질에 의해 열이 방출되고 물질은 더 차가워진다.

열은 직접 측정할 수 없다. 열을 측정하는 장치는 없다. 대신에 한 물질의 초기 및 최종 온도를 측정하고 비열, 질량, 온도 변화로부터 열을 계산한다. 예제 6.12는 이것을 설명한다.

더 정교한 태양 전지 에너지 시스템은 태양 햇빛을 전기로 변환하는 규소 반도체 패널(panel)을 사용한다. 태양 에너지 패널의 가격이 낮아짐에 따라 주택에서 태양 에너지의 사용이 점점 더 보편화되고 있다.

©Elenathewise/Getty Images

예제 6.12 ▶ 열과 온도 변화

간단한 태양 에너지 가열기는 속에 돌이 들어 있는 유리로 덮인 상자이다. 태양 빛이 낮 동안 돌을 가열하고, 밤에 공기가 돌 위로 불어 집을 가열한다. 상자에는 비열이 0.49 J(g °C)인 7.5×10^4 g의 돌이 들어 있다. 밤에 온도가 18°C(65°F)인 돌이 낮에 43°C(110°F)까지 데워지면 돌은 열을 얼마나 저장할 수 있는가?

》풀이:

돌의 온도가 상승하였으므로 돌은 열을 흡수하고 계산된 q의 값은 양(+)일 것으로 예상된다. 열을 계산하기 위해 다음 식을 사용한다.

$$q = m \times C \times \Delta T$$

질량 m과 비열 C의 값은 주어져 있다. 온도 변화 ΔT가 주어져 있지 않지만 최종 및 초기 온도로부터 ΔT를 계산할 수 있다.

$$\Delta T = T_f - T_i = 43°\text{C} - 18°\text{C} = 25°\text{C}$$

질량, 비열, 온도 변화의 값을 식에 대입하면 돌의 열 변화를 계산할 수 있다.

$$\begin{aligned} q &= m \times C \times \Delta T \\ &= 7.5 \times 10^4\ \cancel{\text{g}} \times 0.49\ \frac{\text{J}}{\cancel{\text{g}}\ \cancel{°\text{C}}} \times 25\ \cancel{°\text{C}} \\ &= 7.5 \times 10^4 \times 0.49\ \text{J} \times 25 \\ &= 9.2 \times 10^5\ \text{J} \text{ 또는 } 9.2 \times 10^2\ \text{kJ} \end{aligned}$$

q는 예상했던 것처럼 양인 것을 주목하라. 이것은 돌이 열을 흡수했다는 것을 의미한다.

➜ 응용 연습 6.12

태양 에너지 가열기에 돌을 더 넣으면 돌이 흡수하는 열은 어떻게 되겠는가?

➜ 실전 연습 6.12

알루미늄의 비열은 0.895 J/(g °C)이다. 75.0°C인 156 g의 알루미늄이 25.5°C로 냉각되면 얼마의 열이 전달되는가? q의 부호는 무엇인가? 또한 그 부호가 의미하는 것은 무엇인가?

➜ 심화 연습: 연습 문제 6.85

질량, 비열, 온도 변화의 알려진 값들로부터 열을 계산하였다. 열방정식은 단지 이 4개의 양을 사용하기 때문에 세 개를 알면 다른 하나를 결정할 수 있다.

지금까지 살펴본 예제에서는 돌 또는 금속과 같은 물체에 의해 흡수되거나 방출되는 열의 양에 초점을 맞추었다. 그러나 때때로 우리는 물체가 아닌, 화학 반응과 같은 과정에 관심이 있다. 물체이든 과정이든 간에 우리가 관심을 가지는 것을 ***계***(*system*)라고 한다. 계가 열을 흡수할 때 열은 어디서 오는가? 계가 열을 방출하면 그 열은 어디로 가는가? 에너지 보존 법칙으로부터 열은 생겨나거나 소멸되지 않는다. 계가 흡수하는 열은 ***주위***(*surroundings*)에서 온다. 주위는 계를 감싼 공기일 수도 있고, 용액이면 계를 감싼 물일 수도 있다. 계에 의해서 방출된 열은 주위로 전달된다.

실린더 안의 연소 반응으로 가열되는 자동차 엔진을 생각해 보자. 실린더 안의 연소 반응을 계로 설명하면 그 계의 q 값은 양일까, 음일까? 연소 반응의 온도를 측정할 수 없지만 연소 반응(주로 엔진)의 주위는 온도가 상승한다고 말할 수 있다. 자동차의 엔진은 열을 흡수해야 한다. 에너지 보존 법칙으로부터 열이 연소 반응에서 나온다는 것을 알 수 있다. 연소 반응은 열을 방출하므로 q는 음의 값이다. 그림 6.17은 계, 주위와 열전달 사이의 관계를 나타낸 것이다.

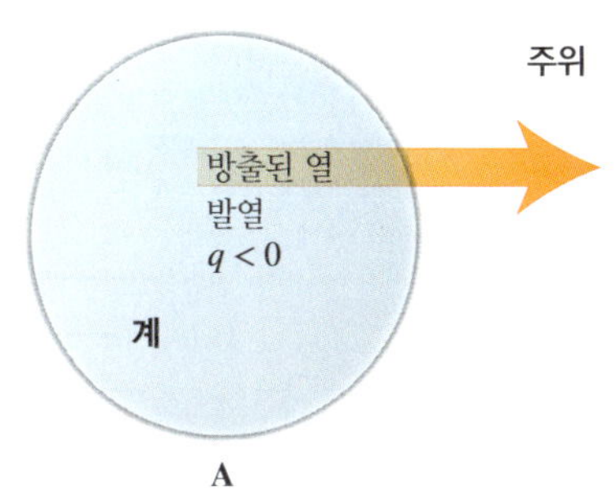

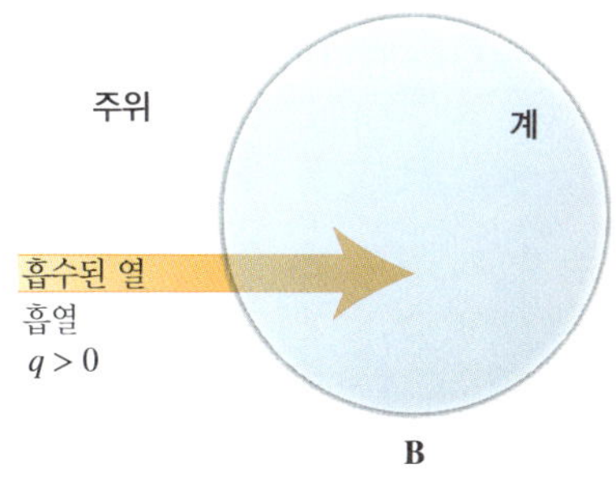

그림 6.17 (A) 계가 주위로 열을 방출하면 q는 음의 값이다($q < 0$). (B) 계가 주위로부터 열을 흡수하면 q는 양의 값이다($q > 0$).

열전달이 관여하는 반응에서, 물과 같은 물질의 경우 흡수되거나 방출되는 열의 양은 간단하게 계산할 수 있다. 비열을 알고 있고 질량은 쉽게 측정된다. 또한 물의 초기 및 최종 온도 역시 쉽게 측정된다. 그러나 금속관과 같은 물체에 대한 계산은 좀 복잡하다. 금속의 비열을 알지 못하고 온도 변화를 직접 측정할 수 없다. 그래서 금속으로부터 양을 알고 있는 물과 같은 주위로 전달되는 열의 양을 결정하게 할 열전달 과정을 설계해야 한다. 이 경우에 금속관이 관심의 대상이기 때문에 계가 된다. 열이 물을 제외한 어떤 곳으로도 손실되지 않으면 물이 주위가 된다. 알짜 열의 손실이 없으므로 계의 열 변화와 주위의 열 변화의 합은 0이다.

$$q_{계} + q_{주위} = 0$$

이 예에서

$$q_{금속관} + q_{물} = 0$$

92.0 g의 금속관 조각을 가열하여 25.00°C의 물 100.0 g으로 채워진 단열 용기 안에 넣었다고 가정해 보자(그림 6.18). 그 혼합물의 최종 온도가 29.45°C이다. 물에서 용기로 열의 손실이 없다고 가정하면, 금속관이 물에 잃은 열의 양을 계산할 수 있다. 그것은 물이 얻은 열의 양과 같고, 물의 질량에 물의 비열과 온도 변화를 곱한 것과 같다.

$$\begin{aligned} q_{물} &= m \times C \times \Delta T \\ &= 100.0\ \cancel{g} \times 4.184\ \frac{\text{J}}{\cancel{g}\ \cancel{°C}} \times (29.45\ \cancel{°C} - 25.00\ \cancel{°C}) \\ &= 1860\ \text{J} \end{aligned}$$

에너지 보존 법칙으로부터 금속관의 열 변화와 물의 열 변화의 합은 0이다.

$$q_{금속관} + q_{물} = 0$$

따라서 금속관의 열 변화는 물의 열 변화와 같은 값을 갖지만 반대 부호를 가진다.

$$q_{금속관} = -q_{물} = -1860\ \text{J}$$

방금 설명한 과정은 물체의 비열을 잘 알지 못하거나 물체의 초기 온도를 측정하기 어려운 경우에 열 변화를 결정하는 데 흔히 사용된다. 단열 용기를 흔히 ***열량계***(*calorimeter*)라고 한다. 열량계를 사용하여 전달되는 열을 측정하는 것을 ***열계량법***(*calorimetry*)이라고 한다.

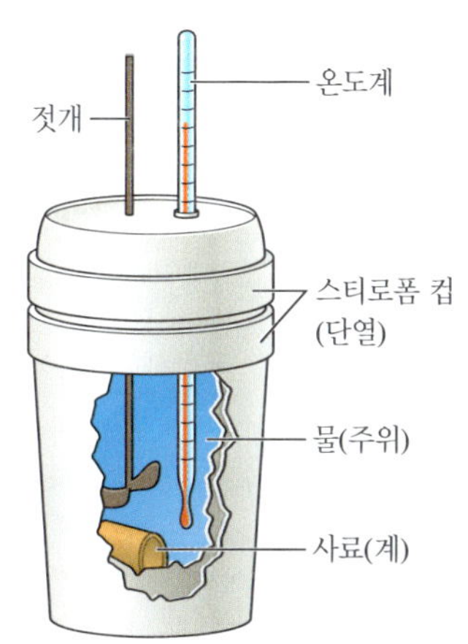

그림 6.18 온도계와 젓개가 열을 흡수하지 않는다고 가정하면, 물체에 의해 방출된 열의 양은 물에 의해 흡수된 열의 양을 측정함으로써 결정될 수 있다. 이 실험 과정을 *열계량 법*이라고 한다. 단열 용기를 *열량계*라고 한다.

인터넷 핫스팟

상당수 학생들이 열계량법 계산에 어려움을 겪고 있다고 한다. 이 주제에 대한 추가 학습 자료를 보려면 SmartBook에 접속하라.

예제 6.13 ▶ 열계량법

5.000 kg의 물이 들어 있는 단열 용기에 벽돌을 넣는다. 열적 평형에 도달했을 때 물의 온도는 25.0°C에서 19.4°C로 낮아졌다.

(a) 벽돌의 초기 온도는 물의 초기 온도보다 더 높은가, 낮은가? 설명하라.

(b) 벽돌의 열 변화 q는 얼마인가?

» 풀이:

(a) 물의 온도가 낮아졌으므로 벽돌의 온도는 상승해야 한다. 왜냐하면 열적 평형에서 두 온도는 같기 때문에 벽돌은 물의 초기 온도보다 더 낮은 온도에서 시작했음이 틀림없다.

(b) 벽돌의 질량 또는 온도를 모르므로 벽돌의 열 변화 q를 직접적으로 결정할 수 없다. 그런데 물의 질량, 비열, 온도 변화를 알고 있다. 물은 벽돌의 주위이므로 물의 열 변화를 결정하면 에너지 보존 법칙을 사용하여 벽돌의 열 변화를 결정할 수 있다. 물의 열 변화를 결정하기 위해 다음 식을 사용한다.

$$q_{\text{물}} = m \times C \times \Delta T$$

온도 변화 ΔT는 최종 온도와 초기 온도의 차이이다.

$$\begin{aligned}\Delta T &= T_f - T_i \\ &= 19.4°\text{C} - 25.0°\text{C} \\ &= -5.6°\text{C}\end{aligned}$$

물의 질량이 그램 단위여야 하므로 킬로그램을 그램으로 환산해야 한다.

$$\text{질량(그램)} = 5.000\ \cancel{\text{kg}} \times \frac{1000\ \text{g}}{1\ \cancel{\text{kg}}} = 5.000 \times 10^3\ \text{g}$$

물의 질량, 물의 비열, 물의 온도 변화에 대한 값을 대입하면 다음을 얻게 된다.

$$\begin{aligned}q_{\text{물}} &= 5.000 \times 10^3\ \cancel{\text{g}} \times 4.184\ \frac{\text{J}}{\cancel{\text{g}}\ \cancel{°\text{C}}} \times (-5.6\ \cancel{°\text{C}}) \\ &= -1.2 \times 10^5\ \text{J}\end{aligned}$$

$q_{\text{물}}$이 음의 값이라는 것은 물이 열을 방출하였다는 것을 의미한다. 에너지 보존 법칙으로부터 벽돌이 흡수한 열은 물이 방출한 열과 같다. 벽돌의 열 변화와 물의 열변화의 합은 0이어야 한다. 이것은 물의 열 변화는 벽돌의 열 변화와 같고 부호가 반대인 것을 의미한다.

$$\begin{aligned}q_{\text{벽돌}} + q_{\text{물}} &= 0 \\ q_{\text{벽돌}} = -q_{\text{물}} &= +1.2 \times 10^5\ \text{J}\end{aligned}$$

→ 응용 연습 6.13

위 실험에서 물의 양을 늘려 실험하였더니, 열평형을 이룬 후 물의 온도가 21°C로 낮아졌다. 이때 벽돌로부터 방출되는 열은 어떻게 되었는가? 증가하였나, 감소하였나, 같은가?

→ 실전 연습 6.13

금속 합금 시료를 가열하여 125.0 g의 물이 들어 있는 22.5°C의 열량계에 넣었다. 물의 최종 온도는 29.0°C이다. 물과 합금 사이에만 열 교환이 일어난다고 가정하라.

(a) 합금의 초기 온도가 물의 초기 온도보다 높은가, 낮은가? 설명하라.
(b) 합금의 열 변화는 무엇인가?

➡ **심화 연습:** 연습 문제 6.89

6.7 화학 반응에서 열 변화

Lily는 에탄올과 같은 연료의 연소로 방출되는 열의 양을 어떻게 결정하는지 궁금해 한다. 흔한 경우가 ***통열량계***(*bomb calorimeter*)라는 특별한 유형의 열량계를 사용하는 것이다(그림 6.19). 통열량계는 금속관과 벽돌과 같은 물체에 사용된 열량계와 유사하지만, 반응은 점화선이 있는 용기 내에 물과 분리된 영역에서 일어난다. 일정한 양의 반응물을 넣고 점화선을 통해 전기를 흘려주어 반응이 진행되게 한다. 연소 반응은 발열 반응이기 때문에 열을 방출하고, 이 열을 물이 흡수한다.

물의 온도 변화를 측정하고 비열을 사용하여 물의 열 변화 $q_{물}$을 계산할 수 있다. 열량계에 의해 흡수된 열이 없다고 가정하고 에너지 보존 법칙을 사용하여 반응에 대한 열 변화 $q_{반응}$를 결정할 수 있다.

$$q_{반응} + q_{물} = 0$$

$$q_{반응} = -q_{물}$$

예를 들면 5.0 g의 옥테인이 열량계에서 연소하여 주위 물이 240 kJ의 열($q_{물}$ = +240 kJ)을 흡수하려면 연소 반응은 240 kJ의 열을 방출해야 한다.

$$q_{반응} = -q_{물} = -240 \text{ kJ}$$

방출된 에너지의 양은 연소한 물질의 양에 의존한다. 몇 방울의 물질은 1갤런의 물질보다 적은 열을 방출할 것이다. 연소 반응에서는 산소와 반응하는 물질의 양에 대해 열 변화를 보고하는 것이 보통이다. 열 변화를 보고하는 한 가지 흔한 방법은 *그램당 킬로줄*(kJ/g) 단위이다. 위의 예에서 5.0 g의 옥테인이 연소하였다. *그램당* 열 변화는 5.0 g이 연소할 때 열 변화의 1/5이다.

통열량계는 음식물의 Cal(에너지) 함량을 결정하는 데 사용될 수 있다. 음식물은 연료이다. 음식물들이 인체에서 산화되면 천천히 에너지를 방출한다. 그러나 열량계에서 연소되면 빠르게 에너지를 방출한다. 어떤 방식이든 에너지의 양은 동일하다.

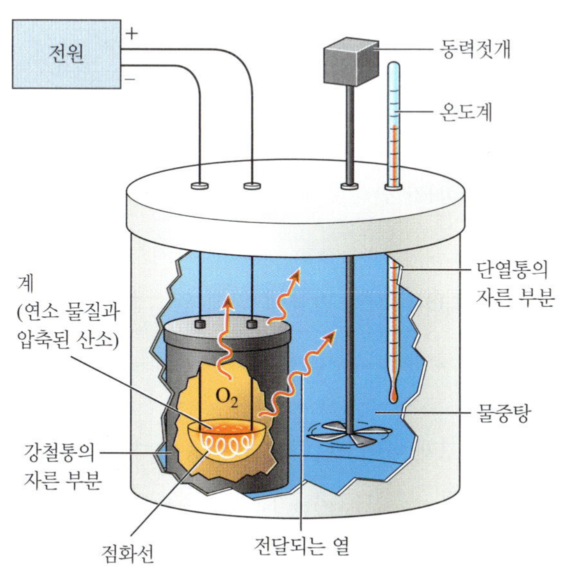

그림 6.19 통열량계는 연소 반응에서 방출된 열의 양을 측정하는 데 주로 사용된다. 반응에 의해 방출된 열은 물이 흡수한다.

$$\frac{-240\text{ kJ}}{5.0\text{ g}} = -48\text{ kJ/g}$$

화학 반응에서 열 변화를 나타내는 또 다른 방법은 *몰당 킬로줄*(kJ/몰) 단위이다. 프로페인(C_3H_8) 기체의 연소를 생각해 보자.

$$C_3H_8(g) + 5O_2(g) \longrightarrow 3CO_2(g) + 4H_2O(g)$$

1몰의 프로페인이 연소하면 2220 kJ의 열이 방출된다. 그러면 프로페인의 연소에 대한 열 변화는 몰당 −2220 kJ이다.

$$q_{\text{반응}} = -2220\text{ kJ/몰}$$

이 비를 반응열이라 하고, 임의의 몰 프로페인이 반응할 때 열 변화를 계산할 수 있게 한다. 예를 들면 2.00몰의 프로페인이 반응하면 두 배의 열이 방출한다. 이것은 프로페인 2.00몰에 몰당 열 변화를 곱하여 계산할 수 있다.

상당수 학생들이 화학 반응에서의 열 변화를 이해하는 데 어려움을 겪고 있다고 한다. 이 주제에 대한 추가 학습 자료를 보려면 SmartBook에 접속하라.

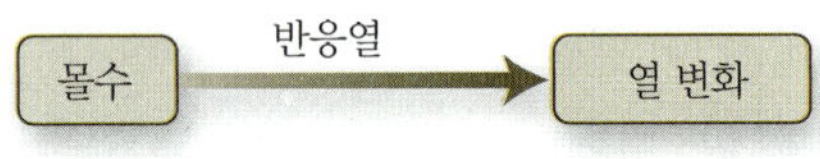

$$\text{열 변화} = 2.00\text{몰 } \cancel{C_3H_8} \times \frac{-2220\text{ kJ}}{1\text{몰 } \cancel{C_3H_8}} = -4440\text{ kJ}$$

예제 6.14 ▶ 화학 반응에서의 열 변화

Lily의 자동차에서 에탄올(CH_3CH_2OH)은 과량의 산소와 다음 반응식과 같이 반응한다.

$$CH_3CH_2OH(l) + 3O_2(g) \longrightarrow 2CO_2(g) + 3H_2O(l)$$

이 반응에 대한 열 변화 q는 반응하는 CH_3CH_2OH의 몰당 −1367 kJ이다.

(a) 이 반응은 흡열인가, 발열 반응인가?

(b) 0.200몰의 에탄올이 연소할 때 열 변화는 얼마인가?

» 풀이:

(a) q의 값이 음수이므로 반응은 발열 반응이고 반응에 의해 에너지가 방출된다.

(b) 0.200몰의 CH_3CH_2OH가 반응할 때 열 변화를 계산하기 위해 CH_3CH_2OH 0.200몰에 CH_3CH_2OH의 몰당 열 변화를 곱한다.

$$\text{열 변화} = 0.200\text{몰 } \cancel{CH_3CH_2OH} \times \frac{-1367\text{ kJ}}{1\text{몰 } \cancel{CH_3CH_2OH}} = -273\text{ kJ}$$

0.200몰의 CH_3CH_2OH가 반응할 때 273 kJ의 열이 주위로 *방출*된다.

→ 응용 연습 6.14

0.1000몰의 CH_3CH_2OH가 이 반응에 의해 연소될 때 주위로 방출되는 열은 얼마인가?

→ 실전 연습 6.14

다음은 수소 기체와 고체 아이오딘의 연소 반응에 대한 균형 맞춘 반응식이다.

$$H_2(g) + I_2(s) \longrightarrow 2HI(g)$$

이 반응의 열 변화는 반응하는 I_2의 몰당 +53.00 kJ이다.

(a) 이 반응은 흡열인가, 발열 반응인가?

(b) 2.50몰의 I_2가 반응하면 열 변화는 얼마인가?

➜ **심화 연습:** 연습 문제 6.99

식품과 연료는 보통 부피 또는 무게로 판매되기 때문에 kJ/g 비가 유용하다. 예를 들면 1몰의 액체 옥테인(C_8H_{18})은 1몰의 액체 프로페인(C_3H_8)보다 질량과 부피가 더 크다. 표 6.3은 다양한 연료 1 g의 연소에 해당하는 에너지 변화를 나타낸다. 일반적으로 분자식에서 탄소 원자의 수가 증가할수록 *몰당* 방출되는 에너지가 증가한다는 것에 주목하라. 그러나 그램당 방출되는 에너지는 탄소와 수소만을 포함한 화합물의 경우 비교적 일정하다. 산소를 포함한 메탄올과 에탄올의 경우 *그램당* 방출되는 에너지가 더 작다. 수소는 그램당 가장 큰 에너지를 제공하는데, 이것이 미래의 연료로서 가능성을 제공하는 한 가지 이유이다.

에탄올이 연소할 때 방출하는 에너지는 가솔린에 들어 있는 옥테인과 같은 탄화수소가 연소할 때 방출되는 에너지보다 적다. 그러므로 에탄올이 가솔린 첨가제나 대체제로 사용되지만 가솔린보다는 덜 효율적인 연료이다. 반면에 식물 물질에서 추출된 연료들은 녹색 화학의 원리와 일치하여 재생이 가능하다.

연료는 에너지 함량과 질량에 의해 설명할 수 있는 유일한 물질이 아니다. 식품의 에너지 함량도 그램당 에너지 단위로 나타내고, 세계 대부분에서 식품의 에너지 함량을 kJ로 보고한다. 미국에서 사용되는 단위는 kcal/g과 같은 Cal/g이다. 식품의 에너지 함량은 주로 단백질, 지방, 탄수화물에서 나온다. 이 구성 성분들의 에너지 값들이 표 6.4에 나열되어 있다. 지방이 단백질이나 탄수화물보다 그램당 더 큰 에너지 값을 가진다는 것을 주목하라. 이것이 많은 사람들이 체중을 조절할 때 식품의 지방 섭취량을 제한하는 이유 중 하나이다.

표 6.4의 자료는 대부분의 영양 표지에 나타난 것처럼 식품의 에너지 함량을 결정하는 데 사용된다(그림 6.16). 열량계 안에서 식품을 태우는 대신에 식품 산업 과학자들은 일정 분량에 존재하는 단백질, 지방, 탄수화물의 그램을 결정한다. 각 질량에 각 에너지 값으로 곱한다. 그리고 단백질, 지방, 탄수화물의 칼로리를 더하여 총 에너지 함량을 얻는다. 또한 전형적인 식품 표지는 지방으로부터 얻는 열량을 칼로리로 표시한다.

표 6.3 ▸ **연료의 연소에 대한 열 변화**
물질 + $xO_2(g) \rightarrow yCO_2(g) + zH_2O(l)$

		열 변화	
연료	화학식	kJ/mol	kJ/g
수소	$H_2(g)$	−286	−143
메탄올	$CH_3OH(l)$	−726	−23
메테인	$CH_4(g)$	−891	−56
에탄올	$CH_3CH_2OH(l)$	−1367	−30
아세틸렌	$C_2H_2(g)$	−1301	−50
에틸렌	$C_2H_4(g)$	−1411	−50
에테인	$C_2H_6(g)$	−1561	−52
프로페인	$C_3H_8(g)$	−2219	−50
뷰테인	$C_4H_{10}(l)$	−2878	−50
옥테인	$C_8H_{18}(l)$	−5471	−48
나무	—	—	−15
TNT	$C_7H_5(NO_2)_3(s)$	−3434	−15

표 6.3에서 TNT(trinitrotoluene, 트라이나이트로톨루엔)가 연소할 때 비교적 소량의 에너지가 방출하는 것을 주목하라. 다른 연료들은 몰당 또는 그램당 방출되는 에너지가 훨씬 더 많다. 이것은 놀랍지 않은가? TNT의 폭발적인 성격은 폭발 **속도**(*velocity*)와 관련이 있다. 이 반응이 일어나는 **속도**(*rate*)는 다른 연료보다 훨씬 더 빠르다.

표 6.4 ▸ 식품 구성 성분의 에너지 값

식품 구성 성분	kcal/g(Cal/g)	kJ/g
단백질	4	17
지방	9	38
탄수화물	4	17

제6장 복습하기

주요 개념 _Key Concepts

- 균형 맞춘 반응식을 이용하여 화학 반응에 포함된 반응물과 생성물의 양을 결정한다. 균형 맞춘 반응식의 계수는 반응하는 반응물의 몰수와 생성되는 생성물의 몰수를 알려 준다.
  - 반응 계수는 몰 비(또는 분자수 비)를 나타내는데, 이를 이용하여 알고 있는 몰수로부터 반응에 관여하는 다른 물질의 몰수를 알 수 있다.
  - 만약 한 반응물이나 생성물의 질량이 주어지면 먼저 그 물질의 몰질량을 사용하여 질량을 몰로 환산해야 한다.
- 화학 반응이 일어날 때 일반적으로 모든 반응물들이 완전하게 반응하도록 반응물들이 정확하게 맞는 양으로 존재하지 않는다. 이러한 경우에 한계 반응물만 완전하게 반응한다.
  - 한계 반응물은 부족하기 때문에, 그 양이 형성될 수 있는 생성물의 양을 제한한다. 이것이 이론 수득량, 즉 예상되는 생성물의 양을 계산하는 데 한계 반응물의 양을 이용하는 이유이다.
  - 반응이 실험실에서 일어나면 실제로 얻는 생성물의 양은 수득 백분율을 계산함으로써 이론 수득량과 비교할 수 있다.
- 에너지 변화는 화학적, 물리적 변화를 동반한다.
  - 흡열 반응은 주위로부터 에너지를 흡수한다. 발열 반응은 주위로 에너지를 방출한다.
  - 어떤 물질 1 g을 1°C 올리는 데 필요한 열의 양이다.
  - 한 물질의 열 변화 q, 질량 m, 비열 C, 온도 변화 ΔT 사이의 관계는 다음 식으로 주어진다.

$$q = m \times C \times \Delta T$$

- 열계량법은 계(보통 물체 또는 화학 반응)에 의해 흡수되거나 방출되는 열의 양을 측정한다.
  - 열계량법은 측정한 온도 변화로 주위의 열 변화($q_{주위}$)를 계산한다. 에너지 보존 법칙에서 설명된 것처럼 계의 열 변화는 주위 물의 열 변화와 같지만 부호가 반대이다. 즉 $q_{계} = -q_{주위}$
  - 화학 반응에 대한 열 변화는 일반적으로 특정 반응물의 kJ/몰 또는 kJ/g의 단위로 보고된다.

주요 관계식 _Key Relationships

관계	식
수득 백분율은 한계 반응물로부터 계산된 양인 이론 수득량에 대한 화학 반응에서 실제로 얻은 생성물의 양의 비이다.	$\text{수득 백분율} = \frac{\text{실제 수득량}}{\text{이론 수득량}} \times 100\%$
물체의 열 변화는 그 물체의 질량, 비열, 온도 변화의 곱과 같다. 온도 변화 ΔT는 최종 온도와 초기 온도 사이의 차이다.	$q = m \times C \times \Delta T$

주요 용어 _Key Terms

발열 반응(exothermic reaction) (6.6)
비열(specific heat) (6.6)
수득 백분율(percent yield) (6.5)
실제 수득량(actual yield) (6.5)
이론 수득량(theoretical yield) (6.5)
에너지 보존 법칙(law of conservation of energy) (6.6)
열(heat) (6.6)
한계 반응물(limiting reactant) (6.4)
흡열 반응(endothermic reaction) (6.6)

연습 문제 _Questions and Problems

주요 용어와 정의를 연결하기

6.1 다음 주어진 정의에 맞는 주요 용어를 써라.
(a) 화학 반응에서 반응물과 생성물의 양을 결정하는 과정
(b) 온도의 차이로 인해 물체들 사이에 전달되는 에너지
(c) 열을 흡수하는 화학 변화
(d) 어떤 물질 1 g을 온도 1°C 올리는 데 필요한 열의 양
(e) 실험실에서 반응으로부터 실질적으로 얻는 생성물의 양

균형 맞춘 반응식의 의미

6.3 글루코스($C_6H_{12}O_6$) 분자 1개가 우리 몸에서 대사될 때 O_2 분자 6개와 결합하여 CO_2 분자 6개와 H_2O 분자 6개를 생성한다.
(a) 이 반응에 대한 균형 맞춘 반응식을 써라.
(b) 글루코스 분자 12개가 반응하면 CO_2 분자 몇 개를 생성하는가?
(c) 만약 O_2 분자 30개가 반응하면 글루코스 분자 몇 개가 반응하는가?

6.5 균형 맞춘 반응식의 계수는 무엇을 나타내는가?

6.7 다음은 물에서 질산 마그네슘의 용해에 대한 균형 맞춘 반응식이다.

$$Mg(NO_3)_2(s) \xrightarrow{H_2O} Mg^{2+}(aq) + 2NO_3^-(aq)$$

(a) 용해되는 $Mg(NO_3)_2$의 각 화학식 단위마다 $Mg^{2+}(aq)$와 $NO_3^-(aq)$ 이온이 각각 몇 개 생성되는가?
(b) 1몰의 $Mg(NO_3)_2(aq)$가 용해될 때, Mg^{2+}와 NO_3^-는 각각 몇 몰 생성되는가?

6.9 다음의 분자 수준 그림은 반응물(반응 전)과 생성물(반응 후)을 나타낸 것이다. 다음의 어떤 것이 이 반응을 나타내는 가장 좋은 균형 맞춘 반응식인가? 선택하지 않은 것에 대해 그것들이 옳지 않은 이유를 설명하라.

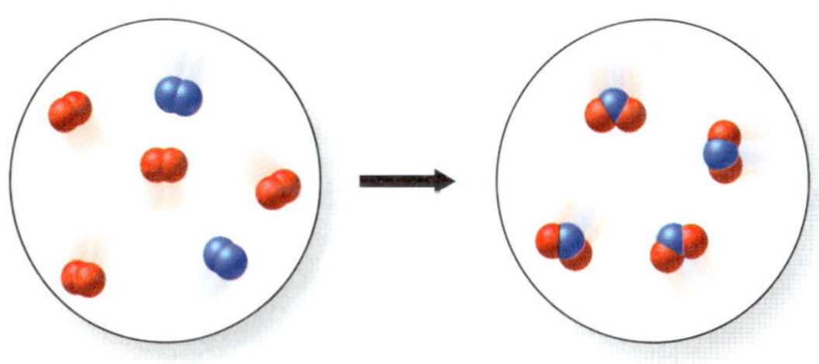

(a) $2A + 4B \longrightarrow 4AB$
(b) $A_2 + B_2 \longrightarrow AB_2$
(c) $2A_2 + 4B_2 \longrightarrow 4AB_2$
(d) $A_2 + 2B_2 \longrightarrow 2AB_2$

몰-몰 환산

6.11 벤젠(C_6H_6)은 발암 물질로 알려진 물질로 공기에서 연소 반응은 다음과 같다.

$$2C_6H_6(l) + 15O_2(g) \longrightarrow 12CO_2(g) + 6H_2O(g)$$

(a) C_6H_6에 대한 O_2의 몰 비는 얼마인가?
(b) C_6H_6 1몰과 반응하는 데 필요한 O_2의 몰수는 얼마인가?
(c) C_6H_6 0.38몰과 반응하는 데 필요한 O_2의 몰수는 얼마인가?

6.13 다음과 같은 단일 치환 반응으로 완전히 반응시키고자 하는 알루미늄 조각이 있다고 하자.

$$2Al(s) + 6HNO_3(aq) \longrightarrow 2Al(NO_3)_3(aq) + 3H_2(g)$$

(a) Al의 알려진 양과 반응하는 데 필요한 HNO_3의 몰수를 결정하기 위해 다음 식에서 어떤 몰 비를 사용하겠는가?

mol Al × ———— = mol HNO_3

(b) 알루미늄이 모두 반응하도록 충분한 양의 질산을 넣었을 때, 생성된 H_2의 몰수를 결정하기 위해 다음 식에서 어떤 몰 비를 사용할 것인가?

mol Al × ———— = mol H_2

(c) 생성된 H_2의 몰수를 알고 반응한 Al의 몰수를 구하고자 할 때, 다음 식에서 어떤 몰 비를 사용할 것인가?

mol H_2 × ———— = mol Al

6.15 바비큐 그릴에서 사용된 프로페인의 연소 반응을 생각해 보자.

$$C_3H_8(g) + 5O_2(g) \longrightarrow 3CO_2(g) + 4H_2O(g)$$

이 반응에서 보존되는 것은 무엇인가?

(a) 분자의 몰수
(b) 원자의 몰수
(c) 원자
(d) 질량
(e) (a)에서 (d)까지의 답 가운데 모든 반응에 대해 참(true)인 것은 무엇인가?

6.17 TNT[$C_7H_5(NO_2)_3$]의 분해에 대한 균형 맞춘 반응식은 다음과 같다.

$$2C_7H_5(NO_2)_3(s) \longrightarrow 7C(s) + 7CO(g) + 3N_2(g) + 5H_2O(g)$$

(a) 반응물 $C_7H_5(NO_2)_3$에 대해 각 생성물에 관여하는 몰 비를 써라.
(b) 1몰의 $C_7H_5(NO_2)_3$가 반응하면 각 생성물 몇 몰이 생성되는가?
(c) 6.25몰의 $C_7H_5(NO_2)_3$가 반응하면 각 생성물 몇 몰이 생성되는가?

→ 질량-질량 환산

6.19 황산 구리(II) 오수화물($CuSO_4 \cdot 5H_2O$)을 가열하면 탈수된 형태로 분해된다. 수화된 물은 고체 결정에서 방출되고 수증기를 형성한다. 수화된 형태는 미디엄 블루이고, 탈수화된 고체는 옅은 푸른색이다. 균형 맞춘 반응식은 다음과 같다.

$$CuSO_4 \cdot 5H_2O(s) \xrightarrow{\text{열}} CuSO_4(s) + 5H_2O(g)$$

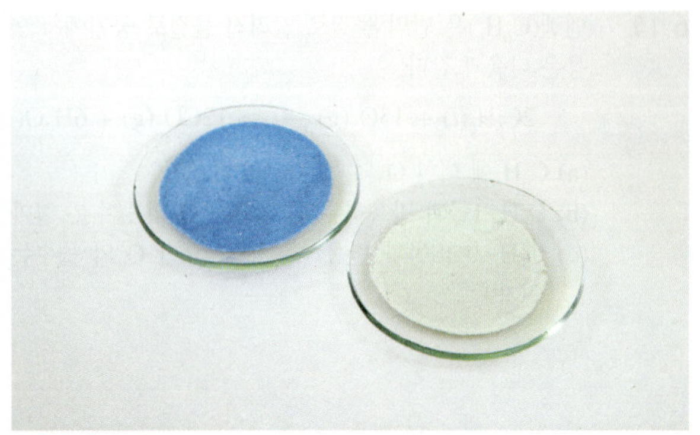

(a) $CuSO_4 \cdot 5H_2O$의 몰질량은 얼마인가?
(b) $CuSO_4$의 몰질량은 얼마인가?
(c) $CuSO_4 \cdot 5H_2O$ 1.00 g이 $CuSO_4$로 분해되었을 때, 남아 있는 옅은 푸른색 고체의 질량을 예측하라.

6.21 소듐과 같은 활성인 금속이 공기에 노출되면 그것들은 금속 산화물 막을 빠르게 형성한다. 다음은 산소와 소듐 금속의 반응에 대한 균형 맞춘 반응식이다.

$$4Na(s) + O_2(g) \longrightarrow 2Na_2O(s)$$

공기에 노출된 후에 소듐 금속 조각의 질량이 2.05 g 증가하였다. 이러한 증가가 산소와 반응한 결과라 생각하고 다음 물음에 답하라.

(a) Na와 반응한 O_2의 질량은 얼마인가?
(b) 반응한 Na의 질량은 얼마인가?
(c) 생성된 Na_2O의 질량은 얼마인가?

6.23 오산화 이아이오딘(diiodine pentoxide)은 공기에서 일산화 탄소를 제거하기 위해 인공호흡기에 사용된다.

$$I_2O_5(s) + 5CO(g) \longrightarrow I_2(s) + 5CO_2(g)$$

(a) 50.0 g의 오산화 이아이오딘을 포함한 인공호흡기로 공기에서 제거할 수 있는 일산화 탄소의 질량은 얼마인가?
(b) 인공호흡기에 남아 있는 I_2의 질량은 얼마인가?

6.25 다음 *균형을 맞추지 않은* 각 반응식에 대하여 반응식의 균형을 맞추고, 첫 번째 반응물 0.600 g과 완전히 반응하는 데 필요한 두 번째 반응물의 질량을 그램 단위로 구하라.

(a) $Cr(s) + Cl_2(g) \longrightarrow CrCl_3(s)$
(b) $RbO_2(s) + H_2O(l) \longrightarrow O_2(g) + RbOH(s)$
(c) $C_5H_{12}(g) + O_2(g) \longrightarrow CO_2(g) + H_2O(g)$
(d) $Li(s) + Cl_2(g) \longrightarrow LiCl(s)$

6.27 탄산 칼슘($CaCO_3$)는 상업적 제산제에 사용된다. 다음 반응에 의해 주로 HC1인 위산을 중화함으로써 위의 산성을 감소시킨다.

$$CaCO_3(s) + 2HCl(aq) \longrightarrow CaCl_2(aq) + CO_2(g) + H_2O(l)$$

0.020몰 HCl을 중화하는 데 필요한 $CaCO_3$의 질량은 얼마인가?

→ 한계 반응물

6.29 연료가 공기에서 탈 때, 전형적으로 한계 반응물은 무엇인가?

6.31 친구들을 위해 칠면조 샌드위치를 만들고 있다고 가정해 보자. 친구들이 많으므로 가능한 한 샌드위치를 많이 만들기를 원한다. 예산 문제로 24조각의 빵과 15조각의 칠면조만을 가지고 있다. 각 샌드위치는 2조각의 빵과 1조각의 칠면조로 구성된다.

(a) 만들 수 있는 샌드위치의 수는?
(b) 한계 재료는 무엇인가?
(c) 남는 재료는? 몇 개가 남는가?

6.33 다음은 질소와 플루오린 기체가 반응하여 삼플루오린화 질소를 생성하는 균형 맞춘 반응식을 나타낸 것이다.

$$N_2(g) + 3F_2(g) \longrightarrow 2NF_3(g)$$

다음의 각 보기의 반응물의 양이 혼합되었을 때, 한계 반응물은 무엇인가?

(a) N_2 분자 9개와 F_2 분자 9개

(b) N_2 분자 5개와 F_2 분자 20개

(c) N_2 분자 6개와 F_2 분자 18개

6.35 다음 분자 수준 그림은 아래 반응에 대한 반응물들의 혼합물(O_2 분자 3개와 H_2 분자 8개)을 나타낸 것이다.

$$2H_2(g) + O_2(g) \longrightarrow 2H_2O(g)$$

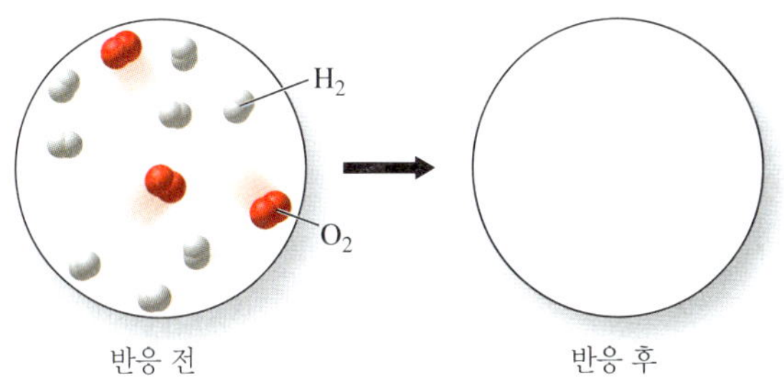

(a) 반응이 완결되었을 때 혼합물이 어떻게 되는지 그려라.

(b) 한계 반응물은 무엇인가?

(c) 어떤 반응물이 남는가?

6.37 에테인(ethane)의 연소에 대한 균형 맞춘 반응식을 사용하여 표를 완성하라.

$2C_2H_6(g) + 7O_2(g) \longrightarrow 4CO_2(g) + 6H_2O(g)$				
초기 혼합 양	분자 6개	분자 18개	분자 0개	분자 0개
반응한 양			—	—
최종 혼합물의 조성				

6.39 뷰테인(butane)의 연소에 대한 균형 맞춘 반응식을 사용하여 표를 완성하라.

$2C_4H_{10}(g) + 13O_2(g) \longrightarrow 8CO_2(g) + 10H_2O(g)$				
초기 혼합 양	3.10몰	13.0몰	0.00몰	0.00몰
반응한 양			—	—
최종 혼합물의 조성				

6.41 다음은 인과 산소 기체가 반응하여 십산화 사인을 생성하는 균형 맞춘 반응식을 나타낸 것이다.

$$P_4(g) + 5O_2(g) \longrightarrow P_4O_{10}(s)$$

다음의 각 보기의 반응물의 양이 혼합되었을 때, 한계 반응물은 무엇인가?

(a) P_4 0.50몰과 O_2 5.0몰

(b) P_4 0.20몰과 O_2 1.0몰

(c) P_4 0.25몰과 O_2 0.75몰

6.43 다음은 질소와 플루오린이 반응하여 삼플루오린화 질소를 생성하는 균형 맞춘 반응식을 나타낸 것이다.

$$N_2(g) + 3F_2(g) \longrightarrow 2NF_3(g)$$

10.0 g의 N_2가 10.0 g의 F_2와 혼합된다고 가정해 보자.

(a) 한계 반응물은 무엇인가?

(b) 생성될 수 있는 NF_3의 최대 양은 몇 그램인가?

6.45 기체를 생성하는 반응에서 탄산 수소 소듐은 염산과 반응하여 염화 소듐 수용액, 물, 이산화 탄소 기체를 생성한다.

$$NaHCO_3(s) + HCl(aq) \longrightarrow NaCl(aq) + H_2O(l) + CO_2(g)$$

4.0 g의 HCl을 포함한 용액에 8.0 g의 $NaHCO_3$를 첨가할 때, 한계 반응물은 무엇이며, 생성되는 CO_2 기체의 질량은 얼마인가?

6.47 에테인의 연소에 대한 균형 맞춘 반응식을 사용하여 표를 완성하라.

$2C_2H_6(g) + 7O_2(g) \longrightarrow 4CO_2(g) + 6H_2O(g)$				
초기 혼합 양	0.260 g	1.00 g	0.00 g	0.00 g
반응한 양			—	—
최종 혼합물의 조성				

6.49 NaOH 10.0 g이 들어 있는 수용액을 HNO_3 10.0 g이 들어 있는 수용액에 넣었다.

(a) 일어나는 산-염기 반응에 대한 균형 맞춘 반응식을 써라.

(b) 한계 반응물은 어느 것인가?

(c) 반응이 완결되면 용액은 산성인가, 염기성인가?

➔ 수득 백분율

6.51 구리 광석으로부터 순수한 구리를 얻는 과정에서 55.6 g의 구리 금속이 얻어졌다. 이것은 이론 수득량인가, 실제 수득량인가?

6.53 한 학생이 다음의 침전 반응을 수행하였다.

$$BaCl_2(aq) + Na_2CO_3(aq) \longrightarrow BaCO_3(g) + 2NaCl(aq)$$

침전이 모두 생성된 후 탄산 바륨 고체를 걸러서 즉시 그 무게를 측정하였다. 이 질량을 사용하여 수득 백분율을 105%로 계산하였다. 이것이 가능한가? 설명하라.

6.55 한 학생이 실험실에서 아스피린을 합성하고 있었다. 한계 반응물의 양을 이용하여 생성되어야 할 아스피린의 질량을 계산 하니 8.95 g이었고, 생성된 아스피린을 저울로 측정하니 7.44 g이었다.

(a) 아스피린의 실제 수득량은 얼마인가?

(b) 아스피린의 이론 수득량은 얼마인가?

(c) 이 합성에 대한 수득 백분율을 계산하라.

6.57 염화 소듐을 생성하는 소듐 금속과 염소 기체의 결합 반응의 균형 맞춘 반응식은 다음과 같다.

$$2Na(s) + Cl_2(g) \longrightarrow 2NaCl(s)$$

5.00 g의 소듐 금속이 과량의 염소 기체와 완전하게 반응하여 11.5 g의 NaCl이 얻어졌다. 염화 소듐의 수득 백분율은 얼마인가?

6.59 실험실에서 I_2에 과량의 H_2를 혼합하였더니 0.80몰 HI가 분

리되었다. 이 반응의 수득 백분율이 85%라면, 반응한 I_2의 몰수는? (*힌트*: 균형 맞춘 반응식을 써라.)

6.61 브로민화 마그네슘을 생성하는 마그네슘 금속과 브로민의 결합 반응의 균형 맞춘 반응식은 다음과 같다.

$$Mg(s) + Br_2(l) \longrightarrow MgBr_2(l)$$

1.0 mol의 Mg와 2.0 mol의 Br_2를 혼합하였을 때 0.84 mol의 $MgBr_2$가 얻어졌다면, 이 반응에 대한 수득 백분율은 얼마인가?

에너지 변화

6.63 에너지가 생겨나거나 소멸될 수 없다면 공이 언덕에서 굴러 내려와서 바닥에 정지하였을 때, 공의 에너지에는 어떤 일이 일어났는가?

6.65 수소 연료 자동차에서 수소와 산소의 반응을 생각해 보자. 퍼텐셜 에너지와 운동 에너지의 관점에서 이 과정의 에너지 변환을 설명하라.

6.67 싸이오사이안산 암모늄과 수산화 바륨 고체를 비커에서 혼합하면 용액이 형성되고 용액의 온도가 −5°C로 떨어진다. 이것은 흡열 반응인가, 발열 반응인가? 설명하라.

6.69 의사가 진통제를 주사하기 전에 피부에 액체를 분무하여 감각이 없게 한다. 여러분은 그 액체가 빠르게 기화하면서 피부가 차게 느껴지는 것을 알 수 있다. 여러분의 피부가 차게 느껴지는 이유를 설명하라.

6.71 발열 반응에서 반응물과 생성물의 퍼텐셜 에너지 사이의 관계는 무엇인가?

6.73 526 cal의 에너지를 줄 단위로 바꿔라.

6.75 145 kJ의 에너지를 칼로리 단위로 바꿔라.

6.77 876 J의 에너지를 Cal 단위로 바꿔라.

6.79 소듐 사이클러메이트(sodium cyclamate, $NaC_6H_{12}NSO_3$)는 식품의약청에 의해 금지될 때까지 유행한 비설탕계의 감미료이다. 그것의 단맛은 설탕(수크로스, $C_{12}H_{22}O_{11}$)의 약 30배이다. 각 화합물의 주입으로 공급될 수 있는 에너지는 소듐 사이클러메이트에 대해 16.03 kJ/g이고, 수크로스(sucrose)에 대해 16.49 kJ/g이다. 30.0 g의 수크로스 대신에 1.00 g의 소듐 사이클러메이트를 사용하였을 때, 감소된 에너지 섭취량은 몇 Cal인가?

6.81 50.0 g의 각 금속(알루미늄, 구리, 납)에 같은 양의 열을 가하면 어떤 금속의 최종 온도가 가장 높겠는가? 금속의 초기 온도는 모두 같다. 비열 값에 대해서는 표 6.2를 참조하라.

6.83 22.3°C의 구리 528 g을 49.8°C로 올리는 데 필요한 열의 양은? (표 6.2 참조)

6.85 185.3°C의 수증기 1.25 g을 102.1°C로 냉각할 때 열 변화는 무엇인가? 수증기의 비열은 2.02 J/(g °C)이다.

6.87 좋은 열량계의 특징은 무엇인가?

6.89 돌 조각을 60.0 g의 물에 넣었다. 물의 초기 온도는 25.0°C이고, 물과 돌 조각의 최종 온도는 30.1°C이다.
(a) 돌은 열을 얻는가, 잃어버리는가?
(b) 돌의 열 변화는 얼마인가?

6.91 45.0°C에서 75.0 g의 물이 들어 있는 열량계에 구리 한 조각을 넣었다. 물의 최종 온도는 36.2°C이다.
(a) 구리의 초기 온도가 물의 초기 온도보다 더 높은가, 더 낮은가?
(b) 구리는 열을 얻었는가, 잃었는가?
(c) 구리의 열 변화는 얼마인가?

6.93 80.0°C의 물 70.0 g을 25.0°C의 물 30.0 g과 혼합하면 최종 온도는 얼마인가?

화학 반응에서의 열 변화

6.95 화학 반응의 온도 변화는 왜 측정할 수 없는가?

6.97 반응에 대한 열 변화를 결정하기 위해 열량계에서 화학 변화를 수행한다. 계와 주위를 확인하라.

6.99 *수성 가스*(*water gas*)로 알려진 일산화 탄소, 수소, 산소 기체의 혼합물은 산업체에서 연료로 사용될 수 있다. 이들 기체의 반응은 다음과 같다.

$$CO(g) + H_2(g) + O_2(g) \longrightarrow CO_2(g) + H_2O(g)$$

이 반응은 일산화 탄소 1몰당 525 kJ의 열을 방출한다.
(a) 이 반응은 흡열 반응인가, 발열 반응인가?
(b) 일산화 탄소의 kJ/몰의 단위로 이 반응에 대한 에너지 변화는 얼마인가?

6.101 6.00 g의 석탄 시료를 태우면 2010 g의 물의 온도를 24.0°C에서 41.5°C로 올리는 데 충분한 열을 방출한다.
(a) 석탄이 타면서 방출한 열의 양은 얼마인가?
(b) kJ/g의 단위로 석탄의 연소열을 계산하라.

6.103 2.00 g의 땅콩을 1200 g의 물이 들어 있는 통열량계에서 태웠더니 물의 온도가 25.00°C에서 30.25°C로 상승하였다.
(a) 땅콩이 타면서 방출된 열의 양은 얼마인가? (줄 단위로)
(b) cal와 Cal의 단위로 열의 함량을 계산하라.
(c) Cal/g의 단위로 에너지 값을 계산하라.

6.105 원소 상태 물질들로부터 1.00몰의 이산화 탄소를 생성하는 데 수반되는 열의 변화는 −393.7 kJ/몰이다. 0.650몰의 CO_2를 생성하는 데 수반되는 열의 변화는?

추가 연습 문제

6.107 다음의 이온 결합 화합물 1.5몰이 물에 녹을 때, 용액 중에 존재하는 이온의 몰수를 구하라.
(a) $MgCl_2$
(b) $Al(NO_3)_3$
(c) NH_4NO_3

6.109 질산 은을 염화 칼슘 수용액에 가하면 용액으로부터 염화 이온을 제거하는 침전 반응이 일어난다.

$$2AgNO_3(s) + CaCl_2(aq) \longrightarrow 2AgCl(s) + Ca(NO_3)_2(aq)$$

(a) 용액에 $CaCl_2$ 10.0 g이 녹아 있다면 용액으로부터 모든 염화 이온을 제거하기 위해 필요한 $AgNO_3$의 질량은 얼마인가?
(b) 10.0 g $CaCl_2$가 모두 반응하도록 충분한 $AgNO_3$가 가해

졌을 때, 생성되어야 하는 AgCl 침전의 양은 얼마인가?

6.111 옥테인의 연소에 대한 균형 맞춘 반응식은 다음과 같다.

$$2C_8H_{18}(l) + 25O_2(g) \longrightarrow 16CO_2(g) + 18H_2O(g)$$

1.00 갤런의 옥테인과 반응하는 데 필요한 산소의 질량은 얼마인가? (1 갤런은 3.79 L이고, 옥테인의 밀도는 0.703 g/mL이다.)

6.113 밀폐된 용기에서 녹황색의 Cl_2 기체 시료 5.0 g이 10.0 g의 회색 포타슘 금속 시료에 첨가되어 흰색 고체를 형성한다.
(a) 일어나는 결합 반응에 대한 균형 맞춘 반응식을 써라.
(b) 한계 반응물을 확인하라.
(c) 반응이 완결되었을 때, 반응 용기에 남은 물질의 외형을 예측하라.
(d) 형성되는 생성물의 질량을 계산하라.
(e) 반응이 완결된 후에 생성물과 혼합되어 있는 과량의 반응물의 질량은 얼마인가?

6.115 수소의 연소에 대한 반응식은 다음과 같다.

$$2H_2(g) + O_2(g) \longrightarrow 2H_2O(g)$$

(a) H_2O에 대한 O_2의 몰 비는?
(b) 1.0 g의 H_2가 반응한다면, 반응하는 O_2의 질량과 생성되는 H_2O의 질량은 얼마인가?
(c) 1.0 g의 H_2가 4.0 g의 O_2와 혼합되었을 때 , H_2O의 이론 수득량은 얼마인가?

6.117 155 J의 열이 주석에 가해지면 초기 온도가 26.2°C인 주석 시료 125 g의 온도는? 표 6.2를 참조할 것.

6.119 20.0 g의 미지 금속이 50.0°C에서 25.5°C로 냉각되어 220.6 J의 열을 잃었을 때, J/(g°C) 단위로 그 금속의 비열은 얼마인가? 어떤 금속인지 결정하기 위해 표 6.2를 참조하라.

6.121 글루코스 0.250몰이 몸에서 분해되면 701 kJ의 에너지가 방출된다. kJ/몰과 Cal/몰 단위로 에너지 변화는 얼마인가?

6.123 24.5°C의 납 20.0 g을 55.0°C의 물 105 g에 넣으면 그 혼합물의 최종 온도는 얼마인가? 표 6.2를 참조하라.

6.125 금속관 175 g을 78.24°C로 가열하였다. 그리고 25.00°C의 물 100.0 g이 들어 있는 열량계에 그 금속관을 넣었다. 혼합물의 최종 온도는 33.43°C이었다. 물의 비열은 4.184 J/(g °C)이다. 열이 물 밖으로 전달되지 않는다고 가정하면, 금속관의 비열은 얼마인가? 표 6.2를 사용하여 금속관이 무엇으로 만들어졌는지를 결정하라.

6.127 0.250몰의 염화 마그네슘이 물에 녹았을 때, 용액 중에 들어 있는 마그네슘 이온과 염화 이온의 몰수는 각각 얼마인가?

6.129 50.0 g의 황산 포타슘(K_2SO_4)이 물에 녹았을 때, 용액 중에 들어 있는 포타슘 이온과 황산 이온의 몰수는 각각 얼마인가?

6.131 연료로 사용 가능한 에탄올은 당의 일종인 글루코스를 발효시켜 만들 수 있다. 균형 맞춘 반응식은 다음과 같다.

$$C_6H_{12}O_6(s) \longrightarrow 2CH_3CH_2OH(l) + 2CO_2(g)$$

5.0 kg의 글루코스를 발효시켜 만들 수 있는 에탄올의 질량은 얼마인가?

6.133 염화 바륨($BaCl_2$) 수용액과 크로뮴산 포타슘(K_2CrO_4) 수용액을 섞으면, 노란색의 크로뮴산 바륨($BaCrO_4$) 침전이 생성된다. 균형 맞춘 반응식은 다음과 같다.

$$BaCl_2(aq) + K_2CrO_4(aq) \longrightarrow BaCrO_4(s) + 2KCl(aq)$$

염화 바륨 0.45몰이 들어 있는 용액과 크로뮴산 포타슘 0.20몰이 들어 있는 용액을 섞으면, 생성되는 크로뮴산 바륨은 몇 g인가?

6.135 소듐 금속은 액체 브로민과 반응하여 브로민화 소듐을 생성한다. 소듐 20.0 g이 브로민 100.0 g에 들어 있다면 반응하는 소듐의 몰수는 얼마인가?

제 7 장

원자의 전자 구조

Electron Structure of the Atom

Andrea, Ben, Drew는 방과 후에 자주 만나 숙제와 시험공부를 같이 한다. 몇 주 동안 열심히 공부한 후 세 학생은 머리를 식히기 위해 잠시 화학으로부터 도피하기로 결정한다. 안드레아가 주말에 차를 빌려 라스베이거스를 구경하자고 제안하였다.

그들이 라스베이거스 근처에 도착하였을 때 도심의 휘황찬란한 간판 및 광고 디스플레이들이 그들의 목적지가 가까워졌음을 알려 주었다. 세 학생들 중 가장 공부에 열심이었던 Ben이 다음과 같은 의견을 제시하였다. “화학을 잘하는 학생이라면 라스베이거스의 휘황찬란한 각종 색깔의 불빛을 즐기는 것처럼 그 현상에 대해 이해해야 해”. Andrea와 Drew는 Ben에게 “우리는 지금 놀러왔어.”라고 말했지만 곧바로 태양에 대한 토론이 시작되었다. Ben은 두 친구들에게 태양은 가장 중요한 빛과 에너지의 원천이라는 사실을 언급했다. 태양은 우리들이 세상을 볼 수 있는 빛을 제공해 준다. 또한 식물이 이산화 탄소와 물을 포도당으로 전환하는 데 필요한 에너지를 공급해 준다. 태양빛이 지구의 대기와 지표면을 때릴 때 태양빛의 에너지 일부가 열 에너지로 전환되어 지구를 따뜻하게 해 준다.

Drew는 Andrea와 Ben에게 라스베이거스로 오는 중에 보았던 무지개에 대해서도 상기시켜 주었다. 태양빛은 모든 색들의 빛으로 구성되어 있다. 인간이 백색광으로 인지하는 이와 같은 혼합광은 실제로는 색을 띠는 빛들의 연속적인 스펙트럼이다. 무지개는 태양빛이 대기 중에 있는 물방울을 통과할 때 태양빛을 이루는 단색광들이 분리되어 나타나는 현상이다. 이때 물방울은 프리즘 역할을 한다. 백열전구에서 나오는 빛도 역시 백색광이며, 이 빛을 프리즘에 통과시키면 무지개와 같은 색 분리 현상이 나타난다(그림 7.1).

라스베이거스에서의 첫째 날 저녁에 세 친구들은 화려한 불꽃놀이를 구경하였다. Ben은 불꽃의 다양한 색들과 형상이 어떻게 만들어지는지에 대해 궁금하게 생각하였다. 폭죽은 일반적으로 색을 띠는 빛을 발생시키는 화합물 및 장약 성분으로 이루어져 있다. 폭죽 제조자들은 다양한 색을 내기 위해 각기 다른 화합물을 사용한다(그림 7.2). 예를 들어 빨간빛을 내기 위해 질산 스트론튬이나 탄산 스트론튬을 사용하며, 초록빛을 내기 위해 질산 바륨이나 염화 바륨을 사용한다. 구리 화합물은 청록색을 내며, 금속 마그네슘이나 알루미늄은 백색을 내는 데 주로 사용된다. 질산 포타슘과 황 혼합물은 불꽃놀이의 웅장한 대미를 장식하는 데 사용되는 백색 연기를 발생시킨다.

그림 7.1 프리즘으로 분리될 수 있는 다양한 색을 띤 빛들로 이루어져 있는 백색광. 무지개는 빗방울에 의해 백색광이 분리되어 생기는 현상이다.

©PhotoLink/Getty Images

그림 7.2 불꽃놀이 전문 기업 또는 일반 대중들에게 팔리는 폭죽은 장약 및 특정한 색을 가진 빛을 내는 금속 또는 화합물을 주성분으로 제조된다. 사진에 보이는 고운 분말들은 빛을 발생하거나 특수 효과를 만드는 데 사용되는 이온 결합 화합물이나 금속이다. 마그네슘과 같은 순수한 금속들은 불꽃놀이에 서 볼 수 있는 백색광채를 만드는 데 사용된다.

(왼쪽): ©Flickr RF/Getty Images; (오른쪽): ©Tom Pantages

동영상: 불꽃 실험

그림 7.3 $Sr(NO_3)_2$ 시료를 불꽃에 넣으면 불꽃은 빨간색으로 변한다. 이 화합물은 빨간 빛을 내는 폭죽을 제조하는 데 사용된다.

©McGraw-Hill Education/Stephen Frisch

이전의 네온 등에는 비활성 기체인 네온만 들어 있었다. 네온 등은 주홍색 빛을 내었다. 오늘 날 ***네온 등***(*neon light*)은 네온 외에도 다른 비활성 기체나 그들의 혼합물이 들어 있는 유리관을 나타내는 일반적인 용어로 사용된다. 방출되는 빛의 종류는 관 내부에 들어 있는 기체에 따라 달라진다. 일반적으로 헬륨은 주황색, 아르곤은 연보라색, 크립톤은 녹회색, 제논은 청회색의 빛을 발생시킨다. 또한 내부를 인광 물질로 칠한 관을 사용해도 빛의 색을 다르게 만들 수 있다.

동영상: 방전관

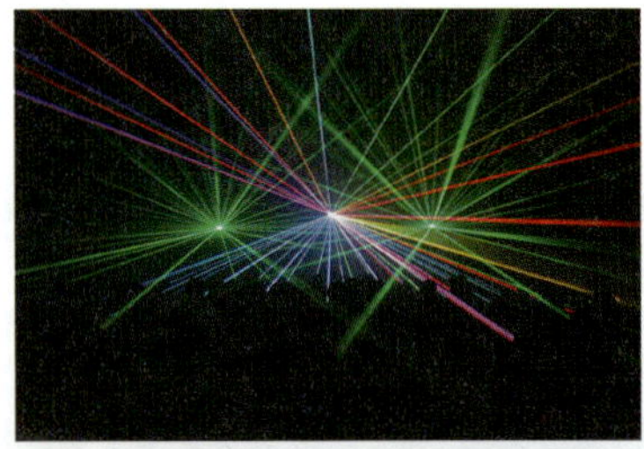

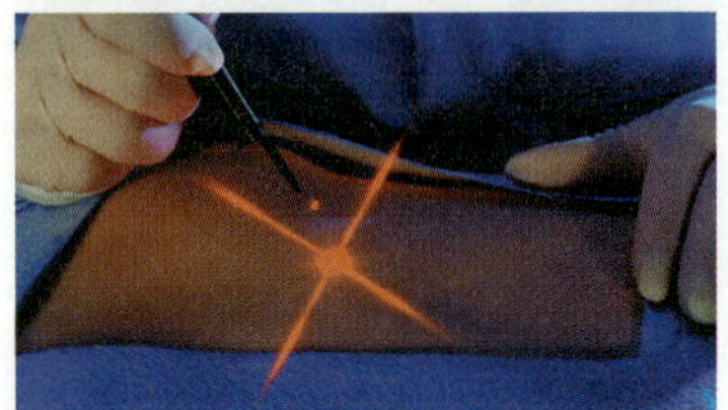

그림 7.4 레이저 빛은 오락용으로 사용될 수 있다. 또한 레이저 빛은 수술과 같이 실용적인 목적으로도 사용된다.

(위): ©iStockphoto/Getty Images; (아래): ©Corbis/SuperStock

폭죽의 장약은 빛을 내는 화합물들을 공중에 높이 뿌려주는 데 필요한 에너지를 제공해 준다. 폭발은 발열 반응이므로 주변에 에너지를 방출한다. 방출된 에너지의 일부는 운동 에너지로 변하여 폭죽의 성분들을 공중에 빠르게 뿌려주게 된다. 보다 중요한 단계는 폭발로 인해 화합물들이 빛을 방출하게 하는 단계이다. 에너지의 일부가 이온 결합 화합물에 의해 흡수되어, 이를 빛 에너지로 전환시켜 빛을 방출한다. 보통 불꽃에서도 열이 빛으로 방출된다. 예를 들어 불꽃에 질산 스트론튬을 뿌리면 불꽃은 빨간색을 띠게 된다(그림 7.3). 이 빨간색의 불꽃은 폭죽의 질산 스트론튬에서 방출되는 붉은색과 동일하다.

Ben, Andrea, Drew가 라스베이거스 거리를 지날 때 휘황한 네온사인과 전광판에 감탄하며, 이 조명 기구들의 발광 원리에 대해 대화를 나누었다. 라스베이거스의 '네온' 불빛은 무지개의 모든 색을 보여 줄 수 있으나 그 광원은 백색광이 아니다. 만일 네온 불빛을 프리즘에 통과시킨다면 프리즘을 통과하여 나오는 빛은 무지개 색 중 일부만 보여 줄 것이다. 네온 빛은 백색광과는 다르며 연속적인 색 스펙트럼을 가지고 있지 않다. Ben은 네온사인으로부터 나오는 색색의 빛들이 폭죽에서 빛이 발생하는 것과 같은 원리로 발생한다는 사실을 지적했다. 단 네온 사인의 빛은 전압에 의한 전기적인 에너지로 인해 발생하고, 폭죽의 빛은 장약에 의한 화학적 에너지로 발생한다는 차이가 있다는 점도 언급했다.

세 학생들은 라스베이거스에서 음악회에 가기로 했다. 그들이 공연장에 들어가니 레이저 쇼가 한창이었다. 형형색색의 레이저 빔들이 음악에 따라 공연장을 뒤덮고 있었다. Andrea는 폭죽이나 네온사인에서 나오는 빛과는 다르게 빛의 폭이 매우 작고 그 세기가 강한 빛들이 공중에서 빠르고 힘차게 돌아다니는 것을 느꼈다. Andrea는 화학 강의시간에 레이저 빛은 단지 한 색으로 이루어진 단색광이며, 가늘지만 세기가 강한 빛으로 배웠던 것을 기억해 냈다. 레이저 빔의 색은 레이저 종류에 따라 다르다(그림 7.4). 눈에 보이는 레이저 빛은 보기에 매혹적이므로 공연 등에 자주 사용되지만, 많은 장점 때문에 다양하고 실용적인 분야에도 널리 사용된다. 외과 수술에서 눈의 홍채와 같이 국소 부분을 절개할 때 가늘고 강한 레이저 빔이 사용된다. 또한 전통적인 수술 방법에 동반되는 통증과 부기 없이 정맥류성 정맥을 제거하는 데 레이저를 사용하는 것이 매우 효과적이라는 사실이 알려져 있다.

우리가 네온광, 불꽃놀이, 레이저 빛을 볼 때 그 빛은 항상 원자에서 일정하게 나온다. 빛이 발생하는 현상이 어떻게 원자와 관련되는지를 배우는 것이 원자에 속해 있는 전자의 배치와 특성을 이해하는 데 도움을 준다. 또한 이러한 현상들이, 원소의 거시적이고 미시적 성질들이 주기율표에서 각각의 원소의 위치와 어떤 관계가 있는지를 이해하는 데 도움을 줄 것이다.

이 장에서 공부할 내용의 질문

7.1 빛은 무엇이며 어떻게 기술할 수 있는가?
7.2 수소 원자에 있는 전자의 특성을 어떻게 설명할 수 있는가?
7.3 각각의 원자에 있는 전자들을 어떻게 설명할 수 있는가?
7.4 원자의 전자 배치와 주기율표상에서 원소의 배열과 어떤 관계가 있는가?
7.5 원자에 있는 어떤 전자들이 화학적으로 중요한가?
7.6 이온의 전자 배치와 원자의 전자 배치는 어떻게 다른가?
7.7 원자의 성질은 원자의 전자 배치와 어떤 관계가 있는가?

7.1 전자기 복사와 에너지

빛은 **전자기 복사**(electromagnetic radiation) 또는 ***복사 에너지***(*radiation energy*)라고 부르는 에너지의 한 형태이다. 전자기 복사의 모든 종류는 그 이름이 의미하는 것과 같이, 전기장과 자기장에서 진동하는 파로서 공간에서 이동한다. 진공 상태에서 모든 종류의 전자기 복사는 같은 속도, 즉 ***빛의 속도***(*speed of light*)인 3.0×10^8 m/s로 움직인다. 빛의 속도는 공기 또는 유리와 같은 다른 매질을 통해 이동할 때 더 느리다. 인간이 감지할 수 있는 빛을 가시광선이라 하며, 이는 전자기 복사 전체 영역 중 한 부분이다. 다른 형태의 전자기 복사에는 X-선, 자외선, 적외선, 마이크로파, 라디오파 등이 있다.

>> 전자기 복사의 성질

서로 다른 종류의 전자기 복사를 다르게 만드는 것은 무엇인가? 한 가지 가변적 성질이 파장이다. 그림 7.5에서 나타낸 것처럼 **파장**(wavelength: 그리스 문자인 람다, λ로 표시)은 파에서 규칙적으로 나타나는 상응하는 두 점 사이의 거리이다. 상응하는 두 점은 파에서 나타나는 두 개의 마루(crest) 또는 두 개의 골(trough)을 의미한다. 파장은 다른 종류의 전자기 복사의 특성이다. 파장이 짧은 파에는 감마선, X-선이 있으며, 파장이 긴 파에는 마이크로파와 라디오파가 있다. 빛도 전자기파의 일종이다.

또 다른 성질은 진동수이다. 진동수를 이해하기 위해 여러분들이 조용한 날 부두에서 있다고 생각해 보자. 파도가 부두를 규칙적으로 천천히 때릴 것이다. 이제 바람이 부는 날 같은 부두에 서 있다고 상상해 보자. 파도가 부두에 부딪히는 횟수가 더 잦아지게 될 것이다. 이 파도는 조용한 날보다 부두를 더 큰 *진동수*로 때린다. 빛에 있어서 **진동수**(frequency, 그리스 문자인 누, ν로 표시)는 파의 일정한 점(예를 들어 골 또는 마루)이 단위 시간당 몇 번 나타나는가를 나타내는 수이다. 진동수의 단위는 1/초, 또는 **헤르츠**(hertz, Hz)이다.

진동수는 초당 반복되는 파의 주기로 기술하며 그 단위는 s^{-1} 또는 1/s로 쓴다. 이 단위는 '초분의 1' 또는 '초당'이라고 읽는다. 파의 주기는 단위가 없는 것으로 간주한다. 따라서 분자의 단위는 없고 분모의 단위는 초이다.

파장과 진동수의 두 물리량은 전자기 복사의 특성을 나타내는 데 사용될 수 있다. 그림 7.6에 있는 ***전자기 스펙트럼***(*electromagnetic spectrum*)은 다른 유형의 전자기 복사를 나타내는데, 가장 짧은 파장(감마선)에서 가장 긴 파장(TV와 라디오파)으로 나열되어 있다. 파장이 길어짐에 따라 진동수는 감소한다는 점을 주목하라. 하나가 올라가면, 다른 하나는 내려간다. 즉 *파장과 진동수는 반비례한다*. 그림 7.7에 있는 두 파를 비교해 보라. 어떤 파가 더 높은 진동수를 갖는 것인가? 답은 더 짧은 파장을 갖는 파이다.

인간의 눈은 전자기 스펙트럼 중 가시광선 영역의 빛만을 인지한다. 이 영역은 가장 긴 파장의 빨간색과 가장 짧은 보라색의, 다양한 색의 빛으로 구성되어 있다. 원자는 빛을 흡수한다. 이것이 풀잎이 초록색으로 보이는 이유이다. 태양에서 나오는 빛이 풀잎을

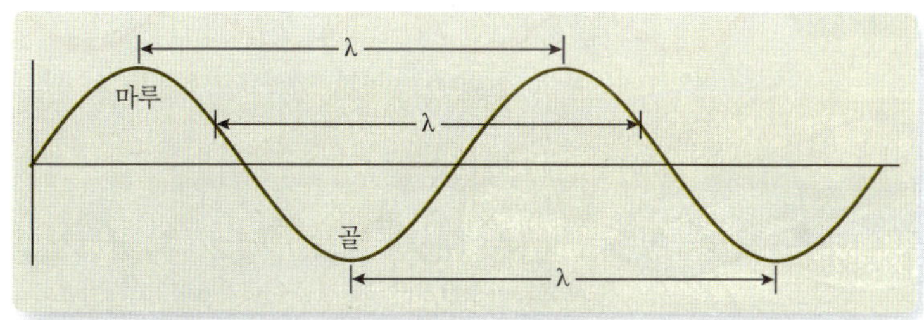

그림 7.5 파장(λ)은 파에서 규칙적으로 나타나는 상응하는 두 점 사이의 거리이다. 두 점의 마루, 두 점의 골, 또는 임의의 상응되는 두 점을 측정하면 같은 값을 얻을 수 있다.

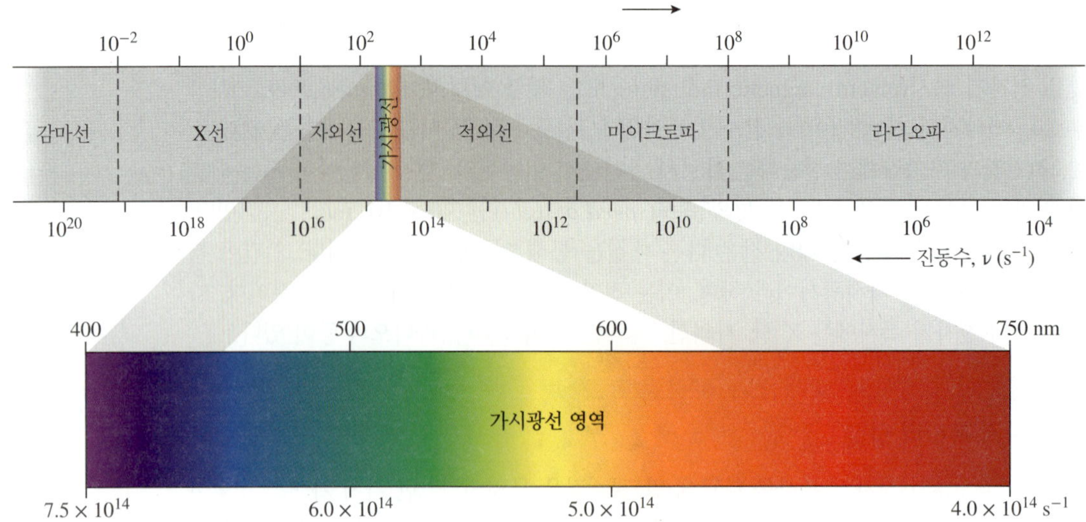

그림 7.6 전자기 스펙트럼은 모든 형태의 전자기 복사를 포함한다. 위 그림에서는 짧은 파장에서 긴 파장 순으로 나타내었다. 파장이 길어지면 진동수는 작아진다. 전자기 스펙트럼의 가시광선 영역은 자외선과 적외선 사이에 있다. 가시광선은 전자기 스펙트럼 상에서 작은 부분이다.

비추게 되면 풀잎의 원자나 분자는 초록빛을 제외한 모든 빛을 흡수한다. 따라서 흡수되지 않은 초록빛은 풀잎 표면에서 반사되어 우리 눈에 들어오게 되어 우리는 풀잎 색을 초록색으로 인지하게 되는 것이다. 흰색의 물체는 가시광선을 거의 흡수하지 않는다. 반대로 검은색 물체는 가시광선을 거의 모두 흡수한다. 원자와 가시광선 간의 이러한 상호작용 때문에 인간의 눈이 때로는 색을 식별하지 못하는 경우가 발생한다. 만일 소듐 등이 비치는 주차장에 빨간색의 차가 주차되어 있다고 가정하자. 소듐 등은 노란 빛만 내놓는다. 따라서 빨간 빛이 자동차에 비추어지지 않으므로 빨간색 빛은 반사할 수 없다. 여러분의 차는 원래의 빨간색과는 전혀 다른 색으로 보일 것이다.

빛(또는 전자기파)은 파장 또는 진동수라는 물리량으로 표시될 수 있으며, 또한 에너지라는 특성을 갖는다. 빛 에너지의 기본 단위는 **광자**(photon)이라고 불리는 에너지 '꾸러미'이다. 광자의 에너지(E)는 파장 또는 진동수의 함수이다. 라디오파와 같은 긴 파장, 즉 낮은 진동수의 전자기 복사는 낮은 에너지의 광자로 구성된다. 반면에 짧은 파장, 즉 높은 진동수의 복사는 높은 에너지의 광자로 구성된다. *광자 에너지는 진동수에 비례한다*. 하나가 커지면, 다른 것도 커진다. 광자 에너지는 파장에 *반비례*한다. 하나가 증가하면, 다른 것은 감소한다.

인간은 적외선을 볼 수 없음에도 열로서 적외선의 존재를 느낀다. 모든 물체는 적외선을 방출한다. 물체에서 가장 큰 세기로 방출되는 전자기파의 파장은 물체의 온도에 따라 다르다. 물체의 온도가 낮을수록 파장은 길어진다. 온도 차이를 감지할 수 있는 특수 카메라와 필름을 사용하면 적외선 복사를 측정할 수 있다. 아래에 실린 인간의 뇌에 대한 열화상 이미지에서 초록색과 노란색 영역은 가장 따뜻한 부분이고, 파란색과 검은색 부분은 가장 차가운 부분이다.

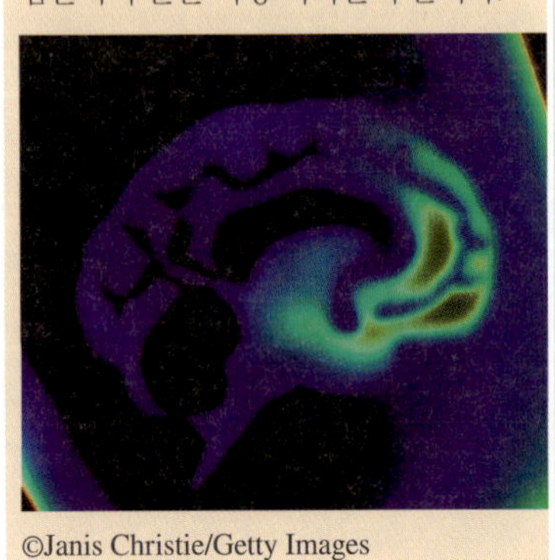

©Janis Christie/Getty Images

λ
1000 nm
IR 레이저
적외선 빛은 파장(λ)이 1000 nm이고, 진동수(ν)가 3×10^{14}/s이다.

λ
500 nm
초록색 레이저
초록색 빛은 파장(λ)이 500 nm이고, 진동수(ν)가 6×10^{14}/s이다.

그림 7.7 적외선의 파장은 초록색 파장의 두 배이다. 적외선의 진동수는 초록색 파장의 1/2이다. 파장과 진동수는 반비례 관계이다. (적외선 레이저를 빨간색으로 표시했지만 실제로는 보이지 않는다.)

조명 쇼에서 사용되는 레이저는 단일 파장으로만 이루어진 ***단색광***(*monochromatic light*)이다. 단색광이라는 용어는 동일한 에너지를 갖는 광자들로 구성되어 있다는 사실을 의미한다. 조명 쇼에서 사용되는 레이저 빔은 많은 단색광들이 집속되어 있는 것으로 구성 요소인 레이저 빛이 공간에서 퍼지지 않고 똑바로 진행하는 직진성을 갖는데, 이는 레이저 빔을 구성하는 레이저 빛들이 서로 동기화(synchronized)되어 있기 때문이다. 레이저 빛은 마루 및 골들이 서로 일치하게 되어 완벽한 정렬을 이루어서 진행한다. 널리 사용되는 레이저는 가시광선 또는 적외선 영역의 빛을 방출한다. 예제 7.1을 통해 서로 다른 레이저 및 서로 다른 유형의 전자기 복사의 파장, 진동수, 광자 에너지를 비교할 수 있을 것이다.

수술 외에도 레이저는 충치를 제거하거나, CD나 DVD에 있는 정보를 읽어 낼 때, 슈퍼마켓에서 가격표를 읽을 때, 컴퓨터 매체에 데이터를 쓰거나 읽어 낼 때, 금속을 자르거나 용접할 때, 거리를 측정할 때, 총을 조준할 때, 모반이나 문신을 지울 때 등 다양하게 사용된다.

예제 7.1 ▶ 이온 결합 화합물과 분자 화합물

Andrea, Ben, Drew는 일반화학 강의시간 때 교수님이 두 종류의 레이저 포인터를 사용한다는 것을 알았다. 하나는 빨간색 빛을 내고 다른 하나는 초록색 빛을 낸다.

(a) 어느 쪽의 레이저가 더 긴 파장인가?
(b) 어느 쪽이 더 높은 진동수를 갖는가?
(c) 어느 쪽이 더 큰 에너지의 광자로 이루어져 있는가?

» 풀이:

(a) 상대적 파장이 그림 7.6의 전자기 스펙트럼에 나타나 있다. 빨간색 빛이 초록색 빛보다 훨씬 더 오른쪽에 있으므로 빨간색 빛 파장이 더 길고 초록색 빛 파장이 더 짧다. 만일 전자기 스펙트럼이 없다면 '빨주노초파남보(ROYGBIV)'의 연상 문구가 그 순서를 알려 줄 것이다. 파장이 가장 긴 빨간색(R, Red) 빛으로 시작하여 초록색(G, Green)이 보다 짧은 파장으로 가시광선의 중간 영역이다. 가장 파장이 짧은 빛은 보라색(V, Violet)이다.

(b) 진동수와 파장은 반비례 관계이다. 높은 진동수의 빛은 파장이 상대적으로 짧다. 초록색 빛의 파장이 빨간색 빛보다 더 짧으므로 보다 높은 진동수를 갖는다.

(c) 광자 에너지는 진동수에 비례한다. 높은 진동수의 빛은 상대적으로 큰 광자 에너지를 갖는다. 초록색 빛이 더 높은 진동수를 가지므로 더 큰 광자 에너지를 갖는다. 또한 파장으로부터 광자 에너지의 상대적인 크기를 추론할 수 있다. 광자 에너지는 파장과 반비례 관계에 있다. 따라서 보다 파장이 짧은 초록색 빛이 더 큰 광자 에너지를 갖는다.

파장과 가시광선의 색들을 외울 때 연상 기호를 사용하라. 장파장에서 단파장 순서대로 색에 대한 영어 철자 첫 글자를 따오면 다음과 같은 남성 이름이 된다: ROY G. BIV.

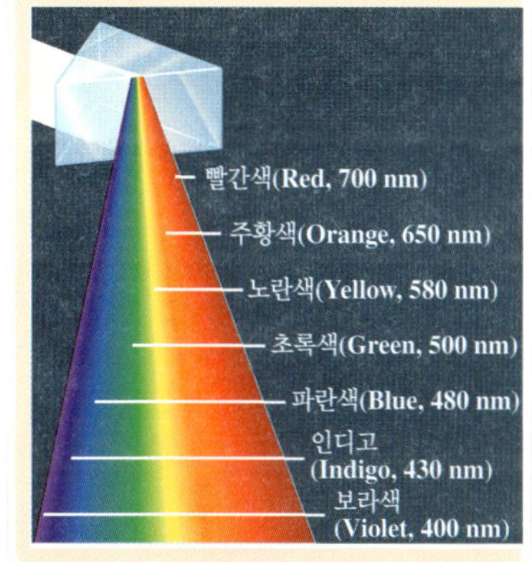

→ 응용 연습 7.1

어떤 레이저 빛이 초록색 빛이나 빨간색 빛보다 더 큰 광자 에너지를 갖는가?

→ 실전 연습 7.1

태양은 넓은 범위의 전자기 복사를 방출한다. 지구에 도달한 빛은 대부분 가시광선, 적외선, 자외선이다. 우리는 육안으로 가시광선을 볼 수 있다. 적외선은 열로 느낄 수 있다. 적외선은 지구와 대기를 따뜻하게 해준다. 우리는 피부에 해로운 자외선을 차단하기 위해 자외선 차단제를 사용한다.

(a) 가시광선, 적외선, 자외선 중 어떤 종류의 빛이 가장 긴 파장을 갖는가?
(b) 가시광선, 적외선, 자외선 중 어떤 종류의 빛이 가장 큰 진동수를 갖는가?

(c) 가장 큰 에너지를 갖는 광자로 구성되어 있는 빛은 어느 빛인가?

➜ **심화 연습:** 연습 문제 7.13

진동수 ν를 계산하려면 식 $\nu\lambda = c$의 양변을 파장 λ로 나누어 주면 된다.

$$\frac{\nu\cancel{\lambda}}{\cancel{\lambda}} = \frac{c}{\lambda}$$

이제 진동수에 대해 계산할 수 있는 다음과 같은 관계식을 얻을 수 있다.

$$\nu = \frac{c}{\lambda}$$

인터넷 핫스팟

상당수 학생들이 파장, 진동수 및 에너지 관련 계산을 하는 데 어려움을 겪고 있다고 한다. 이 주제에 대한 추가 학습 자료를 보려면 SmartBook에 접속하라.

다음 식을 사용하여 특정 형태의 전자기 복사의 파장(λ), 진동수(ν), 광자 에너지 ($E_{광자}$)를 계산할 수 있다. 진동수와 파장의 곱은 빛의 속도(c, 3×10^8 m/s)인 상수이다.

$$\nu\lambda = c$$

위의 식은 파장과 진동수가 반비례 관계에 있음을 보여 준다. 빛의 속도 c는 상수이므로 진동수가 크면 파장은 작아야 하며, 반대로 파장이 길면 진동수가 작아야 한다. 파장이나 진동수 중 한 값을 알면 위의 식을 재배열하여 모르는 값을 계산할 수 있다.

$$\nu = \frac{c}{\lambda} \quad \text{또는} \quad \lambda = \frac{c}{\nu}$$

파장으로부터 진동수를 계산할 때 파장의 단위는 m여야 한다. 그래야 빛의 속도 단위와 적절히 소거할 수 있다. 파장은 일반적으로 nm(1 nm = 10^{-9} m 또는 10^9 nm = 1 m)로 표시하므로 m에서 nm로의 환산이 필요하다. 진동수로부터 파장을 계산을 할 때에도 단위를 이로 통일해야 소거할 수 있다는 점을 유의하라.

광자 에너지와 진동수 간의 수학적 관계식은 다음과 같이 표시된다. 이 식에서 h는 Planck 상수이며, 그 값은 6.626×10^{-34} J · s이다.

$$E_{광자} = h\nu$$

위 식은 광자 에너지와 진동수가 비례 관계에 있음을 보여 준다. 광자 에너지와 파장의 관계는 아래 식과 같이 반비례 관계이며, 이 식에서 h는 Planck 상수이며 c는 빛의 속도이다.

$$E_{광자} = \frac{hc}{\lambda}$$

예제 7.2 ▶ 파장, 진동수, 광자 에너지 계산하기

TV 리모컨이나 컴퓨터 무선마우스에서 방출되는 적외선의 파장은 805 nm이다.

(a) 이 빛의 진동수는?

(b) 이에 해당하는 광자 에너지는?

» 풀이:

(a) 파장 λ와 진동수 ν 사이의 다음 관계식을 사용한다.

$$\nu\lambda = c$$

이 식에서 c는 빛의 속도이며, 3×10^8 m/s이다. 문제에서 파장이 주어지고 진동수를 계산해야 하므로 위의 식을 다음과 같이 재배열하여 사용한다.

$$\nu = \frac{c}{\lambda}$$

주어진 파장 값의 단위가 nm로 되어 있으므로, 빛의 속도 단위인 m/s와 소거하기 위해서 m 단위로 환산해 주어야 한다. 나노미터(nm)와 미터(m) 간의 관계식은 다음과 같다.

$$1 \text{ m} = 10^9 \text{ nm}$$

나노미터를 미터로 환산할 때 분자에 있는 나노미터 단위를 정확히 소거할 수 있는 환산 인자를 주어진 값에 곱해 주어야 한다.

$$805 \cancel{\text{nm}} \times \frac{1 \text{ m}}{10^9 \cancel{\text{nm}}} = 8.05 \times 10^{-7} \text{ m}$$

$$\lambda = 8.05 \times 10^{-7} \text{ m}$$

이제 파장에 대한 적절한 단위를 가지므로, 광속을 λ 값으로 나누어 진동수를 얻을 수 있다.

$$\begin{aligned} \nu &= \frac{c}{\lambda} \\ &= \frac{3.00 \times 10^8 \cancel{\text{m}}/\text{s}}{8.05 \times 10^{-7} \cancel{\text{m}}} = 3.73 \times 10^{14}/\text{s} \quad \text{또는} \quad 3.73 \times 10^{14} \text{ Hz} \end{aligned}$$

(b) 광자의 에너지는 다음 식을 사용하여 진동수로부터 계산할 수 있다.

$$E_{\text{광자}} = h\nu$$

위의 식에서 h는 Planck 상수 6.626×10^{-34} J · s이다. 진동수는 이미 (a)에서 계산했으므로 식에 h와 ν의 값을 대입하여 계산하면 다음과 같다.

$$E_{\text{광자}} = 6.626 \times 10^{-34} \text{ J} \cdot \cancel{\text{s}} \times 3.73 \times 10^{14} \frac{1}{\cancel{\text{s}}} = 2.47 \times 10^{-19} \text{ J}$$

단위에서 시간 단위인 s(초)는 소거되고 에너지 단위인 J만 남게 된다. 이 빛의 광자 한 개의 에너지는 2.47×10^{-19} J이다.

➜ 응용 연습 7.2

60 mW의 TV 원격 조정기는 광자 1개당 2.47×10^{-19} J의 에너지로 매초마다 총 6.0×10^4 J의 빛 에너지를 방출한다. 이때 매초마다 이 TV 원격 조정기에서 방출되는 광자의 개수는 다음 중 어느 것에 가장 가까운가? 100개, 10^6개, 10^{23}개.

➜ 실전 연습 7.2

그림 7.6에 있는 전자기 스펙트럼에서 마이크로파는 적외선의 오른쪽에 위치해 있으므로 마이크로파의 파장은 적외선보다 길다. 음식을 요리하는 데 사용하는 전자레인지에서 사용하는 마이크로파의 파장은 대략 11~12 cm이다. 만일 마이크로파 빔의 빛의 파장이 11.5 cm라면, (a) 이 마이크로파의 진동수는 얼마인가? (b) 마이크로파의 광자 1개의 에너지는 얼마인가?

➜ 심화 연습: 연습 문제 7.17

≫ 원자 스펙트럼

가시광선이 프리즘을 통과하면 ***스펙트럼***(*spectrum*)이라고 하는 일련의 색들로 구성 성분이 분리된다. 태양광선이나 백열전구에서 나오는 빛은 가시광선 영역의 모든 파장의 빛을 포함한 **연속 스펙트럼**(continuous spectrum)을 만든다(그림 7.8A). 이와 같은 연속 스펙트럼을 발생시키는 광원을 ***백색광***(*white light*)이라고 한다.

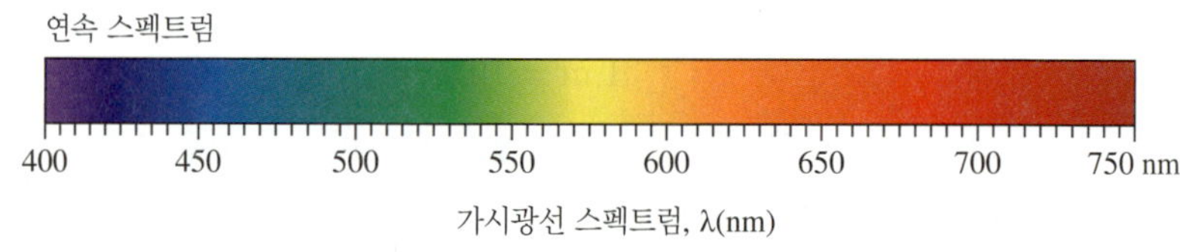

A

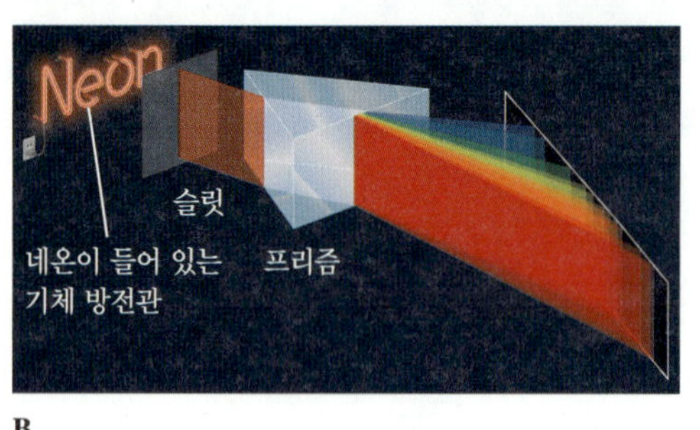

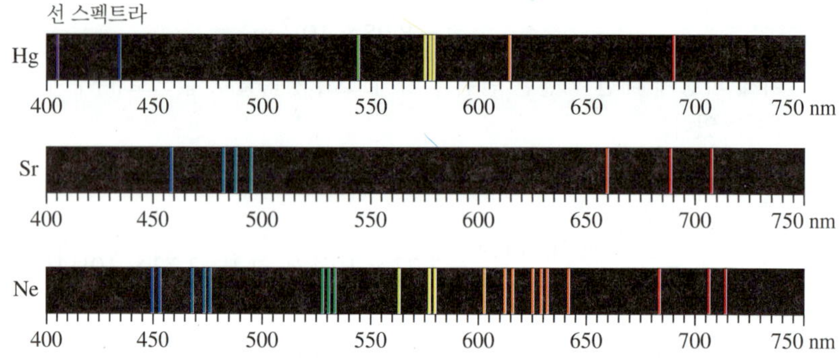

B

그림 7.8 (A) 태양 광선이나 백열전구에서 나오는 백색광을 프리즘에 통과시키면 연속 스펙트럼이 관찰된다. (B) 물질에서 방출되는 색을 띤 빛은 물질마다 다른 고유한 선 스펙트럼을 형성한다. 수은, 스트론튬, 네온의 선 스펙트라의 예를 보여 주고 있다.

선 스펙트럼을 측정하면 미지 소재의 성분을 알아낼 수 있다. 다른 여러 종류의 *분광학*(*spectroscopy*)이 과학, 의학, 법의학 분야에서 사용된다.

만일 색이 있는 빛, 예를 들면 네온사인의 빛이 프리즘을 통과한다면 어떻게 될 것인가? 백색광과는 달리, 색이 있는 빛은 모든 파장으로 구성되어 있지 않다. 그리고 이러한 빛에 대한 스펙트럼은 연속적이지 않다. 예를 들어 네온 빛은 매우 낮은 기압의 네온 원자들로 채워져 있는 관으로 구성되어 있다. 전류가 네온 가스를 통해 흐르면 네온 원자가 에너지를 흡수하고 다시 그 에너지를 빛으로 방출한다. 다시 말하면 전기 에너지가 빛 에너지로 전환된다. 이 빛을 프리즘이나 가는 틈 사이로 통과시키면, 다른 파장을 의미하는 각각 독립된 색을 띤 선들이 나타난다. 이러한 일련의 선들의 집합을 **선 스펙트럼**(line spectrum)이라고 한다. 네온이나 다른 원소의 선 스펙트럼을 그림 7.8B에 나타내었다.

원소가 가열되거나 전하를 얻게 되면 흡수된 에너지가 빛 에너지로 바뀌게 된다. 이와 같은 방법으로 원소들에서 방출되는 빛은 선 스펙트럼에서 보여 주는 것과 같은 특정한 색을 띠는 선들로만 구성되어 있다. 각 원소들은 고유의 선 스펙트럼을 가지고 있으며 이를 통해 원소들의 종류를 알아낼 수 있다. 원자에서 나오는 선 스펙트럼은 일종의 '지문' 역할을 한다. 7.2절에서 수소 원자에서 방출되는 선 스펙트럼이 수소 원자의 전자 구조를 설명하는 데 어떻게 활용되는지를 공부하게 될 것이다.

7.2 수소 원자의 Bohr 모형

Andrea, Ben, Drew가 라스베이거스에서 본 다른 색의 빛들을 어떻게 설명할 것인가? 어떻게 네온 원자는 선명한 주황색 빛을 발생시키는가? 제2장에서 원자의 기본 구조에 대해 이미 설명하였다. 원자는 양성자와 중성자로 이루어진 상대적으로 작고 양전하를 갖는 원자핵 및 전자로 구성되어 있다. 원자핵이 원자 내에서 차지하는 공간은 거의 무시할 정도로 작지만 원자 질량의 대부분을 차지한다. 전자는 원자핵 주변을 돌며 원자의 부피를 결정짓는다.

이와 같은 원자핵 모형(nuclear model)은 제2장에서 언급한 바와 같이 금박 실험을 통해 Rutherford에 의해 제안되었다. Rutherford가 1911년에 자신의 이론을 제안하였을 때 많은 과학자들, 특히 Rutherford의 선임 연구자인 Thomson(J. J. Thomson)은 이 이론에 동의할 수 없었다. 실험 결과가 원자핵 모형을 설득력 있게 지지해 주고 있지만, Rutherford의 모형은 그 당시 물리학의 기본 법칙과는 맞지 않는 부분이 있었다. 서로 끌어당기는 양전하와 음전하가 어떻게 일정한 거리를 유지할 수 있는가? 어떤 힘이 전자가 원자핵 쪽으로 끌려가는 것을 막아 주는가?

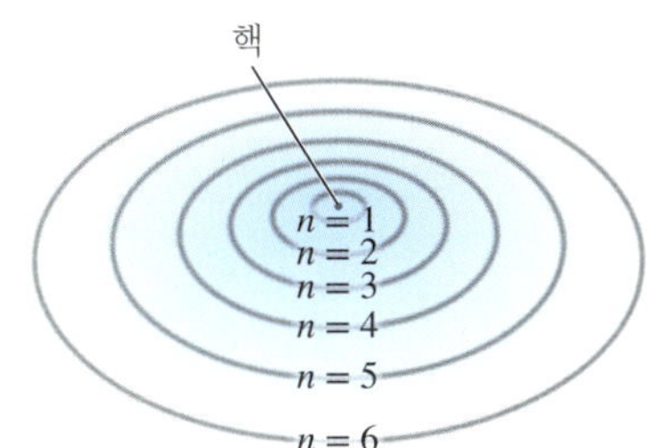

그림 7.9 수소 원자에 대한 Bohr 모형에서, 원자핵은 가운데에 있고 전자는 특정한 에너지와 반지름을 갖는 원형 궤도들(n = 1에서 n = 6까지) 중 하나의 궤도에 위치해 있다.

Rutherford가 원자에 대한 원자핵 모형을 발표하였을 때 Bohr(Niels Bohr)라는 젊은 과학자가 Rutherford 연구실에 연구원으로 참여하게 되었다. Bohr는 물리학 박사 학위 논문을 막 완성한 상태였다. Bohr가 연구원으로서 Rutherford로부터 받은 첫 번째 연구 과제는 원자핵 모형에서 전자 배치의 안정성을 설명하는 일이었다. Bohr가 제안한 가설은 행성들이 태양 주변을 도는 것과 같이, 전자들도 원자핵을 중심으로 돌고 있다는 이른바 행성 모형(Planet model)이었다. Bohr는 독일 물리학자인 Planck(Max Planck)의 양자론에 의거하여 원자에 의해 생성되는 에너지가 **양자화**(quantized)되어 있다는 가설하에 이 모형을 제안하였다. 즉 원자에 의해 생성되는 에너지는 정해진 값만 가질 수 있다는 것이다.

Bohr는 수소 원자에 대한 모형에서 수소 원자에 있는 단 한 개의 전자가 원자핵을 중심으로 특정 반지름을 가진 여러 개의 가능한 궤도(그림 7.9) 중 한 궤도를 따라 원운동을 한다는 것을 제안하였다. 그는 각 궤도에 원자핵에서 가까운 궤도부터 n = 1부터 n의 정수값을 붙여 주었다. 이때 각 궤도는 특정한 에너지를 갖게 되는데, 원자핵에 가까운 궤도일수록 낮은 에너지를 갖는다고 Bohr는 설명했다. 이와 같은 Bohr의 설명에는 전자가 에너지를 흡수하면 원자핵으로부터 더 멀리 떨어진 에너지가 더 높은 궤도로 이동하며, 반대로 전자가 더 낮은 궤도로 이동하면 에너지를 방출한다는 사실이 들어 있다. 흡수되거나 방출될 수 있는 에너지 값은 전자가 이동할 수 있는 궤도의 에너지에 의해 제한된다. 즉 흡수되거나 방출되는 에너지의 양은 각 궤도가 가지고 있는 에너지 준위의 차이에 의해 결정된다는 뜻이다. 원자에 속해 있는 전자가 가질 수 있는 에너지는 양자화되어 있으므로 궤도 간의 에너지 차이도 양자화되어 있으며, 원자에 의해 흡수되거나 원자로부터 방출되는 에너지의 양도 양자화되어 있다.

원자 내 전자의 양자화 특성은 키보드가 연주하는 음과 유사하다. 건반 하나 하나에 해당하는 음은 연주할 수 있으나 이웃해 있는 두 개의 건반 사이에 있는 음은 연주할 수 없다. 단지 정해진 음만 연주할 수 있으므로 우리가 연주하는 음은 양자화되어 있다. 음간의 차이도 양자화되어 있다.

동영상: 들뜬 수소 원자로부터 전자기파 방출

Bohr의 원자 모형이 수소 원자에서 방출되는 선 스펙트럼의 원인을 설명할 수 있었기 때문에 학계에서는 이 모형을 인정하였다. 그림 7.10에 실린 수소 원자의 선 스펙트럼에 표시된 네 개의 선들은 Bohr가 제시한 네 종류의 전자 이동과 상관관계가 있다. Bohr는 보다 높은 에너지 준위의 궤도로부터 낮은 에너지 준위의 궤도로 전자가 전이 또는 이동할 때 에너지가 방출된다고 생각하였다. 보다 높은 궤도에서 n = 2인 궤도로 전자가 전이될 때 가시광선의 방출이 일어난다. 수소 원자 선 스펙트럼에 나타나는 선들에 해당되는 전자 전이와 방출되는 빛은 n = 6에서 n = 2인 경우 보라색, n = 5에서 n = 2인 경우 푸른색, n = 4에서 n = 2인 경우 초록색, n = 3에서 n = 2인 경우 빨간색이다. 보다 높은 궤도에서 n = 1인 궤도로 전자가 전이될 때는 자외선이 방출된다. n = 3의 경우, 보다 낮은 에너지의 전이가 발생하여 적외선이 방출된다.

수소 스펙트럼에서는 왜 네 종류의 색을 띤 선들만 관찰할 수 있는가?

인터넷 핫스팟

상당수 학생들이 Bohr의 수소 원자 모형에 어려움을 겪고 있다고 한다. 이 주제에 대한 추가 학습 자료를 보려면 SmartBook에 접속하라.

Bohr의 설명을 요약하면 높은 에너지 준위의 궤도에서 낮은 에너지 준위의 궤도로 전자가 이동할 때 전자는 에너지를 방출하며 그 에너지의 양은 두 궤도 간의 에너지 ***차이***(*difference*)가 된다.

$$\Delta E = E_{\text{최종}} - E_{\text{초기}}$$

ΔE의 값이 음의 값이면 전자가 위 궤도에서 아래 궤도로 내려오는 전이를 의미한다. 광

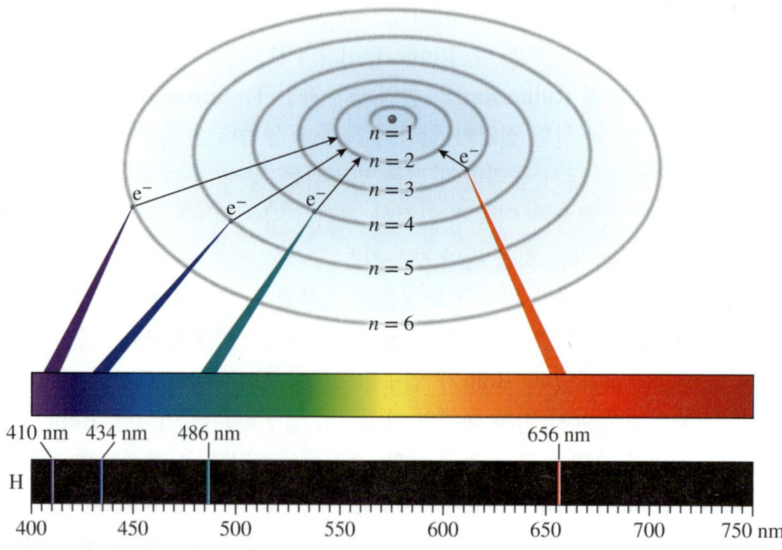

그림 7.10 4개의 선명한 선들이 수소의 선 스펙트럼에 나타난다. Bohr 원자 모형은 임의의 두 궤도 간의 에너지 차이가 위 그림에 나타나 있는 선들의 광자 에너지에 해당됨을 보여 준다 전자들이 높은 에너지 궤도에서 낮은 에너지 궤도로 이동하면 에너지가 빛으로 방출된다.

자의 에너지, $E_{광자}$은 전자의 에너지 변화량의 절댓값과 같다. 이는 광자의 에너지는 항상 양의 값을 가져야 하기 때문이며 이를 식으로 표시하면 다음과 같다.

$$E_{광자} = |\Delta E|$$

예제 7.3 ▶ Bohr 모형 및 수소 원자 선 스펙트럼

수소 원자의 Bohr 모형 및 그림 7.10에 있는 수소 원자 선 스펙트럼을 사용하여 다음 물음에 답하라.

(a) 수소 스펙트럼에서 빨간색 선에 해당하는 광자 에너지는 얼마인가?

(b) 그림 7.10에 표시된 4개의 선들 중 어느 선이 가장 큰 광자 에너지에 해당하는가?

» 풀이:

(a) 그림 7.10에 있는 수소의 선 스펙트럼에서 빨간색 빛의 파장은 656 nm이다. 파장 값(λ)을 안다면 파장과 광자 에너지 간의 관계식을 이용하여 $E_{광자}$를 계산할 수 있다.

$$E_{광자} = \frac{hc}{\lambda}$$

예제 7.2에서 했던 것처럼, 이 계산에서도 파장의 단위를 nm에서 m로 바꿔주어야 단위들을 소거할 수 있다.

$$656\ \cancel{\text{nm}} \times \frac{1\ \text{m}}{10^9\ \cancel{\text{nm}}} = 6.56 \times 10^{-7}\ \text{m}$$

이제는 Planck 상수, 빛의 속도 값, 파장 값을 위의 식에 대입하여 계산하면 답을 구할 수 있다.

$$E_{광자} = \frac{6.626 \times 10^{-34}\ \text{J}\cdot\cancel{\text{s}} \times 3.00 \times 10^{8}\ \frac{\cancel{\text{m}}}{\cancel{\text{s}}}}{6.56 \times 10^{-7}\ \cancel{\text{m}}} = 3.03 \times 10^{-19}\ \text{J}$$

(b) 파장과 광자 에너지 간의 관계식으로부터 광자 에너지와 파장은 *반비례* 관계에 있음을 알 수 있다. 즉 짧은 파장일수록 광자 에너지는 큰 값을 갖게 된다. 그림 7.10에서 보라색 선이 가장 짧은 파장임을 알 수 있고, 그러므로 이 선에 해당하는 광자 에너지가 가장 큰 값이 된다. 가장 큰 광자 에너지($E_{광자}$)는 전자 궤도 간의 에너지 준위 차이를 나타내는 ΔE의 값이 가장 큰 경우에 해당된다. 그림 7.10에서 $n = 2$인 전자 궤도로부터 $n = 6$에 해당하는 전자 궤도가 다른 궤도들보다 더 멀리 떨어져 있으므로 $n = 6$에서 $n = 2$로의 전자 전이가 가장 큰 에너지의 빛을 방출한다.

➜ 응용 연습 7.3

우리가 볼 수 없는 빛이 수소 원자에서 방출되는 경우가 있다. 이러한 전자 전이의 하나가 $n = 7$에서 $n = 2$로 전자가 전이하는 경우이다. 이러한 경우 수소 원자에서 어떤 종류의 전자기 복사가 일어나는가?

➜ 실전 연습 7.3

수소 원자의 Bohr 모형 및 그림 7.10에 있는 수소 원자 선 스펙트럼을 사용하여 다음 물음에 답하라.

(a) 수소 원자 스펙트럼에서 나타나는 보라색 선에 해당하는 광자 에너지는 얼마인가?
(b) 수소 원자의 선 스펙트럼에 있는 4개의 선 중 어느 선이 가장 낮은 광자 에너지를 가지고 있는가?

➜ 심화 연습: 연습 문제 7.35

Bohr 모형은 원자를 보다 더 잘 이해하는 데 기여하였지만, 수소 원자만을 설명할 수 있다는 단점이 있다. 이 모형은 한 개 이상의 전자를 가지고 있는 원자들에 대해서는 설명할 수 없다. 7.3절에서 Bohr 모형을 수정하여 원자에 대한 현대적 개념을 설명하고자 한다.

7.3 원자의 현대적 모형

1920년대에 과학자들은 수소 원소 외에 다른 원소들의 선 스펙트럼을 설명할 수 있는 새로운 원자 모형을 찾기 시작했다. 오스트리아 과학자인 Schrödinger(Erwin Schrödinger)는 모든 원소들을 설명할 수 있는 수학적 모형을 개발하였다. 원자에 대한 Schrödinger의 모형은 전자의 에너지가 양자화되어 있다고 설명한 Bohr의 모형과 유사하였다. 전자들은 단지 특정한 에너지 값만 가질 수 있다는 것이다. 그러나 새로운 모형에서는 전자들이 일정한 궤도(orbit)를 도는 것이 아니고 ***오비탈****(orbital)*을 돈다는 것이었다. **오비탈**(orbital)은 전자가 발견될 수 있는 3차원 공간으로 원형의 경로가 아니다. 이 수학적 모형은 원자핵 외부에 있는 특정한 공간에서 전자가 발견될 수 있는 확률에 기초한다. 화학자들은 수학적 계산으로부터 전자들이 가장 잘 발견될 수 있는 확률 지도를 만들었다. 그림 7.11A에 있는 그림은 가장 낮은 에너지 상태에 있는 수소 전자에 대한 확률 지도이다. 어두운 부분이 전자가 발견될 확률이 큰 지역이다. 원자핵으로부터 멀어질수록 전자가 발견될 확률은 작아지므로 오비탈에 대한 확률 지도는 전자가 발견될 수 있는 확률이 95%가 되는 영역만을 표시한다(그림 7.11B). 그리고 지금부터는 오

A

B

그림 7.11 (A) 위 확률 지도는 가장 낮은 에너지 상태의 수소 전자에 대한 것이다. (B) 오비탈의 크기는 전자가 발견될 수 있는 확률이 95% 이내에 있는 영역으로 정의된다.

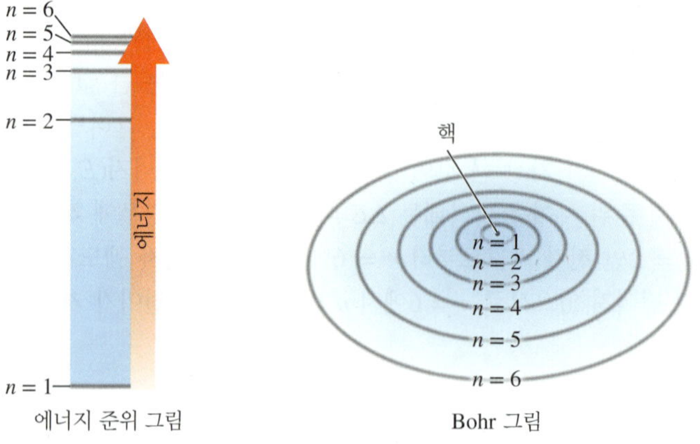

그림 7.12 원자에 대한 현대적 모형에서 주에너지 준위는 오비탈에 있는 전자에게 허용된 에너지이다. 수소 원자에서 전자에 허용된 에너지는 Bohr 원자 모형에서 계산한 각 오비탈에 대한 에너지와 같다.

비탈의 영역을 점으로 나타내지 않고 음영으로 나타내고자 한다.

원자의 현대적 모형에서는 오비탈의 비슷한 크기는 **주에너지 준위**(principal energy level)가 같은 것으로 생각한다. 수소 원자에 속하는 전자의 주에너지 준위 중 첫 번째에서 여섯 번째까지의 에너지 준위를 그림 7.12에 나타내었다. 수소 원자에서는 오비탈의 에너지는 주에너지 준위에 의해 제한이 된다.

오비탈은 다양한 모양과 크기를 갖는다. 가장 낮은 에너지 상태에서 전자들이 채워진 오비탈에는 알파벳 문자로 표시되는 *s*, *p*, *d*, *f*의 네 종류 오비탈이 있다. 이 오비탈의 일반적 모양이 그림 7.13에 있다. 이 오비탈에 주에너지 준위가 부여된다.

낮은 에너지 준위의 오비탈은 그 크기가 작아진다. 에너지 준위가 클수록 오비탈의 크기는 더 커지고 그 영역은 원자핵으로부터 더 확장된다. 첫 번째 주에너지 준위($n = 1$)는 첫 번째 *s* 오비탈로 구성된다. 이 *s* 오비탈은 $n = 1$의 주에너지 준위와 *s* 오비탈 모양을 가지고 있으므로 1*s* 오비탈이라고 한다.

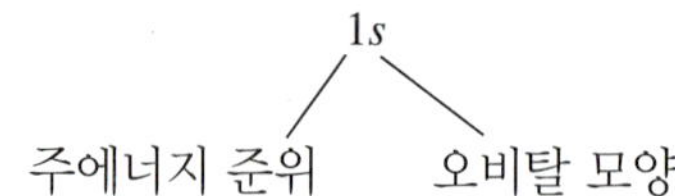

동영상: 원자의 선 스펙트럼

두 번째 주에너지 준위($n = 2$)는 *s* 및 *p* 오비탈로 구성되며 이를 각각 2*s*, 2*p* 오비탈이라고 한다. 2*s* 오비탈은 1*s* 오비탈과 비슷하나 크기가 더 크다(그림 7.14). 그림 7.13에 나타낸 한 개의 *p* 오비탈은 숫자 8 또는 아령 모양을 하고 있다. *p* 오비탈은 항

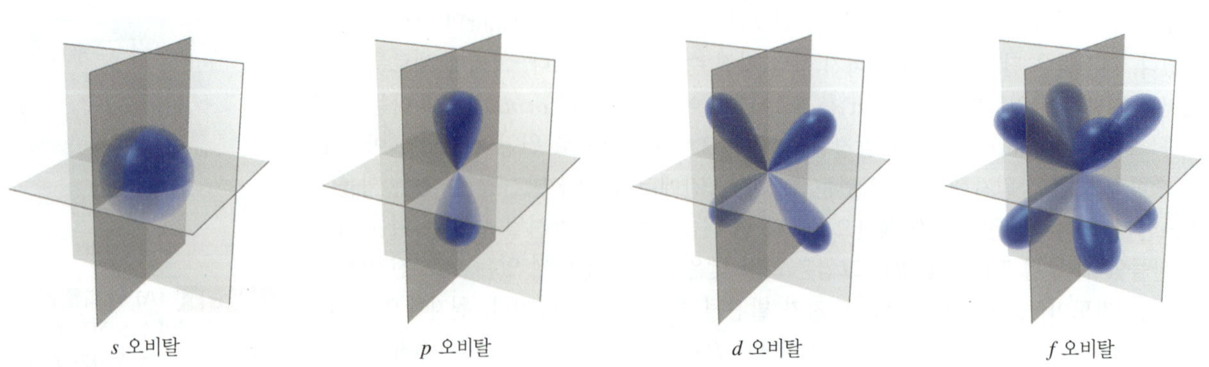

그림 7.13 *s*, *p*, *d*, *f* 오비탈은 모양과 로브 수가 다르다

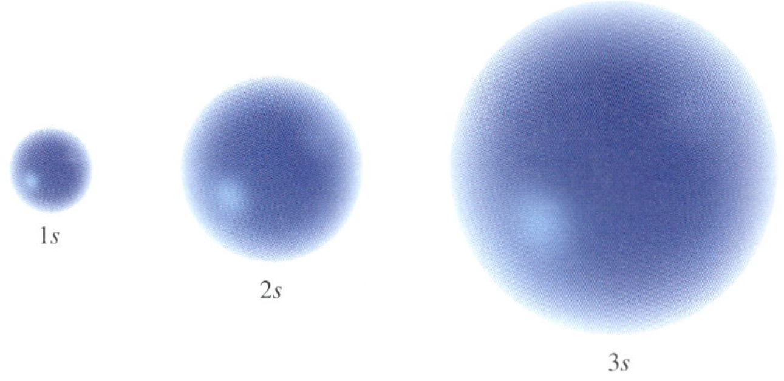

그림 7.14 주에너지 준위가 증가할수록 오비탈의 크기는 커진다.

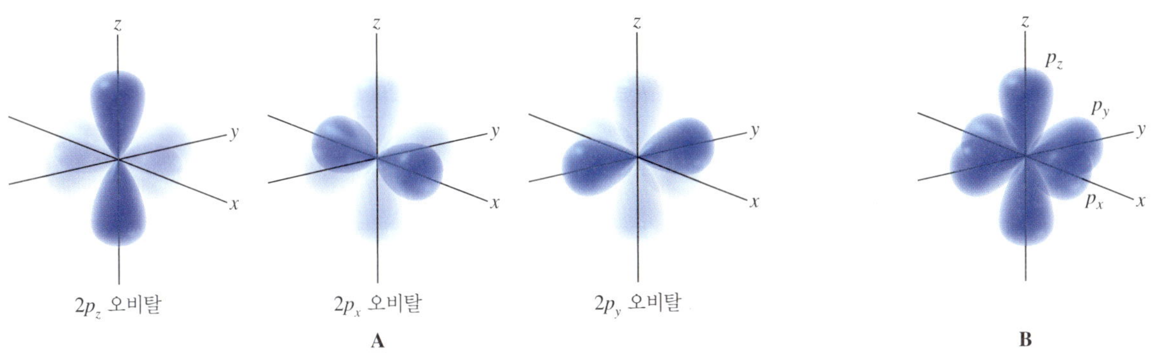

그림 7.15 (A) p 부준위는 3개의 p 오비탈로 구성되어 있다. 이 세 오비탈은 같은 모양이나 공간에서 다른 방향으로 배치되어 있다. 이들은 서로 수직 관계에 있으므로, 서로 수직하고 있는 x, y, z 축 방향으로 세 개의 p 오비탈이 놓여 있다고 생각할 수 있다. p_z 오비탈은 z 축, p_x 오비탈은 x 축, p_y 오비탈은 y 축을 따라 놓여 있다. (B) 3개의 p 오비탈의 중심은 원자핵에 같이 놓여 있다.

상 세 개의 오비탈이 한 세트를 이루고 있다(그림 7.15). 3개의 $2p$ 오비탈들은 각 오비탈들의 중심이 원자핵에서 서로 중첩되어 있으며 서로 수직인 상태로 놓여 있다. 즉 두 개의 로브(lobe)를 갖는 p 오비탈들이 서로 수직인 x, y, z 축을 따라 놓여 있다고 생각할 수 있다. 이 오비탈들은 p_x, p_y, p_z 오비탈로 표시한다.

두 번째 주에너지 준위에는 두 종류의 오비탈이 있기 때문에 다음과 같은 두 개의 **부준위**(sublevel)가 있다. 즉 $2s$ 부준위와 $2p$ 부준위이다. 부준위는 주에너지 준위에 속하는 한 종류의 오비탈로만 구성된다. $1s$ 부준위는 한 개의 $1s$ 오비탈로, $2p$ 부준위는 세 개의 $2p$ 오비탈로 구성되어 있다.

세 번째 주에너지 준위 ($n = 3$)에는 $3s$, $3p$, $3d$ 세 개의 부준위를 사용할 수 있다. $3s$ 부준위는 한 개의 $3s$ 오비탈로, $3p$ 부준위는 세 개의 $3p$ 오비탈로 구성되어 있다. $3d$ 부준위는 5개의 d 오비탈로 구성되어 있다(그림 7.16). 네 번째 주에너지 준위($n = 4$)는 $4s$, $4p$, $4d$, $4f$ 네 개의 부준위로 구성되어 있다. $4f$ 부준위는 7개의 $4f$ 오비탈로 이루어져 있다.

원자에 속하는 부준위 및 오비탈의 분포를 나타내는 편리한 방법은 오비탈 그림으로 보여 주는 것이다. 그림 7.17은 수소 원자에 대한 부준위와 오비탈을 에너지 순서대로 나열한 오비탈 그림을 보여 주고 있다. 상자들은 오비탈을 나타내며, 붙어 있는 상자들은 부준위 상태를 보여 주고 있다.

수소 원자의 현대적 모형에서 에너지 준위는 Bohr 모형에서 나타낸 오비탈의 에너지와 같은 값을 갖는다. 수소 선 스펙트럼은 전자들이 높은 주에너지 준위에 있는 오비

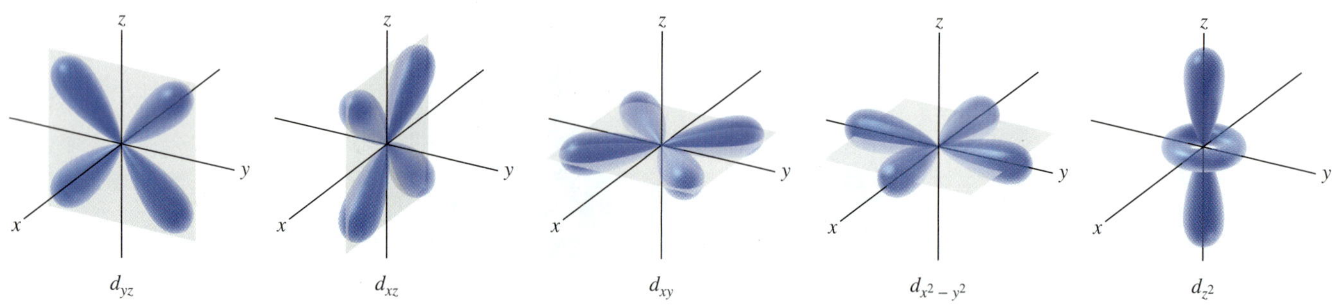

그림 7.16 *d* 부준위에는 5개의 *d* 오비탈이 있다. 대부분 *d* 오비탈들은 특정한 평면에 놓여 있는 4개의 로브를 가지고 있다. 한 개의 *d* 오비탈만 *p* 오비탈에 도넛 모양의 고리가 중심에 있는 형태를 갖는다.

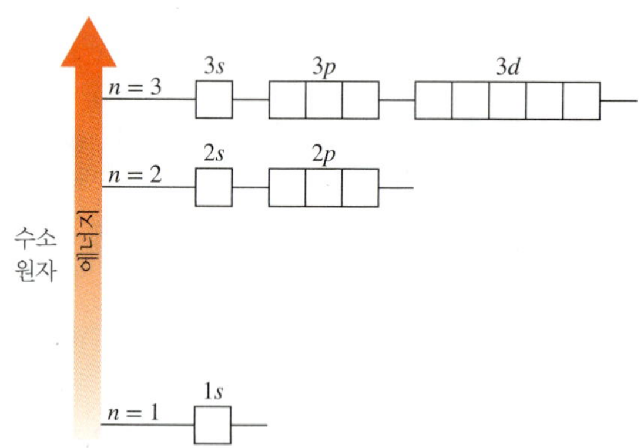

그림 7.17 수소 원자에 대한 오비탈 그림은 각 주에너지 준위에 존재하는 부준위와 오비탈을 보여 준다. 수소 원자에서만 주에너지 준위에 있는 모든 부준위들이 같은 에너지를 갖는다. 위 그림은 단지 처음 세 주에너지 준위만을 보여 주고 있다.

탈에서 더 낮은 주에너지 준위에 있는 오비탈로 이동함에 의해 나타나는 현상이다. 수소 원자의 경우 같은 주 에너지 준위에 있는 오비탈들은 같은 에너지를 수소 원자에서 나오는 선 스펙트럼을 쉽게 설명할 수 있다. 그러나 두 개 이상의 전자를 갖는 원자의 경우는 수소의 경우와 다르다.

다전자 원자에 대한 오비탈 그림

전자를 한 개만 가지고 있는 원자에서만 같은 주에너지 준위에 있는 부준위는 같은 에너지를 갖는다. 두 개 이상의 전자를 갖는 원자의 경우 전자들 간의 상호 작용에 의해 같은 주에너지 준위에 있는 부준위라 할지라도 다른 에너지를 갖게 된다. 그 결과를 그림 7.18에 나타내었다. 임의의 주에너지 준위에서 *p* 오비탈은 *s* 오비탈보다, *d* 오비탈은 *p* 오비탈보다 높은 에너지를 가진다는 점을 주목하라. 3*d* 오비탈은 4*s* 오비탈보다 약간 더 높은 에너지를 갖는다.

원자에 속하는 전자들이 어떻게 주에너지 준위, 부준위 및 오비탈에 배치되는가? 특정한 원자의 전자 배치를 예측할 수 있는가? 우리는 가장 낮은 에너지 상태인 **바닥 상태**(ground state)에 있는 전자 배치를 결정할 수 있다. 바닥 상태의 탄소 원자에 있는 전자 배치를 나타내는 오비탈 그림을 생각해 보자.

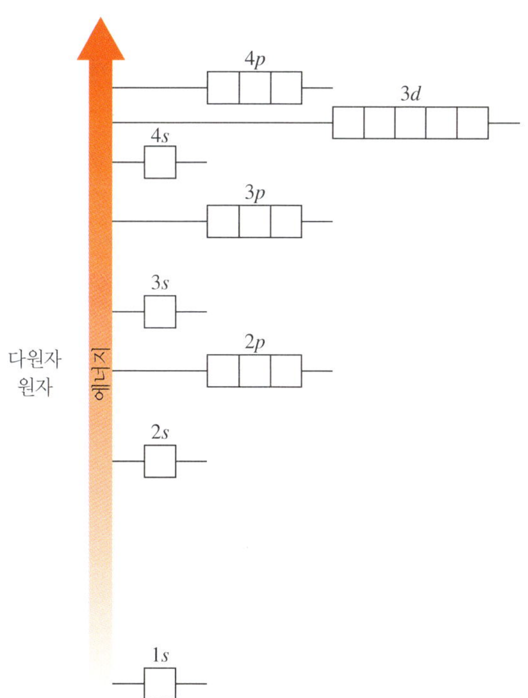

그림 7.18 다전자 원자에 대한 오비탈 그림은 수소 원자의 경우와 같이 같은 부준위와 오비탈을 보여 준다 그러나 전자를 두 개 이상 가지고 있는 원자의 경우 주에너지 준위에 있는 부준위들은 서로 다른 에너지를 갖는다. 3*d* 부준위의 에너지가 4*s* 부준위의 에너지보다 크다는 것을 주목하라.

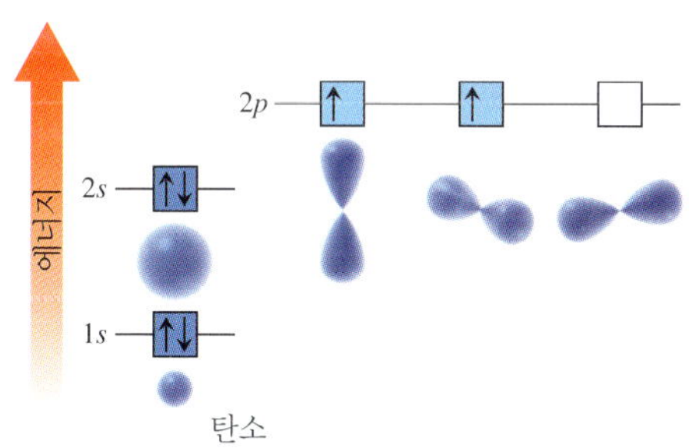

네모 상자는 오비탈을, 화살표는 전자를 나타낸다. 전자 배치에 대한 규칙들을 위의 예로부터 찾아낼 수 있는가? 한 개의 오비탈에는 최대 몇 개의 전자가 들어갈 수 있는가? 일부 오비탈은 전자가 1개만 들어 있는 이유는?

전자를 오비탈에 배치할 때 전자를 가지지 않는 원자핵만 있는 상태에서 출발한다. 각 상자에 전자를 한 개씩 채워 넣는다. (원자는 이러한 방법으로 만들어지지는 않았다.) 가장 낮은 에너지의 오비탈에는 두 개의 전자가 채워지고 보다 높은 에너지를 갖는 오비탈은 한 개 또는 전자가 없는 경우가 있음을 유의하기 바란다. 이러한 전자 배치 방법은 **쌓음 원리**(Aufbau Principle, Aufbau는 독일어 *Aufbauen*에서 유래됨. '쌓아 올림'이라는 뜻임)에서 나온 것이며, 그 원리는 *전자는 낮은 에너지 상태의 오비탈부터 채워 나간다*는 것이다. 바닥 상태의 수소 원자는 전자가 1*s* 오비탈에 있다. 이미 언급한 바와 같이 한 오비탈에는 전자가 두 개까지만 들어갈 수 있다. 이는 **Pauli 배타 원리**(Pauli exclusion principle)에 근거하며, 이 원리는 *최대 두 개의 전자만 각 오비탈에 채워지며 두 개 전자의 스핀은 반대 방향이어야 한다*는 것이다. 같은 오비탈에 있는 전자의 스핀은 화살표 방향으로 나타낸다. 전자는 두 방향 중 한 방향의 스핀을 갖는다. 우리는 화살

전자들은 자전거의 바퀴처럼 그 축을 중심으로 회전한다. 전자들은 마치 자전거 바퀴가 앞으로 가든지 뒤로 가든지 두 방향으로 회전하는 것처럼 단지 두 방향으로만 회전한다. 임의의 오비탈에 놓인 두 개의 전자는 반드시 서로 반대 방향으로 회전해야 한다. 전자의 회전성은 전자 상자기 공명법(electron paramagnetic resonance, EPR) 또는 전자 스핀 공명법(electron spin resonance, ESR)으로 알려진 분석 기술로 측정할 수 있다.

표의 표시를 위(↑)로 하거나 아래(↓)로 하여 스핀 상태를 나타낸다. 예를 들어 바닥 상태에 있는 헬륨 원자의 오비탈 그림은 1*s* 오비탈에 있는 두 개의 전자로 구성된다.

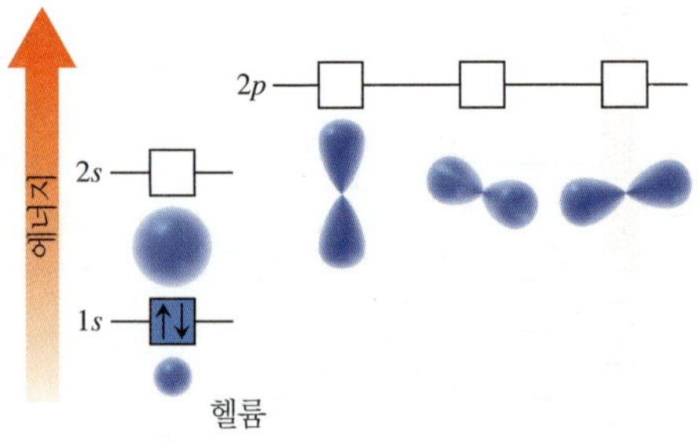

리튬 원자의 경우 세 개의 전자가 있으며, 이 중 두 개의 전자가 1*s* 오비탈에 채워지며, 이로써 첫 번째 주에너지 준위는 모두 채워지게 된다. 그러므로 남은 전자 한 개는 두 번째 주에너지 준위에 있는 오비탈에 채워져야 한다. 2*s* 부준위는 2*p* 부준위보다 에너지가 더 낮으므로 세 번째 전자는 2*s*에 채워지게 된다.

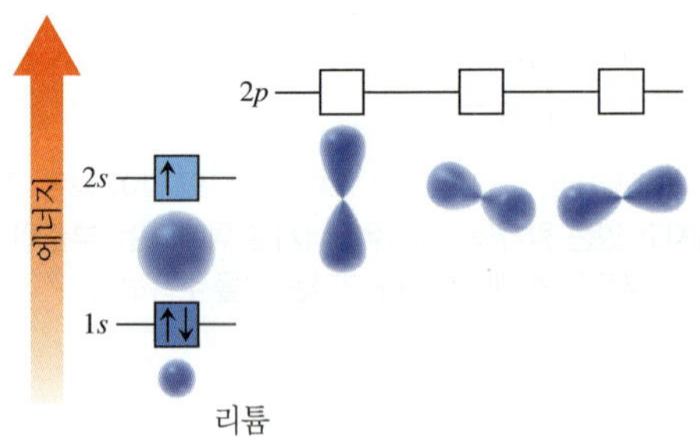

5개의 전자를 갖고 있는 붕소는 1*s* 오비탈에 두 개의 전자, 2*s* 오비탈에 두 개의 전자, 그리고 세 개의 2*p* 오비탈 중 하나의 *p* 오비탈에 한 개의 전자가 들어 있는 전자 구조를 갖는다. 세 개의 *p* 오비탈은 에너지가 같으므로 어느 *p* 오비탈에 들어가도 무방하다. 붕소에 대한 오비탈 그림은 아래와 같다.

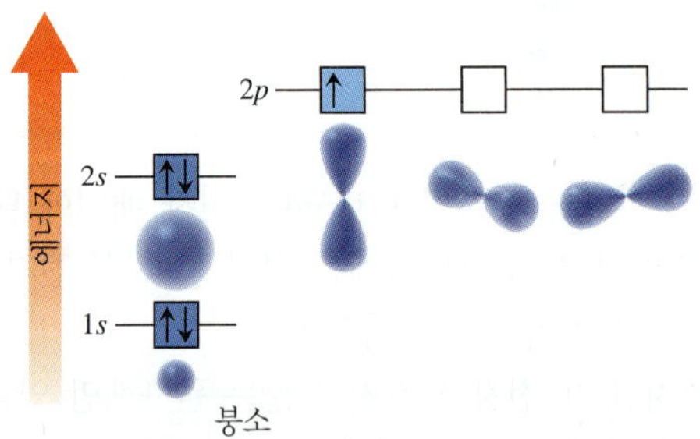

p 부준위와 같이 두 개 이상의 오비탈로 이루어진 경우 두 개 이상의 전자가 들어간다면 어떻게 될 것인가? 전자들이 두 개씩 쌍을 이루어 오비탈을 채울 것인가, 아니면 전자 한 개씩 오비탈을 채워 나갈 것인가? 여러분은 탄소의 오비탈 그림에서 *p* 부준위의 전자들이 쌍을 이루지 않고 분리되어 있었던 것을 기억하는가? 이러한 현상이 세 번째 규칙인 **Hund 규칙**(Hund's rule)이다. Hund 규칙이란 *전자가 동일한 에너지(같은 부준위)를 갖는 여러 개의 오비탈로 분배될 때 홀전자의 개수가 최대화되는 방법으로 분배되어야 한다*는 것이다. Hund 규칙은 음전하를 갖는 전자들이 서로를 밀어낸다는 사실에 기인한다. 이에 따라 전자들이 잉여의 에너지가 필요하지 않는 상태를 선호하여 비어 있는 오비탈로 들어간다. 질소 원자와 산소 원자에 대한 오비탈 그림은? 이들 원자

의 경우 몇 개의 홀전자가 존재할 것인가?

오비탈 그림을 단순하게 나타내기 위해 흔히 보다 간편한 그림을 사용한다. 이 그림에서는 부준위를 표시한 모든 오비탈들을 에너지가 낮은 순서로 왼쪽에서 오른쪽으로 일직선상에 배열하여 전자를 왼쪽 오비탈부터 차례대로 채워 넣는다. 탄소 원자에 대한 간편화된 오비탈 그림은 다음과 같다.

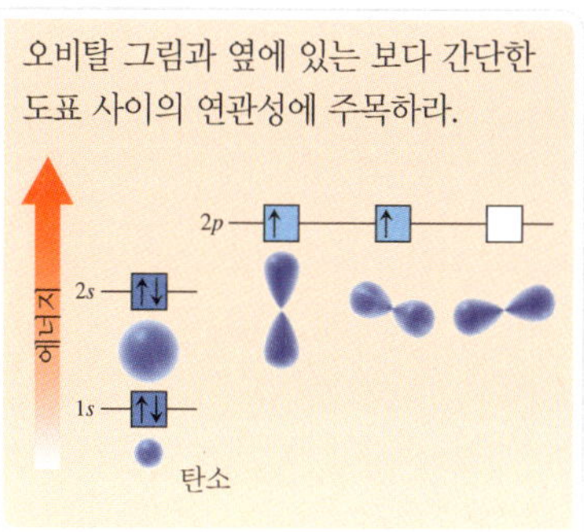

오비탈 그림과 옆에 있는 보다 간단한 도표 사이의 연관성에 주목하라.

예제 7.4 ▶ 바닥 상태의 전자 배치에 대한 전자 채워 넣기 규칙

각 원소들에 대한 바닥 상태의 오비탈 그림이 틀린 것을 찾아내라. 전자 배치가 틀린 경우 어떤 규칙에 위반되는지를 명시하라.

(a) 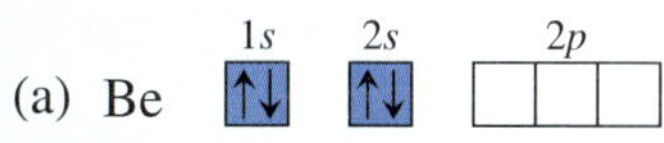

(b) O 1s ↑↓ 2s ↑↓ 2p ↑↓ ↑↓ □

(c) Mg 1s ↑↓ 2s ↑↓ 2p ↑↓ ↑↓ ↑↓ 3s ↑↑

» 풀이:

(a) 베릴륨에 대한 맞는 오비탈 그림이다.

(b) 틀린 오비탈 그림이다. Hund 규칙을 따르지 않았다. $2p$ 부준위에 있는 오비탈들은 동일한 에너지를 갖는다. 전자들이 쌍을 이루기 전에 세 개의 p 오비탈이 각각 전자 한 개를 갖기 전까지는 전자들이 p 오비탈 내에서 쌍을 이루면 안 된다. $2p$ 부준위에 네 개의 전자가 채워져야 하므로, 다음 그림과 같이 두 개의 전자는 쌍을 이루고 두 개의 전자는 쌍을 이루지 말아야 한다.

O 1s ↑↓ 2s ↑↓ 2p ↑↓ ↑ ↑

(c) 틀린 오비탈 그림이다. $3s$ 오비탈에 있는 전자 두 개가 같은 스핀을 가지고 있으므로 Pauli 배타 원리를 따르지 않았다. $3s$ 오비탈에 있는 전자 두 개에 해당하는 화살표 방향이 서로 반대가 되어야 한다.

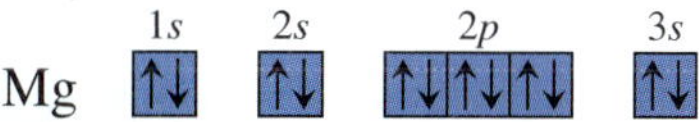

→ 응용 연습 7.4

산소에 대한 오비탈 그림에서, 어느 p 오비탈에 전자쌍을 포함하고 있는지가 중요한 문제가 되는가?

→ 실전 연습 7.4

틀린 오비탈 그림을 찾아내라. 전자 배치가 틀린 경우 어떤 규칙에 위배되는지를 명시하라.

(a) N 1*s* [↑] 2*s* [↑] 2*p* [↑↓][↑↓][↑]

(b) Ne 1*s* [↑↑] 2*s* [↑↑] 2*p* [↑↓][↑↓][↑↓]

(c) Na 1*s* [↑↓] 2*s* [↑↓] 2*p* [↑↓][↑↓][↑↓] 3*s* [↑]

→ 심화 연습: 연습 문제 7.45

>> 전자 배치

한 원자에 속해 있는 전자의 배치를 기술하는 데 오비탈 그림이 유용하지만 공간을 너무 많이 차지한다. 다행히도 오비탈 그림이 의미하는 같은 내용의 정보를 전달해 줄 수 있는 보다 간단한 방법이 있다. 이 방법을 **전자 배치**(electron configuration)이라고 하며, 이는 전자들 이 부준위에 어떻게 분배되어 있는지를 보여 주는 기술 방법이다. 전자 배치를 쓸 때 부준위를 나타내는 알파벳 기호 앞에 주에너지 준위를 나타내는 수를 쓴다. 그 다음 부준위 기호 다음에 위첨자를 사용하여 부준위에 채워진 전자 개수를 나타내는 방법이다. 탄소 원자에 대한 오비탈 그림은 다음과 같다.

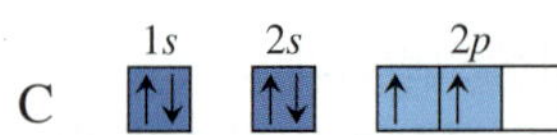

가장 낮은 에너지의 부준위 1*s*에 전자 두 개가 채워져 있다. 이를 다음과 같이 나타낸다.

$$1s^2$$

그 다음 차례의 부준위 2*s*에도 전자 두 개가 채워져 있다.

$$2s^2$$

전자가 채워져 있는 마지막 부준위는 2*p*이다. 이때 각 *p* 오비탈에 몇 개의 전자가 각각 존재하는지를 보여 줄 필요가 없으므로 2*p* 부준위에 있는 전체 전자 개수를 쓴다.

$$2p^2$$

이상의 부준위를 결합하면 탄소 원소에 대한 전자 배치가 된다.

$$\text{C} \quad 1s^2 2s^2 2p^2$$

전자 배치 방법은 편리하지만 전자들이 각 오비탈에 어떻게 배치되었는지는 알려주지 않는다. 처음 10개 원소에 대한 전자 배치를 오비탈 그림과 같이 비교하여 그림 7.19에 나타내었다.

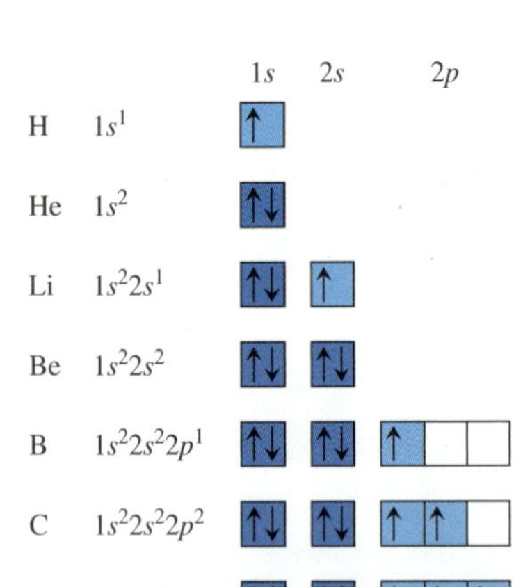

그림 7.19 오비탈 그림은 전자가 부준위에 어떻게 배치되어 있는가에 대한 정보를 제공한다. 처음 10개 원소에 대한 오비탈 그림과 이에 대한 전자 배치이다.

예제 7.5 ▶ 전자 배치 쓰기

그림 7.18에 있는 오비탈 그림을 사용하여 다음 원소들에 대한 전자 배치를 써라.

(a) Na
(b) Ar
(c) Br

» 풀이:

(a) Na의 원자 번호는 11이므로 11개의 양성자와 11개의 전자를 가지고 있다. 그림 7.18에 실린 오비탈 중 가장 낮은 에너지를 갖는 1*s*부터 전자를 채워나간다. 각 오비탈에 전자 두 개씩을 채워 놓음으로써 다음과 같은 전자 배치를 구할 수 있다.

$$1s^2 2s^2 2p^6 3s^1$$

(b) 아르곤 원자 번호는 18이므로 18개의 전자가 있다. 이는 3*p*까지의 부준위에 채울 수 있는 개수이다. 아르곤에 대한 전자 배치는 다음과 같다.

$$1s^2 2s^2 2p^6 3s^2 3p^6$$

(c) 주기율표를 보면 브로민 원자는 35개의 전자를 가지고 있음을 알 수 있다. 이들 전자를 낮은 에너지 부준위부터 높은 에너지 부준위까지 채워 넣으면 다음과 같은 전자 배치를 쓸 수 있다.

$$1s^2 2s^2 2p^6 3s^2 3p^6 4s^2 3d^{10} 4p^5$$

4*s*의 에너지 준위가 3*d*의 에너지 준위보다 낮으므로 3*d* 오비탈에 전자가 채워지기 전에 먼저 4*s* 오비탈에 전자가 채워진다.

→ 응용 연습 7.5

Ne의 전자 배치는 Na의 전자 배치 중 어느 부분과 일치하는가?

→ 실전 연습 7.5

그림 7.18에 있는 오비탈 그림을 사용하여 다음 원자들에 대한 전자 배치를 써라.

(a) Al
(b) Sc
(c) K

→ 심화 연습: 연습 문제 7.47

그림 7.18에 있는 오비탈 그림을 잘 이해하고 있다면 처음 36개의 원자에 대한 전자 배치는 쉽게 쓸 수 있을 것이다. 7.4절에서는 주기율표상에서 원소들의 배치가 원소들의 전자 구조와 어떤 관계가 있는가에 대해 다룰 것이다. 그 규칙성을 알게 된다면 전자 배치를 쓸 때 오비탈 그림은 필요 없고 단지 주기율표만 필요할 것이다.

7.4 전자 배치의 주기성

Andrea, Ben, Drew가 라스베이거스에서 본 광고판에 들어 있는 네온 원자는 전하를 가지게 될 때 빛을 내지만 화학적으로는 ***비활성***(*inert*)이다. 즉 발광 과정에서 네온 원자는 다른 원소들과 화학적으로 반응을 하지 않는다는 뜻이다. 네온 원자 및 다른 비활성 기체의 비활성 특성은 이 원소들의 유사한 전자 배치와 관련이 있다. 제2장에서 주기율 표상에서 같은 족에 있는 원소 들은 비슷한 특성을 갖는다는 것을 배웠다. 이 장에서는 같은 족에 있는 원소들은 비슷한 전자 구조를 갖는다는 것을 배우게 될 것이다.

IA (1)족 원소인 알칼리 금속들을 생각해 보자. Li, Na, K, Rb에 대한 전자 구조는 다음과 같다.

알칼리 금속은 모두 무른 금속이다. 이 금속들은 반응성이 커서 자연계에서는 금속 형태로 발견되지 않고 이온 결합 화합물이나 용해된 이온 형태로만 발견된다. 알칼리 금속들은 대기중의 산소나 수분과 반응하기 때문에 밀폐된 용기 안에 보관해야 한다.

Li	$1s^2 2s^1$
Na	$1s^2 2s^2 2p^6 3s^1$
K	$1s^2 2s^2 2p^6 3s^2 3p^6 4s^1$
Rb	$1s^2 2s^2 2p^6 3s^2 3p^6 4s^2 3d^{10} 4p^6 5s^1$

위의 전자 구조에서 어떤 규칙성을 발견할 수 있는가? IA (1)족에 있는 모든 원소들은 s 오비탈이 마지막 오비탈이며 반만 차 있다. 각각의 전자 구조 마지막 항은 ns^1이다. 여기서 n은 주에너지 준위이다.

IIA (2)족에 있는 원소들도 비슷한 규칙성을 갖는다. 각각의 전자 구조 마지막 항은 ns^2이다.

Be	$1s^2 2s^2$
Mg	$1s^2 2s^2 2p^6 3s^2$
Ca	$1s^2 2s^2 2p^6 3s^2 3p^6 4s^2$
Sr	$1s^2 2s^2 2p^6 3s^2 3p^6 4s^2 3d^{10} 4p^6 5s^2$

주기율표상의 원소들을 그룹별로 다른 구역으로 세분하였다(그림 7.20). 이 구역들은 각각의 원소들의 전자 구조에서 가장 마지막 오비탈에 채워진 가장 높은 에너지 준위를 갖는 전자로 분류되었다. IA (1)족 및 IIA (2)족 원소들의 경우는 ***s* 구역**(*s block*)이다. 또한 헬륨(helium) 역시 *s* 구역 원소이다.

다음은 VIIA (17)족인 할로젠족에 있는 몇 가지 원소들에 대해 살펴보기로 하자. 어떠한 규칙성이 F, Cl, Br의 전자 배치에서 발견되는가?

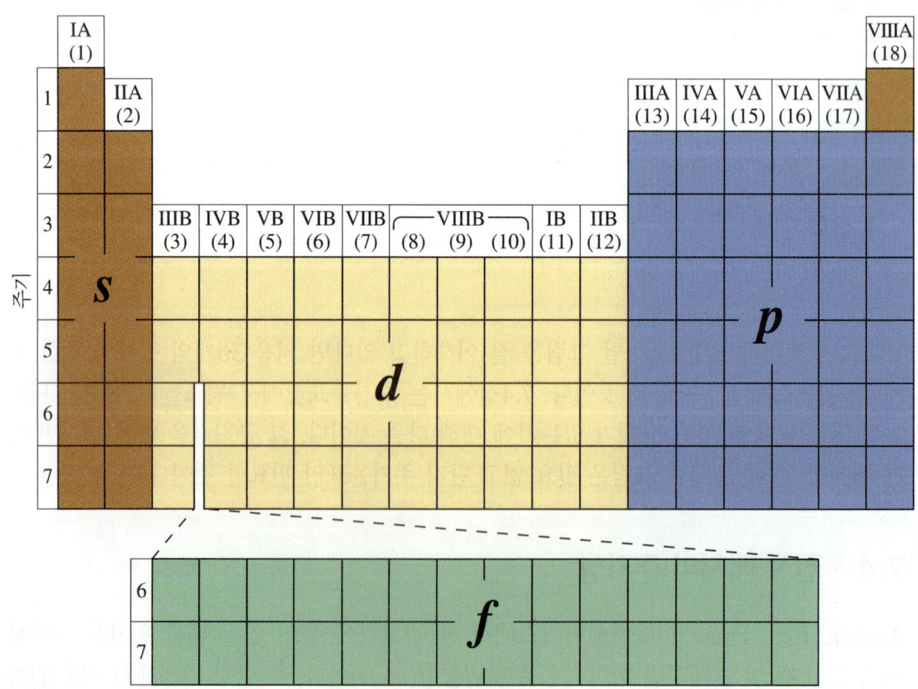

그림 7.20 주기율표는 마지막으로 전자가 채워진 부준위를 나타내는 *s*, *p*, *d*, *f* 구역으로 세분할 수 있다.

F $1s^22s^22p^5$
Cl $1s^22s^22p^63s^23p^5$
Br $1s^22s^22p^63s^23p^64s^23d^{10}4p^5$

할로젠 원소들의 경우 5개의 전자가 가장 높은 에너지 부준위를 차지하고 있고 *p* 부준위에 채워져 있다. 각 할로젠 원소들에 대한 전자 구조의 마지막 항은 np^5이다. 비활성 기체인 VIIIA (18) 족은 할로젠족 원소보다 전자가 한 개 더 많으므로 *p* 부준위에 6개의 전자를 가진다. 따라서 전자 구조의 마지막 항은 np^6이다.

헬륨은 1*s* 부준위에 전자들을 갖고 있다. 헬륨은 전자를 2개만 가지고 있고, 1*p* 오비탈은 없기 때문에 다른 비활성 기체들처럼 *p* 부준위에 전자를 가질 수 없다.

Ne $1s^22s^22p^6$
Ar $1s^22s^22p^63s^23p^6$
Kr $1s^22s^22p^63s^23p^64s^23d^{10}4p^6$

IIIA (13)족에서 VIIIA (18)족에 있는 다른 원소들과 함께 할로젠과 비활성 기체는 가장 높은 에너지를 갖는 전자가 *p* 부준위에 있는 전자들이므로 ***p* 구역**(*p block*)으로 분류된다(그림 7.20). VIA (16)족에 있는 원소들을 보라. 그들의 전자 배치가 어떻게 끝나는가? 그들은 모두 마지막 부준위에 채워진 전자의 수가 동일한가?

전이 금속은 녹는점과 끓는점이 높은 단단한 금속이다. 전이 금속은 경도, 강도, 낮은 반응성, 전기 전도도가 요구되는 금속 제품을 생산하는 데 널리 사용된다.

다음으로 전이 금속을 생각해 보자. 그림 7.20에 나타낸 바와 같이 전이 금속은 ***d* 구역**(*d block*)에 있다. 이는 가장 높은 에너지 준위를 갖는 전자들이 *d* 오비탈에 있다는 뜻이다. 전이 금속은 대부분 *s*나 *p* 구역에 있는 주족 원소(***역자 주***: A가 붙은 족의 원소)들처럼 유사한 규칙성을 갖는다. 예를 들어 IIIB (3)족 전이 금속 원소(Sc와 Y)는 마지막으로 채워진 *d* 부준위에 전자 1개가 있다(nd^1). IIB (12)족 전이 금속 원소(Zn과 Cd)는 마지막 *d* 부준위에 전자 10개가 채워진다(nd^{10}).

이와 같은 주기적 경향을 사용하여 원소들에 대한 전자 구조를 써 보자. 원자 번호가 증가함에 따라 전자의 수도 같이 증가한다. 그러므로 주기율표상에서 원소 기호를 순서대로 따라가게 되면, 어떤 원소의 전자 배치라도 용이하게 쓸 수 있다. 새로운 *s*, *d*, *p* 구역으로 들어가면 새로운 부준위가 나타나게 됨을 알고 있다. 부준위를 나타내는 알파벳 문자 앞에 놓인 주 에너지 준위 수 *n*은 주기 수로부터 얻게 된다. *s*와 *p* 구역의 경우 *n*은 주기 수(행 수)이다. *d* 구역에서 *n*은 주기 수보다 1이 작다. 그림 7.21이 부준위와 주기 수간의 관계를 이해하는 데 도움을 줄 것이다.

주기율표를 사용하여 원소 인(phosphorus)에 대한 전자 배치를 써 보도록 하자. 인은 *p* 구역에 있는 주족 원소이므로 가장 높은 에너지를 갖는 전자가 *p* 오비탈에 있는 전자임을 알 수 있다. 그림 7.22의 첫 번째 주기율표에서 화살표를 따라가면 1주기에서부터 시작한다. 1주기에는 *s* 구역만 있으므로 1*s* 오비탈만 채워져 있다. 이를 다음과 같이 쓸 수 있다.

$$1s^2 \text{ (1주기)}$$

그 다음 행(가로줄)인 2주기에서는 *s* 구역의 2개 열(세로줄)과 *p* 구역의 6개 열이 있으므로 다음과 같이 전자 배치를 쓸 수 있다.

$$2s^22p^6 \text{ (2주기)}$$

3행인 3주기에서는 *s* 구역에 2개의 열이 있다. 인은 *p* 구역 세 번째 열에 있으므로, *p* 구역에서는 전자 세 개만 채워질 수 있다.

$$3s^23p^3 \text{ (3주기)}$$

각 주기로부터 구한 전자 배치를 결합하면 인에 대한 다음과 같은 전자 배치를 쓸 수 있다.

$$\text{P} \quad 1s^22s^22p^63s^23p^3$$

전자 배치에 있는 위첨자를 다 더하면 인 원자에 있는 전자 개수인 15가 되어야 한다.

아래 그림은 전자 배치를 쓸 때 오비탈에 전자를 채워나가는 순서이다. 여러분들은 고등학교 때 이 순서를 배웠을 것이다. 그러나 화살표를 따라가는 것은 그 순서가 그림 7.21에 나타낸 주기율표를 어떻게 따라가는가를 이해하는 것이다. 그러므로 여러분들이 주기율표를 사용하는 방법을 알고 있으면 아래 그림이 제공하는 정보는 필요하지 않다.

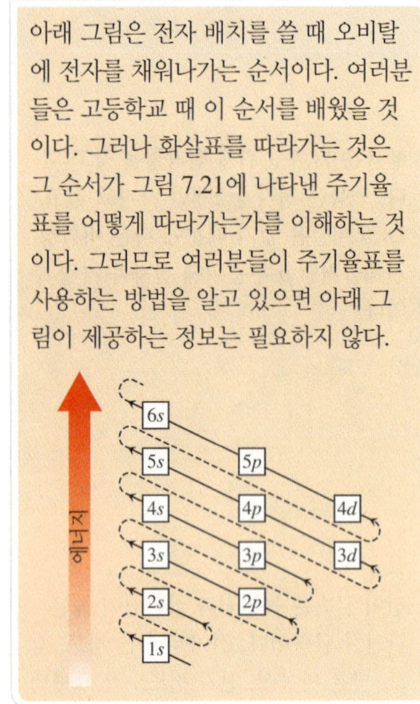

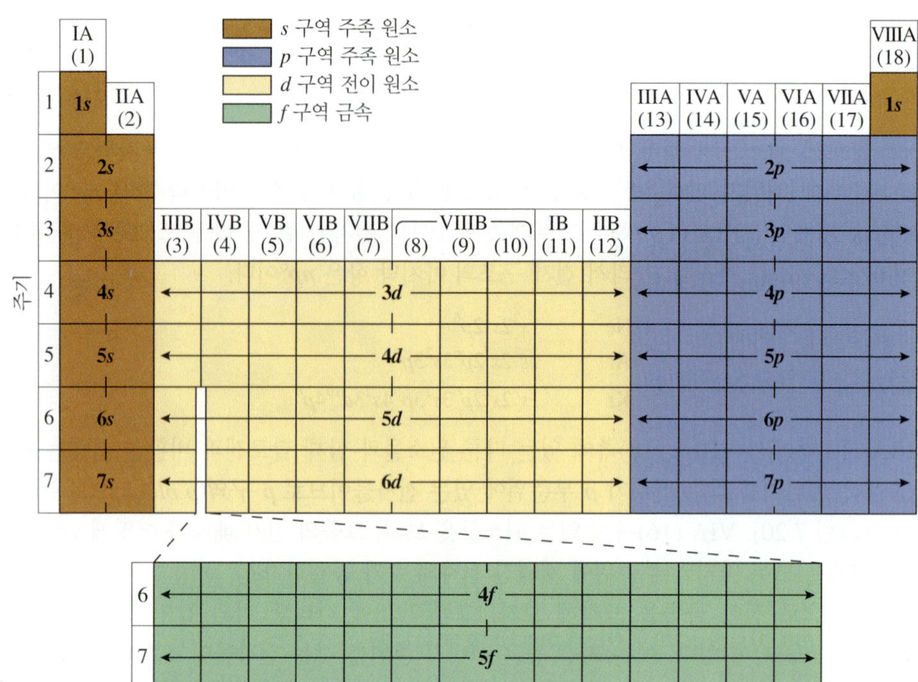

그림 7.21 주기율표는 원소들의 전자 배치를 결정하는 데 도움을 준다. 부준위 문자 앞에 놓인 주에너지 준위 수 *n*은 주기 수로부터 구할 수 있다. *s* 및 *p* 구역에서 *n*은 주기 수(행 수)이며, *d* 구역에서 *n*은 주기 수보다 1이 작다. *f* 구역에서 *n*은 주기 수보다 2만큼 작다.

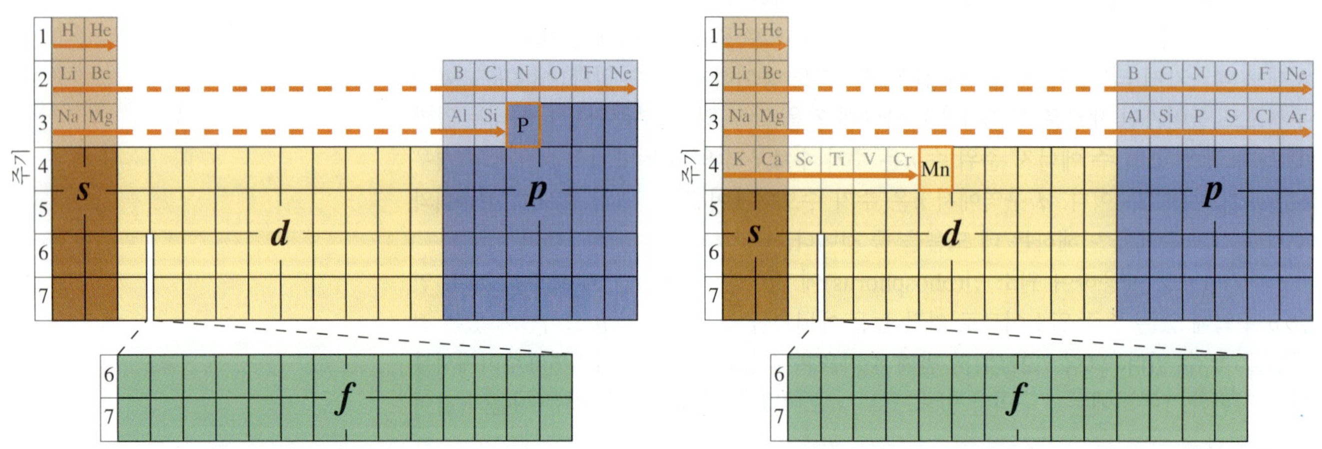

그림 7.22 한 원소에 대한 전자 배치를 결정하려면 화살표를 따라서 원소를 지날 때마다 네모 상자(원소 기호) 안에 전자 한 개씩을 채운다. 3주기를 지나게 되면 주기 수보다 하나가 작은 *d* 부준위 전자를 채운다.

다음으로 망가니즈(Mn)에 대한 전자 배치를 살펴보기로 하자. 그림 7.22의 두 번째 주기율표에서 화살표를 따라 수소 원소로부터 망가니즈 원소까지 이동해 보자. 망가니즈는 *d* 구역에 있는 전이 금속이므로, 망가니즈 원소에서 가장 높은 에너지를 갖는 전자는 *d* 전자임을 예측할 수 있다. 또한 망가니즈는 4주기에 있는 원소이므로 가장 마지막으로 채워진 *d* 오비탈은 (4 − 1)*d*. 즉 3*d* 오비탈이다. 망가니즈의 전자 배치를 쓰기 위해서 인에서와 같은 절차를 망가니즈에 대해서도 수행한다. 1주기에서는 첫 번째 주에너지 준위를 채운다.

$$1s^2 \text{ (1주기)}$$

2주기에서는 두 번째 주에너지 준위에 있는 s와 p 부준위에 전자를 채운다.

$$2s^22p^6 \text{ (2주기)}$$

3주기에서는 세 번째 주에너지 준위에 있는 s와 p 부준위에 전자를 채운다.

$$3s^23p^6 \text{ (3주기)}$$

4주기에서는 먼저 $4s$ 부준위를 채운다. 그 다음 d 구역에 전자를 채워 넣기 시작하는데 d 구역은 $3d$ 부준위가 된다(주기 수 − 1). 망가니즈는 d 구역의 다섯 번째 열에 위치하므로 5개의 $3d$ 전자를 갖는다. 4주기에서 s 및 d 구역에 대한 전자 배치는 다음과 같다.

$$4s^23d^5 \text{ (4주기)}$$

각 주기로부터 전자 배치를 결합하면 다음과 같은 망가니즈의 전자 배치를 얻을 수 있다.

$$\text{Mn} \quad 1s^22s^22p^63s^23p^64s^23d^5$$

위첨자에 있는 수를 모두 합하면 망가니즈의 전자 개수와 같은가?

예제 7.6을 통해 주기율표를 사용하여 원소의 전자 배치를 쓰는 방법을 연습하도록 하라.

예제 7.6 ▶ 주기율표를 사용하여 전자 배치 쓰기

주기율표를 사용하여 다음 원소들에 대한 전자 배치를 써라.

(a) Si

(b) Zr

(c) Br

» 풀이:

(a) 규소(Si)는 p 구역의 두 번째 열이고 3주기에 있으므로 전자 배치가 $3p^2$이다. 전자 배치의 나머지 부분은 1주기에 있는 H 및 He를 시작으로 원자 번호가 증가하는 순서대로 주기율표를 따라감에 의해 구할 수 있다. 1주기에 대해 $1s^2$, 2주기에 대해 $2s^22p^6$, 3주기에 대해 $3s^23p^2$의 전자 배치를 얻을 수 있다. 이를 결합하면 Si에 대한 전자 배치를 다음과 같이 쓸 수 있다.

$$\text{Si} \quad 1s^22s^22p^63s^23p^2$$

위첨자의 합은 규소 원자의 전자 개수인 14이다.

(b) 지르코늄(Zr)은 d 구역의 두 번째 열이고 5주기에 있다. d 구역 원소에 대한 원소들에 대한 주에너지 준위 수는 항상 주기 수에서 1을 뺀 수(5 − 1 = 4)가 되므로 Zr의 전자 배치는 $4d^2$로 끝난다($5d^2$가 아님). 전자 배치는 Si의 전자 배치를 찾아냈을 때에 사용한 같은 방법을 사용한다. 1, 2, 3주기에 대한 전자 배치는 $1s^22s^22p^63s^23p^6$이다. 4주기를 지나므로 s 구역 전자 $4s^2$, d 구역 전자 $3d^{10}$ 및 p 구역 전자 $4p^6$를 더해 준다. 5주기에 대해서는 s 구역 전자 $5s^2$, d 구역 전자가 2개이므로 $4d^2$를 더해 준다. 전체 5주기에 대한 전자 배치를 모두 더하면 Zr에 대한 전자 배치를 다음과 같이 쓸 수 있다.

$$\text{Zr} \ 1s^22s^22p^63s^23p^64s^23d^{10}4p^65s^24d^2$$

위첨자의 합은 Zr 원자의 전자 개수인 40이다.

(c) 브로민(Br)은 p 구역의 5번째 열이고, 4주기에 있다. 브로민의 전자 배치는 $4p^5$로 끝날 것이다. 1, 2, 3주기에 대한 전자 배치는 $1s^22s^22p^63s^23p^6$이다. 4주기에 대

해서 s 구역 전자 $4s^2$, d 구역 전자 $3d^{10}$ 및 p 구역 전자 $4p^5$를 더해 준다. 전체 4주기에 대한 전자 배치를 모두 더하면 Br에 대한 전자 배치를 다음과 같이 쓸 수 있다.

$$\text{Br} \quad 1s^22s^22p^63s^23p^64s^23d^{10}4p^5$$

➔ 응용 연습 7.6

비활성 기체 Kr의 전자 배치는 Zr의 전자 배치와 어떻게 다른가?

➔ 실전 연습 7.6

주기율표를 사용하여 다음 원소들에 대한 전자 배치를 써라.

(a) S

(b) Rb

(c) Cd

➔ 심화 연습: 연습 문제 7.61

긴 전자 배치를 갖는 원소들에 대해 화학자들은 종종 ***약식 전자 배치***(*abbreviated electron configurations*)를 사용한다. 아르곤과 칼슘의 전자 배치의 차이는 Ca의 전자 배치 끝에 $4s^2$ 전자가 더해진다는 점을 활용한다.

$$\text{Ar} \quad 1s^22s^22p^63s^23p^6$$
$$\text{Ca} \quad 1s^22s^22p^63s^23p^64s^2$$

Ca의 전체 전자 배치를 쓰는 대신 그 부분인 Ar에 대한 전자 배치를 [Ar]의 기호로 나타낸 것을 사용하여 다음과 같이 전자 배치를 간략하게 쓴다.

$$\text{Ca} \quad [\text{Ar}]4s^2$$

관례에 의해 비활성 기체 원소의 전자 배치를 활용하여 약식 전자 배치를 사용한다. 원소의 약식 전자 배치를 쓰기 위해서는 주기율표에서 원소의 위치를 찾아내고 그 원소 위의 주기에서 가장 가까운 비활성 기체 원소를 찾는다. 약식 전자 배차를 쓸 때 이 비활성 기체 원소를 활용한다. 먼저 대괄호 안에 이 원소 기호를 쓰고, 나머지 전자 배치를 쓰면 된다.

브로민 원자에 대한 약식 전자 배치는 어떻게 쓰는가? 브로민보다 원자 번호가 작은 비활성 기체 중 가장 가까운 원소는 아르곤이다. 아르곤의 전자 배치에 해당하는 [Ar]을 먼저 쓴다. 그리고 아르곤은 3주기 끝에 있으므로 4주기를 지나 브로민 위치에 도달할 때까지 지나는 구역에 해당되는 전자를 그 뒤에 쓰면 다음과 같이 브로민에 대한 약식 전자 배치를 완성할 수 있다.

$$\text{Br} \quad [\text{Ar}]4s^23d^{10}4p^5$$

f 오비탈을 포함하는 원소의 전자 배치는 어떻게 찾아낼 수 있는가? 세륨(Ce, 원자 번호 58)은 란타넘 계열의 첫 번째 원소이며, f 구역 계열에 있는 첫 번째 원소이다(그림 7.21). 란타넘 및 악티늄 계열의 원소들은 가장 큰 에너지를 갖는 전자들이 f 부준위에 있으므로 이 원소들은 f 구역에 있음을 주목하라. 14개의 란타넘 원소들이 있으며 이 숫자는 7개의 $4f$ 오비탈을 모두 채울 수 있는 전자의 개수이다. 이와 비슷하게 악티늄 계열(원자 번호 90에서 103)은 $5f$ 오비탈에 전자가 있는 원소들의 집합이다. 란타넘 및 악

티늄 계열의 원소들은 매우 드물게 접할 수 있으며 전자 배치에서 불규칙성이 많이 생기는 원소들이다.

7.5 주족 원소의 원자가 전자

같은 족에 있는 원소들은 가장 마지막에 있는 부준위 및 주에너지 준위에 채워져 있는 전자의 개수가 같다. 가장 마지막에 전자가 채워져 있는 주에너지 준위를 **원자가 준위**(valence level) 또는 ***원자가 껍질***(*valence shell*)이라고 한다. 원자가 준위는 에너지 상태가 가장 높은 상태이며, 보다 낮은 주에너지 준위에 있는 오비탈보다 더 큰 영역을 갖는 오비탈을 가진다. 원자가 준위에 놓여 있는 전자들을 **원자가 전자**(valence electron)라고 한다. 원자가 준위보다 아래에 있는 주에너지 준위에 속한 전자들을 **핵심부 전자**(core electron) 또는 내부 전자(inner electron)라고 한다. 그림 7.23에 있는 주기율표는 모든 원소에 대한 원자가 전자 배치를 보여 주고 있다. 제2장 및 7.7절에서 논의할 같은 족 원소들의 비슷한 특성은 원자가 전자의 수와 관련이 있다. 주족 원소들의 원자가 전자에 대해 심도 있게 고찰해 보자.

전자 배치를 쓸 때 전자를 채워나가는 일반적인 순서에 몇 가지 예외가 있다. 란타넘족과 악티늄족의 경우 주기적 패턴이 다양하다. 또한 전이 금속 VIB (6)족 및 IB (11)족의 전자 배치는 규칙에 의한 전자 배치와 다르다. VIB (6)족의 경우 모든 d 오비탈에 전자가 1개씩 다 채워지면, IB (11)족의 경우 모든 d 오비탈에 전자 10개가 다 채워지면 보다 더 안정성을 갖게 되어 규칙과 다른 전자 구조를 갖게 된다. 그림 7.23에 나타낸 4주기에 있는 원소들의 전자 배치에서 예외적인 경우를 찾아낼 수 있는가?

한 원소에 대한 원자가 전자의 수를 결정하는 한 가지 방법은 그 원소에 대한 전자 배치 또는 약식 전자 배치를 살펴보는 것이다. 예를 들어 규소의 전자 배치는 다음과 같다.

$$\text{Si} \quad 1s^2 2s^2 2p^6 3s^2 3p^2 \quad \text{또는} \quad [\text{Ne}]3s^2 3p^2$$

원자가 준위는 $3s$와 $3p$ 부준위를 포함하는 $n = 3$ 주에너지 준위이다. 전자 배치로부터 $n = 3$ 주에너지 준위에 4개의 전자가 있음을 알 수 있다. 그러므로 규소는 원자가 전자가 4개이다. 규소의 원자가 전자는 네온의 전자 배치 다음에 놓인 전자들임을 유의하라. 비활성 기체에 대한 전자 배치에 속한 전자들은 원자핵에 강하게 붙잡힌 핵심부 전자들이다. 그러나 어떤 원소들의 경우 핵심부 전자의 일부는 비활성 기체 원소의 전자 배치에 속하는 전자들이 *아닌* 경우도 있다. 브로민의 예를 들어 보자. 브로민에 대한 약식 전자 배치는 다음과 같다.

$$\text{Br} \quad [\text{Ar}]4s^2 3d^{10} 4p^5$$

d 부준위 전자들은 때로는 전이 금속의 원자가 전자가 된 경우가 있으며, d 오비탈에 있는 원자가 전자의 성질은 주족 원소의 원자가 전자와는 달리 예측하기 어렵다.

원자가 준위는 7개 전자를 가지고 있는 네 번째 주에너지 준위 ($n = 4$)이다. $3d$ 전자들은 세 번째 주에너지 준위 ($n = 3$)에 있으므로 원자가 전자가 아니다. *모든 주족 원소들의 경우 원자가 전자의 수는 가장 높은 주에너지 준위에 속하는 s 또는 p 부준위에 있는 전자수의 합이다.*

원자가 준위 및 원자가 전자수를 결정하는 보다 편리한 방법은 주기율표를 사용하는 방법이다. 7.4절에서 우리는 주기율표가 원소의 전자 배치를 어떻게 예측할 수 있는지를 학습하였다. 주에너지 준위 수(주양자수)는 s 또는 p 부준위에 대한 주기 수와 같다. 원자가 전자는 가장 높은 주에너지 준위에 속하는 s 또는 p 부준위에 있는 전자임을 유의하자. 이는 원소의 주기수는 원자가 준위의 수와 같다는 것을 의미한다. 원자가 전자의 수는 주족 원소들의 족 수(group number)에서 결정된다. 헬륨을 제외하고 주족을 나타내는 로마숫자가 원자가 전자수이다. 왜냐하면 족 수는 s 및 p의 원자가 전자수이기 때문이다. 예를 들어 규소는 IVA (14)족에 있다. 로마숫자 IV는 2개의 s 전자와 2개의 p 전자로 이루어진 4개의 원자가 전자를 의미한다. VIIA (17)족에 있는 브로민의 경우, 같은 족에 있는 다른 할로젠 원소와 같이 7개의 원자가 전자를 갖고 있다. 주기율표는 *같은 족에 있는 원소들은 원자가 전자의 수가 같다*는 것을 보여 주고 있다.

예제 7.7을 통해 주족 원소들의 원자가 전자수를 결정하는 방법을 숙지해 보자.

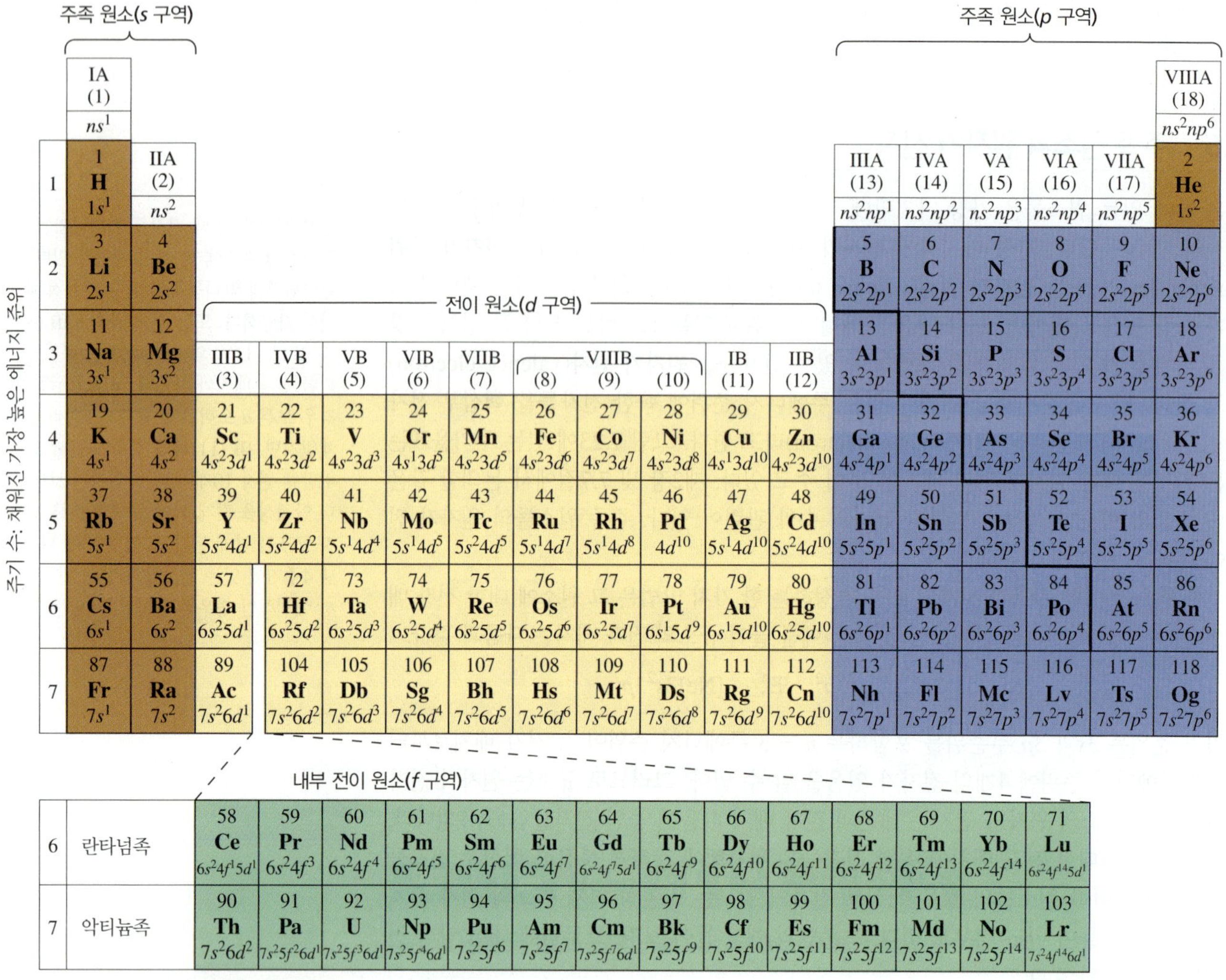

주족 원소(*s* 구역) / 전이 원소(*d* 구역) / 주족 원소(*p* 구역)

주기 수: 채워진 가장 높은 에너지 준위	IA (1) ns^1	IIA (2) ns^2	IIIB (3)	IVB (4)	VB (5)	VIB (6)	VIIB (7)	VIIIB (8)	VIIIB (9)	VIIIB (10)	IB (11)	IIB (12)	IIIA (13) ns^2np^1	IVA (14) ns^2np^2	VA (15) ns^2np^3	VIA (16) ns^2np^4	VIIA (17) ns^2np^5	VIIIA (18) ns^2np^6
1	1 **H** $1s^1$																	2 **He** $1s^2$
2	3 **Li** $2s^1$	4 **Be** $2s^2$											5 **B** $2s^22p^1$	6 **C** $2s^22p^2$	7 **N** $2s^22p^3$	8 **O** $2s^22p^4$	9 **F** $2s^22p^5$	10 **Ne** $2s^22p^6$
3	11 **Na** $3s^1$	12 **Mg** $3s^2$											13 **Al** $3s^23p^1$	14 **Si** $3s^23p^2$	15 **P** $3s^23p^3$	16 **S** $3s^23p^4$	17 **Cl** $3s^23p^5$	18 **Ar** $3s^23p^6$
4	19 **K** $4s^1$	20 **Ca** $4s^2$	21 **Sc** $4s^23d^1$	22 **Ti** $4s^23d^2$	23 **V** $4s^23d^3$	24 **Cr** $4s^13d^5$	25 **Mn** $4s^23d^5$	26 **Fe** $4s^23d^6$	27 **Co** $4s^23d^7$	28 **Ni** $4s^23d^8$	29 **Cu** $4s^13d^{10}$	30 **Zn** $4s^23d^{10}$	31 **Ga** $4s^24p^1$	32 **Ge** $4s^24p^2$	33 **As** $4s^24p^3$	34 **Se** $4s^24p^4$	35 **Br** $4s^24p^5$	36 **Kr** $4s^24p^6$
5	37 **Rb** $5s^1$	38 **Sr** $5s^2$	39 **Y** $5s^24d^1$	40 **Zr** $5s^24d^2$	41 **Nb** $5s^14d^4$	42 **Mo** $5s^14d^5$	43 **Tc** $5s^24d^5$	44 **Ru** $5s^14d^7$	45 **Rh** $5s^14d^8$	46 **Pd** $4d^{10}$	47 **Ag** $5s^14d^{10}$	48 **Cd** $5s^24d^{10}$	49 **In** $5s^25p^1$	50 **Sn** $5s^25p^2$	51 **Sb** $5s^25p^3$	52 **Te** $5s^25p^4$	53 **I** $5s^25p^5$	54 **Xe** $5s^25p^6$
6	55 **Cs** $6s^1$	56 **Ba** $6s^2$	57 **La** $6s^25d^1$	72 **Hf** $6s^25d^2$	73 **Ta** $6s^25d^3$	74 **W** $6s^25d^4$	75 **Re** $6s^25d^5$	76 **Os** $6s^25d^6$	77 **Ir** $6s^25d^7$	78 **Pt** $6s^15d^9$	79 **Au** $6s^15d^{10}$	80 **Hg** $6s^25d^{10}$	81 **Tl** $6s^26p^1$	82 **Pb** $6s^26p^2$	83 **Bi** $6s^26p^3$	84 **Po** $6s^26p^4$	85 **At** $6s^26p^5$	86 **Rn** $6s^26p^6$
7	87 **Fr** $7s^1$	88 **Ra** $7s^2$	89 **Ac** $7s^26d^1$	104 **Rf** $7s^26d^2$	105 **Db** $7s^26d^3$	106 **Sg** $7s^26d^4$	107 **Bh** $7s^26d^5$	108 **Hs** $7s^26d^6$	109 **Mt** $7s^26d^7$	110 **Ds** $7s^26d^8$	111 **Rg** $7s^26d^9$	112 **Cn** $7s^26d^{10}$	113 **Nh** $7s^27p^1$	114 **Fl** $7s^27p^2$	115 **Mc** $7s^27p^3$	116 **Lv** $7s^27p^4$	117 **Ts** $7s^27p^5$	118 **Og** $7s^27p^6$

내부 전이 원소(*f* 구역)

6	란타넘족	58 **Ce** $6s^24f^15d^1$	59 **Pr** $6s^24f^3$	60 **Nd** $6s^24f^4$	61 **Pm** $6s^24f^5$	62 **Sm** $6s^24f^6$	63 **Eu** $6s^24f^7$	64 **Gd** $6s^24f^75d^1$	65 **Tb** $6s^24f^9$	66 **Dy** $6s^24f^{10}$	67 **Ho** $6s^24f^{11}$	68 **Er** $6s^24f^{12}$	69 **Tm** $6s^24f^{13}$	70 **Yb** $6s^24f^{14}$	71 **Lu** $6s^24f^{14}5d^1$
7	악티늄족	90 **Th** $7s^26d^2$	91 **Pa** $7s^25f^26d^1$	92 **U** $7s^25f^36d^1$	93 **Np** $7s^25f^46d^1$	94 **Pu** $7s^25f^6$	95 **Am** $7s^25f^7$	96 **Cm** $7s^25f^76d^1$	97 **Bk** $7s^25f^9$	98 **Cf** $7s^25f^{10}$	99 **Es** $7s^25f^{11}$	100 **Fm** $7s^25f^{12}$	101 **Md** $7s^25f^{13}$	102 **No** $7s^25f^{14}$	103 **Lr** $7s^24f^{14}6d^1$

그림 7.23 위 주기율표는 모든 원소에 대한 원자가 전자의 전자 배치를 나타낸 것이다 각 원소들마다 마지막으로 전자가 채워진 부준위는 주기율표상에 표시된 *s*, *p*, *d*, *f* 구역과 일치한다.

예제 7.7 ▶ 원자가 전자의 수

다음 원소들의 원자가 전자의 수를 구하라.

(a) 질소
(b) 포타슘
(c) 산소

» 풀이:

(a) 질소(N) 원자의 전자 배치는 다음과 같다.

$$1s^22s^22p^3$$

원자가 준위는 가장 큰 주에너지 준위수인 $n = 2$이다. 원자가 준위에 5개의 전자($2s$ 부준위에 2개와 $2p$ 부준위에 3개의 전자)가 있으므로 질소 원자의 원자가 전자는 5개이다. 주기율표를 사용해서 원자가 전자수를 구할 수도 있다. 질소는 VA

(15)족에 속한다. 로마 숫자인 V는 질소 원자의 원자가 전자 개수인 5를 뜻한다. 주기율표를 사용하면 더 빠르게 원자가 전자수를 발견할 수 있으므로 남은 문제를 풀 때는 주기율표를 사용하는 방법을 사용하고자 한다.

(b) 포타슘 K는 IA족에 속해 있으므로 원자가 전자의 수는 1이다($4s^1$).

(c) 산소 0는 VIA (16)족에 있으므로 6개의 원자가 전자를 가지며, 그 배치는 $2s^22p^4$ 이다.

➜ 응용 연습 7.7

4개의 원자가 전자를 가지고 있다는 것만 알려진 미지의 주족 원소는 어떤 족에 속하는가?

➜ 실전 연습 7.7

다음 원소들의 원자가 전자수를 구하라.

(a) 마그네슘

(b) 탄소

(c) 납

➜ 심화 연습: 연습 문제 7.77

7.6 이온의 전자 배치

지금까지 우리는 원자에 대한 전자 배치 쓰는 법을 학습하였다. 원자는 전하를 갖지 않으므로 전자의 수는 원자 번호인 양성자의 수와 같다. 불꽃놀이에서 색을 나타내는 물질과 같은 이온 물질들은 중성 원자로 이루어진 것이 아니고 전하를 띤 이온으로 이루어져 있다. 이온은 전자의 수가 양성자의 수보다 많거나 작으므로 전하를 가지게 된다. 이온의 전자 배치를 쓰기 위해서는 전하 값을 고려하여 원자가 전자의 수를 조정해야 한다.

양이온은 양성자 수보다 전자수가 더 적은 경우이다. 양이온에 대한 전자 배치를 쓰려면 원자의 전자 배치에서 원자가 전자를 빼 주어야 한다. 칼슘의 예를 생각해 보자. 칼슘의 전자 배치는 다음과 같다.

$$\text{Ca} \quad 1s^22s^22p^63s^23p^64s^2$$

Ca^{2+} 이온이 형성될 때 원자가 $4s$ 부준위로부터 전자 2개를 잃는다. Ca^{2+}에 대한 전자 배치는 다음과 같다.

$$\text{Ca}^{2+} \quad 1s^22s^22p^63s^23p^6$$

음이온은 양성자보다 더 많은 전자를 갖는다. 음이온에 대한 전자 배치를 쓰기 위해서는 원자의 전자 배치의 원자가 준위에 전자를 더해 주어야 한다. 염소 원자의 예를 생각해 보자. 염소 원자는 다음과 같은 전자 배치를 갖는다.

$$\text{Cl} \quad 1s^22s^22p^63s^23p^5$$

Cl^- 이온이 염소 원자로부터 만들어지려면 전자 1개가 더해져야 한다. 전자 1개는 원자가 준위인 $3p$ 부준위에 더해지게 된다. Cl^-에 대한 전자 배치는 다음과 같다.

$$\text{Cl}^- \quad 1s^22s^22p^63s^23p^6$$

Ca^{2+}나 Cl^-의 전자 배치는 동일하며 아르곤 원자의 전자 배치를 갖는다. Ca^{2+} 양이

온, Cl^- 음이온, Ar 원자는 전자의 수가 같으므로 **등전자적**(isoelectronic)이다. 그럼에도 세 종류의 화학종은 양성자의 수가 다르므로 서로 다른 화학종이다. 이들 세 화학종과 등전자적 관계에 있는 다른 이온들을 찾아보라.

예제 7.8 ▶ 이온의 전자 배치

다음 이온의 약식 전자 배치를 써라. 그리고 각 이온과 등전자적 관계에 있는 이온들을 찾아 명기하라.

(a) S^{2-}
(b) Sr^{2+}
(c) Al^{3+}

≫ 풀이:

(a) 황화 이온(S^{2-})에 대한 전자 배치를 쓰기 위해서 황 원자에 대한 약식 전자 배치에서 시작한다.

$$\mathrm{S} \quad [\mathrm{Ne}]3s^2 3p^4$$

S^{2-} 음이온은 2− 전하를 가지고 있으므로 2개의 전자를 가장 높은 에너지의 원자가 부준위(3p 부준위)에 더해 주어야한다. S^{2-}의 전자 배치는 다음과 같다.

$$\mathrm{S^{2-}} \quad [\mathrm{Ne}]3s^2 3p^6 \text{ 또는 } [\mathrm{Ar}]$$

S^{2-}와 등전자적 관계에 있는 다른 화학종은 S^{2-}와 전자수가 같고 전자 배치가 같아야 한다. 비활성 기체인 사이 황 음이온과 같은 전자 구조를 갖고 있으며, 이온으로는 P^{3-}, Cl^-, K^+, Ca^{2+} 등이 있다.

(b) 스트론튬 양이온(Sr^{2+})에 대한 전자 배치를 쓰기 위해서 Sr 원자에 대한 약식 전자 배치에서 시작한다.

$$\mathrm{Sr} \quad [\mathrm{Kr}]5s^2$$

Sr^{2+} 양이온은 2+ 전하를 가지고 있으므로 2개의 전자를 가장 높은 에너지의 원자가 부준위(5s 부준위)에서 빼주어야 한다. Sr^{2+}의 전자 배치는 다음과 같다.

$$\mathrm{Sr^{2+}} \quad [\mathrm{Kr}]$$

Sr^{2+}와 등전자적인 이온들은 비활성 기체 크립톤과 같은 전자 구조를 가져야 한다. Kr과 등전자적인 이온들은 또한 Sr^{2+}와 등전자적인 관계에 있다. Se^{2-}, Br^-, Rb^+ 등이 그 예이다. 몇몇 전이 금속 또한 Sr^{2+}와 등전자적이다. 그 예가 Zr^{4+}이다.

(c) Al^{3+} 이온에 대한 전자 배치를 쓰기 위해서 먼저 Al 원자에 대한 약식 전자 배치에서 시작한다.

$$\mathrm{Al} \quad [\mathrm{Ne}]3s^2 3p^1$$

Al^{3+} 양이온은 3+ 전하를 가지고 있으므로 3개의 전자를 $n = 3$ 원자가 준위에서 빼주어야 한다. Al^{3+}의 전자 배치는 다음과 같다.

$$\mathrm{Al^{3+}} \quad [\mathrm{Ne}]$$

Al^{3+} 이온은 네온처럼 10개의 전자를 갖는다. 10개의 전자를 갖는 다른 이온에는 O^{2-}, F^-, Na^+, Mg^{2+} 등이 있다.

→ 응용 연습 7.8

등전자적 관계에 있는 이온들은 어떤 점들이 서로 다른가?

→ 실전 연습 7.8

다음 각 이온의 약식 전자 배치를 써라. 각 이온에 대해 등전자적 관계에 있는 다른 이온들을 찾아 명기하라.

(a) Br^-

(b) N^{3-}

(c) K^+

→ 심화 연습: 연습 문제 7.81

7.7 원자의 주기적 성질

원자의 전자 구조는 빛이 물질과 상호 작용을 할 때 어떤 현상이 일어나는가를 설명해 준다. 원자가 에너지를 흡수하면 전자가보다 높은 에너지 준위에 있는 오비탈로 이동한다. 전자가 낮은 에너지 준위의 오비탈로 떨어지면 에너지를 방출하는데, 경우에 따라 가시광선 영역이 포함된 전자기 복사의 형태로 에너지를 방출한다. Andrea, Ben, Drew가 라스베이거스에서 구경했던 불꽃놀이, 네온사인, 레이저 쇼에서 나오는 형형색색의 빛들이 나오는 현상을 전자의 전이로 설명할 수 있다.

이 절에서는 반응성, 전자를 잃어버리는 경향, 원자의 크기 등 원자의 다른 성질들이 전자 배치와 어떻게 연관되는지에 대해 다루고자 한다.

>> 화학적 반응성과 전자 배치

제5장에서 다룬 금속의 상대적 반응성을 예측할 수 있는 활동도 서열을 다시 고찰해 보자. 그림 7.24에 기술된 활동도 순서에서 상위에 있는 원소들을 살펴보자. 어떤 규칙성을 발견할 수 있는가? 대부분은 IA (1)족의 알칼리 금속 및 IIA (2)족의 알칼리 토금속들이다. 이들은 반응성 이 매우 큰 원소들이다. 이들 금속은 너무 반응성이 커서 자연계에서 순수한 원소로 발견되지 않는다. 이들은 대부분 비금속들과 결합된 화합물로 발견된다.

주기율표에서 첫 번째 족에 있는 알칼리 금속은 자연계에서 주로 산화물 형태로 발견된다. 산소와 결합된 알칼리 금속 보의 안정한 화합물은 다음과 같이 M_2O의 일반적인 화학식으로 나타낼 수 있다.

$$Li_2O \quad Na_2O \quad K_2O \quad Rb_2O \quad Cs_2O$$

알칼리 금속이 산소나 다른 원소와 결합하여 화합물을 형성할 때, 이들은 1+ 이온 형태가 된다. 알칼리 금속에 대한 전자 배치가 이를 설명해 준다.

Li	$1s^22s^1 = [He]2s^1$
Na	$1s^22s^22p^63s^1 = [Ne]3s^1$
K	$1s^22s^22p^63s^23p^64s^1 = [Ar]4s^1$
Rb	$1s^22s^22p^63s^23p^64s^23d^{10}4p^65s^1 = [Kr]5s^1$
Cs	$1s^22s^22p^63s^23p^64s^23d^{10}4p^65s^24d^{10}5p^66s^1 = [Xe]6s^1$

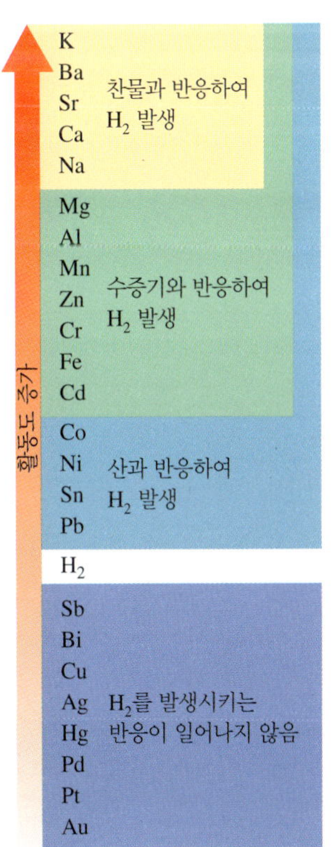

그림 7.24 위의 화학 활동도 서열에서 활동도가 큰 원소일수록 보다 윗부분에 위치한다.

위 원소들은 어떤 공통점이 있는가? 모두 s 오비탈에 원자가 전자 1개를 가지고 있는 전자 배치를 보여 주고 있다. 위의 원소들 모두 원자가 s 전자를 잃게 되면 주기율표에서 바로 앞에 있는 비활성 기체 원소의 전자 배치가 된다.

알칼리 금속이 하나뿐인 원자가 전자를 잃고 1+ 이온을 형성하면 비활성 기체와 같은 전자 배치를 갖게 된다.

프랑슘(francium)은 매우 드물고, 방사성이 높으므로 여기서 논의하지 않는다.

Li^+ $1s^2 = [He]$
Na^+ $1s^2 2s^2 2p^6 = [Ne]$
K^+ $1s^2 2s^2 2p^6 3s^2 3p^6 = [Ar]$
Rb^+ $1s^2 2s^2 2p^6 3s^2 3p^6 4s^2 3d^{10} 4p^6 = [Kr]$
Cs^+ $1s^2 2s^2 2p^6 3s^2 3p^6 4s^2 3d^{10} 4p^6 5s^2 4d^{10} 5p^6 = [Xe]$

동영상: 알칼리 및 알칼리 토금속의 성질

원자가 전자들은 원자핵으로부터 아주 멀리 떨어져 있으므로, 화학 반응에 참여하게 된다. 원소들의 화학 반응은 전자 배치의 변화를 수반한다. 즉 전자를 더해지거나 잃게 되거나 서로 공유하여 보다 안정한 전자 배치를 형성하는 방향으로 전자 배치가 바뀌게 된다. 보통 비활성 기체의 전자 배치가 되도록 전자수의 변화가 일어난다.

He $1s^2$
Ne $[He]2s^2 2p^6$
Ar $[Ne]3s^2 3p^6$
Kr $[Ar]3d^{10} 4s^2 4p^6$
Xe $[Kr]4d^{10} 5s^2 5p^6$

비활성 기체의 전자 배치는 어떤 공통점을 가지고 있는가? 비활성 기체는 s와 p 부준위로 이루어진 원자가 준위에 전자가 모두 채워져 있다. 비활성 기체 원소들의 화합물은 거의 발견되지 않았으므로(아주 특수한 반응 조건에서 합성될 수 있지만), 우리들은 s와 p 부준위에 전자가 채워지는 전자 배치가 원자나 이온들에게 특별한 안정성을 준다고 결론내릴 수 있다.

알칼리 금속만큼 반응성이 크지 않지만, 알칼리 토금속도 꽤 반응성이 크다. 알칼리 토금속에 대한 약식 전자 배치는 다음과 같다.

Be $[He]2s^2$
Mg $[Ne]3s^2$
Ca $[Ar]4s^2$
Sr $[Kr]5s^2$
Ba $[Xe]6s^2$

이 원소들은 자연계에서 주로 2+ 이온 형태로 산소나 할로젠 원자들과 결합된 화합물로 발견된다. 알칼리 토금속 이온들은 다음과 같은 비활성 기체의 전자 배치를 갖는다.

Be^{2+} [He]
Mg^{2+} [Ne]
Ca^{2+} [Ar]
Sr^{2+} [Kr]
Ba^{2+} [Xe]

지금까지 주기율표의 가장 왼쪽에 있는 금속 원자들의 전자 배치에 대해 고찰하였다. 이제 주기율표 오른쪽에 있는 원소들 중 비활성 기체 바로 옆에 있는 할로젠족 원소에 대해 알아보자. 할로젠은 반응성이 대단히 큰 비금속이어서 이 원소들도 자연계에서 순수한 원소 형태로 발견되지 않는다. 할로젠 원소들은 NaCl이나 CaF_2처럼, 금속과 결

리튬

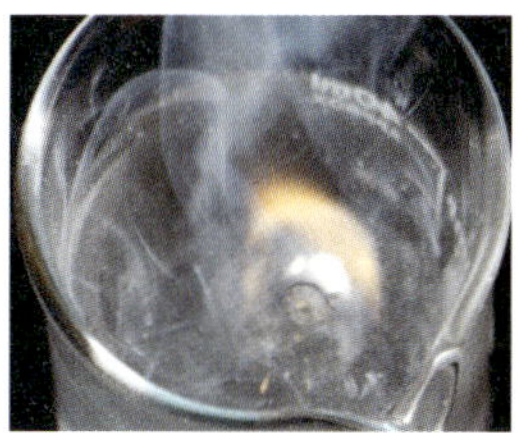
소듐

포타슘

루비듐

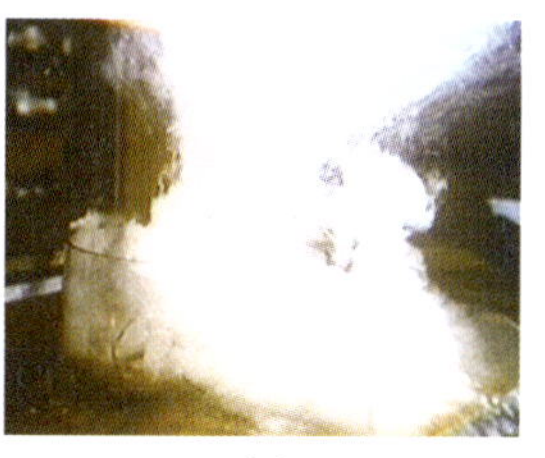
세슘

그림 7.25 모든 알칼리 금속은 물과 반응한다. 이들의 반응성은 주기율표상에서 아래로 내려갈수록 커진다.

(리튬): ©Chemistry at Work/Videodisk/Videodiscovery, Inc.; (소듐): ©Richard Megna/Fundamental Photographs; (포타슘): ©Richard Megna/Fundamental Photographs; (루비듐, 세슘): ©Chemistry at Work/Videodisk/Videodiscovery, Inc.

합하여 화합물을 이루며, 이때 1– 이온으로 발견된다. 할로젠 원소의 화학적 성질은 전자 1개를 ***얻는다***(*gaining*)는 사실에 기반을 두고 있다. 할로젠 원소들의 전자 구조들 사이에는 어떤 유사성이 있는가?

F [He]$2s^22p^5$
Cl [Ne]$3s^23p^5$
Br [Ar]$3d^{10}4s^24p^5$
I [Kr]$4d^{10}5s^25p^5$

위 원소들로부터 어떤 이온들이 형성되는가? 비활성 기체의 보다 안정한 전자 배치를 활용하여 어떻게 할로젠 원소들의 이온 형성 과정을 설명할 수 있는가?

원자의 현대적 모형은 전자 구조를 활용하여 주기율표의 같은 족에 있는 원소들의 비슷한 특성에 대한 답을 준다. 그러나 같은 족에 있는 원소들은 모두 정확하게 동일한 특성을 갖지 않는다. 같은 족 내에 있는 원소들의 많은 특성들이 족 아래로 내려가면서 일정한 경향성을 가지면서 변한다. 그 일례로 알칼리 금속의 화학적 반응성과 전자 배치 간의 연관성을 주의 깊게 고찰해 보자.

라스베이거스로 여행을 떠난 세 학생이 라스베이거스에 있는 분수대에 알칼리 금속 조각을 던졌다면 그 학생들은 다소 웅장한 화학적 반응성에 대한 몇 가지 증거를 관찰하게 될 것이다. *이 반응은 매우 위험하기 때문에 당연히 이 학생들은 실제로 이런 행동은 하지 않을 것이다.* 알칼리 금속과 물과의 반응을 그림 7.25에 나타내었다.

세 학생은 비커에 담겨 있는 물에 리튬부터 집어넣는 실험을 시작하였고, 부글거리는 소리와 함께 물에서 기체가 방출하는 것을 알아차렸다. 이 기체는 단일 치환 반응으로 생성된 수소이다. 주기율표의 알칼리 금속 족에서 리튬보다 하나 아래에 있는 소듐은 좀 더 격렬하게 반응한다. 포타슘이 물에 들어가면 좀 더 흥미로운 상황이 벌어진다. 반응은 더 격렬해지며 수소 기체가 점화되어 불꽃이 일어나게 된다. 루비듐은 더 격렬하게 반응하여 폭발이 일어난다. 세슘의 경우는 루비듐보다 더 강하게 반응하여 폭발에 의해 비커 안의 물이 밖으로 넘쳐난다. 루비듐과 세슘은 둘 다 반응성이 좋아서 공기 중의 산소와도 빠르게 반응을 한다. 과학자들은 반응성이 없는 아르곤 환경 하에서 이런 금속들을 가지고 실험을 한다.

알칼리 금속의 반응성은 같은 족 내에서 아래로 내려갈수록 커지게 된다. IIA (2)족인 알칼리 토금속에서도 이러한 경향성이 관찰된다. 한 족 내에서 반응성의 변화를 어떻게 설명할 수 있을까? 이제 우리는 이러한 경향성을 설명해 줄 수 있는 원자의 성질에 대해 배우게 될 것이다. 우리는 또한 주기율표 왼쪽에서 오른쪽으로 이동함에 따라 원자의 성질이 점진적으로 변하는 이유도 알게 될 것이다.

≫ 이온화 에너지

금속 원소들은 반응하면 원자가 전자를 잃고 양이온이 된다. *금속 원자들이 쉽게 원자가 전자를 내어줄수록 그 반응성은 더 커지게 된다.* 원자가 전자가 떨어져 나가면서 기체 상태의 원자에서 기체 상태의 이온으로 될 때 필요한 에너지의 측정값을 **이온화 에너지** (ionization energy, *IE*)라고 하며, 이는 반응성을 설명하는 데 중요한 인자이다. 이온화 에너지는 정확하게 1몰(6.022×10^{23}개)의 원자에서 전자 1몰을 제거하는 데 필요한 에너지를 말한다. 예를 들어 리튬의 이온화 과정은 다음과 같은 반응식으로 나타낼 수 있다.

$$\mathrm{Li}(g) \longrightarrow \mathrm{Li}^{+}(g) + \mathrm{e}^{-} \quad IE = 520\ \mathrm{kJ/mol}$$

다른 말로 표현하면, 1몰의 리튬을 이루는 리튬의 각 원자에서 가장 최외각에 있는 전자를 제거하는 데 520 kJ의 에너지가 필요하다는 것이다. 이온화 에너지는 전자 배치에 필요한 에너지이며 금속의 반응성의 차이를 설명하는 데 도움을 주는 인자이다. *일반적으로 이온화 에너지가 낮은 원자들은 그 원자들의 원자가 전자가 원자핵에 강하게 결합되어 있지 않으므로 반응성이 크다.*

여러분들은 원자가 전자를 얻어 음이온이 될 때 어떤 현상이 발생하는지 궁금할 것이다. 전자를 얻게 되면 대부분의 원소들은 에너지를 방출하나 그 패턴은 다소 예측하기 힘들므로, 이 책에서는 이 현상을 다루지 않았다.

이온화 에너지에서의 경향 주족 원소의 이온화 에너지는 그림 7.26에 주어져 있다. 어떤 경향성이 관찰되는가? 알칼리 금속 및 알칼리 토금속의 이온화 에너지는 상대적으로 작다는 점을 주목하라. 한 족 내에서의 이온화 에너지의 경향성을 관찰한다면 위에서 아래로 내려갈수록 이온화 에너지는 감소한다는 사실을 알게 될 것이다. 같은 족 내에서 원자가 아래에 있을수록 이온화 과정에서 제거되는 원자가 전자는 원자핵으로부터 멀

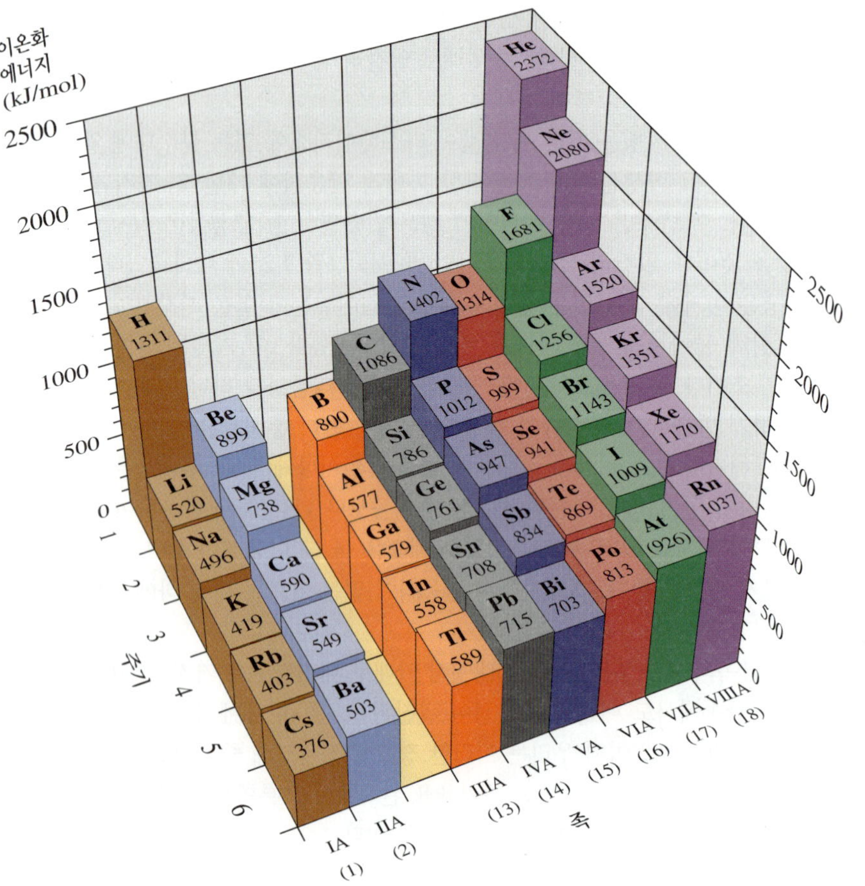

그림 7.26 주족 원소에 대한 이온화 에너지는 kJ/mol의 단위를 갖는다. 이온화 에너지는 기체 상태의 1몰의 원자에서 각 원자당 한 개의 전자를 제거하는 데 필요한 에너지이다.

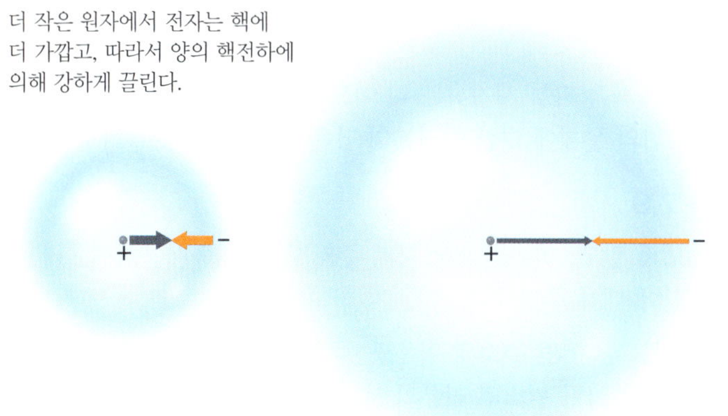

그림 7.27 낮은 주에너지 준위에 있는 원자가 전자는 보다 높은 주 에너지 준위에 있는 원자가 전자보다 원자핵에 더 가깝게 위치해 있다. 원자핵과 원자가 전자 사이의 인력은 작은 원자에서 더 커지므로 이온화 에너지도 더 커지게 된다.

리 떨어져 있기 때문에 이러한 경향성이 발견될 수 있다. 원자핵으로부터 멀리 있는 전자일수록 쉽게 제거될 수 있다. 멀리 있는 전자는 양전하를 갖는 원자핵이 강하게 끌어당길 수 없기 때문이다(그림 7.27). 추가적으로, 원자핵에 더 가까이에 있는 핵심부 전자들에 의해 양성자와 원자가 전자 사이의 인력이 차단된다. 핵심 부준위의 수가 많아질수록 차단 효과는 더 커지게 된다. 이러한 인자에 의해 세슘과 같은 원소들의 반응성이 큰 이유를 설명할 수 있다.

그림 7.26으로부터 이온화 에너지에 대한 또 다른 경향성을 발견할 수 있을 것이다. 같은 주기에 있는 원자들의 이온화 에너지를 다르게 하는 인자가 무엇인가? 전자수의 증가로는 이러한 경향성을 설명할 수 없다. 한 주기에 있는 원소들을 왼쪽에서 오른쪽으로 가로질러 감에 따라, 전자들이 같은 주에너지 준위에 더해지게 된다. 이는 이온화 에너지에 큰 영향을 주지 않는다. 그러나 원자 번호의 증가에 따라 원자핵에 있는 양성자 개수의 증가로 인해 양전하 값이 증가하므로 이온화 에너지는 증가하게 된다. 핵전하의 증가로 인해 원자가 준위에 있는 전자들을 더 원자핵 쪽으로 끌어당기게 되고, 이로 인해 원자가 전자를 제거하는 것이 더 어렵게 된다. 주기율표에서 아래에서 위로, 왼쪽에서 오른쪽으로 갈수록 이온화 에너지가 증가되는 것이 일반적인 경향이다(그림 7.28).

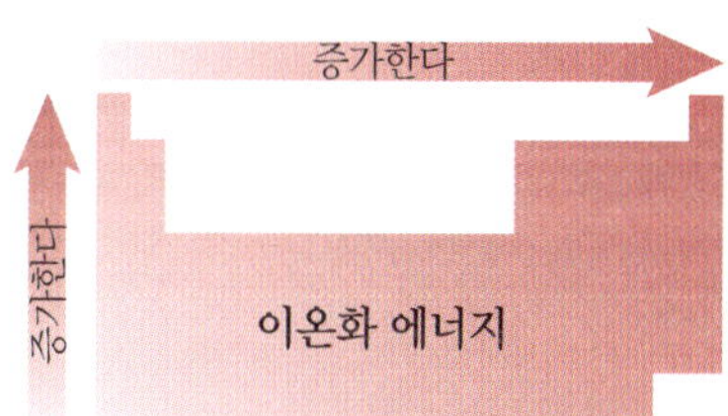

그림 7.28 주기율표상에서 위로 갈수록, 그리고 왼쪽에서 오른쪽으로 갈수록, 이온화 에너지는 증가하는 경향이 있다.

예제 7.9 ▶ 이온화 에너지의 경향성

그림 7.26을 보지 말고, 이온화 에너지의 주기적 경향을 사용하여 다음 물음에 답하라.

(a) 탄소와 플루오린 중 어떤 원소의 이온화 에너지가 더 큰가? 그 이유는?

(b) 스트론튬과 마그네슘 중 어떤 원소의 이온화 에너지가 더 큰가? 그 이유는?

» 풀이:

(a) 주기율표에서 탄소와 플루오린은 같은 주기에 있고 플루오린이 더 오른쪽에 있다. 같은 주기 내에서는 왼쪽에서 오른쪽으로 갈수록 이온화 에너지는 증가한다. *p* 오비탈에 있는 첫 번째와 네 번째 전자의 경우는 예외이다. 탄소와 플루오린의 경우는 이 예외 조항에 해당되지 않으므로 플루오린의 이온화 에너지가 더 크다.

(b) 주기율표에서 스트론튬과 마그네슘은 같은 족에 있고 마그네슘이 더 위쪽에 있다. 같은 족 내에서는 위쪽에 있는 원소가 더 큰 이온화 에너지를 가지므로 마그네슘의 이온화 에너지가 더 크다.

→ 응용 연습 7.9

만일 질문이 '원자가 전자를 제거하는 데 어느 원소가 더 큰 에너지를 필요로 하는가?'로 주어졌다면 위의 문제에 대한 여러분의 답은 같을 것인가, 달라질 것인가?

→ 실전 연습 7.9

그림 7.26을 보지 말고, 이온화 에너지의 주기적 경향을 사용하여 다음 물음에 답하라. 여러분의 답에 대해 설명하라.

(a) 포타슘과 리튬 중 어떤 원소의 이온화 에너지가 더 큰가?

(b) 규소와 염소 중 어떤 원소의 이온화 에너지가 더 큰가?

→ 심화 연습: 연습 문제 7.89

순차적 이온화 에너지 이 절에서 원자로부터 전자 1개를 제거하는 이온화 에너지에 대해 집중하여 설명하였다. 이 에너지를 1차 이온화 에너지라고 한다. 두 번째 전자를 제거한다고 가정해 보자. 이때 필요한 에너지는 첫 번째 전자를 제거할 때 필요한 에너지와 같은가? 예를 들어 3개의 전자를 갖고 있는 리튬 원자를 생각해 보자. 1차 이온화 에너지는 첫 번째 전자를 제거하는 데 필요한 에너지이다. 1몰의 리튬 원자들로부터 원자마다 각 1개씩 총 1몰의 전자를 제거하는 데 필요한 에너지는 520 kJ이다. 다음 식을 통해 1차 이온화 에너지(IE_1)가 수반되는 이온화 과정을 나타내었다.

$$\mathrm{Li}(g) \longrightarrow \mathrm{Li}^+(g) + \mathrm{e}^- \quad IE_1 = 520\ \mathrm{kJ/mol}$$

1몰의 Li^+ 이온으로부터 전자 1개를 추가로 제거하기 위해서는 7298 kJ의 에너지가 필요하다. 이 에너지를 2차 이온화 에너지(IE_2)라고 하며, 이 과정은 다음 식을 통해 나타낼 수 있다.

$$\mathrm{Li}^+(g) \longrightarrow \mathrm{Li}^{2+}(g) + \mathrm{e}^- \quad IE_2 = 7298\ \mathrm{kJ/mol}$$

1몰의 Li^{2+} 이온으로부터 전자 1개를 더 제거하기 위해서는 11,815 kJ의 에너지가 필요하다. 이 에너지를 3차 이온화 에너지(IE_3)라고 하며, 이 과정은 다음 식을 통해 나타낼 수 있다.

$$\mathrm{Li}^{2+}(g) \longrightarrow \mathrm{Li}^{3+}(g) + \mathrm{e}^- \quad IE_3 = 11{,}815\ \mathrm{kJ/mol}$$

이온화 에너지는 연속적으로 전자 1개씩을 제거할 때마다 증가한다. 이와 같은 경향을 어떻게 설명할 수 있는가? 1+ 전하 값을 갖는 양이온으로부터 전자 1개를 더 제거하는 과정을 생각해 보자. 전자의 수는 이온화를 통해 더 줄어들었지만 원자핵의 양성자수에는 변화가 없으므로 남은 전자들을 더 강하게 끌어당기게 된다. 계속적으로 전자를 제거한다면 같은 이유로 양전하 값이 더 커짐에 따라 이온화 에너지는 증가하게 된다. 즉 $IE_3 > IE_2 > IE_1$이다.

전자를 연속적으로 제거함에 따른 이온화 에너지는 서서히 증가하지 않는다. 리튬의 경우 2차 이온화 에너지는 1차 이온화 에너지에 비해 10배 이상 크다! 리튬의 전자 배치로 어떻게 이 결과를 설명할 수 있을 것인가?

$$\mathrm{Li} \quad 1s^2 2s^1$$

표 7.1 ▸ 2주기 원소에 대한 순차적 이온화 에너지

원소	IE_1	IE_2	IE_3	IE_4	IE_5	IE_6	IE_7	IE_8	IE_9	IE_{10}
Li	520	7298	11,815							
Be	899	1757	14,849	21,006		핵심부 전자				
B	800	2427	3660	25,026	32,827					
C	1086	2353	4620	6222	37,830	47,277				
N	1402	2856	4582	7475	9445	53,266	64,360			
O	1314	3388	5300	7469	10,989	13,326	71,334	84,078		
F	1681	3374	6050	8408	11,023	15,164	17,868	92,038	106,434	
Ne	2080	3952	6122	9370	12,178	15,238	19,999	23,069	115,379	131,431

주: 이온화 에너지의 단위는 kJ/mol이다.

이온화 과정에서 첫 번째로 제거되는 전자는 2*s* 원자가 전자이다. 그 다음 제거되는 두 번째 전자는 1*s* 핵심부 전자이다. 원자핵이 원자가 전자보다 핵심부 전자를 더 강하게 끌어당기고 있다. 리튬에 대한 매우 큰 2차 및 3차 이온화 에너지는 리튬 원자가 아주 극한 환경을 제외하고는 Li^{2+} 또는 Li^{3+}를 형성하지 않는 이유를 말해 주고 있다.

2주기에 있는 원소들에 대한 순차적 이온화 에너지의 값을 표 7.1에 나타내었다. 핵심부 전자를 제거할 때(계단선 오른쪽)가 원자가 전자를 제거할 때(계단선 왼쪽)보다 훨씬 더 큰 에너지를 필요로 한다.

›› 원자의 크기

주기율표를 통해 나타나는 또 다른 경향성은 원자의 크기이다. 원자의 크기는 주로 원자핵 중심으로부터 원자의 최외각까지의 거리인 **원자 반지름**(atomic radius)으로 나타낸다. 원자 반지름은 피코미터(1 pm = 10^{-12} m) 단위를 사용하여 표시한다. 원자의 최외각은 명확히 정의되지 않기 때문에 원자 반지름을 결정하기 위하여 과학자들은 결합되어 있는 두 개의 동일한 원자들의 중심 간의 거리를 측정한다. 원자 반지름은 이 거리의 절반이다(그림 7.29).

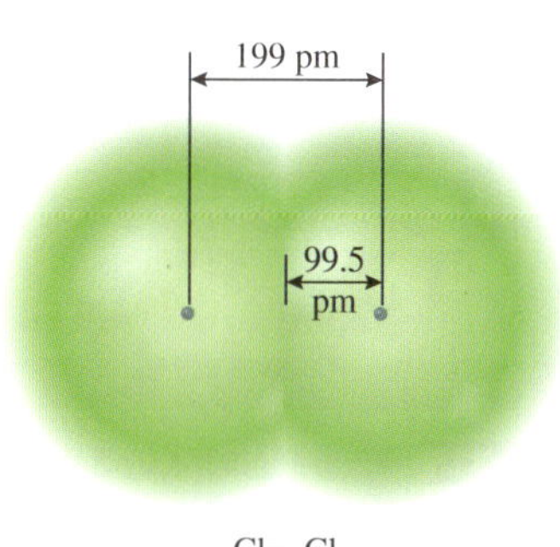

그림 7.29 원자의 크기를 결정하기 위해 과학자들은 결합된 두 원자 사이의 거리를 측정한다. 동일한 원자의 경우, 이 거리의 절반이 원자 반지름이다.

주족 원소의 원자 반지름을 그림 7.30에 나타내었다. 어떠한 특정 성향을 관찰할 수 있는가? 같은 족에서 아래로 내려갈수록 원자 반지름은 일반적으로 증가함을 주목하라. 이와 같은 경향을 어떻게 이해할 수 있는가? 같은 족에 있는 원소의 전자 배치가 이 질문들에 대한 답을 제시해 준다. 알칼리 금속인 IA (1)족에 대한 전자 배치를 다시 고려해 보자.

Li	$[He]2s^1$	Rb	$[Kr]5s^1$
Na	$[Ne]3s^1$	Cs	$[Xe]6s^1$
K	$[Ar]4s^1$		

리튬의 원자가 전자는 2*s* 오비탈에 있으므로 원자가 준위는 $n = 2$이며, 원자핵에 매우 가깝다. 알칼리 금속 족의 제일 밑에 있는 원소는 세슘이다. 세슘의 원자가 준위는 $n = 6$이며, 원자핵과 매우 멀리 떨어져 있다. 같은 족에서 위에서 아래로 내려갈수록 원자가 전자는 더 큰 크기의 오비탈에 있으므로 원자 반지름은 증가한다.

같은 주기에서는 왼쪽에서 오른쪽으로 이동하면 원자 크기는 일반적으로 감소한다.

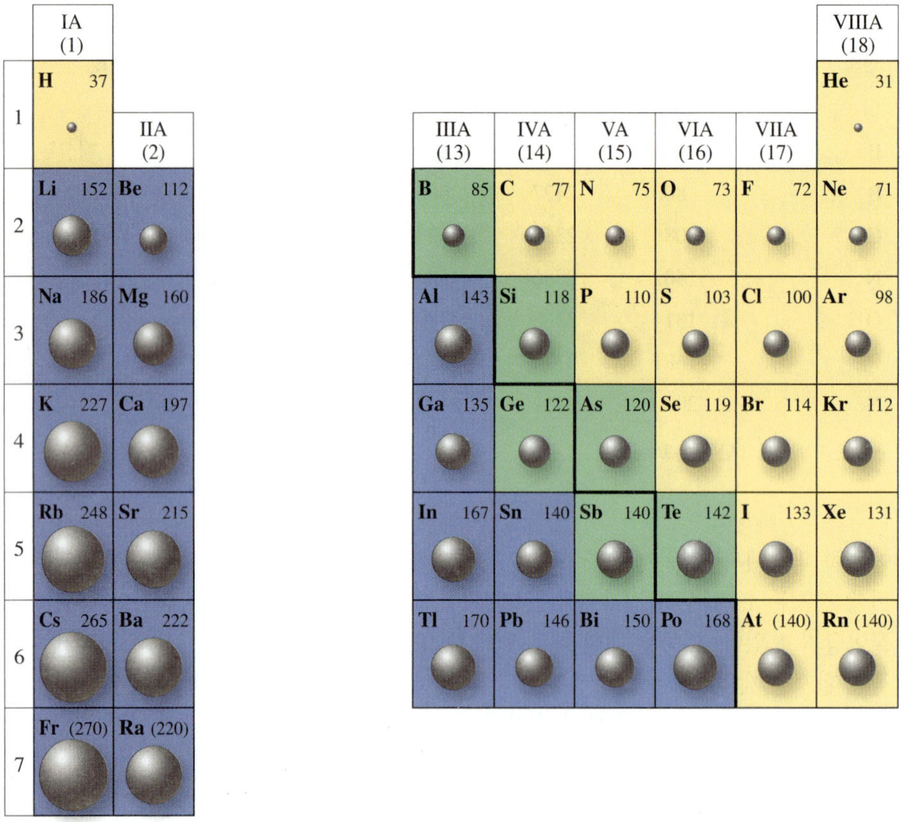

	IA (1)	IIA (2)	IIIA (13)	IVA (14)	VA (15)	VIA (16)	VIIA (17)	VIIIA (18)
1	H 37							He 31
2	Li 152	Be 112	B 85	C 77	N 75	O 73	F 72	Ne 71
3	Na 186	Mg 160	Al 143	Si 118	P 110	S 103	Cl 100	Ar 98
4	K 227	Ca 197	Ga 135	Ge 122	As 120	Se 119	Br 114	Kr 112
5	Rb 248	Sr 215	In 167	Sn 140	Sb 140	Te 142	I 133	Xe 131
6	Cs 265	Ba 222	Tl 170	Pb 146	Bi 150	Po 168	At (140)	Rn (140)
7	Fr (270)	Ra (220)						

그림 7.30 이 주기율표는 피코미터 단위의 원자 반지름과 함께, 주족 원소의 상대적 원자 크기를 나타낸다. (비활성 기체를 제외하고 원자 반지름은 결합된 두 원자 사이의 거리의 절반으로 결정된다.)

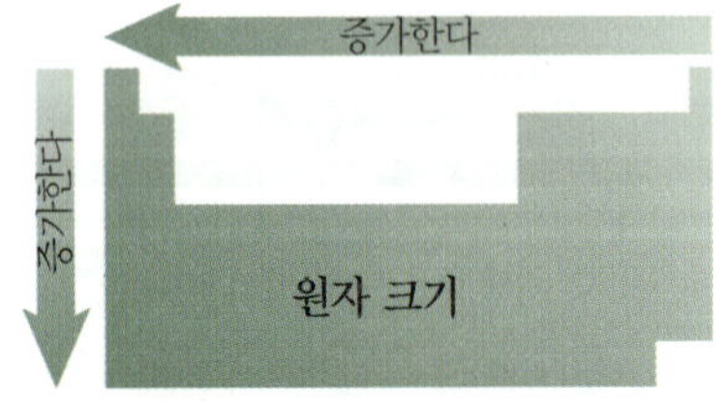

그림 7.31 주기율표상에서 아래로 갈수록, 그리고 오른쪽에서 왼쪽으로 갈수록 원자의 크기는 증가한다.

전자의 수가 증가하는 방향이므로 원자의 크기가 증가할 것으로 생각할 수 있다. 그러나 전자의 수가 증가하더라도 전자는 계속 같은 주에너지 준위에 더해지며 원자 번호 증가에 따라 원자핵의 양전하 값이 증가하여, 원자핵이 더 강하게 원자가 전자들을 핵 쪽으로 끌어당긴다. 따라서 같은 주기 내에서는 오른쪽에 있는 원자일수록 크기가 작아진다. 원자 크기의 경향을 그림 7.31에 나타내었다.

예제 7.10 ▶ 원자의 상대적 크기

(a) 탄소와 플루오린 중 어느 원자가 더 큰가? 그 이유를 설명하라.
(b) 스트론튬과 마그네슘 중 어떤 원소가 더 큰가? 그 이유를 설명하라.

» 풀이:

(a) 원자핵의 양전하 값이 증가하여, 원자핵이 더 강하게 원자가 전자들을 핵 쪽으로 끌어당기기 때문에 같은 주기 내에서는 왼쪽에서 오른쪽으로 갈수록 원자의 크기는 작아진다. 따라서 탄소 원자가 플루오린 원자보다 더 크다.
(b) 같은 족에서는 위에서 아래로 내려갈수록 원자가 전자가 핵에서 더 먼 주에너지 준위에 있으므로 원자의 크기는 증가한다. 따라서 스트론튬 원자가 망가니즈 원자보다 더 크다.

➔ 응용 연습 7.10

탄소 원자와 인 원자 크기를 비교하라는 질문이 주어졌다면, 두 원자의 반지름 값을 직접 비교하지 않고 그림 7.30에 있는 데이터 값의 어떤 경향성으로 질문에 대한 답을 추론할 수 있을 것인가?

➔ 실전 연습 7.10

(a) 포타슘과 리튬 중 어느 원자가 더 큰가? 그 이유를 설명하라.

(b) 규소와 염소 중 어느 원소가 더 큰가? 그 이유를 설명하라.

➔ 심화 연습: 연습 문제 7.101

» 이온의 크기

중성의 원자가 이온이 되면 원자 반지름은 달라진다. 리튬 원자가 이온이 될 때 어떤 현상이 일어나는지를 생각해 보자(그림 7.32A). 중성의 리튬 원자는 3개의 전자와 3개의 양성자를 가지고 있다. 리튬 양이온은 2개의 전자와 3개의 양성자를 가지고 있다. 전자의 수가 감소하더라도 원자핵 전하는 그대로 유지된다. 리튬 이온에서는 같은 수의 양성자가 남은 전자를 더 강하게 원자핵 쪽으로 끌어들인다. 결과적으로 Li^+ 이온은 중성 리튬 원자보다 더 작아진다.

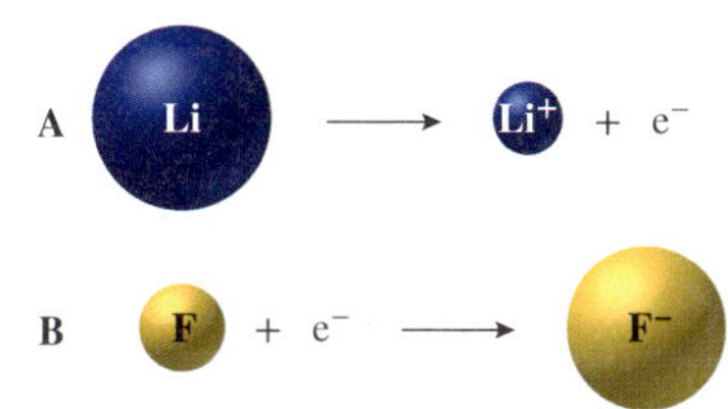

그림 7.32 (A) 양이온은 그것을 형성한 중성 원자보다 더 작다. 원자핵은 더 작은 수의 전자들을 더 강하게 끌어당긴다. (B) 음이온은 그것을 형성한 중성 원자보다 더 크다. 원자핵은 더 많은 수의 전자들과 상호작용을 하게 되어 약하게 끌어당긴다.

음이온의 경우 그 반대 현상이 일어난다. 플루오린 원자의 이온화를 생각해 보자(그림 7.32B). 중성의 플루오린 원자는 9개의 전자와 9개의 양성자를 가지고 있다. F^- 이온은 10개의 전자와 9개의 양성자를 가지고 있다. 전자의 수가 더 많아졌기 때문에 양성자는 전자를 원자핵 쪽으로 그대로 잡고 있을 수 없다. 그러므로 F^- 이온은 중성 플루오린 원자보다 더 커진다. 주족 원소의 이온의 반지름 값을 그림 7.33에 나타내었다.

이온의 크기를 결정하는 데 많은 인자가 관여하므로 이온 크기에 대한 하나만의 경향성은 주기율표에 드러나지 않는다. 그러나 같은 개수의 전자를 갖는 이온, 즉 ***등전자 계열***(*isoelectronic series*)을 생각해 보자.

NaCl 구조에서 Na^+와 Cl^- 이온의 크기에 주목하라. 왜 Na^+가 Cl^-보다 작은가?

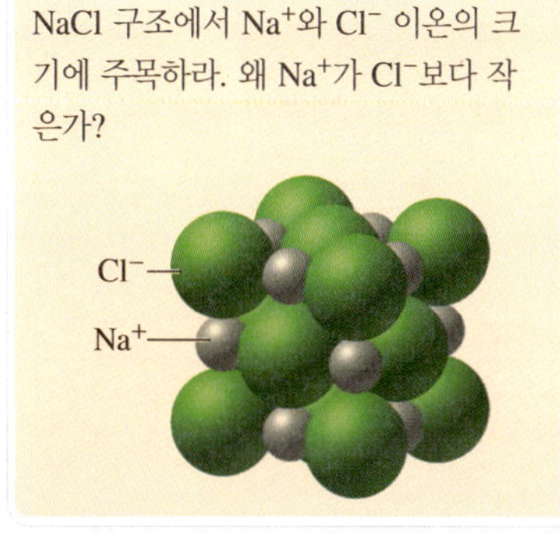

이온		반지름(pm)	전자 배치	양성자수
S^{2-}		184	$1s^22s^22p^63s^23p^6$	16
Cl^-		181	$1s^22s^22p^63s^23p^6$	17
K^+		133	$1s^22s^22p^63s^23p^6$	19
Ca^{2+}		99	$1s^22s^22p^63s^23p^6$	20
Sc^{3+}		81	$1s^22s^22p^63s^23p^6$	21

이 계열의 모든 이온들은 같은 개수의 전자를 가지고 있고, 따라서 같은 전자 배치를 갖는다. 그러나 양성자의 수(원자 번호)는 다르다. *등전자 계열의 이온들의 경우, 양성자의 수가 증가할수록 이온의 크기는 작아진다.*

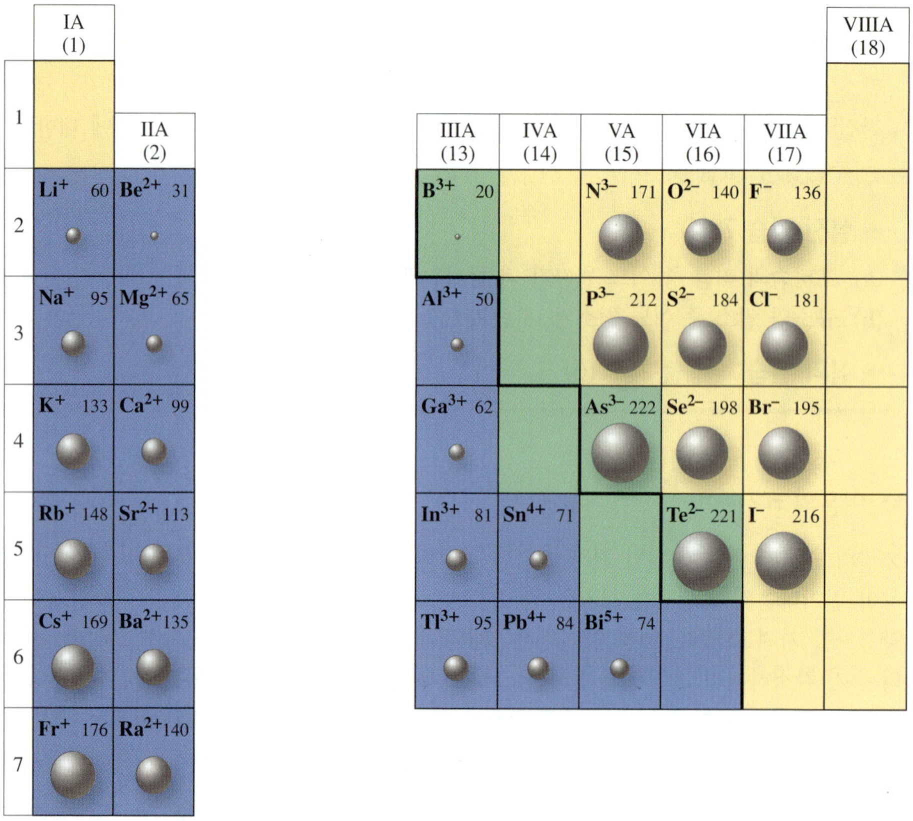

	IA (1)	IIA (2)	IIIA (13)	IVA (14)	VA (15)	VIA (16)	VIIA (17)	VIIIA (18)
1								
2	Li^{+} 60	Be^{2+} 31	B^{3+} 20		N^{3-} 171	O^{2-} 140	F^{-} 136	
3	Na^{+} 95	Mg^{2+} 65	Al^{3+} 50		P^{3-} 212	S^{2-} 184	Cl^{-} 181	
4	K^{+} 133	Ca^{2+} 99	Ga^{3+} 62		As^{3-} 222	Se^{2-} 198	Br^{-} 195	
5	Rb^{+} 148	Sr^{2+} 113	In^{3+} 81	Sn^{4+} 71		Te^{2-} 221	I^{-} 216	
6	Cs^{+} 169	Ba^{2+} 135	Tl^{3+} 95	Pb^{4+} 84	Bi^{5+} 74			
7	Fr^{+} 176	Ra^{2+} 140						

그림 7.33 주족 원소의 이온에 대한 이온 반지름을 나타낸 것이다. 같은 족에서 아래쪽으로의 경향과 등전자인 이온의 경우를 주목하라.

예제 7.11 ▶ 등전자 계열에서 이온의 크기

이온 반지름이 증가하는 순서로 다음 등전자 계열의 이온들을 나열하라.
Al^{3+}, F^{-}, Mg^{2+}, N^{3-}, Na^{+}, O^{2-}.

» 풀이:

이 이온들은 10개의 전자를 가지고 있다. 등전자 계열 이온의 경우, 핵전하가 작아질수록 이온의 반지름은 커진다. 그러므로 핵전하가 7+인 N^{3-}가 가장 큰 이온이고, 원자핵 전하가 13+인 Al^{3+}가 가장 작은 이온이다. 그 순서는 $Al^{3+} < Mg^{2+} < Na^{+} < F^{-} < O^{2-} < N^{3-}$이다.

→ 응용 연습 7.11

위 이온들의 크기와 각각의 중성 원자들의 크기를 어떻게 비교할 수 있는가?

→ 실전 연습 7.11

이온 반지름이 증가하는 순서로 다음 등전자 계열의 이온들을 나열하라.
Br^{-}, Se^{2-}, Rb^{+}, Sr^{2+}, Y^{3+}.

→ 심화 연습: 연습 문제 7.107

제7장 복습하기

주요 개념 _Key Concepts

- 빛에 관심이 있었던 과학자들은 원자, 특히 전자가 원자 내에 어떻게 배치되어 있는지를 이해할 수 있도록 길을 열어 주었다.
  - 빛은 파장, 진동수, 광자 에너지로 나타낼 수 있다. 인간이 볼 수 있는 빛은 전자기 스펙트럼에서 가시광선이라는 작은 영역이다.
  - 원자가 가열되거나 전기적 전하가 주어지면 원자가 흡수한 에너지는 빛 에너지로 방출된다. 이와 같은 방식으로 원자가 방출하는 빛은 원자의 선 스펙트럼에 나타나는 특정한 색만을 포함한다.
- 수소 원자의 Bohr 모형은 전자들이 특정한 에너지만을 가지게 하는 전자의 양자화 본성을 이해하는 데 기여하였다.
  - Bohr는 수소 스펙트럼에 나타나는 4개의 선은 $n = 2$ 궤도에서 보다 높은 에너지를 갖는 궤도($n = 3, 4, 5, 6$)로의 전자 전이가 원인이라는 사실을 입증하였다.
  - Bohr의 원자 모형은 수소 원자 스펙트럼만을 설명할 수 있지만, 근본 개념은 원자에 대한 현대적 모형을 이끌어 내었다.
- 전자의 에너지가 양자화되어 있다는 생각은 전자가 특정한 주에너지 준위, 부준위, 오비탈에 있다고 설명하는 현대적 모형에서도 유지되고 있다.
  - 오비탈은 전자가 발견될 확률이 큰 3차원 영역의 공간이다.
  - 부준위는 알파벳 *s*, *p*, *d*, *f*로 지칭되는 일련의 오비탈로 구성되어 있다.
  - *s* 부준위는 1개의 오비탈, *p* 부준위는 3개의 오비탈, *d* 부준위는 5개의 오비탈, *f* 부준위는 7개의 오비탈로 구성되어 있다.
  - 오비탈 그림은 오비탈의 상대적 에너지 값을 나타내며, 전자들은 쌓음 원리, Pauli 배타 원리, Hund 규칙에 따라 오비탈에 배치된다.
- 전자 배치는 원자 내의 전자들이 어떻게 배열되어 있는지를 보여주는 약식 기호이다.
  - 주기율표는 *s*, *p*, *d*, *f* 구역으로 분류되며, 이는 전자 배치를 쓰는 데 유용한 도구로 사용된다.
  - 원자가 전자는 핵심부 전자보다 원자핵에 의해 약하게 구속되어 있는 외각에 있는 전자이다. 주족 원소의 원자가 전자는 가장 큰 주에너지 준위(가장 큰 n 값)에 있는 전자들이다. 주족 원소의 원자가 전자는 가장 마지막에 있는 *s* 및 *p* 부준위에 채워진 전자들이며 따라서 같은 족에 있는 원소들은 같은 수의 원자가 전자를 갖는다.
  - 이온에 대한 전자 배치는 원자가 전자의 수를 조정한 후 쓴다.
- 이온화 에너지나 원자의 크기와 같은 특정한 원자의 특성을 고찰함에 의해 원소의 화학적 성질이나 물리적 성질에 나타나는 많은 경향을 설명할 수 있다.
  - 이온화 에너지(*IE*)는 가장 큰 주에너지 준위에 있는 원자가 전자를 원자로부터 제거하는 데 필요한 에너지 값이다. 주기율표에서 같은 족에서는 위로 갈수록, 같은 주기에서는 왼쪽에서 오른쪽으로 갈수록 이온화 에너지 값이 커지는 경향성이 있다.
  - 연속적으로 전자를 제거하는 것은 더 힘들어지므로, 순차적 이온화 에너지는 다음 순으로 증가한다. $IE_1 < IE_2 < IE_3$ 등.

- 원자 크기에 대한 경향성은 이온화 에너지의 경향성과는 반대이다. 주기율표에서 같은 족에서는 아래로 갈수록, 같은 주기에서는 오른쪽에서 왼쪽으로 갈수록 원자 크기가 커지는 경향성이 있다.
- 양이온은 그의 중성 원자보다 더 작아지며, 음이온은 그의 중성 원자보다 더 커진다. 등전자 이온들은 양성자 개수만 다르므로 양성자 개수가 증가할수록 이온의 크기는 감소한다.

주요 관계식 _Key Relationships

관계	식
진동수에 파장을 곱하면 빛의 속도가 된다. 진동수와 파장은 반비례 관계이다.	$\nu\lambda = c$
광자 에너지는 Planck 상수에 진동수를 곱한 값이다. 광자 에너지는 진동수에 비례한다.	$E_{광자} = h\nu$
광자 에너지는 Planck 상수에 빛의 속도를 곱한 값을 파장으로 나누어 준 값이다. 광자 에너지는 파장에 반비례한다.	$E_{광자} = \dfrac{hc}{\lambda}$
한 전자의 에너지 변화는 전자가 채워진 마지막 에너지 준위와 초기 에너지 준위의 차와 같다.	$\Delta E = E_{최종} - E_{초기}$
전자 전이로 인해 방출된 광자 에너지는 전자 에너지 변화 또는 두 에너지 준위의 에너지 차이의 절댓값이다.	$E_{광자} = \lvert\Delta E\rvert$

주요 용어 _Key Terms

광자(photon) (7.1)
등전자적(isoelectronic) (7.6)
바닥 상태(ground state) (7.3)
부준위(sublevel) (7.3)
선 스펙트럼(line spectrum) (7.1)
쌓음 원리(aufbau principle) (7.3)
양자화(quantized) (7.2)
연속 스펙트럼(continuous spectrum) (7.1)
오비탈(orbital) (7.3)
원자 반지름(atomic radius) (7.7)
원자가 전자(valence electron) (7.5)
원자가 준위(valence level) (7.5)
이온화 에너지(ionization energy) (7.7)
전자 배치(electron configuration) (7.3)
전자기 복사(electromagnetic radiation) (7.1)
주에너지 준위(principal energy level) (7.3)
진동수(frequency) (7.1)
Pauli 배타 원리(Pauli exclusion principle) (7.3)
파장(wavelength) (7.1)
핵심부 전자(core electron) (7.5)
헤르츠(hertz, Hz) (7.1)
Hund 규칙(Hund's rule) (7.3)

연습 문제 _Questions and Problems

➔ 주요 용어와 정의를 연결하기

7.1 다음 주어진 정의에 맞는 주요 용어를 써라.

(a) 진동하는 파로서 공간을 통해 빛의 속도로 이동하는 에너지
(b) 1초 동안에 정해진 점을 통과하는 파동 주기의 횟수
(c) 기체 상태에 있는 원자 또는 전자로부터 원자가 전자를 제거하는 데 필요한 에너지
(d) 홀 전자의 수가 최대가 되도록 같은 에너지를 오비탈에 전자를 채워 넣는 현상을 설명해주는 규칙
(e) 원자의 부준위에 전자를 배치하는 방법에 대한 설명
(f) 원자가 전자가 아닌 내부에 있는 전자
(g) 전자가 발견될 수 있는 공간의 한 영역
(h) 가시광선의 모든 파장대로 구성되어 있는 스펙트럼
(i) 같은 개수의 전자를 가지고 있는 것

➔ 전자기 복사와 에너지

7.3 가시광선보다 파장이 더 긴 전자기 복사의 세 가지 종류를 나열하라.

7.5 두 개의 파 모양을 그려라. 그중 한 파의 진동수는 다른 파의 진동수의 두 배이다. 어느 쪽이 더 높은 진동수를 가지고 있는지 표시하라.

7.7 다음 가시광선의 색을 파장이 짧은 쪽에서 긴 쪽으로 차례대

로 써라. 파란색, 주황색, 노란색, 빨간색.

7.9 파장이 진동수와 반비례 관계에 있다는 것은 무엇을 의미하는가?

7.11 빨간 빛보다 약간 더 긴 파장을 갖는 복사 형태는 무엇인가?

7.13 어떤 형태의 전자기 복사가 가장 높은 광자 에너지로 이루어져 있는가? 가장 긴 파장을 가지고 있는 것은? 가장 높은 진동수를 가지고 있는 것은?

7.15 파장이 75.0 nm일 때 진동수를 계산하라. 이 경우는 어떤 종류의 전자기 복사인가?

7.17 파장이 465 nm일 때 광자 에너지는 얼마인가? 이는 어떤 형태의 복사인가?

7.19 연속 스펙트럼을 내는 빛의 형태는 무엇인가?

7.21 두 종류의 원소가 동일한 선 스펙트럼을 방출할 수 있는가?

수소 원자의 Bohr 모형

7.23 Bohr는 수소 원자에 들어 있는 전자가 원자핵을 중심으로 원 궤도를 돌고 있다고 제안하였다. Bohr 모형에 의하면 전자는 정해진 두 궤도 사이에 존재할 수 있는가? 여러분의 답에 대한 근거를 제시하라.

7.25 Bohr 모형에서 전자는 어떻게 보다 높은 에너지 또는 낮은 에너지를 갖는 오비탈로 이동할 수 있는가?

7.27 Bohr 모형에서 전자가 $n = 5$에서 $n = 2$ 궤도로 이동할 때 방출되는 광자의 개수는 얼마인가?

7.29 Bohr 모형에서 다음 중 어떤 전자 전이가 보다 큰 에너지를 갖는 광자를 방출시키는가?

$n = 6$에서 $n = 2$

$n = 5$에서 $n = 3$

7.31 Bohr 모형에서 다음 중 어떤 전자 전이가 보다 긴 파장의 빛을 방출시키는가?

$n = 6$에서 $n = 3$

$n = 5$에서 $n = 3$

7.33 수소의 선 스펙트럼에서 보여지는 네 종류의 색을 내는 선을 Bohr 모형은 어떻게 설명하는지 기술하라.

7.35 수소 선 스펙트럼에 나타나는 파란색 빛의 파장은 434.1 nm이다. 수소 원자에 의해 방출되는 파란 빛의 광자 에너지는 얼마인가?

원자의 현대적 모형

7.37 Bohr 모형에서 도입된 ***궤도***(*orbit*)와 현대적 모형에서 사용된 ***오비탈***(*orbital*) 개념은 어떻게 다른가?

7.39 다음 중 어떤 그림이 *p* 오비탈을 나타내는가?

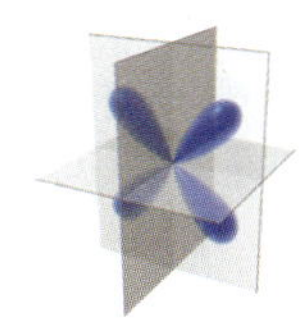
A

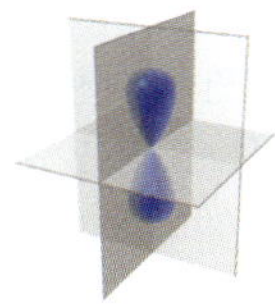
B

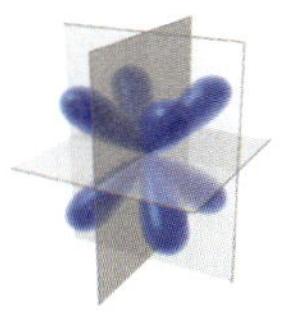
C

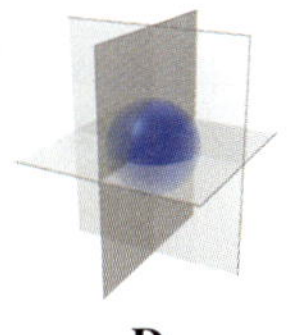
D

7.41 2*p* 오비탈과 3*p* 오비탈을 그려라. 두 오비탈은 어떻게 다른가?

7.43 다음 부준위에는 각각 몇 개의 오비탈이 있는가?

(a) 4*s* (c) 3*d* (e) 2*s*
(b) 2*p* (d) 4*f* (f) 4*p*

7.45 바닥 상태의 규소, 붕소, 인에 대한 다음의 오비탈 그림을 완성하라. 전자를 오비탈에 채워 넣을 때 다음과 같은 세 가지 규칙을 따라야 한다. 쌓음 원리, Pauli 배타 원리, Hund 규칙.

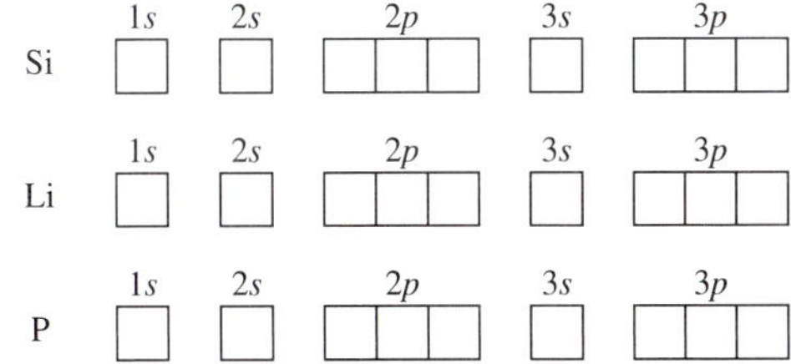

7.47 다음 각 원소의 전자 배치를 써라

(a) 규소 (b) 리튬 (c) 마그네슘

7.49 2*p* 오비탈을 채울 수 있는 최대의 전자 개수는?

7.51 두 번째 주에너지 준위에 최대로 채울 수 있는 전자의 개수는?

7.53 인 원자에는 홀전자가 몇 개 있는가?

전자 배치의 주기성

7.55 바닥 상태에서 가장 높은 에너지를 갖는 *p* 부준위에 5개의 전자가 채워져 있는 원소는 어떤 원소인가?

7.57 *d* 부준위에 전자가 반만 채워진 원소는 어떤 원소인가?

7.59 3*p* 부준위에 전자가 2개 있는 원소는 어떤 원소인가?

7.61 다음 원소의 원자의 완전한 전자 배치를 써라.

(a) Na (b) Mn (c) Se

7.63 브로민(Br)에 대한 다음 전자 배치에서 잘못된 부분은 어디인가?

$$1s^2 2s^2 2p^6 3s^2 3p^6 4s^2 4d^{10} 4p^6$$

7.65 다음과 같이 약식 전자 배치를 갖는 원소는 무엇인가?

(a) [Ne] $3s^2 3p^5$ (b) [Ar] $4s^2 3d^7$ (c) [Xe] $6s^1$

7.67 다음 각 원소의 약식 전자 배치를 써라.

(a) Na (b) Mn (c) Se

7.69 두 개의 채워진 *p* 부준위와 그 다음 *p* 부준위에 5개의 전자가 채워진 원소는 어떤 원소인가?

주족 원소의 원자가 전자

7.71 전자 배치로부터 원자가 전자를 어떻게 찾아낼 수 있는가?

7.73 약식 전자 배치에서 비활성 기체의 전자 배치 다음에 나오는 전자들은 항상 원자가 전자인가? 답에 대한 이유를 설명하라.

7.75 주족 원소에 대한 원자가 전자의 수가 족을 나타내는 로마 숫자와 같은 이유를 설명하라.

7.77 다음 각 원소에 대한 원자가 준위와 원자가 전자의 수를 결정하라.

(a) Al (b) S (c) As

이온의 전자 배치

7.79 양이온에 대한 전자 배치는 해당되는 중성 원자에 대한 전자 배치와 어떤 점이 비슷한가?

7.81 다음 이온들의 완전한 전자 배치와 약식 전자 배치를 써라. 각 이온에 대해 등전자적 구조를 갖는 다른 이온들을 찾아라.
(a) Mg^{2+} (b) O^{2-} (c) Ga^{3+}

7.83 네온과 등전자적인 이온을 3개 이상 찾아라.

원자의 주기적 성질

7.85 포타슘이 소듐보다 더 반응성이 큰 이유를 이온화 에너지로 설명하라.

7.87 포타슘이 칼슘보다 더 반응성이 큰 이유를 이온화 에너지로 설명하라.

7.89 다음 원소들을 이온화 에너지가 큰 순서로 나열하라. P, O, S.

7.91 리튬 원자로부터 전자를 제거하는 것이 소듐 원자로부터 전자를 제거하는 것보다 더 많은 에너지가 필요한 이유를 그들의 전자 배치를 사용하여 설명하라.

7.93 플루오린의 이온화 에너지가 산소의 이온화 에너지보다 큰 이유를 그들의 전자 배치를 사용하여 설명하라.

7.95 마그네슘의 1차 및 2차 이온화 에너지에 대한 균형 반응식을 써라.

7.97 마그네슘과 알루미늄 중 어느 원소가 더 큰 3차 이온화 에너지를 갖는가? 그 이유를 설명하라.

7.99 다음 이온들이 정상적인 조건에서는 형성되지 않는 이유를 이온화 에너지로 설명하라.
(a) F^+ (b) Na^{2+} (c) Ne^+

7.101 다음 원소들을 원자 크기가 증가하는 순서대로 나열하라. P, O, S.

7.103 염소 원자가 황 원자보다 더 큰 이유는 무엇인가?

7.105 다음 두 화학종 중 어느 쪽이 큰지를 명시하라.
(a) Mg, Mg^{2+} (b) P, P^{3-}

7.107 K^+와 Ca^{2+} 중 어느 쪽이 더 큰 이온인지를 명시하고 그 이유를 설명하라.

추가 연습 문제

7.109 원자의 현대적 모형에서 원자의 전자 구조를 설명하기 위해 오비탈 그림을 사용한다. 수소 원자에 대한 오비탈 그림은 다른 원자들의 오비탈 그림과 어떻게 다른가?

7.111 다음 원소들에 대한 약식 전자 배치를 써라.
(a) Bi (b) Rn (c) Ra

7.113 제논(xenon) 원자의 경우 p 오비탈에 채워진 전자는 몇 개인가?

7.115 카드뮴(cadmium) 원자의 경우 d 오비탈에 채워진 전자는 몇 개인가?

7.117 원자 크기의 주기적 경향이 이온화 에너지의 주기적 경향과 상반되는 이유는 무엇인가?

7.119 다음 연소 반응에서 소듐 원자와 염소 원자의 크기는 어떻게 달라지는지 기술하라.

$$2Na(s) + Cl_2(g) \longrightarrow 2NaCl(s)$$

7.121 다음 사진은 네온과 크립톤이 플라스크 안에 투명하게 있음을 보여 주고 있다. 낮은 압력으로 이들 기체가 채워져 있는 관에 전압을 걸면 이들 기체는 각각 다른 색을 방열하기 시작한다. 두 원소에서 나타나는 빛의 색은 이 과정과 연관된 인자인 파장, 진동수, 방출되는 빛의 에너지에 대한 어떤 정보를 주는가?

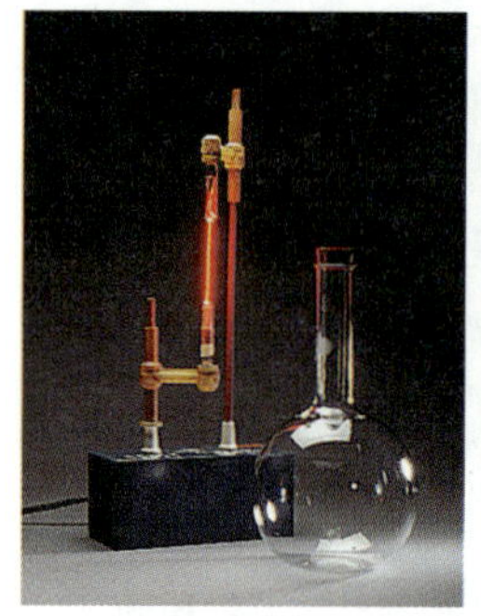

네온(neon)
©McGraw-Hill Education/Stephen Frisch

크립톤(krypton)
©McGraw-Hill Education/Stephen Frisch

7.123 다음 각 항의 바닥 상태에 대한 잘못된 전자 배치는 어떤 규칙에 위배되는지를 지적하고 잘못된 부분을 고쳐라.

	1*s*	2*s*	2*p*		
(a)	↑	↑↓			
(b)	↑↑	↑↓			
(c)	↑↓	↑↓	↑↓		
(d)	↑↓	↑↓	↑	↑↓	
(e)	↑	↑	↑	↑	↑

7.125 다음 각 항의 바닥 상태 원소에 대한 전자 배치는 다음 족 중 어떤 족의 원소에 대한 것인지를 분류하라. 알칼리 금속, 알칼리 토금속, 비금속, 할로젠, 전이 금속, 비활성 기체.
(a) $[Ne]3s^1$
(b) $[Ne]3s^23p^3$
(c) $[Ar]4s^23d^{10}4p^5$
(d) $[Kr]5s^24d^1$
(e) $[Kr]5s^24d^{10}5p^6$

7.127 다음 이온들은 양성자의 수, 중성자의 수, 전자의 수, 원자 질량, 전자 배치 중에서 어떤 것이 같은가? Rb^+, Sr^{2+}, Br^-, Se^{2-}.

7.129 스트론튬과 루비듐의 두 원소에 대해 다음의 특성을 비교하라. 원자 반지름, 원자가 전자의 수, 이온화 에너지.

7.131 어떤 원자든지 이온화하려면 에너지가 필요하다. 연속적으로 전자를 제거하기 위해서 더 많은 에너지가 필요하다. 붕소로부터 어떤 전자를 제거할 때 현저히 많은 이온화 에너지가 필요한가?

화학 결합

Chemical Bonding

제8장

Michael은 스낵바에 들러서 햄버거, 감자튀김, 음료수를 구입하여 Ashley, Amanda와 함께 점심을 먹기로 한 캠퍼스 부근의 공원으로 간다. Ashley는 지난주에 가족들이 숲에서 채취한 곰보 버섯을 포함한 다양한 채소로 만들어진 샐러드를, Amanda는 통밀 빵으로 만든 참치 샌드위치를 가져왔다.

Michael은 1/4 파운드의 쇠고기 조각에 케첩을 듬뿍 바르는 그의 식습관 때문에 진정한 채식주의자인 Ashley로부터 약간의 선의의 잔소리를 듣는다. Michael은 웃으면서 그의 선택을 변호하며, 그가 체육관에서 역기를 들어올리려면 고기의 단백질이 필요하다고 말한다. Ashley는 버섯도 단백질을 함유하고 있어서 체육관에서 역기를 드는 데 아무런 문제가 없다고 맞선다. Amanda가 나서서, 좋은 영양 섭취를 위해 필요한 것은 단백질 자체가 아니라 단백질을 구성하는 아미노산이라고 지적한다. 사람 몸은 단백질 분자를 구성하는 원자들의 결합을 끊어서 단백질을 분해할 수 있는 효소들을 갖고 있다. 인체는 단백질 분해 결과 생성된 아미노산을 재결합하여 사람의 단백질로 만든다. 균형 잡힌 식단을 위해 필요한 탄수화물과 지방도 특정한 효소들에 의해 같은 과정을 거친다.

글라이신은 인체를 구성하는 아미노산 중에서 가장 간단한 구조로, 강조 표시된 수소 원자를 다른 화학적 작용기로 치환하면 다양한 종류의 다른 아미노산이 만들어진다.

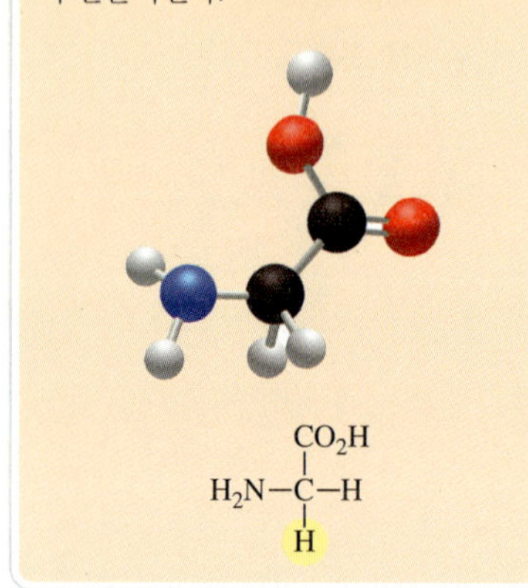

사람들은 생존하고, 성장하고, 발전하고, 건강을 유지하기 위하여 많은 다른 원소들과 함께 탄소를 포함한 음식을 반드시 먹어야 한다. 왜 우리는 반드시 탄소를 기본으로 하는 음식을 먹어야 하는가? 탄소 원자는 우리가 먹는 식물과 동물뿐만 아니라 우리 몸의 대부분의 분자들의 근간을 형성한다. 수백만 년 전에 살았던 식물과 동물의 잔여물인 석탄, 석유, 천연가스뿐만 아니라 바위, 바닷물과 대기를 포함한 무생물에서도 탄소는 발견된다. 탄소 원자는 계속적으로 반복해서 사용된다. 탄소 원자들은 연속적인 탄소 순환을 통하여 생물과 환경 사이를 이동한다(그림 8.1).

탄소 순환이 어떻게 작용하는지를 알기 위해 Ashley의 샐러드에 들어 있는 버섯 안의 탄소 원자의 추측 가능한 이력을 추적해 보자. 이 탄소 원자는 오랫동안 도처에 있었지만 버섯 안의 한 분자의 일부분으로 항상 존재한 것은 아니었다. 오래 전에 그 탄소 원자는 공기에서 이산화 탄소 분자의 일부였으나 물 분자에서 생성된 수소와 결합하여 글루코스 분자로 만들어지는 광합성 과정을 통해 나뭇잎에 흡수되었고, 나무가 죽은 후 습지에 가라앉아 부분적으로 탄화된 토탄층을 형성하였다. 오랜 기간 동안 습지 지역은 마르고, 강은 그 위에 침전물 층이 쌓여 토탄층은 묻혀지고, 수백만 년 동안 열과 압력이 가해져 탄소 원자는 석탄층의 일부분이 되었다.

석탄을 채굴하여 연소시키면 열이 발생되며, 이때 탄소 원자가 산소와 결합된다. 연소된 탄소 원자는 또 다른 이산화 탄소 형태로 다른 나무에 흡수되었고, 그 나무가 죽어

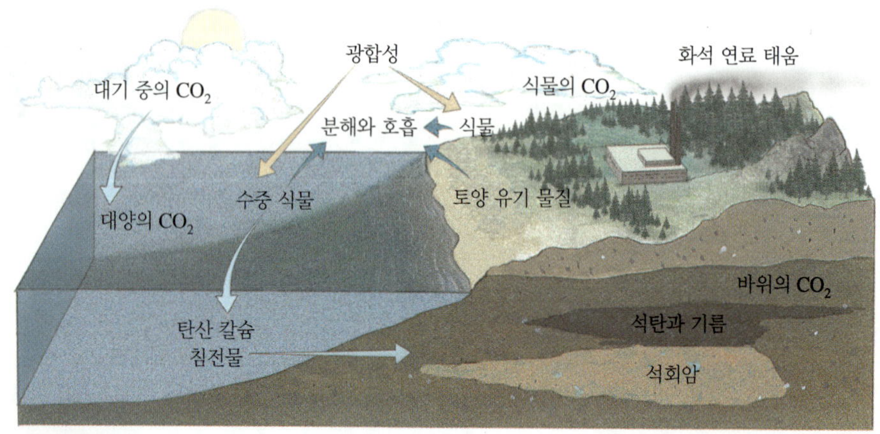

그림 8.1 지구의 탄소 이동은 탄소 순환으로 요약된다. 몇몇 탄소 전달 과정은 빠른 반면, 일부 과정은 수백만 년이 걸린다.

분해되기 시작했을 때 썩어가는 통나무에서 버섯 포자가 자라기 시작하였다. 버섯은 나무의 탄소 원자를 흡수하여 아미노산을 만들어 냈고, 이러한 아미노산들이 결합하여 단백질을 형성하였다. 그 단백질이 Ashley의 샐러드에서 끝에 이르렀다.

Michael은 이야기할 것이 더 많다고 말한다. 탄소는 우리 주위 도처에 있다. 많은 양의 이산화 탄소는 대양에 용해되어 산호와 다른 해양 생물의 껍데기의 탄산 칼슘($CaCO_3$)으로 전환된다. 이산화 탄소는 또한 석회석이나 대리석과 같은 암석의 탄산 칼슘으로 전환된다. 석회석의 흥미로운 형성이 동굴에서 나타나는데, 석회석의 성분인 탄산 칼슘이 산성 조건에서 용해되어 동굴이 생기고, 물이 증발하면서 종유석과 석순으로 다시 쌓이게 된다. 점심 후에 위궤양을 완화시키기 위해 먹는 제산제 정제처럼, 탄산 칼슘은 많은 다양한 용도를 가진다는 것을 Michael은 이야기한다.

이 장에서는 화합물과 단일 원소 분자에서 원자들을 결합시키는 힘들에 대하여 살펴볼 것이다. 이 힘들을 ***화학 결합***(*chemical bond*)이라고 한다. 화학 결합을 이해하면 화합물이 어떻게 형성되고 행동하는지를 알게 된다. 이 장에서 화학 결합과 분자의 모양이 많은 화합물(탄소를 포함한 화합물과 포함하지 않은 화합물)의 물리적, 화학적 성질을 어떻게 설명하는지를 볼 것이다. 이 주제를 탐구하기 전에 다음 질문을 생각해 보라.

이 장에서 공부할 내용의 질문

8.1 다른 화합물의 결합 유형을 어떻게 분류할 수 있는가?
8.2 이온 결합 화합물의 결합의 본질은 무엇인가?
8.3 분자 화합물의 결합의 본질은 무엇인가?
8.4 탄소 화합물에서 어떤 종류의 결합을 찾을 수 있는가?
8.5 분자 화합물과 다원자 이온의 모양을 어떻게 예측하고 설명할 수 있는가?

8.1 결합의 유형

이 장의 도입부에서 탄소 순환을 소개하면서 두 가지의 탄소 화합물인 석회석의 $CaCO_3$와 공기의 CO_2를 언급하였다. 제3장에서 탄산 칼슘($CaCO_3$)이 금속 양이온과 다원자 음이온으로 구성된 이온 결합 화합물로 분류된 것을 기억해 보자. 이산화 탄소(CO_2)는 비금속으로 구성되어 있으므로 분자 화합물로 분류된다. 표 8.1에 요약된 것처럼 이 두 화합물의 매우 다른 물리적 성질과 화학적 성질에 대해 생각해 보자.

표 8.1 ▸ 두 가지 탄소 화합물의 성질

성질	탄산 칼슘 (이온 결합 화합물)	이산화 탄소 (분자 화합물)
화학식	$CaCO_3$	CO_2
물리적 상태	흰색 고체	무색 기체
몰질량(g/mol)	100.1	44.01
밀도(g/mL)	2.71	0.00198
녹는점(°C)	1339(높은 압력에서)	−56.6(5.11기압에서)
끓는점(°C)	분해됨	−78.6°C에서 승화됨
고체로서 전기 전도도	매우 낮음	매우 낮음
액체로서 전기 전도도	높음	매우 낮음
용해하는 물질	산	H_2O, CCl_4

표 8.2 ▸ 이온 결합 화합물과 공유 결합 물질의 일반적 성질

이온	공유
결정형 고체	기체, 액체, 고체
단단하고 부서지기 쉬운 고체	부서지기 쉽고 약한 고체 또는 부드럽고 유연한 고체
매우 높은 녹는점	낮은 녹는점
매우 높은 끓는점	낮은 끓는점
용융 상태나 용액에서 좋은 전기 전도체	전기와 열의 부도체
물에 종종 녹지만 사염화 탄소에는 녹지 않음	사염화 탄소에 종종 녹지만 물에 녹지 않음

왜 이 화합물들이 그렇게 다른 성질들을 가지는가? 그 차이는 상당 부분 화학 결합에서 기인된다. **화학 결합**(chemical bond)은 분자 또는 화합물의 원자들을 묶어주는 힘이다. 탄산 칼슘은 Ca^{2+} 이온과 CO_3^{2-} 이온으로 구성된 이온 결합 화합물이고, 이온 결합 화합물은 ***이온 결합***(*ionic bond*)으로 결합된다. 이산화 탄소는 CO_2 분자로 이루어진 분자 화합물이고, 각 분자에서 ***공유 결합***(*covalent bond*)이 탄소와 산소 원자들을 연결한다. 분자 물질은 ***공유 결합 물질***(*covalent substance*)이라고도 한다.

동영상: 이온 결합 대 공유 결합

이 결합의 본질이 두 종류의 화합물에 대하여 관찰된 성질의 차이를 만든다. 이온 결합 및 공유 결합 화합물의 일반적 성질이 표 8.2에 요약되어 있다. 예를 들어 표의 마지막에 나와 있는 용해도 차이에 대해 생각해 보자. 이온 결합 화합물은 종종 물에 잘 녹지만, 물과는 다른 특성을 지닌 사염화 탄소(CCl_4)에는 용해되지 않는다. [이러한 특성의 하나인 ***극성***(*polarity*)에 대해서는 이 장의 뒷부분에서 배우게 될 것이다.] 이와는 대조적으로, 몇몇 공유 결합 물질은 물보다 사염화 탄소에 더 잘 녹는 경향을 보인다. 물질의 구조와 결합이 각기 다른 용매에 대한 용해도에 영향을 미친다.

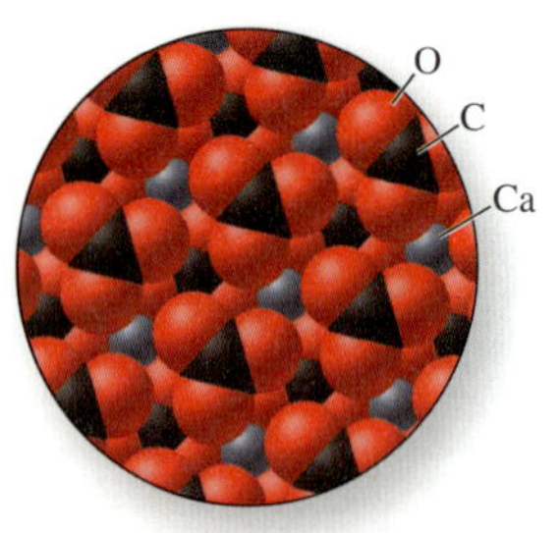

A $CaCO_3$

B CO_2

그림 8.2 (A) 탄산 칼슘($CaCO_3$)은 반대 전하 사이의 인력에 의해 결합된 칼슘 양이온과 탄산 음이온이 이온 결합으로 결합되어 있다. (원자 그림은 원소를 나타내지만 전하를 나타내지는 않는다는 점을 주목하라.) 각 탄산 이온(CO_3^{2-})에서 탄소 원자는 세 개의 산소 원자와 공유 결합하고 있다. (B) 각 CO_2 분자 내의 원자는 공유 결합에 의해 결합되어 있다. 이산화 탄소의 분자들은 서로 결합하고 있지 않다.

» 이온 결합과 공유 결합

전자 배치는 원자들이 화합물마다 특정한 성질을 나타내도록 하는 각기 다른 종류의 화학 결합을 형성하는 방법과 이유를 설명한다. 결합에서 원자들은 ***원자가***(*valence*) 전자들을 잃거나, 얻거나, 공유하여 비활성 기체의 전자 배치와 유사한 더 안정한 전자 배치를 이루려는 경향이 있다. 가장 간단한 유형의 **이온 결합**(ionic bonding)에서 한 개 이상의 전자들이 금속에서 비금속으로 이동하여, 양으로 하전된 금속 양이온과 음으로 하전된 비금속 음이온을 형성하여 각각 더 안정한 전자 배치를 가진다. 예를 들어, 이온 화합물인 플루오린화 리튬, LiF는 각각 비활성 기체의 전자 배치를 갖는 Li^+ 및 F^-로 구성된다. 이온들은 반대 전하의 이온들 사이의 인력인 ***정전기력***(*electrostatic force*)에 의해 유지된다. 인력은 같은 전하의 이온들 사이의 반발력에 의해 부분적으로 상쇄되지만, 각 이온은 반대 전하의 이온들에 의해 둘러싸이고 끌리기 때문에(그림 8.2A) 이온들을 서로 분리하기 위해서는 많은 에너지가 필요하다. 강한 이온 결합은 이온 고체의 높은 녹는점과 많은 이온 결합 화합물이 가지는 단단한 결정성의 형태를 설명한다.

공유 결합(covalent bonding)에서는 전자들이 한 원자에서 다른 원자로 이동하지 않는다. 대신에 전자들은 각 원자가 비활성 기체 전자 배치를 가지는 분자를 형성하도록 공유된다. CO_2에서 탄소 원자는 두 개의 산소 원자에 강하게 공유 결합되어 있다. 그러나 이산화 탄소 분자들은 다른 분자들에게 단지 약하게 끌리기만 할 뿐, 다른 분자들과 결합하지 않는다(그림 8.2B). 이 현상은 분자 화합물이 이온 결합 화합물보다 일반적으로 녹는점과 끓는점이 낮고 기체, 액체 또는 부드러운 고체로 자연에 존재하는 이유를 설명한다. 일반적으로 공유 결합은 단일 원소 분자, 분자 화합물, 다원자 이온을 구성하는 비금속들 사이에 일어난다.

그림 8.2A에서 탄산 칼슘은 칼슘 이온과 탄산 이온을 포함하는 것을 확인할 수 있다. 탄산 이온은 세 개의 산소 원자들과 결합한 한 개의 탄소 원자로 구성된다. 비금속들 사이의 이 결합은 전자를 공유해서 일어나므로 공유 결합이 되고, 따라서 탄산 칼슘은 이온 결합과 공유 결합을 모두 가진다.

예제 8.1 ▶ 결합의 유형

다음 각 물질의 결합의 유형을 확인하라.

(a) $CaCl_2$

(b) NO_2

(c) $NaNO_3$

» 풀이:

(a) $CaCl_2$는 금속과 비금속을 포함하므로 결합은 이온성이다.

(b) NO_2는 두 가지의 비금속을 포함하므로 결합은 공유성이다.

(c) $NaNO_3$는 한 금속과 두 가지의 비금속을 가진다. 비금속들은 다원자 이온 NO_3^-를 형성하기 때문에 질소와 산소 사이의 결합은 공유성이다. Na^+ 양이온과 NO_3^- 다원자 음이온 사이의 결합은 이온성이다.

➔ 응용 연습 8.1

만약 비금속이 준금속과 결합한다면, 결합의 유형은 어떤 것으로 예측되는가?

➔ 실전 연습 8.1

다음 각 물질의 결합의 유형을 확인하라.

(a) NaF

(b) ClO_2

(c) $FeSO_4$

➔ 심화 연습: 연습 문제 8.9

결합 유형으로 나누어진 다음 그룹의 화학 물질들을 생각해 보자.

$CaCl_2$, K_2O, CsF　　CO, NO, H_2O　　H_2, N_2, O_3

여러분은 이 세 그룹에 대하여 결합을 어떻게 분류하겠는가? 첫 번째 그룹은 금속과 비금속으로 만들어진 화합물로 구성되어 있다. 두 번째 그룹은 비금속으로 만든 화합물로 구성되어 있다. 세 번째 그룹은 각각 동일한 원소를 포함하는 이원자 원소와 삼원자 원소로 구성되어 있다. 지금까지 공부한 내용을 근거로 첫 번째 그룹의 결합을 이온 결합으로, 두 번째 및 세 번째 그룹의 결합을 공유 결합으로 분류할 수 있다. 이러한 분류는 옳을 것으로 예상되지만 더 고려할 부분이 있다. 이온 결합 및 공유 결합은 결합이 가능한 배열을 연속적으로 나열하였을 때 양극단에 있는 결합이다. 이온 결합은 한 원자에서 다른 원자로 전자가 완전히 전달되는 것으로 가정한다. 이것은 일반적으로 CsF와 같은 금속과 비금속 원소 사이에 형성된 화합물에 적용된다. 공유 결합은 두 개의 비금속 화합물에 가장 잘 적용된다. Cl_2 및 H_2에서와 같이 두 개의 결합된 원자에 의해 한 쌍의 전자가 동일하게 공유될 수 있다. 그러나 두 개의 서로 다른 비금속 사이의 공유 결합은 일반적으로 전자를 ***균등하게***(*equal*) 공유하지 않는다. 이것은 CO 또는 H_2O와 같은 화합물의 경우이다. 대신에 그들은 전자의 ***불균등한 공유***(*unequal sharing*)로 한 원자에서 다른 원자로 전자의 부분 전달을 통해 결합한다. 생성된 결합은 이온 결합의 일부 특성 및 공유 결합의 일부 특성을 갖는다.

전체적인 결합 유형은 이와 같이 이온 결합과 공유 결합이 혼합된 특성을 가진다. 편리하게 화합물의 결합은 주된 유형으로 일반적으로 분류된다. 예를 들면 각자 약간의 다른 특성을 갖지만 NaCl의 결합은 이온성으로 생각되고, CO_2나 HF의 결합은 공유성이라고 한다.

≫ 극성 및 무극성 공유 결합

플루오린화 수소에서처럼 공유 결합에서 불균등한 전자 공유를 살펴 보자. 평균적으로 공유 전자쌍은 수소 원자보다 플루오린 원자에 더 가깝다. 비록 HF 결합이 공유성으로 분류되지만 수소 원자의 전자가 부분적으로 플루오린 원자로 이동하기 때문에 약간의 이온성을 가진다. 기본적인 공유 결합에서 이온성의 정도는 결합의 극성으로부터 판단할 수 있다. **극성**(polarity)은 전자가 이동하는 정도이다. 결합 유형은 전자가 완전하게 이동하여 공유하지 않는 이온성으로부터, 전자가 이동하지 않고 균등하게 공유하는 무극성까지로 나누어 볼 수 있고, 이러한 결합 유형은 그림 8.3에 나타나 있다.

그림 8.3이 나타내는 것처럼 공유 결합은 일반적으로 두 개의 유형으로 나눌 수 있다. **무극성 공유 결합**(nonpolar covalent bond)에서는 전자들이 균등하게 공유되고 전하는 결합한 두 원자들에 고루 분포한다. **극성 공유 결합**(polar covalent bond)에서 평균적으로 전자들이 다른 원자보다 한 원자에 더 가까운 영역에서 발견되는 경향이 있다. 이 불균등한 공유가 화합물 HF에서처럼 두 원자에 부분 전하가 나타나게 한다(그림 8.4). 결합 전자는 수소 원자보다 플루오린 원자에 더 가깝다. 따라서 플루오린은 부분 음전하(δ−)를 나타내고, 수소 원자는 결합 전자를 더 멀리 가지므로 부분 양전하(δ+)를 나타낸다.

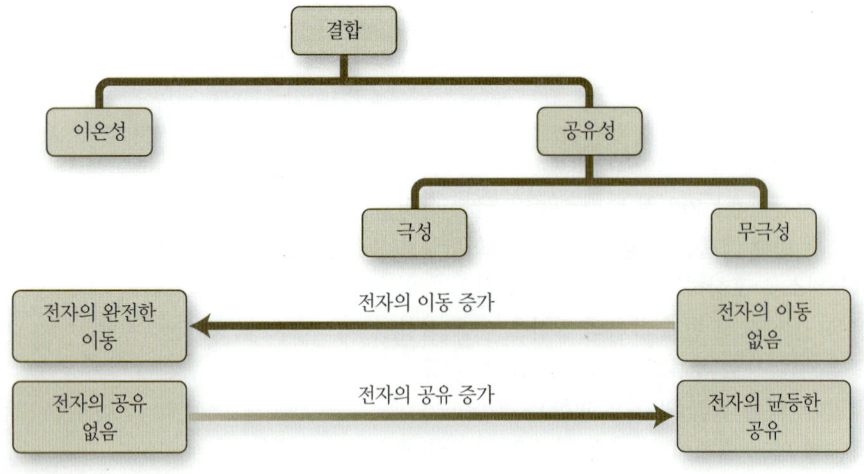

그림 8.3 결합은 전자의 이동 또는 공유 정도에 따라 분류할 수 있다.

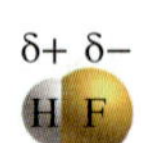

그림 8.4 HF에서 평균적으로 공유 전자는 수소 원자보다 플루오린 원자에 더 가깝다. 결과적으로 플루오린은 부분 음전하(δ−)를 띠고 수소는 부분 양전하(δ+)를 띤다. 그리스문자 델타(δ)는 부분 전하를 나타내기 위해 사용되고 전하 기호가 뒤따른다.

>> 전기음성도

공유 결합이 극성인지, 무극성인지 어떻게 알 수 있는가? 1930년대 초에 폴링(Linus Pauling)이 전하가 결합에서 분리될 수 있다는 생각을 발전시켰다. 그는 같은 원소들 사이에 형성된 공유 결합(H_2와 F_2에서처럼)과 다른 원소들 사이에 형성된 공유 결합(HF에서처럼)이 나타내는 특성의 차이를 조사하였다. 다른 원소들 사이의 결합이 더 강하다. Pauling은 부분적인 이온성을 초래하는 전자의 이동이 특별한 안정성을 설명해 줄 수 있다는 것을 제안하였다. 한 원자가 다른 원자보다 공유 전자쌍을 더 강하게 당기기 때문에 전자의 부분 이동이 일어난다. Pauling은 공유 전자쌍을 당기는 한 원자의 능력을 **전기음성도**(electronegativity)라 하였다. 두 원자가 같은 전기음성도를 가지면 전자들은 균등하게 공유되고 그 결합은 무극성 공유 결합이다. 전기음성도의 차이가 클수록 결합은 더 큰 이온성을 갖게 되어 원자의 부분 이온 전하가 더 커지고 결합은 더욱 극성이 된다.

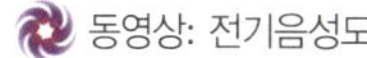

동영상: 전기음성도

Pauling은 캘리포니아 공대의 화학 교수였다. 그는 노벨상을 두 번 받았다. 첫 번째는 1954년 화학 결합에 대한 업적으로 받게 된 화학상이고, 1963년에 받은 두 번째 평화상은 핵무기 시험을 멈추자는 그의 노력을 인정하였다.

Pauling은 다양한 결합들의 안정성을 조사하여 플루오린이 가장 높은 값(4.0)을 가지고 프랑슘이 가장 낮은 값(0.7)을 가지는 전기음성도 값의 기준을 고안하였다. 대부분 원소들에 대한 전기음성도 값이 그림 8.5에 주어졌다. 한 원소의 전기음성도 값이 더 클수록 전자에 대한 인력이 더 커진다.

전기음성도 값은 주기적 경향을 나타낸다. 비금속은 전자를 얻는 경향이 있으므로 전기음성도 값이 더 크다. 금속은 전자를 잃는 경향이 있으므로 전기음성도 값이 더 작다. 전기음성도 값이 가장 큰 플루오린이 가장 반응성이 좋은 비금속이다. 전기음성도 값이 가장 작은 프랑슘이 가장 반응성이 좋은 금속이다. 그림 8.6에 나타낸 것처럼 전기

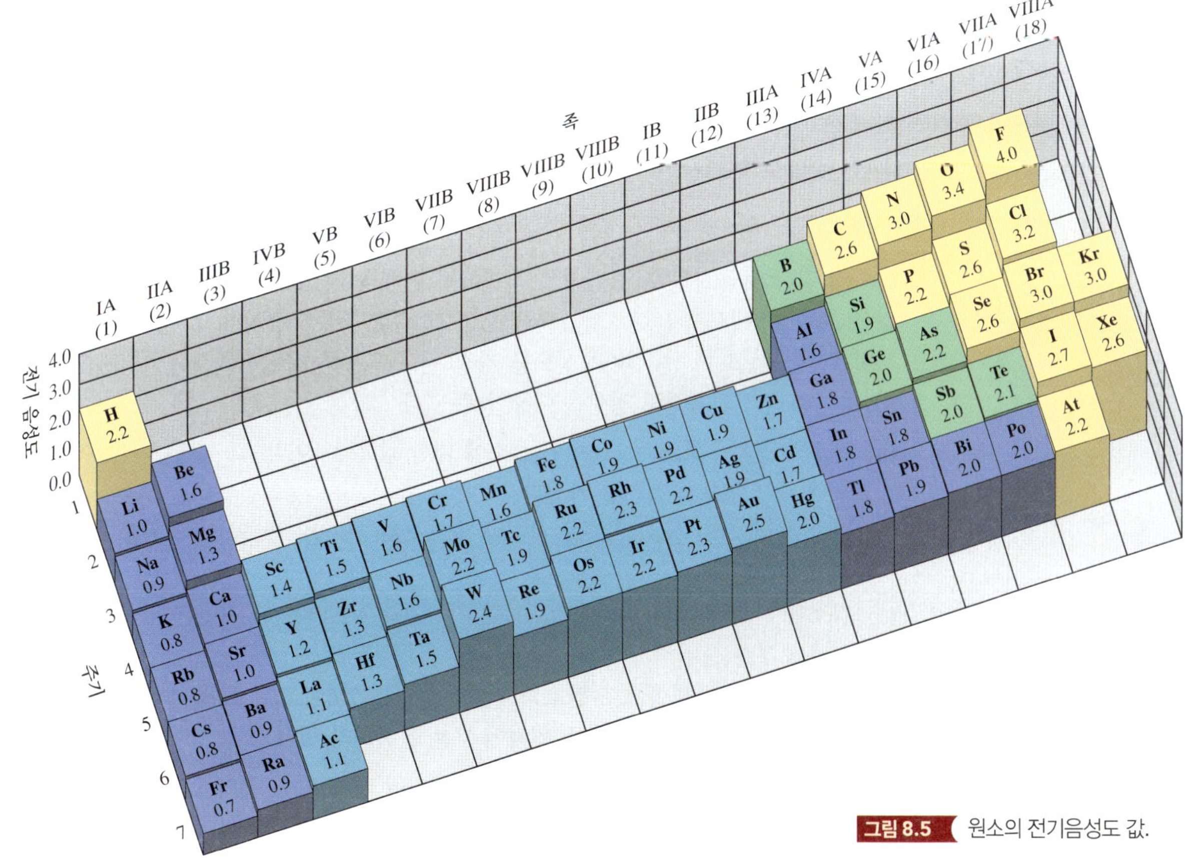

그림 8.5 원소의 전기음성도 값.

He, Ne, Ar, Rn에 대한 전기음성도 값이 나와 있지 않음에 주목하라. 이 원소들은 정상 상태에서 어떠한 결합도 형성하지 않는다.

음성도 값은 한 족의 아래에서 위로 갈수록, 그리고 한 주기의 왼쪽에서 오른쪽으로 갈수록 증가한다. 수소는 일반적 경향과 맞지 않음을 주목하라. 수소의 전기음성도 값은 붕소와 탄소 사이에 있고, 수소를 포함한 화합물의 원소들에 대한 상대적 전기음성도 값을 예측할 때 이 정보는 유익하다.

공유 결합에서 전기음성도가 더 큰 원소는 부분 음전하(δ−)를 가지고, 전기음성도가 더 작은 원소는 부분 양전하(δ+)를 가진다. 그림 8.5와 같은 전기음성도 값의 표가 있으면 그 값들을 참조하여 부분 전하를 어디에 놓을지를 결정할 수 있다. 그러나 더 많은 전기음성적 원소를 알아보기 위해서는 전기음성도 경향 도표(그림 8.6)를 사용해야 한다. 예를 들어 황과 산소 사이의 결합을 생각해 보자. 주기율표에서 산소가 같은 족에서 더 위쪽에 있기 때문에 황보다 전기음성도가 더 크다는 것을 결정할 수 있다. 그러므로 S—O 결합은 다음과 같이 나타낸다.

$$^{\delta+}S-O^{\delta-}$$

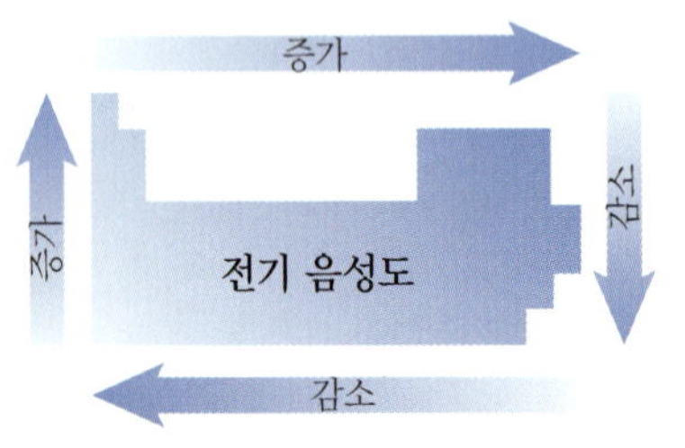

그림 8.6 원소의 전기음성도 값의 경향.

전기음성도의 차이를 이용하면 어떤 결합이 더 극성인지를 결정할 수 있다. *두 원소 사이의 전기음성도 값의 차이가 더 크면 클수록 그들을 연결하는 결합은 더 극성이다.* 예를 들면 탄소와 산소의 전기음성도 차이가 탄소와 질소의 전기음성도 차이보다 더 크기 때문에 C—O 결합이 C—N 결합보다 더 극성이다. 주기율표로부터 이것을 알 수 있다. 즉 산소는 질소보다 더 오른쪽에 있다. 또한 전기음성도 값의 차이를 비교할 수 있다.

C—O 전기음성도 차이 3.4 − 2.6 = 0.8 (더 극성)

C—N 전기음성도 차이 3.0 − 2.6 = 0.4 (덜 극성)

인터넷 핫스팟

상당수 학생들이 결합의 극성에 어려움을 겪고 있다고 한다. 이 주제에 대한 추가 학습 자료를 보려면 SmartBook에 접속하라.

예제 8.2 ▶ 결합의 극성

다음 중 어떤 분자가 극성 결합을 포함하는가? 결합이 극성이면 어떤 원자가 부분 음전하를 가지는가?

(a) CO_2 (b) O_3 (c) NCl_3 (d) CH_4

어떤 결합이 가장 극성인가? (화합물의 화학식에서 첫 번째 원소가 중심 원자이다.)

» 풀이:

분자의 결합이 극성인지, 아닌지를 결정하기 위해 먼저 결합된 원자들의 전기음성도 값을 그림 8.5에서 찾는다. 그 값이 같으면 그 결합은 무극성이다. 그 값이 다르면 그 결합은 극성이고 더 큰 전기음성도를 가진 원자가 부분 음전하를 가진다. 또한 그림 8.6에 나타낸 전기음성도 경향을 이용할 수 있다.

(a) 탄소의 전기음성도는 2.6이다. 산소에 대한 값은 3.4이다. 그 결합은 극성이고 산소 원자가 부분 음전하를 가진다.

(b) 결합이 세 개의 산소 원자들 사이에 있으므로 전기음성도의 차이가 없고 결합은 무극성이다.

(c) 질소와 염소 원자는 전기음성도가 각각 3.0과 3.2이다. 그 결합은 극성이고 염소 원자에 부분 음전하가 있다.

(d) 탄소와 수소의 결합으로 탄소의 전기음성도는 2.6이고 수소에 대한 값은 2.2이다. 그 결합은 극성이고 탄소 원자에 부분 음전하가 있다.

가장 극성이 큰 결합은 전기음성도의 차이가 가장 큰 결합일 것이다. C—O에서 차이는 3.4 − 2.6 = 0.8, C—H에서의 차이는 2.6 − 2.2 = 0.4이다. 따라서 C—O 결합은

C—H 결합보다 더 극성이다. N—Cl에서의 차이는 3.2 − 3.0 = 0.2이므로 이 결합은 C—O나 C—H 결합보다 덜 극성이다. 이 결과들이 극성이 증가하는 순서로 다음에 요약되어 있다.

결합	전기음성도 값의 차이	결합 유형
O—O	3.5 − 3.5 = 0	무극성 공유
N—Cl	3.2 − 3.0 = 0.2	극성 공유
C—H	2.6 − 3.0 = 0.4	극성 공유
C—O	3.4 − 2.6 = 0.8(가장 극성)	극성 공유

→ 응용 연습 8.2

만일 전기음성도 표를 이용할 수 없다면, 분자 내 결합의 극성을 어떻게 판단할 수 있는가?

→ 실전 연습 8.2

다음 중 어떤 분자가 극성 결합을 포함하는가? 결합이 극성이면, 어떤 원자가 부분 음전하를 가지는가?

(a) SO_2 (b) N_2 (c) PH_3 (d) CCl_4

어떤 결합이 가장 극성인가? (화합물의 화학식에서 첫 번째 원소가 중심 원자이다.)

→ 심화 연습: 연습 문제 8.23

8.2 이온 결합

무극성 공유 결합은 그림 8.3에 나타낸 결합 유형의 한쪽 끝에 있다. 이온 결합은 다른 쪽 끝이다. 이온 결합은 Michael이 감자튀김에 뿌리기 좋아하는 식용 소금인 염화 소듐과 같은 화합물 덕분에 이미 친숙하게 느껴진다.

이온과 이온 결합의 형성은 원소의 전자 배치와 관련이 있다. 주기율표에서 그 관계를 볼 수 있다. 비활성 기체 바로 ***다음***(*following*)의 각 원소는 금속으로, 전자를 ***잃어버리는***(*lose*) 경향이 크고 전자를 잃어버림으로써 안정한 비활성 기체 전자 배치를 이룬다. 전자를 내주어 비활성 기체 배치를 이루면 금속은 ***양***(*positive*)의 전하를 띤 ***양이온***(*cation*)을 형성한다. 주기율표의 불활성 기체인 네온 다음에 오는 금속 소듐이 그 예이다. 소듐 원자가 전자를 잃고 Na^+를 형성하면 네온의 전자 배열을 갖게 된다. 주기율표의 비활성 기체 바로 ***앞***(*preceding*)의 각 원소는 비금속으로, 전자를 얻는 경향이 강하고 전자를 ***얻음***(*gain*)으로써 비활성 기체 전자 배치를 이룬다. 그 결과 그 원소는 ***음***(*negative*)의 전하를 띤 ***음이온***(*anion*)을 형성한다. 주기율표의 아르곤 기체 바로 앞에 있는 비금속 염소가 그 예이다. 염소 원자가 전자를 얻어서 Cl^-를 형성하면, 아르곤의 전자 배열을 갖게 된다.

>> Lewis 기호

결합에 포함된 전자들은 원자가 전자이다(7.5절). 원자가 전자를 나타내는 편리한 방법은 **Lewis 기호**(Lewis symbol), 즉 ***전자점 기호***(*electron dot symbol*)를 사용하는 것으

Lewis(Gilbert Newton Lewis)는 버클리 소재의 캘리포니아 대학교의 화학 교수였다. 1916년에 그는 공유 결합에 대한 개념을 제안하였다.

표 8.3 ▸ 2주기 원소의 Lewis 기호

	족							
	IA (1)	IIA (2)	IIIA (13)	IVA (14)	VA (15)	VIA (16)	VIIA (17)	VIIIA (18)
전자 배치	$1s^22s^1$	$1s^22s^2$	$1s^22s^22p^1$	$1s^22s^22p^2$	$1s^22s^22p^3$	$1s^22s^22p^4$	$1s^22s^22p^5$	$1s^22s^22p^6$
원자가 전자	1	2	3	4	5	6	7	8
Lewis 기호	Li·	·Be·	·Ḃ·	·Ċ·	:Ṅ·	:Ȯ:	:F̈·	:N̈e:

주족 원소의 경우 원자가 전자들은 *ns*와 *np* 오비탈에 위치한다. 여기서 *n*은 해당 원소의 가장 높은 주 에너지 준위를 나타낸다.

로, 원소 기호 주위에 놓인 점은 원자가 전자를 나타낸다. 점은 원소 기호의 네 면에 순서로 ***하나씩***(*singly*) 놓고 필요하면 쌍으로 놓는다. 비활성 기체 전자 배치를 갖는 원소는 8의 전자, 즉 ***팔전자***(*octet*)를 나타내는 4개의 전자쌍으로 둘러싸인다.

표 8.3은 2주기 원소에 대한 Lewis 기호를 나타낸 것이다. 전자 배치는 Li에 대한 한 개의 원자가 전자로부터 시작해서 Ne에 대한 8개로 끝이 난다. 3주기 원소(Na에서 Ar까지)에 대한 Lewis 기호를 그려보도록 하자. 어떤 경향이 나타나는가? 3주기 원소의 원자가 전자 배치도 2주기 원소와 같아야 한다. 즉 IA (1)족 원소에 대한 한 개의 원자가 전자로 시작해서 VIIIA (18)족의 8개로 끝난다. 모든 비활성 기체 원소들은 4개의 짝으로 8개의 원자가 전자를 갖지만 헬륨은 예외적으로 두 개만 가진다.

예제 8.3 ▸ 원자의 Lewis 기호

황의 전자 배치는 $1s^22s^22p^63s^23p^4$이다. 황 원자에 대한 Lewis 기호를 써라.

» 풀이:

원자가 전자는 $3s^23p^4$로 지정된 것들이다. 황은 원자가 전자가 6개이므로 두 개의 전자쌍과 두 개의 고립 전자(:Ṡ·)를 가진다.

➜ 응용 연습 8.3

황 대신 셀레늄 원자라면 Lewis 기호는 어떻게 변할 것인가?

➜ 실전 연습 8.3

규소 원자에 대한 Lewis 기호를 써라.

➜ 심화 연습: 연습 문제 8.29

일반적으로 전이 금속은 Lewis 기호로 나타내지 않는다. 왜냐하면 전이 금속은 Lewis 기호로 나타내기 어려운, 최대 10개의 *d* 전자를 갖기 때문이다.

필요하다면 3.2절에서 배운 일반적인 이온의 전하를 확인하라.

1주기의 수소와 헬륨에 대한 Lewis 기호는 이 유형에 적합하지 않다. 그들의 원자가 준위들이 단지 두 개의 전자를 가질 수 있기 때문에 원소 기호의 한쪽 면만 사용된다. 수소는 H·로 나타내는데, 이것은 전자 배치 $1s^1$에 해당한다. 두 개의 원자가 전자를 가진 헬륨은 He:이고 채워진 준위 $1s^2$로 나타낸다. 수소 원자에 한 개의 전자가 더해져 형성된 수소화 이온, $H:^-$는 $H:^-$로 나타낸다. 수소 이온 H^+는 수소 원자에서 전자 한 개를 제거하여 형성된다. 남아 있는 전자가 없기 때문에 Lewis 기호 H^+는 점이 없다.

금속이 전자를 잃고, 비금속이 전자를 얻으면 가장 간단한 종류의 이온 결합이 생긴다. 전자 이동은 동시에 일어나야 한다. 비금속이 전자를 얻을 수 있을 때만 금속은 전자를 잃고 양이온을 형성한다. 그러면 비금속은 안정한 팔전자 원자가 전자를 가진 음이온을 형성한다. 다음 식은 염화 소듐 형성에 있어서의 이 과정을 Lewis 기호를 사용하여 나타낸 것이다.

$$\mathrm{Na}\cdot \longrightarrow \mathrm{Na}^+ + e^-$$
$$:\ddot{\underset{..}{\mathrm{Cl}}}\cdot + e^- \longrightarrow :\ddot{\underset{..}{\mathrm{Cl}}}:^-$$
$$\mathrm{Na}^+ + :\ddot{\underset{..}{\mathrm{Cl}}}:^- \longrightarrow (\mathrm{Na}^+)(:\ddot{\underset{..}{\mathrm{Cl}}}:^-) \text{ 또는 } \mathrm{NaCl}$$

소듐 원자는 전자 한 개를 잃고 비활성 기체 전자 배치를 가진 소듐 이온을 형성한다. 이 전자가 염소 원자로 이동하여 염화 이온이 되고, 이 이온도 비활성 기체 전자 배치를 가진다. 이 이온들이 회합하여 반대 전하의 이온들 사이의 인력에 의해 함께 결합된 화합물인 염화 소듐을 형성한다.

> 한 이온 결합 화합물이 그 원소들로부터 만들어질 때, 각각 100경 개(quintillion, 10^{18})의 양이온과 음이온들이 형성되고 이들이 결합하여 단일 이온 결정을 이룬다.

소듐은 전자 한 개를 잃을 필요가 있고 염소는 전자 한 개를 얻을 필요가 있기 때문에, 이 원자들이 1:1 비로 결합하여 전기적으로 중성이 된다. 다른 이온들은 다른 비로 결합할 수 있다. 예를 들어 염화 알루미늄의 형성을 생각해 보자.

$$\cdot\dot{\mathrm{Al}}\cdot \longrightarrow \mathrm{Al}^{3+} + 3e^-$$
$$3:\ddot{\underset{..}{\mathrm{Cl}}}\cdot + 3e^- \longrightarrow 3:\ddot{\underset{..}{\mathrm{Cl}}}:^-$$
$$\mathrm{Al}^{3+} + 3:\ddot{\underset{..}{\mathrm{Cl}}}:^- \longrightarrow (\mathrm{Al}^{3+})(:\ddot{\underset{..}{\mathrm{Cl}}}:^-)_3 \text{ 또는 } \mathrm{AlCl_3}$$

알루미늄은 전자 세 개를 잃고 비활성 기체 전자 배치를 이룬다. 염소 원자는 팔전자를 이루기 위해 한 개의 전자만 필요하기 때문에, 세 개의 염소 원자는 알루미늄이 내놓은 세 개의 전자를 사용해야 한다. 한 개의 알루미늄 이온과 세 개의 염화 이온은 전기적으로 중성인 1:3의 비로 결합하여 이온성의 염화 알루미늄 $A1Cl_3$을 형성한다. 이 비는 정상적 유형으로 배열된 알루미늄 양이온과 염화 음이온의 배열에 의해 유지된다.

예제 8.4 ▶ 이온의 Lewis 기호

마그네슘 이온과 황화 이온에 대한 Lewis 기호를 써라. 그리고 그 Lewis 기호와 화학 반응식을 사용하여 황화 마그네슘이 생성되는 과정을 나타내라.

» 풀이:

마그네슘은 원자가 전자 두 개를 잃고 비활성 기체 전자 배치를 이루어서 남은 원자가 전자가 없는 Mg^{2+} 양이온을 생성한다.

$$\cdot\mathrm{Mg}\cdot \longrightarrow \mathrm{Mg}^{2+} + 2e^-$$

황은 두 개의 전자쌍과 두 개의 고립 전자로 이루어진 총 6개의 원자가 전자를 가진 원소로, 전자 두 개를 얻어 S^{2-} 음이온을 형성한다.

$$:\dot{\underset{..}{\mathrm{S}}}\cdot + 2e^- \longrightarrow :\ddot{\underset{..}{\mathrm{S}}}:^{2-}$$

이 이온들은 1:1의 비로 결합하여 MgS를 형성한다.

$$\mathrm{Mg}^{2+} + :\ddot{\underset{..}{\mathrm{S}}}:^{2-} \longrightarrow (\mathrm{Mg}^{2+})(:\ddot{\underset{..}{\mathrm{S}}}:^{2-}) \text{ 또는 } \mathrm{MgS}$$

→ 응용 연습 8.4

만일 황화 이온이 2+ 양이온이 아닌, K^+와 같은 1+ 양이온과 결합한다면 화합물의 Lewis 기호는 어떻게 달라지는가?

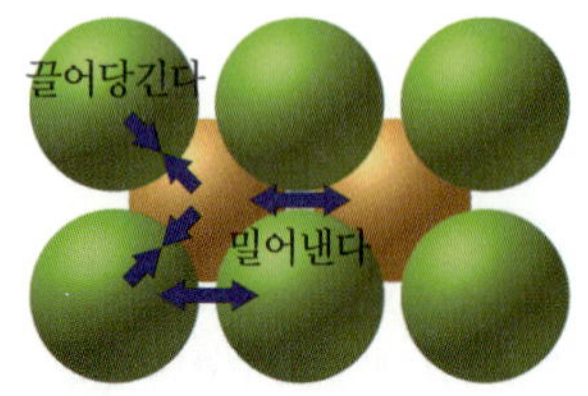

그림 8.7 이온 결정에서 같은 전하의 이온들은 서로 반발하지만 반대 전하의 이온들은 끌어당긴다. 이온 결정의 규칙적인 배열은 인력이 반발력보다 더 강하다는 것을 확실하게 보여 준다.

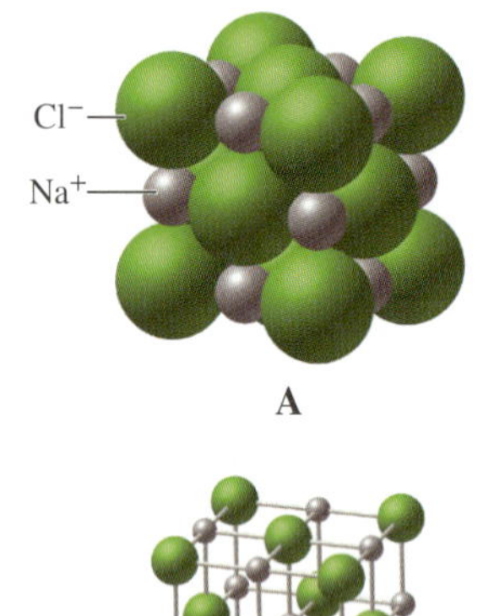

A

B

C

그림 8.8 염화 소듐 결정은 분자 수준에서 두 가지 방법으로 나타낼 수 있다. 각 그림에서 한 이온은 6개의 반대 전하의 이온으로 둘러싸인 배열을 한다. (A) 공간 채움 모형에서 더 작은 공이 소듐 이온이고, 더 큰 공이 염화 이온이다. 모형은 이온들의 상대적 크기를 정확하게 나타내지만 상세한 결정 구조를 가린다. (B) 공-막대 모형은 결정 내부를 나타내지만 상대적 크기와 거리는 정확하게 나타내지 않는다. (C) NaCl 결정들의 사진은 결정의 모양이 결정 내부의 이온들의 배열과 어떻게 일치하는지를 나타낸다.

➔ 실전 연습 8.4

베릴륨과 질소화 이온에 대한 Lewis 기호를 써라. 그리고 그 Lewis 기호와 화학 반응식을 사용하여 질소화 베릴륨이 생성되는 과정을 나타내라.

➔ 심화 연습: 연습 문제 8.31

>> 이온 결정의 구조

이온 결합 화합물에서 이온들 사이의 결합은 반대 전하 이온 간의 인력에 기인한다. 같은 전하의 이온들이 서로 가까이 가면 그림 8.7에 나타낸 것처럼 반발력이 인력을 부분적으로 상쇄한다. 어떻게 이온들이 함께 안정한 이온 결합 화합물을 만드는가? 하전된 공으로 나타낸 이온은 모든 방향으로 균등하게 힘을 가하여 반대 전하의 이온들로 둘러싸인다. 이 유형이 **결정 격자**(crystal lattice)이고, 그 결과가 **이온 결정**(ionic crystal)이다. 이온 결정에서 이온들은 인력을 최대화하고 반발력을 최소화하는 규칙적인 기하학적 양식으로 배열한다.

이온의 전하와 크기는 이온 결정의 특징적 유형을 주로 결정한다. 예를 들면 1:1 비율인 많은 이온염들은 염화 소듐과 같은 구조를 가지는데, 각 이온은 반대 전하의 6개의 이온들로 둘러싸인다(그림 8.8).

결정 격자가 형성되려면 양이온과 음이온은 접촉을 해야 한다. 양이온이 음이온에 비해 상대적으로 더 작거나 더 크면 다른 구조가 만들어진다. 예를 들어 한 염이 세슘 이온과 같은 큰 양이온을 포함하면 각 양이온은 크기가 유사한 8개의 반대 전하의 이온들로 둘러싸인다. 염화 세슘에 대한 결정 격자가 그림 8.9에 나타나 있다. 이온의 비가 1:2 또는 2:1인 염과 같이 조성비가 다른 경우 다른 유형을 형성한다. 그림 8.10은 형석 광물에서 발견되는 CaF_2의 전형적 구조를 보여 준다.

그림 8.9 양이온과 음이온이 거의 같은 크기일 때 염화 세슘 구조가 적용된다. (CsCl에 대하여 나타낸 그림은 이 이온 결합 화합물에 대한 구조의 일부분만 나타낸 것이다.)

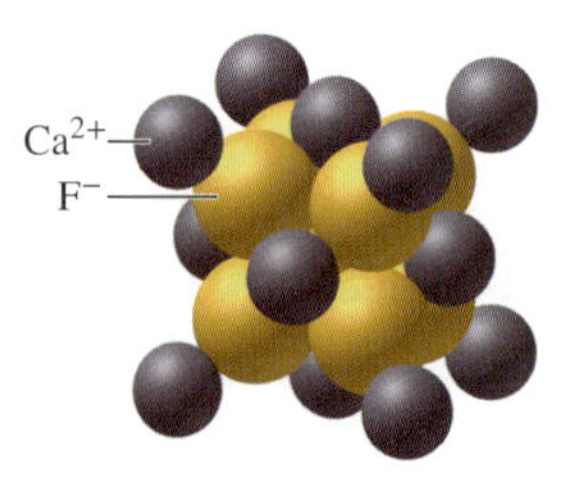

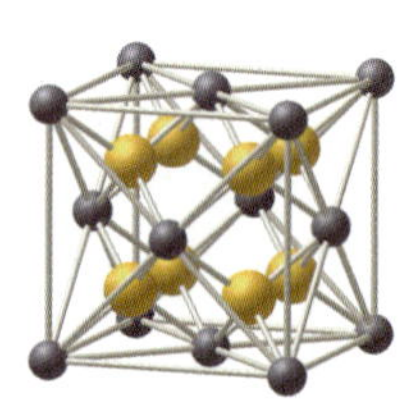

그림 8.10 한 이온의 수가 다른 이온의 두 배인 이온 결합 화합물은 자외선 영상을 포착하는 카메라 렌즈로 이용되는 형석 광물에서 발견되는 CaF_2와 같은 구조가 적용된다.

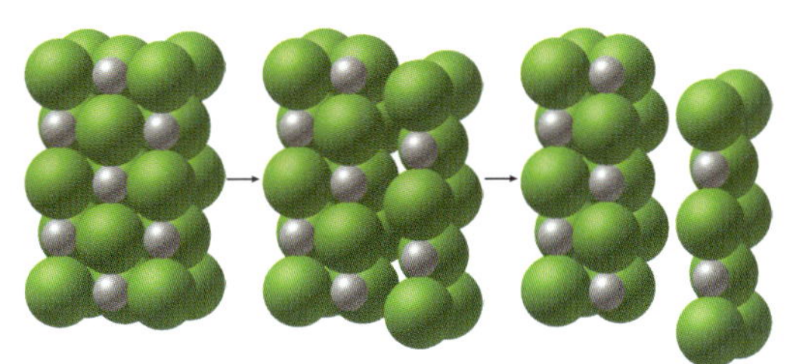

그림 8.11 NaCl과 같은 결정을 충분한 힘으로 치면 이온층들이 이동한다. 반대 전하의 이온들 사이의 인력이 배열을 벗어나고 같은 전하의 층들이 정렬되어 반발력을 나타내고 부분적으로 밀어낸다. 결정은 이 선을 따라 쪼개진다.

이온 결합은 반대 전하 이온들 사이의 강한 상호 작용 때문에 매우 강하다. 고체 구조에서 한 이온을 분리하는 데에는 많은 에너지가 필요하다. 녹음과 끓음 현상도 이온들이 분리되어야 하기 때문에 이온 결합 화합물은 녹는점과 끓는점이 높다.

강한 인력은 또한 이온 결정을 단단하고 부서지기 쉽게 만든다. 이온 결정은 힘있게 치면 산산 조각이 난다. 힘이 이온의 배열을 이동시키기 때문에 반대 전하들의 안정한 배열이 같은 전하의 불안정한 배열로 바뀌고 이동한 층을 따라 강한 반발력이 강한 인력을 대체하므로 이온 결정이 부서진다(그림 8.11).

이온 결합 화합물의 결정 구조는 또한 고체 이온성 염들이 전기를 잘 통하지 않는 이유를 설명한다. 이온들은 결정 격자에서 움직이지 않고 그 자리에 고정되어 있다. 그러나 녹으면 액체 이온들을 자유롭게 이동할 수 있기 때문에 이온성 염의 전기 전도도를 크게 증가시킨다.

8.3 공유 결합

우리가 호흡을 통해 내놓는 이산화 탄소처럼 두 가지의 비금속이 한 화합물을 형성할 때 분자 내 결합은 공유 결합이다. 원자들이 전자를 내주지 않기 때문에 비활성 기체 전자 배치를 갖지 못하지만 전자들을 공유하여 근접한 배치를 이루게 된다. 원자들끼리 공유한 전자를 두 원자 모두의 전자 배치 부분으로 생각하면 각 원자들은 비활성 기체 전자 배치를 이루게 된다.

공유 결합은 분자 안에서 함께 강하게 결합된 원자들 사이의 편재화된 인력을 포함한다. 공유 결합은 각각의 공유 전자가 두 개의 핵과 동시에 상호 작용을 하기 때문에 강하다. 전자와 핵은 반대 전하이기 때문에 서로 당긴다. 동시에 전자와 전자, 핵과 핵은 같은 전하이기 때문에 서로 밀어낸다. 전자들이 두 핵들 사이에 주로 위치하면 인력이 최대가 되고 반발력이 최소가 된다. 이때 그림 8.12에 나타낸 것처럼 공유 결합이 일어난다.

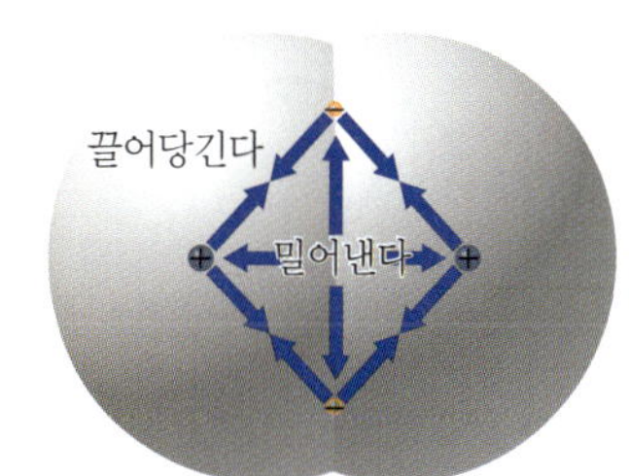

그림 8.12 반대 전하들 사이의 인력이 같은 전하들 사이의 반발력보다 더 크면 공유 결합이 일어난다.

비록 분자 내의 원자들 사이의 인력(결합)은 강하지만 분자들은 다른 분자들과 결합하지 않는다. 결과적으로 공유 결합 화합물은 녹는점과 끓는점이 낮아서 종종 기체 또는 액체로 존재한다. 분자들이 서로 강하게 붙잡지 않기 때문에 고체 상태일 때 부서지기 쉽고 부드럽다. 예를 들면 고체 이산화 탄소(드라이아이스)에서 개별 분자들은 원래

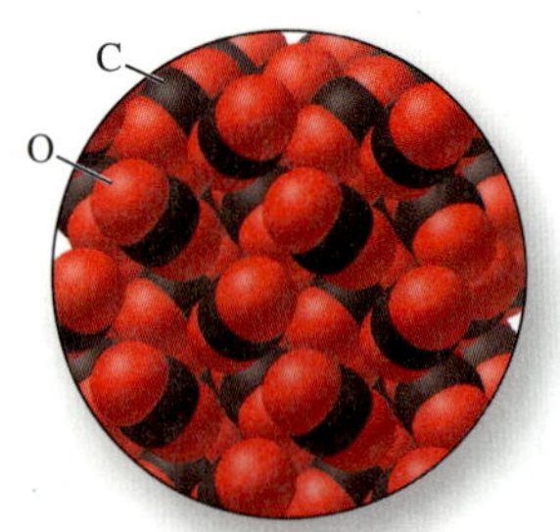

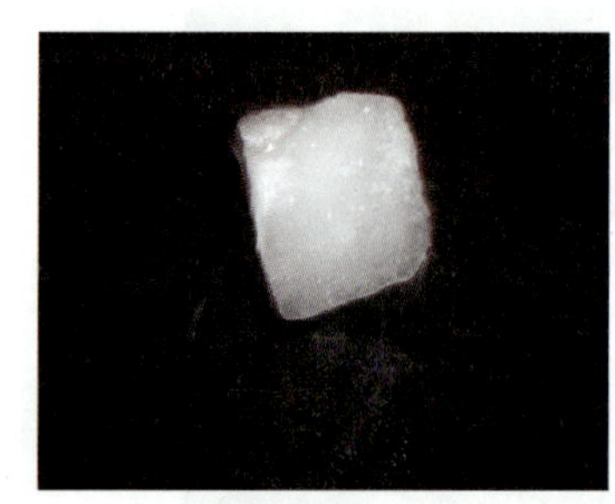

그림 8.13 고체 이산화 탄소(CO_2)에서 분자들은 규칙적인 배열로 함께 채워지지만, 그들의 본성을 유지하면서 결정에서 쉽게 제거할 수 있다.

의 모양을 유지하며 분자 모형에서 식별 가능하다(그림 8.13).

>> 팔전자 규칙

한 원소가 형성할 수 있는 결합의 수는 8개의 원자가 전자가 팔전자를 맞추어 비활성 기체 전자 배치를 이루는 경향에 의존한다. 표 8.3의 탄소에서 플루오린까지 원소들의 Lewis 기호를 다시 보라. 각 원자는 몇 개의 결합을 만들 것으로 생각하는가? 여러분의 예측이 원자가 전자의 팔전자를 포함하는 전자 배치에 부합하는가?

원자가 8개의 원자가 전자를 가진 전자 배치를 이루려는 경향이 **팔전자 규칙**(octet rule)이다. 그러므로 원자가 전자가 7개인 플루오린(:F̤̈·)은 비활성 기체 전자 배치를 이루기 위해 한 개의 전자가 필요하기 때문에 일반적으로 한 개의 공유 결합을 형성한다. 원자가 전자가 4개인 탄소(·Ċ̣·)는 비활성 기체 전자 배치를 이루기 위해 네 개의 전자를 얻어서 일반적으로 네 개의 결합을 형성한다. 이 두 원소들이 1:4의 비로 결합하면 탄소는 4개의 결합을 형성하고 각 플루오린이 한 개의 결합을 형성하여 공유 결합 화합물 CF_4가 만들어진다. 그림 8.14에 나타낸 것처럼 두 원자에 대해 공유 전자들을 세면 탄소 원자와 각 플루오린 원자 주위에 8개의 전자가 있고, 이는 비활성 기체 네온에서와 같은 수이다. 플루오린은 또한 수소와 전자를 공유하여 공유 결합 화합물을 형성한다. 수소와 플루오린은 비활성 기체 전자 배치에 도달하기 위해 전자가 한 개씩 필요하기 때문에 1:1의 비로 결합하여 HF를 형성한다(그림 8.14). 탄소와 플루오린이 결합을 형성하여 네온과 같은 전자 배치에 도달하면 수소는 한 개의 결합을 형성하여 헬륨과 같은 전자 배치에 도달한다. 원자가 준위에 1*s* 오비탈만 가진 수소는 공유 결합을 형성할 때 두 개의 전자를 가진다.

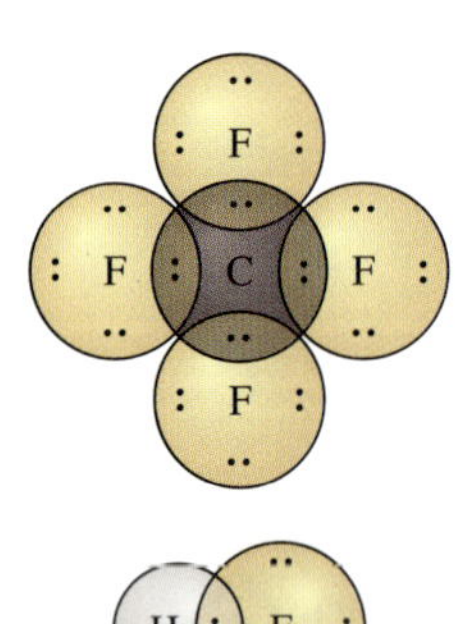

그림 8.14 한 결합의 두 원자들에 대한 공유 전자의 수를 세면 CF_4의 각 원자는 비활성 기체의 전자 배치를 가진다. HF에서 플루오린 원자는 팔전자를 갖지만 수소 원자는 2개의 전자만을 가진다.

2주기 비금속 원소에 대한 Lewis 기호는 일반적으로 각 원소가 전형적으로 형성하는 결합의 수를 나타낸다.

·Ċ̣·	:Ṇ̇·	:Ȯ̤·	:F̤̈·	:N̤̈e:
4	3	2	1	0

탄소는 팔전자에 도달하기 위해 4개의 전자가 필요하므로 일반적으로 4개의 결합을 형성한다. 질소는 3개의 전자가 필요하므로 전형적으로 3개의 결합을 형성한다. 산소는 2개의 결합을 형성하고 플루오린은 1개의 결합을 형성한다. 네온은 전자들이 꽉 찬 원자가 준위를 가지므로 결합을 형성하지 않는다.

>> 이원자 원소에 대한 Lewis 구조

어떤 경우에 이원자 분자의 각 원자 주위에 팔전자를 이루는 유일한 방법은 두 개 이상의 전자를 공유하는 것이다. 공유 결합은 원자들이 공유하는 전자들의 수에 따라 단일, 이중, 삼중결합으로 분류된다.

단일 공유 결합 두 원자에 의해 공유된 한 쌍의 전자로 구성된 공유 결합이 **단일 결합**(single bond)이다. 각 원자는 원자가 준위에 반만 채워진 오비탈을 가지고 그 오비탈들은 겹쳐서 전자쌍이 두 원자들 모두의 부분이 되게 한다. 예를 들면 이원자 수소 분자의 형성에서 각 수소 원자는 1*s* 오비탈에 전자를 가진다. 그림 8.15에 나타낸 것처럼 원자들이 서로 접근하면 오비탈들이 겹쳐서 원자들은 전자쌍을 공유한다.

$$\mathrm{H\cdot} + \mathrm{\cdot H} \longrightarrow \mathrm{H{:}H}$$

수소 분자의 이 표기가 **Lewis 구조**(또는 *전자점식* 또는 *Lewis 식*)이고 여기서 원자들은 분리하여 나타내고 원자가 전자들은 점으로 나타난다. Lewis 구조는 때때로 단순화되어 각 결합을 전자쌍이 아니라 선으로 나타낸다. H_2에 대하여 Lewis 구조는 H:H 또는 H—H가 될 수 있다.

원자가 전자가 7개인 할로젠 원소도 이원자 분자를 이룰 때 한 개의 전자쌍을 공유한다. 할로젠 분자의 전자 배치를 나타낸 Lewis 구조는 그림 8.16에 주어져 있다. 이 구조에서 공유 전자를 개별 원자에 대하여 세어 보면 각각의 원자는 모두 팔전자를 가진다. 이들 각각의 분자에서 공유 결합은 단일 전자쌍의 공유로부터 발생하기 때문에 단일 결합이다. 또한 각 분자의 각 원자에는 세 쌍의 비공유(비결합) 전자가 있다.

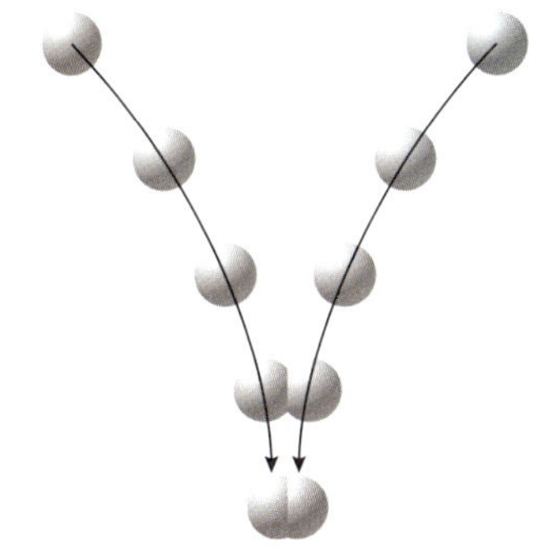

그림 8.15 두 개의 H 원자가 전자쌍을 공유하여 서로 합쳐짐에 따라 수소 분자가 형성된다. 수소 원자들은 함께 충분히 가까이 오지 않으면 결합하지 않는다. 오비탈들이 겹쳐서 두 원자의 전자들이 발견될 공간의 구역이 만들어질 때 수소 분자가 형성된다.

이중 결합과 삼중 결합 O_2 분자를 생각해 보자. 두 개의 산소 원자들 사이에 단일 공유 결합만이 형성된다면 팔전자 규칙을 만족시킬 수 있는가? 산소 분자가 단일 결합만을 가진다면 다음의 세 가지 Lewis 구조 중 한 가지가 될 것이다.

$$:\ddot{\underset{..}{O}}{:}\ddot{O}: \qquad :\ddot{\underset{..}{O}}{:}\ddot{\underset{..}{O}}: \qquad :\ddot{O}{:}\ddot{\underset{..}{O}}:$$

이 구조들 중 한 가지라도 팔전자 규칙을 만족시키는가? 아니다. 그렇다면 이 문제를 해결할 방법을 생각해 보자.

원자들의 어떤 조합의 경우 단일 결합만으로 팔전자 규칙을 만족할 충분한 전자를 갖지 않는다. 그러한 원자들은 팔전자를 만족하기 위해 두 개 이상의 전자쌍을 공유해야 한다. 예를 들면 O_2에서 6개의 원자가 전자를 가진 각 산소 원자는 팔전자를 만족하기 위해 두 개의 전자쌍을 공유해야 한다. 반면에 N_2에서 원자가 전자가 5개뿐인 질소 원자들은 세 개의 전자쌍을 공유해야 한다(그림 8.17). 이러한 결합 유형은 팔전자에 도달하기 위해 이 원소들이 형성해야 할 결합의 수를 반영한다. 일반적으로 산소는 두 개의 결합을 형성하고, 질소는 세 개의 결합을 형성한다.

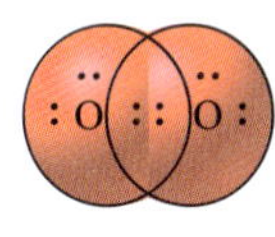

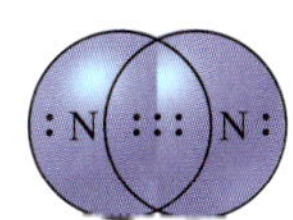

그림 8.17 이원자 산소 분자는 산소 원자들 사이에 두 개의 전자쌍을 공유함으로써 형성된 이중 결합을 가진다. 이원자 질소 분자에서 각 원자는 다른 원자와 세 개의 전자쌍을 공유하여 삼중 결합을 형성한다. 공유 결합 전자쌍들은 겹쳐진 원의 구역에 나타내었다.

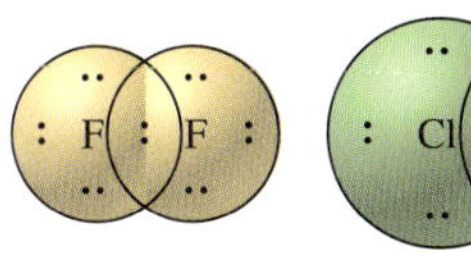

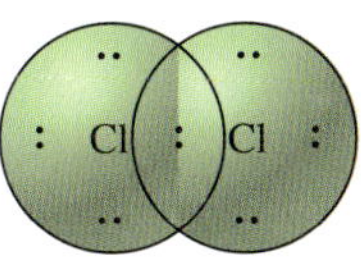

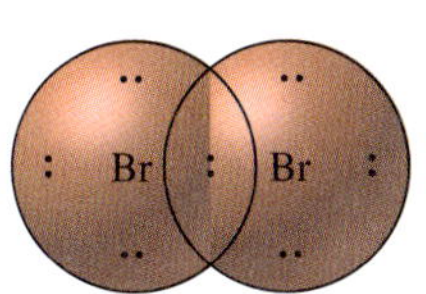

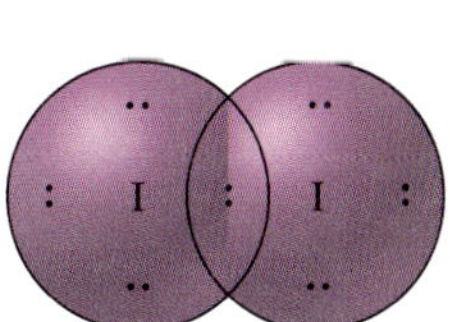

그림 8.16 모든 할로젠 원소들은 이원자 분자로 존재한다. 원으로 나타낸 것처럼 각 원자는 팔전자의 전자를 가진다. 왜냐하면 그들은 결합된 원자들 사이에 한 개의 전자쌍을 공유하기 때문이다. 겹쳐진 원들에 나타낸 것처럼 공유 전자쌍은 단일 공유 결합이다. 겹쳐진 원 밖에 있는 전자쌍들은 비공유(비결합) 전자쌍들이다.

두 개의 전자쌍을 공유하는 것이 **이중 결합**(double bond)이다. 세 개의 전자쌍을 공유하는 것이 **삼중 결합**(triple bond)이다. Lewis 구조에서 두 쌍의 점 또는 두 쌍의 평행선은 이중 결합을 나타낸다. 세 쌍의 점 또는 세 쌍의 평행선은 삼중 결합을 나타낸다.

단일 결합, 이중 결합, 삼중 결합의 특성은 서로 다르다. 대개 이중 결합을 끊는 데 필요한 에너지는 단일 결합을 끊는 데 필요한 에너지보다 크고, 삼중 결합을 끊는 데 필요한 에너지는 이중 결합을 끊는 데 필요한 에너지보다 크다. 결합을 끊는 데 필요한 에너지는 ***결합 세기***(*bond strength*)의 크기를 알려 준다. 일반적으로 삼중 결합은 이중 결합보다, 이중 결합은 단일 결합보다 강하다. 뿐만 아니라 ***결합 길이***(*bond length*, 결합한 원자들의 핵간 거리)는 단일 결합이 이중 결합보다 길고, 삼중 결합이 가장 짧다.

≫ 원자가 전자와 결합 수

Lewis 구조는 공유 원자가 전자수와 비공유 원자가 전자수를 알려주지만 삼차원적인 분자의 모양을 보여 주지는 못한다.

원자들은 서로 다른 방식으로 결합하여 팔전자를 이룬다. 예를 들면 산소는 전형적으로 이중 결합을 형성하지만 다른 방식으로 팔전자를 이룰 수도 있다. 산소 원자들이 산소 분자(O_2)를 생성할 때는 이중 결합을 형성한다.

$$:\ddot{\text{O}}\cdot + \cdot\ddot{\text{O}}: \longrightarrow :\text{O}::\text{O}: \quad \text{또는} \quad :\text{O}=\text{O}:$$

그러나 수소 원자와 결합하여 물(H_2O)를 형성하면 산소는 두 개의 각 수소 원자와 두 개의 단일 결합을 형성한다.

$$\text{H}\cdot + \cdot\ddot{\text{O}}\cdot + \cdot\text{H} \longrightarrow \text{H}:\ddot{\text{O}}:\text{H} \quad \text{또는} \quad \text{H}-\ddot{\text{O}}-\text{H}$$

다른 화합물에서 두 개의 산소 원자는 단일 결합으로 연결하고 두 개의 수소 원자가 추가로 전자를 제공하여 과산화 수소(H_2O_2)를 형성한다.

$$\text{H}\cdot + \cdot\ddot{\text{O}}\cdot + \cdot\ddot{\text{O}}\cdot + \cdot\text{H} \longrightarrow \text{H}:\ddot{\text{O}}:\ddot{\text{O}}:\text{H} \quad \text{또는} \quad \text{H}-\ddot{\text{O}}-\ddot{\text{O}}-\text{H}$$

마찬가지로 5개의 원자가 전자를 가진 질소 원자는 다른 질소 원자와 세 개의 전자쌍을 공유하여 질소 분자(N_2)를 형성한다.

$$:\dot{\text{N}}\cdot + \cdot\dot{\text{N}}: \longrightarrow :\text{N}:::\text{N}: \quad \text{또는} \quad :\text{N}\equiv\text{N}:$$

암모니아(NH_3)에서 질소는 세 개의 수소 원자들과 단일 결합을 형성한다.

$$\text{H}\cdot + \text{H}\cdot + \text{H}\cdot + :\dot{\text{N}}\cdot \longrightarrow \begin{matrix}\text{H}\\ :\text{N}:\text{H}\\ \text{H}\end{matrix} \quad \text{또는} \quad \begin{matrix}\text{H}\\ |\\ :\text{N}-\text{H}\\ |\\ \text{H}\end{matrix}$$

하이드라진(N_2H_4)에서처럼 또 다른 원소가 존재하면, 질소는 산소처럼 단일 결합으로 또 다른 질소 원자와 결합할 수 있다.

$$\text{H}\cdot + \text{H}\cdot + \cdot\dot{\text{N}}\cdot + \cdot\dot{\text{N}}\cdot + \text{H}\cdot + \text{H}\cdot \longrightarrow \begin{matrix}\text{H}\ \text{H}\\ \text{H}:\text{N}:\text{N}:\text{H}\end{matrix} \quad \text{또는} \quad \begin{matrix}\text{H}\ \ \text{H}\\ |\ \ \ |\\ \text{H}-\text{N}-\text{N}-\text{H}\end{matrix}$$

몇몇 원소들은 이중 또는 삼중 결합을 형성하는 대신에, 두 개 이상의 원자들이 단일 결합으로 다른 원자들과 연결된 분자를 형성한다. 팔전자를 이루기 위해 세 개의 결합을 형성할 필요가 있는 인은 세 개의 다른 인 원자와 결합하여 사면체 각 꼭짓점에 인 원자를 가진 P_4 분자가 된다. 반면에 황은 팔전자를 이루기 위해 두 개의 결합을 형성할 필요가 있다. 황은 몇 가지 방법으로 팔전자를 형성할 수 있지만, 대부분의 경우 8개의 황 원자가 고리를 형성하여 S_8을 이룬다. 원소 인과 황의 흔한 형태들이 그림 8.18에 나타나 있다.

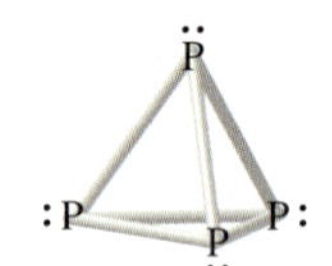

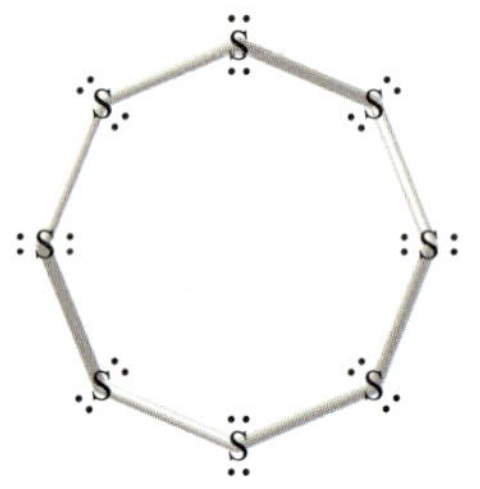

그림 8.18 인은 네 개의 원자를 포함한 분자를 형성한다. 황 분자는 8개의 원자를 포함한다. 단일 결합은 각 분자에서 원자들을 연결한다.

예제 8.5 ▶ 화합물의 Lewis 구조

팔전자 규칙을 따르면서, 황과 염소 원자들 사이에 형성된 간단한 화합물의 화학식을 결정하라. Lewis 구조를 사용하여 이 화합물의 결합을 나타내라.

» 풀이:

황은 원자가 전자가 6개이다. 두 개의 전자를 공유하여 팔전자를 채울 수 있다. 그러므로 황 원자는 두 개의 단일 결합 또는 한 개의 이중 결합을 형성하는 경향이 있다. 염소는 원자가 전자가 7개이므로 단일 결합을 형성하여 한 개의 전자를 공유할 필요가 있다. 따라서 두 개의 염소 원자 가 한 개의 황 원자와 결합하여 SCl_2를 형성할 수 있을 것으로 예상되고 여기서 원자들 사이에 단일 결합을 가진다.

$$:\ddot{\underset{..}{Cl}}:\ddot{\underset{..}{S}}:\ddot{\underset{..}{Cl}}: \quad \text{또는} \quad :\ddot{\underset{..}{Cl}}-\ddot{\underset{..}{S}}-\ddot{\underset{..}{Cl}}:$$

각 원자는 팔전자의 전자들을 공유하고, 총 전자수는 각 구성 성분 원자들의 원자가 전자수의 합과 같다.

→ 응용 연습 8.5

만일 염소 원자가 황 원자 대신 인 원자와 결합한다면 Lewis 구조는 어떻게 달라지는가?

→ 실전 연습 8.5

팔전자 규칙을 따르면서, 질소와 플루오린 원자들 사이에 형성된 간단한 화합물의 화학식을 결정하라. Lewis 구조를 사용하여 이 화합물의 결합을 나타내라.

→ 심화 연습: 연습 문제 8.51

» 공유 결합 분자의 구조

Lewis 구조에서 전자들은 결합(공유) 전자쌍과 비결합(비공유) 전자쌍으로 *짝을 이룬다.*

Lewis 구조 쓰기 흔한 분자들과 이온들에 대한 Lewis 구조를 쓰는 방법을 더 자세하게 살펴보자. 다음의 탄소를 포함한 작은 분자들을 생각해 보자. 각 분자는 탄소 순환의 부분으로 자연에서 발견될 수 있다.

$$\begin{array}{c}H\\|\\H-C-H\\|\\H\end{array} \qquad \begin{array}{c}:\ddot{Cl}:\\|\\H-C-H\\|\\:\underset{..}{Cl}:\end{array} \qquad \begin{array}{c}H\\|\\H-C=\ddot{O}:\end{array} \qquad :\ddot{O}=C=\ddot{O}: \qquad :C\equiv O: \qquad H-C\equiv N:$$

이 분자들에서 각 원자는 팔전자 규칙을 따르는가? 수소는 두 개의 전자만을 공유하므로 팔전자를 따르지 않는다는 것을 이미 알고 있다. 다른 원자들은 어떤가? 각 분자들은 분자를 구성하는 원자들에서 나오는 것과 같은 수의 원자가 전자들을 갖는가?

Lewis 구조를 그릴 때 각 원자가 팔전자를 가지고, 총 원자가 전자들의 정확한 수를 가진 구조가 효과적으로 되게 하는 단계를 따르는 것이 도움이 된다. 염화 메테인(CH_3Cl)을 사용하여 정확한 Lewis 구조에 도달하게 하는 단계들을 따르는 방법을 알아보자.

단계 1. 원자 골격을 쓴다. 화학식 CH_3Cl에서 수소는 중심 원자일 수 없다고 할 수 있다. 수소 원자는 개수가 가장 많고 단일 결합만 형성할 수 있다. 염소는 원자가 전자가 7개이므로 일반적으로 한 개의 결합만을 형성한다. 원자가 전자가 네 개인 탄소는 네 개의 결합을 형성할 수 있으므로 중심 원자에 있어야 한다.

$POCl_3$ 분자에서 중심 원자를 예측할 수 있는가? 인 원자는 가장 많은 수의 결합을 형성할 수 있고 전기음성도가 가장 작으므로 중심 원자이다.

$$\begin{array}{ccc} & H & \\ H & C & Cl \\ & H & \end{array}$$

단계 2. 원자가 전자들을 합하라. 염화 메테인 분자에서 탄소 원자는 4개, 염소 원자는 7개, 세 개의 수소 원자는 각각 1개의 원자가 전자를 가지므로 *총 14개의 원자가 전자가* 있다.

단계 3. 결합된 원자들의 각 쌍 사이에 두 개의 전자를 놓아 단일 결합을 나타낸다.

$$\begin{array}{ccccc} & & H & & \\ & & | & & \\ H & - & C & - & Cl \\ & & | & & \\ & & H & & \end{array}$$

주기율표 3주기 이상에 위치한 황, 인과 더 무거운 할로젠, 비활성 기체와 같은 원소들은 중심 원자를 에워싼 10개 또는 심지어 12개 전자를 가진 화합물을 형성할 수 있다. 한 예가 SF_4로, 황 주위에 10개 전자를 가진다.

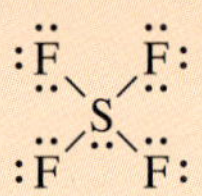

단계 4. 남아 있는 전자들을 각 바깥 원자의 팔전자를 완성하기 위하여 더한다. 그리고 필요하면 이용 가능한 전자들을 중심 원자에 더한다. CH_3Cl에서 공유된 결합 전자들은 총 8개의 원자가 전자들을 채우는 데 기여한다. 수소 원자들은 두 개의 결합 전자들(헬륨과 같은 수의 전자들)로 만족한다. 6개의 비공유 전자로 염소 주위에 팔전자를 완성하면 총 14개의 원자가 전자(단계 2에서 결정된 것처럼 우리가 가져야 할 전자수)를 모두 사용한다. 중심 탄소 원자는 4개의 공유 결합 전자쌍을 가져가므로 이미 팔전자를 가진다. *모든 원자들이 팔전자를 가지고(단지 두 개만 필요한 수소 제외), 구조가 정확한 총 수의 원자가 전자들을 가지기 때문에 그 구조는 완성된다.*

$$\begin{array}{ccccc} & & H & & \\ & & | & & \\ H & - & C & - & :\ddot{\underset{..}{Cl}}: \\ & & | & & \\ & & H & & \end{array}$$

단계 5. 팔전자 규칙을 만족시키기 위해서 만약 필요하다면, 비공유 전자쌍이 이동하여 이중 결합이나 삼중 결합을 형성할 수도 있다. 이 단계는 모든 허락된 전자들이 구조에 첨가되었는데도 중심 원자가 팔전자를 갖지 않을 때만 필요하다. 위의 CH_3Cl과 같이 중심 원자가 팔전자를 갖는 경우는 필요 없다. 예제 8.6에서 살펴보겠지만, CO_2 분자의 각 원자가 팔전자를 완성하기 위해서는 이중 결합이 필요하다.

Lewis 구조를 결정하는 단계

1. ***원자 골격을 써라.*** 화합물의 모든 원소 기호들을 서로에 대하여 정확한 위치에 놓는다. 정확한 식을 그리기 위해 어떤 원자들이 결합으로 연결되는지를 알아야 한다.
   - 원자들의 배열은 일반적으로 대칭적이다.
   - 두 종류의 다른 원소들이 결합한 분자에서 더 많은 수의 원자들이 더 적은 수의 원자들을 둘러싼다. 여전히 분명하지 않다면 중심 원자는 일반적으로 가장 많은 결합을 형성할 수 있는 원자이다.
   - 다른 원자들로 둘러싸인 중심 원자는 전기음성도가 작고 가장 적은 수로 존재하는 원자인 경향이 있다. 일반적으로 이 원자는 더 많은 수의 결합을 형성하고 주기율표의 왼쪽 더 아래에서 발견된다.
   - 일반적으로 수소 원자는 분자의 바깥쪽에 있다.
   - 화학식은 원자의 배열에 대한 단서를 제공하는 경우가 많다.

2. ***총 원자가 전자수를 구하기 위해 각 원자들의 원자가 전자를 합하라.*** 만일 공유 결합 화학종이 다원자 이온이면 이온 전하를 고려해야 한다. 양전하의 경우 전자를 빼고 음전하의 경우 전자를 첨가하라.
3. ***각 쌍의 결합된 원자들 사이에 두 개의 전자인 단일 결합을 넣어라.***
4. ***구조식에 모든 원자가 전자들을 넣지 않았으면 남은 전자들을 비공유 전자쌍으로 첨가해서 팔전자 규칙을 만족시켜라.***
   - 중심 원자를 에워싸는 바깥 원자들의 팔전자를 완성하기 위해 먼저 전자쌍을 첨가한다. 그리고 남은 전자들을 쌍으로 중심 원자에 첨가한다.
   - 원자 주위에 전자들을 넣을 때 수소는 결합된 두 개의 전자만을 가지고, 2주기 원소들은 8개의 원자가 전자를 가진다는 것을 기억하라. 3주기에서 7주기까지의 원소들은 일반적으로 8개의 원자가 전자들을 갖지만 10개 또는 12개도 가능하다.
5. ***팔전자 규칙을 만족시킬 필요가 있으면, 완성된 팔전자를 가진 원자의 결합되지 않은 위치의 비공유 전자를 원자들 사이의 위치로 이동하여 이중 또는 삼중 결합을 만든다.***

예제 8.6 ▶ 분자의 Lewis 구조

대기에서 발견되는 주요한 탄소 화합물인 이산화 탄소(CO_2)에 대한 Lewis 구조를 써라.

» 풀이:

단계 1. 이산화 탄소의 원자 골격은 탄소 원자를 감싸는 산소 원자들을 가진다.

O C O

단계 2. 이산화 탄소의 원자가 전자의 합은 16으로, 4개는 탄소로부터 오고, 각 산소로부터 6개가 온다.

단계 3. 탄소 원자와 각 산소 원자 사이에 하나씩의 결합을 넣는다. 전자 4개를 사용한다.

O–C–O

단계 4. 원자가 전자가 12개 남아 있다. 각 산소 원자 주위에 전자 6개를 넣어서 산소 원자의 팔전자를 만족시킨다.

:Ö̤–C–Ö̤:

단계 5. 여기서 16개의 원자가 전자를 모두 사용한다. 이것은 만족된 Lewis 구조인가? 탄소 원자는 팔전자의 전자들을 갖지 않기 때문에 아니다. 산소 원자들 가운데 하나의 전자쌍을 결합으로 옮겨서 이중 결합으로 만들어야 한다.

:Ö=C–Ö̤:

이제 탄소 원자 주위에 전자가 몇 개 있는가? 아직도 6개이다. 이것은 여전히 탄소에 대한 팔전자 규칙을 만족하지 않기 때문에 다른 산소 원자의 전자쌍을 결합으로 옮겨서 이중 결합으로 만들어야 한다.

:Ö=C=Ö:

이제 이 구조가 각 원자에 대해 팔전자 규칙을 만족하는지를 전자들을 세어서 스스로 확인하라.

→ 응용 연습 8.6

CS_2의 Lewis 구조는 CO_2와 다른가?

→ 실전 연습 8.6

폼알데하이드(CH_2O)는 Michael이 햄버거를 요리하는 데 사용한 그릴에서처럼, 나무나 석탄을 태울 때 나오는 연기에 존재한다. 그것은 독성이 있고 종종 조직 보존제로 사용된다. 폼알데하이드 분자는 탄소 원자와 결합한 두 개의 수소 원자와 산소 원자를 가진다. 폼알데하이드 분자에 대하여 Lewis 식을 써라.

→ 심화 연습: 연습 문제 8.53

인터넷 핫스팟

상당수 학생들이 Lewis 식을 쓰는 데 어려움을 겪고 있다고 한다. 이 주제에 대한 추가 학습 자료를 보려면 SmartBook에 접속하라.

Lewis 식이 한 개 이상의 이중 결합을 가질 때를 어떻게 아는가? 단계 4 이후에 중심 원자의 전자가 두 개 부족하면 다른 원자와 이중 결합을 형성해야 한다. 전자가 네 개 부족하면 CO_2에서처럼 두 개의 이중 결합을 형성할지도 모른다. 또 다른 가능성은 삼중 결합을 형성하는 것이다. 예를 들면 사이안화 수소에 대한 Lewis 식은 H∶C⋮⋮N∶ 또는 H−C≡N∶으로, 탄소와 질소 사이에 삼중 결합을 가진다.

다원자 이온에 대한 Lewis 구조를 쓸 때, 같은 단계를 따르지만, 단계 2에서 총 수의 원자가 전자들을 합할 때 전하를 고려해야 한다. 예를 들면 사이안화 이온 CN^-는 총 10개의 원자가 전자들을 가진다. 탄소 원자가 4개를 기여하고 질소 원자가 5개를 기여하며, −1 전하는 1개의 여분 전자를 나타낸다. Lewis 구조를 그리기 위한 단계를 따르면 다음을 얻게 된다.

$$[:C \equiv N:]^-$$

다원자 이온의 경우, 전하가 이온 전체에 퍼져 있고 한 원자에 집중되지 않는다는 것을 나타내기 위해 괄호를 일반적으로 사용한다.

산소산에 대한 Lewis 구조를 만들 때, 단계 1의 골격 구조를 그릴 때 주의해야 한다. 산소산은 산성의 수소 원자들이 중심 원자가 아닌 산소 원자와 결합되어 있다. 예를 들면 단계 3 이후의 HNO_2에 대하여 얻은 골격 구조는 다음과 같다.

$$H-O-N-O$$

산소 원자에 팔전자를 완성한 후의 구조는 다음과 같다.

$$H-\ddot{\underset{..}{O}}-N-\ddot{\underset{..}{O}}:$$

구조에 16개의 전자들이 나타나 있다. 그런데 모든 원자들이 기여한 총 전자는 18개이다. 그러므로 질소 원자에 두 개의 전자들을 첨가한다.

$$H-\ddot{\underset{..}{O}}-\ddot{N}-\ddot{\underset{..}{O}}:$$

질소 원자는 여전히 팔전자를 갖지 않기 때문에 산소 원자의 두 개의 비공유 전자가 이동하여 이중 결합을 만든다(단계 5). 수소와 결합하지 않은 산소에 이중 결합을 만들면 산소 원자 둘 다 두 개의 결합을 가질 것이다.

$$H-\ddot{\underset{..}{O}}-\ddot{N}=\ddot{O}:$$

이제 각 원자에 팔전자를 가진 구조가 완성되고 총 원자가 전자 수는 18이다. 대신에 다른 산소 원자에 이중 결합을 그리면 그 산소는 세 개의 결합을 갖지만 다른 산소는 단지 하나의 결합만 가진다.

$$\mathrm{H{-}\ddot{O}{=}\ddot{N}{-}\underset{\cdot\cdot}{\ddot{O}}{:}}\qquad \text{(틀린 구조)}$$

이 구조는 좋지 않다. 그 이유는 HNO_2 분자에서 가능하고 선호는 되지만 산소들 각각은 두 개의 결합을 갖지 않기 때문이다.

같은 수의 원자가 전자를 갖는 다원자 이온들과 다원자 분자들은 유사한 Lewis 구조를 갖는다. 예를 들면 NO_2^-와 SO_2는 모두 18개의 원자가 전자를 가지므로 Lewis 식이 비슷하다.

$$\left[\mathrm{{:}\ddot{O}{=}\ddot{N}{-}\underset{\cdot\cdot}{\ddot{O}}{:}}\right]^- \qquad \text{와} \qquad \mathrm{{:}\ddot{O}{=}\ddot{S}{-}\underset{\cdot\cdot}{\ddot{O}}{:}}$$

두 가지의 다른 예가 탄산 이온(CO_3^{2-})과 삼산화 황(SO_3)인데, 이들은 24개의 전자를 가지며 Lewis 식이 비슷하다.

$$\left[\begin{array}{c}\mathrm{{:}\ddot{O}{:}}\\ |\\ \mathrm{{:}\ddot{O}{=}C{-}\underset{\cdot\cdot}{\ddot{O}}{:}}\end{array}\right]^{2-} \qquad \text{와} \qquad \begin{array}{c}\mathrm{{:}\ddot{O}{:}}\\ |\\ \mathrm{{:}\ddot{O}{=}S{-}\underset{\cdot\cdot}{\ddot{O}}{:}}\end{array}$$

공명 때때로 Lewis 구조는 자연계에서 존재하는 것으로 알려진 결합의 정확한 그림을 주지 못한다. 예를 들어 오존 분자 O_3를 생각해 보자. 이 분자의 Lewis 구조는 두 가지 방식으로 그려질 수 있는데, 각각 이중 결합과 단일 결합을 갖는다.

$$\mathrm{{:}\ddot{O}{=}\ddot{O}{-}\underset{\cdot\cdot}{\ddot{O}}{:}} \qquad \text{또는} \qquad \mathrm{{:}\underset{\cdot\cdot}{\ddot{O}}{-}\ddot{O}{=}\ddot{O}{:}}$$

이 구조들이 각 원자에 대한 팔전자 규칙을 만족하는가? 맞다. 그러나 두 구조 중 어떤 것도 오존의 산소-산소 결합에 대한 실험적 증거를 정확하게 설명하지 못한다. 다른 분자들의 측정 결과에 의하면 산소-산소 단일 결합의 일반적인 길이는 148 pm이다. 산소-산소 이중 결합의 일반적인 길이는 단일 결합보다 훨씬 더 짧은 121 pm이다. 그러나 O_3에서 두 결합은 모두 126 pm로 같은 길이인데, 이 측정값은 단일과 이중 결합 길이의 사이에 있다. 이와 같은 결합을 어떻게 설명할 수 있는가?

공명(*resonance*)의 개념은 Lewis 구조의 유용함과 간단함을 유지한 채 이와 같은 결합을 나타내게 해 준다. 이 개념에 의하면 오존과 같은 분자의 전자 배치는 단 하나의 Lewis 구조에 의해 나타나는 것이 아니라 두 가지 이상으로 나타내는데, 각각은 실제 전자 배치의 다른 면을 나타낸다. 실제 분자는 그려진 구조의 혼성체이고 **공명 혼성**(resonance hybrid)이라고 한다.

*공명*이라는 용어는 다른 구조들 사이의 공명하는 또는 순환하는 이동을 제안한다고 생각할 수도 있으나 이는 사실이 아니다. 실제 구조는 한 순간에 한 가지의 Lewis 구조를 가지고, 다른 시간에 다른 구조를 가지는 것이 아니다. 실제 구조는 언제나 각 구조의 특징들을 부분적으로 가지며, 이는 기여한 구조들의 '평균치'이다.

오존과 같은 분자의 결합을 나타내기 위해 Lewis 구조를 사용하는 것은 조개껍질의 구조를 나타내는 사진을 사용하는 것과 유사하다. Lewis 구조가 한 분자의 표현에 불과한 것과 같은 방식으로 한 조개껍질의 사진은 그 조개껍질이 아니라 단지 하나의 표현에 불과하다. 그림 8.19는 조개껍질의 두 면을 나타낸다. 때때로 조개껍질은 한 사진으로 나타내지 못하고 다른 사진으로 나타낸다. 그러나 두 가지를 합하여 나타내는 것이 더 좋은 표현이다.

그림 8.19 조개껍질의 두 사진. 둘 다 조개껍질의 실제 구조를 정확하게 나타내지 못한다. 두 사진을 함께 보는 것이 더 나은 표현이다.

©Jim Birk

공명 혼성을 나타내기 위해 일반적인 방법으로 기여하는 Lewis 구조들을 그리고 그것들을 양쪽 머리를 가진 화살표로 연결한다. 예를 들면 오존에 대한 두 개의 구조를 다음과 같이 그린다.

$$:\ddot{O}=\ddot{O}-\ddot{\underset{..}{O}}: \longleftrightarrow :\ddot{\underset{..}{O}}-\ddot{O}=\ddot{O}:$$

복합 구조는 때로 실선과 점선을 가진 단 하나의 구조로 표시하여 결합한 두 쌍의 원자들 위에 이중 결합 특성의 공유를 나타낸다.

$$O \overset{\cdots}{=} O \overset{\cdots}{=} O$$

이와 같은 구조는 이중 결합의 두 전자들의 비편재화된 특성을 강조한다. 공명 형태는 이런 전자들의 위치만 다르다. 나타낸 것처럼 O_3의 모든 공명 형태는 원자 배열은 같고 이중 결합들의 위치만 다르다.

화학자들이 전자들이 '편재화'되어 있다고 말하면, 비록 확실하게 전자의 위치를 지정할 수 없지만 전자들이 주로 두 핵 사이의 작은 공간에 위치하는 경향이 있다는 것을 의미한다. 반대로 '비편재화'된 전자들은 세 개 이상의 핵들과 회합되어 있다.

많은 산소 음이온과 산소산도 공명을 보여 준다. 예를 들면 질산(HNO_3)은 두 개의 공명 형태를 가진다.

$$H-\ddot{\underset{..}{O}}-\overset{\overset{:\ddot{O}:}{|}}{N}=\ddot{O} \longleftrightarrow H-\ddot{\underset{..}{O}}-\overset{\overset{:O:}{\|}}{N}-\ddot{\underset{..}{O}}:$$

질산이 질소와 각 산소 원자 사이의 이중 결합을 가진 세 개의 공명 형태를 가지고 있는 것으로 예상할지 모르지만 두 개만 가진다. 이 장의 앞에서 언급한 것처럼 산소산은 수소 원자에 결합한 산소와 이중 결합을 형성하지 않는다. 이 예는 또한 공명 형태가 이중 결합의 위치에서만 다르다는 것을 강조한다. 원자들의 상대적 위치를 변화시키는 것은 적당하지 않다. 한 원자(수소와 같은)를 움직이면 다른 공명 형태가 아니라, 전혀 다른 형태의 분자를 나타내거나 또는 공간에서 회전한 분자 모양을 나타내게 될 수 있다.

가장 흔한 공명 형태는 중심 원자가 두 개(또는 그 이상)의 다른 동일한 원자와 결합되어 있다. 한 개는 이중 결합이고 다른 것(또는 다른 것들)은 단일 결합이다. 이중 결합은 단일 결합과 교환되어 타당한 공명 형태를 만들어 낸다. 탄소의 주된 지질학상의 형태인 탄산 이온의 공명 형태를 조사하여 이러한 특징들을 설명해 보자.

예제 8.7 ▶ 공명 구조

탄소는 석회석과 조개껍질의 탄산 이온의 형태로 자연계에서 존재한다. 탄산 이온(CO_3^{2-})에 대한 Lewis 구조의 공명 혼성을 그려라.

» 풀이:

앞에서 요약한 절차의 단계를 따르면 먼저 다음의 Lewis 구조를 얻는다.

$$\left[:\ddot{O}=\overset{\overset{:\ddot{O}:}{|}}{C}-\ddot{\underset{..}{O}}: \right]^{2-}$$

두 개의 다른 산소 원자들 중 어느 것이든 이중 결합으로 나타낼 수 있다.

$$\left[:\ddot{\underset{..}{O}}-\overset{\overset{:\ddot{O}:}{|}}{C}=\ddot{O}: \right]^{2-} \quad \text{또는} \quad \left[:\ddot{\underset{..}{O}}-\overset{\overset{:\ddot{O}}{\|}}{C}-\ddot{\underset{..}{O}}: \right]^{2-}$$

실제 구조는 이 세 가지 구조들의 공명 혼성이다.

$$\left[:\ddot{O}=\overset{\overset{:\ddot{O}:}{|}}{C}-\ddot{\underset{..}{O}}: \right]^{2-} \longleftrightarrow \left[:\ddot{\underset{..}{O}}-\overset{\overset{:\ddot{O}:}{|}}{C}=\ddot{O}: \right]^{2-} \longleftrightarrow \left[:\ddot{\underset{..}{O}}-\overset{\overset{:\ddot{O}}{\|}}{C}-\ddot{\underset{..}{O}}: \right]^{2-}$$

➜ 응용 연습 8.7

두 개의 수소 원자가 두 개의 단일 결합과 한 개의 산소 원자가 이중 결합으로 중심 원자에 결합한 분자가 있다면 그 분자는 공명 구조를 보이겠는가?

➜ 실전 연습 8.7

1842년 이전에 가장 흔한 마취제는 위스키 또는 머리에 타격을 가하는 것이었다. 그 이후로 웃음 기체로도 알려진 아산화 질소가 사용되었다. 이산화 탄소와 함께 아산화 질소는 지구 온난화에 기여한다. 그것은 NNO로 배열한 원자들을 가진 N_2O이다. 아산화 질소에 대한 공명 혼성의 구조를 그려라.

➜ 심화 연습: 연습 문제 8.63

≫ 팔전자 규칙의 예외

대부분의 분자들과 다원자 이온들은 팔전자 규칙을 만족하지만 어떤 것들은 그렇지 않다. 일반적으로 예외들은 세 개의 범주에 속한다. 즉 전자가 홀수 개인 분자, 불완전한 팔전자, 확장된 원자가 준위들이다.

홀수 개의 원자가 전자를 포함한 분자에서 한 전자는 쌍을 이루지 못한 채 남아 있으므로 원자들 가운데 하나는 팔전자를 가질 수 없다. 일반적으로 불완전한 팔전자를 가진 원자는 전기음성도가 작은 것이다. 예를 들어 전자가 부족한 일산화 질소(NO)는 다음의 Lewis 구조를 가진다.

$$\cdot\ddot{\mathrm{N}}=\ddot{\mathrm{O}}: \qquad \text{(홀 전자를 갖는 분자)}$$

홀전자는 이 화합물을 반응성이 강한 분자로 만든다. 왜냐하면 이것이 전자 한 개를 쉽게 줄 수 있는 다른 물질과 반응할 것이기 때문이다. 예를 들면 일산화 질소는 염소와 반응하여 더 안정한 염화 나이트로실(nitrosyl chloride)을 형성할 수 있다.

$$:\ddot{\underset{\cdot\cdot}{\mathrm{Cl}}}-\ddot{\mathrm{N}}=\ddot{\mathrm{O}}: \qquad \text{(짝수의 전자를 갖는 분자)}$$

색깔은 전자가 홀수 개인 분자로 구성된 물질의 특성이다. 대부분의 다른 산화 질소들은 무색이지만, 일산화 질소는 액체와 고체 상태에서 진한 푸른색이다. 전자가 홀수 개인 또 다른 산화 질소는 적갈색의 화합물인 이산화 질소이다.

제7장에서 원소의 색깔은 한 오비탈의 한 전자가 에너지가 다른 또 다른 오비탈로 전이하여 나타난다는 것을 알았다. 한 개의 전자만으로 반만 채워진 전자 껍질을 가진 오비탈이 있는 분자들에서도 같은 현상이 일어날 수 있다. 에너지가 또 다른 오비탈에서 반만 채워진 오비탈로 전자가 이동하면 빛 에너지를 흡수하거나 방출한다. 이로 인해 그 물질은 색을 띠게 된다. 색깔은 이중 결합을 포함한 몇몇의 물질들에서도 나타난다.

특히 붕소와 같은 몇몇 원자들은 공유 결합에 참여하지만 원자가 전자가 충분하지 않아서 팔전자를 형성하지 않는다. 반응성이 매우 큰 BH_3와 BF_3 분자들에서처럼, 붕소는 단지 세 개의 원자가 전자로 세 개의 공유 결합을 형성한다.

$$\begin{array}{c}\mathrm{H}\\|\\\mathrm{H-B-H}\end{array} \qquad \begin{array}{c}:\ddot{\mathrm{F}}:\\|\\:\ddot{\underset{\cdot\cdot}{\mathrm{F}}}-\mathrm{B}-\ddot{\underset{\cdot\cdot}{\mathrm{F}}}:\end{array} \qquad \text{(불완전한 팔전자계를 갖는 분자)}$$

몇 가지 화합물들은 중심 원자에 8개 이상의 전자들을 가지고 있는데, 이것들은 확장된 원자가 준위라고 한다. 그 예가 SF_6와 XeF_4이다.

$$\begin{array}{c}:\ddot{\mathrm{F}}:\ \ :\ddot{\mathrm{F}}:\\ \diagdown\ \diagup\\ :\ddot{\underset{\cdot\cdot}{\mathrm{F}}}-\mathrm{S}-\ddot{\underset{\cdot\cdot}{\mathrm{F}}}:\\ \diagup\ \diagdown\\ :\underset{\cdot\cdot}{\mathrm{F}}:\ \ :\underset{\cdot\cdot}{\mathrm{F}}:\end{array} \qquad \begin{array}{c}:\ddot{\mathrm{F}}:\ \ :\ddot{\mathrm{F}}:\\ \diagdown\ \diagup\\ :\ddot{\underset{\cdot\cdot}{\mathrm{Xe}}}:\\ \diagup\ \diagdown\\ :\underset{\cdot\cdot}{\mathrm{F}}:\ \ :\underset{\cdot\cdot}{\mathrm{F}}:\end{array} \qquad \text{(확장된 원자가 준위를 갖는 분자)}$$

이러한 분자들은 흥미 있는 예외들이지만, 우리는 중심 원자가 팔전자 규칙을 따르는 화합물에 집중할 것이다.

8.4 탄소 화합물의 결합

탄소는 수소를 제외한 어떤 다른 원소들보다 더 다양한 화학 화합물들의 부분이다. 탄소는 지구상의 식물과 동물의 생명 과정에 관련된 거의 모든 분자들의 골격을 형성한다. 붕소, 질소, 산소와 같은 어떤 다른 원소보다 탄소가 이 역할을 하는 이유는 무엇인가? 부분적으로 그 답은 탄소의 네 개의 원자가 전자와 네 개의 공유 결합을 형성하는 능력에 있다. 원자가 전자가 세 개인 붕소와 원자가 전자가 5개인 질소는 단지 세 개의 공유 결합을 형성할 수 있다. 산소는 두 개의 공유 결합만 형성한다. 탄소는 결합에서 다재다능하다. 탄소는 다른 탄소 원자나 다른 원소의 원자들과 단일, 이중, 삼중 결합을 형성할 수 있다.

$$-\overset{|}{\underset{|}{C}}- \qquad \rangle C= \qquad =C= \qquad -C\equiv$$

게다가 탄소-탄소 결합은 매우 강해서 탄소로 형성된 분자들은 매우 안정하다. 탄소 원자들의 긴 사슬이 자연계에서, 그리고 매우 큰 분자들을 포함한 합성 고분자에서 발견된다. 그들은 크기에도 불구하고 모두 가장 간단한 탄소 화합물인 탄화수소로부터 유도될 수 있다.

>> 탄화수소

탄화수소와 그 유도체들은 너무 많아서 화학의 주요한 줄기의 주제인 유기화학을 형성한다. 유기화학에 대해 제16장에서 더 상세하게 탐구할 것이다.

수소와 탄소의 화합물이 **탄화수소**(hydrocarbon)이다. 탄화수소는 몇 가지의 분류와 하위 분류로 나누어질 수 있다(그림 8.20). 가장 간단한 탄화수소인 메테인(CH_4)은 하나의 탄소 원자가 네 개의 수소 원자와 결합되어 있다(그림 8.21). 다음으로 큰 탄화수소는 에테인(C_2H_6)이고, 여기서 각 탄소 원자는 네 개의 다른 원자로 둘러싸여 있다. 탄화수소는 또한 가지달린 배열로 발견될 수 있는데, 여기서 몇몇 탄소 원자들은 세 개 또는 네 개의 다른 탄소 원자와 결합한다. 탄소-탄소 단일 결합만을 가진 탄화수소를 **알케인**(alkane)이라고 한다(그림 8.21).

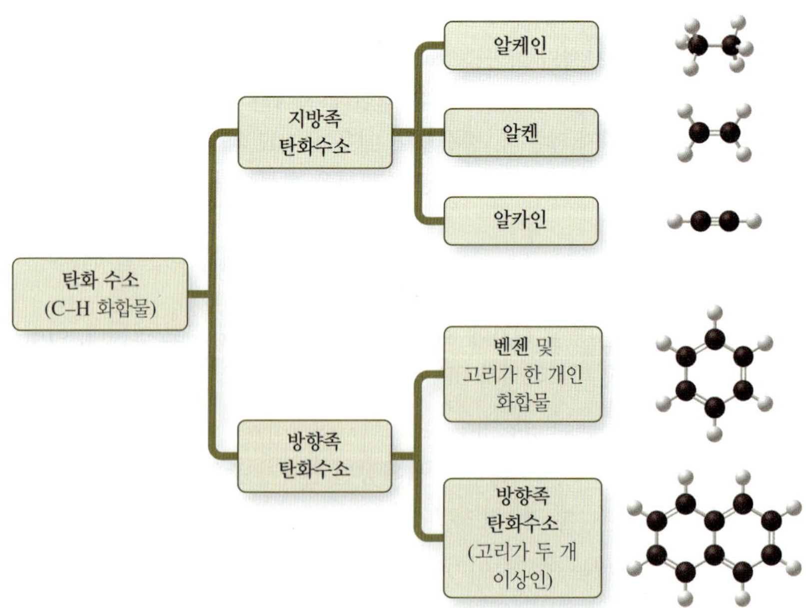

그림 8.20 탄화수소의 분류.

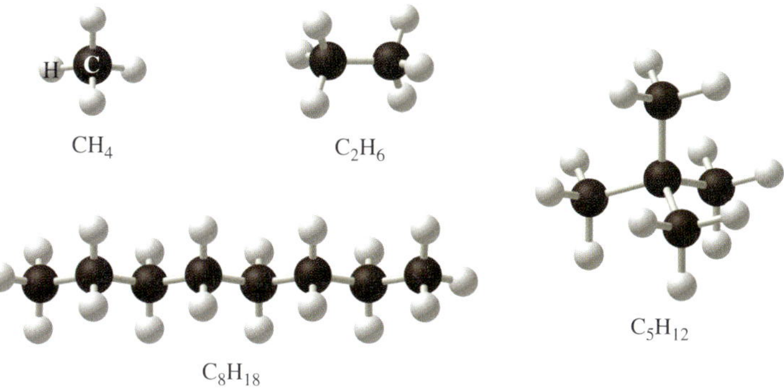

그림 8.21 알케인들은 단일 결합만을 가진다. C_8H_{18}과 C_5H_{12}에 대한 또 다른 구조들이 그려질 수 있다.

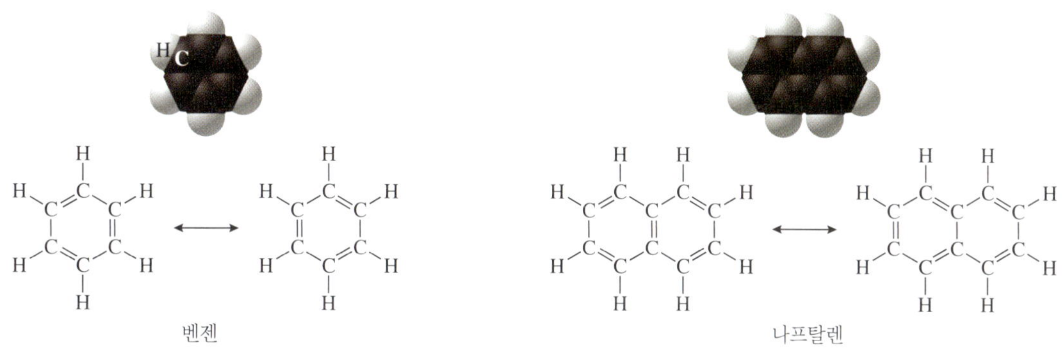

그림 8.22 벤젠과 나프탈렌은 방향족 탄화수소들이다. 벤젠과 나프탈렌의 몇몇 전자들은 탄소 원자의 육원자 고리에 비편재화되어 있다. 각 공명 형태는 단일 결합과 이중 결합이 번갈아 나타난다.

탄소-탄소 이중 결합을 가진 탄화수소는 **알켄**(alkene)이다. 가장 간단한 것이 탄소 원자들 사이에 이중 결합을 가지는 에텐 또는 에틸렌(C_2H_4)이다.

$$\begin{matrix} H & & H \\ & C=C & \\ H & & H \end{matrix} \quad \text{또는} \quad H_2C=CH_2$$

알카인(alkyne)은 탄소-탄소 삼중 결합을 가진 탄화수소이다. 가장 간단한 예가 산소 아세틸렌 용접 불꽃에 사용되는 아세틸렌으로도 알려진 에타인($H-C\equiv C-H$)이다.

옥테인(C_8H_{18})과 같은 커다란 알케인은 일반적으로 널리 알려져 있다. 그러나 C_8H_{18}와 같은 화학식은 원자들이 어떻게 연결되었는지에 대한 많은 정보를 주지 않는다. 모든 탄화수소에서 수소 원자는 탄소 원자에 붙어 있지만, 탄소 원자들은 다양한 방법으로 서로에게 달라붙는다. 조성은 같지만 원자들의 배열이 다른 분자를 ***이성질체***(*isomer*)라고 한다. 옥테인(C_8H_{18})은 15개의 이성질체를 가진다. 이성질체 수는 탄소의 수가 증가함에 따라 급속하게 증가한다. 예를 들면 $C_{10}H_{22}$ 분자는 75개, $C_{20}H_{42}$ 분자는 366,319개의 이성질체가 가능하다.

모든 결합들이 편재화된 단일, 이중, 삼중 결합을 갖는 이와 같은 유형의 분자를 **지방족 탄화수소**(aliphatic hydrocarbon)라고 한다. 여기에는 공명 형태가 없다. 또 다른 종류의 탄화수소는 단일 결합과 이중 결합이 번갈아 나타나는(더 정확하게는 비편재화된 결합) 육원자 고리로 배열된 탄소 원자를 가진다. 이러한 종류의 구성 화합물들은 공명 구조로 나타낸다. 이와 같은 화합물이 **방향족 탄화수소**(aromatic hydrocarbon)이다. 그림 8.22에 나타낸 벤젠(C_6H_6)과 나프탈렌($C_{10}H_8$)이 그 예이다.

≫ 작용기

단백질, 효소, 유전 물질과 같이 생명 유지에 중요한 것들을 포함해서 많은 다른 탄소 화합물들은 탄화수소의 유도체이다. 즉 그들의 구조는 탄화수소를 기초로 한다. 그와 같은 화합물에서 다른 원자단이 탄화수소 뼈대의 한 개 이상의 수소 원자를 치환한다. 이 유도체의 성질은 그 치환에 포함된 원자에 따라 달라진다. 도입된 그룹을 **작용기**(functional group)라고 한다. 작용기는 한 부류의 화합물에 특징적인 성질을 부여하는 분자의 부분이다.

예를 들면 하이드록실기(−OH)가 알케인의 화학식의 수소 원자를 치환하면 새로운 화학식은 **알코올**(alcohol)을 나타낸다. 메틸 알코올(또는 메탄올)은 메테인 CH_4에 대한 화학식으로부터 유도된 CH_3OH이다. 에테인 CH_3CH_3 화학식의 한 수소를 하이드록실기로 치환하면 에틸 알코올(또는 에탄올)에 대한 화학식 CH_3CH_2OH가 된다. 가장 흔한 작용기와 각 종류의 유기 분자의 예를 표 8.4에 제시하였다.

분자는 한 개 이상의 작용기를 포함할 수 있다. 예를 들면 Ashley의 샐러드에 들어 있던 버섯의 단백질은 아민과 카복실산 작용기 둘 다를 가진 아미노산의 사슬이다. 가장 간단한 예가 글라이신(glycine), $H_2NCH_2CO_2H$이다.

```
        H  :O:
   ..   |   ||   ..
H − N − C − C − O − H
    |   |        ..
    H   H
```

글라이신 구조에서 탄소는 네 개의 결합 전자쌍을, 질소는 세 개의 결합 전자쌍을, 산소는 두 개의 결합 전자쌍을 갖는 것을 확인하라. 각 원자들이 갖는 결합의 수는 팔전자를 이루기 위하여 필요한 전자의 수이다. 유기 분자의 Lewis 구조를 그릴 때 탄소, 질소, 산소, 수소가 갖는 결합의 수를 예상하여 그리는 것부터 시작하여 팔전자를 만족하도록 비공유 전자를 채워 넣는다. 예제 8.8에 이 과정이 나타나 있다.

표 8.4 ▸ 탄화수소의 작용기

종류	작용기	예	구조식
알코올(alcohol)	$-OH$	메틸 알코올(methyl alcohol)	H_3C-OH
에터(ether)	$-O-$	다이메틸 에터(dimethyl ether)	$H_3C-O-CH_3$
알데하이드(aldehyde)	$-\overset{O}{\overset{\|}{C}}-H$	아세트알데하이드(acetaldehyde)	$H_3C-\overset{O}{\overset{\|}{C}}-H$
케톤(ketone)	$-\overset{O}{\overset{\|}{C}}-$	아세톤(acetone)	$H_3C-\overset{O}{\overset{\|}{C}}-CH_3$
카복실산(carboxylic acid)	$-\overset{O}{\overset{\|}{C}}-OH$	아세트산(acetic acid)	$H_3C-\overset{O}{\overset{\|}{C}}-OH$
에스터(ester)	$-\overset{O}{\overset{\|}{C}}-O-$	아세트산 에틸(ethyl acetate)	$H_3C-\overset{O}{\overset{\|}{C}}-O-C_2H_5$
아민(amine)	$-\overset{\|}{N}-$	메틸 아민(methyl amine)	$H_3C-\overset{H}{\overset{\|}{N}}-H$

주: 비결합 전자들은 나타나 있지 않다.

예제 8.8 ▶ 작용기

화학식이 C_3H_8O인 에터의 Lewis 구조를 그려라.

» 풀이:

표 8.4에 나와 있듯이, 에터에서 산소 원자는 두 개의 탄소 원자들 사이에 위치해야 한다.

C–C–O–C

그리고 수소 원자는 탄소 원자와 결합한다. 왜냐하면 산소 원자가 이미 정상적인 두 개의 결합을 가지기 때문이다.

```
   H  H     H
   |  |     |
H–C–C–O–C–H
   |  |     |
   H  H     H
```

첫 번째 탄소 원자 다음에 산소 원자를 놓으면 페이지의 왼쪽과 오른쪽을 단지 뒤집은 것과 같은 구조가 된다. 남아 있는 네 개의 비결합 전자를 산소 원자에 넣어 팔전자를 완성한다.

```
   H  H     H
   |  |  ..  |
H–C–C–O–C–H
   |  |  ..  |
   H  H     H
```

→ 응용 연습 8.8

분자식이 똑같이 C_3H_8O인 알코올이 있는가?

→ 실전 연습 8.8

화학식이 C_3H_6O인 케톤의 Lewis 구조를 그려라.

→ 심화 연습: 연습 문제 8.81

8.5 분자의 모양

Michael과 Ashley의 점심은 그들의 몸이 생활을 유지하는 데 필요한 탄소를 기본으로 하는 분자들을 공급한다. 그런데 그들은 왜 쌀 과자 대신에 햄버거와 샐러드를 선택했는가? 그들은 그들이 선호하는 음식의 맛과 향기를 좋아한다고 말할 것이다. 사람의 미각과 후각이 실제적으로 어떻게 작용하는가? 이 감각들이 화학적인 기초를 가져야 하지만, 그것들이 어떻게 작용하는지를 결정하는 것은 간단하지 않다. 그러나 코와 혀에 분자들이 맞을 수 있는 수용체 자리가 있다는 것이 분명하게 되었다. 수용체는 세포막을 구성하는 단백질로부터 만들어진다. 단백질은 다양한 방법으로 서로 연결되어 세포막 구조에 주머니를 만든다. 그 주머니들은 두 가지 조건이 맞으면 다른 분자들에 대한 수용체로 작용한다. 첫째, 분자들은 수용체에 적합한 바른 크기와 모양이어야 한다. 둘째, 그 분자들은 막 단백질의 원자들과 어떤 방식으로 상호 작용을 해서 신경 자극을 유도할 수 있는 변화를 야기해야 한다. 뇌가 '와! 냄새가 좋은데!' 또는 '악! 나는 그것을 먹을 수 없어!'와 같이 해석하는 것이 바로 신경 자극이다.

2004년 노벨 생리의학상은 난소 수용체를 발견하고, 인체 후각 계통의 인지 과정을 밝힌 공로로 컬럼비아 대학의 Richard Axel과 시애틀의 Fred Hutchinson Cancer Center의 Linda Buck에게 수여되었다.

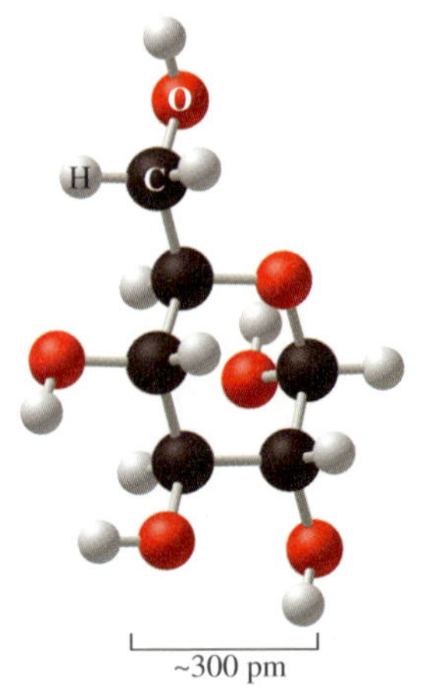

그림 8.23 글루코스는 달다. 왜냐하면 혀의 맛 수용체 자리에 적합한 –H와 –OH 기를 갖고 있기 때문이다.

인식할 수 있는 맛은 몇 가지의 범주로 나뉜다. 하나는 달콤하고 좋은 이유로 사람에게 매우 매력적이다. 젖당은 모유에서 발견되는 달콤한 물질이다. 달콤한 맛은 아기에게 더 많이 모유를 먹게 한다. 다른 단맛 물질들은 자연적으로 식물에서 발견되는 글루코스와 수크로스를 포함한다. 분자의 구조를 그들의 맛에 연관시키는 것은 어려웠지만, 단맛 분자의 공통의 특징은 그 분자의 특정 부분의 크기이다. 단맛 분자의 그 부분은 수용체 자리에 적합할 것이다. 그림 8.23에 나타낸 것처럼 단맛 분자들은 공통적으로 –O– 원자로부터 약 300 pm 정도 떨어진 곳에 –H(또는 –OH)를 가지고 있다.

사람은 수천 가지의 향을 구분할 수 있지만, 한 이론은 각각이 코의 다른 유형의 수용체에 회합하는 단지 7개의 주된 향이 있다고 제안한다. 기체 분자가 코에 들어가서 특정 수용체와 상호 작용하면 신경 자극이 발생하여 뇌에 전달된다. 한 가지 이상의 수용체에 적합하게 작용할 수 있는 분자는 다수의 신호를 유발하여 복합적 향을 만든다. 제안된 수용체 구멍과 7개의 주된 각 향을 나타내는 분자들이 그림 8.24에 나타나 있다. 주된 향의 어떤 조합이 Michael의 햄버거나 Ashley의 버섯의 향을 나타낸다고 생각하는가?

원자가 껍질 전자쌍 반발 이론

동영상: VSEPR 이론과 분자의 모양

Lewis 구조는 분자의 모양을 나타내지 않지만 분자 모양을 결정하는 데 도움을 준다.

맛과 향기의 감각에서 설명하는 것처럼, 관찰할 수 있는 물질의 성질은 그들 분자의 삼차원 모양에서 유도된다. 분자 모양은 분자 내 원자들의 배열에 의해 결정된다. 중심 원자 주위의 전자쌍의 상대적 위치가 분자의 삼차원 모양을 결정하는 데 중요한 역할을 한다. 음으로 하전된 전자들은 서로 밀어내므로 서로 다른 오비탈의 전자쌍은 가능한 한 멀리 떨어져 머문다. 전자쌍 사이의 거리를 최대화하기 위해 오비탈의 방향을 조정하는 전자쌍들의 경향이 **원자가 껍질 전자쌍 반발**(valence-shell electron-pair repulsion, VSEPR) 이론의 기본이다. [***원자가 껍질***(*Valence shell*)은 ***원자가 준위***(*valence level*)의 또 다른 이름이다.]

VSEPR 이론을 사용하여 분자 또는 이온의 기하학적 모양을 예측하기 위해서는 먼저 분자 또는 이온에 몇 개의 전자가 배열되어 있는지 알아야 한다. 특히 비공유 전자쌍과 ***전자 영역***(*electron domains*)이라고 부르게 될 중심 원자 주위의 원자에 단일 결합, 이중 결합 또는 삼중 결합이 몇 개인지를 알 필요가 있다. Lewis 구조를 조사하여 이러한 정보를 얻을 수 있다. 예를 들면 CH_4는 네 개의 단일 결합을 갖고 있으며 탄소 원자

수용체 구멍의 분자							
분자 특징	원반 모양	구 모양	막대기 모양	쐐기 모양	원반과 꼬리 모양	음의 중심에 대한 인력	양의 중심에 대한 인력
주된 향기	사향향	장뇌향	에터의 향	박하향	꽃향	자극적인 향	부패한 향
화합물 예	자일렌	장뇌	다이에틸 에터	멘톨	α-아밀 피리딘	폼산	황화 수소
일상의 예	사향 향기/면도 후 로션	알좀약	배	박하껌/구강 청결제	장미	식초	썩은 달걀

그림 8.24 주된 향은 분자와 적합한 모양을 가진 수용체 사이의 상호 작용으로 일어난다. 그러나 두 개의 수용체들은 모양이 아닌 분자의 전하 분리와 상호 작용하는 것에 관계가 되어 있다.

주위에 비공유 전자쌍은 없으므로, 네 개의 전자 영역이 존재한다. CO_2 분자에서, 탄소는 Lewis 구조(:Ö=C=Ö:)에서 나타낸 것처럼 단지 두 개의 이중 결합이 산소 원자와 결합하고, 비공유 전자쌍은 없다. NH_3 분자의 질소 원자는 세 개의 결합과 비공유 전자쌍 한 개를 가져서 네 개의 전자 영역을 가진다. 전자 영역(결합된 원자들과 비공유 전자쌍)들은 중심 원자 주위에 가능한 한 멀리 배열된다. 그 결과 분자의 모양은 중심 원자와, 중심 원자와 결합한 원자들 사이의 **결합각**(bond angle)에 의해 특징지어진다. 중심 원자 주위에 두 개, 세 개, 네 개의 전자 영역을 가지는 분자에 대하여 모양과 각을 어떻게 예측하는가? 전자쌍 반발에 기초하여 어떠한 예측들을 할 수 있는가?

이차원 선 그림에서는 원자들이 어떻게 배열되어 있는지 알기 어렵기 때문에 화학자들은 분자의 삼차원 구조를 표현하기 위해 실선, 점선, 쐐기선 표현법을 종종 사용한다. 실선은 종이 면에 있는 결합을 나타낸다. 점선은 종이 면의 뒤로 향하는 결합이고, 쐐기선은 종이면으로부터 앞으로 나오는 결합을 나타낸다.

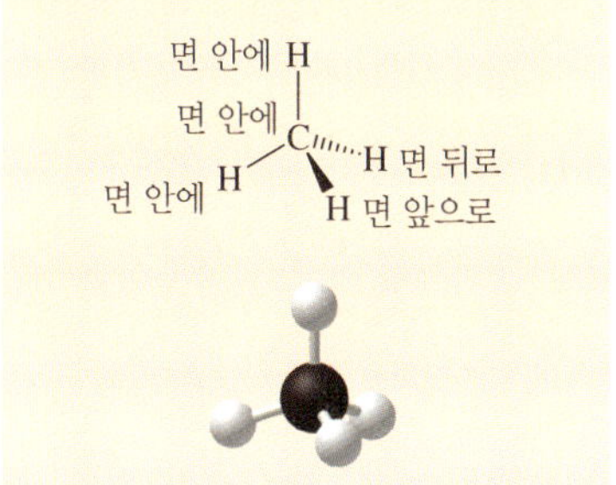

각의 크기를 예측하기 위해, 중심 원자가 네 개의 전자쌍 또는 원자들로 둘러싸인 탄화수소와 많은 다른 분자들에서 흔히 발견되는 모양을 살펴 보자. CH_4에서처럼 Lewis 구조는 평평한 것처럼 보인다.

H
H−C−H
H

이 구조는 결합각이 90°인 것처럼 보인다.

H 90°
H−C−H (잘못된 결합각)
H

그러나 이것은 평평하지 않는 CH_4 분자의 삼차원 구조를 정확하게 나타내지 못한다. 평평함을 수정하기 위해 원자들을 이동하면 결합각이 변하게 된다. 결합각이 더 크면 원자들은 서로로부터 더 멀리 있게 된다. '평평한' CH_4 분자가 이 페이지에 대해 수직하게 놓여 있다고 생각해 보자. 탄소 원자만 이동하면 H−C−H 각은 실질적으로 더 작아진다. 각을 더 크게 만드는 유일한 방법은 두 개의 수소 원자를 위로, 두 개는 아래로 움직이는 것이다.

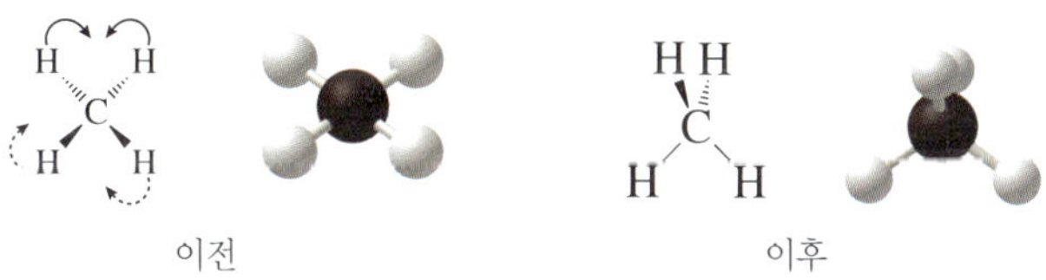

두 개를 위로, 두 개를 아래로 이동하면 그 각이 얼마나 더 커질 수 있는가? 모든 각이 똑같아지면 109.5°의 각을 가지며 사면체 모양이 된다. 그 구조는 일반적으로 회전된 형태로 나타낸다.

H 109.5°
C
H H
H

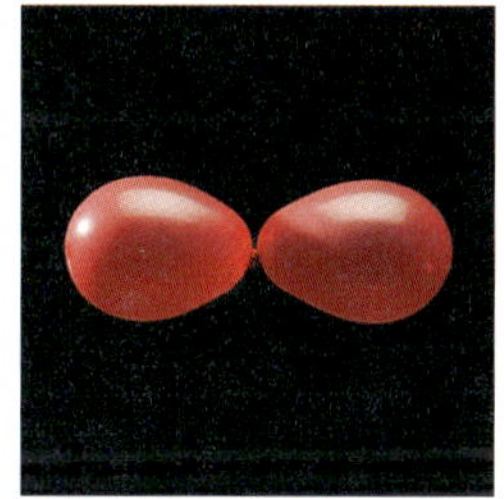

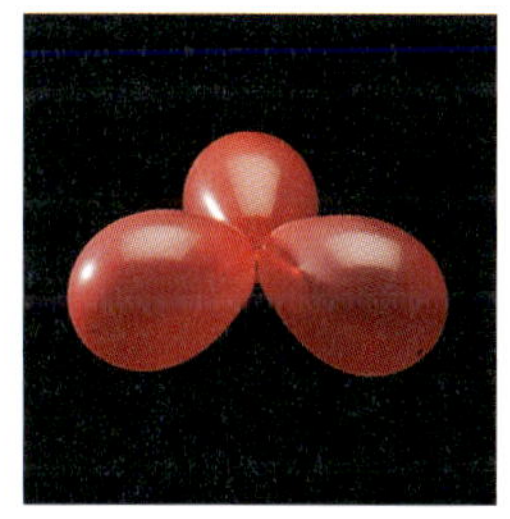

그림 8.25 공통의 중심에 묶여진 거시적 물체는 분자와 같은 구조를 택한다. 왜냐하면 전자 영역들처럼 그들은 가능한 한 멀리 떨어져 존재하기 때문이다.

표 8.5는 중심 원자가 두 개, 세 개, 네 개의 원자 또는 비공유 전자쌍으로 둘러싸여 있을 때 원자간 결합 또는 비공유 전자쌍 사이의 최대 거리를 이루는 기하학적 구조를 나타낸 것이다. 표에 나타낸 기하학적 구조는 한 개의 공통 지점에 결합하여 가능한 한 멀리 떨어져 위치하는 한 무리의 물체들 모두에 적용된다. 예를 들면 그림 8.25에 나타낸 풍선들은 중심 원자 주위의 전자 영역들과 같은 기하학적 구조가 적용된다. ***모체 구조***(*parent structure*)로 부르는 이 구조들은 한 분자의 모양을 예측하는 데 도움을 준다.

표 8.5 ▶ 다른 원자수에서 일어나는 기하학적 구조

전자 영역(원자 또는 전자쌍)의 수	모체 구조	원자 또는 전자쌍들의 기하학적 구조
2	선형	180°
3	삼각 평면	120°
4	사면체	109.5°

예제 8.9 ▶ VSEPR 모체 구조

산소가 두 개의 다른 원자들과 결합되어 있고 두 개의 비공유 전자쌍을 가진 H_2O에 대한 모체 구조는 무엇인가?

» 풀이:

모체 구조는 중심 원자 주위의 원자와 비공유 전자쌍의 수에 의존하기 때문에 먼저 H_2O에 대한 Lewis 구조를 그려야 한다.

$$\mathrm{H{-}\ddot{\underset{\cdot\cdot}{O}}{-}H}$$

산소 원자 주위에 두 개의 원자와 두 개의 비공유 전자쌍이 있으므로 총 네 개의 전자 영역이 생긴다. 표 8.5로부터 모체 구조는 109.5°의 각을 가진 사면체이다. 원자와 비공유 전자쌍의 기하학적 배열은 다음과 같다.

H O : H

→ 응용 연습 8.9

H_3O^+에서처럼 산소 원자가 세 개의 수소 원자와 결합되어 있다면 모체 구조는 무엇인가?

→ 실전 연습 8.9

질소가 두 개의 다른 원자와 결합하고 한 개의 비공유 전자쌍을 가진 NO_2^- 이온의 모체 구조는 무엇인가?

→ 심화 연습: 연습 문제 8.89

인터넷 핫스팟

상당수 학생들이 Lewis 구조로부터 분자의 모양을 결정하는 데 어려움을 겪고 있다고 한다. 이 주제에 대한 추가 학습 자료를 보려면 SmartBook에 접속하라.

그림 8.26에 나타낸 일반적 조성 AX_3를 가진 몇몇 분자와 이온에 대한 Lewis 구조를 생각해 보자. 어떤 것은 삼각 평면 모양이고, 또 다른 어떤 것은 삼각뿔 모양을 가

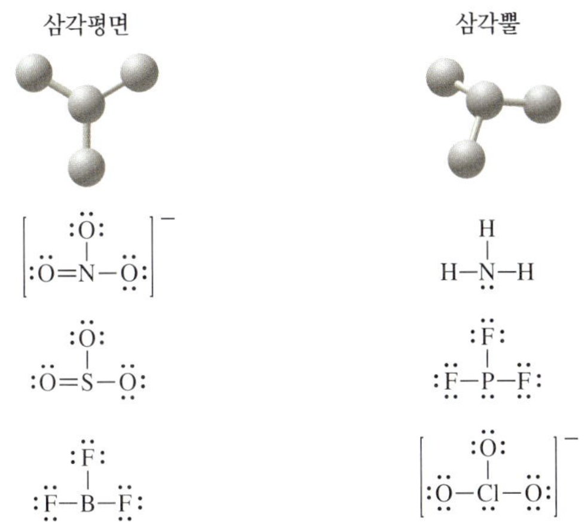

그림 8.26 화학식이 AX_3인 몇몇 분자와 이온은 삼각 평면 모양을 갖지만 또 다른 어떤 것들은 삼각뿔 모양을 가진다.

실제 분자의 결합각은 종종 VSEPR 이론에 의해 예측된 값과 약간 다르다. 비공유 전자쌍이 결합 전자쌍보다 더 많은 공간을 차지하기 때문에 차이가 생긴다. 결합 전자쌍은 어느 정도 두 원자에 의해 동시에 힘을 받아 예측된 것보다 결합 각이 약간 더 작다. 예를 들면 비공유 전자쌍이 한 개인 암모니아는 예측된 109.5°보다 작은 107°의 결합각을 가진다. 비공유 전자쌍이 두 개인 물은 결합각이 약 105°이다. 유사한 효과가 단일 결합보다 더 많은 공간을 차지하는 이중 결합에 의해 야기된다.

진다. 그들은 왜 다른가? 중심 원자가 비공유 전자쌍을 포함하면 모체 구조에서 유도되었지만 분자 모양은 모체 구조와는 다르다. 한 분자를 표현하는 분자 모양은 모체 구조 내의 비공유 전자쌍이 아니라 ***결합 전자***[*bonding electron* 또는 원자들(atoms)] 그룹만의 배열에 기초한다. 즉 모양은 분자 내 원자들의 위치를 표현하는 것이다. 예로서 예제 8.9의 중심 원자 주위에 두 개의 원자와 두 개의 비공유 전자쌍을 가진 물 분자를 생각해 보자. H_2O의 네 개의 전자쌍은 표 8.6에 묘사되고 그림 8.27에 나타낸 것처럼 산소 원자 주위에 사면체 배열을 한다. 그러나 분자 모양을 나타낼 때에는 두 개의 결합 전자쌍만 고려하기 때문에 물 분자는 사면체가 아니다. 오히려 물은 굽은 형으로 나타낸다. 두 개에서 네 개의 전자 영역을 가진 분자에 대한 모든 가능한 구조들이 표 8.6에 요약되어 있다. 이 구조들의 결합각은 대개 모체 구조의 결합각이다.

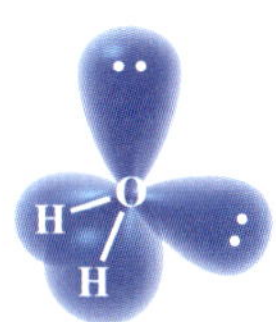

그림 8.27 물의 네 개의 전자 영역은 사면체의 꼭짓점으로 거의 향하는 오비탈로 산소 원자 주위에 배열된다. 수소 원자들은 두 개의 위치만을 차지하므로 분자 모양은 사면체가 아닌 굽은 형으로 묘사된다.

표 8.6에서 CO_2는 선형이고, 같은 수의 원자를 가진 SO_2는 굽은 형인 것을 주목하라. VSEPR 이론을 사용하여 이 차이를 이해할 수 있다. 이들 분자의 Lewis 구조를 살펴보자.

동영상: VSEPR

$$:\ddot{O}=C=\ddot{O}: \quad :\ddot{O}=\ddot{S}-\ddot{O}:$$

두 구조는 무엇이 다른가? CO_2는 중심 원자인 탄소가 두 개의 결합된 원자를 갖지만 비공유 전자쌍은 갖지 않으므로 두 개의 전자 영역을 가져서 결합각이 180°인 선형 구조이다. 반면에 SO_2는 황이 두 개의 결합된 원자와 한 개의 비공유 전자쌍을 가지고 있으며, 비공유 전자쌍으로 인해 분자는 결합각이 대략 120°인 굽은 형이 된다. 이 분자들의 모형은 그림 8.28에 나타나 있다.

VSEPR 이론에 따라 분자의 모양을 예측하기 위해 다음 네 단계를 사용한다.

그림 8.28 이산화 탄소는 선형인 반면, 이산화 황은 황 원자에 비공유 전자쌍이 있기 때문에 굽은 형이다.

분자 모양을 예측하기 위한 단계

1. Lewis 구조를 그린다.
2. 중심 원자와 결합한 원자의 수를 세고, 중심 원자 주위의 비공유 전자쌍을 센다.
3. 중심 원자 주위의 원자 수와 비공유 전자쌍의 수를 더한다. 총 수는 전자 영역의 수이므로 모체 구조를 의미한다.
4. 분자 모양은 결합된 원자들에 의해 점유된 구조의 위치만을 고려한 모체 구조로부터 유도된다.

표 8.6 ▸ 전자 영역의 배치와 분자 모양

전자 영역 (전자쌍)의 수	결합 원자의 수	비공유 전자쌍의 수	분자 모양	예
모체 구조: 선형				
2	2	0	선형	**(AX_2)** $BeCl_2$, CO_2, HCN
모체 구조: 삼각 평형				
3	3	0	삼각 평면	**(AX_3)** BF_3, BH_3, SO_3, NO_3^-
3	2	1	굽은 형	**(AX_2)** SO_2, NO_2^-
모체 구조: 사면체				
4	4	0	사면체	**(AX_4)** CH_4, CH_2Cl_2, $SiCl_4$, $POCl_3$
4	3	1	삼각뿔	**(AX_3)** NH_3, PF_3, NH_2Cl
4	2	2	굽은 형	**(AX_2)** H_2O, OF_2, BrO_2^-, SCl_2

예제 8.10 ▶ 분자와 이온의 모양

탄산 이온 CO_3^{2-}는 석회석과 Michael의 제산제 알약에서 발견된다. 그 모양을 예측하라. O—C—O 결합각은 대략 얼마인가?

» 풀이:

1. 먼저 Lewis 구조를 쓰고 8.3절의 절차를 따른다.

$$\left[\begin{array}{c} :\ddot{O}: \\ | \\ :\ddot{O}=C-\ddot{O}: \end{array}\right]^{2-}$$

2. 이중 결합이 다른 위치에 있는 두 개의 다른 공명 형태가 있지만 이온의 모양을 결

정하기 위해서는 하나의 Lewis 구조만 필요하다.

3. 중심 원자에 결합된 원자와 비공유 전자쌍의 수를 센다. 탄소 원자는 주위에 세 개의 결합된 산소 원자를 갖지만 비공유 전자쌍은 없다.
4. 전자 영역(결합된 원자와 비공유 전자쌍)의 총 수가 3이므로 모체 구조는 삼각 평면이다.
5. 탄소 주위에 비공유 전자쌍이 없기 때문에 그 이온의 구조는 모체 구조와 같은 삼각 평면이다. 삼각 평면 구조에서의 결합각은 120°이다.

→ 응용 연습 8.10

만일 탄소가 세 개의 결합한 원자와 한 개의 비공유 전자쌍을 갖고 있다면, 결합각은 탄산 이온의 O—C—O 결합각과 동일하다고 예측되는가?

→ 실전 연습 8.10

아질산 이온 NO_2^-의 모양은 무엇인가? O—N—O 결합각은 얼마인가?

→ 심화 연습: 연습 문제 8.91

한 개 이상의 중심 원자를 가진 분자들의 경우 각 중심 원자에 대하여 위의 단계를 반복할 수 있고 이 과정을 통하여 단백질과 같이 크고 복잡한 분자들의 구조를 예측할 수 있다. 단백질에서 발견되는 아미노산 중 하나인 글라이신을 생각해 보자. 글라이신은 단맛이 나고 젤라틴이나 Michael의 햄버거 같은 다른 동물성 물질에서 발견되며, 화학식은 $H_2NCH_2CO_2H$이다. 그 구조를 어떻게 예측할 수 있는가?

이전처럼 그 분자에 대한 Lewis 구조를 쓰면서 시작한다.

```
        H   Ö:
   ..   |   ||
H—N—C—C—O—H
        |   |       ..
        H   H
```

이 분자에는 중심 원자로 작용하는 네 개의 원자가 있다. 즉 질소 원자, 두 개의 탄소 원자, 산소 원자 중 하나이다.

- 질소 원자는 그것에 결합된 세 개의 원자와 한 개의 비공유 전자쌍을 가지고 있으므로 4개의 전자 영역을 가지고 있다. 따라서 이 질소 원자 주위의 모체 구조는 사면체이며 결합각은 약 109.5°이다. 공유되지 않은 한 쌍의 전자가 있기 때문에 질소 원자 주변의 모양은 삼각뿔 형이다.
- 첫 번째 탄소 원자는 4개의 다른 원자(N, 2개의 H 및 C)에 결합되어 있으며, 공유되지 않은 전자쌍을 갖지 않으므로 그 주위의 모양은 결합각이 약 109.5°인 사면체이다.
- 두 번째 탄소 원자는 세 개의 다른 원자(C와 2개의 O)에 결합하고, 비공유 전자쌍을 가지지 않으므로 그 주위의 모양은 삼각형 평면이며 결합각은 약 120°이다.
- 마지막으로 산소 원자 중 하나는 두 개의 원자(C와 H)가 결합되어 있으며, 두 개의 비공유 전자 쌍이 있다. 그 주위의 모체 구조는 사면체이지만, 두 개의 비공유 전자쌍을 가지고, 그 모양은 굽은 형이다. 결합 각은 약 109.5°이다.

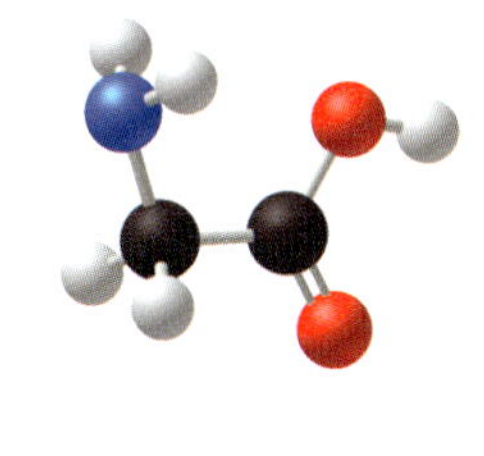

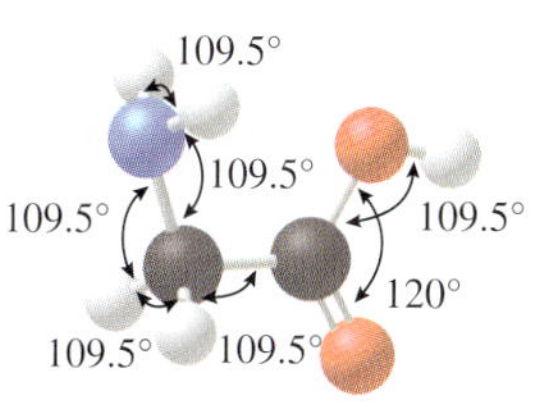

그림 8.29 VSEPR 이론으로 글라이신의 구조를 예측할 수 있다.

그림 8.29의 글라이신의 분자 모형을 살펴보고 이들 각각의 예측을 확인하라.

분자의 모양은 생체계에서 중요하다. 예를 들면 인간의 적혈구 세포는 혈류를 통해

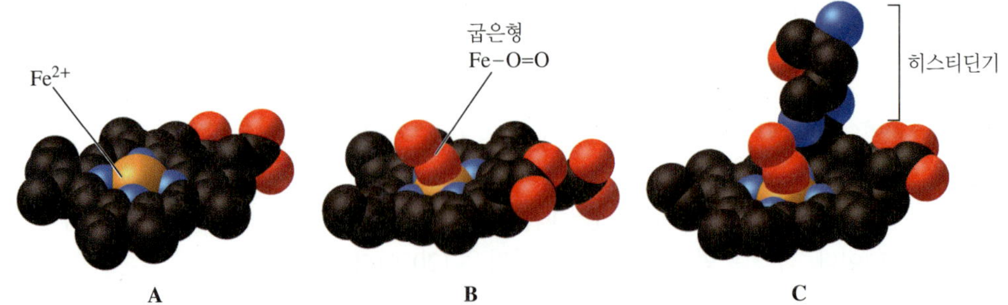

그림 8.30 (A) 헤모글로빈의 헴기는 네 개의 질소 원자와 결합한 철(II) 이온으로 구성되는데, 각 질소는 탄소 원자들의 평면 배열에 의해 둘러싸인다. (분명하게 하기 위해 수소 원자들은 나타내지 않았다.) (B) 산소가 헴과 결합하면 Fe–O=O 배열이 선형이 아니라 굽어진다. 왜냐하면 각 산소 원자 주위의 전자들이 삼각형 면의 꼭짓점에 위치하기 때문이다. (C) 헤모글로빈 단백질의 히스티딘 기는 산소 분자 옆의 공간에 들어맞다.

몸의 모든 세포로 산소를 운반한다. 적혈구 세포는 네 개의 헴(heme) 기를 가진 큰 단백질 분자인 헤모글로빈을 포함하기 때문에 운반 체계로서 작용한다. 헴 기중 하나가 그림 8.30A에 나타나 있다. 그림 8.30B에 나타낸 것처럼 산소 분자는 헴의 철 이온과 결합한다. 각 산소 원자에 두 개의 비공유 전자쌍을 가진 것과 일치하는 Fe–O=O의 굽은 형 구조를 주목하라.

$$:\ddot{O}=\ddot{O}:$$

헤모글로빈 단백질의 또 다른 부분은 히스티딘이라는 아미노산이다. 히스티딘 기는 헴기의 위쪽 가까이 아래로 튀어나와 있고 산소 분자 주위 공간에 적합하다(그림 8.30C).

매우 유독한 기체인 일산화 탄소가 혈류에 들어가지 않는 한, 이 체계는 잘 작동한다. 일산화 탄소가 혈류에 들어가면 산소 분자가 세포에 공급되는 과정을 방해한다. 그림 8.31A에 나타낸 것처럼 헤모글로빈의 철과 결합한 CO의 배열은 선형이다. 왜냐하면 일산화 탄소의 탄소는 단지 한 개의 비공유 전자쌍을 가지기 때문이다.

$$:C\equiv O:$$

이 형태로 일산화 탄소는 산소보다 25,000배 더 강하게 철과 결합한다. 이 조건하에서 일산화 탄소에 노출되면 산소와 결합하는 헴의 능력은 완전히 없어지고 생존할 가능성이 없어지게 된다.

그러나 자연은 약간의 방지 장치를 제공하였다. 그림 8.31B에 나타낸 것처럼 히스

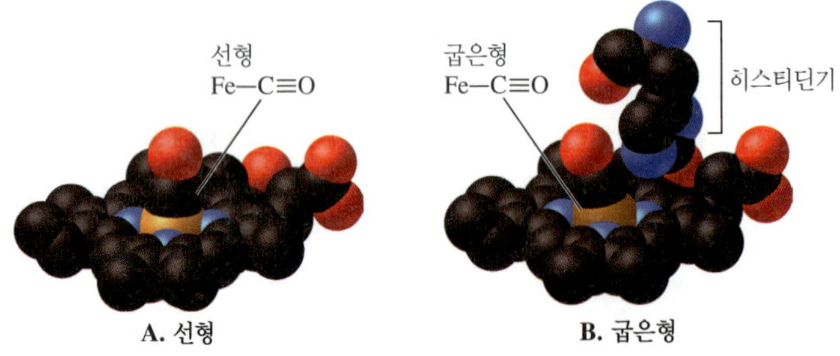

그림 8.31 (A) 일산화 탄소가 헴의 철과 결합하면, Fe–C≡O 배열이 선형일 것으로 예상된다. (B) 그러나 헤모글로빈에서 히스티딘 기는 헴기에 가까이에 있어서 일산화 탄소를 굽은 배열로 만든다. 이러한 배열은 선형인 것보다 철-탄소 결합을 더 약하게 만든다.

티딘 기는 일산화 탄소가 비스듬히 굽은 형태로 결합하게 한다. 이 형태에서 일산화 탄소는 산소보다 단지 200배 더 강하게 결합한다. 헤모글로빈이 일산화 탄소와 결합하면 적혈구 세포는 세포에 더 이상 산소를 운반할 수 없다. 그러나 계속적으로 산소에 노출되면 일산화 탄소를 대체하여 독성 효과를 상쇄할 수 있다.

>> 분자의 극성

동영상: 모양이 극성에 미치는 영향

8.1절에서 결합된 원자들이 전자를 불균등하게 공유해서 원자에 부분 전하가 생기면 그 결합은 극성이라는 것을 배웠다. 극성 결합을 가진 분자는 특정한 조건에서 극성 분자가 될 수 있다. 지금부터는 분자가 극성인지를 결정하는 방법을 배우게 될 것이다.

전기음성도가 다른 원자로 구성된 이원자 분자에서 분자의 극성은 결합 면을 따라 놓여 있다. 원자가 두 개뿐이기 때문에 하나는 부분적으로 양(δ+)이고, 다른 것은 부분적으로 음(δ−)이어야 한다. 이것은 부분 양전하(δ+)의 위치에 + 기호를 그리고, 부분 음전하(δ−) 위치에 화살촉을 가진 화살표로 나타낼 수 있다.

$$\overset{\delta+}{\text{H}}-\overset{\delta-}{\text{F}}$$
$$\longmapsto$$

극성의 방향은 결합이 한 개뿐인 이원자 분자의 경우에는 분명하지만, 결합이 두 개 이상인 다원자 분자에서는 더 복잡하다. 결합의 극성과 분자의 극성이 다를 수 있다.

탄소-수소 결합은 거의 무극성이므로 일반적으로 탄화수소는 무극성으로 생각된다. 탄화수소는 기하학적 구조로 인해 결합의 약간의 극성이 상쇄된다.

무극성 결합을 가진 다원자 분자는 극성일 수 없다. 예를 들면 NBr_3에서 질소와 브로민은 전기음성도가 같으므로 각 결합은 무극성이고 그 분자는 무극성이어야 한다. 그러나 극성 결합을 가진 다원자 분자는 극성이거나 무극성일 수 있고 분자의 극성은 기하 구조에 의존한다. 축전지의 정전기적으로 대전된 판 사이와 같은 전기장에 물질 시료를 놓음으로써 실험적으로 이것을 결정할 수 있다. 물질의 극성이 더 클수록 축전기의 판을 같은 정도까지 대전하는 데 더 많은 전압이 필요하다. 그림 8.32에 나타낸 것처럼 분자들이 극성이면 전기장을 따라 배열한다. 분자들이 무극성이면 전기장에서 마구잡이 배열로 유지된다.

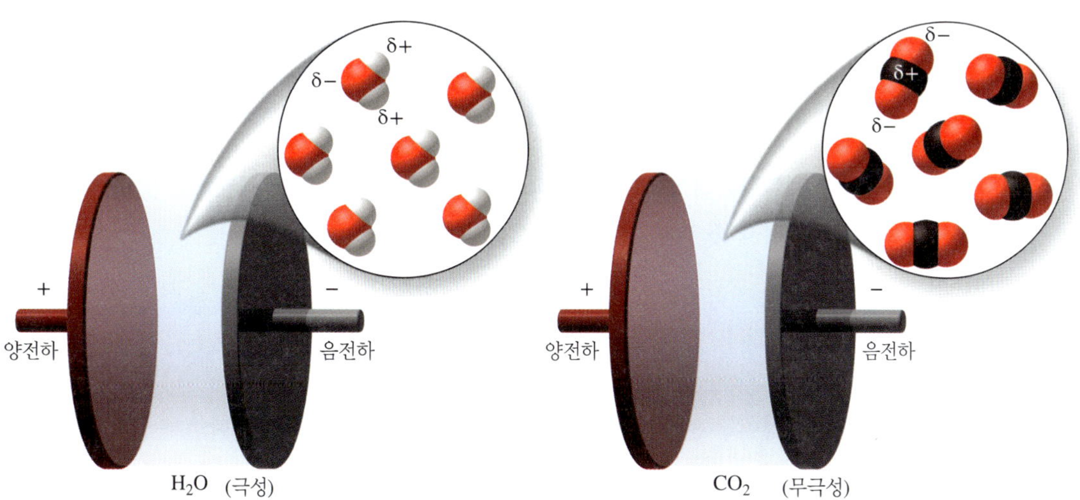

그림 8.32 극성 분자 H_2O는 축전기의 전기장을 따라 정렬한다. 각 H_2O 분자의 음의 부분은 양전하를 띤 판에 끌어당겨지며, 각 H_2O 분자의 양의 부분은 음전하를 띠는 판에 끌린다. 비극성 이산화 탄소 분자는 양의 부분과 음의 부분이 없으므로 전기장에 영향을 받지 않는다.

한 결합의 극성은 반대 방향의 또 다른 결합의 극성에 의해 상쇄될 수 있다. 예를 들어 기체 염화 베릴륨(선형의 $BeCl_2$) 분자를 생각해 보자. 이 분자는 두 개의 극성 결합 Be−Cl을 갖지만 무극성이다. $BeCl_2$의 결합은 180° 떨어져 있고 두 결합의 극성은 반대 방향으로 향한다. 그러므로 전하 분리는 두 개의 염소 위치에 부분 음전하를, 그리고 베릴륨 위치에 부분 양전하를 놓는다.

$$\begin{matrix} \delta- & \delta+ & \delta- \\ \mathrm{Cl} - & \mathrm{Be} & - \mathrm{Cl} \\ \longleftarrow\!\!\!+ & & +\!\!\!\longrightarrow \end{matrix}$$

알짜 극성이 없다

두 결합의 극성은 정확하게 크기가 같고 방향이 반대이므로 서로 상쇄되어 분자가 무극성이 된다.

결합된 원자의 관계가 완전히 대칭인 분자[선형, 삼각 평면, 사면체(표 8.6)]는 이와 같은 상쇄에 의해 무극성이 된다. 그러므로 극성의 상쇄는 SO_3와 같은 삼각 평면 분자와 CCl_4와 같은 사면체 분자에서 일어난다(그림 8.33). 그와 같은 분자에서 중심 원자는 똑같은 원자들로 둘러싸인다. 그러나 중심 원자를 둘러싸는 원자들이 같지 않으면 분자의 모양은 완전한 대칭이라고 보기 어렵다. 그와 같은 분자들은 결합이 극성이면 극성 분자가 된다. 클로로폼($CHCl_3$)은 클로로메테인(CH_3Cl)이나 다이클로로메테인(CH_2Cl_2)처럼 극성이다(그림 8.34). 이들 분자는 탄소를 둘러싸는 원자가 같지 않기 때문에 결합의 극성이 상쇄되지 않고 그 분자에 대하여 알짜 극성이 된다.

요약해 보면, 한 분자가 극성인지를 결정할 때 결합 극성과 분자 모양이라는 두 가지 요소를 고려해야 한다.

- 결합이 극성*이고* 분자의 모양이 대칭이 *아니면* 그 분자는 극성이다.
- 모든 결합이 무극성이거나 *또는* 분자 모양이 대칭적이면 분자는 무극성이다.

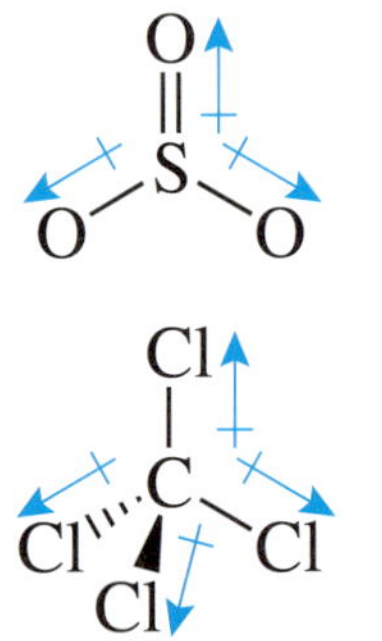

그림 8.33 SO_3와 CCl_4와 같이 중심 원자를 둘러싸는 동일한 원자를 갖는 대칭형 분자에서는 결합 극성이 상쇄되어 *비극성 분자*가 생성된다.

동영상: 분자의 극성

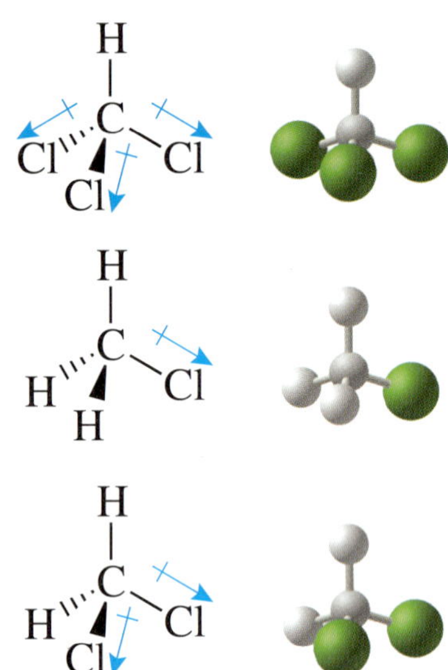

그림 8.34 이와 같은 비대칭 분자에서 중심 원자를 둘러싸고 있는 원자는 동일하지 않으며, 서로 다른 결합 극성을 가지고 있다. 각 분자에서 염소 원자가 있는 측면은 수소가 있는 측면보다 좀더 음의 부분을 나타내므로 *극성 분자*이다.

인터넷 핫스팟

상당수 학생들이 분자의 극성에 어려움을 겪고 있다고 한다. 이 주제에 대한 추가 학습 자료를 보려면 SmartBook에 접속하라.

예제 8.11 ▶ 분자의 극성

H_2S가 극성 분자인지, 무극성 분자인지를 예측하라.

» 풀이:

황과 수소의 전기음성도가 다르기 때문에 H_2S 분자는 극성 결합을 가진다(그림 8.5 참조). 분자의 모양을 결정하기 위해 Lewis 구조를 생각해 보자.

$$\mathrm{H}-\ddot{\underset{..}{\mathrm{S}}}-\mathrm{H}$$

황 주위에는 4개의 전자 영역이 있으므로 모체 구조는 사면체이다. 수소 원자는 황 주위의 4개 위치 중 2개를 점유하므로 분자는 굽은 모양이다.

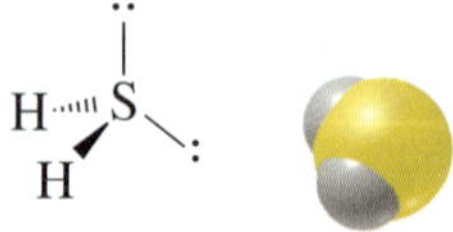

결합이 극성이고 분자가 완전한 대칭이 아니므로 H_2S는 극성이다.

→ 응용 연습 8.11

만일 BeH_2처럼, 두 개의 수소 원자가 중심 원자와 결합한 분자의 모양이 직선형이라면, 그 분자는 극성인가?

→ 실전 연습 8.11

C_2H_6, NO_2, CO_2, SO_2, SO_3가 극성 분자인지, 무극성 분자인지를 예측하라.

→ 심화 연습: 연습 문제 8.111

극성은 분자들 사이의 많은 상호 작용을 결정한다. 예를 들면 무극성 분자는 비슷한 크기의 극성 분자보다 낮은 온도에서 기체로 존재한다. 극성 액체는 비슷한 크기의 무극성 액체보다 더 높은 온도에서 언다. 이온염과 극성 액체는 무극성 액체보다 극성 액체에 더 잘 용해된다. 반면에 무극성 액체는 극성 액체보다 다른 무극성 액체에 더 잘 용해된다. 주로 무극성 탄화수소로 구성된 기름은 극성인 물에는 용해되지 않는다(그림 8.35).

그림 8.35 실린더의 위층에 있는 무극성 기름은 아래층의 극성 물에 용해되지 않는다.

제8장 복습하기

주요 개념 _Key Concepts

- 화학 결합은 분자나 화합물에서 원자들을 꼭 붙어 있게 하는 힘이다.
  - 다른 종류의 화학 결합은 물질의 서로 다른 특성을 나타내는 원인이다.
- 전기음성도는 원자들이 결합 전자쌍을 끌어당기는 힘의 척도이다.
  - 극성 공유 결합의 전자는 양쪽 원자에 똑같이 공유되지 않는다.
- 화학 결합은 팔전자 규칙에 적합한 전자 배치를 이루려는 경향을 보인다.
  - 원자는 화합물을 형성하기 위해 결합할 때, 전자를 잃거나 얻거나 공유함으로써 보다 안정한 전자 배치를 이루려는 경향이 있다.
  - 팔전자 규칙에 의하면 원자들은 8개의 원자가 전자를 가지려는 경향이 있다.
  - 헬륨의 안정한 비활성 기체 전자 배치를 이루기 위하여 수소가 결합할 때 두 개의 전자를 갖는 것처럼, 팔전자 규칙에는 몇몇 예외가 있다.
- 이온 결합은 전자의 이동에 의해 형성된다.
  - 이온 결합은 금속 원자로부터 비금속 원자로 한 개 이상의 전자가 이동하여 두 원소 모두가 비활성 기체 전자 배치를 갖게 된다.
  - 이온 결합 화합물에서 정전기적 인력은 이온 결정을 유지하는 힘이다.
- 공유 결합은 원자 사이에 전자를 공유함으로써 형성된다.
  - Lewis 구조는 분자나 이온에 있는 결합의 배열과 비공유 전자쌍을 보여준다.
  - 두 개의 원자가 한 개의 전자쌍을 공유하면 단일 결합, 두 개의 전자쌍을 공유하면 이중 결합, 세 개의 전자쌍을 공유하면 삼중 결합을 이룬다.
  - 한 분자의 Lewis 구조가 두 가지 이상 그려진다면 그 분자는 공명을 나타낸다. 실제 결합은 모든 공명 구조가 복합되어 있으며 이러한 분자나 이온의 전자 배치를 보이기 위해서는 두 개 이상의 Lewis 구조가 필요하다.
- 탄소 원자들이 서로 결합하여 형성된 탄소 원자 사슬 주위에 수소 원자가 둘러싸여 탄화수소를 형성한다.

- 탄화수소는 지방족과 방향족으로 나뉜다.
- 지방족 탄화수소는 탄소 원자간 결합의 종류에 따라 알케인, 알켄, 알카인으로 나뉜다.
- 방향족 탄화수소는 비편재된 전자를 갖는 6개의 탄소 원자로 이루어진 고리를 갖는다.
- 탄화수소에 작용기가 도입되어 다양한 탄소 화합물이 생성된다.

- 전자 영역은 가능한 한 서로 멀리 떨어져 있을 때가 안정하다고 가정한 VSEPR 이론은 분자의 모양을 예측하는 데 유용하다.
  - 중심 원자와 결합한 원자의 수와 비공유 전자쌍의 수를 합한 총 수는 분자의 모체 구조를 결정한다.
  - 분자 모양은 중심 원자와 결합 원자의 위치에 의해 결정되지만 중심 원자의 비공유 전자쌍에 의해 영향을 받는다.
  - 무극성 분자는 무극성 결합을 가졌거나 대칭 구조를 가지고 있다.
  - 극성 분자는 결합이 극성이고 분자는 대칭 구조가 아니다.

주요 용어 _Key Terms

결정 격자(crystal lattice) (8.2)
결합각(bond angle) (8.5)
공명 혼성(resonance hybrid) (8.3)
공유 결합(covalent bonding) (8.1)
극성 공유 결합(polar covalent bond) (8.1)
극성(polarity) (8.1)
단일 결합(single bond) (8.3)
Lewis 기호(전자점 기호)[Lewis symbol (electron dot symbol)] (8.2)
Lewis 구조(전자점 구조)[Lewis structure (electron dot structure)] (8.3)
무극성 공유 결합(nonpolar covalent bond) (8.1)
방향족 탄화수소(aromatic hydrocarbon) (8.4)
삼중 결합(triple bond) (8.3)
알카인(alkyne) (8.4)
알케인(alkane) (8.4)
알켄(alkene) (8.4)
알코올(alcohol) (8.4)
원자가 껍질 전자쌍 반발(VSEPR) 이론[valence-shell electron-pair repulsion(VSEPR) theory] (8.5)
이온 결정(ionic crystal) (8.2)
이온 결합(ionic bonding) (8.1)
이중 결합(double bond) (8.3)
작용기(functional group) (8.4)
전기음성도(electronegativity) (8.1)
지방족 탄화수소(aliphatic hydrocabon) (8.4)
탄화수소(hydrocarbon) (8.4)
팔전자 규칙(octet rule) (8.3)
화학 결합(chemical bond) (8.1)

연습 문제 _Questions and Problems

주요 용어와 정의를 연결하기

8.1 다음 주어진 정의에 맞는 주요 용어를 써라.
(a) 한 개의 전자쌍을 공유하는 공유 결합
(b) 탄소-탄소 단일 결합만을 가진 탄화수소
(c) 전자를 공유하여 이루어지는 두 원자들 사이의 결합
(d) 이온들이 규칙적인 반복 유형으로 배열된 고체 구조
(e) 원자가 껍질에 8개의 전자를 가진 전자 배치를 이루기 위해 원자들이 전자들을 얻거나, 잃거나, 공유하는 경향을 말하는 규칙
(f) 전자쌍을 불균등하게 공유하여 이루어지는 결합
(g) 탄소-탄소 삼중 결합을 가진 탄화수소
(h) 원자가 결합 전자쌍을 끌어당기는 힘의 척도
(i) 세 개의 전자쌍을 공유하여 이루어지는 공유 결합
(j) 결정에서 원자 또는 이온의 반복 유형
(k) 공유 전자와 비공유 전자를 점으로 표시한 원소 기호로 구성된 화합물의 표기
(l) 분자 또는 화합물에서 원자들을 함께 유지하는 힘

결합의 유형

8.3 화학 결합이란 무엇인가?

8.5 이온 결합으로 화합물을 형성하는 원소의 종류는 무엇인가?

8.7 다음 중 공유 결합을 가지는 화합물은 어느 것인가?
(a) HF (b) NaF (c) NCl_3 (d) $MgBr_2$ (e) CF_4

8.9 다음의 각 물질의 결합을 이온성 또는 공유성으로 분류하라.
(a) CaF_2 (b) Cl_2 (c) CO_2 (d) $FeCl_3$

8.11 다음 중 이온 결합 화합물을 나타내는 그림은 어느 것인가? (원자 표시는 원소를 나타내지만 반드시 전하를 나타내지는 않는다.)

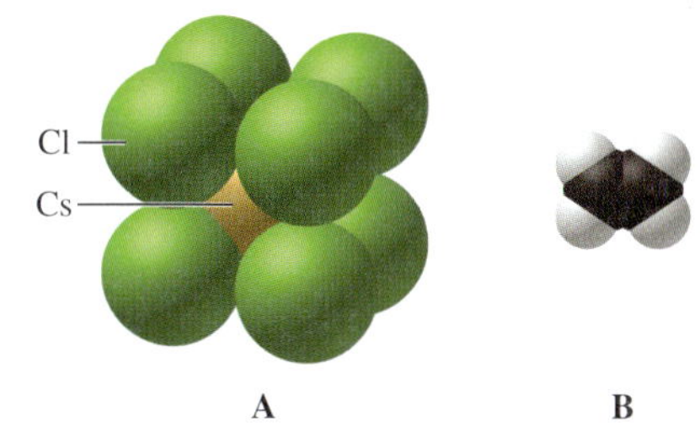

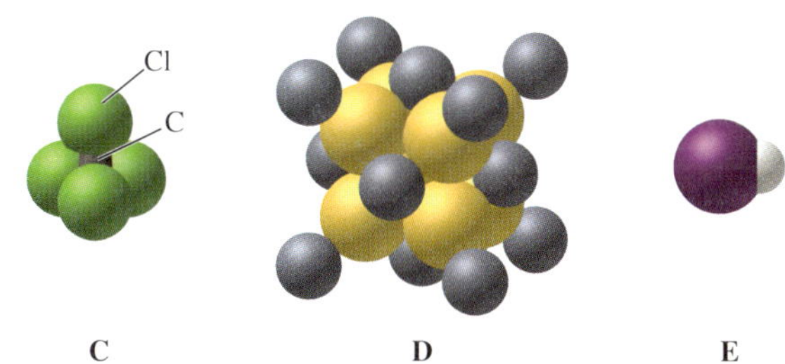

8.13 다음 중 상온에서 기체로 존재할 것으로 보이는 화합물은 어느 것인가?
(a) CH_4 (d) KBr
(b) Ca_3N_2 (e) HCl
(c) SF_4

8.15 다음 각 물질들의 끓는점이 비교적 높을지, 낮을지를 예측하라.
(a) $TlCl_3$ (d) CaO
(b) CsCl (e) O_2
(c) CO_2

8.17 주기율표의 족 아래로 내려가면 전기음성도 값이 어떻게 변하는지를 설명하라.

8.19 어떤 종류의 결합이 언제나 무극성인가?

8.21 주기적 경향을 사용하여 다음 원자들을 전기음성도가 증가하는 순서로 나열하라.
(a) Br, Cl, F, N, O (b) C, F, H, N, O

8.23 다음 각 쌍의 어떤 결합이 극성인지를 결정하고 이유를 설명하라. 극성의 방향을 나타내기 위해 각 극성 결합에 대하여 원소 기호 위에 δ+와 δ−의 위첨자를 넣어라.
(a) H−F, H−H (c) H−H, B−H
(b) Cl−I, Cl−Cl

8.25 다음 결합들을 극성이 증가하는 순서로 나열하라.
(a) O−H, C−H, H−H, F−H
(b) O−Cl, C−Cl, H−Cl, F−Cl

이온 결합

8.27 Lewis 기호로부터 어떤 정보를 얻을 수 있는가?

8.29 다음 원자들의 원자가 전자를 나타내는 Lewis 기호를 그려라.
(a) C (c) Se (e) Cs
(b) I (d) Sr (f) Ar

8.31 다음 이온들의 원자가 전자를 나타내는 Lewis 기호를 그려라.
(a) Cl^- (c) S^{2-} (e) B^{3+}
(b) Sc^{3+} (d) Ba^{2+}

8.33 이온의 Lewis 기호를 사용하여 다음 각 이온성 염들에 대한 화학식을 써라.
(a) LiCl (b) $BaCl_2$ (c) BaS

8.35 K^+는 자연에 알려져 있지만, K^{2+}는 알려져 있지 않는 이유를 설명하라.

8.37 플루오린화 소듐이 화학식 NaF로 나타낸 조성을 가지는 이유를 설명하라.

8.39 이온 결정과 결정 격자의 차이는 무엇인가?

8.41 그림 8.8에 나타낸 염화 소듐 구조를 설명하라. 각 소듐 이온 주위에는 염화 이온이 몇 개 있는가?

8.43 CaF_2가 NaCl과 결정 구조가 다른 이유는 무엇인가?

공유 결합

8.45 O_2와 F_2에 대한 Lewis 구조를 그려라.
(a) 두 구조에서 각 원자 주위에 있는 원자가 전자들의 수는?
(b) 각 결합을 단일, 이중, 삼중 공유 결합으로 설명하라.

8.47 수소는 왜 이원자 분자로 존재하는가?

8.49 다음 원자는 일반적으로 몇 개의 단일 결합을 형성하는가?
(a) H (b) N (c) F (d) Ne

8.51 다음 각 화합물을 형성할 수 있는 주족 원소(X)의 종류를 밝혀라.

(a) :C̈l: 위, :C̈l:Ẍ:C̈l: (b) :F̈:Ẍ:F̈: (c) :C̈l: 위, :C̈l:Ẍ:C̈l:

8.53 다음 각 물질의 Lewis 구조를 써라.
(a) HCN (c) C_2H_2 (e) C_2H_6
(b) H_3CCN (d) C_2H_4

8.55 다음각 물질의 Lewis 구조를 써라.
(a) NO_3^- (c) SO_3^{2-} (e) NO^+
(b) SO_4^{2-} (d) NO_2^-

8.57 다음 각 물질이 사이안화 이온(CN^-)과 결합 전자수가 같은지, 다른지를 결정하라.
(a) O_2 (c) CO (e) NH_3
(b) NO^+ (d) N_2

8.59 언제 공명 개념을 사용할 필요가 있는가?

8.61 다음 각 분자 또는 이온이 공명을 나타내는지, 아닌지를 확인하라.
(a) O_2 (c) SO_2 (e) SO_3^{2-}
(b) H_2O (d) NO_2

8.63 다음 각 분자 또는 이온에 대하여 공명 형태를 포함한 Lewis 구조를 써라.
(a) NO_2^- (c) $CH_3CO_2^-$ (e) HNO_3
(b) SO_3 (d) CO_3^{2-}

8.65 HF에서 수소 원자는 플루오린 원자와 두 개의 전자를 공유하지만 고립 전자쌍은 없다. 이 관찰이 팔전자 규칙의 원리와 일치하는 이유를 논의하라.

8.67 주어진 원자가 팔전자 규칙을 따르는지를 결정하라. 따르지 않으면, 팔전자 규칙에 맞지 않는 이유를 설명하라.
(a) H_2O의 O (b) SF_4의 S (c) SF_4의 F (d) SF_2의 S

8.69 다음 각 분자들의 한 원자는 팔전자 규칙을 따르지 않는다. 어떤 원자가 그 규칙에 어긋나는지를 결정하고 그 이유를 설명하라.
(a) SF_4 (b) BH_3 (c) XeF_6 (d) ClO_2

→ 탄소 화합물의 결합

8.71 탄화수소의 종류를 설명하라.

8.73 고리 화합물인 벤젠(C_6H_6)의 Lewis 구조를 그려라.

8.75 다음 각 분자들에 대하여 유기 물질의 종류를 결정하라.
(a) $CH_3{-}OH$
(b) $H_3C{-}CH_3$
(c) $H_3C{-}O{-}CH_3$
(d) $H_3C{-}CH{=}CH_2$
(e) $H_3C{-}\overset{\overset{\large O}{\|}}{C}{-}CH_3$

8.77 다음 각 분자들에 대하여 유기 물질의 종류를 결정하라.
(a) CH_3CH_2OH (b) $CH_3C{\equiv}CH$ (c) CH_3CH_2CHO (d) $CH_3CH_2OCH_2CH_3$

8.79 다음 각 분자들에 대하여 유기 물질의 종류를 결정하라.

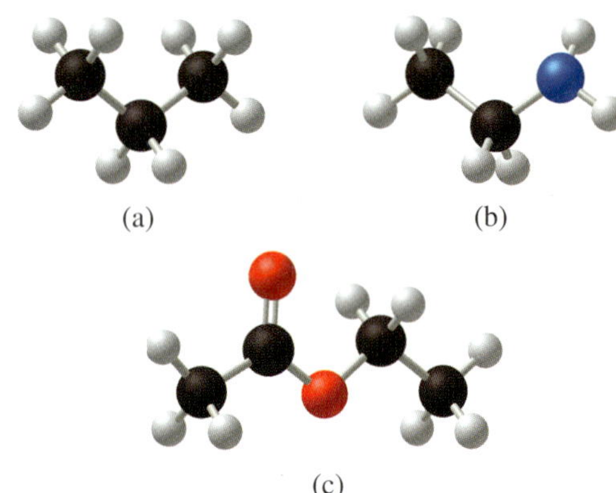

8.81 분자식이 C_4H_8O인 알데하이드를 그려라.

→ 분자의 모양

8.83 분자의 모양을 예측하기 위해 VSEPR 이론이 어떻게 사용될 수 있는가?

8.85 분자의 모양을 예측하기 전에 Lewis 구조를 그리는 것이 왜 중요한가?

8.87 다음의 각 기하학적 배열을 그려라.
(a) 사면체 (b) 삼각 평면 (c) 굽은 형 (d) 삼각뿔

8.89 다음 분자의 모체 구조를 예측하라.
(a) $BeCl_2$ (b) PH_3 (c) SCl_2 (d) SO_2 (e) H_2Te (f) SiH_4 (g) BBr_3 (h) H_2O

8.91 다음 분자에 대한 모양을 예측하고 근사적 결합각을 구하라.
(a) $BeCl_2$ (b) PH_3 (c) SCl_2 (d) SO_2 (e) H_2Te (f) SiH_4 (g) BBr_3 (h) H_2O

8.93 다음 분자의 결합각을 예측하라.
(a) NH_3 (b) H_2O (c) HCl (d) HCN (e) BF_3 (f) H_2CO (g) PCl_3

8.95 다음의 특징을 가지는 분자 또는 다원자 이온의 예를 찾아라.
(a) 중심 원자에 비공유 전자쌍은 없고 세 개의 결합된 원자만 존재
(b) 중심 원자에 세 개의 결합된 원자와 한 개의 비공유 전자쌍
(c) 중심 원자에 두 개의 결합된 원자와 두 개의 비공유 전자쌍

8.97 다음 구조를 가질 수 있는 분자 또는 이온을 구하라.

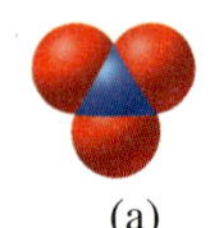
(a)

(b)

(c)

(d)

8.99 이것은 NO_3^-의 구조인가, ClO_3^-의 구조인가?

8.101 다음 분자 또는 이온들 중 중심 원자에 고립 전자쌍이 있는 것은 어느 것인가?

A

B

C

D

8.103 하이드라진(N_2H_4)은 공기 중에서 증기로 변하기 쉬운 무색의 기름과 같은 액체이고, 암모니아와 유사한 향기를 가지며 로켓 연료로 사용된다. 원자들의 순서는 H_2NNH_2이다. 각 질소 원자에는 비공유 전자쌍이 몇 개 있는가?

8.105 클로로피크린(chloropicrin, Cl_3CNO_2)은 시리얼과 곡물을 상하게 하는 곤충에 사용되었던 살충제로, 강한 냄새를 가진 액체이다. 클로로피크린 분자 안의 Cl–C–Cl, Cl–C–N, C–N–O, O–N–O 결합각을 예측하라.

8.107 결합 극성과 분자 극성을 구별하여 설명하라.

8.109 사염화 탄소가 극성 결합이 있지만, 어떻게 여전히 무극성 분자인지를 설명하라.

8.111 다음 분자는 극성인가, 무극성인가?
(a) HI
(b) CHF_3
(c) SO_2Cl_2
(d) PF_3

8.113 다음 각 쌍의 분자에 대해 어떤 분자가 극성인지를 결정하고, 그 분자가 극성인 반면에 다른 분자가 극성이 아닌 이유를 설명하라.
(a) SO_2, CO_2 (b) SO_2, SO_3

(c) $SeCl_2$, $BeCl_2$ (d) CH_4, CH_3I

8.115 다음 중 어떤 분자가 축전기에 놓으면 전기장과 나란히 배열하는가? (단, 결합은 극성으로 가정한다.)

8.117 CF_4와 CCl_2F_2 중 어떤 분자가 물에 더 잘 녹겠는가?

8.119 다음 중 극성인 분자는 어느 것인가? (단, 결합은 극성으로 가정한다.)

➔ 추가 연습 문제

8.121 다음 원자의 원자가 전자를 나타내는 Lewis 기호를 그려라.
(a) Br (c) S (e) Be
(b) Pb (d) Ca (f) Xe

8.123 다음 원자들을 전기음성도가 감소하는 순서로 나열하라.
Br, Cl, F, I.

8.125 다음의 각 물질을 주된 결합 유형에 따라 분류하라.
(a) HCN (c) P_4 (e) $MnCl_2$
(b) $AuCl_3$ (d) SO_2

8.127 다음 각 분자들에 대한 Lewis 구조를 써라.
(a) N_2H_2 (c) AsF_3 (e) CO
(b) CS_2 (d) CO_2

8.129 다음 각 물질에 대하여 필요하다면 공명 형태를 포함하여 가장 좋은 Lewis 구조를 써라.
(a) ClO_4^- (c) NCO^- (e) BF_3
(b) NO_2^- (d) HCO_2^-

8.131 다음의 분자 모양을 설명하라.
(a) $SiCl_4$ (d) IO_3^- (g) GeH_4 (j) ClO_2^-
(b) $GaCl_3$ (e) PCl_4^+ (h) $SOCl_2$
(c) NCl_2^+ (f) OF_2 (i) Br_2O

8.133 각 쌍의 기체 분자 중 어떤 것이 극성인지를 결정하고, 그 분자가 극성이지만 다른 것은 극성이 아닌 이유를 설명하라.
(a) $BeCl_2$, OCl_2 (c) BCl_3, $AsCl_3$
(b) PH_3, BH_3 (d) SiH_4, NH_3

8.135 각 쌍의 분자들 중에서 더 극성인 분자를 고르고, 이유를 설명하라.
(a) CCl_4, CH_2Cl_2 (c) NF_3, NH_3
(b) CH_3F, CH_3Br (d) OF_2, H_2O

8.137 다음 각 물질의 끓는점이 비교적 높을 것인지, 낮을 것인지를 예측하라.
(a) N_2 (d) $MgBr_2$
(b) NO_2 (e) NH_3
(c) KCl

8.139 다음 물질의 결합 유형을 구하라(이온 결합, 공유 결합, 두 결합 모두 가짐).
(a) Br_2
(b) Na_2SO_4
(c) KOH

8.141 분자식이 C_3H_7OH인 두 가지 알코올의 Lewis 구조를 써라.

8.143 HCN 분자에는 몇 개의 단일 결합, 이중 결합, 삼중 결합이 포함되어 있는가? 또한 분자에 존재하는 비공유 전자쌍의 수를 구하라.

8.145 네 개의 탄소 원자와 8개의 수소 원자를 포함하는 케톤의 Lewis 구조를 써라.

제 9 장

기체 상태

The Gaseous State

Joel은 대기 과학을 수강하는 학생이다. 그와 그의 실험 팀은 수업 프로젝트로 기상 관측 기구를 발사하게 되었다. 그 기구는 헬륨으로 가득 차 있고, 외부 압력이 감소함에 따라 팽창하는 라텍스 소재로 만들어져 있다. 기구에 부착된 장치에는 기구가 올라가면서 대기의 압력과 온도를 추적 관찰하기 위해 Joel과 그의 그룹이 사용할 많은 도구 들이 포함되어 있다. Joel의 프로젝트는 더 큰 과학적 탐구의 일부분인 것이다. 그의 발사 시간은 지구의 여러 지역에 산재된 연구소들의 수백 가지의 다른 유사한 기구들의 발사 시간과 똑같이 맞춰져 있다(그림 9.1). 발사 이후로, 그 팀은 자료를 수집하고 분석하기 위해 하루 종일 일할 것이다. 저녁이 되면 그들은 휴식과 작은 축제를 열 것이다. 그들은 Joel의 집에 함께 모여 그릴에 햄버거를 구워 먹을 계획을 한다.

그림 9.1 기후 조건을 예보 및 보고하기 위해 기상 관측 기구는 지구의 수백 개의 지점에서 동시에 방출된다.

그러나 발사가 먼저이다. Joel과 그의 팀은 무슨 일이 일어날지 알고 있다. 발사 후에, 기구는 지구 대기의 가장 아래층으로 올라갈 것이다. 지표면에서 약 11 km(6.8 mi)까지의 영역이 ***대류권***(*troposphere*)이다(그림 9.2). 지구의 표면에서 대류권 위쪽 끝에 도달하면 압력은 약 80%까지 떨어진다. 더불어 온도도 서서히 감소하는데, 고도가 1 km 증가할 때마다 약 7°C(또는 7 K)의 온도가 감소한다. Joel과 다른 관찰자들은 볼 수 없지만, 기구는 대류권을 위로 통과하면서 팽창하게 된다.

대류권을 넘어 ***성층권***(*stratosphere*)이 놓이게 되는데, 이 성층권은 지표면 위로 약 50 km(31 mi)의 고도까지의 영역이다. 기구가 성층권에 들어가면 압력이 계속해서 떨어져서 기구는 더 팽창한다. 불행하게도 기상 관측 기구는 성층권 상층부의 대기 조건을 견딜 수 없다. 기구가 약 30 km(19 mi)에 도달하면 라텍스는 그 능력 한계를 넘어서 팽창하여 터진다. 자료를 수집하는 장치와 전송기가 떨어지면서 작은 낙하산이 열려 기구의 착륙을 용이하게 한다. Joel과 그의 그룹은 장비를 회수할 수 있기를 희망한다.

Joel의 기상 관측 기구에 부착된 도구들은 온도, 상대 습도, 압력에 대한 자료를 전송한다. 대기의 이와 같은 특성은 기체의 행동과 연관이 있다. 물질의 세 가지 물리적 상태인 기체, 액체, 고체 중에서 기체 상태가 가장 단순하다. 왜냐하면 특정 기체의 화학적 주성과는 상관없이 기체의 많은 성질들이 같기 때문이다.

공기가 들어 있는 풍선의 크기를 변화시킬 수 있는 모든 방법을 나열하라. 이 장에서 기체의 행동을 논의할 때 사용할 수 있도록 목록을 나열하라.

대기는 우리가 너무나 당연하게 여기는 천연자원이다. 대기의 기체는 우리의 삶과 건강한 생활에 필요하다. 예를 들면 산소와 이산화 탄소 기체는 모두 생명을 유지하는

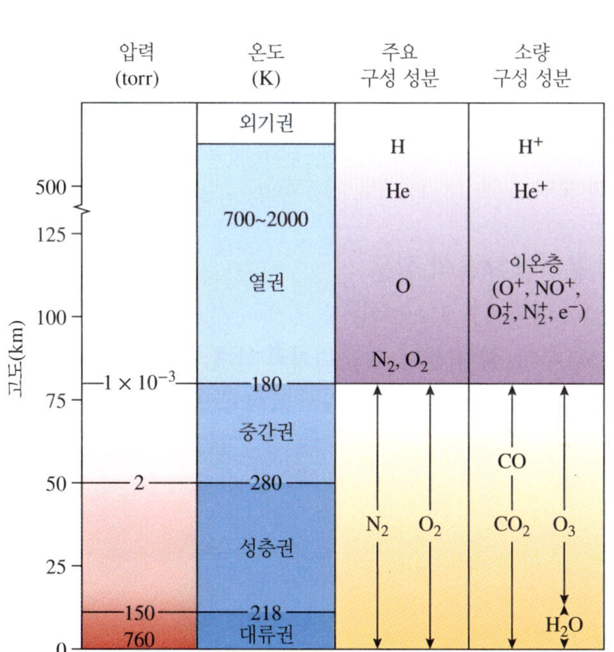

그림 9.2 대류권은 지구를 감싸는 대기의 작은 부분이다. 지표로부터 거리가 멀어지면서 온도와 압력이 어떻게 되는지 주목하라.

표 9.1 ▸ 대기의 기체 부피 백분율

기체	부피 백분율	기체	부피 백분율	기체	부피 백분율
N_2	78.09	CH_4	0.00015	O_3	0.00002
O_2	20.94	Kr	0.0001	NH_3	0.000001
Ar	0.93	H_2	0.00005	NO_2	0.0000001
CO_2	0.032	N_2O	0.000025	SO_2	0.00000002
Ne	0.0018	CO	0.00001	H_2O	다양함
He	0.00052	Xe	0.000008		

이산화 탄소는 호흡을 조절하는 데 도움을 준다. 호흡 과정의 흔한 오작동이 딸꾹질이다. 치료법 중 하나가 종이 봉지 속에서 호흡하는 것인데, 이것은 혈류의 CO_2 수준을 높여서 정상적인 호흡을 자극한다. 이때 딸꾹질은 사라진다. 그러나 몸에서 높은 수준의 이산화 탄소는 좋지 못하다. 10% 이상의 CO_2를 포함한 공기를 호흡하면 의식을 잃게 되고, 높은 CO_2 수준까지 계속 노출되면 호흡 정지와 사망에 이를 수 있다.

여러분이 대도시 지역에 살면 도시 주위의 공기는 스모그를 구성하는 많은 다른 기체를 포함한다. 이 기체들은 NO_2와 SO_2를 포함한다. 먼지와 같은 작은 입자들도 스모그에 기여한다.

공기 중 물의 부피 백분율은 마찬가지로 백분율로 나타내는 상대 습도와 다르다. 상대 습도는 주어진 온도에서 공기를 포화하는 데 필요한 물의 질량에 대해 존재하는 수증기의 질량을 측정한 것이다.

데 중요하다. 식물은 동물에 의해 소모될 수 있는 산소를 만든다. 이산화 탄소는 보완적인 역할을 한다. 즉 이산화 탄소는 동물의 호흡으로 배출되고, 식물에서 식량 생산에 필요한 기초 재료로 사용된다. 비록 우리가 이산화 탄소를 노폐물로 배출하지만 그것은 우리에게 중요하다. 몸에서 영양분을 분해하는 동안 생성되는 이산화 탄소는 건강에 필수적인 혈액 산도를 적절하게 유지하는 데 도움을 준다.

대기는 지구 질량의 단지 약 0.03%에 불과한, 총 질량이 5.2×10^{18} kg 정도인 것으로 평가된다. 그럼에도 대기의 기체들은 중력에 의해 지구로 당겨진다. 대기 각 층의 조성은 서로 다르다(그림 9.2). 대류권은 주로 N_2, O_2, CO_2, H_2O, Ar로 구성된 대부분의 대기 기체 분자들을 포함한다. 성층권은 다른 기체들 외에 약간의 오존(O_3)을 포함한다. 오존은 사람과 동물이 호흡했을 때 유독성이고, 낮은 고도에서는 광화학 스모그를 부분적으로 일으킨다. 그러나 성층권에서 오존은 태양에서 오는 유해한 자외선을 지구에 도달하기 전에 흡수한다. 제12장에서 오존에 대해 더 논의할 것이다.

표 9.1은 지표면에서의 대기의 조성을 나타낸다. 주요한 구성 성분은 공기의 물질 가운데 99%를 구성하는 질소와 산소이다. 공기 오염과 습기로 인하여 표에 주어진 값과 다른 조성이 될 수도 있다. 공기 중에 존재하는 수증기의 양은 열대 지방과 같은 고온 다습한 지역의 5%에서, 극지방과 같은 추운 지역 및 사막과 같은 건조한 지역의 0.01%까지 지역마다 서로 다르다.

이 장에서 기체의 물리적 성질, 특히 압력과 온도 변화를 겪으면 그들이 어떻게 행동하는지를 조사할 것이다. 이 행동은 기체가 환경 변화에 어떻게 반응하는지를 예측하게 하는 기체 법칙이라는 몇 가지 법칙으로 묘사된다. 기체 법칙을 설명하기 위해 원자 또는 분자 수준에서 기체의 행동에 대한 모형을 개발할 것이다. 이 장을 읽으면서 다음 질문들을 생각해 보자.

이 장에서 공부할 내용의 질문

9.1 기체의 일반적 성질은 무엇인가?
9.2 압력, 온도, 부피, 분자(원자)수의 변화와 함께 기체의 행동은 어떻게 변하는가?
9.3 부피, 압력, 온도, 기체의 양 사이의 수학적 관계는 무엇인가?
9.4 원자 또는 분자 운동으로 기체 행동을 설명하는 이론은 무엇인가?
9.5 화학 반응에서 기체의 양을 어떻게 계산할 수 있는가?

9.1 기체의 행동

Joel의 기상 관측 기구는 기체의 독특한 성질 때문에 조건 변화에 반응한다. O_2와 N_2와 같은 주성분이든, CO와 Ar 같은 소수 성분이든, 대기에서 발견되는 기체들은 약간의 공통된 성질을 공유한다. 기체는 여러 가지 성질 중에서 압력, 부피, 온도, 기체의 양(입자의 수)에 의해서 표현될 수 있다. 만약 이런 성질 중 하나가 변하면 나머지 중에서 한 개 또는 그 이상의 성질들도 변할 것이다.

기체는 밀도로도 표현될 수 있다. 제1장에서 밀도는 단위 부피당 질량인 것을 상기하라. 모든 기체들은 액체와 고체에 비교해서 상대적으로 밀도가 작다. 왜 기체가 지구 표면 위에 존재하고 기포가 액체를 뚫고 위로 올라가는지를 기체의 밀도가 부분적으로 설명한다. 예를 들면 정상 조건의 온도(20°C)와 대기압(해수면)에서 산소의 밀도는 0.0013 g/mL이다. 이와 비교하여 물의 밀도는 1.0 g/mL이다. 기체에 힘을 가하면 기체는 Joel이 사용한 가스 그릴의 연료 탱크와 같은 용기 안에 압축될 수 있다. Joel의 그릴에서 프로페인은 액체 상태로 압축된다. 기체가 압력하에 저장되면 그 밀도는 증가한다.

기체 분자들 사이의 공간에는 무엇이 있는가?

그와 같은 성질은 관찰하기 쉽다. 그러나 우리가 보고 측정할 수 있는 어떤 변화를 설명할 수 있는 기체 입자들에게는 무슨 일이 일어나는가? 기체 입자(원자이든 분자이든)의 성질은 여러 가지 중에서 기체의 밀도가 작아서 압축될 수 있는 이유를 설명한다.

- *기체는 비교적 멀리 떨어진(고체와 액체에 비교해서) 입자들로 구성된다.* 입자들 사이의 큰 공간은 기체가 액체와 고체에 비해 훨씬 밀도가 작은 이유를 설명한다. 기체는 빈 공간이 많기 때문에 외부 압력을 가하여 더 작은 부피로 압축할 수 있다.
- *기체 입자들은 빠르게 이리저리 움직인다.* 예를 들면 정상 조건의 온도(20°C)와 압력에서 산소 기체 분자의 평균 속력은 0.44 km/s (980 mi/h)이다.
- *기체 입자들은 충돌하지 않는 한 서로에게 영향을 주지 않는다.* 기체 입자들은 정상 온도와 압력에서 서로에게 약간의 인력만을 가지므로 모든 방향으로 자유롭게 움직인다. 기체 입자들이 충돌하면 서로로부터 튕겨 나간다.
- *기체는 팽창하여 용기를 채운다.* 기체들은 무작위 운동의 결과로 기체 용기의 부피와 모양을 가진다.

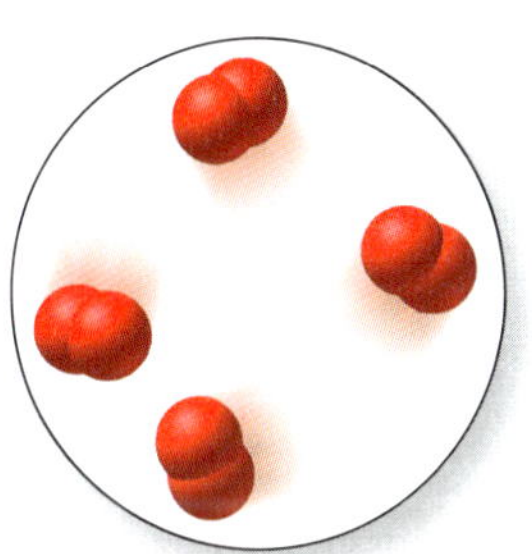

차가운 기체

따뜻한 기체

그림 9.3 기체들은 가열되면 팽창한다. 더 높은 온도에서 기체 분자들은 더 멀리 있다. 밀도는 질량 대 부피의 비이기 때문에 열린 계에서 따뜻한 기체는 같은 부피에서 더 작은 질량을 가진다. 따라서 그들의 밀도는 더 낮은 온도에서의 동일한 고체의 밀도보다 더 작다.

>> 온도와 밀도

이제 기체 입자들의 성질을 기체 행동에 대한 몇 가지 다른 관찰에 적용해 보자. 모든 기체는 가열하면 팽창하고 냉각하면 수축한다. 이것이 대기에서 바람을 일으키는 성질들 가운데 하나이다. 태양열은 대기의 기체들을 팽창시키고 기후 조건에 영향을 주는 기류를 만든다. 가열되면 기체는 왜 팽창하는가? 가해진 열은 기체 입자들의 운동 에너지를 증가시켜서 그들을 더 빠르게 움직이게 한다. 기체 입자들은 더 빠른 운동으로 인해 서로에게서 더 멀리 움직인다. 그림 9.3에 나타낸 다른 온도에서 존재하는 기체 입자들을 생각해 보자. 더 따뜻한 온도에서 기체 입자들은 더 멀리 있다. 기체가 자유롭게 팽창하고 수축하는 열린 계에서 온도가 변하면 주어진 부피 내의 기체 입자의 수가 변한다. 기체 입자들은 더 따뜻한 온도에서 더 멀리 움직여서 주어진 부피 내의 기체 입자 수는 더 적어진다. 결과적으로 따뜻한 기체는 밀도가 더 작다. 대기에서 표면의 기체는 상부의 기체보다 더 따뜻하다. 더 작은 밀도의 더 따뜻한 기체 입자들은 상승하여 더 높은 고도의 기체 입자들을 대체한다. 따뜻한 공기와 찬 공기의 이와 같은 이동은 바람을 일으키는 기류를 만든다.

여러분이 찬 곳에서 샤워를 하면 서로 다른 공기 밀도의 효과를 느낄 수 있을지 모른다. 따뜻한 수증기는 방의 상층에 존재하는 기체보다 밀도가 더 작기 때문에 수증기는 천장으로 올라간다.

기체의 성질을 더 탐구하기 위해 열기구를 생각해 보자(그림 9.4). 기구 내부를 가득 채운 공기를 가열하면 기체 입자들은 더 빠르게 더 멀리 움직인다. 기체는 팽창하지만 기구의 부피는 비탄성의 직물로 인해 고정되어 있다. 기체가 팽창하는 유일한 방법은 일부 기체들이 기구 바닥의 구멍으로 도망가는 것이다. 이제 더 적은 수의 기체 입자들

그림 9.4 열기구 안의 기체가 가열되면 기체는 팽창하여 기구를 채운다. 열기구 바닥 쪽의 구멍은 공기를 기구 안팎으로 움직이게 한다. 기구가 완전히 채워지면 기구는 더 이상 팽창할 수 없다. 기구 속의 기체가 더 가열되면 기체 입자의 일부가 도망가서 기구의 밀도가 감소한다. 궁극적으로 기구 속의 공기는 주위 공기보다 밀도가 더 작게 되어 기구가 상승한다.

©McGraw-Hill Education

이 더 멀리 떨어져 있으므로 기구 내부의 공기 밀도는 감소한다. 밀도가 더 작은 물질은 밀도가 더 큰 물질에 뜨기 때문에 기구는 상승한다.

어떤 손가락이 다치는가? 압력을 이용하여 여러분의 답을 설명하라.

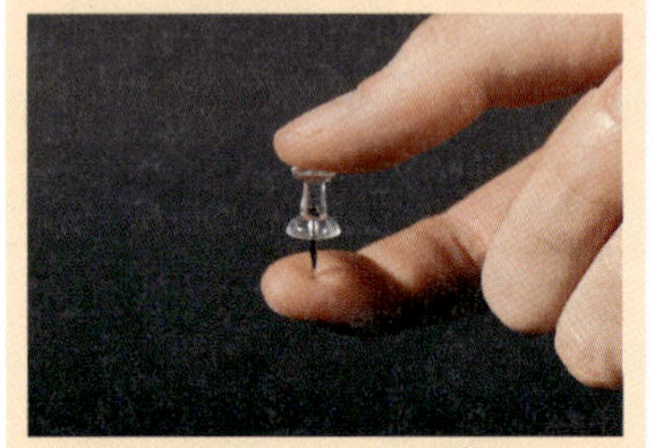

©Brian Moeskau/Moeskau Photography

압력

압력과 기체 양의 변화도 기체의 행동에 영향을 준다. 여러분이 공기 압력이 낮거나 펑크 난 것처럼 보이는 타이어에 공기를 주입하면 공기가 힘을 받음으로써 타이어는 팽창하는 것을 아마 인지하게 될 것이다. 타이어의 부피가 증가하는 것은 기체 입자 수가 증가하기 때문이다. 압력 게이지를 이용하여 타이어 내부 기체가 차를 안전하게 몰 수 있을 정도로 타이어가 충분한 압력을 가졌는지를 알 수 있다(그림 9.5).

또 다른 예로 체력 훈련에 사용되는 운동용 공을 생각해 보자(그림 9.6). 공 내부의 기체 입자들은 체중을 지탱하는 압력을 가한다.

그림 9.5 바람이 빠진 타이어에 기체를 주입하면, 기체 입자들은 타이어를 채우면서 그 기벽을 밀친다. 적당한 양의 압력은 차를 안전하게 몰 수 있게 한다.

©Brian Moeskau/Moeskau Photography

그림 9.6 운동용 공에서 공기 압력은 성인의 무게를 지탱할 정도로 충분히 크다.

©Stockbyte/PunchStock/Getty Images

풍선을 불면 벽에 충돌하는 기체 입자의 수가 증가하여 풍선이 부푼다. 기체 입자들은 일정한 운동을 하고 용기 벽에 끊임없이 부딪친다. 한 입자가 벽을 칠 때마다 용기에 힘을 가하게 된다(그림 9.7). **압력**(pressure, *P*)은 단위 면적당 가해진 힘의 양이다.

$$\text{압력}(P) = \frac{\text{힘}}{\text{면적}}$$

압력은 용기 벽에 부딪치는 기체 입자들의 힘을 용기의 표면적으로 나눈 것으로 나타낼 수 있다.

$$\text{압력}(P) = \frac{\text{기체 입자들의 힘}}{\text{용기의 면적}}$$

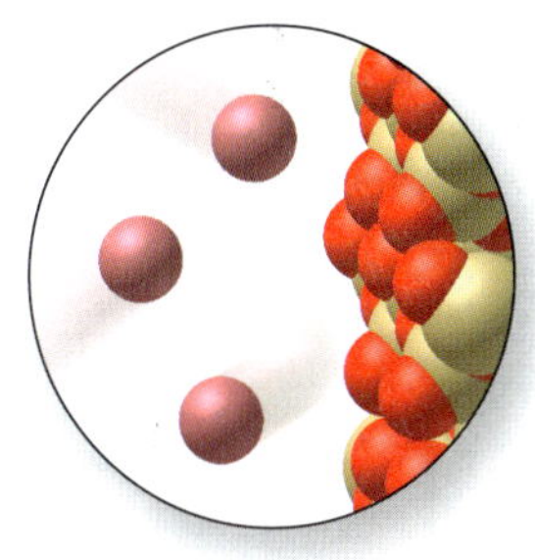

그림 9.7 오른쪽의 조밀한 구조는 유리(SiO_2)로 만들어진 용기의 단단한 벽을 나타낸다. 용기 내부의 기체 입자들은 일정한 운동을 하여 유리벽에 충돌하면서 힘을 가한다.

힘과 압력을 구별하기 위해 나무 조각에 못을 망치로 치는 것을 생각해 보자. 그림 9.8A에 나타낸 것처럼 망치로 못에 적당한 양의 힘을 가하면 못이 판자를 뚫을 것이다. 그러나 못을 거꾸로 하면 같은 힘을 가해도 못은 판자 속으로 들어가지 않을 것이다(그림 9.8B). 못이 위아래가 뒤집히면 못 머리의 면적이 끝의 면적보다 더 크기 때문에 가해진 압력은 매우 감소한다.

작은 면적에 적절한 힘을 가하면 굉장히 큰 압력을 가할 수 있다. 예를 들면 똑바로 선 못 위에 체중이 115 lb인 사람이 선 것을 가정한다. 못의 끝이 0.0100 in^{2}의 면적을 가질 때 발생한 압력은 다음과 같다.

$$\text{압력}(P) = \frac{\text{힘}}{\text{면적}} = \frac{115\ \text{lb}}{0.0100\ \text{in}^2} = 11{,}500\ \text{lb/in}^2$$

그것은 못이 사람의 발을 뚫고 들어가기에 충분하다.

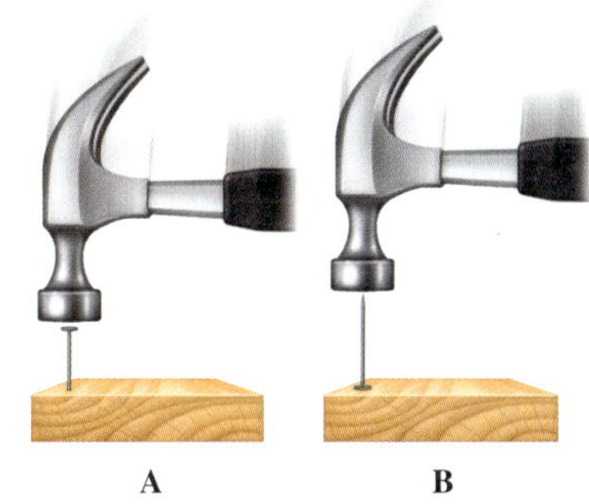

그림 9.8 두 경우 모두 망치가 못에 가하는 힘은 동일하다. 못을 뒤집으면 힘이 더 넓은 면적으로 분산된다.

못을 치는 망치처럼 기체들은 용기 벽에 힘을 가한다. 그림 9.9에 나타낸 그림을 생각해 보자. 그림 9.9A에서 더 적은 수의 기체 원자들이 같은 크기의 용기에 존재한다. 더 적은 수의 원자들은 단위 시간당 충돌수가 적기 때문에 용기 벽의 단위 면적당 작은 힘을 가한다. 그 결과로 더 낮은 압력이 나타난다. 그림 9.9B에 보이는 것처럼 더 많은 수의 원자들은 단위 시간당 충돌수가 더 많기 때문에 더 큰 힘을 가한다.

기체가 용기 벽에 가하는 압력을 혈압과 연관 지을 수 있다. 심장이 뛸 때, 혈액은 혈관계에 있는 정맥 혈관벽에 압력을 가한다. 혈압은 상박 주위를 둘러싸는 공기 주입식 커프를 이용하여 측정한다. 커프가 부풀려지면서 커프 내부 기체 입자들은 팔의 혈관에 압력을 가하게 되고 일시적으로 순환 작용을 막는다. 공기가 커프로부터 풀어지게 되면, 혈액은 다시 팔에서 흐르게 되고 압력이 측정된다.

압력은 여러 가지 방법으로 표현될 수 있다. 일상생활에서 가장 자주 접하게 되는

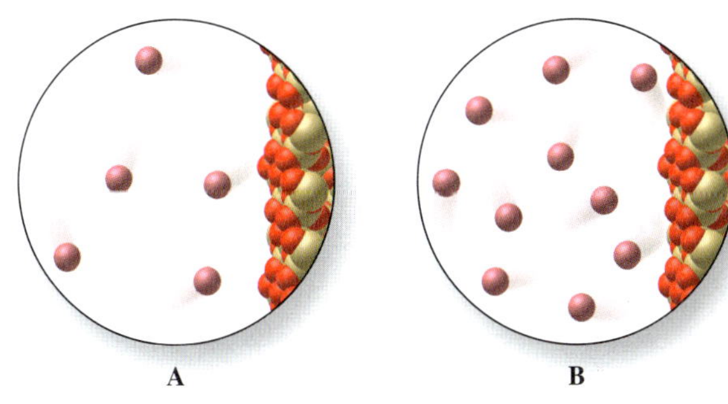

그림 9.9 (A) 기체 입자들은 유리 용기의 벽에 압력을 가한다. (B) 기체 입자의 수가 더 많은 경우 주어진 면적에 충돌하는 횟수가 증가하기 때문에 압력이 증가한다.

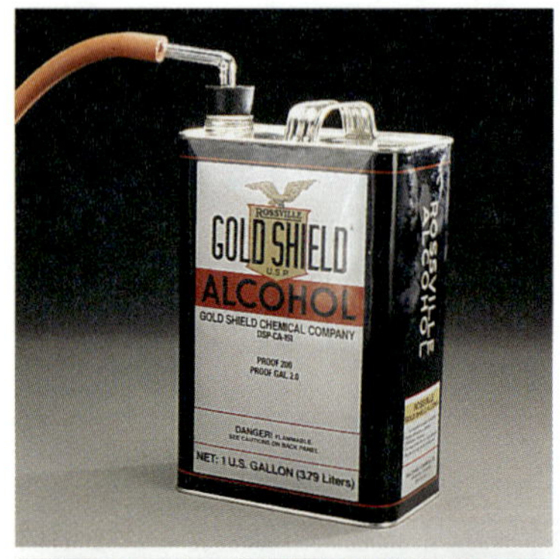

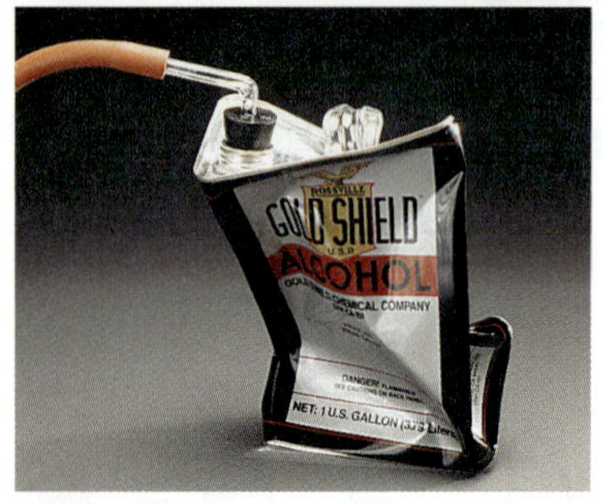

그림 9.10 진공 펌프로 금속 깡통 내부의 공기를 제거하면 외부 공기의 압력이 깡통을 구긴다.

것이 제곱인치당 파운드(lb/in^2 또는 psi)이다. 많은 자동차 타이어는 30 psi의 압력까지 팽창한다. 자전거 타이어는 60~100 psi 사이의 압력까지 팽창한다. 대기의 공기 분자에 의한 압력은 타이어 내에서 만들어지는 것보다 훨씬 더 작은 약 14.7 psi 수준이다. 그러나 그림 9.10에 나타낸 것처럼 대기의 압력은 중요하다. 깡통에 부착된 진공 펌프는 깡통으로부터 공기를 제거할 수 있다. 빈 깡통 밖의 기체의 압력은 깡통을 구길 수 있을 만큼 크다.

매일의 일기 예보에서 또 다른 압력 측정의 예를 접한다. 예를 들면 예보관이 "오늘 기압계의 압력은 29.95인치이고 떨어지고 있다"고 말하는 경우다. 인치가 어떻게 압력을 나타내는가? **기압계**(barometer)라는 장치는 대기 압력을 측정하는 데 사용된다. 원래 기압계는 한쪽 끝이 밀폐된 관에 수은을 가득 채워 수은이 담겨 있는 용기에 거꾸로 세워 놓은 것이다. 그림 9.11에 나타낸 것처럼 수은 관 속 수은의 무게에 의한 압력이 수은 저장조 위의 대기에 의해 가해진 압력과 같아지도록 수은주의 높이가 올라가거나 내려간다. 그러므로 대기 압력의 변화는 수은 기둥의 높이의 변화를 야기한다. 관에 있는 수은주의 높이가 더 클수록 대기 압력은 더 높다. 현대 기압계는 다르게 고안되었지만 인치로 측정된 기압계의 수은주의 높이에 기초한 단위들이 종종 미국에서 대기 압력을 나타내기 위해 사용된다.

정상 기후 조건에서 해수면에서 대기의 압력은 29.9 in(76.0 cm) 높이의 수은주에 해당한다. 이 압력이 기압계 단위와 연관된 표준 ***기압***(*atmosphere*, atm) 단위의 기초이다.

$$1 \text{ atm} = 29.9 \text{ in Hg} = 76 \text{ cm Hg} = 760 \text{ mm Hg}$$

화학계에서 기체의 압력은 많은 경우에 1 atm보다 작으므로 일반적으로 torr의 이름을 가진 mm Hg 단위로 종종 측정된다. 1 torr는 1 mm Hg와 같기 때문에 torr는 1 atm 단위와 다음과 같이 연관된다.

$$1 \text{ atm} = 760 \text{ torr} = 760 \text{ mm Hg}$$

atm 혹은 torr 단위가 화학자가 수행하는 측정 종류에 가장 유용하기 때문에, 이 책에서는 이 두 단위를 일반적으로 사용할 것이다. 그러나 때로는 다른 단위로 환산할 필요가 있다. atm의 공식적 SI 단위는 ***파스칼***(*pascal*, Pa)이다. 이 단위는 대기 압력과 다음과 같이 연관된다.

$$1 \text{ atm} = 101{,}325 \text{ Pa}$$

미터 체계를 사용하는 나라의 날씨 관련 방송에서의 대기 압력은 헥토파스칼 또는 킬로파스칼로 표현된다. 제곱인치당 파운드도 대기 압력과 연관될 수 있다.

$$1 \text{ atm} = 14.7 \text{ lb/in}^2$$

이 단위들 사이의 환산은 예제 9.1에서 설명한 것처럼 표준 대기에 대한 관계를 사용하여 매우 쉽게 수행된다.

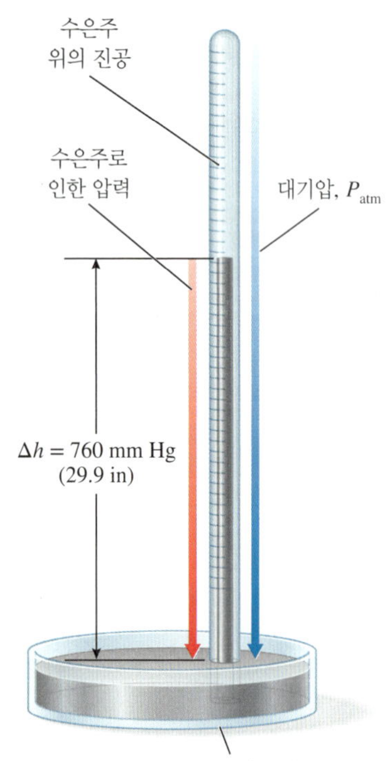

그림 9.11 수은 기압계는 대기 압력을 측정하기 위해 사용될 수 있다. 수은조에 담긴 수은 위의 대기 압력은 수은주에 힘을 가하여 대기 압력을 나타내는 높이(Δh)가 된다.

예제 9.1 ▶ 압력 단위 환산하기

735 torr를 atm과 pascal 단위로 표현하라.

» 풀이:

압력 단위를 torr에서 atm 단위로 환산하기를 원한다.

torr와 atm 사이의 관계는 다음과 같다.

$$1 \text{ atm} = 760 \text{ torr}$$

이 관계를 환산 인자로 사용할 수 있다.

$$P_{\text{atm}} = 735 \cancel{\text{torr}} \times \frac{1 \text{ atm}}{760 \cancel{\text{torr}}} = 0.967 \text{ atm}$$

다음 환산 인자를 이용하여 파스칼로 바꿀 수 있다.

$$1 \text{ atm} = 101{,}325 \text{ 파스칼}$$

$$P_{\text{Pa}} = 0.967 \cancel{\text{atm}} \times \frac{101{,}325 \text{ Pa}}{1 \cancel{\text{atm}}} = 9.80 \times 10^4 \text{ Pa}$$

➔ 응용 연습 9.1

5431 피트 고도에서 Denver의 평균 대기 압력은 약 0.822 atm이다. 이 압력을 torr 단위로 나타내라. 735 torr의 압력은 해수면 가까이나 Denver 가까이 중 어느 곳에서 관측되겠는가?

➔ 실전 연습 9.1

한 기체의 압력이 8.25×10^4 pascal이다. 이 압력을 atm과 torr 단위로 나타내라.

➔ 심화 연습: 연습 문제 9.29

기압계와 관련된 원리를 발견한 과학자인 Torricelli(Evangelista Torricelli, 1608~1647)의 공로를 기리기 위해 단위 *torr*가 사용된다. 그가 원리를 발견할 즈음에, 그의 후원자들 가운데 한 사람인 Pascal이 프랑스의 한 산 정상에 기압계를 가져가서 압력을 측정하였다. 그리고 그 값을 바닥에서 기압계에서 얻은 압력 눈금과 비교하였다. 예상했던 것처럼 산 정상의 압력은 바닥에서의 압력보다 더 작았다. 그 이유는 대기의 밀도가 더 높은 고도에서 더 작기 때문이다.

9.2 기체의 성질에 영향을 주는 인자

Joel의 기상 관측 기구가 지표면에서 더 높은 고도로 올라가면서 온도, 압력, 부피의 변화를 접하게 된다. 각 인자들은 일정량의 기체의 행동에 영향을 미친다. 또 다른 인자는 존재하는 기체 입자의 수이다. 이 절에서는 기체에 대한 정량적 예측을 가능하게 하는 이 인자들 사이의 관계를 설명할 것이다.

>> 부피와 압력

Joel과 그의 팀은 기상 관측 기구의 상승에 따른 대기 압력의 변화를 측정한다. 압력의 변화는 기구의 부피에 영향을 준다. 그림 9.12에서 대기 압력이 감소하면 기구가 팽창한다는 것을 주목하라. 왜 이런 현상이 일어나는가? 기구 내부와 외부가 동등한 압력을 유지하기 위해 기체 입자들은 퍼져 나간다. 밀폐된 기구 안에서 이렇게 할 수 있는 유일한 방법은 기구의 부피가 증가하는 경우이다.

또 다른 예로 큰 어항의 바닥에서 방출된 작은 기체 기포의 크기에 어떤 일이 일어나는지 살펴보자(그림 9.13). 여러분이 수영장이나 호수의 깊은 물속으로 뛰어들면 수면 아래에서 압력이 증가하는 것을 느낀다. 어항 속 깊은 곳에 있는 기포들은 같은 현상을 겪는다. 기포가 올라가면서 기포에 가해진 압력이 감소한다. 왜냐하면 기포 위에서 아래로 가하는 물의 양이 많지 않기 때문이다. 그러므로 기포는 올라가면서 크기가 커진다.

그림 9.12 그림 9.1의 기상 관측 기구가 상승하면서 팽창하여 기구 내부와 외부가 동등한 압력을 유지한다. 대기 압력이 감소하기 때문에 기구가 팽창하여 기구의 부피가 증가하면 기구 내부의 기체 압력은 감소한다. 그리고 기구 내부와 외부의 압력이 같게 된다. 마침내 기구는 팽창하여 터진다.

그림 9.13 어항 속의 기포가 물의 표면에 가까워지면 그 크기가 증가한다. 바닥의 기포는 위쪽의 기포보다 주변의 물 분자들로부터 더 큰 압력을 겪는다.

©Juniors Bildarchiv GmbH/Alamy Stock Photo

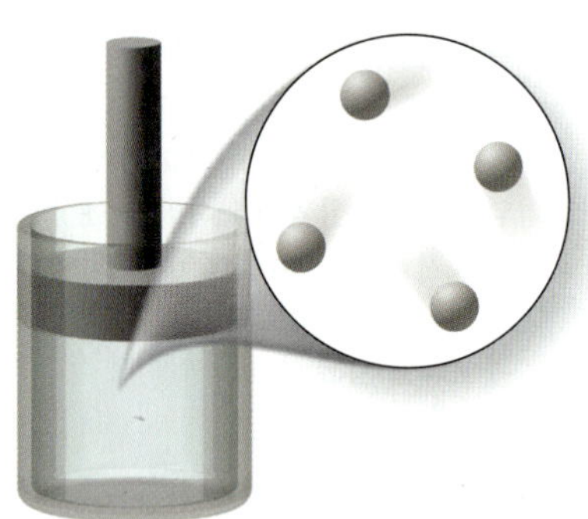

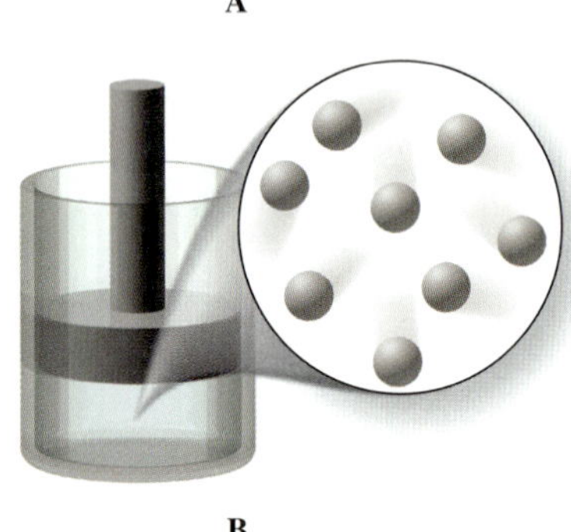

그림 9.14 (A) 움직일 수 있는 피스톤이 달린 실린더의 기체 원자들, (B) 피스톤이 아래로 움직이면 부피가 감소하여 원자들이 서로 더 가까워지므로 실린더 벽에 더 큰 압력을 가한다.

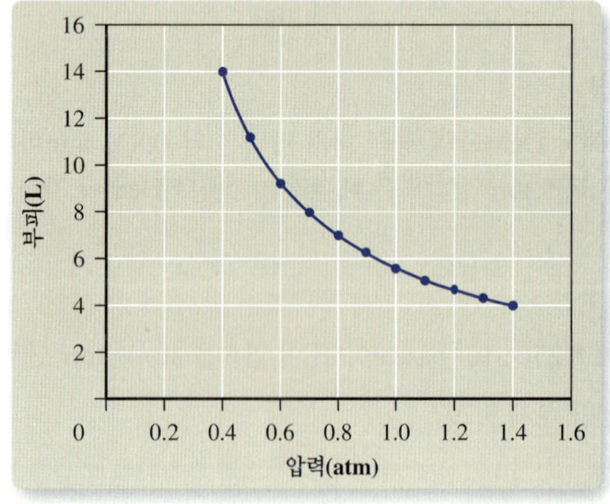

그림 9.15 이 그래프는 일정한 온도의 기체에 대한 부피와 압력의 관계를 나타낸다. 압력이 증가하면 부피는 어떻게 되는가?

기체 부피에 대한 압력의 효과는 그림 9.14에 나타낸 것처럼 피스톤에서 관찰될 수 있다. 이 계에서는 일정한 양의 기체가 내부에 밀봉되어 있다. 피스톤을 아래로 밀면 외부 압력이 용기 내의 기체에 가해진다. 일단 피스톤을 멈추면 피스톤에 의해 가해진 압력이 내부의 압력과 같아지고, 따라서 용기 내의 기체가 용기 내부 벽에 가한 압력은 증가하게 된다.

기체가 압축될 때 부피와 압력을 측정하면 이 양들을 그림 9.15에 나타낸 것처럼 그래프로 나타낼 수 있다. 이 그래프에서 부피와 압력 사이의 관계를 결정할 수 있는가? 압력이 증가하면 부피는 어떻게 되는가? 부피가 증가하면 압력은 어떻게 되는가? 압력과 부피가 그래프를 따라 변하면 용기 내의 입자들은 어떻게 되는가? 그래프에 대한 해석을 사용하여 예제 9.2의 질문에 답하라.

예제 9.2 ▶ 기체의 부피와 압력의 도식 관계

그림에 나타낸 피스톤은 헬륨 기체에 대한 초기 조건을 나타낸다. 부피와 압력이 그래프의 점 *A*에 상응한다고 가정한다. 만약 압력이 2배로 증가하면 그래프 상에서 새로운 부피와 압력 조건에 상응하는 점은 어디인가?

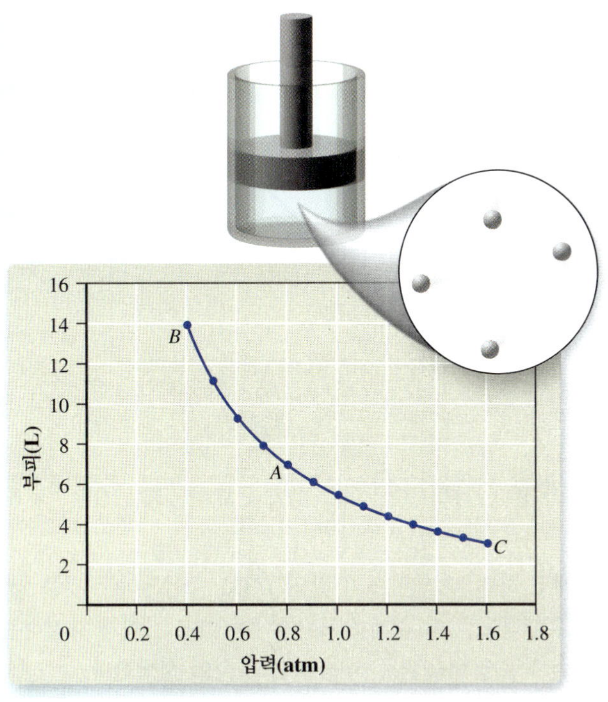

》 풀이:

그래프에 의하면 압력이 두 배가 되면 부피는 절반이 된다. 피스톤의 기체의 초기 조건인 점 *A*는 압력이 0.8 atm이고 부피가 약 7 L이다. 압력이 1.6 atm으로 두 배가 되면 부피는 약 3.5 L로 줄어든다. 이것은 점 *C*에 상응한다.

→ 응용 연습 9.2

점 *A*의 초기 압력과 부피에서 시작해서 조건이 점 *B*로 바뀐다면, 압력과 부피는 어떻게 되는가?

→ 실전 연습 9.2

그림은 점 *A*로 정의되는 초기 조건에서 미세 부피에 존재하는 원자를 원자 수준에서 나타낸 것이다. 점 *C*에서 같은 미세 부피의 원자를 나타내는 그림을 그려라.

→ 심화 연습: 연습 문제 9.35

방금 설명한 관계를 **Boyle 법칙**(Boyle's law)이라고 한다. *일정한 온도에서 주어진 질량의 기체에 대해 부피는 압력에 반비례하여 변한다.* 즉 온도가 일정할 때 압력이 증가하면 부피는 감소한다. 또는 다른 관점에서 부피가 증가하면 압력은 감소한다. 이 관계를 이해하기 위해 용기 내의 기체 분자들이 어떻게 행동하는지를 생각해 보자. 기체 분자들은 일정하게 움직이고 용기 벽에 부딪진다. 이 충격이 힘을 가하고 벽 안쪽에 압력을 가한다. 외부 압력에 의해 기체를 더 작은 부피로 압축하면 분자들은 벽을 치는데 그렇게 긴 거리를 여행할 필요가 없고, 결과적으로 그들은 더 자주 충돌한다. 충돌이 더 빈번해지면 벽에 가해지는 힘은 더 커지고 결과적으로 압력이 더 높아진다.

1622년에 영국 화학자인 Boyle(Robert Boyle)은 기체의 압력과 부피 사이의 관계를 발견하였다.

동영상: Boyle 법칙 실험

그림 9.15의 자료를 더 정량적으로 살펴보면, 압력을 두 배로 하면 부피는 절반이

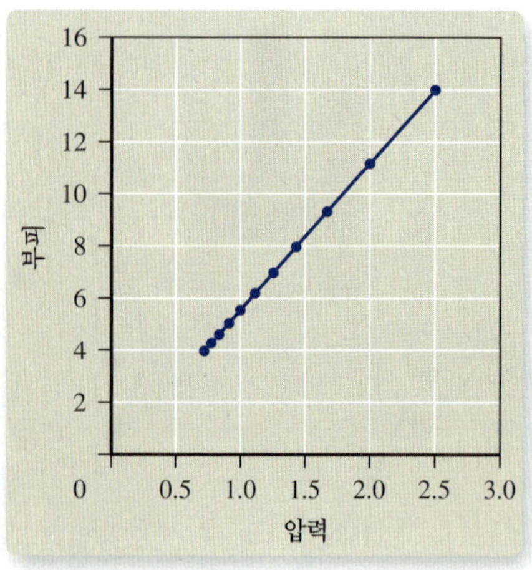

그림 9.16 부피를 압력의 역수(1/*P*)에 대해 그리면 직선이 얻어진다.

변수들이 비례 관계에 있으면 수학적 관계를 나타내기 위해 기호 ∝가 사용된다. 예를 들면 *x*가 *y*에 비례하면 그 관계를 $x \propto y$로 나타낼 수 있다. 두 변수가 반비례하면 변수의 하나를 역으로 나타내어야 하는 것을 제외하고는 유사한 표현을 사용할 수 있다.

$$x \propto \frac{1}{y} \quad \text{또는} \quad y \propto \frac{1}{x}$$

되고, 압력을 세 배로 하면 부피는 초기 값의 1/3로 줄어든다는 것을 알 수 있다. Boyle 법칙을 사용하여 수학적으로 이 관계를 표현할 수 있다. 기체가 차지하는 부피는 압력에 반비례한다. 부피를 *V*로 압력을 *P*로 하면 다음의 식이 성립한다.

$$V \propto \frac{1}{P}$$

또한 상수를 사용하여 등가 관계를 나타낼 수 있다.

$$V = \text{상수} \times \frac{1}{P} \quad \text{또는} \quad V = \frac{\text{상수}}{P}$$

이 반비례 관계를 나타내기 위해 그림 9.15에 나타낸 자료를 다른 방식의 그래프로 그릴 수 있다. 부피를 압력의 역수(1/*P*)에 대해 그리면 그림 9.16에 나타낸 것처럼 직선을 얻게 된다.

부피와 압력을 연관시키는 이 식은 다음과 같이 다시 쓸 수 있다.

$$PV = \text{상수}$$

기체의 양(질량과 몰로 정의되는)과 온도가 같다면 모든 압력과 부피에 대한 상수는 같은 값을 가진다. 그림 9.15를 다시 보라. 두 개의 서로 다른 점에서 부피와 압력의 곱은 같은 값임을 확인하라. 즉 다른 *P*와 *V* 상태의 점에서 그들의 곱의 값은 상수와 같다.

$$P_1V_1 = \text{상수} \qquad P_2V_2 = \text{상수}$$

아래 첨자는 부피와 압력의 그림에서 어떤 두 점을 의미한다. P_1V_1과 P_2V_2 모두 동일한 상수면 그들은 또한 서로 같아야 한다.

$$P_1V_1 = P_2V_2$$

온도와 기체의 질량(또는 몰)이 일정하게 유지되는 한, 정상 대기 조건에서 Boyle 법칙은 많은 기체에 적용된다. 예측된 직선 관계를 따라 행동하는 기체를 **이상 기체**(ideal gas)라고 한다.

주어진 식은 여러 가지 압력-부피 계산에 사용될 수 있다. 예제 9.3에 나타낸 것처럼, 네 개의 값들 가운데 세 개를 알면 다른 것은 계산할 수 있다.

예제 9.3 압력-부피 관계

어떤 풍선을 1.00 atm에서 가득 채우면 512 mL의 헬륨을 포함한다. 풍선이 2.50 atm의 압력에 놓이면 부피는 어떻게 될까?

풀이:

최종 부피를 계산하기 위해 Boyle 법칙을 사용하기 전에 문제를 정성적으로 생각해 보자. 원래의 압력보다 더 큰 압력을 주면 풍선에는 어떤 변화가 일어날 것으로 예상하는가? 부피는 증가하는가, 감소하는가? 어떤 인자에 의해 부피가 변할 것으로 예상하는가? 압력과 부피는 반비례하기 때문에 압력의 증가와 함께 부피의 감소가 예상될 것이다. 압력이 2.50배로 증가하기 때문에 부피는 2.50배로 감소할 것으로 예상한다. 이제 최종 압력을 계산하기 위해 Boyle 법칙을 적용하자. P_1은 1.00 atm, P_2는 2.50 atm, V_1은 512 mL, V_2는 모른다.

초기 조건	최종 조건
$P_1 = 1.00$ atm	$P_2 = 2.50$ atm
$V_1 = 512$ mL	$V_2 = ?$

다음 관계를 사용하여 새로운 부피를 결정할 수 있다.

$$P_1V_1 = P_2V_2$$

이 식을 재배열하여 모르는 부피에 대해 풀 수 있다.

$$V_2 = \frac{P_1V_1}{P_2}$$

이제 P_1, V_1, P_2를 식에 대입하여 V_2에 대해 풀 수 있다.

$$V_2 = \frac{(512\ \text{mL})\ (1.00\ \cancel{\text{atm}})}{(2.50\ \cancel{\text{atm}})} = 205\ \text{mL}$$

응용 연습 9.3

이와 같은 계산에서 일반적인 오류는 압력 값들을 변환할 때 일어난다. "이 답이 상식에 맞는가?"를 항상 자신에게 물어보라. 여러분이 계산에서 1280 mL를 얻었다고 가정하자. 이 답이 상식에 맞지 않는 이유를 설명하라.

실전 연습 9.3

2.50 atm의 산소 기체 455 mL를 282 mL의 부피로 압축하는 데 필요한 압력은 얼마인가?

심화 연습: 연습 문제 9.37

다음의 감자칩 봉지 중 위 사진은 7000 ft(또는 2120 m) 고도에서, 아래 사진은 1220 ft (또는 370 m) 고도에서 찍은 것이다. 더 높은 고도에서 봉지가 더 팽창하는 이유는?

©Steven M. Marks

부피와 온도

부풀려진 풍선을 뜨거운 햇빛에 놓으면 더 커진다. 심지어 풍선이 한계 이상으로 부풀어서 터질지 모른다. 팽창한 풍선을 매우 찬 액체 질소 속에 놓으면 매우 작은 부피로 수축한다. 그러나 그림 9.17에 나타낸 것처럼 따뜻한 상온에 두면 다시 원래의 부피가 된다. 일정한 압력에서 온도를 체계적으로 변화시키면서 일정한 양의 기체의 부피를 주의 깊게 측정한다고 가정 하자(그림 9.18). 그래프로부터 부피와 온도 사이의 관계를 결

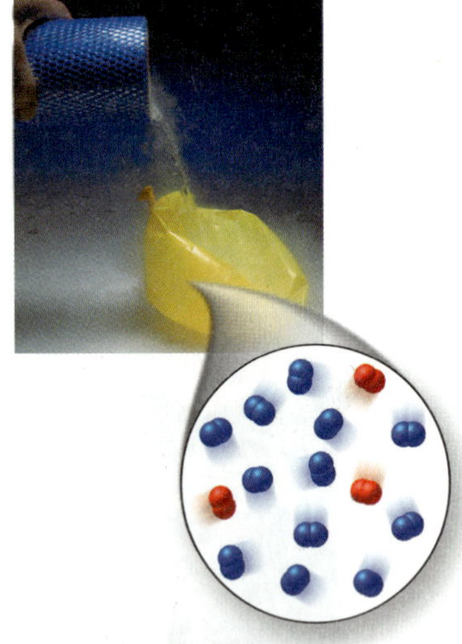

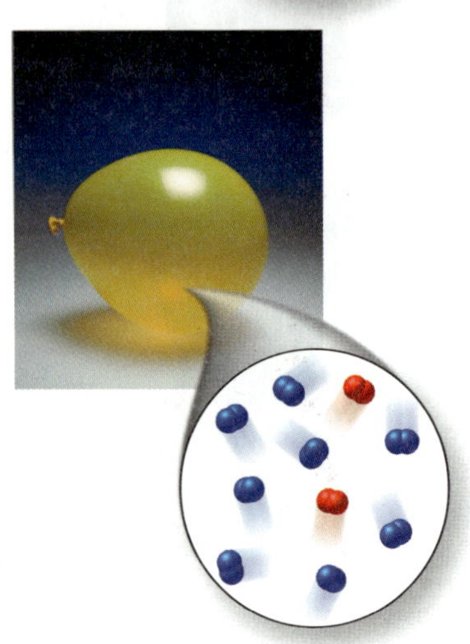

그림 9.17 공기가 가득 찬 풍선이 액체 질소에서 77 K로 냉각되면 내부 공기의 부피가 급격히 감소한다. 풍선이 상온으로 다시 가열되면 기체는 원래의 부피가 된다.

kelvin 온도는 섭씨 온도 더하기 273.15와 같다는 것을 상기하라.

$$T_{켈빈} = T_{섭씨} + 273.15$$

인터넷 핫스팟

상당수 학생들이 부피-온도의 관계에 어려움을 겪고 있다고 한다. 이 주제에 대한 추가 학습 자료를 보려면 SmartBook에 접속하라.

정할 수 있는가? 온도가 올라가면 부피는 어떻게 변하는가? 부피는 온도에 비례하는가, 반비례하는가? 부피와 온도가 그래프를 따라 변하면 용기 내의 입자에는 무슨 일이 일어나는가? 그래프를 사용하여 예제 9.4의 질문에 답하라.

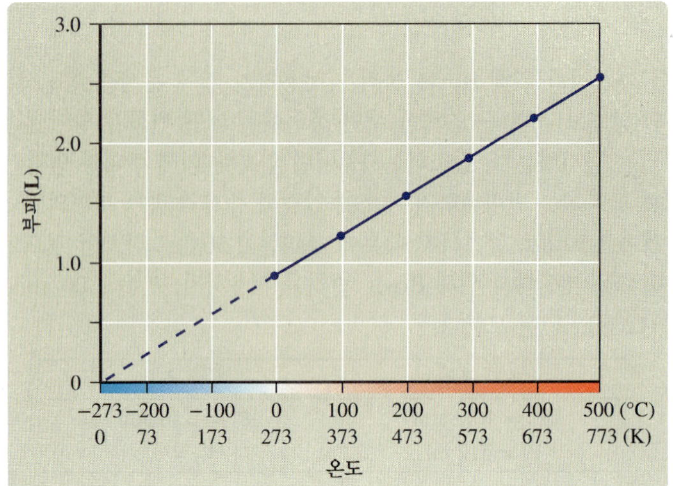

그림 9.18 온도가 상승하면 이상 기체의 부피는 어떻게 변하는가?

예제 9.4 기체의 부피와 온도의 도식 관계

그림에 나타낸 피스톤은 헬륨 기체 시료에 대한 초기 조건을 나타낸다. 온도가 변할 때 피스톤을 자유롭게 움직이게 함으로써 용기의 압력이 일정하게 유지된다. 초기 부피와 온도가 그래프의 점 *A*에 상응한다고 가정한다. kelvin 온도가 2배로 상승하면 선상에서 어떤 점이 새로운 부피와 온도 조건에 상응하는가?

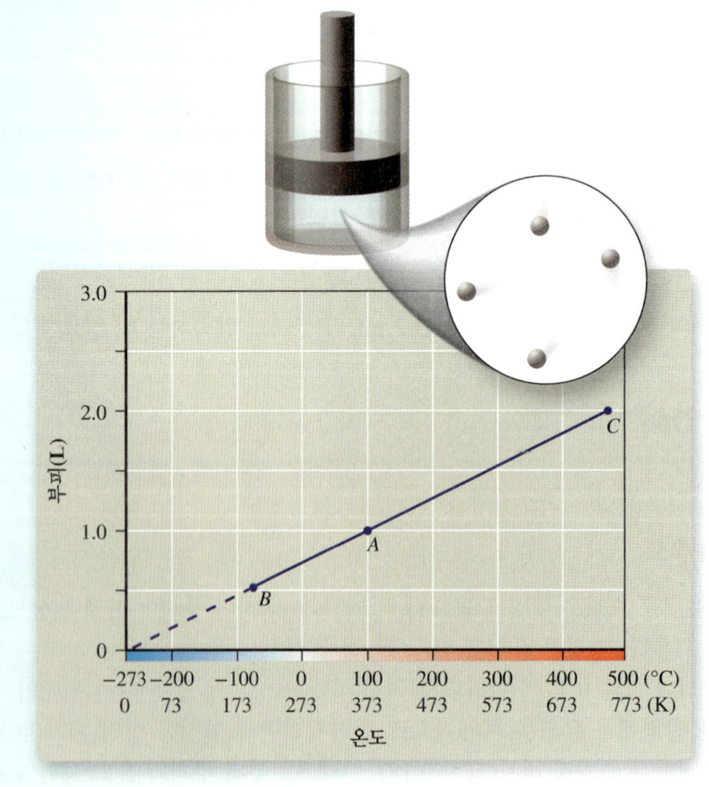

» 풀이:

그래프는 온도가 상승하면 부피가 증가하는 것을 나타낸다. 섭씨 온도 척도에서는 온도의 음의 값을 생각해야 한다. Kelvin 온도 척도는 음의 수를 피하고 온도의 절댓값을 나타낸다. 온도가 373 K일 때 부피는 대략 1.0 L이다. 온도가 746 K로 두 배가 되면 부피는 약 2.0 L로 증가한다. 이것은 점 C에 상응한다.

➔ 응용 연습 9.4

점 *A*에서의 초기 부피와 온도에서 조건이 점 *B*로 바뀐다면 부피와 온도는 어떻게 되는가?

➔ 실전 연습 9.4

그림은 점 *A*로 정의된 초기 조건에서 미세 부피에 존재하는 원자를 원자 수준에서 나타낸 것이다. 점 *C*에서 같은 미세 부피 속의 원자를 나타내는 그림을 그려라.

➔ 심화 연습: 연습 문제 9.47

Charles(Jacques Charles)과 Gay-Lussac(Joseph Louis Gay-Lussac)은 기체 부피에 대한 온도의 영향을 연구하였다. 그들은 그림 9.18에 나타낸 것처럼, 고정된 압력에서 고정된 양의 기체는 온도에 따라 직선적으로 부피가 증가한다는 것을 발견했다. 온도와 부피 사이의 관계는 **Charles 법칙**(Charles's law)으로 알려져 있다. *일정한 압력에서 주어진 양의 기체에 대해 부피는 절대 온도(Kelvin)에 비례한다.* 즉 온도가 상승하면 부피는 증가한다. 그들의 계산에서 Charles과 Gay-Lussac은 부피와 섭씨 온도 사이의 직접적인 관계를 찾지 못했다. 섭씨 온도를 kelvin 온도로 조정하면 음의 온도를 피하게 되고 부피와 온도 사이에 확실한 수학적 관계를 제공한다. 이것은 수학적으로 다음 관계로 표현될 수 있다.

프랑스의 과학자안 Charles과 Gay-Lussac은 온도와 부피 사이의 관계를 독립적으로 발견하였다. Charles은 1787년에 그의 법칙을 발견했고, Gay-Lussac은 1802년에 그의 연구를 마쳤다. 두 사람 모두 열기구에 관심이 있었다. 1804년에 Gay-Lussac은 대기를 연구하기 위해 열기구를 23,000 ft(약 7000 m)까지 올려 보냈다.

동영상: Charles 법칙

$$V \propto T$$

등가 관계를 나타내기 위해 상수를 사용할 수 있다.

$$V = 상수 \times T \quad 또는 \quad \frac{V}{T} = 상수$$

그림 9.18은 다른 두 점에서의 부피를 온도로 나누면 동일한 값이 된다는 것을 나타낸다. 즉 두 개의 다른 *V*와 *T* 값에서 그 비는 일정한 상수이다(압력이 일정할 때).

$$\frac{V_1}{T_1} = 상수 \qquad \frac{V_2}{T_2} = 상수$$

절대 영도, 즉 0 K에서 모든 운동은 멈추고 이상 기체의 부피는 0일 것이다. 이 온도에는 도달할 수는 없다. 정상 압력에서 절대 영도에 근접하면 기체는 응축되거나 고체화된다.

아래 첨자는 부피와 온도의 그래프 위의 어떤 두 점을 의미한다. 두 비가 상수로 동일하면 그들도 서로 같아야 한다.

$$\frac{V_1}{T_1} = \frac{V_2}{T_2}$$

이 식을 사용하여 기체의 절대 온도의 변화로 야기되는 일정한 압력의 고정된 양의 기체가 차지하는 부피의 변화를 계산할 수 있다. 이것은 또한 특정 부피의 변화에 필요한 온도 변화를 계산하게 해 준다. 세 개의 값을 알면 네 번째는 계산될 수 있다.

이 계산에서 온도는 kelvin 단위로 나타내는 것이 중요하다.

예제 9.5 ▶ 부피-온도 관계

염소 기체 시료가 100.0°C에서 50.0 mL를 차지한다면, 일정한 압력에서 25.0°C의 기체의 부피는 얼마인가?

» 풀이:

Charles 법칙을 사용하여 최종 부피를 계산하기 전에 문제를 정성적으로 생각해 보자. 온도가 낮아지면 풍선의 부피는 어떻게 될 것으로 생각하는가? 기체 입자들이 더 낮은 온도에서 느려지기 때문에 그들의 운동 에너지는 감소하고 풍선의 부피는 감소하여 일정한 압력을 유지한다. 최종 부피를 계산하기 위해 Charles 법칙을 사용한다. Kelvin 온도 척도로 바꾸어야 한다는 것을 기억하라. V_1은 50.0 mL이고, V_2는 모르며, T_1은 100.0°C + 273.15 = 373.2 K이고, T_2는 25.0°C + 273.15 = 298.2 K이다.

초기 조건	최종 조건
$V_1 = 50.0$ mL	$V_2 = ?$
$T_1 = 373.2$ K	$T_2 = 298.2$ K

다음 관계를 사용하여 새로운 부피를 결정할 수 있다.

$$\frac{V_1}{T_1} = \frac{V_2}{T_2}$$

이 식을 대수적으로 재배열하면 모르는 부피에 대해 풀 수 있다.

$$V_2 = \frac{V_1 T_2}{T_1}$$

이제 T_1, V_1, T_2를 식에 대입하면 V_2에 대해 풀 수 있다.

$$V_2 = \frac{(50.0\ \text{mL})\ (298.2\ \cancel{\text{K}})}{(373.2\ \cancel{\text{K}})} = 40.0\ \text{mL}$$

일반적으로, 그 답이 이치에 맞는지 자문해 보아야 한다. 온도가 낮아지면 V_2는 V_1보다 작아야 한다는 예측을 토대로 볼 때, 이것은 이치에 맞는다.

➔ 응용 연습 9.5

온도가 25.0°C에서 −50.0°C로 75.0°C가 떨어진다면, 새로운 부피는 음의 부피로 계산되는가? 그러한 답은 물리적으로 의미가 없는 것이 아닌가? 새로운 부피에 대한 올바른 값은 무엇인가?

➔ 실전 연습 9.5

일산화 탄소 기체 시료가 25.0°C에서 150.0 mL를 차지한다. 이것을 일정한 압력에서 100.0 mL가 될 때까지 냉각했다. 이 새로운 온도는 섭씨로 몇 도인가?

➔ 심화 연습: 연습 문제 9.49

» 부피, 압력, 온도

Joel의 기상 관측 기구는 더 높은 고도로 상승하면 부피가 증가한다. 우리가 지금까지 논의한 기체 법칙들이 이 변화를 설명할 수 있는가? 질문에 답하기 위해 압력, 온도, 부피가 어떻게 연관되는지를 생각할 필요가 있다. 일정한 온도에서 부피는 압력에 반비례하는 것을 상기하라.

$$V \propto \frac{1}{P}$$

일정한 압력에서 부피는 온도에 비례한다.

$$V \propto T$$

이 변수들의 상호 의존은 **결합 기체 법칙**(combined gas law)으로 요약될 수 있는데, 이 법칙은 일정한 양의 기체에 대해 부피는 절대 온도를 압력으로 나눈 것에 비례한다는 것을 말해 준다.

$$V \propto \frac{T}{P}$$

이 비례 관계로 인해 상수를 사용하여 부피를 온도 및 압력과 연관시킬 수 있다.

$$V = \text{상수} \times \frac{T}{P} \quad \text{또는} \quad \frac{PV}{T} = \text{상수}$$

P, V, T 사이의 관계는 서로 다른 두 상태에 대해 유효하다(기체의 양은 일정할 때).

$$\frac{P_1V_1}{T_1} = \text{상수} \qquad \frac{P_2V_2}{T_2} = \text{상수}$$

앞에서와 같이 어떤 두 조건에서의 이 값이 동일한 상수이면 그들은 또한 서로 같아야 한다.

$$\frac{P_1V_1}{T_1} = \frac{P_2V_2}{T_2}$$

압력, 온도, 부피 사이의 관계를 알고 있으므로, Joel의 기상 관측 기구에 어떤 일이 일어나는지 설명할 수 있는지 살펴보자. 고도가 상승하면 온도가 낮아진다는 것을 상기하라. 지표면에서 온도를 약 300 K(대략 상온)로 가정하면, 대류권 상층부에서는 온도가 약 218 K(−55°C)까지 감소하는 것을 그림 9.2에서 보게 된다. 압력이 일정하게 유지되면 온도가 떨어지면서 기상 관측 기구 내부의 기제 부피는 감소할 것으로 예상된다. 그런데 압력이 일정하지 않다. 풍선이 최초 11 km까지 상승하면 압력은 760에서 150 torr로 감소한다는 것을 그림 9.2에서 알 수 있다.

인터넷 핫스팟

상당수 학생들이 압력-부피-온도 관계에 어려움을 겪고 있다고 한다. 이 주제에 대한 추가 학습 자료를 보려면 SmartBook에 접속하라.

결합 기체 법칙을 사용하여 기상 관측 기구의 관찰된 부피 변화를 합리화할 수 있다. 이 기체 법칙을 재배열하고 V_2에 대해 풀면 다음을 얻는다.

$$V_2 = V_1 \times \frac{P_1}{P_2} \times \frac{T_2}{T_1}$$

이 값들을 결합 기체 법칙에 대입하면 원래의 부피에 대해 부피가 얼마만큼 변하는지를 계산할 수 있다.

$$V_2 = V_1 \times \frac{760 \cancel{\text{torr}}}{150 \cancel{\text{torr}}} \times \frac{218 \cancel{\text{K}}}{300 \cancel{\text{K}}} - 3.7V_1$$

기구의 부피는 3.7배 증가해야 한다.

또 다른 방법으로 이 문제를 볼 수 있다. 압력이 5배(760/150)만큼 감소하고 온도는 단지 1.4배(300/218)로 낮아진다. 압력의 변화는 온도의 변화보다 더 크기 때문에 기상 관측 기구의 부피의 변화를 설명하는 데 압력이 더 중요한 역할을 한다.

결합 기체 법칙은 Boyle 법칙과 Charles 법칙을 결합한 것이다. 온도가 일정하게 유지($T_2 = T_1$)되면 온도 항이 상쇄되고 Boyle 법칙이 된다.

$$\frac{P_1V_1}{T_1} = \frac{P_2V_2}{T_2}$$

$$\frac{P_1V_1}{\cancel{T_1}} = \frac{P_2V_2}{\cancel{T_2}}$$

$$P_1V_1 = P_2V_2$$

압력이 일정하게 유지($P_2 = P_1$)되면 압력 항은 상쇄되고 Charles 법칙이 된다.

$$\frac{\cancel{P_1}V_1}{T_1} = \frac{\cancel{P_1}V_2}{T_2}$$

$$\frac{V_1}{T_1} = \frac{V_2}{T_2}$$

결합 기체 법칙은 기체 성질(P, V, T) 중 하나 또는 두 가지가 변할 때 나머지 한 가지 성질이 어떻게 변하는지를 예측할 수 있게 한다. 알려진 변수들을 이용하여 미지의 변수에 대해 풀 수 있도록 식을 어떤 형태로든 변형시킬 수 있다.

예제 9.6 ▶ 결합 기체 법칙

아르곤 기체 시료가 100.0°C와 5.00 atm에서 2.50 L를 차지하면, 0.0°C와 1.00 atm에서의 부피는 얼마인가?

» 풀이:

이 과정에서 부피, 압력, 온도가 변하므로 결합 기체 법칙을 사용해야 한다. V_1은 2.50 L이고, V_2는 모르고, P_1은 5.00 atm이고, P_2는 1.00 atm이고, T_1은 100.0°C + 273.15 = 373.2 K, T_2는 0.0°C + 273.15 = 273.2 K이다.

초기 조건	최종 조건
V_1 = 2.50 L	V_2 = ?
P_1 = 5.00 atm	P_2 = 1.00 atm
T_1 = 373.2 K	T_2 = 273.2 K

결합 기체 법칙은 다음과 같다.

$$\frac{P_1V_1}{T_1} = \frac{P_2V_2}{T_2}$$

이 식을 재배열하여 부피를 구할 수 있다.

$$\begin{aligned} V_2 &= \frac{P_1V_1}{T_1} \times \frac{T_2}{P_2} \\ &= \frac{(5.00\ \cancel{\text{atm}})\ (2.50\ \text{L})}{373.2\ \cancel{\text{K}}} \times \frac{273.2\ \cancel{\text{K}}}{1.00\ \cancel{\text{atm}}} \\ &= 9.15\ \text{L} \end{aligned}$$

→ 응용 연습 9.6

일정 압력 조건에서는 온도가 낮아질 때 부피도 감소할 것으로 예상된다. 왜 2.50 L에서 9.15 L로 부피가 급격히 증가했는지 어떻게 설명하겠는가?

→ 실전 연습 9.6

수소 기체가 80.0°C와 2.75 atm에서 1.25 L를 차지한다. 185°C와 5.00 atm에서의 부피는 얼마인가?

→ 심화 연습: 연습 문제 9.63

» Gay-Lussac의 결합 부피의 법칙

Gay-Lussac은 또한 기체와 기구를 연구하는 동안 기체상 화학 반응을 연구하였다. 1808년에 그는 반응 전과 후에 기체가 차지하는 부피를 측정하였다. 일정한 압력과 온도 조건에서 기체 반응물과 기체 생성물의 부피는 언제나 작은 정수비로 연관되어 있다는 것을 발견했다. 예를 들면 그림 9.19에 나타낸 것처럼 수소 기체 2부피는 산소 기체 1부피와 반응하여 2부피의 수증기를 형성한다. 만약 온도와 압력 조건이 일정하면 반응물과 생성물의 부피 비는 2:1:2의 몰 비와 같다. 일정한 온도와 압력에서 기체는 간단한 정수의 부피비로 결합하는 것을 **Gay-Lussac의 결합 부피의 법칙**(Gay-Lussac's law of combining volume)이라고 한다. 비록 Gay-Lussac은 이런 반응비에 대한 이유를 알지 못했지만, 이는 반응 기체들의 부피 비는 반응 분자들의 비율과 같다는 것을 의미한다.

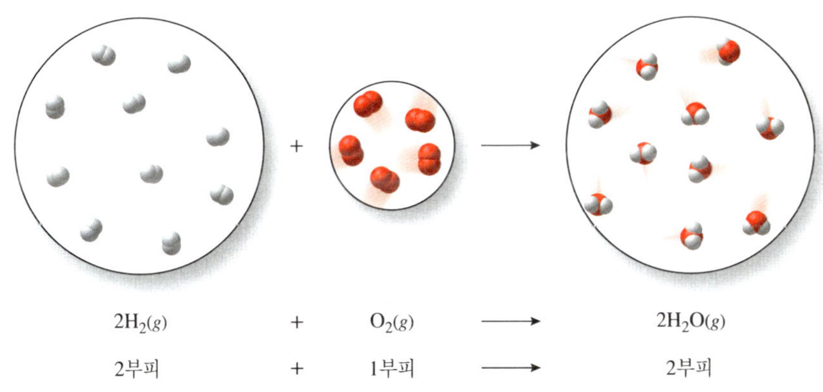

그림 9.19 일정한 온도와 압력에서 수소 기체가 산소 기체와 반응하여 수증기를 형성할 때, 반응물과 생성물의 부피 비는 화학 반응식에 주어진 몰 비와 같다.

» Avogadro 가설

Joel이 기상 관측 기구를 헬륨으로 채울 때 어떤 일이 일어났는지를 생각해 보자. 처음 소량의 기체를 주입했을 때 기구는 작은 부피로 팽창했다. 가한 기체 입자들의 수가 매번 동일하다는 가정하에, 같은 양의 기체를 두 번째로 주입하면 그 기구의 부피가 두 배로 팽창할 것이다. 결국 부피는 기구에 불어 넣은 기체의 양에 의존한다.

이탈리아 물리학자인 Avogadro (Amadeo Avogadro)는 1811년에 가설을 세웠다.

Avogadro는 결합 부피에 대한 Gay-Lussac 법칙의 의미를 인지했다. 그는 주어진 온도와 압력에서 기체의 부피는 기체 입자의 수, 즉 기체의 몰수에 비례한다고 가정하였다. 그림 9.20에서 기체 입자들의 몰수(n)가 증가하면 기체의 부피도 따라서 증가하는 것을 볼 수 있다.

$$V \propto n$$

상수를 사용하여 기체 부피와 양 사이의 등가 관계를 나타낼 수 있다.

$$V = \text{상수} \times n \quad \text{또는} \quad \frac{V}{n} = \text{상수}$$

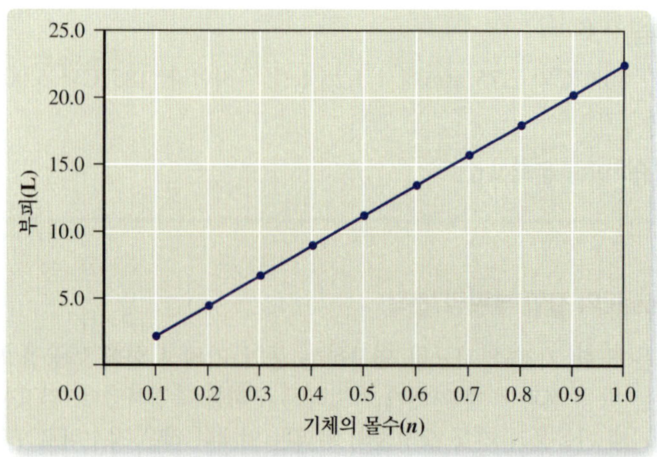

그림 9.20 기체의 양이 증가하면 이상 기체의 부피에는 어떤 일이 일어나는가?

그림 9.20은 서로 다른 두 점에서 부피를 기체의 몰수로 나눈 값이 동일하다는 것을 나타낸다. 즉 두 개의 다른 V와 n 값에서 그들의 비는 상수다(압력과 온도는 일정).

$$\frac{V_1}{n_1} = \text{상수} \qquad \frac{V_2}{n_2} = \text{상수}$$

아래 첨자는 기체에 대한 부피와 몰의 관계 그래프에서 서로 다른 두 점을 의미한다. 두 비가 상수로 동일하면 그들은 서로 같아야 한다.

$$\frac{V_1}{n_1} = \frac{V_2}{n_2}$$

이 식을 사용하여 일정한 압력과 온도에서 기체의 양이 변할 때 기체 부피의 변화를 계산할 수 있다. 부피가 이렇게 변하는 이유는 무엇인가?

예제 9.7 ▶ 기체의 부피와 양

10.0 L 기구에 0.80몰의 기체가 들어 있다. 온도와 압력이 일정할 때 0.20몰의 기체가 들어 있는 기구의 부피는 얼마인가?

» 풀이:

최종 부피를 계산하기 전에 그 문제를 정성적으로 생각해 보자. 기체 입자의 수가 감소하면 기구의 부피에는 무슨 일이 발생할까? 기체 입자들이 더 적어지기 때문에 기구의 부피는 일정한 압력을 유지하기 위해 감소해야 한다. 최종 부피를 계산하기 위해 다음 관계식을 사용할 수 있다.

$$\frac{V_1}{n_1} = \frac{V_2}{n_2}$$

V_1은 10.0 L이고, V_2는 모르며, n_1은 0.80몰이고, n_2는 0.20몰이다.

초기 조건	최종 조건
V_1 = 10.0 L n_1 = 0.80몰	V_2 = ? n_2 = 0.20몰

이 식을 재배열하여 부피를 구하면 다음과 같다.

$$V_2 = \frac{V_1 n_2}{n_1}$$

이제 식에 n_1, V_1, n_2를 대입하여 V_2에 대해 풀 수 있다.

$$V_2 = \frac{(10.00\ \text{L})\ (0.20\ \cancel{\text{mol}})}{0.80\ \cancel{\text{mol}}} = 2.5\ \text{L}$$

이 답은 이치에 맞는가? 기체의 양이 감소하면 그 부피가 감소할 것으로 예상되기 때문에 이치에 맞다.

→ 응용 연습 9.7

초기와 최종 조건하에서 부피와 몰수의 비는 얼마인가? 그 값이 서로 같다면 이치에 맞는가?

→ 실전 연습 9.7

0.35몰의 기체가 들어 있는 기구의 초기 부피가 8.2 L일 때, 일정한 온도와 압력에서 1.2몰의 기체가 들어 있는 기구의 부피는 얼마인가?

→ 심화 연습: 연습 문제 9.73

Avogadro 가설(Avogadro's hypothesis)은 주어진 압력과 온도에서 같은 부피의 기체는 같은 몰(또는 입자)수의 기체를 포함한다는 것을 의미한다. 즉 같은 온도와 압력일 때 1몰의 O_2는 1몰의 CH_4 기체와 같은 부피를 가진다. 0°C와 1 atm에서 이상기체 1몰은 기체의 종류에 관계없이 22.414 L의 부피를 차지한다. 이 부피를 **몰부피**(molar volume)라고 한다. 0°C와 1 atm의 온도와 압력 조건을 **표준 온도와 압력**(standard temperature and pressure, **STP**)이라고 한다. STP에서 부피는 몰수와, 몰부피인 22.414 L/몰로부터 계산할 수 있다.

예제 9.8 ▶ Avogadro 가설

STP에서 3.00몰의 아르곤 기체가 차지하는 부피는 얼마인가?

» 풀이:

표준 온도와 압력에서 1몰의 기체는 기체의 몰부피인 22.414 L를 차지한다. 이 관계를 환산 인자로 사용하여 3.00몰의 기체가 차지하는 부피를 결정할 수 있다.

$$V = 3.00\ \cancel{\text{mol}} \times \frac{22.414\ \text{L}}{1\ \cancel{\text{mol}}} = 67.2\ \text{L}$$

몰부피 관계(22.414 L/몰)가 0°C와 1 atm의 기체에만 유지된다는 것을 주목하라.

→ 응용 연습 9.8

STP에서 3.00몰의 네온 기체가 차지하는 부피는 얼마인가?

→ 실전 연습 9.8

STP에서 7.50몰의 염소 기체가 차지하는 부피는 얼마인가?

→ 심화 연습: 연습 문제 9.61

동영상: 기체 법칙

결합 기체 법칙을 사용하여 STP하의 시료의 부피로부터 다른 온도와 압력 조건에서 기체가 한 차지하는 부피를 계산할 수 있다.

예제 9.9 ▶ STP가 아닌 조건에서 기체의 부피 결정하기

25.0°C와 1.00 atm에서 1.00몰의 이상 기체가 차지하는 부피는 얼마인가?

» 풀이:

표준 온도와 압력에서 1몰의 기체는 기체 몰부피인 22.414 L를 차지한다. 이 조건은 표준 압력(1.00 atm)이지만 표준 온도(0°C)는 아니다. 그러나 STP에서 기체의 몰부피를 알기 때문에 결합 기체 법칙을 사용하여 STP가 아닌 조건에서 부피를 결정할 수 있다.

결합 기체 법칙을 사용하여 최종 부피를 계산하기 전에 문제를 정성적으로 생각해 보자. 일정한 압력에서 온도가 상승할 때 부피는 어떻게 변할까? 기체 입자들이 더 높은 온도에서 가속되기 때문에 부피는 증가해야 한다. V_1이 몰부피인 22.414 L이고, V_2는 모르고, P_1은 표준 압력인 1.00 atm이고, P_2는 1.00 atm이고, T_1은 표준 온도인 0.00°C + 273.15 = 273.15 K이고, T_2는 25.0°C + 273.15 = 298.2 K이다.

초기 조건	최종 조건
V_1 = 22.414 L	V_2 = ?
P_1 = 1.00 atm	P_2 = 1.00 atm
T_1 = 273.15 K	T_2 = 298.2 K

결합 기체 법칙은 다음과 같다.

$$\frac{P_1V_1}{T_1} = \frac{P_2V_2}{T_2}$$

이 식을 재배열하여 미지의 부피를 구할 수 있다.

$$V_2 = \frac{P_1V_1}{T_1} \times \frac{T_2}{P_2}$$

$$= \frac{(1.00\ \cancel{\text{atm}})\ (22.414\ \text{L})}{273.15\ \cancel{\text{K}}} \times \frac{298.2\ \cancel{\text{K}}}{1.00\ \cancel{\text{atm}}}$$

$$= 24.5\ \text{L}$$

$P_1 = P_2$이므로, 방정식에서 압력이 상쇄되어, 방정식에 압력을 생략하여 값을 대입해도 된다. 이전의 예제처럼 답이 이치에 맞는가? 압력이 일정할 때 온도가 상승하면 부피가 증가하기 때문에 이치에 맞다.

➜ 응용 연습 9.9

같은 조건 (24.5 L, 25.0°C와 1 atm)하에서 존재하는 헬륨의 질량은 얼마인가?

➜ 실전 연습 9.9

50.0°C와 2.50 atm의 조건에서 1.00몰의 기체가 차지하는 부피는 얼마인가?

➜ 심화 연습: 연습 문제 9.79

9.3 이상 기체 법칙

지금까지 압력(P), 부피(V), 절대 온도(T), 몰수(n) 사이의 관계를 이용하여 조건 중 하나가 변해서 생긴 결과를 결정하였다. 어떤 정해진 조건에서의 기체를 기술한다고 가정해 보자. 여러 개별적인 기체 법칙을 조합하여 부피, 압력, 온도, 기체의 양을 관련짓는 일반식을 얻을 수 있다. 지금까지 토론한 관계식을 다시 살펴보자.

Boyle 법칙:	$V \propto \frac{1}{P}$	일정한 n, T에서
Charles 법칙:	$V \propto T$	일정한 n, P에서
Avogadro 법칙:	$V \propto n$	일정한 P, T에서

이 세 가지 식은 하나의 관계식으로 요약될 수 있다. 부피는 세 가지 인자 각각에 비례하므로 동시에 그들 모두에 비례해야 한다.

$$V \propto \frac{nT}{P}$$

이 변수들이 비례 관계에 있으므로 상수를 사용하여 등가 관계식을 나타낼 수 있다.

$$V = \text{상수} \times \frac{nT}{P}$$

이 식이 각 기체 법칙에서의 모든 항들을 연관시키기 때문에 이 식의 상수에 **이상 기체 상수**(ideal gas constant)라는 특별한 이름을 부여하고, R을 사용하여 나타낸다. 이상 기체 상수 R을 이 식에 대입하면 다음 식을 얻게 된다.

$$V = \frac{RnT}{P}$$

재배열하면 **이상 기체 법칙**(ideal gas law)으로 알려진 다음 식을 얻게 된다.

$$PV = nRT$$

이상 기체는 이상 기체 법칙에 의해 예상되는 행동을 따르는 기체이다. STP에서 이상 기체 1몰이 22.414 L를 차지한다는 사실을 이용하여 R 값을 다음과 같이 계산할 수 있다.

$$\begin{aligned} R &= \frac{PV}{nT} \\ &= \frac{(1.000\ \text{atm})(22.414\ \text{L})}{(1.000\ \text{mol})(273.15\ \text{K})} \\ &= 0.08206\ \frac{\text{L} \cdot \text{atm}}{\text{mol} \cdot \text{K}} \end{aligned}$$

이 상수 값은 리터 단위의 부피, atm 단위의 압력, kelvin 단위의 온도를 사용할 때만 유효하다. 다른 단위로 측정하는 경우에는 환산된 상수를 사용해야 한다.

이상 기체 법칙은 Boyle 법칙, Charles 법칙, Avogadro 가설에 의해 요약된 모든 정보를 포함한다. 각각의 법칙과 마찬가지로 이상 기체 법칙은 이상 기체에만 유효하다. 이 식은 이상 기체가 차지한 부피는 절대 온도와 기체 분자 몰수에 비례한다는 것을 나타낸다. 부피는 압력에 반비례한다. 모든 변수들을 하나로 연관시킨 식은 유용한 도구이다. 왜냐하면 세 개의 변수와 R 값이 주어지면 모르는 양을 계산할 수 있기 때문이다.

헬륨이나 수소와 같은 작은 기체 입자들은 원자 또는 분자들 사이의 인력이 매우 작기 때문에 가장 이상적으로 행동한다. 기체 입자들 사이에 더 강한 인력이나 반발력이 존재하면 그들의 성질은 이상 기체 법칙에 의한 예측에서 벗어난다. 매우 높은 압력과 낮은 온도에서도 이런 편차가 발생한다. 이상 기체 행동으로부터 벗어난 기체를 ***실제 기체***(*real gas*)라고 한다. 원자들과 분자들 사이에서 존재하는 인력에 대해서 제10장에서 더 자세하게 논의할 것이다.

>> 이상 기체 법칙을 이용한 계산

기체 법칙 문제를 풀려면 먼저 기체 계에서 어떤 일이 일어나는지를 결정한 다음, 적절한 수학적 관계를 선택해야 한다. 부피, 압력, 온도가 변하는 경우 일반적으로 결합 기체 법칙을 사용한다. 반면에 이상 기체 법칙을 이용하면 부피, 압력, 온도, 기체의 몰수 중 세 개가 주어질 때 나머지 하나를 결정할 수 있다. 기체의 종류를 알면 또한 몰질량을 사용하여 기체의 질량을 계산할 수 있다. 이상 기체 법칙은 기체의 밀도를 결정하는 데에도 사용될 수 있다. 각각의 변수를 구할 수 있는 형태로 이상 기체 법칙을 재배열할 수 있는가?

기체의 몰수 어떤 기체 시료에 대한 P, V, T 조건이 주어지면 이상 기체 법칙을 사용하여 기체 몰수를 계산할 수 있다. $PV = nRT$ 식을 재배열하여 몰수에 대해 풀면 된다. 다른 모든 값들의 단위는 이상 기체 상수에 사용된 단위와 같은 것이어야 한다는 것을 기억하라.

예제 9.10 ▶ 기체의 몰수 계산하기

Joel의 가스 그릴에 사용된 프로페인 통의 부피는 0.960 L이다. 고압하에서 실린더를 가득 채우면 프로페인은 액체 상태로 저장된다. 대기 압력과 온도에서 통을 다 썼을 때 통에는 기체 상태의 프로페인 분자가 남는다. 주위 대기의 조건이 25.0°C와 745 torr일 때 통에 남아 있는 프로페인 기체의 몰수는 얼마인가?

» 풀이:

첫째 T와 P를 적절한 단위로 환산해야 한다.

$$T = 25.0°\text{C} + 273.15 = 298.2\ \text{K}$$

$$P = 745\ \cancel{\text{torr}} \times \frac{1\ \text{atm}}{760\ \cancel{\text{torr}}} = 0.980\ \text{atm}$$

다음에는 이상 기체 법칙을 재배열하고 적절한 값을 대입하여 몰수를 계산한다.

$$\begin{aligned} PV &= nRT \\ n &= \frac{PV}{RT} \\ &= \frac{(0.980\ \cancel{\text{atm}})\ (0.960\ \cancel{\text{L}})}{\left(0.08206\ \dfrac{\cancel{\text{L}} \cdot \cancel{\text{atm}}}{\text{mol} \cdot \cancel{\text{K}}}\right)(298.2\ \cancel{\text{K}})} \\ &= 0.0384\ \text{mol} \end{aligned}$$

마지막으로, 이 답이 타당한지 자문해 본다. 표준 온도(273.15 K)와 압력(1.00 atm)에서 1몰의 이상 기체는 몰부피인 22.414 L를 차지한다. 이 경우 온도는 표준 온도보다 더 높은 25°C이고, 압력은 표준 압력과 비슷하므로 부피는 기체의 몰부피보다 훨씬 작다. 이 조건에서 통 안에는 훨씬 더 적은 몰수의 기체가 존재할 것이 예상되는데, 이것은 구한 답과 일치한다.

➔ 응용 연습 9.10

이상 기체 법칙 계산에서 일반적인 오류는 측정값의 단위를 기체 상수의 단위로 바꾸는 것을 잊는 것에서 비롯된다. 압력의 단위를 torr에서 atm으로, 온도의 단위를 °C에서 kelvin으로 바꾸는 것을 잊어버리고 계산을 하게 되면 349의 값을 얻게 된다. 단위들이 적절하게 지워졌는가? 이 값은 이치에 맞는가?

→ 실전 연습 9.10

휴대용 호흡 보조기에 사용된 산소 실린더의 부피는 2.025 L이다. 29.2°C에서 산소를 사용하고 남은 실린더 내부의 압력은 723 torr이다. 실린더에 남은 산소 기체의 몰수는 얼마인가?

→ 심화 연습: 연습 문제 9.83

기체의 질량 기체 몰수가 이상 기체 법칙에 의해 결정되고 기체의 종류를 알면 그 질량을 계산할 수 있다. 즉 몰수를 알면 기체의 몰질량을 사용하여 몰을 그램으로 환산할 수 있다.

예제 9.11 ▶ 기체의 질량 계산

예제 9.10에서 설명한 통에 남은 프로페인(C_3H_8)의 질량은 얼마인가?

» 풀이:

몰질량은 한 물질의 몰과 그램 사이의 관계를 나타낸다는 것을 상기하라. 프로페인의 몰질량은 44.10 g/몰이다. 0.0384몰의 프로페인의 질량은 몰수에 몰질량을 곱하여 결정할 수 있다.

$$\text{질량} = 0.0384\ \cancel{\text{mol } C_3H_8} \times \frac{44.10\ \text{g } C_3H_8}{1\ \cancel{\text{mol } C_3H_8}} = 1.69\ \text{g } C_3H_8$$

→ 응용 연습 9.11

같은 조건에서의 뷰테인(C_4H_{10})은 프로페인 통에서와 같은 몰수와 질량을 갖겠는가?

→ 실전 연습 9.11

휴대용 호흡 보조기에 사용된 산소 실린더의 부피는 1.85 L이다. 압력이 755 torr이고 온도가 18.1°C일 때, 사용하고 남은 산소 기체의 질량은 얼마인가?

→ 심화 연습: 연습 문제 9.93

기체의 밀도 기체의 질량과 부피를 알면 밀도를 결정할 수 있다. 예제 9.11에 설명한 프로페인의 질량이 1.69 g이다. 예제 9.10에서 이 기체의 부피가 0.960 L인 것을 상기하라. 이제 밀도를 계산할 수 있다.

$$\text{밀도} = \frac{\text{질량}}{\text{부피}}$$

$$= \frac{1.69\ \text{g}}{0.960\ \text{L}} = 1.76\ \text{g/L}$$

기체 물질의 밀도는 액체나 고체의 밀도보다 훨씬 온도와 압력에 의존한다. 그림 9.14에서 본 것처럼 부피 감소는 기체 입체들을 움직여 서로 가깝도록 만든다. 부피 대 질량 비가 더 큰 기체 밀도를 만든다. 만일 방금 전에 언급했던 프로페인의 부피가 원래 부피의 반으로 줄어든다면 프로페인의 새 밀도는 얼마가 되겠는가?

$$\text{밀도} = \frac{\text{질량}}{\text{부피}} = \frac{1.69\ \text{g}}{0.5 \times 0.960\ \text{L}} = \frac{1.69\ \text{g}}{0.480\ \text{L}} = 3.52\ \text{g/L}$$

밀도가 2배로 증가한다는 것을 상기하라.

일정 온도와 압력 조건에서 기체의 밀도는 시료 크기와 무관하다. 만일 기체의 온도, 압력과 정체를 알고 있다면 그 기체의 밀도를 계산할 수 있다. 이런 형태의 문제에 접근하는 방법 중 하나는 시료를 1.00 L로 가정하는 것이다. 밀도는 그램을 리터로 나눈 값이므로 시료에 있는 기체의 질량을 결정해야 한다. $PV = nRT$ 법칙을 이용하여 몰수(n)를 구하고, 몰질량을 이용하여 그램을 구해서 문제를 해결할 수 있다. 하나의 예로 373 K 온도와 1.00 atm하에 있는 염소 기체의 밀도를 계산해 보자.

> 같은 조건에서 기체 시료의 크기가 1.00 L 대신에 2.00 L로 되었다면 기체의 질량, 부피, 밀도는 어떻게 변하겠는가? 질량과 부피 모두 2배로 되지만 밀도는 변하지 않게 된다.

$$PV = nRT$$

$$n = \frac{PV}{RT} = \frac{(1.00\ \cancel{\text{atm}})(1.00\ \cancel{\text{L}})}{\left(0.08206\ \dfrac{\cancel{\text{L}} \cdot \cancel{\text{atm}}}{\cancel{\text{K}} \cdot \text{mol}}\right)(373\ \cancel{\text{K}})} = 0.0327\ \text{mol Cl}_2$$

Cl_2의 몰질량을 이용해서 Cl_2의 몰수를 그램으로 바꾼다.

> 같은 온도와 압력 조건에서 HCl의 밀도는 Cl_2의 밀도와 비교할 때 어떠한가? HCl의 몰질량은 Cl_2의 약 절반이므로 같은 부피의 HCl 시료의 질량은 Cl_2 시료의 대략 절반이 될 것이다. 따라서 HCl의 밀도는 Cl_2 밀도의 약 절반이 된다.

$$\text{Cl}_2\text{의 질량} = 0.0327\ \cancel{\text{mol Cl}_2} \times \frac{70.90\ \text{g Cl}_2}{1\ \cancel{\text{mol Cl}_2}} = 2.32\ \text{g Cl}_2$$

마지막으로 기체의 질량과 부피를 결합하여 밀도를 결정한다.

$$\text{밀도} = \frac{\text{질량}}{\text{부피}} = \frac{2.32\ \text{g}}{1.00\ \text{L}} = 2.32\ \text{g/L}$$

시료의 부피가 1.00 L이기 때문에 기체의 밀도는 시료의 질량과 같은 값이다.

기체 밀도로부터 몰질량 결정하기 특정 온도와 압력에서 미지의 기체의 밀도가 주어지면 그 기체의 정체를 예측할 수 있다. 이것은 이상 기체 법칙이 밀도 단위(g/L)를 몰질량 단위(g/mol)로 변환하는 방법을 제공하기 때문이다. 만일 몰질량을 알 수 있다면 기체의 정체에 대해서 신뢰성 있는 추측을 할 수 있다. 단지 $PV = nRT$ 식을 이용해서 리터를 몰로 바꾸기만 된다. 하나의 예로, 298 K 온도와 1.00 atm에서 밀도가 0.654 g/L인 기체에 대해서 고려해 보자. 그 기체의 몰질량은 얼마인가? 다음 식은 밀도와 몰질량에 대한 단위들 사이의 관계를 보여준다.

$$\text{밀도} = \frac{\text{질량(g)}}{\text{부피}} \qquad \text{몰질량} = \frac{\text{질량(g)}}{\text{몰}}$$

주어진 밀도로 1.00 L에 있는 기체의 질량을 알 수 있다. 이상 기체 법칙을 이용하여 1.00 L 부피에 있는 기체의 몰수를 계산할 수 있다.

$$PV = nRT$$

$$n = \frac{PV}{RT} = \frac{(1.00\ \cancel{\text{atm}})(1.00\ \cancel{\text{L}})}{\left(0.08206\ \dfrac{\cancel{\text{L}} \cdot \cancel{\text{atm}}}{\cancel{\text{K}} \cdot \text{mol}}\right)(298\ \cancel{\text{K}})} = 0.0409\ \text{mol 기체}$$

1.00 L 부피를 차지하는 기체의 질량과 몰수를 몰질량 식에 대입하면 다음과 같다.

$$\text{몰질량} = \frac{\text{질량(g)}}{\text{몰}} = \frac{0.654\ \text{g}}{0.0409\ \text{mol}} = 16.0\ \text{g/mol}$$

어떤 물질이 298 K(상온)에서 기체이면서 몰질량이 16.0 g/몰이겠는가? 메테인(CH_4)의 몰질량은 16.04 g/몰이고 실온에서 기체이다. 따라서 메테인이 그 기체일 가능성이 크다. 그 다음으로 가장 가까운 가능성은 NH_3(17.03 g/몰), 그 다음은 H_2O(18.02 g/몰)이다. (산소 원자는 몰질량이 16.00 g/몰이다. 그러나 자연적으로 발생하는 산소는 몰질량이 32.00 g/몰인 O_2이다.)

Dalton의 부분압 법칙

지구 대기와 같은 기체 혼합물에서 하나 또는 그 이상의 개개 물질의 성질을 알기 원하는 경우가 있다. 우리가 호흡하는 공기는 질소와 산소와 같은 주성분 외에도, 다른 많은 기체로 구성되어 있다. 습기 찬 날은 건조한 날보다 더 많은 수증기를 포함한다. Dalton은 건조한 공기와 수증기의 혼합물을 연구하였다. 그는 혼합물의 총 압력이 수증기의 양에 비례하여 증가한다는 것을 발견했다. 그 발견의 결과가 **Dalton의 부분압 법칙**(Dalton's law of partial pressure)이다. *혼합물의 기체들은 독립적으로 행동하고, 용기에 단독으로 존재할 때 가하는 압력과 동일한 압력을 가한다.* 그러므로 기체 혼합물에 의한 전체 압력은 성분 기체들의 부분압의 합이다.

$$P_{\text{전체}} = P_A + P_B + P_C + \cdots$$

여기서 A, B, C는 혼합물의 기체 성분을 나타낸다. 예를 들면 Dalton이 연구한 계에서의 전체 압력은 다음 식으로 주어진다.

$$P_{\text{전체}} = P_{\text{건조 공기}} + P_{\text{물}}$$

혼합물에서 각 기체의 부분압은 그 기체의 분자수에 비례한다(그림 9.21). 혼합물의 모든 기체들이 이상 기체이고 서로 화학적으로 반응하지 않으면 기체 혼합물은 순수한 기체들과 동일한 성질을 가진다. 우리는 화학 반응에서 기체 혼합물을 종종 다룬다. 어떤 반응에서 한 가지 기체만 생성되는 경우에도 그 기체를 포집하는 과정 중에 다른 기체가 포함될 수도 있다. 예를 들면 한 화학 반응에서 생성된 기체를 포집하기 위해 종종 사용되는 기술 중의 하나가 그림 9.22에 나타낸 것과 같은 뒤집힌 병으로부터 물을 치환하는 방법이다. 이 기술은 물로 가득 찬 병에 관을 이용하여 병에 든 액체 물을 모두 밖으로 밀어낼 때까지 기체 기포로 담아내는 방법이다.

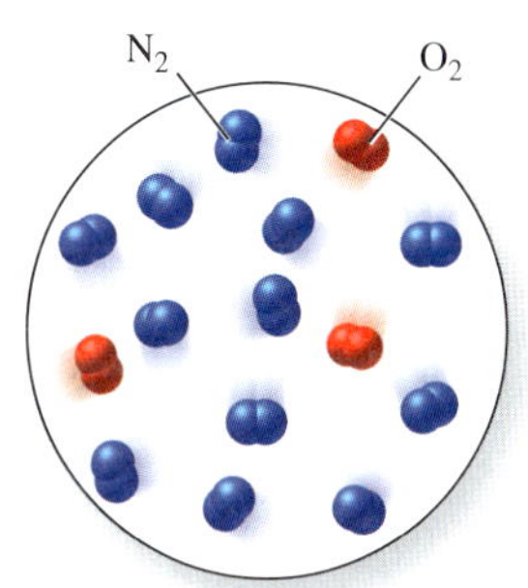

그림 9.21 혼합물에서 각 기체의 부분압은 해당 분자의 수에 비례한다. 압력이 5.00 atm인 공기 시료에 3몰의 O_2 분자와 12몰의 N_2 분자가 있다. 그러므로 총 분자수의 $\frac{3}{15}$인 20%가 O_2 분자이고, $\frac{12}{15}$인 80%가 N_2 분자이다. 따라서 O_2의 부분압은 총 압력의 20%인 1.00 atm이다 N_2의 부분 압은 총 압력의 80%인 4.00 atm이다.

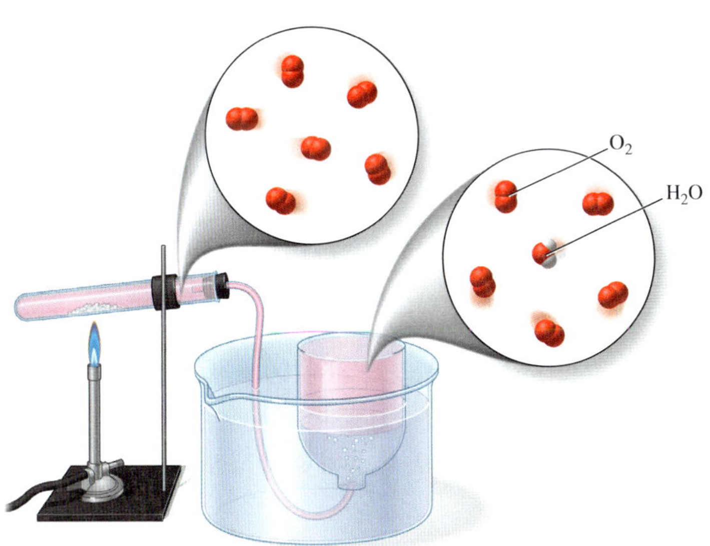

그림 9.22 기체 생성물은 밀폐된 용기에서 물을 치환함으로써 분리할 수 있다. 물이 상온에서 어느 정도 기화하기 때문에 기체 생성물에 약간의 수증기가 존재할 것이다.

10°C에서 30°C 온도 범위의 물에 대해 표에 나타낸 온도 사이에서의 증기 압력은 다음 식으로 계산할 수 있다.

$$P_{증기} = 4.1243 + 0.4356t + 0.0027016t^2 + 0.00045158t^3$$

여기서 $P_{증기}$는 torr 단위의 증기 압력이고, t는 섭씨 온도이다.

표 9.2 ▸ 여러 온도에서 물의 증기 압력

온도(°C)	증기 압력(torr)	온도(°C)	증기 압력(torr)
0	4.6	28	28.3
5	6.5	29	30.0
10	9.2	30	31.8
15	12.8	35	42.2
16	13.6	40	55.3
17	14.5	45	71.9
18	15.5	50	92.5
19	16.5	60	149.5
20	17.5	70	233.7
21	18.6	80	355.1
22	19.8	90	525.8
23	21.1	100	760.0
24	22.4	110	1,074.6
25	23.8	150	3,570.5
26	25.2	200	11,659.2
27	26.7	300	64,432.8

동영상: 물 위에서 기체 포집하기

예를 들면 용융된 브로민산 포타슘(potassium bromate)을 가열하면 산소 기체를 만들 수 있다.

$$2KBrO_3(l) \xrightarrow{열} 2KBr(s) + 3O_2(g)$$

산소 기체가 물에 녹지 않고 물과 반응도 하지 않기 때문에 이 기술로 산소를 순수한 상태로 모두 포집할 수 있어야 한다. 그러나 불행하게도 그렇지 못하다. 포집된 기체는 반응에서 생겨난 산소와 기화에 의해 형성된 수증기의 혼합물이다. 기체에 포함된 수증기의 양은 그 온도에서 수증기가 나타내는 압력인 ***증기 압력***(*vapor pressure*)에 의해 쉽게 측정된다. 물의 증기 압력을 표 9.2에 나타내었다. 포집된 기체의 부분압을 계산하기 위해 이 표를 어떻게 사용할 수 있는가?

산소 기체를 포집할 때 병을 공기가 아닌 물로 가득 채우는 이유는 무엇인가?

인터넷 핫스팟

상당수 학생들이 Dalton 법칙의 응용에 대해 어려움을 겪고 있다고 한다. 이 주제에 대한 추가 학습 자료를 보려면 SmartBook에 접속하라.

정상적으로는 액체 또는 고체인 어떤 물질의 기체상을 나타내기 위해 과학자들은 ***증기***(*vapor*)라는 단어를 사용한다.

이 방식으로 특정 온도에서 포집된 기체의 압력을 결정하기 위해서는 혼합물의 전체 압력에서 물의 증기 압력을 빼기만 하면 된다. 이 계산은 Dalton의 부분압 법칙을 적용한 것이다. 병 안의 압력은 병 밖의 압력과 같기 때문에 이 경우에 전체 압력은 대기압이다. 표 9.2에 나타낸 물의 증기 압력을 전체 압력에서 빼면 그 기체의 부분압이 된다. 기체의 부분압, 부피, 온도로부터 이상 기체 법칙을 사용하여 포집된 기체의 몰수를 계산할 수 있다.

예제 9.12 ▶ Dalton의 부분압 법칙

다음 반응에 의해 기체 산소를 만든다고 가정하자.

$$2KClO_3(s) \xrightarrow{열} 2KCl(s) + 3O_2(g)$$

그림 9.22에 나타낸 것과 같은 장치를 사용하여 27.0°C(300.2 K)와 758 torr 상태의 물 위에서 1.50 L의 O_2를 포집한다면 몇 몰의 O_2가 생성되겠는가?

» 풀이:

먼저 표 9.2에서 27.0°C의 물의 부분압을 얻는다. 그리고 Dalton의 식을 재배열하여 산소 기체의 압력을 계산한다.

$$P_{전체} = P_{산소} + P_{물}$$
$$P_{산소} = P_{전체} - P_{물}$$
$$= 758 \text{ torr} - 26.7 \text{ torr} = 731 \text{ torr}$$

이상 기체 법칙을 사용하기 위해 torr 단위의 압력을 atm으로 환산해야 한다.

$$P_{산소} = 731 \text{ torr} \times \frac{1 \text{ atm}}{760 \text{ torr}} = 0.962 \text{ atm}$$

마지막으로 이상 기체 방정식을 사용하여 산소의 몰수를 계산할 수 있다.

$$PV = nRT$$

이 식을 재배열하여 n에 대해 풀 수 있다.

$$n = \frac{PV}{RT}$$
$$= \frac{(0.962 \text{ atm})(1.50 \text{ L})}{\left(0.08206 \dfrac{\text{L} \cdot \text{atm}}{\text{mol} \cdot \text{K}}\right)(300.2 \text{ K})}$$
$$= 0.0586 \text{ mol } O_2$$

→ 응용 연습 9.12

물의 부분압에 대해 수정이 이루어지지 않았다면, 생성된 산소의 계산된 몰수는 얼마이겠는가?

→ 실전 연습 9.12

18.0°C와 722.8 torr 상태의 물 위에서 2.25 L의 H_2 기체가 포집되었다고 가정하자. 이 반응에서 생성된 H_2의 몰수는 얼마인가?

→ 심화 연습: 연습 문제 9.97

9.4 기체 분자 운동론

9.2절에서 이상 기체를 예측된 비례 관계에 따라 행동하는 기체로 설명했다. 즉 이상 기체는 기체 법칙을 따른다. **기체 분자 운동론**(kinetic-molecular theory of gas)은 우리들의 일상적인 환경에서 접하는 온도와 압력 조건에서 기체에 대한 실험적 관찰을 설명하는 모형이다.

기체가 쉽게 압축되는 이유와 같은 기체의 어떤 성질을 설명하기 위해 크기를 비교하는 것이 유용하다. 헬륨 원자의 부피는 1.15×10^{-26} L로 알려져 있다. 헬륨 원자 1몰의 실제 부피는 6.92×10^{-3} L이다. 그러나 STP에서 헬륨 기체 1몰이 차지하는 총 부피는 22.4 L이다. 그러므로 기체가 차지한 전체 부피의 0.03%만이 실제로 원자들이 차지하는 부피이다.

» 분자 운동론의 가정

기체 분자 운동론의 5가지 가정들이 이상 기체 행동을 설명하고 예측하게 해 준다.

1. *기체는 서로 멀리 떨어진 작은 입자(분자 또는 원자)로 이루어진다.* 입자들이 멀리 떨어져 있기 때문에 입자들의 실제 부피는 대부분 빈 공간인 기체의 전체 부피와 비

교하여 매우 작다. 이 가정은 기체가 차지하는 부피가 입자들이 서로 가깝게 존재하는 액체나 고체의 부피보다 매우 더 크다는 것을 정확하게 예측한다. 기체 입자들이 매우 넓게 분포되어 있기 때문에 기체는 액체나 고체에 비해 비교적 밀도가 작다. 입자들은 또한 압축되어 서로 더 가까운 상태의 기체로 존재하는 것이 가능하기 때문에 기체는 쉽게 압축될 수 있다.

2. *기체의 입자는 서로 독립적으로 행동한다.* 기체 입자들이 멀리 떨어져 있기 때문에 그들 이 충돌하지 않는 한, 서로에게 독립적으로 움직인다. 즉 기체 입자들 사이에 어떤 인력이나 반발력도 작용하지 않는다. 이 가정은 Dalton의 부분압 법칙을 설명한다. 기체 입자들이 독립적으로 움직이면, 여러 종류의 기체가 존재한다는 것은 혼합물의 전체 압력과는 무관하다. 전체 입자수만이 압력을 결정하는 데 중요하다. (이 가정은 매우 높은 압력이나 매우 낮은 온도에서는 유효하지 않다.)
3. *기체의 각 입자는 또 다른 분자나 용기와 충돌하지 않는 한, 빠른 직선 운동을 한다.* 충돌이 일어나면 그 충돌은 완전히 탄성적이다. 즉 에너지가 한 입자에서 다른 입자로 이동할 수는 있으나 에너지의 알짜 손실은 없다. 이 가정은 기체가 용기를 가득 채우는 이유를 설명한다.
4. *기체의 압력은 용기 벽에 대한 입자들의 충돌의 합으로 일어난다.* 이 가정은 일정한 온도에서 압력이 부피에 반비례한다는 Boyle 법칙을 설명한다. 같은 양의 기체에 대해 용기의 부피가 더 작으면 단위 면적당 충돌은 더 자주 일어난다. 충돌 전에 기체 입자들이 이동한 평균 거리는 더 작은 부피에서 더 작다. 주어진 면적에서의 충돌이 더 많아지면 압력이 더 커진다. 이 가정은 압력이 기체 입자들의 몰수에 비례해야 한다는 것을 예측 한다. 기체 입자가 더 많을수록 용기 벽과의 충돌 횟수도 많아지므로 압력도 더 커지게 된다.
5. *기체 입자들의 평균 운동 에너지는 절대 온도에만 의존한다.* 평균 운동 에너지가 무엇인가? 이 질문에 답하기 위해 기체 입자들의 속력 또는 속도를 조사해야 한다. 주어진 기체 입자에 대한 속력(v)과 운동 에너지(KE) 사이의 관계는 다음 식으로 주어진다.

$$KE = \frac{1}{2}mv^2$$

여기서 m은 기체 입자의 질량이다. 그림 9.23에서 낮은 온도에서의 기체 입자 속도를 나타내는 곡선을 보라. 그것은 단일 속력이 아니고 속력의 분포인 것을 인지하라.

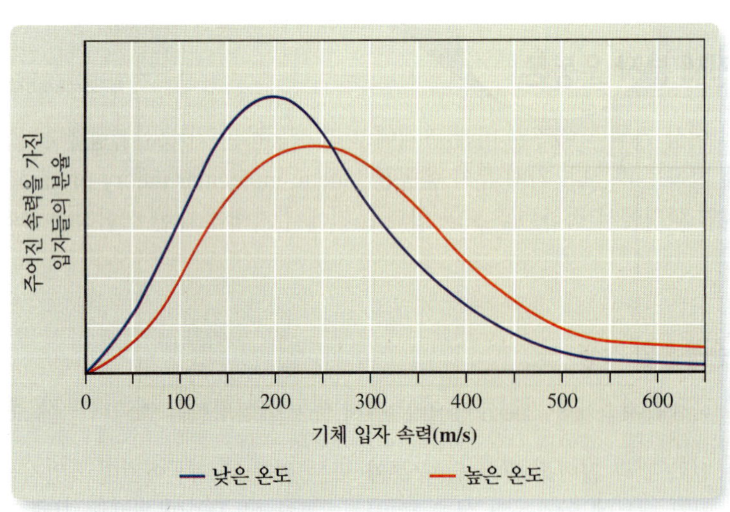

그림 9.23 온도가 변하면 기체 입자들은 다양한 속도로 움직인다. 주어진 온도에서 분자들의 속도는 한정된 범위에서 다양하다. 더 높은 온도에서는 더 빠른 속력으로 움직이는 입자들의 분율이 더 크다.

이 분포를 다루기 위해 다음 식을 사용하여 모든 기체 입자에 대한 평균 운동 에너지를 설명하는 것이 편리하다.

$$KE_{av} = \frac{1}{2} m(\nu_{av})^2$$

여기서 아래 첨자 'av'는 운동 에너지 및 속력의 평균을 나타낸다. 주어진 온도에서 평균 속력은 전부가 아닌 일부의 기체 입자에서 관찰된다. 나머지는 평균값보다 더 크거나 더 작은 속력을 가진다. 속력의 분포는 기체 입자들의 운동 에너지 또한 여러 값으로 분포한다는 것을 의미한다. 그림 9.23에서 온도가 상승하면 속력의 분포가 이동한다는 것에 주목하라. 기체 입자의 평균 속력은 높은 온도에서 더 크다. 입자들이 더 빠르게 움직이면 더 큰 에너지를 가진 입자가 더 빈번하게 벽에 충돌하므로, 온도가 상승하면 압력은 증가한다.

질소 분자의 평균 속력은 상온에서 약 500 m/s이다. 기체 분자들이 그와 같은 높은 속도로 움직인다면, 특정 냄새가 방을 채우는 데 왜 긴 시간이 걸리는가?

식 $KE_{av} = \frac{1}{2} m(\nu_{av})^2$은 같은 온도에서 여러 다른 종류의 기체들의 상대 평균 분자 속력에 대해서 무엇을 말하고 있는가? 주어진 온도에서 평균 운동 에너지 KE_{av}는 기체의 종류와 상관없이 일정하다. 이 식은 온도(즉 운동 에너지)가 일정할 때 질량과 속력 사이에서 *반비례* 관계를 보여 준다. 질량이 클수록 속력은 떨어진다. 같은 온도에서 몰질량이 다른 두 종류의 기체를 비교해 보면, 질량이 더 작은 입자들이 질량이 더 큰 입자들보다 평균 속력이 더 크므로 더 빨리 움직인다. 25°C에서 헬륨과 네온 원자 중 어떤 것이 더 평균 속력이 크겠는가?

스코틀랜드 화학자인 Graham(Thomas Graham)이 공식화한 그레이엄 법칙(Graham's law)은 평균 운동 에너지에 대한 식을 이용한다. 같은 온도에서 두 기체(1과 2로 표시)는 운동 에너지가 같다.

$$\frac{1}{2} m_1(\nu_1)^2 = \frac{1}{2} m_2(\nu_2)^2$$

식의 양변에서 $\frac{1}{2}$을 제거하면 다음 식이 된다.

$$m_1(\nu_1)^2 = m_2(\nu_2)^2$$

이 식을 재배열하여 두 기체의 속력을 비교할 수 있다.

$$\frac{\nu_1}{\nu_2} = \sqrt{\frac{m_2}{m_1}}$$

두 기체의 확산의 상대적인 비율을 측정하면 두 기체의 상대 분자량이나 몰질량을 결정할 수 있다.

>> 확산과 분출

분자 운동론은 기체의 많은 행동을 설명한다. 우리는 일상에서의 경험으로 기체 입자들이 움직인다는 것을 알고 있다. Joel의 친구들이 집에 가까이 왔을 때, Joel이 이미 그릴 위에서 굽기 시작한 고기의 냄새를 맡을 수 있다. 기체 입자들이 공기를 통해 코로 확산되기 때문에 음식 냄새를 맡을 수 있는 것이다. **확산(diffusion)**은 기체 입자들이 농도가 높은 곳에서 농도가 낮은 곳으로 이동하는 것이다(그림 9.24). 기체 분자들이 대기를 통해 빠르게 확산하기 때문 에 먼 거리에서도 물질의 냄새를 맡을 수 있다.

인터넷 핫스팟

상당수 학생들이 확산의 상대적인 속도에 어려움을 겪고 있다고 한다. 이 주제에 대한 추가 학습 자료를 보려면 SmartBook에 접속하라.

같은 온도의 서로 다른 기체 입자들은 평균 에너지가 같지만, 분자량이 다르면 평균

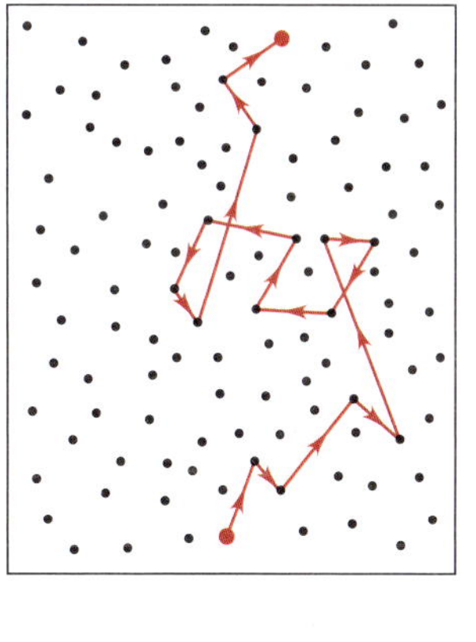

그림 9.24 (A) '황 분출구'에서 나오는 황화 수소 기체는 공기를 통해 확산된다. 기체 입자들은 지속적으로 움직이기 때문에 공간으로 확산될 수 있다. (B) 기체 입자들의 전형적인 경로에 나타난 것과 같이, 기체 입자들은 빠르게 움직이지만 도중에 다른 기체 입자와 충돌한다.

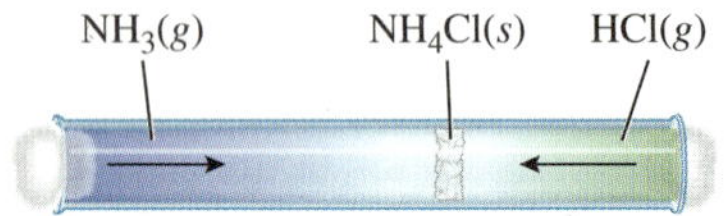

그림 9.25 암모니아(NH_3)와 염화 수소(HCl) 기체가 반응하여 고체 염화 암모늄(NH_4Cl)을 생성한다.

$$NH_3(g) + HCl(g) \longrightarrow NH_4Cl(s)$$

반응이 일어나기 전에 반응물들이 만나야 한다. 고체가 관의 중앙에서 생성되지 않는 것을 주목하라. NH_3는 더 가벼운 분자이므로 HCl보다 더 빠르게 움직인다. (HCl과 NH_3는 무색 기체임을 주의하라.)

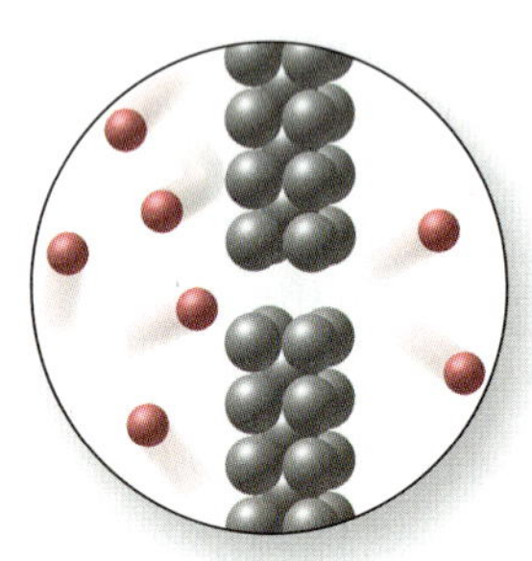

그림 9.26 기체 입자가 작은 구멍을 통해 진공으로 이동한다. 이 과정을 *분출*이라고 한다.

속력도 다르다. 기체 입자의 속력, 분자량, 운동 에너지 사이의 관계를 상기하라.

$$KE_{av} = \frac{1}{2}\, m(\nu_{av})^2$$

이 식은 질량과 속력 모두 운동 에너지에 영향을 준다는 것을 나타낸다. 서로 몰질량이 다른 두 기체 입자들이 같은 평균 운동 에너지를 갖기 위해서는 서로 다른 평균 속력으로 공간을 움직여야 한다. 몰질량이 더 큰 무거운 기체 입자들은 더 낮은 속도로 움직인다. 가벼운 분자 또는 원자들은 더 큰 속도로 움직인다.

예를 들면 그림 9.25에 나타낸 실험을 생각해 보자. 이 반응에서 NH_3 기체는 HCl 기체와 반응하여 고체 NH_4Cl을 만든다. 이 고체는 관에서 HCl이 방출된 지점과 더 가까운 곳에 형성된다. 왜냐하면 HCl 분자는 더 가벼운 NH_3 분자만큼 빠르게 확산하지 않기 때문이다.

확산 이외에 또 다른 방법으로 기체 입자들의 운동에 대한 증거를 관찰한다. 헬륨으로 채운 Joel의 기상 관측 기구를 생각해 보자. Joel이 기구를 발사하지 못하면 기구는 발사대에 그대로 남아서 부력을 잃고 마침내 원래보다 작은 크기로 쪼그라든다. 라텍스 구조에 원래부터 나 있는 작은 구멍을 통해 헬륨 원자가 달아나기 때문이다. 기체가 작은 구멍을 통해 진공 속으로 달아나는 것을 **분출**(effusion)이라고 한다(그림 9.26). 확산과 마찬가지로, 작은 입자는 큰 입자보다 더 빠르게 분출할 수 있다.

9.5 기체와 화학 반응

대기의 많은 기체들은 화학 반응에 의해 생성된다. 예를 들면 Joel의 그릴에서 사용되는 프로페인의 연소에 의해 기체 이산화 탄소와 수증기가 만들어진다. 프로페인을 태우기 위해 공기 중의 산소가 사용된다. 많은 화학 반응에 기체가 포함되기 때문에 기체 반응물과 생성물의 양을 계산하는 방법을 이해하는 것이 중요하다.

>> 반응물 부피로부터 생성물 부피

반응에서 기체의 부피는 작은 정수비로 진행된다는 Gay-Lussac의 발견을 상기해 보자. 그 비는 균형 맞춘 반응식의 계수와 일치한다. 수증기를 형성하는 수소와 산소의 반응을 생각해 보자.

$$2H_2(g) + O_2(g) \longrightarrow 2H_2O(g)$$

25.0°C와 720 torr에서 2.38 L의 H_2가 같은 온도와 압력 조건의 O_2 1.19 L와 완전히 반응하면 정확하게 2.38 L의 H_2O를 형성할 것이 예상된다. 화학 반응에서 한 기체 물질의 부피를 이용하여 다른 기체 물질의 부피를 결정할 수 있는 방법을 이 예를 통해 알 수 있다. 온도와 압력이 일정할 때 Gay-Lussac의 결합 부피의 법칙에서 나타낸 것처럼, 부피 대 부피 관계는 화학 반응식에서 계수로 주어진 몰 대 몰 비와 같다. 앞의 예에서 부피 비는 2 H_2 : 1 O_2 : 2 H_2O이다.

모든 물질이 같은 압력과 온도의 기체일 때만 그와 같은 간단한 계산을 사용할 수 있다. 온도와 압력이 변하면 부피 대 몰 관계는 이상 기체 법칙으로 주어지고, 몰 대 몰 관계는 균형 맞춘 화학 반응식에 의해 제공된다.

A의 부피 —($PV = nRT$)→ A의 몰수 —(몰비)→ B의 몰수 —($PV = nRT$)→ B의 부피

예제 9.13은 이와 같은 종류의 계산을 수행하는 방법을 보여 준다.

예제 9.13 ▶ 반응물 부피로부터 생성물 부피

5.00 atm의 압력과 25.0°C(298.2 K)의 온도에서 수소 기체 시료의 부피는 8.00 L이다. 모든 수소 기체가 산화 구리(II)와 다음과 같이 반응할 때, 150.0°C(423.2 K)와 0.947 atm에서 생성된 기체 물의 부피는 얼마인가?

$$\mathrm{CuO}(s) + \mathrm{H_2}(g) \longrightarrow \mathrm{Cu}(s) + \mathrm{H_2O}(g)$$

» 풀이:

생성물과 반응물에 대한 온도와 압력 조건이 다르기 때문에 Gay-Lussac의 결합 부피의 법칙을 사용하여 이 문제를 풀 수 없다. 다음의 순서로 계산해야 한다.

H_2의 부피 —($PV = nRT$)→ H_2의 몰수 —(몰비)→ H_2O의 몰수 —($PV = nRT$)→ H_2O의 부피

몰수가 아닌 기체의 부피가 주어졌으므로 먼저 이상 기체 법칙을 이용하여 수소 기체의 몰수를 계산해야 한다.

H_2의 부피 —($PV = nRT$)→ H_2의 몰수

$$PV = n_{\mathrm{H_2}}RT$$

$$n_{\mathrm{H_2}} = \frac{PV}{RT}$$

$$= \frac{(5.00\ \cancel{\mathrm{atm}})(8.00\ \cancel{\mathrm{L}})}{\left(0.08206\ \dfrac{\cancel{\mathrm{L}}\cdot\cancel{\mathrm{atm}}}{\mathrm{mol}\cdot\cancel{\mathrm{K}}}\right)(298.2\ \cancel{\mathrm{K}})}$$

$$= 1.63\ \mathrm{mol\ H_2}$$

다음, 균형 맞춘 반응식의 계수를 사용하여 기체 물의 몰수를 계산한다.

H_2의 몰수 —(몰비)→ H_2O의 몰수

$$n_{\mathrm{H_2O}} = 1.63\ \cancel{\mathrm{mol\ H_2}} \times \frac{1\ \mathrm{mol\ H_2O}}{1\ \cancel{\mathrm{mol\ H_2}}} = 1.63\ \mathrm{mol\ H_2O}$$

마지막으로 V에 대해 정리한 이상 기체 법칙을 사용하여 수증기의 부피를 계산한다.

H_2O의 몰수 —($PV = nRT$)→ H_2O의 부피

$$V_{\mathrm{H_2O}} = \frac{n_{\mathrm{H_2O}}RT}{P}$$

$$= \frac{1.63\ \cancel{\mathrm{mol}} \times \left(0.08206\ \dfrac{\mathrm{L}\cdot\cancel{\mathrm{atm}}}{\cancel{\mathrm{mol}}\cdot\cancel{\mathrm{K}}}\right) \times 423.2\ \cancel{\mathrm{K}}}{0.947\ \cancel{\mathrm{atm}}}$$

$$= 59.8\ \mathrm{L\ H_2O}$$

→ 응용 연습 9.13

이러한 조건에서 생성된 수증기의 밀도는 얼마인가?

➔ 실전 연습 9.13

22.0 atm의 압력과 32.0°C의 온도에서 수소 기체 시료의 부피는 7.49 L이다. 모든 수소 기체가 산화 철(III)과 다음과 같이 반응할 때, 125.0°C와 0.975 atm에서 생성된 기체 물의 부피는 얼마인가?

$$Fe_2O_3(s) + 3H_2(g) \longrightarrow 2Fe(s) + 3H_2O(g)$$

➔ **심화 연습:** 연습 문제 9.117

≫ 부피로부터 몰과 질량

많은 화학 반응에서 반응물이나 생성물의 물리적 상태가 서로 다르다. 예를 들면 고체 소듐 금속은 염소 기체와 반응하여 고체 염화 소듐을 생성한다.

$$2Na(s) + Cl_2(g) \longrightarrow 2NaCl(s)$$

화학 반응에서의 양을 결정하는 문제를 복습하기 위해 제6장을 참조하라.

Cl_2의 질량을 알면 6.3절에서 설명한 과정을 이용하여 생성되는 NaCl의 질량을 계산할 수 있다.

g Cl_2 →(몰질량)→ Cl_2의 몰수 →(몰비)→ NaCl의 몰수 →(몰질량)→ g NaCl

주어진 온도와 압력의 조건에서 알려진 Cl_2의 *부피*로부터 생성되는 NaCl의 양을 계산하는 경우를 생각해 보자. Cl_2의 부피를 알기 때문에 이상 기체 법칙을 사용하여 이 기체 반응물의 몰수를 계산할 수 있다. 이 결과와 균형 맞춘 반응식의 계수를 이용하여 NaCl의 몰수를 계산한다. 다음으로 생성물의 질량은 생성물의 몰수와 몰질량으로부터 얻을 수 있다. 앞에서의 문제 풀이 과정의 첫 번째 단계를 약간 수정하면 Cl_2 기체의 부피로부터 NaCl의 질량을 계산할 수 있다.

Cl_2의 부피 →($PV = nRT$)→ Cl_2의 몰수 →(몰비)→ NaCl의 몰수 →(몰질량)→ g NaCl

예제 9.14 ▶ 부피로부터 질량

45.0°C(318.2 K)와 1.37 atm에서 측정된 3.45 L의 CO_2가 과량의 CaO와 반응하면 탄산 칼슘 몇 몰이 생성되는가? 이는 몇 g에 해당하는가? 균형 맞춘 반응식은 다음과 같다.

$$CaO(s) + CO_2(g) \longrightarrow CaCO_3(s)$$

≫ 풀이:

이 문제를 풀기 위해 다음 순서로 계산을 수행한다.

CO_2의 부피 →($PV = nRT$)→ CO_2의 몰수 →(몰비)→ $CaCO_3$의 몰수 →(몰질량)→ $CaCO_3$의 g수

첫째, n에 대해 정리한 이상 기체 법칙을 이용하여 CO_2의 몰수를 계산한다.

$$n_{CO_2} = \frac{(1.37\ \cancel{atm})(3.45\ \cancel{L})}{\left(0.08206\ \frac{\cancel{L}\cdot\cancel{atm}}{mol\cdot\cancel{K}}\right)(318.2\ \cancel{K})}$$
$$= 0.181\ mol\ CO_2$$

균형 맞춘 반응식의 계수를 이용하여 이산화 탄소의 몰수로부터 탄산 칼슘의 몰수를 계산한다.

CO_2의 몰수 —몰비→ $CaCO_3$의 몰수

$$n_{CaCO_3} = 0.181\ \cancel{mol\ CO_2} \times \frac{1\ mol\ CaCO_3}{1\ \cancel{mol\ CO_2}} = 0.181\ mol\ CaCO_3$$

그리고 나서 몰질량 100.1 g/몰로부터 탄산 칼슘의 질량을 얻는다.

$CaCO_3$의 몰수 —몰질량→ $CaCO_3$의 질량

$$CaCO_3\text{의 질량} = 0.181\ \cancel{mol\ CaCO_3} \times \frac{100.1\ g\ CaCO_3}{1\ \cancel{mol\ CaCO_3}} = 18.1\ g\ CaCO_3$$

→ 응용 연습 9.14

이 양의 $CaCO_3$를 생성하기 위해서 반응해야 할 CaO와 CO_2의 질량은 얼마인가?

→ 실전 연습 9.14

65.0°C와 1.05 atm에서 측정된 2.38 L의 SO_3 기체가 충분한 물과 반응하면 H_2SO_4 몇 몰이 생성되는가? 이는 몇 g에 해당하는가? 균형 맞춘 반응식은 다음과 같다.

→ 심화 연습: 연습 문제 9.119

어떤 화학 반응에서 반응물이나 생성물의 질량으로부터 기체 반응물 또는 생성물의 양을 결정할 때는 예제 9.14에서 설명한 과정의 역순으로 풀면 된다.

제9장 복습하기

주요 개념 _Key Concepts

- 압력, 부피, 온도, 양을 포함한 몇 가지 성질들을 이용하여 기체의 행동을 설명할 수 있다.
  - 압력은 단위 면적당 힘이다.
  - 기체 압력은 기체 입자들이 용기 벽과 충돌할 때 나타난다.
  - 일정 온도 조건에서 압력이 증가하면 기체의 부피는 감소한다(Boyle 법칙). 부피는 일정 온도에서 압력에 반비례한다.
  - 일정한 압력 조건에서 온도가 상승하면 기체의 부피는 증가한다(Charles 법칙). 부피는 일정 압력에서 온도에 비례한다.

- 부피 변화가 가능한 용기의 경우에, 기체는 가열되면 팽창하고, 냉각되면 수축되어 따뜻한 기체의 밀도가 더 작다.
- 팽창이 가능한 용기에 더 많은 기체가 더해지면 더 많은 기체 입자들이 존재하기 때문에 그 부피는 증가한다(Avogadro 가설).
- 결합 기체 법칙은 고정된 양(몰)의 기체에 대한 온도, 압력, 부피 사이의 관계를 나타낸다.

- 이상 기체 법칙($PV = nRT$)에 따르면 압력, 부피, 온도, 기체의 양은 수학적으로 연관이 있다.
  - 이상 기체 상수와 세 가지 인자 값이 주어지면 네 번째 값을 계산할 수 있다.
  - 기체의 밀도(질량/부피)도 온도와 압력이 주어지면 이상 기체 법칙으로부터 계산될 수 있다.
  - 혼합물을 이루고 있는 기체들은 독립적으로 행동하므로 마치 그 기체들이 용기에 홀로 있을 때와 같은 압력을 갖는다. 기체 혼합물의 전체 압력은 각 기체 압력의 합과 같다(Dalton의 부분압 법칙).
- 분자 운동론의 5가지 가정들이 특정한 수준에서 기체 행동을 설명한다.
  - 기체는 작고 멀리 퍼져 있는 입자(분자 또는 원자)로 이루어져 있다.
  - 기체를 구성하는 입자는 서로 독립적으로 행동한다.
  - 기체의 각 입자는 또 다른 분자나 용기와 충돌하지 않는 한, 빠른 직선 운동을 한다.
  - 기체의 압력은 용기 벽과 입자들의 충돌의 합으로부터 비롯된다.
  - 기체 입자들의 평균 운동 에너지는 절대 온도에만 의존한다.
  - 기체 법칙뿐만 아니라 이러한 분자운동론의 가설들도 확산(농도가 높은 곳에서 낮은 곳으로의 기체 입자의 이동)과 분출(용기의 작은 구멍을 통해 진공 속으로 기체가 이동)과 같은 기체의 다른 성질들을 설명한다.
- 이전 장에서 설명한 반응에서의 계산 과정과 마찬가지로, 이상 기체 법칙을 사용하여 화학 반응에 포함된 기체들의 양을 계산할 수 있다.

주요 관계식 _Key Relationships

관계	식
압력은 여러 가지 다른 단위로 표현될 수 있다.	1 atm = 101,325 Pa = 760 mm Hg = 760 torr = 14.7 lb/in^2
압력은 일정 온도에서 부피에 반비례한다(Boyle 법칙).	$P_1V_1 = P_2V_2$ (일정 T와 n)
온도는 일정 압력과 몰수에서 부피에 비례한다(Charles 법칙).	$\frac{V_1}{T_1} = \frac{V_2}{T_2}$ (일정 P과 n)
기체의 양이 일정하면 부피는 온도를 압력으로 나눈 것에 비례한다(결합 기체 법칙).	$\frac{P_1V_1}{T_1} = \frac{P_2V_2}{T_2}$ (일정 n)
일정한 온도와 압력에서 부피는 기체의 양(몰수)에 비례한다(Avogadro 법칙).	$\frac{V_1}{n_1} = \frac{V_2}{n_2}$ (일정 T와 P)
기체의 양(몰수)과 압력, 부피, 온도는 이상 기체 법칙으로 연관된다.	$PV = nRT$
기체 혼합물에 대해, 각 압력의 합은 전체 압력과 같다(Dalton의 부분압 법칙).	$P_{전체} = P_A + P_B + P_C + \cdots$
기체 입자들의 평균 운동 에너지는 그 질량 및 평균 속력과 연관된다.	$KE_{av} = \frac{1}{2}m(v_{av})^2$

주요 용어 _Key Terms

Gay-Lussac의 결합 부피의 법칙(Gay-Lussac's law of combining volume) (9.2)
결합 기체 법칙(combined gas law) (9.2)
기압계(barometer) (9.1)
기체 분자 운동론(kinetic molecular theory of gases) (9.4)
Dalton의 부분압 법칙(Dalton's law of partial pressure) (9.3)
몰부피(molar volume) (9.2)
Boyle 법칙(Boyle's law) (9.2)
분출(effusion) (9.4)
Charles 법칙(Charles's law) (9.2)
Avogadro 가설(Avogadro's hypothesis) (9.2)
압력(pressure) (9.1)
이상 기체(ideal gas) (9.2)
이상 기체 법칙(ideal gas law) (9.3)
이상 기체 상수(ideal gas constant, R) (9.3)
표준 온도와 압력(standard temperature and pressure, STP) (9.2)
확산(diffusion) (9.4)

연습 문제 _Questions and Problems

주요 용어와 정의를 연결하기

9.1 다음 주어진 정의에 맞는 주요 용어를 써라.
(a) 작은 구멍을 통해 진공 속으로의 기체 입자들의 이동
(b) 일정한 온도에서 일정량의 기체가 차지하는 부피는 압력에 반비례한다는 법칙
(c) 일정량의 기체에 대해 압력, 부피, 온도의 초기와 최종 조건 사이의 관계를 나타내는 법칙
(d) 이상 기체 법칙으로 설명된 것처럼 예측된 행동을 따른 기체
(e) 단위 면적당 적용된 힘의 양
(f) 혼합물의 기체들은 독립적으로 행동하고 그것들이 용기 안에 홀로 있을 때 가하는 것과 같은 압력을 가한다는 법칙
(g) 이상 기체의 경우 STP에서 22.414 L와 같은 1몰의 기체가 차지하는 부피
(h) 압력, 부피, 기체의 양, 온도를 연계시키는 이상 기체 법칙에 사용된 상수

기체의 행동

9.17 기체의 일반적인 성질 몇 가지는 무엇인가?

9.19 따뜻한 공기의 밀도는 더 찬 공기의 밀도와 어떻게 다른가?

9.21 그림은 특정 온도에서 기체 원자들을 나타낸 것이다. 온도가 감소하고 압력이 일정할 때 원자들의 배열을 빈 원에 나타내라.

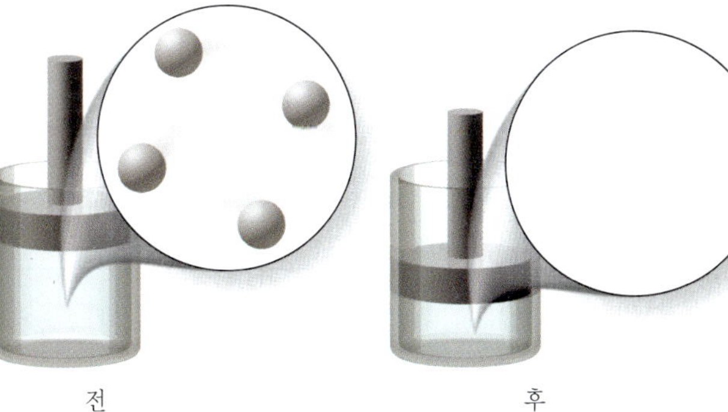

9.23 기체 압력은 무엇인가?

9.25 압력은 어떻게 측정되는가?

9.27 그림은 특정 압력에서 기체 원자들을 나타낸 것이다. 부피가 증가하고 온도가 일정할 때 빈 원에 원자들의 배열을 나타내라.

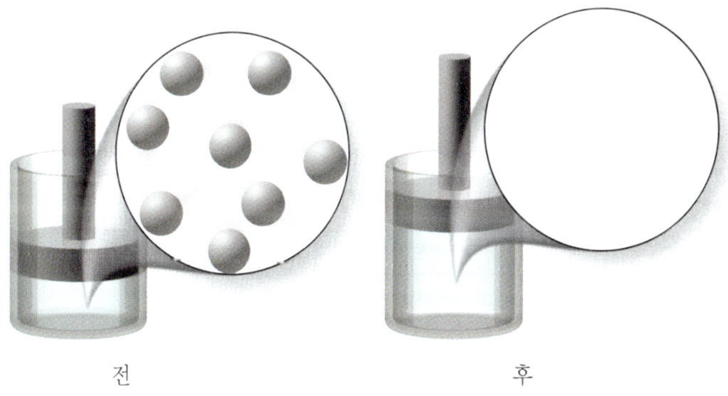

9.29 다음의 압력을 환산하라.
(a) 745 torr를 atm으로
(b) 1.23 atm을 torr로
(c) 90.1 mm Hg을 atm으로
(d) 0.643 kPa을 Pa로
(e) 1.35×10^5 Pa을 mm Hg로
(f) 7.51×10^4 Pa을 torr로
(g) 798 torr를 Pa로
(h) 29.3 cm Hg를 mm Hg로

9.31 콜로라도 주 덴버의 기압계 압력이 30.24인치의 수은(Hg)이면, 그 압력은 파스칼 단위로 얼마인가? (2.54 cm = 1인치이다.)

기체의 성질에 영향을 주는 인자

9.33 Boyle 법칙은 기체 부피에 대한 압력의 효과에 대해 무엇을 말해 주는가?

9.35 움직일 수 있는 피스톤을 가진 용기 안에 들어 있는 기체를

생각해 보자. 용기의 부피가 감소하도록 피스톤이 움직이면 기체 입자는 어떻게 되는가? 실린더가 최초 부피의 1/2이 되도록 피스톤이 움직이면 압력은 어떻게 되는가? 빈 원에 부피가 1/2로 감소할 때 원자들의 배열을 나타내라.

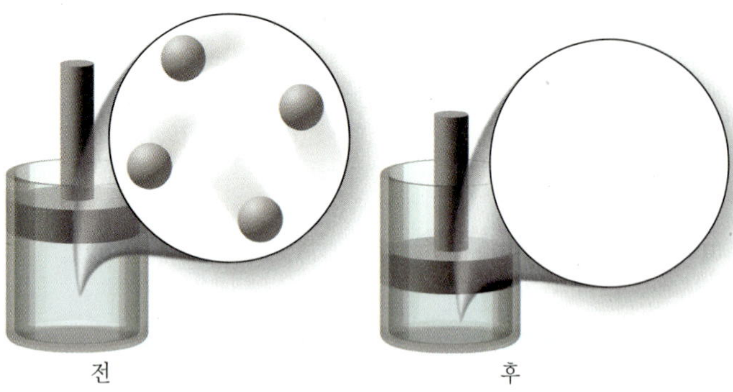

9.37 일정한 온도에서 주어진 고정된 양의 기체에 대해, 압력이 다음 표에서 나타낸 것처럼 변한다고 할 때, 기체가 차지하는 새 부피를 계산하라.

	초기 부피	초기 압력	최종 압력	최종 부피
(a)	6.00 L	3.00 atm	5.00 atm	?
(b)	40.0 mL	60.0 torr	90.0 torr	?
(c)	2.50 mL	40.0 torr	255 torr	?

9.39 일정한 온도에서 주어진 고정된 양의 기체에 대해, 부피가 다음 표에서 나타낸 것처럼 변한다고 할 때, 기체가 가하는 새 압력을 계산하라.

	초기 압력	초기 부피	최종 부피	최종 압력
(a)	602 torr	405 mL	1512 mL	?
(b)	0.00100 torr	1.50 L	15.0 mL	?
(c)	0.832 atm	805 L	37.5 L	?

9.41 1.25 atm의 N_2 925 L를 부피가 6.35 L인 용기 속으로 압축하는 데 필요한 압력은 얼마인가?

9.43 1.00 atm에서 수소 기체 0.550 L를 가지도록 725 torr에서 포집해야 하는 그 기체의 부피는?

9.45 Charles 법칙은 기체 부피에 대한 온도의 효과에 대해 무엇을 말해 주는가?

9.47 일정한 압력을 유지하도록 부피를 조정할 수 있는 용기 속에 들어 있는 기체를 생각해 보자. 기체를 가열한다고 가정할 때 온도의 증가로 기체 입자들에게는 무슨 일이 일어나는가? 용기의 부피는 어떻게 되는가?

9.49 일정한 압력에서 유지된 고정된 양의 기체에 대해, 온도가 다음 표에서 나타낸 것처럼 변한다고 할 때, 기체가 차지하는 새 부피를 계산하라.

	초기 부피	초기 온도	최종 온도	최종 부피
(a)	6.00 L	30.0°C	0.0°C	?
(b)	212 mL	−60.0°C	401.0°C	?
(c)	47.5 L	212 K	337 K	?

9.51 일정한 압력에서 유지된 고정된 양의 기체에 대해, 다음 표에 나타낸 부피의 변화를 이루도록 기체가 변해야 하는 섭씨 온도를 계산하라.

	초기 온도	초기 부피	최종 부피	최종 온도
(a)	0.0°C	70.0 mL	140.0 mL	?
(b)	−37°C	2.55 L	85 mL	?
(c)	165 K	87.5 L	135 L	?

9.53 24.2°C에서 기체 기포의 부피는 0.150 mL이다. 압력이 일정 하면 62.5°C에서 기포의 부피는?

9.55 해수면에서 기체로 채워진 강철 탱크를 생각해 보자. 이 탱크는 부피를 일정하게 유지한다. 이 탱크를 트럭에 놓고 산길 위로 10,000 피트의 높이까지 오르면 기체 입자는 어떻게 되겠는가?

9.57 단단한 용기 안에 들어 있는 고정된 양의 기체 부피가 변하지 않는다고 가정하자. 온도가 다음 표에 나타낸 것처럼 변한다고 할 때, 기체가 가하는 압력을 계산하라.

	초기 압력	초기 온도	최종 온도	최종 압력
(a)	302 torr	0.0°C	105.0°C	?
(b)	735 torr	25°C	0.0°C	?
(c)	3.25 atm	273K	373 K	?

9.59 단단한 용기 안에 들어 있는 고정된 양의 기체 부피가 변하지 않는다고 가정하자. 다음 표에서 나타낸 압력에서 변화를 이루기 위해 기체가 변해야 하는 온도를 섭씨 단위로 계산하라.

	초기 온도	초기 압력	최종 압력	최종 온도
(a)	30.0°C	1525 torr	915 torr	?
(b)	250.0°C	0.70 atm	1042 torr	?
(c)	355 K	500.0 torr	1000.0 atm	?

9.61 강철 탱크가 18.5°C에서 압력이 7.25 atm인 아세틸렌 기체를 포함한다. 37.2°C에서 압력은 얼마인가?

9.63 주어진 초기 조건들의 기체에 대해, 다음 표에 나타낸 것처럼 두 개의 다른 변수들이 변하면 나타낸 그 변수들에 대한 최종 값을 계산하라.

	(a)	(b)	(c)
초기 부피	2.50 L	125 L	455 mL
초기 압력	0.50 atm	0.250 atm	200.0 torr
초기 온도	20.0°C	25°C	300 K
최종 부피	?	62.0 L	200.0 mL
최종 압력	760.0 torr	100.0 torr	?
최종 온도	0.0°C	?	327°C

9.65 3.50 atm의 압력을 내기 위해 24.5°C의 0.500 L 탱크 속에 주입할 수 있는 STP의 O_2의 부피는 얼마인가?

9.67 Gay-Lussac 법칙은 무엇인가?

9.69 표준 온도와 압력(STP)에서 네온 기체의 몰부피는 얼마인가?

9.71 STP에서 주어진 다음 부피의 기체에 대해, 각 기체의 몰수와 질량을 계산하라.
(a) 8.62 L CH_4 (b) 350.0 mL Xe (c) 48.1 L CO

9.73 다음 그림은 각각의 부피가 1.5 L인 두 풍선을 나타낸 것이다. 그들은 함께 묶여 있어, 같은 온도와 압력에 있다. 어떤 풍선이 더 많은 수의 기체 입자들을 가지는가? 어떤 풍선이 질량이 더 크겠는가? 어떤 풍선이 밀도가 더 크겠는가?

9.75 다음 주어진 양의 기체에 대해, 각 기체의 몰수를 계산하라. STP에서 각 양의 기체가 차지하는 부피를 계산하라.
(a) 5.8 g NH_3 (b) 48 g O_2 (c) 10.8 g He

9.77 풍선을 채우면서 모든 기체가 탱크로부터 제거된다고 가정하면 STP에서 이 탱크로부터 채울 수 있는 1.0 L 풍선의 수는?

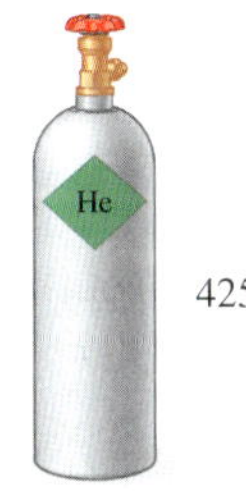

9.79 압력이 일정하다고 가정하면, 25.0°C에서 12.0 L를 차지하는 O_2 기체의 STP에서의 부피는 얼마인가?

이상 기체 법칙

9.81 이상 기체는 무엇인가?

9.83 다음 주어진 양의 기체에 대해, 각 기체의 몰수를 계산하라. 100°C와 15.0 atm에서 각 양의 기체가 차지하는 부피를 계산하라.
(a) 5.8 g NH_3 (b) 48 g O_2 (c) 10.8 g He

9.85 87.5°C와 722 torr에서 다음 주어진 부피의 기체에 대해, 각 기체의 몰수와 기체의 질량을 계산하라.
(a) 7.62 L CH_4 (b) 135 mL H_2 (c) 8.96 L N_2

9.87 같은 온도와 압력의 두 풍선이 같은 부피의 CO_2와 He를 포함하면, CO_2를 포함한 기체는 땅에 머물고 헬륨 풍선이 뜨는 이유는?

©Tom Pantages

9.89 STP에서 다음 기체의 밀도(g/L)를 계산하라.
(a) NH_3 (b) N_2 (c) N_2O

9.91 25.0°C와 735 torr에서 다음 기체의 밀도(g/L)를 계산하라.
(a) NH_3 (b) N_2 (c) N_2O

9.93 다음 기체가 5.00 L 용기에 50.0°C에서 840 torr의 압력으로 채워질 때, 용기 안의 각 기체의 질량을 계산하라.
(a) H_2 (b) CH_4 (c) SO_2

9.95 Dalton의 부분압 법칙은 무엇인가?

9.97 22°C에서 수증기로 포화된 산소 기체 시료가 728 torr의 총 압력을 가한다. 플라스크에 들어 있는 산소의 부분압은 얼마인가? 단, 22°C에서 물의 증기 압력은 20.0 torr이다.

9.99 탱크는 총 압력 3.75 atm과 50.0°C의 온도에서 78.0 g의 N_2와 42.0 g의 Ne를 포함한다. 다음의 양을 계산하라.
(a) N_2의 몰수
(b) Ne의 몰수
(c) N_2의 부분압
(d) Ne의 부분압

9.101 STP에서 다음 주어진 밀도(g/L)의 기체에 대해, 각 기체의 몰질량을 계산하라.
(a) 1.785
(b) 1.340
(c) 2.052
(d) 0.905
(e) 0.714

기체 분자 운동론

9.103 분자 운동론의 5가지 가정을 말하라.

9.105 부피가 일정하게 유지될 때 온도가 상승하면 기체의 압력이 증가하는 이유를 분자 용어로 설명하라.

9.107 일정한 온도에서 기체의 압력은 그 부피에 반비례한다. 이 관계를 분자 용어로 설명하라.

9.109 같은 온도에서 다음 물질을 평균 속력이 증가하는 순서로 나열하라. CO_2, He, H_2, CH_4.

9.111 기체의 확산 속도와 몰질량 사이의 관계는 무엇인가?

9.113 같은 양의 헬륨과 네온을 다공성 용기에 넣으면 어떤 기체가 더 빨리 도망갈 것인가?

기체와 화학 반응

9.115 같은 조건에서 12 L의 산소와 반응하는 데 필요한 수소의 부피는 얼마인가?

$$2H_2(g) + O_2(g) \longrightarrow 2H_2O(g)$$

9.117 헥세인은 다음 반응식으로 연소한다.

$$2C_6H_{14}(g) + 19O_2(g) \longrightarrow 12CO_2(g) + 14H_2O(g)$$

같은 조건에서 두 부피가 측정된다고 가정하면 8.00 L의 헥세인이 타면 형성하는 CO_2의 부피는? 필요할 산소의 부피는?

9.119 질산 암모늄의 열분해로 아산화 질소가 형성될 수 있다.

$$NH_4NO_3(s) \xrightarrow{\text{열}} N_2O(g) + 2H_2O(g)$$

2850 torr와 42°C에서 145 L의 N_2O를 생성하는 데 필요한 질산 암모늄의 질량은 얼마인가?

추가 연습 문제

9.121 외부 압력이 변하면 기상 관측 기구는 왜 부피가 변하는가?

9.123 열기구는 공기에서 어떻게 뜰 수 있는가?

9.125 기상 관측 기구가 대류권의 외부 가장자리에 도착하면 그 부피의 변화가 없도록 관찰하기 위해 표면 온도는 무엇이어야 하는가? 표면에서 압력은 760 torr이고, 150 torr로 변한다고 가정한다. 대기 외부 가장자리의 온도는 약 218 K이다.

9.127 거시적이고 분자 수준 용어로, 압력이 일정하게 유지되는 동안 온도가 상승하면 이 풍선이 어떻게 될지를 나타내라. 이 풍선이 10,000 피트의 고도까지 올라가면 어떻게 될까?

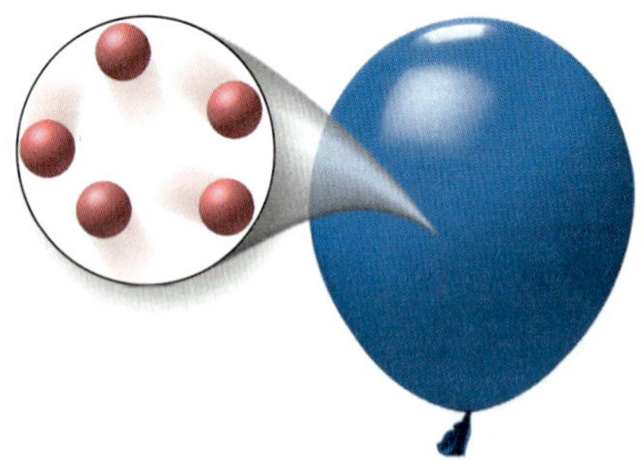

9.129 산화 수은(II)의 열분해로 산소가 생성될 수 있다.

$$2HgO(s) \xrightarrow{\text{열}} 2Hg(l) + O_2(g)$$

50.0°C와 0.947 atm에서 27.0 g의 HgO의 분해에 의해 생성 되는 O_2의 부피는 얼마인가?

9.131 뷰텐의 연소를 생각해 보자.

$$C_4H_8(g) + 6O_2(g) \longrightarrow 4CO_2(g) + 4H_2O(g)$$

745 torr와 25.0°C에서 12.0 L의 O_2와 연소하는 뷰텐의 부피는 188°C와 2.50 atm에서 얼마인가?

9.133 산화 구리(II)를 수소 기체의 기류 속에서 가열하면 구리 금속으로 환원될 수 있다.

$$CuO(s) + H_2(g) \xrightarrow{\text{열}} Cu(s) + H_2O(g)$$

85.0 g의 CuO와 반응하는 데 필요한 27.0°C와 722 torr에서 수소의 부피는 얼마인가?

9.135 모든 부피의 기체들이 같은 조건에서 측정되면 다음의 각 반응에서 5.00 L의 H_2의 반응으로부터 형성될 생성물의 부피는? 단, 반응이 완료되는 것으로 가정한다.

(a) $S(s) + H_2(g) \longrightarrow H_2S(g)$
(b) $N_2(g) + 3H_2(g) \longrightarrow 2NH_3(g)$
(c) $C_6H_6(g) + 3H_2(g) \longrightarrow C_6H_{12}(g)$

9.137 탄화 칼슘(CaC_2)은 석회(CaO)를 탄소와 가열할 때 만들어진다. 석회는 석회석($CaCO_3$)을 가열하여 만들어진다. 아세틸렌(C_2H_2)은 탄화 칼슘을 물과 반응시켜 만들 수 있다.

$$CaC_2(s) + 2H_2O(l) \longrightarrow Ca(OH)_2(aq) + C_2H_2(g)$$

0.750 atm에서 1.25 L의 아세틸렌이 5.00 g의 석회석으로부터 만들어질 수 있다면, 기체의 온도는?

9.139 (a) 기체가 차지하는 부피가 그 기체의 몰수에 어떻게 연관되는가?
(b) 이 관계가 유용한지 실험적으로 나타내기 위해 어떤 다른 변수가 일정하게 유지되어야 하는가?

9.141 질량이 0.495 g인 미지 액체 시료가 98°C에서 127 mL 플라스크 안에 증기로 포집된다. 그리고 플라스크 안의 증기 압력이 측정했더니 691 torr였다. 그 액체의 몰질량은 얼마인가?

9.143 다음 반응식으로 나이트로글리세린(nitroglycerin)의 폭발을 나타낼 수 있다.

$$4C_3H_5(ONO_2)_3(l) \longrightarrow 12CO_2(g) + 10H_2O(g) + 6N_2(g) + O_2(g)$$

1.00 g의 나이트로글리세린으로부터 2.00 atm과 275°C에서 생성되는 기체의 총 부피는 얼마인가?

9.145 일정 온도에서 산소 기체 시료의 부피가 감소될 때, 다음의 각각이 변한다면 어떻게 변할지를 예측하라.

(a) 평균 운동 에너지
(b) 평균 분자 속력
(c) 압력

9.147 *일정 압력*에서 완전 탄성의 용기에 산소 기체 시료의 온도가 감소될 때, 다음의 각각이 변한다면 어떻게 변할지를 예측하라.

(a) 평균 운동 에너지
(b) 평균 분자 속력
(c) 부피

9.149 수소 기체는 어떤 특정 온도와 압력 조건하에서 밀도가 0.090 g/L이다. 같은 조건에서 어떤 미지의 기체 시료의 밀도가 수소 기체의 약 8.0배에 달하는 0.716 g/L인 것으로 알려져 있다. 그 미지 기체는 O_2, CH_4, Ne 중 어느 것이라고 할 수 있는가?

9.151 용기에 담겨 있는 기체의 압력을 증가시키는 세 가지 방법에 대해서 설명하라.

9.153 금성은 지구와 크기와 조성이 비슷하지만, 표면의 대기는 생명체가 살기에 적합하지 않다. 평균 온도는 약 740 K이고, 대기압은 약 91 atm이며 그 대기는 대부분 이산화 탄소이다.

(a) 금성 표면의 1.0 L 대기의 몰수를 계산하라.

(b) 1.0 L 대기의 질량을 계산하라(단, 대기가 모두 이산화 탄소라고 가정한다).

(c) 금성 표면에서 대기의 밀도를 g/L와 g/mL 단위로 계산하라.

제 10 장

액체와 고체 상태

The Liquid and Solid States

Nicole은 금요일에 화학 수업을 들은 후 주말동안 가족과의 모임에 참석하기 위해 떠났다. 가족 모임 자리에서 그녀가 화학을 얼마나 좋아하는지를 어머니, 할아버지, 증조부에게 말했다. 그녀의 유일한 불평은 교수님이 시험에 그녀의 새로운 스마트폰의 화학 앱(app)을 사용하지 못하게 했던 것이다. 그녀는 모든 사실과 식들을 기억할 필요가 없으면 더 잘 할 수 있을 것으로 생각했다. 그녀의 어머니가 대학에 다녔을 때도 비슷했다고 말했다. 학생들이 시험에서 전자계산기를 사용하는 것이 허락되지 않았다. 그녀의 할아버지도 시험 날에 계산자를 가져오는 것이 허락되지 않았다고 말했다. 왜냐하면 교수님들이 수학적 기초가 나빠질 것을 걱정했기 때문이다. 그녀의 증조부도 웃었다. "내가 시험 동안 칠판으로 가서 공부한 것을 보이기 위해 분필을 사용했던 것이 기억난다" 그리고 "몇몇 시험에 그와 같은 것들이 금지되었고, 우리는 머리로 모든 문제들을 풀어야 했다"고 그는 말했다.

이야기들의 각 주제는 같았다. 교수님들은 현대 기술이 학생들의 배움을 방해하지 않을지를 우려하였다. 각 경우에 혁신은 옛것을 대신해 새로운 물질 또는 새로운 것의 결과로 나왔다. 예를 들면 1800년대 중반의 최초 칠판은 채석장에서 나온 석판으로 만들어졌다. 그들은 오래된 기술을 대체했다. 나무판은 검은 모래가 든 페인트로 칠해져서 그 위에 글씨가 더 잘 써지게 했다. 그 재료들은 천연자원으로부터 왔다. Nicole의 스마트폰에 사용된 LCD(액정 디스플레이) 스크린과 같은 최신 기술은 중합체 및 반도체와 같은 현대의 합성 물질로 만들어졌다.

여러 역사 시기에서 그 시대에 가장 많이 사용된 물질을 따라 이름 붙여진 것처럼, 물질들은 역사적으로 인간에게 중요했다. 예를 들면 석기 시대에 도구들은 유용한 모양으로 깎을 수 있는 바위, 광물, 뼈로부터 만들어졌다. 인기가 있던 물질은 석영의 형태인 단단한 광물 부싯돌이었다. BC 8000년경에 자연에서 발견된 구리는 두들겨진 모양이 도구로 사용되었다. 약 BC 5000년경에 광석에서 구리를 제거하는 방법들이 발견되었다. BC 3500년경에 구리를 주석과 함께 녹여서, 보다 더 단단한 청동으로 만드는 방법이 발견되었다. 청동 도구는 구리 도구보다 더 좋았고 그 시기를 청동기라 부른다.

BC 1500년경에 광석을 숯과 가열함으로써 광석에서 철을 얻게 되었다. 그 발견은 아마도 우연히 만들어졌을 것이다. 철기 시대 동안 불순한 철로 도구를 만들었는데, 금속을 더 단단하게 하기 위해 가열하고, 두드리고, 다시 가열하였다. 고체를 액체로 바꾸고, 액체의 조성을 변형시키고, 다시 고체를 바꾸는 것은 새로운 물질을 만들기 위해 여전히 사용되는 흔한 기술이다.

재료(material)의 시대라고도 부르는 현대에는 새로운 금속과 함께 도구 제작에 사용할 수 있는 재료에 플라스틱과 많은 세라믹이 추가되었다. 예를 들어 초전도체는 제10장 첫 페이지 목차 사진에 나타낸 것처럼 고속열차에 사용할 수 있다. 재료 과학은 새로운 재료의 합성, 가공, 구성, 구조, 특성 및 성능과 관련이 있다.

많은 현대 물질들은 유용한 성질을 가진 ***합금***(*alloy*, 금속의 혼합물)이다. 하나의 널리 사용되는 합금이 니티놀(Nitinol)인데(그림 10.1), 그 조성과 발견자의 이름, 즉 *Ni*ckel *Ti*tanium *N*aval *O*rdnance *L*aboratory를 따랐다. 이 "형상 기억(shape-memory)" 금속은 몇몇 최근의 개발된 스마트 재료들 가운데 하나이다. 그 모양이 바뀌면 약한 열이 원래의 형태로 돌아가게 한다. 형상 기억 금속은 생명을 구하는 의학 장치뿐만 아니라 스스로를 수선하는 안경테나, 주위가 더워지면 소매를 스스로 올리는 기발한 셔츠에 사용된다. 심장판, 혈관, 심장 박동 조절 장치, 치과용 임플란트, 관절 대체물과 같은 인체의 이식 장기를 만들기 위해 많은 다른 물질들이 사용되었다(그림 10.2).

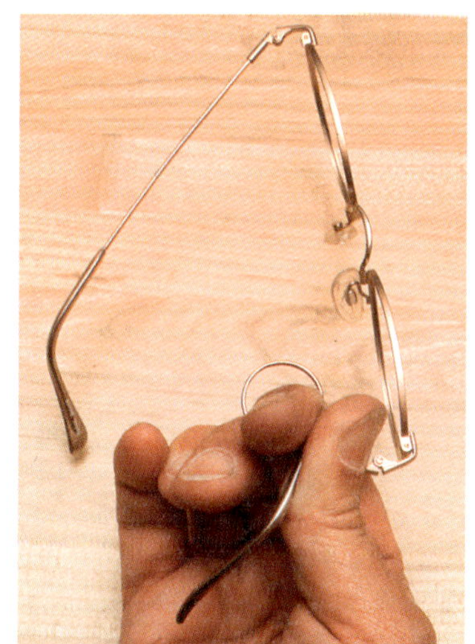

그림 10.1 형상 기억 금속인 니티놀은 원래의 모양을 잃어 굽어지면 스스로 바로 잡는 안경테에 사용된다.

©Tom Pantages

또 다른 새로운 유형의 재료는 강유체(ferrofluid)라고 부르는 액체 종류이다. 스테레오 스피커 드라이버에서 원치 않는 진동을 방지하는 냉각제와 댐핑(damping) 유체로

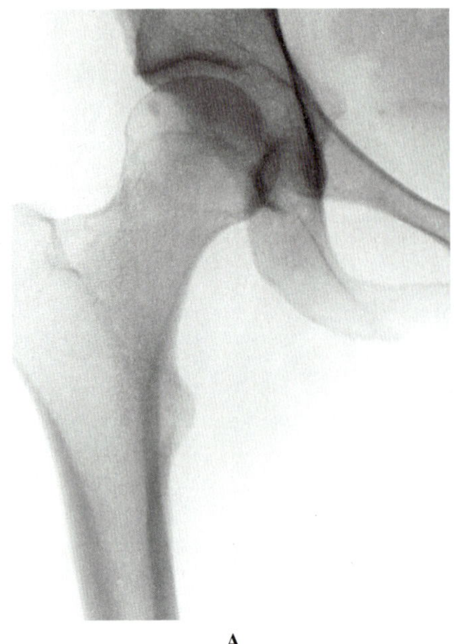
A

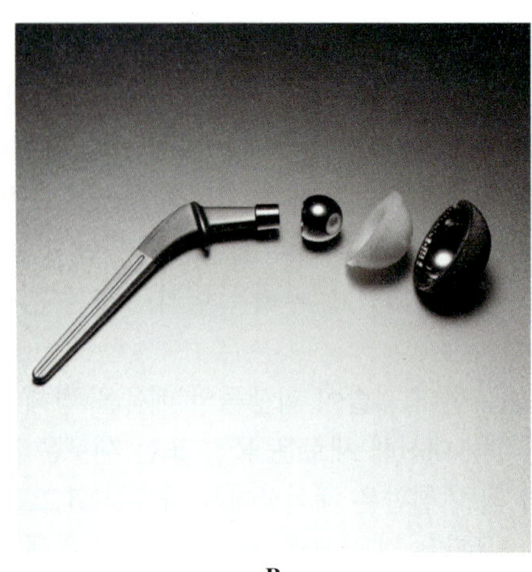
B

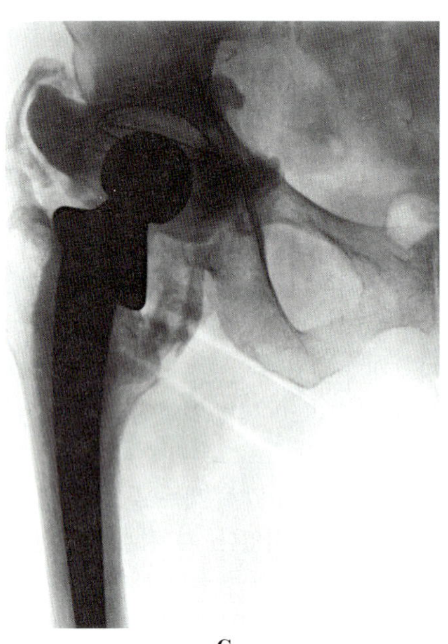
C

그림 10.2 (A) 관절염으로 퇴화된 고관절은 관절의 양쪽 부분에서 뼈를 임플란트(B)로 교체함으로써 치료할 수 있다. (C) 대체물은 사람 뼈에서 자연적으로 발견되는 물질인 수산화 인회석으로 표면 처리할 때 더 잘 작동한다.

(A), (C): ©Image Source/Getty Images; (B): ©PhotoDisc/Getty Images

사용된다. 그들은 액체의 유체 특성을 가지기 때문에 이러한 목적으로 작동하지만 마치 고체처럼 자기장에 반응한다. 강유체는 자철광(Fe_3O_4)과 같은 자성 물질의 매우 작은 입자를 기름(oil)에 현탁시켜 만든다. 자철광 입자들이 혼합물에서 침전하지 않도록 올레산($C_{17}H_{33}CO_2H$)과 같은 긴 사슬의 카복실산이 첨가된다. 올레산 분자의 극성 말단들은 자철광 입자들과 상호 작용하지만, 무극성 말단은 기름과 상호 작용하여 자철광 입자들이 떨어지게 한다. 자기장이 없을 때 강유체는 그들이 만들어진 기름과 같이 붓는다. 그러나 자기장이 존재하면 기름은 두터워지고 자철광 입자들은 자기장에 배열한다. 그림 10.3에서 볼 수 있듯이 기름은 자기장 유형에서 스파이크를 형성한다. 강유체는 자기 브레이크와 같은 응용 분야에 사용된다. 기름은 두 판 사이에 매달려 있으며, 그 중 하나가 회전한다. 자기장이 가해지면 기름은 두터워지고 판은 더 이상 회전할 수 없다.

비록 많은 신소재들이 물질들의 혼합물이지만, 그것들의 순수한 구성 성분들의 성질을 연구함으로써 그들의 성질에 대해 많은 것을 배울 수 있다. 이 신소재들은 고체와 액체들의 예이므로, 물질의 이 상태들의 성질을 이해하는 것이 중요하다. 이 장에서는 고체와 액체 상태의 성질과 구조를 조사할 것이다. 더불어 물질 상태 간의 전이에 대해 살펴볼 것이다.

그림 10.3 자기장에서, 철분을 자석 근처에 뿌렸을 때 철분(iron filing)이 패턴을 형성하는 것과 같이, 자기장에서 철유제(ferrofluid)가 두꺼워지고 자기장의 패턴에서 스파이크를 형성한다.

©Jonathan Mitchell/Photoshot/Newscom

이 장에서 공부할 내용의 질문

10.1 액체와 고체의 성질이 어떻게 다르고, 물질들이 상태 변화를 겪으면 무엇이 일어나는가?

10.2 원자 또는 분자들이 단지 기체로 존재하는 대신에 액체 또는 고체로 함께 유지되는 이유는 무엇인가?

10.3 액체의 유일한 성질은 무엇인가?

10.4 원자 또는 이온들이 고체를 만들기 위해 어떻게 어울리고, 그들의 배열이 성질에 어떻게 영향을 주는가?

10.1 상태의 변화

제1장에서 우리는 물질의 물리적 상태, 즉 고체, 액체, 기체를 논의하였다. 이 세 가지 상태의 일반적 성질들이 표 10.1에 요약되어 있다. 그들의 차이를 이해하기 위해 각 세 가지 상태의 원자 또는 분자들의 그림을 그려 보라. 그리고 그림 10.4에 나타낸 것과 여러분의 그림을 비교하라.

여러분의 그림은 물질의 다른 상태의 입자들 사이의 거리 차이를 보여준다. 비교적 강한 힘들이 고체에서 가까이 함께 고정된 위치에서 입자들을 붙잡고 있다. 고체는 입자들이 쉽게 이동할 수 없으므로 단단하고, 모양을 유지하고 쉽게 압축되지 않는다. 반면

고체에서는 입자들이 움직이기 어렵지만, 전혀 움직이지 않는 것은 아니다. 그것들은 평균 위치 주위를 진동한다. 고체 물질을 가열하면 이 진동으로 진동수가 증가한다.

표 10.1 ▸ 물질 상태들의 일반적 성질

고체	액체	기체
고정된 모양	모양이 고정되지 않음	모양이 고정되지 않음
용기에 의해 정해지지 않는 모양	용기의 채워진 부분의 모양을 취한다.	용기의 모양을 취한다.
모양은 단단하게 유지한다.	부을 수 있다.	용기를 채운다.
입자들은 위치에 고정되어 있지만 고정된 위치에서 진동한다.	입자들은 서로 지나친다.	입자들은 공간을 통해 움직인다.
적정 압력에서 부피 변화가 약간 있거나 전혀 없다.	적정 압력에서 약간 압축될 수 있다.	적정 압력에서 압축된다.
입자들 사이에 빈 공간이 거의 없다.	입자들 사이에 약간의 자유로운 공간이 있다.	입자들이 많은 자유로운 공간을 가지면서 넓게 분리되어 있다.

대부분의 물질에서 입자들은 액체 상태에서 보다 고체 상태에서 더 가까이 함께 있으므로 고체가 더 조밀하다. 물은 예외이다. 그 분자들의 독특한 배열 때문에 얼음은 구조에서 빈 공간을 가진다. 따라서 평균적으로 물 분자들은 고체 상태에서 보다 액체 상태에서 보다 많은 공간을 채운다. 얼음이 물에 뜨는 이유를 이 사실로 어떻게 설명하는가?

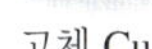

고체 Cu

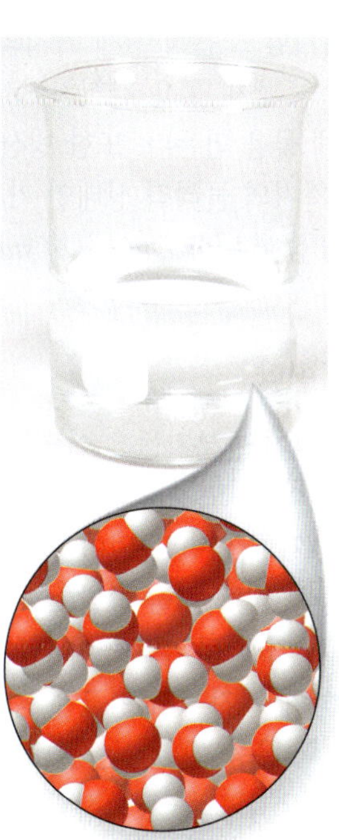

액체 H_2O

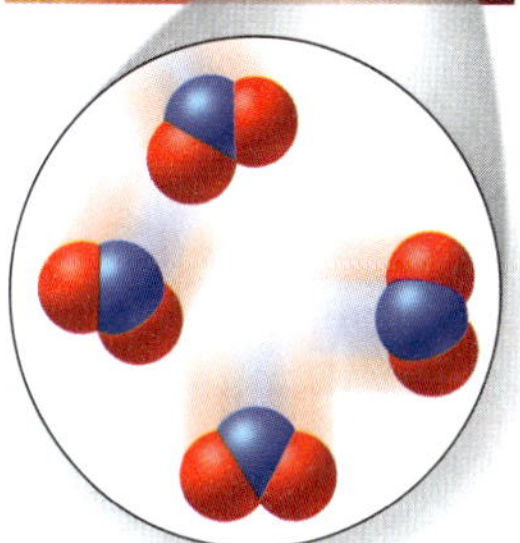

기체 NO_2

그림 10.4 고체, 액체, 기체의 거시적 성질들은 원자 또는 분자들을 분리하는 거리와, 입자들이 얼마나 자유롭게 움직일 수 있는지에 기인한다.

(왼쪽, 가운데): ©Brian Moeskau/Moeskau Photography; (오른쪽): ©McGraw-Hill Education/Stephen Frisch

그림 10.5 2467°C 이상으로 가열되면 알루미늄은 녹아서 마치 다른 액체처럼 따를 수 있다.

©Chris Knapton/Alamy Stock Photo

그림 10.6 물은 지표면에서 발견된 조건에서 모든 세 가지의 물리적 상태로 존재한다. 기체 상태의 물은 수증기라 하는데, 눈에 보이지 않는다. 구름(또는 증기)은 실질적으로 작은 물방울이다.

(왼쪽): ©Emanuele Taroni/Getty Images; (오른쪽): ©Lissa Harrison

에 액체는 일반적으로 분자들이 약간 더 멀리 떨어져 있다. 인력들이 입자들을 위치에 단단하게 충분히 유지할 정도로 강하지 않다. 그래서 입자들은 서로 미끄러질 수 있고 이리저리 움직일 수 있다. 그러므로 액체 유압 장치에 유용하다.

대중적인 공상 과학 소설과는 달리 기화는 광선총을 가지고 망각 상태로 무언가를 날려 잊혀지게 하는 것을 의미하지 않는다. 증기라는 용어는 일반적으로 고체 또는 액체로 존재하는 물질의 기체 상태를 의미한다. 기화는 증발의 동의어이다

모든 물질들은 주어진 조건에서 세 가지의 물리적 상태 가운데 어느 한 형태로 존재할 수 있다. 예를 들면 니티놀의 구성 성분인 니켈은 1455°C 이상으로 가열되지 않는 한, 고체이다. 그 온도 이상에서는 액체가 된다. 그림 10.5는 높은 온도에서 붓고 있는 액체 알루미늄을 나타낸 것이다. 금속이 훨씬 더 가열되면 기체 상태로 변할 수 있다. 니켈은 2800°C에서 끓는다. 금속의 ***기화***(*vaporization*)는 증착의 물질과학 기술에 응용된다. 이 기술에서 기체 금속 원자들은 관심 있는 표면에 때때로 얇은 층으로 부착한다.

동영상: 물의 독특한 성질

물은 정상 대기압 조건에서 세 가지의 모든 물리적 상태로 존재하는 유일하게 흔한 물질이다. 지하수의 액체 물은 간헐천에서 증기로 분출된다. 빙산은 물에 뜨고 점점 녹아서 더 많은 액체 물을 만든다. 또한 빙산이 물에 뜨면 보이지 않는 수증기가 공기 중에 존재한다. 즉 세 가지의 물리적 상태인 기체, 액체, 고체가 존재한다(그림 10.6). 이 상태들 사이의 전이를 ***상태 변화***(*change of state*) 또는 ***상변화***(*phase change*)라고 한다.

>> 액체-기체 상변화

주어진 온도에서 액체의 분자들은 어느 정도의 운동 에너지를 가진다. 어떤 것은 평균보다 더 빠르게 움직이고, 또 어떤 것은 더 느리게 움직인다. 운동 에너지가 큰 분자가 액체 표면 가까이에 있게 되면 무엇이 일어날까? 액체 표면 방향으로 움직이면 기체 상태로 탈출할지 모른다. 이 과정을 **증발**(evaporation) 또는 기화라고 한다(그림 10.7).

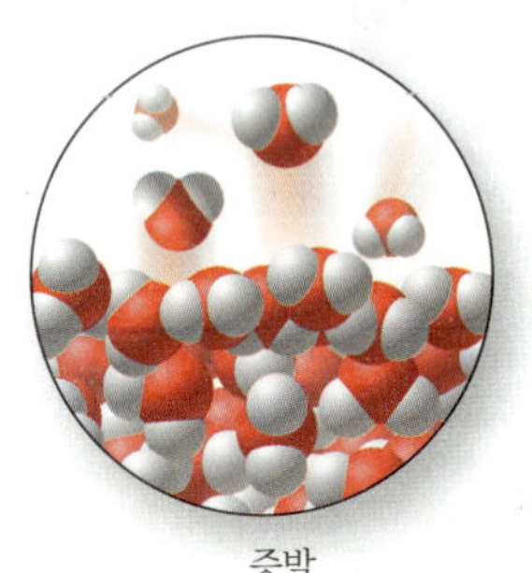

그림 10.7 액체 표면에서 약간의 분자들은 기체 상태로 달아날 충분한 에너지를 가진다.

운동 에너지가 가장 큰 분자들이 액체로부터 가장 잘 탈출할 수 있는 분자들이기 때문에 남아 있는 액체 분자들의 평균 운동 에너지는 증발이 진행되면서 감소한다. 제9장에서 보았던 것처럼 운동 에너지는 절대 온도에 비례한다. 따라서 에너지가 공급되지 않는 한, 증발은 액체의 온도를 감소시킨다. 일정한 온도에서 증발하려면 액체는 주위로부터 열을 흡수해야 한다. 그 과정은 흡열이다.

증발의 냉각 효과는 많은 과정에서 중요하다. 몇몇 보기들을 보면 땀에 의한 냉각(그림 10.8), 가정에서 기화 냉각(습지 냉각), 액체 스프레이를 이용한 자동차 내부 냉각, 사

막 여행을 위한 캔버스 물주머니의 사용에 의한 냉각을 포함한다. 샤워 또는 수영 후 차가운 느낌을 인지한 적이 있는가? 그것은 증발로 인한 냉각이고 고열로 아픈 아기를 치료하는 데 사용될 수 있다. 스펀지 목욕은 물의 증발이 피부를 냉각시키기 때문에 체온을 떨어뜨린다. 기상 예보에서 보도되는 바람 냉각 지수는 증발 냉각의 또 다른 측정이다. 움직이는 공기는 정지한 공기보다 피부에서 물을 더 빨리 증발시키므로, 바람이 부는 날씨에는 공기가 더 차게 느껴진다. 더 많이 냉각되면 피부는 더 낮은 기온으로 감지된다.

그림 10.8 달리기 선수의 땀과 같이 액체의 증발은 흡열 과정이므로 시원함을 느낀다.

©Patrik Giardino/Corbis/Getty Images

증발의 정도는 액체가 어떻게 포함되어 있는지에 의존한다. 열린 용기에서 더 큰 에너지 분자들은 액체 표면에서 주위 대기로 기체 상태로 달아나 버린다. 용기가 열려 있기 때문에 액체가 모두 증발할 때까지 그 과정은 계속된다. 증발한 약간의 분자들이 액체로부터 멀어지지 않고 오히려 액체를 향해 움직이면 액체 상태로 되돌아올 수 있다. 그러나 대부분의 증발한 기체들은 액체 표면으로부터 멀리 떨어져 있어 기체 상태로 남아 있게 된다. 액체가 주위로부터 열을 흡수하여 일정한 온도를 유지하기 때문에 액체의 평균 에너지는 일정하다. 그러나 용기가 단열되면 주위로부터 열을 쉽게 흡수할 수 없다. 그래서 증발이 진행되면 액체는 냉각된다. 결과적으로 분자들의 평균 에너지가 감소하기 때문에 그 과정은 느려진다.

순수한 액체가 닫힌 용기에 존재하면 무슨 일이 일어날까?(그림 10.9) 처음에는 증기 분자가 없기 때문에 증발만 일어난다. 증발이 계속되면 분자들이 기체 상태로 모이기 시작한다. 그것들은 액체로부터 완전히 떨어져 이동할 수 없고 많은 것들이 액체를 향해 움직인다. 그것들이 액체에 부딪치면 액체 상태로 다시 돌아간다. 이 과정을 **응축**(condensation)이라고 한다. 증발과 응축은 두 가지 요소, 즉 온도와 각 과정에서 일어날 수 있는 분자들의 농도에 의존하는 속도에서 계속된다. 결국 응축 속도는 증발 속도와 같고 기체 상태에서 분자들의 농도는 일정하게 된다. 반대 과정이 같은 속도로 일어나는 이 상황을 동적 **평형**(equilibrium) 상태라고 한다. 그것은 다음 식으로 나타낼 수 있다.

증발의 역과정인 응축은 발열 과정이다. 기체 입자들은 보다 낮은 에너지의 액체 상태로 응축되기 위해 에너지를 방출해야 한다.

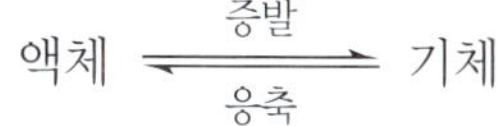

$$\text{액체} \underset{\text{응축}}{\overset{\text{증발}}{\rightleftharpoons}} \text{기체}$$

이중 화살표는 가역 과정을 포함한 평형 상태를 나타낸다.

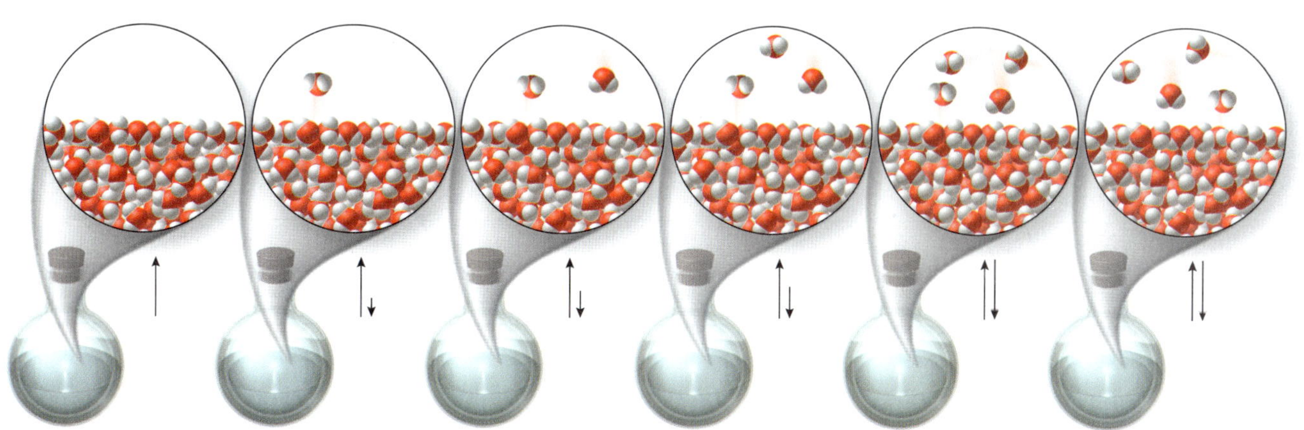

그림 10.9 닫힌 용기 안에 있는 기체 분자들의 수는 평형에 도달할 때까지 증가한다. 이 평형 상태에서 증발하는 액체 분자들의 속도는 응축하는 기체 분자들의 속도와 같다. 따라서 기체 분자의 수는 일정하게 유지된다. (원래의 공기 분자들은 나타나 있지 않은 것을 주목하라.)

동영상: 평형 증기압

제9장에서 정상적인 기상 조건에서의 해수면 대기압은 76.9 cm(29.9 in) 높이의 수은 기둥에 해당된다는 것을 상기하라. 이 압력은 표준 *대기압*(atm)인 14.7 lb/in^{2}에 해당하는 단위의 기본이다.

평형에서는 증발과 응축이 계속해서 일어나지만, 증발 속도와 응축 속도가 같으므로 기체 상태의 물질의 농도는 일정하다. 기체의 농도는 액체 위의 기체 분자들에 의해 가해지는 압력으로 측정될 수 있다. 평형에서 이 압력을 **증기 압력**(vapor pressure)이라고 한다. 온도가 증가하면 증기 압력은 증가한다. 더 높은 온도에서 액체 분자들의 평균 운동 에너지는 더 크므로 그 분자들은 더 쉽게 액체로부터 도망갈 수 있다. 그러므로 평형의 기체 상태에 있는 물질의 농도는 온도가 높을수록 더 높다.

증기 압력이 외부의 대기 압력과 같을 때 액체는 끓기 시작한다. 끓는 순수한 액체의 온도는 액체가 완전 기화할 때까지 일정하게 유지된다. 액체에 더 많은 열을 첨가하면 온도가 아닌 기화 속도를 증가시킨다. 끓는 온도, 즉 증기 압력이 외부 대기 압력과 같아지는 온도를 **끓는점**(boiling point)이라고 한다. 주어진 액체의 끓는점은 대기 압력에 의존한다. 그림 10.10은 곡선 위의 점에 해당하는 온도인 끓는점이, 압력이 올라감에 따라 증가한다는 것을 나타낸다. 예를 들어, 압력이 2.0기압이면 물의 끓는점은 120°C이다. 대기 압력이 정확하게 1기압일 때의 끓는 온도를 **정상 끓는점**(normal boiling point)이라고 한다.

해수면에서의 정상 대기 압력은 1기압이다. 더 높은 고도에서 대기 압력은 1기압보다 작고, 더 낮은 온도에서 액체가 끓는다. 예를 들면 물의 정상 끓는점은 100.0°C이다. Yosemite 국립공원의 Tuolumne Meadows 목초지와 같이 해수면 위의 약 2750 m(900 ft)에서의 대기 압력은 약 0.72기압이고 91°C에서 물이 끓는다. 해수면보다 높은 이 고도의 끓는 물에서 달걀을 요리하는 데 거의 두 배의 시간이 걸린다. 왜냐하면 더 낮은 온도에서 요리해야 하기 때문이다. 더해진 에너지가 물을 기화하는 데 사용되기 때문에 물은 끓는점 이상으로 가열될 수 없다. 그러나 대기 압력보다 더 높은 압력에서 유지되는 액체는 정상 끓는점 이상으로 가열될 수 있다. 압력솥은 압력 밸브로 뚜껑이 닫혀 있으므로 대기 압력 이상으로 증기 압력이 올라갈 수 있다. 그와 같은 조건에서는 물이 더 높은 온도에서 끓기 때문에 음식이 더 빨리 요리된다.

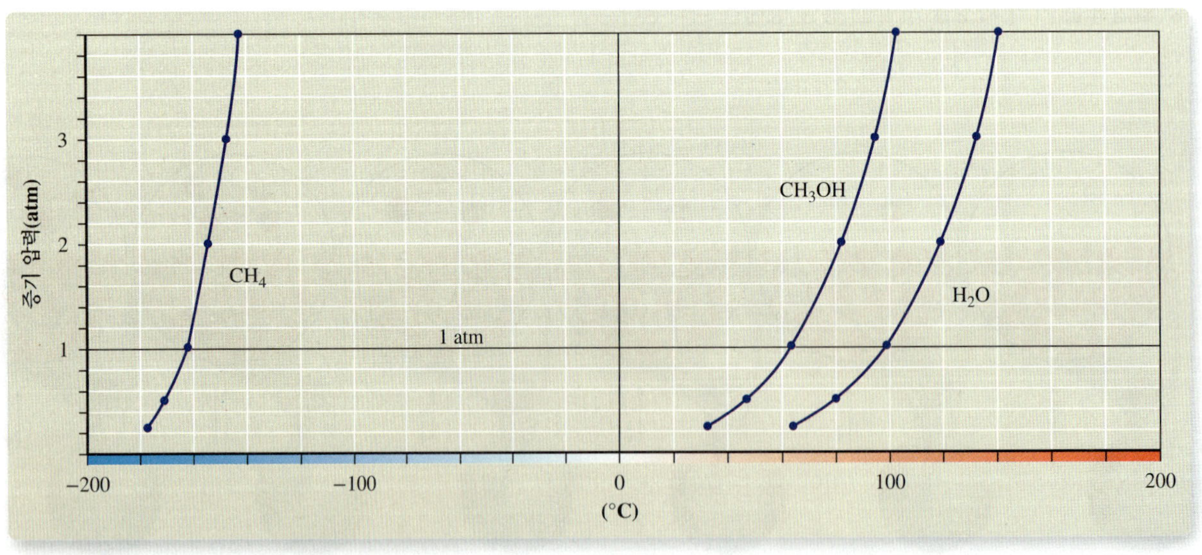

그림 10.10 모든 물질들의 증기 압력은 온도가 증가하면 증가한다. 증기 압력이 1기압일 때의 온도가 정상 끓는점이다. 그래프 위의 모든 점들에 해당하는 온도가 상응하는 압력에 대한 끓는점이다.

예제 10.1 ▶ 증기 압력과 끓는점

손톱 광택 제거제로 사용되는 아세톤에 대한 다음의 증기 압력 곡선을 생각해 보자.

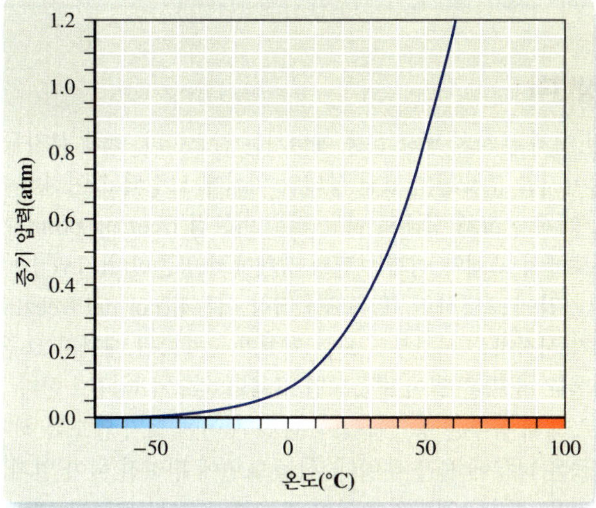

아세톤의 정상 끓는점은 얼마인가? 0.50기압에서 끓는점은 얼마인가?

» 풀이:

정상 끓는점은 증기 압력이 정확하게 1기압인 온도이다. 압력이 1기압인 곡선 위에 점의 위치를 잡고, 그 점 아래로 온도축까지 내려가면 56°C의 온도를 읽게 된다. 0.50 기압에서 끓는점은 같은 방법으로 찾는다. 0.50 기압의 증기 압력을 가진 곡선 위에 점의 위치를 잡고, 이 점 아래로 온도 축까지 내려가면 36°C의 값을 찾게 된다.

→ 응용 연습 10.1

만일 다른 물질에 대해서 0°C와 50°C 사이의 증기 압력 값이 각 온도에서보다 낮게 측정되었다면 정상 끓는점은 더 높을까, 더 낮을까?

→ 실전 연습 10.1

바비큐 그릴의 연료로 사용되는 화합물인 프로페인에 대한 다음의 증기 압력 곡선을 생각해 보자.

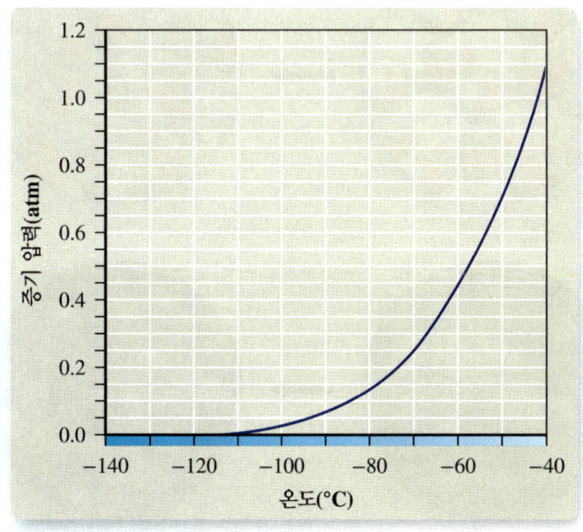

프로페인에 대한 정상 끓는점은 얼마인가? 0.40 기압에서 끓는점은 얼마인가?

→ **심화 연습:** 연습 문제 10.13

그림 10.11 어는점(또는 녹는점)에서 한 물질의 고체와 액체 형태들은 평형 상태에 있다.

©John A.Rizzo/Getty Images

액체-고체 상변화

액체가 냉각되면 액체 분자의 평균 운동 에너지는 감소한다. 액체 분자들이 운동 에너지가 매우 낮게 떨어지면 분자들은 고체 상태의 위치에 고정되고(여전히 진동하지만), 액체는 얼게 된다. 액체가 고체 상태로 어는 것은 **어는점**(freezing point)이라는 온도에서 일어난다. 이 온도에서 고체와 액체는 평형 상태에서 공존한다(그림 10.11). 이 평형 상태가 정확하게 1기압에 도달하면 그 온도를 **정상 어는점**(normal freezing point)이라고 한다. 액체가 얼기 시작하는 시간부터 모든 액체가 고체화될 때까지 그 온도는 일정하게 유지된다. 그 이후로 더 많은 열이 방출되면 고체의 온도가 더 감소한다. 어는 것은 발열 과정이다. 감귤로 재배 농부는 농작물이 추운 밤 사이에 얼지 않도록 하기 위해 이 원리를 사용한다. 그들은 나무에 물을 뿌린다. 식물 표면에 뿌려진 물이 얼게 되면 식물 세포 안의 물이 어는 것을 방지할 정도의 충분한 열을 방출한다.

녹는 것은 어는 것의 역과정이다. 두 과정은 고체상과 액체상을 포함한다.

$$\text{고체} \underset{\text{얾(응고)}}{\overset{\text{녹음(융해)}}{\rightleftharpoons}} \text{액체}$$

따라서 고체의 **녹는점**(melting point)과 액체 상태의 어는점은 같은 온도이다. 분자 물질이 녹으면 분자들은 그들의 정체성을 유지한다. 이온 물질이 녹으면 이온들은 더 무질서한 배열이 된다(그림 10.12). 녹는 동안 입자들을 떼어놓기 위해 에너지가 흡수되어야 하므로 그것은 흡열 과정이다.

고체-기체 상변화

액체처럼 고체들도 특유의 증기 압력을 가진다. 대부분 고체들의 증기 압력은 그들의 액체

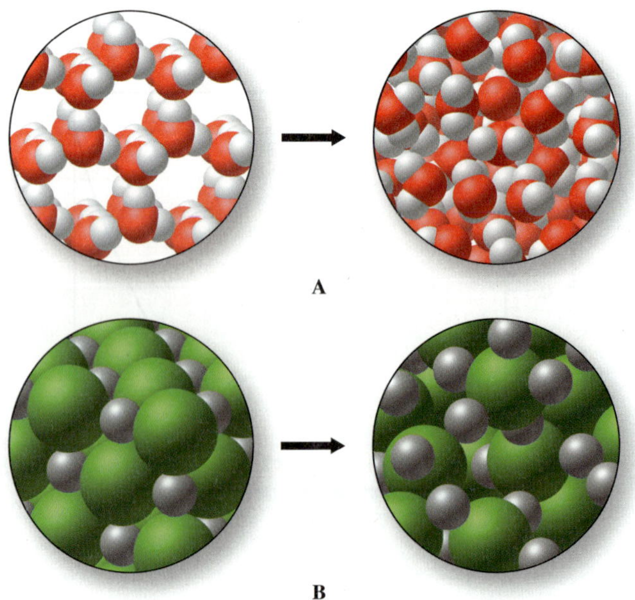

그림 10.12 (A) 물과 같은 공유성 물질이 녹으면 분자들은 그들의 정체성과 조성이 유지된다. (B) 염화 소듐과 같은 이온성 물질이 녹으면 이온들은 더 무질서한 배열을 갖는다.

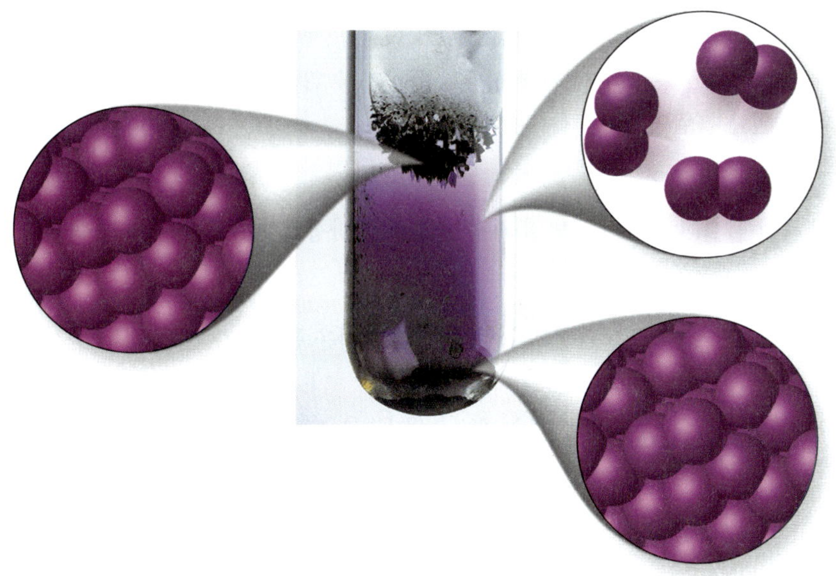

그림 10.13 고체 아이오딘을 가열하면 기체 상태로 승화한다. 얼음으로 가득 찬 관 위쪽의 찬 표면에서 고체 상태로 되돌아간다.

상태보다 훨씬 더 낮다. 그러나 몇몇은 높은 증기 압력을 가져서 액체 상태를 거치지 않고 직접 고체에서 기체 상태로 변할 수 있다. 고체의 증발을 **승화**(sublimation)라고 한다.

$$\text{고체} \underset{\text{증착}}{\overset{\text{승화}}{\rightleftharpoons}} \text{기체}$$

한 예가 드라이 아이스(고체 CO_2)이다. 그것은 고체에서 기체로 승화하면서 공기 속으로 사라진다. 이 외에 승화하는 흔한 물질로 좀약과 아이오딘이 있다(그림 10.13). 얼음 조각을 오랜 시간 동안 냉동실에 보관하면 얼마나 작아지는지를 본 적이 있는가? 고체 얼음은 0°C 이하의 온도에서 승화한다. 그것은 기체 상태와 평형을 이루기 위해 증발하고 어떤 액체 상태도 존재할 수 없다. 영하의 날씨에 밖에 걸어 둔 젖은 옷은 이러한 이유 때문에 천천히 마른다.

승화의 역은 **증착**(deposition)이다. 증착은 액체 상태를 거치지 않고 기체가 고체로 변화하는 것이다. 눈의 형성은 증착 과정이다. 대기의 수증기가 증착되면 열을 방출하므로 눈이 오기 시작하면 공기 온도는 1~2도 올라간다.

승화는 발열 과정인가 아니면 흡열인가? 증착은 발열 과정인가 또는 흡열인가?

예제 10.2 ▶ 물질의 상태 변화

다음 그림에 나타낸 과정을 확인하라. 그 과정은 흡열인가, 발열인가?

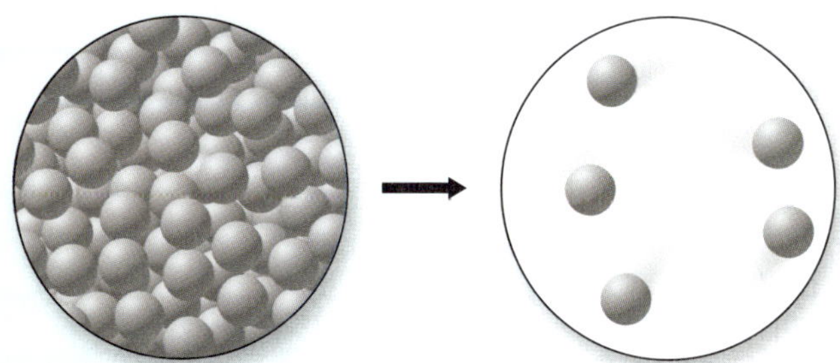

» 풀이:

입자들 사이의 작은 공간과 입자들의 임의의 배열을 토대로 출발 물질은 액체로 확인된다. 최종 물질에서 입자들 사이의 거리가 길므로 그것은 기체로 확인된다. 액체에서 기체로의 변환은 증발이다. 기체 상태로 들어가기 위해 원자들은 에너지를 흡수해야 한다. 증발은 흡열이다.

→ 응용 연습 10.2

만일 출발 물질이 고체라면 발열 과정인가, 흡열 과정인가?

→ 실전 연습 10.2

다음 그림에서 보여주는 과정을 확인하라. 그 과정은 흡열인가, 발열인가?

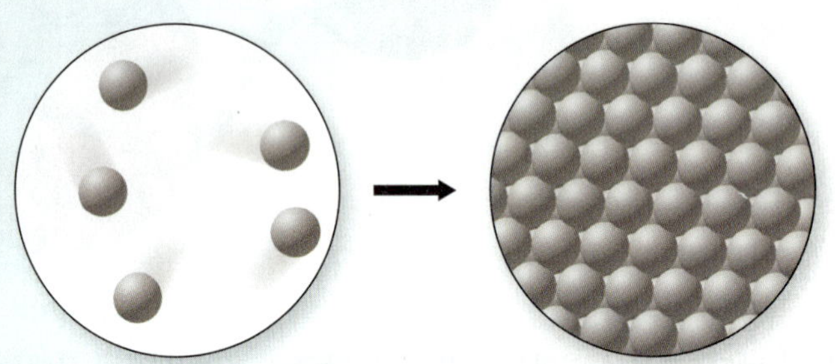

→ 심화 연습: 연습 문제 10.17

일부 물질의 냉각 곡선에서 우리는 액체가 어는점보다 더 차가워지는 현상을 관찰할 수 있는데 이를 ***과냉각***(*supercooling*)이라고 부른다. 응고(solidification)가 일어나는 데는 고체가 형성될 수 있는 매트릭스, 즉 용기 벽, 먼지 조각 또는 기타 고체 입자에 결함과 같은 조건이 필요하다. 따라서 매우 청결한 시스템에서는 응고가 지연될 수 있다. 일반적으로 1도 또는 2도의 과냉각 후 물질이 결정화되기 시작하고 온도는 어는점으로 되돌아간다. 과냉각은 유리, 타르, 고무 및 플라스틱과 같은 물질에서 흔하다.

냉각과 가열 곡선

기체 상태의 한 물질을 생각해 보자. 일정한 압력에서 냉각되면 그 부피는 감소하지만 어느 한 점까지 기체로 남아 있다. 언제 액체로 바뀔 것인가? 그 기체의 압력이 액체의 증기 압력과 같을 정도로 충분하게 온도가 내려가면 기체는 응축되기 시작한다. 액체의 끓는점에서 이것이 일어난다. 열을 계속해서 제거하면 더 많은 기체가 액체 상태로 응축된다. 기체와 액체가 평형에 있으면 더 많은 열을 제거해도 온도는 내려가지 않고 더 많은 응축을 일으킨다. 그림 10.14A에 나타낸 ***냉각 곡선***(*cooling curve*)의 처음 수평한 부분이 이 과정을 나타낸다. 일단 모든 기체가 응축되면 열의 제거는 액체의 온도를 감소시킨다. 그림 10.14A의 두 번째 수평한 부분에 나타낸 것처럼 온도의 하강은 어는점에서 다시 멈춘다. 일단 모든 액체들이 고체로 얼게 되면 더 많은 열이 제거되어 고체의 온도가 낮아진다. 그 과정을 역으로 진행하여 열을 고체에 가하면 가열 곡선을 따라 진행한다(그림 10.14B). 물질이 상태 변화를 겪을 때 수평한 부분이 역시 관찰된다.

예제 10.3 ▶ 냉각 및 가열 곡선

다음 그림은 서로 다른 두 가지 상태의 변화를 나타낸 것이다.

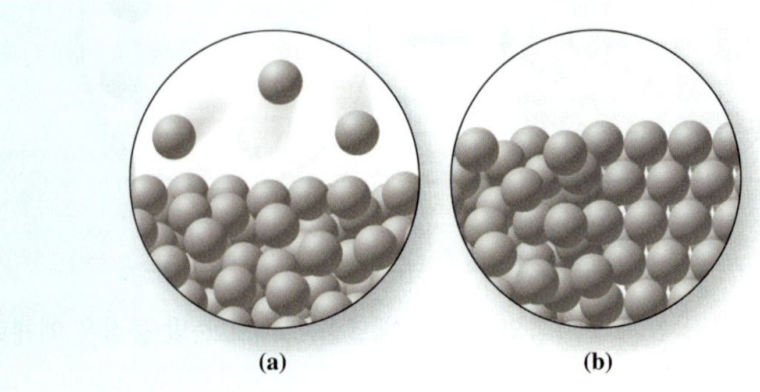

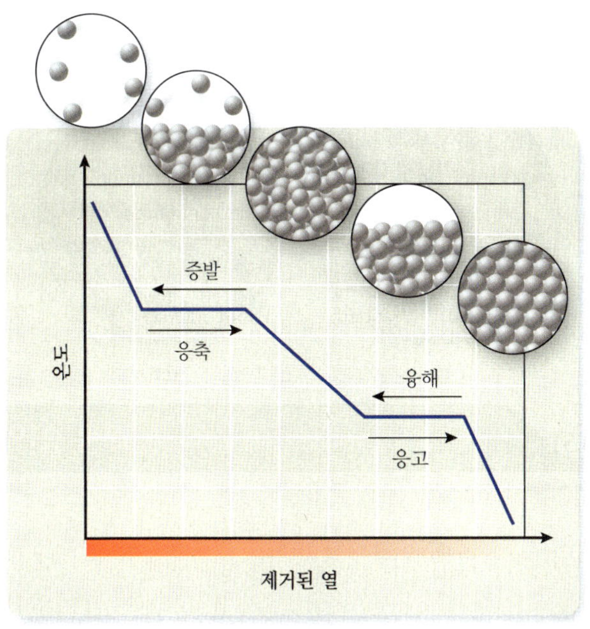

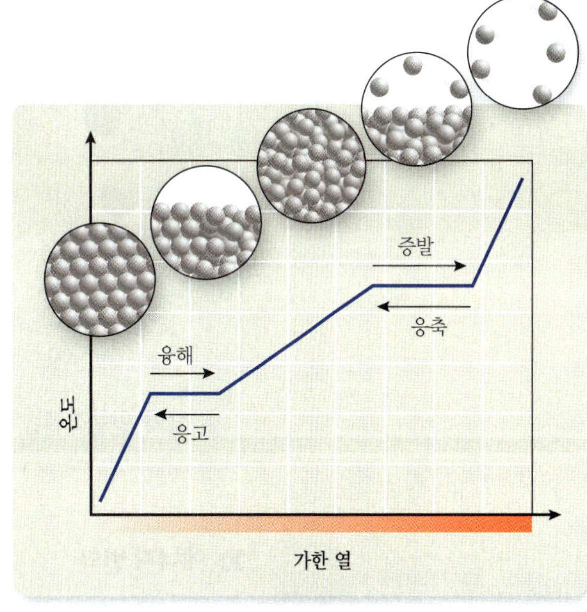

A. 냉각 곡선 **B.** 가열 곡선

그림 10.14 (A) 열이 일정한 속도로 기체에서 제거되면 액체의 끓는점에 도달할 때까지 기체가 냉각된다. 기체가 액체로 완전히 응축할 때까지 온도는 일정하게 유지된다. 그리고 고체의 녹는점에 도달할 때까지 온도는 다시 떨어진다. 액체가 고체로 바뀌면서 온도는 일정하게 유지된다. 그리고 온도는 다시 한 번 더 떨어진다. 이 변화들이 냉각 곡선에 요약되어 있다. (B) 가열 곡선에 나타낸 것처럼 열이 고체에 첨가되면 반대 방향으로 같은 변화가 일어난다.

열이 가해지고 있더라도 각 상태가 변화하는 동안 온도는 변하지 않는다. 다음 가열 곡선에서 각 상태 변화를 어디에서 볼 수 있는지를 확인하라.

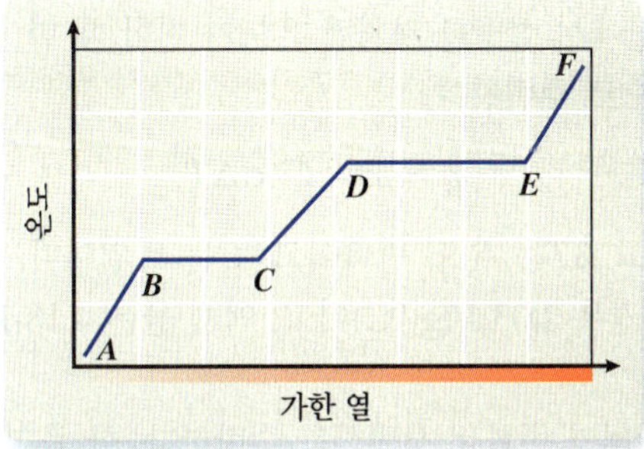

풀이:

(a) 이 분자 그림은 액체와 기체 상태가 공존하는 것을 나타낸다. 온도가 그 과정 동안 변하지 않기 때문에 이것은 가열 곡선의 *DE* 수평선 위의 어떤 점에 해당한다.

(b) 이 분자 그림은 고체와 액체가 함께 있는 것을 나타내고 이것은 가열 곡선의 *BC* 수평선 위의 어떤 점에 해당한다.

응용 연습 10.3

물질에서 열이 제거된다면 보기에서 그래프와 도표는 어떻게 다르게 나타날까?

실전 연습 10.3

다음 그림은 한 물질의 물리적 상태들을 나타낸 것이다. 각 상태가 보기에서 주어진 가열 곡선의 어디에서 우세한지를 확인하라.

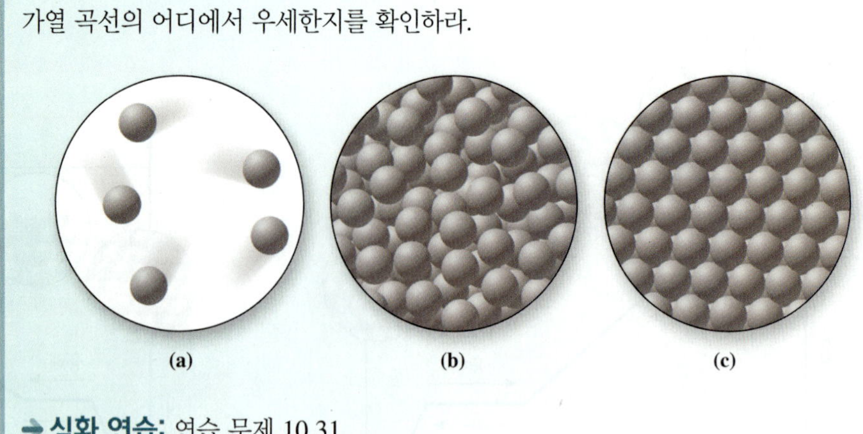

→ **심화 연습:** 연습 문제 10.31

>> 에너지 변화

동영상: 열 흐름

−40.0°C의 온도에서 얼음 한 조각을 생각해 보자. 1기압의 일정한 압력에서 얼음을 가열하면 그림 10.14의 가열 곡선에 나타낸 온도와 상변화를 겪을 것이다. 얼음이 녹기 시작하는 점인 0.0°C에 도달할 때까지 온도는 올라갈 것이다. 얼음이 완전히 녹을 때까지 온도는 일정하게 유지될 것이다. 왜냐하면 가해진 에너지가 얼음의 물 분자들이 함께 유지하는 힘을 극복하는 데 사용되고 있기 때문이다. 얼음이 다 녹으면 물의 비열에 의해 결정된 것처럼 온도는 다시 오르기 시작할 것이나, 물이 100.0°C에 도달하면 끓기 시작할 것이다. 완전히 기화할 때까지 100.0°C에 머물 것이다. 그리고 계속 가열하면 증기의 온도가 120.0°C와 같은 온도까지 올라갈 것이다.

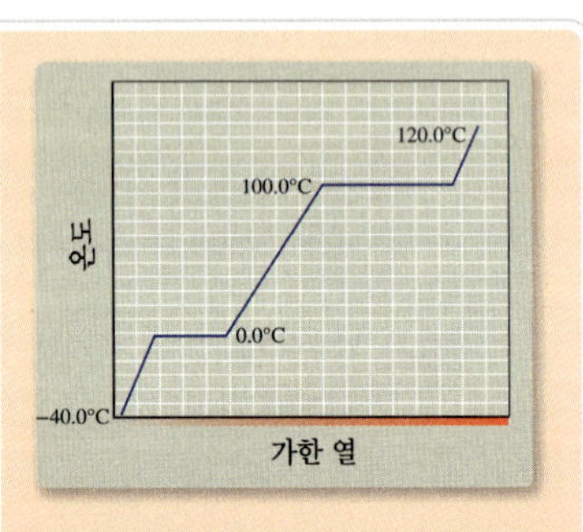

0°C 및 100.0 °C의 물에 대한 가열 곡선의 수평 부분에서 어떤 현상이 발생하는가? 이 두 구간에서 가해지는 열은 어떻게 되는가?

물질의 어떤 물리적 상태의 온도를 변화시키는 데 필요한 에너지는 그 상태의 비열에 의해 결정된다. 제6장에서 설명한 것처럼 온도가 변할 때 한 물질에 의해 흡수되거나 방출되는 열은 다음 식으로 주어진다.

$$q = m \times C \times \Delta T$$

이 식에서 m은 질량이고 ΔT는 온도 변화이고, C는 비열이다. 물의 물리적 성질에 대한 비열의 값은 얼음의 경우 2.03 J/(g °C)이고, 액체 물은 4.18 J/(g °C)이며, 기체 물은 2.02 J/(g °C)이다.

일정한 온도에서 에너지 변화는 상변화를 수반한다. 한 물질의 고체 형태는 액체 형태보다 에너지가 더 적으며, 액체는 기체보다 에너지가 더 적다. 각 과정에 대한 에너지의 변화는 그 과정의 열(q)이라고 한다. 예를 들면 ***몰 융해열***(*molar heat of fusion*)은 어떤 물질 1몰을 녹이는 데 필요한 에너지이다. 얼음 $H_2O(s)$의 몰 융해열은 6.01 kJ/몰, 즉 6.01×10^3 J/몰이다. 얼음 5.00몰을 녹이기 위해 $5.00 \times 6.01 \times 10^3$ J의 에너지를 가해야 한다. ***몰 기화열***(*molar heat of vaporization*)은 액체 1몰을 기화하는 데 필요한 에너지이다. 액체 물의 기화열은 40.7 kJ/몰, 즉 4.07×10^4 J/몰이다.

얼음이 수증기로 변하는 전 과정, 또는 온도 변화와 물리적 상태 변화를 포함한 어떤 다른 과정을 수행하는 데 필요한 열을 계산하는 것이 가능하다. 그 과정은 다음과 같이 나타낼 수 있다.

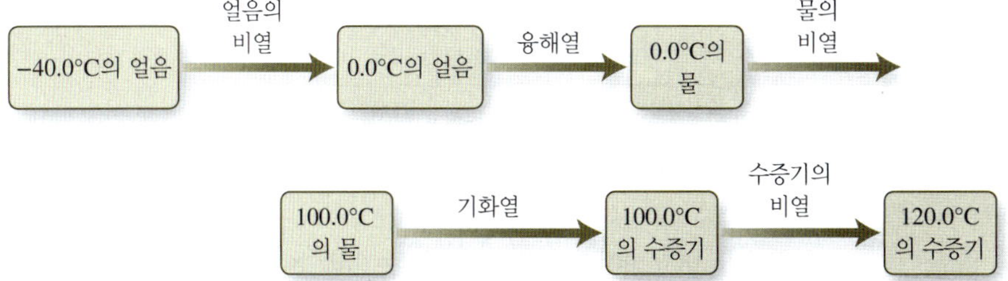

전체 과정에 대한 에너지 변화는 그 과정의 각 단계에 사용된 열의 합이다.

$$q = q_{\text{얼음을 가열}} + q_{\text{융해}} + q_{\text{물을 가열}} + q_{\text{기화}} + q_{\text{수증기를 가열}}$$

−40.0°C의 얼음 1.000몰(18.02 g)로 시작한다고 가정해 보자. 얼음의 온도를 녹기 시작하는 온도인 0.0°C로 올리는 데 필요한 열의 양을 계산하기 위해 다음 식을 사용한다.

$$q = q_{\text{얼음을 가열}} = m \times C \times \Delta T$$

−40.0°C의 얼음 → (얼음의 비열) → 0.0°C의 얼음

질량이 18.02 g이고, 비열이 2.03 J/(g °C)이며, 온도 변화는 40.0°C이다.

$$q_{\text{얼음을 가열}} = 18.02\,\text{g} \times \frac{2.03\ \text{J}}{\text{g}\,^\circ\text{C}} \times 40.0^\circ\text{C} = 1.46 \times 10^3\ \text{J}$$

단위들을 소거하면 에너지의 단위인 줄이 된다.

몰 융해열의 단위는 J/mol이다. 얼음이 녹을 때 온도가 변하지 않기 때문에 이 양에는 온도 성분이 없다. 흡수된 에너지는 얼음을 녹이는 데 사용되며 온도는 높이지 않는다는 점을 상기하라.

얼음의 융해에 대한 몰 융해열은 6010 J/몰이다. 열 변화를 얻기 위해 몰 융해열에 몰수 n을 곱한다.

$$q_{\text{융해}} = n \times \text{몰 융해열}$$

0.0°C의 얼음 → (융해열) → 0.0°C의 물

$$q_{\text{융해}} = 1.000\ \text{mol} \times \frac{6.01 \times 10^3\ \text{J}}{\text{mol}} = 6.01 \times 10^3\ \text{J}$$

이전처럼 단위들을 소거하면 에너지의 단위인 줄이 된다.

그리고 이제 액체 물의 온도를 100.0°C까지 올린다. 그 과정의 이 부분에 대해 필요한 열은 액체 물의 비열로부터 계산된다.

$$q_{\text{물을 가열}} = m \times C \times \Delta T$$

0.0°C의 물 → (물의 비열) → 100.0°C의 물

$$q_{\text{물의 가열}} = 18.02\,\text{g} \times \frac{4.18\ \text{J}}{\text{g}\,^\circ\text{C}} \times 100.0^\circ\text{C} = 7.53 \times 10^3\ \text{J}$$

액체가 끓음으로써 일어나는 물의 기화는 몰 기화열인 4.07×10^4 J/몰을 필요로 한다. 열변화를 얻기 위해 몰 기화열에 몰수 n을 곱한다.

$$q_{기화} = n \times 몰\ 기화열$$

$$q_{기화} = 1.000\ \cancel{mol} \times \frac{4.07 \times 10^4\ J}{\cancel{mol}} = 4.07 \times 10^4\ J$$

그리고 수증기는 20.0°C의 온도 변화인 120.0°C로 더 가열된다. 그 변화는 수증기의 비열, 2.02 J/(g °C)로부터 결정된다.

$$q_{수증기를\ 가열} = m \times C \times \Delta T$$

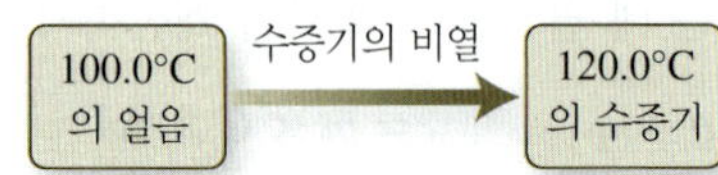

$$q_{수증기를\ 가열} = 18.02\ \cancel{g} \times \frac{2.02\ J}{\cancel{g}\ \cancel{°C}} \times 20.0\cancel{°C} = 7.28 \times 10^2\ J$$

상당수 학생들이 물리적 변화를 수반하는 에너지 계산에 어려움을 겪고 있다고 한다. 이 주제에 대한 추가 학습 자료를 보려면 SmartBook에 접속하라.

필요한 총 열은 그 과정의 각 단계에 대한 열 변화의 합이다.

$$\begin{aligned} q &= (1.46 \times 10^3\ J) + (6.01 \times 10^3\ J) + (7.53 \times 10^3\ J) \\ &\quad + (4.07 \times 10^4\ J) + (7.28 \times 10^2\ J) \\ &= 5.64 \times 10^4\ J = 56.4\ kJ \end{aligned}$$

예제 10.4 ▶ 상변화에 대한 에너지

−10.0°C의 얼음 46.0 g이 85°C의 액체 물로 바뀔 때 흡수되는 열을 계산하라. [단, 얼음의 비열은 2.03 J/(g °C), 얼음의 몰 융해열은 6010 J/몰, 물의 비열은 4.18 J/(g °C)이다.]

» 풀이:

얼음을 −10.0°C에서 0.0°C로 데우고, 얼음을 녹이고, 액체 물을 85°C까지 가열하는 세 단계의 과정을 고려해 열을 계산한다.

얼음이 녹기 시작하는 점인 0.0°C로 데우는 데 필요한 열을 계산하기 위해 다음 식으로 사용한다.

$$q_{얼음을\ 가열} = m \times C \times \Delta T$$

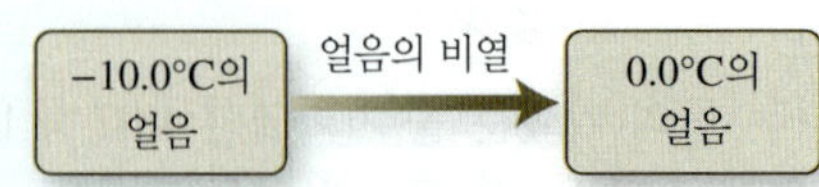

질량이 46.0 g, 비열이 2.03 J/(g °C), 온도 변화가 10.0°C이다.

$$q_{\text{얼음을 가열}} = 46.0\,\cancel{g} \times \frac{2.03\text{ J}}{\cancel{g}\,°\cancel{C}} \times 10.0\,°\cancel{C} = 934\text{ J}$$

얼음의 몰 융해열은 6010 J/몰이다. 단위는 얼음의 양을 몰 단위로 표현해야 한다는 것을 나타낸다.

H_2O g수 —(18.02 g = 1 mol)→ H_2O 몰수

$$46.0\text{ g}\,\cancel{H_2O} \times \frac{1\text{ mol } H_2O}{18.02\text{ g}\,\cancel{H_2O}} = 2.55\text{ mol } H_2O$$

얼음의 융해열에 몰수, n을 곱하면 얼음을 녹이기 위한 열 변화량이 얻어진다.

$$q_{\text{융해}} = n \times \text{몰 융해열}$$

0.0°C의 얼음 —(융해열)→ 0.0°C의 물

$$q_{\text{융해}} = 2.55\,\cancel{\text{mol}} \times \frac{6.01 \times 10^3\text{ J}}{\cancel{\text{mol}}} = 1.53 \times 10^4\text{ J}$$

이제 액체인 물을 85°C로 데우는 데 필요한 열은 물의 질량, 비열, 온도 변화로부터 계산된다.

$$q_{\text{물을 가열}} = m \times C \times \Delta T$$

0.0°C의 물 —(물의 비열)→ 85.0°C의 물

$$q_{\text{물을 가열}} = 46.0\,\cancel{g} \times \frac{4.18\text{ J}}{\cancel{g}\,°\cancel{C}} \times 85.0\,°\cancel{C} = 1.63 \times 10^4\text{ J}$$

흡수된 총 열은 그 과정의 각 단계에 대한 열 변화의 합이다.

$$\begin{aligned} q &= 934\text{ J} + (1.53 \times 10^4\text{ J}) + (1.63 \times 10^4\text{ J}) \\ &= 3.25 \times 10^4\text{ J} = 32.5\text{ kJ} \end{aligned}$$

→ 응용 연습 10.4

얼음을 −10.0°C 대신 −20°C에서 시작한다면, 어느 에너지 구간이 변화할 것인가?

→ 실전 연습 10.4

72°C의 물 125 g이 186.4°C의 수증기로 바뀔 때 흡수되는 열을 계산하라. 단, 물의 비열은 4.18 J/(g °C). 물의 기화열은 4.07×10^4 J/몰, 수증기의 비열은 2.02 J/(g °C)이다.

→ 심화 연습: 연습 문제 10.37

10.2 분자간 힘

어떤 물질의 시료가 일반 조건에서 기체로 존재하는 반면에, 다른 것들은 액체나 기체인 이유는 무엇인가? 액체와 고체 상태의 존재는 어떤 인력이 분자들을 서로 당겨야 한다는 것을 나타낸다. 분자들 *사이에* 작용하는 인력을 **분자간 힘**(intermolecular force)이라고 한다. 반면에 결합이라고 하는 분자 *내의* 힘은 분자 안의 원자들을 서로 붙잡게 한다. 분자간 힘은 결합 힘보다 훨씬 더 약하다. 분자간 힘의 에너지는 일반적으로 0.05~40 kJ/몰의 범위인 반면에, 대부분의 결합의 에너지는 200~900 kJ/몰의 범위이다.

이 분자간 힘의 근원은 무엇인가? 그것들은 양전하와 음전하의 상호 작용으로 일어난다. 그와 같은 힘 세 가지를 조사할 것이다. 즉 *London* ***분산력***(*London dispersion*), ***쌍극자-쌍극자힘***(*dipole-dipole force*), 쌍극자-쌍극자 인력의 특별한 경우인 ***수소 결합***(*hydrogen bond*)이다. 화학 결합뿐만 아니라 이 힘들의 특징이 표 10.2에 요약되어 있다. 이 절에서 각 분자간 힘을 더 상세하게 논의할 것이다.

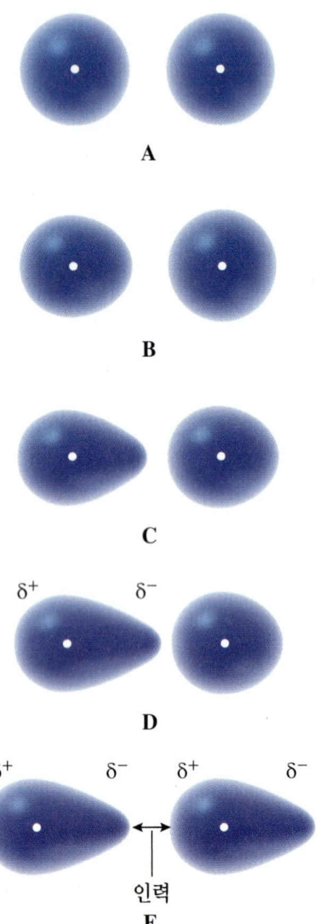

그림 10.15 London 분산력은 순간 쌍극자 사이의 인력으로 일어난다. (A) 일반적으로 전자들은 원자 또는 무극성 분자에서 대칭적으로 분포한다. (B) 전자들이 핵 주위를 움직임에 따라 전자 구름이 일그러질 수 있다. (C) 이 일그러짐이 충분히 크면 인접한 원자 또는 분자들에게 영향을 줄 수 있다. (D) 전자 구름의 일그러짐이 일시적, 즉 순간 쌍극자 형성을 야기한다. (E) 이 순간 쌍극자는 인접한 원자나 분자들의 전자 구름에 쌍극자의 형성을 유도하여 순간 쌍극자와 유도 쌍극자 사이에 인력이 생긴다. 이 인력이 London 분산력을 이룬다.

표 10.2 ▸ 분자간 힘과 결합

힘의 유형	상호 작용의 유형	발생
London 분산력	한 분자의 순간 쌍극자가 인접한 분자의 순간 쌍극자의 형성을 유도하여 그것을 당긴다.	모든 원자와 분자
쌍극자-쌍극자 힘	극성 분자(영구 쌍극자)끼리는 서로 잡아당긴다.	극성 분자들
수소 결합력	한 분자 내에서 O, N, F에 공유 결합으로 결합되어 있는 H 원자와 다른 극성 분자의 O, N, F 원자 간의 인력	질소, 산소, 플루오린에 결합된 수소와 비공유 전자쌍을 포함하는 극성 분자들
공유 결합	두 원자들의 핵은 전자를 당겨서 그들 사이에 공유한다.	비금속-비금속 화합물
이온 결합	양이온과 음이온은 서로 당긴다.	금속-비금속 화합물

>> London 분산력

원자 또는 무극성 분자 주위에 움직이는 전자들은 언제나 대칭적으로 분포하지는 않는다. 전자들이 어느 한 순간 한쪽에 더 많이 있으면 그 쪽은 정상보다 더 음이고, 반대쪽은 더 양이 될 것이다. 이 상황은 어떤 쌍극자처럼 부분 전하를 포함한(제8장에서 논의한 것처럼) 순간적인 쌍극자, 즉 **순간 쌍극자**(instantaneous dipole) 형성을 유발한다. 쌍극자의 양의 말단은 인접한 전자들에게 인력을 가해 인접한 원자에게 **유도 쌍극자**(induced dipole)라고 하는 순간적인 쌍극자를 띠게 한다. 이 효과는 더 많은 원자들에게 전달되어 인접한 원자들의 전자 이동이 연관되는 일종의 전자 "안무(choreography)"가 되게 한다(그림 10.15). 이와 같이 순간 쌍극자 사이의 인력을 **London 분산력**(London dispersion force)이라고 한다. 그것은 모든 원자와 분자들 사이에 일어나므로 무극성 물질에 작용하는 유일한 분자간 힘이다. London 분산력은 비교적 약하지만, 네온과 메테인과 같이 보통 기체로 발견되는 물질을 높은 압력이나 낮은 온도에서 액화시킬 수 있을 정도로 충분히 강하다.

London 분산력은 더 큰 원자 또는 분자에서 더 강한 경향이 있다. 예를 들면 I_2 분자들은 Br_2 분자들보다 더 강하게 서로 상호 작용하고, Cl_2 분자들보다 더 강하게 상호 작용한다. 이것은 상온에서 Cl_2가 기체이고, Br_2가 액체이며, I_2가 고체인 이유를 설명한

그림 10.16 상온에서 염소는 연녹색 기체이고, 브로민은 쉽게 증발하는 적갈색 액체이며, 아이오딘은 쉽게 승화하는 자주색 고체이다. 다른 물리적 상태는 이 분자들의 전자 구름의 크기와 관련이 있는 분자간 힘의 세기에 연관된다.

©Sciencephotos/Alamy Stock Photo

다(그림 10.16). 전자수에 의존하는, 원자 또는 분자를 감싸는 전자 구름의 크기는 이 경향의 원인이 된다. 전자 구름이 더 크면 그것은 일그러지기 더 쉬워서 더 강한 London 분산력을 일으킨다. 분자들은 크기가 더 크면 분자간 힘이 더 강해지므로, 그 물질은 액체 또는 고체 상태로 존재하게 된다.

London 분산력에 대한 설명은 1930년에 처음으로 독일계 미국 물리학자 London(Fritz London)이 제안했다.

예제 10.5 ▶ London 분산력

아르곤과 제논 중 어떤 것이 더 강한 London 분산력을 가지는가?

» 풀이:

아르곤은 전자가 18개이고, 제논은 전자가 54개이므로, 제논의 전자 구름이 아르곤의 것보다 더 크다. 전자 구름이 더 크면 일그러지기 더 쉬우므로, 제논이 더 강한 London 분산력을 가진다.

→ 응용 연습 10.5

모든 비활성 기체의 London 분산력을 비교한다면, 어느 기체가 가장 약한 London 분산력을 가질까?

→ 실전 연습 10.5

CH_4와 SiH_4 중 어떤 것이 더 강한 London 분산력을 가지는가?

→ 심화 연습: 연습 문제 10.45

대단히 큰 분자는 London 분산력이 매우 강할 수 있다. 이 장의 소개 부분에서 논의한 Nicole의 포켓용 컴퓨터에 사용된 디스플레이와 같은 액정의 예를 찾을 수 있다. 액정은 액체처럼 흐를 수 있지만 고체의 구조적 질서를 가진다. 액정 상태는 고체 상태와 진짜 액체 상태 사이의 전이로서 녹는 동안 일어난다. 대부분의 액정 필름은 분자가 배열을 바꿀 때 색깔을 바꾼다. 색깔 변화는 온도, 기계적 응력, 자기장, 전기장에 의해 조절될 수 있다.

A

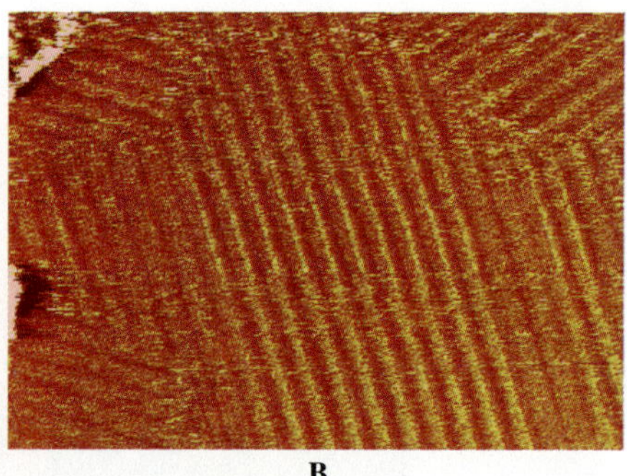
B

그림 10.17 (A) 액정을 320배로 확대하면 평행 분자들의 층이 보인다. (B) 더 크게 확대하면 주사 터널 전자 현미경 영상은 서로 배열한 전형적인 긴 유기 분자인 각각의 옥타데카놀(octadecanol) 분자들을 볼 수 있다.

(A): ©Oleg D. Lavrentovich; (B): ©B.L. Ramakrishna/Interactive Nano-Visualization for Science and Engineering Education (IN-VSEE) an NSF funded project at ASU

왜 이 분자들이 이런 방식으로 행동하는가? 액정 물질은 길고, 좁고, 단단한 유기 분자들로 구성된다. 한 예가 21~47°C의 온도 범위에서 액정으로 행동하는 4-methoxybenzylidene-4′-*n*-butylaniline(4-메틸옥시벤질리덴-4′-*n*-뷰틸아닐린) 분자이다.

```
          H     H             H     H
           \   /               \   /
            C=C      H          C—C
           /   \     |         //   \\
H3C—O—C         C—C=N—C          C—C4H9
           \\   //             \   /
            C—C                 C=C
           /   \               /   \
          H     H             H     H
```

그림 10.17에서 나타낸 것처럼 액체 결정에서 분자들은 서로 평행하게 배열한다. 이러한 배열은 큰 분자들 사이에 강한 London 분산력이 작용하기 때문에 일어난다. 전기장을 몇몇 액정의 필름에 적용하면 분자 배열이 변하여 필름 부분들이 검게 변하고 우리가 LCD 스크린에서 보는 모양을 형성한다. 어떤 액정은 온도를 변화시키는 것과 같은 또 다른 조건에서 빛이 각기 다른 색깔을 나타낸다.

쌍극자-쌍극자 힘

8.4절에서 극성을 야기하는 분자 내의 전하 분리가 논의되었다. 극성 분자들 사이의 인력은 두 번째 유형의 분자 간 인력인 **쌍극자-쌍극자 힘**(dipole-dipole force)이 된다. 극성 분자들에서 한 분자의 부분적인 양의 말단이 다른 분자들의 부분적인 음의 말단을 끌어당긴다(그림 10.18). 일반적으로 극성 분자들 사이의 인력은 같은 크기의 무극성 분자들 사이의 인력보다 더 크다. 두 가지 분자 물질, O_2와 NO의 끓는점을 생각해 보자. 이 물질들의 끓는 점은 각각 −183°C와 −152°C이다. 왜 그 차이가 관찰되는가? 둘 다 원자들 사이에 한 개의 이중 결합을 갖지만 단지 하나의 전자만 다르다. 그들의 전자 구름은 크기에서 비슷하지만 O_2 분자는 무극성이고 NO 분자는 극성이다. 극성 분자는 쌍극자-쌍극자와 London 힘을 갖기 때문에 무극성 분자보다 분자간 힘이 더 크다. 분자간 힘이 더 강하면, 액체 상태 분자들을 떼어놓고 기체 분자들로 바꾸기 위해 더 많은 에너지가 필요하다. 필요한 에너지가 커지므로 NO의 끓는점이 O_2보다 더 높아진다.

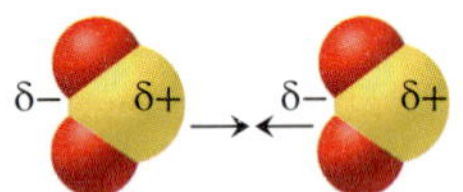

쌍극자-쌍극자 인력

그림 10.18 이산화 황과 같은 극성 분자들은 한 분자의 양의 말단이 또 다른 분자의 음의 말단과 정렬하면서 서로 끌어당긴다.

예제 10.6 ▶ 쌍극자-쌍극자 힘

다음 분자 중 어떤 것이 액체 상태에서 쌍극자-쌍극자 힘을 가지겠는가?

(a) SO_3 (b) CO_2 (c) PCl_3 (d) NO_2

》 풀이:

분자가 극성이기 위해 두가지 조건이 필요하다는 것을 제8장에서 배웠다. 첫째, 분자는 대칭 구조를 가지면 안 된다. 둘째, 중심 원자와 주변 원자들 사이에 전기 음성도의 차이가 있어야 한다. Lewis 식으로 시작해서 분자의 모양을 결정하기 위해 필요하면 제8장을 다시 보라.

(a) SO_3 분자는 삼각 평면이므로 대칭이다.

알짜 쌍극자가 없다.

황과 산소 사이의 전기 음성도의 차이에도 불구하고, 분자가 대칭이므로 결합의 극성이 상쇄되어 이 분자는 무극성이다. 결과적으로 이것은 쌍극자-쌍극자 힘을 가질 수 없다.

(b) CO_2 분자는 선형이므로 대칭이다.

알짜 쌍극자가 없다.

이 분자는 무극성이고 쌍극자-쌍극자 힘을 가질 수 없다.

(c) PCl_3 분자는 삼각뿔이므로 대칭이 아니다.

알짜 쌍극자

인과 염소 사이에 전기 음성도의 차이가 있으므로 결합은 극성이다. 그러므로 그 분자는 극성이고 쌍극자-쌍극자 힘을 가질 것이다.

(d) NO_2 분자는 굽은형이므로 대칭이 아니다.

알짜 쌍극자

질소와 산소의 전기음성도가 다르므로 결합은 극성이다. 분자는 극성이고 쌍극자-쌍극자 힘을 가질 것이다.

→ 응용 연습 10.6

NO_2 분자가 굽은형이 아니라 선형이라면, 액체 상태에서 쌍극자-쌍극자 힘을 가질 것인가?

→ 실전 연습 10.6

다음 분자 중 어떤 것이 액체 상태에서 쌍극자-쌍극사 힘을 가시겠는가?

(a) SCl_2 (b) CO (c) NH_3 (d) CCl_4

→ 심화 연습: 연습 문제 10.47

» 수소 결합

서로 다른 물질들의 끓는점은 매우 다양하다. 그림 10.19에 나타낸 몇 가지 원소와 무극성 분자 화합물의 끓는점을 생각해 보자. 그림은 관련된 일련의 물질들에서 원자 또는 분자들이 더 커지면 끓는점은 증가한다는 것을 나타낸다. 극성 분자에도 같은 것이 적용된다. 분자가 더 크면 London 분산력이 더 커지기 때문에 끓는점은 더 높아진다.

그러나 그림 10.20은 불규칙성을 보인다. 예상된 것처럼 주기율표의 IVA(14)족 원소(CH_4로 시작해서)들의 무극성 수소화물의 끓는점은 전자 구름의 크기가 증가함에 따

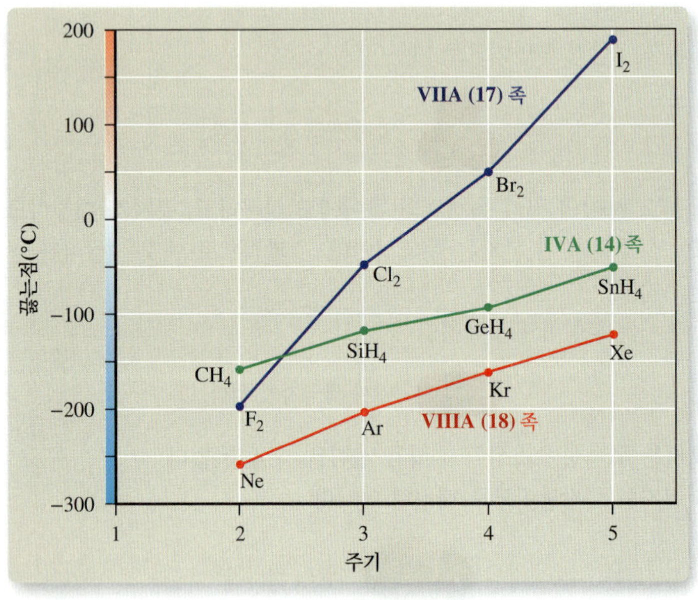

그림 10.19 주기율표의 족 내에서 무극성 물질의 끓는점은 분자의 크기와 함께 증가한다.

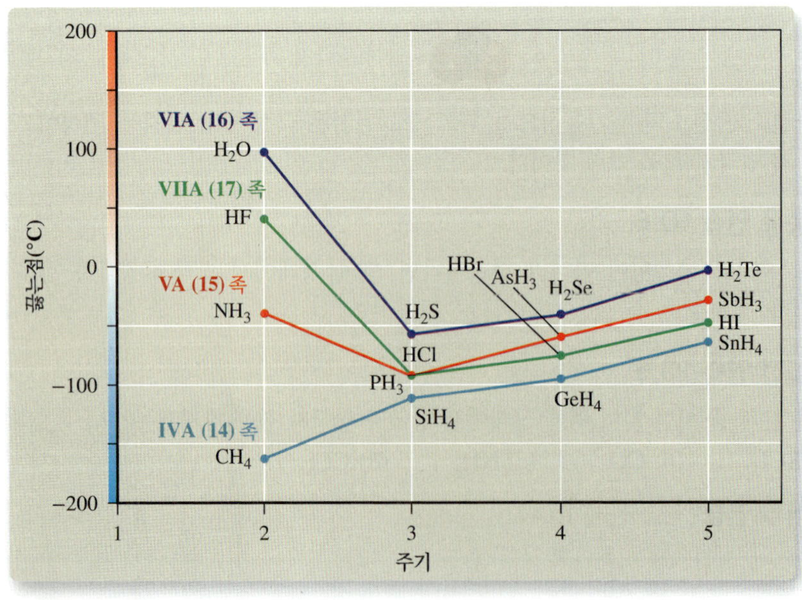

그림 10.20 일반적으로 끓는점은 분자의 크기와 함께 증가한다. 그러나 비교적 작은 몇몇 분자들은 수소 결합으로 인해 끓는점이 높다.

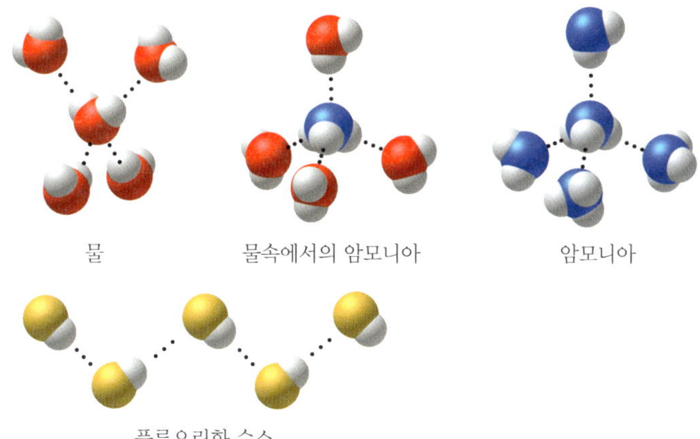

그림 10.21 여기서 세 개의 점은 수소 결합을 나타낸다. 이러한 힘은 한 분자의 수소 원자와 다른 분자의 높은 전기 음성 원자에 있는 공유되지 않은 전자쌍 사이에 정렬되어 일어난다. 두 분자는 같거나 또는 다를 수 있다.

라 증가한다. VA(15)족, VIA(16)족의 원소들의 대부분 극성 수소화물도 같은 현상이 일어난다. 그러나 NH_3, H_2O, HF는 예상 외로 끓는점이 높고, 다른 많은 성질들로 인해 비정상적이다. 이 분자들에 대해 특별한 것이 무엇이 있는가? 그들의 분자간 힘은 비정상적으로 강해야 한다.

특히 강한 쌍극자-쌍극자 힘이, 작고 전기 음성도가 매우 큰 원소(특히 질소, 산소, 플루오린)에 결합된 수소를 포함한 극성 분자들 사이에 존재한다. 일반적 의미에서 분자들 사이에 결합은 없지만 그와 같은 힘이 **수소 결합**(hydrogen bond)이다. 실제적으로 수소 결합은 쌍극자-쌍극자 힘의 특별한 유형이다. 몇 가지 보기들이 150 kJ/몰의 높은 에너지를 갖지만, 대부분의 수소 결합의 세기는 20~40 kJ/몰 범위에 있다. 수소 결합은 분자간 힘들에 비해서는 크지만, 공유 결합의 힘보다 여전히 더 작다. 예를 들면 H_2의 H—H 공유 결합의 세기는 436 kJ/몰이다.

수소 결합은 특정 방향에서 일어난다. 한 분자의 전기 음성도가 매우 큰 원소에 공유적으로 결합된 수소 원자가 인접한 분자의 전기 음성도가 매우 큰 원소의 비공유 전자쌍으로 향할 때 분자들 사이의 인력이 생긴다. 몇몇 보기들이 그림 10.21에 나타나 있다. 수소는 다른 분자보다 공유 결합된 원자에 더 가깝다. 수소 결합은 그림 10.22에 나타낸 것처럼 단백질과 핵산의 많은 구조를 유지하는 생물에서 중요한 힘이다. 수소 결합은 분자 모양을 안정화되게 하여 생물학적 기능을 수행하는 그와 같은 분자들의 능력을 보호한다.

순수한 물질에서의 수소 결합은 일반적으로 분자 내에 H—F, H—O 또는 H—N 결합이 있는 곳에서 일어난다. 수소 결합은 매우 강해서 분자 사이에서 약간의 전자 공유가 일어난다. 그러나 분자 내의 실제 공유 결합만큼 전자를 공유하지는 못한다.

드문 경우지만 수소 결합은 N, O 또는 F 이외의 원자와 수소 원자 사이에서도 관찰된다. 이것은 일반적인 것이 아니기 때문에, 이 책에서는 고려하지 않을 것이다.

예제 10.7 ▶ 수소 결합

다음 중 순수한 액체 상태에서 다른 분자와 수소 결합을 하는 분자를 밝혀라.
CH_3F, CH_3CH_2OH, CH_3-O-CH_3.

》 풀이:

순수한 액체의 한 분자가 다른 분자와 수소 결합을 경험하기 위해서는 질소, 산소, 플루오린 원자를 포함해야 하고 수소 원자는 그들 중 하나와 결합해야 한다. CH_3F 분자는 수소와 플루오린을 포함하지만 수소가 플루오린과 결합하지 않아서 수소 결합을

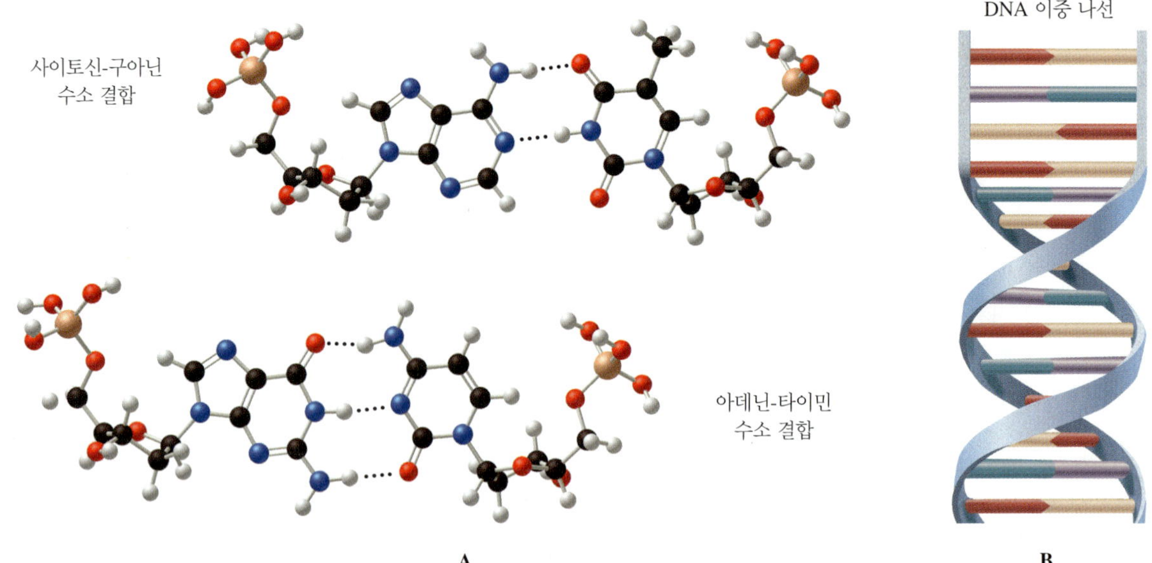

그림 10.22 (A) DNA에서 수소 결합은 염기쌍인 사이토신-구아닌과 아데닌-타이민 사이에 존재한다. (B) 이 결합들은 DNA 이중 나선의 나선형 사다리의 '가로대(rung)'를 형성한다.

형성하지 못한다. CH_3CH_2OH 분자는 산소와 결합한 수소를 포함하므로 수소 결합을 형성할 것이다. CH_3-O-CH_3 분자는 수소와 산소를 포함하지만, 수소가 산소와 결합되어 있지 않다. 따라서 수소 결합을 형성하지 못한다.

→ 응용 연습 10.7

메틸아민(methylamine, CH_3NH_2)의 어느 수소 원자가 순수한 액체 상태의 어떤 분자와 수소 결합을 하는가?

→ 실전 연습 10.7

다음 중 순수한 액체 상태에서 수소 결합을 하는 분자를 밝혀라.

$N(CH_3)_3$, CH_3CO_2H, HOCl.

→ 심화 연습: 연습 문제 10.53

≫ 분자간 힘의 경향

분자간 힘은 세기에서 다양하다. 분자 크기가 비슷하다고 가정하면, 일반적으로 분자간 힘의 크기는 다음 방법으로 비교한다.

London 분산력만 존재하는 분자들 < 쌍극자-쌍극자 힘도 존재하는 분자들 < 수소 결합도 존재하는 분자들

매우 큰 분자의 London 분산력을 작은 분자의 쌍극자–쌍극자 힘과 비교하면 이 상대적 순서는 유지되지 않을지 모른다.

주어진 물질에서 어떤 분자간 힘이 있는지 어떻게 알 수 있는가? London 분산력은 모든 물질에서 일어난다. 그 물질이 극성 분자로 이루어져 있으면, 쌍극자-쌍극자 힘도 가진다. 극성물질이 H–F, H–O, H–N 결합을 포함하는 분자로 이루어져 있으면, 수소

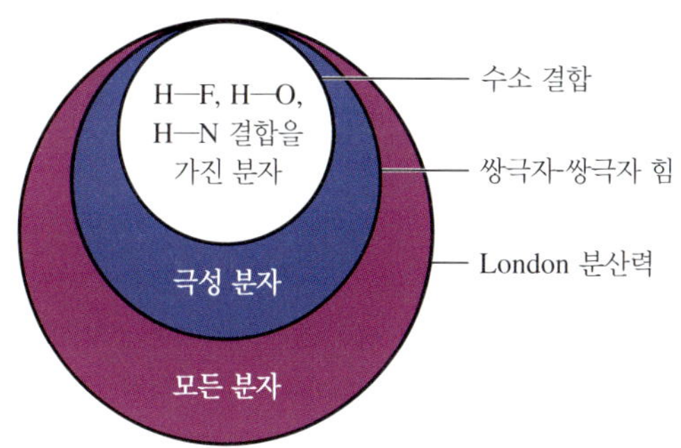

그림 10.23 모든 분자들은 London 분산력이 존재한다. 또한 극성 분자들은 쌍극자-쌍극자 힘을 나타낸다. 또한 H–F, H–O, H–N 결합이 있는 극성 분자들만이 수소 결합을 형성한다.

결합을 형성한다. 이런 관계들이 그림 10.23에 요약되어 있다.

물질의 많은 특성들이 모든 분자간 힘의 총 세기에 의존하기 때문에, 물질의 분자간 힘의 세기 비교가 유용하게 사용된다. 다음 단계는 서로 다른 물질의 총 분자간 힘의 세기 비교에 유용한 지침이다.

1. 첫째로 결정할 것은 물질이 극성이고 수소 결합력을 가지고 있는지, 만일 그렇다면 보다 강한 분자간 힘을 가지고 있을 것이다. 예를 들어 NH_3는 수소 결합력을 가지고, NF_3는 수소 결합력이 없기 때문에, NH_3가 NF_3보다 강한 힘을 가진다. 예외적으로, CCl_4(153.8 g/mol)와 HF(20.01 g/mol)처럼 극단적으로 다른 몰질량을 갖는 물질을 비교한다면, 이런 경우에 CCl_4가 더 강한 힘을 가진다.
2. 수소 결합이 없는 몰질량이 다소 다른 극성 및 무극성 물질을 비교하면, 보다 강한 London 분산력 때문에 몰질량이 큰 물질(전자 구름이 더 크기 때문에)이 총 분자간 힘이 더 강할 것이다. 예를 들면 $CHCl_3$가 쌍극자-쌍극자 힘을 가졌지만, CCl_4가 $CHCl_3$보다 분자간 힘이 더 강하다.
3. 몰질량이 같은 하나 또는 둘의 극성을 띤 물질을 비교하면 대부분 극성 물질이 쌍극자-쌍극자 힘이 더 크기 때문에 분자간 힘의 세기가 더 크다. 예를 들면 CO와 N_2는 몰질량이 같고, London 분산력의 세기가 같지만, 극성 CO 분자들 사이의 부가적인 쌍극자-쌍극자 힘 때문에 CO가 전체 분자간 힘이 더 강하다.

이것들은 단지 분자간 힘의 상대적 세기를 예측하기 위한 지침이라는 것을 알아야 한다. 끓는점이 높은 물질은 전체 분자간 힘이 더 강하다.

예제 10.8 ▶ 분자간 힘의 경향

다음 분자들을 분자간 힘의 세기가 증가하는 순서로 나열하라. F_2, HCl, H_2O_2.

» 풀이:

이 세 가지 물질 중에서 H_2O_2만이 극성이며 수소 결합을 할 수 있다. 다른 물질들은 몰질량이 크게 다르지 않기 때문에 H_2O_2가 분자간 힘이 가장 강할 것으로 예측할 수 있다. 다른 두 물질들은 몰질량이 거의 같으므로(또한 같은 전자수) London 분산력의 세기를 비교할 수 없다. HCl은 극성이므로 부가적인 쌍극자-쌍극자 힘을 가진 F_2보다 강한 힘을 가진다. 분자간 힘의 세기가 증가하는 순서는 $F_2 < HCl < H_2O_2$이다.

→ 응용 연습 10.8

HCl과 H_2S의 분자간 힘을 비교할 때, 이 비교를 위해 어떤 정보가 고려되어야 하는가?

→ 실전 연습 10.8

각 분자 쌍 중 어떤 것이 분자간 힘이 더 강한지를 지적하고, 이유를 설명하라.

(a) N_2와 Cl_2 (b) PH_3와 NH_3 (c) SO_2와 CO_2 (d) H_2S와 H_2Te

→ 심화 연습: 연습 문제 10.63

메틸 알코올(methyl alcohol, CH_3OH)과 메틸 머캡탄(methyl mercaptan, CH_3SH) 물질을 생각해 보자. 그들의 끓는점은 어떻게 비교되는가? 분자간 힘이 증가하면 끓는점이 증가하기 때문에 먼저 각 물질이 무극성인지, 극성인지를 확인함으로써 어떤 분자간 힘이 각 물질에 존재하는지를 결정해야 한다. 각 물질은 메틸 기($-CH_3$)와 두 개의 비공유 전자쌍을 가진 원자(O와 S)와 결합한 수소 원자가 있으므로 굽은형이고 극성이다. CH_3OH에서는 수소 원자가 산소 원자와 결합하고 있지만 CH_3SH는 쌍극자-쌍극자 힘만 존재한다(또한 둘 다 London 힘이 존재함). 수소 결합력이 쌍극자-쌍극자 힘이나 London 힘보다 더 강하기 때문에 CH_3OH이 더 끓는점이 높을 것으로 예상된다. 우리의 예측과 같이, 측정에 따르면, CH_3OH의 끓는점은 64.7°C이고, CH_3SH의 경우에는 5.95°C를 나타낸다.

인터넷 핫스팟

상당수 학생들이 분자간 힘을 끓는점과 관련시키는 것에 어려움을 겪고 있다고 한다. 이 주제에 대한 추가 학습 자료를 보려면 SmartBook에 접속하라.

예제 10.9 ▶ 끓는점의 경향

다음 액체들을 끓는점이 증가하는 순서로 배열하라. CH_4, GeH_4, SiH_4.

» 풀이:

이 분자들은 모두 극성이 아니므로 각 액체의 London 분산력의 크기만 생각해야 한다. 분자가 더 커지면 전자 구름이 더 쉽게 일그러지므로 이 힘이 증가한다. 분자간 힘이 증가하면 액체를 기화하는 데 필요한 에너지가 증가하므로 에너지를 공급하는 데 필요한 온도도 증가한다. 그러므로 끓는점의 순서는 $CH_4 < SiH_4 < GeH_4$로 예측된다. 이것은 끓는점의 측정된 값과 일치한다.

$CH_4(-164°C) < SiH_4(-112°C) < GeH_4(-89°C)$.

→ 응용 연습 10.9

고체 상태에서 이 세 가지 화합물의 녹는점을 비교할 때 경향이 다르겠는가? 그렇다면 어떻게 다르겠는가?

→ 실전 연습 10.9

다음 액체들을 끓는점이 증가하는 순서로 배열하라. $CHBr_3$, $CHCl_3$, CHI_3.

→ 심화 연습: 연습 문제 10.67

액체가 기화하려면 분자들 사이의 분자간 인력을 극복해야 한다. 일정한 온도에서 증기 압력은 분자간 힘의 세기 증가와 함께 감소한다. 따라서 증기 압력은 수소 결합을 가진 화합물의 경우 가장 낮을 것으로 예상할 수 있다. 극성 분자들은 그 다음으로 가장 높은 증기 압력을 가져야 한다. 유사한 크기의 무극성 분자들은 가장 큰 값을 가져야 한다. 무극성 분자들 가운데 C_6H_6와 CCl_4처럼 전자 구름이 큰 것들은 CH_4처럼 전자 구름이 작은 것들보다 증기 압력이 낮아야 한다.

예제 10.10 ▶ 증기 압력의 경향

물의 증기 압력은 35°C에서 0.053기압인 반면에, 다이에틸 에터($CH_3CH_2-O-CH_2CH_3$)의 증기 압력은 같은 온도에서 1기압인 이유를 설명하라.

» 풀이:

두 분자 모두 극성이므로 쌍극자-쌍극자 상호 작용을 한다. 그러나 다이에틸 에터는 물과 달리, 수소 결합을 형성하지 않는다. 수소 결합이 쌍극자-쌍극자 힘보다 더 강하기 때문에, 분자간 힘으로 인해 다이에틸 에터가 기화하면 더 높은 증기 압력이 생긴다.

➜ 응용 연습 10.10

몰질량이 비슷한 극성과 무극성인 두 화합물 중 어느 것이 주어진 온도에서 증기 압력이 더 높겠는가?

➜ 실전 연습 10.10

$O_3(l)$와 $O_2(l)$ 중 어떤 것이 주어진 온도에서 증기 압력이 더 높겠는가? 이유를 설명하라.

➜ 심화 연습: 연습 문제 10.75

증기 압력의 경향은 녹는점과 끓는점의 경우와는 반대이지만 그 이유는 같다. 다시 CH_3OH와 CH_3SH를 생각해 보자. CH_3OH의 끓는점은 64.7°C이고, CH_3SH의 끓는점은 5.95°C인데, 이것은 CH_3OH가 더 강한 분자간 힘을 가지는 것과 일치한다. 분자간 힘이 더 강할수록 그들을 극복하고 액체를 기화하기 위해 더 높은 온도가 필요하다. 주어진 온도에서 분자간 힘이 더 강한 물질은 기체 상태인 분자의 농도가 낮고, 따라서 더 낮은 증기 압력을 갖는다. 관찰된 자료는 이 결론과 일치한다. 0°C에서 증기 압력의 값은 CH_3OH의 경우에는 0.039기압이고, CH_3SH는 0.626기압이다.

예제 10.11 ▶ 분자 성질의 경향

CH_4와 NH_3 물질을 생각해 보자. 어떤 것의 분자간 힘이 더 강하겠는가? 어떤 것이 녹는점, 끓는점, 증기 압력이 더 높겠는가?

» 풀이:

CH_4는 무극성이지만, NH_3는 수소 결합을 할 수 있다. 그러므로 NH_3가 분자간 힘이 더 강하다. CH_4에서보다 NH_3에서 분자간 힘을 극복하는 데 더 많은 에너지가 필요하

므로, NH_3를 녹이거나 끓이는 데 더 높은 온도가 필요할 것이다. CH_4는 NH_3보다 기화에 필요한 에너지가 더 작기 때문에 주어진 온도에서 증기 압력이 더 높을 것이다.

➔ 응용 연습 10.11

H_2O가 CH_3OH보다 증기 압력이 낮은 것을 어떻게 설명할 것인가?

➔ 실전 연습 10.11

CO와 HF 물질들을 생각해 보자. 어떤 것이 분자간 힘이 더 강하겠는가? 어떤 것이 녹는점, 끓는점, 증기 압력이 더 높겠는가?

➔ 심화 연습: 연습 문제 10.77

10.3 액체의 성질

액체의 성질은 입자들(일반적으로 분자들) 사이의 거리 및 분자간 힘과 연관이 있다. 액체의 입자들은 기체의 입자들보다 더 가까이 있다. 그러나 액체 입자들은 고체의 입자들과는 달리 위치가 고정되어 있지 않아 이리저리 움직이고 서로 충돌한다. 액체 입자들은 분자간 힘 때문에, 기체 입자들보다 충돌하기 전에 더 짧은 거리를 움직인다. 액체 분자들은 기체 입자들보다 덜 독립적이지만 고체 입자들보다는 독립적이다.

>> 밀도

A

B

그림 10.24 (A) 병에 가득찬 물이 얼면 병의 용량 이상으로 팽창한다. (B) 언 물은 틈새, 쪼개진 바위, 포장된 도로에서 팽창한다.

(A): ©Martyn F. Chillmaid/Science Source; (B): ©Arthur S. Aubry/Getty Images

물질 상태의 밀도는 입자들 사이의 거리와 연관이 있다. 일반적으로 액체는 기체보다 약 1000배 정도 더 조밀하고 거의 고체만큼 조밀하다(90%~95%). 예측되는 것처럼 대부분의 물질이 액체 때보다 고체일 때 더 조밀하다. 왜냐하면 분자 또는 원자들이 더 가까이 함께 있기 때문이다. 예를 들면 659°C에서 액체 알루미늄은 밀도가 2.38 g/mL이지만, 고체 알루미늄은 밀도가 25°C에서 2.70 g/mL이다. 그러나 물은 예외이다. 액체 물은 4°C에서 가장 큰 밀도인 1.0000 g/mL를 가진다. 0°C에서 고체 물은 밀도가 0.9167 g/mL이고, 액체인 물은 밀도가 0.9998 g/mL이다. 이 밀도 값의 차이는 물이 얼면 팽창한다는 것을 의미한다(그림 10.24). 결과적으로 얼음은 물 위에 뜨고 식물과 동물이 겨울 동안 호수와 하천에서 생존할 수 있게 한다. 얼음이 가라앉으면 전체 호수가 완전하게 얼고 아마 결코 녹지 않을 것이다. 물이 얼면서 팽창하는 것은 많은 기후 작용에 영향을 준다. 예를 들면 물이 얼면 바위에 균열이 생기고 바위가 파괴될지 모른다. 이 과정은 토양을 만드는 데 도움을 준다. 언 도로, 엔진 블록, 유리 용기에서 유사한 효과를 보는데 이 작용이 언제나 유익하지는 않다.

대부분의 다른 액체들은 얼면 수축하는데 물은 왜 팽창하는가? 답은 분자들의 배열에 있다. 얼음에서 수소 결합은 물 분자들을 ***육각형***(*hexagonal*)의 배열로 고정시킨다. 육각형의 중심은 배열하여 열린 통로를 형성하고 고체에 더 많은 빈 공간을 남긴다. 액체 물에서 단단한 구조가 느슨하게 되고 물 분자들이 약간의 사용되지 않은 공간을 채운다(그림 10.25).

>> 점도

액체도 기체처럼 유체이다. **유체**(fluid)는 흐를 수 있는 물질이다. 물, 알코올, 가솔린처

그림 10.25 얼음이 녹으면 얼음 구조에서 열린 공간이 물 분자로 채워지므로 액체가 더 작은 부피를 차지한다.

럼 대부분의 액체는 기체만큼 쉽게는 아니지만 잘 흐른다. 반대로 고체는 하루 또는 한 주와 같은 일반적 시간 기간 동안 전혀 흐르지 않는 것으로 관찰될 수 있다. 물질의 흐름에 대한 저항이 **점도**(viscosity)이다. 일반적으로 액체의 점도는 고체의 높은 점도에 비해 작고, 기체의 작은 점도에 더 가깝다.

그러나 다른 액체들의 점도는 다양하며, 일반적으로 분자간 힘의 크기와 분자 크기와 함께 증가한다. 2.1 K(−271°C)의 온도 이하에서 액체 헬륨-3은 최저 수준에 있게 된다. 그것은 점도가 매우 낮으므로 열린 비커에 놓아두면 벽면 위로 흘러서 비커 밖으로 흐른다. 기름(파마자 기름은 물보다 약 1000배 더 점도가 크다), 그 범위의 반대편 말단에 벌꿀, 시럽, 당밀, 도로를 포장하는 데 사용되는 뜨거운 타르와 같이 점도가 매우 높은 액체들이 위치한다. 일반적으로 액체의 점도는 액체가 가열되면서 감소한다. 왜냐하면 열 에너지가 부분적으로 분자간 힘을 극복하기 때문이다. 도입 부분에서 논의한 강유체는 정상적으로 기름의 점도를 갖지만 자기장에 놓이면 점도가 더 커진다(그림 10.3).

'1월의 당밀'이라는 진부한 표현은 높은 점도를 나타내는 데 사용되는 말이다. 1919년 1월 15일, 계절에 맞지 않게 온도가 43°F에 도달하면서 커다란 당밀 통이 터졌다. Boston의 거리에 2백만 갤런 이상의 당밀이 쏟아졌다. 8피트 길이의 파도가 건물을 무너뜨렸으며 너무 빠르게 흘러서 사람들이 당밀액을 뛰어넘을 수 없었다. 당밀 홍수로 21명이 사망하고 많은 부상자가 발생했다.

예제 10.12 ▶ 점도

가솔린은 옥테인(C_8H_{18})과 같은 탄화수소를 포함한다. 엔진 오일은 $C_{18}H_{38}$과 같은 더 큰 분자를 포함한다. 어느 것이 점도가 더 큰 액체인가?

» 풀이:

점도는 분자간 힘이 더 강한 분자가 더 크다. C_8H_{18}와 $C_{18}H_{38}$ 둘 다 무극성 분자이므로 London 분산력만 가진다. $C_{18}H_{38}$이 더 큰 분자이므로 분자간 힘이 더 강하다. 따라서 엔진 오일은 가솔린보다 점도가 더 크다.

→ 응용 연습 10.12

같은 크기의 두 물질 중 하나는 극성이고 다른 하나는 아니라면, 어느 것이 점도가 더 클 것으로 예상되는가?

➔ 실전 연습 10.12

자동차 기술자 협회는 엔진 오일의 점도에 등급을 매긴다. 몇몇 전형적인 등급이 SAE 40과 SAE 15이다. 여기서 숫자는 상대적 점도의 측정값이다. 점도가 더 큰 기름에 더 높은 숫자가 부여된다. 겨울 동안 사용하기에 적합한 기름은 점도 등급의 수 뒤에 W가 붙는다. 이 기름(SAE 40 또는 SAE 15) 중 어떤 것이 겨울 동안 사용될 수 있어 등급에 W를 붙일 수 있는가?

➔ 심화 연습: 연습 문제 10.83

그림 10.26 물방울은 표면적을 최소화하는 구형을 가진다.

(위): ©Ingram Publishing/age Fotostock; (아래): ©vonviper/iStock/Getty Images

>> 표면 장력

작은 액체 방울은 구형을 가지는 경향이 있다(그림 10.26). 물이 왁스칠한 표면에 놓이면 구슬 모양이 된다. 비누 거품과 빗방울은 구형이다. 이런 현상은 왜 일어나는가? 예상하는 것처럼 분자간 힘과 관련이 있다. 그림 10.27에 나타낸 것처럼 액체 내부의 분자들은 모든 방향으로 같은 인력을 느낀다. 그런데 액체 표면 위에는 힘이 존재하지 않지만 아래에는 정상적인 힘들이 있다. 이 불균형 때문에 인력은 액체 내부로 분자들을 당기는 경향이 있다. 그 인력은 표면의 분자의 수를 최소화해서 표면적을 최소화한다. 주어진 부피에서 구가 가장 표면적이 작은 모양이다.

표면이 구형에서 변형되기 위해서는 액체는 표면적을 늘려야 한다. 이렇게 하기 위해 분자들은 액체의 내부에서 표면으로 이동하기 위해 분자간 힘을 극복해야 한다. 이렇게 하기 위해 필요한 에너지가 **표면 장력**(surface tension)이고, 액체의 표면적이 단위 양만큼 증가하는데 필요한 일의 양이다. 표면 장력은 액체 표면을 늘어난 막과 같이 행동하게 한다. 액체의 분자간 힘이 더 크면 표면 장력은 더 커진다. 온도가 상승하면 표면 장력은 어느 정도 감소한다. 왜냐하면 더 높은 온도에서 더 큰 운동 에너지에 의해 어느 정도 분자간 힘이 극복되기 때문이다.

동영상: 표면 장력

그림 10.27 액체 표면의 불균형적인 분자간 힘은 분자들을 내부로 끌어당긴다. 표면 아래의 분자들은 모든 방향으로 거의 균등한 인력을 느낀다.

©Jim Birk

물의 표면 장력은 곤충을 뜨게 할 정도로 크다(그림 10.28). 아래로 향하는 곤충 질량의 힘은 분자간 힘을 극복하고 물의 표면적을 증가시키기 위해 필요한 에너지 양보다 적다. 물의 표면에 조심스럽게 바늘을 올려 놓아도 같은 결과를 얻을 수 있다. 그러나 세제가 물에 첨가되면 표면 장력이 작아지고 표면이 더 변형되기 쉽기 때문에 곤충과 바늘 둘 다 가라앉을 것이다. 세제 분자들은 물-물 상호 작용을 방해하여 물 분자들이 더 쉽게 멀리 움직이게 한다. 이 효과는 세탁 세제에 사용된다. 세제들은 표면 장력을 감소시키기 때문에 부분적으로 작용해서 물이 의류를 더 잘 적시게 해서 세제가 더러운 입자 주위를 감싸게 한다.

세제는 표면 장력을 변화시키는 계면 활성제라 부르는 화합물류에 속한다.

그림 10.28 소금쟁이는 그들의 무게가 물 분자들 사이의 분자간 힘을 극복할 정도로 충분하지 않기 때문에 물 표면을 걸어서 가로지를 수 있다. 그러나 세제가 첨가되면 표면장력이 줄어들어 곤충은 가라앉는다. 소금쟁이가 물 아래에 있게 되면, 다시 올라오는 데 상당한 힘을 가해야 한다. 물에 바늘을 조심스럽게 뜨게 한 후 식기 세제 한 방울을 넣으면 유사한 효과를 관찰할 수 있다.

출처: Rosalie LaRue/NPS

모세관을 액체에 넣으면 분자간 힘의 또 다른 결과가 관찰된다. 그림 10.29에 나타낸 것처럼 물이 유리 모세관 안으로 올라오는데, 이 현상을 ***모세관 작용***(*capillary action*)이라고 한다. 관에서 물-유리 상호 작용이 물만의 분자간 힘보다 더 강하므로 물이 올라간다. 올라가는 정도는 모세관의 크기에 의존한다. 물-유리 상호 작용이 물기둥에 중력이 당김으로써 상쇄될 때까지 물은 올라간다. 모세관 작용은 나무 수액이 올라가고 수건의 물 흡수에 대해 부분적으로 영향이 있다.

분자간 힘은 또한 용기 안 액체의 굽은 표면인 **메니스커스**(meniscus)를 만든다. 메니스커스는 오목할 수도 볼록할 수도 있는데, 그것은 액체 분자들 사이의 분자간 힘이 액체와 용기 벽 사이의 인력보다 더 큰지 또는 더 작은지에 의존한다. 그림 10.30에 나타낸 것처럼 물-유리 상호 작용이 물-물 상호 작용보다 더 강하기 때문에 물에 대한 표면은 오목하다. 반면에 수은에서 분자간 힘은 수은-유리 상호 작용보다 더 강하므로 수은은 스스로 수축하여 유리를 밀어내고 볼록한 표면을 형성한다.

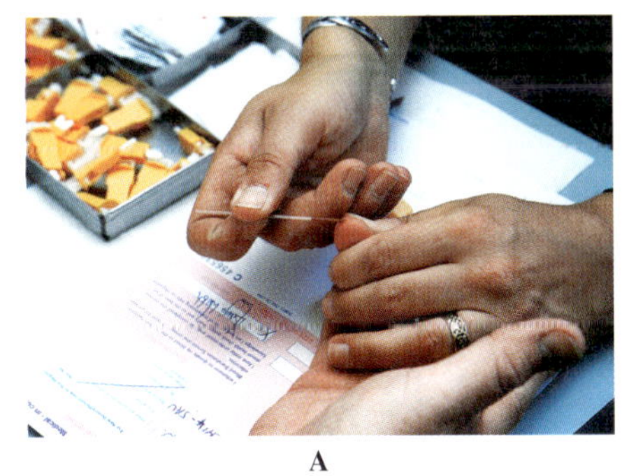

A

B

그림 10.29 (A) 물은 모세관 작용으로 인해 관 안에서 상승한다. 모세관은 작용을 이용하여 모세관에 혈액을 채우고 있다. (B) 수건이 건조되는 작용은 부분적으로 모세관 작용에 기인한다.

(A): ©SPL/Science Source; (B): ©Keith Brofsky/Getty Images

그림 10.30 유리의 이산화 규소와 물 분자 사이의 상호 작용이 물 분자들 사이의 상호 작용보다 더 강하기 때문에 물에 대한 메니스커스(*왼쪽*)는 오목하나, 수은 원자들 사이의 상호 작용이 수은과 이산화 규소 사이의 상호 작용보다 더 강하기 때문에 수은에 대한 메니스커스(*오른쪽*)는 볼록하다.

©Charles D. Winters/Science Source

예제 10.13 ▶ 표면 장력

물은 유리 표면 위에서는 퍼지지만, 왁스칠한 표면 위에서는 구슬 모양이 된다. 차이를 설명하라.

» 풀이:

물 분자들 사이의 분자간 힘은 물 분자와 유리 사이의 상호 작용보다 더 작으므로 물은 유리에 퍼진다. 그러나 왁스칠한 표면에서는 반대가 적용된다. 표면 물 분자들은 왁스 분자보다 내부 물 분자들에 더 강하게 이끌린다. 물방울은 표면적을 최소화하는 구 모양을 형성한다.

➔ 응용 연습 10.13

물방울과 알코올 방울이 왁스칠한 종이 위에 놓인다면, 알코올은 물보다 더 퍼진다. 어느 것이 표면 장력이 더 큰가?

➔ 실전 연습 10.13

과학자들은 코팅할 수 있는 새로운 물질을 디자인하여 물이 방울을 형성하지 않고 자동차의 표면을 적셔줄 수 있기를 원한다. 신소재의 어떤 성질에 관심을 가져야 하는가?

➔ 심화 연습: 연습 문제 10.85

10.4 고체의 성질

유럽의 오래된 교회의 유리창은 종종 위쪽보다 바닥에서 두꺼운 경향이 있다. 한때, 이것은 오랜 기간에 걸쳐 유리가 실제로 흐르며 액체의 특성이라는 증거로 간주되었다. 그러나 전통적인 유리 제조 방법을 연구한 결과, 유리판은 일반적으로 균일한 두께가 아님이 밝혀졌다. 유리판의 두껍고 무거운 끝이 창틀의 바닥에 설치되었을 가능성이 더 크다.

고체의 가장 분명한 성질은 명확한 크기와 단단한 모양이다. 고체는 압축할 수 없으며 일반적으로 흐르지 않는다. 인력은 고체에서 입자(이온, 원자, 분자)들이 서로 단단한 삼차원 배열을 유지할 수 있게 한다. 액체의 온도가 급격히 떨어지면, 특히 입자들이 함께 얽힐 수 있는 긴 분자들이면, 부분적으로 무질서한 상태로 고체화될 수 있다. 그 결과로 얻어지는 고체를 **비결정성 고체**(amorphous solid)라고 한다. 그 입자들은 다소 무작위로 배열되어 있어 정상적 형태가 없다. 유리, 고무 및 플라스틱과 같은 대부분의 다른 중합체들이 이 부류에 속한다. 반대로 액체가 천천히 고체화되면 입자들의 배열이 잘 정렬되어 그 결과 **결정성 고체**(crystalline solid)가 된다. 대부분의 고체들은 이 유형이다. 그와 같은 고체들은 또한 이온 결합 화합물을 포함한 용액으로부터 침전될 수 있다. 결정성 고체의 정상적인 평면의 대칭적 배열이 그림 10.31에 나타나 있다. 반면에 비결정성 고체는 규칙적인 평면을 거의 나타내지 않는다.

A

B

그림 10.31 (A) 결정성 고체인 석영은 특정 각에서 평면인 면들을 가진다. (B) 거의 같은 조성의 비결정성 고체인 유리는 특정 평면을 따라 부서지지 않는다.

(A): ©Siede Preis/Getty Images;
(B): ©Fotosearch RF/Glow Images

결정과 결정 격자

결정(crystal)은 기본 입자(원자, 분자, 이온)의 정돈되고 반복된 삼차원 집합체이다. 이 배열로 형성된 유형이 **결정 격자**(crystal lattice) 또는 ***결정 구조***(*crystal structure*)이다. 전형적인 금속의 결정 격자의 한 층이 그림 10.32에 나타나 있다. 원자들의 정돈된 배열을 주목하자. 원자의 배열은 원자가 공간을 효율적으로 사용하는 경향, 즉 서로 가깝게 하는 경향에서 발생한다. 공간을 사용하는 가장 효율적인 방법으로 나타낸 배치이므로 ***조밀 채움***(*close packing*)이라고 한다. 이 구조에서 6개의 원자가 각 원자를 둘러싸고 접촉한다. 이러한 배열은 그림 10.33에 나타낸 것처럼 거시적 수준에서 자연 및 인간이 만든 물체에서 발견된다.

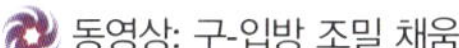
동영상: 구-입방 조밀 채움

상자에 넣은 구슬을 사용하여 3차원의 조밀 구조를 조사하라. 각 구슬에 6개의 구슬이 에워싸도록 가능한 한 서로에게 가깝게 구슬을 놓아서 첫 번째 층을 배열하라. 그리고 첫 번째 층의 패인 곳에 구슬을 놓아 두 번째 층을 만들어라. 조사하기 원하는 층까지 계속하라.

그림 10.32 구리 결정 표면의 주사 전자 현미경 영상은 조밀 채움 또는 입방 조밀 채움이라는 배열에서 원자들이 어떻게 빽빽하게 함께 조밀 채움이 되는지를 나타낸다. 원자 한 개를 둘러싸고 접촉하는 원자들의 수를 세라.

©Drs. Ali Yazdani & Daniel J. Hornbaker/Science Source

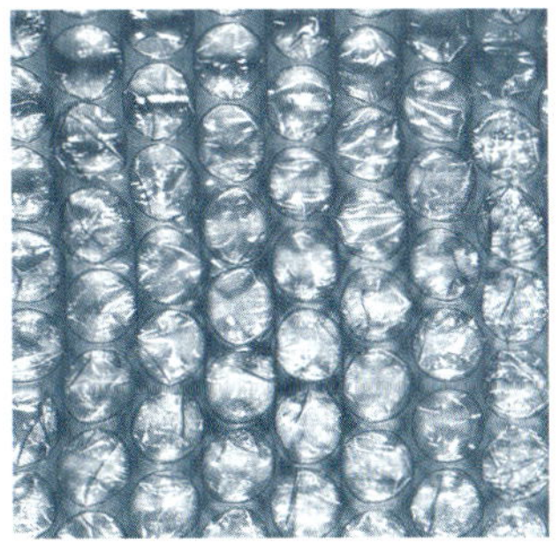

그림 10.33 조밀 채움은 자연에서 그리고 사람이 만든 물체와 같이 많은 곳에서 존재한다. 왼쪽에서부터 파인애플, 말벌 집, 기포 포장지와 골프공의 움푹 파인 홈.

(왼쪽): ©Aaron Roeth Photography; (중간 왼쪽): ©Jim Birk; (중간 오른쪽), (오른쪽): ©Ryan McVay/Getty Images

그림 10.34 식료품 상인은 금속의 원자와 같은 조밀 채움 비열로 과일을 쌓는다.

(왼쪽): ©renaschild/iStock/Getty Images

삼차원 결정에서 원자들의 한 층 이상이 고려되어야 하지만 각 층은 유사한 정돈된 배열을 가진다. 많은 금속에서 원자들의 배열은 식료품 가게의 쌓아올린 과일의 배열과 같다(그림 10.34). 이 구조들에서, 최초 층의 원자들 사이의 패인 곳에 두 번째 층의 원자들이 꼭 들어맞도록 밀집 채움된 원자들의 한 층이 또 다른 층 위에 놓인다. 연속적인 층들이 유사한 방식으로 서로 잘 맞는다.

» 결정성 고체의 유형

고체는 녹는점, 단단함, 전성과 같은 다양한 성질을 보인다. 대부분의 고체의 경우, 기본입자들을 함께 유지하는 힘의 유형이 이 성질들을 설명하고 그것들과 관련이 있다. 표 10.3에 나타난 유용한 분류 체계는 고체를 네 개의 무리로 정리한다. 즉 ***금속성***(*metallic*), ***이온성***(*ionic*), ***분자성***(*molecular*)(극성일 수도, 무극성일 수도 있는), ***그물성***(*network*)이다. 표에 각 종류들의 몇 가지 성질을 설명하고 그 예를 나타내었다.

두 개의 고체를 생각해 보자. 첫 번째 것은 열을 전도하고, 두 번째 것은 열을 전도하지 않는다. 두 고체 모두 부드럽지만 첫 번째 것만이 전성이 있다. 첫 번째 것은 전기를 전도하지만, 두 번째 것은 전기 절연체이다. 이 고체들을 어떻게 분류하는가? 금속성 고체만이 열과 전기의 좋은 전도체이므로 첫 번째 고체는 금속임에 틀림없다. 단지 이 두 가지 성질만 생각하면 다른 두 번째 고체는 어떤 다른 종류에 놓을 수 있다. 그런데

표 10.3 ▸ 고체의 분류

고체의 유형	기본 입자	인력	성질	예
금속성	원자	핵과 비편재화된 원자가 전자 사이의 인력	녹는점이 낮고 부드러움, 또는 녹는점이 높고 단단함, 열과 전기의 좋은 전도체, 전성과 연성	Hg, Na, Fe, Au, Cu, Ar, 니티놀과 같은 합금
이온성	양이온과 음이온	이온 결합	높은 녹는점, 단단함, 깨지기 쉬움, 고체일 때 비전도체, 용융하면 전기 도체	NaCl, CsCl, CaF_2, $CaCO_3$, KNO_3, $Ca_5(PO_4)_2OH$, $YBa_2Cu_3O_7$
분자성	극성 분자	쌍극자-쌍극자 힘	낮거나 적절한 녹는점, 다양하게 단단함, 깨질 수 있음, 비전도체	H_2O, NH_3, SO_2, CH_3CO_2H, CH_2Cl_2
	무극성 분자	London 분산력	낮은 녹는점, 부드러움, 나쁜 열전도체, 전기 절연체	CH_4, O_2, CCl_4, CO_2, C_6H_6, I_2, S_8
그물성	원자	공유 결합	매우 높은 녹는점, 매우 단단함, 약간 깨지기 쉬움, 부도체 또는 반도체	C(다이아몬드), SiC(카보런덤), SiO_2(실리카), Al_2O_3(알런덤, alundum), BN(질소화 붕소)

분자성 고체(몇몇의 금속과 함께, 이 고체는 금속이 아님)만이 부드럽다. 따라서 두 번째 고체는 분자성 고체임이 틀림없다.

고체를 분류하기 위해 몇 가지 성질들을 생각해야 한다. 공유성 물질이 분자성 고체를 형성할 것인지, 그물성 고체를 형성할 것인지를 예측하는 것은 어렵다. 그러나 그들의 성질을 알면 그들을 구별할 수 있다.

예제 10.14 ▶ 결정성 고체의 유형

결정성 고체는 단단하고, 망치로 치면 깨지며, 전기 절연체이다. 그러나 녹이면 전기를 전도한다. 이것은 어떤 유형의 고체인가?

» 풀이:

단단한 고체는 금속성, 이온성, 그물성일 수 있다. 고체로서 전기를 통하지 않는다는 관찰은 이온성 또는 그물성 고체와 일치한다. 녹으면 전기를 전도하기 때문에 그것은 이온성임에 틀림없다.

→ 응용 연습 10.14

고체가 부드러우면 분류되는 과정에서 어느 부류가 제거되는가?

→ 실전 연습 10.14

결정성 고체는 매우 단단하고, 고체이거나 녹으면 전기를 전도하지 않으며, 녹는점이 높다. 그것은 어떤 유형의 고체인가?

→ 심화 연습: 연습 문제 10.101

금속성 고체 금속에서 원자가 전자들은 금속의 모든 부분을 통해 자유롭게 움직인다. 이것은 금속이 좋은 전기 전도체인 이유를 설명한다. 원자들 사이의 결합은 공유된 원자가 전자들과 핵심부 전자들에 의해 둘러싸인 금속 핵 사이의 인력에 의해 형성되는데, 그들의 위치는 고정되어 있다. 이 인력들은 금속 전체 부분으로 퍼져 있다. 인력은 편재화되어 있지 않기 때문에 힘을 가하면 원자들이 쉽게 움직이므로 금속이 전성과 연성을 가지게 된다. 인력의 세기에 따라 금속들은 부드러움에서 단단함까지 다양하고, 낮은 온도에서 높은 온도까지 녹을 수 있다. 부드럽고 녹는점이 낮은 금속들은 주로 IA(1)족 원소들이다. 금속의 성질은 불순물을 첨가하면 변화시킬 수 있다. 인간의 역사에서 한 시기에 그 이름을 부여한 청동을 기억하는가? 구리와 주석을 혼합하면 순수한 두 금속들의 어떤 것과도 다른 성질을 가진 청동이 만들어진다.

한 금속과 한 가지 이상의 추가적인 금속성 또는 비금속성 원소들을 혼합하면 **합금**(alloy)을 형성한다. 합금은 그들의 부모 원소와는 다른 성질을 가진다. 예를 들면 그림 10.35에 나타낸 것처럼 구리에 첨가된 아연은 황동 합금을 만든다. 황동에서 아연 원자들은 이전에 구리 원자가 차지하던 금속 구조에서 약간의 자리를 대체한다. 황동은 변색에 더 저항적이고 구리보다 더 광택을 가지므로 배관 장치에 흔히 사용된다.

순수한 철은 비교적 부드럽고 전성이 좋다. 강철에서 탄소 원자들이 원래의 철 구조의 구멍에 들어맞는다. 더 많은 탄소가 첨가되면 강철은 더 단단하고 강해진다. 크로뮴, 바나듐, 니켈, 몰리브데넘, 텅스텐과 같은 다른 원소들이 역시 철에 첨가되면 다양한 성질의 강철을 만들 수 있다. 표 10.4에 스테인리스강을 포함한 몇 가지 전형적인 합금들

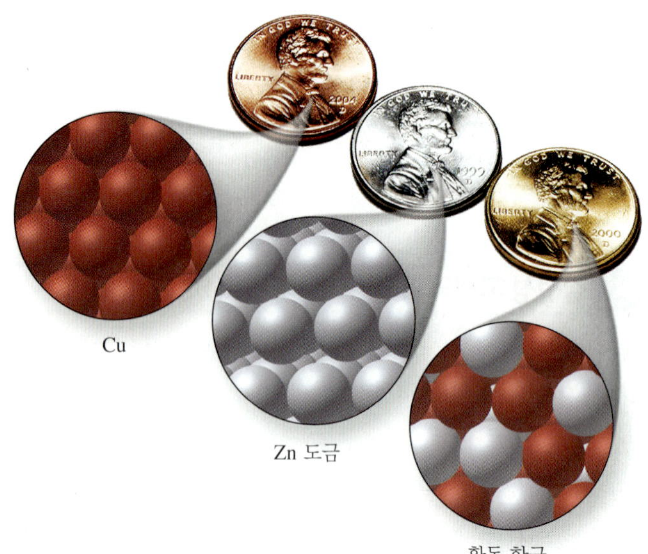

그림 10.35 구리(*왼쪽*)가 아연 금속으로 화학적으로 처리되면 아연 도금(*가운데*)이 된다. 이 혼합물을 가열하면 아연 원자들이 구리 결정 구조 안으로 이동하여 황동 합금(*오른쪽*)이 된다. 황동에서 아연 원자들은 이전에 구리 원자들이 차지한 일부의 자리를 차지한다.

을 나타내었다.

서론에서 특이한 성질을 가진 합금인 니티놀을 논의하였다. 니켈과 타이타늄을 포함한 이 합금은 원래의 모양을 '기억'할 수 있다. 어떻게? 이 성질은 금속의 구조와 연관이 있다(그림 10.36). 실제로 금속은 두 개의 약간 다른 구조를 가진다. 한 구조는 낮은 온도에, 다른 구조는 높은 온도에 있다. 두 구조는 원자의 면의 비교적 작은 이동으로 한 구조에서 다른 구조로 변한다. 금속이 낮은 온도에서 휘어지면 응력이 원자의 면에 가해진다. 그리고 금속이 가열되면 높은 온도 구조로 원자가 이동하여 응력이 줄어들게 되어 원래의 모양으로 돌아간다. 냉각하면 원래의 모양이 유지된다. 금속을 높은 온도로 가열하면서 구부린 다음 냉각시키면 새로운 모양을 유지하게 될 것이다.

표 10.4 ▸ 합금의 예

합금	금속	성질	용도
황동	Cu 67%, Zn 33%	연성, 광택제	하드웨어
치과용 아말감	Ag 70%, Pb 25%, Cu 3%, Hg 2%	쉽게 가공됨	치과용 충전재
14캐럿 금	Au 58%, 다양한 양의 Ag, Cu, 기타	순수한 금보다 더 단단함	귀금속
모넬 금속	Ni 67%, Cu 30%, 다양한 양의 Fe, Mn, Al, Ti	부식에 저항성, 광택 다듬질	부엌용품
니크롬	Ni 60%, Cr 40%	높은 녹는점, 낮은 전기 전도도	스토브, 토스터기, 오븐의 가열 코일
니티놀	Ni 49%, Ti 51%	형상 기억	의과용 및 치과용 임플란트, 안경테
땜납	Sn 85%, Cu 7%, Bi 6%, Sb 2%	모양으로 쉽게 주조	가정용품, 컵
배관용 연납	Pb 67%, Sn 33%	낮은 녹는점, 부드러움	관 연결 부위 납땜
스테인리스강	Fe 80.6%, C 0.4%, Cr 18%, Ni 1%	부식에 저항성	식탁용 식기류
영국 파운드화 은	Ag 92.5%, Cr 7.5%	광택 다듬질	식탁용 식기류

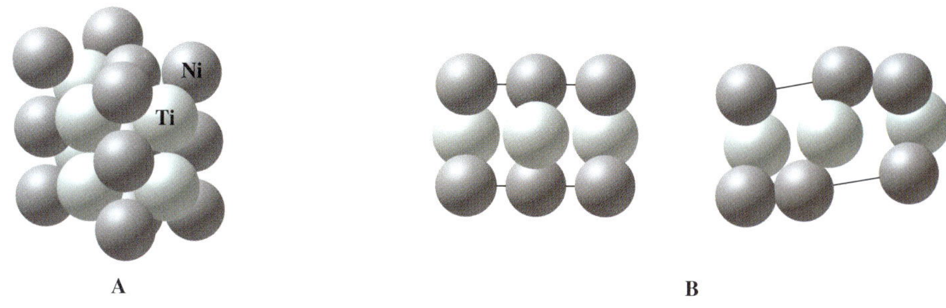

그림 10.36 (A) 니티놀(Nitinol)은 온도가 변화됨에 따라 밀접하게 관련된 서로 다른 구조로 변화될 수 있다. (B) Nitinol 구조를 통해 슬라이스를 확장한 모습은 한 구조에서 다른 구조로 변환될 때 원자의 위치가 조금씩 변하는 것을 보여준다.

이온성 고체 이온성 고체들이 결정 격자에 배열된 양이온과 음이온들을 포함한다는 것을 제8장에서 배웠다. 입자들을 서로 붙잡고 있는 힘들은 양이온-음이온 정전기적 인력이다. 이 힘은 양이온-양이온 및 음이온-음이온 정전기적 반발력에 의해 다소 상쇄된다. 이온성 결정은 이온 결합이라는 정전기적 인력이 강하기 때문에 녹는점이 높다. 결정은 이온들이 이동하기 어렵기 때문에 단단한 경향이 있다. 그것들은 또한 부서지기 쉽다. 비록 이온을 이동시키는 데에는 많은 양의 에너지가 필요하지만 결정을 파괴하는 데에는 적은 양의 에너지만 필요로 한다. 이온들이 위치에 고정되어 있기 때문에 이온성 고체는 전기 전도체가 아니다. 그러나 녹거나 용해된 이온성 고체들은 이온들이 자유롭게 움직이고 전하를 운반할 수 있으므로 좋은 도체이다.

많은 이온성 결정 구조는 금속에서 보았던 조밀 채움 배열과 닮았다. 조밀 채움 구조는 유용한 부피의 74%만 사용하므로 그들 사이에 구멍들이 남아 있다. 금속 구조의 구멍에 다른 원자들이 놓여서 금속들이 합금을 형성하는 것을 보았다. 이온성 결정은 합금과 유사하다. 이온 결정에서는 더 큰 이온(주로 음이온)이 조밀 채움 자리를 차지하고 더 작은 이온(주로 양이온)이 그들 크기에 적합한 구멍에 들어간다. 이런 방법으로 형성된 몇 가지 이온성 결정들을 그림 10.37에 나타내었다.

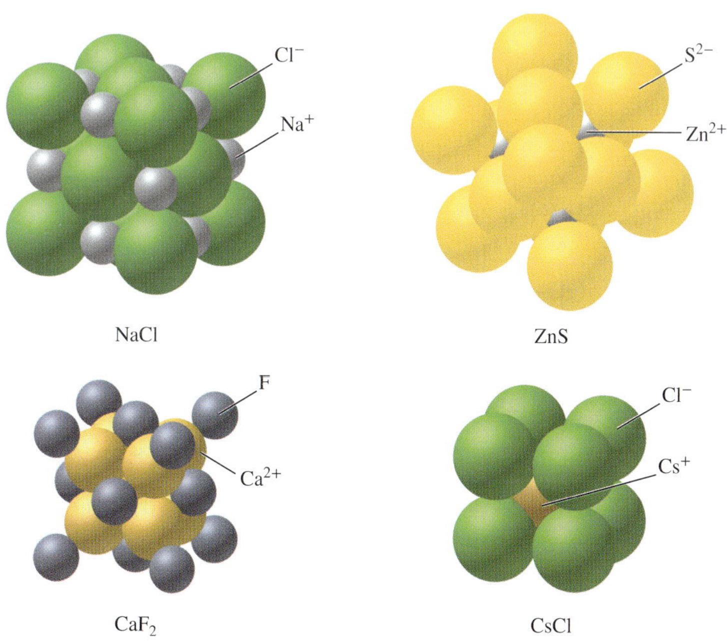

그림 10.37 많은 이온성 결정들은 음이온의 효율적인 쌓임에 의해 형성되는데, 양이온은 그 구조의 구멍을 차지한다.

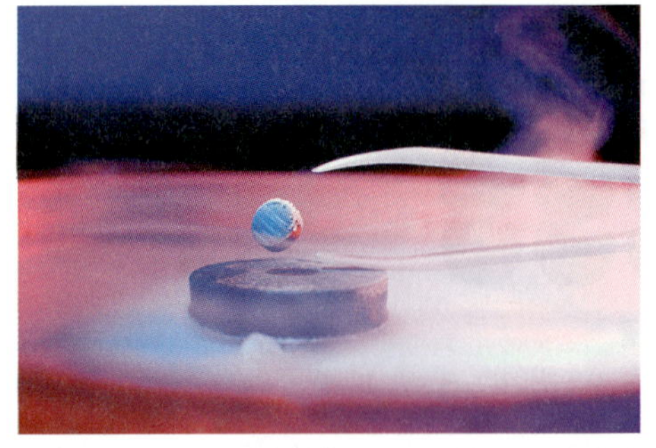

A B

그림 10.38 (A) 자석이 초전도 물질의 원반 위에 뜬다. (B) 일본 열차는 초전도 궤도 위에 뜬다.

(A): ©Fuse/Getty Images; (B): ©Martin Bond/Science Source

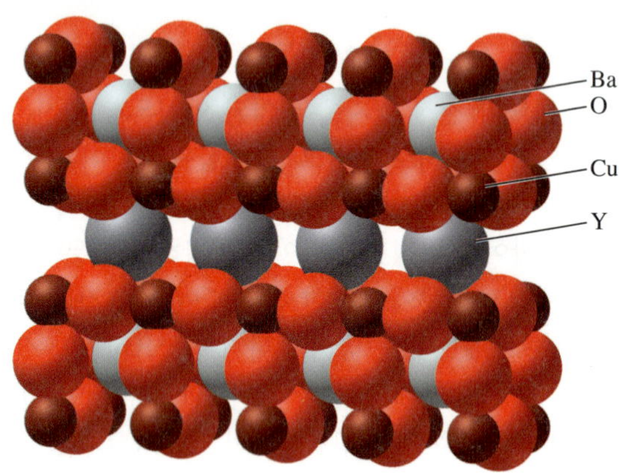

그림 10.39 고온 초전도체들은 층 구조를 형성하는 이온성 고체이다. 이 구조에서 번갈아 나타나는 구리와 산화 이온은 입방체를 형성하고, 바륨 이온은 입방체 중심의 구멍에 들어맞고, 이트륨 이온은 다른 이온들에 의해 만들어진 층들 사이의 공간에 맞는다.

몇 가지 이온성 고체들은 ***초전도***(*superconducting*) 물질로 분류될 수 있다. 그것들은 전류의 전도에 어떤 저항도 주지 않고 자기장을 밀어낸다. 초기의 초전도 물질은 액체 헬륨에 의해 4 K(−269°C) 이하로 냉각될 때처럼 매우 낮은 온도에서만 작용했기 때문에 실용성을 갖지 못했다. 그러나 최근에 제조된 물질들은 더 높은 온도에서 초전도체가 된다. 예를 들면 그림 10.38A에 나타낸 것처럼 자석은 약 77 K(−196°C)의 액체 질소 온도까지 냉각된 초전도 물질의 원반 위에 뜬다. 그와 같은 초전도체들은 병원의 자기 공명 영상(MRI) 장치에 사용된다. 초전도 궤도 위에 뜰 수 있는 매우 빠른 기차가 시험되고 있다(그림 10.38B). 초전도 물질의 본성을 완전하게 이해하지 못하지만 고체 물질의 결정 구조가 역할을 하는 것으로 보인다. 초전도체 $YBa_2Cu_3O_7$에 대해 그림 10.39에 나타낸 층 구조는 지금까지 발견된 모든 초전도 물질들의 특징인 것처럼 보인다.

분자성 고체 분자들 사이의 분자간 힘(결합이 아님)은 **분자성 고체**(molecular solid)를 유지하게 한다. 그와 같은 고체들은 주로 주기율표의 오른쪽에 있는 원소들로부터 형성된다. 이 입자들은 원자들이거나 비활성 기체들이거나 또는 분자들(무극성 또는 극성)이다.

무극성 분자 고체에서 분자들을 뭉치게 하는 힘은 비교적 약한 London 분산력이다. 결과적으로 이 고체들은 낮은 녹는점을 가진 부드러운 결정을 형성하는 경향이 있다. 그들은 전기 절연체이고, 나쁜 열전도체이다. 비활성 기체와 이원자 원소뿐만 아니라 이산화 탄소와 헥사플루오린화 황과 같은 작은 무극성 다원자 분자들도 이 그룹에 포함된다. 이 물질들은 종종 금속의 것들과 유사한 구조를 가진다. 그러나 금속에서 원자가 차지한 위치들을 분자들이 차지한다. 그림 10.40은 고체 이산화 탄소의 구조를 나타낸 것이다.

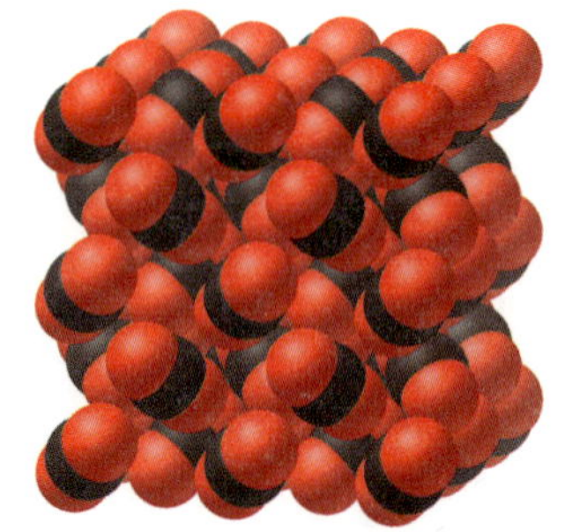

그림 10.40 고체 이산화 탄소(드라이아이스)에서 CO_2 분자들은 금속의 원자(그림 10.32)와 유사한 조밀 채움 유형으로 배열된다. CO_2 분자들은 서로에 대해 일정한 각도를 유지하면서 유용한 공간에 더 잘 맞는다.

쌍극자-쌍극자 힘과 London 분산력은 극성 분자성 고체를 뭉치게 한다. 결과적으로 극성 분자성 고체는 무극성 분자성 고체보다 종종 더 단단하고, 녹는점이 중간 수준이다. 그들은 이온을 포함하지 않기 때문에 용융되더라도 전기 절연체이다.

그물성 고체 **그물성 고체**(network solid)는 전체 결정을 형성하는 하나의 거대한 분자로 구성되어 있다. 그와 같은 고체들은 주기율표의 금속과 비금속 사이의 전이 구역의 반도체 또는 준금속 원소들 중에 주로 있다. 그것들은 또한 다이아몬드나 흑연의 형태로 탄소 원소로부터 형성된다. 강한 공유 결합들이 그물성 고체의 원자들을 연결한다. 그물성 고체의 결정은 공유 결합이 특정 방향으로 향하기 때문에 매우 안정한 삼차원 구조를 가진다.

많은 그물성 고체들이 다이아몬드와 같은 구조(그림 10.41) 또는 그것의 약간 변형된 구조를 가진다. 이 구조에서 각 원자는 사면체 배열의 네 개의 다른 원자들과 결합한다. 전형적인 변형은 이산화 규소 결정 안에 있다. 이 구조에서 산소 원자들은 규소 원자들 사이에 다리를 형성한다(그림 10.42). 대부분의 그물성 고체는 전자들이 공유 결합에 편재화되어 있어 나쁜 전기 전도체이다. 몇 가지 그물성 고체는 매우 낮은 전기전도도를 갖는 반도체로, 컴퓨터 칩을 만드는 데 사용된다. 그물성 고체는 그들의 결합이 강한 경향이 있기 때문에 녹는점이 높고 매우 단단한 경향이 있다. 그들 중 가장 단단한 물질들이 그들 중에서 알려져 있고, 그것들은 절삭 공구에 종종 사용된다.

탄소의 흑연 형태에서는 서로 다른 구조가 발견된다. 그것은 공유 결합으로 연결된 탄소 원자들 층들의 이차원 그물 구조로 구성된다. 비교적 약한 London 분산력이 층들을 붙잡아 둔다(그림 10.43). 구조에서 원자들의 층은 서로 쉽게 미끄러질 수 있어서 흑연은 윤활유이고 연필에 사용된다. 대부분의 그물성 고체들과는 대조적으로, 흑연의 전자들은 층 내에서 쉽게 움직인다. 따라서 흑연은 층의 방향으로 좋은 전기 전도체이다. 이 이유 때문에 흑연은 배터리의 전극으로 종종 사용된다(제14장 참조).

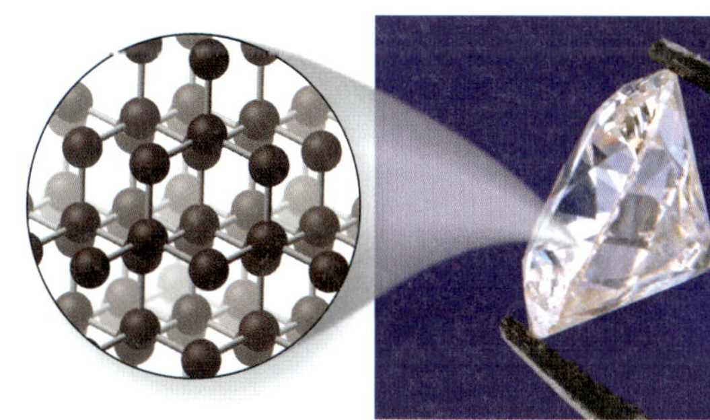

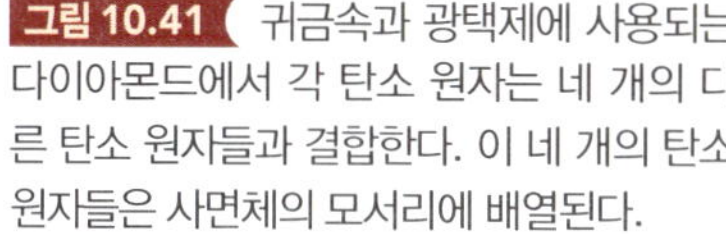

그림 10.41 귀금속과 광택제에 사용되는 다이아몬드에서 각 탄소 원자는 네 개의 다른 탄소 원자들과 결합한다. 이 네 개의 탄소 원자들은 사면체의 모서리에 배열된다.

©Steve Hamblin/Alamy Stock Photos

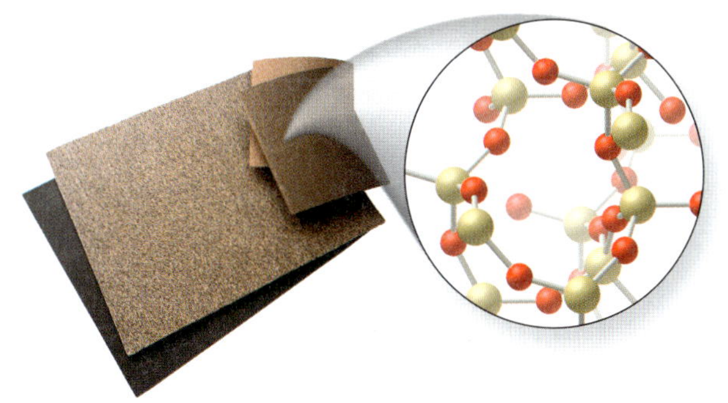

그림 10.42 사포에 사용되는 이산화 규소에서 각 규소 원자는 사면체 배열의 네 개의 산소 원자와 결합한다. 이것은 산소 원자 두 개당 규소 원자 한 개에 해당하므로 실험식이 SiO_2가 된다.

©C SquaredStudios/Getty Images

그림 10.43 흑연에서 각 탄소 원자는 같은 층의 세 개의 다른 탄소 원자와 결합한다. London 분산력이 흑연의 탄소 원자 층을 뭉치게 한다. 흑연은 연필에 사용된다. 그 힘들이 비교적 약해서 층들이 서로 미끌어진다. (층들의 거리가 이 그림에서 과장된 것을 유의하라.)

©Achim Prill/123RF

예제 10.15 ▶ 고체의 구조

다음 분자 수준 영상으로 나타낸 고체의 유형을 확인하라. 어떤 유형의 힘이 이 고체에서 입자들을 뭉치게 하는가?

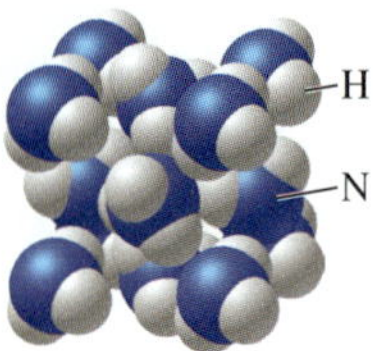

» 풀이:

한 개의 질소 원자와 세 개의 수소 원자를 가진 각 분자를 확인할 수 있다. 이 조성은 암모니아(NH_3)에 상응한다. 그 구조에 분자가 들어 있으므로 분자성 고체이다. 공유 결합이 암모니아 분자의 원자들을 묶어 둔다. 분자들은 수소 결합으로 서로에게 이끌린다. 수소 결합에 참여하는 원소들 가운데 하나인 질소에 수소가 결합되어 있기 때문에 수소 결합 힘이 작용하는 것을 알 수 있다.

→ 응용 연습 10.15

개개의 분자들이 고체의 구조에 나타나지 않는다면, 어떤 유형의 고체가 가능할까?

→ 실전 연습 10.15

다음 분자 수준 그림으로 나타낸 고체의 유형을 확인하라. 어떤 유형의 힘이 이 고체에서 입자들을 뭉치게 하는가?

→ 심화 연습: 연습 문제 10.115

제10장 복습하기

주요 개념 _Key Concepts

- 물질의 세 가지 상태 사이의 전이를 상태 변화라고 한다.
  - 상태 변화는 압력과 온도 변화와 함께 일어난다.
  - 액체는 증발 과정에 의해 기체로 변한다. 역과정은 응축이라고 한다. 액체와 평형에 있는 기체의 압력을 증기 압력이라고 한다. 증기 압력이 1기압일 때의 온도를 정상 끓는점이라고 한다.
  - 액체는 어는 과정에 의해 고체로 변하며, 역과정은 융해라고 한다. 고체가 1기압에서 액체와 평형일 때의 온도를 정상 어는점이라고 한다.
  - 냉각 및 가열 곡선은 일정한 압력에서 온도 변화와 함께 일어나는 물리적 상태의 변화를 설명한다.
  - 물질의 비열 값 C는 질량 m, 온도 변화가 ΔT인 물질의 열 변화 q와 관련지을 수 있다. 즉 $q = m \times C \times \Delta T$ 식이 성립한다. 상태 변화에 필요한 열은 물질의 몰 생성열과 몰 융해열, 즉 몰증발열이다.
- 원자 또는 분자들을 뭉치게 하는 분자간 힘들로 인해 물질들은 액체와 고체 상태로 존재한다.
  - 액체 또는 고체 상태에서 모든 물질들은 London 분산력을 가진다. London 분산력은 분자 사이에 서로 당기는 원인인 순간 쌍극자의 결과이다. London 분산력의 세기는 분자 크기(분자 질량)가 증가함에 따라 증가한다.
  - 쌍극자-쌍극자 힘은 극성 분자 사이에서 생긴다. 분자량이 매우 비슷한(London 분산력 세기가 비슷한) 물질을 비교할 때 극성 물질이 좋 분자간 힘보다 더 강하다.
  - 수소 결합은 분자 내의 크기가 작은 원자(N, O, F)에 결합된 수소를 포함하는 분자들 사이에서 생기는 쌍극자-쌍극자 힘의 특별이 강한 형태이다.
- 액체의 성질은 분자간 힘의 세기에 의존한다.
  - 흐름의 저항인 점도는 분자간 힘 세기와 분자 크기와 함께 일반적으로 증가한다.
  - 액체의 독특한 성질은 액체 표면을 퍼지게 하는 일인 표면 장력이다.
  - 증기 압력은 두 상태가 평형일 때 액체 또는 고체 위의 기체 분자의 부분 압력이다. 증기 압력은 분자간 힘이 증가하면 감소한다.
  - 액체 물과 얼음의 많은 성질들이 강한 수소 결합 힘의 존재로 설명될 수 있다.
- 많은 고체들은 결정성 형태로 존재한다.
  - 결정은 평면이 매우 질서 있고 대칭적으로 배열되어 있는데, 이것은 결정 격자에서 원자, 분자, 이온들의 매우 정돈된 배열로 나타난다.
  - 금속들은 원자들을 조밀 채움 구조라 불리는 가장 효과적 쌓임 구조를 형성하는 경향이 있다.
  - 한 금속의 원자를 다른 금속의 원자로 대체하거나 금속 구조의 구멍에 다른 원자를 놓음으로써 금속들로부터 합금이 형성된다.
  - 많은 이온성 염이 금속의 것과 같은 조밀 채움 구조를 채택한다.
  - 결정성 고체들은 금속성, 이온성, 분자성, 그물성 고체로 분류될 수 있다. 분류는 고체 상태에서 입자를 뭉치게 하는 힘의 유형에 기인한다.
  - 고체의 구조와 힘의 유형이 그 성질을 설명한다.

주요 관계식 _Key Relationships

관계	식
한 물질의 온도를 높이는 데 필요한 열은 질량, 비열, 온도 변화와 직접적으로 연관된다.	$q = m \times C \times \Delta T$
한 물질의 상태 변화에 필요한 열은 몰수와 상태 변화의 몰 비열과의 곱이다.	$q_{융해} = n \times$ 융해열 $q_{기화} = n \times$ 기화열

주요 용어 _Key Terms

결정(crystal)(10.4)
결정 격자(crystal lattice)(10.4)
결정성 고체(crystal solid)(10.4)
그물성 고체(network solid)(10.4)
끓는점(boiling point)(10.1)
녹는점(melting point)(10.1)
동적 평형(equilibrium)(10.1)
London 분산력(London dispersion force)(10.2)
메니스커스(meniscus)(10.3)
분자간 힘(intermolecular force)(10.2)
분자성 고체(molecular solid)(10.4)
비결정성 고체(amorphous solid)(10.4)
수소 결합(hydrogen bond)(10.2)
순간 쌍극자(instantaneous dipole)(10.2)
승화(sublimation)(10.1)
쌍극자-쌍극자 힘(dipole-dipole force)(10.2)
어는점(freezing point)(10.1)
유도 쌍극자(induced dipole)(10.2)
유체(fluid)(10.3)
응축(condensation)(10.1)
점도(viscosity)(10.3)
정상 끓는점(normal boiling point)(10.1)
정상 어는점(normal freezing point)(10.1)
증기 압력(vapor pressure)(10.1)
증발(evaporation)(10.1)
증착(deposition)(10.1)
표면 장력(surface tension)(10.3)
합금(alloy)(10.4)

연습 문제 _Questions and Problems

→ 주요 용어와 정의를 연결하기

10.1 다음 주어진 정의에 맞는 주요 용어를 써라.

(a) 두 상태가 평형을 이룰 때 액체(또는 고체) 위 기체 분자의 부분 압력
(b) 한 물질의 액체와 고체 상태가 평형에 있는 온도(어는점과 같은)
(c) 반대 과정 사이의 균형 상태
(d) 분자가 액체 상태에서 기체 상태로 변하는 과정
(e) 분자나 원자 안의 전자들의 인력에 의해 인접한 쌍극자에 형성된 순간 쌍극자
(f) 추가로 한 가지 이상의 금속성 또는 비금속성 원소를 가진 금속의 혼합물
(g) 액체의 증기 압력이 외부 압력과 같아지는 온도
(h) 고체의 기화
(i) 분자간 힘에 의해 뭉쳐진 개별 분자들로 이루어진 고체
(j) 분자들 사이에 발생하는 인력
(k) 분자에 순간 쌍극자 형성으로 야기되는 인력
(l) 한 물질의 액체와 고체 상태가 1기압에서 평형에 있는 온도
(m) 특정 각에서 교차하는 면에 의해 결합된 모양을 가진 고체

→ 상태의 변화

10.3 분자 수준에서 액체와 기체를 비교하고 대조해 보라.

10.5 액체는 용기의 모양을 취하지만 고체는 그렇지 않은 이유는 무엇인가?

10.7 한 물질의 다음 그림을 생각해 보자. 물리적 상태는 무엇인가? 어떻게 그 결론에 도달했는지를 설명하라.

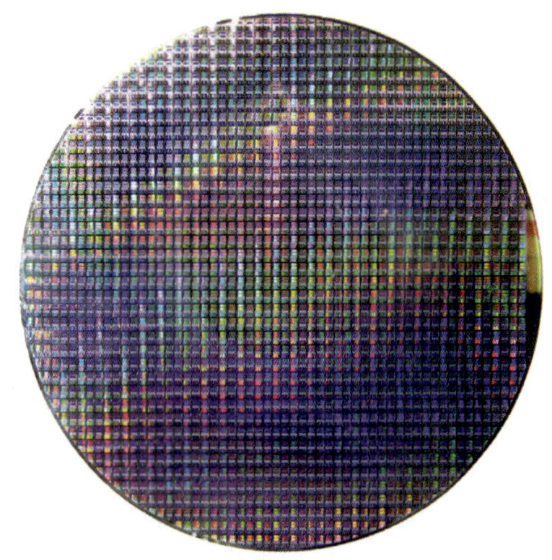

©VasilySmirnov/iStock/Getty Images

10.9 다음과 같은 한 물질의 원자 수준 그림을 생각해 보자. 물리적 상태는 무엇인가? 어떻게 그 결론에 도달했는지를 설명하라.

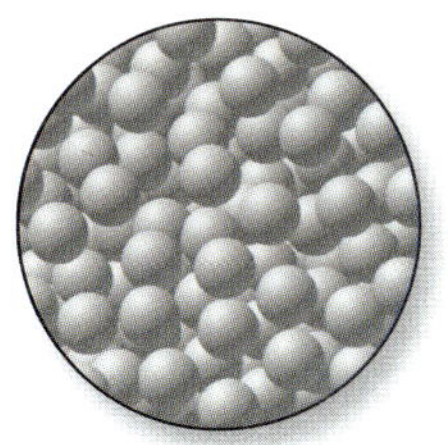

10.11 다음 그림에 나타낸 각각의 물의 상태를 확인하라. 화살표로 나타낸 각 상 변화의 용어는 무엇인가?

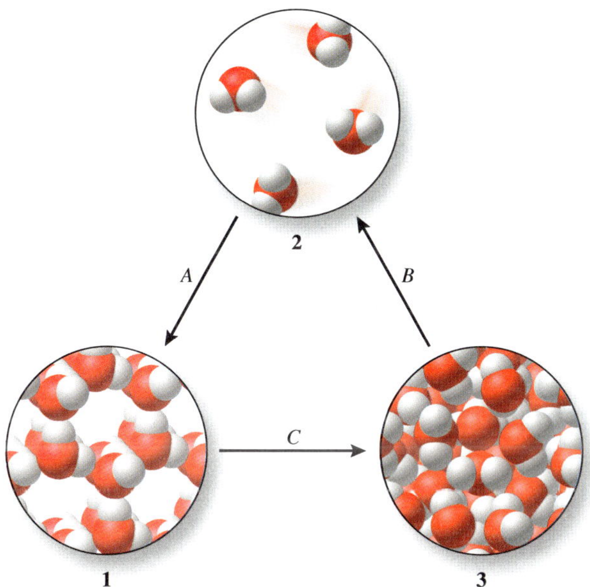

10.13 액체의 증기 압력은 끓는점과 어떠한 관련이 있는가?

10.15 기화는 발열인가, 흡열인가? 이 과정에서 에너지가 어떻게 관련되는지 설명하라.

10.17 응축 과정을 설명하기 위해 빈 원 안에 상을 그려라.

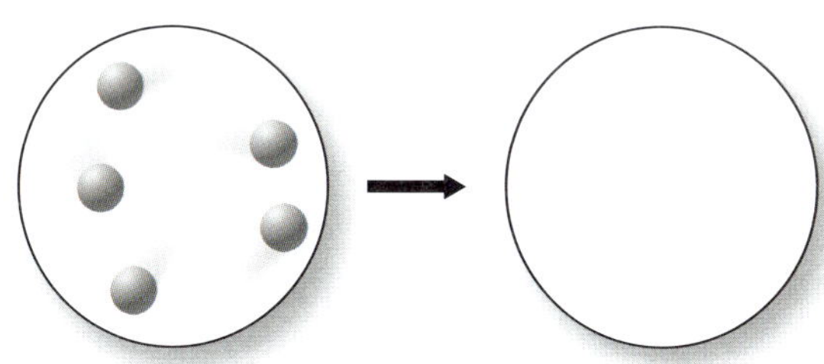

10.19 분자 그림에 나타낸 상 변화를 확인하고 그것이 발열인지, 흡열인지를 나타내라.

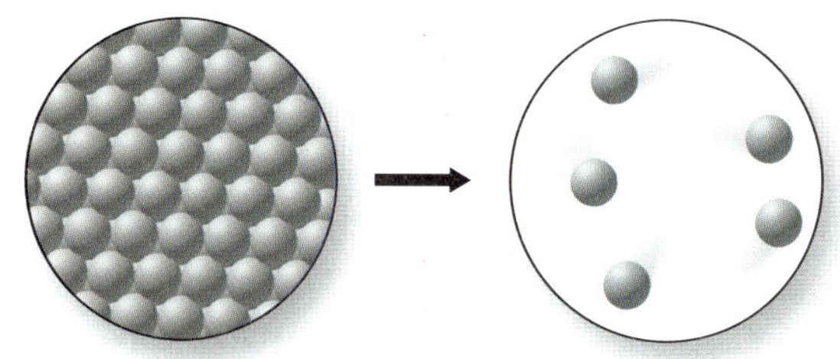

10.21 기체가 충분히 냉각되면 액체로 바뀌는 이유를 설명하라.

10.23 집을 냉방하는 데 물의 증발이 이용되는 이유는 무엇인가?

10.25 파스타를 끓는 물에 넣어 요리할 때, 바닷가보다 산꼭대기 야영장에서 시간이 더 걸리는 이유는 무엇인가?

10.27 온도가 증가할 때 증기 압력이 함께 증가하는 것에 대한 분자적 설명을 하라.

10.29 포타슘은 녹는점이 30°C이고, 끓는점이 1983°C이다. 100°C에서 포타슘의 물리적 상태는 무엇인가? 15°C에서의 상태는 무엇인가?

10.31 비록 열이 제거되어도 그림에 제시된 상태 변화는 일정 온도에서 일어난다. 이러한 상태 변화는 냉각 곡선의 어느 부분에서 일어나는가?

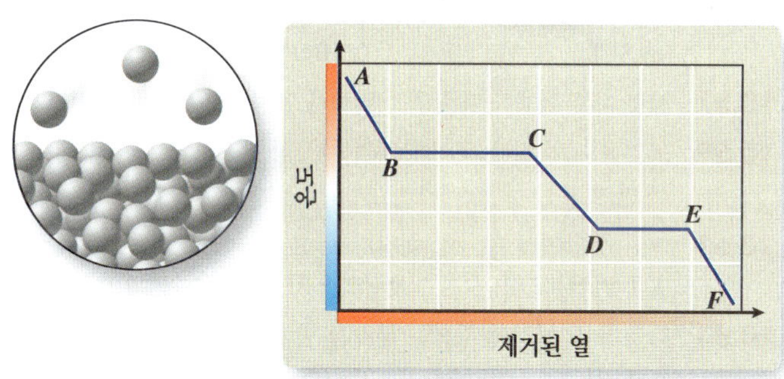

10.33 100.0°C에서 물 105.0 g을 기화하는 네 필요한 열의 양을 계산하라.

10.35 52.5°C에서 물 15.0 g이 238.2°C의 수증기로 변할 때 필요한 열의 양을 구하라.

10.37 −15.0°C에서 542 g의 얼음이 녹고, 그 물이 145°C의 수증기로 변할 때 흡수된 열을 계산하라(단, 얼음의 비열은 2.03 J/(g °C), 얼음의 융해열은 6.01×10^3 J/mol, 물의 비열은 4.18J/(g °C, 물의 증발열은 4.07×10^4 J/mol, 수증기의 비열은 2.02 J/(g °C)이다.

10.39 25.0°C에서 125 g의 액체 에탄올이 96.0°C의 기체 에탄올로 변할 때 흡수된 열을 계산하라(단, 에탄올의 끓는점은 78.4°C, 액체 에탄올의 비열은 2.44 J/(g °C), 에탄올의 증발열은 3.86×10^4 J/몰, 기체 에탄올의 비열은 1.42 J/(g °C)이다.

분자간 힘

10.41 *분자간 힘*(intermolecular force)이라는 용어가 의미하는 것은 무엇인가?

10.43 분자간 힘이 없으면, 무엇이 물질의 주된 상태가 되겠는가?

10.45 Ar, Hg, I_2 중 어느 물질이 상온과 대기압에서 기체이겠는가?

10.47 다음 중 어떤 분자가 쌍극자-쌍극자 힘을 경험할 수 있는가?
(a) CO_2 (b) NO (c) NF_3 (d) CH_3Cl

10.49 수소 결합을 '결합'으로 불러야 하는가? 그것이 공유 결합과 어떻게 비슷하거나 다른가?

10.51 화합물이 순수한 액체 상태에 있을 때, 다음 중 어느 분자가 수소 결합을 가지는지 확인하라.

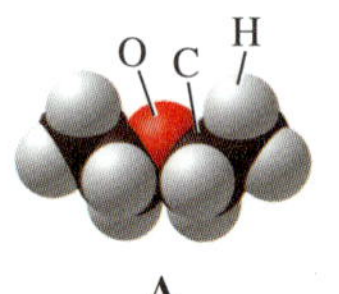

A

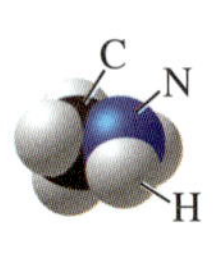

B

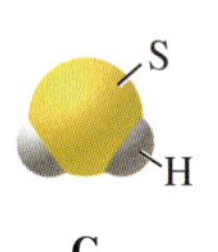

C

10.53 다음 중 어느 물질이 수소 결합에 참여할 수 있는가?
(a) H_2O (b) NH_3 (c) H_2Se

10.55 다음 중 어느 물질이 물 분자와 수소 결합을 형성할 수 있는가?
(a) SCl_2 (b) HF (c) BeH_2

10.57 서로 다른 액체가 다른 증기 압력을 가지는 이유는 무엇인가?

10.59 크기가 거의 같은 극성 분자가 무극성 분자보다 분자간 힘이 더 큰 이유는 무엇인가?

10.61 어떤 상황에서 무극성 분자가 극성 분자보다 더 큰 분자간 힘을 가지는가?

10.63 다음의 각 물질에서 모든 분자간 힘을 나열하라.
(a) C_6H_6 (b) NH_3 (c) CS_2 (d) $CHCl_3$

10.65 다음 물질이 녹거나 끓기 위해 극복해야 하는 상호 작용을 나타내라.
(a) 크립톤 (c) 메테인
(b) 일산화 탄소 (d) 암모니아

10.67 다음 물질들을 끓는점이 증가하는 순서로 나열하라.

$$CH_3CH_2OH,\ CH_3OH,\ CH_3CH_2CH_2OH$$

10.69 다음 중 어느 분자로 이루어진 물질이 분자간 힘이 더 강하겠는가?

CO_2

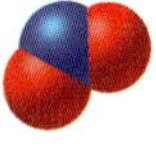
NO_2

10.71 He의 끓는점은 4 K인 반면, H_2의 끓는점은 20 K이다. 수소가 헬륨보다 더 높은 온도에서 끓는 이유를 설명하라.

10.73 F_2의 끓는점은 −188°C인 반면에, HCl의 끓는점은 −85°C이다. 끓는점에서 차이를 설명하라.

10.75 각 쌍의 물질 중 주어진 온도에서 평형 증기 압력이 더 높은 것은?
(a) CH_3CH_2OH와 CH_3OH
(b) CH_3OH와 H_2O
(c) NH_3와 H_2O

10.77 다음 물질들을 분자간 힘이 증가하는 순서로 나열하라.

$$H_2O,\ He,\ I_2,\ N_2$$

10.79 아세톤은 56.2°C에서 끓는 반면에, H_2O는 100°C에서 끓는 이유를 설명하라. 아세톤의 구조는 다음과 같다.

O
‖
H_3C—C—CH_3

액체의 성질

10.81 액체의 어떤 성질이 고체의 것과 다른가?

10.83 점도는 무엇인가? 점도에 의해 조절되는 액체의 성질을 논의하라.

10.85 표면 장력은 무엇인가? 표면 장력으로 조절되는 액체의 성질을 논의하라.

10.87 왜 액체는 구 모양을 가지려는 경향이 있는가?

10.89 얼음이 액체 물보다 더 조밀하면 생물체는 어떠한 영향을 받겠는가?

고체의 성질

10.91 결정은 무엇인가? 결정성 물질의 그림을 그려라.

10.93 왜 우리는 고체의 결정성 구조를 알기를 원하는가?

10.95 금속의 일반적인 구조는 무엇인가?

10.97 타르(tar)와 같은 어떤 고체는 흐른다. 고체들과 무엇이 다른가?

10.99 고체를 분류하는 것이 왜 유용한가?

10.101 결정성 고체 중 녹는점이 높고 용융되면 전기를 통하지만, 고체에서는 전기가 통하지 않고 깨지기 쉬운 것은 어떤 유형인가?

10.103 소듐은 전성이 있지만, 염화 소듐은 깨지기 쉬운 이유를 설명하라.

10.105 금속의 구조와 이온성 염의 구조를 비교하라.

10.107 분자성 고체와 이온성 고체의 구조를 구별하라. 각각의 예를 들고 그들의 성질을 대조하라.

10.109 고체 상태에서 다음의 물질을 유지하는 힘은 무엇인가?
(a) 다이아몬드 (b) CO_2 (c) H_2O (d) SiO_2

10.111 다음의 각 물질들이 형성하는 고체의 유형(금속성, 이온성, 분자성, 그물성)을 예측하라.
(a) $CaCl_2$ (b) N_2 (c) Ti (d) BN (e) SO_3

10.113 다음의 각 고체가 분자성 고체인지를 나타내라.
(a) 유리(SiO_2) (d) Fe
(b) 얼음(H_2O) (e) 드라이아이스(CO_2)
(c) $CaCl_2$

10.115 다음 그림으로 나타낸 고체의 유형을 확인하라.

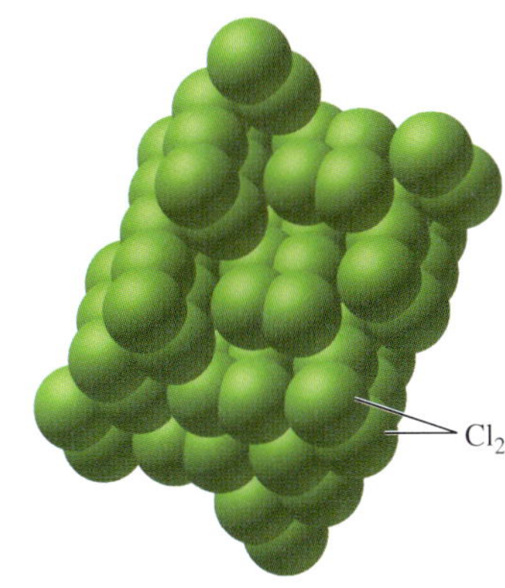

10.117 다음 고체들의 녹는점을 고려할 때, 어느 것이 분자성 고체인가?

SiO_2	1610°C
SiF_4	−90°C
SiC	2700°C

추가 연습 문제

10.119 어느 날씨에 밖에 걸어 놓은 젖은 세탁물이 결국에는 마르는 이유를 설명하라.

10.121 다음 각 화합물과 끓는점을 맞는 것끼리 짝지어라.

CH_4	0°C
C_2H_6	−42°C
C_3H_8	−88°C
C_4H_{10}	−62°C

이러한 경향에 대해 설명하라.

10.123 액체 물을 평평한 유리판에 떨어뜨리면 퍼지지만, 액체 수은은 구형 방울을 형성하는 이유는 무엇인가?

10.125 다음의 각 고체가 이온성 고체인지, 아닌지를 밝혀라.

(a) 유리(SiO_2)
(b) 얼음(H_2O)
(c) $CaCl_2$
(d) Fe
(e) 드라이 아이스(CO_2)

10.127 다음 각 쌍의 물질 중 같은 온도에서 증기 압력이 더 높은 것은?

(a) Cl_2와 I_2
(b) CH_3OH와 CH_3SH
(c) PF_3와 NF_3

10.129 다음 물질의 전기 전도도, 단단함, 녹는점, 상온에서의 증기 압력을 각각 비교하라.

NaCl, SiC, $SiCl_4$, Fe

10.131 모든 가능한 상 변화에 대한 이름을 나열하라.

10.133 고체 염소(Cl_2)가 녹으면 어떻게 되는지를 빈 원에 그려라.

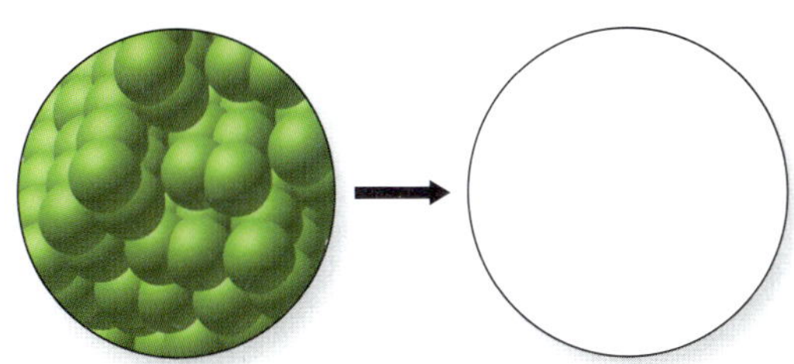

10.135 다음 물질 중 액체 상태에서 쌍극자-쌍극자 힘을 가지는 것은 어느 것인가?

CH_4, CH_3Cl, CH_2Cl_2, CCl_4, NCl_3

10.137 5W, 10W으로 나타낸 엔진 오일에 부여된 등급은 주어진 온도에서 아주 작은 구멍을 통해 흐르는 속도를 측정함으로써 결정되는 점도를 나타낸다. 등급이 높을수록 오일의 점도가 크다.

(a) 오일에 London 분산력만 존재한다고 가정하면 5W, 10W 중 어느 엔진 오일이 분자량이 더 큰 탄화수소로 이루어졌다고 예측되는가?

(b) 엔진 오일의 점도는 엔진의 기능과 에너지 효율에 중요하다. 매우 추운 기후에 점도가 작은 엔진 오일이 보통 사용되는 이유를 설명하라.

10.139 메탄올(CH_3OH)과 에탄올(CH_3CH_2OH)의 혼합물을 천천히 가열하면 어느 것이 먼저 끓을까?

10.141 만일 수소 결합이 강하지 않고 H_2O의 끓는점이 H_2S의 끓는점(−60.7°C)에 가깝다면 세상은 어떻게 달라질 것인가?

10.143 1,2-다이클로로에텐의 두 이성질체의 구조를 비교하라. 이것들은 끓는점이 47.5°C, 60.3°C로 다른 화합물(이중 결합에 의해 회전이 일어나지 않기 때문)이다. 아래 그림의 화합물의 구조와 끓는점을 맞는 것끼리 짝지어라.

```
H       Cl        Cl      Cl
 \     /            \     /
  C = C              C = C
 /     \            /     \
Cl      H          H       H
   트랜스               시스
```

제 11 장

용액

Solutions

©Tobias Titz/Getty Images

Megan과 Derek은 대학 캠퍼스에서 많은 체육 활동에 참석한다. 그들은 매일 조깅을 하거나 자전거를 타며, 몇몇 단체 운동에 참여하고, 체육관에서 역기로 훈련하기도 한다. 그들은 육체적 건강을 유지하기 위해 먹는 음식물을 신중히 선택하고 단백질 셰이크(protein shakes)와 비타민으로 영양을 보충한다. 운동할 때 잃게 되는 전해질을 보충하기 위하여 스포츠 음료를 마시기도 한다. 화학 과목에서 그들은 용해도에 대한 공부를 하고 있다. 즉 한 물질이 다른 물질에 어떻게 잘 용해되는가? 이 주제가 영양소나 약 또는 다른 물질을 사람 몸의 모든 세포에 전달하는 운반 체계에 중요하다는 것을 금방 인식할 수 있다.

여러분이 일주일간 소비하는 모든 음식과 음료수의 목록을 만들어 보라. 그것들 중 어떤 것이 용액인가?

우리가 삼키는 모든 것은 용해도에 의존하는 특정한 방법으로 몸속에서 운반된다. 예를 들면, 입으로 섭취한 약은 위의 산성 조건을 견뎌내야 한다. 몇몇 약들은 이를 견디지 못하므로 주사로 주입되어야 한다. 지방 조직에 주입된 약은 순환계로 들어갈 수 있어야 한다. 그렇지 못한 경우에는 주사나 정맥주사액(intravenous, IV) 투입법으로 직접 혈류에 주입해야 할 것이다. 정맥 투입 전달계의 주된 구성 성분이 물이기 때문에, 이 방법으로 주입된 약은 물에 녹아야만 한다(그림 11.1).

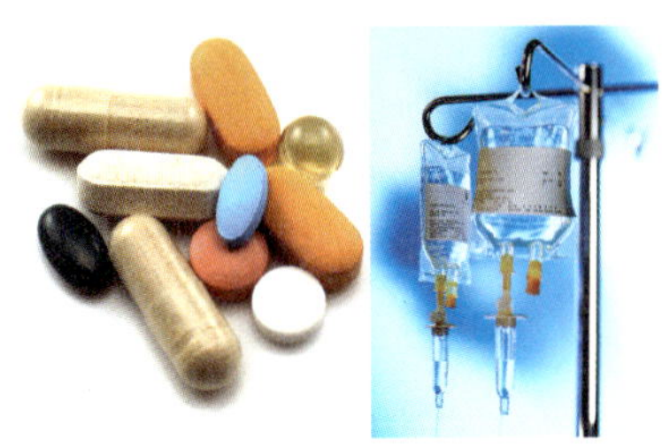

그림 11.1 어떤 약들은 정제나 캡슐 형태로 입으로 복용한다. 이런 약들은 위에서 소화되는 것을 방지하고 유효 성분이 일정 시간 뒤에 방출하도록 코팅되거나 캡슐화된다. 주사기나 정맥 주사를 이용하여 투입되는 약들도 있다.

(왼쪽): ©Don Wilkie/Getty Images; (오른쪽): ©RandyAllbritton/Getty Images

Megan과 Derek은 화학 과목의 과제로 위산 과다의 치료에 사용되는 의사 처방전 없이 구입할 수 있는 약들의 활성 성분을 연구하였다(그림 11.2). 제산제가 위산을 중화하기 때문에, 모든 제산제들은 염기를 함유할 것으로 그들은 생각하였다. 산은 용액에서 H^+ 이온을 내어놓고, 염기는 주로 OH^- 이온을 만든다. 두 이온은 결합하여 물을 형성한다. Megan과 Derek은 화학 실험실에서 가장 흔하게 사용되는 염기인 수산화 소듐과 수산화 포타슘이 제산제에 포함되어 있지 않은 것을 발견하였다. 대신 그들은 수산화 마그네슘과 수산화 칼슘이 흔히 사용된다는 것을 발견하였다. NaOH와 KOH가 사용되지 않고 $Mg(OH)_2$와 $Ca(OH)_2$가 사용되는 이유가 궁금하였다. Derek은 수산화물의 용해도 규칙을 조사하여 $Mg(OH)_2$와 $Ca(OH)_2$는 물에 녹지 않지만, NaOH와 KOH는 수용성인 것을 발견하였다. Megan은 어떤 염기들은 제산제에 사용되고, 다른 것들은 사용되지 않는 이유를 용해도가 어떻게 설명할 수 있는지 궁금하였다.

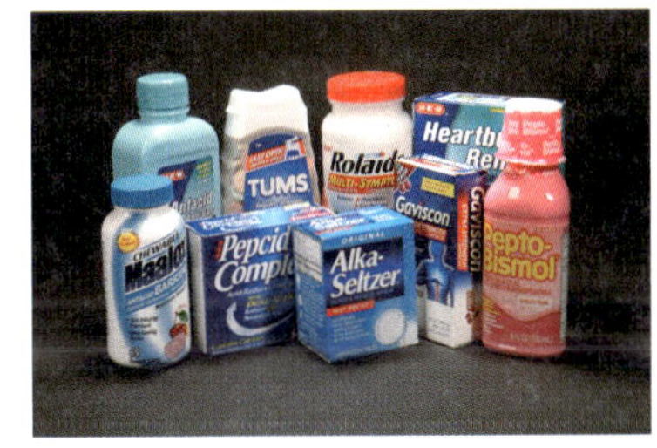

그림 11.2 소화 불량으로 고통 받는 사람이 선택할 수 있는 다양한 제산제들이 있다. 몇몇 제산제의 활성 성분은 입과 식도 조직에 해를 끼치지 않고 위에 도달할 수 있는 $Mg(OH)_2$와 같은 염기이다.

©BrianMoeskau/Moeskau Photography

물에 현탁액으로 판매되는 수산화 마그네슘 제산제를 생각해 보자. 이동 경로에 손상을 주지 않으면서 식도와 위장으로 이동한다. $Mg(OH)_2$는 물에 녹지 않기 때문에 위와 같이 산성 환경에 도달하기 전에는 많은 수산화 이온을 내놓지 않는다. 일단 $Mg(OH)_2$가 위에 도달하면 과량의 산을 안전하게 중화할 수 있다. NaOH는 이런 방식으로 작용하지 않는다. NaOH는 물에 잘 녹기 때문에 입안의 침에 녹을 수 있다. NaOH가 필요한 위에 도달하기 전에 입과 식도관에 손상을 입힐 것이다. 수산화 마그네슘은 액체 상태지만 $Mg(OH)_2$가 용해되어 있는 것은 아니다. 그것은 액체 운반체 안에서 작은 입자 형태로 현탁되어 있다. 많은 다른 제산제들이 씹을 수 있는 정제로 판매된다. 입에서 정제를 씹으면 수산화 마그네슘 현탁액과 동일한 현탁액이 형성된다.

용액은 둘 이상의 용질을 포함하고 있다. 혈액, 땀, 눈물과 같은 인체의 수용액에는 많은 용질이 포함되어 있다.

우리 몸의 70%가 물이기 때문에 우리가 섭취하는 것은 모두 어떤 방법으로든 물과 상호 작용한다. Megan과 Derek의 제산제 조사에서 발견한 것처럼, 몇몇 물질은 물에 잘 용해되지만 다른 것들은 용해되지 않는다. 용해되지 않는 것들은 더 오랜 기간 동안 몸에 남을지 모른다. 예를 들면 비타민 C와 여러 종류의 B 비타민들은 물에 녹는다. 이런 비타민은 소변으로 쉽게 배출되기 때문에, 육체적 건강을 좋게 유지하기 위해서는 정기적으로 섭취해야 한다. A, D, E, K를 포함한 다른 비타민들은 지방에 녹는다. 즉 그것들은 오랜 기간 동안 지방조직에 저장된다. 이런 비타민들을 너무 많이 섭취하면 안 된다. 왜냐하면 이들이 몸 조직에 유독한 수준까지 축적될 수 있기 때문이다.

우리는 일반적으로 용액을 액체로 생각하지만 고체와 기체도 용액을 형성할 수 있다. 흔히 합금이라고 불리는 금속 고체 용액은 치과(치아 교정기), 안과(안경), 외과(금

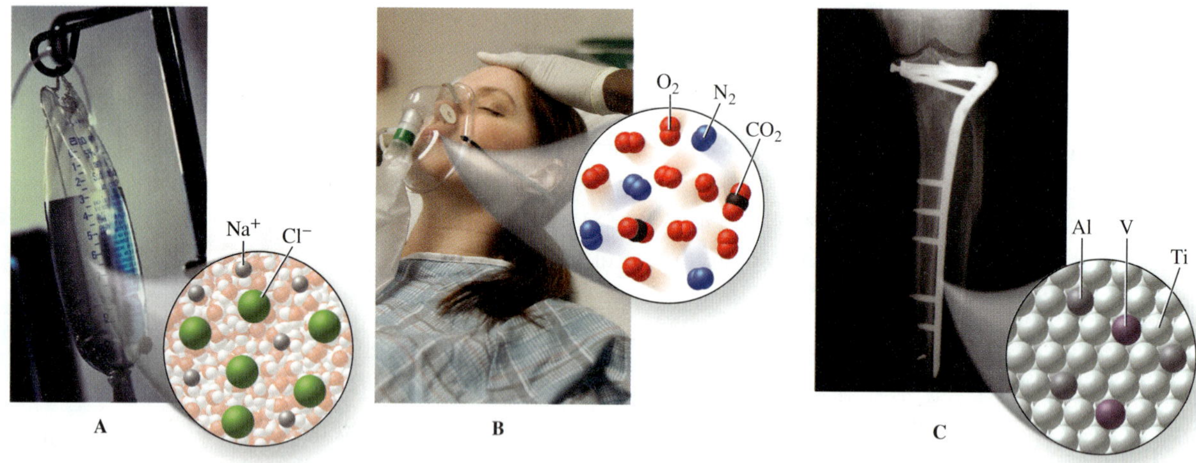

그림 11.3 (A) 정맥 주사액 용기에는 NaCl 수용액이 들어 있다. (B) 기체도 용액을 형성할 수 있다. 병원 환자가 고농도의 산소를 공급하는 마스크를 쓰고 있다. 환자가 마스크로 내뿜은 이산화 탄소도 용액에 포함되어 있다. (C) 용액이 고체일 수도 있다. 정형외과 수술에 사용되는 나사는 일반적으로 타이타늄(90%), 알루미늄(6%), 바나듐(4%)의 합금(금속 용액)으로 만들어진다.

(A): ©Photodisc/Getty Images; (B): ©M. Constantini/PhotoAlto; (C): ©Thinkstock Images/Getty Images

속 임플란트) 등의 의학 분야에서 중요하다. 우리가 호흡하는 공기는 대부분 질소와 산소로 된 기체 용액이다. 병원에서 사용하는 산소마스크(그림 11.3)는 호흡기에 문제가 있는 환자에게 고농도의 산소를 공급한다. 스포츠 행사에서 종종 보게 되는 산소 탱크는 폐에 도달하는 산소 공급을 풍부하게 하여 선수들이 격렬한 활동으로부터 빠르게 회복하도록 도와준다.

이 장에서는 용액의 조성, 용액을 만드는 방법, 용해된 물질이 용매의 성질에 어떻게 영향을 주는지 등에 대하여 공부한다. 다음과 같은 질문을 생각해 보자.

이 장에서 공부할 내용의 질문

11.1 용액이란 무엇인가?

11.2 용액을 만들기 위해 물질이 어떻게 용해되는가?

11.3 한 물질이 다른 물질에 녹는지를 결정하는 요인은 무엇인가?

11.4 용액의 농도를 어떻게 측정할 수 있는가?

11.5 화학 반응에서 용액에 포함된 한 반응물이나 생성물의 양을 다른 것의 양과 어떻게 연관시킬 수 있는가?

11.6 용질의 종류와는 무관하고 용해된 입자들의 농도에만 의존하는 용액의 성질에는 어떤 것이 있는가?

11.1 용액의 조성

제1장에서 **용액**(solution)을 전체적으로 균일한 조성을 가진 균일 혼합물로 정의한 것을 상기해 보자. 용액은 고체, 액체, 기체의 혼합물일 수 있지만, 이 장에서는 액체에 용해된 물질로 만들어진 용액에 집중할 것이다. 용해되는 물질을 **용질**(solute, 일반적으로 더 적은 양으로 존재함)이라 하고, 용해시키는 물질을 **용매**(solvent, 일반적으로 더 많은 양으로 존재함)라고 한다. 용매가 물인 용액은 **수용액**(aqueous solution)이다. 그림 11.4에 염화 소듐 수용액의 제조를 나타내었다.

때로는 용매와 용질을 구별하는 것이 어렵다. 용매는 일반적으로 가장 많은 양으로 존재하지만 항상 그런 것은 아니다. 예를 들면 에탄올(C_2H_5OH)과 물은 모든 비율로 서로 용해할 수 있으므로(완전히 섞임) 상대적 양으로 용매와 용질을 구별하지 않는다. 그런 경우에는 알코올이 더 많이 존재하더라도 물을 용매로 간주한다.

Megan과 Derek과 같은 운동선수들은 육체 운동 중에 소모한 물과 전해질을 보충하기 위해 종종 스포츠 음료를 마신다. 사람 몸에서 전해질은 여러 가지 작용을 한다. 어떤 경우에 전해질은 화학 반응에 참여한다. 또 다른 경우에는 화학 변화는 일어나지 않지만, 그럼에도 불구하고 전해질은 필수적이다. 예를 들면, 전해질은 세포 내부와 세포를 감싸는 액체 사이에서 물의 균형을 유지하는 데 도움을 준다. 전해질의 전기적 성질은 신경 기능에도 중요하다. 전해질의 불균형은 근육경련에서 심장마비까지의 다양한 상태를 야기할 수 있다.

전해질 용액(*electrolyte solution*)에는 용매에서 해리하거나 이온화하여 이온을 형성하는 용질이 들어 있다. 이온의 존재로 인하여 전류가 용액을 통해 흐를 수 있다. 전해질의 예로는 NaCl, 센산과 센염기와 같은 가용성 이온 결합 화합물을 들 수 있다(그림 11.5). 산은 수용액에서 H^+ 이온을 내놓는다. 염기는 산을 중화하고 수용액에서 주로 OH^- 이온을 내놓는다. 염, 산, 염기의 물에서의 해리 또는 이온화하는 다음 식으로 설명할 수 있다.

$$\mathrm{NaCl}(s) \xrightarrow{\mathrm{H_2O}(l)} \mathrm{Na^+}(aq) + \mathrm{Cl^-}(aq)$$

$$\mathrm{HCl}(g) \xrightarrow{\mathrm{H_2O}(l)} \mathrm{H^+}(aq) + \mathrm{Cl^-}(aq)$$

$$\mathrm{NaOH}(s) \xrightarrow{\mathrm{H_2O}(l)} \mathrm{Na^+}(aq) + \mathrm{OH^-}(aq)$$

그림 11.4 염화 소듐 용액에서 염화 소듐은 더 적은 양으로 녹아 있기 때문에 용질이라고 한다. 물은 용해시키는 것이고 더 많은 양으로 존재하기 때문에 용매라고 한다.

©McGraw-Hill Education/Jill Braaten

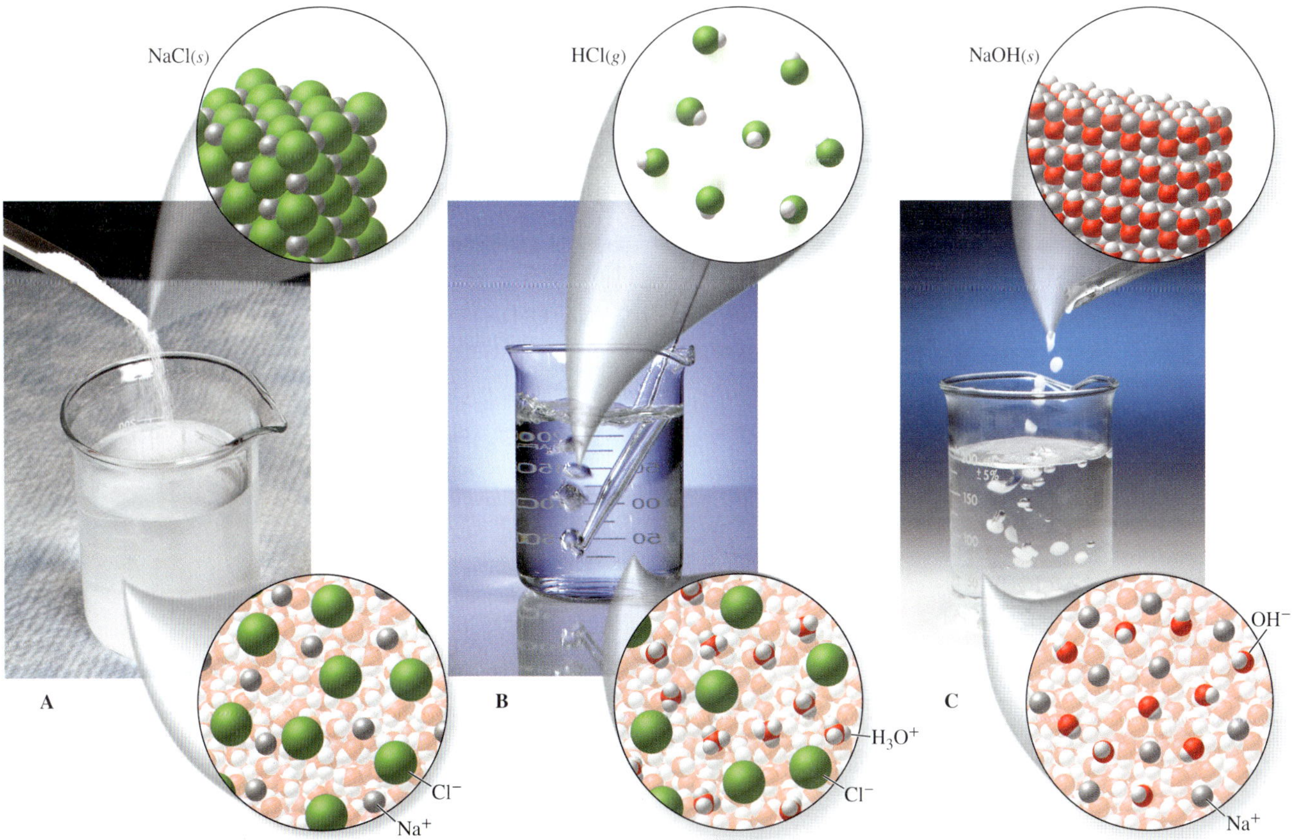

그림 11.5 NaCl과 같은 가용성 이온 결합 화합물(A), HCl과 같은 센산(B), NaOH와 같은 센염기(C)는 물에서 완전히 해리하여 이온을 만든다. 그들은 센 전해질의 예이다.

(A): ©McGraw-Hill Education/Jill Braaten; (B): ©Brian Moeskau/Moeskau Photography; (C): ©Charles D. Winters

표 11.1 ▸ 이온성 염들의 용해도를 예측하는 데 사용되는 규칙

이온	규칙
Na^+, K^+, NH_4^+ (및 다른 알칼리 금속 이온들)	대부분의 알칼리 금속과 암모늄 이온의 염은 가용성이다.
NO_3^-, $CH_3CO_2^-$	모든 질산염 및 아세트산 염은 가용성이다.
SO_4^{2-}	대부분의 황산염은 가용성이다. 예외: $BaSO_4$, $SrSO_4$, $PbSO_4$, $CaSO_4$, Hg_2SO_4, Ag_2SO_4
Cl^-, Br^-, I^-	대부분의 염화, 브로민화, 아이오딘화 염들은 가용성이다. 예외: AgX, Hg_2X_2, PbX_2, HgI_2 (X = Cl, Br, I)
Ag^+	$AgNO_3$와 $AgClO_4$를 제외한 은 화합물은 불용성이다. $AgCH_3CO_2$은 약간 녹는다.
O^{2-}, OH^-	산화물과 수산화물은 불용성이다. 예외: 알칼리 금속 수산화물, $Ba(OH)_2$, $Sr(OH)_2$, $Ca(OH)_2$ (약간 수용성)
S^{2-}	황화염은 불용성이다. 예외: Na^+, K^+, NH_4^+와 알칼리 토금속 이온의 염
CrO_4^{2-}	대부분의 크로뮴산 염들은 불용성이다. 예외: Na^+, K^+, NH_4^+, Mg^{2+}, Ca^{2+}, Al^{3+}, Ni^{2+}의 염
CO_3^{2-}, PO_4^{3-}, SO_3^{2-}, SiO_3^{2-}	대부분의 탄산염, 인산염, 아황산염, 규산염은 불용성이다. 예외: Na^+, K^+, NH_4^+의 화합물

해리(*dissociation*)라는 용어는 이온으로 이루어진 화합물의 용해 과정을 나타낸다는 것을 제3장으로부터 상기하라. 이온성이 아닌 화합물이 물에 용해되어 이온을 제공하면 그 과정은 ***이온화***(*ionization*)라고 한다.

스포츠 음료의 기타 전해질로 시트르산 포타슘, 염화 마그네슘, 염화 칼슘, 인산 포타슘이 들어 있다.

일반적으로 약전해질은 약산과 약염기이다.

이온 결합 화합물이 물에서 해리하여 이온을 형성할지 어떻게 결정할 수 있는가? ***용해도***(*solubility*)란 용질이 용매에 어느 정도로 완전히 녹는지에 대한 척도이다. 불행하게도 이온 결합 화합물의 용해도는 예측할 수 있는 유형을 따르지 않는다. 그들은 실험에 의해 결정되어야 한다. 여러 자료로부터 만들어진 용해도 규칙이 표 11.1에 요약되어 있다. 일반적으로 가용성 이온 결합 화합물은 물에 녹아 이온으로 해리한다. 불용성 화합물은 해리하지 않고 원래의 이온성 결정 구조 형태로 남는다. 그 예가 액체 제산제의 $Mg(OH)_2$이다(그림 11.6). 약간의 예외는 있지만, 대부분의 수산화물은 불용성인 것을 표 11.1에서 알 수 있다. $Mg(OH)_2$는 예외에 속하지 않으므로 불용성인 것을 예상할 수 있고, 따라서 제산제로 안전하게 사용될 수 있다.

스포츠 음료에서 염화 소듐은 전해질 균형을 다시 맞추는 데 도움을 준다. 이 음료에는 프럭토스(과당) 및 글루코스(포도당)와 같은 단당류도 들어 있다. 염화 소듐은 이

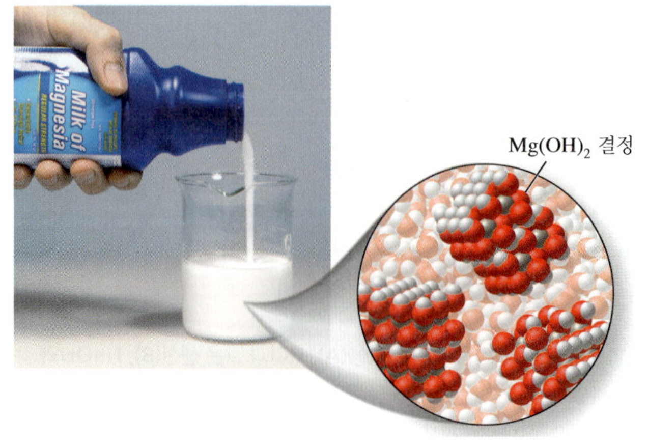

그림 11.6 제산제 용액은 물에 수산화 마그네슘을 현탁시킨 것이다. $Mg(OH)_2$는 불용성이기 때문에 물에서 이온으로 해리하지 않는다.

©Brian Moeskau/Moeskau Photography

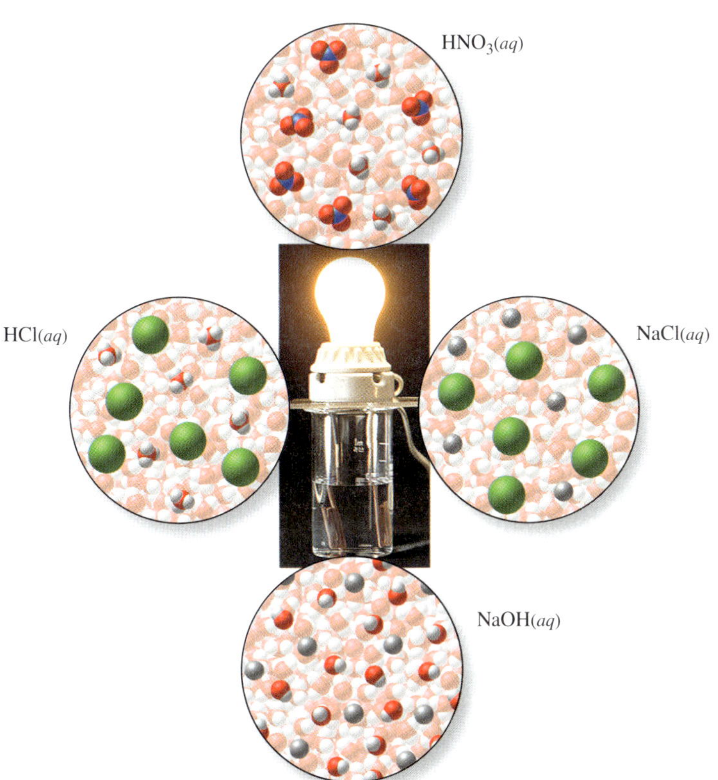

그림 11.7 가용성 이온 결합 화합물, 센산과 센염기 등은 완전히 이온으로 해리한다. 이 물질의 수용액은 전기를 잘 통하기 때문에 그들은 센전해질로 정의된다.

©McGraw-Hill Education/Stephen Frisch

온으로 해리하지만 글루코스는 해리하지 않기 때문에, 염화 소듐과 글루코스 혼합 용액의 전기 전도도는 다양한 값을 가진다. 용액이 전기를 통하는지를 측정하면 어떤 화합물이 용액에서 이온으로 해리하는지를 결정할 수 있다는 것을 제3장에서 배웠다. 수용액에서 이온으로 완전히 해리하는 용질을 ***센전해질***(*strong electrolyte*)이라고 한다(그림 11.7). ***약전해질***(*weak electrolyte*)은 일부만이 이온으로 해리한다. ***비전해질***(*nonelectrolyte*)은 이온으로 해리하지 않는다.

비전해질 물질은 용해되면 원래의 분자 구조를 유지한다. 글루코스와 프럭토스는 물에 용해되어도 완전한 분자로 남는다. 둘 다 같은 화학식($C_6H_{12}O_6$)을 갖지만 그들 원자들의 배열 방법은 다르다. 더 간단한 분자 화합물인 과산화 수소(H_2O_2)와 마찬가지로, 두 화합물은 물에 용해되어도 각각의 분자 구조를 유지한다(그림 11.8). 과산화 수소 3% 용액은 베인 상처나 찰과상을 살균하는 데 종종 사용된다.

또 다른 비전해질 화합물인 에탄올(CH_3CH_2OH)도 마찬가지로 행동한다. 에탄올은 수용액에서 분자 구조를 유지한다. 다음 반응식으로 에탄올과 물의 혼합을 나타낼 수 있다.

$$CH_3CH_2OH(l) \xrightarrow{H_2O(l)} CH_3CH_2OH(aq)$$

에탄올은 물과 완전히 **섞인다**(miscible). 즉 물과 에탄올을 어떤 비율로 혼합해도 균일 용액이 만들어진다. 11.4절에서 섞이는 것에 대하여 더 많은 것을 이야기할 것이다.

요약하면, 용액의 조성을 결정할 때 먼저 물질을 전해질 또는 비전해질로 분류해야 한다. 수용액에서 산, 염기 및 이온성 화합물은 분리되어 이온을 형성하며, 대부분의 분자 화합물은 분자 구조를 그대로 유지한다. 다음의 예제는 이들에 대한 연습이다.

그림 11.8 과산화 수소(H_2O_2)와 같은 가용성 비전해질이 물에 용해되면 원래의 분자 구조를 유지한다.

©Brian Moeskau/Moeskau Photography

예제 11.1 ▶ 용액의 조성

다음 물질을 물과 혼합하면 용액에 어떤 이온, 원자, 분자들이 존재하는가? 각 물질이 물에 용해되는 과정을 나타내는 균형 반응식을 써라.

(a) $HNO_3(l)$ (b) $Ba(OH)_2(s)$ (c) $C_{12}H_{22}O_{11}(s)$

» 풀이:

(a) 질산(HNO_3)은 물에서 완전히 이온화하여 $H^+(aq)$와 $NO_3^-(aq)$ 이온을 만드는 센산이다. 물 분자도 존재한다. HNO_3의 용해에 대한 반응식은 다음과 같다.

$$HNO_3(l) \xrightarrow{H_2O(l)} H^+(aq) + NO_3^-(aq)$$

화합물을 이온 또는 분자로 구별하는 방법은 3.1절을 참고하라.

(b) 표 11.1로부터 OH^- 이온을 포함하는 이온 결합 화합물은 불용성이지만, 수산화 바륨[$Ba(OH)_2$]은 예외인 것을 알 수 있다. 수산화 바륨은 물에 해리하여 $Ba^{2+}(aq)$와 $OH^-(aq)$ 이온을 1:2의 비로 만드는 전해질이다. $Ba(OH)_2$의 용해에 대한 반응식은 다음과 같다.

$$Ba(OH)_2(s) \xrightarrow{H_2O(l)} Ba^{2+}(aq) + 2OH^-(aq)$$

(c) 수크로스($C_{12}H_{22}O_{11}$)는 용해되어도 이온으로 해리하지 않는 분자 화합물이다. $C_{12}H_{22}O_{11}$의 완전한 분자가 용액에 존재한다. $C_{12}H_{22}O_{11}$의 용해에 대한 반응식은 다음과 같다.

$$C_{12}H_{22}O_{11}(s) \xrightarrow{H_2O(l)} C_{12}H_{22}O_{11}(aq)$$

→ 응용 연습 11.1

$BaSO_4$를 물에 섞으면 무엇을 관찰할 수 있는가?

→ 실전 연습 11.1

다음 물질을 물과 혼합하면 용액에 어떤 이온, 원자, 분자들이 존재하는가? 각 물질이 물에 용해하는 과정을 나타내는 균형 반응식을 써라.

(a) $ZnCl_2(s)$ (b) $CH_3OH(l)$ (c) $KNO_3(s)$

→ 심화 연습: 연습 문제 11.13

인터넷 핫스팟

상당수 학생들이 균형 맞춘 화학 반응식에 용해 과정을 적용시키는 것에 어려움을 겪고 있다고 한다. 이 주제에 대한 추가 학습 자료를 보려면 SmartBook에 접속하라.

11.2 용해 과정

동영상: 소금의 용해

전형적인 스포츠 음료는 일반적으로 수크로스와 다른 당으로 구성된 탄수화물, 염화 소듐과 염화 포타슘과 같은 이온 결합 화합물, 향을 내기 위한 과일즙을 포함하고 있다. 이 물질들이 어떻게 용액을 형성하는가? 용질의 하나인 NaCl과 용매인 물의 입자들의 배열을 조사하는 것부터 시작해 보자. 그림 11.9A에 나타낸 것과 같이, 혼합하기 전의 용질과 용매 입자들은 규칙적으로 배열되어 있다. 이온 결합에 의하여 NaCl 이온들이 서로 붙잡혀 있다. London 분산력과 수소 결합이 순수한 물 분자들을 붙잡게 한다. (수소 결합이 물의 두 가지 분자간 힘 가운데 더 강하다). 혼합 후 용액이 형성되면 Na^+와 Cl^- 이온들이 용매인 물에서 균일하게 분포한다(그림 11.9C). 그러므로 용액의 형성은 NaCl의 이온 결합과 물의 분자간 힘을 파괴하는 과정을 포함해야 한다(그림 11.9B). 용액 내에서 용질과 용매 분자를 구성하는 입자들 사이에는 새로운 인력이 형성된다.

순수한 이온 결합 화합물의 결합을 끊으려면 높은 온도가 필요하다. 이 화합물이 용해될 때 이온 결합을 끊는 에너지는 어디서 나오는가?

그림 11.9 (A) 고체 염화 소듐에서 이온들은 이온 결합에 의해 서로 유지된다. 물 분자들은 분자간 힘, 특히 수소 결합에 의해 함께 붙잡혀 있다. (B) 용액을 형성하기 위해서는 염화 소듐의 결합과 물 분자간 수소 결합이 파괴되어야 한다. (C) 용액에서 Na^+와 Cl^- 이온들은 전체에 골고루 분포한다.

(모든 그림): ©Brian Moeskau/Moeskau Photography

이온과 극성 분자 사이의 인력을 **이온-쌍극자 힘**(ion-dipole force)이라고 한다(그림 11.10). 염화 소듐 용액에서는 몇몇 물 분자들이 각 이온을 둘러싸서 다수의 이온-쌍극자 힘을 만든다. 용액에서 용매인 물 분자가 용질 분자를 둘러싸는 과정을 ***수화***(*hydration*)라고 한다. [용매가 물이 아니면 그 과정은 ***용매화***(*solvation*)라고 한다]. 수화된 이온은 물 분자의 부분적으로 음의 극성을 띠는 말단이 양이온 가까이에, 부분적으로 양의 극성을 띠는 말단이 음이온에 가장 가깝게 물 분자가 둘러싼다.

이온 결합 화합물이 물에 용해되는 과정을 다음과 같이 요약할 수 있다.

- 용질의 이온 결합이 파괴된다.
- 물 분자 사이의 수소 결합이 파괴된다.
- 이온과 물 분자 사이의 이온-쌍극자 힘이 형성된다.

제6장에서 논의한 것처럼 모든 물리적, 화학적 과정은 에너지의 변화를 동반한다. 용액의 형성에서, 용질과 용매 모두의 결합이나 분자간 힘들을 파괴하기 위해서는 에너지가 공급되어야 한다. 적어도 부분적으로, 이 에너지는 용질과 용매 입자들 사이에 형성하는 새로운 분자간 힘에서 온다. 용질과 용매를 분리하는 데 필요한 에너지와 이온-쌍극자 상호 작용을 형성하면서 방출되는 에너지 사이의 차이가 ***용해열***(*heat of solution*)이다. 두 가지 다른 용액의 형성에서 용해 과정에 포함된 에너지 변화를 그림 11.11에 도표로 요약하였다. 용매화 과정이 순수한 용질과 용매 입자를 분리하는 데 필요한 것보다 더 많은 에너지를 제공하면(그림 11.11A) 용해열은 음이고, 따라서 전체 용해 과정은 발열이다. 용해 과정이 에너지를 주위로 방출하기 때문에, 이 경우에 용액을 만든 용기는 따뜻하게 느껴질지 모른다.

분리 과정이 용매화 과정이 방출하는 것보다 더 많은 에너지를 필요로 하면(그림 11.11B) 용해열은 양이고, 따라서 전체 용해 과정은 흡열이다. 용해 과정이 주위로부터 에너지를 흡수하기 때문에, 용액을 만드는 용기에 손을 대면 차갑게 느껴질지 모른다.

동영상: 수화 과정

인터넷 핫스팟

상당수 학생들이 이온 화합물이 물에 녹을 때 인력의 변화를 이해하는 데 어려움을 겪고 있다고 한다. 이 주제에 대한 추가 학습 자료를 보려면 SmartBook에 접속하라.

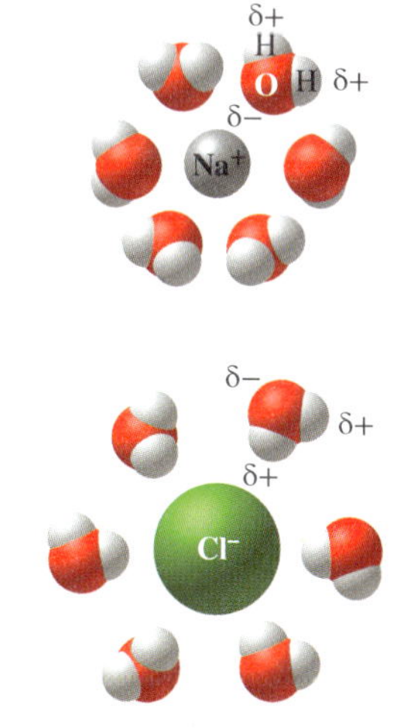

그림 11.10 물질이 물에 용해되어 이온을 형성하면, 이온-쌍극자 힘에 의해 이온이 물 분자에 끌린다. 물 분자 중 부분적으로 음의 전하를 띠는 산소 원자가 소듐 양이온 주위에 배열되는 것에 주목하라. 물 분자 중 부분적으로 양의 전하를 띠는 수소 원자가 염소 음이온에 끌린다.

종종 운동선수들은 붓기를 가라앉히기 위해 순간 냉각팩을, 통증을 줄이기 위해 핫팩을 사용한다. 화학적 냉각팩은 주머니의 각각 분리된 칸에 담겨 있는 질산 암모늄과 물로 구성된다. 내용물이 혼합되면 팩은 차가워진다. 그 과정이 흡열인가, 발열인가? 일반적으로 화학적 핫팩에는 염화 칼슘 또는 황산 마그네슘과 분리된 물이 들어 있다. 물과 용질 사이의 밀봉이 파괴되어 용액이 형성되면 이 주머니는 따뜻하게 된다. 그 과정은 흡열인가, 발열인가?

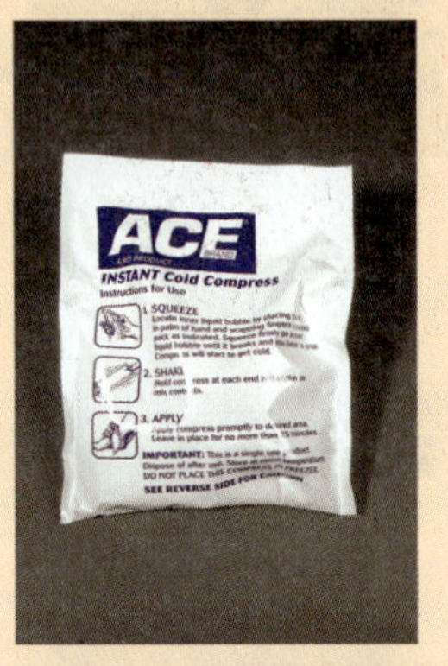

(두 그림 모두): ©Brian Moeskau/Moeskau Photography

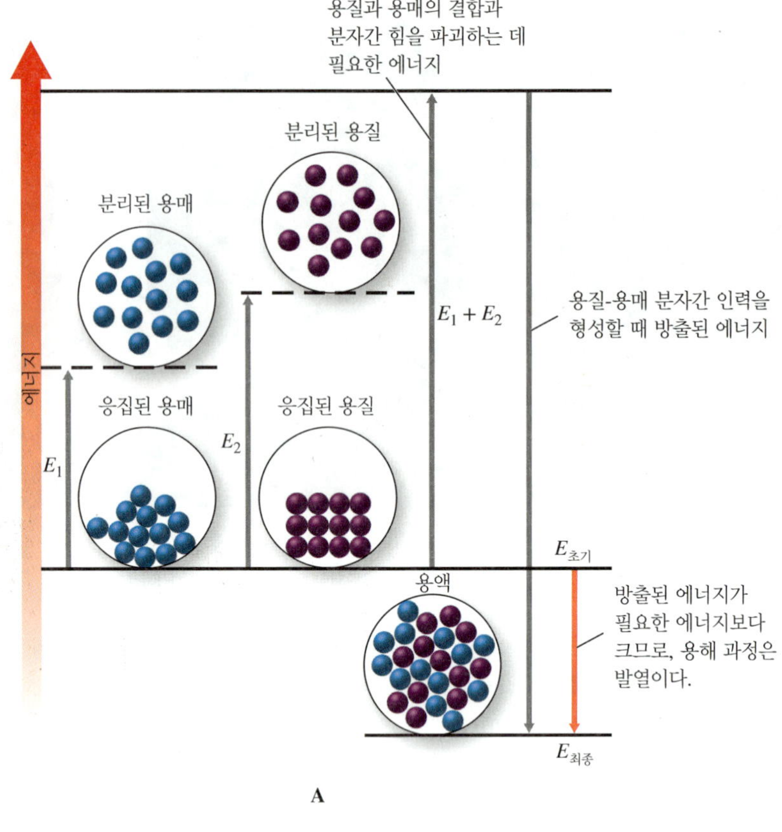

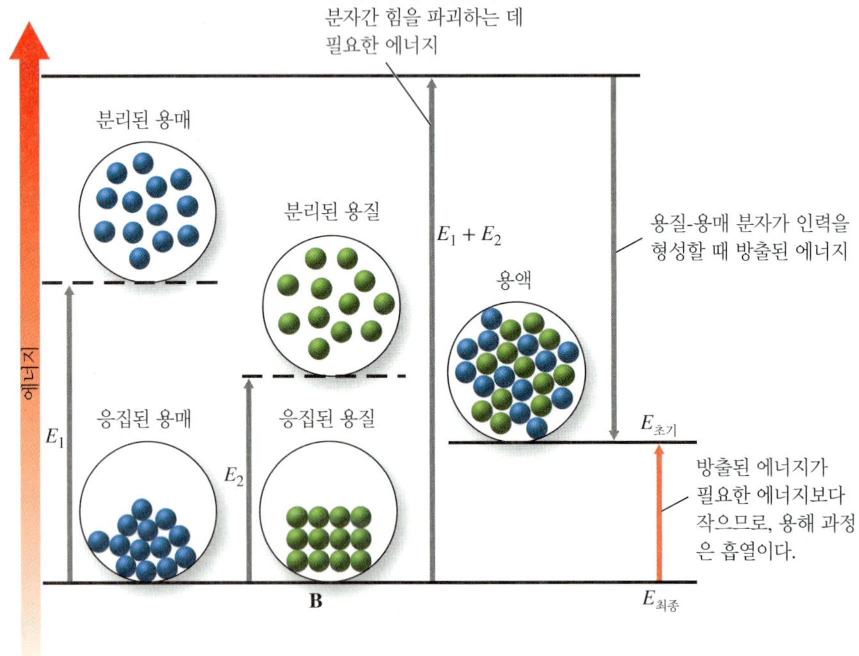

그림 11.11 (A) 용질을 분리하고 용매를 분리하기 위해 필요한 에너지의 합($E_1 + E_2$)은 용액을 형성하기 위해 흡수되어야 하는 양과 같다. 새로운 이온-쌍극자 인력이 형성하면 에너지는 방출된다. 이 양이 흡수된 에너지보다 더 크면 용해 과정은 발열이다. (B) 어떤 용해 과정은 흡열이다. 용질을 분리하고 용매 입자들을 분리하기 위해 필요한 에너지의 합($E_1 + E_2$)이 새로운 용질-용매 상호 작용으로부터 방출된 에너지보다 크다.

그림 11.12 London 분산력이 (A) 고체 아이오딘(I_2)과 (B) 액체 용매인 사염화 탄소(CCl_4) 분자들 사이에 작용한다. (C) I_2와 CCl_4의 용액이 형성되면 새로운 London 분산력이 형성된다.

무극성 용질과 무극성 용매 사이에 용액이 형성되면 분자 사이의 다른 형태의 인력이 파괴되어야 한다. 예를 들면 아이오딘(I_2)이 사염화 탄소(CCl_4)에 녹아 있는 용액을 생각해 보자(그림 11.12). 용질 분자 사이나 용매 분자 사이의 London 분산력이 파괴되고, 용질과 용매 분자 사이에 새로운 London 분산력이 형성된다.

물질은 더 낮은 에너지 상태로 변화하려는 경향이 있다. 이것은 에너지가 주위로 방출될 때 일어난다. 따라서 용액이 용매와 용질로 나누어져 있을 때보다 에너지가 더 낮을 때 용액이 보다 쉽게 형성될 것이다. 주위로 방출되는 에너지는 용액열(heat of solution)이 음의 값을 가지며, 따라서 발열 과정이다.

Megan과 Derek이 제산제의 유효 성분을 연구했을 때, 물에 녹지 않는 수산화 마그네슘과 수산화칼슘과 같은 염기를 확인하였다. 많은 이온성 화합물에 대한 경험을 토대로, 그들은 $Mg(OH)_2$와 $Ca(OH)_2$가 용해될 것으로 기대했었다. 이 염기는 금속 이온과 수산화물 이온 사이의 이온 결합이 매우 강하기 때문에 불용성이다. 이온-쌍극자 인력의 형성에 의해 방출된 에너지는 이러한 염기의 이온 결합을 끊는 데 충분한 에너지를 제공하지 못한다. 수산화 소듐 및 수산화 포타슘과 같은 다른 염기는 이온 결합의 강도가 약하기 때문에 가용성이다.

예제 11.2 ▶ 용해 과정

질산 포타슘(KNO_3)은 고혈압을 치료하는 데 사용된다. 이것은 물에 녹아 수용액을 형성한다. 용액이 형성되기 위해 깨져야 하는 힘에 대하여 설명하라.

》 풀이:

질산 포타슘은 이온 결합 화합물이므로 용액이 형성되기 위해서는 K^+와 NO_3^- 이온들 사이의 이온 결합이 파괴되어야 한다. 용매(H_2O)는 극성인 공유 결합 물질이고, 물 분자 사이에 주요한 분자간 힘으로 수소 결합을 가진다. 용액이 형성되기 위해서는 이 수소 결합 중 일부가 파괴되어야 한다.

→ 응용 연습 11.2

어떤 형태의 에너지가 KNO_3가 물에 녹을 때 관여하는가?

➜ 실전 연습 11.2

아이오딘(I_2)은 좋은 소독약이고 물 살균제이다. 이것은 헥세인(C_6H_{14})에 녹아 용액을 형성한다. 용액이 형성되기 위해 깨져야 하는 힘에 대하여 설명하라.

➜ 심화 연습: 연습 문제 11.15

그림 11.13 물질이 더 분산되도록 하는 경향인 엔트로피는 용액 형성에 기여한다. 고체 NaCl과 순수한 물이 NaCl 용액보다 더 정돈된 배열 상태에 있으며, 그로 인해 에너지가 더 분산되는 것을 주목하라.

(두 그림 모두): ©Brian Moeskau/Moeskau Photography

에너지 외에도 또 다른 인자가 용해 과정에 중요하다. **엔트로피**(entropy)라고 부르는 이 요인은, 계의 입자들의 에너지가 더 분산되어 무질서가 증가되는 경향의 척도이다. 물질은 에너지 변화가 그것을 거스르지 않는 한, 정돈된 상태에서 보다 덜 정돈된 상태로 자발적으로 변화한다. 대부분의 용액은 용액의 형성이 입자의 무질서와 에너지의 분산을 증가하는 경향이 있기 때문에 형성된다. 예를 들어 용액을 형성하기 전에 NaCl과 물 분자를 생각해 보자(그림 11.13). 고체 NaCl에서 이온들은 정돈된 형태로 배열되어 있다. NaCl을 물과 섞어 용액을 만들면 그들의 에너지가 보다 분산되어 배열이 무질서해진다. 최종 용액은 섞이기 전 NaCl과 물보다 더 높은 엔트로피를 갖는다. 용질과 용매의 혼합할 때의 엔트로피의 증가는 용액 과정, 특히 흡열 과정에 있어서 용액 과정을 돕는다.

11.3 용해도에 영향을 주는 인자

동영상: 분자의 모양이 극성에 미치는 영향

분자 물질을 극성과 무극성으로 분류하는 방법은 제8장의 8.5절에 나와 있다.

*CRC Handbook of Chemistry and Physics*에는 실험실에서 유용한 용해도 정보가 포함되어 있다.

Megan과 Derek은 물질을 용해성과 불용성으로 분류하기 시작하면서 두 물질의 용해도를 예측할 수 있는 방법이 있는지, 다른 환경 조건에서 용해도가 변할 수 있는지 궁금하였다. 왜 기름과 물이 균일하게 혼합되지 않는가? 왜 설탕은 물속에서 잘 녹는가? 용액의 온도를 변화시키면 용매에 용해될 용질의 최대 양이 변화되는가? 11.2절에서 분자간 힘은 용액 과정에서 중요한 역할을 한다는 것을 논의하였다. 이 절에서는 분자 구조와 극성, 온도 및 압력이 용질이 주어진 용매에 용해되는 정도에 어떻게 영향을 미치는지를 공부할 것이다.

>> 구조

이온성 화합물이 물에 용해되면 해리된 이온은 극성의 물 분자에 강하게 끌어당겨져 용액 과정을 돕는다. 비슷한 방법으로, 설탕(수크로스)과 같은 극성 용질은 극성 용매에 용해된다. 그러나 비극성 용질은 물 및 다른 극성 용매에는 일반적으로 용해되지 않으며, 극성 용질은 일반적으로 비극성 용매에는 용해되지 않는다. 예를 들어, 비극성 기름과 물은 섞이지 않지만(그림 11.14), 극성인 에탄올과 물은 어떤 비율로도 혼합된다. 무극성 유기 용매는 의류의 그리스 얼룩을 제거 할 수 있지만 물은 얼룩을 제거할 수 없다. 이러한 용해도 경향은 "같은 것은 같은 것을 녹인다"라는 일반적인 경험 법칙으로 요약할 수 있다. 즉, 용매의 극성이 용질의 극성과 비슷한 경우, 용매는 용질을 용해시킨다. *극성 용매는 극성 또는 이온성 용질을 용해시키는 반면 비극성 용매는 비극성 용질을 용해시킨다*(표 11.2).

그림 11.15에 나타낸 비타민의 구조를 생각해 보자. 말단의 –OH 기를 제외하면 비타민 A 분자는 많은 탄소-탄소와 탄소-수소 결합으로 구성되어 있다. 이것은 근본적으로 무극성이다. 지방 분자도 이와 유사한 탄소-탄소와 탄소-수소 결합으로 구성되어 있기 때문에 무극성이다(그림 11.16). 비타민 A와 지방 분자는 모두 무극성이기 때문에 비타민 A는 몸의 지방조직에 축적된다. 비타민 C의 많은 –OH 기로 인하여 그 분자는 극성이 된다. 물도 극성이기 때문에 비타민 C는 수용성 체액에 녹는다.

11.2절에서 보았던 것처럼, 이온 결합 화합물이 녹으면 이온들이 용매화되어 용매와 이온–쌍극자 상호 작용을 형성한다(그림 11.10). 이것은 용매 분자가 극성일 때만

상당수 학생들이 용해도를 예상하는 데 어려움을 겪고 있다고 한다. 이 주제에 대한 추가 학습 자료를 보려면 SmartBook에 접속하라.

설탕은 물에 잘 녹는 분자 화합물이다. 설탕 분자가 극성인지 비극성인지 예측하라.

표 11.2 ▸ 같은 것은 같은 것을 녹인다

용질	용매	
	극성	무극성
이온성	가용성	난용성
극성	가용성	난용성
무극성	난용성	가용성

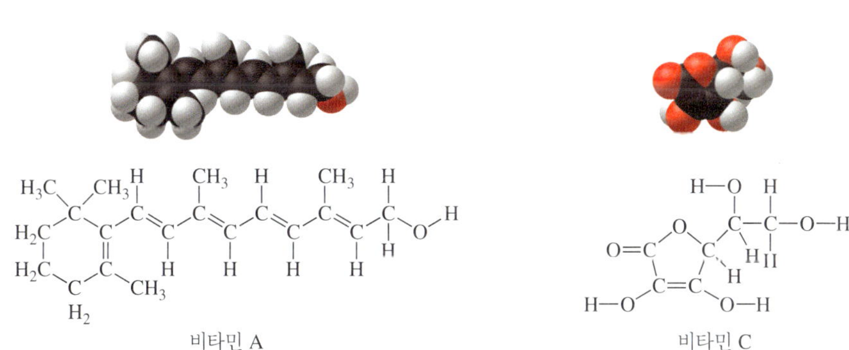

그림 11.15 비타민 A는 지용성이다. 이것은 긴 탄소 사슬에 탄소 고리가 연결되어 있는 형태이다. 분자 끝에 극성인 –OH 기가 붙어 있지만 분자는 전체적으로 무극성이다. 지방 분자도 대부분 무극성이다. 비타민 C의 경우는 무극성의 긴 탄소 사슬이 없음을 주목하라. 이것은 –OH 기가 여러 개 있기 때문에 수용성이다.

그림 11.14 기름과 물은 섞이지 않는다. 물 위에 뜨는 유출된 기름은 환경의 위험 요소이다. 멕시코 만의 이 기름띠는 2010년에 Deepwater Horizon 호의 기름 유출에 의한 것이다.

출처: Petty Officer 1st Class Tasha Tully/US Coast Guard

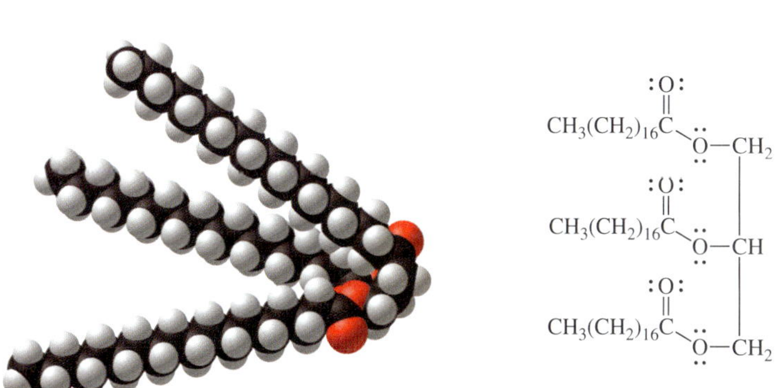

그림 11.16 지방 분자는 세 개의 긴 탄소 사슬로 인해 무극성이다.

그림 11.17 무극성 액체인 사염화 탄소(CCl_4)와 헥사인(C_6H_{14})은 모두 London 분산력이 유일한 분자간 인력이다. 두 액체는 이 분자간 힘이 비슷하기 때문에 섞인다.

©Tom Pantages

가능하다. 이온결합 화합물을 극단적인 극성 물질로 본다면, '같은 것은 같은 것을 녹인다'는 규칙이 이온결합 화합물이 극성 용매에 녹는 데 적용될 수 있다.

고체가 주어진 용매에 녹기 위해서는 용매화 과정에서 방출되는 에너지가 용질 내에서, 그리고 순수한 용매 내에서 작용하는 힘들을 파괴하는 데 필요한 모든(혹은 적어도 대부분) 에너지를 상쇄해야 한다. 따라서 일반적으로 이온성 고체들은 용매의 쌍극자와 용해된 이온 사이에 매우 강한 상호 작용이 일어나기 때문에 극성 용매에 잘 녹는다. 무극성 용매와 용해된 이온과의 상호 작용은 이온성 고체 결정 내의 이온성 힘을 극복할 정도로 강하지는 못하다.

이온 결합에 의해 유지되는 이온 결합 화합물과는 대조적으로, 공유성 분자들의 분자간 힘은 비교적 약하다(그림 11.17). 한 액체의 다른 액체에 대한 용해도(혼화성)는 주로 용질과 용매 분자들의 극성에 의존한다. 극성 액체는 극성 액체에 용해된다. 왜냐하면 용질과 용매 분자 사이에 형성된 분자간 힘은 강한 용질-용질과 용매-용매 쌍극자-쌍극자 상호 작용을 극복할 정도로 강하기 때문이다. 무극성 액체는 적어도 적정 범위까지는 극성 액체에 녹지 않는다. 왜냐하면 용매와 용질 분자 사이의 분자간 힘이 용질-용질과 용매-용매 London 분산력을 극복할 정도로 강하지 않기 때문이다(그림 11.18). 무극성 액체끼리는 서로 잘 용해된다. 왜냐하면 순수한 액체 분자 사이의 힘이 약하고 또한 물질이 더 무질서하게 되려는 경향 때문이다.

분자간 힘과 그들의 상대적 세기에 대한 설명은 제10장에 있다.

비누와 세제는 끝부분이 극성이 무극성을 띠는 분자나 이온으로 제조한다. 그러면 무극성인 끝부분은 피부나 섬유의 기름때에 붙을 수 있고, 극성인 끝부분은 물과 붙을 수 있다. 이러한 방식으로 기름은 비눗물로 제거된다.

온도

온도는 대부분의 물질들의 물에 대한 용해도에 영향을 준다. 예를 들면 차가운 차보다 뜨거운 차에 더 많은 설탕을 쉽게 녹일 수 있다. 그 이유는 차가운 물보다 뜨거운 물에 설탕이 더 많이 용해되기 때문이다. 용액의 온도가 증가하면 대부분 고체의 물에 대한 용해도는 증가한다. 몇 가지 이온 결합 화합물의 물에서의 용해도에 대한 온도의 영향이 그림 11.19에 나타나 있다. 대부분의 이온 결합 화합물은 더 높은 온도에서 더 많이 녹지만, 기체의 용해도는 온도가 증가함에 따라 감소한다는 것을 주목하라.

그림 11.18 무극성 물질인 기름은 극성 물질로 구성된 수용액인 식초와 섞이지 않는다. 기름과 물 사이의 분자간 힘은 기름의 분자간 힘과 물 분자 사이의 수소 결합을 극복할 정도로 강하지 않다. 기름과 물은 섞이지 않는다.

N_2와 O_2와 같은 기체들은 무극성이기 때문에 물에 아주 조금 녹는다. 그들은 온도가 증가하면 용해도가 더 작아진다. 온도의 증가는 분자들의 운동 에너지를 증가시킨다. 증가된 운동 에너지는 용질 기체 입자와 용매 분자 사이의 분자간 힘을 파괴하여 용해된 기체가 용액에서 기체 상태로 쉽게 도망가게 한다. 부엌에 열린 채 방치된 탄산음료의 김빠진 맛은 용해된 CO_2가 도망간 것에 기인한다. 탄산음료를 냉장고에 보관하면 그렇게 빨리 김이 빠지지 않는다.

물을 끓이면 용해되어 있던 기체가 모두 제거되기 때문에, 종종 끓인 물맛은 밋밋하다고 말한다.

온도가 올라갈수록 기체의 용해도가 감소하는 중요한 결과를 물의 열적 오염에서 볼 수 있다. 이런 현상은 강과 하천의 수온이 증가하면 물의 산소 용해도가 감소하므로 물고기와 다른 수생생물들의 생존이 위협받는다. 낮은 산소 조건에서 조류 번성이 종종 관찰된다. 왜냐하면 조류는 이와 같은 환경에서 번창하기 때문이다.

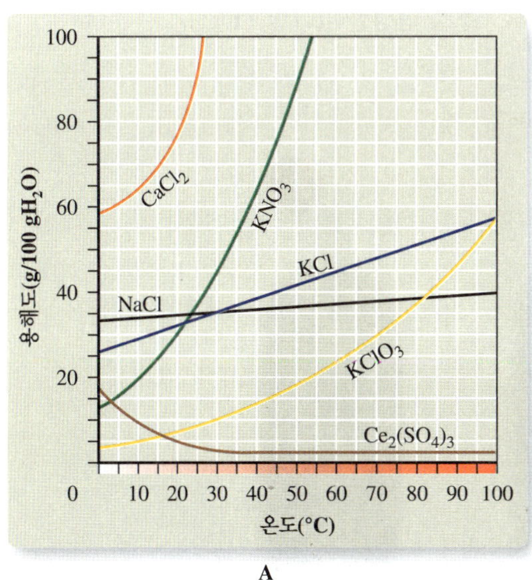

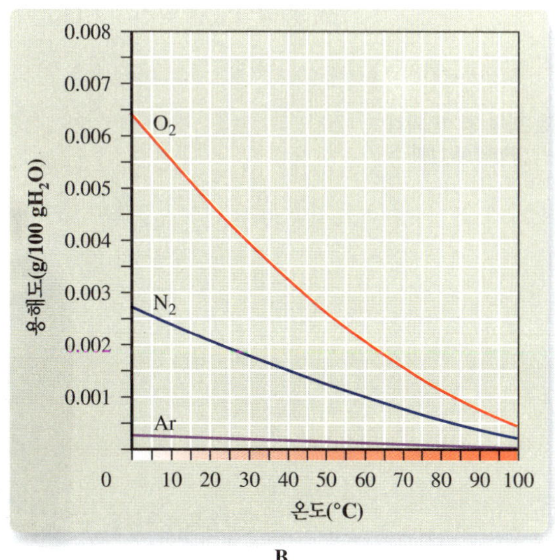

그림 11.19 (A) 일반적으로 물에 대한 이온성 고체의 용해도는 온도가 증가하면 증가한다. (B) 반대로 기체의 용해도는 감소한다.

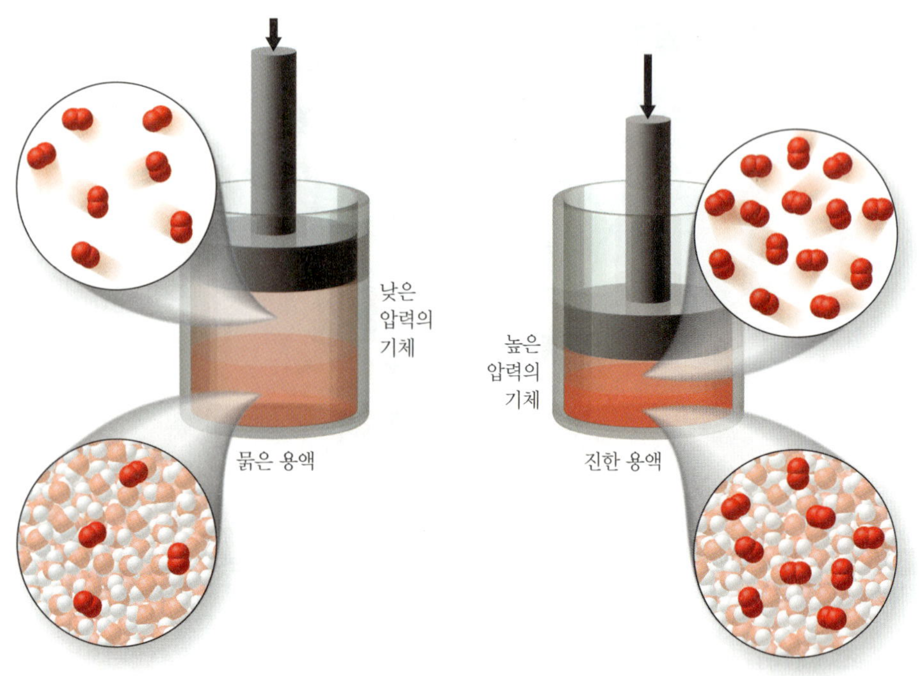

그림 11.20 기체 상태와 용액의 용질 분자들 사이에 평형이 존재한다. 압력의 증가는 이 평형을 변화시켜서 기체 용해도가 증가하게 한다.

>> 압력

> Henry의 법칙에 의하면, 액체에 대한 어떤 기체의 용해도는 그 기체의 액체 위에서의 부분 압력에 비례한다.

기체의(액체나 고체는 아님) 용해도는 압력에 크게 영향을 받는다. 액체에 대한 어떤 기체의 용해도는 그 기체의 액체 위에서의 부분 압력에 비례한다. 이것은 동적 평형이라는 관점에서 이치에 맞다. 압력의 증가는 용액 바로 위의 기체 입자수를 증가시켜서 용해될 기회를 증가시킨다. 그림 11.20에서 이 원리를 설명하고 있다.

여러분은 탄산음료의 병이나 깡통을 열 때마다 용해도에 대한 압력의 영향을 관찰한다. 이 음료들은 대기압보다 더 큰 CO_2의 압력에서 밀봉된다. 병뚜껑을 제거하면 CO_2의 압력이 감소한다. 과량의 기체가 용기를 빠져나오는 소리를 들을 수 있다. 용액에 용해되었던 약간의 CO_2는 빠져나와 기포를 형성한다(그림 11.21).

그림 11.21 탄산음료 병을 열 때 기체의 용해도에 대한 압력의 영향을 관찰할 수 있다.

압력은 혈류에서 기체의 용해도에도 영향을 준다. 호흡 문제로 고통을 받는 입원 환자들은 마스크를 통해 종종 더 높은 농도의 산소를 공급받는다(그림 11.3B). 마스크 내의 산소의 부분 압력은 공기에서보다 높다. 더 높은 산소 압력으로 호흡할 때마다 더 많은 산소가 환자의 혈류에 용해되므로 적절한 산소 공급을 유지하기 위해 환자가 그렇게 자주 호흡할 필요가 없다.

스쿠버다이버는 수면 아래의 증가된 압력의 기체 용해도에 대한 영향을 고려해야 한다. 취미로 하는 다이버는 일반적으로 탱크에 압축된 일반 공기를 호흡한다. 공기의 약 78%가 질소인데, 이것은 표면 대기 압력의 정상적 조건에서 인체가 견딜 수 있는 수준이다. 그러나 다이버가 잠수하면 압력 증가로 인해 더 많은 질소가 혈류와 몸 조직에 용해된다. 다이버가 너무 갑자기 수면으로 나오면 압력이 급격히 감소되어 조직과 혈류에서 질소가 기포로 용액에서 빠져 나온다. 이 기포는 신경계와 순환계에 "잠수병"이라는 증상을 야기한다. 군인이나 전문 다이버들이 때때로 사용하는 헬륨과 산소의 기체 혼합물(heliox)은 잠수병을 야기하지 않는다. 왜냐하면 헬륨은 질소만큼 혈액과 조직에 잘 녹지 않기 때문이다.

잠수병 증상은 1800년대에 수심이 낮은 곳에서 수면 아래의 교량의 토대를 놓고 있던 교량 공사 노동자들 사이에서 최초로 발견되었다. 그들은 관절통으로 고통을 받았고 똑바로 서서 걷지를 못했다. 나중에 같은 증세가 깊은 곳에 잠수한 후 너무 빠르게 수면으로 올라온 다이버들에게서 관찰되었다. 다이버가 상승할 때 10 m(33 ft)마다 수압이 1기압씩 줄어든다.

11.4 용액의 농도 측정

지금까지 논의한 용액의 모든 성질은 용액을 구성하는 용질과 용매의 상대적 양인 **농도**(concentration)에 의해 영향을 받는다. 제4장에서 용액을 ***묽은***(*diluted*) 것과 ***진한***(*concentrated*) 것으로 설명하였다. 어떤 용액이 다른 것보다 더 진하다거나 또는 더 묽은 것으로 설명할 때처럼, 이 용어는 용액내 용질의 상대적 양을 비교한다. 또 다른 정성적 용어는 주어진 용매에 대한 용질의 용해도를 설명한다. 고체는 ***불용성***(*insoluble*), ***약간 녹는***(*slightly soluble*), ***가용성***(*soluble*), ***매우 잘 녹는***(*very soluble*) 등으로 구분될 수 있다. 이 모든 용어들은 상대적이다. 엄격히 말하면 녹지 않는 물질은 없다. 심지어 유리도 물에 약간은 녹을 것이다. 그러나 실험적 목적을 위해 용매 100 g당 약 0.1 g보다 용해도가 작은 고체는 불용성으로 간주하고, 용매 100 g당 2 g보다 용해도가 큰 용질은 매우 잘 녹는 것으로 분류한다. 예를 들면 NaCl은 물에 대한 용해도가 25°C에서 물 100 g당 35.9 g이기 때문에 매우 잘 녹는 것으로 분류된다.

정량적으로 **용해도**(solubility)는 특정 조건에서 안정한 용액을 형성할 수 있는 특정한 용매에 용해하는 용질의 최대량으로 정의된다. 용해도는 최대 농도의 크기이다. 최대 농도로 도달하여 너무 많은 용질이 존재하면 과량은 녹지 않고 남는다. 예를 들면 물에 대한 아이오딘화 납(II)의 용해도는 25°C에서 물 100 g당 PbI_2 0.1 g이다. 따라서 물 100 g에 PbI_2 1 g을 넣으면 1/10만 용해된다. 나머지는 녹지 않은 고체로 남는다. 용액의 Pb^{2+}와 I^- 이온들과 고체 상태로 남아 있는 PbI_2 사이의 평형이 이루어진다. 그와 같은 용액이 **포화 용액**(saturated solution)이다. 포화 용액을 나타내는 평형을 그림 11.22에 실명하였다. 일단 용액이 포화되면 녹지 않은 용질은 계속해서 용해되고, 동시에 이전에 용해된 용질은 용액으로부터 석출된다. 두 과정이 정확하게 같은 속도로 일어나서 용해된 용질의 양은 일정하다. 제10장에서 논의한 밀폐된 용기에서의 액체의 기화처럼, 이것이 동적 평형이다.

물에 대한 PbI_2의 용해도는 25°C에서 물 100 g당 PbI_2 0.1 g이다. 물 200 g에 녹을 수 있는 최대량의 PbI_2는 얼마인가?

동적 평형에 대한 더 자세한 내용은 12.4절에서 확인할 수 있다.

용질이 녹을 수 있는 최대량보다 적게 들어 있는 용액을 **불포화 용액**(unsaturated solution)이라고 한다. 불포화 용액은 실험실에서나 주변에서 쉽게 목격할 수 있는 가장 일반적인 형태의 용액이다.

용해 가능한 최대 기대치보다 더 많은 용질이 들어 있는 용액을 **과포화 용액**(supersaturated solution)이라고 부르며 훨씬 일반적이지 않다. 과포화 용액은 높은 온도에서

과포화된 용액은 단순히 용매에 용질을 넣는 것으로는 만들 수 없다.

그림 11.22 이 용액에서 PbI_2의 일부가 용해되어 Pb^{2+}와 I^- 이온을 형성한다. 궁극적으로 용해되지 않고 남은 PbI_2는 비커 바닥에 가라앉는다.

©Dorling Kindersley/Getty Images

포화 용액을 만들 때 보통 얻어진다. 예상처럼, 과포화는 일반적으로 매우 불안정한 상태이다. 교반하거나 작은 용질의 결정 '씨앗'을 넣으면 과포화 용액이 교란되면서 과량의 용질은 침전된다(그림 11.23). 급속 냉각은 과량의 용질을 침전시키므로 뜨거운 과포화 용액은 천천히 냉각시켜야 한다.

용질과 용매가 모두 액체이면 비교 용어들이 편리하다. 에탄올과 같은 액체는 물과 ***완전히 섞인다***(*completely miscible*)고 한다. 이것은 에탄올과 물이 모든 비율로 용액을 형성할 수 있다는 것을 의미한다. ***부분적으로 섞이는***(*partially miscible*) 액체들은 한정된 범위의 조성에서 용액을 형성한다. 예를 들면 뷰탄올은 상온에서 부피로 약 20% 뷰탄올 농도까지 물과 용액을 형성할 수 있다. 이 온도에서 더 높은 농도는 만들어질 수 없다. 사이클로헥세인(C_6H_{12})과 같은 액체는 물과 서로 근본적으로 불용성이어서 ***섞이지 않는다***(*immiscible*)고 한다.

지금까지 사용한 용어나 상대적 비교 등은 나름대로 유용하지만, 때로는 정밀한 정량적 척도가 필수적이다. 예를 들면 인체의 세포 손상을 예방하기 위해 정맥 주사액의 NaCl 농도는 혈액에서의 그 농도와 정확하게 일치해야 한다. 너무 높거나 너무 낮으면 적혈구 세포들이 각각 쪼그라들거나 팽창한다. 그와 같은 용액을 만들고 정확한 농도를

그림 11.23 과포화 용액은 매우 민감하다. 플라스크를 빠르게 냉각하거나 충격을 주면 고체가 형성된다. 또한 균일한 과포화 용액에 결정 씨앗(또는 먼지 입자)을 첨가하면 과량의 고체가 함께 존재하는 포화 용액으로 되돌아간다.

(모든 그림): ©McGraw-Hill Education/Stephen Frisch

표 11.3 ▸ 농도 단위

단위	정의	단위	정의
질량 백분율	$\frac{\text{용질의 그램수}}{\text{용액의 그램수}} \times 100\%$	십억분율	$\frac{\text{용질의 그램수}}{\text{용액의 그램수}} \times 10^9$
부피 백분율	$\frac{\text{용질의 부피}}{\text{용액의 부피}} \times 100\%$	몰농도(M)	$\frac{\text{용질의 몰수}}{\text{용액의 리터수}}$
질량/부피 백분율	$\frac{\text{용질의 그램수}}{\text{용액의 부피}} \times 100\%$	몰랄 농도(m)	$\frac{\text{용질의 몰수}}{\text{용액의 킬로그램수}}$
백만분율	$\frac{\text{용질의 그램수}}{\text{용액의 그램수}} \times 10^6$		

확인하기 위해 몇 가지 농도 단위 중 하나를 사용할 수 있다. 선택할 특정 단위는 용액의 목적과 제조 방법에 따라 달라진다. 모든 단위들은 농도를 상대적 양으로 표시한다. 즉 주어진 양의 용매 또는 주어진 양의 용액에 대한 용질의 양으로 나타낸다.

$$\text{농도} = \frac{\text{용질의 양}}{\text{용매 또는 용액의 양}}$$

표 11.3에 요약된 몇 가지 자주 사용되는 단위들이 이 절에서 논의될 것이다. 몰랄 농도는 용매의 양에 대한 농도를 나타내는 유일한 단위이다. 다른 단위들은 용액의 양에 대한 식으로 표현된다.

» 질량 백분율

용질의 질량을 용액의 질량으로 나누고 100%로 곱하면 **질량 백분율**(percent by mass)이 계산된다.

$$\text{질량 백분율} = \frac{\text{용질의 그램수}}{\text{용액의 그램수}} \times 100\%$$

예제 11.3에 나타낸 것처럼 용질의 질량과 용매의 질량을 더해서 용액의 질량을 정할 수 있다.

예제 11.3 ▸ 질량 백분율

125.0 g의 물에 25.0 g NaCl을 가하여 만든 용액을 생각해 보자.

(a) 이 용액에서 NaCl의 질량 백분율 농도는 얼마인가?

(b) 이 용액 10.0 g의 질량은 얼마인가? 이 용액 10.0 g에 포함된 NaCl의 질량은 얼마인가?

» 풀이:

(a) 이 문제에서는 용질과 용매의 질량으로부터 질량 백분율을 계산한다.

이 양들로부터 관심 있는 양을 구하기 위해서는 그들 사이의 관계식을 결정해야

한다. 질량 백분율은 다음 관계식으로 계산된다.

$$\text{질량 백분율} = \frac{\text{용질의 그램수}}{\text{용액의 그램수}} \times 100\%$$

용질의 그램수 문제에서 25.0 g NaCl로 주어져 있다. 용액의 질량은 용질과 용매의 질량의 합이다.

$$\text{용액의 질량} = 25.0\text{ g NaCl} + 125.0\text{ g H}_2\text{O} = 150.0\text{ g}$$

$$\text{질량 백분율} = \frac{25.0\text{ g NaCl}}{150.0\text{ g 용액}} \times 100\% = 16.7\%$$

(b) 질량 백분율에 따르면, 이 용액 100.0 g에는 16.7 g의 NaCl이 포함되어 있다는 것을 알 수 있다. 용액의 16.7%가 NaCl의 질량이기 때문에, 어떤 양의 용액이든 이에 비례하는 NaCl을 포함할 것이다. 용액의 질량과 질량 백분율을 곱하면 존재하는 용질의 질량을 계산할 수 있다. 10.0 g의 용액에 포함된 NaCl의 질량은 다음과 같다.

$$\text{NaCl 질량} = 10.0\text{ }\cancel{\text{g 용액}} \times \frac{16.7\text{ g NaCl}}{100.0\text{ }\cancel{\text{g 용액}}} = 1.67\text{ g NaCl}$$

➔ 응용 연습 11.3

25.0°C에서 NaCl의 용해도는 36 g/100 g H_2O이다. 예제에서의 용액은 포화, 과포화, 불포화 중 어느 상태로 볼 수 있는가? 125.0 g의 H_2O에 녹을 수 있는 NaCl의 최대 질량은 얼마인가?

➔ 실전 연습 11.3

122.8 g의 물에 2.70 g의 아세트산(CH_3CO_2H)을 넣어 만든 용액을 생각해 보자.

(a) 이 용액에서 아세트산의 질량 백분율은 얼마인가?

(b) 이 용액 25.0 g에 포함된 아세트산의 질량은 얼마인가?

➔ 심화 연습: 연습 문제 11.49

약국의 몇몇 상품은 용액의 부피 백분율로 판매된다. 예를 들면 소독용 알코올은 부피 비로 물에 녹아 있는 70% 아이소프로필 알코올[isopropyl alcohol, $(CH_3)_2CHOH$]이다. 용액 100 mL 속에 70 mL의 아이소프로필 알코올이 들어 있다.

>> 부피 백분율

부피 백분율은 액체가 액체에 용해될 때 가장 많이 사용된다. 왜냐하면 액체의 양은 부피로 측정하기 쉽기 때문이다. 용질 부피를 용액 부피로 나누고 100%를 곱하면 **부피 백분율**(percent by volume)이 계산된다. 부피 백분율을 계산하는 것은 질량 백분율을 계산하는 것과 유사하다. 질량 백분율에 관한 이전의 식에서 질량을 부피로 바꾸면 된다.

$$\text{부피 백분율} = \frac{\text{용질의 부피}}{\text{용액의 부피}} \times 100\%$$

일정 압력과 온도에서 두 기체가 혼합되어 있을 때, 그들의 전체 부피는 항상 각 기체의 합과 같다.

그러나 중요한 차이가 있다. 질량은 더할 수 있다. 즉 용액의 질량은 용질과 용매의 질량의 합과 같다. 부피는 항상 더할 수 있는 것은 아니다. 용액의 부피가 용질과 용매의 부피의 합과 다를 수 있다. 용질과 용매 사이의 인력에 따라, 용액은 분리된 구성 성분보다 부피가 더 클 수도 더 작을 수도 있다. 따라서 용액의 총 부피는 구성 성분으로부터 계산하는 것이 아니라 측정되어야 한다.

예제 11.4 ▶ 부피 백분율

충분한 물에 12.5 mL의 에탄올을 용해시켜 총 부피가 85.4 mL인 용액을 만들었다. 에탄올의 부피 백분율은 얼마인가?

》풀이:

이 문제에서는 용질과 용액의 부피로부터 부피 백분율을 계산해야 한다.

이들 양 사이의 관계식은 부피 백분율 식으로 주어진다.

$$\text{부피 백분율} = \frac{\text{용질의 부피}}{\text{용액의 부피}} \times 100\%$$

두 개의 필요한 양, 즉 용질의 부피와 용액의 부피가 문제에 주어져 있다.

$$\text{부피 백분율} = \frac{12.5\text{ mL 에탄올}}{85.4\text{ mL 용액}} \times 100\% = 14.6\%$$

→ 응용 연습 11.4

이 용액 50.0 mL에 있는 에탄올의 부피는 얼마인가?

→ 실전 연습 11.4

충분한 물에 205 mL의 에탄올을 용해시켜 총 부피가 235 mL인 용액을 만들었다. 에탄올의 부피 백분율은 얼마인가?

→ 심화 연습: 연습 문제 11.57

》 질량/부피 백분율

질량/부피 백분율은 질량 및 부피 백분율과 유사한 농도 단위이다. 용질 질량을 용액의 부피로 나누고 100%를 곱하면 **질량/부피 백분율**(mass/volume percent)이 계산된다.

$$\text{질량/부피 백분율} = \frac{\text{용질의 그램수}}{\text{용액의 부피}} \times 100\%$$

질량/부피 백분율은 의학 분야를 포함해서 몇몇 실생활에서 접하게 된다. 예를 들면 정맥 주사액의 NaCl의 농도는 0.9%이다. 용액 100 mL에 존재하는 NaCl의 질량은 0.9 g이다.

질량/부피 백분율과 밀도의 차이를 주목하라. 제1장에서 밀도는 부피당 질량인 것을 상기하라.

$$\text{밀도} = \frac{\text{질량}}{\text{부피}}$$

용액의 경우, 밀도는 용액의 부피에 대한 용액의 질량비이다.

$$\text{밀도} = \frac{\text{용액의 질량}}{\text{용액의 부피}}$$

가끔 한 농도 단위를 또 다른 단위로 바꾸려고 할 때, 용액의 밀도가 필요하다. 연습 문제 11.53을 이용하여 농도 계산에서 밀도를 사용하는 연습할 수 있다.

>> 백만분율과 십억분율

ppm 및 ppb 단위는 매우 작은 농도를 나타낸다. 예를 들어, 한 컵의 소금에 들어 있는 소금 한 알(또는 결정 1개)은 약 1 ppm이고, 욕조를 소금으로 채웠을 때 욕조에 들어 있는 소금 한 알이 약 1 ppb이다.

농도가 너무 작아서 백분율로 쉽게 표현하기 어려운 매우 묽은 용액을 종종 접하게 된다. 예를 들면 상수도에서 환경청에서 정한 비소의 최대 허용 수준은, 읽기 어렵고 심지어 기억하기 더 어려운 수인 0.0000001%이다. 이런 이유 때문에 물의 오염 물질의 양은 백만분율(ppm) 또는 십억분율(ppb)의 단위로 종종 보고된다. 용질의 농도가 1 ppm인 용액은 용액 1백만 단위에 용질 1 단위가 포함된 용액이다. 용질의 질량을 용액의 질량으로 나누고 1백만(10^6)을 곱하면 **백만분율**(parts per million, ppm)이 계산된다.

$$\text{백만분율} = \frac{\text{용질의 그램수}}{\text{용액의 그램수}} \times 10^6$$

마찬가지로, 용질의 농도가 1 ppb인 용액은 용액 1십억 단위에 용질 1 단위가 포함된 용액이다. 용질의 질량을 용액의 질량으로 나누고 1십억(10^9)을 곱하면 **십억분율**(parts per billion, ppb)이 계산된다.

$$\text{십억분율} = \frac{\text{용질의 그램수}}{\text{용액의 그램수}} \times 10^9$$

때로는 백만분율과 십억분율은 부피를 기준으로 하여 계산할 수 있다. 공기 중의 오염 물질의 농도는 종종 이 방법으로 보고된다.

ppm과 ppb는 질량 백분율과 같은 개념을 나타낸다는 것을 주목하라. 유일한 차이점은 백만, 십억, 100과 같은 곱해 주는 수이다.

백만분율은 종종 물의 오염 물질의 양을 보고하는 데 사용되기 때문에 때때로 과학자들은 또 다른 방법으로 이 농도 단위를 계산한다. 수용액의 경우 백만분율은 용액 1리터에 포함된 용질의 밀리그램과 동일하다. 예를 들면 마시는 물의 비소 허용 수준은 0.01 ppm으로 보고된다. 이것은 마시는 물 1 L는 비소 0.01 mg 이상을 포함할 수 없다는 것을 의미한다.

예제 11.5 ▶ 백만분율

물고기에서 발견된 수은의 농도는 지역 및 물고기의 유형에 따라 다양하다. 황새치와 같은 큰 포식자 물고기는 식품의약국(FDA, Food and Drug Administration)의 허용 기준보다 훨씬 높은 1 ppm 이상을 포함하고 있다. 이와 같은 수준의 수은에 오염된 물고기를 먹으면 태아나 어린이의 신경계발달에 위험하다. 건강한 성인의 경우, 수은은 자연적으로 그러나 천천히 몸에서 제거된다. 황새치 500.0 g이 3.0×10^{-4} g의 수은을 함유하면, 이 물고기에 포함된 수은의 농도는 백만분율(ppm) 단위로 얼마인가?

>> 풀이:

이 문제에서는 수은의 질량과 물고기의 질량으로부터 백만분율을 계산해야 한다.

ppm 단위의 농도를 결정하기 위해서는 물고기의 질량에 대한 수은의 질량비를 구한

후 1백만(10^6)을 곱한다.

$$\text{백만분율} = \frac{\text{수은의 그램수}}{\text{물고기의 그램수}} \times 10^6$$

모든 질량값이 같은 단위로(이 경우에는 그램) 주어진 것을 확인하기 위해 검산해야 한다. 그리고 질량값을 식에 대입한다.

$$\text{백만분율} = \frac{3.0 \times 10^{-4}\ \text{g 수은}}{500.0\ \text{g 물고기}} \times 10^6 = 0.60\ \text{ppm}$$

➜ 응용 연습 11.5

위 물고기의 0.50 파운드 속에는 몇 밀리그램의 수은이 들어 있겠는가?

➜ 실전 연습 11.5

셀레늄 0.020 g이 5.0×10^3 kg의 토양에서 발견되었다면, 이는 몇 ppm에 해당하는가?

➜ 심화 연습: 연습 문제 11.59

» 몰농도

몰농도(M)는 실험실에서 가장 흔하게 사용되는 농도 표현 중 하나이다. **몰농도**(molarity)는 리터 단위의 용액 부피에 대한 용질의 몰비인 것을 제4장에서 배웠다.

$$\text{몰농도} = \frac{\text{용질의 몰수}}{\text{용액의 리터수}}$$

용질의 몰수나 질량과 용액의 부피가 주어지면 몰농도 계산은 간단하다. 11.5절에서 몰농도를 적용한 몇몇 계산을 생각할 것이다. 몰농도 계산을 복습하기 위해 제4장과 예제 11.6을 보라.

예제 11.6 ▶ 몰농도

충분한 양의 물에 78.2 g NaCl이 용해된 용액 0.525 L가 있다. NaCl의 몰질량은 58.44 g/몰이다. 이 용액의 몰농도는 얼마인가?

» 풀이:

이 문제에서는 용질의 질량과 용액의 부피로부터 몰농도를 계산해야 한다.

용질의 질량과 용액의 부피 —?→ 몰농도

몰농도는 용질의 몰과 용액의 부피 사이의 관계이다.

$$\text{몰농도} = \frac{\text{용질의 몰수}}{\text{용액의 리터수}}$$

몰농도를 계산하기 위해서는 용질의 몰수를 알 필요가 있다. 한 물질의 몰수와 그 질량 사이의 관계는 몰질량으로 주어진다. 질량으로부터 NaCl의 몰수는 다음에서 계산할 수 있다.

$$\text{NaCl의 몰수} = 78.2\ \text{g}\ \cancel{\text{NaCl}} \times \frac{1\text{몰 NaCl}}{58.44\ \text{g}\ \cancel{\text{NaCl}}} = 1.34\text{몰 NaCl}$$

이제 몰 농도를 계산하는 데 필요한 모든 정보를 가지고 있다.

$$\text{몰농도} = \frac{1.34\text{몰 NaCl}}{0.525\ \text{L 용액}} = 2.55\text{몰}/\text{L}$$

편리하게 이 농도를 2.55 *M*로 보고할 수 있다.

➔ 응용 연습 11.6

2.55 *M* NaCl 수용액 245.0 mL에는 NaCl이 몇 그램 들어 있는가?

➔ 실전 연습 11.6

충분한 물에 117 g의 수산화 포타슘(KOH)이 용해된 용액 2.00 L가 있다. KOH의 몰질량은 56.11 g/몰이다. 이 수산화 포타슘 수용액의 몰농도는 얼마인가?

➔ 심화 연습: 연습 문제 11.61

노말 농도(*normality, N*)라고 부르는 몰농도와 비슷한 농도 단위를 사용하여 용액에서 특정 이온의 농도를 나타낼 수 있다. 노말 농도는 연구실에서는 자주 사용하지 않지만, 회사의 일부 실험실에서 여전히 사용되고 있다. 이 용어는 시약병에서 사용할 수 있는 H^+ 이온의 몰수를 알 수 있기 때문에 산-염기 화학에서 유용하다. 예를 들어, 1몰의 H_2SO_4를 포함하는 1 L 용액은 2당량의 H^+를 사용할 수 있으므로 2 *N* 용액이라고 한다. 한편, 1몰의 HCl을 포함하는 1 L 용액은 1당량만 사용 가능하므로 1 *N*이다. 비록 몰농도가 화학 실험실에서 더 자주 사용되기는 하지만, 당량 및 밀리 당량은 의료계에서 여전히 일반적으로 사용되고 있다.

›› 몰랄 농도

부피를 포함하는 단위의 농도는 온도에 따라 변할 수 있다. 0.1 *M* NaCl 용액을 생각해 보자. 온도가 증가해도 몰농도가 일정한가? 아니다. 그 이유는 용액의 부피가 변하기 때문이다. 액체를 가열하면 약간 팽창한다. 그래서 염화 소듐 용액을 구성한 이온들은 더 큰 부피로 퍼지므로 몰농도는 감소한다. 용질의 몰과 용매의 질량을 사용하는 농도 단위는 온도에 따라 변하지 않는다. **몰랄 농도**(molality, *m*)가 그 단위이다. 그것은 용매 킬로그램당 용질의 몰수로 표현되는 농도이다.

$$\text{몰랄 농도} = \frac{\text{용질의 몰수}}{\text{용매의 킬로그램수}}$$

몰랄 농도는 온도에 따라 변하지 않기 때문에 온도 의존성이 있는 성질을 포함한 실험에 유용하다. 11.6절에서 보게 되었지만, 용액의 용질수에 의존하는 성질을 조사하는 데 몰랄 농도는 또한 유용하다. 몰랄 농도를 계산하기 위해 용질의 몰수와 용매의 질량을 결정해야 한다. 필요한 것은 *용액*이 아니라 *용매*의 질량인 것을 주목하라.

예제 11.7 ▶ 몰랄 농도

충분한 양의 물에 22.5 g의 메탄올(CH_3OH)의 용해된 용액의 총 질량이 105.3 g이다. CH_3OH의 몰질량은 32.04 g/몰이다. 메탄올 수용액의 몰랄 농도는?

≫ 풀이:

이 문제에서는 용질의 질량과 용질의 질량으로부터 몰랄 농도를 계산해야 한다.

용질의 질량과 용액의 질량 —?→ 몰랄 농도

몰랄 농도는 용질의 몰수와 용매의 킬로그램 질량 사이의 관계이다.

$$\text{몰랄 농도} = \frac{\text{용질의 몰수}}{\text{용매의 킬로그램수}}$$

용질의 질량과 몰질량으로부터 용질의 몰수를 계산할 수 있다.

$$CH_3OH\text{의 몰수} = 22.5\ \cancel{g\ CH_3OH} \times \frac{1\text{몰 } CH_3OH}{32.04\ \cancel{g\ CH_3OH}} = 0.702\text{몰 } CH_3OH$$

용액의 질량에서 용질의 질량을 빼면 용매의 질량이 얻어진다.

$$H_2O\text{의 질량} = 105.3\ g\ \text{용액} - 22.5\ g\ CH_3OH = 82.8\ g\ H_2O$$

이 질량을 킬로그램 단위로 바꾸어야 한다.

$$H_2O\text{의 질량} = 82.8\ \cancel{g} \times \frac{1\ kg}{1000\ \cancel{g}} = 0.0828\ kg\ H_2O$$

이제 몰랄 농도를 계산하는 데 필요한 모든 정보를 가지고 있다.

$$\text{몰랄 농도} = \frac{\text{용질의 몰수}}{\text{용액의 킬로그램수}} = \frac{0.702\text{몰 } CH_3OH}{0.0828\ kg\ H_2O} = 8.48\ \text{몰/kg}$$

편리하게 이 농도를 8.48 m으로 보고할 수 있다.

➔ 응용 연습 11.7

몰랄 농도가 8.48 m인 용액을 만들려면 메탄올 10.0 g에 얼마의 물을 섞어야 하는가?

➔ 실전 연습 11.7

충분한 양의 물에 56.7 g의 수산화 포타슘(KOH)이 용해된 용액의 총 질량이 245.8 g이다. KOH의 몰질량은 56.11 g/몰이다. 수산화 포타슘 수용액의 몰랄 농도는?

➔ 심화 연습: 연습 문제 11.63

11.5 수용액에서 일어나는 반응에 대한 양

이 절에서는 수용액에서 일어나는 반응에 대한 양을 계산하는 방법을 알아보기 위해 제5장에서 설명한 몇 가지 반응들을 다시 살펴볼 것이다. 침전 반응과 산-염기 중화 반응

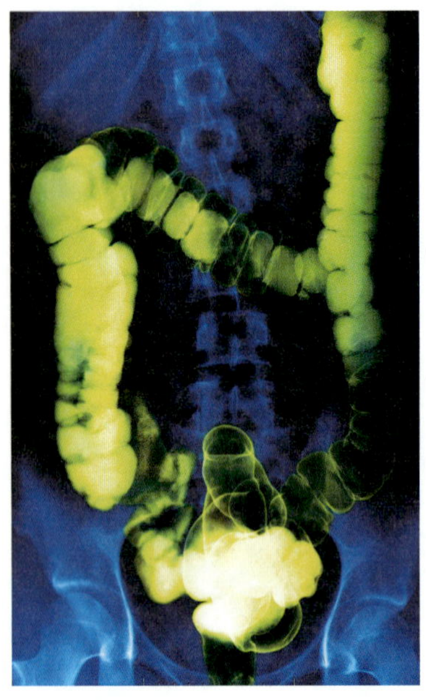

A

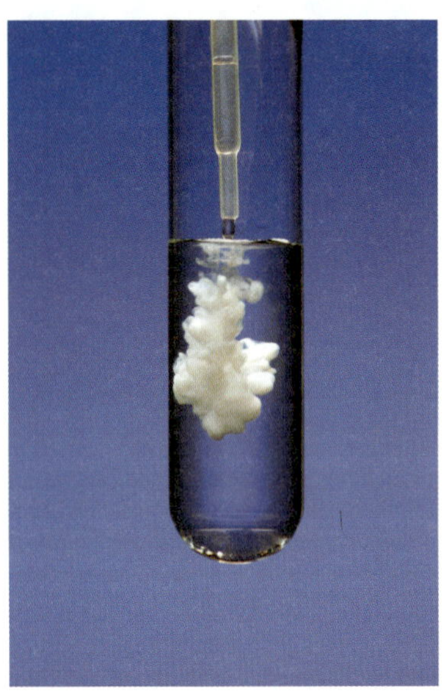

B

그림 11.24 그림 11.24 X-선 응용에 사용되는 황산 바륨은 염화 바륨과 황산 포타슘의 반응으로부터 만들어 진다.

(A): ©LADA/Science Source; (B): ©Charles D. Winters/Science Source

의 두 가지 유형의 반응을 생각해 보자. 이 유형은 두 가지 화합물이 이온들을 교환하여 새로운 화합물을 형성하는 이중 치환 반응의 예이다.

» 침전 반응

소화계를 진단하기 위해 X-선 치료를 받는 환자들은 황산 바륨 현탁액을 마신다. 염화 바륨과 황산 포타슘 용액을 혼합하여 침전 반응으로 황산 바륨을 만들 수 있다(그림 11.24). 침전 반응에서 한 이온 결합 화합물의 양이온이 또 다른 이온 결합 화합물의 음이온과 결합하여 불용성 고체 물질인 ***침전물***(*precipitate*)을 형성한다는 것을 5.4절로부터 상기하라. 염화 바륨과 황산 포타슘 사이의 반응은 가용성인 염화 포타슘과 침전인 황산 바륨이 생성된다.

$$BaCl_2(aq) + K_2SO_4(aq) \longrightarrow BaSO_4(s) + 2KCl(aq)$$

물질이 이온으로 해리하지 않고 분자(또는 화학식 단위)로 존재하는 것처럼 물질을 나타내기 때문에, 이것이 ***분자 반응식***(*molecular equation*)임을 상기하라. $BaCl_2(aq)$는 Ba^{2+}와 Cl^- 이온이 용액에 존재한다는 것을 나타내는 간단한 표시이다. 마찬가지로 $K_2SO_4(aq)$도 K^+와 SO_4^{2-} 이온이 존재한다. 이 유형의 반응을 복습하기 위해 제5장을 보라.

침전 반응은 일반적으로 용액에 있는 반응물을 포함하기 때문에, 이와 관련된 계산은 일반적으로 몰농도 및 부피로부터 몰수를 결정하는 것이 일반적이다. 이제 침전 반응의 특성을 살펴보았으므로, 필요한 반응물의 양과 생성되는 침전물의 양을 계산하는 방법을 예제 11.8이 보여준다.

예제 11.8 ▶ 침전 반응을 포함한 계산

130.0 mL의 0.250 *M* $BaCl_2$에 0.450 *M* K_2SO_4를 넣어 $BaSO_4$를 만들고자 한다. 균형 맞춘 반응식은 다음과 같다.

$$BaCl_2(aq) + K_2SO_4(aq) \longrightarrow BaSO_4(s) + 2KCl(aq)$$

$BaCl_2$와 완전하게 반응하는 데 필요한 K_2SO_4 용액의 부피는 얼마인가? 또 $BaSO_4$ 몇 그램이 침전할 것인가?

» 풀이:

이 문제의 첫 번째 부분에서는 한 반응물의 부피로부터 다른 반응물의 부피를 계산해야 한다.

$BaCl_2$ 용액의 부피 —?→ K_2SO_4 용액의 부피

이 두 양 사이에 직접적인 관계가 없지만, 이것은 화학 반응의 한 물질의 양이 주어지고 또 다른 반응물의 양을 계산하는 문제이다. 균형 맞춘 반응식을 참조하여 두 물질들에 대한 몰 관계를 결정해야 할 것이다. 균형 반응식에서 1몰의 $BaCl_2$는 1몰의 K_2SO_4와 반응하여 1몰의 $BaSO_4$를 형성한다. $BaCl_2$의 부피와 $BaCl_2$의 몰 사이에 관계가 있는가?

$BaCl_2$ 용액의 부피 —?→ $BaCl_2$의 몰수

용액 1리터당 0.25몰의 $BaCl_2$가 존재한다는 것을 말해 주는 0.250 *M*이 그것이다. 제 6장에서 몰질량을 환산 인자로 사용하여 반응물의 그램수로부터 몰수를 얻었다. 여기서 몰농도를 환산 인자로 사용하여 용액의 반응물의 부피를 몰로 바꾸어야 한다. 이 경우에 0.250 *M* $BaCl_2$의 부피는 130.0 mL인 것을 안다. 몰농도에서 부피 단위가 리터이기 때문에 먼저 밀리리터를 리터로 바꾸어야 한다.

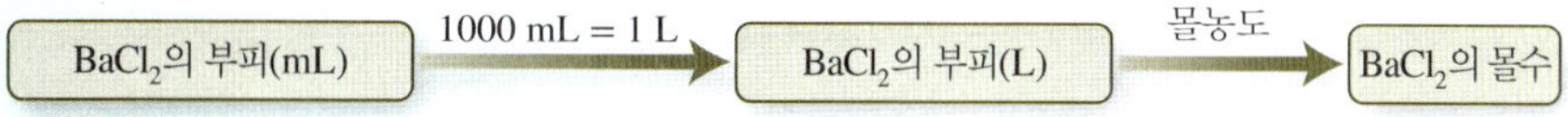

$BaCl_2$의 부피(mL) → (1000 mL = 1 L) → $BaCl_2$의 부피(L) → (몰농도) → $BaCl_2$의 몰수

$$BaCl_2\text{의 몰수} = 130.0\ \text{mL } BaCl_2\ \text{용액} \times \frac{1\ \text{L}}{1000\ \text{mL}} \times \frac{0.250\text{몰 } BaCl_2}{\text{L } BaCl_2\ \text{용액}}$$
$$= 0.0325\text{몰 } BaCl_2$$

이제 $BaCl_2$의 몰수를 결정했으므로 다른 반응물 K_2SO_4의 몰수를 균형 맞춘 화학 반응식으로 정의된 몰비를 사용하여 결정할 수 있다. 평형 반응식의 계수는 1몰의 $BaCl_2$가 1몰의 K_2SO_4와 반응하여 1몰의 $BaSO_4$를 생성한다고 알려준다. 이제 화학 반응식의 몰 비를 사용하여 그 반응에 필요한 K_2SO_4의 몰수를 계산할 수 있다.

$BaCl_2$의 몰수 → (몰비) → K_2SO_4의 몰수

$$K_2SO_4\text{의 몰수} = 0.0325\text{몰 } BaCl_2 \times \frac{1\text{몰 } K_2SO_4}{1\text{몰 } BaCl_2} = 0.0325\text{몰 } K_2SO_4$$

$BaCl_2$와 완전하게 반응하기 위해 필요한 K_2SO_4의 몰수를 알기 때문에 원하는 몰수를 제공할 K_2SO_4 용액의 부피를 계산해야 한다.

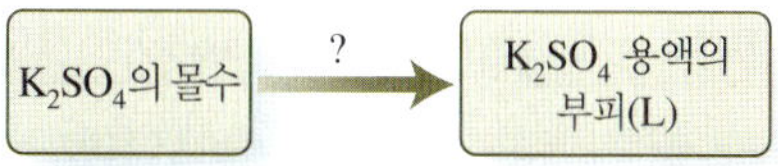

K_2SO_4의 몰수 → (?) → K_2SO_4 용액의 부피(L)

K_2SO_4 용액의 몰농도는 부피를 계산하는 데 사용할 수 있는 관계를 제공한다.

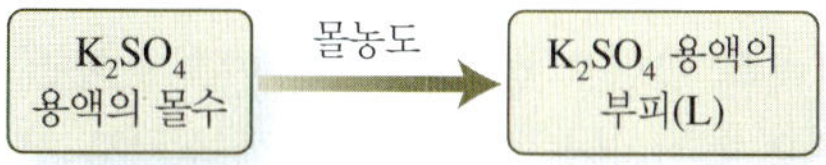

K_2SO_4 용액의 몰수 → (몰농도) → K_2SO_4 용액의 부피(L)

$$K_2SO_4\ \text{용액의 부피} = 0.0325\text{몰 } K_2SO_4 \times \frac{1\ \text{L } K_2SO_4\ \text{용액}}{0.450\text{몰 } K_2SO_4}$$
$$= 0.0722\ \text{L } K_2SO_4\ \text{용액}$$

K_2SO_4 용액의 이 부피를 모든 $BaCl_2$와 반응하는 K_2SO_4의 충분한 몰수(0.0325몰)를 가진 용액의 양으로 해석할 수 있다. 이 단계적 접근의 또 다른 방법은 한 계산에서 연속적으로 환산을 설정하는 것이다. 필요한 K_2SO_4의 부피를 결정하기 위해 다음의 환산 순서를 설정할 수 있다.

$$K_2SO_4\ \text{용액의 부피} = 0.1300\ \text{L } BaCl_2\ \text{용액} \times \frac{0.250\text{몰 } BaCl_2}{1\ \text{L } BaCl_2\ \text{용액}}$$

반응물과 생성물의 질량을 포함한 문제를 풀기 위해 제6장에서 배운 다음의 길잡이를 상기하라.

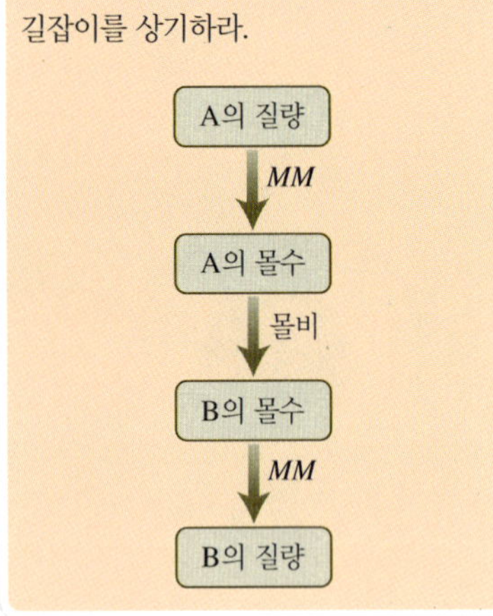

$$\times \frac{1\text{몰 } K_2SO_4}{1\text{몰 } BaCl_2} \times \frac{1\text{ L } K_2SO_4 \text{ 용액}}{0.450\text{몰 } K_2SO_4}$$
$$= 0.0722\text{ L } K_2SO_4 \text{ 용액}$$

이 부피는 매우 작은 수이므로 더 편리하게 밀리리터로 나타낸다.

$$\text{부피(mL)} = 0.0722\text{ L } K_2SO_4 \text{ 용액} \times \frac{1000\text{ mL}}{1\text{ L}}$$
$$= 72.2\text{ mL } K_2SO_4 \text{ 용액}$$

다음 순서는 이 문제를 풀기 위해 사용된 관계를 요약한 것이다.

이제 두 번째 질문은 130.0 mL의 0.250 *M* $BaCl_2$에 72.2 mL의 0.450 *M* K_2SO_4를 넣었을 때 생성될 고체 $BaSO_4$의 질량을 계산하는 것이다. 여기에서 가장 큰 차이점은 생성물이 용액에 녹지 않는 고체이기 때문에 생성물의 질량(용액의 부피 대신)을 결정한다는 것이다. 이전의 다단계 계산의 첫 번째 부분에서 $BaCl_2$의 몰수를 알고 있다. 균형 맞춘 화학 반응식에서 주어진 몰비를 사용하여 $BaSO_4$의 몰수를 결정할 수 있다.

$$BaSO_4\text{의 몰수} = 0.0325\text{몰 } BaCl_2 \times \frac{1\text{몰 } BaSO_4}{1\text{몰 } BaCl_2} = 0.0325\text{몰 } BaSO_4$$

마지막으로 $BaSO_4$의 몰수를 그램 단위로 변환해야 한다. 4.2절에서 몰과 그램 사이를 전환은 몰질량을 사용함을 상기하라.

$BaSO_4$의 몰수 —몰질량→ $BaSO_4$의 질량

$$BaSO_4\text{의 질량} = 0.0325\text{몰 } BaSO_4 \times \frac{233.4\text{ g } BaSO_4}{1\text{몰 } BaSO_4} = 7.59\text{ g } BaSO_4$$

이 단계적 접근의 또 다른 방법은 한 계산에서 연속적으로 환산을 설정하는 것이다. 생성된 $BaSO_4$의 질량을 결정하기 위해 다음 환산 순서를 설정할 수 있다.

$$BaSO_4\text{의 질량} = 0.1300\text{ L } BaCl_2 \text{ 용액} \times \frac{0.250\text{몰 } BaCl_2}{1\text{ L } BaCl_2 \text{ 용액}}$$
$$\times \frac{1\text{몰 } BaSO_4}{1\text{몰 } BaCl_2} \times \frac{233.4\text{ g } BaSO_4}{1\text{몰 } BaSO_4}$$
$$= 7.59\text{ g } BaSO_4$$

용액 농도를 포함한 문제를 푸는 열쇠는 농도가 환산 인자로 사용될 수 있는 비인 것

을 인식하는 것이다. 부피를 알고 몰수를 계산하기를 원하면 몰농도로 곱해 주면 된다. 몰수가 주어지고 부피를 계산하기 원하면 몰농도로 나눈다.

➔ 응용 연습 11.8

$BaSO_4$가 다른 용도로 사용할 수 있도록, 반응 용액에서 어떻게 분리해 낼 수 있을까? 물을 증발시키면 될까?

➔ 실전 연습 11.8

질산 납(II) 용액과 크로뮴산 포타슘 용액을 혼합하면 반응식에 의해 노란색 침전이 형성한다.

$$Pb(NO_3)_2(aq) + K_2CrO_4(aq) \longrightarrow PbCrO_4(s) + 2KNO_3(aq)$$

100.0 mL의 0.120 *M* 크로뮴산 포타슘과 반응하는 데 필요한 0.105 *M* 질산 납(II)의 부피는 얼마인가? 또 생성되는 고체 $PbCrO_4$의 질량은 얼마인가?

➔ 심화 연습: 연습 문제 11.71

›› 산-염기 적정

동영상: 중화 반응

용액에서 일어나는 또 다른 유형의 반응인 산-염기 중화 반응을 생각해 보자. 그 반응에서 산은 염기와 반응하여 염과 물을 생성한다. 수소 이온과 수산화 이온으로부터 물 분자가 생성되는 것은 모든 수용액에서의 중화 반응에 공통적이다. 산-염기 반응은 산이 수소 이온을 내놓고, 염기가 수소 이온을 받아들이는 것도 포함된다. 잘 알려진 예로 모두 센전해질인 염산과 수산화 소듐의 반응을 들 수 있다.

$$\text{염산} + \text{수산화 소듐} \longrightarrow \text{염화 소듐} + \text{물}$$

이 반응의 분자 반응식은 다음과 같다.

$$HCl(aq) + NaOH(aq) \longrightarrow NaCl(aq) + H_2O(l)$$

이 반응에 대한 이온 반응식은 다음과 같다.

$$H^+(aq) + Cl^-(aq) + Na^+(aq) + OH^-(aq) \longrightarrow Na^+(aq) + Cl^-(aq) + H_2O(l)$$

Na^+와 Cl^- 이온은 반응식의 양쪽에 있지만, 반응에 참여하지 않는 것을 주목하라. 이들은 알짜 반응식을 쓸 때 생략될 수 있는 구경꾼 이온이다.

$$H^+(aq) + OH^-(aq) \longrightarrow H_2O(l)$$

동영상: 산-염기 적정

이 알짜 이온 반응식은 모든 수용액의 센산-센염기 반응에서 일반적으로 사용한다. 센산과 센염기는 센 전해질이며, 이것은 제13장에서 더 자세히 공부할 것이다.

적정(titration)은 농도를 알고 있는 한 물질의 용액과 반응시켜서 용액 상태의 어떤 물질의 농도를 결정하는 과정이다. 그 기술은 다른 유형의 반응에도 응용될 수 있지만, 여기서는 산-염기 적정에 집중할 것이다. 적정을 수행하기 위해 그림 11.25에 나타낸 것과 같이, 두 물질 사이의 반응이 완결되는 순간을 막 넘어설 때까지, 한 용액을 부피를 알고 있는 다른 용액에 첨가한다. ***지시약***(*indicator*)의 색깔 변화로 ***당량점***(*equivalence point*)으로 정의되는 이 점에 도달했을 때를 알 수 있다. 지시약이란 산이나 염기 함량 변화에 민감한 물질로 용액에 첨가된다. 그림 11.25의 색깔 변화를 주목하라. 여기에 사용된 지시약인 페놀프탈레인은 용액이 염기성이 되면 무색에서 분홍색으로 변한다. 지

지시약은 제13장에서 더 자세히 논의될 것이다.

산-염기 적정을 이용하여 아스피린에 포함된 산의 양이나 제산제에 포함된 염기의 양을 결정할 수 있다.

그림 11.25 측정된 부피의 산 농도를 결정하기 위해, 지시약의 색깔 변화와 같은 어떤 신호가 관찰될 때까지 농도를 아는 염기를 첨가한다. 이 실험실 기술을 적정이라고 한다.

시약 색깔이 변하는 점을 ***종말점***(*end point*)이라고 한다. 종말점은 당량점과는 약간 다르지만, 일반적으로 좋은 근사치이다.

적정을 할 때에는 화학 반응에 포함된 한 물질의 양을 이용하여 다른 물질의 양을 계산한다. 적정 계산에서 농도를 아는 반응물 용액의 부피를 이용하여 그 반응물의 몰수를 계산한다. 다른 반응물의 몰수는 균형 반응식의 계수로부터 얻고, 그 값과 미지 용액의 부피를 이용하여 미지 시료의 몰농도를 계산한다. 예제 11.9에 적정 계산을 하는 방법을 나타내었다.

예제 11.9 ▶ 산-염기 적정

농도를 모르는 25.05 mL의 NaOH 용액이 25.00 mL의 0.1000 *M* H_2SO_4 용액과 반응하는 적정을 생각해 보자. 그 반응에 대한 화학 반응식은 다음과 같다.

$$H_2SO_4(aq) + 2NaOH(aq) \rightarrow 2H_2O(l) + Na_2SO_4(aq)$$

NaOH 용액의 몰농도는 얼마인가?

≫ 풀이:

한 반응물의 부피를 이용하여 다른 반응물의 몰농도를 계산해야 한다.

H_2SO_4 용액의 부피 —?→ NaOH 용액의 몰농도

이 두 양 사이에 직접적인 관계는 없다. 용액의 몰농도는 그 용질 용액의 부피에 대한 용질의 몰비이기 때문에 NaOH 용액의 몰농도를 결정하기 위해 이 두 양을 알 필요가 있다. NaOH 용액의 부피는 이 문제에서 알려져 있지만 NaOH의 몰수는 모른다. H_2SO_4에 대하여 가지고 있는 정보로부터 H_2SO_4와 반응하는 NaOH의 몰수를 계산해야 할 것이다.

먼저 용액의 몰농도와 부피로부터 H_2SO_4의 몰수를 계산한다면, 균형 맞춘 화학 반응식에서 얻은 몰비를 사용하여 두 반응물을 연관시킬 수 있고, NaOH의 몰수를 결정할 수 있다. 균형 맞춘 화학 반응식에서 1 mol의 H_2SO_4은 2몰의 NaOH와 반응한다는 것을 안다. H_2SO_4의 부피와 몰농도 및 균형 맞춘 화학 반응식에 주어진 몰비로부터, 반응된 NaOH의 몰수를 계산할 수 있다.

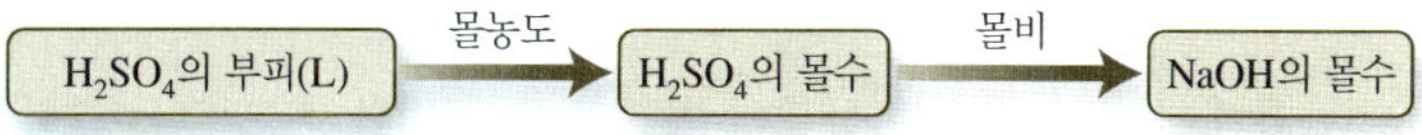

H_2SO_4의 부피(L) → (몰농도) → H_2SO_4의 몰수 → (몰비) → NaOH의 몰수

몰농도의 부피 단위가 리터로 나타내기 때문에 밀리리터를 리터로 바꾸는 것부터 시작한다. 그리고 반응하는 NaOH의 몰수를 계산할 수 있는 관계식에 대입한다.

$$\text{NaOH의 몰수} = 25.00\ \cancel{\text{mL } H_2SO_4\text{ 용액}} \times \frac{1\ \cancel{\text{L}}}{1000\ \cancel{\text{mL}}} \times \frac{0.1000\text{몰 }\cancel{H_2SO_4}}{\cancel{\text{L } H_2SO_4\text{ 용액}}} \times \frac{2\text{몰 NaOH}}{1\cancel{\text{몰 } H_2SO_4}} = 0.005000\text{몰 NaOH}$$

이제 원래 용액에 존재하는 NaOH의 몰수를 안다. 이 양과 문제에서 주어진 부피를 사용하여 몰농도를 계산할 수 있다. 몰농도는 용액의 부피에 대한 용질의 몰 비인 것을 상기하라. 그래서 밀리리터의 부피를 리터로 바꾸어야 한다. 그리고 이 양을 사용하여 NaOH 용액의 몰농도를 계산한다.

$$\text{NaOH 용액의 부피} = 25.05\ \cancel{\text{mL}}\text{ NaOH 용액} \times \frac{1\text{ L}}{1000\ \cancel{\text{mL}}} = 0.02505\text{ L NaOH 용액}$$

$$\text{몰농도} = \frac{\text{용액의 몰수}}{\text{용액의 리터수}} = \frac{0.005000\text{몰 NaOH}}{0.02505\text{ L 용액}} = 0.1996\ M\text{ NaOH}$$

이 문제를 풀기 위해 사용된 관계는 다음에 요약하였다.

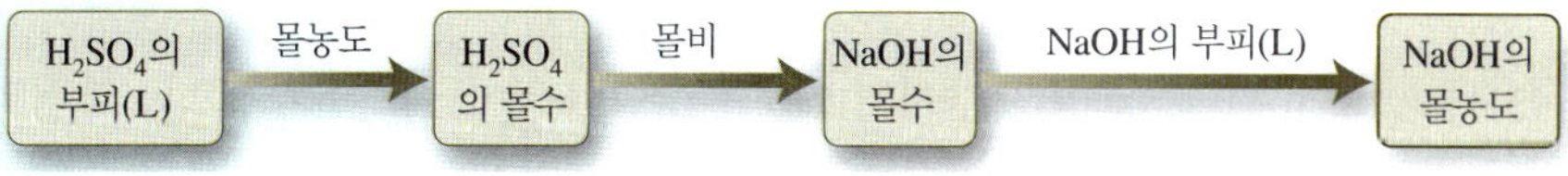

H_2SO_4의 부피(L) → (몰농도) → H_2SO_4의 몰수 → (몰비) → NaOH의 몰수 → (NaOH의 부피(L)) → NaOH의 몰농도

➜ 응용 연습 11.9

위 반응이 완료되면 얻을 수 있는 Na_2SO_4의 질량은 얼마인가?

➜ 실전 연습 11.9

농도를 모르는 25.00 mL의 $Ba(OH)_2$ 용액을 완전히 적정하는 데 0.2437 M HCl 용액 28.18 mL가 필요하다. 수산화 바륨 용액의 몰농도는 얼마인가?

➜ 심화 연습: 연습 문제 11.79

용액의 양을 포함하는 계산은 제6장에서 설명한 질량을 사용하는 것과 유사하다. 일반적으로 부피와 몰농도를 포함한 계산을 체계화하면 다음과 같다.

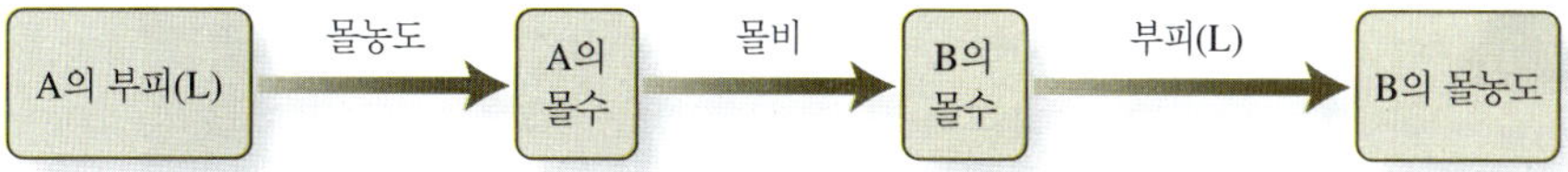

A의 부피(L) → (몰농도) → A의 몰수 → (몰비) → B의 몰수 → (부피(L)) → B의 몰농도

동영상: 삼투 현상

11.6 총괄성

인체에서 물의 위치를 나타내는 몇 가지 용어들이 있다. 세포 내부에 있는 물은 ***세포 내***(*intracellular*)이고, 세포 외부의 물은 ***세포 외***(*extracellular*)라고 한다. 세포외는 혈액 중의 혈장과 세포 사이의 공간에 있는 ***틈새***(*interstitial*) 물을 모두 포함한다.

용질이 순수한 용매에 용해되면 두 물질의 성질이 모두 변할지 모른다. 화학 변화를 일으키는 몇몇 반응을 이미 조사하였지만, 물리적 성질의 변화에 반드시 화학적 변화가 따르는 것은 아니다. 어떤 성질은 용질의 종류에 의존하지 않고, 존재하는 용질 입자들의 수에만 의존한다. 그와 같은 성질을 **총괄성**(colligative property)이라고 한다. 총괄성은 특정한 양의 용매에 존재하는 용질 입자(분자나 이온)의 수에만 의존한다. 용질이 어떤 것인가는 문제가 되지 않는다. 총괄성에는 삼투압, 증기 압력 내림, 끓는점 오름, 어는점 내림이 포함된다.

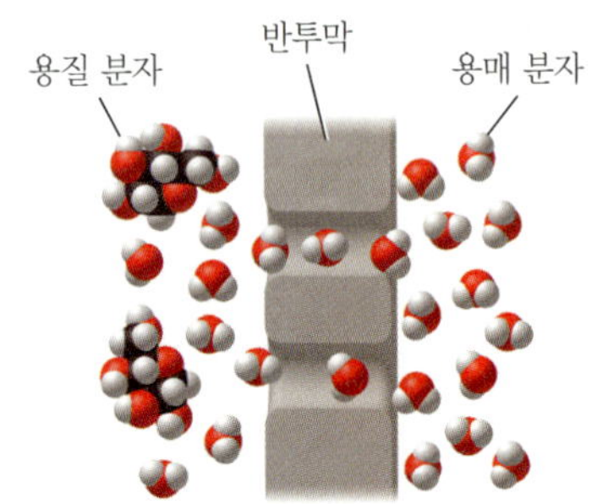

그림 11.26 용액이 반투막으로 분리되면 용매는 장벽을 통해 용질 농도가 낮은 용액에서 용질 농도가 높은 용액으로 이동할 것이다. 이 그림에 나타난 바와 같이 막의 오른쪽에서 왼쪽으로 용매 분자의 알짜 이동이 일어난다.

>> 삼투압

사람 몸에서 일어나는 많은 과정에 용액이 관여하고 있다. 인체는 세포 안의 용질의 농도와 세포 밖 액체의 외부 농도 사이의 균형을 맞추는 기능을 한다. 용질 농도의 불균형에 몸이 비우호적으로 반응하기 때문에 정맥 주사액의 입자 농도는 잘 조절되어야 한다. 예를 들면 혈액에 들어 있는 용질들의 농도가 적혈구 세포 내의 용질 농도보다 더 높으면 적혈구 세포는 쪼그라든다. 액체에 들어 있는 용질 농도가 더 낮으면 세포는 팽창한다. 이런 변화는 왜 일어나는가?

삼투(osmosis)는 용질 입자를 통과시키지 않는 장벽을 통해 용매 입자가 확산하는 과정이다. 삼투에 의해 물이 식물과 동물 세포벽과 막을 통과한다. 물 분자의 이동으로 인해 세포와 세포 밖의 용질 농도가 같아진다. 어떤 물질은 통과시키지만, 다른 물질은 통과시키지 않는 막을 **반투막**(semipermeable membrane)이라고 한다. 그림 11.26에 나타낸 것처럼, 물은 용질의 농도가 더 묽은 쪽에서 더 진한 쪽으로 이동하는 경향이 있다. 물 분자들의 이와 같은 이동은 막 양쪽의 용질 농도를 비슷하게 한다.

인체의 신장은 다른 과정들을 사용하여 혈액에 들어있는 용질 농도를 조절한다. 여과를 통하여 요소 및 기타 작은 분자와 이온을 제거하지만 일부 구성 요소는 혈류로 되돌아간다. 포도당(glucose)과 중요한 이온은 활성 수송(active transport)이라 부르는 과정에 의해 재흡수가 일어나며, 일부 물의 재흡수 과정은 ***삼투***(*osmosis*)에 의해 일어난다.

예를 들면 순수한 물을 반투막의 한쪽에 놓고, 다른 쪽에 염 용액을 놓으면 염 용액의 부피는 비커의 물 높이 이상으로 상승한다(그림 11.27). 물 분자가 막을 통하여 비커의 순수한 물에서 염 용액으로 이동하기 때문에 상승이 일어난다. 결과적으로 염 용액은 더 묽어진다. 이런 과정이 일어나는 한 가지 이유는 물질이 더 무질서하게 되려는 경향인 엔트로피이다. 용매 분자들이 막을 통해 이동하면 용액의 용질 입자들의 분포는 더욱 더 무질서하게 된다.

삼투를 막기 위해, 즉 물이 막의 더 진한 쪽으로 통과하지 못하게 하기 위해 용액 쪽에 압력을 가할 수 있다. 그림 11.28에 나타낸 것처럼 ***삼투압***(*osmotic pressure*)이라고 하는 이 압력은 묽은 용액(또는 순수한 용매)과 진한 용액을 반투막으로 분리하였을 때

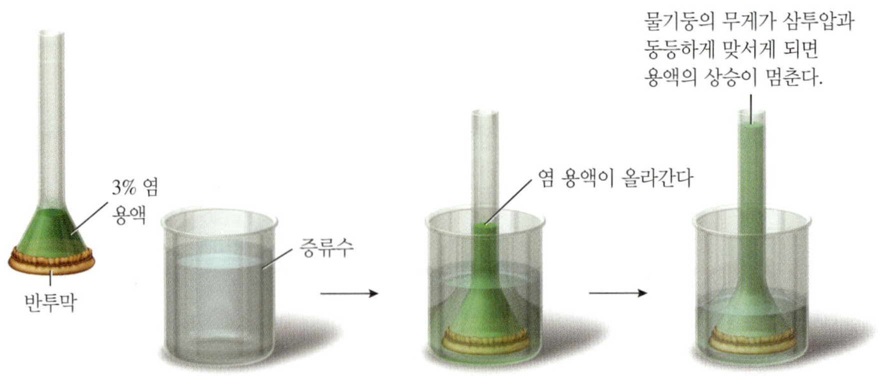

그림 11.27 반투막에 둘러싸인 3% 염 용액을 순수한 물에 넣으면 물 분자가 막을 통과해 염 용액 속으로 이동하여 용액은 상승한다. 막의 양쪽의 농도가 삼투로 인해 같아질 수 있는가?

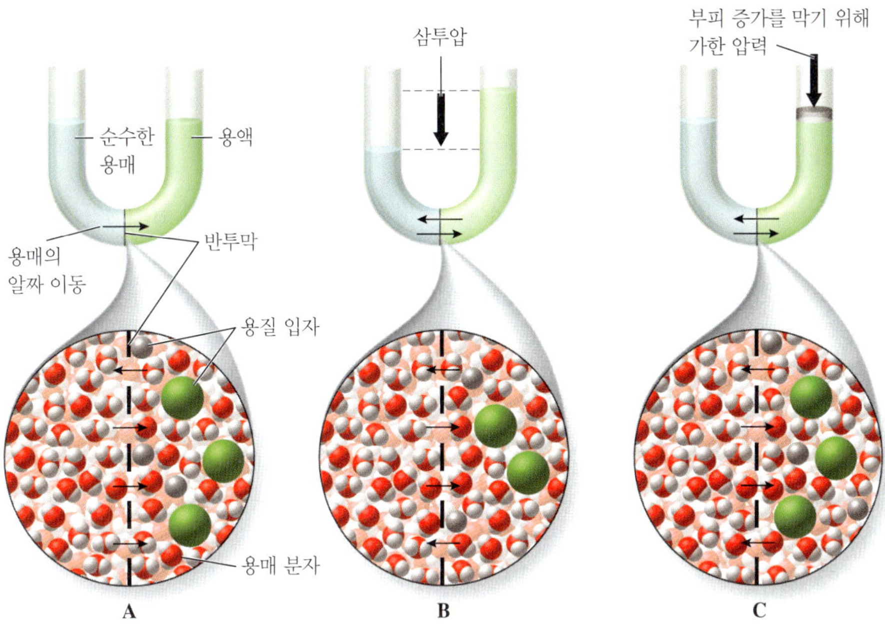

그림 11.28 (A) 용매는 순수한 용매 쪽에서 용액으로 막을 통해 이동한다. (B) 용액의 부피는 증가하고 농도는 묽어진다. 부피의 차이로 인해 삼투압이 생긴다. (C) 삼투가 일어나지 않도록 하기 위해서는 용액이 같은 높이가 되도록 막의 용액 쪽에 외부 압력을 가해야 한다.

관에서 용액이 상승하는 기둥의 높이와 관련이 있다. 다른 총괄성과 마찬가지로, 삼투압은 용질의 종류와는 무관하다. 삼투압은 단지 용질 입자들의 농도에 따라 변한다.

삼투압보다 더 큰 압력을 가하면 용매와 반대 방향으로 흐르게 할 수 있다. ***역삼투***(*reverse osmosis*)라고 하는 이 과정에서는 용매가 반투막을 통해 높은 농도에서 낮은 농도의 용액으로 흐른다(그림 11.29). 많은 유명 상표의 생수가 이 과정을 통하여 제조된다. 역삼투는 해수를 탈염하는 과정에서도 중요하다. 이 과정에서는 해수의 삼투압보다 훨씬 더 높은 압력인 약 25기압으로 반투막이 설치된 관을 통해 해수를 밀어 준다. 결과적으로 물 분자들이 용질의 농도가 높은 쪽에서 낮은 쪽으로 흐른다(삼투의 역). 가정용 역삼투 장비에서는 규모는 더 작지만 동일한 과정이 사용된다.

삼투 동안 물은 실질적으로 양방향으로 이동한다. 그러나 물은 용질의 농도가 같게 되는 방향으로 더 많이 이동한다.

이제 생명체의 혈액에서 일어나는 과정에 대하여 살펴보자(그림 11.30). 혈액은 많은 물질들이 용해되어 있는 용액인데, 이 용액 안에서 적혈구 세포가 부유된 상태로 온몸으로 운반된다. 혈액이 적혈구 세포 내의 액체보다 용해된 용질의 농도가 더 높으면 물은 적혈구 세포 밖으로 흘러나와서 세포들은 쪼그라들 것이다. 혈액이 세포보다 용질의 농도가 더 높으면 ***고장성***(*hypertonic*)이라고 한다. 혈액이 적혈구 세포보다 용질의 농도가 더 낮으면 물은 적혈구 세포로 들어가서 적혈구 세포를 팽창하게 할 것이다. 이 경우에 혈액은 ***저장성***(*hypotonic*)이라고 한다. 적혈구 세포의 안과 밖의 용질의 농도가

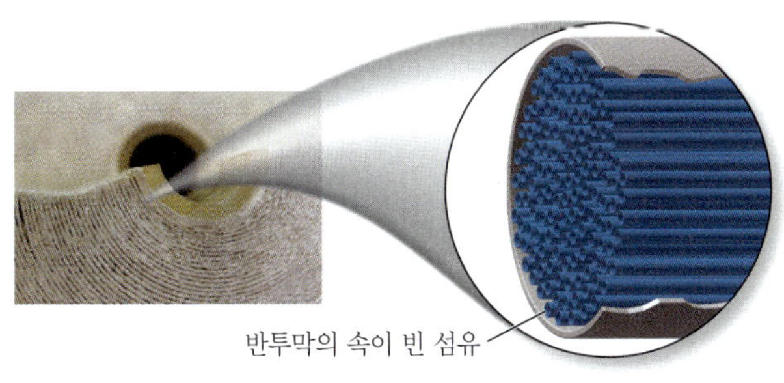

그림 11.29 전형적인 역삼투 코일에는 반투막으로 만들어진 속이 빈 형태의 섬유들이 많이 들어 있다. 해수를 고압으로 코일 내부로 밀어 넣으면, 용매는 고농도의 용액으로부터 섬유 안으로 흐르게 되고 순수한 물이 회수된다.

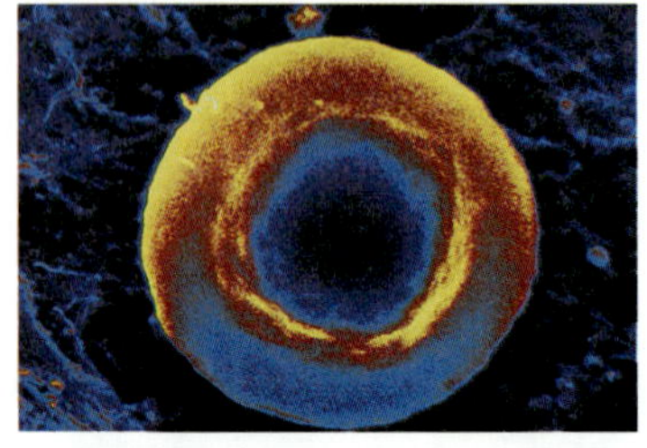
A

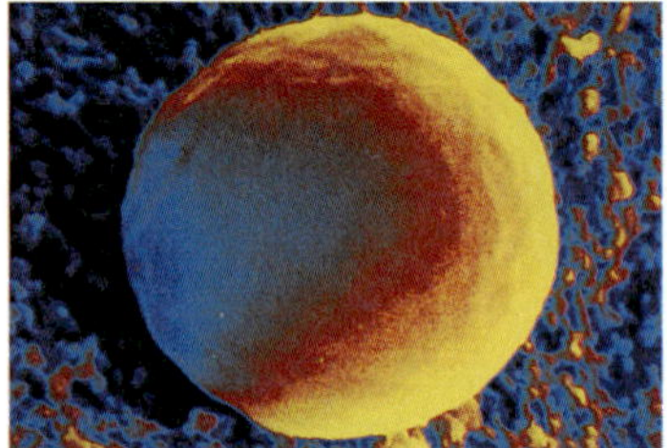
B

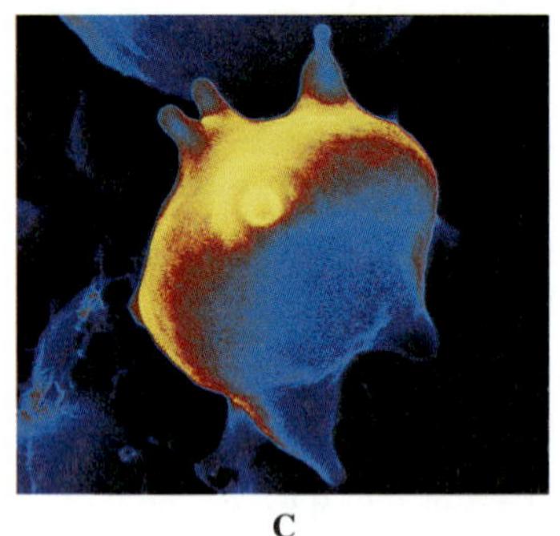
C

그림 11.30 (A) 주위 용액이 세포 내용물과 같은 용질 농도를 가진 *등장성*에서는 세포 크기가 정상적으로 유지된다. (B) 주위 용액이 *저장성*이면 물 분자가 적혈구 세포로 들어가 세포를 팽창시킨다. 결국에는 적혈구 세포는 터진다. (C) *고장성*의 주위 용액은 물 분자를 적혈구 세포 밖으로 움직이게 하여 적혈구 세포는 쪼그라든다.

(모든 그림): ©David M. Philips/Science Source

동일하면 이 혈액은 ***등장성***(*isotonic*)이라고 한다. 이런 이유로 인하여 정맥 주사로 주입되는 용액은 혈액과 등장성이어야 한다.

≫ 증기 압력 내림

설탕, 즉 수크로스의 수용액을 생각해 보자. 설탕 용액과 순수한 물이 담긴 각각의 비커를 밀폐된 용기 안에 놓으면, 시간이 흐른 뒤 설탕 용액의 부피는 증가할 것이고 순수한 물의 부피는 감소할 것이다(그림 11.31). 왜? 답은 순수한 용매와 설탕 용액의 증기 압력의 차이에 있다. 계가 밀폐되어 있기 때문에 기화하는 물은 도망갈 수 없다. 대신 물은 더 큰 증기 압력을 가진 액체로부터 더 빨리 기화하고 더 낮은 증기 압력을 가진 액체에서 응축한다. 용질 분자들의 존재는 용매의 증기 압력을 낮춘다(그림 11.32).

용질은 휘발성과 비휘발성으로 분류될 수 있다. ***휘발성***(*volatile*) 용질은 손쉽게 기체를 형성하지만, ***비휘발성***(*nonvolatile*) 용질은 그렇지 못하다. 에탄올은 휘발성 용질이고, 설탕은 비휘발성이다. 증기 압력에 대한 용액 중의 비휘발성 용질의 영향을 그림 11.33에 도표로 나타나 있다. 주어진 온도에서 용액의 증기 압력은 순수한 용매의 그것보다 낮다는 것을 주목하라.

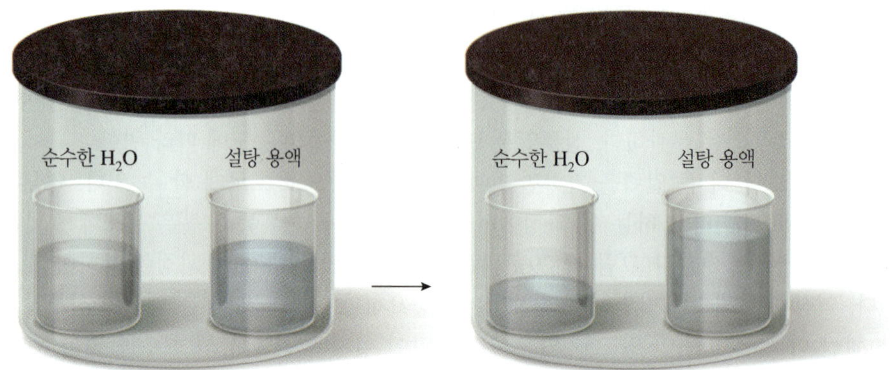

그림 11.31 물은 순수한 물이 담긴 비커에서 더 빠르게 기화하여 설탕 용액이 담긴 비커로 응축한다.

그림 11.32 순수한 용매에 용질을 가하면 기체 상태의 용매 분자의 수가 감소하여 증기 압력이 낮아진다.

(두 그림 모두): ©Brian Moeskau/Moeskau Photography

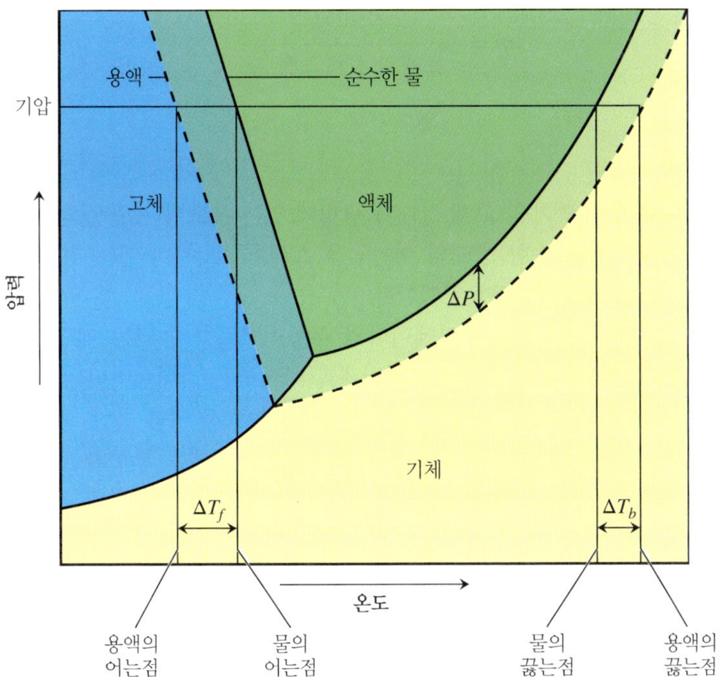

그림 11.33 비휘발성 용질을 넣으면 물의 증기 압력은 더 낮아진다. 이것 때문에 끓는점 오름(ΔT_b)과 어는점 내림(ΔT_f)이 나타난다.

그림 11.33의 그래프를 ***상도표***(*phase diagram*)라고 한다. 이것은 주어진 온도와 압력에서 한 물질의 물리적 상태를 나타낸다. 예를 들면 액체와 기체 상태 사이에 있는 순수한 용매에 대한 곡선은 액체 상태와 기체 상태가 평형에 있는 온도와 압력을 나타낸다. 온도가 증가하면 증기 압력은 증가한다. 용액에 대한 액체-기체 곡선의 위치를 확인하라. 그것은 순수한 용매에 대한 곡선보다 낮은데, 이것은 주어진 온도에서 용기의 증기 압력이 순수한 용매의 증기 압력보다 낮다는 것을 의미한다. 증기 압력 내림은 그림 11.33에 ΔP로 나타내고 있다.

순수한 액체에 대한 증기 압력 곡선은 제10장에서 논의되었다.

동영상: 물질의 상태와 상 도표

>> 끓는점 오름

온도가 증가하면 액체의 증기 압력이 증가한다는 것을 이미 배웠다. 그림 11.33에서 온도가 충분하게 올라가면 액체의 증기 압력이 주위 대기 압력과 같아질 수 있다. 두 압력이 같아지면 액체는 끓는점에 도달한다. 용질을 첨가하면 증기 압력에 영향을 주기 때문에 끓는점에 영향을 준다. 용질의 존재는 증기 압력이 대기압까지 상승하기 위하여 더 높은 온도가 요구되므로 끓는점도 상승한다는 것을 의미한다. 끓는점 오름은 그림 11.33에 ΔT_b로 나타나 있다.

증기 압력 내림은 용질의 농도에 비례하므로 끓는점 오름 또한 용질의 농도에 비례한다. 끓는점 오름은 정량적으로 용액에 존재하는 용질 입자들의 몰랄 농도와 관련이 있다. 그림 11.33에 나타낸 용액의 몰랄 농도가 더 커지면 끓는점의 차이는 비례해서 더 커질 것이다. 끓는점의 변화는 다음 식에 의해 용질 입자의 몰랄 농도에 연관된다.

$$\Delta T_b = K_b\, m$$

ΔT_b는 용액과 순수한 용매의 끓는점의 차이이다. K_b는 용매의 특성과 관련된 ***끓는점 상수***(*boiling point constant*)이다. 물의 K_b는 0.52°C/m이다. m은 용액의 몰랄 농도임을 다시 상기하라.

$$m = \frac{\text{용질의 몰수}}{\text{용매의 킬로그램수}}$$

》 어는점 내림

많은 수제 아이스크림은 아이스크림을 얼리기 위해 얼음과 소금을 혼합할 필요가 있다. 소금은 물의 어는점을 낮춰서 얼음-소금 혼합물은 소금이 없는 물보다 더 차갑다.

액체의 어는점은 물질의 액체와 고체 상태가 평형에 있는 온도이다. 용질의 존재는 그림 11.33에 나타낸 것처럼 순수한 용매의 어는점을 ΔT_f만큼 낮춘다. 끓는점 오름과 같이 어는점 내림은 용질의 몰랄 농도에 비례한다.

이런 총괄성의 예를 자동차 라디에이터의 부동액으로 사용되는 에틸렌 글라이콜($HOCH_2CH_2OH$)에서 찾아볼 수 있다. 에틸렌 글라이콜은 라디에이터의 냉각제로 사용되어 물의 어는점을 낮춘다. (그것은 또한 끓는점을 높여서 여름 동안 끓어 넘치는 것을 방지한다.) 추운 날씨에 널리 사용되는 또 다른 응용의 예는 도로와 인도의 얼음을 녹이기 위해 사용되는 염화 소듐 또는 염화 칼슘을 들 수 있다. 이 화합물들은 물의 어는점이 낮추도록 작용한다.

몰랄 농도와 어는점 내림의 관계는 끓는점 오름에 대한 것과 유사한 식으로 나타낸다.

$$\Delta T_f = K_f m$$

ΔT_f는 순수한 용매와 용액의 어는점 차이이다. K_f는 용매의 특성과 관련된 ***어는점 내림 상수***(*freezing point constant*)이다. 물의 K_f는 $-1.86°C/m$이다.

예제 11.10 ▶ 끓는점 오름과 어는점 내림

1.5 *m* 수크로스(설탕) 수용액의 끓는점은 얼마인가?

》 풀이:

다음 관계를 사용하여 용액에 대한 끓는점 차를 결정할 수 있다.

$$\Delta T_b = K_b m = \left(\frac{0.52°C}{\cancel{m}}\right) \times 1.5\,\cancel{m} = 0.78°C$$

그 용액의 끓는점은 정상적인 끓는점보다 0.78°C 더 높다. 물의 정상 끓는점은 100°C이기 때문에 그 용액은 100.78°C에서 끓는다.

➔ 응용 연습 11.10

순수한 물의 증기 압력과 비교하면 위 용액의 증기 압력은 얼마인가?

➔ 실전 연습 11.10

1.5 *m* 수크로스 수용액의 어는점은 얼마인가?

➔ 심화 연습: 연습 문제 11.93

》 총괄성과 센전해질

예제 11.10에서 몰랄 농도를 사용하여 용액의 끓는점과 어는점의 변화를 계산하였다. 끓는점(또는 어는점)의 변화를 알면 그 과정을 역으로 추론해서 용액의 몰랄 농도를 계산할 수 있다. 그러나 많은 용액의 경우 측정된 총괄성은 그와 같은 계산으로 예측된 것보다 더 크다. 왜냐하면 많은 용질들이 용해되면 이온으로 해리하기 때문이다. 총괄성은 용액에 존재하는 용질 입자의 수에 비례한다. 끓는점 오름 또는 어는점 내림의 측정값이 계산 값보다 훨씬 더 크면 용질이 전해질이고 이온으로 해리한다는 것을 추론할 수 있다.

해리도는 물질이 물에서 어떻게 행동하는지를 고려하여 결정할 수 있다. 이것은 용해된 한 화학식 단위의 용질에 의해 생성되는 평균 입자수로 종종 표현된다. 예를 들면 NaCl 한 화학식 단위가 용해되면 완전히 해리하여 $Na^+(aq)$와 $Cl^-(aq)$ 두 이온을 형성한다. 용해하는 모든 NaCl 화학식 단위마다 용액에 두 개의 입자를 만들어 낸다. 이온의 몰랄 농도는 NaCl 농도의 2배이다. 그러므로 1 *m* NaCl 용액은 2 *m*의 이온 농도를 가질 것이다. 반면에 비전해질인 설탕이 물과 혼합하면 분자 구조를 유지하므로 용해되는 분자당 한 개의 설탕 입자만이 수용액에 존재한다. 용액에 존재하는 입자의 농도가 총괄성을 결정하기 때문에 센전해질 NaCl 1 *m* 용액은 비전해질인 1 *m* 수크로스 용액이 어는점과 끓는점에 미치는 효과에 약 두 배가 된다는 것을 예측할 수 있다.

센전해질이라고 해서 반드시 100% 해리되지는 않는다. 때때로 반대 전하의 이온들이 용액에서 서로 당겨서 이온쌍으로 느슨하게 존재한다. 그 결과 예상된 총괄성 성질에서 약간의 편차가 있다.

예제 11.11 ▶ 총괄성과 센전해질

다음 수용액 중 끓는점이 가장 높은 것은? 1 *m* 수크로스, 1 *m* NaCl, 1 *m* $MgCl_2$.

» 풀이:

끓는점 오름은 용액에 존재하는 입자의 수에 의존한다. 수크로스는 물에 용해되면 분자 구조를 유지하므로 1 *m* 수크로스 용액의 입자의 농도는 1 *m*이다.

염화 소듐의 한 화학식 단위는 해리하여 수용액에 두 개의 이온을 내놓는다.

$$NaCl(s) \longrightarrow Na^+(aq) + Cl^-(aq)$$

따라서 1 *m* NaCl 용액의 입자의 농도는 약 2 *m*이다.

염화 마그네슘도 해리하여 수용액에서 이온을 만든다.

$$MgCl_2(s) \longrightarrow Mg^{2+}(aq) + 2Cl^-(aq)$$

$MgCl_2$의 화학식 단위마다 세 개의 이온을 제공한다. 따라서 1 *m* $MgCl_2$ 용액에서 입자의 농도는 약 3 *m*이다. 이 용액의 용해된 입자들의 농도가 가장 높으므로 끓는점이 가장 높을 것으로 예상된다.

➔ 응용 연습 11.11

1 *m* $MgCl_2$ 수용액과 1 *m* $Mg(NO_3)_2$ 수용액 중 어느 것이 끓는점이 더 높겠는가?

➔ 실전 연습 11.11

다음 수용액 중 어는점이 가장 낮을 것으로 예상되는 것은? 0.5 *m* CH_3CH_2OH, 0.5 *m* $Ca(NO_3)_2$, 0.5 *m* KBr

➔ 심화 연습: 연습 문제 11.95

제11장 복습하기

주요 개념 _Key Concepts

- 용액은 어떤 물리적 상태에서든 모두 존재한다.
  - 합금과 기체 혼합물은 용액이다.
  - 가장 일반적인 용액은 통상 물과 같은 용매에 한 개 또는 그 이상의 고체 용질이 녹은 것이다.
  - 녹는 물질은 용질(통상 상대적으로 적은 양), 녹이는 물질은 용매(통상 상대적으로 더 많은 양)이다.
  - 물에 녹아 이온을 형성하는 고체를 전해질이라고 한다.
  - 비전해질 용액에서는 용질이 분자 구조 형태를 그대로 유지하고 있다.
- 용액 형성은 두 가지 힘과 관련이 있다. 극복해야 하는 힘(분자간 힘과 결합)과 용질과 용매가 용액을 형성하기 위해 섞이면서 만들어지는 힘
  - 순수한 용질과 용매 입자가 분리될 때 필요한 에너지보다 용매화될 때 발생하는 에너지가 많으면, 전체 용해 과정은 발열 반응이다.
  - 입자 간 분리 과정이 용매화 과정에서 방출하는 에너지보다 더 많은 에너지가 필요하면, 전체 용해 과정은 흡열 반응이다.
  - 물질의 에너지가 좀 더 분산되려는 경향인 엔트로피는 용액 형성을 유발하는 중요한 힘이다.
  - 고체 이온 결합 화합물이 물에 녹을 때, 고체의 이온 결합이 깨지고 물 분자 간 수소 결합이 깨진다. 이들 이온과 물 분자 사이의 이온-쌍극자 힘이 형성된다.
  - 무극성 용질과 무극성 용매가 용액을 형성할 때, 용질 분자간의, 그리고 용매 분자간의 London 분산력이 깨지고, 용질과 용매 분자 사이에서 새로운 London 분산력이 형성된다.
- 분자 구조, 온도, 압력을 포함한 다양한 요인이 용해도에 영향을 미친다.
  - 극성 용매는 일반적으로 다른 극성 물질이나 이온 결합 화합물을 녹인다.
  - 무극성 용매는 다른 무극성 물질이나 공유 결합 고체를 녹인다.
  - 고체의 용해도는 보통 온도에 따라 증가하지만, 기체의 경우 온도가 증가하면 용해도가 감소한다.
  - (고체, 액체와 달리) 기체의 용해도는 압력에 비례하여 증가한다.
- 용액의 농도는 다양한 방법으로 표현할 수 있다.
  - 가능한 최대한의 용질이 녹아 있는 용액을 포화 용액이라고 한다.
  - 용해 가능한 최대량보다 용질이 적게 녹아 있는 용액을 불포화 용액이라고 한다.
  - 용해 가능한 최대량보다 많은 용질이 녹아 있는 용액을 과포화용액이라고 한다.
  - 용액의 농도를 정량적으로 표현하는 방법에는 질량 백분율, 부피 백분율, 백만분율, 십억분율, 몰농도, 몰랄 농도 등이 있다. 이 모든 농도 단위는 주어진 용액의 양이나 용매의 양에 대한 상대적인 용질의 양을 나타낸다.
- 용액이 화학 반응과 관련이 있을 때, 가장 일반적인 농도 단위는 몰농도(M)이다. 이 단위는 적정 반응 및 침전 반응과 관련된 용액의 양을 계산하는 데 사용할 수 있다.

- 용액의 총괄성은 용질 입자의 종류가 아닌, 용질 입자의 농도에 의해서만 영향을 받는다.
  - 이러한 성질은 삼투압 증가, 증기 압력 내림, 끓는점 오름, 어는점 내림에 해당한다.
  - 센전해질 용액의 총괄성은 용액 속에 녹아 있는 용질 분자 하나당 생성되는 이온의 수와 연관이 있다.

주요 관계식 _Key Relationships

관계	식
질량 백분율을 계산하려면 용질의 질량을 용액의 질량으로 나누고 100%를 곱한다.	$\text{질량 백분율} = \frac{\text{용질의 그램수}}{\text{용액의 그램수}} \times 100\%$
부피 백분율을 계산하려면 용질의 부피를 용액의 부피로 나누고 100%를 곱한다.	$\text{부피 백분율} = \frac{\text{용질의 부피}}{\text{용액의 부피}} \times 100\%$
질량/부피 백분율을 계산하려면 용질의 질량을 용액의 부피로 나누고 100%를 곱한다.	$\text{질량/부피 백분율} = \frac{\text{용질의 그램수}}{\text{용액의 부피}} \times 100\%$
백만분율(ppm)을 계산하려면 용질의 질량을 용액의 질량으로 나누고 1백 만(10^6)을 곱한다.	$\text{ppm} = \frac{\text{용질의 그램수}}{\text{용액의 그램수}} \times 10^6$
십억분율(ppb)을 계산하려면 용질의 질량을 용액의 질량으로 나누고 1십 억(10^9)을 곱한다.	$\text{ppb} = \frac{\text{용질의 그램수}}{\text{용액의 그램수}} \times 10^9$
몰농도를 계산하려면 용질의 몰수를 리터 단위의 용액 부피로 나눈다.	$\text{몰농도} = \frac{\text{용질의 몰수}}{\text{용액의 리터수}}$
몰랄 농도를 계산하려면 용질의 몰수를 킬로그램 단위의 용매 질량으로 나눈다.	$\text{몰랄 농도} = \frac{\text{용질의 몰수}}{\text{용매의 킬로그램수}}$
용액의 끓는점 오름은 용액의 용질 입자의 몰랄 농도에 비례한다.	$\Delta T_b = K_b m$
용액의 어는점 내림은 용액의 용질 입자의 몰랄 농도에 비례한다.	$\Delta T_f = K_f m$

주요 용어 _Key Terms

과포화 용액(supersaturated solution)(11.4)
농도(concentration)(11.4)
몰농도(molarity)(11.4)
몰랄 농도(molality)(11.4)
반투막(semipermeable membrane)(11.6)
백만분율(parts per million)(11.4)
부피 백분율(percent by volume)(11.4)
불포화 용액(unsaturated solution)(11.4)
삼투(osmosis)(11.6)
섞이는(miscible)(11.1)
수용액(aqueous solution)(11.1)
십억분율(parts per billion)(11.4)
엔트로피(entropy)(11.2)
용매(solvent)(11.1)
용액(solution)(11.1)
용질(solute)(11.1)
용해도(solubility)(11.4)
이온-쌍극자 힘(ion-dipole force)(11.2)
적정(titration)(11.5)
질량 백분율(percent by mass)(11.4)
질량/부피 백분율(mass/volume percent)(11.4)
총괄성(colligative property)(11.6)
포화 용액(saturated solution)(11.4)

연습 문제 _Questions and Problems

주요 용어와 정의를 연결하기

11.1 다음 주어진 정의에 맞는 주요 용어를 써라.

(a) 과량의 용질과 평형에 있는 용액

(b) 용매인 물에 들어 있는 두 개 이상의 물질들의 균일 혼합물

(c) 용액의 리터당 용질의 몰수

(d) 용해시키는 물질, 즉 일반적으로 더 큰 양으로 존재하는 용액의 구성 성분

(e) 물질이 더 분산되기 위한 물질의 에너지 경향의 척도

(f) 특정 조건에서 포화 용액을 형성하기 위해 특별한 용매에 용해되는 용질의 최대량을 나타내는 비

(g) 용질의 질량을 용액의 질량으로 나누고 10^6을 곱한다. 이것은 근본적으로 수용액에서 용액 리터당 용질의 밀리그램 수이다.

(h) 액체들이 모든 비율에서 혼합될 때

(i) 막을 통해 용질이 덜 진한 용액에서 더 진한 용액으로 용질 입자가 아닌 용매 분자가 통과하는 현상

(j) 용질의 종류가 아닌, 용질 입자의 농도에만 의존하는 용액의 성질

(k) 용질의 부피를 용액의 부피로 나누고 100%를 곱한다.

(l) 용질의 질량을 용액의 부피로 나누고 100%를 곱한다.

용액의 조성

11.3 다음의 각 용액에서 용질과 용매를 확인하라.

(a) 해수

(b) 1.5% 탄소를 함유한 철의 합금인 강철

(c) 산소 처리된 물(oxygenated water)

11.5 어떤 유형의 물질들이 센전해질인가? 그것들이 물에 용해되면 어떻게 행동하는가?

11.7 다음 그림은 분자 수준 표현을 나타낸 것이다. 용질이 전해질인가, 비전해질인가?

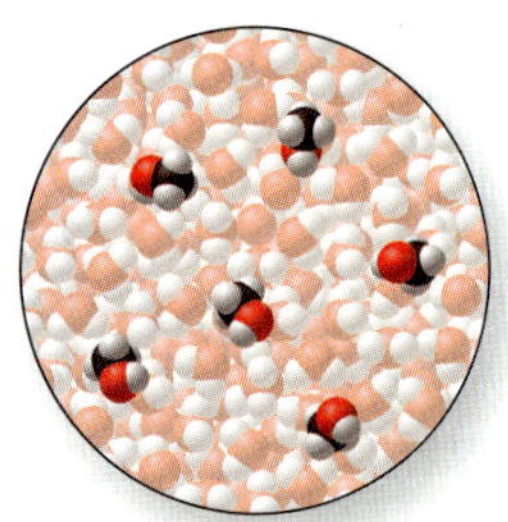

11.9 다음 물질을 물과 혼합한 후에는 어떤 이온, 원자, 분자가 존재하는가? (이온 결합 화합물의 경우 표 11.1의 용해도 규칙을 참조하라.)

(a) HBr

(b) NH_4Cl

(c) 뷰탄올($CH_3CH_2CH_2CH_2OH$)

11.11 다음 그림 중 염화 마그네슘($MgCl_2$) 수용액을 가장 잘 나타낸 것은?

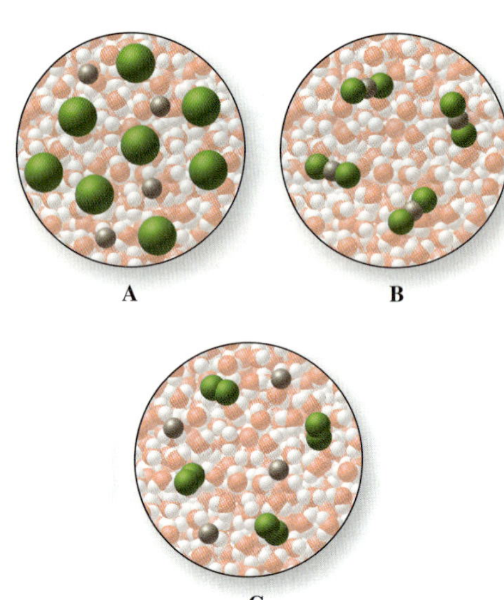

11.13 물에 다음 물질의 용해를 나타내는 화학 반응식을 써라.

(a) 고체 수산화 칼슘[$Ca(OH)_2$]

(b) 질소 기체(N_2)

(c) 액체 메탄올(CH_3OH)

용해 과정

11.15 이온성 고체가 물에 용해되면 어떤 유형의 힘이 파괴되어야 하는가? 또 어떤 새로운 힘이 형성되는가?

11.17 무극성의 분자성 물질이 무극성 용매에 용해되면 어떤 유형의 힘이 파괴되어야 하는가? 또 어떤 새로운 힘이 형성되는가?

11.19 질산 암모늄(NH_4NO_3)이 물에 용해될 때는 용액이 차갑게 느껴진다. 용질과 용매 사이의 상대적 힘의 세기에 대하여 무엇을 말할 수 있는가? 또 순수한 물질들의 입자 사이에는?

11.21 용액의 형성을 추진하는 인자들은 무엇인가?

용해도에 영향을 주는 인자

11.23 대부분이 탄화수소로 이루어진 조리용 기름은 물에 매우 불용성이다. "같은 것은 같은 것을 녹인다"는 규칙을 사용하여 두 액체가 섞이지 않는 이유를 설명하라.

11.25 에탄올과 물이 서로 잘 녹일 수 있는 이유는 무엇인가?

11.27 "같은 것은 같은 것을 녹인다"는 규칙을 사용하여 다음 각 물질이 물에 녹을 것인지를 예측하라.

(a) 벤젠(C_6H_6)

(b) 에틸렌 글라이콜($HOCH_2CH_2OH$)

(c) 아이오딘화 포타슘(KI)

11.29 분자간 힘을 이용하여 이온 결합 화합물이 무극성 용매에 불용성인 이유를 설명하라.

11.31 분자간 힘을 이용하여 NaCl이 물에 녹는 이유를 설명하라.

11.33 일반적인 수돗물에는 적은 양의 산소가 녹아 있다. 물을 가열하면 산소의 용해도가 어떻게 되겠는가?

11.35 높은 고도(더 낮은 대기압)에서의 산소와 질소의 용해도는 해수면에서의 용해도보다 더 클 것인가, 더 작을 것인가? 설명하라.

11.37 잠수병 증상이 있는 스쿠버다이버는 고압의 공기실에서 치료한다. 방 안의 공기 압력을 점진적으로 낮춘다. 이 치료는 다이버를 어떻게 치료하는가?

11.39 다음 그림은 약 25°C에서 물에 용해된 산소를 나타낸 것이다. 용액 온도가 상승한 후에 용액이 어떻게 보일지를 나타내는 그림을 그려라.

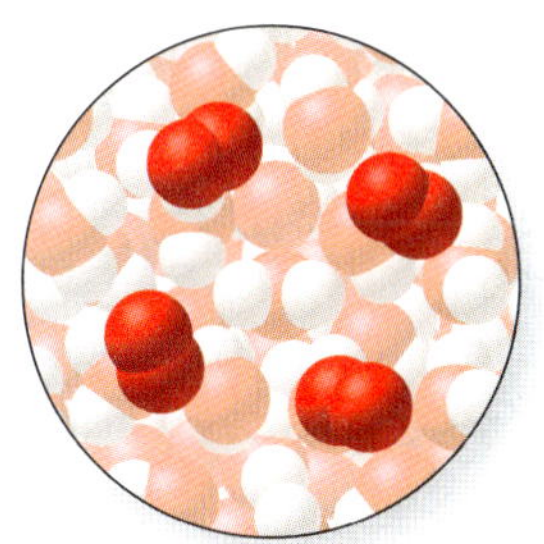

용액의 농도 측정

11.41 20°C에서 KCl의 용해도는 물 100 g당 34.0 g이다. 20°C에서 물 50.0 g에 용해될 수 있는 KCl의 최대 질량(g)은 얼마인가?

11.43 포화 용액과 불포화 용액의 차이점은 무엇인가?

11.45 용해도를 모르는 물질의 포화 용액을 어떻게 만들 수 있는가?

11.47 30°C에서 $Ca(OH)_2$의 용해도는 물 100 g당 0.15 g이다. 1.0 g의 $Ca(OH)_2$를 물 100.0 g에 넣을 때 형성되는 용액을 설명하라.

11.49 90.0 g의 물에 15.0 g의 NaCl을 넣어 만든 용액에서 NaCl의 질량 백분율 농도는 얼마인가?

11.51 질량으로 15.0% KI인 용액 700.0 g에 용해된 자의 질량은 얼마인가?

11.53 1.000 L 용액 속에 54.50 g의 아세트산이 들어 있는 식초 용액에서 아세트산($HC_2H_3O_2$)의 질량 백분율 농도는 무엇인가? (이 용액의 밀도는 1.005 g/mL이다.)

11.55 어떤 유형의 용액에 대하여 농도를 부피 백분율로 보통 나타내는가? 그 이유는 무엇인가?

11.57 충분한 양의 물에 35.0 mL의 메탄올을 녹여 메탄올 용액 총부피 115.0 mL를 만들었다. 메탄올의 부피 백분율 농도는 얼마인가?

11.59 화합물 트라이클로로에틸렌(trichloroethylene, TCE)은 마시는 물에 매우 낮은 농도로 발견되는 무색의 액체이다. EPA(미국 수질안전국)는 마시는 물 중 TCE의 최대 허용 농도를 5 ppb로 설정하였다. 정기적으로 더 높은 농도를 함유한 물의 소비는 암을 유발할 수 있다.

(a) 0.43 mg TCE가 들어 있는 물 시료 200.0 L(200.0 kg)의 ppb 농도는 얼마인가?

(b) 이 물은 마시기에 안전한가?

11.61 0.15 *M* HCl 100.0 mL에 들어 있는 HCl의 몰수는 얼마인가?

11.63 충분한 양의 물에 용해된 염화 소듐 20.5 g을 함유한 용액의 총질량이 166.2 g이다. 이 용액의 몰랄 농도는 얼마인가?

11.65 1.5 *M* KNO_3 용액에서 이온의 몰농도는 얼마인가? 1.5 *m* KNO_3 용액에서 이온의 몰랄 농도는 얼마인가?

11.67 250.0 g의 연못물 시료에는 2.4 mg의 비소가 들어 있다. 연못에 있는 비소의 질량 백분율은 얼마인가? 연못에 있는 비소의 백만분율은 얼마인가? 십억분율은 얼마인가?

11.69 마시는 물은 오래된 납관의 부식으로 낮은 농도의 납 이온(Pb^{2+})을 포함할지 모른다. EPA(미국 수질안전국)는 물에 대한 납 이온의 최대 허용 수준을 15 ppb로 정하였다. 수돗물 시료에서 납 이온 농도가 0.0090 ppm으로 결정되었다고 가정하라. 용액의 밀도는 1.00 g/mL이라고 가정하라.

(a) 수돗물의 납 이온의 농도는 ppb 단위로 얼마인가? 이 물은 마시기에 안전한가?

(b) 납 이온의 농도는 mg/mL 단위로 얼마인가?

(c) 이 마시는 물 100.0 mL에 들어 있는 납 이온의 질량은 얼마인가?

(d) 이 물 100.0 mL에 들어 있는 납 이온의 몰수는 얼마인가?

수용액에서 일어나는 반응에 대한 양

11.71 물에서 납 이온을 제거하는 한 가지 방법은 아이오딘화 이온이 들어 있는 원료를 첨가하여 아이오딘화 납을 침전시켜 용액에서 제거하는 것이다.

$$Pb^{2+}(aq) + 2I^-(aq) \longrightarrow PbI_2(s)$$

(a) 납 이온 전부를 침전시키려고 할 때, Pb^{2+} 이온의 농도가 0.15 *M*인 용액 100.0 mL에 첨가해야 하는 1.0 *M* KI 용액의 부피는 얼마인가?

(b) 이때 침전되는 PbI_2의 질량은 얼마인가?

11.73 0.35 *M* $CaCl_2$ 용액 850.0 mL로부터 칼슘 이온을 침전시키는 데 필요한 탄산 소듐(Na_2CO_3)의 몰수는 얼마인가? (그 반응에 대한 균형 맞춘 화학 반응식을 쓰고 시작하라.)

11.75 0.1500 *M* H_2SO_4 20.00 mL를 중화하는 데 필요한 0.1050 *M* NaOH의 부피는 얼마인가? (그 반응에 대한 균형 맞춘 화학 반응식을 쓰고 시작하라.)

11.77 20.00 mL의 H_2SO_4를 0.9854 *M* NaOH로 적정할 때 H_2SO_4를 중화하기 위해 35.77 mL의 NaOH가 필요하다. H_2SO_4 용액의 몰농도는 얼마인가?

11.79 다음의 각 용액을 중화하는 데 필요한 0.1000 *M* NaOH의 부피는 얼마인가?

(a) 0.1000 M HCl 10.00 mL
(b) 0.3500 M HNO_3 15.00 mL
(c) 0.0500 M H_3PO_4 25.00 mL

➔ 총괄성

11.81 총괄성이란 무엇인가?

11.83 농도가 서로 다른 두 용액 사이에 삼투 현상이 일어나면 각 용 액에 대하여 무엇을 관찰할 수 있을까? (분자 운동으로 관찰 내용을 설명하라.)

11.85 역삼투 과정을 설명하라.

11.87 혈액 세포 농도와 비교할 때, 염 농도가 높은 수용액에 혈액 세포를 넣으면 어떤 일이 일어날까?

11.89 용액을 만들기 위해 용질을 액체에 용해시킬 때, 액체의 다음 각 성질은 어떻게 되겠는가?
(a) 증기 압력
(b) 끓는점
(c) 어는점

11.91 달콤한 차(sweet tea)는 보통 물에 많은 설탕을 녹이고, 차를 우려내고, 냉각시켜 만든다. 설탕이 첨가될 때 물의 끓는점에는 어떤 변화가 일어나는지를 설명하라.

11.93 2.5 m 포도당($C_6H_{12}O_6$) 용액을 순수한 물과 비교하라.
(a) 끓는점의 차이는 얼마인가?
(b) 2.5 m 포도당 용액의 끓는점은 얼마인가?

11.95 1.0 m NaCl 용액과 1.0 m 포도당($C_6H_{12}O_6$) 용액 중 어느 것이 끓는점이 더 높겠는가? 설명하라.

11.97 다음 그림은 NaCl 용액, 포도당 용액, 더 묽은 포도당 용액을 나타낸 것이다. 어떤 것이 어는점이 가장 낮은 수용액을 나타내는가? 그림은 각각 어느 용액에 해당하는가?

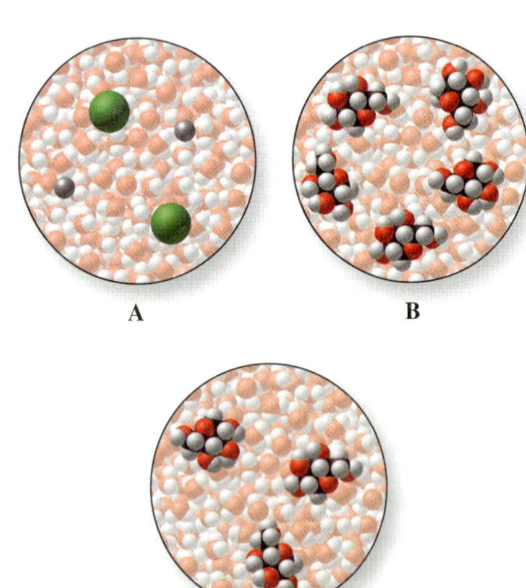

11.99 다음 각 용액에 대해 1.0 kg의 물에 용해된 용질 입자들의 몰 수를 결정하라.
(a) 2.0 m CH_3OH
(b) 2.5 m NaCl
(c) 1.0 m $Al(NO_3)_3$

11.101 1.0 m $MgCl_2$와 1.0 m $NaNO_3$ 중 어떤 용액이 더 삼투압이 높은가? 설명하라.

➔ 추가 연습 문제

11.103 비타민 D는 주로 무극성인 지방 조직에 녹는다. 이 사실로부터 비타민 D 분자의 극성에 관해 알 수 있는 것은 무엇인가?

11.105 이온성 고체가 물에 용해될 때 용해 과정에 포함된 과정 중 어떤 것이 에너지를 필요로 하는가? 또 어떤 것이 에너지를 방출하는가?

11.107 30°C에서 NaCl의 용해도는 물 100 g당 36.3 g이다. 500.0 g의 물이 들어 있는 포화 용액에 용해된 NaCl의 질량은 얼마인가?

11.109 HBr 용액이 질량으로 48.0% HBr이고, 밀도가 1.50 g/mL이면, HBr 용액의 몰농도는 얼마인가?

11.111 다음의 농도 단위 중 용액의 온도가 변해도 그 값이 변하지 않는 것은 어느 것인가? 각각에 대하여 이유를 설명하라.
(a) 질량 백분율 (c) 몰농도
(b) 부피 백분율 (d) 몰랄 농도

11.113 묽은 수용액의 경우, 몰랄 농도와 몰농도의 값이 비슷하다. 그 이유는 무엇인가?

11.115 다음의 각 용액의 결합에 대하여 침전하는 황산 바륨($BaSO_4$)의 질량을 결정하라. (그 반응에 대한 균형 맞춘 화학 반응식을 쓰고 시작하라.)
(a) 0.100 M $BaCl_2$ 500.0 mL와 0.500 M K_2SO_4 90.0 mL
(b) 0.100 M $BaCl_2$ 100.0 mL와 0.500 M K_2SO_4 100.0 mL
(c) 0.100 M $BaCl_2$ 100.0 mL와 0.500 M K_2SO_4 500.0 mL

11.117 탄산 수소 소듐은 때때로 산 유출물을 중화하는 데 사용된다. 2.0 L의 6.0 M H_2SO_4이 엎질러졌다면, H_2SO_4 모두를 중화하는 데 필요한 탄산수소 소듐($NaHCO_3$)의 질량은 얼마인가?

11.119 두 NaCl 용액의 어는점이 용액 A의 경우 −1.15°C, 용액 B의 경우 −4.10°C로 결정되었다. 어떤 용액이 NaCl의 농도가 더 높겠는가?

11.121 샐러드 드레싱은 식초와 올리브유를 함께 섞어서 만든다. 장시간 동안 샐러드 드레싱을 흔들지 않고 그대로 두면, 두 층으로 분리되는 이유를 설명하라.

11.123 다음 용액을 어는점이 낮아지는 순으로 나열하라. 0.20 m NaCl, 0.10 m Na_2SO_4, 0.10 m KBr, 0.15 m $VC1_3$.

11.125 시든 상추를 물에 담가 두면 생생하게 살아나는 이유를 총괄성의 관점에서 설명하라.

11.127 바륨 이온(Ba^{2+})은 섭취하면 독성이 있다. 소화기관을 X-선으로 검사를 할 때 선명도를 높이기 위해 $BaSO_4$ 현탁액을 물에 타서 마시는 이유를 설명하라.

11.129 비타민 A는 전체적으로 무극성 분자이다. 비타민 A는 혈액과 지방세포 중 어디서 더 잘 발견될까?

반응 속도와 화학 평형

Reaction Rates and Chemical Equilibrium

제 12 장

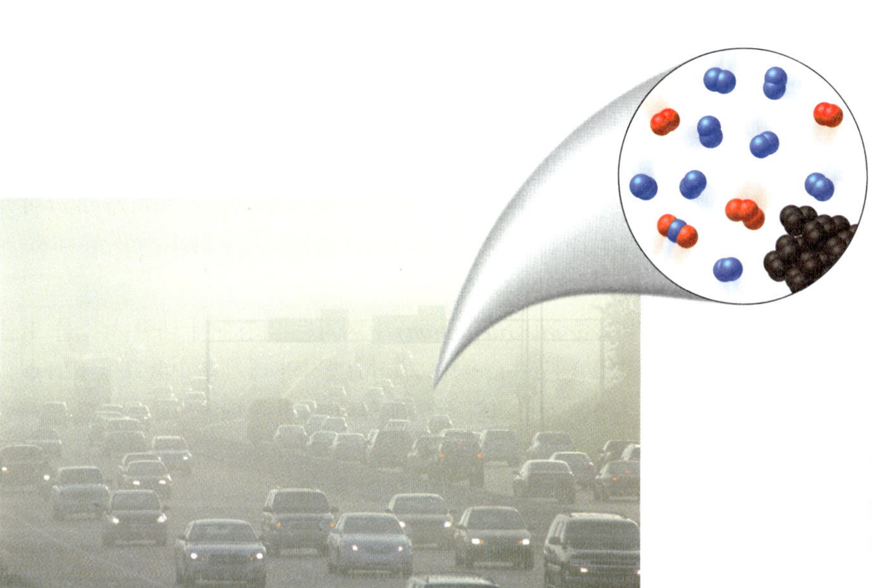

매주 더운 어느 여름날 Ellen과 Chad는 쇼핑센터를 향해 운전하다가 라디오에서 나오는 오존 경보를 들었다. 아나운서는 특히 호흡기 문제를 가진 청취자들에게는 가급적 실내에 머무를 것을 권했다.

Ellen이 "왜 오존이 나쁜 건데?"라고 물었다. "그건 산소의 또 다른 형태이고, 피부암을 일으키는 자외선을 차단시키는 것 아닌가?" Ellen과 Chad가 이들 질문에 대하여 논의하면서 언덕 위에 도착하였다. Chad는 계속 아래에 있는 도시를 내려다보면서 평소보다 더 진한 스모그가 오존 경보와 어떤 관련이 있는지 궁금해졌다.

오존(O_3)은 이원자 산소(O_2)보다 반응성이 더 큰 산소 분자의 한 형태이다. 오존을 호흡하면 허파에서 산소를 교환하는 주요 구조인 폐포가 손상된다. 적은 농도의 오존이라 해도, 특히 운동하는 동안에는 호흡을 더 어렵게 만든다. 농도가 더 높으면 허파 조직에 영구히 손상을 입히고 박테리아성 폐렴 감염률을 증가시킨다.

지표면에 가장 가까운 공기층인 대류권에서 오존의 수치가 증가할 때만, 오존은 우리에게 해롭다. 적은 양의 오존은 천둥을 동반한 폭풍우로 인해 자연적으로 발생한다. 이외의 오존은 일산화 질소 또는 자동차 배기가스나 전력 발전소에서 나오는 다른 오염 기체들이 햇빛 하에서 산소와 결합하면서 만들어진다. 공해 기체들을 퍼지게 하는 약한 바람이 불 때, 뜨거운 날 대도시에서는 오존 수치는 증가한다. Chad가 옳았다. 진한 스모그와 오존 수치의 상승은 함께 진행된다.

Ellen은 성층권에서의 오존 ***감소**(depletion)*가 미치는 악영향에 대한 뉴스를 떠올렸다. 성층권은 지표 위쪽으로 18~50 km(10~30 mi)까지의 대기층이다(그림 12.1). 오존의 농도가 가장 높은 오존층은 성층권의 상부에 있다. 그것은 태양으로부터 오는 해로운 자외선(ultraviolet, UV)을 걸러 주기 때문에 지구의 생명체에게는 유익하다. 오존은 어떻게 그런 역할을 하는가? 오존 분자들은 지표면으로 내려오는 어느 정도의 UV 선을

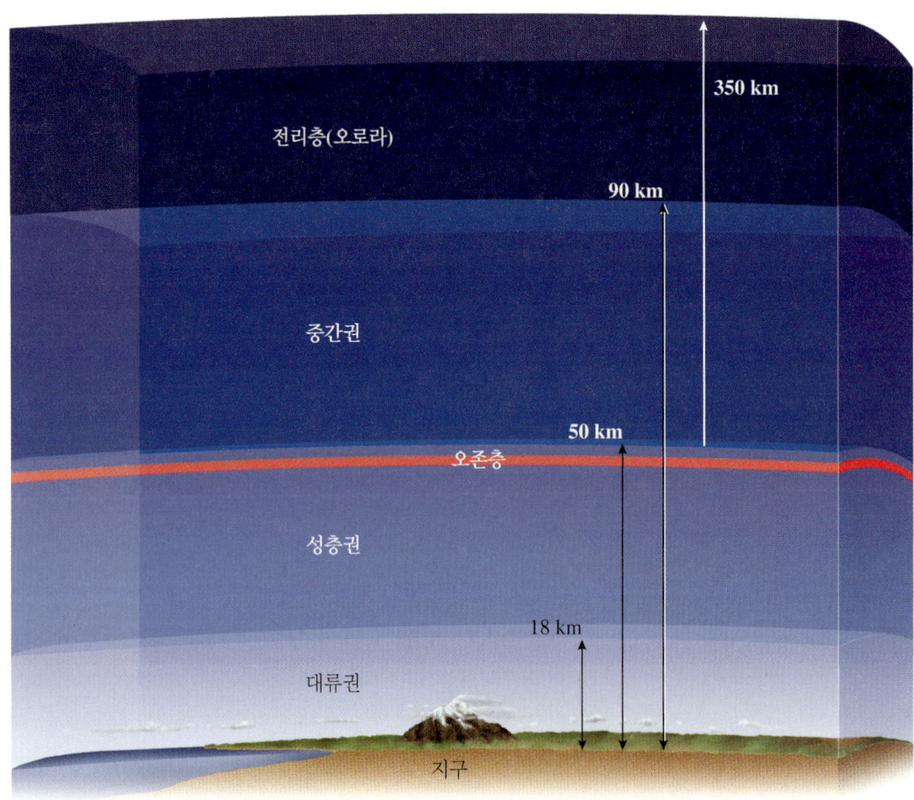

그림 12.1 대기는 지표면 위로 560 km 이상의 두꺼운 담요이다. 이들 네 개의 영역은 화학적 조성과 밀도가 서로 다르다. 대류권은 우리가 호흡하는 공기를 포함한다. 기체 분자들의 밀도는 이곳에서 가장 높다. 지표면으로부터 18~50 km에 위치한 성층권은 밀도가 좀 더 작다. 오존층은 성층권의 상부에 위치해 있다.

흡수한다. 오존 분자가 UV 선을 흡수하면, 오존은 산소 분자와 산소 원자로 쪼개진다. 하나의 산소 원자는 매우 불안정하여 또 다른 O_3와 빠르게 반응하여 두 개의 O_2 분자를 만든다.

$$O_3(g) \xrightarrow{\text{자외선}} O_2(g) + O(g)$$
$$O(g) + O_3(g) \longrightarrow 2O_2(g)$$

UV 복사선의 흡수는 오존을 파괴하므로 성층권에 있는 오존의 농도가 일정하게 유지되기 위해 오존은 화학 반응에 의해 계속해서 *생성*되어야 한다. 햇빛은 O_2로부터 오존을 만드는 데 도움을 준다. 태양으로부터 나오는 복사선은 O_2를 두 개의 산소 원자를 쪼갤 수 있다. 그리고 각각의 산소 원자는 O_2 분자와 반응하여 O_3 분자를 생성한다.

$$O_2(g) \xrightarrow{\text{자외선}} 2O(g)$$
$$O(g) + O_2(g) \longrightarrow O_3(g)$$

성층권에서 오존의 농도가 가장 높은 구역에서조차 오존의 양은 약 8 ppm(즉 8000 ppb)이며, 이는 20,000 ppm의 O_2 양에 비하여 굉장히 작다. 매일 오존 3천만 kg이 파괴되고 재생성되는 반응이 반복적으로 일어나기 때문에, 오존과 산소의 *상대적인 양*은 일정하게 유지된다.

성층권에서 O_3와 O_2의 양 사이의 미묘한 균형에는 많은 인자들이 영향을 미친다. 바람의 유형이나 온도의 변화에 의해 균형이 깨지므로 오존층은 전 세계의 모든 지역에서, 그리고 일 년 내내 항상 일정한 것은 아니다. 클로로플루오로탄소(Chlorofluorocarbon, CFC)와 같은 인공적인 오염 물질의 영향이 더 걱정스럽다고 Chad가 Ellen에게 말하였다. 상업적으로 냉매와 추진제로 사용되는 CFC는 자연의 과정에 의해 보충될 수 있는 오존보다 더 많은 오존 분자를 파괴하기 때문에 오존 균형을 깨뜨린다.

CFC의 한 예가 dichlorodifluoromethane(CFC, CF_2Cl_2, 다이클로로다이플루오로메테인)이다.

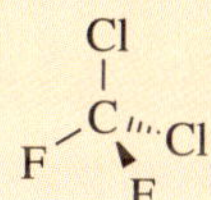

CFC는 매우 안정해서 우리 주위의 대류권에서는 정상 조건에서 반응하지 않는다. (1973년 이전에는 이 화합물이 반응을 하지 않기 때문에 환경에 해가 없는 것으로 생각되었다.) 하지만 성층권에서는 자외선이 CFC 분자와 상호 작용하여 탄소-염소 결합을 깨뜨린다.

$$CF_2Cl_2(g) \xrightarrow{\text{자외선}} CF_2Cl(g) + Cl(g)$$

염소 원자는 오존과 빠르게 반응하여 O_2와 ClO를 생성한다.

$$Cl(g) + O_3(g) \xrightarrow{\text{자외선}} ClO(g) + O_2(g)$$

ClO는 불안정하여 또 다른 O_2 분자와 반응하여 O_2 분자와 Cl 원자를 생성한다.

$$ClO(g) + O_3(g) \xrightarrow{\text{자외선}} 2O_2(g) + Cl(g)$$

두 개의 오존 분자가 파괴되고, 이 모든 반응을 시작한 Cl 원자가 다시 생성된다. 이것은 두 개의 다른 오존 분자를 파괴할 수 있다. 일단 한 개의 Cl 원자가 성층권에서 생성되면 수천 개의 오존 분자를 파괴할 수 있다. 염소 원자는 반응을 가속하고 재사용될 수 있기 때문에 오존 파괴의 ***촉매***(*catalyst*)로 간주된다. 아주 작은 농도의 Cl도 성층권에서는 해로운 영향을 끼치기 때문에 1995년에 전 세계적으로 CFC의 제조가 금지되었다.

Ellen은 오존 파괴와 재생성의 상대적인 속도가 언제 다시 균형을 이룰지 궁금해 하였다. 반응 속도, 즉 반응이 얼마나 빨리 일어나는지는 많은 인자들에 의존한다. 그중 한 가지는 오존 파괴 반응에서의 Cl 원자와 같은 촉매의 존재 여부이다. 이 장에서는 화학 반응의 중요한 두 가지 측면인 반응 속도와 화학 평형에 대하여 살펴볼 것이다. 분자 수준에서 온도나 농도뿐만 아니라, 촉매가 어떻게 변화에 영향을 미치는가를 배울 것이다.

이 장에서 공부할 내용의 질문

12.1 어떤 조건이 반응 속도에 영향을 주는가?
12.2 분자 충돌이 화학 반응을 어떻게 설명하는가?
12.3 농도, 온도, 촉매가 분자 충돌과 반응 속도에 어떻게 영향을 주는가?
12.4 화학 평형은 무엇인가?
12.5 특정 반응에 대한 평형 상태는 무엇인가?
12.6 평형에 있는 계를 교란시키면 어떻게 되는가?

12.1 반응 속도

반응 속도는 어떤 면에서 자동차의 운전 속도와 비슷하다. 우리는 대체적으로 운전 속도를 시간당 마일(mi/h)로 나타내고, 반응 속도는 주로 초당 몰농도의 변화(*M*/s)로 나타낸다. 우리는 측정된 시간 간격에 따른 반응물 또는 생성물의 농도 변화를 측정함으로써 반응 속도를 결정할 수 있다.

어떤 화학 반응은 몇 초 안에 일어나지만 또 다른 반응은 며칠 또는 심지어 몇 년이 걸린다(그림 12.2). 오존층에서의 반응은 빠르고 매일 수백만 번 일어난다. 연료와 산소의 연소 반응도 빠르게 일어나지만, 녹슨 자동차의 철과 같이 산소와 반응하는 금속의 부식은 비교적 느리다. 활성 금속들은 물과 즉시 반응하지만, 알루미늄과 아연과 같은 활성이 작은 금속의 유사한 반응은 더디게 진행한다. **반응 속도**(reaction rate 또는 rate of reaction)는 어떤 반응이 얼마나 빨리 일어나는지에 대한 척도이다.

다른 조건에서의 반응은 다른 속도로 일어날 수 있다. 반응 속도에 영향을 주는 조건은 온도, 반응물의 농도, 표면적, 촉매의 존재 등이다. 일반적으로 더 높은 온도에서 반응은 더 빠르게 진행한다. 예를 들면 우유와 다른 음식들은 따뜻한 장소에 방치되면 더 빨리 상한다. 더 높은 온도에서 더 빠르게 일어나는 다른 반응들을 생각할 수 있는가? 더 낮은 온도에서 더 느린 반응은?

야광 막대는 액체를 담고 있는 봉인이 파괴되어 다른 물질과 혼합될 때 발광을 시작한다. 화학 반응이 시작된 후에 야광 막대를 냉장고에 넣으면 왜 더 오래 빛을 발하는가?

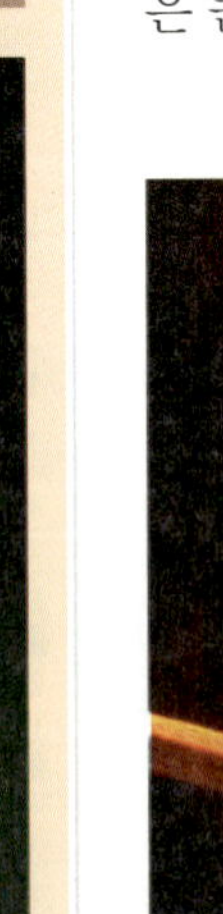

(두 사진 모두): ©Brian Moeskau/Moeskau Photography

농도도 반응 속도에 영향을 준다. 식초에 베이킹 소다($NaHCO_3$)를 넣을 때 일어나는 반응을 생각해 보자. 식초는 아세트산(CH_3CO_2H) 수용액이다.

$$NaHCO_3(s) + CH_3CO_2H(aq) \longrightarrow CO_2(g) + NaCH_3CO_2(aq) + H_2O(l)$$

아세트산의 농도가 베이킹 소다와의 반응(그림 12.3)에 어떻게 영향을 주는가? 일반적으로 반응물의 농도가 증가하면 반응 속도는 증가한다. 반응물의 농도가 증가되면 더 빨리 일어나는 다른 반응의 예를 생각할 수 있는가?

고체 반응물은 표면적이 증가할수록 반응 속도로 증가한다. 작은 입자 형태의 금속은 큰 금속 조각보다 표면적이 크므로 더 빠르게 공기와 반응한다. 불꽃놀이에 사용되는

그림 12.2 반응은 다양한 속도를 가지고 발생한다. 예를 들어 성냥 속의 황은 부식 반응에서 철이 산소와 반응하는 것보다 훨씬 더 빠르게 산소와 반응한다.

(왼쪽): ©Design Pics/PunchStock; (오른쪽): © Mark Dierker/Bear Dancer Studios

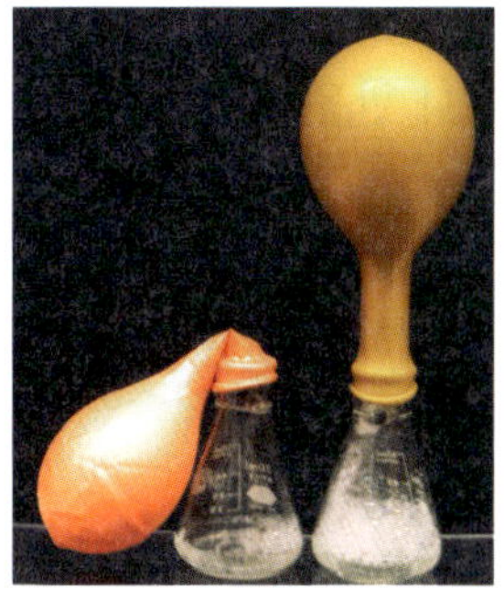

그림 12.3 탄산 수소 소듐은 아세트산과 반응하여 CO_2 기체를 생성한다. 사진은 반응물인 아세트산의 농도 1 *M*과 3 *M*을 비교하여 반응 전과 10초 후의 반응을 보여 준다. 같은 시간 동안 3 *M* 아세트산이 더 많은 기체를 만들기 때문에, 풍선 속의 더 많은 양의 기체에 근거하여 이 반응이 더 빠르다는 것을 알 수 있다.

(두 사진 모두): ©Jim Birk

알루미늄은 입자 형태이기 때문에 빠르게 연소될 것이다. 산소와 철의 반응에 대한 증가된 표면적의 효과가 그림 12.4에 나타나 있다.

촉매는 반응 속도를 증가시킨다. 자동차의 촉매 변환기 속의 화학 촉매는 오염 기체인 NO와 NO_2가 해가 없는 N_2와 O_2 기체로 변환되는 반응의 속도를 증가시킨다. 생체 내에서 효소는 생명을 유지하는 데 필요한 셀 수 없이 많은 화학 반응들을 가속화하는 촉매로 작용한다. 예를 들면 해로운 화합물인 과산화 수소(H_2O_2)가 때로는 인체 내에서 생성되는 경우가 있다. ***카탈레이스***(*catalase*)라는 효소는 과산화 수소를 산소와 물로 분해하는 반응을 가속한다(그림 12.5). 지구 오존층의 고갈에 대한 CFC들로부터 기인한 염소 원자들의 역할과 같이 촉매의 효과가 언제나 바람직한 것만은 아니다.

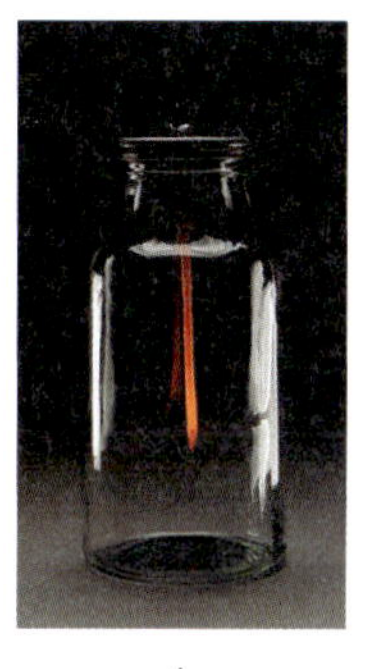

A B

그림 12.4 (A) 가열된 고체 철못은 표면적이 작아서 적은 수의 원자들이 노출되어 있으므로, 어두운 빛을 내는 모습에서 볼 수 있듯이, 산소와 느리게 반응한다. (B) 가열된 강철 솜은 표면적이 넓어서 많은 원자들을 공기에 노출시키므로 폭발적으로 불이 붙는다.

(두 사진 모두): ©McGraw-Hill Education/Stephen Frisch

12.2 충돌 이론

화학 반응의 속도는 왜 폭넓게 다양한가? **충돌 이론**(collision theory)은 어떤 반응이 일어나기 위해서는 반응 분자들이 적당한 배향과 충분한 에너지를 가지고 충돌을 일으켜야만 한다고 설명한다. 충돌의 일부만이 이들 조건을 만족하기 때문에 이들 일부만이 반응을 일으켜 생성물을 형성한다. 예를 들어 스모그에서 일어나는 O_3와 NO 사이의 반응을 생각해 보자.

$$O_3(g) + NO(g) \longrightarrow O_2(g) + NO_2(g)$$

이 반응이 일어나기 위해서는 O_3 분자와 NO 분자가 먼저 충돌해야 한다. 실제적으로 일어나는 많은 충돌 가운데 단지 일부분만이 반응이 일어나는 데 필요한 배향성을 가진다. 이것이 적절하다는 것을 스스로 확인해 보자. 먼저 반응물과 생성물의 구조를 그려 보자. 반응이 진행되는 동안 어떤 결합이 깨져야 하고 어떤 결합이 형성되어야 하는가? 생성물을 형성하기 위해서는 반응물 분자들은 어떻게 배향되어야 하는가?

이 충돌을 살펴보자.

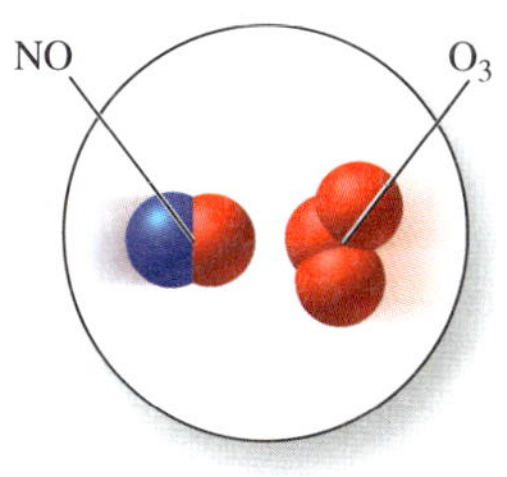

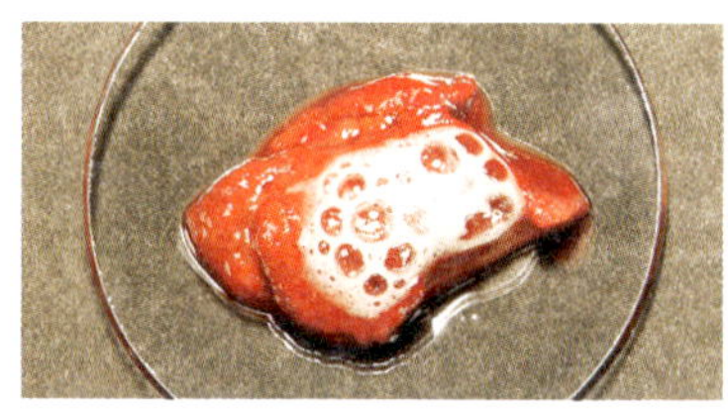

그림 12.5 촉매가 없으면 과산화수소(H_2O_2)는 천천히 분해된다. 카탈레이스라는 효소는 과산화수소의 분해를 촉진하여 반응이 빠르게 일어나게 한다. 간 조각에 H_2O_2를 놓으면 간에 들어 있는 카탈레이스가 H_2O_2의 분해를 촉진하여 산소 기체의 기포를 방출한다.

©Brian Moeskau/Moeskau Photography

동영상: 반응의 궤적

이 그림은 NO(오른쪽)의 산소 원자가 O_3(왼쪽)의 산소 원자 쪽을 향하고 있음을 보여준다. 그러나 반응식은 새로운 질소-산소 결합이 형성되어야 한다는 것을 의미하고 있다. 이 충돌은 원자들이 적당하게 배향되어 있지 않기 때문에 반응이 일어나는 것에 실패할 것이다.

효과적인 충돌은 질소 원자와 끝에 있는 산소 원자가 함께 만나서, 이 산소 원자가 질소 원자로 옮겨지고, 나중에 O_2 분자가 남을 수 있어야 한다. 다음 충돌은 적당한 배향성을 가지는가?

인터넷 핫스팟

상당수 학생들이 충돌 이론에 어려움을 겪고 있다고 한다. 이 주제에 대한 추가 학습 자료를 보려면 SmartBook에 접속하라.

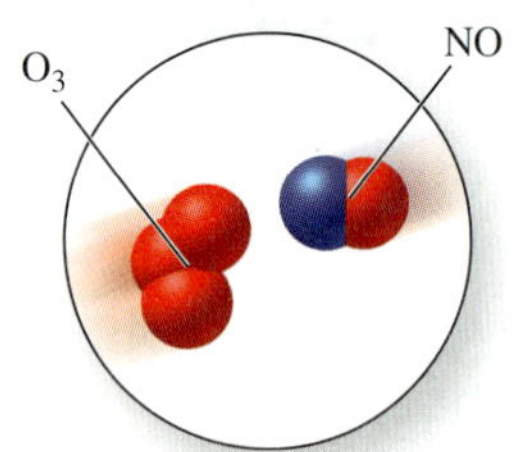

그렇다. NO의 질소 원자는 O_3의 끝에 있는 산소 원자와 충돌할 것이다. O_3 분자의 산소 원자가 NO 분자의 질소 원자에 전달될 수 있는 올바른 배향성을 가진다.

NO 분자와 O_3 분자가 적당한 방향으로 충돌하면 반응이 자동으로 일어나는가? 분자들이 충분한 에너지를 가지고 충돌하지 않는 한 일어나지 않는다. 주어진 시료들 중에서 몇몇 반응물 분자들은 다른 반응물 분자들보다 더 큰 운동 에너지를 가진다. 대개 분자들 중 일부분은 유효한 충돌을 하기 위한 충분한 에너지를 가진다. 적당한 배향과 충분한 에너지를 가지고 충돌하는 반응물 분자들이 생성물을 만들 수 있다.

반응에 대한 충돌 요건은 다트를 하는 것과 같다. 다트는 충분한 에너지를 가져야 하고(반드시 다트를 충분히 빠른 속도로 던져야 함), 그리고 적합한 방향을 가져야 한다(반드시 정확하게 조준해야 함).

어떤 반응에 대해 필요한 에너지를 더 면밀하게 살펴보자. 화학 반응에서는 반응물의 결합이 반드시 깨져야 생성물의 새로운 결합이 형성될 수 있다. 다른 반응들은 각기 다른 속도로 일어나는데, 이는 반응물 분자의 결합을 깨는 데 필요한 에너지의 양이 다르기 때문이다. 제6장에서 논의했던 것처럼, 에너지 도표는 반응물과 생성물의 상대적인 에너지를 나타낸다(그림 12.6). 이런 형태의 에너지 도표는 유용하지만, *반응*

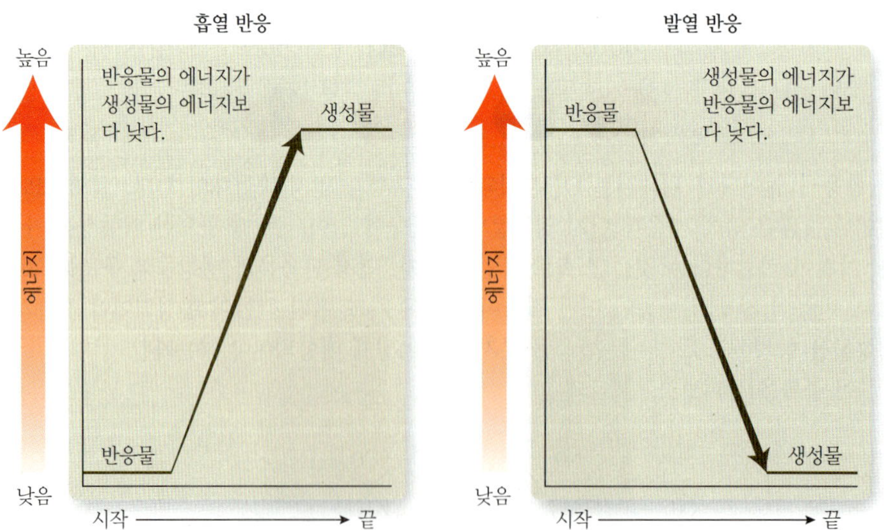

그림 12.6 흡열 반응에서는 생성물의 평균 에너지가 반응물의 평균 에너지보다 더 크다. 에너지가 흡수된다. 발열 반응에서는 생성물의 평균 에너지가 반응물의 평균 에너지보다 더 작다. 에너지가 방출된다. 이 에너지 도표는 반응물과 생성물 사이의 에너지 차이만을 나타내며, 반응 동안 발생하는 에너지 변화는 나타내지 않는다.

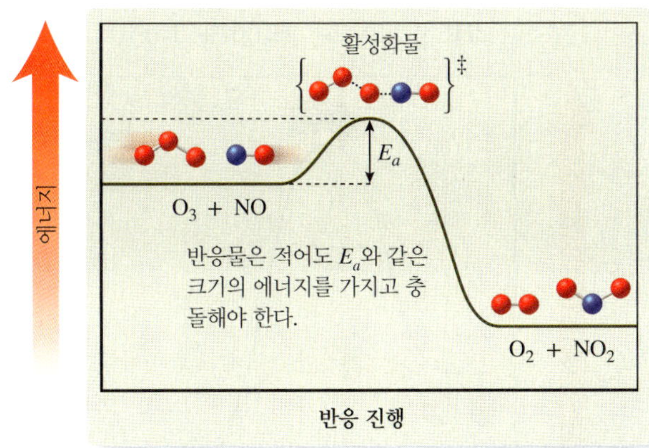

그림 12.7 발열 반응에 대한 이 도표는 반응물이 생성물로 바뀌기 전에 반응물이 극복되어야 하는 에너지 장벽인 활성화 에너지 E_a를 나타낸다. 이것은 반응물의 결합들이 깨지면서 그리고 생성물들이 결합들이 형성되면서 잠시 존재하는 활성화물을 형성하기 위한 에너지의 양이다. 흡열 반응에 대한 도표는 어떤 모양일까?

동안에 일어나는 모든 에너지 변화들을 나타내지 않고 반응에 대한 ***알짜***(*net*) 에너지 변화만을 나타낸다.

흡열 반응과 발열 반응 모두에게 반응물은 생성물로 변하기 전에 반드시 ***에너지 장벽***(*energy barrier*)을 극복해야만 한다(그림 12.7). 반응물이 생성물로 변환되기 전에 반응물의 결합을 깨기 위해 이 에너지가 필요하다. 이 에너지 장벽을 극복하는 데 필요한 최소의 에너지를 **활성화 에너지**(activation energy, E_a)라고 한다. 같은 온도에서 두 개의 유사한 반응을 비교하면, 활성화 에너지가 더 작은 반응이 더 빠른 반응이다.

동영상: 발열 반응과 흡열 반응

적당한 배향성과 충분한 에너지를 가지고 충돌하는 반응물 분자는 **활성화물**(activated complex)을 형성한다. 이것은 수명이 짧고 불안정하고 에너지가 높은 화학종으로서, 생성물을 형성하기 전에 만들어져야 한다. 일반적으로 활성화물의 표시는 그림 12.7의 O_3와 NO의 반응에 대해서 $\{O_3NO\}^‡$와 같이 이중 단검(‡)을 위 첨자로 가진 괄호 안에 화학식을 넣어 표시한다. 대부분의 반응에서 활성화물은 수명이 너무 짧아서 실제 구조를 알지 못한다. 그러나 그것이 기존의 결합을 파괴하면서 새로운 결합을 형성하는 과정의 화학종인 것을 상상할 수 있다.

동영상: 활성화 에너지

예제 12.1 ▶ 활성화물이 포함된 에너지 도표

다음 반응은 발열 반응이다.

$$2HI(g) \longrightarrow H_2(g) + I_2(g)$$

반응물, 생성물, 활성화물의 상대적 에너지를 나타내는 에너지 도표를 그려라. 반응물과 생성물, 활성화물에 대한 가능한 구조의 분자 표현을 도표에 표지하라.

» 풀이:

이 반응은 발열 반응이므로 생성물의 평균 에너지가 반응물의 평균 에너지보다 낮다. 활성화물의 에너지는 에너지 장벽의 정상에 해당한다. 활성화물의 가능한 구조는 적당한 배향을 가진 충돌에 의해 만들어진 화학종으로, H–I 결합이 깨지고 H–H 결합과 I–I 결합이 형성되는 구조이다.

$$2HI(g) \longrightarrow H_2(g) + I_2(g)$$

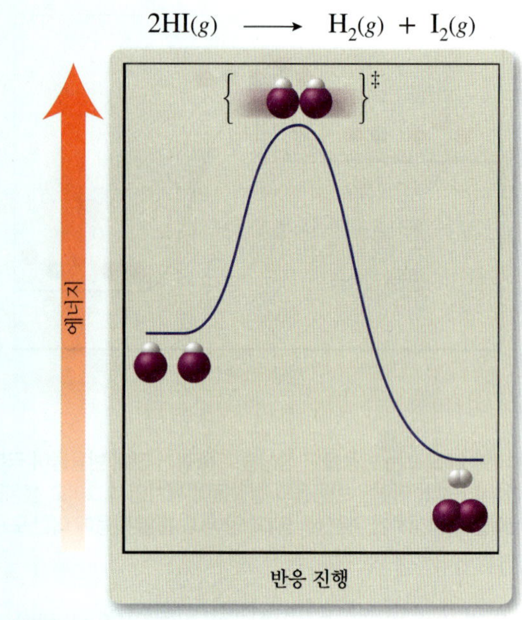

➔ 응용 연습 12.1

만일 이 반응이 H_2와 I_2 기체가 반응하여 HI를 만드는 반응인 역방향으로 진행된다면, 이 역반응에 대한 에너지 도표는 흡열 반응인가, 발열 반응인가?

➔ 실전 연습 12.1

다음 반응은 흡열 반응이다.

$$2NO_2(g) \longrightarrow 2NO(g) + O_2(g)$$

반응물, 생성물, 활성화물의 상대적 에너지를 나타내는 에너지 도표를 그려라. 반응물과 생성물, 활성화물에 대한 가능한 구조의 분자 표현을 도표에 표지하라.

➔ 심화 연습: 연습 문제 12.19

주어진 반응에 대하여 어떤 반응 조건의 변화가 활성화 에너지를 바꿀 수 있을까? 촉매의 첨가만이 활성화 에너지를 변화시킬 수 있다.

각 반응은 고유한 에너지 도표와 활성화 에너지 값을 가진다. 활성화 에너지가 큰 반응은 느린 경향이 있는데, 이는 비교적 적은 양의 반응물만이 유효 충돌하는 데 충분한 에너지를 가지기 때문이다. 활성화 에너지가 작은 반응은 빠른 경향이 있는데, 이는 많은 양의 반응물이 유효 충돌하는 데 충분한 에너지를 가지기 때문이다. 그런데 농도나 온도와 같은 조건들도 반응 속도를 변화시킨다. 이들은 활성화 에너지는 변화시키지 않고 유효한 충돌 횟수를 변화시킨다.

12.3 반응 속도에 영향을 주는 조건

반응 속도에 주로 영향을 주는 조건은 농도, 표면적, 온도 변화이다. 촉매의 존재 여부나 첨가도 중요한 인자이다. 충돌 이론이 이 모든 효과들을 어떻게 설명하는지 알아보자.

» 농도와 표면적

하나 또는 여러 개의 반응물의 농도가 증가하면 반응은 더 빠르게 진행될 수 있다. 농도

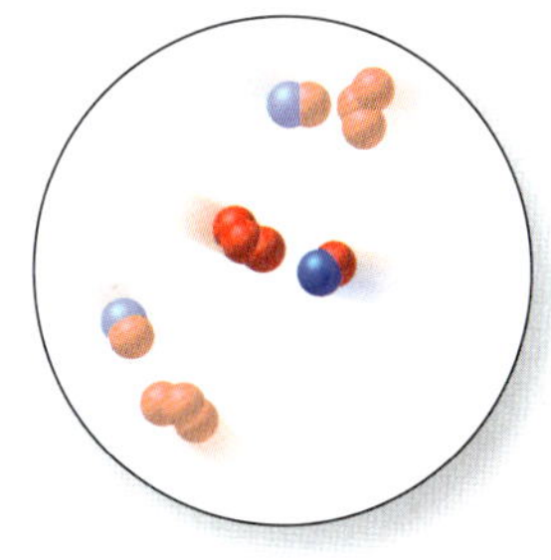

유효 충돌 비는 1:3이다.

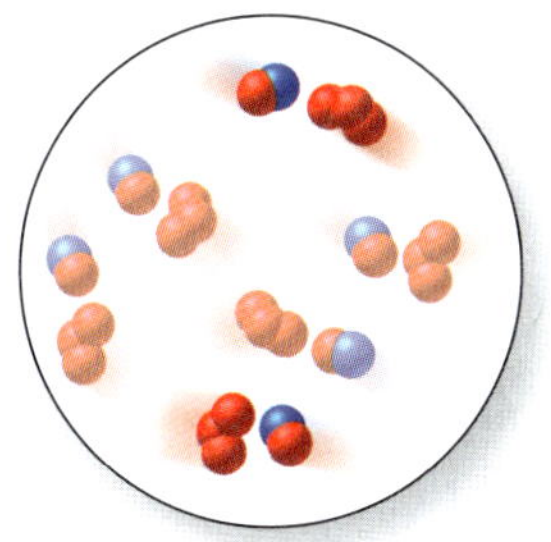

유효 충돌 비는 2:6, 또는 1:3이다.

그림 12.8 반응물(O_3와 NO)의 농도가 증가하면 충돌 속도는 증가한다. 그러나 계의 운동 에너지가 변하지 않기 때문에 유효 충돌 분율은 일정하다(이 예에서는 1:3).

가 증가하면 단위 부피당 반응물의 수가 증가한다. 이는 분자들이 서로 더 가까이 있어서 단위 시간당 충돌수가 증가하기 때문이다. 전체 충돌수가 증가함에 따라 반응에 필요한 배향과 에너지를 가진 분자의 수도 증가한다. 그러나 온도와 운동 에너지가 일정하기 때문에 유효 충돌 ***분율***(*fraction*)은 일정하다(그림 12.8).

반응에서 고체 표면적의 증가 효과는 그림 12.4에서 보여주듯이 농도의 증가와 유사하다. 예를 들면 가루로 만든 철 조각들은 철제 못보다 공기에 노출된 철 원자가 더 많으므로 더 빨리 녹슬 것이다. 표면적의 증가는 노출되어 다른 반응물과 충돌할 수 있는 원자의 수를 증가시킨다.

각설탕과 알갱이로 된 설탕 중 어떤 것이 표면적이 더 클까? 어떤 것이 더 빨리 용해될까?

≫ 온도

더 높은 온도에서 반응이 더 빠르게 진행되는 이유는 무엇인가? 제10장에서 배운 것처럼 온도가 올라가면 물질의 평균 에너지는 증가한다. 운동 에너지의 증가는 두 가지 방법으로 반응 속도를 증가하게 한다. 하나는 충돌 속도를 증가시키고, 또 하나는 유효 충돌 분율을 증가시킨다(그림 12.9). 더 높은 온도에서는 분자가 더 빠르게 움직이므로 충돌 속도가 증가하고, 따라서 분자들은 더 자주 충돌한다. 분자들의 평균 운동 에너지가 증가하므로 유효 충돌 분율도 증가한다. 결과적으로 더 많은 반응물 분자가 필요한 활성화 에너지를 얻게 된다. 반응 속도에 대한 온도 효과는 중요하다. 일반적으로 온도가 10°C 올라갈 때마다 반응 속도는 거의 두 배가 된다.

눈 덮인 나무에서 귀뚜라미가 우는 속도는 온도에 따라 다르다. 추운 날씨에는 15초당 약 17번을 울지만, 따뜻한 날씨에는 15초당 55번을 운다.

예제 12.2 ▶ 충돌 속도와 유효 충돌 분율

25°C에서 반응물 분자 A와 B 사이의 충돌 속도가 초당 10,000번이라고 가정하자. 같은 온도에서 유효 충돌수는 초당 100이다. 유효 충돌 분율은 10,000번 중 100번이다. 다음의 각 보기는 A와 B 분자 사이의 ***총 충돌수***(*total number of collisions*)와 ***유효 충돌 분율***(*fraction of effective collisions*)에 어떤 영향을 미치는가?

(a) 온도가 높아진다.

(b) 반응물 A의 농도가 증가한다.

≫ 풀이:

(a) 온도가 높아지면 분자들의 평균 운동 에너지와 평균 속도가 증가한다. 증가된 분

그림 12.9 (A) 반응물의 온도를 높이면 평균 운동 에너지가 증가한다. 더 높은 온도에서 반응 분자 중 더 많은 분율이 반응에 대한 충분한 에너지(E_a)를 가진다(색칠된 두 구역). (B) 반응물의 온도를 높이면 평균 속력도 증가한다. 더 빠르게 움직이는 분자들은 더 빈번하게 충돌하므로 충돌 속도도 증가한다.

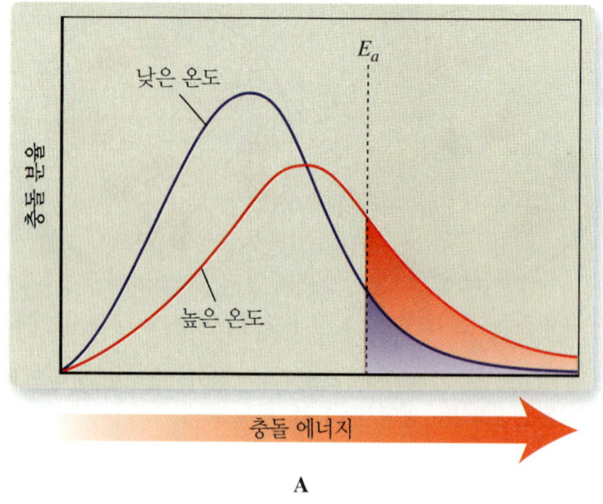

더 낮은 온도
더 작은 충돌 속도
더 작은 유효 충돌 속도
더 작은 유효 충돌 분율

더 높은 온도
더 큰 충돌 속도
더 큰 유효 충돌 속도
더 큰 유효 충돌 분율

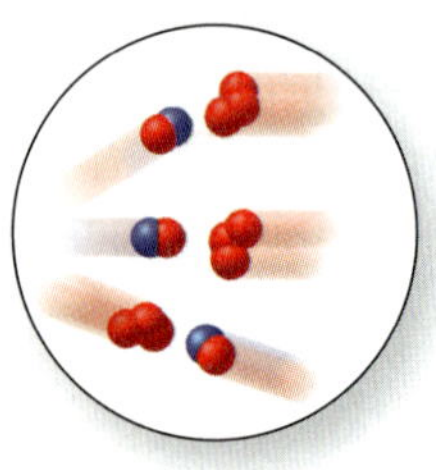

B

자 속도는 분자 충돌 속도와 유효 충돌 분율 모두를 증가시킨다. 따라서 10,000보다 큰 전체 충돌수와 매 10,000번 중 100번보다 더 큰 유효 충돌 분율이 예상된다.

(b) A의 농도가 증가하면 A와 B 사이의 충돌수도 증가한다. 그 이유는 더 많은 A 분자가 B 분자와 접촉할 수 있기 때문이다. 따라서 10,000보다 더 큰 총 충돌수와 더 큰 유효 충돌수가 예상된다. 그러나 어떤 에너지도 그 계에 가해지지 않았기 때문에 유효 충돌 분율은 매 10,000번 중 100번으로 동일하게 유지될 것이다.

→ 응용 연습 12.2

A와 B는 모두 기체이고 일정한 온도에서 반응 부피는 감소된다고 가정한다. 이것은 반응물의 농도를 어떻게 변화시킬까? 이것은 *총 충돌수*와 *유효 충돌 분율*을 어떻게 변화시킬까?

→ 실전 연습 12.2

다음의 각 보기는 예제에서 나타낸 것처럼 A와 B 분자 사이의 *총 충돌수*와 *유효 충돌 분율*에 어떻게 영향을 미치겠는가?

(a) 온도가 감소한다.

(b) 반응물 A의 표면적이 증가한다.

→ 심화 연습: 연습 문제 12.21

예제 12.3에서는 실험실에서 문제를 해결하려는 Ellen과 Chad를 돕기 위해 충돌 이론을 사용할 것이다.

예제 12.3 ▶ 충돌 이론을 사용하여 반응 속도 설명하기

화학 실험실에서 Ellen은 염산과 마그네슘 금속의 반응 속도를 증가시키는 방법을 결정하고자 한다.

$$Mg(s) + 2HCl(aq) \longrightarrow MgCl_2(aq) + H_2(g)$$

먼저 그녀는 0.10 *M* HCl 용액에 5.0 g의 마그네슘 조각을 넣어 반응을 진행시킨다. Ellen이 이 반응의 속도를 증가시킬 수 있는 방법들을 제안하라. 각 제안에 대하여 왜 반응 속도가 증가하는지를 설명하기 위해 충돌 이론을 사용하라.

©McGraw-Hill Education

» 풀이:

반응 속도를 증가시키는 한 가지 방법은 HCl의 농도를 0.20 *M* 또는 더 높게 증가시키는 것이다. 농도의 증가는 수소 이온과 마그네슘 원자 사이의 충돌 속도를 증가시킨다. 비록 Ellen은 마그네슘 금속의 농도를 증가시킬 수는 없지만 그것의 표면적은 증가시킬 수 있다. 길쭉한 금속 조각을 작은 조각으로 자르면 더 많은 마그네슘 원자들이 충돌할 수 있게 된다. 충돌 속도가 증가하면 반응 속도가 증가한다. 세 번째 방법은 가열판 위에서 반응 혼합물을 가열하는 것이다. 그러나 수소는 가연성이기 때문에 반응 혼합물을 조심스럽게 가열해야 한다. 온도를 높이면 총 충돌수와 유효 충돌 분율 모두가 증가하므로 반응 속도가 증가한다.

➔ 응용 연습 12.3

만일 Ellen이 이 반응의 속도를 *감소시키기*를 원한다면, 마그네슘 금속에 대하여 어떤 변화를 주어야 할까?

➔ 실전 연습 12.3

정상 조건에서 강철 솜의 철은 부식이나 녹스는 것처럼 산소와 느리게 반응한다.

$$4Fe(s) + 3O_2(g) \longrightarrow 2Fe_2O_3(s)$$

화학 실험실에서 Chad는 강철 솜을 불에 넣지 않고 부식 과정의 속도를 증가시키려고 한다. 그 방법들을 제안하라. 각 제안에 대하여 왜 반응 속도가 증가하는지를 설명하기 위해 충돌 이론을 사용하라.

➔ 심화 연습: 연습 문제 12.27

» 촉매

촉매(catalyst)는 반응에서 자신은 소모되지 않고 반응이 일어나는 경로를 변화시킨다. 새로운 반응 경로는 더 낮은 활성화 에너지를 가지는 낮은 에너지 경로이다. 이 경로에서 촉매는 반응 속도를 증가시킨다. 예를 들면 O_3의 O_2로의 변환에 대한 그림 12.10의 에너지 도표를 생각해 보자. 원자 상태의 Cl 촉매가 존재하면 활성화 에너지는 더 작아진다. 활성화 에너지가 더 작아지면 반응물 중 더 분율이 새로운 최소 에너지 요구를 충족할 수 있게 되고, 반응 속도는 증가한다.

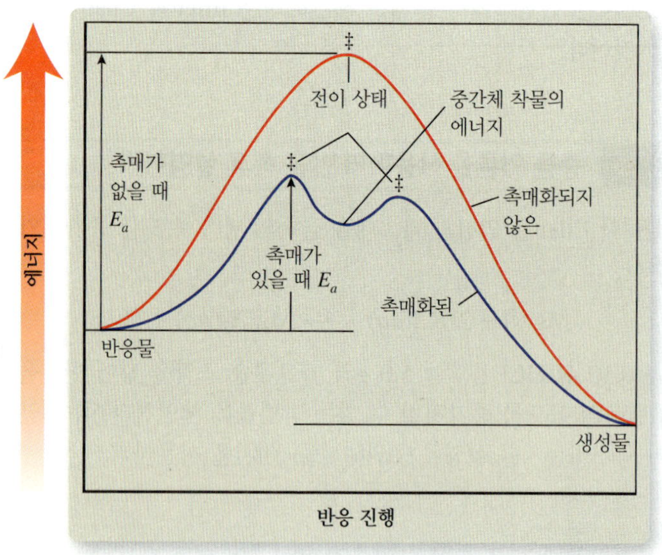

그림 12.10 Cl 촉매는 O_2를 생성하기 위한 O_3 반응의 활성화 에너지를 낮추어 반응 속도를 증가시킨다. 특정 온도에서 더 많은 충돌이 반응에 대한 에너지 요구를 충족시킨다. 촉매가 사용된 반응에 대한 에너지 도표가 두 개의 전이 상태를 가지는 것을 주목하라. 촉매가 사용된 반응이 두 단계로 일어나기 때문에 이런 현상이 일어난다. 그 첫 번째 단계에서 촉매와 결합한 중간체 착물을 형성하는데, 이 착물의 에너지는 두 개의 전이 상태보다 더 작다.

대부분의 화학제품들은 시간과 비용을 절감하기 위하여 촉매를 사용하여 만들어진다.

촉매는 어떻게 활성화 에너지를 낮추는가? 몇 가지 예들을 생각해 보자. 내연 기관을 가진 대부분의 자동차에는 대기로 방출되는 오염 물질인 CO, NO, NO_2의 양을 줄이는 데 도움을 주는 촉매 변환기가 장착된다(그림 12.11A). 독성이 없는 CO_2와 N_2를 만드는 이 물질들의 반응은 보통 매우 느리다. 촉매 변환기의 촉매들은 이들의 반응을 빠르게 하여 기체들이 배기관을 벗어나기 전에 이 반응들이 일어날 수 있게 한다.

CO가 CO_2로 변환되는 반응에 백금과 팔라듐 금속이 촉매 작용을 하는 특별한 경우에 대하여 살펴보자. 화학 반응에서 촉매는 알짜 반응에 포함되지 않기 때문에 일반적으로 화살표 위에 쓴다.

$$2CO(g) + O_2(g) \xrightarrow{\text{Pt/Pd}} 2CO_2(g)$$

백금과 팔라듐 금속 원자는 표면에 CO와 O_2 분자를 흡착시킨다(그림 12.11B). 일단 그 상태에서는 O_2 분자 내의 결합이 약해지거나 깨지게 되고, 그 결과 원자는 인접한 CO 분자와 쉽게 결합할 수 있다. 그다음 CO_2 분자들이 금속 표면에서 이탈되어 배기구를 통해 배출된다. 촉매는 더 작은 활성화 에너지를 가진 새로운 활성화물을 생성하여 활성화 에너지를 더 낮춘다. 촉매에 의해 NO를 N_2와 O_2로 변환시키는 반응도 유사한 방법으로 일어난다.

효소(enzyme)는 생물 내의 특정 반응에 대한 촉매 역할을 하는 분자이다. 효소가 없으면 생명을 유지하는 데 필요한 화학 과정들이 너무 느리기 때문에 낮은 온도의 식물과 동물 세포에서는 일어나지 않을 것이다. 약 25,000개에 달하는 많은 효소가 인체의 적절한 기능에 필요한 모든 과정에 촉매 작용을 한다. 대부분의 효소들은 분자량이 12,000~40,000 g/mol인 큰 단백질 분자들이다. 효소의 복잡한 삼차원 구조는 ***활성 자리***(*active site*)라고 불리는 한 개 이상의 오목한 곳이나 구멍을 포함하고 있다(그림 12.12). 활성 자리의 모양은 효소마다 고유해서 ***기질***(*substrate*)이라는 특정 종류의 반응물 분자만 반응하게 한다. 효소-촉매 반응이 일어나기 위해 기질 분자는 효소의 활성

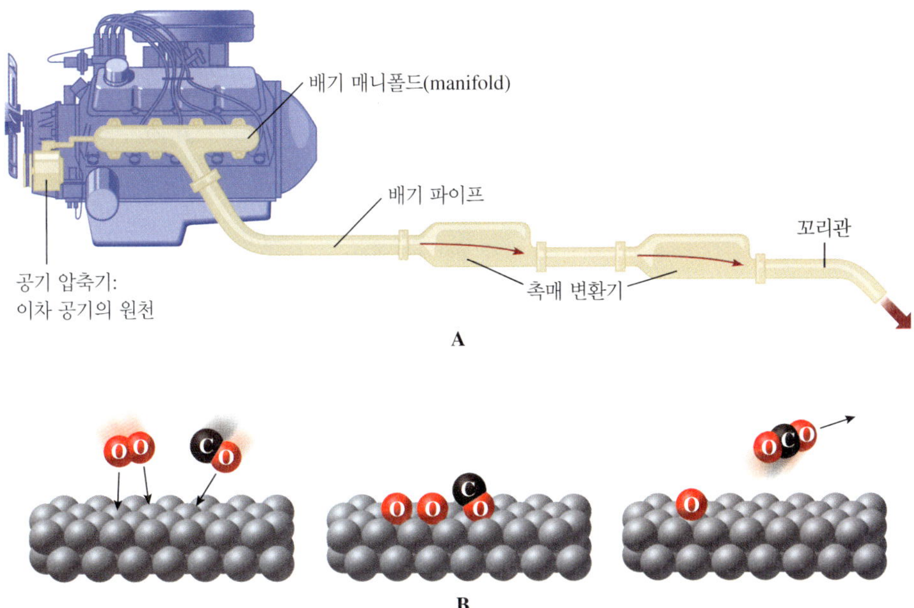

그림 12.11 (A) 자동차의 촉매 변환기는 세라믹 표면에 코팅된 백금, 팔라듐, 로듐 금속을 포함하고 있다. 결과적으로 표면적이 큰 촉매이다. 변환기의 로듐 금속 촉매는 NO와 NO_2가 N_2와 O_2로 변환될 때 및 CO가 CO_2로 변환되는 속도를 증가시킨다. (B) 백금과 팔라듐 금속은 CO를 CO_2로 변환시키는 반응에 촉매 역할을 한다. 표면의 금속 원자는 CO와 O_2 분자의 산소 원자를 끌어당겨 중간체 착물에 해당하는 약한 금속-산소 결합을 형성한다(그림 12.10 참조). 금속과 산소 사이의 상호 작용은 CO와 O_2에 포함된 결합을 약화시켜서 반응에 필요한 결합 파괴가 더 쉽게 일어난다. CO_2가 배기가스로 배출되면, 남아 있는 산소 원자가 CO 분자와 반응한다.

(A): ©McGraw-Hill Education

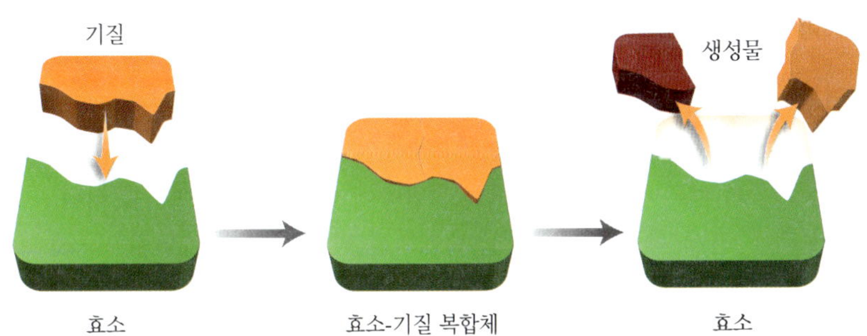

그림 12.12 효소의 고유한 구조가 기능을 결정한다. 효소는 활성 자리에 적합한 기질에만 작용할 수 있다. 일단 기질 분자가 효소와 복합체를 형성하면, 반응은 빠르게 진행된다. 이 경우에 기질은 두 개의 더 작은 분자들로 분해된다.

자리 구조에 잘 들어맞아야 한다. 일단 활성 자리에 위치하면 효소와 기질 사이의 분자 간 상호작용 또는 결합에 의하여 생성물로의 변환에 더 낮은 활성화 에너지가 필요하도록 기질을 변형시킨다.

효소가 어떻게 작용하는지를 알아보기 위해 빵을 굽거나 커피 혹은 차에 첨가하는 일반 설탕인 수크로스(sucrose)를 생각해 보자. 수크로스는 두 개의 단당류 성분으로 구성되어 있어 이당류라는 당의 분류에 속한다. 수크로스 분자는 효소 수크레이스(sucrase)의 활성 자리에 딱 맞는 구조를 가진다. 그림 12.13에서 보듯이 수크레이스 효소는 물과 수크로스의 반응에 촉매 작용을 하여 두 개의 단당류 분자인 포도당과 과당

효소는 주로 촉매로 작용하는 기질의 이름을 따라 접미사 *-ase*를 사용하여 명명한다. 예를 들면 DNAase는 DNA 분자의 분해 반응에서 촉매로 작용하는 효소이다.

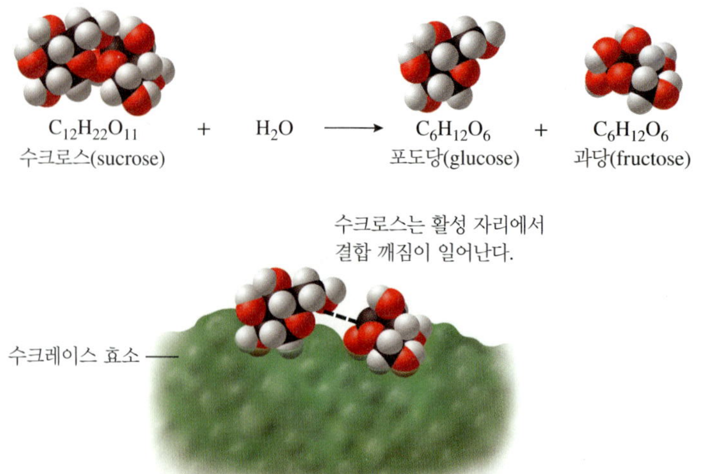

그림 12.13 음식물의 소화 과정에서, 더 큰 이당류인 수크로스 분자는 더 작은 단당류인 포도당과 과당으로 분해된다. 수크로스 분해 효소는 이 반응에서 촉매로 작용한다. 효소와 수크로스 분자 사이의 상호 작용은 단당류 사이의 결합을 약화시켜 분해를 촉진한다.

을 생성한다. 일단 효소의 활성 자리에 위치하면 수크로스 분자의 두 구성 성분 사이의 결합은 단당류 단위로의 파괴가 촉진될 수 있을 정도로 충분이 약해진다.

예제 12.4 ▶ 활성화 에너지에 대한 촉매 효과

CO와 O_2가 CO_2를 형성하는 비촉매 산화 반응에 대한 에너지 도표를 그려라. 이 반응은 발열 반응이다. 반응물과 생성물을 표지하라. 이 반응이 백금과 팔라듐 금속의 혼합물에 의해 촉매화되면 에너지 변화가 어떻게 다른지를 점선을 이용하여 나타내라.

» 풀이:

발열 반응이기 때문에 생성물이 반응물보다 에너지가 작다. 촉매는 낮은 에너지의 활성화물을 만들기 때문에 점선은 촉매화된 반응에 대한 에너지 변화를 나타낸다. 촉매는 반응물과 중간체 착물을 형성하고 촉매화된 반응에 대한 에너지 도표는 두 개의 봉우리를 가진다.

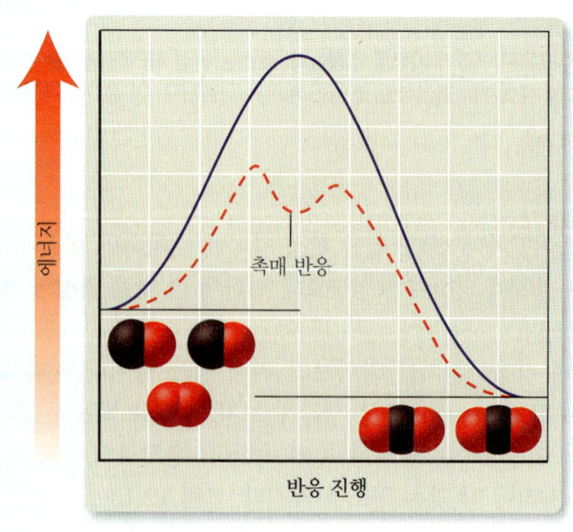

응용 연습 12.4

만일 위의 반응이 반대로 진행된다면, 촉매가 없을 때보다 같은 촉매가 있을 때 반응이 더 빨리 진행된다고 생각하는가?

실전 연습 12.4

HI의 분해는 발열 반응이다.

$$2HI(g) \longrightarrow H_2(g) + I_2(g)$$

비촉매 반응에 대한 에너지 도표를 그려라. 반응물과 생성물을 표지하라. 가능한 활성화물을 그려라. 반응 속도를 증가시키는 촉매인 백금 금속이 계에 첨가되었을 때, 에너지 변화는 어떻게 다른지 점선을 이용하여 나타내라.

심화 연습: 연습 문제 12.29

촉매의 한 가지 중요한 특징은 어떤 반응에 대한 활성화 에너지를 낮추는 것이다. 또 다른 촉매의 특징은 반응 후에 변하지 않은 상태로 남아 있는 것이다. 예를 들어 촉매 변환기에서 생성물이 금속 표면에서 이탈하고 나면 금속 원자는 새로운 반응물과 자유롭게 결합한다. 이것과 유사하게 효소의 활성 자리에서 생성물이 이탈되면 활성 자리에는 새로운 반응물이 들어올 수 있다.

CFC들에 의한 오존 분자들의 파괴 반응에서 염소의 촉매 역할을 다시 살펴보자. 자외선이 존재할 때 CFC들이 파괴되어 염소 원자를 생성한다.

$$CF_2Cl_2 \xrightarrow{\text{자외선}} CF_2Cl + Cl$$

Cl 촉매의 존재하에서 O_3가 O_2로 변환되는 일련의 과정은 두 단계 반응이다.

$$\begin{array}{ll} \text{단계 1:} & O_3(g) + Cl(g) \longrightarrow ClO(g) + O_2(g) \\ \text{단계 2:} & ClO(g) + O_3(g) \longrightarrow Cl(g) + 2O_2(g) \\ \hline \text{전체:} & 2O_3(g) + Cl(g) + ClO(g) \longrightarrow ClO(g) + Cl(g) + 3O_2(g) \end{array}$$

염소 원자는 소모되지 않는다. 염소 원자는 첫 번째 단계에 사용되고 두 번째 단계에서 재생된다. ClO가 첫 번째 단계에서 형성되고 두 번째 단계에 사용된다는 것에 주목하라. ClO는 반응 동안 임시적으로 형성되기 때문에 **중간체**(intermediate)라고 한다. 반응 화살표의 모든 양쪽 성분들을 더해서 두 단계를 결합하면, Cl 촉매와 ClO 중간체가 양쪽에 나타나는 전체 반응식이 얻어진다. 식으로부터 촉매와 중간체는 모두 제거된다.

$$2O_3(g) + \cancel{Cl(g)} + \cancel{ClO(g)} \longrightarrow \cancel{ClO(g)} + \cancel{Cl(g)} + 3O_2(g)$$

알짜 반응식에서는 촉매화되지 않는 반응식과 동일하게 반응물과 생성물만 나타난다.

$$2O_3(g) \longrightarrow 3O_2(g)$$

한 개 이상의 단계로 일어나는 반응에 대해서 어떤 중간체와 촉매도 알짜 반응식에는 포함되지 않는다.

첫 번째 단계의 활성화물은 촉매가 없을 때보다 안정하기 때문에 Cl 촉매는 활성화 에너지를 더 낮춘다. Cl 촉매가 존재하면 활성화물은 O–O 결합이 파괴되고 Cl–O 결합이 생성되는 화학종으로 구성된다.

O–O···O···Cl

촉매가 없으면 활성화물은 O–O 결합이 파괴되는 더 높은 에너지의 화학종으로 구성된다.

O–O···O

인터넷 핫스팟

상당수 학생들이 중간체와 촉매를 확인하는 데 어려움을 겪고 있다고 한다. 이 주제에 대한 추가 학습 자료를 보려면 SmartBook에 접속하라.

예제 12.5 ▶ 중간체와 촉매 확인하기

아세트알데하이드(CH_3CHO)는 연료가 연소되는 동안 생성되는 휘발성 유기 화합물로, 자동차 배기가스에서 종종 발견된다. 이 물질은 다음 두 단계 과정으로 분해되어 일산화 탄소와 메테인을 생성한다. 중간체와 촉매를 확인하라.

$$\text{단계 1:} \quad CH_3CHO + I_2 \longrightarrow CH_3I + CO + HI$$
$$\text{단계 2:} \quad CH_3I + HI \longrightarrow CH_4 + I_2$$

》풀이:

아이오딘(I_2)은 단계 1에서 소모되고 단계 2에서 형성된다. I_2는 재생되기 때문에 촉매이다. CH_3I와 HI 둘 다 단계 1에서 생성되고 단계 2에서 소모된다. CH_3I와 HI는 반응 동안 임시적으로 생성되기 때문에 둘 다 중간체이다.

➜ 응용 연습 12.5

이 두 단계 반응에서 몇 개의 다른 활성화물이 형성되는가?

➜ 실전 연습 12.5

에텐($H_2C{=}CH_2$, ethene)은 세 단계 과정에 의해 에탄올(CH_3CH_2OH, ethanol)로 바뀔 수 있다. 중간체와 촉매를 확인하라.

$$H_2C{=}CH_2 + H_3O^+ \longrightarrow H_3C{-}CH_2^+ + H_2O$$
$$H_3C{-}CH_2^+ + H_2O \longrightarrow CH_3CH_2OH_2^+$$
$$CH_3CH_2OH_2^+ + H_2O \longrightarrow CH_3CH_2OH + H_3O^+$$

➜ 심화 연습: 연습 문제 12.43

12.4 화학 평형

동영상: 평형

많은 화학 반응들은 반응이 완전히 끝나지 않는다. 대신에 반응물과 생성물의 농도가 더 이상 변하지 않는 **화학 평형**(chemical equilibrium) 상태에 도달한다. 화학 평형은 반응물이 생성물로 변하고, 역반응에 의해 생성물이 같은 속도로 반응물로 변하는 하나의 반응이 일어날 때 만들어진다.

대기 중에서 볼 수 있는 한 예는 이산화 질소(NO_2)와 사산화 이질소(N_2O_4) 사이의 평형이다. 대기 중의 대부분의 NO_2는 자동차에서 배출된다. 또한 이것은 평형 반응에서 N_2O_4의 분해로부터 생성된다(그림 12.14). NO_2가 N_2O_4로부터 생성되는 동안 역과정에 의해 N_2O_4가 NO_2로부터 생성된다.

$$N_2O_4(g) \longrightarrow 2NO_2(g)$$
$$2NO_2(g) \longrightarrow N_2O_4(g)$$

NO_2는 갈색 기체이고, N_2O_4는 무색이다. 스모그의 갈색은 부분적으로 NO_2가 있어서 생긴다. NO_2와 N_2O_4 사이의 평형이 없다면, 스모그는 상당히 더 진하게 나타날 것이다. 이 절에서는 이런 반응에서의 반응 속도와 평형에 영향을 주는 인자들에 대해서 살펴볼 것이다.

CFC들과 같은 파괴적인 영향이 없으면, 성층권의 O_3와 O_2의 양은 일정하게 유지된다. 왜냐하면 둘 다 일정하게 파괴되고 다시 생성되기 때문이다. 이런 유형의 상황을 흔히 ***동적***(*dynamic*) 평형이라고 한다. 이 균형이 중요하지만 오존의 파괴와 생성은 역반응이 아니기 때문에, 이 균형을 ***화학적***(*chemical*) 평형이라 하지 않는다.

비록 평형 상태에 도달한 반응 용기에는 아무 것도 일어나지 않는 것처럼 보이지만 실제는 그렇지 않다. 어떤 반응이 평형에 도달했다면, 정반응이 계속해서 진행되고, 역반응 또한 같은 속도로 진행된다.

$$\text{정반응:} \quad N_2O_4(g) \longrightarrow 2NO_2(g)$$
$$\text{역반응:} \quad 2NO_2(g) \longrightarrow N_2O_4(g)$$

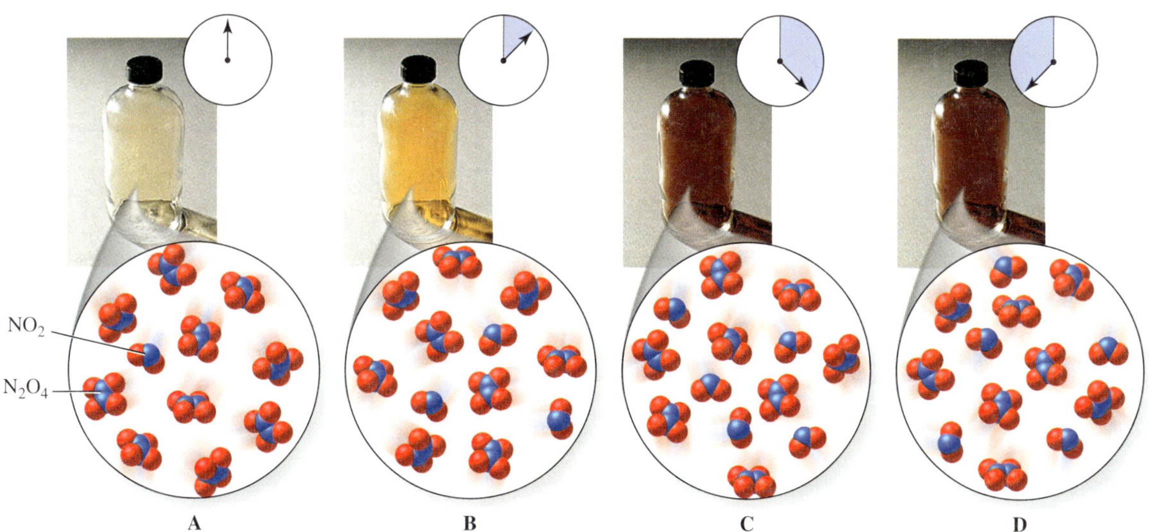

그림 12.14 N_2O_4가 NO_2로 변환되는 반응은 가역 반응이고 화학 평형 상태에 도달한다. A와 B는 평형 전의 계를 나타내고, C와 D는 평형 후의 계를 나타낸다. 평형에서는 N_2O_4와 NO_2 분자의 수는 변하지 않는다. 그러나 여전히 N_2O_4는 NO_2로 바뀌고 있고 NO_2는 같은 속도로 N_2O_4로 되돌아간다.

정반응과 역반응의 같은 속도로 일어나는 평형 상태는 평형 화살표($\rightleftharpoons$)를 사용하여 나타낸다.

$$N_2O_4(g) \rightleftharpoons 2NO_2(g)$$

어떤 화학 반응이 평형 상태에 도달하면, 정반응과 역반응의 속도가 같아진다. 반응물과 생성물의 농도에서 알짜 변화는 없다. 평형 상태에 도달한 반응은 ***가역 반응***(*reversible reaction*)이다. 실제의 평형은 반응물과 생성물의 출입이 없는 닫힌 계에서 발생한다.

화학 평형의 개념을 더 잘 이해하기 위해 유사한 경우를 생각해 보자. 이 단원의 도입 부분에서 Ellen과 Chad가 오존 경보를 들었을 때 그들은 쇼핑센터를 향해 운전하고 있었던 것을 상기해 보자. 그들은 도착하자마자 헤어져서 Ellen은 즉시 1층에 입구가 하나인 2층짜리 상점으로 갔다. 그녀는 상점이 문을 막 열었을 때 도착하여 다른 많은 쇼핑객들과 함께 1층으로 들어갔다. 그때 모든 쇼핑객들은 1층에 있었다. 2층에는 아무도 없었다. 그녀와 다른 여러 쇼핑객들은 2층으로 올라가기 위해 에스컬레이터로 향했다. 그때는 많은 사람들이 올라가고 있었지만 아무도 내려오지 않았다. 그러나 잠시 뒤에 몇몇의 사람들이 2층에서의 쇼핑을 마치고 1층으로 내려가기로 결정함에 따라 아래로 향하는 에스컬레이터 위의 사람 수가 증가하였다. 이 순간에 1층과 2층에 있는 쇼핑객들의 수 사이에 평형 상태가 이루어졌다. 에스컬레이터 위의 사람들은 위로 가거나 아래로 갔지만, 두 층에 있는 쇼핑객의 상대적인 수의 알짜 변화는 일어나지 않았다(쇼핑객이 가게로 들어오거나 나가지 않았다고 가정함). 올라가는 사람의 속도와 내려가는 사람의 속도는 같다. 이것은 1층과 2층에 있는 사람 수가 같다는 것을 의미하는 것은 아니다. 사람은 2층에 더 많은 쇼핑객들이 있을지 모르지만 두 층에 있는 사람들 수의 ***비***(*ratio*)는 일정하다.

사람들이 에스컬레이터에 오르는 예는 화학 평형과 같다. N_2O_4/NO_2 계가 평형에 *접근하면* 어떻게 되는지 면밀하게 살펴보자. 반응이 시작됨에 따라 NO_2를 형성하기 위해 N_2O_4가 반응한다. 반응이 진행되면서 N_2O_4의 농도는 감소하고 정반응 속도도 감소한다. NO_2의 농도는 증가하고 역반응은 빨라진다(그림 12.15). 이는 정반응 속도와 역

만일 반응이 N_2O_4 대신에 NO_2로 시작된다면, 그림 12.15에 있는 그래프는 어떻게 달라지는가? 그들은 어떻게 같은가?

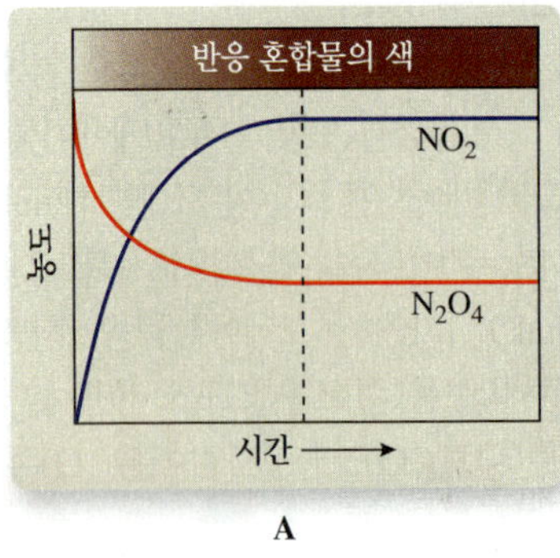

A

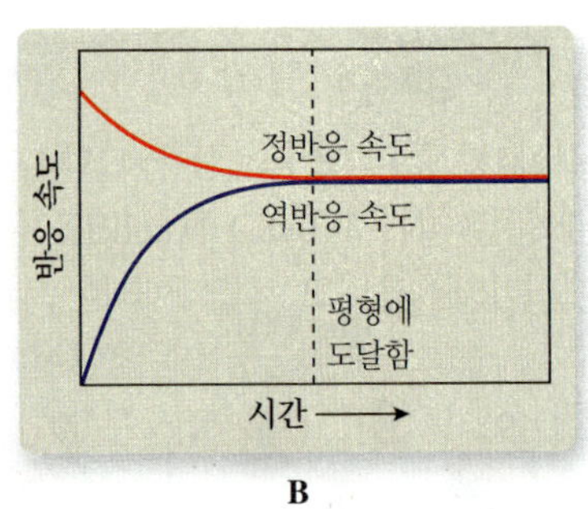

B

그림 12.15 (A) 평형에 가까워짐에 따라 반응물의 농도는 감소하고 생성물의 농도는 증가한다. 반응물과 생성물의 농도가 일정하게 유지되면 평형이 이루어진다. (B) 평형에 가까워짐에 따라 정반응의 속도는 감소하고 역반응의 속도는 증가한다. 정반응의 속도가 역반응의 속도와 같을 때 평형이 이루어진다.

반응 속도가 같아질 때까지 계속되며 평형이 만들어진다.

만일 닫힌 반응 용기에 순수한 NO_2를 첨가하면 어떻게 될까? 그림 12.15에서 보여 주듯이 같은 평형 상태에 도달할까? 그렇다. 온도가 같게 유지되는 한 평형은 같을 것이다.

12.5 평형 상수

동영상: 화학 평형

반응이 평형에 도달했을 때, 반응물과 생성물의 양은 비슷할 수 있다. 그러나 주로 많은 양의 반응물과 적은 양의 생성물이 존재하는 경우이거나, 또는 적은 양의 반응물과 많은 양의 생성물이 존재하는 경우와 같이, 한 가지가 훨씬 더 많이 존재한다. 평형에서 반응물의 농도가 생성물의 농도보다 상대적으로 크면, 평형이 반응물에 우세하다고 한다. 이런 방법으로 평형 계를 표현할 때, ***평형의 위치***(*position of equilibrium*)로 묘사한다.

>> 평형 상수식

쇼핑센터의 2층짜리 가게에서 평형 상태에 도달한 것을 생각해 보자. 만일 입구가 1층이 아닌 2층에 있었더라도 같은 평형에 도달하게 될까? 그렇다. 쇼핑객 스스로 같은 방식으로 분포하게 되고 같은 속도로 에스컬레이터를 이용하여 위아래로 움직일 것이다. 화학 반응에서는 반응이 모든 반응물, 모든 생성물, 또는 반응물과 생성물의 혼합물로 시작되어도 같은 평형 상태에 도달한다.

반응물과 생성물의 상대적 농도를 이용하여 평형 상태를 수학적으로 어떻게 표현할 수 있을까? 특정한 반응에 대해 서로 다른 평형 농도 세트가 있다. 모든 평형 농도 세트에 대해 동일한 평수 값이 나오는 관계식을 얻을 수 있는지를 살펴보자. 다음의 가역 반응을 생각해 보자.

$$2HI(g) \rightleftharpoons H_2(g) + I_2(g)$$

어떤 물질에 대한 화학식 주위의 대괄호 [ ]는 몰농도 단위 mol/L로 나타낸 그 물질의 농도를 의미한다.

표 12.1은 반응물과 생성물의 양을 각각 달리한 세 가지의 반응에 대한 결과로 얻어진 평형에서의 반응물과 생성물의 농도를 보여 준다. 표는 반응물과 생성물의 상대적인 양을 표현하기 위한 세 가지 다른 방법들도 보여 준다. 표 12.1의 어떤 식이 세 개의 실험에 대하여 상대적으로 비슷한 값을 보여 주는가?

표 12.1로부터 맨 마지막 열에 있는 식으로 계산한 데이터는 모든 경우에서 매우

표 12.1 ▸ **일정한 온도에서의 평형 농도: $2HI(g) \rightleftharpoons H_2(g) + I_2(g)$**

실험	평형 [HI]	평형 $[H_2]$	평형 $[I_2]$	$\frac{[H_2][I_2]}{[HI]}$	$\frac{[H_2]+[I_2]}{[HI]}$	$\frac{[H_2][I_2]}{[HI]^2}$
1	0.704 *M*	0.180 *M*	0.550 *M*	0.141	1.04	0.200
2	1.44 *M*	0.757 *M*	0.550 *M*	0.186	0.903	0.201
3	0.634 *M*	0.283 *M*	0.283 *M*	0.126	0.893	0.199

비슷한 값을 나타낸다는 것을 알 수 있다(0.200, 0.201, 0.199). 세 가지 실험으로부터 0.200의 평균 상수를 계산할 수 있다. 표 12.1에서 상수를 나타낸 식은 생성물의 농도를 서로 곱하고 이를 반응물 농도의 제곱으로 나누었다. 왜 반응물 농도 [HI]를 제곱하였는가? 균형 맞춘 식에서 HI 앞의 *계수* 2와 관련이 있는가? 그렇다. 화학자들은 많은 조건하에서 다양한 반응들을 연구했다. 결과로 표 12.1의 마지막 줄의 식이 일정한 온도 조건에서 어떤 반응에 대해서도 상수(*평형 상수*, $K_{평형}$)가 된다는 것을 찾아내었다. 일반적인 형태의 반응에 대하여

$$aA + bB \rightleftharpoons cC + dD$$

평형 상수식(equilibrium constant expression)은 다음과 같다.

$$K_{eq} = \frac{[C]^c[D]^d}{[A]^a[B]^b}$$

여기서 [A], [B], [C], [D]는 평형에서 반응물과 생성물의 몰농도이고, 지수 *a*, *b*, *c*, *d*는 균형 맞춘 반응식에서 계수 값들이다. 반응물과 생성물의 평형 농도를 알면 평형 상수, $K_{평형}$를 결정할 수 있다. 특정 반응에 대한 평형 상수 값은 같은 온도에서는 항상 같다. 만일 반응계의 온도가 변하면, 평형 상수 값도 변한다.

원소들로부터 암모니아가 형성되는 반응에 대한 평형 상수식을 써보자. 균형 맞춘 반응식은 다음과 같다.

$$N_2(g) + 3H_2(g) \rightleftharpoons 2NH_3(g)$$

평형 상수식은

$$K_{평형} = \frac{[NH_3]^2}{[N_2]^1[H_2]^3}$$

균형 맞춘 반응식에 어떤 계수가 나타나 있지 않으면 계수는 1이라는 것을 기억하라. 평형 상수식에서 지수 1은 쓰지 않는다.

$$K_{평형} = \frac{[NH_3]^2}{[N_2][H_2]^3}$$

400 K에서 반응 용기 안에서 N_2와 H_2 기체가 결합한다고 가정하자. 그림 12.16은 반응이 일어나기 전과 반응이 평형에 도달한 후의 상대적 농도를 보여준다. 그림 12.16으로부터 반응물들과 생성물의 평형 농도는 다음과 같다.

$$[N_2] = 0.0600\ M$$
$$[H_2] = 0.180\ M$$
$$[NH_3] = 0.280\ M$$

400 K에서의 평형 상수 값을 계산하기 위해 이 평형 농도들을 평형 상수식에 대입한다.

표 12.1의 마지막 열에 있는 식의 역수식에 대해서도 비슷한 값들(5.01, 4.98, 5.02)이 얻어짐에 주목하라. 이 식도 상수가 된다.

$$\frac{[H_2][I_2]}{[HI]^2} \xrightarrow{역수식} \frac{[HI]^2}{[H_2][I_2]}$$

$$\frac{[HI]^2}{[H_2][I_2]} = 5.00$$

관례상 화학자들은 생성물을 분자 위치에 쓰는 표현을 선택하였다. 만일 반응이 다음과 같이 역방향으로 쓰여진다면, 역수식이 평형 상수식으로 될 것이다.

$$H_2(g) + I_2(g) \rightleftharpoons 2HI(g)$$

인터넷 핫스팟

상당수 학생들이 평형 상수식에 어려움을 겪고 있다고 한다. 이 주제에 대한 추가 학습 자료를 보려면 SmartBook에 접속하라.

전 세계적으로 매년 일억 톤의 암모니아가 생산된다. 이 중 약 80%가 비료 제조에 사용된다.

그림 12.16 그래프는 다음 반응에 대한 반응물과 생성물의 초기 및 평형 농도를 나타낸다.

$$N_2(g) + 3H_2(g) \rightleftharpoons 2NH_3(g)$$

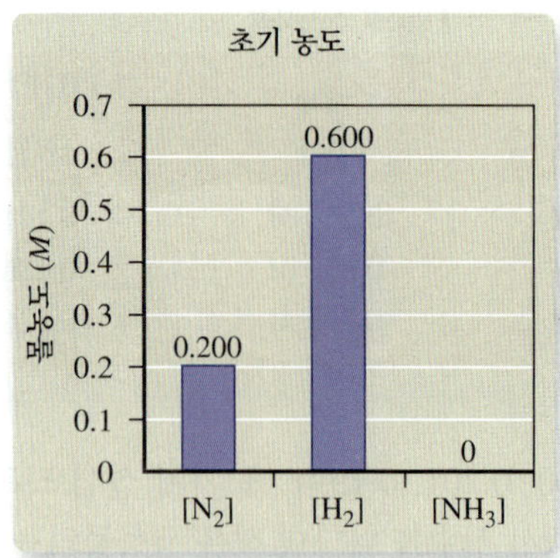

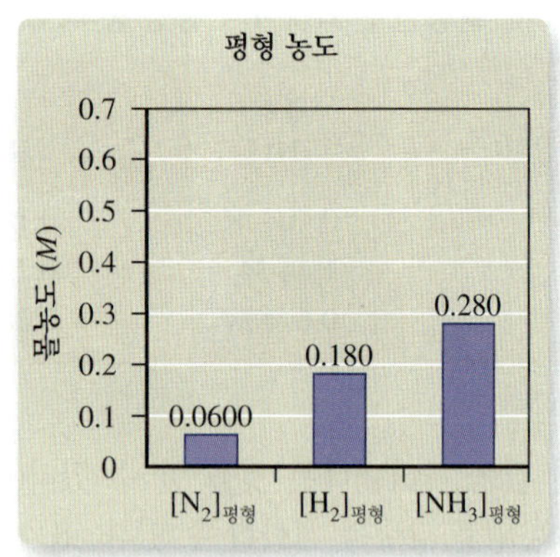

$$K_{평형} = \frac{[NH_3]^2}{[N_2]^1[H_2]^3}$$

$$= \frac{(0.280\ M)^2}{(0.0600\ M)\ (0.180\ M)^3} = 224$$

계산된 평형 상수 값이 $1/M^2$의 단위를 가져야 한다고 주장할지 모르지만, 관례상 평형 상수는 단위 없이 쓴다.

평형 상수 값은 평형의 위치를 말해 준다. 평형 상수 값이 1보다 크면 평형에서 반응물보다 생성물이 더 많은 것이고, 평형 위치가 오른쪽으로 치우쳐 있다고 말한다. 그림 12.16으로부터 NH_3 생성물의 평형 농도가 어떤 반응물의 평형 농도보다 더 크다는 것을 알 수 있다. 평형 상수 값이 1보다 훨씬 작으면 평형에서 생성물보다 반응물이 더 많은 것이고, 평형 위치가 왼쪽으로 치우쳐 있다고 말한다. 만일 평형 상수 값이 1에 가까우면 평형에서 반응물과 생성물의 양이 비슷하게 존재한다. 평형 상수 값, $K_{평형}$의 의미는 표 12.2에 정리하였다. 평형 농도와 균형 맞춘 반응식이 주어지면 $K_{평형}$ 값과 평형의 위치를 결정할 수 있다.

표 12.2 ▸ $K_{평형}$ 값의 의미

평형 상수 $K_{평형}$ 값	평형의 위치
$K_{평형} >> 1$	평형이 오른쪽으로 치우쳐 있다. 생성물 우세
$K_{평형} << 1$	평형이 왼쪽으로 치우쳐 있다. 반응물 우세
$K_{평형} \approx 1$	평형이 중간에 놓여 있다. 반응물과 생성물의 양이 비슷함

예제 12.6 ▶ 평형 농도로부터 $K_{평형}$ 결정하기

삼산화 황(sulfur trioxide)을 반응 용기에 넣고 130°C로 가열하여 평형 상태에 도달하게 하였다.

$$2SO_3(g) \rightleftharpoons 2SO_2(g) + O_2(g)$$

평형 농도는 아래와 같이 결정되었다.

$$[SO_2] = 0.026\ M$$
$$[O_2] = 0.013\ M$$
$$[SO_3] = 0.12\ M$$

(a) 이 반응에 대한 평형 상수식을 써라.

(b) 130°C에서 평형 상수 값을 계산하라.

(c) 평형 위치를 설명하라.

≫ 풀이:

(a) 평형 상수식은 분자 항에 생성물의 농도를, 분모항에 반응물의 농도를 대입한다.

$$K_{\text{평형}} = \frac{[SO_2]^2[O_2]}{[SO_3]^2}$$

SO_2와 SO_3의 농도는 균형 맞춘 식의 계수가 각각 2이기 때문에 둘 다 제곱한다.

(b) 평형 상수식에 평형 농도를 대입하여 평형 상수 값을 계산한다.

$$K_{\text{평형}} = \frac{[SO_2]^2[O_2]}{[SO_3]^2} = \frac{(0.026)^2\,(0.013)}{(0.12)^2} = 6.1 \times 10^{-4}$$

(c) 평형 상수 값이 1보다 훨씬 작은 값이다. 이는 생성물의 농도가 반응물의 농도에 비해 작다는 것을 말해 준다. 평형 위치는 왼쪽에 치우쳐 있다. 이 온도에서는 반응물이 우세하다.

→ 응용 연습 12.6

역반응에 대한 평형 상수는 얼마인가?

$$2SO_2(g) + O_2(g) \rightleftharpoons 2SO_3(g)$$

→ 실전 연습 12.6

25°C에서 순수한 시료 N_2O_4를 반응 용기에 넣고 평형에 도달하게 하였다.

$$2NO_2(g) \rightleftharpoons N_2O_4(g)$$

평형 농도는 다음과 같이 결정되었다.

$$[NO_2] = 0.0750\ M$$
$$[N_2O_4] = 1.25\ M$$

(a) 이 반응에 대한 평형 상수식을 써라.

(b) 25°C에서 평형 상수 값을 계산하라.

(c) 평형 위치를 설명하라.

→ 심화 연습: 연습 문제 12.71

≫ 반응의 방향 예측하기

반응물과 생성물의 혼합물을 이용하여 평형에 도달하는 반응을 시작하고자 한다. 반응은 정방향과 역방향 중 어느 쪽으로 진행될까? 그것은 반응 용기 안에 반응물과 생성물의 상대적인 양에 의존한다. 만일 평형 농도와 같으면, 그 계는 평형 상태일 것이고 알짜 반응은 일어나지 않을 것이다. 평형 농도와 같지 않으면, 평형 상수에 의해 정해진 대로 평형 농도가 될 때까지 정반응 또는 역반응이 일어날 것이다. 평형 상태에서의 생성물보다 더 많은 양으로 반응을 시작하면 역방향으로 진행되어 생성물의 양은 감소하고 반응물의 양은 증가한다. 평형 상태에서의 반응물의 양(농도)보다 더 많은 양으로 반응을 시작하면, 정반응이 진행되어 반응물의 양은 감소되고 생성물의 양은 증가한다.

비평형 농도를 평형 상수식에 넣었을 때, 이 결과를 ***반응 지수**(reaction quotient)*라 하고, Q로 표시한다.

평형에 도달하기 위해 반응이 어느 방향으로 진행할 것인지 어떻게 예측할 수 있을까? 평형 상수식에 반응 시작 혼합물 속의 반응물과 생성물의 농도를 대입하면, 그 답은 각각의 농도가 평형 농도일 때만 평형 상수 값과 같을 것이다. 얻어진 값이 평형 상수

$CO(g) + H_2O(g) \rightleftharpoons CO_2(g) + H_2(g)$
$K_{평형} = 16$

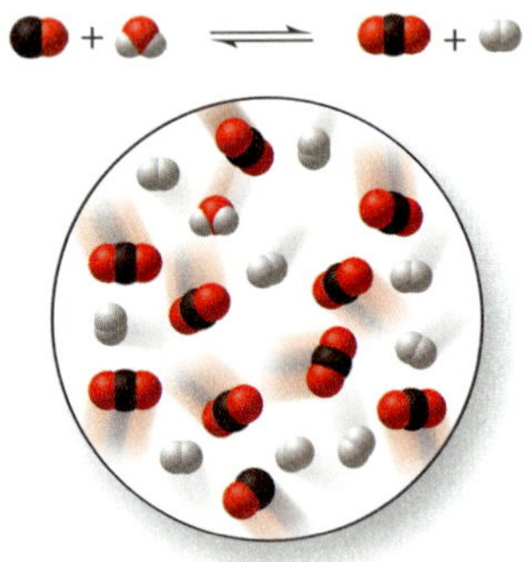

그림 12.17 이 계는 평형 상태인가? 만일 그렇지 않다면, 어떤 방향으로 반응이 진행되겠는가?

값보다 작은 값이면, 이는 평형에 도달하기에 충분하지 않은 생성물과 너무 많은 반응물이 있음을 의미한다. 이 반응은 평형에 도달하기 위해 정반응이 진행될 것이다. 얻어진 값이 평형 상수 값보다 더 크다면, 이는 너무 많은 생성물과 충분하지 않는 반응물이 있음을 의미한다. 이 반응은 평형에 도달하기 위해 역방향으로 진행될 것이다.

하나의 예로 다음의 반응과 그것의 평형 상수를 생각해 보자.

$$CO(g) + H_2O(g) \rightleftharpoons CO_2(g) + H_2(g) \quad K_{평형} = 16$$

그림 12.17에 있는 분자 그림은 주어진 부피에서 반응물과 생성물의 혼합물을 보여준다. 이 반응에 대한 평형 상수식은 다음과 같다.

$$K_{평형} = \frac{[CO_2][H_2]}{[CO][H_2O]}$$

이 계가 평형 상태인지를 결정하기 위해 평형 상수식에 각각의 반응물과 생성물의 분자 수를 대입한다.

$$\frac{(9)(9)}{(1)(1)} = 81$$

이 값은 평형 상수 $K_{평형} = 16$과 같지 않으므로 이 계는 평형이 아니다. 평형에 있지 않은 반응은 정방향이나 역방향으로 진행할 것이다. 이 경우에는 얻어진 값이 평형 상수보다 크기 때문에($81 > 16$), 그 계에는 너무 많은 생성물과 충분하지 않은 반응물이 존재한다. 반응은 평형에 도달하기 위해 역방향으로 진행할 것이다. 그 비가 16인 평형 상수 값과 같아질 때까지 CO_2와 H_2의 농도는 감소할 것이고 CO와 H_2O의 농도는 증가할 것이다.

> 이 논의에서는 평형 상수식에 몰농도 대신에 몰수를 대입하였다. 이는 분자 부분의 농도 항의 수가 분모의 것과 같아서 몰농도로부터 부피 단위들이 완전히 제거될 때만 이렇게 할 수 있다. 농도 항의 수가 같지 않으면 분자 도표에서 원으로 표시된 부분의 부피를 알아야 할 것이다.

또 다른 예로 각 원소로부터 암모니아를 만드는 반응을 생각해 보자.

$$N_2(g) + 3H_2(g) \rightleftharpoons 2NH_3(g)$$

400 K에서 같은 양의 N_2, H_2, NH_3가 혼합되어 있을 때, 이 반응이 진행할 방향을 예측하라. 초기 농도는 각각 0.20 *M*이다.

$$[N_2]_{초기} = 0.20\ M$$
$$[H_2]_{초기} = 0.20\ M$$
$$[NH_3]_{초기} = 0.20\ M$$

이 초기 농도를 평형 상수식에 대입하고, 이전에 계산된 400 K에서의 평형 상수 값 224와 비교하라.

$$K_{평형} = \frac{[NH_3]^2}{[N_2][H_2]^3} = 224 \ (평형에서)$$

초기 농도를 대입하면,

$$\frac{(0.20)^2}{(0.20)(0.20)^3} = 25 \quad (평형이 아닐 때)$$

25는 224보다 작기 때문에 반응은 평형에 도달할 때까지 정방향으로 진행할 것이다.

> **인터넷 핫스팟**
> 상당수 학생들이 반응 지수와 반응의 방향 예측에 어려움을 겪고 있다고 한다. 이 주제에 대한 추가 학습 자료를 보려면 SmartBook에 접속하라.

예제 12.7 ▶ 반응의 방향 예측하기

다음의 반응과 평형 상수를 생각해 보자.

$$S_2Cl_2(g) + Cl_2(g) \rightleftharpoons 2SCl_2(g) \quad K_{평형} = 4$$

다음의 분자 그림은 반응물과 생성물의 혼합물을 나타낸 것이다.

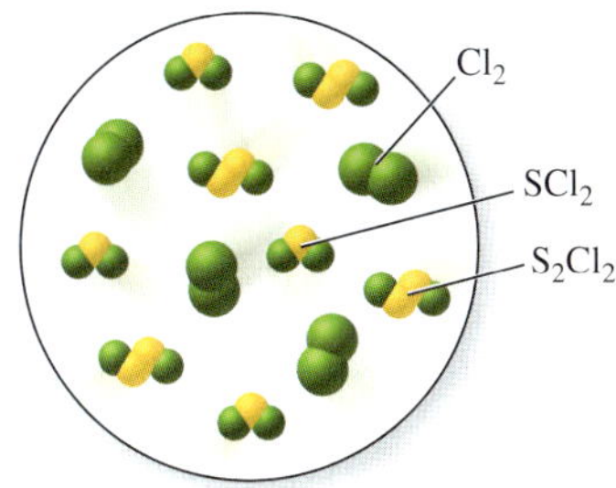

(a) 이 계가 평형 상태인지, 아닌지를 결정하라. 만일 평형이 아니라면 반응이 평형에 도달하기 위해 어느 반응으로 진행될지를 예측하라.
(b) Cl_2의 농도는 어떻게 될 것인가

» 풀이:

(a) 이 반응에 대한 평형 상수식은 다음과 같다.

$$K_{평형} = \frac{[SCl_2]^2}{[S_2Cl_2][Cl_2]} = 4$$

이 경우에는 분자 항의 수와 분모 항의 수가 같아서 부피가 지워지기 때문에 농도 대신에 분자 수를 대입할 수 있다. 이 계가 평형인지를 결정하기 위해 평형 상수식에 각각의 반응물과 생성물의 분자수를 대입한다.

$$\frac{(4)^2}{(4)(4)} = 1$$

얻어진 값은 평형 상수 $K_{평형} = 4$와 같지 않으므로 계는 평형이 아니다. 얻어진 값이 평형 상수보다 작기 때문에 충분하지 않은 생성물과 너무 많은 반응물이 존재한다. 반응은 더 많은 생성물을 만들기 위해 정방향으로 진행되어 평형에 도달할 것이다.

(b) 반응이 평형에 도달하기 위해 정방향으로 진행됨에 따라 Cl_2는 S_2Cl_2와 반응하므로 Cl_2 분자의 수는 감소한다. Cl_2 분자의 수가 감소하기 때문에 Cl_2의 농도는 감소한다.

➜ 응용 연습 12.7

다른 온도에서 이 반응에 대한 평형 상수는 0.16이다. 만일 반응이 다른 온도에서 진행되고 위 예제에서 보여 준 대로 반응물과 생성물의 혼합물을 이용하여 시작되었다면, 평형에 도달하기 위해 반응은 어떻게 바뀔 것인가?

➜ 실전 연습 12.7

다음 반응과 평형 상수를 다시 생각해 보자.

$$S_2Cl_2(g) + Cl_2(g) \rightleftharpoons 2SCl_2(g) \quad K_{평형} = 4$$

다음과 같은 반응물과 생성물의 초기 농도를 사용하여 반응을 시작한다고 가정하자.

$$[S_2Cl_2]_{초기} = 0.10\ M$$

$$[Cl_2]_{초기} = 0.10\ M$$
$$[SCl_2]_{초기} = 0.30\ M$$

(a) 이 계가 평형인지, 아닌지를 결정하라. 만일 평형에 있지 않으면, 반응이 평형에 도달하기 위해 진행될 방향을 예측하라.
(b) Cl_2의 농도는 어떻게 변하겠는가?

→ **심화 연습:** 연습 문제 12.79

>> 불균일 평형

지금까지 고려했던 평형들은 반응물과 생성물 모두가 기체 상태인 반응이다. 반응물과 생성물이 모두 같은 물리적 상태에 있는 평형을 **균일 평형**(homogeneous equilibrium)이라고 한다. 평형이 한 가지 이상의 물리적 상태를 가지면 **불균일 평형**(heterogeneous equilibrium)이라고 한다. 이제 불균일 평형의 경우를 살펴볼 것이다.

먼저 밀폐된 용기에서 액체 브로민의 기화와 같은 물리적 상태의 변화를 포함하는 불균일 평형의 예를 생각해 보자. 브로민의 액체 상태와 기체 상태 사이에서 평형 상태가 이루어진다.

$$Br_2(l) \rightleftharpoons Br_2(g)$$

이 평형은 두 개의 다른 물리적 상태를 포함하기 때문에 불균일하다. 약간의 브로민이 존재하는 한, 이 계에서 평형의 위치는 액체 브로민의 양에 의존하지 않는다. 액체 브로민의 양을 얼마로 시작하든지에 관계없이, 평형에서 기체 브로민의 농도는 동일하다(그림 12.18). 더 많은 액체 브로민을 용기에 첨가해도 기체 브로민의 농도는 변하지 않을

그림 12.18 약간의 액체 브로민이 존재하는 한, 액체 브로민과 평형에 있는 기체 브로민의 농도는 액체 브로민의 양과는 무관하다.

(두 그림 모두): ©Jim Birk

것이다. 약간의 액체 브로민이 평형에 존재하는 한, 평형 상태는 존재하는 액체의 양에 의존하지 않는다.

브로민의 증발(evaporation)에 대한 평형 상수식은 다음과 같다.

$$K_{\text{평형}} = \frac{[Br_2(g)]}{[Br_2(l)]}$$

평형 상태이든 아니든 액체 브로민은 항상 같은 농도이다. 즉 약간의 액체 브로민이 증발할 때 리터당 몰수는 변하지 않는다. 그것이 일정하기 때문에 평형 상수식에 상수로 쓸 수 있다.

$$K_{\text{평형}} = \frac{[Br_2(g)]}{\text{상수}} \quad \text{또는} \quad K_{\text{평형}} = \frac{1}{\text{상수}} \times [Br_2(g)]$$

우리는 변할 수 있는 물질의 농도에만 관심이 있으므로 관례상 평형 상수식에서 액체 브로민의 항을 제거한다. 그것은 상수이므로 평형 상수 값에 포함될 수 있다.

$$K'_{\text{평형}} = K_{\text{평형}} \times \text{상수} = [Br_2(g)]$$

화학자들은 관례상, 모든 평형에 대해서 평형 상수식에서 순수한 액체와 고체는 생략한다. 기체와 용해된 물질만이 평형 상수식에 포함된다.

이제 화학 반응이 일어나는 불균일 평형의 예를 생각해 보자. 탄산 칼슘의 분해는 두 가지 고체와 한 가지 기체를 포함한다.

$$CaCO_3(s) \rightleftharpoons CaO(s) + CO_2(g)$$

이 불균일 평형에 대한 평형 상수식은 무엇인가? $CaCO_3$와 CaO는 고체이고, CO_2는 기체이기 때문에 CO_2의 농도만이 평형 상수식에 포함된다.

평형 상수식을 쓸 때 순수한 액체와 고체 반응물 및 생성물은 항상 생략한다. 그러나 기체나 수용액 상태의 반응물과 생성물은 항상 포함한다.

$$K_{\text{평형}} = \frac{[CO_2]}{1} = [CO_2]$$

평형 상수는 CO_2의 농도와 같다. 어떤 특정 온도에서 평형 상수는 일정하기 때문에, 고체 $CaCO_3$와 CaO의 양이 변할 때 CO_2의 농도는 변하지 않을 것으로 예상된다. 그림 12.19에서 보여 주는 것처럼 세 가지 구성 성분이 모두 존재하는 한, CO_2의 농도는 고체 $CaCO_3$와 CaO의 양과는 무관하다.

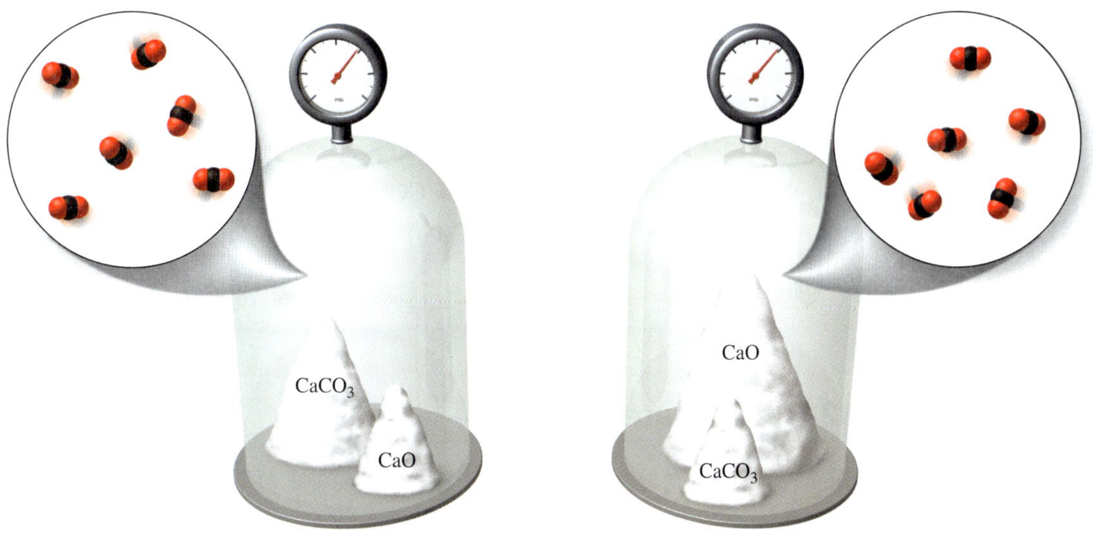

그림 12.19 기체 CO_2의 농도와 압력은 고체 $CaCO_3$와 CaO가 모두 존재하는 한, 그 양과 무관하다.

두 개의 불용성 이온 결합 화합물이 같은 수의 이온을 가지고 있을 때, 그들의 용해와 관련된 평형 상수들은 직접 비교할 수 있다. 예를 들어 다음의 반응들과 그들의 평형 상수를 생각해 보자.

$$AgCl(s) \rightleftharpoons Ag^+(aq) + Cl^-(aq)$$
$$K_{평형} = 1.8 \times 10^{-10}$$

$$AgBr(s) \rightleftharpoons Ag^+(aq) + Br^-(aq)$$
$$K_{평형} = 5.0 \times 10^{-13}$$

평형 상수들이 두 가지 은 화합물 모두 매우 불용성임을 나타냈음에도 불구하고, 그들 중 하나는 다른 하나보다 더 용해되었다. 어떤 것인가?

지금까지 기체, 액체, 고체가 포함되는 불균일 평형에 대하여 논의하였다. 수용액 반응은 물에 용해된 물질을 포함한다. 용해된 물질은 농도가 변할 수 있기 때문에, 그들도 평형 상수식에 포함된다. 한 예가 물에 잘 녹지 않는 이온 결합 화합물의 용해이다. 제11장에서 이온 결합 화합물의 포화 용액에서 고체와 용해된 이온은 평형으로 존재한다는 것을 배웠다. 고체 플루오린화 바륨과 용해된 이온 사이의 평형은 다음 반응식과 평형 상수로 나타낼 수 있다.

$$BaF_2(s) \rightleftharpoons Ba^{2+}(aq) + 2F^-(aq) \quad K_{평형} = 1.7 \times 10^{-6}$$

평형 상수식은 수용액 상태의 이온은 포함하지만 고체 BaF_2는 포함하지 않는다.

$$K_{평형} = [Ba^{2+}][F^-]^2$$

평형 상수는 평형의 위치가 용해된 Ba^{2+}와 F^- 이온의 농도에만 의존한다는 것을 보여준다.

예제 12.8 ▶ 불균일 평형에 대한 평형 상수식

다음 각각의 반응에 대한 평형 상수식을 써라.

(a) $C(s) + H_2O(g) \rightleftharpoons CO(g) + H_2(g)$

(b) $H_2CO_3(aq) \rightleftharpoons CO_2(g) + H_2O(l)$

» 풀이:

(a) 반응물 탄소는 순수한 고체이기 때문에 평형 상수식에서 생략된다.

$$K_{평형} = \frac{[CO][H_2]}{[H_2O]}$$

(b) 수용액이나 기체 상태의 물질은 평형 상수식에 필요하다. H_2O 생성물은 액체 상태이므로 평형 상수식에서 생략된다.

$$K_{평형} = \frac{[CO_2]}{[H_2CO_3]}$$

→ 응용 연습 12.8

위 예제 (a)에 있는 평형 반응을 생각해 보자. 만일 고체 탄소를 반응 용기에 넣어도 계는 여전히 평형 상태인가?

→ 실전 연습 12.8

다음 각각의 반응에 대한 평형 상수식을 써라.

(a) $Mg(s) + CO_2(g) \rightleftharpoons MgO(s) + CO(g)$

(b) $PbCl_2(s) \rightleftharpoons Pb^{2+}(aq) + 2Cl^-(aq)$

→ 심화 연습: 연습 문제 12.85

12.6 Le Chatelier 원리

동영상: Le Chatelier 원리

Ellen과 Chad는 화학 반응으로 특정 약을 만드는 제약 회사에서 일을 한다. 반응에 대한 평형 상수는 평형이 반응물 쪽으로 치우쳐 있음을 나타내고 있다. Chad와 Ellen은 더 높은 수득률을 얻기 위해 평형을 더 생성물 쪽으로 이동시키려면 어떤 것을 하면 되는지 궁금해 한다. 평형에서 생성물(또는 반응물)의 양을 증가시키는 것이 가능하다. 이 절에서 몇 가지 방법들을 알아 볼 것이다. 어떤 계의 평형 상태가 깨지면 새로운 평형을 만들기 위해 계가 이동한다는 **Le Chatelier 원리**(Le Chatelier's principle)를 사용할 것이다. 평형 상태의 계를 교란할 수 있는 반응물 또는 생성물의 농도 변화, 기체-반응 용기의 부피 변화 및 온도 변화 등이 있다.

프랑스의 화학자 Le Chatelier(Henry Louis Le Chatelier)는 1884년에 자신의 유명한 원리를 발표하였다.

12.4절에서 화학 평형을 설명하기 위해 상점의 두 에스컬레이터의 예를 사용하였다. 에스컬레이터를 타고 위로 올라가는 사람들의 수가 아래로 가는 사람들의 수와 같을 때 평형 상태에 도달함을 상기하라. 그 순간에는 1층과 2층에 있는 사람들의 수의 알짜 변화는 일어나지 않는다. 버스를 타고 온 사람들이 도착해서 100명의 새로운 쇼핑객들이 가게에 들어오면 어떤 변화가 일어나겠는가? 1층(입구가 있는 층)에 있는 사람의 수가 증가하여 평형이 깨진다. 몇몇 사람들이 에스컬레이터를 타고 위층으로 향하면서 위층으로 올라가는 사람들의 수가 아래층으로 내려가는 사람들의 수보다 더 커진다. 잠시 후에 위, 아래로 가는 사람들의 수가 같아지면 각 층에 있는 사람들의 수는 새로운 수로 바뀌어 일정하게 유지된다. 버스를 타고 온 사람들이 가게를 열 때 들어온 쇼핑객들(스포츠 용품에만 관심이 있는 축구 선수 팀이 아닌)과 같은 균형을 이루고 있다고 가정하면, 1층과 2층의 사람 수의 비가 동일한 평형에 도달할 것이다. 유사한 방식으로 반응 용기에 반응물이나 생성물을 더 많이 넣으면 화학 평형이 깨질 수 있으나 시간이 지나면 새로운 평형 위치가 만들어질 것이다.

>> 반응물 또는 생성물 농도

싸이오사이안산 철 이온을 생성하기 위해 싸이오사이안산 이온과 철(III) 이온의 수용액 반응을 생각해보자. 이 반응을 그림 12.20에 나타내었고 알짜 이온 반응식은 다음과 같다.

$$Fe^{3+}(aq) + NCS^{-}(aq) \rightleftharpoons FeNCS^{2+}(aq)$$

질산 철(III) [$Fe(NO_3)_3$]과 싸이오사이안산 포타슘(KNCS)의 수용액을 혼합하면 평형

$Fe(NO_3)_3(aq)$ KNCS(aq)

A

B

C

그림 12.20 (A) 질산 철(III)[$Fe(NO_3)_3$] 수용액은 옅은 노란색이다. 싸이오사이안산 포타슘(KNCS) 수용액은 무색이다. (B) 두 용액을 혼합하면, $Fe(NO_3)_3$의 Fe^{3+} 이온이 KNCS의 NCS^- 이온과 반응하여 싸이오사이안산 철($FeNCS^{2+}$) 착이온을 형성한다. 이 착이온의 진한 용액은 진한 붉은색이다. 이 계는 평형 상태이므로 용액 속에 Fe^{3+}, NCS^-, $FeNCS^{2+}$가 모두 존재한다. (C) 이 용액에 더 많은 Fe^{3+}를 첨가하면 평형이 깨진다. 용액의 색이 더 진해진 것은 더 많은 $FeNCS^{2+}$가 생성되었다는 것을 나타낸다. 반응이 오른쪽으로 이동하여 첨가된 Fe^{3+} 이온의 일부를 소모하고 붉은 $FeNCS^{2+}$를 더 생성한다.

이 만들어진다. 묽은 $Fe(NO_3)_3$ 용액은 옅은 노란색이고, KNCS 용액은 무색이다(그림 12.20A). 반응의 생성물 [$FeNCS^{2+}$]은 진한 붉은색의 용액을 형성한다. 묽은 반응물 용액을 혼합하면 반응물과 생성물 사이의 평형 상태가 빠르게 만들어진다(그림 12.20B). 더 많은 $Fe(NO_3)_3$가 반응 용액에 첨가되면 용액은 더 진한 붉은색으로 변한다(그림 12.20C). 더 진한 색깔은 $FeNCS^{2+}$의 평형 농도가 증가했음을 나타낸다.

이 예시는 반응물 중 하나의 농도를 증가시켜 생성물의 평형 농도를 증가시킬 수 있음을 나타낸다. Le Chatelier 원리가 이 변화를 설명한다. 이 예시에서 평형이 깨진 이유는 반응물 중 하나인 Fe^{3+}의 농도 증가이다. Fe^{3+}를 첨가하는 즉시 Fe^{3+}의 농도가 너무 높기 때문에 그 계는 더 이상 평형 상태가 아니다. 반응은 더해진 Fe^{3+}의 *일부가* NCS^-와 반응하여 소모되고 더 많은 $FeNCS^{2+}$가 생성됨으로써 깨어진 평형에 대해 대응한다. 새로운 평형 농도의 평형을 이룰 때까지 이 반응은 정방향으로 진행한다. 평형이 생성물 쪽으로 이동하여 진한 붉은색의 $FeNCS^{2+}$의 평형 농도는 증가한다. 첨가된 모든 양이 반응하는 것이 아니기 때문에 Fe^{3+}의 평형 농도 또한 증가하게 된다. NCS^-는 첨가된 Fe^{3+}와 반응하기 때문에 NCS^-의 평형 농도는 감소한다. 그러나 평형 상수 값은 변하지 않음에 주목하라. 반응이 정방향으로 진행되기 때문에 평형은 오른쪽으로 이동한다고 말한다. 반응물 중 하나의 농도를 증가시켜서 더 많은 생성물을 만들 수 있다. KNCS 반응물이 추가로 평형 계에 첨가되면 평형은 어떻게 이동하는가? 우리는 무엇을 관찰하게 되는가?

평형에서 $FeNCS^{2+}$의 양을 감소시키려 한다고 가정해 보자. 반응물을 *제거하여* 목적을 이룰 수 있다. Fe^{3+}를 제거하는 한 가지 방법은 오로지 Fe^{3+}와 반응하고 NCS^-와는 반응하지 않는 새로운 물질(NaOH와 같은)을 첨가하는 것이다 용액으로부터 약간의 Fe^{3+}를 제거하면, 평형에서 있어야 할 만큼의 양보다 적은 Fe^{3+}가 있게 되기 때문에 평형이 깨진다. 반응은 $FeNCS^{2+}$의 일부가 Fe^{3+}와 NCS^-로 해리되어 더 많은 Fe^{3+}와 NCS^-를 생성하는 역반응으로 진행된다. 이 역반응은 제거된 Fe^{3+}의 대부분을 대체하고 다시 평형을 이룬다. 반응이 역방향으로 진행되기 때문에 평형이 왼쪽으로 이동한다고 말한다. *평형 상태의 어떤 계는 반응물이나 생성물의 농도를 증가시키면 첨가된 물질을 소비하기 위해 평형이 이동할 것이다. 반응물이나 생성물의 농도를 감소시키면 제거된 물질을 더 많이 만들기 위해 평형이 이동할 것이다.* 표 12.3은 평형에서 반응물 또는 생성물을 첨가 또는 제거의 효과를 요약한 것이다.

표 12.3 ▸ 농도 변화에 따른 평형 이동

일반적인 반응	반응물 첨가	생성물 첨가	반응물 제거	생성물 제거
$A(g) + B(g) \rightleftharpoons C(g) + D(g)$	오른쪽으로 이동	왼쪽으로 이동	왼쪽으로 이동	오른쪽으로 이동

예제 12.9 ▶ 반응물 또는 생성물의 첨가 또는 제거 효과

평형에 있는 다음 계를 생각해 보자.

$$2CO(g) + O_2(g) \rightleftharpoons 2CO_2(g)$$

이미 계가 평형 상태에 있을 때, 다음 변화에 대한 효과를 예측하라. (단, 반응 용기의 부피는 일정하게 유지된다고 가정한다.)

(a) 이산화 탄소 기체가 계에 첨가된다.

(b) 산소 기체가 계에 첨가된다.
(c) 일산화 탄소 기체가 계에서 제거된다.

» 풀이:

(a) CO_2 생성물의 첨가는 계의 CO_2 농도가 증가한다. 계는 더 이상 평형이 아니므로 평형이 왼쪽으로 이동한다. 평형이 다시 만들어질 때까지 CO_2의 농도는 감소하고 CO와 O_2의 농도는 증가한다.
(b) O_2 반응물을 첨가하면 평형이 깨진다. 계는 오른쪽으로 이동하여 평형이 다시 만들어질 때까지 대부분의 첨가된 O_2와 일부의 CO가 소모되고, CO_2가 생성된다.
(c) CO 기체를 제거하면 평형이 왼쪽으로 이동하여 제거된 CO의 일부를 보충하게 된다. 이 과정을 통하여 O_2의 농도는 증가하고 CO_2의 농도는 감소한다.

➔ 응용 연습 12.9

CO를 제거하여 반응이 왼쪽으로 이동하면 평형 상수 값, $K_{평형}$은 변하겠는가?

➔ 실전 연습 12.9

다음 평형에 있는 반응을 생각해보자.

$$AgI(s) \rightleftharpoons Ag^+(aq) + I^-(aq)$$

이미 계가 평형 상태에 있을 때, 다음 변화에 대한 효과를 예측하라. 단, 반응 용기의 부피는 일정하게 유지된다고 가정한다.

(a) NaOH를 첨가하여 계에서 Ag^+를 제거한다.
(b) 고체 $AgNO_3$를 계에 첨가한다. ($AgNO_3$는 물에 가용성이다.)
(c) 고체 NaI를 계에 첨가한다. (NaI는 물에 가용성이다.)

➔ 심화 연습: 연습 문제 12.93

» 반응 용기의 부피

평형에 있는 계의 반응 용기의 부피를 증가시키거나 감소시키면 반응에 포함된 기체의 농도가 변할 것이다. 기체는 반응 용기를 채우기 때문에 부피 변화는 용기 안의 모든 기체 반응물과 생성물의 농도를 변화시킨다. 새로운 평형 농도가 이루어지도록 반응이 이동할 것이다.

다음과 같은 기체 상태의 생성물을 포함하는 불균일 평형의 예를 생각해 보자.

$$CaCO_3(s) \rightleftharpoons CaO(s) + CO_2(g)$$

고체 상태의 물질은 평형 상수 표현에서 제외되므로 다음 식이 된다.

$$K_{평형} = [CO_2]$$

높은 온도에서 밀폐된 용기에 고체 $CaCO_3$ 시료를 넣으면 $CaCO_3$와 생성물인 CaO와 CO_2 사이에 평형이 이루어진다(그림 12.21A). 평형 상수식은 평형의 위치가 CO_2의 농도에만 의존한다는 것을 보여 준다. 평형에서 CO_2의 농도는 평형 상수와 같다. 용기의 부피를 줄이면 CO_2의 농도는 어떻게 될까? 부피가 감소하면 CO_2의 농도가 증가하기 때문에 계는 평형이 아니다(그림 12.21B). 반응은 역방향으로 진행될 것이고 CO_2의 농도가 $K_{평형}$와 다시 같아질 때까지 CO_2의 농도가 감소될 것이다(그림 12.21C). 용기의

그림 12.21 (A) 상온보다 아주 높은 온도에서 $CaCO_3$, CaO, CO_2 사이에 평형이 존재한다. CO_2는 기체이고, 반응의 다른 두 화합물은 고체이기 때문에 평형의 위치는 CO_2의 농도에만 의존한다. (B) 용기의 부피 변화는 평형을 깨트린다. 부피의 감소는 CO_2의 농도를 매우 높게 만든다($K_{평형}$보다 더 크게). (C) 다시 평형을 만들기 위해 반응은 역으로 진행하고 CO_2는 원래의 농도로 감소된다.

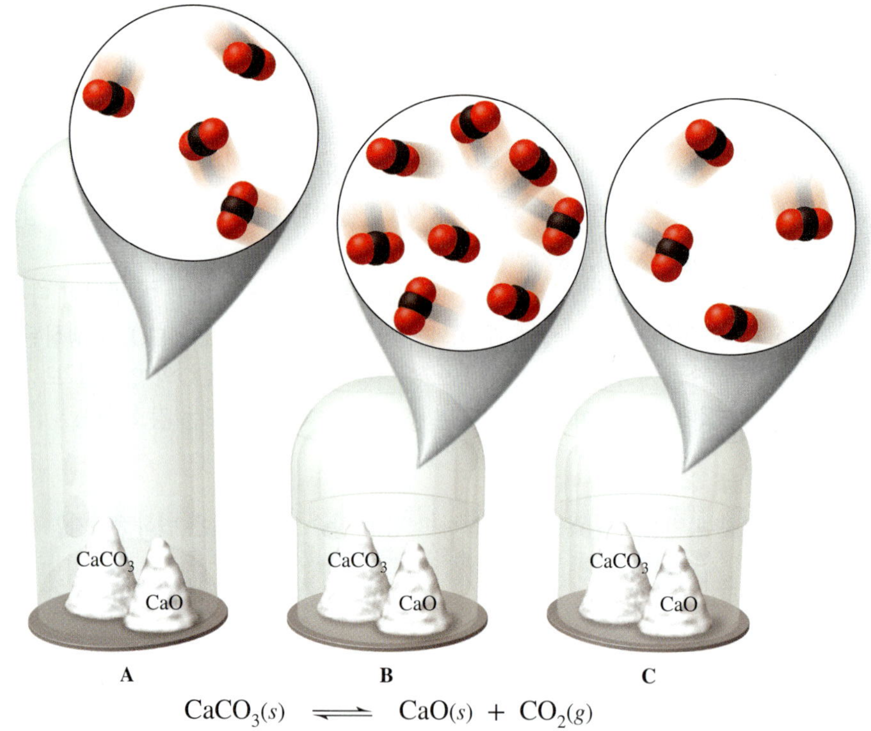

$$CaCO_3(s) \rightleftharpoons CaO(s) + CO_2(g)$$

부피를 늘리면 반대의 이동이 일어날 것이다. 부피가 증가하면 CO_2의 농도가 감소될 것이다. 평형은 오른쪽으로 이동하여 더 많은 CO_2를 생성할 것이다.

평형의 계가 기체 반응물과 기체 생성물 모두를 포함하면 어떻게 되나? 부피가 변하면 평형이 이동될까? 답은 균형 맞춘 반응식의 기체 반응물과 기체 생성물의 상대적인 수에 달려 있다. 반응식의 한쪽에 더 많은 기체 분자들이 있으면 부피 변화로 평형이 이동할 것이다. 이것이 어떻게 작용하는지 알아보기 위해 사산화 이질소 기체와 이산화 질소 기체 사이의 평형을 생각해 보자.

$$N_2O_4(g) \rightleftharpoons 2NO_2(g)$$

이 반응식은 반응물 쪽에 한 개의 기체 분자를, 생성물 쪽에 두 개의 기체 분자를 가지고 있다. 평형에 있는 N_2O_4/NO_2 계(그림 12.22A)에서 용기의 부피를 감소시키면 N_2O_4와 NO_2 모두 농도가 증가한다(그림 12.22B). 평형은 깨진다. 비록 계는 반응물과 생성물 모두의 농도를 감소시킬 수는 없지만, 그들 중 하나의 농도를 감소시켜 기체 전체의 농도를 감소시킬 수 있다(그림 12.22C). 역반응이 진행되면 반응하는 NO_2 분자 두 개당 한 개의 N_2O_4 분자가 만들어진다. 그러면 역반응은 용기 내의 총 분자 수의 알짜 감소를 만들게 되어 전체 기체 농도가 감소하게 된다.

용기의 부피가 증가하는 것을 가정해 보자. N_2O_4/NO_2 반응은 어떻게 반응할까? 부피의 증가는 기체 농도를 감소시킨다. 반응식에서 더 많은 기체 분자가 포함된 쪽으로 반응이 이동하는데, 위의 경우에는 생성물을 만드는 방향인 정방향으로 이동한다.

부피의 변화가 항상 평형에 있는 계를 깨고 이동의 원인이 될 것인가? 반응식의 양쪽에 같은 수의 기체 분자가 있는 반응의 예를 생각해 보자.

$$H_2(g) + I_2(g) \rightleftharpoons 2HI(g)$$

부피의 감소는 반응물과 생성물 모두의 농도를 증가시키지만 용기 내의 총 분자수를 감소시키기 위해 평형이 이동하는가? 이 경우에는 부피 변화가 평형에 아무런 영향을 주

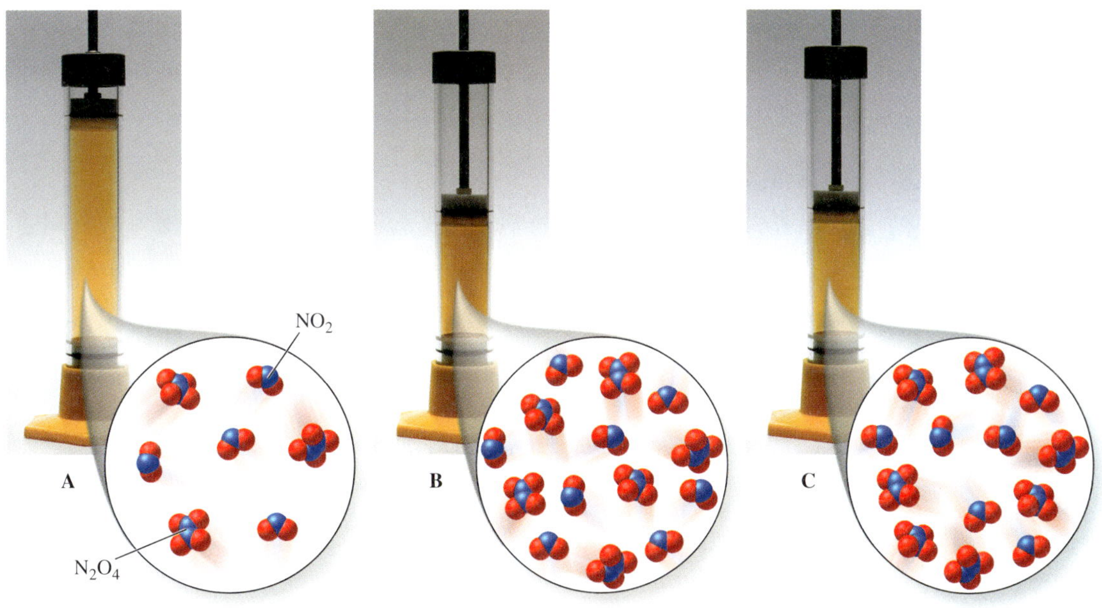

그림 12.22 (A) N_2O_4와 NO_2 사이에 평형 상태가 존재한다. N_2O_4는 무색이고 NO_2는 갈색이다. 평형의 위치는 $[N_2O_4]$와 $[NO_2]$ 둘 다 의존한다. (B) 부피의 감소는 초기에 N_2O_4와 NO_2 기체 모두의 농도를 증가시키므로 평형이 깨진다. 혼합물은 더 진하게 된다. (C) 평형이 다시 형성된 후에 혼합물의 색깔은 평형이 깨지기 전보다 더 진하다. 그러나 부피가 감소된 직후보다는 연하다. 평형이 이동하여 NO_2의 농도를 감소시키기 때문에 색깔은 더 연해진다. 두 개의 NO_2 기체 분자가 반응할 때마다 한 개의 N_2O_4 기체 분자가 생성된다.

(모든 그림): ©Tom Pantages

지 않으므로 반응은 어느 쪽으로도 이동하지 않는다. 표 12.4는 부피 변화가 평형에 있는 반응에 어떻게 영향을 주는지를 요약한 것이다.

표 12.4 ▸ 부피 변화에 따른 평형 이동

균형 맞춘 반응식에서 기체 분자의 상대적인 수	예	부피 증가	부피 감소
반응물 < 생성물	$N_2O_4(g) \rightleftharpoons 2NO_2(g)$	오른쪽으로 이동	왼쪽으로 이동
반응물 > 생성물	$N_2(g) + 3H_2(g) \rightleftharpoons 2NH_3(g)$	왼쪽으로 이동	오른쪽으로 이동
반응물 = 생성물	$2NO(g) \rightleftharpoons N_2(g) + O_2(g)$	이동 없음	이동 없음

예제 12.10 ▸ 부피 변화의 영향

용기 부피의 증가는 평형에 있는 다음 반응에 어떻게 영향을 주는가? 설명하라.

(a) $SO_2Cl_2(g) \rightleftharpoons SO_2(g) + Cl_2(g)$

(b) $H_2O(l) + CO_2(g) \rightleftharpoons H_2CO_3(aq)$

» 풀이:

(a) 반응물과 생성물이 모두 기체 상태이기 때문에 부피의 증가는 모두 반응물과 생성물의 농도를 감소시킬 것이다. 균형 맞춘 반응식에는 두 가지의 기체 생성물 분자와 한 가지의 기체 반응물 분자가 있으므로 효과는 생성물에서 더 크다. 반응은 생성물의 농도를 증가시키기 위해 오른쪽으로 이동하여 평형을 다시 만들 것이다.

(b) CO_2만이 기체 상태이기 때문에 부피의 증가는 CO_2의 농도만을 감소시킬 것이다. 평형은 CO_2 농도를 증가시키기 위해 왼쪽으로 이동하여 평형을 다시 만들 것이다.

➔ 응용 연습 12.10

만일 부피 변화가 평형에 있는 반응 위치를 바꾸지 않는다면, 반응에 대해 어떤 결론을 얻을 수 있는가?

➔ 실전 연습 12.10

용기 부피의 감소는 평형에 있는 다음 반응에 어떻게 영향을 주는가? 설명하라.

(a) $2NOBr(g) \rightleftharpoons 2NO(g) + Br_2(g)$

(b) $CuO(s) + H_2(g) \rightleftharpoons Cu(s) + H_2O(g)$

➔ 심화 연습: 연습 문제 12.97

» 온도

평형 상수 값을 변하게 하는 원인은 무엇일까? 온도 변화만이 반응에서 평형 상수를 변하게 하는 요인이 될 수 있다.

Ellen이 쇼핑하고 있는 쇼핑센터의 평형 상태를 다시 한 번 생각해 보자. 1층에서 점원이 한 시간 동안 신발 세일 방송을 한다면 어떻게 될까? 더 많은 사람들이 올라가기 보다는 내려오게 되어 평형이 갑자기 깨지게 된다. 2층에 있는 사람들의 수는 감소하고 1층에 있는 사람들의 수는 증가한다. 이 깨짐은 두 층에 있는 새로운 사람 수 비를 만들어서 새로운 평형에 도달하게 된다. 이 평형 위치의 변화는 온도 변화에 대한 화학 평형의 반응과 유사하다. 반응계의 온도가 변하면 평형 상수 값도 변한다.

이번에는 N_2O_4와 NO_2 사이의 평형에 대한 친숙한 예를 생각해 보자.

$$N_2O_4(g) \rightleftharpoons 2NO_2(g)$$

그림 12.23은 서로 다른 두 온도에서의 반응 혼합물을 보여 준다. 더 높은 온도에서는 반응 혼합물이 더 진한 색을 띠는데, 이는 갈색 NO_2의 농도가 높음을 나타낸다. 더 높은 온도에서는 더 많은 생성물이 존재하기 때문에 평형은 높은 온도에서 상당히 오른쪽으로 치우치게 된다.

온도가 올라가면 모든 평형이 더 많은 생성물을 만들기 위해 이동하는 것은 아니다. 질소 기체와 수소 기체로부터 암모니아를 형성하는 반응을 생각해 보자.

$$N_2(g) + 3H_2(g) \rightleftharpoons 2NH_3(g)$$

25°C에서 이 반응의 평형은 대부분의 생성물로 이루어져 있다. 하지만 500°C에서의 평형 혼합물은 비슷한 양의 반응물과 생성물로 이루어진다. 이 반응은 더 높은 온도에서 더 많은 반응물을 만들기 위해 이동한다.

온도 상승에 대해 정반대로 대응하는 두 반응의 차이점은 무엇인가? N_2O_4의 분해 반응은 흡열 반응이다.

$$N_2O_4(g) \rightleftharpoons 2NO_2(g) \quad \text{흡열}$$

흡열 반응은 정방향으로 반응이 진행될 때 열을 흡수하기 때문에 반응식의 반응물 쪽에 **열**(*heat*)이란 단어를 종종 쓰기도 한다.

$$\text{열} + N_2O_4(g) \rightleftharpoons 2NO_2(g)$$

흡열 반응을 다룰 때, 열을 가하는 것(온도 증가에 의해)은 반응물을 첨가할 때와 같은 효과를 나타낸다. 평형은 더 많은 생성물을 만들기 위해 이동한다. 온도가 내려갈 때는 반대 상황이 발생한다. 어떤 흡열 반응에서 열의 제거는 반응물을 제거하는 것과 같다. 평형은 더 많은 반응물을 만들기 위해 이동한다.

반대로 원소들로부터의 암모니아 형성 과정은 발열 반응이다.

$$N_2(g) + 3H_2(g) \rightleftharpoons 2NH_3(g) \quad \text{발열}$$

발열 반응은 정방향으로 반응이 진행될 때 열을 방출하기 때문에 반응식의 생성물 쪽에 **열**(*heat*)이란 단어를 종종 쓰기도 한다.

$$N_2(g) + 3H_2(g) \rightleftharpoons 2NH_3(g) + \text{열}$$

발열 반응의 경우 평형에 있는 계의 온도 증가는 생성물을 첨가하는 것과 같은 효과를 나타낸다. 평형은 더 많은 반응물을 만들기 위해 왼쪽으로 이동한다. 온도가 낮아질 때는 반대 현상이 나타난다. 평형은 더 많은 생성물을 만들기 위해 오른쪽으로 이동한다. 표 12.5는 흡열 반응과 발열 반응에 대한 온도 효과를 요약한 것이다.

높은 온도

낮은 온도

그림 12.23 N_2O_4와 NO_2 사이의 평형 위치는 온도에 의존한다. 고온에서의 혼합물은 저온에서의 혼합물보다 높은 농도의 갈색 NO_2를 가진다. 이것은 반응에 대한 평형 상수의 값이 고온에서 더 크다는 것을 의미한다.

(두 그림 모두): ©Jim Birk

표 12.5 ▸ **평형 위치에 대한 온도 변화에 따른 영향**

반응 유형	반응식	온도 증가	온도 감소
흡열 반응	열 + A + B $\rightleftharpoons$ C + D	오른쪽으로 이동 $K_{평형}$ 증가	왼쪽으로 이동 $K_{평형}$ 감소
발열 반응	A + B $\rightleftharpoons$ C + D + 열	왼쪽으로 이동 $K_{평형}$ 감소	오른쪽으로 이동 $K_{평형}$ 증가

예제 12.11 ▶ 온도 변화의 영향

각 반응에서 온도 감소는 생성물의 평형 농도에 어떤 영향을 줄 것인가? 각각의 경우에 $K_{평형}$ 값은 어떻게 변할 것인가?

(a) $2SO_2(g) + O_2(g) \rightleftharpoons 2SO_3(g)$ 발열

(b) $3O_2(g) \rightleftharpoons 2O_3(g)$ 흡열

» 풀이:

(a) 이 반응은 발열 반응이므로 생성물 쪽에 열이 들어가는 반응식을 쓸 수 있다.

$$2SO_2(g) + O_2(g) \rightleftharpoons 2SO_3(g) + \text{열}$$

온도가 감소하면 평형 계는 열을 잃는다. 이것은 생성물을 제거하는 것과 같다고 생각할 수 있다. 평형은 더 많은 생성물(SO_3)을 만들기 위해 이동하므로 평형의 위치는 오른쪽으로 이동할 것이다. 생성물은 증가하고 반응물은 감소하기 때문에 $K_{평형}$ 값은 더 낮은 온도에서 더 큰 값이 될 것이다.

(b) 이 반응은 흡열 반응이므로 반응물 쪽에 열이 들어가는 반응식을 쓸 수 있다.

$$\text{열} + 3O_2(g) \rightleftharpoons 2O_3(g)$$

온도가 감소하면 평형 계는 열을 잃는다. 이것은 반응물을 제거하는 것과 같다고 생각할 수 있다. 반응은 O_2를 증가시키고 O_3를 감소시키므로 평형 위치는 왼쪽으로 이동할 것이다. 반응물은 증가하고 생성물은 감소하기 때문에 $K_{평형}$ 값은 더 낮은 온도에서 더 작아질 것이다.

➔ 응용 연습 12.11

왜 많은 흡열 반응은 반응이 진행되는 동안 계속해서 열을 가해 주어야만 하는가?

➔ 실전 연습 12.11

다음의 평형을 생각해 보자.

$$Fe^{3+}(aq) + NCS^{-}(aq) \rightleftharpoons FeNCS^{2+}(aq)$$

온도가 올라가면 용액이 더 진해지는데, 이는 $FeNCS^{2+}$ 생성물의 농도가 더 높아짐을 나타낸다. 이 반응은 흡열 반응인가, 발열 반응인가?

➔ 심화 연습: 연습 문제 12.101

» 촉매

촉매는 활성화 에너지를 낮추어 반응을 빠르게 진행시킨다. 평형에 도달하는 어떤 반응에 대하여 촉매는 평형에 도달하는 속도를 증가시킨다. 그러나 촉매는 평형의 위치를 바꾸지도 않고, 평형 상태에 있는 어떤 계에 아무런 영향을 주지 않는다. 왜일까? 촉매는 알짜 반응에서 반응물도 아니고 생성물도 아니다. 촉매는 활성화 에너지를 낮추는 역할을 하고 정반응과 역반응 속도 모두를 비례적으로 증가시킨다.

인터넷 핫스팟

상당수 학생들이 Le Chatelier 원리의 적용에 어려움을 겪고 있다고 한다. 이 주제에 대한 추가 학습 자료를 보려면 SmartBook에 접속하라.

» 생성물의 수득률 증가

Le Chatelier 원리는 화학 평형에서 변화에 대한 효과를 예측하는 데 유용하다. Ellen과 Chad를 고용한 제약 회사들은 생성물의 수득률을 극대화하기를 원한다. 반응에 생성물 쪽으로 평형을 이동시키는 조건을 적용하여 그런 효과를 얻을 수 있다. 예제 12.12는 생성물의 수득률을 극대화하기 위해 다양한 인자들이 어떻게 이용될 수 있는지를 보여 준다.

예제 12.12 ▶ Le Chatelier 원리를 이용하여 생성물의 수득량 증가시키기

200°C에서 평형 상태에 도달해 있는 다음의 반응을 생각해 보자.

$$4HCl(g) + O_2(g) \rightleftharpoons 2Cl_2(g) + 2H_2O(g) \quad \text{발열}$$

다음의 각 변화가 Cl_2 생성물의 평형 농도를 증가시키는지 판단하라. 이유를 설명하라.

(a) H_2O 기체 제거

(b) HCl 기체 제거

(c) 온도 증가

(d) 부피 감소

(e) 반응 속도를 증가시키는 촉매 첨가

» 풀이:

(a) H_2O를 제거하면 평형이 오른쪽으로 이동하여 더 많은 생성물이 만들어지기 때문에 Cl_2의 농도가 증가할 것이다.

(b) HCl를 제거하면 Cl_2의 농도가 증가하지 않는다. 대신에 반응이 왼쪽으로 이동하고 반응이 진행되는 과정에서 Cl_2를 소모시키기 때문에 Cl_2의 농도는 감소될 것이다.

(c) 이 반응은 발열 반응이므로 반응식의 생성물 쪽에 열을 더할 수 있다.

$$4HCl(g) + O_2(g) \rightleftharpoons 2Cl_2(g) + 2H_2O(g) + \text{열}$$

온도의 증가 또는 열의 첨가는 생성물의 첨가와 같은 효과를 나타낸다. 반응은 왼쪽으로 이동할 것이고 Cl_2와 H_2O를 소모하여 더 많은 HCl과 O_2를 만들 것이다. Cl_2의 평형 농도는 감소될 것이다.

(d) 부피가 감소하면 모든 농도가 증가하므로 기체 반응물이나 생성물 중 더 적은 수를 가진 쪽으로 평형이 이동하게 된다. 반응물 쪽은 5개의 기체 분자들이 있고, 생성물 쪽에는 단지 네 개의 기체 분자들이 있으므로, 반응은 오른쪽으로 이동하여 Cl_2의 농도를 증가시킨다.

(e) 촉매의 첨가는 평형의 위치에는 아무런 영향을 주지 않고 반응이 평형에 도달하는 속도만을 변화시킨다.

➔ 응용 연습 12.12

위의 예제에 나열된 조건 중 평형 상수 $K_{평형}$ 값을 변하게 하는 것은 무엇인가?

➔ 실전 연습 12.12

500°C에서 평형 상태에 도달하는 다음 반응을 생각해 보자.

$$PCl_5(g) \rightleftharpoons PCl_3(g) + Cl_2(g) \quad \text{흡열}$$

다음의 각 변화가 Cl_2 생성물의 평형 농도를 증가시키는지 판단하라. 이유를 설명하라.

(a) PCl_3 기체 첨가
(b) PCl_3 기체 제거
(c) 온도 증가
(d) 부피 감소
(e) 속도를 증가시키는 촉매 첨가

➔ 심화 연습: 연습 문제 12.109

제12장 복습하기

주요 개념 _Key Concepts

- 반응 속도는 반응이 얼마나 빨리 일어나는지를 측정하는 것이다.
  - 일반적으로 온도, 농도, 표면적의 증가는 반응 속도를 증가시키고, 적절한 촉매의 첨가도 반응 속도를 증가시킨다.
  - 충돌 이론은 왜 이런 변화가 반응 속도에 영향을 주는지를 설명한다. 반응이 일어나기 위해서는 반드시 반응 분자들이 적당한 배향성과 반응 활성화 에너지라고 정의된 충분한 에너지를 가지고 충돌해야만 한다. 이런 조건들 때문에 충돌 중의 일부만이 반응을 일으킨다.

- 반응물의 농도나 표면적이 증가할 때, 또는 반응 온도가 증가할 때 반응 속도는 증가한다. 농도 또는 표면적의 증가는 충돌 빈도를 증가시키고, 온도의 증가는 충돌 빈도와 유효 충돌 분율을 모두 증가시킨다.
- 촉매는 활성화 에너지를 낮추거나 반응물이 생성물로 변화되는 과정을 변화시켜 반응 속도를 증가시킨다. 촉매는 반응 후 그들의 원래의 형태로 재생되기 때문에 반응물이나 생성물로 고려되지 않는다.
- 중간체는 여러 단계 반응에서 일시적으로 형성된다. 중간체는 이전 단계에서 형성되고 나중 단계에서 반응한다.

- 화학 평형에서는 정반응과 역반응의 과정이 같은 속도로 일어나므로 반응물과 생성물의 농도가 일정하게 유지된다.
- 어떤 반응에 대한 평형 위치는 평형 상수, $K_{평형}$ 값에 의해 설명할 수 있다.
  - 평형 상수식은 반응에 대한 균형 맞춘 반응식으로부터 얻어지고, 반응물의 평형 농도에 대한 생성물의 평형 농도의 비이다.
  - 어떤 반응에 대한 평형 상수 값은 온도가 변할 경우를 제외하고는, 바뀌지 않는다.
  - 생성물이 우세한 평형은 평형 상수가 1보다 크다. 반응물이 우세 한 평형은 평형 상수가 1보다 작다. 드문 경우지만 1에 가까운 평형 상수는 비슷한 양의 반응물과 생성물을 가진다.
  - 순수한 액체와 고체는 평형 상수식에서 제외한다. 왜냐하면 그들의 농도는 반응이 진행되는 동안 일정하게 유지되기 때문이다.
  - 평형에 도달하기 위해 반응이 진행될 방향을 예측하기 위해 비평형 상태에서의 반응물과 생성물의 농도를 사용하여 계산된 평형 상수 값을 이용할 수 있다.
- Le Chatelier 원리는 평형 상태의 계에 주어진 변화에 대한 효과를 예측한다.
  - 반응물 또는 생성물의 농도 변화나 반응 용기의 부피 변화는 $K_{평형}$ 값으로 정의된 평형을 다시 만들기 위해 계가 이동하기 때문에 반응의 평형을 깨뜨린다.
  - 반응 온도의 변화는 평형의 위치와 $K_{평형}$ 값의 변화를 초래한다. 평형의 이동 방향은 반응이 흡열 반응인지, 발열 반응인지에 따라 결정된다.
  - 촉매의 첨가는 평형의 위치에는 영향을 주지 않고, 평형에 도달하는 속도만을 증가시킨다.

주요 관계식 _Key Relationships

관계	식
평형 상수는 반응물의 평형 농도에 대한 생성물의 평형 농도의 비이다. 표현식에서의 지수승은 균형 맞춘 반응식에서의 계수이다. 이 평형식은 다음의 일반적인 반응에 대한 것이다. $aA + bB \rightleftharpoons cC + dD$	$K_{평형} = \frac{[C]^c[D]^d}{[A]^a[B]^b}$

주요 용어 _Key Terms

균일 평형(homogeneous equilibrium)(12.5)
Le Chatelier 원리(Le Chatelier's principle)(12.6)
반응 속도(reaction rate)(12.1)
불균일 평형(heterogeneous equilibrium)(12.5)
중간체(intermediate)(12.3)
촉매(catalyst)(12.3)
충돌 이론(collision theory)(12.2)
평형 상수식(equilibrium constant expression)(12.5)
화학 평형(chemical equilibrium)(12.4)
활성화 에너지(activation energy, E_a)(12.1)
활성화물(activated complex)(12.2)
효소(enzyme)(12.3)

연습 문제 _Questions and Problems

주요 용어와 정의를 연결하기

12.1 다음 주어진 정의에 맞는 주요 용어를 써라.

(a) 반응물이 생성물로 변환되기 전에 반드시 넘어야 할 에너지 장벽, 활성화물의 에너지와 반응물의 평균 에너지의 차이

(b) 반응이 진행되는 동안 어느 단계에서 형성된 화학종으로, 비교적 불안정하고 다음 단계에서 반응하는 화학종

(c) 모든 반응물과 생성물이 같은 물리적 상태에 있는 평형

(d) 평형에 있는 계가 농도, 부피, 온도 변화에 대응하여 깨진 평형을 다시 만들려고 상호 작용한다는 이론

(e) 분자 충돌, 분자 배향, 운동 에너지에 기초한 반응 속도의 온도와 농도 의존성을 설명하는 이론

(f) 평형에서 반응물에 대한 생성물의 상대적인 양과 관련된 균형 맞춘 반응식으로부터 얻어진 식

반응 속도

12.3 반응 속도를 증가시키는 방법을 세 가지를 나열하라.

12.5 다음 반응의 반응 속도를 증가시키는 방법을 세 가지만 나열하라.

$$CaCO_3(s) + 2HCl(aq) \longrightarrow CaCl_2(aq) + CO_2(g) + H_2O(l)$$

12.7 어떤 형태의 물질이 반응에 첨가될 때 일반적으로 반응 속도를 증가시키는가?

충돌 이론

12.9 반응물 사이의 모든 충돌이 효과적인가? 왜 그런가, 또는 왜 그렇지 않은가?

12.11 다음 반응을 생각해 보자.

$$2HI(g) \longrightarrow H_2(g) + I_2(g)$$

다음 각 충돌이 효과적인 충돌을 위해 적당한 배향을 하고 있는지를 판단하라.

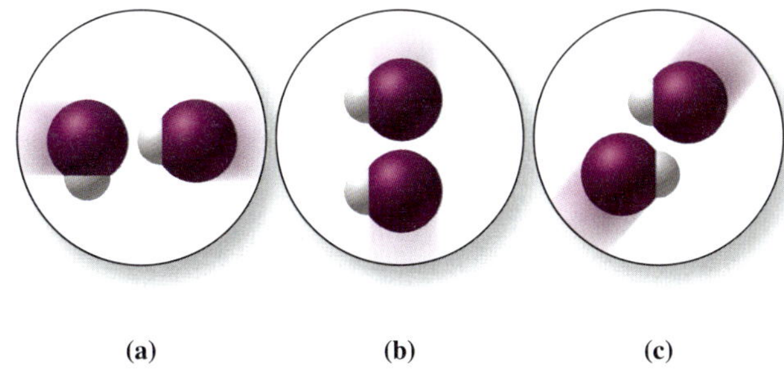

(a) (b) (c)

12.13 효과적인 충돌이 일어날 때, 어떤 고에너지 화학종이 만들어지는가?

12.15 활성화 에너지란 무엇인가?

12.17 활성화 에너지의 크기는 반응 속도에 어떻게 영향을 주는가?

12.19 다음 반응은 발열 반응이다.

$$2O_3(g) \longrightarrow 3O_2(g)$$

반응물, 생성물, 활성화물의 상대적인 에너지를 나타내는 에너지 도표를 그려라. 반응물, 생성물, 활성화물에 대한 가능한 구조를 분자 표현으로 도표에 표시하라.

반응 속도에 영향을 주는 조건

12.21 온도가 올라갈 때 일반적으로 반응 속도가 증가하는 이유를 충돌 이론을 사용하여 설명하라.

12.23 다음의 요인을 생각해 보자. 온도 증가, 농도 증가, 촉매 첨가. 어떤 것이 반응물의 평균 운동 에너지를 증가시키는가?

12.25 가스 그릴에 사용되는 프로페인(propane)은 처음에 스파크로 개시되지 않으면 연소 반응에서 공기와 보통 반응하지 않는다. 충돌 이론을 이용하여 설명하라.

12.27 같은 온도에서 요리를 하더라도 굽는 것보다 스테이크를 요리하는 데 시간이 덜 걸린다. 설명하라.

12.29 촉매가 어떻게 반응 속도를 변화시키는지 설명하라.

12.31 촉매 변환기에는 어떤 촉매가 사용되는가?

12.33 효소가 촉매로 작용할 때 효소의 어떤 부분이 반응물과 상호 작용하는가?

12.35 촉매는 왜 알짜 화학 반응식에 포함되지 않는가?

12.37 성층권의 자유 염소 원자의 수가 적더라도 그것이 왜 심각한 문제가 되는가?

12.39 여러 단계 반응 동안 일시적으로 존재하는 화학종은 무엇인가?

12.41 다음의 두 단계 반응을 생각해 보자.

$$N_2O_5 \rightleftharpoons NO_3 + NO_2$$
$$NO_3 + NO \longrightarrow 2NO_2$$

(a) 어떤 촉매 또는 중간체가 있는지 확인하라.

(b) 알짜 반응을 써라.

12.43 다음의 두 단계 반응을 생각해 보자.

$$H_2O_2 + 2Br^- + 2H^+ \longrightarrow 2H_2O + Br_2$$
$$H_2O_2 + Br_2 \longrightarrow 2H^+ + O_2 + 2Br^-$$

(a) 어떤 촉매 또는 중간체가 있는지 확인하라.

(b) 알짜 반응을 써라.

화학 평형

12.45 반응물이 여전히 존재하는데, 왜 어떤 반응들은 정지한 것처럼 보이는가?

12.47 화학 평형이란 무엇인가?

12.49 다음 그림은 반응의 분자 수준 관점을 나타낸 것이다. 어떤 그림이 평형에 도달한 지점을 나타내는가?

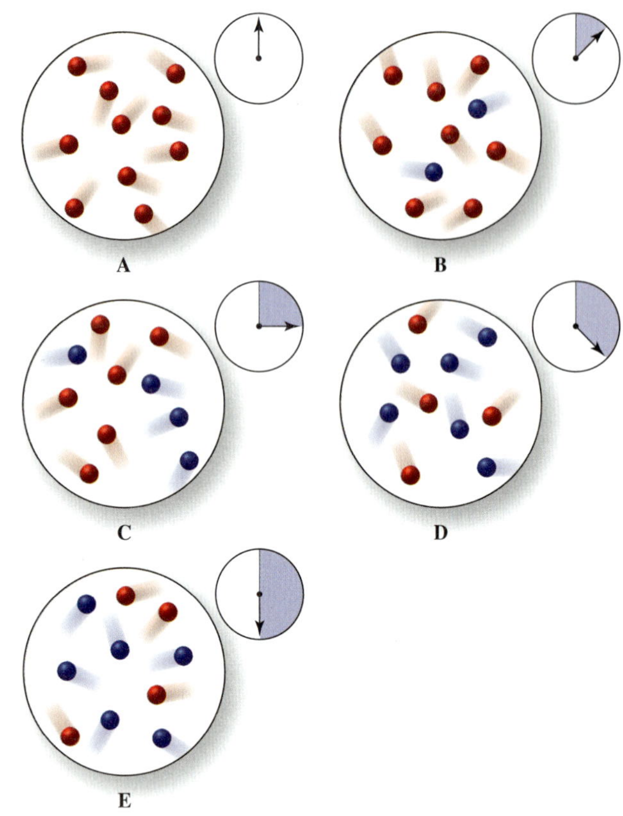

12.51 밀폐된 용기 안의 다음 반응을 생각해 보자.

$$2SO_3(g) \rightleftharpoons 2SO_2(g) + O_2(g)$$

다음 중 무엇을 가지고 반응을 시작하면 평형 상태에 도달할 수 있는가?

(a) SO_3만
(b) SO_2만
(c) SO_2와 O_2만
(d) SO_3와 SO_2만

12.53 닫힌 용기 안에서 브로민의 기화에 대하여 생각해 보자.

$$Br_2(l) \rightleftharpoons Br_2(g)$$

이 물리적인 변화가 평형에 도달해 있는지를 결정하기 위해 어떤 종류의 측정을 할 수 있는가?

→ 평형 상수

12.55 평형의 위치가 말해 주는 것은 무엇인가?

12.57 평형 상수식을 쓰기 전에 균형 맞춘 반응식을 만들어야 하는 이유는 무엇인가?

12.59 [HCl]과 같이, 어떤 물질에 대하여 화학식 주위의 괄호가 갖는 의미는 무엇인가?

12.61 다음 각 반응의 평형 상수식을 써라.

(a) $H_2(g) + F_2(g) \rightleftharpoons 2HF(g)$
(b) $CH_4(g) + 2H_2S(g) \rightleftharpoons CS_2(g) + 4H_2(g)$
(c) $N_2O_4(g) \rightleftharpoons 2NO_2(g)$

12.63 다음 평형 상수식에 부합하는 균형 맞춘 반응식을 써라. (단, 이 반응들은 기체 상태의 균일 평형이라고 가정하라.)

(a) $K_{평형} = \dfrac{[A][B]}{[C]}$　　(b) $K_{평형} = \dfrac{[B]^4[C][D]}{[A]^2}$

12.65 (a) 다음 두 평형 상수식 사이의 수학적 관계는 무엇인가?

$$K_{평형} = \frac{[NO]^2[O_2]}{[NO_2]^2} \quad 와 \quad K_{평형} = \frac{[NO_2]^2}{[NO]^2[O_2]}$$

(b) 각각의 평형 상수식에 부합하는 균형 맞춘 반응식을 써라.

12.67 반응 A $\rightleftharpoons$ B에 대한 평형 상수가 4.0이면 반응 B $\rightleftharpoons$ A에 대한 평형 상수 값은 얼마인가?

12.69 어떤 조건에서 특정 반응에 대한 평형 상수가 변하게 되는가?

12.71 다음 반응을 생각해 보자.

$$PCl_5(g) \rightleftharpoons PCl_3(g) + Cl_2(g)$$

어떤 특정 온도에서 평형 농도가 $[PCl_5] = 0.20\ M$, $[PCl_3] = 0.025\ M$, $[Cl_2] = 0.025\ M$로 결정되었다.

(a) 평형 상수 값은 얼마인가?
(b) 평형 위치를 설명하라.

12.73 다음 반응을 생각해 보자.

$$CH_4(g) + 2H_2O(g) \rightleftharpoons CO_2(g) + 4H_2(g)$$

어떤 특정 온도에서 평형 농도가 $[CH_4] = 0.049\ M$, $[H_2O] = 0.048\ M$, $[CO_2] = 0.00090\ M$, $[H_2] = 0.0036\ M$로 결정되었다.

(a) 평형 상수 값은 얼마인가?
(b) 평형 위치를 설명하라.

12.75 반응물과 생성물의 초기 농도를 평형 상수식에 대입하여 얻은 값이 평형 상수 값과 같다면, 계는 평형 상태인가? 만일 그렇지 않다면 평형이 되기 위해 어떤 방향으로 반응이 이동할 것인가? 설명하라.

12.77 암모니아 형성에 대한 반응과 400 K에서 그 반응의 평형 상수를 생각해 보자.

$$N_2(g) + 3H_2(g) \rightleftharpoons 2NH_3(g) \quad K_{평형} = 224$$

반응물과 생성물이 0.050몰씩 1.0 L 용기에 혼합되어 있다면, 이 반응은 정방향과 역방향 중 어느 쪽으로 진행할 것인가? 아니면, 이미 평형 상태인가?

12.79 반응과 그 평형 상수를 생각해 보자.

$$O_3(g) + NO(g) \rightleftharpoons O_2(g) + NO_2(g) \quad K_{평형} = 25$$

분자 수준의 그림은 반응물과 생성물을 나타낸다. 이 계가 평형 상태인지 판단하라. 만일 그렇지 않다면, 반응이 평형에 도달하기 위해 어느 방향으로 진행될지 예측하라.

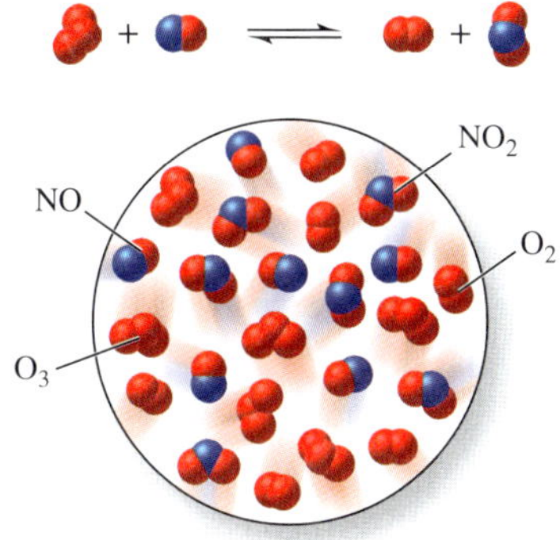

12.81 어떤 유형의 반응이 불균일 평형으로 분류되는가?

12.83 순수한 액체와 고체의 농도는 평형 상수식에 포함되지 않는 이유는 무엇인가?

12.85 다음 평형에 대한 평형 상수식을 써라.

(a) $NH_4Cl(s) \rightleftharpoons NH_3(g) + HCl(g)$

(b) $CaCO_3(s) \rightleftharpoons Ca^{2+}(aq) + CO_3^{2-}(aq)$

(c) $HF(aq) + H_2O(l) \rightleftharpoons H_3O^+(aq) + F^-(aq)$

12.87 다음 평형 반응과 그 평형 상수를 생각해 보자.

$$FeO(s) + CO(g) \rightleftharpoons Fe(s) + CO_2(g) \quad K_{평형} = 0.67$$

CO의 평형 농도가 0.40 *M*로 결정되었다면, CO_2의 평형 농도는 얼마인가?

Le Chatelier 원리

12.89 Le Chatelier 원리란 무엇인가?

12.91 평형에 있는 다음 계를 생각해 보자.

$$CH_4(g) + 2H_2O(g) \rightleftharpoons CO_2(g) + 4H_2(g)$$

CH_4의 농도가 감소한다고 가정해 보자.

(a) 이 반응이 평형을 다시 만들기 위해 어느 방향으로 이동하게 되는가?

(b) 평형을 다시 만들기 위해 반응이 이동함에 따라 H_2O, CO_2, H_2의 농도는 어떻게 변하는가?

12.93 평형에 있는 다음 계를 생각해 보자.

$$NO(g) + SO_3(g) \rightleftharpoons NO_2(g) + SO_2(g)$$

다음 변화에 대한 효과를 나타내라.

(a) NO의 농도 증가

(b) SO_3의 농도 증가

(c) NO_2의 농도 감소

(d) NO_2의 농도 증가

12.95 평형에 있는 다음 계를 생각해 보자.

$$PbI_2(s) \rightleftharpoons Pb^{2+}(aq) + 2I^-(aq)$$

마시는 물에서는 적은 양의 납 이온조차 독성일 수 있다. 다음 보기들의 첨가가 용해되어 있는 납 이온의 농도를 감소시킬지, 아닐지 나타내라. 각각에 대하여 이유를 설명하라.

(a) PbI_2 (b) KI (c) $Pb(NO_3)_2$

12.97 평형에 있는 다음의 각각의 계에 대하여 반응 용기 부피의 증가에 의하여 반응이 오른쪽, 아니면 왼쪽으로 이동하는지 또는 영향을 받지 않을 것인지를 예측하라.

(a) $CO_2(g) + 4H_2(g) \rightleftharpoons CH_4(g) + 2H_2O(g)$

(b) $CaCO_3(s) \rightleftharpoons CaO(s) + CO_2(g)$

(c) $NO_2(g) + SO_2(g) \rightleftharpoons NO(g) + SO_3(g)$

12.99 평형에 있는 다음 계를 생각해 보자.

$$PbI_2(s) \rightleftharpoons Pb^{2+}(aq) + 2I^-(aq)$$

(a) 고체를 포함한 평형 계를 더 큰 용기에 부으면, Pb^{2+}와 I^-의 농도는 변할 것인가?

(b) 평형 계에 물을 첨가하면 Pb^{2+}와 I^-의 몰수는 변할 것인가?

12.101 평형에 있는 다음의 각 계에 대하여 온도 증가에 의해 반응이 오른쪽, 아니면 왼쪽으로 이동하는지, 또는 아무런 영향이 없는지를 예측하라.

(a) $2H_2O_2(g) \rightleftharpoons 2H_2O(g) + O_2(g)$ 발열 반응

(b) $N_2(g) + O_2(g) \rightleftharpoons 2NO(g)$ 흡열 반응

12.103 온도 변화가 평형을 오른쪽으로 이동시키면 평형 상수, $K_{평형}$의 값은 증가하는가, 감소하는가? 설명하라.

12.105 다음의 각 평형 계의 온도가 증가하면 평형 상수 값은 증가하는가? 아니면 감소하는가?

(a) $2H_2O_2(g) \rightleftharpoons 2H_2O(g) + O_2(g)$ 발열 반응

(b) $N_2(g) + O_2(g) \rightleftharpoons 2NO(g)$ 흡열 반응

12.107 다음 반응에 대한 평형 상수, $K_{평형}$는 400°C에서 12.5이고, 600°C에서 2.4이다.

$$CO(g) + H_2O(g) \rightleftharpoons CO_2(g) + H_2(g)$$

이 반응은 흡열 반응인가, 발열 반응인가?

12.109 다음 발열 반응을 생각해 보자.

$$4NH_3(g) + 5O_2(g) \rightleftharpoons 4NO(g) + 6H_2O(l)$$

다음의 어떤 변화가 평형에 있는 NO의 몰수를 증가시킬 것인가? 각 변화에 대하여 그런 이유와 그렇지 않은 이유를 설명하라.

(a) H_2O 제거

(b) 부피 감소

(c) 온도 감소

(d) O_2 첨가

(e) 촉매 첨가

추가 연습 문제

12.111 빛을 내는 막대가 반응을 시작한 후에 그 막대를 냉장고에 넣으면 더 오랜 시간 동안 빛을 내는 이유는 무엇인가?

12.113 반응 속도를 증가시키는 촉매가 활성화 에너지를 어떻게 더 낮추는가?

12.115 아이오딘화 수소 기체 시료를 반응 용기에 넣고 450°C로 가열한 후 평형 상태에 도달하게 한다.

$$2HI(g) \rightleftharpoons H_2(g) + I_2(g)$$

평형 농도는 아래와 같이 결정되었다.

$$[HI] = 0.195\ M$$
$$[H_2] = 0.0275\ M$$
$$[I_2] = 0.0275\ M$$

(a) 이 반응에 대한 평형 상수식을 써라.
(b) 450°C에서 평형 상수 값을 구하라.
(c) 평형의 위치를 설명하라.

12.117 평형의 위치에 대한 온도 변화의 영향을 예측할 수 있기 전에 반응에 대하여 무엇을 알아야 하는가?

12.119 러시아에서 나폴레옹 군대는 전쟁 동안 프랑스 군복에 사용된 주석 단추는 온도가 18°C 이하로 떨어진 겨울에 부서졌다. 범인은 다음 반응식으로 나타낸 화학 과정인 '주석 페스트(tin pest)'였다.

$$Sn_{(흰색\ 금속)} \rightleftharpoons Sn_{(회색\ 분말)}$$

이 과정은 발열인가, 흡열인가? 설명하라.

12.121 사람의 혈액에 용해된 산소는 다음의 가역 과정에서 헤모글로빈(Hb)과 결합한다.

$$Hb + O_2(aq) \rightleftharpoons HbO_2$$

일산화 탄소는 헤모글로빈과 강하게 결합해서 산화된 헤모글로빈의 산소를 치환한다.

$$HbO_2 + CO(aq) \rightleftharpoons HbCO + O_2(aq)$$

과량의 일산화 탄소에 노출되었던 환자에게 어떤 치료를 제안하겠는가? 답에 대하여 설명하라.

12.123 반응계의 온도가 증가할 때, 다음의 보기들이 증가하는지, 아닌지를 결정하라. 각각의 답에 대하여 설명하라.

(a) 평균 충돌 에너지
(b) 충돌 횟수
(c) 적당한 분자 배향을 가진 충돌 분율
(d) 충분한 에너지를 가진 충돌 분율
(e) 반응 속도

12.125 반응이 평형에 도달함에 따라 반응 속도(정반응에 대하여)는 어떤 변화가 생기는가? 충돌 이론을 이용하여 설명하라.

12.127 다음의 반응 속도에 대한 각 내용이 맞는지, 틀리는지를 판단하라. 틀린 각 내용에 대하여 어디가 잘못되었는지 설명하라.

(a) 반응계의 온도 증가는 반응의 활성화 에너지를 감소시킨다.
(b) 촉매는 촉매화 반응에 대하여 알짜 균형 맞춘 반응식에서 하나의 반응물이다.
(c) 어떤 반응 메커니즘에서 촉매는 초기 단계에서 반응하고 나중 단계에서 재생산된다.
(d) 어떤 반응 메커니즘에서 중간체는 초기 단계에서 반응하고 나중 단계에서 재생산된다.

12.129 다음의 평형에 대한 각 내용이 맞는지, 틀리는지를 판단하라. 틀린 각 설명에 대하여 어디가 잘못되었는지 설명하라.

(a) 반응계가 평형에 도달하면, 생성물의 농도는 반응물의 농도와 같아진다.
(b) $K_{평형} << 1$일 때, 평형 상태에서 생성물보다 반응물이 더 많다.
(c) 어떤 계가 평형 상태이면, $K_{평형} = 1$이다.
(d) 평형에서 정반응 속도와 역반응 속도는 같다.
(e) 반응계에 촉매 첨가는 평형을 오른쪽으로 이동시킬 것이다. 따라서 촉매가 없을 때보다 더 많은 생성물이 만들어진다.

12.131 염화 은은 물속에서 적은 양만이 용해되기 때문에 불용성 화합물로 분류된다. 물속에서 염화 은이 부분적으로 용해되는 균형 맞춘 반응식과 평형 상수를 생각해 보자.

$$AgCl(s) \rightleftharpoons Ag^+(aq) + Cl^-(aq) \quad K_{평형} = 1.70 \times 10^{-10}$$

(a) 이 평형은 균일 평형인가, 불균일 평형인가?
(b) 이 반응에 대한 평형 상수식을 써라.
(c) 염화 은 포화 용액 속의 각 이온의 농도를 계산하기 위해서 평형 상수 값과 평형 상수식을 이용하라.

산과 염기
Acids and Bases

제 13 장

©Brian Moeskau/Moeskau Photography

그림 13.1 산-염기 화학은 수영장의 수질을 좋은 상태로 유지하는 데 중요하다.

Olivia, Jake, Sara는 학기 중에 아르바이트를 하는 대학생들이다. Olivia는 식물 재배지에서 다년생 식물에게 물과 비료를 주는 일을 맡아서 한다. 그녀는 어렸을 때부터 식물을 키웠을 정도로 원예에 타고난 소질이 있기 때문에 이 일을 좋아한다. 또한 그녀는 식물들을 어떻게 돌보면 잘 자랄 수 있는지 연구하고 고민하는 것을 좋아한다. Jake는 수영장 회사에서 고객 편의 서비스와 수영장 유지 관리와 관련된 일을 한다. 그는 단골 고객을 위해 수영장의 수질을 검사해 주고 안전하고 좋은 수질을 유지하기 위해서 올바른 화학 물질을 첨가하기도 한다. Sara는 주말마다 자전거를 타고 주변에 있는 사탕 공장으로 가서 신맛의 사탕을 제조하고 포장하는 일을 돕는다. Sara는 공장에서 나오는 견본용 공짜 사탕뿐 아니라, 최종 생산된 사탕을 검사하는 품질 관리 실험실에 들르는 것을 좋아한다.

Olivia, Jake, Sara가 하는 일의 공통점은 무엇인가? 각각의 일에서 화학, 특히 산과 염기의 화학이 사용된다. 식물을 돌보는 Olivia의 일에서는 그녀가 돌보는 식물 주변의 토양 용액, 물, 용해된 물질의 pH를 측정하는 것이 필요하다. 토양에 섞여 있는 많은 무기질과 유기 화합물은 산이거나 염기이므로 pH에 영향을 미치고, 토양 pH는 어떤 금속 이온이 토양 용액에 용해되는지에 영향을 준다. 토양이 너무 산성 ($pH < 6$)이면, Olivia는 토양의 산도를 낮추는 염기인 석회(CaO)를 첨가한다. 그때 석회는 정확한 양을 주의 깊게 첨가해야 한다. 너무 많이 첨가하면 토양이 너무 염기성 ($pH > 8$)이 된다. 염기성 조건에서는 몇몇 영양분이 불용성 화합물이 되어 식물에 흡수되지 않는다.

Olivia는 또한 가정 정원을 꾸미는 사람들에게 정원 토양을 건강하게 유지하는 방법에 대해 교육을 하기도 한다. 정원 토양은 여러 가지 원인으로 너무 산성이 될 수 있다. 그중 하나는 산성화 질소 비료를 사용하는 것이다. 많은 유명 상품들이, 산으로서 토양 미생물과 반응 하는 암모늄 이온(NH_4^+)을 포함하고 있다. 토양 산성화의 또 다른 원인은 pH가 5.5 미만인 ***산성비**(acid rain)*이다. 산성비는 공기 중의 황산화물과 질소 산화물이 물과 반응하여 생성된다. 산성 토양에서는 더 많은 영양분이 토양 용액에 용해된다. 주요 영양분이 씻겨 내려가거나 그 농도가 식물에 독성을 나타내는 수준까지 증가할 수도 있다.

NO, NO_2, SO_2, SO_3 기체는 구름 속의 물과 반응하여 HNO_3, H_2SO_3, H_2SO_4와 같은 산을 만든다. 그 결과가 산성비이다.

Jake는 수영장을 관리할 때, 살균을 위해 여러 형태의 염소를 사용한다. 수영장의 유효 염소 농도가 너무 낮아지면, 염소의 공급원으로 하이포염소산 칼슘[$Ca(OCl)_2$]을 첨가하여 수영장 물을 초염소화(*충격화*)한다. 이 화합물은 물에 용해되어 $OCl^-(aq)$ 이온을 만들고, 물과 반응하여 강력한 살균제인 하이포염소산[$HOCl(aq)$]을 생성한다. $HOCl(aq)$는 미생물 세포벽에 침투하여 세포 단백질을 파괴하여 미생물을 죽인다.

수영장 물의 염소는 원소 형태의 염소(Cl_2)가 아니다. 만약 Cl_2를 수용장 물에 첨가하면, Cl_2로 남아 있지 않는다. 물과 반응하여 하이포염소산(HOCl)과 염산(HCl)을 만든다. 또한 Cl_2는 유독성이 큰 기체이므로 다루기에 위험한 화학 약품이다. 이런 이유로 액체 염소(물에 용해된 염소) 또는 NaOCl(표백제), $Ca(OCl)_2$와 같은 고체 화합물이 대신 사용된다.

수영장의 pH 수치는 물속에 존재하는 $HOCl(aq)$와 $OCl^-(aq)$의 상대적인 양에 영향을 준다. HOCl의 농도는 pH 7.5에서 가장 효과적이다. pH가 7.2 이하로 떨어지면, 수영장은 너무 산성화가 되어 HOCl이 너무 많이 존재하게 된다. 이렇게 HOCl의 농도가 높게 되면 수영하는 사람의 눈에 자극을 주고, 수영장의 회반죽 벽에 손상을 줄 수 있다. pH가 7.8 이상으로 올라가게 되면 HOCl이 충분하지 않아 물때가 끼거나 수영장 물이 탁해질 수도 있다. Jake는 수영장 관리 일정에 따라 정기적으로 수영장의 pH를 측정한다(그림 13.1). 일반적으로 수영장 물 시료에 시약을 떨어뜨리면 색으로 pH를 나타내는 지시약을 사용한다. 때로는 직접 pH를 측정하는 휴대용 pH 미터를 사용한다. pH가 너무 높다는 것은, 수영장 물이 염기성이라는 것이므로 pH를 낮추기 위해 산을 첨가해야 한다. 염산[$HCl(aq)$]을 사용하여 pH를 더 낮춘다. pH가 너무 낮으면(너무 산성이면), 염기인 탄산 소듐(Na_2CO_3)을 가하여 pH를 높인다.

그림 13.2 신맛 사탕의 맛은 사탕 속에 산이 들어 있기 때문이다.

사탕 공장에서 Sara가 하는 일도 산과 관련되어 있다(그림 13.2). 신맛의 사탕에는 설탕과 유기산인 말레산(malic acid)과 시트르산(citric acid)의 혼합물이 들어 있다. 말레산은 사과를 베어 물 때의 아삭한 맛을 내고, 시트르산은 레몬과 라임의 신맛을 낸다. 산의 종류에 따라 신맛의 정도는 다양하지만, 모든 산은 신맛을 나타낸다. 신맛의 사탕 이외에도 과일과 같은 많은 음식들도 산을 포함하고 있다. 피클, 샐러드 드레싱, 피자소스에 사용되는 식초는 아세트산을 포함하고 있다. 탄산음료에는 인산, 탄산, 그리고 때때로 시트르산을 포함한다. 음식 성분표를 살펴볼 기회가 되면 첨가물로 어느 산이 있는지 확인해 보라.

많은 음식물이 산을 포함하고 있는 반면에, 염기는 음식물에 거의 들어 있지 않다. 그 이유 중 하나는 염기는 쓴맛을 나타내기 때문이다. 약간의 독성을 갖고 있는 많은 식물들은 알칼로이드라는 유기 염기를 포함하고 있다. 그 쓴맛은 그것들을 먹지 말라는 자연의 알림이다. 그러나 몇몇 염기들은 유용하다(그림 13.3). 예를 들면 제산제는 과량의 위산을 중화하기 위해 사용되는 염기이다. 우리의 위는 고농도의 위산(HCl)에 견딜 수 있지만, 때로 너무 많이 분비되면 속쓰림이 생긴다. 흔히 사용되는 제산제에는 수산화 마그네슘[$Mg(OH)_2$], 수산화 알루미늄[$Al(OH)_3$], 탄산 칼슘($CaCO_3$)이 들어 있다. 또한 염기는 가정용 세정제에도 사용된다. 암모니아(NH_3)는 유리창 세제에 들어 있고, 수산화 소듐(NaOH)은 오븐 및 하수구 세정제에 사용된다.

그림 13.3 많은 가정용품에는 산 또는 염기가 포함되어 있다. 위의 가정용품 가운데 어떤 것에 산이 포함되어 있고, 어떤 것에 염기가 포함되어 있는가?

산과 염기의 몇몇 성질들은 수천 년 동안 알려져 왔지만, 화학자들이 분자 수준의 산과 염기의 행동을 이해하기 시작한 것은 고작 100년이 넘었을 뿐이다. 이 장에서는 산과 염기의 행동을 보다 구체적으로 고찰해 나갈 것이다. pH 척도의 기원을 살펴보고, 사람의 혈액과 같은 용액에서 pH 범위가 일정하게 유지되기 위해 산-염기 완충제가 어떻게 작용하는지에 대해 알아볼 것이다.

일상생활에서 접하는 산과 염기의 종류를 나열하여 보라.

이 장에서 공부할 내용의 질문

13.1 산과 염기는 다른 물질과 어떻게 다른가?
13.2 센산과 약산은 어떻게 다른가?
13.3 약산의 서로 다른 세기를 어떻게 비교할 수 있는가?
13.4 수용액이 산성 또는 염기성을 일으키는 원인은 무엇인가?
13.5 pH는 산도 및 염기도와 어떻게 연관이 있는가?
13.6 완충 용액은 무엇인가?

13.1 산과 염기란 무엇인가?

수세기 전, 물질들은 관찰되는 특징에 따라 산과 염기로 먼저 분류되었다. 신맛의 사탕 또는 레몬에 있는 산과 같이 모든 산들은 신맛을 갖고 있다. 또한 산은 대부분의 금속을 부식시키기 때문에 사람들은 예전부터 금속 용기에 과일 주스나 식초를 보관하지 않도록 배웠다. 염기는 산과는 대조적으로, 쓴맛이 나고 미끈거리는 촉감을 갖고 있다. 산과 염기는 몇 가지 염료의 색을 바꾸기도 한다. 예를 들면 염기는 붉은 리트머스 염료를 푸르게 바꾸고, 산은 그 염료를 다시 붉게 변화시킨다. 산과 염기가 중화 반응으로 반응하면 그들의 산성과 염기성의 특징을 잃게 된다.

과거에는 화학자들이 만든 새로운 화합물을 일상적으로 맛을 보던 시기가 있었다. 그런데 이제는 잘 알고 있다. 실험실의 화학 약품을 절대 맛보면 안 된다는 것을!

>> 산과 염기 정의

1800년대 후반 Arrhenius(Svante Arrhenius)라는 스웨덴의 박사 과정 학생이 그의 전해질 실험을 토대로 산과 염기에 대한 정의를 제안하였다. Arrhenius는 산과 염기의 수용액은 전기를 전도하기 때문에, 그 화합물들이 용액에서 양이온과 음이온을 형성한다는 것을 알았다. 그는 산과 염기에서는 다른 화합물이 만들지 않는 특별한 형태의 이온을 만든다고 제안하였다. **Arrhenius 산-염기 모형**(Arrhenius model of acids and bases)에 의하면 수용액에서의 산은 수소 이온(H^+)을, 염기는 수산화 이온(OH^-)을 생성한다. 예를 들면 물에서 염산은 이온화하여 $H^+(aq)$와 $Cl^-(aq)$를 만든다.

$$HCl(g) \xrightarrow{H_2O} H^+(aq) + Cl^-(aq)$$

염기인 수산화 소듐은 물에 녹았을 때, 해리하여 소듐 이온과 수산화 이온을 형성한다.

$$NaOH(s) \xrightarrow{H_2O} Na^+(aq) + OH^-(aq)$$

Arrhenius 모형은 산과 염기가 서로 어떻게 중화하는지를 설명한다. 예를 들어 HCl과 NaOH의 중화 반응에서 HCl의 H^+와 NaOH의 OH^-가 결합하여 물을 생성한다.

$$H^+(aq) + OH^-(aq) \longrightarrow H_2O(l)$$

동영상: 산-염기 반응

비록 그의 모형이 오늘날 우리가 알고 있는 산과 염기를 설명하기에는 충분하지 못하지만, Arrhenius는 $H^+(aq)$ 이온과 $OH^-(aq)$ 이온이 산-염기 거동에서 중요하다는 것을 알아냈기 때문에 Arrhenius는 1903년에 Nobel 화학상을 받았다. 그의 이러한 간편한 정의로 인해 이 모형은 산-염기 행동에 대한 간단한 설명이 필요할 때 여전히 사용되고 있다.

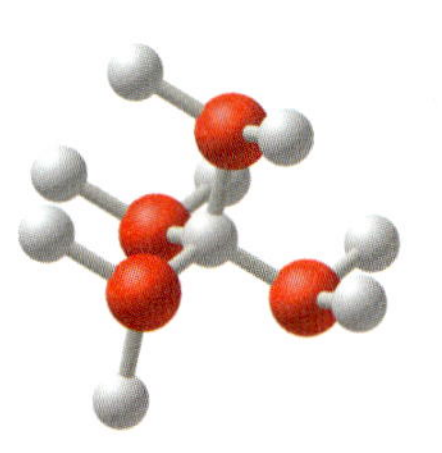

그림 13.4 수용액에서의 H^+ 이온은 물 분자와 강하게 회합하는데, 여기서 표현된 것처럼 보통 4개의 분자로 둘러싸인 $H_9O_4^+(aq)$ 화학식 형태이다 그러나 화학자들은 일반적으로 수용액에서의 H^+를 하이드로늄 이온 $[H_3O^+(aq)]$으로 표현한다.

산과 염기에 대한 Arrhenius의 정의는 몇 가지 근본적인 문제에 한계가 있다. 수소 이온(H^+)은 반지름은 매우 작지만 높은 양전하를 갖고 있기 때문에 수용액에서 독립적으로 존재하지 않게 된다. 대신에 H^+ 이온은 이 이온을 둘러싼 물 분자와 회합하게 된다. 오늘날 화학자들은 일반적으로 수용액에서의 H^+ 이온을 $H_3O^+(aq)$ [**하이드로늄 이온**(hydronium ion)]으로 표현한다(그림 13.4). Arrhenius 모형의 또 다른 한계는 모든 염기가 OH^- 이온을 포함하는 것으로 가정하지만, 어떤 염기는 그렇지 않다. 일반적으로 염이라고 불리는 많은 이온 결합 화합물들은 산을 중화할 수 있는 능력인 염기의 성질을 갖는다. 염기인 염의 예로는 금속의 산화물, 탄산염, 플루오린화물 등이 있다. 암모니아(NH_3)와 같이 –OH 기를 포함하지 않는 몇몇 분자성 화합물들도 염기의 성질을 갖는다.

앞으로 다른 과목에서 G. N. Lewis의 이름을 지닌 산이나 염기의 다른 정의를 접하게 될 것이다. Lewis는 산을 전자쌍 받개로, 염기를 전자쌍 주개로 정의하였다. 더 넓은 Lewis 정의는 Brønsted-Lowry 이론으로 설명되지 않는 이 책의 범위를 벗어나는 많은 물질을 포함한다.

1923년에 덴마크의 화학자 Brønsted(J. R Brønsted)와 영국의 화학자 Lowry(T. M. Lowry)는 Arrhenius 모형의 한계를 극복하는 새로운 이론을 독립적으로 제안하였다. **Brønsted-Lowry 이론**(Brønsted-Lowry theory)에서 산은 다른 물질에게 H^+ 이온을 내어주는 물질로 정의하고, 염기는 다른 물질로부터 H^+ 이온을 받을 수 있는 물질로 정의된다. 이 정의에는 Arrhenius의 산과 염기와 더불어, 염에 들어 있는 이온과 암모니아와 같은 분자 화합물도 포함된다. Brønsted-Lowry 이론에 따르면, HCl 기체가 물에 녹으면 H^+ 이온을 물에 주어 하이드로늄 이온과 염화 이온을 형성한다.

$$HCl(g) + H_2O(l) \longrightarrow H_3O^+(aq) + Cl^-(aq)$$

여기서 H_2O는 HCl로부터 H^+ 이온을 받아서 Brønsted-Lowry 염기로 작용한다.

물에 용해된 암모니아는 아래 반응식에 의해 Brønsted-Lowry 염기로 작용한다.

$$NH_3(aq) + H_2O(l) \rightleftharpoons NH_4^+(aq) + OH^-(aq)$$

제12장에서 평형 화살표($\rightleftharpoons$)는 평형계를 나타낸다고 한 것을 기억하라. 계가 평형에 있으면 정반응과 역반응이 같은 속도로 일어난다.

이 경우 물은 NH_3 분자에게 H^+를 주는 산으로 작용한다. $OH^-(aq)$ 이온이 형성되었지만, 처음부터 염기의 일부분으로 존재하지 않았었다는 점을 주목하라. NH_3와 H_2O 사이의 Brønsted-Lowry 산-염기 반응의 결과로 수산화 이온이 생성된다. 물에서 염기로 작용하는 유기 아민(–NH_2를 작용기로 갖고 있는) 화합물이 많이 있다. 그 예로 메틸아민

(CH_3NH_2)이 있다.

$$CH_3NH_2(aq) + H_2O(l) \rightleftharpoons CH_3NH_3^+(aq) + OH^-(aq)$$

Brønsted-Lowry 염기는 수영장 물의 pH를 변화시키는 데 사용되는 화합물 Na_2CO_3에 들어 있는 탄산 이온(CO_3^{2-})과 같은 음이온을 포함한다. Na_2CO_3는 물에 들어가면 먼저 완전히 이온으로 해리된다.

$$Na_2CO_3(s) \xrightarrow{H_2O} 2Na^+(aq) + CO_3^{2-}(aq)$$

CO_3^{2-} 이온은 H_2O로부터 H^+를 받아들여 물에서 염기로 거동한다.

$$CO_3^{2-}(aq) + H_2O(l) \rightleftharpoons HCO_3^-(aq) + OH^-(aq)$$

Brønsted-Lowry 산-염기 반응에서 물이 항상 산 또는 염기로 거동하는 것을 포함하는 것은 아니다. 때로는 물속에 존재하는 다른 화합물이 H^+ 이온을 더 잘 주거나 받을 수 있다. 아래 반응에서, 플루오린화수소산은 탄산 이온 염기에 H^+를 주어서 플루오린화 이온과 탄산 수소 이온을 생성한다.

$$\underset{\text{산}}{HF(aq)} + \underset{\text{염기}}{CO_3^{2-}(aq)} \rightleftharpoons F^-(aq) + HCO_3^-(aq)$$

예제 13.1을 사용하여 산-염기 반응에서 Brønsted-Lowry 산과 염기를 구분하는 연습을 하라.

어떤 Brønsted-Lowry 산-염기 반응은 물 없이도 일어난다. 예를 들면 암모니아 기체가 염화 수소 기체와 반응을 하게 되면 암모늄 이온과 염화 이온이 생성된다. 암모늄과 염화 이온은 빠르게 결합하여 이온 결합 화합물인 염화 암모늄[$NH_4Cl(s)$] 고체를 형성한다.

$$\underset{\text{염기}}{NH_3(g)} + \underset{\text{산}}{HCl(g)} \longrightarrow NH_4Cl(s)$$

예제 13.1 ▶ Brønsted-Lowry 산과 염기

각 반응에서의 Brønsted-Lowry 산과 염기 반응물을 구분하라.

(a) $HNO_3(l) + H_2O(l) \longrightarrow NO_3^-(aq) + H_3O^+(aq)$

(b) $SO_4^{2-}(aq) + H_2O(l) \rightleftharpoons HSO_4^-(aq) + OH^-(aq)$

(c) $H_2CO_3(aq) + CH_3NH_2(aq) \rightleftharpoons HCO_3^-(aq) + CH_3NH_3^+(aq)$

》풀이:

(a) HNO_3의 이름은 질산으로, 산임을 알려 준다. 뿐만 아니라 반응식에서 보여준 것처럼 물에 H^+를 내어주기 때문에 산임을 확인할 수 있다. 물은 HNO_3로부터 H^+를 받아서 $H_3O^+(aq)$를 만들므로 H_2O는 염기이다.

(b) 황산 이온(SO_4^{2-})은 내어놓을 수소를 갖고 있지 않으므로 산이 될 수 없다. 대신에 H^+를 받아서 $HSO_4^-(aq)$를 형성하기 때문에 염기이다. 물은 H^+를 내어주고 $OH^-(aq)$를 만들므로 이 반응에서 H_2O는 산이다.

(c) 메틸아민(CH_3NH_2)은 H^+를 받아들여 $CH_3NH_3^+(aq)$를 만들므로 수용액에서 염기로 행동한다. 탄산(H_2CO_3)은 H^+를 내어주고 $HCO_3^-(aq)$를 생성하므로 이 반응에서의 H_2CO_3은 산이다.

→ 응용 연습 13.1

(c) 반응의 역반응에서, Brønsted-Lowry 염기는 어느 것인가?

→ 실전 연습 13.1

다음 반응에서 Brønsted-Lowry 산과 염기 반응물을 써라.

(a) $OCl^-(aq) + H_2O(l) \rightleftharpoons HOCl(aq) + OH^-(aq)$

(b) $H_2SO_4(aq) + F^-(aq) \longrightarrow HSO_4^-(aq) + HF(aq)$
(c) $NH_4^+(aq) + H_2O(l) \rightleftharpoons NH_3(aq) + H_3O^+(aq)$

→ 심화 연습: 연습 문제 13.15

» 짝산-염기쌍

산이 H^+를 염기에게 주면, 반응물과 생성물의 차이는 H^+ 이온 한 개이다. H^+ 이온을 얻은 결과로 만들어진 생성물은 그것을 만든 염기의 **짝산**(conjugated acid)이다. H^+ 이온을 잃은 결과로 만들어진 생성물은 그것을 만든 산의 **짝염기**(conjugated base)이다. 염화 수소 기체와 물과의 반응을 생각해 보자.

$$\underset{\text{산}}{HCl(g)} + \underset{\text{염기}}{H_2O(l)} \longrightarrow \underset{\text{짝산}}{H_3O^+(aq)} + \underset{\text{짝염기}}{Cl^-(aq)}$$

산의 짝염기(또는 염기의 짝산)의 세기는 매우 다양하다. 예를 들면 센산의 짝염기는 매우 약해서 물과 전혀 반응하지 않는다. 이 장의 뒷부분에서 짝산과 염기의 세기를 다루게 될 것이다.

H_3PO_4와 HPO_4^{2-}는 H^+가 하나 이상 차이가 나기 때문에 서로 짝산-염기쌍이 아니다.

물에서 산인 HCl은 반응하여 그 짝염기 $Cl^-(aq)$를 생성한다. 염기 H_2O는 반응하여 그 짝산 $H_3O^+(aq)$를 생성한다. 반응물의 산과 생성물의 염기는 ***짝산-염기쌍***(*conjugate acid-base pair*)이다. 마찬가지로 반응물의 염기와 생성물의 그 짝산은 짝산-염기쌍이다. 짝산-염기쌍은 항상 H^+ 이온 한 개의 차이가 난다. 어떤 물질의 짝산은 H^+ 이온이 한 개 더 많고, 그 물질의 짝염기는 H^+가 한 개 더 적다. 산의 짝염기는 산이 다른 물질에게 H^+을 주고 난 후에 남은 것이다. 그때, 짝염기는 화학식에서 H 원자가 하나 적게 되고 전하가 1 줄어든다. 산 또는 염기로 반응하는 물질이 주어졌을 때, 그것의 짝을 알아낼 수 있어야 한다.

예제 13.2 ▶ 짝산과 짝염기

아래 산의 짝염기를 찾고, 그 전하를 설명하라.

(a) HOCl
(b) $H_2PO_4^-$
(c) H_2O

» 풀이:

(a) HOCl의 짝염기는 OCl^-이다. 산보다 H 원자가 한 개 더 적고, HOCl의 전하 0보다 하나 작은 1−이다.
(b) $H_2PO_4^-$의 짝염기는 HPO_4^{2-}이다. 산보다 H 원자가 한 개 더 적고, $H_2PO_4^-$의 전하 1−보다 하나 작은 2−이다.
(c) H_2O의 짝염기는 OH^-이다. H_2O보다 H 원자가 한 개 더 적고, H_2O의 전하 0보다 하나 작은 1−이다.

→ 응용 연습 13.2

$H_2PO_4^-$가 염기로 행동한다면, 그 짝산은 무엇인가?

→ 실전 연습 13.2

각 염기의 짝산은 무엇인가?

(a) F^-
(b) HCO_3^-
(c) H_2O

→ **심화 연습:** 연습 문제 13.17

지금까지 살펴보았던 예제들에서 물이 어떤 문제에서는 산으로 행동하고, 또 다른 문제에서는 염기로 행동한다. 물이 다른 물질에게 H^+를 줌으로써 산으로 행동하고 수산화 이온[$OH^-(aq)$]을 형성한다. 또한 다른 물질에게서 H^+를 받음으로써 염기가 되어 하이드로늄 이온[$H_3O^+(aq)$]을 형성한다. 그러므로 물의 짝은 특정 반응에서 물이 산으로 작용하는지, 염기로 작용하는지에 따라 달라진다. 이처럼 산과 염기로 모두 작용할 수 있는 물질을 **양쪽성 물질**(amphoteric substance)이라고 한다. 물이 가장 대표적인 양쪽성 물질이다. 탄산 수소 이온(HCO_3^-) 또한 양쪽성 물질이다. 이 음이온은 산이나 염기를 중화하는 데 사용되는 탄산수소 소듐에서 발견된다. $OH^-(aq)$를 포함하는 염기성 용액과 혼합하였을 때, 탄산수소 이온은 산으로 작용하고 그 짝염기는 CO_3^{2-}이다.

$$\underset{\text{산}}{HCO_3^-(aq)} + OH^-(aq) \longrightarrow CO_3^{2-}(aq) + H_2O(l)$$

$H_3O^+(aq)$를 포함하는 산성 용액과 혼합하였을 때, 탄산수소 이온은 염기로 작용하고 그 짝산은 H_2CO_3이다.

$$\underset{\text{염기}}{HCO_3^-(aq)} + H_3O^+(aq) \longrightarrow H_2CO_3(aq) + H_2O(l)$$

아황산 수소 이온(bisulfite 이온, HSO_3^-)은 양쪽성 물질의 또 다른 예이다. 아황산 수소 이온의 짝염기는 무엇인가? 짝산은 무엇인가?

» 산성 수소 원자

하나 이상의 수소 원자를 포함하고 있는 산에서 어떤 수소 원자가 산성인지 어떻게 알 수 있을까? 다른 표현으로는 어떤 수소 원자가 물에서 이온화되는가? 화학식 CH_3CO_2H로 표현되는 카복실산인 아세트산을 예로 들어 보자. 이 화학식은 각 분자가 네 개의 수소 원자를 포함하고 있음을 나타낸다. 네 개 중 어느 것이 산성인가? 그림 13.5에 아세트산의 Lewis 구조식을 나타내었다. 이 Lewis 구조식에서 산소 원자와 결합한 수소 원자는 한 개이고, 나머지 세 개는 탄소 원자와 결합하고 있음을 볼 수 있다. 산소 원자와 결합한 수소 원자만이 산성으로서 아세트산이 물에 녹았을 때 이온화되는 유일한 것이다. 탄소 원자와 결합한 세 개의 수소 원자는 산성이 아니다. 산소산에서 산성 수소 원자들은 보통 산소와 결합한다. 아인산(H_3PO_3)의 경우를 살펴보자. Lewis 구조식(그림 13.5)에서 두 개의 수소 원자는 산소 원자와 결합하고 있다. 이들 수소 원자가 산성이다. 인 원자와 결합하고 있는 수소 원자는 산성이 아니다. 간혹 산의 분자식에서 산성 수소 원자의 개수를 결정하기가 어렵다. 그러나 Lewis 구조식이나 분자 모형을 이용하면 보다 쉽게 결정할 수 있다.

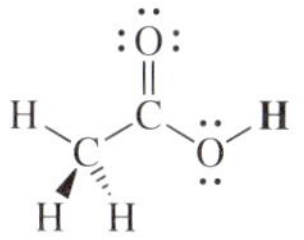

아세트산

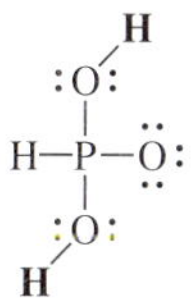

아인산

그림 13.5 산소산에서 산성 수소들은 산소 원자에 결합되어 있다 위의 산에서 산성 수소는 몇 개가 있는가?

예제 13.3 ▶ 산성 수소 결정

하이포아인산(hypophosphorous acid, H_3PO_2)에서 산성 수소(들)를 지적하라.

```
       H
      /
    :O:
     |
  H—P—H
     |
    :O:
     ..
```

»풀이:

하이포아인산(H_3PO_2)에는 산성 수소가 한 개 있다. 산소 원자에 결합되어 있는 수소이다.

→응용 연습 13.3

H_2CO_3 산은 산성 수소가 두 개이다. Lewis 구조식을 그리거나 분자 모형으로, 이 원자들이 분자내에서 어떻게 연결되어 있는지를 보여라.

→실전 연습 13.3

아미노산인 글라이신에 있는 산성 수소 원자를 지적하라.

```
  H              :O:
   \ ..           ||
    N      C      ..   H
   /   \  /  \   O  /
  H      C      ..
        / \
       H   H
```

→심화 연습: 연습 문제 13.25

13.2 센산, 센염기와 약산, 약염기

Jake는 수영장 물이 너무 염기성이 되면 pH를 낮추기 위해 HCl 용액을 사용한다. HCl을 사용하는 이유 중 하나는 용액에서 완전히 이온화하는 센전해질이기 때문이다. 제11장에서 설명한 것처럼 어떤 산과 염기는 센전해질이고, 다른 것은 약전해질이다. 센전해질이고 물에 녹았을 때 *완전히* 이온화되거나 해리되는 산과 염기는 **센산**(strong acid)과 **센염기**(strong base)이다. 약전해질로 물에서 *부분적으로* 이온화되는 산과 염기는 **약산**(weak acid)과 **약염기**(weak base)이다.

동영상: 센산과 약산의 해리

표 13.1 ▸ **대표적인 센산**

화학식	이름
HCl	염화수소산(염산, hydrochloric acid)
HBr	브로민화수소산(hydrobromic acid)
HI	아이오딘화수소산(hydroiodic acid)
HNO_3	질산(nitric acid)
$HClO_3$	염소산(chloric acid)
$HClO_4$	과염소산(perchloric acid)
H_2SO_4	황산(sulfuric acid, 단지 하나의 H^+만 완전히 이온화됨)

그림 13.6 염산은 센산이다. 물에서 완전히 이온화하여 $H_3O^+(aq)$와 $Cl^-(aq)$를 만든다.

>> 센산

센산은 물에 녹으면 완전히 이온화한다. 그림 13.6에 나타낸 것처럼 센산인 HCl이 물에서 이온화가 되면, 용액 내에는 H_3O^+, Cl^-, H_2O만 존재한다. 이 용액에 이온화하지 않은 HCl은 존재하지 않는다. 표 13.1에 대표적인 센산을 나타내었다.

동영상: 산의 이온화

표 13.1에 있는 몇몇의 센산은 익숙하게 느껴질 수도 있다. 염화수소산(염산, HCl)은 사람의 위에도 존재하는 산으로 음식물의 소화에 도움을 준다. 또한 Jake처럼 수영장을 관리하는 사람들이 수영장 벽과 바닥을 세척하는 데 사용하는 산이기도 하다. 황산(H_2SO_4)은 대부분의 차량용 배터리에 들어 있는 산이며, 산성비에도 들어 있다. 질산(HNO_3)도 산성비에서 확인된다.

>> 센염기

센염기는 물에 녹으면 완전히 해리된다. 그림 13.7에 나타낸 것처럼, 센염기인 수산화 소듐(NaOH)은 물에서 완전히 해리되어 $Na^+(aq)$와 $OH^-(aq)$를 만든다. 해리되지 않고 남아 있는 NaOH(*aq*)는 없다. 대표적인 센염기의 대부분은 IA(1)족과 IIA(2)족 금속 원소의 이온성 수산화물이다. 표 13.2에 대표적인 센염기를 나타내었다. 오븐과 하수관의 상업용 세척제에는 센염기인 수산화 소듐(NaOH)이 포함되어 있다. 수산화 소듐은 종이와 올리브 통조림의 가공에도 사용된다. 소석회라 불리는 수산화 칼슘[$Ca(OH)_2$]은 물과 석회(lime, CaO)가 혼합될 때 만들어진다. 산화 칼슘은 정원 토양의 산도를 낮출 때에도 사용된다. 수산화 마그네슘[$Mg(OH)_2$]는 제산제로 사용되는 센염기이며, 제11장에서 설명하였듯이 물에 비교적 불용성이다.

>> 약산

어떤 산이 약산인지 어떻게 알 수 있을까? *센산이 아닌 산이 약산이다.* 약산은 물에 녹았을 때 완전히 이온화하지 않는다. 약산과 그 짝염기 사이에 평형이 되면 반응물과 생

동영상: 약산의 이온화

$$NaOH(s) \xrightarrow{H_2O} Na^+(aq) + OH^-(aq)$$

그림 13.7 센염기 NaOH는 물에서 완전히 해리되어 $Na^+(aq)$와 $OH^-(aq)$를 형성한다.

©Charles D. Winters

오븐과 하수관의 세척제에는 센염기인 수산화 소듐이 들어 있다. 이것은 기름때와 머리카락과 같은 물질을 녹여 물에 용해되도록 도와준다. 이들은 매우 부식성이 강하므로 고글과 장갑을 착용하고 사용하는 것이 좋다.

©McGraw-Hill Education/Jill Braaten

표 13.2 ▸ 대표적 센염기

화학식	이름	화학식*	이름
LiOH	수산화 리튬	$Mg(OH)_2$	수산화 마그네슘
NaOH	수산화 소듐	$Ca(OH)_2$	수산화 칼슘
KOH	수산화 포타슘	$Ba(OH)_2$	수산화 바륨

*일반적으로 IIA(2)족 금속의 수산화물은 물에 불용성이지만 물에 용해되었을 때 완전히 해리되기 때문에 센염기이다.

성물 모두가 용액 안에 남아 있게 된다. 약산의 예로는 시트르산, 말레산, 아세트산이 있다. 이것들은 일반적으로 과일과 음식물에서 발견된다. 표 13.3에 몇몇 약산과 그들이 확인되는 곳을 나열하였다.

약산을 물에 녹였을 때, 보통 분자들의 10%보다 적은 양만이 물에 H^+를 전달하고 짝염기로 된다. 나머지는 분자 형태로 남게 된다. 평형이 훨씬 왼쪽으로 치우치게 된다. 물속에서 아세트산(CH_3CO_2H)과 같은 약산의 이온화를 나타내기 위한 반응식을 쓸 때 평형 화살표($\rightleftharpoons$)를 사용한다(그림 13.8). 물에 있는 약한 산의 거동은 약산과 그 짝염기 사이의 평형으로 나타낼 수 있다.

$$CH_3CO_2H(aq) + H_2O(l) \rightleftharpoons CH_3CO_2^-(aq) + H_3O^+(aq)$$

물에서 이온화하여 양이온을 만드는 또 다른 약산은 약염기의 짝산이다. 이러한 약산의 예로 암모늄 이온(NH_4^+)이 있다. Olivia가 식물에 비료로 주는 질산 암모늄(NH_4NO_3)에서 발견된다. 어떻게 NH_4NO_3이 산으로 작용하는가? NH_4NO_3이 물에 녹았을 때 어떻게 되는지 생각해 보자. 다른 이온 결합 화합물처럼 물에 녹으면 수용성 양이온과 음이온으로 해리된다.

표 13.3 ▸ 대표적인 약산

화학식	이름	들어 있는 곳
CH_3CO_2H	아세트산	식초, 신 와인
H_2CO_3	탄산	음료, 혈액
$H_3C_6H_5O_7$	시트르산	과일, 음료
HF	플루오린화수소산	유리 에칭과 반도체 제조 과정에서 사용
HOCl	하이포염소산	수영장과 식수 살균에 사용
$HC_3H_5O_3$	젖산	우유
$HC_4H_4O_5$	말레산	과일
$H_2C_2O_4$	옥살산	견과류, 코코아, 파슬리, 루바브(대황)
H_3PO_4	인산	소다, 혈액
$H_2C_4H_4O_6$	타타르산	사탕, 와인, 포도

$$CH_3CO_2H(aq) + H_2O(l) \rightleftharpoons CH_3CO_2^-(aq) + H_3O^+(aq)$$

그림 13.8 아세트산(CH_3CO_2H)은 물에서 산 분자의 아주 일부만이 이온화되기 때문에 약산이다. 아세트산의 수용액에는 CH_3CO_2H 분자가 $CH_3CO_2^-(aq)$나 $H_3O^+(aq)$보다 농도가 더 높다. 분자 상태의 이미지로 표현하면, $CH_3CO_2^-(aq)$ 이온 2개와 $CH_3CO_2H(aq)$ 분자 10개로 나타낼 수 있다.

$$NH_4NO_3(s) \xrightarrow{H_2O} NH_4^+(aq) + NO_3^-(aq)$$

질산 이온(NO_3^-)은 매우 센산의 짝염기이며, 물과 반응하는 염기로 행동하지 않는다. 그러나 $NH_4^+(aq)$는 약산으로, 물과 반응하여 물에 H^+ 이온을 내어 준다.

$$NH_4^+(aq) + H_2O(l) \rightleftharpoons NH_3(aq) + H_3O^+(aq)$$

» 약염기

약염기는 물에 녹았을 때 완전히 이온화하지 않는다. 약염기와 그 짝산 사이에 평형이 이루어진다. 그림 13.9에 나타낸 것처럼 암모니아는 대표적인 약염기이다. 대부분의 일반적인 약염기는 메틸아민(CH_3NH_2)처럼 아민 기($-NH_2$)를 갖고 있는 유기 화합물이다. 메틸아민은 약염기이므로, 물속에서의 이온화는 평형 화살표를 사용하여 나타낸다.

왜 센물의 얼룩은 암모니아를 기본 성분으로 하는 유리 세정제로 닦아 내기 어려울까? 센물의 얼룩은 약염기인 $CaCO_3$처럼 금속의 탄산염을 포함하고 있다. 또한 암모니아(NH_3)는 약염기이므로 이들과 효과적으로 반응하지 않을 것이다. 다음에 센물의 얼룩을 녹이기 위해 식초(아세트산) 희석액을 사용해 보라.

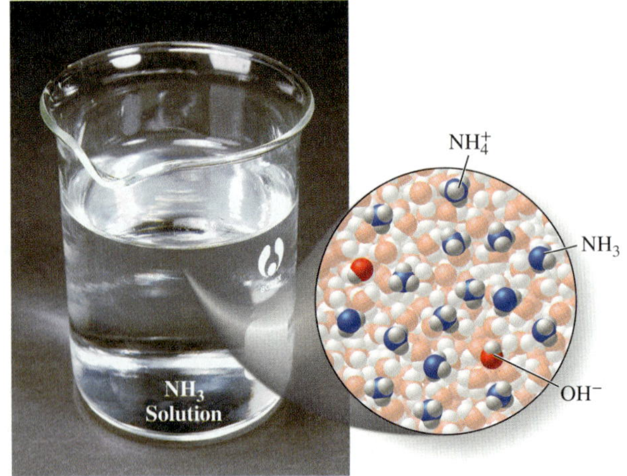

$$NH_3(aq) + H_2O(l) \rightleftharpoons NH_4^+(aq) + OH^-(aq)$$

그림 13.9 암모니아는 약염기이므로 물에서 NH_3 분자의 일부만이 이온화하여 $NH_4^+(aq)$와 $OH^-(aq)$을 생성한다. 암모니아 수용액에는 $NH_4^+(aq)$ 이온과 $OH^-(aq)$ 이온보다 농도가 큰 NH_3 분자가 있다.

©Brian Moeskau/Moeskau Photography

두 약염기 CH_3NH_2와 OCl^-의 Lewis 구조를 나타내었다. 각 염기에는 산-염기 반응에서 H^+ 이온을 받아들일 수 있는 비공유 전자쌍이 적어도 한 개 이상이 존재한다는 것을 기억하라. 왜 이 비공유 전자쌍이 Brønsted-Lowry 염기의 중요한 특징인가? 염기와 비공유 전자쌍이 없는 H^+ 사이에서 공유 결합이 형성될 수 있을까?

```
    H
    |     ..
H — C — N — H
    |   |
    H   H

  ..   ..  -
[:O — Cl:]
  ..   ..
```

물에 있는 약한 염기의 거동은 약한 염기와 짝산 사이의 평형으로 나타낼 수 있다.

$$CH_3NH_2(aq) + H_2O(l) \rightleftharpoons CH_3NH_3^+(aq) + OH^-(aq)$$

물속에서 이온화하는 다른 약염기는 약산의 짝염기인 음이온이다. 이러한 약염기의 예로는 하이포염소산 이온(ClO^-)이 있으며, Jake가 수영장 물의 초염소화(superchlorinate)에 사용하는 하이포염소산 칼슘[$Ca(OCl)_2$]에 들어 있다. $Ca(OCl)_2$가 어떻게 약염기로 작용하는가? $Ca(OCl)_2$가 물에 녹았을 때 어떻게 되는가를 생각해 보자. 다른 이온 결합 화합물처럼 물에 녹으면 수용성 양이온과 음이온으로 해리된다.

$$Ca(OCl)_2(s) \xrightarrow{H_2O} Ca^{2+}(aq) + 2OCl^-(aq)$$

$OCl^-(aq)$은 염기로서 물과 반응할 때, 물에서 H^+ 이온을 얻는다.

$$\underset{\text{약염기}}{OCl^-(aq)} + H_2O(l) \rightleftharpoons HOCl(aq) + OH^-(aq)$$

약산의 짝염기인 음이온은 이들 음이온을 포함하는 이온 결합 화합물로부터 얻는다. 예를 들어 수영장 소독제로 사용하는 하이포염소산 이온은 $Ca(OCl)_2$를 포함한 다양한 화합물로부터 얻을 수 있다. 어떤 수영장용 상품에는 하이포염소산 소듐(NaOCl)이 대신 들어 있기도 한다. 음이온이 확인되면 약염기로 행동하는 이온 결합 화합물을 찾는 것은 비교적 쉽다. 음이온이 약산의 짝염기이면, 그것에 물을 첨가하였을 때 염기로 작용하게 될 것이다. 예를 들면 아세트산 소듐($NaCH_3CO_2$)은 가용성 이온 결합 화합물로, $Na^+(aq)$ 이온과 $CH_3CO_2^-(aq)$ 이온으로 해리된다. 표 13.3을 살펴보면, 아세트산은 화학식이 CH_3CO_2H인 약산이다. 아세트산 이온($CH_3CO_2^-$)은 아세트산의 짝염기이다. 그래서 아세트산 이온을 포함하는 이온 결합 화합물은 약염기로 행동할 것으로 예측할 수 있다. 반면에 음이온이 센산의 짝염기라면, 염기로서 물과 반응하지 않는다. 예를 들면 NaCl에는 센산 HCl의 짝염기인 Cl^-가 들어 있다. 센산의 짝염기는 물과 반응하지 *않으므로* NaCl은 염기로 작용하지 *않는다.*

인산 소듐(Na_3PO_4)과 피리딘(C_5H_5N)도 대표적인 약염기이다. 이들 화합물의 각 원소 가운데 Brønsted-Lowry 산-염기 반응에서 H^+를 받아들일 원소는 어느 것인가?

표 13.4에는 몇몇 대표적인 약염기와 그들이 확인되는 곳을 나타내었다. 이들은 이온 결합 화합물로, 물에 녹았을 때 염기로 작용하는 음이온을 확인할 수 있다.

표 13.4 ▸ 대표적인 약염기

화학식	이름	들어있는 곳
NH_3	암모니아	유리 세정제
$CaCO_3$	탄산 칼슘	제산제, 무기질
$Ca(OCl)_2$	하이포염소산 칼슘	수영장용 염소 소독제
CH_3NH_2	메틸아민	청어 저장용 소금물
$(CH_3)_3N$	트라이메틸아민	부패된 생선

예제 13.4 ▸ 수용액에서 센산, 약산 및 센염기, 약염기

다음을 각각 센산, 약산, 센염기, 약염기로 분류하고, 물과의 반응식을 써라.

(a) $CH_3CH_2NH_2(aq)$

(b) $HF(aq)$

(c) $NaF(aq)$

(d) $KOH\ (aq)$

» 풀이:

(a) 화합물 $CH_3CH_2NH_2$은 $-NH_2$ 기를 갖고 있어 아민이라 부르는 유기 화합물이다. 이것은 NH_3처럼 약염기이다. 물에서 이온화하는 반응식은

$$CH_3CH_2NH_2(aq) + H_2O(l) \rightleftharpoons CH_3CH_2NH_3^+(aq) + OH^-(aq)$$

$CH_3CH_2NH_2$는 염기이기 때문에 물에서 이온화하여 $OH^-(aq)$ 이온을 만든다. $CH_3CH_2NH_2$는 약염기이므로 부분적으로만 이온화가 되기 때문에 평형 화살표를 사용한다.

(b) 플루오린화수소산(HF)은 산이다. 표 13.1에 나열한 센산에 포함되지 않으므로 약산이다. 물에서 이온하하는 반응식은

$$HF(aq) + H_2O(l) \rightleftharpoons F^-(aq) + H_3O^+(aq)$$

HF는 산이므로 물과 반응하여 $H_3O^+(aq)$ 이온을 만든다. HF는 부분적으로만 이온화하는 약산이기 때문에 평형 화살표를 사용한다.

(c) 플루오린화 소듐은 물에서 완전히 해리하여 $Na^+(aq)$와 $F^-(aq)$를 만드는 이온 결합 화합물이다. F^- 이온은 약산인 HF의 짝염기이므로 약염기이다. 물과의 반응식은

$$F^-(aq) + H_2O(l) \rightleftharpoons HF(aq) + OH^-(aq)$$

F^-는 염기이므로 물과 반응하여 OH^- 이온을 만든다. F^-는 약염기이기 때문에 평형 화살표를 사용한다.

(d) KOH는 IA(1)족 금속의 수산화물이므로 센염기이다. 물에서 해리 반응식은

$$KOH(aq) \longrightarrow K^+(aq) + OH^-(aq)$$

KOH는 염기이므로 물에서 수산화 이온을 만든다. KOH는 센염기이므로 완전히 해리되기 때문에 한쪽 방향 화살표를 사용한다.

➔ 응용 연습 13.4

센염기 또는 약염기가 물에서 이온화할 때 항상 만들어지는 생성물은 무엇인가? 왜 이런 결과가 나타나는가?

➔ 실전 연습 13.4

다음을 각각 센산, 약산, 센염기, 약염기로 분류하라. 물에서의 이온화 반응식을 써라.

(a) $HI(aq)$ (b) $NaCH_3CO_2(aq)$ (c) $NH_4^+(aq)$ (d) $NH_3(aq)$

➔ 심화 연습: 연습 문제 13.29

예제 13.5는 센산과 약산을 분자 수준에서 구분할 수 있도록 도움을 줄 것이다.

예제 13.5 ▶ 센산과 약산의 분자 수준 표현

다음 그림 중 하나는 HF 용액을 나타낸 것이고, 다른 하나는 HCl 수용액을 나타낸 것이다. 어느 것이 어느 용액을 표현한 것인지 설명하라.

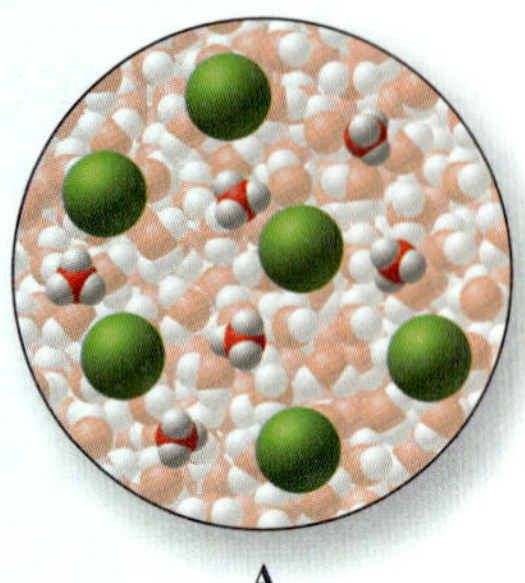
A

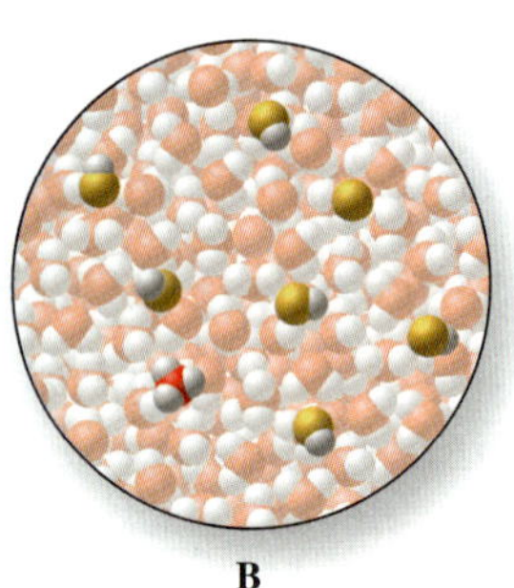
B

» 풀이:

두 그림의 차이점은 이온화 정도이다. 그림 A는 산 분자(녹색으로 표시된 원자에 붙어 있는 H 원자)가 없음을 나타내며, 산이 완전히 이온화된 것을 나타낸다. 그것은 센산성을 나타낸다. 그림 B는 이온화되지 않은 산 분자(노란색으로 표시된 원자에 부착된 H 원자)가 많이 존재하고, 일부 부분적인 이온화된 것을 나타낸다. 이것은 약산을 나타낸다. 두 가지 산 중 그림 A는 센산인 HCl의 용액을 나타낸 것이다. 그림 B는 약산인 HF의 용액을 나타낸 것이다.

➔ 응용 연습 13.5

H_3O^+ 이온 대신에 OH^- 이온을 나타낸 분자 수준의 수용액을 그림으로 나타낸다면, 이들 화학종의 해리에 대해 어떻게 설명할까?

➔ 실전 연습 13.5

다음 그림 중 하나는 $HClO_4$ 용액을 나타낸 것이고, 다른 하나는 HSO_4^- 수용액을 나타낸 것이다. 어느 것이 어떤 용액인지 설명하라.

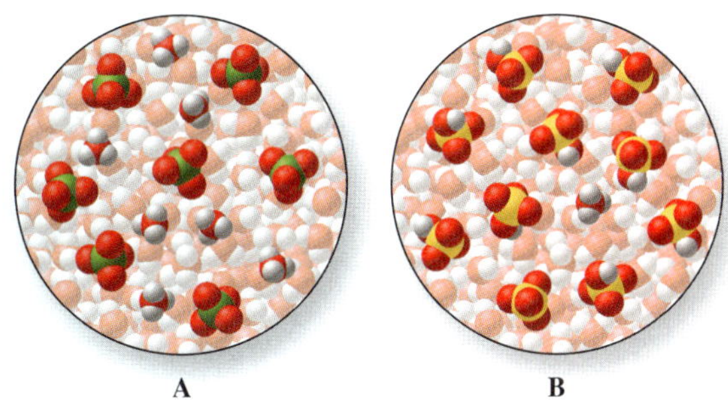

➜ **심화 연습:** 연습 문제 13.31

13.3 약산의 상대적 세기

Sara가 일하는 공장에서 만든 몇몇 신맛의 사탕은 설탕과 시트르산의 혼합물로 코팅되어 있다. 시트르산은 여러 식용 가능한 산 가운데 가장 강한 신맛을 갖고 있다. 왜 그럴까? 다른 약산보다 더 강한 산성인가? 다른 약산들의 산의 세기를 어떻게 비교할 수 있는가? 산의 세기는 물에 녹아서 이온화되는 산 분자의 상대적인 수에 의존한다. 즉 이온화도에 의존한다. 이온화되는 분자들의 비율은 약산 사이에서 다양하다. 더 센산이면 물에서 이온화에 대한 평형 상수 값이 더 크고 생성된 $H_3O^+(aq)$와 짝염기의 비율이 더 크게 된다. 제12장에서 설명한 평형 상수 $K_{평형}$는 반응물과 생성물의 상대적 양과 관련 있음을 기억하라. $K_{평형}$ 값이 더 크면 평형에 도달하였을 때 생성물이 더 많이 있다는 것이다.

평형 상수는 평형에서 반응물에 대한 생성물의 농도비를 나타낸다. 액체나 고체로 남아 있는 물질은 제외된다. 예를 들어, 물속에서의 아세트산(CH_3CO_2H)의 이온화를 나타내는 평형 상수는 다음과 같다.

$$K_{평형} = \frac{[H_3O^+][CH_3CO_2^-]}{[CH_3CO_2H]}$$

제12장에 나타낸 것처럼 평형 상수는 단위를 쓰지 않는다는 것을 상기하라.

약산인 아세트산(CH_3CO_2H)과 사이안화수소산(HCN)의 물에서의 이온화를 생각해 보자.

$$CH_3CO_2H(aq) + H_2O(l) \rightleftharpoons H_3O^+(aq) + CH_3CO_2^-(aq) \quad K_{평형} = 1.8 \times 10^{-5}$$
$$HCN(aq) + H_2O(l) \rightleftharpoons H_3O^+(aq) + CN^-(aq) \quad K_{평형} = 6.2 \times 10^{-10}$$

CH_3CO_2H와 HCN 가운데 어느 것이 더 센산인가? 평형 상수가 그 답을 알려 준다. 더 센산이 더 큰 정도로 이온화하여 약산보다 $H_3O^+(aq)$와 그 짝염기를 더 많이 생성한다. 평형에서 더 센산이 생성물을 더 많이 만들고, 그래서 더 약산보다 평형이 오른 쪽으로 치우친다. 아세트산(CH_3CO_2H)이 이온화 평형 상수 값이 더 크므로 더 센산이다.

≫ 산 이온화 상수

화학자들은 물에서 산의 이온화를 나타내는 평형 상수를 산의 다른 반응과 구분하여 특별한 상수 K_a (**산 이온화 상수**, acid ionization constant)를 사용한다. 이것은 산이 물과 반응할 때의 평형을 설명한다. 따라서 K_a 값이 크면 더 센산이다. 아세트산과 사이안화수소산의 이온화에 대한 $K_{평형}$ 값이 그들의 K_a이다.

$$CH_3CO_2H(aq) + H_2O(l) \rightleftharpoons H_3O^+(aq) + CH_3CO_2^-(aq) \quad K_a = 1.8 \times 10^{-5}$$
$$HCN(aq) + H_2O(l) \rightleftharpoons H_3O^+(aq) + CN^-(aq) \quad K_a = 6.2 \times 10^{-10}$$

약산의 K_a 값이 주어지면, 산의 농도가 동일한 용액에서 다른 약산 용액의 $H_3O^+(aq)$의 상대적인 양을 비교할 수 있다. 0.10 *M* HCN 용액과 비교하여 0.10 *M* CH_3CO_2H 용

표 13.5 ▸ 25°C에서의 약산의 K_a 값과 짝염기

	산	K_a 값	짝염기	
가장 센산 ↑	HF	6.3×10^{-4}	F^-	가장 약염기 ↓
	HNO_2	5.6×10^{-4}	NO_2^-	
	HCO_2H	1.8×10^{-4}	HCO_2^-	
	CH_3CO_2H	1.8×10^{-5}	$CH_3CO_2^-$	
	HOCl	4.0×10^{-8}	OCl^-	
	HCN	6.2×10^{-10}	CN^-	
가장 약산	NH_4^+	5.6×10^{-10}	NH_3	가장 센염기

산 세기와 산 농도는 어떻게 다른가? 예를 들면 0.1 *M* HCl과 0.2 *M* HF를 비교하면, 어느 것이 더 센산인가? 어느 것이 더 진한 산인가?

액의 $H_3O^+(aq)$의 상대적인 양을 어떻게 되는가? K_a 값이 더 큰 아세트산(CH_3CO_2H)이 더 이온화가 되므로 H_3O^+의 농도가 더 크다. 그러나 이들 약산 용액의 H_3O^+ 농도는 0.10 *M* HCl과 같은 동일한 농도의 센산 용액보다 훨씬 작다. 서로 다른 농도의 약산 용액에서의 H_3O^+ 농도를 비교하기는 쉽지 않다. 왜냐하면, 산의 농도 또한 그 비교를 위한 하나의 인자이기 때문이다. 표 13.5에는 몇몇 약산과 그들의 K_a 값, 더불어 그 짝염기도 함께 나열하였다. 이 표에는 산의 세기 경향에 반대로 짝염기의 세기가 나타냈다. 즉 센산의 짝염기(Cl^-처럼)는 너무 약해서 물과 반응하지 않는다.

예제 13.6 ▸ K_a의 의미

하이포염소산(HOCl)과 사이안화수소산(HCN) 중 어느 것이 물에서 더 많이 이온화하는가? 표 13.5의 K_a 값을 참조하라.

» 풀이:

표 13.5를 보면 HClO의 K_a 값은 4.0×10^{-8}로 HCN의 K_a 6.2×10^{-10}보다 크다. HOCl의 K_a 값이 더 큰 것은 HOCl의 더 많은 비율이 반응한다는 의미하며, 따라서 더 많이 이온화하여 H_3O^+와 OCl^-가 더 많이 존재하게 된다.

➔ 응용 연습 13.6

HCN과 HOCl의 짝염기를 비교하라. 어느 것이 더 센염기인가?

➔ 실전 연습 13.6

0.10 *M* 하이포염소산(HClO) 용액과 0.10 *M* 사이안화수소산(HCN) 용액 중 H_3O^+ 농도가 더 큰 것은 어느 용액인가?

➔ 심화 연습: 연습 문제 13.37

그림 13.10 다양성자산은 한 개 이상의 산성 수소를 갖는다. 위에 나열된 산들은 몇 개의 산성 수소 원자를 갖고 있는가?

» 다양성자산

어떤 산은 한 개 이상의 산성 수소 원자를 갖고 있다. 이처럼 H^+ 이온을 한 개 이상 내어 놓을 수 있는 산을 **다양성자산**(polyprotic acid)이라고 한다(그림 13.10). 예를 들면 인산(H_3PO_4) 분자는 각각 산소와 결합되어 있는 세 개의 산성 수소를 갖고 있다. 탄산(H_2CO_3)과 황산(H_2SO_4)도 다양성자산이다. 다양성자산은 물에서 같은 비율로 산성 수

소 원자를 모두 잃지 않는다. 다양성자산에서 수소를 잃는 것은 단계적으로 생각해 보자. CO_2가 용해되어 만들어진 탄산을 예로 들면 다음과 같다.

$$CO_2(g) + H_2O(l) \rightleftharpoons H_2CO_3(aq)$$

H_2CO_3가 물에서 이온화하면 적은 양의 $HCO_3^-(aq)$와 $H_3O^+(aq)$가 생성된다. $CO_3^{2-}(aq)$는 용액에 거의 없다는 의미이다. 두 산의 이온화식을 각각의 K_a 값과 함께 용액의 평형으로 나타내면 다음과 같다.

$$H_2CO_3(aq) + H_2O(l) \rightleftharpoons H_3O^+(aq) + HCO_3^-(aq) \qquad K_{a1} = 4.5 \times 10^{-7}$$

$$HCO_3^-(aq) + H_2O(l) \rightleftharpoons H_3O^+(aq) + CO_3^{2-}(aq) \qquad K_{a2} = 4.7 \times 10^{-11}$$

황산(H_2SO_4)은 다양성자산으로 물에서 완전히 이온화하여 $HSO_4^-(aq)$와 $H_3O^+(aq)$을 생성한다.

$$H_2SO_4(aq) + H_2O(l) \longrightarrow H_3O^+(aq) + HSO_4^-(aq) \qquad \text{완전한 이온화}$$

HSO_4^-가 생성되면, 이것은 약산이므로 산으로 작용한다.

$$HSO_4^-(aq) + H_2O(l) \rightleftharpoons H_3O^+(aq) + SO_4^{2-}(aq) \qquad K_a = 1.2 \times 10^{-2}$$

두 번째 이온화의 작은 K_a 값은 평형이 반응물 쪽으로 향한다는 것을 나타낸다. 즉 단지 적은 양의 HSO_4^-만이 이온화한다. $H_2SO_4(aq)$에 비해 HSO_4^-의 적은 부분만이 이온화되는 이유는 중성의 H_2SO_4 분자에서 보다 음으로 하전된 $HSO_4^-(aq)$에서 양으로 하전된 H^+ 이온을 제거하기가 더 힘들기 때문이다. 황산 수용액에는 $H_2SO_4(aq)$가 존재하지 않고, 비교적 많은 양의 $HSO_4^-(aq)$와 소량의 $SO_4^{2-}(aq)$가 들어 있게 된다(그림 13.11).

전체 이온화 과정에서 부분적인 과정을 표현하기 위해 종종 K_a 값이 사용된다(K_{a1}, K_{a2}, K_{a3} 등). 표 13.6에 몇몇 다양성자산과 그들의 K_a 값을 나열하였다. 이온화가 진행될수록 H^+ 이온이 제거됨으로써 K_a 값이 작아진다는 것을 주목하라.

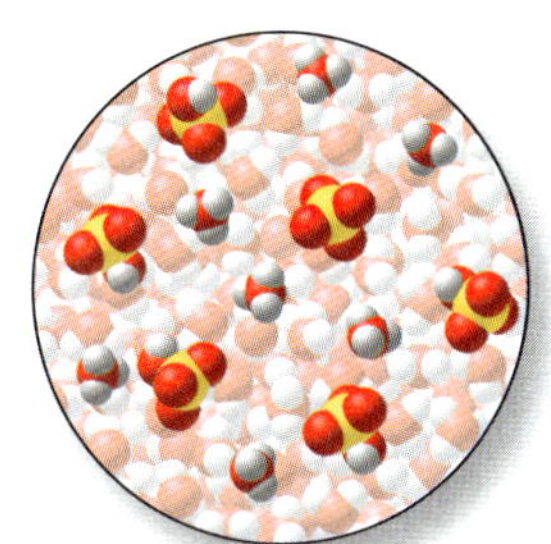

그림 13.11 황산(H_2SO_4)은 센 다양성자산이다. 물에서 완전히 이온화하여 $HSO_4^-(aq)$와 $H_3O^+(aq)$를 만든다. 또한 $HSO_4^-(aq)$도 부분적이지만 이온화한다. 즉 H_2SO_4 수용액에는 H_2SO_4 분자가 없고, 많은 양의 $HSO_4^-(aq)$ 이온과 적은 양의 $SO_4^{2-}(aq)$ 이온이 있다 위의 그림에서 $HSO_4^-(aq)$과 $SO_4^{2-}(aq)$ 이온은 어느 것인가?

표 13.6 ▸ 몇 가지 다양성자산의 이온화 상수(25°C에서)

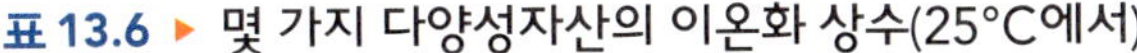

화학식	이름	K_{a1}	K_{a2}	K_{a3}
H_2CO_3	탄산(carbonic acid)	4.5×10^{-7}	4.7×10^{-11}	
$H_3C_6H_5O_7$	시트르산(citric acid)	7.4×10^{-4}	1.7×10^{-5}	4.0×10^{-7}
H_2S	황화수소산(hydrosulfuric acid)	8.9×10^{-8}	1.0×10^{-19}	
$H_2C_2O_4$	옥살산(oxalic acid)	5.6×10^{-2}	1.5×10^{-4}	
H_3PO_4	인산(phosphoric acid)	6.9×10^{-3}	6.2×10^{-8}	4.8×10^{-13}
H_2SO_4	황산(sulfuric acid)	센산	1.2×10^{-2}	
$H_2C_4H_4O_6$	타타르산(tartaric acid)	1.0×10^{-3}	4.3×10^{-5}	

시트르산(citric acid, $H_3C_6H_5O_7$)은 삼양성자산으로, 레몬의 신맛 성분이다.

예제 13.7 ▶ 물에서 다양성자산의 행동

포도의 타타르산($H_2C_4H_4O_6$)은 와인의 텁텁한 맛과 우아한 숙성의 맛을 향상시키는 화합물이다. 이것의 표 13.6에 K_a 값을 나타내었다.

(a) 수용액에서의 타타르산의 이온화 반응식을 써라.

(b) 타타르산을 물에 첨가하였을 때, 용액에서 농도가 가장 큰 이온 또는 분자는 어느 것인가(물은 제외)?

» 풀이:

(a) 타타르산은 두 개의 산성 수소를 갖고 있으므로 두 개의 K_a 값을 갖는다. 물에서의 행동을 나타내기 위해 두 개의 반응식이 필요하다. 처음 H^+의 이온화를 첫 번째 나타내었다. 처음 H^+의 이온화가 항상 가장 많이 이루어지기 때문에 이 과정에서의 K_a 값이 가장 큰 K_a 값을 갖게 된다.

$$H_2C_4H_4O_6(aq) + H_2O(l) \rightleftharpoons HC_4H_4O_6^-(aq) + H_3O^+(aq) \quad K_{a1} = 1.0 \times 10^{-3}$$
$$HC_4H_4O_6^-(aq) + H_2O(l) \rightleftharpoons C_4H_4O_6^{2-}(aq) + H_3O^+(aq) \quad K_{a2} = 4.3 \times 10^{-5}$$

(b) $H_2C_4H_4O_6$의 K_{a1} 값은 그것이 약산이고, 적은 양만이 이온화함을 설명한다. 즉 $H_2C_4H_4O_6$의 *대부분*이 이온화하지 않고 수용액에 큰 농도로 남아 있음을 의미한다.

→ 응용 연습 13.7

타타르산의 평형 상태에서는 이온과 분자들이 확인된다. 이때 용액에 존재하는 가장 작은 농도의 화학종은 어느 것인가?

→ 실전 연습 13.7

옥살산($H_2C_2O_4$)은 파슬리(parsley), 루바브(rhubarb), 아몬드(almond), 강낭콩(green bean) 등의 식품과 식물에 들어 있다. 표 13.6에 이것의 K_a 값을 나타내었다.

(a) 수용액에서의 옥살산의 이온화 반응식을 써라.

(b) 옥살산을 물에 첨가하였을 때, 용액에서 농도가 가장 큰 이온 또는 분자는 어느 것인가(물은 제외)?

→ 심화 연습: 연습 문제 13.45

13.4 산성, 염기성, 중성 용액

Olivia가 토양 용액이 너무 산성이 아닌지 확인할 때 하는 검사는 무엇인가? 산이 물에 녹아서 이온화할 때 하이드로늄[$H_3O^+(aq)$] 이온을 형성하는 것을 기억하라. 용액에 H_3O^+ 이온이 존재하면 산성 용액인가? 아니다. 순수한 물을 포함한 모든 수용액은 약간의 H_3O^+ 이온(그리고 OH^- 이온)을 갖고 있다. 이들 이온의 상대적인 양이 용액들 간의 차이를 만든다. **산성 용액**(acidic solution)에서는 H_3O^+ 이온의 농도가 OH^- 이온의 농도보다 크다. **염기성 용액**(basic solution)에서는 OH^- 이온의 농도가 H_3O^+ 이온의 농도보다 크다. **중성 용액**(neutral solution)은 산성도 염기성도 아니며, H_3O^+ 이온과 OH^- 이온의 농도가 같다.

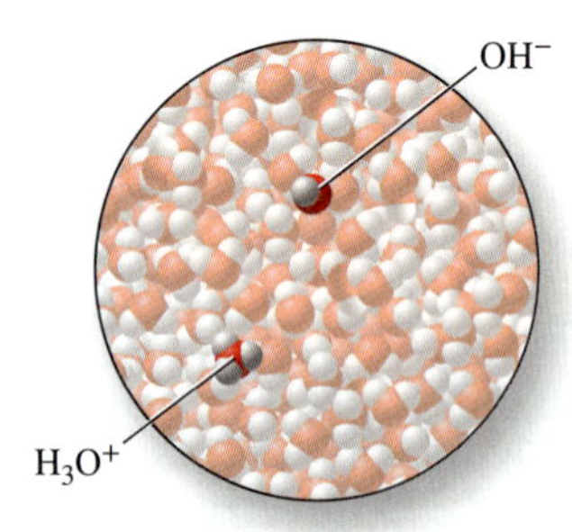

그림 13.12 매우 작은 범위에서 하나의 물 분자는 다른 분자로 H^+ 이온을 이동시키는 자체 반응을 통해 $H_3O^+(aq)$와 $OH^-(aq)$ 이온을 생성한다.

» 물의 이온곱 상수

순수한 물(H_2O)은 양쪽성이다. 비록 작은 범위이지만 산과 염기로 모두 작용할 수 있다. 물은 한 물 분자에서 다른 물 분자로 H^+ 이온 한 개가 이동하는 **자체 이온화**(self-ionization)라는 과정에 의해 스스로와 반응한다(그림 13.12).

$$H_2O(l) + H_2O(l) \rightleftharpoons H_3O^+(aq) + OH^-(aq)$$

자체 이온화 과정은 평형 과정이므로 평형 상수식으로 쓸 수 있다.

$$K_{평형} = [H_3O^+][OH^-]$$

반응물인 H_2O는 액체이므로 평형 상수식에 포함되지 않는다. 이 평형 상수를 **물의 이온곱 상수**(ion-product constant of water)라고 한다. 이 상수 값은 널리 사용되며, $\boldsymbol{K_w}$라는 특별한 기호로 쓴다. 25°C에서의 K_w 값은 1.0×10^{-14}이다.

$$K_w = [H_3O^+][OH^-] = 1.0 \times 10^{-14}$$

이 평형 상수의 작은 값은 평형이 왼쪽으로 많이 치우쳐 H_3O^+와 OH^-의 농도가 매우 작은 것을 의미한다. 순수한 물에서 이들 이온이 1:1 비율로 생성되므로 이 이온들의 농도는 같다.

$$[H_3O^+] = [OH^-]$$

즉 K_w의 표현대로 이들 농도를 곱하면 K_w 값인 1.0×10^{-14}이 되어야 한다.

$$1.0 \times 10^{-14} = [H_3O^+][OH^-]$$

이들의 농도가 같게 되려면, H_3O^+ 농도와 OH^- 농도로 치환하게 되면, 각각의 농도는 $1.0 \times 10^{-7}\ M$이 된다.

$$1.0 \times 10^{-14} = (1.0 \times 10^{-7}\ M) \times (1.0 \times 10^{-7}\ M)$$

즉

$$[H_3O^+] = [OH^-] = 1.0 \times 10^{-7}\ M$$

간단히 25°C 온도를 가정하여 사용하는 것이지, 다른 온도에서 K_w를 사용하는 것에 대해 걱정할 필요는 없다.

물처럼 중성 용액에서의 H_3O^+ 이온과 OH^- 이온의 농도는 같다. 만약 물에 산 또는 염기를 첨가하면 이들 이온의 농도는 변하게 된다. 그러나 이들의 이온곱은 1.0×10^{-14}로 K_w는 일정하다. 어떻게 이렇게 될까? 물과 산이 반응하면 H_3O^+ 이온의 농도가 증가하게 되어 $1.0 \times 10^{-7}\ M$보다 커지게 된다. 동시에 OH^- 이온의 농도는 물의 이온곱 상수 값이 1.0×10^{-14}으로 유지되므로 감소하게 된다. 마찬가지로, 물에 염기를 첨가하면 OH^- 이온의 농도는 증가하고, H_3O^+ 이온의 농도는 감소하게 된다. 그러나 물의 이온곱 상수는 변하지 않고 일정하게 유지된다. 표 13.7에 수용액에서의 중성, 산성, 염기성 용액의 정의를 정리하였다.

제12장에서 화학식에 대괄호를 한 것은 그 화합물의 몰농도를 나타낸다는 것을 기억하라. 예로서, $[H_3O^+]$는 하이드로늄 이온의 몰농도를 나타낸다.

표 13.7 ▸ **수용액에서의 중성, 산성, 염기성 용액의 정의**

용액의 종류	상대적 농도	$[H_3O^+]$	$[OH^-]$	K_w
중성	$[H_3O^+] = [OH^-]$	$= 1.0 \times 10^{-7}\ M$	$= 1.0 \times 10^{-7}\ M$	1.0×10^{-14}
산성	$[H_3O^+] > [OH^-]$	$> 1.0 \times 10^{-7}\ M$	$< 1.0 \times 10^{-7}\ M$	1.0×10^{-14}
염기성	$[OH^-] > [H_3O^+]$	$< 1.0 \times 10^{-7}\ M$	$> 1.0 \times 10^{-7}\ M$	1.0×10^{-14}

>> H_3O^+와 OH^- 이온 농도 계산

H_3O^+ 이온의 농도 또는 OH^- 이온의 농도 중 하나를 알고 있다면 물의 이온곱 상수를 이용하여 모르는 다른 농도를 계산할 수 있다. 이것은

$$K_w = [H_3O^+][OH^-]$$

만약 H_3O^+ 이온 농도 $[H_3O^+]$를 알고 있으면 K_w를 재배열하여 OH^- 이온 농도 $[OH^-]$

를 계산할 수 있다.

$$[OH^-] = \frac{K_w}{[H_3O^+]} = \frac{1.0 \times 10^{-14}}{[H_3O^+]}$$

만약 OH^- 이온 농도 $[OH^-]$를 알고 있으면 K_w를 재배열하여 H_3O^+ 이온 농도 $[H_3O^+]$를 계산할 수 있다.

$$[H_3O^+] = \frac{K_w}{[OH^-]} = \frac{1.0 \times 10^{-14}}{[OH^-]}$$

예제 13.8은 이를 이용한 것이다.

예제 13.8 ▶ H_3O^+와 OH^- 이온 농도 계산하기

물속의 H_3O^+ 이온의 농도가 다음과 같이 주어졌을 때, 용액에서의 OH^- 이온의 농도를 계산하고, 각 용액이 산성, 염기성, 중성인지 확인하라.

(a) $[H_3O^+] = 1.0 \times 10^{-9}\ M$
(b) $[H_3O^+] = 0.0010\ M$

» 풀이:

25°C 수용액에서 H_3O^+ 이온 농도와 OH^- 이온 농도의 곱은 1.0×10^{-14}이다.

$$K_w = [H_3O^+][OH^-] = 1.0 \times 10^{-14}$$

이 식을 재배열하여 수산화 이온의 농도를 계산하면

$$[OH^-] = \frac{1.0 \times 10^{-14}}{[H_3O^+]}$$

(a) 위 식에 H_3O^+ 이온 농도 $1.0 \times 10^{-9}\ M$을 대입하면 OH^- 이온 농도를 구할 수 있다. 평형 상수는 단위가 없음을 기억하라. 평형 상수에 포함된 계산에서 단위를 고려하였을 때 완전히 약분되지 않는 것으로 보인다. 평형에 있는 화학종의 농도를 계산하려면, 몰농도 단위로 나타내면 된다.

$$[OH^-] = \frac{1.0 \times 10^{-14}}{[H_3O^+]} = \frac{1.0 \times 10^{-14}}{1.0 \times 10^{-9}\ M} = 1.0 \times 10^{-5}\ M$$

이 용액은 $[OH^-] > [H_3O^+]$이고, $[H_3O^+] < 1.0 \times 10^{-7}\ M$이므로 염기성이다.

(b) 위 식에 H_3O^+ 이온 농도 $0.0010\ M$을 대입하여 OH^- 이온 농도를 구하면

$$[OH^-] = \frac{1.0 \times 10^{-14}}{[H_3O^+]} = \frac{1.0 \times 10^{-14}}{0.0010\ M} = 1.0 \times 10^{-11}\ M$$

이 용액은 $[H_3O^+] > [OH^-]$이고, $[H_3O^+] > 1.0 \times 10^{-7}\ M$이므로 산성이다.

→ 응용 연습 13.8

OH^- 농도가 $1.0 \times 10^{-10}\ M$인 용액이 있다. 계산을 하지 않고 이 용액이 산성인지, 염기성인지를 판단하라.

→ 실전 연습 13.8

용액에서의 OH^- 이온의 농도가 다음과 같이 주어졌을 때, 그 용액에서의 H_3O^+의 농

도를 구하고 각 용액이 산성인지, 염기성인지, 중성인지 확인하라.

(a) $[OH^-] = 1.0 \times 10^{-8}\ M$

(b) $[OH^-] = 0.010\ M$

➜ **심화 연습:** 연습 문제 13.55

실험실에서 0.010 M HCl로 라벨되어 있는 용액을 사용한다고 하자. 이 용액에서의 H_3O^+ 이온과 OH^- 이온의 농도를 결정할 수 있는가? 염산(HCl)은 센산이므로 H_3O^+ 이온과 Cl^- 이온으로 완전히 이온화된다. 용기의 라벨에 표기된 HCl의 농도는 실제 H_3O^+의 농도이다.

$$\underset{}{HCl(aq)} + H_2O(l) \longrightarrow \underset{0.010\,M}{H_3O^+(aq)} + \underset{0.010\,M}{Cl^-(aq)}$$

예제 13.8에서 계산한 것처럼 H_3O^+ 농도($[H_3O^+]$)와 K_w으로 OH^- 이온 농도($[OH^-]$)를 구할 수 있다. 이를 이용하여 계산하면 $1.0 \times 10^{-12}\ M$ OH^-를 얻게 된다.

실험실에 0.10 M 수산화 소듐(NaOH) 용액이 있다고 하자. 이 용액에서의 H_3O^+ 이온과 OH^- 이온의 농도는 얼마인가? 물에 녹아서 $OH^-(aq)$ 이온을 만들므로 수산화 소듐은 염기이다. 한 개의 OH^- 기를 갖고 있는 센염기이기 때문에, 용기에 라벨된 NaOH 농도와 $[OH^-]$는 같다.

$$NaOH(s) \xrightarrow{H_2O} \underset{0.10\,M}{Na^+(aq)} + \underset{0.10\,M}{OH^-(aq)}$$

수산화 이온 농도($[OH^-]$)가 0.10 M이다. K_w를 이용하면 H_3O^+ 이온 농도($[H_3O^+]$)는 $1.0 \times 10^{-13}\ M$이다.

인터넷 핫스팟

상당수 학생들이 센산 또는 센염기 용액에서 하이드로늄 이온 농도 및 수산화 이온 농도를 결정하는 데 어려움을 겪고 있다고 한다. 이 주제에 대한 추가 학습 자료를 보려면 SmartBook에 접속하라.

$Ba(OH)_2$와 같은 센염기는 화학식당 두 개의 OH^- 이온을 갖는다. OH^- 농도는 $Ba(OH)_2$ 용액 농도의 2배이다. 왜 그런가?

예제 13.9 ▶ 센산과 센염기 용액에서 $[H_3O^+]$와 $[OH^-]$ 구하기

위산은 약 1.0 M HCl이다. 위산의 H_3O^+ 농도는 얼마인가? OH^- 농도는 얼마인가?

» 풀이:

염산(HCl)은 센산이므로 물에서 완전히 이온화된다. HCl 1몰당 H_3O^+ 1몰이 생성된다. 그래서 H_3O^+의 농도는 1.0 M이다. OH^- 농도는 H_3O^+ 농도와 물의 이온곱 상수 식으로부터 구하면

$$[H_3O^+][OH^-] = 1.0 \times 10^{-14}$$

$$[OH^-] = \frac{1.0 \times 10^{-14}}{[H_3O^+]} = \frac{1.0 \times 10^{-14}}{1.0\,M} = 1.0 \times 10^{-14}\,M$$

➜ 응용 연습 13.9

1.0 M H_2SO_4의 H_3O^+ 농도를 1.0 M HCl과 비교하라.

➜ 실전 연습 13.9

수산화 소듐은 때때로 잿물 또는 가성 소다로 불린다. 0.85 M 잿물 용액의 OH^- 농도는 얼마인가? H_3O^+ 농도는 얼마인가?

➜ 심화 연습: 연습 문제 13.58

약산과 약염기 용액에서 H_3O^+와 OH^- 농도의 값을 계산하는 것은 이 책의 범위를 넘어서는 것이다.

실험실에서 0.010 M 아세트산 용액[$CH_3CO_2H(aq)$]을 사용한다고 하자. HCl이 완전히 이온화되는 센산이기 때문에 0.010 M HCl 용액에서 H_3O^+ 이온 농도는 0.010 M이다. 0.010 M CH_3CO_2H에 있는 H_3O^+ 농도는 4.2×10^{-4} M이다. 그 이유는 무엇인가? 아세트산은 완전히 이온화되지 않는 약산이다. 0.010 M 용액에서는 아세트산 분자의 약 4.2%만이 이온화되는 반면에, 염산 용액에서 HCl 분자는 100% 이온화된다.

13.5 pH 척도

우리의 치아는 pH 7.2 이상의 염기성의 타액으로 둘러싸여 있다. 탄산음료에는 인산과 시트르산이 들어 있기 때문에 pH가 2.5~3.3이므로 치아에 손상을 준다.

Jake는 수영장 물의 산도를 확인하는 데 pH 지시약과 pH 미터를 사용한다. Olivia도 석회를 가할 것인지를 여부를 판단하기 위해 토양의 pH를 측정한다. 아마도 샴푸나 피부 관리 용품의 광고에서 종종 사용되므로 pH라는 용어를 들어 보았을 것이다. 용액의 pH는 쉽게 측정되고 물질의 산도와 염기도를 알려준다. 이 절에서는 pH가 어떻게 H_3O^+(그리고 OH^-)의 농도와 연관되는지를, 그리고 pH 척도의 중요성을 설명할 것이다.

>> pH 계산

진한 산에서 묽은 산에 이르기까지 H_3O^+ 이온의 농도는 매우 넓어서 ***pH 척도***(*pH scale*)로 수용액의 산도를 표현하는 것이 편리하다. 용액의 **pH**는 H_3O^+ 농도의 음의 로그(밑이 10)로 정의된다.

$$pH = -\log[H_3O^+]$$

예를 들어 순수한 물의 H_3O^+ 농도는 1.0×10^{-7} M이다. 이를 pH에 관한 공식에 대입하여 얻은 pH는 7.00이다.

$$\begin{aligned} pH &= -\log[H_3O^+] \\ &= -\log(1.0 \times 10^{-7}) \\ &= 7.00 \end{aligned}$$

순수한 물처럼 모든 중성 용액에서 H_3O^+와 OH^- 농도(각각 1.0×10^{-7} M)는 같고 pH 값은 7이다. 산성 용액에서는 pH 값이 7보다 작고, 염기성 용액에서는 pH 값이 7보다 크다.

로그함수의 의미를 더 잘 이해하기 위해 그림 13.13에 나타내었듯이 H_3O^+ 농도를 1.0×10^{-1} M에서 1.0×10^{-14} M 까지의 범위를 그 용액의 pH 값을 생각해 보자. 각 pH 값은 H_3O^+ 농도 값의 양의 지수 값과 같음을 주의하라. 나열된 pH 값이 pH의 로그 정의를 사용하여 주어진 H_3O^+ 농도로부터 계산되었다는 것을 확인하라.

pH와 농도 사이에서 H_3O^+ 농도가 정확하게 10의 지수(power of 10)로 될 때만 계산기 없이 pH를 구할 수 있다. 예를 들어 5.0×10^{-4} M인 경우, 계산기의 로그함수를 이용하여 pH를 구하면

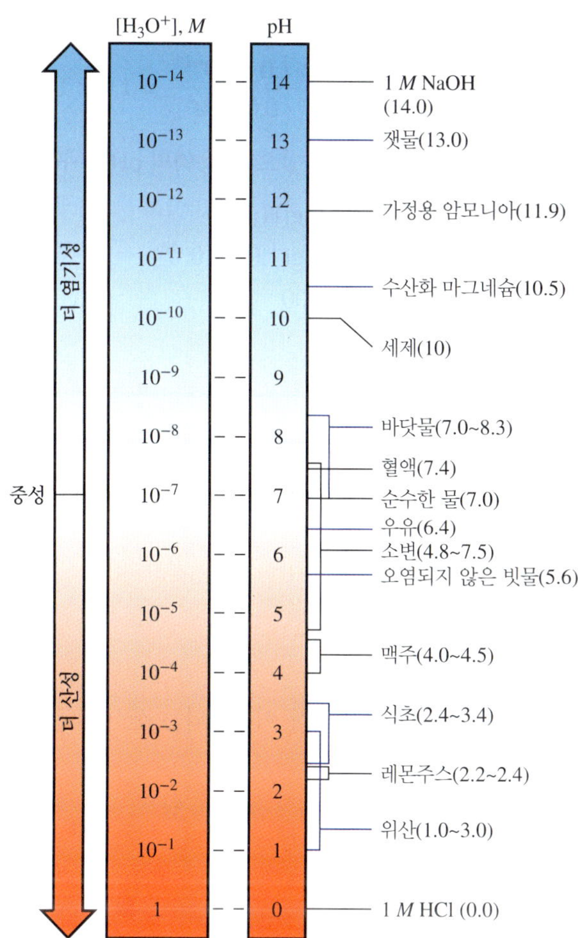

그림 13.13 우리가 일상적으로 사용하는 수용액에서의 pH 범위는 0에서 14 사이이다. 그러나 실험실에서 사용하는 산과 염기는 때때로 농축되어 있으므로 pH 값이 0보다 작거나 14보다 크다. HCl의 어느 농도에서 pH가 0보다 작은가? NaOH의 어느 농도에서 pH가 14보다 큰가?

$$\begin{aligned} pH &= -\log[H_3O^+] \\ &= -\log(5.0 \times 10^{-4}) \\ &= 3.30 \end{aligned}$$

pH 계산에서 유효 숫자 규칙은 어떻게 적용되는가? 그 규칙은 pH 소수점 자리의 수는 H_3O^+ 농도 값의 유효 숫자 수와 같아야 한다.

센산 용액의 pH는 산의 농도를 알면 계산할 수 있다. 예로 센산 HNO_3에서 센산은 완전히 이온화되므로 H_3O^+ 농도는 HNO_3의 농도와 같다. 0.10 *M* HNO_3 용액의 pH는 얼마인가? HNO_3는 센산이므로 이 용액에서의 H_3O^+ 농도는 0.10 *M*, 즉 1.0×10^{-1} *M*이다. 공식에 H_3O^+ 농도를 대입하여 pH를 계산하면

$$\begin{aligned} pH &= -\log[H_3O^+] \\ &= -\log(1.0 \times 10^{-1}) \\ &= 1.00 \end{aligned}$$

또한 0.010 *M* NaOH 용액과 같이 센염기 용액의 pH를 구할 수 있다. 센염기는 완전히 이온화하므로 OH^- 이온의 농도는 NaOH 농도와 같은 0.01 *M*, 즉 1.0×10^{-2} *M*이다. pH 공식은 H_3O^+ 농도를 이용하므로 먼저, K_w를 이용하여 OH^- 농도로부터 H_3O^+ 농도를 구하면

$$K_w = [H_3O^+][OH^-] = 1.0 \times 10^{-14}$$

$$[H_3O^+] = \frac{1.0 \times 10^{-14}}{[OH^-]} = \frac{1.0 \times 10^{-14}}{0.010\ M} = 1.0 \times 10^{-12}\ M$$

이제 H_3O^+ 농도가 $1.0 \times 10^{-12}\ M$임을 알았으니, 용액의 pH를 구할 수 있다.

$$\begin{aligned} pH &= -\log[H_3O^+] \\ &= -\log(1.0 \times 10^{-12}) \\ &= 12.00 \end{aligned}$$

예제 13.10 ▶ pH 계산

다음 용액의 pH를 구하라. 계산이 끝나면 그 값이 논리적인지 확인하라.

(a) 0.0010 *M* HBr

(b) 0.035 *M* HNO_3

(c) 0.035 *M* KOH

» 풀이:

(a) 브로민화수소산[HBr(*aq*)]은 완전히 이온화되는 센산이므로 H_3O^+ 농도는 HBr 농도와 같다.

$$[H_3O^+] = 0.0010\ M$$

H_3O^+ 농도로 pH를 계산하면

$$\begin{aligned} pH &= -\log[H_3O^+] \\ &= -\log(0.0010) \\ &= 3.00 \end{aligned}$$

산 용액에서 예상하는 것과 같이 3.00의 pH는 7보다 작기 때문에 논리에 맞다.

(b) 질산[HNO_3(*aq*)]은 센산이므로 H_3O^+ 농도는 HNO_3 농도와 같다.

$$[H_3O^+] = 0.035\ M$$

H_3O^+ 농도로 pH를 계산하면

$$\begin{aligned} pH &= -\log[H_3O^+] \\ &= -\log(0.035) \\ &= 1.46 \end{aligned}$$

HNO_3 용액이 더 진하므로, HBr보다 HNO_3의 pH가 더 작을 것으로 예상된다.

(c) 수산화 포타슘[KOH(*aq*)]은 완전히 해리되어 K^+(*aq*)와 OH^-(*aq*) 이온을 만드는 센염기이다. KOH의 농도는 또한 OH^- 농도와 같다.

$$[OH^-] = 0.035\ M$$

pH를 계산하려면 OH^- 농도와 K_w를 이용하여 H_3O^+ 농도를 구해야 한다.

$$K_w = [H_3O^+][OH^-] = 1.0 \times 10^{-14}$$

$$[H_3O^+] = \frac{1.0 \times 10^{-14}}{[OH^-]} = \frac{1.0 \times 10^{-14}}{0.035\ M} = 2.9 \times 10^{-13}\ M$$

H_3O^+ 농도를 알았으니, 용액의 pH를 계산할 수 있다.

$$\begin{aligned} pH &= -\log[H_3O^+] \\ &= -\log(2.9 \times 10^{-13}) \\ &= 12.54 \end{aligned}$$

염기의 용액이므로 높은 pH(7보다 큰)가 예상된다.

→ 응용 연습 13.10

0.035 *M* HNO_2의 pH는 0.035 *M* HNO_3와 비교하였을 때 큰가, 작은가? 아니면 같은가?

→ 실전 연습 13.10

다음 각 용액의 pH를 구하라. 계산이 끝나면 그 값이 논리적인지 확인하라.

(a) 0.00085 *M* HCl

(b) 0.10 *M* NaOH

(c) 1.0 *M* HNO_3

→ 심화 연습: 연습 문제 13.71

센산과 센염기의 매우 묽은 용액의 pH를 계산하는 것은 더 복잡하다. 예를 들어 1.0×10^{-8} *M* HCl 용액을 생각해 보자. HCl은 센산이므로 완전히 이온화할 것이라 예상하지만, 1.0×10^{-8} *M*의 H_3O^+ 농도는 이치에 맞지 않는다. 산성 용액에서의 H_3O^+ 농도는 순수한 물에서의 1.0×10^{-7} *M*보다 더 큰 농도를 가져야 하기 때문이다. 1.0×10^{-7} *M* H_3O^+보다 농도가 더 작은 묽은 산 용액의 pH는 7.0보다 아주 약간 작다고 할 수 있다. 1.0×10^{-7} *M*보다 농도가 더 작은 염기 용액의 pH는 7.0보다 아주 조금 크다고 할 수 있다.

» pOH 계산

pH가 H_3O^+ 농도로 계산되었다면, pOH는 용액의 OH^- 농도로부터 계산된다. 용액의 pOH는 수산화 이온 농도의 음의 로그(밑은 10)로 정의된다.

$$pOH = -\log[OH^-]$$

이 절의 앞에서 0.010 *M* NaOH 용액의 pH는 12.00인 것을 알았다. OH^- 농도는 NaOH 농도와 같은 0.010 *M*이기 때문에, 이 센염기의 pOH는 직접 계산할 수 있다. 이 값을 pOH 식에 대입하면

$$\begin{aligned} pOH &= -\log[OH^-] \\ &= -\log(0.010) \\ &= -\log(1.0 \times 10^{-2}) \\ &= 2.00 \end{aligned}$$

이렇게 0.010 *M* NaOH 용액의 pOH는 2.00이다. pH와 pOH의 합은 14.00임을 주목하라. 이것은 25°C의 수용액에 적용한 것이다.

$$pH + pOH = 14.00$$

이 관계식은 용액에서 하나의 값을 알고 있을 때 pH 또는 pOH 값을 구할 때 적용된다. 예를 들어 용액의 pOH가 4.00이라면, pH는 14.00에서 pOH 값을 빼면 된다.

왜 pH + pOH = 14.00인가? 이 관계는 물의 K_w로부터 수학적으로 유도할 수 있다.

$$[H_3O^+][OH^-] = 1.0 \times 10^{-14}$$

이 관계식의 양변에 −log를 취하면

$$-\log([H_3O^+][OH^-]) = -\log(1.0 \times 10^{-14})$$

두 값의 곱의 로그값은 각항의 로그 *합*과 같다.

$$-\log[H_3O^+] - \log[OH^-] = -\log(1.0 \times 10^{-14})$$

$-\log[H_3O^+]$, $-\log[OH^-]$가 각각 pH, pOH임을 알고 있으므로 이 관계식에 pH, pOH를 대입하면

$$pH + pOH = 14.00$$

A

B

그림 13.14 수국의 색은 토양 pH와 알루미늄 이온의 존재에 의존한다. (A) pH 5.5와 6.5 사이의 산성 토양에서 수용성 알루미늄 이온이 존재하면 꽃의 색은 진한 푸른색을 띤다. (B) 토양이 더 염기성(pH 7.0과 7.5 사이)이면 꽃은 분홍색이다.

(두 그림 모두): ©McGraw-Hill Education/ Louis Rosenstock

> 계산기에서 역로그 함수는 10^x 함수로, 일반적으로 로그 함수에 대한 대체함수로서 같은 키(key) 위에 표시되어 있다.

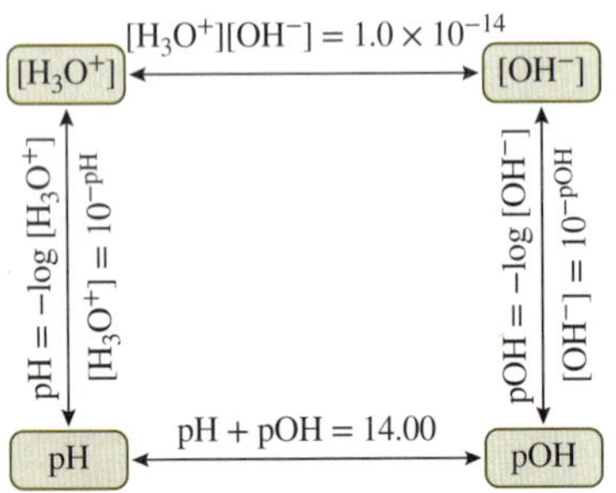

그림 13.15 pH, pOH, $[H_3O^+]$, $[OH^-]$ 중 하나의 값을 알고 있다면 다른 값을 계산할 수 있다.

> **인터넷 핫스팟**
>
> 상당수 학생들이 pH 또는 pOH 값으로부터 하이드로늄 이온 및 수산화 이온 농도를 결정하는 데 어려움을 겪고 있다고 한다. 이 주제에 대한 추가 학습 자료를 보려면 SmartBook에 접속하라.

$$\begin{aligned} pH + pOH &= 14.00 \\ pH &= 14.00 - pOH \\ &= 14.00 - 4.00 \\ &= 10.00 \end{aligned}$$

pH 또는 pOH로 농도 계산하기

Olivia는 정원에 예쁜 푸른색 수국을 키우고 있지만, 분홍색의 꽃을 심고 싶어 한다(그림 13.14). 몇 가지 조사를 한 후에 Olivia는 꽃의 색은 부분적으로 토양의 pH에 의존한다는 것을 알았다. 푸른색 꽃은 토양의 pH가 5.5에서 6.5 사이일 때 피고, 분홍색 꽃은 pH가 좀 더 염기성인 7.0과 7.5 사이에서 핀다. 그녀는 정원 토양 용액의 pH를 측정하여 6.20의 약산성임을 알게 되었다. Olivia는 분홍색 꽃을 만들기 위해서 토양이 더 염기성을 띠도록 만들려면, 토양에 산화 칼슘(석회)을 혼합해야 한다는 것을 알았다. Olivia는 토양 pH에 대한 연구로 인해 토양 용액 속의 H_3O^+ 이온 농도에 대한 관심을 갖게 하였다. 그녀는 $[H_3O^+]$와 pH의 관계식이 필요하였고, 다음과 같은 pH 식을 얻었다.

$$pH = -\log[H_3O^+]$$

$[H_3O^+]$를 얻기 위해 식을 재배열하여 $[H_3O^+]$만 한쪽에 위치하게 하면 된다. 먼저 양변에 −1을 곱하면

$$-pH = \log[H_3O^+]$$

$[H_3O^+]$ 앞의 로그를 제거하기 위해 양변에 역로그를 취한다. H_3O^+ 농도는 −pH의 역로그와 같다.

$$\text{역 } \log(-pH) = [H_3O^+]$$

어떤 수 x의 역로그를 취하면 10의 x 제곱으로 표현하는 것과 같다. 즉 *H_3O^+ 농도는 10의 −pH 거듭 제곱과 같다.*

$$10^{-pH} = [H_3O^+]$$

pH 6.20인 토양의 H_3O^+ 농도를 이 공식으로 계산하면

$$[H_3O^+] = 10^{-pH} = 10^{-6.20} = 6.3 \times 10^{-7}\ M$$

OH^- 농도는 마찬가지의 공식에서 pOH를 이용하여 구할 수 있다.

$$[OH^-] = 10^{-pOH}$$

pH, pOH, $[H_3O^+]$, $[OH^-]$의 관계를 그림 13.15에 나타내었다. 만약에 용액에서 이들 값의 하나를 알고 있다면 다른 세 개의 값을 구할 수 있다. 예로서 그림 13.16에 나타낸 값을 생각해 보자. $[H_3O^+]$, pH, pOH, $[OH^-]$ 네 가지 값들이 어떠한 관계가 있는지 주목하라. 예제 13.11에 나타낸 것처럼 어떤 값이 다른 값으로 전환되는 방법은 여러 가지가 있음을 확인하라.

예제 13.11 ▶ pH, pOH, $[H_3O^+]$, $[OH^-]$의 전환

Jake가 수영장 물의 pH를 측정하였더니 8.10이었다. 이 수영장 물의 OH^- 농도는 얼마인가?

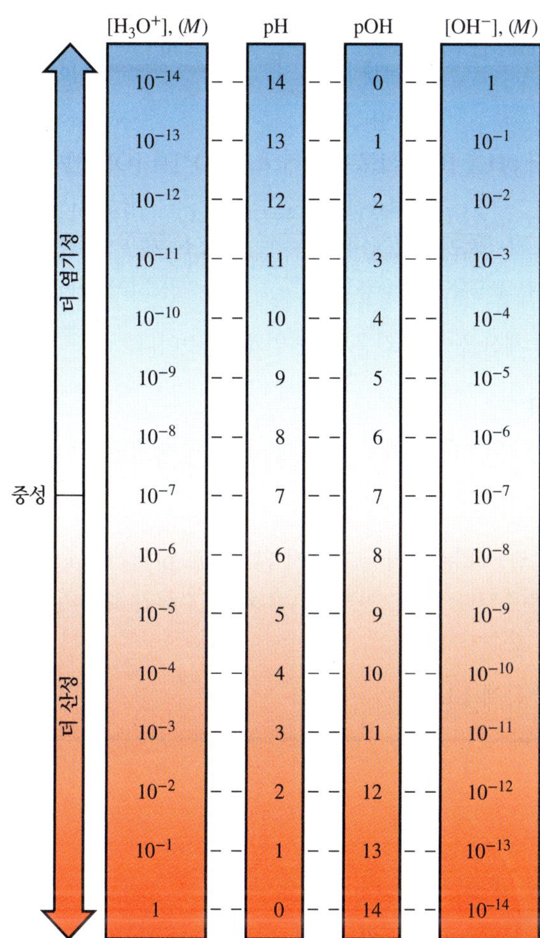

그림 13.16 이 값들의 관계를 살펴보라. $[H_3O^+]$와 $[OH^-]$의 곱은 항상 K_w인 1×10^{-14}이다. 즉 pH와 pOH의 합은 항상 14이다.

» 풀이:

그림 13.15는 이 계산을 할 수 있는 두 가지 방법을 나타낸 것이다. 하나는 먼저 pH를 pOH로 전환하여 pOH로부터 OH^- 농도를 구할 수 있다.

pH → pOH → $[OH^-]$

pH를 pOH로 전환하기 위해, 이 둘의 관계식을 사용한다.

$$\text{pH} + \text{pOH} = 14.00$$
$$8.10 + \text{pOH} = 14.00$$
$$\text{pOH} = 5.90$$

pOH를 $[OH^-]$로 전환하기 위해, 수산화 이온 농도를 풀기 위한 공식을 이용하면

$$[OH^-] = 10^{-\text{pOH}} = 10^{-5.90} = 1.3 \times 10^{-6}\ M$$

이를 요약하면 다음과 같다.

$$\boxed{pH} \xrightarrow{pH + pOH = 14.00} \boxed{pOH} \xrightarrow{[OH^-] = 10^{-pOH}} \boxed{[OH^-]}$$

또 다른 방법은 먼저 pH를 $[H_3O^+]$로 전환하고 $[H_3O^+]$를 $[OH^-]$로 전환하는 것이다.

$$\boxed{pH} \longrightarrow \boxed{[H_3O^+]} \longrightarrow \boxed{[OH^-]}$$

이 경로를 이용하여 계산을 하면 같은 값을 얻게 될 것이다.

➔ 응용 연습 13.11

용액의 pOH가 14.0 이상이었다면 그 용액의 pH는 약 얼마인가?

➔ 실전 연습 13.11

산성 환경하에서는 생물체는 거의 존재하지 않으므로 pH가 약 4.5 아래로 내려간 호수는 죽은 호수로 추측된다. OH^- 농도가 1.0×10^{-9} *M*인 호수의 pH는 어떻게 되는가? 이 호수는 죽은 호수인가?

➔ 심화 연습: 연습 문제 13.73

≫ pH 측정

그림 13.17 pH 미터는 전극을 용액에 담글 때 발생되는 전압을 측정함으로써 용액의 pH를 알 수 있다.

용액의 pH를 측정하는 방법에는 몇 가지가 있다. Jake는 수영장 물의 pH를 측정할 때 0.01 pH 단위까지 정확히 측정되는 pH 미터를 사용하곤 한다(그림 13.17). 또 다른 것은, 덜 정확하지만 편리한 방법인 pH *지시약(indicator)*을 사용하는 것이다. 지시약은 약산이나 약염기인 밝은 색의 유기 염료들이다. 지시약은 용액에서 짝염기 또는 짝산과 평형을 이룬다. 지시약의 색은 염료가 산성형인지, 염기성형인지에 따라 달라진다.

예를 들어 산-염기 적정에 자주 사용되는 페놀프탈레인 지시약을 살펴보자. 페놀프탈레인은 무색인 산성형(간단히 HIn으로 표시)과 분홍색의 염기성형(In^-)를 가지고 있다. (화학식 HIn은 흔히 지시약의 산성형을 나타내고, 화학식 In^-는 산성형의 짝염기를 나타낸다.)

$$\underset{\text{무색 페놀프탈레인}}{HIn(aq)} + H_2O(l) \rightleftharpoons H_3O^+(aq) + \underset{\text{분홍색 페놀프탈레인}}{In^-(aq)}$$

페놀프탈레인은 pH 8.2～10에서 무색에서 분홍색으로 변한다. pH 8.2 이하에서는 높은 농도의 H_3O^+의 농도는 반응식의 평형을 HIn 쪽으로 치우치게 되므로 주로 무색의 산성형으로 존재한다. (제12장의 Le Chatelier 원리를 기억하라.) pH 10 이상에서 페놀프탈레인은 낮은 H_3O^+ 농도가 평형을 오른쪽으로 치우치게 하므로 분홍색의 염기형이 주로 존재한다. 그림 13.18에 페놀프탈레인과 그 밖의 일반적인 지시약의 변색 범위를 나타내었다. 지시약의 대부분은 산성형과 염기성형이 모두 색을 갖고 있음을 주목하라.

지시약은 용액의 pH가 어떤 값보다 큰지 작은지를 알 수 있게 한다. 또한 지시약은 지시약의 변색 범위 안에 특정 pH를 알 수 있다. 예를 들어 지시약 페놀레드는 수영장 물의 pH를 확인하는 데 종종 사용된다. 왜냐하면 변색 범위가 수영장 물의 적합 pH 범위인 pH 6.8에서 8.4이기 때문이다(그림 13.18). 약간의 옅은 색 차이로 pH 값의 작은 차이를 구분할 수 있다.

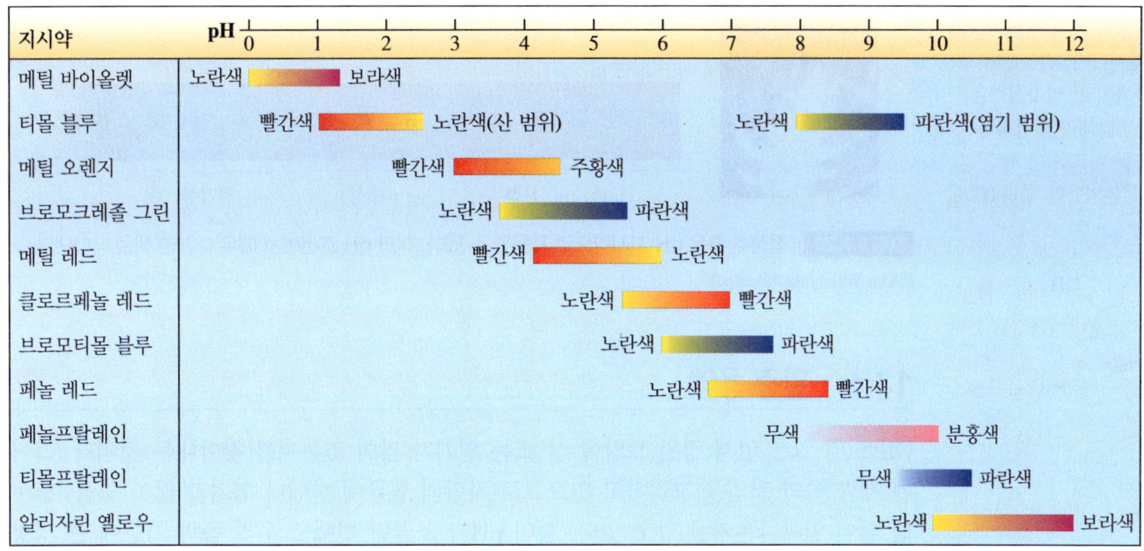

그림 13.18 각각의 산-염기 지시약은 독특한 pH 변색 범위를 갖고 있다. 이들 변색 범위 밖에서 지시약은 산성형 또는 염기성형이 주로 존재하게 되고 이들의 독특한 색을 갖게 된다. 변색 범위 내에서는 지시약의 산성형과 염기성형이 비슷한 농도로 존재하게 된다. 용액의 색이 변색 범위 안에 있으면 그 용액의 pH를 알 수 있다.

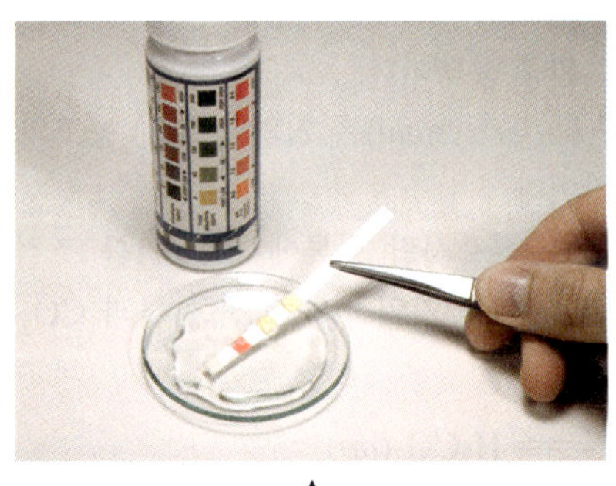

A

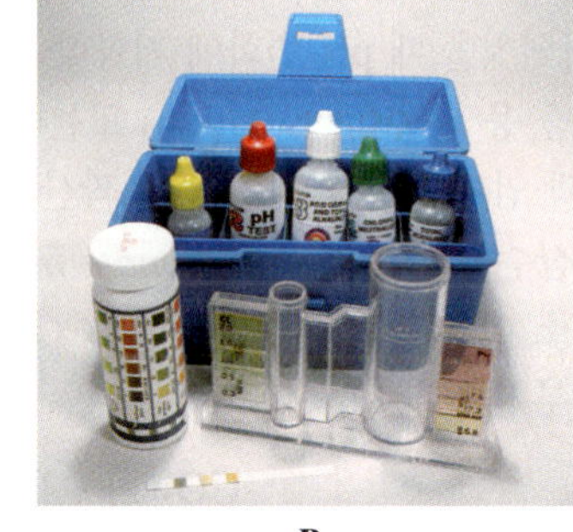

B

그림 13.19 (A) 다양한 형태의 pH 시험지는 서로 다른 지시약의 혼합물이 들어 있다 넓은 범위 pH 값을 측정하는 데 유용하다. (B) 수영장 물 시험용 키트에는 pH를 측정하는 데 사용할 수 있는 액체 지시약이 들어 있다.

(두 그림 모두): ©Brian Moeskau/Moeskau Photography

지시약은 또한 산-염기 적정 반응(제11장)에서의 pH 변화를 측정하는 데에 유용하게 사용된다. 예로서 페놀프탈레인을 지시약으로 사용하는 산과 염기의 적정을 생각해 보자. 낮은 pH에서 페놀프탈레인은 무색이다. 염기를 첨가하면 산과 반응하여 물이 생기고 용액은 덜 산성이 된다. 용액이 분홍색으로 변하는 순간, 산이 완전히 반응하고 분홍색이 나타난 것처럼 과량의 염기가 존재한다. 지시약으로 메틸레드를 사용하여 염기에 산을 적정하면 어떤 변화를 관찰할 수 있는가?

다양한 색과 변색 범위를 갖고 있는 여러 지시약의 혼합물은 용액의 pH를 측정하는 데 사용될 수 있다. 예를 들어 광범위 pH 시험지는 몇 가지 지시약을 함께 처리한 것이다. 사용자는 시험시의 변화된 색과 용기에 인쇄된 pH 값 색 도표를 비교하여 pH를 읽는다(그림 13.19A). 때로는 실험실에서 사용되는 액체 만능 지시약은 지시약의 혼합물을 포함하고 있으며, 같은 원리로 작동한다. 액체 지시약은 수영장 물 시험용 키트에도 사용된다(그림 13.19B).

적상추(보라색) 즙으로 다른 액체 만능 지시약을 만들 수 있다. 그 즙에는 용액을 시험할 수 있도록 pH에 따라 몇 가지 다른 색을 나타내는 화합물이 들어 있다(그림 13.20).

수족관 물의 적정한 pH는 그 안에 사는 물고기 종에 의존한다. 대부분의 물고기는 pH 7.0의 물에서 가장 건강하다. 브로모티몰 블루 지시약은 수족관 시험용 키트로 자주 사용된다. 그림 13.18에 나타낸 다른 지시약들 중에서 pH 7.0인지, 7.0보다 약간 위인지 또는 7.0보다 약간 낮은지를 확인하는 데 사용할 수 있는 것은 어느 것인가?

대부분의 산-염기 지시약처럼 페놀프탈레인은 큰 유기 분자이다. 페놀프탈레인의 산성형은 무색이고, 염기성형은 연분홍색이다. 페놀프탈레인의 산성형과 염기성형의 구조를 비교하라. 짝산과 짝염기를 알 수 있는가? 한 개의 H^+가 차이가 있는가?

HO OH C O C O + $H_2O \rightleftharpoons$

산(HIn, 무색)

HO O C O^- C O + H_3O^+

염기(In$^-$, 분홍색)

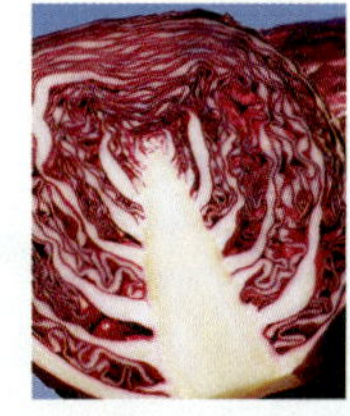

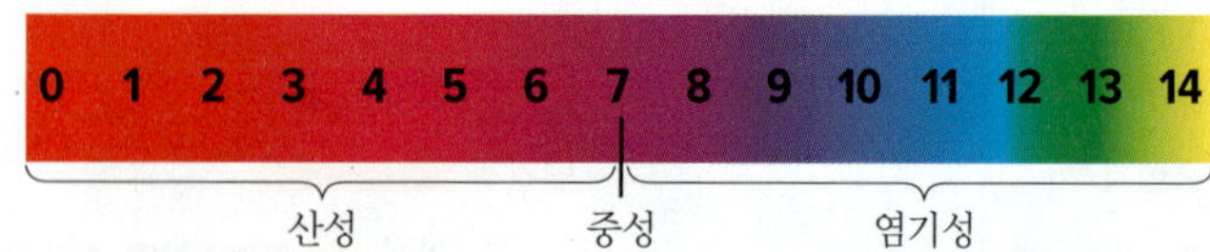

그림 13.20 적상추 즙은 pH 지시약으로 사용될 수 있다. 여러 pH 조건에서 매우 다양한 색을 나타낸다.

©Ken Welsh/age fotostock

13.6 완충 용액

Olivia의 일은 언제 정원 토양에 산 또는 염기가 많이 있는지를 찾아내는 것이다. 그녀는 제약 쪽의 직업을 고려하고 있으므로 사람의 혈류에 산이나 염기가 많이 있을 때 어떤 일이 일어나는지를 알고 있다. 혈액 pH가 조금만 변해도 우리 몸의 기능에 큰 영향을 끼칠 수 있다. 정상적으로 생물학적 기능이 작동하려면 혈액의 pH는 7.35에서 7.45의 좁은 범위 안에 있어야만 한다. 만약 pH가 너무 높게 오르거나 낮게 떨어지게 되면 심각한 건강상의 문제가 발생하거나 심하면 죽음에 이르게 된다.

다행스럽게도 우리 몸은 일정한 혈액 pH를 정상적으로 유지할 수 있는 메커니즘을 갖고 있다. 하나는 혈액 안의 산-염기 완충 기능이다. 혈액은 한정된 양의 산 또는 염기가 첨가되었을 때 pH 변화에 저항할 수 있는 ***완충 용액***이다.

완충 용액(buffer solution) 또는 ***완충계***(*buffer system*)는 거의 동일한 농도의 약산과 그 짝 염기(또는 약염기와 그 짝산)의 결합이다.

탄산수소 완충계(*bicarbonate buffer system*)는 사람 혈류에서의 pH를 조절한다. 탄산수소 이온(HCO_3^-)은 탄산(H_2CO_3)의 짝염기임을 기억하라. 탄산은 물과 CO_2의 반응으로부터 얻어진다.

$$CO_2(g) + H_2O(l) \rightleftharpoons H_2CO_3(aq)$$

수용액에서 탄산은 그 짝염기와 평형을 이룬다.

$$H_2CO_3(aq) + H_2O(l) \rightleftharpoons HCO_3^-(aq) + H_3O^+(aq)$$

탄산은 또한 혈액에서 그 짝염기와 평형을 이룬다. 그러나 혈액 내 탄산수소 이온의 농도는 탄산만이 이온화하여 만드는 농도보다 훨씬 크다. 혈액에서 탄산과 탄산 이온 사이의 평형 위치는 호흡과 밀접한 관련이 있다. 호흡의 변화는 혈액에 녹아 있는 CO_2 농도를 변화시킴으로 혈액 pH에 영향을 주게 된다. 방금 설명한 두 반응의 조합하고 간단히 하면

$$CO_2(g) + H_2O(l) \rightleftharpoons H_2CO_3(aq) \rightleftharpoons HCO_3^-(aq) + H^+(aq)$$

제12장에서 설명한 Le Chatelier 원리에 따르면, CO_2의 농도가 어떻게 혈액 pH에 영향을 주는지 알 수 있다. CO_2의 농도가 증가하게 되면 평형은 오른쪽으로 진행하게 되고, $H^+(aq)$ 농도를 증가시키는 원인이 될 것이다. 그 결과 pH는 낮아지게 된다. 이것을 ***호흡성 산성혈증***(*respiratory acidosis*)이라 하고, 폐가 몸에서 생성되는 만큼의 CO_2를 배출하지 못하기 때문에 발생한다. 이것은 폐기종이나 다른 폐 질환 환자에게서 나타난다.

반대로, CO_2의 농도가 감소하면, 반응은 왼쪽으로 진행하게 되어 혈액 pH가 높아진다. 이 상태를 ***호흡성 알칼리성혈증***(*respiratory alkalosis*)이라고 부르며, 사람들이 공황발작이 올 때 발생한다. 이러한 발작이 일어나면, 사람들은 호흡이 빨라지고 평소보

동영상: 완충 용액

우리 혈액의 완충 용액은 산과 염기 농도가 정상정인 범위에 있을 때에만 효과적이다. 너무 많은 산이 혈류에 들어오게 되면 pH가 7.35 이하로 떨어지게 되는데, 이를 ***산성혈증***(*acidosis*)이 발생하였다고 한다. 알칼리성혈증은 혈액이 pH 7.45 이상으로 너무 염기성일 때 발생한다. 이 두 상황은 신체의 세포 기능을 파괴하므로 모두 위험하다.

다 더 많은 CO_2를 방출하여 잠재적으로 $H^+(aq)$의 농도가 감소하고 혈액의 pH가 상승한다. 만약 이러한 상황이 오래 지속되면, 신체는 자연적인 반응으로 기절하도록 유도하여 자연스럽게 호흡이 느려지도록 한다. 공황 발작을 멈추는 치료법이 종이 봉투에 대고 숨을 쉬는 것인지에 대해 생각해 본 적이 있는가? 봉지 안의 공기를 다시 호흡하면 들이마시는 CO_2의 농도가 증가하게 되고 손실된 이산화 탄소의 양의 일부분이 보충된다.

pH의 극적인 변화를 조절하는 신체의 기능은 자연적으로 발생하는 탄산(녹아든 CO_2)과 탄산수소 이온의 양에 기반을 둔다. 이 두 화학종의 상대적으로 높은 농도 조합이 혈액 pH를 7.35에서 7.45 범위를 유지하게 한다.

수족관의 pH가 너무 높거나 너무 낮을 때, pH를 적정 수준으로 맞추기 위해 완충계를 포함한 용액을 사용한다. $H_2PO_4^-/HPO_4^{2-}$ 완충계는 pH 7 환경을 유지하는 데에 도움을 주는 수족관용으로 자주 사용된다.

실험실에서, 실험 과정에서 일정한 pH를 유지시켜야 하는 상황이라면 화학자들은 종종 완충 용액을 사용한다. 예를 들면 H_2CO_3/HCO_3^- 완충계를 포함한 용액을 만들려면 비슷한 양의 산과 염기를 용액에 첨가해야 한다. 이 경우 짝염기는 이온이므로 탄산수소 소듐($NaHCO_3$)과 같은 가용성 염의 형태로 첨가되어야 한다. 이 염이 물에 녹으면 $Na^+(aq)$와 $HCO_3^-(aq)$로 해리한다.

$$NaHCO_3(s) \xrightarrow{H_2O} Na^+(aq) + HCO_3^-(aq)$$

동영상: 완충 용액의 사용법

산 또는 염기가 용액에 첨가되면, 완충계는 어떻게 pH의 큰 변화를 막는가? 첨가된 산 또는 염기에서 나오는 대부분의 H_3O^+ 또는 OH^- 반응에 의해 pH 급격한 변화를 막는다(그림 13.21). 완충계를 다시 생각해 보자.

$$H_2CO_3(aq) + H_2O(l) \rightleftharpoons HCO_3^-(aq) + H_3O^+(aq)$$

NaOH와 같은 염기를 첨가하면, NaOH에서 나온 대부분의 $OH^-(aq)$가 산(H_2CO_3)과 반응한다.

$$H_2CO_3(aq) + OH^-(aq) \longrightarrow HCO_3^-(aq) + H_2O(l)$$

HCl과 같은 산을 첨가하면, HCl로부터 나온 $H_3O^+(aq)$ 이온이 염기(HCO_3^-)와 반응한다.

$$HCO_3^-(aq) + H_3O^+(aq) \longrightarrow H_2CO_3(aq) + H_2O(l)$$

첨가한 $H_3O^+(aq)$ 또는 $OH^-(aq)$ 모두와 반응하는 데 충분한 산과 짝염기가 그 계에 있으면, 완충계는 작동한다. 완충 혼합물 안에 산과 그 짝염기의 농도가 클수록 pH 큰 변화를 막는 데 더 효과적이다.

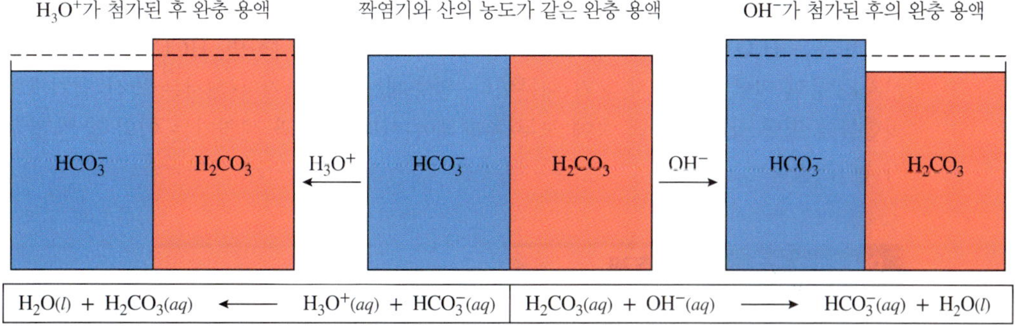

그림 13.21 H_2CO_3/HCO_3^- 완충계에 산이 첨가되면 산의 대부분은 HCO_3^-에 의해 소모된다. 염기가 첨가되면 대부분이 H_2CO_3에 의해 소모된다. 완충 화합물의 상대적인 양은 변화되지만, pH 변화는 매우 작다.

예제 13.12 ▶ 완충계의 작동법

우리 혈액의 또 다른 완충계는 $H_2PO_4^-/HPO_4^{2-}$ 계이다. 산이 혈류에 들어와 pH가 낮아지는 것을 이 계가 어떻게 막는지 균형 맞춘 반응식을 사용하여 설명하라.

» 풀이:

이 완충계의 염기 화합물은 HPO_4^{2-}이고, 첨가된 산으로부터 나온 과량의 H_3O^+와 반응한다.

$$HPO_4^{2-}(aq) + H_3O^+(aq) \rightleftharpoons H_2PO_4^-(aq) + H_2O(l)$$

과량의 H_3O^+ 대부분이 소모되기 때문에 pH는 상대적으로 일정하게 유지되고 일반적으로 0.05 pH 단위 이하로 적게 떨어진다.

➔ 응용 연습 13.12

$H_2PO_4^-/HPO_4^{2-}$ 완충계인 용액에 존재하는 HPO_4^{2-}의 몰수보다 더 많은 센산을 첨가하면, pH가 어떻게 변할지 예측하라.

➔ 실전 연습 13.12

염기가 혈류에 들어와 pH가 너무 높아지는 것을 막기 위해 우리 혈액 내 $H_2PO_4^-/HPO_4^{2-}$계가 어떻게 작동하는지 균형 맞춘 반응식을 사용하여 설명하라.

➔ 심화 연습: 연습 문제 13.109

완충계가 pH를 유지할 수 있는 것처럼, 완충계의 산과 염기의 상대적인 양이 용액의 pH를 결정한다. 예를 들어 대부분의 수영장 물에는 $HOCl/OCl^-$ 완충계가 있다.

$$HOCl(aq) + H_2O(l) \rightleftharpoons OCl^-(aq) + H_3O^+(aq)$$

HOCl과 OCl^-의 상대적인 양이 같을 때가 수영장 물의 pH가 7.5로 최적이다. 더 낮은 pH에서는 많은 OCl^-가 HOCl로 바뀐다. 더 높은 pH에서는 많은 HOCl이 OCl^-로 바뀐다. 다른 종류의 산 또는 염기를 첨가하여 pH를 조절하게 되면 평형은 이동하게 되고, HOCl과 OCl^-의 상대적인 양도 조절된다.

우리가 지금까지 논의한 완충계의 예는 약산과 약염기의 짝쌍들이다. 왜 HCl과 같은 센산 과 그 짝염기는 효과적인 완충 용액을 만들지 않는가? 센산은 물에서 완전히 이온화한다.

$$HCl(aq) + H_2O(l) \longrightarrow H_3O^+(aq) + Cl^-(aq)$$

Cl^- 이온은 H_3O^+와 반응하여 HCl을 형성하지 않는다. 왜냐하면, HCl은 센산이고 산 분자는 용액 안에 존재하지 않기 때문이다. 완충계가 작동하기 위해서는 짝산-염기쌍의 화합물이 평형 상태의 용액 속에 모두 존재해야 한다. 센산과 센염기는 이와 같은 경우가 될 수 없다.

예제 13.13 ▶ 완충계

다음 중 어느 것이 물에 첨가하였을 때 완충계로 작동할 수 있는가? 각 완충계에 대한 균형 맞춘 반응식을 써라.

(a) HF와 NaF

(b) HNO_3와 KNO_3
(c) NH_3와 NH_4Cl

풀이:

(a) 완충계이다. 왜냐하면, HF는 약산이고, 이온 결합 화합물 NaF는 물에 녹았을 때 짝염기인 F^-를 내어놓기 때문이다. 구경꾼 이온 Na^+는 무시할 수 있다. 다음 반응식은 평형에서 용액에 존재하는 짝산-염기쌍을 나타낸다.

$$HF(aq) + H_2O(l) \rightleftharpoons F^-(aq) + H_3O^-(aq)$$

(b) HNO_3가 센산이므로 완충계가 아니다. 센산은 물에서 완전히 이온화하고 자신의 짝염기와 평형을 이루지 않기 때문에 완충 용액의 구성 성분이 될 수 없다.
(c) 완충계이다. 왜냐하면, NH_3는 약염기이고 이온 결합 화합물 NH_4Cl이 물에 녹았을 때 짝산인 NH_4^+이 생성되기 때문이다. 구경꾼 이온 Cl^-는 무시할 수 있다. 다음 반응식은 평형에서 용액에 존재하는 짝산-염기쌍을 나타낸다.

$$NH_3(aq) + H_2O(l) \rightleftharpoons NH_4^+(aq) + OH^-(aq)$$

응용 연습 13.13

0.50 mol NaOH에 1.00 mol HF를 혼합하면, 다음 반응이 일어날 것이다.

$$HF(aq) + NaOH(aq) \longrightarrow NaF(aq) + H_2O(l)$$

NaOH는 한계 시약이고, 0.50 mol의 HF만이 반응을 한다. 결과적으로 완충계 용액인가?

실전 연습 13.13

다음 중 어느 계가 물에 녹였을 때 완충계로 작동할 수 있는가? 각 완충계에 대한 균형 맞춘 반응식을 써라.

(a) HCl과 NaOH
(b) CH_3CO_2H와 $NaCH_3CO_2$
(c) HBr과 KBr

심화 연습: 연습 문제 13.111

제13장 복습하기

주요 개념 _Key Concepts

- Brønsted-Lowry 이론에 따르면, 산은 H^+ 이온을 다른 물질에 내어주는 물질이고, 염기는 H^+ 받개이다.
  - Brønsted-Lowry 산은 물과 반응하여 이온화라고 하는 과정을 거쳐 하이드로늄 이온(H_3O^+)을 생성한다.
  - Brønsted-Lowry 염기는 물에서 이온화 또는 해리되어 수산화 이온(OH^-)를 생성한다.

- 산과 염기는 다양한 세기를 갖는다.
  - 센산과 염기는 물에서 완전히 이온화되거나 해리된다.
  - 약산과 염기가 물에 녹으면, 분자의 일부만이 이온화된다. 평형은 반응물 쪽인 왼쪽으로 치우치게 된다.
  - 산의 물과의 반응에 대한 평형 상수를 산의 이온화 상수(K_a)라고 한다. 이 값은 서로 다른 약산의 세기를 비교할 때 사용한다. 센 산일수록 K_a 값이 크다.
- 수용액에서의 H_3O^+와 OH^- 이온의 상대적인 농도는 물에 대한 이온곱 상수(K_w)에 의해 결정되는데, 이는 다음 반응에 대한 평형 상수이다. $2H_2O(l) \rightleftharpoons H_3O^+(aq) + OH^-(aq)$.
  - K_w는 하이드로늄 이온과 수산화 이온 농도의 곱이다. $K_w = [H_3O^+] \times [OH^-]$
  - K_w 값은 25°C에서 1.0×10^{-14}이다.
  - 중성 용액에서는 H_3O^+와 OH^-의 농도가 같고, 25°C에서 각각 1.0×10^{-7} M이다. 산성 용액에서는 OH^-보다 H_3O^+의 농도가 크다. 염기성 용액에서는 H_3O^+보다 OH^-의 농도가 크다. 이것은 $[H_3O^+] \times [OH^-] = 1.0 \times 10^{-14}$이므로 하나의 농도가 증가하면 다른 하나는 감소하게 된다.
- 용액의 산도는 일반적으로 pH 용어로 나타낸다. 이 값은 하이드로늄 이온 농도의 음의 로그값이다. $pH = -\log[H_3O^+]$
  - 25°C에서, 산성 용액은 pH가 7보다 작고, 염기성 용액에서는 pH가 7보다 크며, 중성 용액은 pH가 7이다.
  - 지시약과 pH 미터는 용액의 pH를 측정하는 데 사용한다.
- 완충 용액은 약산과 그 짝염기(또는 약염기와 그 짝산)가 비슷한 농도로 들어 있다. 완충 용액은 첨가된 적은 양의 산과 염기로 인한 반응에서 pH의 큰 변화를 막아 준다.

주요 관계식 _Key Relationships

관계	식
물의 자체 이온화 상수는 하이드로늄 이온 농도와 수산화 이온 농도의 곱이다. 25°C에서 이 상수 값은 1.0×10^{-14}이다.	$K_w = [H_3O^+][OH^-] = 1.0 \times 10^{-14}$
용액의 pH는 하이드로늄 이온 농도의 음의 로그값이다. 용액의 pOH는 수산화 이온 농도의 음의 로그값이다.	$pH = -\log[H_3O^+]$ $pOH = -\log[OH^-]$
하이드로늄 이온 농도는 음의 pH 값의 역로그와 같다. 수산화 이온 농도는 음의 pOH 값의 역로그와 같다.	$[H_3O^+] = 10^{-pH}$ $[OH^-] = 10^{-pOH}$
용액의 H와 pOH의 합은 14.00이다.	$pH + pOH = 14.00$

주요 용어 _Key Terms

pH (13.5)
센산(strong acid)(13.2)
센염기(strong base)(13.2)
다양성자산(polyprotic acid)(13.3)
물의 이온곱 상수(ion-product constant of water, K_w)(13.4)
Brønsted-Lowry 이론(Brønsted-Lowry theory)(13.1)
산 용액(acidic solution)(13.4)
산과 염기의 Arrhenius 모형(Arrhenius model of acids and bases)(13.1)
산의 이온화 상수(acid ionization constant, K_a)(13.3)
약산(weak acid)(13.2)
약염기(weak base)(13.2)
양쪽성 물질(amphoteric substance)(13.1)
염기성 용액(basic solution)(13.4)
완충 용액(buffer solution)(13.6)
자체 이온화(self-ionization)(13.4)

중성 용액(neutral solution)(13.4)
짝산(conjugate acid)(13.1)
짝염기(conjugate base)(13.1)
하이드로늄 이온(hydronium ion)(13.1)

연습 문제 _Questions and Problems

주요 용어와 정의를 연결하기

13.1 다음 주어진 정의에 맞는 주요 용어를 써라.
(a) 물에 녹았을 때 완전히 이온화하거나 해리되는 염기
(b) 산이란 용액에서 다른 물질에게 H^+를 주는 물질이고 염기는 용액에서 H^+를 받는 물질이라고 정의하는 이론
(c) 염기가 H^+ 이온을 얻은 후에 만들어지는 물질
(d) 한 개 이상의 산성 수소를 갖고 있는 산
(e) H_3O^+ 농도가 OH^-의 농도보다 높은 용액, 즉 pH가 7보다 작은 용액
(f) 물에 용해되었을 때 완전히 이온화하지 않는 염기
(g) 산과 염기로 모두 거동할 수 있는 물질
(h) 물의 자체 이온화 평형 상수, 즉 수용액에서 H_3O^+ 농도와 OH^- 농도의 곱이다.
(i) 같은 물질의 한 분자에서 H^+가 다른 분자로 이동하는 과정으로, 물은 매우 작은 범위에서만 이 과정이 일어난다.

산과 염기란 무엇인가?

13.7 산의 특징은 무엇인가?

13.9 주변에서 볼 수 있는 음식과 가정용품 가운데 염기인 것은 어느 것인가?

13.11 Arrhenius의 산과 염기에 대한 정의에 따르면 산은 물에 용해되었을 때 어떤 행동을 하는가? Arrhenius 염기는 어떤 행동을 하는가?

13.13 산에 대한 Brønsted-Lowry 이론과 Arrhenius 모형의 차이점은 무엇인가?

13.15 다음 반응식에서 첫 번째 반응물이 산인지, 염기인지를 구분하라.
(a) $HCN(aq) + H_2O(l) \rightleftharpoons H_3O^+(aq) + CN^-(aq)$
(b) $SO_4^{2-}(aq) + H_2O(l) \rightleftharpoons HSO_4^-(aq) + OH^-(aq)$
(c) $C_6H_5OH(aq) + NaOH(aq) \rightleftharpoons H_2O(l) + C_6H_5O^-(aq) + Na^+(aq)$

13.17 다음 각 산의 짝염기의 화학식을 써라.
(a) HNO_2
(b) HF
(c) H_3BO_3

13.19 다음 각 염기의 짝산의 화학식을 써라.
(a) OH^-
(b) $C_6H_5NH_2$
(c) HCO_3^-

13.21 다음 산 또는 염기가 물과 어떻게 반응하는지 반응식을 써라.
(a) $HCl(g)$
(b) $HClO_4(l)$
(c) $CH_3CO_2^-(aq)$

13.23 다음 중 양쪽성 물질은 어느 것인가?
(a) H_2O
(b) HSO_3^-
(c) SO_4^{2-}

13.25 H_2CO_3 분자에서는 두 개의 수소 원자가 모두 산소 원자와 결합하고 있다. 탄산에는 몇 개의 산성 수소 원자가 있는가?

센산, 센염기와 약산, 약염기

13.27 센산, 센염기는 약산, 약염기와 어떻게 다른가?

13.29 다음에 나열된 화합물을 센산, 약산, 센염기, 약염기로 구분하라. 또한 각각의 경우 물과의 반응식을 써라.
(a) $H_2SO_4(aq)$
(b) $Ca(OH)_2(aq)$
(c) $Na_2CO_3(aq)$
(d) $H_3C_6H_5O_7(aq)$
(e) $C_6H_5NH_2(aq)$

13.31 다음은 수용액에서의 화합물을 분자 수준으로 나타낸 그림이다. 각각 어느 화합물인지 구분하라. HCl, HF, NH_3.

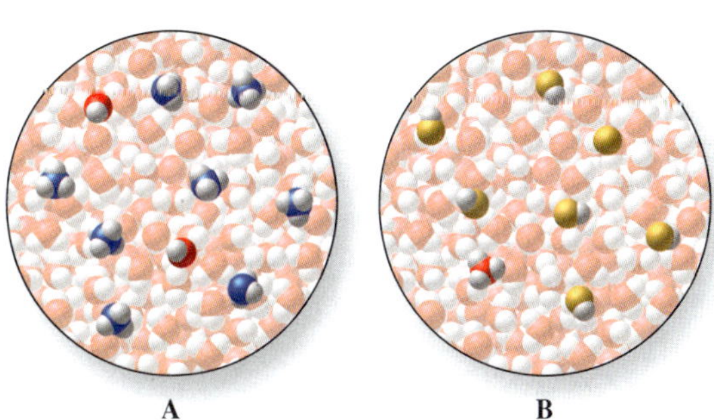

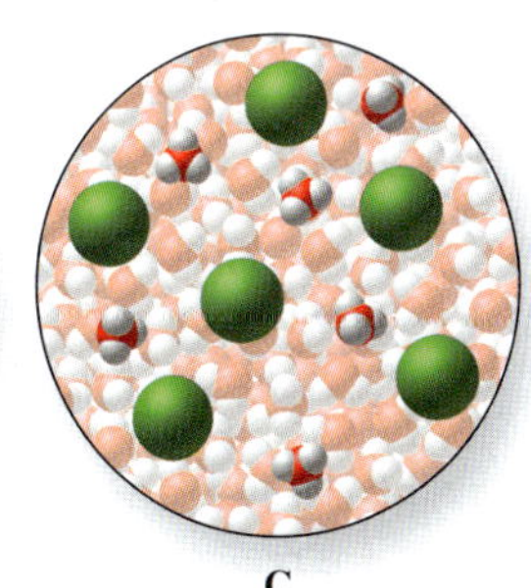

13.33 KBr과 KF 중 어느 화합물이 약염기라 생각하는가? 이유는?

➔ 약산의 상대적 세기

13.35 산 A가 산 B보다 더 이온화된다면 어느 산이 더 센가?

13.37 0.50 *M* 아세트산(CH_3CO_2H), 0.50 *M* 폼산(HCO_2H) 중 어느 용액의 H_3O^+의 농도가 더 높은가? (표 13.5의 K_a 값을 참조하라.)

13.39 플루오린화 소듐(NaF), 아세트산 소듐($NaCH_3CO_2$)은 약산의 짝염기를 갖고 있는 이온 결합 화합물이다. 같은 농도의 용액이 있다면 어느 것의 OH^- 농도가 더 큰가? (*힌트*: 표 13.5 참조)

13.41 진한 산 용액과 센산 용액의 차이점은 무엇인가?

13.43 다양성자산이란 무엇인가?

13.45 황화수소산(H_2S)는 왜 두 개의 산 이온화 상수를 갖는가? 각각의 K_a 값에 대응하는 반응식을 써라.

13.47 다양성자산인 옥살산($H_2C_2O_4$) 수용액에는 어떤 분자나 이온이 있는가? 가장 적은 농도로 존재하는 것은 어느 것인가?

➔ 산성, 염기성, 중성 용액

13.49 어떤 조건에서 물의 이온곱 상수(K_w)는 일정한가?

13.51 순수한 물(25°C에서)에서 H_3O^+와 OH^-의 농도는 얼마인가?

13.53 다음의 조건을 산성, 염기성, 중성으로 구분하라.
(a) $[H_3O^+] < [OH^-]$
(b) $[H_3O^+] = 1.0 \times 10^{-4}\ M$
(c) $[OH^-] = 1.0 \times 10^{-3}\ M$

13.55 OH^- 이온 농도로부터 H_3O^+ 이온 농도를 계산하라. 그리고 용액을 산성, 염기성, 중성으로 구분하라.
(a) $[OH^-] = 1.0 \times 10^{-3}\ M$
(b) $[OH^-] = 1.0 \times 10^{-11}\ M$
(c) $[OH^-] = 3.2 \times 10^{-8}\ M$

13.57 다음 용액의 H_3O^+의 농도는 얼마인가?
(a) 0.010 *M* HNO_3
(b) 0.020 *M* $HClO_4$
(c) 0.015 *M* NaOH

➔ pH 척도

13.59 Olivia는 비 온 후에 정원 토양의 pH가 낮아진 것을 알게 되었다. 그렇다면 정원은 더 산성이 되었는가? 아니면 덜 산성이 되었는가?

13.61 한 용액의 H_3O^+ 농도가 다른 용액보다 10배 더 높다면, pH 값의 차이는 얼마인가?

13.63 왜 pH 척도를 대체적으로 pH 0에서 14 범위로 할까?

13.65 산성 용액의 pH가 7보다 클 수 있는가?

13.67 다음의 H_3O^+ 농도를 갖는 용액의 pH는 얼마인가? 각각의 용액이 산성, 염기성, 중성인지 확인하라.
(a) $[H_3O^+] = 1.0 \times 10^{-3}\ M$
(b) $[H_3O^+] = 1.0 \times 10^{-13}\ M$
(c) $[H_3O^+] = 3.4 \times 10^{-10}\ M$

13.69 다음의 OH^- 농도를 갖는 용액의 pH를 구하라. 각각이 산성, 염기성, 중성인지 확인하라.
(a) $[OH^-] = 1.0 \times 10^{-4}\ M$
(b) $[OH^-] = 1.0 \times 10^{-7}\ M$
(c) $[OH^-] = 8.2 \times 10^{-10}\ M$

13.71 다음 용액의 pH는 얼마인가? 각각 산성, 염기성, 중성인지 확인하라.
(a) 0.010 *M* HNO_3
(b) 0.020 *M* $HClO_4$
(c) 0.015 *M* NaOH

13.73 다음 표를 완성하라.

	$[H_3O^+]$	$[OH^-]$	pH	pOH	산성 또는 염기성?
(a)	1.0×10^{-5}				
(b)		10×10^{-4}			
(c)				8.00	
(d)			8.54		
(e)		9.0×10^{-10}			

13.75 0.0050 *M* HCl 용액의 pH와 pOH를 구하라. pH와 pOH 사이에는 어떤 관계가 있는가?

13.77 다음의 pH 값을 갖고 있는 용액의 H_3O^+ 농도를 구하라. 각 용액이 산성, 염기성, 중성인지 구분하라.
(a) pH = 5.00
(b) pH = 12.00
(c) pH = 5.90

13.79 다음 용액의 H_3O^+ 농도를 구하라. 각 용액이 산성, 염기성, 중성인지 구분하라.
(a) 가정용 암모니아, pH = 11.00
(b) 혈액, pH = 7.40
(c) 라임주스, pH = 1.90

13.81 다음 용액의 OH^- 농도는 얼마인가?
(a) 위산, pH = 1.00
(b) 수산화 마그네슘, pH = 10.50
(c) 탄산음료, pH = 3.60

13.83 0.010 *M* 아세트산의 pH가 2.0보다 클까, 작을까?

13.85 만약 NaOH 용액의 pH가 13.0이라면, NaOH의 농도는 얼마 인가?

13.87 만약 소수점 둘째 자리까지 용액의 pH를 알아야 한다면, 이 장에서 설명한 pH 측정법 가운데 가장 좋은 것은 어느 것인가?

13.89 산-염기 지시약은 어떤 종류의 화합물인가?

13.91 지시약의 pH 변색 범위는 무엇인가? pH 값의 범위에서 pH를 알아내는 데에 어떻게 사용되는가?

13.93 그림 13.18에 나타낸 지시약 중에 pH가 9와 10 사이인 용액을 확인하는 데 사용할 수 있는 것은 어느 것인가?

13.95 pH 3.5인 용액에서 메틸 오렌지 지시약의 색을 예측하라.

13.97 지시약 티몰 블루를 첨가하니 용액의 색이 붉은색이 되었다면, 이 용액의 pH는 어떻게 되는가? 용액이 노란색이라면 어떠한가? 용액이 파란색이라면 어떠한가?

13.99 만능 지시약은 어떤 것인가? 만능 지시약과 pH 시험지는 무엇이 비슷한가?

13.101 지시약으로 브로모크레졸 그린을 사용하여 pH 1.0인 산에 염기를 적정한다면, 무엇을 관찰할 수 있는가?

완충 용액

13.103 완충 용액과 물에 녹은 약산 또는 약염기와의 차이점은 무엇인가?

13.105 사람 혈액의 완충계의 역할은 무엇인가?

13.107 물에 CH_3CO_2H를 가했을 때 완충 용액을 만들기 위해 첨가해야 하는 이온 결합 화합물에는 어떤 것이 있을까?

13.109 용액의 pH 값을 12에서 13 사이를 유지하기 위한 완충계는 물에 Na_2HPO_4와 Na_3PO_4를 비슷한 농도로 섞어서 만든다.

(a) 평형에서 산과 그 짝염기의 균형 맞춘 반응식을 써라(단, 구경꾼 이온은 생략한다).

(b) 산을 가했을 때, 이 완충계가 어떻게 pH의 큰 변화를 막는지 설명하라.

13.111 다음에 나열된 것을 물에 넣었을 때, 완충 용액을 만드는 것은 어느 것인가?

(a) HOCl과 NaCl

(b) HNO_2와 KNO_2

(c) CH_3NH_2와 CH_3NH_3Cl

13.113 탄산수소 완충계는 신체의 세포 외액에서 다음 과정으로 작동한다.

$$CO_2(g) + H_2O(l) \rightleftharpoons H_2CO_3(aq) \rightleftharpoons HCO_3^-(aq) + H^+(aq)$$

만약 폐가 몸에서 생산하는 만큼의 CO_2를 내보내기 어려워진다면, 혈액의 pH는 어떻게 변하게 될까? Le Chatelier 원리를 이용하여 설명하라.

추가 연습 문제

13.115 왜 NH_3는 염기인데 CH_4는 염기가 아닌가? CH_4가 Brønsted-Lowry 염기로 작용할 수 있는가?

13.117 NaF가 물에 녹으면 어떻게 되는가? 이 용액은 산인지, 염기인지 설명하라.

13.119 25°C에서 NaOH 용액의 pH가 7보다 작을 수 있는가? 설명하라.

13.121 0.10 *M* H_2SO_4 용액과 0.10 *M* HNO_3 용액 중 어느 것이 더 작은 pH를 갖는가? 그 이유를 설명하라.

13.123 pH 7.5로 관리되는 수영장 물은 대략적으로 $HOCl(aq)$와 $OCl^-(aq)$의 농도가 같다.

(a) 평형 상태에서 산과 그 짝염기의 균형 맞춘 반응식을 써라.

(b) HCl과 같은 산을 첨가하였을 때 이 평형이 어떻게 변할지 설명하라. HOCl과 OCl^-의 상대적인 농도는 어떻게 변할까? 수영장 물의 pH는 어떻게 변할까?

13.125 황산$[H_2SO_4(aq)]$ 용액을 나타낸 그림에서 모든 화학종을 표시하라. 왜 H_2SO_4 분자가 없는지 그 이유를 써라.

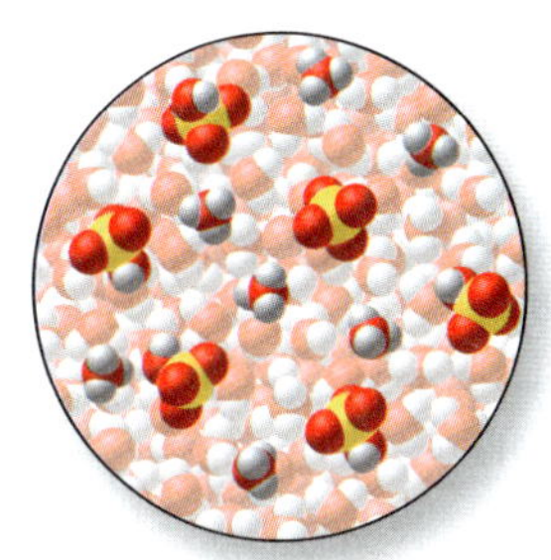

13.127 약산이고 $K_a = 1.8 \times 10^{-4}$인 폼산 완충 용액을 만들려고 한다. 완충 용액을 만들기 위해 어떤 물질을 혼합해야 하는가?

13.129 다음에 나열된 산에는 각각 몇 개의 산성 수소가 있는가?

(a) $H-O-P(=O)(-O-H)-O-H$

(b) $H-P(=O)(-O-H)-O-H$

(c) $H_2N-C(=O)-O-H$

(d) $H_3C-C(=O)-O-H$

13.131 다음의 산과 관련된 문장에는 오류가 있다. 각 문장을 올바르게 고쳐 써라.

(a) 모든 센산이 갖고 있는 H 원자는 전기 음성도가 큰 산소 원자와 결합되어 있다.

(b) 센산의 짝염기는 그 자체가 센염기이다.

(c) 센산은 매우 진한 산이다.

(d) 센산은 pH가 높은 용액을 만든다.

13.133 60°C에서 물의 이온곱 상수는 1.0×10^{-13}이다. 이 온도에서 순수한 물의 pH는 얼마인가?

13.135 다음 용액들을 수산화 이온 농도가 증가하는 순서로 나열하라. 0.1 *M* HNO_3, 0.5 *M* HCl, pH 4.0의 HNO_2 용액, pOH 11.0인 완충 용액, 물.

13.137 다음 중 아세트산 소듐 용액을 첨가하였을 때 완충 용액을 만들 수 있는 것은 어느 것인가? 아세트산, 염산, 아세트산 포타슘, 염화 소듐.

제 14 장

산화-환원 반응

Oxidation-Reduction Reactions

제1장에서 Anna와 Bill을 기억하는가? 그들은 물질의 다른 형태를 규명하고 분류하기 위해 캠퍼스를 돌아다녔다. 그리고 관찰한 많은 것들이 새 금속 또는 녹슨 금속이라고 확신하였다. 예를 들어 건축 구조물 중 반짝이는 것은 새 강철 골격, 구리 파이프, 금속 배관이다. 그것들은 시간이 지남에 따라 부식되기도 하였다.

우리는 흔히 금속을 반짝이고 강하고 영구적이고 전기가 잘 통하는 매체로 생각하지만 화학적인 성질은 꽤 다양하다. 예를 들어 어떤 금속의 ***부식***(*corrode*, 환경적인 요인에 의하여 서서히 악화되는 것)은 다른 금속보다 빠르게 진행한다. 자동차의 철이 녹스는 것과 은의 변색을 비교해 보라. 환경적 요인에 의해 철이 녹슬 때, 산소와 철의 화합물이 형성되고 벗겨져 떨어진다. 녹 조각이 떨어져 나가면서 자동차 차체가 약해지고, 추가의 손상을 일으킨다. 그러나 은의 변색은 은과 황의 화합물이다. 표면의 변색만 있을 뿐, 변색된 부분으로 그대로 남아 그 안쪽은 손상되지 않고 유지될 수 있다.

대부분의 금속들은 특히 산소가 있는 환경에서 비금속과 쉽게 반응하지만, 그렇지 않은 것들도 있다. 예를 들어 알루미늄은 밀도가 작은 금속이지만 구조적으로 매우 강하다. 철보다 반응성이 더 좋지만 쉽게 녹슬지 않는다. 알루미늄 판의 표면에 있는 원자들은 대기 중의 산소와 매우 빠르게 반응하여 산화 알루미늄(Al_2O_3)을 형성한다. 이 화합물은 표면 위에 얇은 코팅막을 형성하고 더 이상의 부식을 막는 역할을 한다. 이러한 특징을 이용하여 상품을 제조하고 포장하는 데 이용하기도 한다. 때때로 알루미늄 물건에 채색된 산화 알루미늄 코팅을 함으로써 선명한 색상을 띠게도 한다.

금속의 부식은 심각한 문제다. 미국에서 생산되는 강철과 철제 제품의 1/5 정도가 부식된 금속을 대치하는 데 사용된다고 본다. 매년 수십억 달러의 비용을 낭비하는 셈이다. 어떤 예방을 취하면 부식을 방지할 수 있을까? 한 가지 해답은 페인트와 같은 보호 코팅을 하는 것이다. 이 장의 후반에 부식을 막기 위한 방법들에 대하여 논의할 것이다.

왜 금속이 부식되는 반응이 일어나는 것일까? 이 질문에 대답하기 위해 우리가 사용하는 금속의 원재료를 생각해 보자. 대부분의 금속은 다양한 광석으로부터 천연 광물로 얻는다. 말하자면 따로 정제되어 있는 순수한 형태의 원소로 금속을 얻는 것 대신에 산화물, 황화물, 탄산화물 등의 화합물 형태에서 금속을 얻게 된다(제4장 참조). 힘들고 비용이 많이 드는 과정을 통해 순수한 형태의 금속을 추출한다. 하지만 시간이 지남에 따라 금속은 다시 부식되고 처음 상태의 화합물로 되돌아간다.

철은 모든 금속 원소들 중 가장 널리 이용된다(알루미늄이 두 번째). 철의 기본적인 원재료 중 하나는 적철석(Fe_2O_3)이다(그림 14.1). 공업적, 상업적 목적으로 철을 추출하기 위하여 적철석과 철을 함유한 다른 광물들을 용광로 속에 넣고, 탄소와 함께 다음의 반응을 일으킨다.

$$3C(s) + Fe_2O_3(s) \xrightarrow{\text{열}} 3CO(g) + 2Fe(l)$$

매우 높은 온도의 용광로 속에서 녹은 액체 철은 순도를 높이기 위해 다른 용광로 속으로 흘러들어간다. 아주 적은 양의 탄소를 함유한, 가장 많이 사용되는 철인 강철은 이러한 정제 과정을 통해서 얻는다. 강철은 얇고 평평한 자동차 차체의 패널 제작 등 다양한 목적으로 사용될 수 있다. 자동차의 강철 차체에는 부식을 막기 위해 페인트칠을 하므로 새 차는 부식으로부터 어느 정도 기간 동안 안전하다. 하지만 시간이 지남에 따라 자동차에 흠집이 생기고, 찌그러지면서 페인트칠이 벗겨진다. 강철이 드러나고, 철이 부식되기 시작한다. 시간이 더 지나면 철은 주위의 산소와 물과 반응하면서 녹슬기 시작하여 산화 철(III)을 형성한다. 이 화합물은 강철의 표면에 붙어 있지 않기 때문에, 곧 떨어져 나가고 녹슬지 않은 철이 드러나고 다시 환경 요인에 의해 추가의 부식이 진전된다. 천연에서 얻는 철은 산화 철의 형태다. 우리의 수고로 순수한 금속 철을 얻어내지만, 시간

그림 14.1 적철석은 Fe_2O_3로 이루어진 철 무기물이다.

간단하게 녹은 때로는 화학식 Fe_2O_3로 주어진다. 그러나 그것은 수화물이므로 화학식은 화학식 단위 안에 존재하는 물 분자의 수를 나타내어야 한다. 이 수는 다양하므로 종종 $Fe_2O_3 \cdot xH_2O$로 나타낸다. 녹의 산화 철(III)은 수화물이기 때문에, 그 성질은 적철석 Fe_2O_3의 성질과는 다르다.

그림 14.2 MRE(meal-ready-to-eat, 먹게 준비된 음식들)를 데우는 데 사용되는 불꽃 없는 가열기는 마그네슘과 철의 혼합물에 물을 첨가함으로써 작동한다. 그 반응은 버섯과 콩 또는 칠면조와 그레이비를 곁들인 비프스테이크를 데우기에 충분한 열을 발생한다.

이 지남에 따라 금속은 다시 산화물의 형태로 되돌아간다.

탄소와 산화 철(III)의 반응은 일산화 탄소와 금속 철을 생성하는 단일 치환 반응이다(제5장 참조). 다른 모든 단일 치환 반응처럼, 이는 산화-환원 반응이다. 이 반응은 그 명칭에도 불구하고 산소를 항상 동반하지는 않는다. 대신 산화-환원 반응은 전자의 교환을 수반한다. 철의 부식이 좋은 예이다. 철은 산소와의 반응으로 전자를 잃고 산소는 전자를 얻는다.

많은 산화-환원 반응이 발열 반응인데, 이를 여러 좋은 목적으로 사용할 수 있다. 예를 들어 메테인의 연소도 산화-환원 반응으로, 겨울에 집안을 따뜻하게 할 열을 제공한다. 불꽃이 없는 열기구는 군인이나 캠핑족들이 뜨거운 음식을 이용할 수 있도록 해주는데, 이 역시 산화-환원 반응을 이용하는 것이다(그림 14.2). 이 반응은 마그네슘과 철의 혼합물에 물을 섞어 주면 일어나며, 음식을 데우기에 충분한 열을 발생시킨다.

산화-환원 반응은 전기를 발생시키는 장치에도 이용된다. 이러한 반응은 배터리(그림 14.3)에서 일어나며, 계산기, 휴대폰, 노트북 컴퓨터와 그 밖의 전자 장비의 전원으로 이용한다. 배터리는 실질적인 목적으로 자연적인 과정으로 발생한 에너지를 이용한다. 물질이 부식될 때 발생하는 반응처럼 배터리에서의 반응도 ***자발적***(*spontaneous*)이다. 일단 반응이 시작되면, 외부의 간섭 없이 진행된다.

자발적으로 일어나지 *않는* 산화-환원 반응이 있다. 반응이 진행되도록 외부의 힘이 가해져야 하는 경우가 있다. 예를 들어 1886년 정도까지만 해도, 알루미늄 광석에서 발견되는 알루미늄 산화물에서 알루미늄 금속을 얻기 위한 실질적인 방법이 없었다. 알루미늄 산화물이 용융된 액체 혼합물에 전류를 통과시키면서 그 문제가 해결되었다. 이 반응으로 알루미늄 화합물을 함유하고 있는 광물질에서 알루미늄 금속을 얻게 되었지만, 이는 자발적으로 일어나지 않는다. 이를 위해 지속적인 외부의 에너지로 전기를 공급해야 한다. 많은 순수한 금속들을 이러한 ***전기 분해***(*electrolysis*)라는 방법으로 얻는다.

산화-환원 반응은 미학적인 목적에도 많이 기여한다. 많은 금속 화합물들이 다양한 색을 띠기 때문이다. 예를 들어 도자기공들이 행하는 소성 과정은 그림 14.4에서 보는 것처럼 도자기에 광택과 색깔을 띠게 하는데, 이 역시 산화-환원 반응이다.

우리는 세 가지 다른 관점으로 산화-환원 반응을 살펴볼 수 있다.

- 자발적으로 일어나지만 원하지 않는 반응. 이러한 반응으로 금속의 부식이 있다.
- 자발적으로 일어나면서 필요한 반응. 배터리에서 이러한 반응이 일어난다.
- 자발적으로 일어나지 않지만 필요한 반응. 알루미늄 광석에서 알루미늄 금속을 얻는 것이 한 예이다.

이 장에서는 넓은 범위의 산화-환원 반응을 다룰 것이다. 이 단원을 계속 읽어 나가면서 다음 질문들을 생각해 보자.

알루미늄은 추출을 위한 전기 분해 과정이 발명되기 전에는 금속 형태로 생산하기 어려웠기 때문에 금보다 더 비쌌다. 나폴레옹의 식탁에 앉는 가장 고귀한 신분의 손님들은 알루미늄으로 된 식기를 사용하였다. 더 낮은 신분의 손님들은 금으로 만든 도구를 사용하였다.

산화-환원 반응의 네 번째 범주는 잘 일어나지 않는 비자발적인 반응이다. 우리는 왜 그런 반응을 논의하지 않고 건너뛰었는가?

이 장에서 공부할 내용의 질문

14.1 산화-환원 반응에서 어떤 일이 일어나는가?
14.2 산화-환원 반응에서 잃고 얻는 전자를 어떻게 세어볼 수 있는가?
14.3 배터리에서 산화-환원 반응이 어떻게 전기를 발생시키는가?
14.4 어떻게 간단한 산화-환원 반응식의 균형을 맞추는가?
14.5 어떻게 복잡한 산화-환원 반응식의 균형을 맞추는가?
14.6 어떻게 산화-환원 반응이 자발적으로 전기를 발생시키는가? 어떻게 전기를 이용하여 산화-환원 반응을 일으키거나 방지할 수 있는가?
14.7 어떻게 부식을 방지하는가?

14.1 산화-환원 반응이란 무엇인가?

제5장에서는 분해 반응, 결합 반응, 단일 치환, 이중 치환, 연소 반응에 대하여 논의하였다. 제5장에서 중요한 점은 *원자*들이 새로운 물질을 형성하면서 어떻게 재배열되는가이다. 여기서 우리가 보기 원하는 것은 화학 반응 과정 동안 과연 *전자*들이 어떻게 재배열되는가이다.

금속 아연 막대를 염화 구리(II) 용액에 넣는다고 생각해 보자(그림 14.5). 이 반응은 다음의 반응식으로 표현할 수 있다.

$$Zn(s) + CuCl_2(aq) \longrightarrow ZnCl_2(aq) + Cu(s)$$

이 반응에서 금속 아연이 화합물 내에서 구리를 치환하므로 고체 구리를 얻을 수 있음을 주목하라. 제5장에서 이러한 반응을 단일 치환이라고 설명하였다. 분자 수준의 관점에서 아연 원자들은 금속 표면에서 용액 속으로 이온의 형태로 떨어져 나간다. 용액 속의 구리 이온은 구리 원자로 변환되고, 아연의 표면에 침착하기 시작한다.

이제 이 반응을 전자의 관점에서 확인하도록 하자(그림 14.6). 반응 과정을 좀 더 쉽게 관찰하기 위하여 이온 반응식을 살펴보자.

$$Zn(s) + Cu^{2+}(aq) + 2Cl^{-}(aq) \longrightarrow Zn^{2+}(aq) + 2Cl^{-}(aq) + Cu(s)$$

염화 이온은 구경꾼으로 행동한다. 따라서 다음의 알짜 이온식을 쓸 수 있다.

$$Zn(s) + Cu^{2+}(aq) \longrightarrow Zn^{2+}(aq) + Cu(s)$$

두 고체 금속, 즉 반응물 Zn(*s*)와 생성물 Cu(*s*)는 모두 기본적인 상태에 있기 때문에 이들 원 소들의 전하는 0이다. 제2장에서 언급하였듯이, 아연 원자가 Zn^{2+} 이온을 형성하기 위해서는 두 개의 전자를 잃어야 한다. 구리 원자로 되기 위해서 Cu^{2+} 이온은 두 개의 전자를 얻어야 한다. 이 반응은 산화-환원 반응이다. **산화-환원 반응**(oxidation-reduction reaction 또는 *redox* reaction)은 전자가 이동하는 반응이다.

이들 반응은 각각 산화 반응과 환원 반응으로 나눌 수 있으며, 동시에 일어난다. **산화**

그림 14.3 서로 다른 종류의 배터리들이 많은 유용한 장치에 동력을 주기 위해 사용된다. 다양한 화학 반응들이 배터리에서 일어나서 전기를 발생시킨다.

©Brian Moeskau/Moeskau Photography

그림 14.4 세라믹에 코팅된 다양한 광택으로 존재하는 화합물은 아름다운 색깔을 만든다. 여기에 나타낸 녹색과 파란색은 서로 다른 구리 화합물에 의한 것이다. 바닥 가까이의 적갈색을 주목하라. 이것은 산화-환원 반응에 의해 가마에서 형성된 원소 구리로부터 온다.

©Richard Bauer

그림 14.5 아연을 $CuCl_2$ 용액에 넣으면 구리 원자들이 아연의 표면에 코팅으로 축적한다. 아연 원자는 Zn^{2+} 이온으로 바뀌고, Cu^{2+} 이온은 구리 원자로 바뀐다. 염화 이온은 구경꾼 이온이고, 그것들은 간단히 하기 위해 나타내지 않는다. 이 반응에 대한 알짜 반응식은 다음과 같다.

$$Zn(s) + Cu^{2+}(aq) \longrightarrow Zn^{2+}(aq) + Cu(s)$$

©McGraw-Hill Education/Stephen Frisch

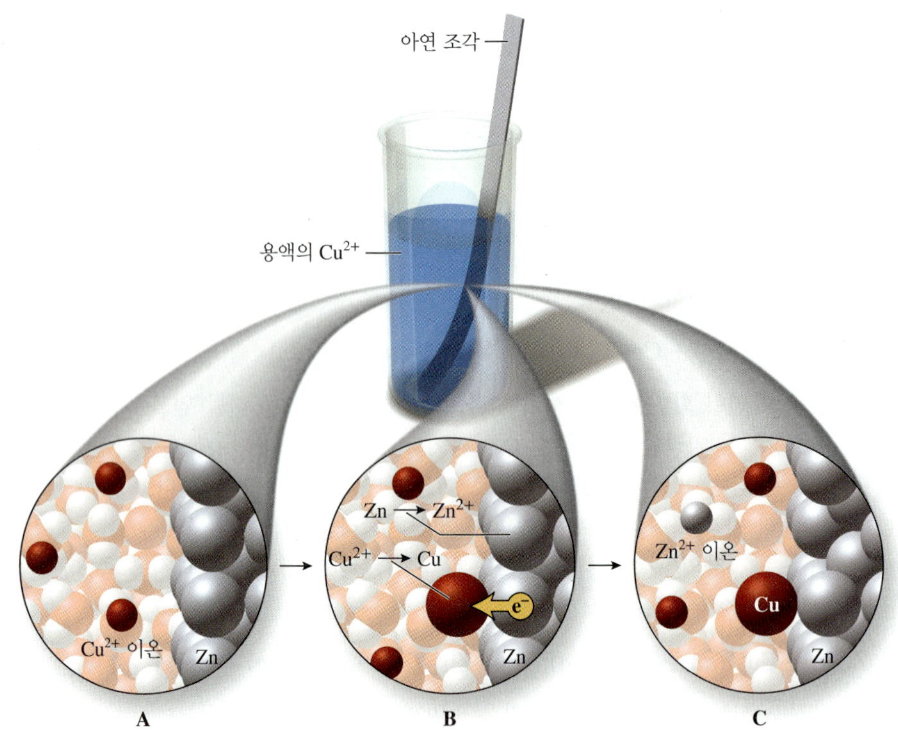

그림 14.6 (a) 이 반응이 일어나기 위해 Cu^{2+} 이온은 금속 조각 위의 아연 원자와 접촉해야 한다. (b) Cu^{2+} 이온과 아연 원자가 접촉하면 두 개의 전자가 아연 원자에서 구리 이온으로 이동한다. (C) 새롭게 형성된 구리 원자가 아연 위에 코팅을 형성한다. 아연 이온은 조각에서 용액으로 나온다. (구경꾼 이온은 나타내지 않았다.)

역사적으로 용어 ***산화***(*oxidation*)는 산소 화합물을 형성하는 반응을 설명하기 위해 사용되었다. ***환원***(*reduction*)은 화합물이 산소를 잃어버리는 반응을 나타내었다. 나중에는 정의가 확장되어 전자를 잃거나(산화) 얻는 것(환원)을 의미하게 되었지만, 그 명칭은 바뀌지 않았다. 그것들을 바로 인식하는 것을 돕기 위해 다음 연상 기호를 사용하기도 한다. 'LEO는 GER에게 말한다.' *Loss of Electron is Oxidation. Gain of Electron is Reduction.* 또 다른 연상 기호는 'Oil Rig'이다: *Oxidation Is Loss, Reduction Is Gain.*

(oxidation)는 한 개 또는 그 이상의 전자를 잃어버리는 과정이다. **환원**(reduction)은 한 개 또는 그 이상의 전자를 얻는 과정이다. 산화는 환원 없이 일어나지 않으며 두 과정은 서로 협력적으로 동시에 일어난다.

산화-환원 반응을 더 알아보기 위해 염화 아연-구리(II) 반응의 아연, 구리, 염소의 전하를 고려해 보도록 하자. 두 고체 금속은 각각 전하가 0인데, 그들이 자연 상태의 원소 그대로이기 때문이다. 염화 이온은 1−의 전하를 가진다. 따라서 $CuCl_2$의 구리는 2+의 전하를 가져야 한다. 염화 아연의 아연도 2+의 전하를 가진다. 각 원소들의 전하를 화살표를 이용하여 표시하였다.

$$\overset{0}{\mathrm{Zn}}(s) + \overset{2+}{\mathrm{Cu}}\overset{1-}{\mathrm{Cl}_2}(aq) \longrightarrow \overset{2+}{\mathrm{Zn}}\overset{1-}{\mathrm{Cl}_2}(aq) + \overset{0}{\mathrm{Cu}}(s)$$

만일 각 화학종을 분리하여 살펴본다면, 반응물에서 생성물로 변화됨에 따라 전하 값을 비교해 볼 수 있을 것이다. 아연의 전하는 0에서 2+로 변하였다. 이 과정에서는 전하가 증가(전자를 잃음)하며, 이를 산화(oxidation)라고 한다. 구리는 2+에서 0으로 변하였으며, 이는 두 개의 전자를 얻는 것이다. 염화 구리(II)의 구리 이온은 환원이 진행되었다. 염화 이온의 전하는 변하지 않았기 때문에 산화도 환원도 되지 않았다.

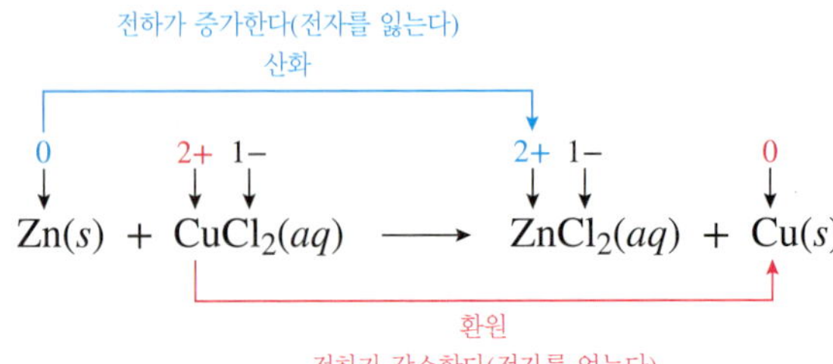

이들은 산화와 환원 과정으로 각각을 분리하여 다루는 것이 편리하다. 예를 들어 아연의 산화를 생각해 보자.

$$Zn(s) \longrightarrow Zn^{2+}(aq)$$

이 식은 균형 맞춘 반응식이 아님을 상기하자. 왜 그런지 아는가? 전하가 동일하지 않기 때문이다. 왼쪽은 0이고, 오른쪽은 2+이다. 제5장에서 다룬 균형 맞춘 반응식에서는 원자들의 개수 균형을 맞추어야 한다고 배웠다. 여기서도 양쪽에 있는 총 전하 값이 같아야 한다. 하전되지 않은 아연원자가 Zn^{2+} 이온이 되기 위해서는 금속 원자가 전자 두 개를 잃어야 한다. 이 과정을 다음의 식으로 표현할 수 있다.

$$Zn(s) \longrightarrow Zn^{2+}(aq) + 2e^-$$

이 식은 이제야 원자의 수뿐 아니라 전하까지 균형을 이루었다. 이 반응을 통하여 보면, 모든 산화 과정에서는 전자를 잃는 것이므로 원자 또는 이온의 전하가 증가한다. 따라서 아연은 전자를 잃었고, 우리는 전자를 포함한 생성물을 식에 나타내어야 한다.

이제 구리 이온의 환원 반응을 생각해 보자.

$$Cu^{2+}(aq) \longrightarrow Cu(s)$$

이 식은 Cu^{2+} 이온이 구리 원자를 형성하는 과정을 나타낸다. 다시 말하지만 이 식은 양쪽의 전하가 동일하지 않기 때문에 균형 맞춘 반응식이 아니다. 이 반응이 일어나기 위해서 반응물로 쓴 Cu^{2+}는 전자 두 개를 얻어야 한다.

$$Cu^{2+}(aq) + 2e^- \longrightarrow Cu(s)$$

이 식은 전체 반응 중 환원이 일어나는 반쪽 반응이다. 모든 환원 과정에서 그렇듯이, 여기서도 전자를 얻는다는 것은 원자 또는 이온의 전하가 감소하는 것임을 보여 준다.

화학자들은 반응물을 산화나 환원 반응을 하게 하는 물질로 흔히 나타낸다. 산화된 원소를 포함한 반응물은 **환원제**(reducing agent)라고 한다. 환원제는 반응에 필요한 전자를 주기 때문에 다른 반응물에 있는 원소를 환원시킨다. 환원된 원소를 포함한 반응물은 **산화제**(oxidizing agent)라고 한다. 산화제는 산화되는 물질로부터 전자를 받기 때문에 다른 반응물에 있는 원소를 산화시킨다.

이러한 정의를 정리하기 위하여 아연(Zn)과 염화 구리(II)[$CuCl_2$] 사이의 반응을 다시 생각해 보자(그림 14.6). 반응이 일어나기 위하여 구리 이온은 아연 원자와 접촉해야 한다. 그렇게 되었을 때 두 개의 전자가 Zn 원자로부터 Cu^{2+} 이온으로 이동한다. 전자 두 개를 잃음으로써 아연은 구리 이온이 환원되는 원인이 된다. 따라서 아연은 환원제이다. 염화 구리(II) 용액에서 구리 이온은 전자 두 개를 아연으로부터 받아 아연을 산화시켰기 때문에 염화 구리(II) 용액은 산화제이다.

이 과정을 정리하기 위해 알짜 이온식을 다시 살펴보도록 하자.

Zn은 산화된다 　 Cu^{2+}는 환원된다

$$Zn(s) + CuCl_2(aq) \longrightarrow ZnCl_2(aq) + Cu(s)$$

Zn은 환원제 　 $CuCl_2$는 산화제

산화-환원 과정을 이해했는지 확인하기 위해 예제 14.1을 다루도록 하자.

예제 14.1 ▶ 산화-환원 반응

구리 금속을 질산 은 용액에 넣으면 단일 치환 반응이 일어난다. 은은 구리 표면에 석출되며, 용액은 Cu^{2+} 이온으로 인해 푸르게 변한다.

(a) 이 반응의 균형 맞춘 반응식을 써라.
(b) 산화된 원소와 환원된 원소를 써라.
(c) 산화제와 환원제를 써라.
(d) 분자 수준에서 구리 금속 표면에서 일어나는 현상을 설명하라.

반응 전

© McGraw-Hill Education/Stephen Frisch

반응 후

© McGraw-Hill Education/Stephen Frisch

» 풀이:

(a) 이미 제5장에서 했듯이 단일 치환 반응의 반응물과 생성물에 대한 올바른 화학식을 적는 것부터 시작하자. 구리 금속은 반응물로서 Cu(*s*)로 표현한다. 다른 반응물인 질산 은은 1+의 전하를 가진 은 이온과 1−의 전하를 가진 질산 이온으로 이루어진 이온 결합 화합물이다. 이 화합물은 물에 녹으므로 화학식 $AgNO_3(aq)$로 표현할 수 있다. 반응 생성물 중 하나는 2+의 전하를 가진 구리 이온과 질산 이온으로 이루어진 가용성 이온 결합 화합물이다. 이 생성물은 $Cu(NO_3)_2(aq)$로 표현할 수 있다. 또 다른 생성물은 금속 은으로 Ag(*s*)이다. 이 반응의 기본 화학식은 다음과 같다.

$$Cu(s) + AgNO_3(aq) \longrightarrow Cu(NO_3)_2(aq) + Ag(s)$$

여기에 5.3절에서 배웠듯이 식의 균형을 맞추면 다음과 같이 쓸 수 있다.

$$Cu(s) + 2AgNO_3(aq) \longrightarrow Cu(NO_3)_2(aq) + 2Ag(s)$$

(b) 구리 금속에서 구리 원자는 전하가 0에서 2+로 변하였으므로, 반응물 Cu(*s*)는 산화되었다. 질산은 용액 속의 은 이온은 전하가 1+에서 0으로 변하였으므로 Ag^+는 환원되었다.

(c) 구리 금속은 은 이온을 환원시키면서 전자를 잃어버리는 반응물이기 때문에 환원제이다. 질산 은은 구리 금속으로부터 전자를 제거하여 산화시키는 원인이 되는 Ag^+ 이온을 포함하므로 산화제이다.

(d) 반응이 진행됨에 따라 용액은 옅은 파란색으로 변한다. 이는 Cu 원자가 Cu^{2+} 이

온으로 변화되는 것을 보여 준다. 금속 구리 표면은 은이 생성되면서 덮여 간다. 이는 은 이온 Ag^+가 은 원자로 변화되어 가면서 구리 금속 위에 석출되는 것이다.

➔ 응용 연습 14.1

질산 구리(II) 용액에 은 금속 물질을 넣으면 어떠한 현상이 일어날지 생각해 보라.

➔ 실전 연습 14.1

다음 그림에서 볼 수 있듯이 금속 철을 황산 구리(II) 용액 속에 넣으면, 단일 치환 반응이 일어나서 구리가 금속 철 위에 침착되고, 황산 철(III) 수용액이 형성된다.

(a) 이 반응의 균형 화학식을 써라.
(b) 산화된 원소와 환원된 원소를 써라.
(c) 산화제와 환원제를 써라.
(d) 분자 수준에서 금속 철의 표면에서는 어떤 현상이 일어나는지를 설명하라.

반응 전
©Jim Birk

반응 후
©Jim Birk

➔ 심화 연습: 연습 문제 14.9

14.2 산화수

앞 절에서 수용액 속에서 이온 결합 화합물의 산화-환원 반응을 공부하였다. 여기서 이온의 전하를 이용하여 전자를 세고, 얼마나 전자를 잃었고 얻었는지 알 수 있었다. 어떤 산화-환원 반응은 용액 속에서 일어나지 않기에 쉽게 인식하기 힘들다. 예를 들어 산소와 탄소의 산화-환원 반응을 생각해 보자.

$$C(s) + O_2(g) \longrightarrow CO_2(g)$$

전자의 이동을 이온 물질의 반응처럼 표현하지 않았다. 그러나 이 반응은 산화수라는 편리한 방법을 통해 산화-환원 반응이라고 규명할 수 있다. **산화수**[oxidation number, 때로는 ***산화 상태***(*oxidation state*)라고 함]란 어떠한 화합물 속의 원자에 할당된 전하를 의미한다. 이온 결합 화합물의 경우 산화수는 단지 화합물 속의 이온의 전하수에 해당한다. 다원자 이온이나 분자 화합물 속의 원자의 경우 산화수는 화합물 속의 원자를 다룰 때, 그들이 일련의 규칙에 따라 정해진 전하를 가진 이온인 것처럼 정한다. 표 14.1은 산화수를 정하는 규칙을 보여 준다. 다음 사항이 이 규칙을 적용하는 데 도움이 될 것이다.

• 규칙에는 우선 순위가 있어서, 처음 규칙은 나중 규칙에 우선한다.
• 고립된 원자나 분자가 오직 하나의 원소만을 가질 때, 규칙 1이 적용된다. 결합하지 않은 원소, 즉 예를 들어 원자 상태로 있을 때, He 같은 경우, 또는 H_2와 같은 분자 상태의 경우 산화수는 0이다. 따라서 S, S_2, S_8에서 황의 산화수는 0이다.
• 일원자 이온의 경우 산화수는 규칙 2에 의해 그 이온의 전하와 같다. 예를 들어 Li^+에서 리튬의 산화수는 1+이다. 같은 이유로 Cl^-에서 염소의 산화수는 1−이다.
• 규칙 2는 한 가지 원소를 제외한 다른 원소들의 산화수가 정해졌을 때 적용할 수 있다.
• 규칙 5는 다른 규칙들에 의해 다룰 수 없는 상황에서 주기율표상의 위치를 이용해 사용한다.
• 이성분 화합물에 산화수를 할당하기 위해서 규칙 2와 함께 다른 적절한 규칙을 이용하여 원소들 중 하나를 이용한다.

전기음성도는 주기율표상에서 왼쪽에서 오른쪽 상단으로 갈수록 증가하는 경향이 있다는 것을 기억하라.

이제 앞서서 거론한 탄소의 연소 반응에 위 규칙을 적용하여 보자.

$$C(s) + O_2(g) \longrightarrow CO_2(g)$$

두 반응물 $C(s)$와 $O_2(g)$에 대하여 첫 번째 규칙을 적용할 수 있다. 따라서 탄소와 산소 원자들은 각기 산화수가 0이다. 이제 이산화 탄소 CO_2에서 원자들의 산화수를 결정하자. 규칙들을 순서대로 살펴보면, 규칙 2를 적용할 수 있다. 그러나 아직 화합물에 있는 원자들의 산화수를 모른다. 규칙 6에서 산소의 산화수를 2−라고 정할 수 있다. 이를 규칙 2에 적용하면 탄소의 산화수를 결정할 수 있다. 제3장에서 이온 결합 화합물의 화학식을 다음의 관계식을 따라 만들었다고 배웠다.

$$\text{양이온의 총 양전하} + \text{음이온의 총 음전하} = \text{알짜 전하 } 0$$

이 관계식을 모든 화합물과 이온에 다음과 같이 적용할 수 있다.

$$\text{양의 산화수의 총합} + \text{음의 산화수의 총합} = \text{알짜 전하}$$

표 14.1 ▸ 산화수를 정하는 규칙

1. 다른 원소와 결합하고 있지 않은 원자의 산화수는 0이다.
2. 화합물에서 모든 원자들의 산화수 합은 전체 전하와 같다. 분자의 경우 0이며, 이온이나 다원자 이온의 경우 이온의 전하와 같다.
3. 플루오린은 모든 화합물에서 1−의 산화수를 가진다.
4. 수소는 금속과 결합하지 않는 한 1+의 산화수를 가지며, 금속과 결합할 경우 1−의 산화수를 가진다.
5. 주기율표상의 원소들의 위치는 산화수를 정하는 데 유용하다.
   a. IA(1)족 원소들은 화합물에서 1+의 산화수를 가진다.
   b. IIA(2)족 원소들은 화합물에서 2+의 산화수를 가진다.
   c. VIIA(17)족 원소들은 더 큰 전기음성도를 가진 비금속과 결합하지 않는 한, 1−의 산화수를 가진다.
   d. 이성분 화합물에서, VIA(16)족 원소들은 더 큰 전기음성도를 가진 비금속과 결합하지 않는 한, 2−의 산화수를 가진다.
   e. 이성분 화합물에서, VA(15)족 원소들은 더 큰 전기음성도를 가진 비금속과 결합하지 않는 한, 3−의 산화수를 가진다.
6. 산소는 2−의 산화수를 가진다. 단, O_2^{2-}를 함유하는 과산화물의 경우는 예외이다(이 경우 1−의 산화수를 가짐). 또 다른 예외는 산소가 전기음성도가 더 큰 플루오린 원자와 결합했을 때이다.

이 관계식은 규칙 2의 다른 표현에 해당한다. 이산화 탄소의 경우, 알짜 전하는 0이다. 음의 산화수의 총합은 4−이다. 이는 각각이 2−의 산화수를 가지고 있는 두 개의 산소 원자로부터 기인한다.

$$\text{양의 산화수의 총합} + [2 \times (-2)] = 0$$
$$\text{양의 산화수의 총합} + (-4) = 0$$
$$\text{양의 산화수의 총합} = 0 + 4$$
$$\text{양의 산화수의 총합} = 4$$

따라서 탄소의 산화수는 4+가 된다.

$$\overset{0}{\downarrow}\hspace{-0.5em}C(s) + \overset{0}{\downarrow}\hspace{-0.5em}O_2(g) \longrightarrow \overset{4+}{\downarrow}\hspace{-0.3em}C\overset{2-}{\downarrow}\hspace{-0.3em}O_2(g)$$

황산 이온 SO_4^{2-}와 같은 이온에서 원자들에 대하여 전하를 정하기 위해 산화수를 어떻게 적용할까? 규칙 2를 적용할 수 있으나, 먼저 이 이성분 이온에 있는 원소들 중 하나의 산화수를 알아야만 한다. 규칙 5에 따라 VIA(16)족 원소들은 보통 산화수가 2−이다. 예외는 해당 원소가 산소처럼 더 전기음성도가 큰 원소와 결합하고 있을 때이다. 양쪽 모두 산화수 2−를 가질 수 없기 때문에, 이 규칙에 따라 황의 산화수를 정할 수 없다. 규칙 6은 산소의 산화수가 2−임을 말해 준다. 산소의 산화수를 아는 것은 규칙 2에 따라 황의 산화수를 정할 수 있도록 해 준다.

$$\text{양의 산화수의 총합} + \text{음의 산화수의 총합} = \text{알짜 전하}$$

화학식에 네 개의 산소 원자가 들어 있으므로, 산소의 산화수 2−에 4배를 한다. 이 이온의 알짜 전하는 2−이다. 그러면 다음과 같다.

$$\text{양의 산화수의 총합} + [4 \times (-2)] = -2$$
$$\text{양의 산화수의 총합} + (-8) = -2$$
$$\text{양의 산화수의 총합} = -2 + 8$$
$$\text{양의 산화수의 총합} = 6$$

따라서 화학식 속에 나타난 한 개의 황의 산화수는 6+가 된다.

수의 계산에서 산화수를 사용하기 위해 수학에서 사용하는 관례를 따라서 수 앞에 음의 부호를 놓는다.

인터넷 핫스팟

상당수 학생들이 산화수의 할당에 어려움을 겪고 있다고 한다. 이 주제에 대한 추가 학습 자료를 보려면 SmartBook에 접속하라.

예제 14.2 ▶ 산화수 정하기

다음 화학식에 있는 각 원소의 산화수를 써라.

(a) F_2 (b) PO_4^{3-} (c) $Mg(NO_3)_2$ (d) Cr_2O_3

» 풀이:

(a) 플루오린 분자(F_2)는 플루오린 원소 한 가지로만 구성되어 있다. 규칙 1에 따라 F_2에서 F의 산화수는 0이다.

(b) PO_4^{3-}의 산화수를 정하기 위해 규칙 5e를 적용하자. 인은 V(15)족에 속해 있으며, 보다 전기 음성적인 산소에 결합되어 있다. 따라서 규칙의 예외 사항이다. 규칙 6을 산소 원자에 적용하여 산소의 산화수를 2−로 정한다. 이어서 규칙 2에 따라 인의 산화수를 계산할 수 있다.

$$\text{양의 산화수의 총합} + \text{음의 산화수의 총합} = \text{알짜 전하}$$

화학식에 네 개의 산소 원자가 들어 있으므로, 산소의 산화수 2−에 4배를 한다. 이 이온의 알짜 전하는 3−이다. 그러면 다음과 같다.

$$\text{양의 산화수의 총합} + [4 \times (-2)] = -3$$
$$\text{양의 산화수의 총합} + (-8) = -3$$
$$\text{양의 산화수의 총합} = -3 + 8$$
$$\text{양의 산화수의 총합} = 5$$

따라서 인의 산화수는 5+이다.

(c) $Mg(NO_3)_2$는 이온 결합 화합물로서 금속 이온과 다원자 음이온으로 구성되어 있다. 다원자 음이온은 질산 이온(NO_3^-)이다. 따라서 화합물의 화학식 단위당 두 개의 질산 이온이 들어 있으므로, 마그네슘의 산화수는 2+이다. (마그네슘의 위치를 주기율표에서 확인하여 규칙 5b에 따라서도 알 수 있다.) 규칙 6에 따라 산소에 2−의 산화수를 할당한다. 규칙 2에 따라 질소의 산화수를 계산할 수 있다.

$$\text{양의 산화수의 총합} + \text{음의 산화수의 총합} = \text{알짜 전하}$$

화학식에 세 개의 산소 원자가 들어 있으므로, 산소의 산화수 2−에 3배를 한다. 이 이온의 알짜 전하는 1−이다. 그러면 다음과 같다.

$$\text{양의 산화수의 총합} + [3 \times (-2)] = -1$$
$$\text{양의 산화수의 총합} + (-6) = -1$$
$$\text{양의 산화수의 총합} = -1 + 6$$
$$\text{양의 산화수의 총합} = 5$$

따라서 질소의 산화수는 5+이다.

(d) Cr_2O_3는 전이 금속을 포함하고 있는 이온 결합 화합물이다. 전이 금속의 전하는 주기율표에서 예측할 수 없으므로, 규칙 6을 사용하여 먼저 산소에 산화수 2−를 할당한다. 이후 규칙 2에 따라 다음의 관계식을 이용하여 크로뮴의 산화수를 계산할 수 있다.

$$\text{양의 산화수의 총합} + \text{음의 산화수의 총합} = \text{알짜 전하}$$

화학식에 세 개의 산소 원자가 들어 있으므로, 산소의 산화수 2−에 3배를 한다. 이 화합물의 알짜 전하는 0이다. 그러면 다음과 같다.

$$\text{양의 산화수의 총합} + [3 \times (-2)] = 0$$
$$\text{양의 산화수의 총합} + (-6) = 0$$
$$\text{양의 산화수의 총합} = 0 + 6$$
$$\text{양의 산화수의 총합} = 6$$

화학식 속에는 두 개의 크로뮴 원자가 있으므로 각각의 산화수는 3+이다.

➔ 응용 연습 14.2

화합물 CrO_3와 Cr_2O_3에서 크로뮴의 산화수는 어떻게 다른가?

➔ 실전 연습 14.2

다음 화학식에서 각 원소의 산화수를 써라.

(a) Mg
(b) Mn_2O_3
(c) Na_2SO_4
(d) $Cr_2O_7^{2-}$

➔ 심화 연습: 연습 문제 14.19

다시 탄소의 연소 반응으로 돌아오자.

$$C(s) + O_2(g) \longrightarrow CO_2(g)$$

$C(s)$와 $O_2(g)$에 대하여 모두 산화수 0을 할당한다. CO_2에서 탄소의 산화수는 4+이고, 산소의 산화수는 2−이다. 이들 산화수를 다음과 같이 정리할 수 있다.

$$\overset{0}{C}(s) + \overset{0}{O}_2(g) \longrightarrow \overset{4+}{C}\overset{2-}{O}_2(g)$$

산화-환원 반응을 확인하기 위해 전하의 변화를 확인하였다. 또한 전하의 변화를 확인하기 위해 산화수의 변화를 살펴볼 수 있다. *하나 또는 그 이상 원소들의 산화수가 변하였다면, 산화-환원 반응이다.* 산화수가 증가할 때, 전자를 잃고 산화된다. 산화수가 감소될 때, 전자를 얻고 환원된다. 여기 연소 반응에서 탄소의 산화수는 반응물에서 0이었다가 생성물로 가면서 4+로 변하였다. 탄소는 네 개의 전자를 잃었으므로 산화되었다. 산소의 산화수는 반응물에서 0이었다가 생성물로 가면서 2−로 변하였다. 각 산소 원자는 전자를 두 개 얻었으므로 환원되었다.

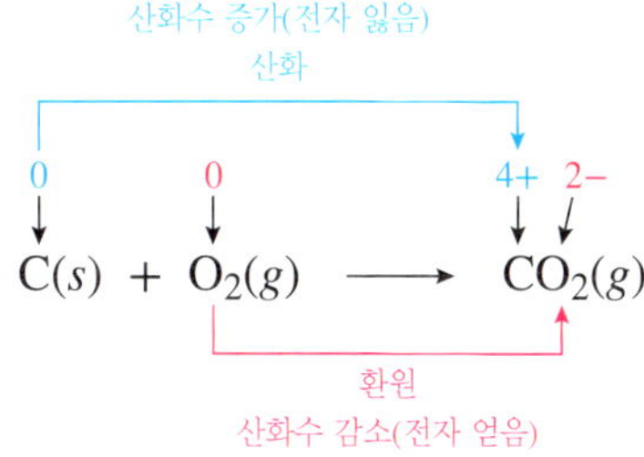

이 반응에서 산화제와 환원제는 어느 것인가? $C(s)$는 전자를 내주었고, 따라서 $O_2(g)$가 환원되었으므로, $C(s)$는 환원제이다. $O_2(g)$는 전자를 $C(s)$로부터 받았으므로 산화제이다.

이제 산화-환원 반응을 이온 결합 화합물과 분자 화합물 모두에 적용할 수 있게 되었다. 예제 14.3에서의 반응이 산화-환원 반응인지 결정해 보라.

인터넷 핫스팟

상당수 학생들이 산화-환원 반응과 산화수의 확인에 어려움을 겪고 있다고 한다. 이 주제에 대한 추가 학습 자료를 보려면 SmartBook에 접속하라.

예제 14.3 ▶ 산화-환원 반응 규명하기

다음에 나타낸 반응이 산화-환원 반응인지 결정하라. 산화-환원 반응인 경우, 산화제와 환원제를 구별하라.

(a) $AgNO_3(aq) + NaCl(aq) \longrightarrow AgCl(s) + NaNO_3(aq)$

(b) $2Fe(s) + 3Cu(NO_3)_2(aq) \longrightarrow 2Fe(NO_3)_3(aq) + 3Cu(s)$

(c) $CH_4(g) + 2O_2(g) \longrightarrow CO_2(g) + 2H_2O(g)$

(d) $4Fe(s) + 3O_2(g) \longrightarrow 2Fe_2O_3(s)$

» 풀이:

만일 원소들의 산화수가 변화되었다면, 산화-환원 반응이 일어난 것이다. 일단 표 14.1의 규칙을 이용하여 각 원소의 산화수를 써라.

(a) 이 반응에서 각 원소의 산화수는 다음과 같다.

$$\overset{1+}{Ag}\overset{5+}{N}\overset{2-}{O}_3(aq) + \overset{1+}{Na}\overset{1-}{Cl}(aq) \longrightarrow \overset{1+}{Ag}\overset{1-}{Cl}(s) + \overset{1+}{Na}\overset{5+}{N}\overset{2-}{O}_3(aq)$$

이들 원소의 어느 것도 산화수의 변화를 수반하지 않았기 때문에, 이 반응은 산화-환원 반응이 *아니다*.

(b) 이 반응에서 각 원소의 산화수는 다음과 같다.

$$\overset{0}{2\mathrm{Fe}}(s) + 3\overset{2+}{\mathrm{Cu}}(\overset{5+}{\mathrm{N}}\overset{2-}{\mathrm{O}}_3)_2(aq) \longrightarrow 2\overset{3+}{\mathrm{Fe}}(\overset{5+}{\mathrm{N}}\overset{2-}{\mathrm{O}}_3)_3(aq) + 3\overset{0}{\mathrm{Cu}}(s)$$

위 반응에서 철은 산화수가 0에서 3+로 변화되었기 때문에 산화되었다. 구리는 산화수가 2+에서 0으로 변화되었기 때문에 환원되었다. 이 반응은 산화-환원 반응이다. $Fe(s)$는 환원제이고, Cu^{2+}는 산화제이다.

(c) 이 반응에서 각 원소의 산화수는 다음과 같다.

$$\overset{4-}{\mathrm{C}}\overset{1+}{\mathrm{H}}_4(g) + 2\overset{0}{\mathrm{O}}_2(g) \longrightarrow \overset{4+}{\mathrm{C}}\overset{2-}{\mathrm{O}}_2(g) + 2\overset{1+}{\mathrm{H}}_2\overset{2-}{\mathrm{O}}(g)$$

탄소는 산화수가 4−에서 4+로 변화되었기 때문에 산화되었다. 산소는 산화수가 0에서 2−로 변화되었기 때문에 환원되었다. 이 반응은 산화-환원 반응이다. CH_4는 환원제이고, O_2는 산화제이다.

(d) 이 반응에서 각 원소의 산화수는 다음과 같다.

$$4\overset{0}{\mathrm{Fe}}(s) + 3\overset{0}{\mathrm{O}}_2(g) \longrightarrow 2\overset{3+}{\mathrm{Fe}}_2\overset{2-}{\mathrm{O}}_3(s)$$

철은 산화수가 0에서 3+로 변화되었기 때문에 산화되었다. 산소는 산화수가 0에서 2−로 변화되었기 때문에 환원되었다. 이 반응은 산화-환원 반응이다. Fe는 환원제이고, O_2는 산화제이다.

→ 응용 연습 14.3

(d) 문항의 반응에서 산화수의 변화를 고려해 볼 때, 반응 시 각각의 철 원자는 몇 개의 전자를 얻거나 잃었는가? 또한 반응 시 각각의 산소 원자는 몇 개의 전자를 얻거나 잃었는가?

→ 실전 연습 14.3

다음 중 어느 것이 산화-환원 반응인지를 결정하라. 산화-환원 반응의 경우, 산화제와 환원제를 결정하라.

(a) $2H_2O(l) \longrightarrow 2H_2(g) + O_2(g)$

(b) $HCl(aq) + NaOH(aq) \longrightarrow NaCl(aq) + H_2O(l)$

(c) $4Al(s) + 3O_2(g) \longrightarrow 2Al_2O_3(s)$

(d) $Mg(s) + Zn(NO_3)_2(aq) \longrightarrow Mg(NO_3)_2(aq) + Zn(s)$

→ 심화 연습: 연습 문제 14.29

14.3 배터리

외부 간섭 없이 발생하는 모든 산화-환원 반응은 에너지를 방출한다. 예를 들어 메테인(CH_4)의 경우, 가정용 보일러에서 연소된다. 연소 반응으로부터 열 에너지가 나오고, 이

열은 집안을 따뜻하게 해 준다. 그러나 전자 장비를 작동시키기에는 부족하다. 이는 가지고 다닐 수 있는 전지를 이용하여 해결한다. 전지로부터 나온 전기는 전자의 흐름으로써 산화 환원 반응에 의해 얻는다. 이때 이 에너지를 유용하게 사용하기 위하여 전지를 올바르게 구성할 필요가 있다.

시계나 계산기(그림 14.7)에서 사용하고 있는 아연-수은 전지를 생각해 보자. 내부에서 일어나는 반응은 다음과 같다.

$$Zn(s) + HgO(s) \longrightarrow ZnO(s) + Hg(l)$$

위 반응에서는 나타나지 않았지만, 이 반응은 수산화 포타슘이 내놓는 수산화 이온(OH^-)을 필요로 한다. 단순히 아연과 산화 수은(II)을 수산화 포타슘 용액 속에서 혼합하였다고 가정하자. 이 반응에서 전자가 이동할 때, 에너지는 열의 형태로 방출된다. 이 에너지를 시계의 동력으로 사용할 수는 없다. 모든 반응이 자유롭게 혼합된 반응물로부터 이루어지는 것과는 다르게, 전지에서는 산화 반응과 환원 반응이 격막으로 분리되도록 구성되어 있다. 이를 전선이 연결한다. 전자들이 전선을 통하여 산화 반응에서 환원 반응으로 이동하면서 열을 잃지 않고, 대신 전기 에너지를 얻을 수 있다. 만일 전선을 시계와 같은 유용한 장치에 연결하였다면, 전자의 흐름으로 장치가 작동하는 데 필요한 에너지를 공급해 줄 것이다.

아연과 구리로 구성된 다른 전지를 생각해 보자. 앞서 다루었던 아연 금속과 염화 구리(II)와의 반응을 다시 생각해 보자.

$$Zn(s) + CuCl_2(aq) \longrightarrow ZnCl_2(aq) + Cu(s)$$

만일 아연 조각을 염화 구리(II) 용액에 넣으면, 구리 금속이 아연 표면에 석출될 것이다(그림 14.5). 용액 속의 푸른색 Cu^{2+} 이온이 사라질 것이고, 온도가 올라갈 것이다. 에너지는 주위로 열의 형태로 흩어질 것이다. 이제 같은 반응을 다시 고려해 보는데, 산화 반응과 환원 반응을 그림 14.8에서처럼 분리해 보자. 아연이 전자를 잃고, 구리 이온이 전자를 얻게 되면, 전구가 밝아진다. 이는 각 분리된 반응조를 연결한 전선을 통하여 전자가 흐르기 때문이다. 이런 방법으로 연속적인 화학 반응이 일어나서 전기를 발생시킬 수 있도록 구성한 장치를 **volta 전지**(voltaic cell) 또는 **갈바니 전지**(galvanic cell)라고 한다. Volta 전지는 배터리의 가동 부분이다.

그림 14.7 아연-수은 배터리는 몇 나라에서 수은 사용 배터리를 금지하기 전까지 시계와 계산기에 다양하게 사용되었다. 오늘날 단추형 전지에는 대부분 Zn과 MnO_2를 사용하고 있다.

동영상: Volta 전지의 작동. 아연-구리 반응

동영상: Galvani 전지

전압(*voltage*)과 ***볼트***(*volt*)라는 용어는 1800년경에 배터리의 전신을 개발한 Volta(Alessandro Volta)를 기리는 의미에서 붙여졌다. 그는 동물의 신경 자극의 전기적 특성을 입증한 연구로 Galvani(Luigi Galvani)와 함께 그는 기억되고 있다.

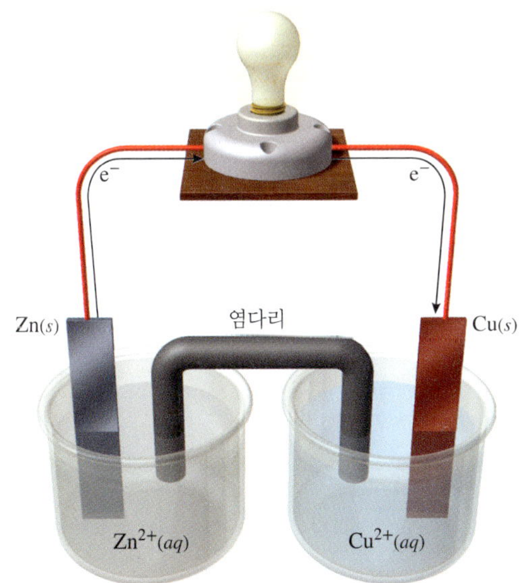

그림 14.8 반응물이 반쪽 전지로 분리되고 전선으로 연결되면 전자가 흘러서 전구가 밝아진다.

높은 전위
©naumoid/iStock/Getty Images

낮은 전위
©naumoid/iStock/Getty Images

그림 14.9 Volta 전지에서 전자의 흐름에 대한 전위는 강에서 물의 흐름과 유사하다. 강바닥이 더 가파를수록 물의 흐름에 대한 전위는 더 커진다. 화학 반응에서 전위는 반응물에 따라 다양하다.

전지 내에서 전자들이 흐르려는 경향은 ***전압***(*voltage*)으로써 측정하며, 적절한 비유를 통해 이를 이해할 수 있다. 전자의 흐름을 강물의 흐름에 비유하여 생각해 보자. 강물은 평평한 바닥을 천천히 흘러간다. 그러나 경사가 가파르면 매우 빠르게 흐른다(그림 14.9). 마찬가지로, 화학 반응은 그들의 전위에 의해 전자의 흐름을 만든다. ***볼트***(*volt*) 단위로 측정된 volta 전지의 전위는 강한 산화제와 환원제를 가진 전지 일수록 높다. 전압계를 이용하여 volta 전지의 전압을 측정할 수 있다.

어떻게 volta 전지가 전기를 만들어 내는지 이해하기 위하여, 아연과 구리의 각 부분에서 일어나는 반응을 살펴보자.

$$Zn(s) + Cu^{2+}(aq) \longrightarrow Zn^{2+}(aq) + Cu(s)$$

산화수를 표시하면 다음과 같다.

$$\overset{0}{\underset{\downarrow}{}}\ \ \overset{2+}{\underset{\downarrow}{}}\ \ \overset{2+}{\underset{\downarrow}{}}\ \ \overset{0}{\underset{\downarrow}{}}$$

$$Zn(s) + Cu^{2+}(aq) \longrightarrow Zn^{2+}(aq) + Cu(s)$$

아연은 산화수가 0에서 2+로 변하였으므로 환원제로 작용하며 자신은 산화된다. 구리는 산화수가 2+에서 0으로 변하였으므로 산화제이고 자신은 환원된다. 이 정보로부터 다음과 같은 과정의 식을 쓸 수 있다.

산화 $Zn(s) \longrightarrow Zn^{2+}(aq) + 2e^-$

환원 $Cu^{2+}(aq) + 2e^- \longrightarrow Cu(s)$

각 반응식은 **반쪽 반응**(half-reaction)이며, volta 전지의 각기 분리된 부분에서 일어나는 산화 반응과 환원 반응을 나타낸다. 따라서 각 부분은 **반쪽 전지**(half-cell)라고 한다. 산화가 한 반쪽 전지에서 일어나고, 환원은 다른 반쪽 전지에서 일어난다. 산화와 환원 과정을 각 반쪽 전지로 분리하는 것은 화학 반응으로부터 전기를 이용하기 위해서다. 구리보다 전위가 높은 아연은 전자를 내놓는다. 따라서 전자는 전선을 통해 아연 금속에서 구리 금속으로 흘러가고, 구리 금속이 담겨 있는 용액 속의 Cu^{2+} 이온은 구리 원자로 환원된다.

그림 14.10의 volta 전지에서 고체 물질은 각 반쪽 반응이 일어나도록 하여 전기를 흐르도록 해준다. 이 물질은 **전극**(electrode)이라고 한다. 전극은 보통 같은 금속의 염

그림 14.10 Volta 전지는 전해질 용액에 담긴 두 개의 전극으로 이루어진다. 한 전극은 산화전극이고, 다른 것은 환원전극이다. 산화는 산화전극에서 일어나고, 환원은 환원전극에서 일어난다. 전자들은 전선을 통해 흐른다. 염다리는 회로를 한다.

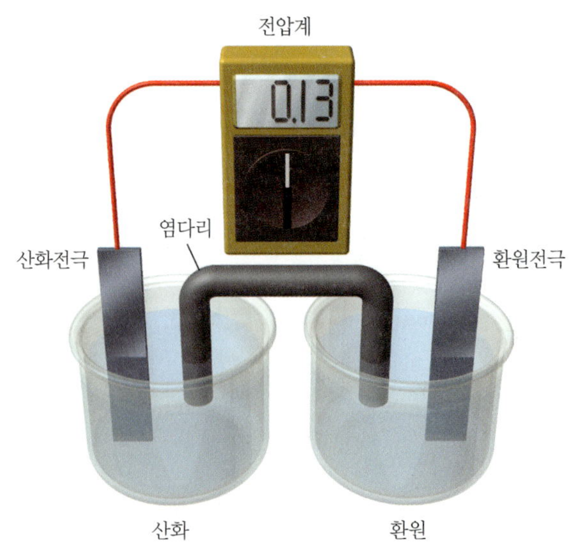

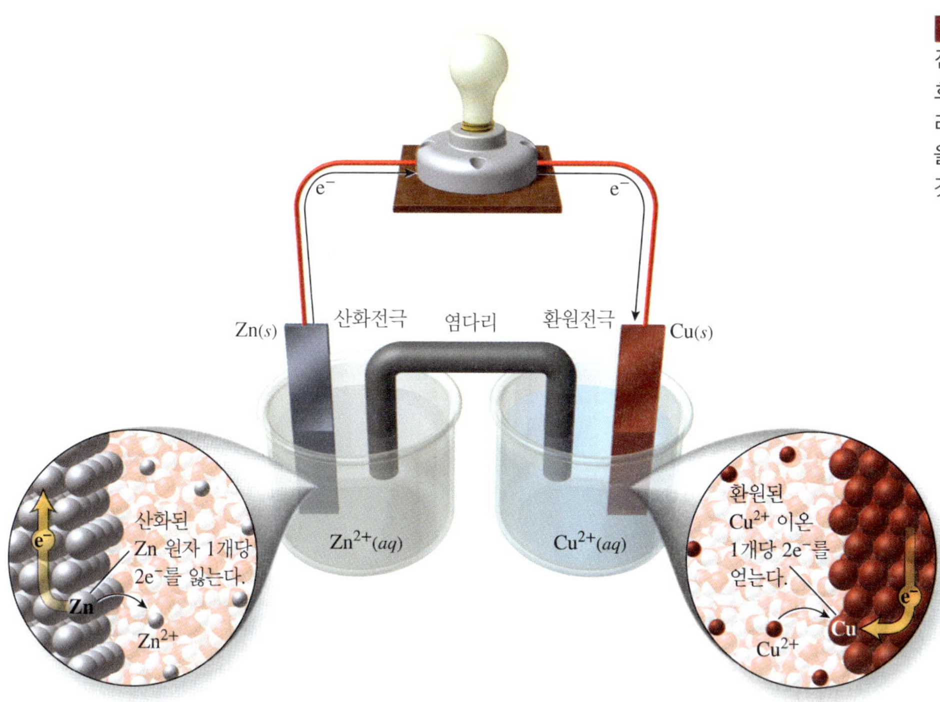

그림 14.11 산화전극에서 아연이 잃은 전자들은 환원전극으로 향한다. 전자들의 이 흐름은 전구를 밝게 한다. 환원전극에서 구리 이온은 두 개의 전자를 얻어서 구리 표면을 덮는다. (구경꾼 이온들은 나타내지 않은 것을 주목하라.)

이 들어 있는 전해질 용액에서 작용하도록 담겨져 있다. 산화가 일어나는 전극을 **산화전극**(anode)이라고 한다. 환원이 일어나는 전극을 **환원전극**(cathode)이라고 한다. 아연과 구리로 구성된 전지에서, 산화전극은 아연 금속이다. 산화전극의 반쪽 전지 쪽의 전해질은 $Zn(NO_3)_2$와 같은 아연 화합물로 구성되었다. 환원전극은 구리 금속이다. 환원전극이 담겨져 있는 반쪽 전지의 전해질은 $Cu(NO_3)_2$와 같은 구리 화합물로 구성되었다.

때때로 비활성(불활성)의 금속들은 단지 전자 이동을 위한 자리를 제공하는 전극으로 사용된다.

산화전극과 환원전극 사이의 회로가 연결되지 않으면 전기는 흐르지 않는다. 그림 14.10에서와 같은 volta 전지에서는 염다리로 회로를 연결시킨다. **염다리**(salt bridge)는 이온이 흐를 수 있도록 하여 전하 균형을 유지시켜 준다. 전형적인 염다리는 U-자가 거꾸로 되어 있는 모양의 유리관에 젤 상태의 Na_2SO_4와 같은 이온 결합 화합물이 들어 있다. 이온은 자유롭게 젤 속을 드나들고, 각 반쪽 전지 간의 전하 균형을 유지시켜 준다.

원자, 이온, 전자가 volta 전지에서 어떻게 흐르게 되는지 관찰하기 위해 분자 수준의 관점에서 어떤 일이 일어나는지 살펴보도록 하자(그림 14.11). 산화가 일어나는 산화전극 반쪽 전지에서, 아연 금속의 각 원자는 두 개의 전자를 잃는다. 아연은 이온이 되어 전극의 표면으로부터 떨어져 나오고 용액 속으로 녹아 들어간다. 아연 원자가 잃어버린 전자는 전선을 통하여 환원전극 쪽으로 흘러간다. 환원전극에서 흘러나온 전자는 용액 속의 Cu^{2+} 이온과 만날 것이다. 이 이온은 전자를 받아들이고, 구리는 중성 원자로 구리 전극의 표면에 침착된다.

이제 각 전극에서 어떤 일이 일어나는지 알 수 있게 되었다. 당신은 염다리의 역할을 설명할 수 있겠는가? 이 질문에 대답하기 위해, 반응이 진행됨에 따라 각 반쪽 전지에서 전하가 어떻게 변하는지를 생각해 보자. 산화전극에서는 중성 Zn 원자가 Zn^{2+} 이온으로 되고, 산화전극 반쪽 전지는 양전하를 얻는다. 음이온은 염다리에서 산화전극으로 흘러가고 전하 균형을 유지한다. 환원전극에서는 Cu^{2+} 이온이 중성 구리 원자로 변하고, 환원전극은 음전하를 얻는다. 양이온은 염다리로부터 반쪽 전지로 흘러 들어가며, 양전하를 대치한다(그림 14.12). 염다리로부터 흘러 들어가는 이온은 단지 전하의 균형을 맞출 뿐이며, 화학 반응에 참여하지는 않는다.

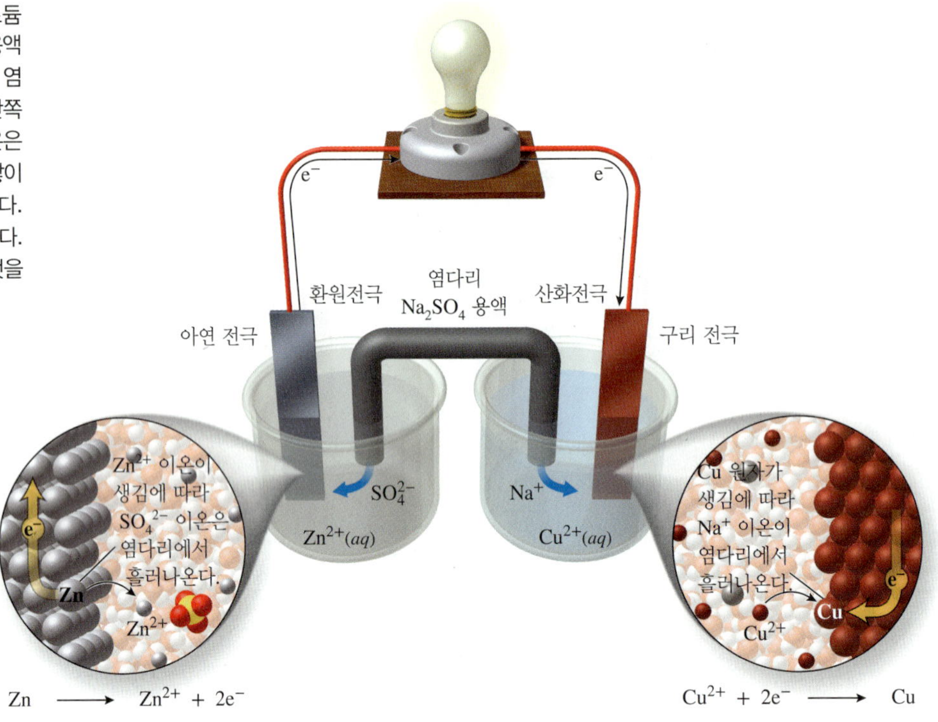

그림 14.12 염다리에는 보통 황산 소듐(Na_2SO_4)과 같은 이온 결합 화합물의 용액이 들어 있다. 음으로 하전된 황산 이온은 염다리로부터 양전하가 발생된 산화전극 반쪽 전지로 흐른다. 양으로 하전된 소듐 이온은 환원전극 반쪽 전지로 흘러서 음전하가 쌓이는 것을 막는다. 염다리는 회로를 완성한다. 염다리가 없으면 전자는 흐르지 않을 것이다. (모든 구경꾼 이온들을 나타내지 않은 것을 주목하라.)

그림 14.13 아연-구리 volta 전지가 작동됨에 따라 아연 전극은 약화된다. 그러나 구리 전극은 질량이 증가한다. 왜냐하면 반응이 진행되면서 구리 원자들이 표면 위를 덮기 때문이다.

©McGraw-Hill Education/Stephen Frisch

Volta 전지가 오랜 시간 동안 작동하면 어떻게 될까? 아연 전극은 어떻게 될까? 그 질량은 증가할까? 아니면 감소할까? 구리 전극은 어떻게 될까? Zn^{2+} 이온이 녹아 있는 용액은 색깔이 없지만, Cu^{2+} 이온은 물속에서 파란색을 띤다. 그렇다면 반응이 진행됨에 따라 색의 변화가 일어날까? 이들 질문에 대답하기 위해 그림 14.13을 살펴보자. 아연 전극의 원자들은 아연 이온으로 산화되어 물에 녹아 들어간다. 따라서 전극은 작아진다. 수용액 속의 구리 이온은 구리 전극 위에 침착되고, 환원전극은 구리 원자를 더 많이 가지게 된다. 많은 구리 이온이 용액 속에서 사라짐에 따라 파란색이 옅어진다.

예제 14.4 ▶ Volta 전지의 각 부분 규명하기

마그네슘은 황산 구리(II)와 다음 반응식에 따라 반응한다.

$$Mg(s) + CuSO_4(aq) \longrightarrow MgSO_4(aq) + Cu(s)$$

(a) 산화 반쪽 반응과 환원 반쪽 반응을 써라.

(b) 산화제와 환원제를 판단하라.

(c) 다음은 이 반응이 일어나는 volta 전지의 각 부분을 나타낸 그림이다. 그림에서 보이는 A~E까지의 문자를 이용하여 volta 전지의 올바른 구성 부분을 찾은 다음 물음에 답하라. 단, 산화 반쪽 반응은 그림의 왼쪽에서 일어난다고 가정한다.

- 어떤 반쪽 전지가 산화 구성물로 되어 있는가?
- 어떤 반쪽 전지가 환원 구성물로 되어 있는가?
- 산화전극과 환원전극으로 어떤 것을 사용할 것인가?
- 각 부분에 어떤 전해질 용액을 사용할 것인가?
- 염다리로부터 이온이 어느 쪽으로 흐를 것인가?

• 전자가 어디로 흐르는가?
• 전지가 작동됨에 따라 전극의 질량은 어떤 변화가 있을 것인가?

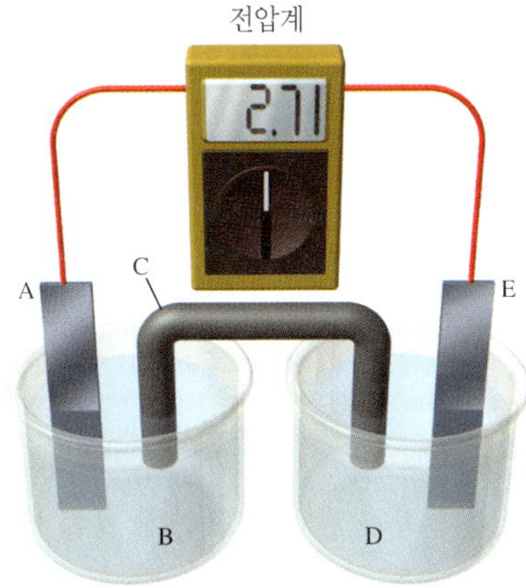

» 풀이:

(a) 황산 이온(SO_4^{2-})은 구경꾼 이온이므로, 전체 반응을 알짜 이온식으로 단순화할 수 있다.

$$Mg(s) + Cu^{2+}(aq) \longrightarrow Mg^{2+}(aq) + Cu(s)$$

이들은 중성 원자와 이온이므로, 산화수를 바로 정한다.

$$\overset{0}{\overset{\downarrow}{Mg}}(s) + \overset{2+}{\overset{\downarrow}{Cu}}{}^{2+}(aq) \longrightarrow \overset{2+}{\overset{\downarrow}{Mg}}{}^{2+}(aq) + \overset{0}{\overset{\downarrow}{Cu}}(s)$$

마그네슘의 산화수가 0에서 2+로 변하였으므로, 이 반응물은 산화되었다. 산화 반응으로 각 마그네슘 원자는 두 개의 전자를 잃었다.

$$Mg(s) \longrightarrow Mg^{2+}(aq) + 2e^-$$

구리의 산화수는 2+에서 0으로 변하였으므로, 이 반응물은 환원되었다. 환원 반응으로 각 Cu^{2+} 이온은 두 개의 전자를 얻었다.

$$Cu^{2+}(aq) + 2e^- \longrightarrow Cu(s)$$

이들 정보로부터 산화 과정과 환원 과정을 나타내는 반쪽 반응을 다음과 같이 적을 수 있다.

산화 $Mg(s) \longrightarrow Mg^{2+}(aq) + 2e^-$

환원 $Cu^{2+}(aq) + 2e^- \longrightarrow Cu(s)$

(b) 산화된 반응물은 마그네슘이다. 마그네슘으로부터 전자를 얻은 반응물은 Cu^{2+}이다. 산화제는 Cu^{2+}이며, 반응을 통해 환원되었다. 이 환원 반응을 통해 전자를 제공한 반응물은 마그네슘이다. 마그네슘은 환원제이다.

(c) 산화 반쪽 반응이 왼쪽 반응조에서 일어난다고 가정한다면, 뒤따르는 물음에 대한 답은 다음과 같다.

• 산화되는 구성물은 왼쪽의 A와 B가 될 것이다.
• 오른쪽 부분은 환원되는 구성물 D와 E로 이루어질 것이다.
• 구성물 A는 마그네슘 금속으로 이루어진 산화전극이 될 것이다. 구성물 E는 구

리 금속으로 되어 있는 환원전극이 될 것이다.

- 산화전극 구성물 B는 $Mg(NO_3)_2$와 같은 마그네슘의 전해질이다. 환원전극의 구성물 D는 $Cu(NO_3)_2$와 같은 전해질이거나 Cu^{2+} 이온을 포함하는 염이다.
- 전기 회로를 완성하기 위하여 필요한 염다리는 C 부분으로, 두 반쪽 전지로 이온이 흐르도록 해준다. 염다리의 성분으로 황산 소듐(Na_2SO_4)를 일반적으로 사용한다. 황산 이온(SO_4^{2-})은 Mg^{2+} 이온의 생성으로 인한 양전하의 균형을 맞추기 위해 왼쪽 구성부로 흘러 들어갈 것이다. Na^+ 이온은 중성의 구리 원자로 환원되는 Cu^{2+} 이온을 치환하기 위해 오른쪽 반쪽 전지로 흘러들어갈 것이다.
- 전자는 A 전극에서 흘러나와 전압계를 통과하여 E 전극으로 흘러 들어간다.
- 마그네슘 원자가 반응이 진행됨에 따라 마그네슘 이온으로 용액 속으로 빠져나가기 때문에 전극 A의 무게는 점차로 줄어든다. 용액 속의 구리 이온은 반응에 의해 구리 원자로 되어 점차 전극의 표면에 쌓이기 때문에 전극 E의 무게는 증가한다.

➔ 응용 연습 14.4

초기 25.0 g의 마그네슘 판을 산화전극으로 사용하였고, 반응이 끝났을 때 15.0 g의 마그네슘이 남아 있었다고 가정해 보자. 환원전극 위에 덮인 구리는 몇 g인가?

➔ 실전 연습 14.4

카드뮴은 질산 니켈(II)과 다음의 식에 따라 반응한다.

$$Cd(s) + Ni(NO_3)_2(aq) \longrightarrow Cd(NO_3)_2(aq) + Ni(s)$$

(a) 산화 반쪽 반응과 환원 반쪽 반응을 써라.
(b) 산화제와 환원제를 판단하라.
(c) 이 volta 전지의 각 부분을 나타내기 위해, 위의 예에서 보여준 것과 같은 그림을 그려라. 각 구성부에 A, B, C, D, E의 표시를 하고, 예에서와 같은 물음에 답하라.

➔ 심화 연습: 연습 문제 14.37

그림 14.14 오래 전에는 전화기와 다른 장치에 동력을 주기위해 배터리 병(battery jar)을 사용하였다.

©David A. Tietz/Editorial Image, LLC

단일 전지를 배터리라 종종 부른다. 그러나 기술적으로 배터리는 일련의 연결된 volta 전지이다.

아연-구리 전지는 우리가 전지를 표현할 때 일반적으로 생각되는 전지는 아니지만, 오랫동안 전화기나 다른 전기 기기의 전원으로 실제 사용되어 왔다. 그림 14.14에서 보인 구식 모양의 "배터리 단지(battery jar)"에서 전극이 모두 판 모양을 한 것에 주목하라. 이들은 산화전극과 환원전극을 배열한 것으로 한 쌍만 있을 때보다 많은 전기를 제공할 수 있다. 일련의 연결된 volta 전지로 이루어진 이동성이 있는 전기 공급 장치를 **배터리**(battery)라고 한다.

아연-구리 배터리의 단점은 "습식 전지(wet cell)"라는 것이다. 휴대폰을 이용하기 위해 배터리 단지를 들고 다니는 것을 상상해 보라! 작은 전기 기기에는 사용하기 힘들다는 제한에도 불구하고, 일반적으로 습식 배터리는 가령 자동차의 시동과 같은 보다 큰 분야에 사용한다. 자동차에 사용되는 배터리는 납-산 배터리, 또는 납축전지라고 한다(그림 14.15). 그 안에서 일어나는 반응은 다음과 같다.

$$Pb(s) + PbO_2(s) + 2H_2SO_4(aq) \longrightarrow 2PbSO_4(aq) + 2H_2O(l)$$

이 반응에서 납[$Pb(s)$]은 산화되고, $PbO_2(s)$는 환원된다.

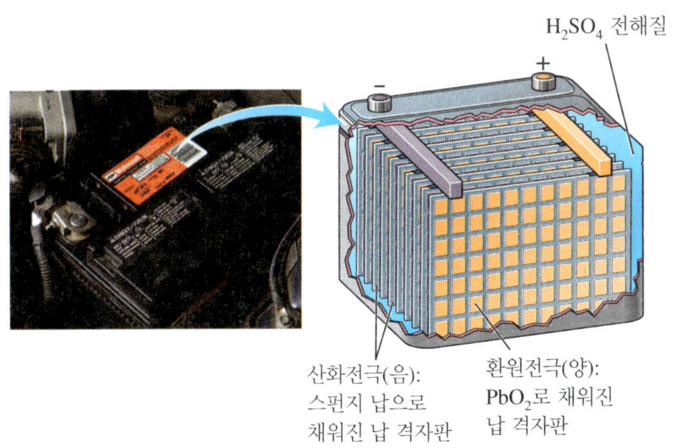

그림 14.15 납-산 배터리는 산화전극과 환원전극이 교대로 배열된 일련의 6개의 volta 전지이다. 이것은 오늘날 가장 흔히 사용되는 습식 전지 배터리이다.

산화: Pb (0) → $2PbSO_4$ (2+)

$$\overset{0}{Pb(s)} + \overset{4+}{PbO_2(s)} + 2H_2SO_4(aq) \longrightarrow \overset{2+}{2PbSO_4(s)} + 2H_2O(l)$$

환원: PbO_2 (4+) → $2PbSO_4$ (2+)

납-산 배터리에서, 산화전극은 금속 납으로 이루어져 있고, 납은 스펀지 형태로 격자판으로 되어 있다. 환원전극 또한 납 금속으로 만들어져 있는데, 격자판은 산화 납(IV)(PbO_2)으로 구성되어 있다. 모든 volta 전지는 전체 반응을 반쪽 반응으로 나눌 수 있다. 납-산 배터리의 산화전극과 환원전극의 반응은 다음과 같다.

산화전극 $Pb(s) + H_2SO_4(aq) \longrightarrow PbSO_4(s) + 2H^+(aq) + 2e^-$

환원전극 $PbO_2(s) + H_2SO_4(aq) + 2H^+(aq) + 2e^- \longrightarrow PbSO_4(s) + 2H_2O(l)$

이들 반쪽 반응 중 어느 것이 산화 반응이고, 어느 것이 환원 반응인가?

납-산 배터리의 단일 전지의 전위차는 2볼트(V)이다. 자동차 배터리는 6개의 전지로 구성되어서 12 V의 전압을 형성한다. 작은 전자 장비의 전원용으로는 적은 전압이 필요하므로 "건전지"를 사용한다. 이들 배터리는 구성이 다르므로 전압도 다르다. 9 V 건전지(그림 14.16)를 예로 들면, Zn와 MnO_2로 구성된 6개의 전지의 배열로 이루어져 있고, 전해질 반죽도 다양한 화합물로 되어 있다. 각각의 전지 단위는 1.5 V의 전압을 형성한다. 이들 전지에서 일어나는 반응은 다음과 같다.

$$Zn(s) + MnO_2(s) + H_2O(l) \longrightarrow ZnO(s) + Mn(OH)_2(s)$$

이 반응에서 산화제와 환원제를 확인할 수 있는가?

이 장의 초반에서 아연과 산화 수은(II)으로 만들어진 배터리를 언급하였다.

$$Zn(s) + HgO(s) \longrightarrow ZnO(s) + Hg(l)$$

이 배터리는 1.3 V의 전압을 생성하고, 시계나 계산기에 사용된다. 비슷한 배터리로 아연과 산화 은을 사용한 것이 있다.

$$Zn(s) + Ag_2O(s) \longrightarrow ZnO(s) + 2Ag(s)$$

이 배터리는 1.6 V의 전압을 생성하며 주로 카메라에 사용한다. 주어진 전체 반응은 배터리 내에서 일어나는데, 이를 보고 산화제와 환원제를 식별할 수 있어야 한다.

A

B

그림 14.16 (A) 9 V 배터리에는 (B) 일련의 6개의 1.5 V 전지가 들어 있다.

예제 14.5 ▶ 배터리에서의 산화 환원

대부분의 오래된 시계에서 일어나는 반응은 다음과 같다.

$$Zn(s) + HgO(s) \longrightarrow ZnO(s) + Hg(l)$$

이 배터리에서 어느 것이 산화제인가? 어느 것이 환원제인가?

» 풀이:

보통 때처럼 먼저 산화수를 정한다.

$$\overset{0}{Zn}(s) + \overset{2+}{Hg}\overset{2-}{O}(s) \longrightarrow \overset{2+}{Zn}\overset{2-}{O}(s) + \overset{0}{Hg}(l)$$

아연은 산화수가 0에서 2+로 변하였기 때문에 산화되었다. 수은은 2+에서 0으로 변하였기 때문에 환원되었다. $HgO(s)$는 산화제이고, $Zn(s)$는 환원제이다.

→ 응용 연습 14.5

수은의 환원 반쪽 반응은 다음과 같다.

$$HgO(s) + H_2O(l) + 2e^- \longrightarrow Hg(l) + 2OH^-(aq)$$

이 반응은 산화전극과 환원전극 중 어디에서 일어나겠는가?

→ 실전 연습 14.5

대부분의 카메라 배터리에서 일어나는 반응은 다음과 같다.

$$Zn(s) + Ag_2O(s) \longrightarrow ZnO(s) + 2Ag(s)$$

어느 것이 산화제인가? 어느 것이 환원제인가?

→ 심화 연습: 연습 문제 14.41

14.4 간단한 산화-환원 반응식의 균형 맞추기

배터리를 구성하기 위하여 또는 산화-환원 반응을 설명하기 위하여, 반응물과 생성물의 양을 예측할 수 있어야 한다. 균형 맞춘 반응식은 이러한 정보를 제공한다. 제5장에서 보았듯이 화학 반응에서 원자들은 균형을 이루어야 한다. 또한 전하도 균형을 이루어야 하므로 잃어버린 전자는 얻은 전자와 같아야 한다.

간단한 산화-환원 반응식의 균형 맞추기를 보이기 위해, 그림 14.17에서 보이는 금속 구리와 질산 은의 반응을 살펴보도록 하자. 구리 원자는 Cu^{2+} 이온으로 변하고, Ag^+ 이온은 은 원자로 변한다. 식을 사용하여 다음과 같이 반응을 나타낼 수 있다.

$$Cu(s) + Ag^+(aq) \longrightarrow Cu^{2+}(aq) + Ag(s)$$

이 식에서 틀린 점을 찾을 수 있는가? 원자들의 균형은 맞았는가? 전하의 균형은 어떠한가? 원자들의 균형은 맞았지만, 전하는 그렇지 않다. 반응물의 총 전하는 1+이다. 생성물의 총 전하는 2+이다. 게다가 얻은 전자와 잃은 전자의 수가 다르다. 위의 식에 따르면, 각각의 구리 원자는 두 개의 전자를 잃어 Cu^{2+}가 되었고, 각 Ag^+ 이온은 전자 한 개를 얻어 은 원자가 되었다. 이 식은 전체적으로 균형을 이루고 있지 않기 때문에 받아들일 수 없다.

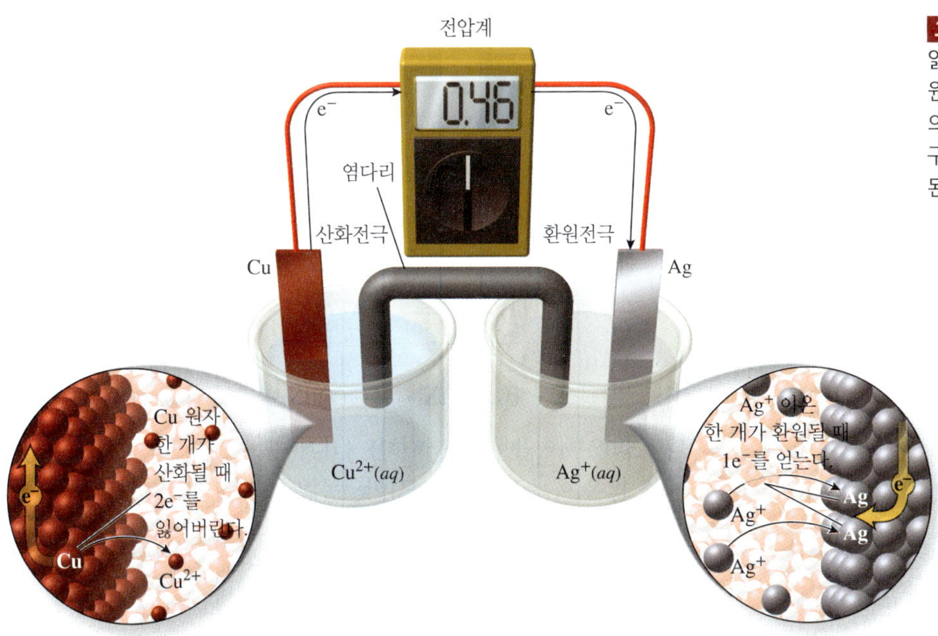

그림 14.17 산화전극에서 구리 원자가 잃어버린 전자는 환원전극으로 이동한다. 환원전극에서 Ag^{+} 이온은 전자를 얻고, 전극의 표면에서 석출되기 시작한다. 산화되는 구리 원자 한 개 당 두개의 Ag^{+} 이온이 환원된다.

균형 맞춘 반응식에 무엇이 필요한지 알기 위해 반응이 진행됨에 따른 전자의 흐름을 확인해 보자. 산화전극 표면의 구리 원자는 전자 두 개를 잃고 Cu^{2+} 이온이 된다. 이들 전자는 산화전극에서 전선을 통해 환원전극으로 흘러간다. 은 이온(Ag^{+})은 환원전극으로 끌려와 접촉하고, 이곳에서 전자들은 이온을 중성 은 원자로 환원시킨다. 그러나 구리 원자는 두 개의 전자를 잃는다. 만약 은 원자가 한 개의 전자만을 받았다면, 구리가 잃어버린 다른 하나는 어떻게 되었을까? 다른 은 이온이 환원되어 구리 원자가 잃은 전자를 모두 사용하게 된다. 그래서 모든 구리 원자는 두 개씩 전자를 잃고, 두 개의 Ag^{+} 이온이 각각 하나씩의 전자를 얻게 된다. 이 반응의 균형 맞춘 반응식은 다음과 같다.

$$Cu(s) + 2Ag^{+}(aq) \longrightarrow Cu^{2+}(aq) + 2Ag(s)$$

산화-환원 반응의 균형을 맞추기 위해 일단 전체 반응을 각각의 반쪽 반응으로 나누도록 한다. 이렇게 하면 잃은 전자와 얻은 전자를 세어보기 쉽다. 또한 환원전극과 산화전극 반쪽 전지에서 어떤 일이 일어나는지 확인할 수도 있다. 다른 모든 화학 반응식에서처럼 반쪽 반응식도 균형을 이루어야 한다. 이제 구리와 은 이온 사이의 주반응식을 다시 살펴보도록 하자.

$$Cu(s) + Ag^{+}(aq) \longrightarrow Cu^{2+}(aq) + Ag(s)$$

구리부터 살펴본다면 이 반응물은 산화되었고, 산화 반쪽 반응식으로 쓸 수 있다. 구리 금속 은 반응을 통해 Cu^{2+}가 되었다.

$$Cu(s) \longrightarrow Cu^{2+}(aq)$$

이 식은 균형을 이루었는가? 원자들은 균형을 이루었지만, 전하는 아니다. 식의 반응물 쪽의 총 전하는 0인 반면, 생성물 쪽의 총 전하는 2+이다. 산화수의 변화에 맞추어서 식의 한쪽에 전자를 추가할 필요가 있다. 생성물 쪽에 전자 두 개를 추가하면 식 오른쪽의 총 전하가 0이 된다.

$$Cu(s) \longrightarrow Cu^{2+}(aq) + 2e^{-}$$

이 식은 원자와 전하 모두 균형을 이룬 균형 맞춘 반응식이다. 이 식은 산화 과정에 대한 반쪽 반응식이다.

이제 환원 반쪽 반응을 살펴보자. 은 이온(Ag^+)은 반응하여 고체 은을 형성한다.

$$Ag^+(aq) \longrightarrow Ag(s)$$

원자들은 균형을 이룬 반면, 전하는 아니다. 반응물 쪽의 전하는 1+이고, 생성물 쪽은 0이다. 식의 반응물 쪽에 전자 한 개를 추가하여 불균형을 수정하자.

$$Ag^+(aq) + e^- \longrightarrow Ag(s)$$

원자들과 전하의 균형이 이루어졌으므로, 이 식은 균형 맞춘 반응식이다.

산화와 환원 반쪽 반응에서 잃은 전자와 얻은 전자의 균형을 생각해 보도록 하자.

$$\text{산화} \quad Cu(s) \longrightarrow Cu^{2+}(aq) + 2e^-$$
$$\text{환원} \quad Ag^+(aq) + e^- \longrightarrow Ag(s)$$

산화된 반응물이 잃어버린 모든 전자는 환원된 반응물이 얻은 모든 전자와 동등해야 한다. 환원 반쪽 반응을 2배하여 Cu/Ag^+ 반응 동안 얻은 전자와 잃은 전자가 같게 맞춘다. 이 작업을 위하여 각 반응물과 생성물에 2를 곱한다.

$$2[Ag^+(aq) + e^- \longrightarrow Ag(s)]$$
$$2Ag^+(aq) + 2e^- \longrightarrow 2Ag(s)$$

이제 산화 반쪽 반응에서 잃은 전자와 환원 반쪽 반응에서 얻은 전자가 같아졌다. 이들 두 반쪽 반응을 더할 수 있다.

$$\begin{array}{r} Cu(s) \longrightarrow Cu^{2+}(aq) + 2e^- \\ 2Ag^+(aq) + 2e^- \longrightarrow 2Ag(s) \\ \hline Cu(s) + 2Ag^+(aq) + 2e^- \longrightarrow Cu^{2+}(aq) + 2Ag(s) + 2e^- \end{array}$$

$2e^-$는 반응물과 생성물 양쪽에서 모두 나타났으므로 서로 상쇄된다.

$$Cu(s) + 2Ag^+(aq) + \cancel{2e^-} \longrightarrow Cu^{2+}(aq) + 2Ag(s) + \cancel{2e^-}$$
$$\text{전체 반응} \quad Cu(s) + 2Ag^+(aq) \longrightarrow Cu^{2+}(aq) + 2Ag(s)$$

이제 이 식은 원자와 전자의 균형이 이루어졌으므로 균형 맞춘 반응식이다. 잃은 전자와 얻은 전자 역시 같으므로 균형을 이루었다. 이중 확인을 위해 원자들의 수를 세어보고, 생성물과 반응물의 총 전하를 확인해 보도록 한다.

	반응물	생성물
Cu	1	1
Ag	2	2
전하	2+	2+

다음 일련의 질문을 따름으로써 식의 균형을 맞출 수 있을 것이다.

1. 어떤 물질이 산화되었고, 어떤 것이 환원되었는가? 이 질문에 답하기 위해 반응하는 모든 원소들의 산화수를 정한다.
2. 산화 과정과 환원 과정에 대하여 반쪽 반응식은 무엇인가? 각각의 반쪽 반응에 대하여 다음 질문에 답해 보라.
   a. 어떤 원소가 산화수의 변화가 있는가?

인터넷 핫스팟

상당수 학생들이 간단한 산화-환원 반응식의 균형을 맞추는 것에 어려움을 겪고 있다고 한다. 이 주제에 대한 추가 학습 자료를 보려면 SmartBook에 접속하라.

b. 마지막 균형 맞추기 단계까지 무시할 수 있는 구경꾼 이온은?
c. 산화수의 변화에 맞추어서 식의 어느 쪽에 몇 개의 전자를 추가해야 하는가?

3. 얻은 전자와 잃은 전자의 수를 같게 하기 위하여 각 반쪽 반응의 균형을 맞추도록 곱해 주는 환산 인자는 얼마인가?
4. 두 반쪽 반응을 더해 줄 때, 어떠한 물질이 식의 양쪽에 동일한 양만큼 존재하여 서로 상쇄될 수 있는가?

이들 질문에 답하고 난 후 실제로 따라 해 본다면, 전체 균형 맞춘 반응식을 얻을 수 있을 것이다. 마지막에 식 양쪽의 원자들의 수를 세어봄으로써 최종 확인을 하도록 한다. 반응물 쪽의 총 전하와 생성물 쪽의 총 전하가 같은지도 확인한다. 이들 일련의 질문들을 이용하여 예제 14.6의 산화-환원 반응식의 균형을 맞추도록 하자.

예제 14.6 ▶ 산화-환원 반응식의 균형 맞추기

망가니즈 금속은 염화 철(III) 수용액과 반응하여 염화 망가니즈(II) 수용액을 만든다. 이 반응에 대한 균형 맞춘 화학 반응식을 써라.

» 풀이:

먼저 제5장에서 했었던 것처럼, 반응물과 생성물의 화학식을 이용하여 기본 식을 작성한다.

$$Mn(s) + FeCl_3(aq) \longrightarrow MnCl_2(aq) + Fe(s)$$

어떤 물질이 산화되고 환원되었는지를 판단하기 위해, 기본 식에 있는 모든 원소의 산화수를 정한다.

$$\overset{0}{\underset{\downarrow}{}}Mn(s) + Fe\overset{3+}{}Cl_3\overset{1-}{}(aq) \longrightarrow Mn\overset{2+}{}Cl_2\overset{1-}{}(aq) + Fe\overset{0}{}(s)$$

염화 이온은 산화수의 변화가 없으므로 구경꾼 이온이다. 기본 식을 다음과 같이 다시 쓸 수 있다.

$$Mn(s) + Fe^{3+}(aq) \longrightarrow Mn^{2+}(aq) + Fe(s)$$

망가니즈는 산화수가 0에서 2+로 변하였기 때문에 산화되었다. 다음과 같이 산화 반쪽 반응을 쓸 수 있다.

$$Mn(s) \longrightarrow Mn^{2+}(aq)$$

두 개의 전자를 식의 오른쪽에 추가하여 산화수의 변화에 맞추어 준다. 이렇게 단순한 방법으로 전자를 추가해 주는 것을 다른 방법으로도 확인할 수 있다. 왼쪽의 총 전하가 0이고, 오른쪽의 총 전하가 2+이기 때문에, 식의 전하 균형을 맞추기 위해 두 개의 전자를 생성물 쪽에 더해 주어야 한다.

$$Mn(s) \longrightarrow Mn^{2+}(aq) + 2e^-$$

이 반쪽 반응에서 원자들과 전하가 균형을 이루었다.

이제 다른 반쪽 반응을 생각해 보자. 철은 산화수가 3+에서 0으로 변하였기 때문에 환원된 원소다. 환원 반쪽 반응을 다음과 같이 작성하면서 시작하자.

$$Fe^{3+}(aq) \longrightarrow Fe(s)$$

세 개의 전자를 반응물 쪽에 더해 주어 전하의 균형을 맞춘다.

$$Fe^{3+}(aq) + 3e^- \longrightarrow Fe(s)$$

이제 이 반쪽 반응에 대하여 원자들과 전하의 균형이 맞았다.

다음 단계는 산화 반응과 환원 반응을 함께 생각할 차례다.

산화 $Mn(s) \longrightarrow Mn^{2+}(aq) + 2e^-$

환원 $Fe^{3+}(aq) + 3e^- \longrightarrow Fe(s)$

각각의 망가니즈 원자는 두 개의 전자를 잃었으나, 각각의 철 이온은 세 개의 전자를 얻었다. 얻은 전자의 수가 잃은 전자의 수와 같아야 하기 때문에, 산화 반쪽 반응은 3배를 해 주고, 환원 반쪽 반응은 2배를 해 준다.

$$3[Mn(s) \longrightarrow Mn^{2+}(aq) + 2e^-]$$
$$2[Fe^{3+}(aq) + 3e^- \longrightarrow Fe(s)]$$

$$3Mn(s) \longrightarrow 3Mn^{2+}(aq) + 6e^-$$
$$2Fe^{3+}(aq) + 6e^- \longrightarrow 2Fe(s)$$

이제 두 반쪽 반응을 더하고, 식의 양쪽에 나타낸 6개의 전자를 소거한다.

$$3Mn(s) \longrightarrow 3Mn^{2+}(aq) + 6e^-$$
$$2Fe^{3+}(aq) + 6e^- \longrightarrow 2Fe(s)$$
$$3Mn(s) + 2Fe^{3+}(aq) + \cancel{6e^-} \longrightarrow 3Mn^{2+}(aq) + 2Fe(s) + \cancel{6e^-}$$

균형 맞춘 이온 반응식은 다음과 같다.

$$3Mn(s) + 2Fe^{3+}(aq) \longrightarrow 3Mn^{2+}(aq) + 2Fe(s)$$

전체 반응식은 수용액에서 화합물의 화학식에 염소를 포함시켜 다시 작성할 수 있다.

$$3Mn(s) + 2FeCl_3(aq) \longrightarrow 3MnCl_2(aq) + 2Fe(s)$$

반응식 양쪽의 원자들과 전하를 세어봄으로써 이중 확인을 할 수 있다.

	반응물	생성물
Mn	3	3
Fe	2	2
Cl	6	6
전하	0	0

→ 응용 연습 14.6

예에서 제시되었던 반응을 이용한 volta 전지를 만든다면, 전지 가동 중에 철과 망가니즈 전극의 질량은 어떻게 변하는가?

→ 실전 연습 14.6

마그네슘 금속은 질산 크로뮴(III) 수용액과 반응하여 질산 마그네슘과 고체 크로뮴을 형성한다. 이 반응의 균형 맞춘 반응식을 써라.

→ 심화 연습: 연습 문제 14.47

14.5 복잡한 산화-환원 반응식의 균형 맞추기

14.4절에서 고려하였던 산화-환원 반응은 산화제와 환원제만을 포함한 단순한 과정이다. 많은 산화-환원 반응은 훨씬 더 복잡하며, 물이나 산 또는 염기를 동반한다. 이러한 경우 각각 다른 방법으로 원자수와 전자수를 고려해 주어야 한다.

건전지(그림 14.18)에서 일어나는 반응을 생각해 보자. 이 전지뿐만 아니라 다른 것들도 화학 반응이 일어나기 위해서는 염기가 필요하다. 이를 ***알칼리***(*alkaline*)라고 하며 염기성 물질을 가지고 있다. 그래서 이러한 건전지를 알칼리 전지라고도 부른다. 전형적인 알칼리 전지에서, 염기는 수산화물 반죽으로 되어 있다. 망가니즈-아연 알칼리 전지에서 일어나는 반응은 다음과 같다.

$$\mathrm{Zn}(s) + \mathrm{MnO_2}(s) + \mathrm{H_2O}(l) \longrightarrow \mathrm{ZnO}(s) + \mathrm{Mn(OH)_2}(s)$$

MnO_2가 담겨 있는 KOH로부터 염기가 제공된다. 이 반응에서 물 역시 반응물이며, 금속 수산화물이 생성물 중 하나임을 주목하라. 또한 수용액 속에서 다른 반응물이나 생성물이 없으며, 구경꾼 이온 역시 제거되어 있다. 이 식은 균형 맞춘 반응식인가? 그렇다. 원자들과 전하의 균형이 맞아 있다. 반면에, 이 식은 각 반쪽 반응에서 어떠한 반응이 일어나는지에 대하여 언급이 없다. 이 반응의 반쪽 반응을 완성하기 위해 염기(OH^-)와 물을 이용하여 균형을 맞추어야 한다.

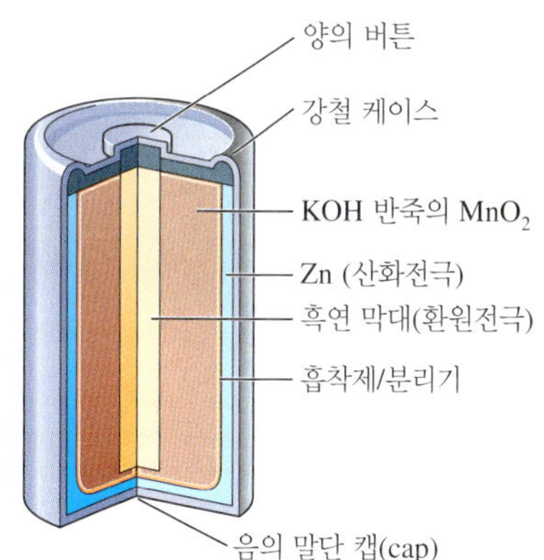

그림 14.18 흔한 건전지 배터리는 아연 산화전극과 환원전극으로 작용하는 비활성 흑연 막대로 구성된다. 그 반응은 염기가 있어야 하므로 MnO_2는 KOH 반죽 속에 있다.

많은 산화-환원 반응은 산성 수용액 속에서 일어난다. 따라서 그들의 식은 H^+ 이온을 이용하여 균형을 맞춘다. 예를 들어 운전자들의 음주 정도를 측정하기 위해 사용하는 음주 측정기는 다이크로뮴산 이온($Cr_2O_7^{2-}$)의 산성 용액을 이용한다(그림 14.19). 에탄올(C_2H_5OH)이 존재하면 주황색 다이크로뮴산 이온이 크로뮴(III) 이온으로 환원되어 용액 속에서 초록색을 띤다. 에탄올은 아세트산으로 산화된다. 산화가 더 진행되면 이 반응의 기본 식은 다음과 같다.

$$\mathrm{C_2H_5OH}(aq) + \mathrm{Cr_2O_7^{2-}}(aq) \longrightarrow \mathrm{Cr^{3+}}(aq) + \mathrm{CO_2}(g)$$

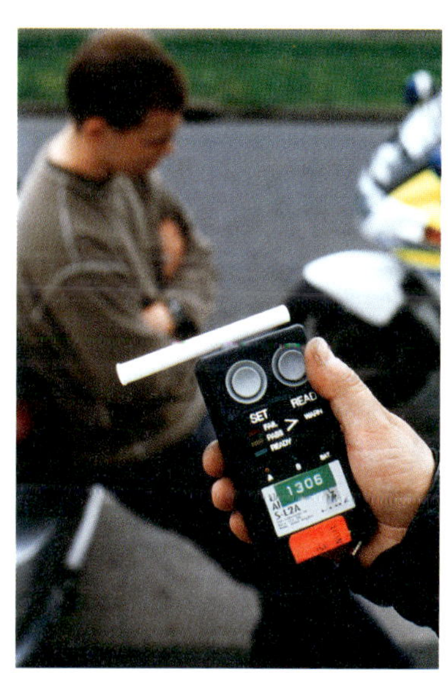

그림 14.19 법을 집행하는 경찰관들이 사용하는 음주 측정기에서 산화-환원 반응은 운전자의 호흡에 존재하는 알코올의 양을 나타내는 색 변화를 일으킨다.

©Jim Varney/Science Source

이 반응에서 반쪽 반응의 균형을 맞추기 위해 산(H^+)과 물을 추가할 필요가 있다.

이 반응의 균형을 맞추기 위해 반쪽 반응으로 나누자. 일단 식의 모든 원자에 산화수를 정한다.

$$\overset{2-}{\mathrm{C}}{}_2\overset{1+}{\mathrm{H}}{}_5\overset{2-}{\mathrm{O}}\overset{1+}{\mathrm{H}}(aq) + \overset{6+}{\mathrm{Cr}}{}_2\overset{2-}{\mathrm{O}}{}_7^{2-}(aq) \longrightarrow \overset{3+}{\mathrm{Cr}}{}^{3+}(aq) + \overset{4+}{\mathrm{C}}\overset{2-}{\mathrm{O}}{}_2(g)$$

각 탄소 원자들은 산화수가 2−에서 4+로 변하였기 때문에 반쪽 반응에서 탄소는 산화된다.

$$\mathrm{C_2H_5OH}(aq) \longrightarrow \mathrm{CO_2}(g)$$

두 개의 탄소 원자가 반응식의 왼쪽에 있고, 오른쪽에는 하나만 있다. 잃어버린 전자의 수를 확인하기 전에 탄소 원자의 균형을 먼저 맞추어야 한다(그림 14.20). 각 에탄올 분자는 두 개의 탄소 원자를 포함하고 있으므로 탄소 원자의 균형을 맞추기 위해 CO_2의 앞에 계수 2를 써주도록 한다.

$$\overset{2-}{\mathrm{C}}{}_2\overset{1+}{\mathrm{H}}{}_5\overset{2-}{\mathrm{O}}\overset{1+}{\mathrm{H}}(aq) \longrightarrow 2\overset{4+}{\mathrm{C}}\overset{2-}{\mathrm{O}}{}_2(g)$$

이 반응은 전하 균형을 이루고 있지만, 산화수의 변화를 확인해야 한다. 반응식 왼쪽의 각 탄소 원자는 산화수가 2−이고, 오른쪽의 탄소 원자는 산화수가 4+이다. 왼쪽 분자

그림 14.20 반응물 C_2H_5OH에서 각 탄소는 산화수가 2−이다. 생성물에서 탄소는 산화수가 4+이다. 반응한 모든 C_2H_5OH 분자마다 두 분자의 CO_2가 생성된다.

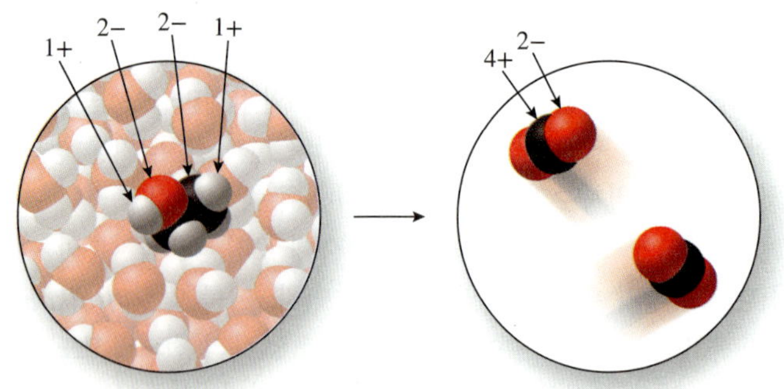

의 탄소들의 산화수의 합은 4−이다. 비슷한 방법으로 오른쪽 분자 속의 탄소의 산화수는 4+이지만, 이들 분자가 두 개 있으므로, 산화수의 합은 8+이다. 따라서 모든 에탄올 분자에 대해 12개의 전자를 잃어버렸고, 다음의 식으로 나타낸다.

$$C_2H_5OH(aq) \longrightarrow 2CO_2(g) + 12e^-$$

이제 전하는 균형이 깨졌다. 왼쪽의 총 전하는 0이고, 오른쪽의 총 전하는 12−이다. 이미 산화수의 변화를 맞추기 위해 전자를 이용하였기 때문에, 더 이상 전자를 이용하여 전하 균형을 맞출 수 없다. 14.4절에서 사용했던 산화-환원 식의 균형을 맞추기 위해 몇 단계의 과정을 추가할 필요 있다. 산, 즉 H^+ 이온의 존재하에서 일어나는 반응을 생각해 보자. 산성 용액에서 전하의 균형을 맞추기 위해, 과량의 음전하가 있는 쪽에 H^+를 추가하였다. 만일 12 H^+를 이 식의 오른쪽에 추가한다면, 다음과 같이 전하 균형을 이룰 수 있을 것이다.

산에서 일어나는 반응의 경우 균형 맞추는 과정을 단순화하기 위해 H_3O^+ 대신에 H^+를 사용할 것이다.

$$C_2H_5OH(aq) \longrightarrow 2CO_2(g) + 12e^- + 12H^+(aq)$$

왼쪽의 총 전하와 오른쪽의 총 전하는 0으로 같다. 반응이 수용액 상태에서 일어나기 때문에, 이제 남은 것은 물 분자를 이용하여 산소와 수소 원자의 균형을 맞추는 것이다. 반응식의 왼쪽에 6개, 오른쪽에 12개의 수소 원자가 있다. 왼쪽에 하나의 산소가 있으며, 오른쪽에는 네 개가 있다. 세 개의 H_2O 분자를 왼쪽에 두면, 산소와 수소의 균형이 맞을 것이다.

반응이 염기에서 일어나면 OH^- 이온이 전하의 균형을 맞추는 데 유용하다. 반쪽 반응이 염기에서 일어나면 반응식의 균형을 맞추기 위해 OH^-와 물을 어떻게 사용할 것인가?

$$C_2H_5OH(l) \longrightarrow 2CO_2(g) + 12e^-$$

반응물 쪽에 12 OH^- 이온을 더하여 전하의 균형을 맞추고, 생성물 쪽의 9 H_2O 분자를 더 하여 산소와 수소 원자들의 균형을 맞춘다. 반쪽 반응에 대한 반응식을 쓰고 그 반응식의 양쪽의 원자들과 전하를 세면서 스스로 이것을 확인하라.

$$C_2H_5OH(aq) + 3H_2O(l) \longrightarrow 2CO_2(g) + 12e^- + 12H^+(aq)$$

이제 환원 반쪽 반응을 생각해 보자.

$$Cr_2O_7^{2-}(aq) \longrightarrow Cr^{3+}(aq)$$

각각의 크로뮴 원자는 6+에서 3+로 변하였다. 몇 개의 전자를 얻었는지를 확인하기 전에, 크로뮴 원자의 균형을 맞추어야 한다(그림 14.21). 두 개의 크로뮴 원자가 다이크로

그림 14.21 반응물의 각 크로뮴은 6+의 산화수를 가진다. 생성물의 크로뮴은 3+의 산화수를 가진 다 반응한 모든 $Cr_2O_7^{2-}$ 이온마다 두 개의 Cr^{3+} 이온이 생성되어야 한다.

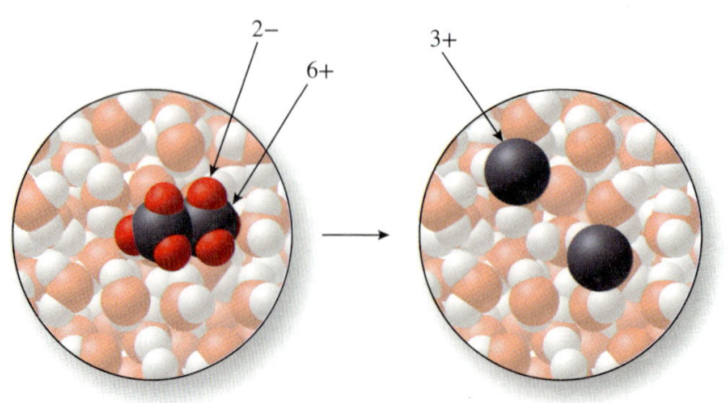

몸산 이온($Cr_2O_7^{2-}$)에 있으므로, 각각의 $Cr_2O_7^{2-}$에 대하여 두 개의 Cr^{3+}가 생성되므로 다음과 같다.

$$\overset{6+}{Cr_2}\overset{2-}{O_7^{2-}}(aq) \longrightarrow 2\overset{3+}{Cr^{3+}}(aq)$$

왼쪽의 크로뮴 원자들을 모두 고려해 보면, 총 산화수는 12+이다. 오른쪽의 각각의 크로뮴 원자의 산화수는 3+이지만 총 두 개가 있으므로 산화수의 총합은 6+이다. 6개의 전자를 왼쪽에 추가한다면, 산화수의 변화를 맞출 수 있다.

$$Cr_2O_7^{2-}(aq) + 6e^- \longrightarrow 2Cr^{3+}(aq)$$

이제 전하 균형을 맞출 차례다. 왼쪽의 총 전하는 8−이고, 오른쪽은 6+이다. 수소 원자의 존재하에 반응이 일어나기 때문에 H^+를 사용하여 전하 균형을 맞춘다.

$$Cr_2O_7^{2-}(aq) + 6e^- + 14H^+(aq) \longrightarrow 2Cr^{3+}(aq)$$

왼쪽과 오른쪽의 총 전하들이 각각 6+로 균형을 이루었다. 마지막 단계는 물을 이용하여 수소 원자와 산소 원자의 균형을 맞추는 것이다. 6개의 산소 원자가 왼쪽에 있고 오른쪽에는 없다. 14개의 수소 원자가 왼쪽에 있고 오른쪽에는 없다. $7H_2O$를 생성물 쪽에 놓으면, 산소와 수소의 균형이 이루어진다.

$$Cr_2O_7^{2-}(aq) + 6e^- + 14H^+(aq) \longrightarrow 2Cr^{3+}(aq) + 7H_2O(l)$$

환원 반쪽 반응의 균형을 맞추었다.

이제 산화 반응과 환원 반응을 함께 생각해 보자.

산화 $C_2H_5OH(aq) + 3H_2O(l) \longrightarrow 2CO_2(g) + 12e^- + 12H^+(aq)$

환원 $Cr_2O_7^{2-}(aq) + 6e^- + 14H^+(aq) \longrightarrow 2Cr^{3+}(aq) + 7H_2O(l)$

얻은 전자와 잃은 전자가 같은가? 아니다. 산화 반쪽 반응에서는 12개의 전자를 잃었다는 것을 상기하자. 환원 반쪽 반응에서는 6개의 전자를 얻었다. 환원 반쪽 반응을 2배하여 잃은 전자와 얻은 전자의 수를 같게 하자.

$$2[Cr_2O_7^{2-}(aq) + 6e^- + 14H^+(aq) \longrightarrow 2Cr^{3+}(aq) + 7H_2O(l)]$$
$$2Cr_2O_7^{2-}(aq) + 12e^- + 28H^+(aq) \longrightarrow 4Cr^{3+}(aq) + 14H_2O(l)$$

이제 산화 반쪽 반응과 환원 반쪽 반응을 더해 보자.

$$C_2H_5OH(aq) + 3H_2O(l) \longrightarrow 2CO_2(g) + 12e^- + 12H^+(aq)$$
$$2Cr_2O_7^{2-}(aq) + 12e^- + 28H^+(aq) \longrightarrow 4Cr^{3+}(aq) + 14H_2O(l)$$
$$C_2H_5OH(aq) + 2Cr_2O_7^{2-}(aq) + \cancel{12e^-} + 28H^+(aq) + 3H_2O(l) \longrightarrow$$
$$2CO_2(g) + \cancel{12e^-} + 12H^+(aq) + 4Cr^{3+}(aq) + 14H_2O(l)$$

왼쪽과 오른쪽에 있는 12개의 전자는 서로 소거된다.

$$C_2H_5OH(aq) + 2Cr_2O_7^{2-}(aq) + 28H^+(aq) + 3H_2O(l) \longrightarrow$$
$$2CO_2(g) + 12H^+(aq) + 4Cr^{3+}(aq) + 14H_2O(l)$$

H^+ 이온이 왼쪽에 28개가 있고, 오른쪽에 12개가 있으므로, 반응물 쪽에 알짜만 16개가 남는다. H_2O 분자가 왼쪽에 3개가 있고, 오른쪽에 14개가 있으므로, 생성물 쪽에 11개 H_2O 분자가 남는다. 같은 수의 H^+와 H_2O 분자들은 전체 균형 맞춘 반응식에서 소거된다.

$$C_2H_5OH(aq) + 2Cr_2O_7^{2-}(aq) + 16H^+(aq) \longrightarrow 2CO_2(g) + 4Cr^{3+}(aq) + 11H_2O(l)$$

다음 반쪽 반응이 염기에서 일어난다면 반응식의 양쪽에 OH^-와 H_2O를 첨가하여 반쪽 반응의 균형을 맞춰라.

$$Cr_2O_7^{2-}(aq) + 6e^- \longrightarrow 2Cr^{3+}(aq)$$

이제 양쪽의 원자들과 전하를 이중 확인하여 균형을 맞출 수 있다.

	반응물	생성물
C	2	2
H	22	22
O	15	15
Cr	4	4
전하	12+	12+

인터넷 핫스팟

상당수 학생들이 복잡한 산화-환원 반응식의 균형을 맞추는 것에 어려움을 겪고 있다고 한다. 이 주제에 대한 추가 학습 자료를 보려면 SmartBook에 접속하라.

다음의 질문 과정을 통하여, 산이나 염기에서 반응이 진행될 때 균형을 맞추어 나갈 수 있다.

1. 어떤 반응물이 산화되고, 어떤 반응물이 환원되는가? 이를 확인하기 위해 반응식 속의 모든 원소들의 산화수를 확인하라.

2. 산화 과정과 환원 과정의 반쪽 반응은 어떠한가? 각 반쪽 반응에 대해 다음의 과정을 확인하라.

   a. 산화수가 변한 원소들은 균형이 맞았는가?

   b. 균형 맞추기 최종 단계에서 구경꾼 이온은 생략되었는가?

   c. 산화수의 변화에 맞추어서 식의 적절한 위치에 전자를 몇 개 추가해야 하는가?

   d. 전자를 추가한 후에 전하가 균형이 맞았는가? 아니라면 어떤 이온이 전하 균형을 위해 존재하는가? 산 용액이라면 H^+ 이온을 추가한다. 염기성 용액에서라면 OH^- 이온을 추가한다.

   e. 수소와 산소 원자가 균형이 맞았는가? 아니라면 식의 적절한 위치에 물 분자를 추가한다.

3. 얻은 전자와 잃은 전자의 수를 같게 하기 위하여 어떤 환산 인자를 곱해야 하는가?

4. 두 반쪽 반응을 더할 때, 식의 양쪽에 존재하는 물질은 무엇인가? 만일 그렇다면 서로 상쇄될 수 있다. 만일 양쪽에 서로 다른 양만큼 나타났다면, 각각에서 적절한 양만큼만 서로 상쇄된다.

이제 전체적으로 균형이 맞은 식을 얻을 수 있다. 식의 양쪽에서 원자들과 전하의 균형을 확인하라. 이들 일련의 질문을 이용하여 예제 14.7에 답해 보자.

예제 14.7 ▶ 복잡한 산화-환원 반응식의 균형 맞추기

산성 용액에서 일어나는 다음 반응식의 균형을 맞춰라.

$$Cu(s) + NO_3^-(aq) \longrightarrow Cu^{2+}(aq) + NO(g)$$

» 풀이:

일단 어떤 것이 산화되었고, 어떤 것이 환원되었는지 판단하기 위해 산화수를 정해야 한다.

$$\overset{0}{Cu}(s) + \overset{5+}{N}\overset{2-}{O_3^-}(aq) \longrightarrow \overset{2+}{Cu^{2+}}(aq) + \overset{2+}{N}\overset{2-}{O}(g)$$

구리는 산화수가 0에서 2+로 변하였으므로 산화되었다.

$$Cu(s) \longrightarrow Cu^{2+}(aq)$$

산화수의 변화에 맞추어서 식의 오른쪽에 두 개의 전자를 추가한다.

$$Cu(s) \longrightarrow Cu^{2+}(aq) + 2e^-$$

반쪽 반응의 균형이 맞추어졌다.

이제 환원 반쪽 반응을 살펴보자.

$$NO_3^-(aq) \longrightarrow NO(g)$$

질소는 산화수가 5+에서 2+로 변하였다. 산화수의 변화에 맞추어서 왼쪽에 세 개의 전자를 추가한다.

$$NO_3^-(aq) + 3e^- \longrightarrow NO(g)$$

왼쪽의 총 전하는 4−이다. 오른쪽은 0이다. 반응이 산성 용액에서 일어나므로, 전하의 균형을 맞추기 위해 왼쪽에 네 개의 H^+ 이온을 추가한다.

$$4H^+(aq) + NO_3^-(aq) + 3e^- \longrightarrow NO(g)$$

물 분자를 추가하여 이 반쪽 반응의 균형을 맞추어 완성한다. 환원 반쪽 반응식에서 네 개의 수소 원자가 왼쪽에 있고, 오른쪽에는 없다. 세 개의 산소 원자가 왼쪽에 있고, 오른쪽에는 하나가 있다. 산소와 수소의 균형을 맞추기 위해 생성물 쪽에 두 개의 H_2O 분자를 추가한다.

$$4H^+(aq) + NO_3^-(aq) + 3e^- \longrightarrow NO(g) + 2H_2O(l)$$

이제 산화와 환원 반쪽 반응식에서 잃은 전자와 얻은 전자의 수가 같은지 살펴보라.

산화 $Cu(s) \longrightarrow Cu^{2+}(aq) + 2e^-$

환원 $4H^+(aq) + NO_3^-(aq) + 3e^- \longrightarrow NO(g) + 2H_2O(l)$

두 개의 전자가 산화 반쪽 반응식의 오른쪽에 보이고, 세 개가 왼쪽에 보인다. 산화 반쪽 반응을 3배 해 주고, 환원 반쪽 반응을 2배 한다면, 잃은 전자와 얻은 전자의 수가 같아질 것이다.

$$3[Cu(s) \longrightarrow Cu^{2+}(aq) + 2e^-]$$
$$2[4H^+(aq) + NO_3^-(aq) + 3e^- \longrightarrow NO(g) + 2H_2O(l)]$$

이제 두 식을 더한다.

$$\begin{array}{r} 3Cu(s) \longrightarrow 3Cu^{2+}(aq) + 6e^- \\ 8H^+(aq) + 2NO_3^-(aq) + 6e^- \longrightarrow 2NO(g) + 4H_2O(l) \\ \hline 3Cu(s) + 8H^+(aq) + 2NO_3^-(aq) + \cancel{6e^-} \longrightarrow 2NO(g) + 4H_2O(l) + 3Cu^{2+}(aq) + \cancel{6e^-} \end{array}$$

공통된 항들을 소거하면 다음을 얻는다.

$$3Cu(s) + 8H^+(aq) + 2NO_3^-(aq) \longrightarrow 2NO(g) + 4H_2O(l) + 3Cu^{2+}(aq)$$

이제 균형 맞춘 반응식을 얻었다. 식 양쪽의 원자들과 전하를 세어봄으로써 이중 확인을 할 수 있다.

	반응물	생성물
Cu	3	3
H	8	8
N	2	2
O	6	6
전하	6+	6+

→ 응용 연습 14.7

예에서 제시된 반응이 염기성 용액에서 일어난다면, 균형 맞춘 반응식은 어떻게 되는가?

→ 실전 연습 14.7

염기성 용액에서 일어나는 다음 반응의 균형을 맞춰라.

$$Cl_2(aq) \longrightarrow Cl^-(aq) + ClO_3^-(aq)$$

→ 심화 연습: 연습 문제 14.55

14.6 전기 화학

제1장에서 Anna와 Bill은 캠퍼스를 돌아다니면서 대체 연료를 사용하는 자동차를 관찰하였다. 제6장을 상기해 본다면 수소 연료 버스는 수소와 산소의 반응에 의해 동력을 얻는다.

$$2H_2(g) + O_2(g) \longrightarrow 2H_2O(g)$$

이 반응은 배터리에서 일어나는 반응과 비슷하며 자발적인 반응이다. 화학 반응이나 물리 반응이 외부의 간섭 없이 스스로 일어난다면, **자발적**(spontaneous)이라고 한다. 이는 반응하는 동안 외부 에너지가 필요하지 않다는 뜻이다. 메테인의 연소처럼 어떤 자발적인 반응은 빠르게 일어나고, 부식과 같이 천천히 일어나는 것도 있다. 어떤 자발적인 반응은 필요하지만, 그렇지 않은 것도 있다. 배터리에서 일어나는 반응은 자동차 시동, 시계 작동, 전동 기구 작동, 계산기, 휴대전화 및 노트북 컴퓨터 등의 구동 장치에 전기를 공급하기 때문에 자발적이고 바람직한 것이다. 배터리 및 기타 volta 전지에 대한 연구는 전기 화학으로 알려진 화학 분야를 구성한다. **전기 화학**(electrochemistry)은 화학 반응과 전기적 일 사이의 관계를 연구하는 학문 분야이다. Volta 전지에 대한 연구는 자발적이고 바람직한 화학 과정을 다루는 전기 화학의 한 분야이다. 이 전기 화학 분과는 화학이 전기의 흐름을 유도하는 산화-환원 반응을 다룬다.

전기 화학의 또 다른 분야는 반응이 일어나기를 원하지만 스스로 일어나지 않는 반응을 연구하는 것이다. 이 과정은 비자발적이다. 이 전기 화학 분야는 전류를 이용하여 화학 반응이 일어나도록 하는 산화 환원 반응을 다룬다. 이 절에서는 volta 전지에 대해 더 자세히 설명하고, 다른 종류의 전지인 ***전해 전지***(*electrolytic cell*)를 소개하고자 한다.

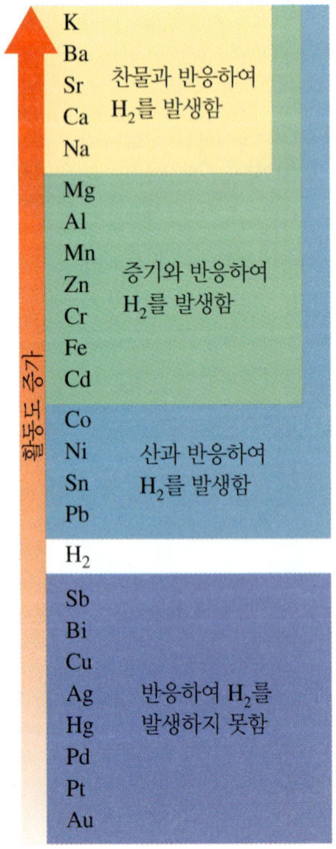

활동도 증가		
K, Ba, Sr, Ca, Na	찬물과 반응하여 H_2를 발생함	
Mg, Al, Mn, Zn, Cr, Fe, Cd	증기와 반응하여 H_2를 발생함	
Co, Ni, Sn, Pb	산과 반응하여 H_2를 발생함	
H_2		
Sb, Bi, Cu, Ag, Hg, Pd, Pt, Au	반응하여 H_2를 발생하지 못함	

그림 14.22 화학 활동도 서열은 H_2와 가장 반응성이 큰 금속 원소를 맨 위에서부터 아래로 나열한 것이다.

» Volta 전지

활동도 서열(그림 14.22)을 이용하여 단일 치환 반응이 어떻게 이루어지는지 예측하는 방법을 제5장에서 공부하였다. 금속 A가 다른 금속 B를 포함하는 화합물과 반응하여 금속 A를 포함하는 새로운 화합물과 순수한 금속 B를 생성하는 모든 단일 치환 반응은 산화-환원 반응이다. 이 사항을 다음의 식으로 요약할 수 있다.

$$A + BX \longrightarrow AX + B$$

이 식에서 BX와 AX는 금속 B의 양이온과 A의 양이온을 포함하는 이온 결합 화합물이고, X는 음이온이다. 이 식과 활동도 서열을 이용하면 volta 전지를 꾸밀 때 어떤 일이 일어날지 예측할 수 있다. 예를 들어 아연과 철을 이용하여 전지를 꾸며 보자(그림 14.23). 두 금속과 이들 금속을 포함하는 화합물의 전해질 용액을 이용한다. 이제 $ZnCl_2$ 처럼 아연을 포함하는 화합물의 용액 속에 아연 전극을 담근 반쪽 전지를 설치하자. 다른 반쪽 전지에는 $FeCl_2$ 같은 물질로 철을 포함하는 화합물의 용액 속에 철 전극을 담근 것을 사용한다. 전선을 이용하여 두 전지를 연결하고, 용액은 염다리로 연결한다. 어떤 일이 일어날지 예측할 수 있는가?

가능성을 살펴보자. 제5장에서 다룬 단일 치환 반응으로부터, 다음의 반응들 중 한 가지만이 자발적으로 일어난다는 것을 안다.

$$Zn(s) + FeCl_2(aq) \longrightarrow ZnCl_2(aq) + Fe(s)$$
$$Fe(s) + ZnCl_2(aq) \longrightarrow FeCl_2(aq) + Zn(s)$$

아연은 철보다 활동도 서열이 높다. 따라서 더 반응성이 좋은 금속이므로, 철을 그의 화합물로부터 치환하고, 다음의 반응만 일어날 것이다.

$$Zn(s) + FeCl_2(aq) \longrightarrow ZnCl_2(aq) + Fe(s)$$

활동도 서열이 더 높은 금속이 환원제로 작용하고, 금속 화합물은 산화제로 작용하는 것을 예측할 수 있다. 활동도 서열의 위로 갈수록 금속은 더 센 환원제로 작용하며, 반응성이 커서 더 쉽게 전자를 내어 놓는다. 활동도 서열의 아래쪽의 금속일수록 이들의 화합물은 센 산화제로 작용한다. 어떻게 이러한 일들이 일어나는지 확인하기 위하여, 아연-철의 예로 돌아가 보자. 아연은 Fe^{2+}의 환원을 위해 전자를 제공하므로 환원제의 역할을 한다. 반응은 자발적으로 일어나 철 금속이 얻어진다.

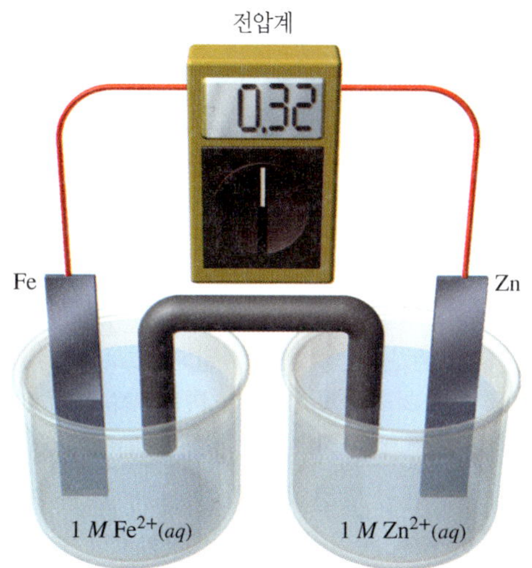

그림 14.23 아연-철 전지에서 어떤 반응이 일어날 것인가?

$$Zn(s) + FeCl_2(aq) \longrightarrow ZnCl_2(aq) + Fe(s)$$

또는

$$Fe(s) + ZnCl_2(aq) \longrightarrow FeCl_2(aq) + Zn(s)$$

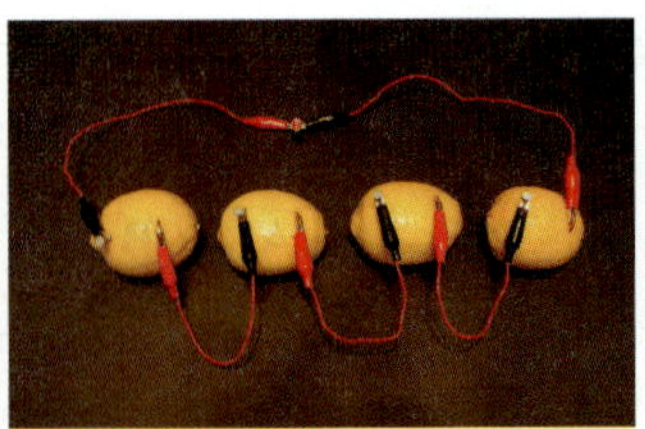
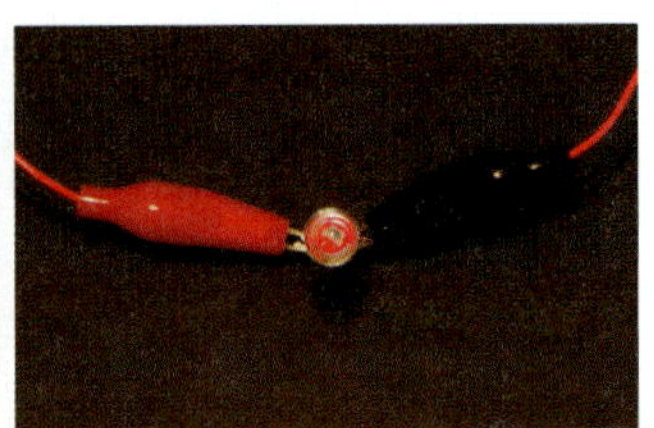

그림 14.24 흔한 가정용 물품들이 배터리를 만드는 데 사용될 수 있다. 이 레몬 배터리에서 갈바니화된 못과 구리 동전이 전극으로 작용한다. 레몬 한 개가 0.7~0.9 V의 전압을 생성할 수 있다 이 전압은 작은 전구를 밝히는 데 충분하지 않지만 네 개의 레몬을 일렬로 연결하면 전구에 불이 들어온다. 과학자들은 이 배터리가 어떻게 작동하는지 완전하게 이해하지 못한다.

인터넷 핫스팟

상당수 학생들이 volta 전지에서 자발적인 반응을 예측하는 데 어려움을 겪고 있다고 한다. 이 주제에 대한 추가 학습 자료를 보려면 SmartBook에 접속하라.

Volta 전지는 가정용 물품으로 만들 수 있다. 예를 들어 갈바니 못(아연으로 도금된 철)과 구리 동전을 레몬에 꽂고 그림 14.24처럼 연결하면 전기를 얻을 수 있다.

예제 14.8 Volta 전지와 활동도 서열

금속 납을 $Pb(NO_3)_2$의 용액으로부터 얻고자 한다. Volta 전지의 한 반쪽 전지에서 질산 납(II) [$Pb(NO_3)_2$] 용액에 납 전극을 담갔다. 활동도 서열로부터 다른 반쪽 전지 부분에 적합한 금속과 전해질 용액을 선택하라.

» 풀이:

금속 납을 생성하기 위해서는 그의 화합물로부터 납을 치환할 수 있는 금속을 선택해야 한다. 활동도 서열로부터 금속 납의 위에 보이는 모든 금속이 다 가능하다. 예를 들어 Sn, Fe, Zn 등이 모두 가능하다. 이 서열의 가장 꼭대기에 있는 금속은 물과도 반응성이 매우 커서, 안전과 그 밖의 이유들 때문에 사용을 피한다.

→ 응용 연습 14.8

$Ni(NO_3)_2$ 용액에서 니켈 금속을 얻고자 한다고 하자. $Pb(NO_3)_2$ 용액에서 납을 얻고자 사용하였던 다른 모든 금속을 니켈을 얻는 데도 사용할 수 있는가?

→ 실전 연습 14.8

크로뮴 전극의 표면에 크로뮴 금속을 침착시킬 수 있도록 volta 전지를 제안하라.

→ 심화 연습: 연습 문제 14.61

» 전해 전지

동영상: KI의 전기 분해

반응하기 원하는 많은 산화-환원 반응들이 자발적으로 일어나지 않는다. **전해 전지**(electrolytic cell)는 전류를 흘려주어서 비자발적인 산화-환원 반응이 일어나도록 해주는 전기 화학 전지이다. 이 과정을 **전기 분해**(electrolysis)라고 한다. 전기 분해의 가장 중요한 용도 중의 하나는 자연에서 발견되는 화합물로부터 순수한 원소를 얻을 수 있다는 것이다. 예를 들어 순수한 소듐은 용융된 염화 소듐의 전기 분해로 얻는다. 염화 소듐을 용융하고, 두 비활성 전극을 용융된 소금에 담근 후에, 전류를 흘려준다(그림 14.25). 전류로 인해 한쪽의 전극은 음으로 하전되고, 다른 쪽은 양으로 하전된다. 전극들이 전하를 띠었기 때문에, 용융 염의 이온을 끌어당긴다. 음으로 하전된 환원전극은 Na^+ 이온을 끌어당기고, 양으로 하전된 산화전극은 Cl^- 이온을 끌어당긴다. 적절한 전압이 제공되면, Na^+ 이온은 환원전극에서 소듐 원자로 환원된다.

$$Na^+(l) + e^- \longrightarrow Na(l)$$

NaCl이 용융된 상태로 유지되기 위하여 매우 높은 온도가 필요하고, 따라서 환원전극에서는 액체 상태의 금속 소듐이 생성된다.

산화전극에서는 염화 이온이 염소 원자로 산화되며, 결합하여 Cl_2 분자를 형성한다.

$$2Cl^-(l) \longrightarrow Cl_2(g) + 2e^-$$

이 과정의 전체 화학 반응은 다음과 같다.

$$\begin{array}{r} 2Na^+(l) + 2e^- \longrightarrow 2Na(l) \\ 2Cl^-(l) \longrightarrow Cl_2(g) + 2e^- \\ \hline 2NaCl(l) \longrightarrow 2Na(l) + Cl_2(g) \end{array}$$

소듐처럼 칼슘과 마그네슘도 용융염의 전기 분해를 이용하여 생산한다. 그 밖의 금속들도 다른 전기 분해 과정을 이용하여 생산한다.

전기 분해는 또한 비금속을 생성할 때도 이용할 수 있다. 예를 들어 물을 전기 분해하면 산소 기체와 수소 기체를 얻을 수 있다.

$$2H_2O(l) \longrightarrow O_2(g) + 2H_2(g)$$

전기 분해는 배터리를 재충전하는 데도 사용한다. 앞서의 예들을 돌이켜보면, 자동차의 납-산 배터리에서도 반응이 일어난다.

$$Pb(s) + PbO_2(s) + 2H_2SO_4(aq) \longrightarrow 2PbSO_4(aq) + 2H_2O(l)$$

전기 분해는 귀금속과 다른 물품들을 전기 도금하는 데 흔히 사용된다. 도금할 물품을 도금 금속의 전해질 염을 포함한 용액에 담근다. 전원이 들어오면 금속 이온은 물체의 표면에 축적되는 원소로 환원된다.

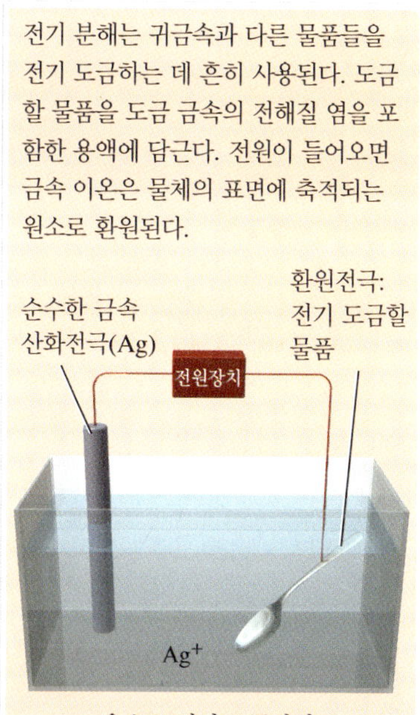

은으로 전기 도금하기

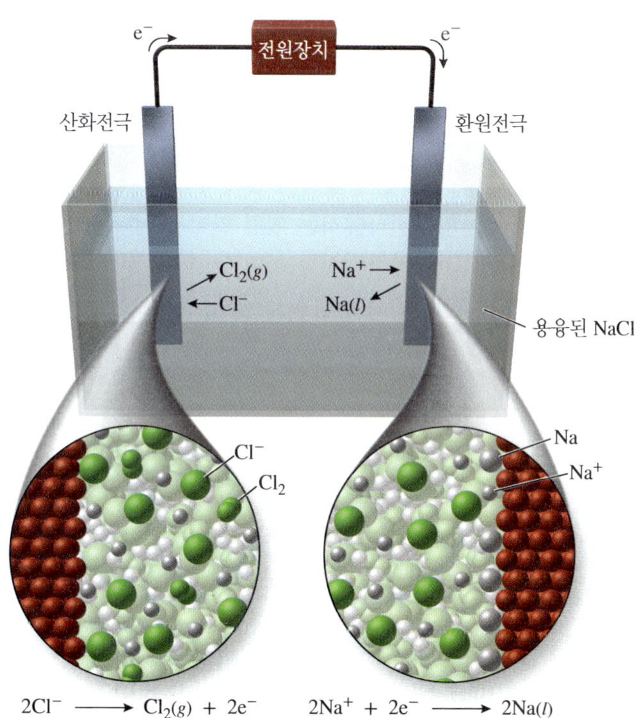

그림 14.25 용융된 염화 소듐이 전기 분해되면 Cl^- 이온은 산화전극에서 산화되어 Cl_2 분자를 형성한다. 환원전극에서 Na^+ 이온은 환원되어 소듐 원자를 형성한다. 반응이 NaCl의 용융을 유지하기 위한 높은 온도에서 가동되기 때문에 소듐 생성물 또한 액체 상태이다. 실제 전지는 생성물인 Na와 Cl_2을 제거하도록 설계된다. 산화전극 위에 설치된 후드는 $Cl_2(g)$가 용융된 소듐과 접촉하지 못하게 한다. 왜 형성되는 생성물을 분리할 필요가 있는가?

자동차의 발전기로부터 전류가 공급되면 반응이 "역으로" 일어난다. 이로 인하여 다시 반응물이 생성되고, 배터리의 기능이 유지된다.

$$2PbSO_4(aq) + 2H_2O(l) \longrightarrow Pb(s) + PbO_2(s) + 2H_2SO_4(aq)$$

예제 14.9 ▶ 전해 전지

용융된 아이오딘화 포타슘이 전기 분해되면 액체 포타슘과 아이오딘 기체를 생성한다. 다음 그림을 생각해 보자.

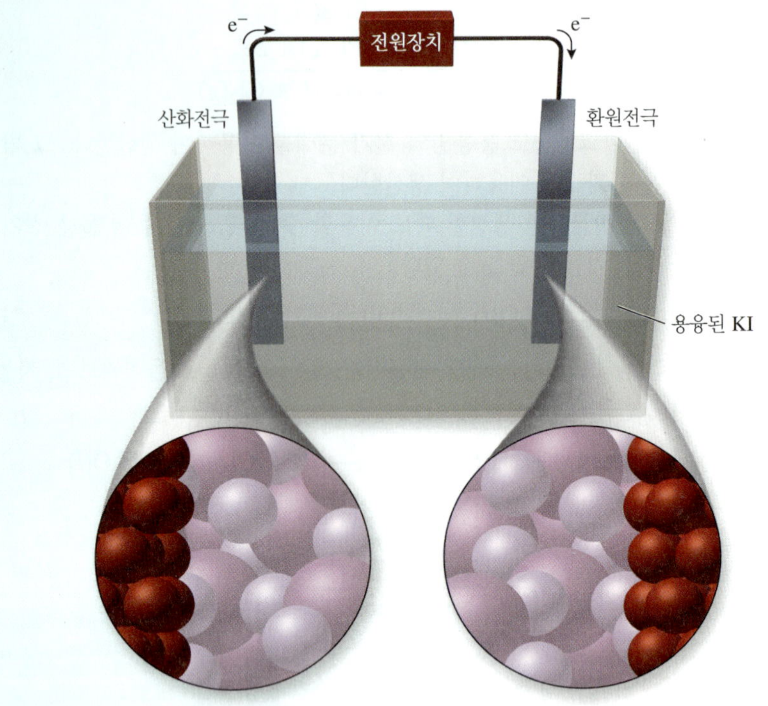

(a) 전원이 들어왔을 때, 환원전극에서는 어떤 일이 일어나는가?
(b) 전원이 들어왔을 때, 산화전극에서는 어떤 일이 일어나는가?
(c) 산화 반쪽 반응식과 환원 반쪽 반응식을 써라.
(d) 전체 반응식을 써라.

» 풀이:

(a) 산화-환원 반응이 일어나기 때문에, 한 원소는 산화되어야 하고, 다른 하나는 환원되어야 한다. 아이오딘화 포타슘은 K^+ 이온과 F^- 이온을 가지고 있다. 주기율표상에서 이들의 위치를 살펴보면, 포타슘은 K^+보다 더 산화되지 못함을 알 수 있다. 따라서 포타슘은 환원된다. 환원은 언제나 환원전극에서 일어나므로, 포타슘 금속이 이곳에서 석출된다.

(b) 전기 화학 전지에서 산화전극은 산화가 일어나는 곳이므로, 이곳에서 아이오딘화 이온은 아이오딘 원자로 된다.

(c) 반쪽 반응식을 작성하기 위해 먼저 전체 반응의 기본 반응을 생각해 보아야 한다. KI를 용융 상태로 유지하기 위해 높은 온도 상태로 있어야 하고, 이로 인해 포타슘 액체와 아이오딘 기체가 생성된다. 아이오딘이 이원자 분자로 존재할 수 있는 원소들 중 하나임을 상기하자.

$$KI(l) \longrightarrow K(l) + I_2(g)$$

아이오딘은 이 반응에서 산화되며, 산화 반쪽 반응은 다음과 같다.

$$2I^-(l) \longrightarrow I_2(g) + 2e^-$$

포타슘의 환원 반쪽 반응은 다음과 같다.

$$K^+(l) + e^- \longrightarrow K(l)$$

(d) 전체 반응식을 적기 위해, 산화 반쪽 반응식과 환원 반쪽 반응식을 합해야 한다.

산화 $2I^-(l) \longrightarrow I_2(g) + 2e^-$

환원 $K^+(l) + e^- \longrightarrow K(l)$

잃은 전자의 수와 얻은 전자의 수를 같게 하기 위하여, 환원 반쪽 반응을 2배 한다.

$$2[K^+(l) + e^- \longrightarrow K(l)]$$
$$2K^+(l) + 2e^- \longrightarrow 2K(l)$$

이제 두 반쪽 반응을 더한다.

$$2I^-(l) \longrightarrow I_2(g) + 2e^-$$
$$2K^+(l) + 2e^- \longrightarrow 2K(l)$$
$$\overline{2K^+(l) + 2I^-(l) + 2e^- \longrightarrow 2K(l) + I_2(g) + 2e^-}$$

처음 두 항 $K^+(l)$과 $I^-(l)$은 $KI(l)$로 표현할 수 있다. 양쪽에 나타난 $2e^-$ 역시 상쇄시키면 다음의 식을 얻는다.

$$2KI(l) \longrightarrow 2K(l) + I_2(g)$$

➔ 응용 연습 14.9

용융된 KI의 전기 분해 생성물들이 서로 접촉할 수 있다면 어떠한 일이 일어나겠는가?

➔ 실전 연습 14.9

용융된 염화 칼슘의 전기 분해로 액체 칼슘과 염소 기체가 생성된다. 다음 그림을 생각해 보자.

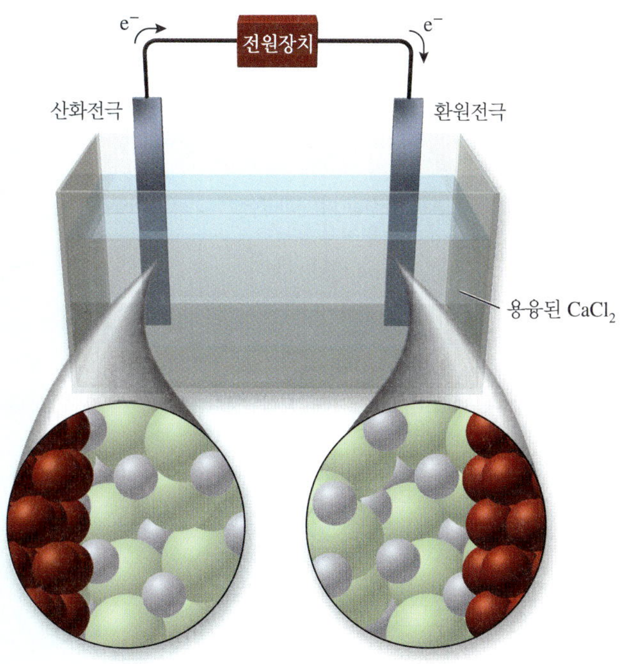

(a) 전원이 들어왔을 때, 환원전극에서는 어떤 일이 일어나는가?
(b) 전원이 들어왔을 때, 산화전극에서는 어떤 일이 일어나는가?
(c) 산화 반쪽 반응식과 환원 반쪽 반응식을 써라.
(d) 전체 반응식을 써라.

➜ **심화 연습:** 연습 문제 14.67

14.7 부식 방지

그림 14.26 녹은 심각한 문제이다. 특히 얼음을 녹이기 위해 사용된 염은 추운 날씨에 녹스는 과정을 가속화할 수 있다.

©Molly Aaker/Alamy Stock Photo

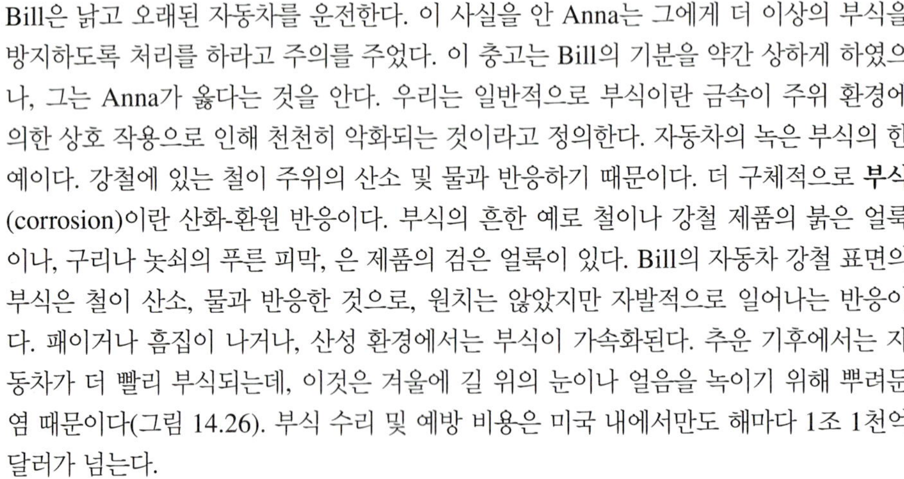

Bill은 낡고 오래된 자동차를 운전한다. 이 사실을 안 Anna는 그에게 더 이상의 부식을 방지하도록 처리를 하라고 주의를 주었다. 이 충고는 Bill의 기분을 약간 상하게 하였으나, 그는 Anna가 옳다는 것을 안다. 우리는 일반적으로 부식이란 금속이 주위 환경에 의한 상호 작용으로 인해 천천히 악화되는 것이라고 정의한다. 자동차의 녹은 부식의 한 예이다. 강철에 있는 철이 주위의 산소 및 물과 반응하기 때문이다. 더 구체적으로 **부식**(corrosion)이란 산화-환원 반응이다. 부식의 흔한 예로 철이나 강철 제품의 붉은 얼룩이나, 구리나 놋쇠의 푸른 피막, 은 제품의 검은 얼룩이 있다. Bill의 자동차 강철 표면의 부식은 철이 산소, 물과 반응한 것으로, 원치는 않았지만 자발적으로 일어나는 반응이다. 패이거나 흠집이 나거나, 산성 환경에서는 부식이 가속화된다. 추운 기후에서는 자동차가 더 빨리 부식되는데, 이것은 겨울에 길 위의 눈이나 얼음을 녹이기 위해 뿌려둔 염 때문이다(그림 14.26). 부식 수리 및 예방 비용은 미국 내에서만도 해마다 1조 1천억 달러가 넘는다.

Bill과 Anna는 Bill의 낡은 자동차에 대하여 얘기하면서, 전기 화학 전지가 금속 표면 위에서 형성되었을 때 일어나는 부식에 대한 화학 수업을 상기하였다. 철이 녹스는 것은 금속 부분이 산화전극으로 작용하여 다음의 산화 과정이 일어나기 때문이다.

$$Fe(s) \longrightarrow Fe^{2+}(aq) + 2e^-$$

환원 과정도 다른 위치에서 동시에 일어난다. 그곳은 환원전극으로 작용하며, 산소 분자가 산화제로 작용한다.

$$O_2(g) + 2H_2O(l) + 4e^- \longrightarrow 4OH^-(aq)$$

전자는 철의 산화에 의해 방출되어 금속 몸체를 타고 흘러가 산소 분자의 산소 원자가 이를 얻게 된다(그림 14.27). 물이 존재할 때, 산화된 금속 이온은 환원이 일어나는 곳으

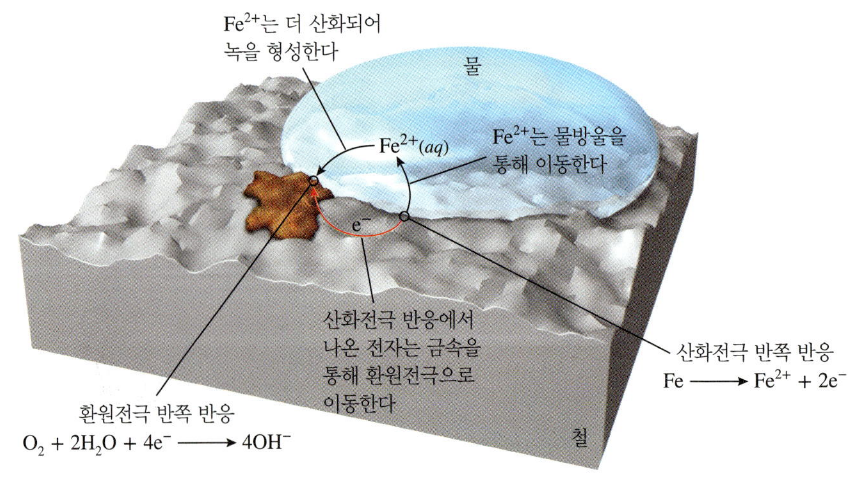

그림 14.27 철은 습기가 있는 공기에서 부식되면 산화되어 Fe^{2+} 이온을 형성한다. 이 이온은 물방울을 통해 환원전극으로 이동한다. 환원전극에서는 O_2가 환원된다. Fe^{2+} 이온은 더 산화되어 Fe^{3+} 이온을 형성하고, 이 이온은 산화 철(III)인 녹을 형성한다.

로 이동할 수 있다. 철(II) 이온은 수산화 이온과 결합하여 불용성 수산화염을 형성하고, 다시 추가의 산소와 물에 의해 보다 산화된 산화 철(III) 수화물, 즉 녹이 된다. 녹은 금속 철 표면에서 벗겨져 떨어져서 금속의 깨끗한 면이 드러나고, 따라서 철의 부식이 연속적으로 일어나게 되면 결국에는 심각한 손상을 입게 된다.

다양한 방법으로 부식을 막을 수 있다. 가장 많이 이용되는 것은 페인트 등으로 코팅하는 것이다. 다른 방법으로 보다 덜 망가지는 전기 화학 전지를 포함하여 ***음극화 보호***(*cathodic protection*)와 ***도금***(*plating*) 등이 있다.

두 종류의 금속이 부식 환경 속에서 접촉하면 둘 중 더 활성인 금속이 부식된다. 이 원리는 금속의 음극화 보호의 기본 원리이다. 예를 들어 철제 파이프나 탱크는 땅 속에 묻혀 있을 때, 망가니즈나 아연 같은 보다 활성인 금속과 연결되어 있다. 알래스카 송유관을 예로 들자면, 부식 방지를 위해 아연 케이블 조각들과 함께 구성되어서 부식을 방지한다(그림 14.28). 아연은 산화전극을 형성하고, 다음의 산화 반응이 일어난다.

$$Zn(s) \longrightarrow Zn^{2+}(aq) + 2e^-$$

철 대신 아연이 선택적으로 산화되고, 금속 철은 비활성 환원전극으로 작용하여 이곳에서 산소의 환원 반응이 일어난다.

$$O_2(g) + 2H_2O(l) + 4e^- \longrightarrow 4OH^-(aq)$$

철은 전자의 전도체 역할을 할 뿐, 산화나 환원 반쪽 반응에는 참여하지 않는다. 따라서 철은 아연이 남아 있는 한 오랫동안 부식되지 않고 완전한 상태로 유지된다. 아연 케이블을 교체하는 것이 파이프를 교체하는 것보다 훨씬 간단하고 쉽다. 비슷한 이유로 마그네슘도 땅속에 묻혀 있는 가솔린 탱크나 선박의 동체를 보호하기 위하여 사용된다.

도금 역시 부식을 방지한다. 도금은 음극화 보호의 한 방법이다. 금속을 액체에 담그거나 전기 도금의 방법으로 표면에 다른 금속을 입히는 것이다. 만일 코팅 금속이 비교적 낮은 온도에서 녹는다면, 딤그는 방법을 사용한다. 예를 들어 철을 용융된 아연 속에 담그면 아연 도금이 된다. 일단 도금이 된 후 주변 환경에 의해 도금에 흠집이 생겨서 철이 드러나면 산화-환원 반응이 일어날 수 있다. 하지만 아연이 더 활성이 큰 금속이므로, 산화되는 것은 철이 아니라 아연이다. 철은 비활성 전극으로 작용하여 아연으로부터 전자를 받아 산소 분자가 환원되도록 전달해 준다. 철은 부식되지 않고, 아연이 먼저 산화된다. 아연의 산화는 매우 느리게 진행되어 $Zn_2(OH)_2CO_3$를 생성한다. 이 화합물은 철의 표면에 고착되어 코팅을 보호한다.

때로는 우리가 보호하고자 하는 금속보다 활성이 작은 금속을 도금에 사용하기도 한다. 예를 들어 철을 주석으로 덮은 후 주석 캔을 만든다. 활성이 낮은 주석은 부식을 막는다. 하지만 물리적인 면에서 철을 보호하는 것은 부족하다. 만일 주석 코팅에 흠집이 생겨서 철이 드러난다면, 드러난 철이 더 활성인 큰 금속이기 때문에 산화전극으로 작용한다. 산소의 환원이 주석 표면에서 일어나고, 반면에 철은 산화된다.

보다 활성이 큰 금속을 상대적으로 활성이 작은 금속으로 덮음으로써 부식을 느리게 하는 도금으로, 전기 도금이 있다. 전기 도금은 전해질을 이용하는 것으로, 도금될 금속을 전극으로 이용한다. 이 금속을 도금하고자 하는 금속 화합물의 용액 속에 전극으로 담근다. 전극에 전류를 흘려주었을 때, 보호용 금속의 얇은 도금막이 전극에 형성된다. 예를 들어 자동차 범퍼는 강철을 전극으로 사용하여, 크로뮴으로 전기 도금한 것이다. 크로뮴 화합물이 녹아 있는 용액에 강철을 전극으로 담근다. 전류가 흐름에 따라 크로뮴 이온은 크로뮴 금속으로 환원되어 강철 표면 위에 도금된다. 니켈 도금된 목욕탕 비품들도 비슷한 방법으로 생산된다.

그림 14.28 철이 녹스는 것을 방지하기 위해 아연이 알래스카를 횡단하는 파이프라인에 부착된다. 아연이 더 반응성이 크기 때문에 철 대신에 산화된다. 아연은 파이프의 외부에 부착되므로 많이 부식되면 쉽게 교체할 수 있다 파이프라인의 철은 교체하기 더 힘들 것이다.

©Jim Birk

제14장 복습하기

주요 개념 _Key Concepts

- 산화-환원 반응에서는 반응 물질들 사이에서 전자가 이동한다.
  - 산화는 전자를 잃는 것이고, 산화수는 증가한다.
  - 환원은 전자를 얻는 것이고, 산화수는 감소한다.
  - 산화수는 원소가 산화되었는지 환원되었는지를 판단하는 수단으로 원소들마다 할당된다.
  - 한 원소가 전자를 얻기 위해서는 반드시 다른 원소가 전자를 잃어야 하기 때문에 산화와 환원은 항상 동시에 일어난다.
  - 산화되는 원소를 포함한 반응물을 환원제라고 하고, 환원되는 원소에게 전자를 제공한다.
  - 전자를 얻는 원소를 포함한 반응물은 환원되며, 산화제로 작용한다.
- 자발적인 산화-환원 반응이 서로 분리되어 있는 반응 물질들 간에 일어날 때, 전력을 얻을 수 있다. 그렇지 않다면 에너지는 열로서 낭비될 뿐이다.
  - 서로 떨어져 있는 반응물들을 물리적으로 배열시킨 것을 전지라고 부른다.
  - 전지는 두 반쪽 전지로 나뉘며, 산화 반쪽 반응과 환원 반쪽 반응을 각각 포함한다.
  - 산화는 산화전극에서 일어나며, 환원은 환원전극에서 일어난다.
  - 염다리는 산화전극과 환원전극 사이의 회로를 연결시켜 주며, 전하 균형이 맞게 이온들이 이동해 갈 수 있도록 해 준다.
  - 자발적인 화학 반응으로 전기를 생성하는 전지를 volta 전지(또는 갈바니 전지)라고 한다.
  - 배터리는 한 개 또는 그 이상의 volta 전지를 가지고 있어서, 전자 장비의 전원을 공급하는 데 사용한다.
- 산화-환원 반응의 균형 맞추기는 산화된 원소와 환원된 원소를 구분하는 것부터 시작한다.
  - 반쪽 반응으로 산화수의 변화를 세어보고, 각각의 전극에 이어나는 산화와 환원 과정을 나타낸다.
  - 반쪽 반응의 균형을 맞추려면 산화수의 변화, 전하, 원자수의 균형을 맞추어야 한다.
  - 원자의 수와 전하가 식의 양쪽에서 같을 때와, 얻은 전자와 잃은 전자의 수가 같을 때 산화-환원 반응식은 균형을 이룬다.
- 전기 화학은 화학 반응과 전기적 일 사이의 관계에 대한 연구이다.
  - 그중 한 분야는, 전자의 흐름을 이끌어 내는 화학 반응을 규명하고 설명하는 것이다. 이들 반응은 자발적으로 전기를 생산할 수 있다.
  - 전기 화학의 다른 분야는 전기를 이용하여 반응을 시키는 것을 다룬다. 이들 전해 반응은 비자발적으로 일어나며, 지속적으로 반응을 시키기 위해서 에너지가 필요하다.
  - 부식은 일반적으로 환경적 요인에 의하여 금속이 천천히 망가져가는 현상이다.
  - 철의 녹, 부식 과정은 산화-환원 반응이다.

- 철이 녹슬 때, 금속의 한 부분이 산화전극으로 작용하여 산화가 일어나고 동시에 다른 위치가 환원전극으로 작용하여 산소의 환원이 진행된다.
- 부식은 몇몇 방법을 이용하여 방지할 수 있다. 가장 자주 사용하는 방법으로 금속 표면에 페인트칠을 하거나, 전기 도금 또는 용융된 금속에 담그는 방법으로 부식 방지용 도금막을 입히는 것이다.
- 다른 기술로 음극화 보호가 있는데, 보다 활성인 금속을 쉽게 부식되는 금속에 접촉시킴으로써 먼저 부식되도록 하는 것이다.

주요 용어 _Key Terms

반쪽 반응(half-reaction)(14.3)
반쪽 전지(half cell)(14.3)
배터리(battery)(14.3)
Volta(갈바니) 전지[voltaic (galvanic) cell](14.3)
부식(corrosion)(14.7)
산화(oxidation)(14.1)
산화수(oxidation number)(14.2)
산화전극(anode)(14.3)
산화제(oxidizing agent)(14.1)
산화-환원 반응(oxidation-reduction reaction)(14.1)
염다리(salt bridge)(14.3)
자발적(spontaneous)(14.6)
전극(electrode)(14.3)
전기 분해(electrolysis)(14.6)
전기 화학(electrochemistry)(14.6)
전해 전지(electrolytic cell)(14.6)
환원(reduction)(14.1)
환원전극(cathode)(14.3)
환원제(reducing agent)(14.1)

연습 문제 _Questions and Problems

주요 용어와 정의를 연결하기

14.1 다음 주어진 정의에 맞는 주요 용어를 써라.
(a) 전기 화학 전지로 전류를 흘려주어 비자발적인 산화-환원 반응이 일어나도록 한 것
(b) 환원이 일어나는 전극
(c) 원자의 산화수가 증가하는 화학 반응
(d) 전기 화학 전지의 한 부분에서 일어나는 산화 또는 환원 반응
(e) 화학 반응과 전기적 일 사이의 관계를 공부하는 학문 분야
(f) 전기 화학 전지의 일부분으로 전하가 이동할 수 있는 고체 물질
(g) 다른 물질의 산화수를 증가시키는 원자, 이온, 분자
(h) 전자가 이동하는 반응
(i) 주위 환경의 영향 때문에 금속이 느리게 악화되어가는 현상
(j) 전자를 세는 일련의 규칙에 따라 화합물 속의 원자에 할당된 전하

산화-환원 반응이란 무엇인가?

14.3 산화-환원 반응이란 무엇인가?

14.5 언제 산화가 일어나는지 어떻게 알 수 있는가?

14.7 마그네슘 금속 막대를 질산 구리(II) 용액 속에 담그면, 마그네슘 막대 표면에 구리가 석출되고, 질산 마그네슘 수용액이 형성된다.
(a) 이 반응의 균형 맞춘 반응식을 써라.
(b) 생성물 속의 마그네슘의 전하는 어떻게 되었는가? 전자 몇 개가 이동하였는가? 마그네슘은 전자를 잃었는가, 얻었는가?
(c) 생성물 속의 구리의 전하는 어떻게 되었는가? 전자 몇 개가 이동하였는가? 구리는 전자를 잃었는가, 얻었는가?

14.9 다음 반응을 생각해 보자.

$$Mg(s) + SnSO_4(aq) \longrightarrow MgSO_4(aq) + Sn(s)$$

(a) 산화된 것은 무엇인가?
(b) 환원된 것은 무엇인가?
(c) 어느 것이 산화제인가?
(d) 어느 것이 환원제인가?
(e) 분자 수준의 관점에서 마그네슘 금속 표면에서 어떤 일이 일어났는지 그려라.

산화수

14.11 산화수란 무엇인가?

14.13 다음 화학종들의 각 원소의 산화수를 표시하라.
(a) $Cr(s)$ (c) $Cr^{3+}(aq)$
(b) $Br_2(l)$ (d) $Br^-(aq)$

14.15 다음 분자 화합물에서 각 원자의 산화수는 얼마인가?

14.17 다음 각 산화물에서 인의 산화수는 얼마인가?
(a) P_4O_{10} (b) P_4O_6 (c) P_4O_8

14.19 다음 각 화합물에서 인의 산화수를 표시하라.

(a) $AlPO_4$ (d) H_3PO_2
(b) PF_5 (e) PH_3
(c) H_3PO_4 (f) H_3PO_3

14.21 아래에 나타낸 이온의 전하는 2−이다. 이 이온에서 모든 원자들의 산화수는 각각 얼마인가?

14.23 다음 화합물이나 이온에서 브로민의 산화수를 정하라.

(a) BrF_7 (d) $BrCl_3$
(b) BrO_3^- (e) $BrOCl_3$
(c) Br^-

14.25 다음 화합물에서 각 원자의 산화수를 판단하라.

(a) ClO_2 (c) H_2TeO_3
(b) CaF_2 (d) NaH

14.27 다음 화합물에서 각 원자의 산화수를 판단하라.

(a) NO_2^- (d) SO_3^{2-}
(b) $Cr_2O_7^{2-}$ (e) CO_3^{2-}
(c) $AgCl_2^-$

14.29 다음에 나타낸 반응이 산화-환원 반응인지를 판단하라. 산화-환원 반응의 경우, 산화제와 환원제를 써라.

(a) $BaCl_2(aq) + H_2SO_4(aq) \longrightarrow BaSO_4(s) + 2HCl(aq)$
(b) $3H_2(g) + N_2(g) \longrightarrow 2NH_3(g)$
(c) $H_2CO_3(aq) \longrightarrow H_2O(l) + CO_2(g)$
(d) $AgNO_3(aq) + NaCl(aq) \longrightarrow AgCl(s) + NaNO_3(aq)$
(e) $2C_2H_6(g) + 7O_2(g) \longrightarrow 4CO_2(g) + 6H_2O(g)$

14.31 어떤 상황에서, 질소 기체는 산소 기체와 반응하여 일산화질소 기체를 생성한다.

(a) 이 반응의 균형 맞춘 반응식을 써라.
(b) 반응물에서 생성물로 진행되면서 질소 원자의 산화수에 어떤 변화가 있는가? 몇 개의 전자가 이동했는가? 질소는 전자를 잃었는가, 얻었는가?
(c) 반응물에서 생성물로 진행되면서 산소 원자의 산화수에 어떤 변화가 있는가? 몇 개의 전자가 이동했는가? 산소는 전자를 잃었는가, 얻었는가?

14.33 다음 반응에 관한 물음에 답하라.

$$6V^{2+}(aq) + Cr_2O_7^{2-}(aq) + 14H^+(aq) \longrightarrow 6V^{3+}(aq) + 2Cr^{3+}(aq) + 7H_2O(l)$$

(a) 어떤 화학종이 산화되었는가?
(b) 어떤 화학종이 환원되었는가?
(c) 산화제는 어느 것인가?
(d) 환원제는 어느 것인가?

14.35 다음 산화-환원 반응에서 산화제, 환원제, 이동한 전자의 수를 써라.

(a) $I_2(aq) + 2OH^-(aq) \longrightarrow I^-(aq) + IO^-(aq) + H_2O(l)$
(b) $Cr(s) + 2H^+(aq) \longrightarrow Cr^{2+}(aq) + H_2(g)$
(c) $2Cr_2O_7^{2-}(aq) + 16H^+(aq) \longrightarrow 4Cr^{3+}(aq) + 3O_2(g) + 8H_2O(l)$
(d) $3Fe^{3+}(aq) + Al(s) \longrightarrow 3Fe^{2+}(aq) + Al^{3+}(aq)$

➔ 배터리

14.37 다음 반응에 해당하는 volta 전지를 그림으로 나타내라.

$$Fe(s) + Ni^{2+}(aq) \longrightarrow Fe^{2+}(aq) + Ni(s)$$

전지의 모든 구성부의 산화전극, 환원전극을 포함한 명칭을 적어라. 각 반쪽 전지 구성부에 필요한 전해질 용액은 무엇인가? 각 전극에서 일어나는 반쪽 반응을 써라.

14.39 다음에 나타낸 그림은 연습 문제 14.37에 나타낸 철-니켈 전지의 반응 전 상황을 분자 수준으로 표현한 것이다. 오랜 시간이 지나면서 각각의 전극에 어떤 일이 일어났을지 그림으로 그려라.

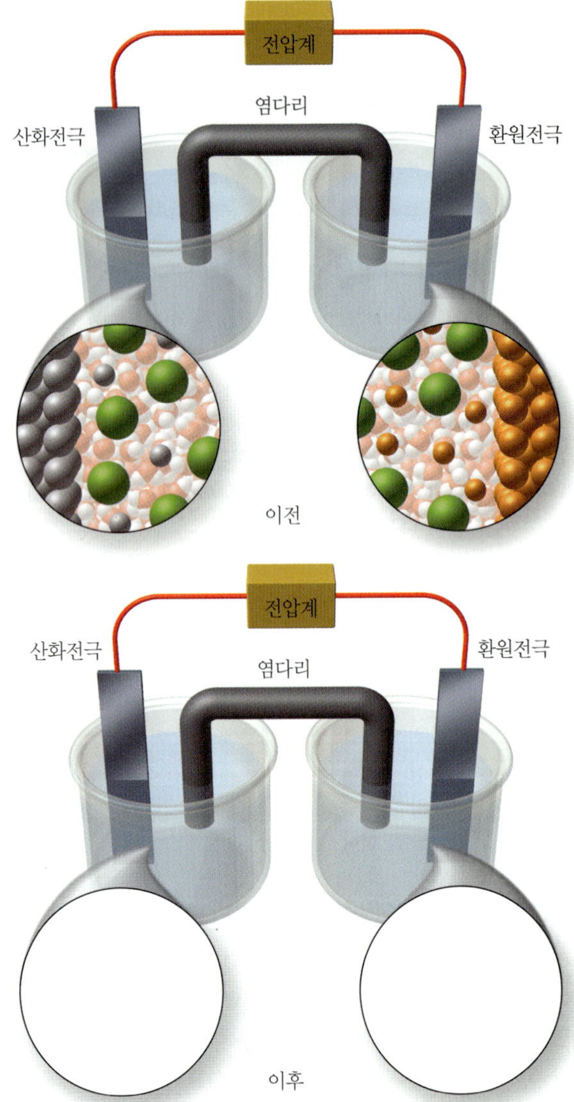

14.41 다음은 납-산 배터리에서 일어나는 반응이다.

$$Pb(s) + PbO_2(s) + 2H_2SO_4(aq) \longrightarrow 2PbSO_4(aq) + 2H_2O(l)$$

이 전지에서 어떤 것이 산화되는가? 어떤 것이 환원되는가? 산화제는 어느 것인가? 환원제는 어느 것인가?

14.43 니켈-카드뮴 배터리는 이동용 장비를 비롯한 각종 장비의 전원으로 사용된다. 이 배터리의 반쪽 반응들이 다음과 같이 균형을 이루고 있지 않다.

$$Cd(s) + 2OH^-(aq) \longrightarrow Cd(OH)_2(s)$$

$$NiO_2(s) + 2H_2O(l) \longrightarrow Ni(OH)_2(s) + 2OH^-(aq)$$

어느 반응이 산화 반쪽 반응을 나타내는가? 어느 반응이 환원 반쪽 반응을 나타내는가? 산화수의 변화에 따라 전자를 각 식의 적절한 곳에 추가하라.

간단한 산화-환원 반응식의 균형 맞추기

14.45 다음 반쪽 반응의 균형을 맞춰라.

(a) $Fe^{3+}(aq) \longrightarrow Fe(s)$
(b) $Zn(s) \longrightarrow Zn^{2+}(aq)$
(c) $Cl^-(aq) \longrightarrow Cl_2(g)$
(d) $Fe^{2+}(aq) \longrightarrow Fe^{3+}(aq)$

14.47 다음 반응에 대한 반쪽 반응식을 써라. 또한 전체 균형 맞춘 반응식을 작성하라.

(a) $Zn(s) + Fe(NO_3)_3(aq) \longrightarrow Zn(NO_3)_2(aq) + Fe(s)$
(b) $Mn(s) + HCl(aq) \longrightarrow MnCl_2(aq) + H_2(g)$

14.49 황산 철(III) 수용액은 아이오딘화 포타슘 수용액과 반응하여 황산 철(II) 수용액 및 황산 포타슘과 아이오딘 수용액을 생성한다. 이 반응의 산화-환원 균형 맞춘 반응식을 써라.

복잡한 산화-환원 반응의 균형 맞추기

14.51 다음 반쪽 반응의 적절한 위치에 $H^+(aq)$, $H_2O(l)$, 전자를 추가하여 균형을 맞춰라.

(a) $Ba(s) \longrightarrow Ba^{2+}(aq)$
(b) $HNO_2(aq) \longrightarrow NO(g)$
(c) $H_2O_2(aq) \longrightarrow H_2O(l)$
(d) $Cr^{3+}(aq) \longrightarrow Cr_2O_7^{2-}(aq)$

14.53 다음 반쪽 반응의 적절한 위치에 $OH^-(aq)$, $H_2O(l)$, 전자를 추가하여 균형을 맞춰라.

(a) $La(s) \longrightarrow La(OH)_3(s)$
(b) $NO_3^-(aq) \longrightarrow NO_2^-(aq)$
(c) $H_2O_2(aq) \longrightarrow O_2(g)$
(d) $Cl_2O_7(aq) \longrightarrow ClO_2^-(aq)$

14.55 다음 산화-환원 반응이 산성 용액에서 일어난다고 가정하고, 균형을 맞춰라.

(a) $H_2S(aq) + Cr_2O_7^{2-}(aq) \longrightarrow S(s) + Cr^{3+}(aq)$
(b) $V^{2+}(aq) + MnO_4^-(aq) \longrightarrow VO^{2+}(aq) + Mn^{2+}(aq)$
(c) $Fe^{2+}(aq) + ClO_3^-(aq) \longrightarrow Fe^{3+}(aq) + Cl^-(aq)$

14.57 다음 산화-환원 반응이 염기성 용액에서 일어난다고 가정하고, 균형을 맞춰라.

(a) $NH_3(aq) + ClO^-(aq) \longrightarrow N_2H_4(aq) + Cl^-(aq)$
(b) $Cr(OH)_4^-(aq) + HO_2^-(aq) \longrightarrow CrO_4^{2-}(aq) + H_2O(l)$
(c) $Br_2(aq) \longrightarrow Br^-(aq) + BrO^-(aq)$

14.59 탈질소 반응은 흙속의 질소가 대기 중으로 빠져나갈 때 일어난다. 식물 성분이 풍부한 산성화된 토양에서 일어나는 탈질소 반응은 다음의 식으로 나타낼 수 있다.

$$C_6H_{12}O_6(aq) + NO_3^-(aq) \longrightarrow CO_2(g) + N_2(g)$$

적절한 위치에 $H^+(aq)$, $H_2O(l)$을 추가하여 이 식의 균형을 맞춰라.

전기 화학

14.61 일부분에만 명칭이 붙어 있는 다음 volta 전지를 생각해 보자. 고체 철을 철 전극에서 석출시키고자 한다. 어떤 것을 다른 쪽 전극으로 사용할 수 있을까? 어떤 전해질을 다른 쪽 전극이 있는 반쪽 전지에 사용할 수 있을까?

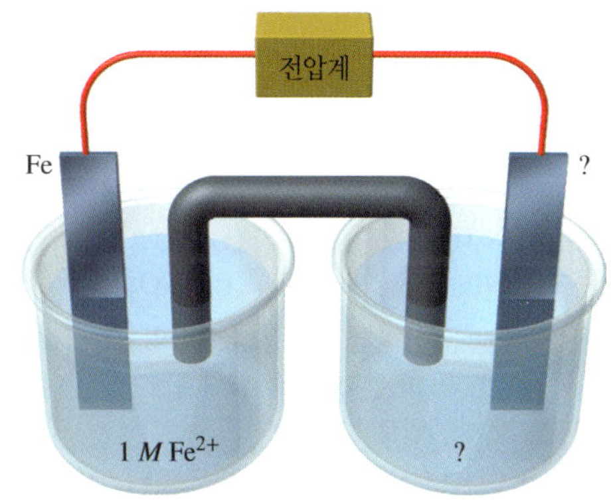

14.63 그림 14.22의 활동도 서열을 이용하여, 다음의 금속들을 환원력이 증가하는 순서로 배열하라.

Al, Au, Bi, Ca, Ni, Zn

14.65 전기 분해란 무엇인가?

14.67 용융된 아이오딘화 소듐이 전기 분해되면 액체 소듐과 아이오딘 기체가 생성된다. 다음 그림을 생각해 보자.

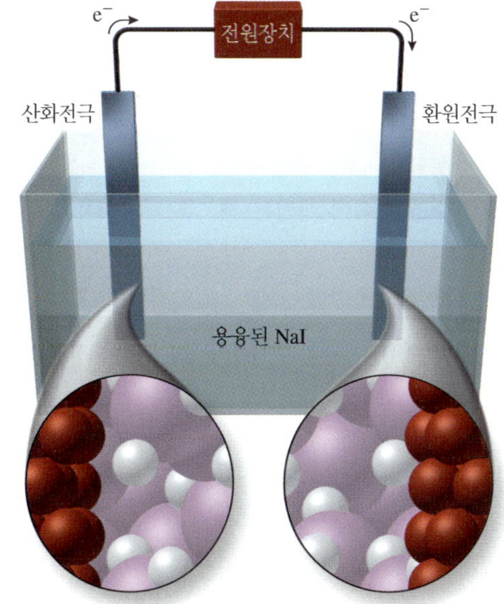

(a) 전원이 켜졌을 때, 환원전극에서는 어떤 일이 일어날까?
(b) 전원이 켜졌을 때, 산화전극에서는 어떤 일이 일어날까?
(c) 산화 반쪽 반응과 환원 반쪽 반응식을 써라.
(d) 이 반응의 전체 반응식을 써라.

14.69 앞의 연습 문제 14.67에서 산화전극과 환원전극에서 어떤 일이 일어나는지를 분자 수준의 그림으로 표현하라.

부식 방지

14.71 선체의 부식을 방지하기 위하여 배의 강철 선체에 붙여둔 마그네슘 조각은 어떻게 작용하는가?

14.73 주석으로 도금한 철은 주석 캔으로 사용되며, 부식을 방지할 수 있다. 만일 흠집이 나서 주석이 벗겨져 철이 드러나면, 철은 매우 빨리 부식되어 버린다. 그 이유를 설명하라.

14.75 자동차 범퍼의 크로뮴 도금에 흠집이 났다면, 크로뮴과 철 중 어느 것이 먼저 부식될까? 이유는 무엇인가?

추가 연습 문제

14.77 다음 각 화합물에서 질소의 산화수를 써라.
(a) NH_3 (d) NH_2OH
(b) N_2H_4 (e) $Fe(NO_3)_3$
(c) NF_3 (f) HNO_2

14.79 다음 반응들이 염기성 용액에서 일어난다고 가정하고, 균형을 맞춰라. 또한 산화제, 환원제, 산화된 원소, 환원된 원소를 각 반응별로 써라.
(a) $CoCl_2(s) + Na_2O_2(aq) \longrightarrow Co(OH)_3(s) + Cl^-(aq) + Na^+(aq)$
(b) $Bi_2O_3(s) + ClO^-(aq) \longrightarrow BiO_3^-(aq) + Cl^-(aq)$

14.81 다음 반응이 산성 용액에서 일어난다고 가정하고, 균형을 맞춰라.

$$NH_4^+(aq) + NO_3^-(aq) \longrightarrow N_2O(g) + H_2O(l)$$

또한 산화제와 환원제, 산화된 원소, 환원된 원소를 써라.

14.83 다음의 한 쌍의 원소들에 대하여, 보다 강한 환원제를 써라.
(a) Al과 Pb
(b) Zn과 Ag
(c) Cu와 Mn
(d) Cd와 Mg

14.85 놋쇠가 피부를 푸른색으로 변하게 하는 이유는 무엇인가?

14.87 수영장 속에 생기는 해조류를 방지하기 위한 살균제로 $CuSO_4$를 사용하기도 한다. 황산 구리는 뜨거운 H_2SO_4를 Cu 금속에 반응시켜 만든다.

$$Cu(s) + H_2SO_4(aq) \longrightarrow Cu^{2+}(aq) + SO_2(g)$$

적절한 위치에 $H^+(aq)$, $H_2O(l)$을 추가하여 이 식의 균형을 맞춰라.

14.89 다음 화학 반응들의 산화제와 환원제, 산화 환원 반쪽 반응을 각각 써라.
(a) $Tl^+(aq) + 2Ce^{4+}(aq) \longrightarrow 2Ce^{3+}(aq) + Tl^{3+}(aq)$
(b) $2NO_3^-(aq) + 2Br^-(aq) + 4H^+(aq) \longrightarrow Br_2(aq) + 2NO_2(g) + 2H_2O(l)$

14.91 활동도 서열은 구리가 은에 비해 더 활성이 높다는 것을 보여 준다.
(a) Cu와 Ag 중 어떤 것이 더 쉽게 산화되겠는가?
(b) Cu^{2+}와 Ag^+ 중 어떤 것이 더 쉽게 환원되겠는가?
(c) 문제 (a)와 (b)에서 언급된 모든 원소나 이온을 포함하고 있는 수용액에서 일어나는 자발적인 균형 맞춘 반응식을 써라.

14.93 알코올 종류들은 소듐 금속과 반응하여 알콕시화 소듐이라는 이온 결합 화합물을 만든다. 이 반응의 산화제와 환원제를 구분하라.

$$2CH_3CH_2OH + 2Na \longrightarrow 2NaOCH_2CH_3 + H_2$$

14.95 메테인의 연소 반응을 생각해 보자.

$$CH_4(g) + 2O_2(g) \longrightarrow CO_2(g) + 2H_2O(g)$$

(a) 어떤 원소가 산화되었는가?
(b) 어떤 원소가 환원되었는가?
(c) 한 분자의 CH_4가 반응함에 따라 몇 몰의 전자가 이동하는가?

14.97 다음 산화-환원 반응이 염기성 용액에서 일어난다고 가정하고, 균형을 맞추고 완성하라.

$$Br_2(aq) \longrightarrow Br^-(aq) + BrO^-(aq)$$

14.99 그림 14.22의 활동도 서열을 이용하여, 주어진 각 반쪽 반응을 이용한 volta 전지의 산화전극에서 일어나는 반쪽 반응, 환원전극에서 일어나는 반쪽 반응을 예측하라. [아래서 사용된 $Zn(s)/Zn^{2+}(aq)$ 표현은 반쪽 전지의 표현을 의미한다. Zn 금속 전극은 Zn^{2+} 수용액 안에 위치한다.]
(a) $Zn(s)/Zn^{2+}(aq)$와 $Al(s)/Al^{3+}(aq)$
(b) $Cr(s)/Cr^{2+}(aq)$와 $Ag(s)/Ag^+(aq)$
(c) $H_2(g)/H^+(aq)$와 $Cd(s)/Cd^{2+}(aq)$

부록 APPENDIX

유용한 표와 그림

Useful Reference Tables and Figures

찾아보기 INDEX

» ㅂ

» ㅅ

» ㅇ

» ㅈ

» ㅊ

» ㅋ

» ㅌ

» ㅍ

≫ ㅎ

≫ 기타

옮긴이 소개

경남과학기술대학교 • 박경원
경성대학교 • 신현무
경운대학교 • 김복조
경인여자대학교 • 이지환
고신대학교 • 김지영
공주대학교 • 오남순
대구한의대학교 • 박숙자
동신대학교 • 이송미
동의대학교 • 임 용
상지대학교 • 김선회
서원대학교 • 이영덕
세종대학교 • 채영기
순천향대학교 • 남상길
숭실대학교 • 강위경
안동대학교 • 김후식, 남승훈, 유건상, 임우택
용인대학교 • 추교찬
위덕대학교 • 이동훈
인하공업전문대학 • 강병언
조선대학교 • 이종대
초당대학교 • 송 환
충북대학교 • 권효식
충북보건과학대학교 • 조영화
한경대학교 • 한기종

(가나다 순)

바우어의 제5판
대학화학기초 Introduction to Chemistry

| 발행일 2020년 3월 1일 5판 1쇄
2022년 3월 1일 5판 2쇄
| 지은이 Richard C. Bauer/James P. Birk/Pamela S. Marks
| 옮긴이 화학교재연구회
| 발행인 박 종 성
| 발행처 사이플러스 Science plus 
| 주 소 (우) 04003 서울특별시 마포구 잔다리로 101
| 전 화 332-6171
| 팩 스 332-6185
| 등 록 2005.10.20. 제 2005-00222호

| ISBN 979-11-88731-09-1 93430 값 42,000원

연습 문제의 해답은 본사의 홈페이지 www.sciplus.co.kr을 참조하기 바랍니다.

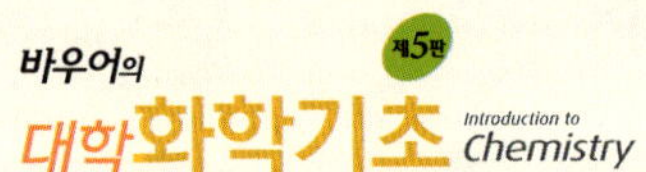
바우어의
제5판
대학화학기초
Introduction to Chemistry

참조 정보

중요한 다원자 이온

1– 이온		2– 이온	
질산 이온	NO_3^-	크로뮴산 이온	CrO_4^{2-}
아질산 이온	NO_2^-	다이크로뮴산 이온	$Cr_2O_7^{2-}$
탄산수소 이온	HCO_3^-	황산 이온	SO_4^{2-}
과염소산 이온	ClO_4^-	아황산 이온	SO_3^{2-}
염소산 이온	ClO_3^-	탄산 이온	CO_3^{2-}
아염소산 이온	ClO_2^-	옥살산 이온	$C_2O_4^{2-}$
하이포염소산 이온	ClO^-	과산화 이온	O_2^{2-}
사이안화 이온	CN^-	인산 수소 이온	HPO_3^{2-}
수산화 이온	OH^-	**3– 이온**	
아세트산 이온	$CH_3CO_2^-$	인산 이온	PO_4^{3-}
과망가니즈산 이온	MnO_4^-	붕산 이온	BO_3^{3-}
황산 수소 이온	HSO_4^-	**1+ 이온**	
인산 이수소 이온	$H_2PO_4^-$	암모늄 이온	NH_4^+

화합물의 명명에 대한 흐름도

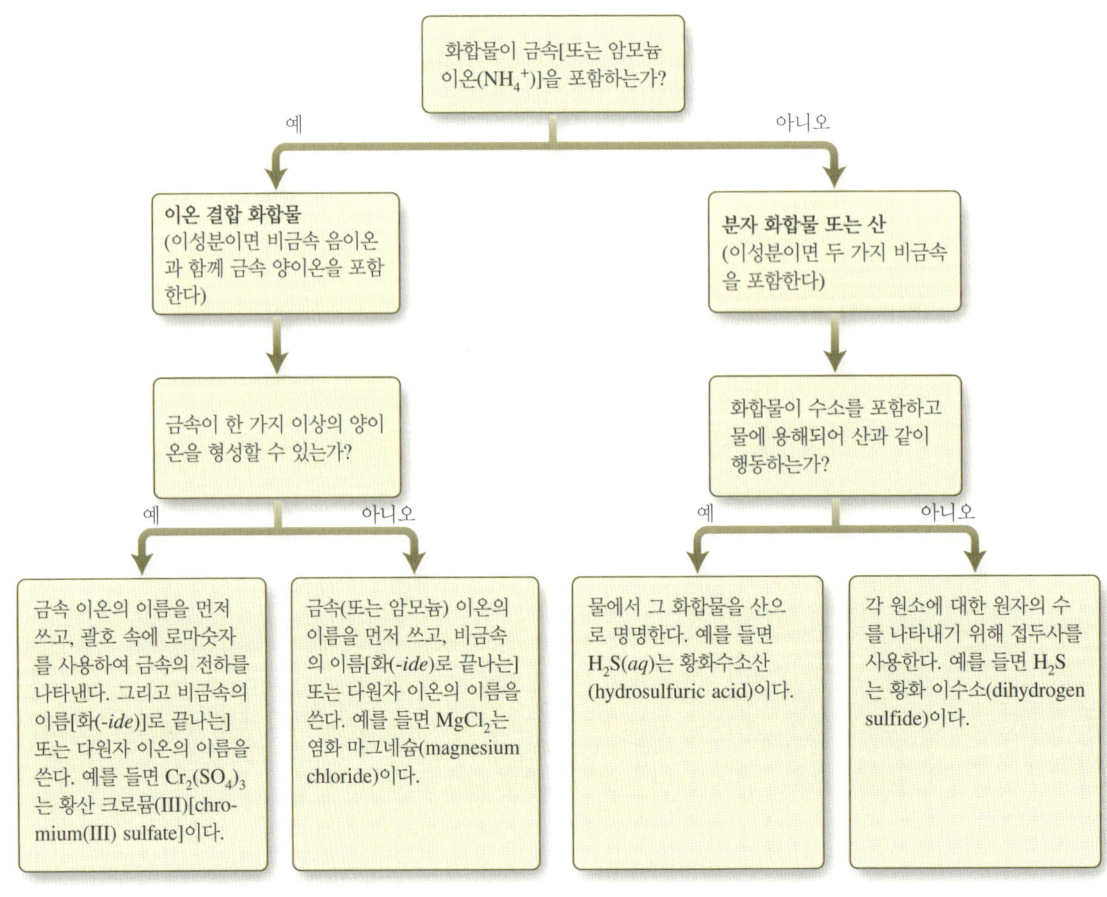

기본 물리 상수(유효 숫자 4개)

Avogadro 수	$= 6.022 \times 10^{23}$ 입자/몰
원자 질량 단위, amu	$= 1.661 \times 10^{-24}$ g
Planck 상수, h	$= 6.626 \times 10^{-34}$ J · s
진공에서 빛의 속도, c	$= 2.998 \times 10^{8}$ m/s
만유 기체 상수, R	$= 8.206 \times 10^{-2}$ (L · atm)/(mol · K)

환산과 관계식

길이		부피		질량	
1 km	= 1000 m	1 liter (L)	= 1.057 quarts (qt)	1 kg	= 2.205 lb
	= 0.621 mile (mi)	1 cm^3	= 1 mL	1 metric ton (t)	= 10^3 kg
1 inch (in)	= 2.54 cm	1 m^3	= 35.3 ft^3	1 lb (16 oz)	= 453.6 g
1 m	= 1.094 yards (yd)	1 fluid oz	= 29.57 mL		
1 mi	= 1.609 km	1 gal	= 3.785 L		
1 mi	= 5280 ft	1 ft^3	= 7.481 gal		
1 ft	= 12 in				
에너지		**온도**		**압력**	
1 cal	= 4.184 J	0 K	= −273.15°C	1 atm	= 1.013×10^5 Pa
1 Cal	= 1000 cal	H_2O의 녹는점	= 0°C (273.15 K)		= 760 torr
		H_2O의 끓는점	= 100°C (373.15 K)	1 torr	= 1 mm Hg
		T_K	$= T_{°C} + 273.15$		
		$T_{°C}$	$= (T_{°F} - 32)\frac{5}{9}$		
		$T_{°F}$	$= 1.8T_{°C} + 32$		

SI 단위 접두어

피코 (pico-)	나노- (nano-)	마이크로- (micro-)	밀리- (milli-)	센티- (centi-)	데시- (deci-)	킬로- (kilo-)	메가- (mega-)	기가- (giga-)
p	n	μ	m	c	d	k	M	G
10^{-12}	10^{-9}	10^{-6}	10^{-3}	10^{-2}	10^{-1}	10^{3}	10^{6}	10^{9}